Lehr- und Handbücher zu Tourismus, Verkehr und Freizeit

Herausgegeben von
Univ.-Prof. Dr. Walter Freyer

Lieferbare Titel:

Agricola, Freizeit – Grundlagen für Planer und Manager

Althof, Incoming-Tourismus, 2. Auflage

Arlt · Freyer, Deutschland als Reiseziel chinesischer Touristen

Bastian · Born · Dreyer, Kundenorientierung im Touristikmanagement, 2. Auflage

Bieger, Management von Destinationen, 7. Auflage

Dreyer, Kulturtourismus, 3. Auflage

Dreyer · Krüger, Sportmanagement

Dreyer · Dehner, Kundenzufriedenheit im Tourismus, 2. Auflage

Dreyer · Menzel · Endreß, Wandertourismus

Dreyer u.a., Krisenmanagement im Tourismus

Finger · Gayler, Animation im Urlaub, 3. Auflage

Freyer, Tourismus, 9. Auflage

Freyer, Tourismus-Marketing, 6. Auflage

Freyer · Pompl, Reisebüro-Management, 2. Auflage

Günter, Handbuch für Studienreiseleiter, 3. Auflage

Henselek, Hotelmanagement – Planung und Kontrolle

Illing, Gesundheitstourismus und Spa-Management

Kaspar, Management der Verkehrsunternehmungen

Landgrebe · Schnell, Städtetourismus

Lieb · Pompl, Qualitätsmanagement im Tourismus

Müller, Tourismus und Ökologie, 3. Auflage

Schreiber, Kongress- und Tagungsmanagement, 2. Auflage

Schulz · Baumann · Wiedenmann, Flughafen Management

Schulz · Weithöner · Goecke, Informationsmanagement im Tourismus

Schulz, Verkehrsträger im Tourismus

Steinbach, Tourismus – Einführung in das räumlich-zeitliche System

Sterzenbach · Conrady · Fichert, Luftverkehr, 4. Auflage

Informationsmanagement im Tourismus

E-Tourismus: Prozesse und Systeme

herausgegeben von
Prof. Dr. Axel Schulz
Prof. Dr. Uwe Weithöner
Prof. Dr. Robert Goecke

Oldenbourg Verlag München

Bibliografische Information der Deutschen Nationalbibliothek

Die Deutsche Nationalbibliothek verzeichnet diese Publikation in der Deutschen Nationalbibliografie; detaillierte bibliografische Daten sind im Internet über <http://dnb.d-nb.de> abrufbar.

© 2010 Oldenbourg Wissenschaftsverlag GmbH
Rosenheimer Straße 145, D-81671 München
Telefon: (089) 45051-0
oldenbourg.de

Das Werk einschließlich aller Abbildungen ist urheberrechtlich geschützt. Jede Verwertung außerhalb der Grenzen des Urheberrechtsgesetzes ist ohne Zustimmung des Verlages unzulässig und strafbar. Das gilt insbesondere für Vervielfältigungen, Übersetzungen, Mikroverfilmungen und die Einspeicherung und Bearbeitung in elektronischen Systemen.

Lektorat: Wirtschafts- und Sozialwissenschaften, wiso@oldenbourg.de
Herstellung: Anna Grosser
Coverentwurf: Kochan & Partner, München
Cover-Bild: iStockphoto.de
Gedruckt auf säure- und chlorfreiem Papier
Gesamtherstellung: Druckhaus „Thomas Müntzer" GmbH, Bad Langensalza

ISBN 978-3-486-58954-2

Vorwort

Das letzte deutschsprachige Lehrbuch, das eine zusammenhängende Darstellung der Informationstechnik im Tourismus beinhaltete, wurde 1996 unter dem Titel *Tourismus und EDV* von Axel Schulz, Klaus Frank und Erwin Seitz veröffentlicht. Es hat in der Lehre eine weite Verbreitung gefunden und zeigte bereits 1996 anhand von Beispielen die großen Potentiale des Internet für den Tourismus. Nun, mehr als 12 Jahre später, hat das Internet tatsächlich sowohl die IT-Landschaft als auch den Reisevertrieb und die Reiseproduktion nachhaltig verändert.

Die aktuell in allen Sektoren der Branche vorzufindende Symbiose aus bewährten Legacy-Systemen und innovativen Systemen und Diensten zeichnet sich neben den zahlreichen nutzbringenden neuen Möglichkeiten und Wahloptionen auch durch eine hohe Komplexität der Materie aus. Die regelmäßigen Treffen der praxisorientierten nationalen Branchenforen der Messen ITB und Hogatec sowie des FVW-Kongresses und der forschungsorientierten internationale ENTER Konferenzen belegen, wie ungebrochen dynamisch sich die verschiedenen Felder der IT-Systeme im Tourismus weiterentwickeln und wie vielfältig und unüberschaubar die Auswirkungen, Querbeziehungen und Konvergenzen z. B. zu Suchmaschinen, Navigationssystemen oder Mobilfunk-Applikationen angrenzender Branchen sind. Dies alles hat das Informationsmanagement nicht einfacher gemacht, und selbst Experten haben heute mehr denn je Mühe angesichts der Fülle an echten und vermeintlichen Neuheiten und Entscheidungsoptionen im Hyperwettbewerb nicht die Übersicht zu verlieren.

Gerade das Internet liefert sowohl den Studierenden als auch den Praktikern eine nie dagewesene Menge von wertvollen Informationen über diverse Produkte, Dienste und deren aktuelle Weiterentwicklung. Aus unserer Sicht ist es nun an der Zeit, die vielen einzelnen Entwicklungen der letzten Jahre erneut in einen Gesamtzusammenhang zu stellen und sowohl unseren Studierenden wie auch den Praktikern in den Betrieben das notwendige und im Internet eher schwer zu findende Zusammenhangswissen in Buchform zum Einlesen und zum Nachschlagen anzubieten. Schnell stellte sich jedoch während der Vorbereitung dieses Buches heraus, dass es unmöglich ist, alle wichtigen Aspekte von nur drei Autoren in einem Buch darzustellen. Wir konnten eine gute Auswahl hervorragender Experten, Praktiker und Anwender gewinnen, die in ihren Beiträgen aus unserer Sicht wesentliche und – wo Vollständigkeit nicht möglich war – zumindest typische Aspekte des Informationsmanagement im Tourismus beleuchten. Neben den eher der verallgemeinernden Strukturierung der komplexen Applikationslandschaften dienenden Lehrbeiträge finden sich einige der Veranschaulichung und nicht als wertende Firmen- oder Produktempfehlungen gedachte Fall- und Praxisbeispiele. In ihnen soll den Lesern ein exemplarischer Eindruck von den Arbeitsabläufen und der Systembedienung gegeben werden. Auch die anderen in diesem Werk genannten

Firmen, Produkte und Dienste dienen ausschließlich als Belege und Beispiele für die vorgetragenen Thesen und Funktionen. Als Beispiele sind sie angesichts des großen und sich mit rasantem Fortschritt weiterentwickelnden Angebotes nicht vollständig aufzählbar. Es gibt viele weitere Produkte und Anbieter im In- und Ausland, die – auch wenn sie hier zufällig nicht genannt sind – genauso gut oder sogar besser für den konkreten Anwendungsfall geeignet sein können. Auch lässt sich manches System aufgrund seiner vielen unterschiedlichen Funktionen durchaus mehreren Systemkategorien gleichzeitig einordnen, was ebenfalls in diesem Buch trotz aller Sorgfalt grundsätzlich weder eindeutig noch vollständig wiedergegeben werden kann. Gemäß unserem im ersten Kapitel vorgestellten Vorgehensmodell zur Systemauswahl empfehlen wir daher jedem Anwender, sich stets vor der Beschaffung einer Anwendung immer über die aktuell und für seine spezifische Situation passenden Angebote neu und detailliert zu informieren. Am besten sind für solche Recherchen neben dem Internet und den immer wieder zu bestimmten Produktkategorien erscheinenden Studien der Marktforschung und der Fachpresse die einschlägigen Branchen-Messen und auch die Erfahrungen und Referenzen anderer vergleichbarer Anwender geeignet. Das vorliegende Buch ist für diesen Zweck ausdrücklich nicht geeignet, da wir keine der nur als Beispiele genannten Produkte und Dienste systematisch getestet oder bewertet haben. Trotz sorgfältiger wiederholter Recherchen auf Basis der veröffentlichten Angaben der Anbieter kann daher für keine der gemachten Aussagen zu Produkten, Diensten oder Anbietern eine Gewähr oder Haftung übernommen werden. Die einzelnen Beiträge sind so mit Definitionen, Erklärungen und Literaturangaben versehen, dass sie nicht unbedingt nacheinander sondern auch in beliebiger Reihenfolge oder einzeln gelesen bzw. in voneinander unabhängigen Unterrichtsmodulen isoliert behandelt werden können. Das erste Kapitel sowie die zusammenfassenden Kapitel-Einleitungen und Querverweise in den Beiträgen sollen dabei die Zusammenhänge der verschiedenen Beiträge transparent machen. Das umfangreiche Stichwortverzeichnis am Ende hilft dem Leser schließlich alle Beiträge und Fundstellen zu identifizieren, die z. B. ein bestimmtes System oder Konzept behandeln.

Mit einem eigenen Webauftritt zum Buch wollen wir unseren Lesern zum einen weitere Fall- und Praxisbeispiele und zum anderen auch zusätzliche Beiträge über bisher nicht behandelte oder in den nächsten Jahren neu entstehende Entwicklungen bereitstellen. Er ist im Internet unter **http://www.tourismus-it.de** abrufbar.

Zu danken haben wir neben dem Oldenbourg Verlag und Herrn Prof. Dr. Walter Freyer als Herausgeber dieser Reihe auch unserem Lektor Herrn Dr. Schechler und der Herstellerin Frau Voit. Besonders verdient gemacht haben sich auch unsere Studentischen Hilfskräfte, die uns bei unseren redaktionellen Tätigkeiten hervorragend unterstützt haben.

Ein herzlicher Dank gilt unseren Partnern und Familien, die unsere Arbeit an diesem Werk mit Aufmunterung, konstruktiver Kritik und viel Geduld begleitet haben.

Kempten, Wilhelmshaven und München im März 2010

Axel Schulz
Uwe Weithöner
Robert Goecke

Inhalt

Vorwort		**V**
1	**Einführung**	**1**
1.1	Informationsmanagement und IT-Systeme im Tourismus	3
1.1.1	IT-Systeme in der touristischen Wertschöpfungskette aus Anwendersicht	4
1.1.2	Geschäftsprozesse, IT-Applikationen und Schnittstellen	9
1.2	Systemarchitekturen touristischer IT-Applikationen	12
1.3	Vorgehensmodell zur Realisierung und Migration touristischer Applikationen	18
2	**Informationsmanagement bei Leistungsanbietern**	**25**
2.1	Informationsmanagement bei Fluggesellschaften	29
	Annette Kreczy	
2.1.1	Gesamtprozess und externe Schnittstellen	30
2.1.2	Planungs- und Steuerungssysteme	31
2.1.3	Passagier Service Systeme (PSS)	35
2.1.4	Operative Systeme	40
2.1.5	Administrative Systeme	45
2.1.6	Ausblick	47
2.2	Informationsmanagement bei Flughäfen	49
	Prof. Dr. Robert Goecke und Marc Lindike	
2.2.1	Akteure, Prozesse und IT-Applikationslandschaft	49
2.2.2	Basisinfrastrukturdienste	52
2.2.3	Systeme der Passagier- und Gepäckabfertigung	58
2.2.4	Systeme zur Planung, Disposition und Administration der Flugzeugabfertigung	61
2.3	Informationsmanagement in Hotel- und Gastronomiebetrieben	69
	Prof. Dr. Robert Goecke	
2.3.1	Kassensysteme	71
2.3.2	Warenwirtschaftssysteme	74
2.3.3	Hotelmanagement-Systeme	77
2.3.4	Hotel-Kommunikationssysteme	81
2.3.5	Elektronische Zugangs- und Schließsysteme	82
2.3.6	Website als individueller elektronischer Distributionskanal	84
2.3.7	Aggregierende computergestützte Distributionssysteme	87

2.4	Informationsmanagement bei der Deutschen Bahn	97
	Dr. Eberhard Kurz, Jürgen Beuttler	
2.4.1	Historische Entwicklung von ITK im ÖPV	97
2.4.2	Überblick über die Landschaft der Informations- und Kommunikationssysteme	100
2.4.3	Preis- und Yieldmanagement	102
2.4.4	Vertrieb	104
2.4.5	Kundenbindungssysteme	108
2.4.6	Produktionsplanung und -durchführung	108
2.4.7	Zukünftige Entwicklung der ITK-Systeme	116
2.5	Informationsmanagement bei Reiseveranstaltern	118
	Prof. Dr. Uwe Weithöner und Prof. Dr. Robert Goecke	
2.5.1	Planungssysteme	119
2.5.2	Einkaufssysteme, -schnittstellen und Kontingentverwaltung	120
2.5.3	Produktionssysteme	122
2.5.4	Vertriebs- und Distributionssysteme	129
2.5.5	Vertriebssteuerung und Disposition	136
2.5.6	Abwicklung und administrative Systeme	137
2.5.7	Data-Warehouse und CRM/PRM-Systeme	139
2.5.8	Anmerkung zur Systemkonfiguration	140

3 Marketingmanagement-Systeme — 143

3.1	Yield-Management-Systeme	146
	Prof. Dr. Robert Goecke	
3.1.1	Revenue-Management-Systeme von Fluggesellschaften	148
3.1.2	Yield-Management-Systeme in der Hotellerie	155
3.1.3	Yield-Management-Systeme von Reiseveranstaltern	161
3.2	Vertriebskanalmanagement	167
	Prof. Dr. Stephan Kull	
3.2.1	Grundlagen des touristischen Vertriebsystems	167
3.2.2	Besonderheiten touristischer Vertriebsobjekte	168
3.2.3	Vertriebskanäle und Kontaktpunkte	170
3.2.4	Multi-Akteur-Vertrieb für touristische Leistungen	173
3.2.5	Multi-Kanal-Vertrieb für touristische Leistungen	176
3.2.6	Fazit und Ausblick	179
3.3	Elektronische Zahlungssysteme	183
	Prof. Dr. Robert Goecke	
3.3.1	Elektronische Zahlungssysteme am Point of Sale	183
3.3.2	Internet-Bezahlsysteme	191
3.4	IT-gestütztes Kundenbeziehungsmanagement	197
	Prof. Dr. Ralph Berchtenbreiter	
3.4.1	Charakteristika des CRM und die Basisarchitektur von CRM-Systemen	197
3.4.2	Prozesse und Zyklen im CRM	201
3.4.3	Multi-Channel-Management	205

3.4.4	Operative CRM-Systembestandteile	207
3.4.5	Analytische CRM-Systembestandteile	212
3.4.6	Schlussbemerkungen	216
3.5	Praxisbeispiel: Webbasierte Kundenbindung am Beispiel des Thomas Cook Travelguides	220
	Tanja Holtmeier	
3.5.1	Zielsetzungen	220
3.5.2	Darstellung des Systems	221
3.5.3	Erfahrungen und Weiterentwicklungen	223
3.6	E-Learning im Tourismus	228
	Ulrike Wilms	
3.6.1	Grundlagen des E-Learning	229
3.6.2	Ausgewählte Beispiele von E-Learning im Tourismus	234
3.6.3	Ausblick E-Learning im Tourismus	242

4	**Reisemittler-Systeme**	**245**
4.1	Front-, Mid- und Backoffice	247
	Prof. Dr. Torsten Kirstges	
4.1.1	Frontoffice	248
4.1.2	Midoffice	250
4.1.3	Backoffice	252
4.1.4	Überblick IT-Systeme	253
4.1.5	Konkurrenzsituation auf dem IT-Markt	255
4.1.6	Kriterien zur Beurteilung von GDS	257
4.1.7	Zusammenfassung & Ausblick	262
4.2	Globale Distributionssysteme	264
	Prof. Dr. Axel Schulz	
4.2.1	Entwicklungslinien	265
4.2.2	Entwicklungen in Europa	270
4.2.3	Grundfunktionen & Gesamtmodell	273
4.2.4	Überblick Systembetreiber	276
4.2.5	Kosten- und Vergütungsmodelle	284
4.2.6	Ausblick	286
4.3	Fallbeispiel Amadeus	290
	Wilfried Kropp	
4.3.1	Amadeus-Lösungen für Reisemittler	292
4.3.2	Amadeus-Lösungen für Fluggesellschaften	302
4.3.3	Amadeus-Lösungen für Bahngesellschaften	305
4.3.4	Amadeus-Lösungen für Hotels	306
4.3.5	Amadeus-Lösungen für Reiseveranstalter	307
4.3.6	Ausblick	308

4.4	Geschäftsreise-Management und IT-Systeme	310
	Saskia Kwoka	
4.4.1	Grundlagen im Geschäftsreise-Management	310
4.4.2	Prozessanalyse	312
4.4.3	IT-Systeme im Geschäftsreiseprozess	317
4.4.4	Ausblick	329
4.5	Fallbeispiel Flugbuchung mit Amadeus	332
	Prof. Dr. Axel Schulz, Saskia Kwoka	
4.5.1	Flugbuchung im Command Page Modus	332
4.5.2	Flugbuchung mit der Selling-Plattform	349
4.6	Fallbeispiel Beratungssysteme und Pauschalreisebuchung im Reisebüro	358
	Prof. Dr. Uwe Weithöner	
4.6.1	Reisewünsche des Kunden	359
4.6.2	Kundenberatung auf Basis elektronischer Beratungssysteme (Prozess A)	360
4.6.3	Folgende Prozessstufen	366
4.6.4	Traditionelle Vermittlung auf Basis gedruckter Kataloge (Prozess B)	366

5   Systeme für Endkunden   369

5.1	Überblick Web-Tourismus – Trends und Fakten	371
	Dr. Dominik Rossmann	
5.1.1	Unternehmerischer Nutzen anbieterorientierter Marktforschung	372
5.1.2	Fragenkatalog und Befragte	373
5.1.3	Zentrale Fragestellungen	374
5.1.4	Aufbau des Fragebogens	374
5.1.5	Zentrale Ergebnisse zum touristischen Online-Marktpotenzial	375
5.1.6	Touristische Online-Trends und Entwicklungen	382
5.1.7	Touristischer E-Commerce	383
5.2	Grundlagen zum Electronic Business und Online-Marketing	386
	Prof. Dr. Uwe Weithöner	
5.2.1	Informationstechnologische Grundlagen zum E-Business und Online-Marketing	387
5.2.2	Spezielle Voraussetzungen zum Electronic Commerce	392
5.2.3	Virtueller Reisevertrieb auf der Basis von Internet Booking Engines und touristischen Suchmaschinen	400
5.2.4	Online-Werbung und elektronisches Beziehungsmanagement	404
5.2.5	Web-Erfolgsanalyse	411
5.3	Destinationsmanagement-Systeme und Portale	416
	Prof. Dr. Uwe Weithöner	
5.3.1	Grundlagen des Informationsmanagements touristischer Destinationen	416
5.3.2	Destinationsmanagement-System (DMS) als informationstechnologische Basis	421
5.3.3	Systemtechnische Voraussetzungen und rechte-basierte, destinationsweite Nutzung eines DMS	424
5.3.4	DMS-Integration bei heterogenen Strukturen	426

5.3.5	Standardisierung als Voraussetzung eines IT-basierten Destinationsmanagements	427
5.4	Web 2.0 und soziale Netzwerke im Tourismus	429
	Prof. Dr. Roland Conrady	
5.4.1	Begriffsbestimmungen Web 2.0 und soziale Netzwerke	430
5.4.2	Anwendungen des Web 2.0	431
5.4.3	Relevanz von Web 2.0 und sozialen Netzwerken für die Tourismusbranche	436
5.4.4	Fazit	438
5.5	Kundenbewertungen im Tourismusmarketing	440
	Dr. Axel Jockwer	
5.5.1	Problematiken der heutigen Urlaubsplanung	440
5.5.2	Konsumentenbewertungen als neue Konstante	441
5.5.3	Aufstieg der Bewertungsportale	443
5.5.4	Kundenbewertungen werden meinungsbildend	444
5.5.5	Portale unter Kritik und die Chancen der Hotellerie	448
5.5.6	Fazit	450
5.6	Geoinformationssysteme im Tourismus	452
	Barbara Lubos	
5.6.1	Technologien für Geoinformationen	452
5.6.2	Web-Kartendienste	457
5.6.3	Anwendungsbereiche im Tourismus	460
5.6.4	Weitere Entwicklungstrends	467
5.7	M-Commerce und Zukunftsperspektiven	470
	Prof. Dr. Roman Egger	
5.7.1	Die mobile Informationsgesellschaft	470
5.7.2	Mobile Technologien	471
5.7.3	M-Commerce	476
5.7.4	Mobile Dienste im Tourismus	477
5.7.5	Die Zukunft des M-Commerce – Herausforderungen für den Tourismus	479

Personenverzeichnis   **483**

Stichwortverzeichnis   **491**

1 Einführung

Die Organisation einer Reise und auch das Reisen selbst sind immer mit besonderen Informations- und Kommunikationsbedürfnissen über räumliche Distanzen hinweg verbunden. Entsprechend stellt der Tourismussektor mit seinen verschiedenen Teilbranchen von jeher besondere Anforderungen an das persönliche und betriebliche Informationsmanagement, die immer wieder sowohl zu Innovationen der Informationstechnik als auch zu entscheidenden Verbesserungen und Neuerungen der touristischen Leistungsangebote geführt haben.

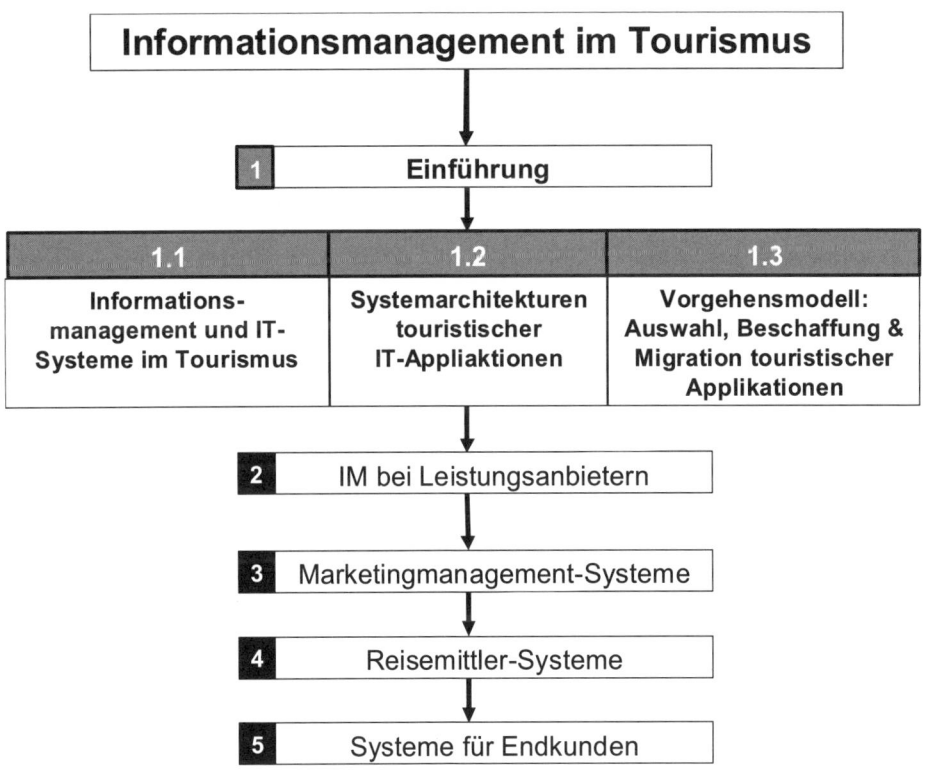

Abb. 1.1 Überblick Einführung

Airline-Computer-Reservierungssysteme gehören beispielsweise zu den ersten Systemen der kommerziellen Datenverarbeitung und waren mit ihrer Weiterentwicklung zu Global Distribution Systems Vorreiter für die heute auch in anderen Branchen anzutreffenden global vernetzten Informations- und Kommunikationssysteme. Zur Vereinfachung der Zahlung für Restaurantkunden und Geschäftsreisende wurden die Kreditkarten-Systeme mit ihren weltweit vernetzten Akzeptanzstellen entwickelt, und auch im E-Commerce zählt der Verkauf von touristischen Leistungen über Internetportale nicht nur zu den umsatzstärksten, sondern auch zu den technisch besonders anspruchsvollen Entwicklungsfeldern. Mit dem E-Commerce ist für den Tourismus auch das Dynamic Packaging als neue Form der kundenindividuellen Reiseproduktion (vgl. Reichwald/Piller 2009) entstanden. Schließlich sind touristische Anwendungen für Geo-Informationssysteme, mobile Endgeräte und soziale Netzwerke seit Jahren ein wichtiges Forschungsfeld. Auch hier stellt der Tourismus einerseits besondere Anforderungen und erhält andererseits durch diese Innovationen auch aktuell wieder entscheidende Impulse für die eigene Weiterentwicklung.

Bevor in den Kapiteln 2 bis 5 dieses Buches die aktuellen Formen des Einsatzes von Informations- und Kommunikationssystemen in den verschiedenen Anwendungsfeldern des Tourismus systematisch an vielen Beispielen dargestellt werden, sollen in diesem ersten Kapitel die elementaren Grundstrukturen und einige Grundbegriffe erläutert werden (vgl. Abbildung 1.1):

Kapitel 1.1. führt in wichtige Begriffe des Informationsmanagements ein. Es werden die touristischen Anwendungsfelder strukturiert und die drei Perspektiven der Akteure, Prozesse und Systeme vorgestellt, aus denen heraus das Informationsmanagement im Tourismus betrachtet wird.

Kapitel 1.2 dient der Erläuterung und Bewertung der in vielen Beiträgen dieses Buches erwähnten technischen Anwendungs-Architekturen in ihrer historischen Entwicklung. Sie sind nicht tourismus-spezifisch, werden aber an Beispiel-Anwendungen aus dem Tourismus erläutert.

Kapitel 1.3 schlägt für Tourismusunternehmen ein generisches Vorgehensmodell zur Auswahl, Beschaffung und Migration touristischer IT-Applikationen vor. Es geht unter anderem auf die wichtigsten Aspekte der Anwendungsentwicklung und des Anwendungsbetriebs ein.

Damit sind die notwendigen begrifflichen und theoretischen Grundlagen gelegt, um in den nachfolgenden Kapiteln die Beschreibungen der typischen Prozesse, Systemlandschaften und Funktionen zu verstehen, die in den zahlreichen touristischen Anwendungsfeldern auftreten.

1.1 Informationsmanagement und IT-Systeme im Tourismus

Der Tourismus beinhaltet verschiedene Branchen, und man kann allgemein in der touristischen Wertschöpfungskette sehr grob folgende Wertschöpfungsstufen und zugrundeliegende Geschäftsmodelle unterscheiden:

1. **Leistungsanbieter** sind die *originären Leistungsträger*, die Transport-, Transfer-, Beherbergungs-, Gastronomieleistungen, Events, Attraktionen, Führungen, Wellness-Anwendungen etc. produzieren bzw. bereitstellen und die *Veranstalter*, welche die Leistungen der originären Leistungsträger zu Pauschalreisen bündeln, und das Gesamtangebot gegenüber dem Endkunden verantworten bzw. sichern. Zu den Leistungsanbietern kann man zudem die *Reiseversicherungen* zählen. Sie versichern verschiedene Risiken einer Reise gegen eine Versicherungsprämie. Leistungsanbieter vertreiben ihre Leistungen direkt oder über Reisemittler an die Endkunden.

2. **Reisemittler** vermitteln dem Kunden in dessen Auftrag gegen eine Gebühr (Service Fees, Buchungsgebühren etc.) Leistungen der Leistungsanbieter, oder sie vermitteln umgekehrt den Leistungsanbietern gegen Provision als Handelsvertreter Kunden. Als Händler können sie z. B. Flugtickets zu Nettopreisen von einem sogenannten Consolidator beziehen und verkaufen diese mit einem individuellen Zuschlag an ihre Kunden weiter. *Consolidator* nennt man Großhändler, die den Leistungsträgern große Kontingente an Flügen und z. T. auch Bettenkapazitäten abnehmen und diese weiterverkaufen. Klassische Reisemittler sind die Reisebüros, die auf Urlaubs- oder Geschäftsreisen spezialisiert sein können. Seit der Einführung der Internet-Reiseportale unterscheidet man *stationäre Reisebüros* (Offline – Ladengeschäft/ Reisebüro) und *Online-Reisebüros* (virtueller Reisemittler – Webshop). Beide setzen auch *Call-Center* ein. *Tourismusorganisationen* der Destinationen bewerben und vermitteln ebenfalls die Leistungsangebote ihrer jeweiligen Region und können auch zu den Mittlern gezählt werden, selbst wenn sie gegebenenfalls als staatliche oder halbstaatliche Organisationen durch Subventionen anstelle von Provisionen finanziert werden.

3. Reisende **Endkunden** sind die Personen, die entweder alleine oder in der Gruppe eine Urlaubs- oder Geschäftsreise unternehmen und die Leistungen der Leistungsanbieter in Anspruch nehmen. Unternehmen, welche die Dienstreisen für ihre Mitarbeiter bezahlen, sind zwar zu den Kunden der Tourismusbranche zu zählen. Ihre Firmenreisestellen sind aber mit dem Geschäftsreisemanagement betraut, organisieren wie ein Veranstalter Events, kaufen in großem Stil Reiseleistungen von Reisemittlern und Leistungsträgern ein und steuern die Nachfrage und das Angebot nach Reiseleistungen in ihrem Unternehmen – z. T. über eigene Reiseportale für ihre Mitarbeiter – wie ein Reisemittler. Wir behandeln sie wegen ihres Tätigkeitsspektrums eher als speziellen unternehmensinternen Reisemittler, der auch als Eigenveranstalter (z. B. Vertriebstagungen, Kundenveranstaltungen etc.) auftritt.

Die oben beschriebenen drei Wertschöpfungsstufen können auch noch beliebig feiner untergliedert werden, z. B. durch Trennung von originären Leistungsträgern und Veranstaltern oder durch Trennung der Reisemittler (Broker, Agents) von den Händlern (Merchants) und den Tourismusorganisationen (vgl. z. B. Mundt 2001, S. 245–354 oder Buhalis 2003).

1.1.1 IT-Systeme in der touristischen Wertschöpfungskette aus Anwendersicht

Für unser Ziel der Betrachtung des Informationsmanagements im Tourismus, und hier insbesondere einer systematischen Darstellung der in den verschiedenen Wertschöpfungsstufen eingesetzten IT-Systeme, ist die zweigliedrige Wertschöpfungsstruktur mit dem reisenden Endkunden als Konsument der in den beiden vorgelagerten Stufen produzierten und an ihn vermittelten Leistungen gut geeignet (vgl. Abb. 1.1.1).

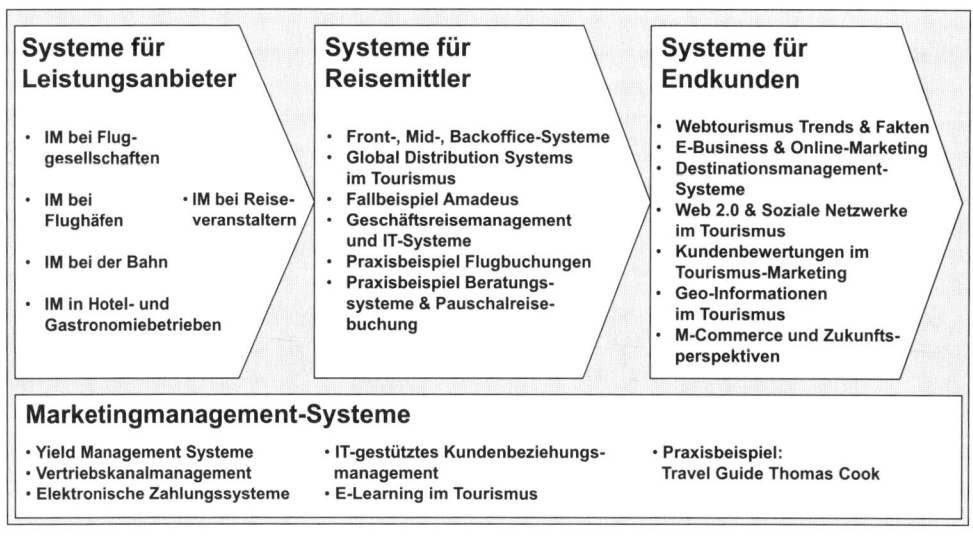

Abb. 1.1.1 IT-Systeme in verschiedenen Stufen der touristischen Wertschöpfung bzw. des touristischen Konsums

Als Informationsmanagement wollen wir die organisatorische und technische Gestaltung der Systeme der Informations- und Kommunikationstechnik (IKT) bezeichnen, mit dem Ziel der effizienten und effektiven Informationsversorgung und Koordination aller Akteure in den Prozessen der touristischen Wertschöpfung und des Konsums touristischer Leistungen durch den Endkunden. Bei letzterem ist zusätzlich das Kundenbedürfnis nach Interaktion und multimedial vermittelter Unterhaltung (Entertainment, z. B. TV im Hotelzimmer, Handy-Chat am Strand etc.) zu befriedigen. Die IKT-Systeme werden im internationalen angelsächsisch geprägten Sprachgebrauch zumeist auch als *Information Technology* (IT) bzw. *IT-Systeme* bezeichnet, was hier ebenfalls sowohl die Informations- als auch die Kommunikationsaspekte beinhaltet (vgl. auch Picot/Reichwald/Wigand 2008).

1.1 Informationsmanagement und IT-Systeme im Tourismus

Herausforderungen für das Informationsmanagement ergeben sich zum einen innerhalb der Betriebe, z. B. der Leistungsträger, zur optimalen Koordination und Allokation ihrer knappen Ressourcen: Speziell im Tourismus ist hierbei das durch die Nicht-Lagerbarkeit von Dienstleistungen bedingte Problem des unwiederbringlichen Verfalls einer typischerweise zu hohen Fixkosten vorgehaltenen Leistung, wenn diese vom Kunden nicht zum vereinbarten Bereitstellungstermin in Anspruch genommen wird. Beispiele sind die Platzkapazitäten von Restaurants und Veranstaltungen, die Bettenkapazitäten in Hotels oder die Sitzplätze in Linienfliegern und Zügen. Typisch für touristische Leistungsanbieter sind daher alle Informationsprozesse, die mit der Planung und Zuteilung der knappen Leistungspotentiale (Inventar) an Kunden vor dem Leistungskonsum stehen, und die verallgemeinert als *Computer-Reservierungssysteme* (CRS) bezeichnet werden. Ist mit der Reservierung zusätzlich der Verkauf der Leistung verbunden, spricht man auch von *Buchungssystemen*. Diese sind auch das Rückgrat der Koordination des Vertriebs der touristischen Leistungen über die in der Fläche bzw. national und international verteilten Leistungsmittler.

Das Inventar der Leistungsträger für den Vertrieb über stationäre oder Online-Reisemittler regional, national oder international-global elektronisch buchbar zu machen, ist ebenfalls eine für den Tourismus typische Aufgabe der sogenannte *computergestützten Distributionssysteme*. Eine besondere Rolle spielen dabei die aus den frühen Airline-Reservierungssystemen entstandenen *Global Distribution Systems* (GDS). Sie haben in ihrer historischen Entwicklung Ausgliederungs-, Integrations- und Konzentrationsprozesse durchlaufen, die zur Übernahme von Distributionsdiensten auch für andere Leistungsträger und Veranstalter, zu oligopolistischen Strukturen mit Regulierungsbedarf und schließlich – mit den neuen strategischen Optionen des Internet für die Airlines und andere touristische Gründungsorganisationen – zu einer weitgehenden Unabhängigkeit von diesen führte. GDS werden deshalb bislang nicht selten als eigenständige Wertschöpfungsstufe in die touristische Wertkette eingeordnet (vgl. z. B. Buhalis 2003, S. 37): Über ihre Rolle als IT-Systembetreiber für Leistungsanbieter und Reisemittler hinaus haben sie letzteren viele Jahre lang provisionsartige Kick-Back-Fees bzw. Incentives für computergestützte Buchungen gewährt und neben der Technologie auch die Geschäftsmodelle der computergestützten Distribution mitgestaltet. Vor dem Hintergrund der kontroversen Diskussion zu diesem GDS-Geschäftsmodell im Jahr 2009 ändert sich dies jedoch. Zur ganzheitlichen Betrachtung der Distributionssysteme müssen daher neben den klassischen GDS, zu denen wir auch die oftmals in diese integrierten aber eher national geprägten klassischen touristischen Distributionsnetzwerke zwischen Veranstaltern und Reisemittlern zählen (vgl. Kap. 2.5 und 4), auch die durch das Internet neu entstandenen „Alternativen Internet-Distributionssysteme" (ADS/IDS) berücksichtigt werden. Sie können die GDS durch Direktverbindungen zu den Leistungsanbietern umgehen und machen z. T. als *Online Travel Agents (OTA)* auch den traditionellen Reisebüros Konkurrenz. ADS/IDS-Unternehmen stellen einerseits eine konkurrierende Alternative zu den GDS dar, sind für jene aber andererseits auch interessante Kunden, Kooperations- und Beteiligungspartner, wobei einige ADS/IDS sogar zu neuen Geschäftsfeldern der GDS-Konzerne mutierten (vgl. VIR 2009). Mit dem Internet entstanden zudem neue Akteure wie Content-Aggregatoren, die vielfältige multimediale Informationen zu Reisezielen, Leistungsanbietern und Reisekatalogen sammeln und den Distributionssystemen elektronisch bereitstellen. Sie sind Grundlage für Internet-Angebots- und Preisvergleichssysteme, die den Vertrieb sowohl im Reisebüro als auch über die im Internet neu entstandenen *virtuellen Reisemittler* bzw. *Online-Reisebüros* durch allerlei multimediale Zusatzinformationen unterstützen. Wie verschiedene Beiträge dieses Buches zeigen, bieten die GDS-Konzerne in der letzten Zeit außer ihren klassischen GDS-Diensten und ihrer Beteiligung an ADS/IDS-Diensten auch immer mehr touristische Anwendungen jenseits der Distributionsdienste an. Sie wandeln sich somit von Distributionssystemen mit vertikal-einstufiger Wertschöpfungsfunktion zu Technologie-/IT-Dienstleistern, Content Aggregatoren bzw. technischen E-Commerce-Plattformen mit horizontal-mehrstufigen Querschnittsfunktionen in einer immer stärker netzwerkartig organisierten touristischen Wertschöpfung. Dabei konkurrieren und kooperieren sie mit zahlreichen alten und neuen Akteuren aus der IT-Branche, der Medien-/Werbebranche und der Internet-New-Economy, die wie z. B. Online-Reiseführer, (Reise-)Suchmaschinen oder Reise-Communities ebenfalls in diesem Buch vorgestellt werden. Diese Entwicklung wird umso stärker gefördert, je mehr die touristischen Leistungsanbieter die Distribution direkt über das Internet oder in Kooperation mit dem Handel und Neuen Medien reorganisieren und z. T. unter Umgehung der klassischen Distributionssysteme und Reisemittler den Endkunden Systeme bereitstellen, über die diese entweder am PC, am Automaten oder mit mobilen Endgeräten mit oder ohne weitere Intermediäre in *Selbstbedienung* buchen können. Weiter beschleunigt wird dieser Trend zu mehr Kanal-Vielfalt durch die Endkunden und ihr Bedürfnis, direkt über das Internet mit den touristischen Akteuren zu interagieren und über deren Angebote und ihre Urlaubserlebnisse öffentlich miteinander zu kommunizieren. Dabei finden die klassischen GDS-Unternehmen neue Geschäftsfelder, indem sie in Konkurrenz zu alten und neuen, mehr oder weniger touristisch spezialisierten IT-Dienstleistern und Aggregatoren die hierzu notwendigen neuen Internet-Dienste-Plattformen im Auftrag der Leistungsanbieter und deren Allianzen, manchmal auch im Auftrag von Reisemittlern bzw. deren Kooperationen entwickeln und betreiben.

Die vollständige Internet-Vernetzung von Reiseveranstaltern sowohl mit originären Leistungsträgern als auch mit Endkunden ermöglichte außer den Informationsmanagement-Innovationen in der Distribution auch Innovationen in der *Reiseproduktion* wie das dynamische Paketieren (*Dynamic Packaging*). Bei dieser automatisierten kundenindividuellen Reiseproduktion werden erst zum Zeitpunkt einer Kundenanfrage von sogenannte *virtuellen Veranstaltern* passende Transport- und Beherbergungsleistungen bei vernetzten Leistungsträgern angefragt, kombiniert, zu Tagespreisen kalkuliert und dem Kunden zur sofortigen Buchung angeboten. In den Buchbeiträgen wird dargestellt, wie neben den Veranstaltern auch die Destinationen mit ihren Destinationsportalen und mobilen ortsbezogenen Diensten immer stärker direkt den Endkunden adressieren. Tourismusspezifische Herausforderungen des Informationsmanagements sind dabei zum einen die möglichst anschauliche und passende Beschreibung des komplexen immateriellen Erlebnisproduktes Urlaubsreise und zum anderen die optimale Integration sämtlicher stationären und mobilen elektronischen Dienstangebote, die der Endkunde vor der Reise, auf der Reise und nach der Reise nutzt.

Während das Internet also einerseits in der Distribution zu einer Umgehung von Intermediären führt (Dis-Intermediation), entstehen andererseits für Leistungsträger, Veranstalter und Endkunden neue Systeme und Dienste, deren Anbieter durch Bereitstellung multimedialer Informationen oder Bewertungen zum Reiseprodukt als „neue Intermediäre" Beiträge zur touristischen Wertschöpfung leisten (vgl. Buhalis 2003). Daher ist es sinnvoll, die verschiedenen alten und neuen IT-Systeme und Dienste nicht trendabhängig als neue oder übergangene Stufen der touristischen Wertschöpfung ein- bzw. auszugliedern, sondern sich aus der Perspektive der touristischen Kern-Rollen des touristischen Leistungsanbieters, des Reisemittlers (für komplexere Produkte immer notwendig) und des Endkunden mit der Anwendung dieser Systeme im jeweiligen Geschäfts- und Reiseprozess zu beschäftigen. Diese an den Anwendungen und touristischen Kern-Rollen orientierte Vorgehensweise dieses Buches ist in Abbildung 1.1.1 veranschaulicht und findet Ausdruck in der Gliederung der Kapitel:

Kapitel 2 analysiert das Informationsmanagement und die IT-Systemlandschaften typischer touristischer Leistungsanbieter. Dies sind zum einen die Leistungsträger aus der Passagierbeförderung (Fluggesellschaften und Flughafen, Bahn), zum anderen die Hotellerie und Gastronomie. Weiterhin werden die IT-Systeme zur Reiseproduktion bei Reiseveranstaltern beschrieben, welche die Leistungen dieser originären Leistungsträger auf verschiedene Weise bündeln, vertreiben und abwickeln (Fulfillment). Allen Beiträgen ist gemeinsam, dass aus der Perspektive der Leistungsanbieter die für deren Kooperationspartner und Geschäftsprozesse relevanten IT-Applikationen mit ihren Funktionen und ihren Schnittstellen dargestellt werden. Das heißt, auch hier werden neben den Einkaufs-, Planungs-, Produktions- und Abrechnungssystemen die Bereitstellung der Distributionssysteme (GDS, ADS/IDS etc.) und ihre Befüllung mit Produktinformationen und Vakanzen behandelt.

Kapitel 3 erläutert Informationssysteme, die typische Informationsmanagementprobleme aller Akteure der touristischen Wertschöpfung betreffen und daher keiner einzelnen Perspektive zugeordnet werden können. Der Beitrag Yield Management beschreibt computergestützte Systeme zur Optimierung der Umsätze bzw. Gewinne durch geeignete Segmentierung der Nachfrage und Preisdiskriminierung (engl. Discriminatory Pricing) am Beispiel von Airlines, Hotels und Reiseveranstaltern. Die Beiträge über das Vertriebskanalmanagement bzw. die elektronischen Zahlungssysteme systematisieren die immer zahlreicher werdenden touristischen Vertriebskanäle und Zahlungssysteme primär aus Anbietersicht (Leistungsanbieter und Reisemittler – von Zahlungssystemanbietern pauschal als „Händler" subsummiert) bei Berücksichtigung der Endkunden-Bedürfnisse. Der Beitrag zum computergestützten Kundenbeziehungsmanagement stellt die für alle Akteure immer wichtigeren Prozesse und Systeme des Customer Relationship Management (CRM) vor, das anschließend am Praxisbeispiel des webbasierten Thomas Cook Travel Guides erläutert wird. Das Kapitel endet mit Beispielen zur E-Learning-Weiterbildung im Marketing & Vertrieb verschiedener Tourismussektoren.

Kapitel 4 behandelt das Informationsmanagement und die IT-Systemlandschaften aus der Perspektive der Reisemittler. Ausgangspunkt ist ein Überblick über die Front-, Mid- und Backoffice-Systeme für Reisebüros, die bisher von den GDS dominiert werden, aber zunehmend Ergänzung und Konkurrenz durch Beratungs- und Preisvergleichssysteme, alternative Internet-Distributionssysteme sowie spezialisierte Mid- und Backoffice-Lösungen erhalten. Internet-Booking Engines für Reisebüro-Websites werden ebenso vorgestellt, was zeigt, wie klein die Gratwanderung zwischen stationärem Reisebüro und Online-Reisebüro ist. Auch die auf Internet Booking Engines basierenden Business-Travel-Management-Systeme für das Geschäftsreisemanagement von Unternehmen werden deshalb mit ihren Effekten auf den Geschäftsreiseprozess in einem weiteren Beitrag von Kapitel 4 behandelt. Da die Reisemittler die Hauptanwender der GDS sind, werden Global Distribution Systems mit ihrer Historie und Weiterentwicklung vorgestellt und die wichtigsten Funktionen am Praxisbeispiel einer Flugbuchung und der Buchung einer Urlaubsreise aus Expedientensicht demonstriert. Amadeus, das im deutschen Markt aus seiner Historie heraus am weitesten verbreitet ist, wird als Praxis- und Fallbeispiel im Detail vorgestellt. Dies stellt aus Sicht der Herausgeber jedoch keine Wertung oder gar Produktempfehlung dar. Wir empfehlen immer einen situationsbezogenen Vergleich mit den aktuellen Produkt- und Dienstangeboten sowohl von Sabre als auch von Travelport. Sie haben mit ihren jeweiligen Tochtergesellschaften und Kooperationspartnern ähnliche Produkte und Dienste im Angebot wie der Amadeus-Verbund. Zudem gibt es viele weitere Unternehmen (vgl. Kap. 4.1), die konkurrierende Produkte für einzelne Teilbereiche des Front-, Mid- und Backoffice von Reisemittlern anbieten.

Kapitel 5 erörtert schließlich touristische Informationssysteme, die die Informations- und Kommunikationsbedürfnisse der Endkunden als Anwender bedienen. Wie die webbasierten E-Tourism-Angebote und das Nutzungsverhalten der Endkunden systematisch mit Methoden der Marktforschung analysiert werden und welche Trends hierbei erkennbar sind, ist der Ausgangspunkt der Betrachtungen. Die Beiträge zu E-Business und Online Marketing bzw. zu Destinationsmanagement-Systemen befassen sich mit den Funktionen der Internet Booking Engines, Online-Reiseportale, (Reise-)Suchmaschinen etc. der Leistungsanbieter, Reisemittler, der neuen Intermediäre, sowie speziell der Destinationen aus Sicht der Endkunden. Unter dem Schlagwort Web 2.0 werden verschiedene Anwendungen vorgestellt, die den Kunden als Ko-Produzenten in touristische Wertschöpfungsprozesse und Soziale Netzwerke aktiv einbeziehen. Weitere E-Tourism-Innovationsfelder mit Fokus auf den Endkunden sind Geoinformationen und Mobile-Commerce, von denen wichtige Impulse für die weitere Entwicklung eines „personalisierten" Informationsmanagements im Tourismus ausgehen.

Die Website zum Buch: www.tourismus-it.de

Hier finden Sie weitere Informationen und können weitere Beiträge liefern!

Gerne hätten wir auch das Informationsmanagement weiterer Leistungsanbieter wie z. B. Autovermieter, Messe- und Event-Veranstalter oder Kreuzfahrt-Veranstalter beschrieben und auch noch weitere touristische Systemanbieter mit ihren Produkten vorgestellt. Aber dies hätte eindeutig den Umfang dieses Buches gesprengt, das mit über 500 Seiten ohnehin weit größer ausfällt, als ursprünglich geplant. Deshalb haben wir zu diesem Buch auch eine Website eingerichtet, auf der zu jedem Kapitel eine Kurzübersicht steht, und auf der wir neben zusätzlichen Informationen zu den Kapiteln auch neue Beiträge, Fall- und Praxisbeispiele nach einem Reviewprozess durch uns Herausgeber publizieren wollen. Wir laden alle Interessenten herzlich ein, unter **www.tourismus-it.de** mit uns Kontakt aufzunehmen, um ihre Ergänzungen und Beiträge in vorgegebenem Format eines lehrbuchartigen Beitrages für unsere Leser kostenlos zu veröffentlichen. Umgekehrt empfehlen wir allen Lesern, die Website zu besuchen, um neue Informationen z. B. über Innovationen und Entwicklungen, die sich nach Erscheinen des Buches ereignen, dort nachzulesen.

1.1.2 Geschäftsprozesse, IT-Applikationen und Schnittstellen

Ziel des Informationsmanagements der verschiedenen Akteure bzw. Anwender in touristischen Wertschöpfungsprozessen ist die in Bezug auf ihre strategischen und operativen Ziele (bei Betrieben) bzw. ihre individuellen und kollektiven Bedürfnisse (bei reisenden Endkunden) optimale Unterstützung ihrer Geschäftsprozesse und Aktivitäten durch geeignete IT-Systeme (vgl. insbesondere Keller 2006).

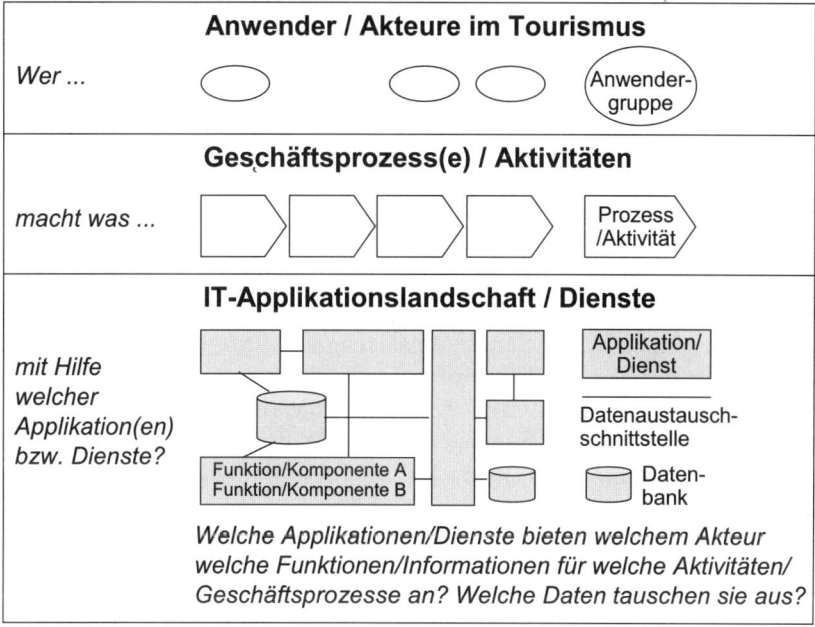

Abb. 1.1.2 Betrachtungsebenen zur Beschreibung der IT-Systeme in der touristischen Wertschöpfung

Geschäftsprozesse sind Folgen von Einzelaktivitäten, die schrittweise ausgeführt werden, um ein geschäftliches oder betriebliches Ziel zu erreichen. Im Gegensatz zum Projekt kann der Prozess öfter durchlaufen werden. Einzelne Aktivitäten können durch Input-Output-Beziehungen (Aktivität A liefert Arbeitsergebnisse als Input an Aktivität B) verknüpft sequentiell aufeinanderfolgen oder parallel zueinander ausführbar sein, koordiniert z. B. durch den gemeinsamen Zugriff auf dieselben Informationen (z. B. zwei Reisebüros buchen parallel Plätze im selben Flug). Geschäftsprozesse überschreiten oft die Abteilungs- und Betriebsgrenzen der Aufbauorganisation und gehören zur Ablauforganisation eines Betriebs.

IT-Systeme bieten Funktionen zur Informationsspeicherung und -verarbeitung sowie zum Informationsaustausch an, welche die Aktivitäten der Nutzer bzw. der betrieblichen Anwender in den Geschäftsprozessen unterstützen oder (teil-)automatisieren und hierdurch einen Nutzen bieten. Die Anwender und Nutzer interagieren mit den IT-Systemen über Benutzerschnittstellen (engl. User Interface, z. B. eine PC-Tastatur mit Maus und Windows-Terminal oder der Touchscreen eines Ticketautomaten oder Smartphone). Neben den Funktionen ist die zweckmäßige einfache Bedienbarkeit (engl. Usability) ein wesentliches Erfolgskriterium des IT-Einsatzes.

IT-Systeme bestehen aus Hardware-, Software- und Netzkomponenten. Bei der Software unterscheidet man im Allgemeinen zwischen der Systemsoftware (z. B. Betriebssystem, Treiber, Netzwerksoftware, Datenbanksysteme etc.) und der Anwendungssoftware (auch Lösung, Anwendung oder Applikation).

Während die meisten Hardwarekomponenten, die Systemsoftware und die Netzkomponenten gemäß dem Prinzip des Universalcomputers Basisfunktionen bereitstellen, die unabhängig von einem konkreten Anwendungsproblem sind (z. B. Daten speichern, Daten übertragen, Daten ausdrucken/anzeigen) sind in den Programmen der Anwendungssoftware alle Funktionen zur Unterstützung eines konkreten Geschäftsprozesses oder der Aktivitäten zur Lösung eines Kundenbedürfnisses zusammengefasst. Erst diese Anwendungen oder Applikationen entfalten den Nutzen eines IT-Systems für Nutzer und Organisation und sie stehen mit ihren Funktionen daher im Fokus dieses betriebswirtschaftlich orientierten Buches.

Anwendungen können mit ihren Funktionen einzelne Aktivitäten (z. B. Textverarbeitung), einzelne betriebliche Funktionsbereiche (z. B. die Finanzbuchhaltung), einzelne Geschäftsprozesse (z. B. Bestellung, Annoncieren, Abrechnung von Speisen und Getränken in einem Kassensystem) oder mehrere Geschäftsprozesse und Abteilungen eines Unternehmens (z. B. Hotelmanagement-System) unterstützen. Als zwischenbetriebliche Globale Reservierungssysteme unterstützen sie sogar viele verschiedene Geschäftsprozesse in vielen verschiedenen Betrieben und integrieren auf diese Weise die verschiedenen Stufen der touristischen Wertschöpfungskette durch Vernetzung.

Anwendungen sind also Bündel von Funktionen, die auf gemeinsamen Daten operieren und logisch einem bestimmten Problemzusammenhang (z. B. der Finanzbuchhaltung, dem Reservierungssystem, etc.) in einem oder mehreren Geschäftsprozessen zugeordnet sind. Hinsichtlich ihrer Veränderung im Ablauf der unterstützten Geschäftsprozesse lassen sich bei betriebswirtschaftlichen Anwendungen Stammdaten, Bestandsdaten und Bewegungsdaten unterscheiden (vgl. Abbildung 1.1.3).

Physikalisch können die Programme und Daten bzw. die Objekte einer Anwendung beliebig auf verschiedene Hard-, Softwarekomponenten verteilt sein und sich zum Datenaustausch beliebiger Netzkomponenten bedienen. Während eine einfache PC-Computerkasse z. B. als Anwendung nur auf einem PC installiert ist, kann ein Hotelmanagement-System auf einen oder mehrere Server-Rechner und viele Client-PCs verteilt sein. Sowohl der Server-Rechner als auch die Client-PCs können zusätzlich noch weitere Anwendungen beherbergen (engl. Hosting), was eine effizientere Nutzung der systemnahen IT-Komponenten ermöglicht.

1.1 Informationsmanagement und IT-Systeme im Tourismus

Stamm-/Grunddaten (master data) sind zustandsorientierte Daten, die der Identifikation, Klassifikation und Charakterisierung von Sachverhalten dienen und unverändert über einen längeren Zeitraum zur Verfügung stehen. Sie werden auch als *feste Daten* bezeichnet.

Beispiel: Personaldaten, Kundendaten, Artikeldaten, Adressen

Bewegungsdaten (transaction data) sind abwicklungsorientierte Daten, die immer wieder neu durch die betrieblichen Leistungsprozesse entstehen, die laufend in die Vorgänge der Datenverarbeitung einfließen und dabei eine Veränderung der Bestandsdaten bewirken.

Beispiel: Reservierung, Bestellung, Rechnungsposition, Buchung, Zahlung

---

Bestandsdaten (inventory data) sind – wie die Stammdaten – zustandsorientierte Daten, welche die betriebliche Mengen- und Wertestruktur kennzeichnen, und somit veränderbar. Sie unterliegen – anders als die Stammdaten – durch das Betriebsgeschehen einer systematischen Änderung, welche durch die Verarbeitung von Bewegungsdaten bewirkt wird.

Beispiel: Warenbestand, Zimmerbelegung, Kontostand

Abb. 1.1.3 Unterscheidung von Daten entsprechend ihrer Veränderung im Geschäftsprozess in Stamm-, Bewegungs- und Bestandsdaten in betriebswirtschaftlichen Anwendungen
Quelle: Scheithauer 2005

Größere Anwendungen können zudem aus einzelnen Teilanwendungen (Komponenten, Modulen) bestehen wie z. B. die Front-, Mid- und Backoffice-Module einer Reisebüro-Verkaufsplattform oder eines Hotelmanagement-Systems, die mehr oder weniger integriert auf gemeinsamen Datenbeständen arbeiten oder über gemeinsame Schnittstellen Daten austauschen. Oft können die einzelnen Module einer Anwendung auch einzeln beschafft oder nur selektiv genutzt werden. Verschiedene Anwendungen, z. B. ein Hotelmanagement-System und ein Kassensystem, können über mehr oder weniger standardisierte Schnittstellen Daten in festgelegten Formaten nach fest definierten Regeln (Protokollen) austauschen. Auf diese Weise werden Mehrfacherfassungen von Daten für verschiedene Anwendungen vermieden und der Datenaustausch kann durch Vernetzung verschiedener Anwendungen auch über große Entfernungen hinweg automatisiert und in Echtzeit erfolgen. Zudem ist es möglich, dass komplexe Funktionen einer Anwendung auch von anderen Anwendungen mitgenutzt werden.

In der moderneren objektorientierten Sichtweise werden daher die Daten einer Anwendung zusammen mit den problemspezifischen Funktionen zu ihrer Verarbeitung als integrierte Anwendungs-Objekte zusammengefasst, die den Anwendern, Programmierern und anderen Anwendungen als wohldefinierte Dienste zur Nutzung angeboten werden. Dies wird auf Anwendungsebene auch als objektorientierte Modellierung und Programmierung und auf Ebene der Vernetzung bzw. Integration verschiedener Einzelanwendungen als Serviceorientierte-Architektur (SOA) bezeichnet.

IT-Applikations- oder **Anwendungslandschaft** nennt man die Gesamtheit der Anwendungen bzw. Applikationen, die ein Betrieb oder verschiedene Betriebe einer Branche in ihren Geschäfts- und Wertschöpfungsprozessen einsetzt. Sie kann veranschaulicht werden, indem man wie in Abbildung 1.1.2 die wichtigsten Anwendungen bzw. deren Funktionsmodule grafisch darstellt. Die Schnittstellen, über welche die einzelnen Anwendungen miteinander Daten austauschen, können durch Linien symbolisiert werden. Auf diese Weise erhält man eine grobe Übersicht über die Anwendungen und ihr Zusammenwirken bei der Unterstützung der verschiedenen Akteure in den Geschäftsprozessen. In mehreren Beiträgen dieses Buches haben wir von den konkreten und zumeist historisch gewachsenen Applikationslandschaften einzelner Betriebe abstrahiert und idealtypische Applikationslandschaften dargestellt, die der Veranschaulichung der für eine Branche typischen gemeinsamen Aspekte des Informationsmanagements dienen. Sie ermöglichen eine verallgemeinerte Beschreibung und systematische Einordnung touristischer Applikationen entsprechend ihrer Funktionen in den Geschäftsprozessen unter Vernachlässigung der zahlreichen unterschiedlichen produktspezifischen Ausprägungen. Diese generischen IT-Landschaften geben darüber Auskunft, welche Applikationen bzw. Dienste welchen Akteuren welche Funktionen und Informationen zur Unterstützung welcher Geschäftsaktivitäten typischerweise anbieten. In der Praxis sind die generischen Basisdienste und Funktionen immer dieselben, können aber durchaus anders auf verschiedene betriebs- und herstellerspezifische Applikationsprodukte verteilt sein. Beispielsweise kann in Abbildung 2.3.1 des Kapitels 2.3 eine Anwendung zum Kundenbeziehungsmanagement (CRM-System) in einem Hotelbetrieb wie dargestellt ein typisches Zusatzmodul des Hotelmanagement-Systems sein. Es kann aber auch dem zentralen Reservierungssystem (CRS) der Hotelkette oder Kooperation zugeordnet sein, oder es ist eine Einzelanwendung, die mit den beiden anderen Systemen Daten über eine Schnittstelle austauscht. Entsprechend sind auch die Schnittstellen in einer generischen Applikationslandschaft nur idealtypische Verbindungen, die im konkreten Fall auch über andere technische Wege oder durch händischen Datenaustausch realisiert sein können. Sie werden, wenn sie seltener vorkommen, auch durch gestrichelte Linien dargestellt.

1.2 Systemarchitekturen touristischer IT-Applikationen

Der Fokus aller folgenden Buchbeiträge liegt auf der Anwendungsebene und den Funktionen der IT-Applikationen im Tourismus. Man kann jedoch die wesentlichen Entwicklungslinien der EDV im Tourismus nicht nachvollziehen, wenn man die historische Entwicklung der den Informationssystemen zugrundeliegenden anwendungsunabhängigen Systemarchitekturen nicht berücksichtigt. Bis heute finden sich in den touristischen Applikationslandschaften Systeme aller verschiedenen Architekturvarianten mit ihren spezifischen Vor- und Nachteilen für die Nutzung und den Betrieb. Dies muss beim Informationsmanagement berücksichtigt werden, insbesondere wenn alte Systeme mit neuen Systemen integriert oder durch diese weiterentwickelt oder abgelöst (migriert) werden sollen.

1.2 Systemarchitekturen touristischer IT-Applikationen

Abbildung 1.2.1 zeigt in der Reihenfolge ihrer historischen Entwicklung fünf typische Systemarchitekturen, nach denen Informationssysteme strukturiert sein können. Mit den Mobile Apps etabliert sich aktuell (2010) eine weitere Variante, die aber als spezielle, für mobile Endgeräte und ihre Bedienung optimierte Mischform auf den bestehenden Architekturen basiert.

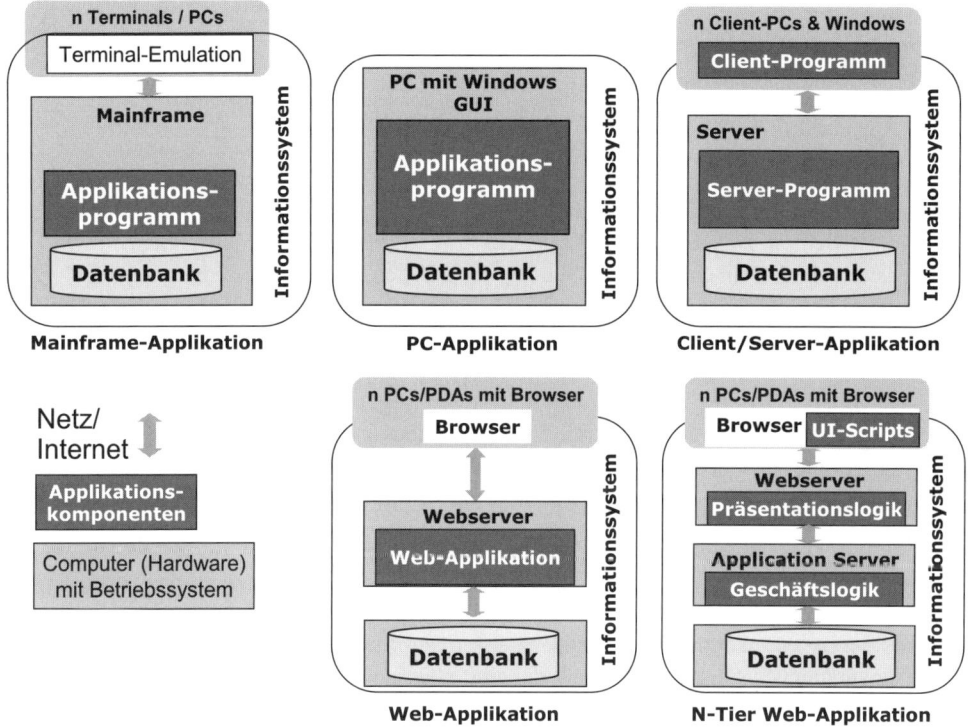

Abb. 1.2.1 Typische Systemarchitekturen von Informationssystemen für IT-Applikationen (in Anlehnung an Hansen/Neumann 2009)

- **Mainframe-Applikationen**

Die ersten touristischen Computer-Reservierungssysteme (CRS) wurden von den Airlines auf der Basis von Großrechnern entwickelt und sind bei diesen bzw. in den Global Distribution Systems bis heute im Einsatz. Großrechner (engl. Mainframe) sind extrem leistungsfähige, herstellerspezifische teure Computersysteme, die in einem zentralen Rechenzentrum betrieben werden. Auf einem Großrechner können verschiedene Applikationsprogramme mit Zugriff auf gemeinsame Datenbanken ablaufen (gehosted – beherbergt werden) und sehr hohe Transaktionsraten (z. B. Abfragen, Reservierungen, Buchungen pro Sekunde) erreichen. Da vor Erfindung des Personal Computers (PC) die Anwender nur über alphanumerische Terminals ohne eigene Prozessorleistung verfügten, wurde neben der Geschäftslogik auch die gesamte Kommunikation mit den „dummen" Anwender-Terminals (Konsole) vollständig durch die zentrale Applikation gesteuert. Der bis heute auf alphanumerischen Befehlscodes beruhende kryptische Bedien-Modus ist bei allen GDS ein typisches Relikt dieser Host-Applikationen. Während sich frühe Großrechner-Anwendungen sowohl um die Geschäftslogik als auch um die Datenhaltung kümmern mussten, wurden die anwendungsunabhängigen Funktionen zur Verwaltung von Massendaten sowie der Transaktionskontrolle zur Vermeidung von Inkonsistenzen durch parallelen Zugriff verschiedener Anwender auf dieselben Daten (typisch bei Reservierungen) in Datenbanksystemen zusammengefasst.

- **PC-Applikationen**

Mit der Einführung der aus massenweise hergestellten Standard-Hardware-Komponenten basierenden PCs konnte dem Bediener kostengünstig eigene Prozessorleistung im Endgerät bereitgestellt werden und es entstanden PC-Applikationen. Dies sind Programme wie z. B. Office, Finanzbuchhaltung oder Hotel-Zimmerverwaltungen, die auf einem PC installiert werden und dort mit lokaler Datenhaltung oder einer Datenbank vollständig dezentral auf dem Nutzer-Schreibtisch ablaufen. Die Einführung grafischer Bedienoberflächen mit Maus und Fenstertechnik war ein weiterer Schritt, der auf der lokalen Verfügbarkeit von Prozessorkapazität beruhte. Die menügesteuerten kryptischen Bedienoberflächen wurden immer mehr durch Windows-basierte grafische Oberflächen (GUI – Graphic User Interface) verdrängt. Sie sind für den gelegentlichen Nutzer bedienerfreundlicher und erfordern nicht das Erlernen von Befehlscodes, bieten aber häufig im sogenannten Experten-Modus schnelle tasten- und befehlsorientierte kryptische Bedienvarianten an. Durch Terminal-Emulationsprogramme kann auch jeder PC, der mit einem Großrechner vernetzt ist, in einem Fenster zentrale Host-Applikationen aufrufen und dem Anwender zur Bedienung anbieten.

- **Client/Server-Applikationen**

Mit der PC-Vernetzung kamen zu den zentralen Host-Applikationen noch Client/Server-Applikationen als Innovation hinzu. Ein PC, der mit den PCs mehrer Anwender vernetzt ist, kann als Server eine zentrale Datenbank und ein zentrales Applikationsprogramm, z. B. ein Hotelmanagement-System beherbergen, das von allen angeschlossenen Anwendern gemeinsam benutzt wird. Auf jedem Nutzer-PC wird hierzu ein Anwendungs-spezifisches Client-Programm installiert, das die meist grafische Bedienoberfläche und gegebenenfalls lokale Geschäftslogik für den Anwender bereitstellt und als Client (Kunde) Aufträge zur Bearbeitung an die Server-Applikation (Diener) schickt. Diese enthält die zentralen Komponenten der Geschäftslogik und organisiert den Zugriff auf die gemeinsam genutzten Daten. Anders als bei Großrechnern ist bei dieser Architektur die „Intelligenz" der Applikation zwischen PC und Server auf zwei Ebenen verteilt. Man spricht auch von *2-Tier-Architecture*. Der Vorteil der PC-Server ist, dass sie auch für Abteilungen, kleine und mittlere Betriebe erschwinglich sind, und für den gemeinsamen Zugriff auf Funktionen und Daten eine ähnliche Funktionalität wie Großrechner über eine grafische Bedienoberfläche bieten. Aber auch im Client-Server-Computing wurde der aus dem Host-Betrieb bekannte Terminal-Zugriff weiterentwickelt. Auf einem PC-Server mit einer Terminal-Server-Software kann man von jedem vernetzten PC aus eine sogenannte Remote-Desktop-Verbindung aufbauen und wie als entfernter Nutzer in einem Fenster diverse Anwendungen auf dem Server starten und in einer Windows-Oberfläche bedienen. Der lokale PC des Nutzers fungiert hierbei als reines „dummes" Windows-Terminal, das nur den grafischen Benutzerdialog abbildet, der durch die vollständig auf dem Server ablaufenden Anwendungen erzeugt wird. Auf diese Weise können Betriebe externen Nutzern kurzfristig ohne Installationsaufwand Zugriff zu diversen Windows-Anwendungen geben. Dieselbe Technik liegt PC-Support-Programmen zugrunde, mit denen z. B. Experten in einem Service Call Center Anwendern am PC Hilfestellung geben können, indem sie mit Zustimmung des Anwenders als Remote User die Fernbedienung (Remote Control) des PC übernehmen können.

- **Web-Applikationen**

Die Ausbreitung des Internet beschränkte sich viele Jahre lang auf die Ausbreitung der Internet-Protokollfamilie zur Verbindung heterogener Computernetze auf dem Weg zu einem globalen Netzwerk. Es schließt diverse, bis heute physikalisch und von den Übertragungsverfahren her verschiedenartige, historisch gewachsene Subnetze zu einem logischen (virtuellen) Standard-Netzverbund zusammen. Auf Ebene der Anwendungen verbreitete sich zunächst Internet-E-Mail, das in Konkurrenz zu zahlreichen anderen Mail-Systemen stand. Die Revolution auf Anwendungsebene begann auf dieser Basis erst mit der Einführung des World Wide Web (WWW) als standardisiertem multimedialem Hypertext-Informationssystem. Es bietet Anwendern über einen als Browser bezeichneten Web-Client beliebige Multimedia-Dokumente zur Ansicht an, die auf verschiedenen Web-Servern (dt. auch Webserver) bereitgestellt und weltweit über Links aufeinander referenzierbar sind. Als Web-Applikationen bezeichnet man nun Anwendungsprogramme, die für den interaktiven Dialog mit dem Anwender Hypertext-Dokumente wie Eingabeformulare und multimediale Ausgabedokumente automatisch und in Echtzeit auf dem Webserver erzeugen, verarbeiten und mit dem Web-Browser des Anwenders austauschen. Web-Applikationen können daher von Anwendern sofort auf jedem Computer mit einem Web-Browser bedient werden, der über Internet-Verbindungen Zugang zum Webserver der Anwendung hat. Nach der einmaligen Installation eines Webbrowsers auf einem beliebigen Endgerät (PC, PDA, Smartphone etc.) kann jeder Anwender weltweit über das Internet sofort die meisten Web-Applikation nutzen, ohne weitere Anwendungs-spezifische Client-Software installieren zu müssen. Neue Funktionen und Verbesserungen von Web-Applikationen, bei denen die Intelligenz zur Geschäftslogik und Dialogsteuerung wieder stärker zentralisiert ist, sind sofort nach Installation auf dem Webserver und ohne Softwareverteilung bzw. Client-Installation bei allen Anwendern weltweit nutzbar.

Web-Portale: Die Möglichkeit verschiedenartige Web-Applikationen einfach per Link aufzurufen und zu verknüpfen führte zu einer weiteren Innovation, die auch für den Tourismus wesentlich ist. Verschiedene Web-Anwendungen können den Anwendern auf einem Web-Portal (dt. auch Webportal) gemeinsam angeboten werden. Reiseportale entstehen z. B. aus der Kombination verschiedner Web-Anwendungen zur Buchung unterschiedlicher touristischer Angebote (Flug, Hotel, Mietwagen, Pauschalreisen, Tickets) mit Anwendungen z. B. zur Anzeige von Sonderangeboten zur Volltextsuche oder zum Abonnieren eines Newsletters. Je nach Integrationsgrad sind die verschiedenen Web-Anwendungen optimal aufeinander abgestimmt, z. B. indem sie im gleichen Layout gehalten sind, oder dass der Kunde am „Portal" seine Daten nur einmal eingeben muss, um dann alle Anwendungen mit diesen Daten nutzen zu können.

Internet, Intranet- und **Extranet:** Um den allgemeinen Zugang zu Web-Applikationen, die auch Internet-Applikationen genannt werden, zu beschränken, können diese zur Autorisierung und Authentifizierung der Anwender ein Login- und Passwort vorsehen und durch differenzierte Rechtevergabe den Zugriff auf Funktionen und Daten einschränken. Netzwerkseitig kann der Zugriff auf Web-Applikationen auch durch Firewalls erfolgen, die bei einem Subnetz oder einem einzelnen Computer nur Internet-Pakete von Rechnern mit zugelassenen Internetadressen zum Durchlass filtern. Auf diese Weise durch Firewalls vom allgemeinen Internetzugriff abgeschottete betriebseigene Subnetze nennt man auch Intranet. Die entsprechenden Web-Anwendungen, auf die nur von Rechnern im Subnetz zugegriffen werden kann, heißen auch Intranet-Anwendungen. Soll ausgewählten Anwendern (Kunden, Lieferanten, Mitarbeitern im Außendienst etc.) Zugriff zu besonders schützenswerten Web-Applikationen gewährt werden, ohne den Zugriff auf einzelne Rechner mit festen Internetadressen zu beschränken, kann auch eine Verschlüsselung der gesamten Kommunikation zwischen dem Intranet und ausgewählten Rechnern außerhalb des Intranets vorgesehen werden. Bei dieser auch als Extranet (Intranet für externe Nutzer) bezeichneten Erweiterung des Intranet benötigen Rechner außerhalb des Intranets meist eine anwendungsunabhängige VPN (Virtual Private Network) Client-Software, die nach einem dem Anwender individuell zugeteilten Schlüssel alle Daten zur Kommunikation mit den Webservern im Intranet ver- und entschlüsselt. Nur wer im Besitz eines Schlüssels ist, kann im offenen Internet über einen VPN-Server Kontakt zu ausgewählten Rechnern des ansonsten abgeschotteten Intranets aufnehmen und die ausgetauschten Datenpakete korrekt interpretieren – der Datenaustausch zwischen Browser und Webserver ist zudem im „offenen Internet" nicht abhörbar. Web-Applikationen für ausgewählte externe Nutzergruppen nennt man in Abgrenzung zu den offenen Internet-Applikationen und den auf bekannte Rechner und Subnetze beschränkten Intranet-Applikationen entsprechend Extranet-Applikationen.

Content-Management-Systeme: In der Anfangsphase des WWW mussten Webseiten mit ihren Text- und Bildinhalten sowie mit ihrer kompletten Formatierung und dem Layout mühsam von Hand oder mit Hilfe spezieller Web-Editoren halbautomatisch in der von allen Browsern interpretierbaren Standard-Beschreibungssprache für Web-Dokumente HTML (Hypertext Markup Language) kodiert werden. Content-Management-Systeme sind spezielle Web-Applikationen, die die Entwicklung und Pflege von Webseiten durch konsequente Trennung des Layouts und der Formatierungen von den eigentlichen Text- und Bildinhalten (oder anderem multimedialem Content) erheblich erleichtern. Layout und Formatierungsvorgaben sind auf den meisten Seiten eines Webauftrittes gleichartig gestaltet und werden als Schablonen (sogenannte Web-Templates) von Designern vorgegeben. Die Inhalte können dann von Redakteuren durch das Ausfüllen von Text-Formularen und das Hochladen von Multimedia-Dateien einfach gepflegt werden, ohne grafische und technische Aspekte der Layout-Formatierung oder gar HTML-Programmierung kennen oder berücksichtigen zu müssen. Das Web-Content-Management-System formatiert automatisch die in einer Datenbank verwalteten Text- und Multimedia-Inhalte entsprechend der Layout- und Formatierungsregeln der Templates und gibt sie als vollständig automatisch generierte Webseite aus. Allein durch Verwendung verschiedener Templates können so dieselben Informationen auch für verschiedene Endgeräte wie Handy oder Drucker unterschiedlich aufbereitet werden. Dieselben Inhalte, z. B. Reiseinformationen zu einem Zielgebiet, können ebenfalls mittels verschiedener Templates auf verschiedenen Webauftritten z. B. auf verschiedenen Reiseportalen in unterschiedlichem markenabhängigem Format und Layout angezeigt werden. So kann mittels Content Syndication derselbe Content an zahlreiche Abnehmer zur Wiederverwendung weiterverkauft werden. Ebenso werden Web-Applikationen wie z. B. Web-Buchungssysteme als White-Label-Anwendungen mit individualisierbaren Templates bereitgestellt, damit sie von diversen Webportalen passend zum jeweiligen Portal-Layout integriert werden können. Die Verwaltung der Inhalte in einer Datenbank mit ihren mächtigen Verwaltungsfunktionen ermöglicht außerdem eine differenzierte Rechteverwaltung, die festlegt, wer welche Inhalte einstellen, ändern oder einsehen darf. Sie ist Grundlage der Personalisierung, bei der man Portal-Nutzern nur die Inhalte zeigt, die vermeintlich zu ihnen passen.

- **N-Tier-Web-Applikationen und Service-orientierte-Architekturen**

Der große Erfolg von Web-Anwendungen führte schnell zu Erweiterungen der Web-Systemarchitekturen. Zahlreiche Anbieter entwickelten für ihre bestehenden alten Host- bzw. Client-Server-Applikationen neue Web-Bedienoberflächen, ohne die komplexen und seit Jahrzehnten erfolgreichen Anwendungen selbst zu verändern. Vor die bewährten alten sogenannte Legacy-Systeme wurden Web-Front-Ends geschaltet, um die alten Funktionalitäten den Anwendern auf ihren Browsern mit moderner Bedienoberfläche zu präsentieren. Die Steuerung der Bedienoberfläche (Präsentationslogik) wurde von der eigentlichen Applikationslogik getrennt und auch zur Lastverteilung auf verschiedene Systeme (Application Server) verteilt. Die intelligente Verteilung der Last auf zahlreiche Server eines Server-Clusters erlaubt inzwischen auch technisch ähnliche Verarbeitungsleistungen, wie sie früher nur durch Großrechner erreichbar waren. Da die Fähigkeiten der Browser zur grafischen Darstellung z. B. von dynamischen Inhalten, 3-D-Darstellungen, Animationen, Filmen etc. bis heute im Vergleich zu den Windows-Oberflächen beschränkt sind, können diese durch nachladbare Plug-Ins – im Browser ablaufende Skriptprogramme (Scripts) und auf dem Endgerät ausführbare Applikationsmodule (Applets) – dynamisch erweitert werden. Auch eine Kommunikation zwischen Browser und Server, die asynchron zu den eigentlichen Aktions-Kommandos des Nutzers „im Hintergrund" erfolgt, wird hierdurch ermöglicht (vgl. hierzu Ajax in Kap. 5.2). Die Komponenten und die Intelligenz einer einzelnen Web-Applikation können auf diese Weise auf verschiedene Systeme beim Anwender und beim Anbieter bzw. dessen Zulieferer verteilt werden – es entstehen verteilte Mehrebenen (n-Tier)-Web-Applikationen. Die im vorigen Abschnitt bereits erwähnte Service-orientierte-Architektur stellt eine Weiterentwicklung dieses Trends dar, bei der eine Applikation aus zahlreichen über standardisierte Schnittstellen kooperierenden Teil-Applikationen verschiedener Dienstanbieter, den „Web Services", besteht. Ein wesentlicher Meilenstein zur Vereinfachung der Programmierung von Schnittstellen war die als XML (Extensible Markup Language) bezeichnete Verallgemeinerung von HTML. Sie liefert eine standardisierte Technologie, mit der Datenaustauschformate zwischen beliebigen Anwendungen auf einfache Weise definiert und mit Hilfe von Standard-Werkzeugen implementiert werden können. Die Definition von Standard-Austauschformaten auf Basis von XML-Technologien, z. B. durch die Open Travel Alliance, hat die Direktverbindung touristischer Applikationen, z. B. von Leistungsträgern und Reisemittlern, erheblich vereinfacht und den technischen Aufwand zur Umgehung der klassischen Intermediäre durch Direktanbindungen gesenkt. XML ist auch technologische Basis der Web-Service-Schnittstellen, mit deren Hilfe die Integration alter und neuer Applikationsmodule (Web Services) innerhalb und zwischen verschiedenen Betrieben im Rahmen einer Service-orientierte-Architektur erleichtert wird. XML erlaubt darüber hinaus die Definition von Standard-Sprachen zur Wissensrepresentation, auf denen das sogenannte Semantic Web aufbaut, das zur Erweiterung des WWW um Verfahren der intelligenten Suche und künstlichen Intelligenz seit Jahren Gegenstand intensiver Forschungstätigkeit ist.

- **Mobile Apps für PDAs und Smartphones**

Insbesondere für mobile PDAs und Smartphones mit speziellen Bedienoberflächen, wie z. B. Multi-Touch-Displays werden Endgerätehersteller-spezifische Apps entwickelt. Dies sind entweder Stand-Alone-Anwendungen, die wie eine PC-Applikation nur auf dem mobilen Endgerät ablaufen oder die vereinfachte Bedienung einer verteilten Web- oder n-Tier-Anwendung auf der speziellen Bedienoberfläche der jeweiligen Endgeräte-Klasse ermöglichen. Mobile Apps sind über ebenfalls geräte- und herstellerspezifische Application-Shops oder –Stores kostenlos oder gegen eine Nutzungs- bzw. Lizenzgebühr downloadbar.

In der Praxis sind aktuell alle hier vorgestellten Applikationsarchitekturen anzutreffen, wobei Systeme für einen Nutzer zumeist als PC-Applikation oder Mobile Apps, Systeme für sehr viele Benutzer vor allem als Web-Applikationen, z. T. mit zu installierenden lokalen Browser-Erweiterungen oder nachzuladenden Skriptmodulen realisiert werden. Bei rein betriebsinternen Anwendungen finden sich neben vielen um selbsterstellte Makros erweiterten Office-Applikationen auch nach wie vor viele Client-Server-Anwendungen, welche die mächtigen Funktionalitäten der PC- und Smartphone-/PDA-Betriebssysteme ausnutzen. Mainframe-Applikationen werden weitergepflegt, in der Regel aber nicht neu entwickelt. Beim aktuell (2010) vieldiskutierten Cloud-Computing Szenario wird prognostiziert, dass zukünftig immer mehr Applikationen und Teilapplikationen je nach Bedarf flexibel auf beliebig verteilte Server im Internet (Netz-Wolke) zum Betrieb durch Service Provider verlagert werden: Anwender beziehen Applikationen aus dem Internet „wie Strom aus der Steckdose".

1.3 Vorgehensmodell zur Realisierung und Migration touristischer Applikationen

Es wurden viele Vorgehensmodelle und Empfehlungen zur Auswahl und Beschaffung von IT-Systemen und Applikationen entwickelt. Im Tourismus sind insbesondere die Empfehlungen der TIN (vgl. DTV-TIN 2005, Bd. 2) zur Beschaffung von Destinationsmanagement-Systemen zu nennen. In diesem Buch sind zahlreiche Produkte zu finden, die als Beispiele für touristische Anwendungssysteme genannt werden. Diese Produkte dienen jedoch nur als mehr oder weniger typische Beispiele zur Veranschaulichung der in den einzelnen Beiträgen entwickelten Systematisierung. Es handelt sich hierbei aber keinesfalls um Produktempfehlungen der Autoren oder Herausgeber. Vielmehr empfehlen wir jedem Verantwortlichen in der Branche, sich bei der Auswahl und Beschaffung von IT-Systemen stets einen aktuellen Überblick über möglichst alle am Markt von diversen konkurrierenden Anbietern angebotenen Systeme in deren aktuellen Versionen zu verschaffen, und dann das oder die für die jeweilige Situation am besten geeignete System auszuwählen. Eine situationsgerecht passende Auswahl ist jedoch nur dann möglich, wenn man bereits vorher gewisse Informationen

1.3 Vorgehensmodell zur Realisierung und Migration touristischer Applikationen

gesammelt hat. Auch nach der Systemauswahl sind viele Dinge zu beachten, die wir in einem generischen Vorgehensmodell zusammengefasst haben.

Das Vorgehensmodell ist in der Abbildung 1.3.1 als Abfolge von Aktivitäten und typischen Fragestellungen zusammengefasst und kann wie eine Art Checkliste verwendet werden. Es müssen aber nicht alle Schritte in der angegebenen Reihenfolge abgearbeitet werden, es können je nach Situation auch Schritte parallel bearbeitet, übersprungen oder um zusätzliche, hier vielleicht nicht berücksichtigte Aktivitäten ergänzt werden. Auch eine iterative Bearbeitung (erst werden die Schritte grob bzw. unvollständig oder nur für Teilfunktionen bzw. Prototypen durchlaufen und in späteren Iterationen immer weiter detailliert) ist möglich.

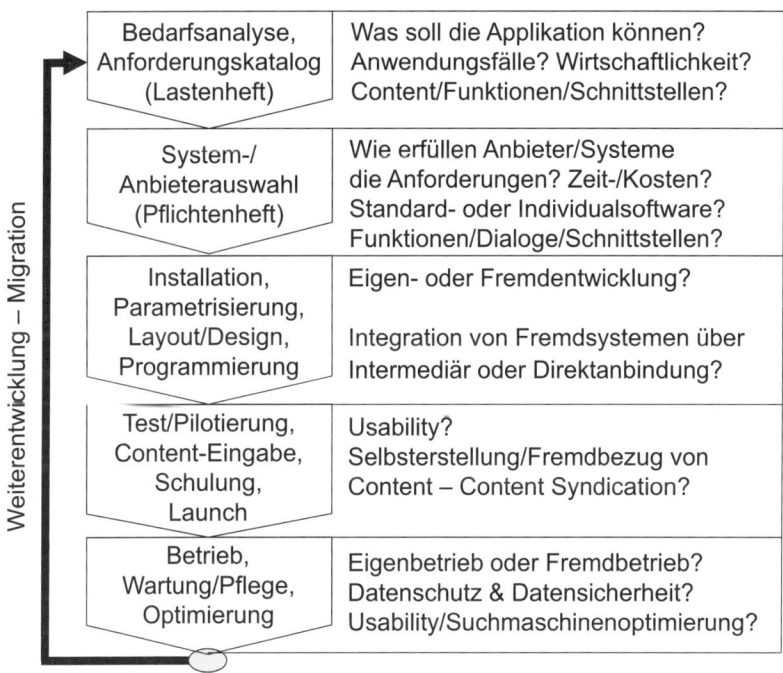

Abb. 1.3.1 Vorgehensmodell zur Beschaffung, Auswahl und Migration von IT-Applikationen

Am Anfang steht die Bedarfs- bzw. Anforderungsanalyse oder auch IST-Analyse. Es ist die aktuelle IT-Applikationslandschaft eines Betriebes in Bezug auf spezifische Schwachstellen bei der Unterstützung der aktuellen Strategie und der Geschäftsprozesse zu untersuchen. Welche Applikationen fehlen, die z. B. bei Konkurrenten zu Wettbewerbsvorteilen führen? Bei welchen Applikationen gibt es Probleme, weil wichtige Funktionen, Schnittstellen oder Leistungsmerkmale fehlen, die von Kunden, Mitarbeitern oder Kooperationspartnern gefordert werden? Gibt es Ideen für Geschäfts- und Prozessinnovationen, die neue Funktionen erfordern? Das Ergebnis einer Bedarfs- und Anforderungsanalyse sollte ein Lastenheft (auch Anforderungskatalog oder SOLL-Konzept) sein, in dem aus Anwendersicht verbal beschrieben ist, was eine Anwendung zukünftig an Funktionen, Schnittstellen, Leistungsmerkmalen und Inhalten (Daten – Content) aus welchen Gründen welchen Anwendergruppen in welchem Geschäftsprozess anbieten soll. Dies kann in Form eines Anforderungskataloges oder in Form von möglichst vollständigen Anwendungsfällen (engl. Use Cases) systematisch beschrieben werden. Hier sollten auch Risiken und Anforderungen des Datenschutzes analysiert werden. Hier ist auch in einer Wirtschaftlichkeitsbetrachtung eine erste grobe Bewertung des Nutzens erforderlich, den ein Betrieb aus der Applikation ziehen soll, denn die späteren Kosten für die Realisierung dürfen diesen Nutzen nicht überschreiten.

Die *Phase der Anbieter-/Systemauswahl* beinhaltet die Analyse der am Markt angebotenen Applikationen und Dienste und ihren Vergleich auf der Basis des Erfüllungsgrades der im Anforderungskatalog dokumentierten Wunschmerkmale. Dabei kann es passieren, dass keine der am Markt für ein bestimmtes touristisches Anwendungsfeld als Standardsoftware angebotenen Applikationen und Dienste die gestellten Anforderungen erfüllt. Dann ist zu analysieren, ob der Nutzen bzw. die Wettbewerbsvorteile einer Innovation die Kosten der individuellen Programmierung einzelner Funktionen oder einer ganzen Applikation als Individualsoftware nur für den eigenen Betrieb rechtfertigen. Typische Beispiele für Individualprogrammierung ist auch das Design eines Webauftrittes, da dies stets betriebsspezifisch gehalten ist. Content-Management-Systeme sollten dagegen als Standardsoftware, wenn möglich als kostenloses Open-Source-Produkt, bezogen werden. Gegebenenfalls ist auch abzuwägen, ob nicht eigene Geschäftsprozesse im Zuge der Einführung einer Standardsoftware an die dort bereits vorprogrammierten und meist bei vielen anderen Betrieben bewährten Arbeitsabläufe (engl. workflows) anzupassen sind. Auf der Basis des Lastenhefts können dann in einer Ausschreibung von Softwareanbietern Angebote zur Einführung und Anpassung einer Standardsoftware bzw. zur Programmierung einer Individualsoftware eingeholt werden. Handelt es sich bei dem Betrieb um eine große Organisation mit eigener IT-Abteilung und eigener Anwendungsentwicklung, ist zudem festzulegen, ob eine Individualsoftware selbst zu entwickeln oder die Entwicklung fremd zu vergeben ist. In ihren Angeboten legen nun die externen und internen Anbieter gegebenenfalls auf Basis eines bis zum endgültigen Vertragsabschluss zu detaillierenden Pflichtenhefts dar, wie sie mit ihrer Applikation oder ihrer Individualentwicklung die gestellten Anforderungen des Lastenheftes erfüllen wollen. Hierbei werden auch spätestens die Zeit- und Kostenrahmen bekannt, mit denen in der Wirtschaftlichkeitsbetrachtung zu rechnen ist. Anhand von Demosoftware oder Referenzinstallationen bei Referenzkunden oder einer möglichst genauen Beschreibung der Leistungsmerkmale, Funktionen und Dialoge des zu programmierenden Systems sollten die Fähigkeiten der Applikation transparent gemacht werden. Hier sollten rechtzeitig die wichtigsten Anwendervertreter zur Begutachtung mit in den Prozess einbezogen werden. Schließlich muss dargelegt sein, wie die im Anforderungskatalog geforderten Schnittstellen zu anderen Systemen realisiert werden sollen und welcher Content für die Applikation aus welchen Quellen in welchen Formaten bereitzustellen ist, bzw. welchen Content diese wem zu liefern hat.

Nach der Auswahl des Systems bzw. des Anbieters beginnt die *Phase der Entwicklung, Parametrisierung oder Installation* der Applikation. Individualsoftware muss nach Vorgehensmodellen der Softwareentwicklung entsprechend des Pflichtenheftes bzw. noch detaillierterer Spezifikationen implementiert werden. Bevor eine Anwendung aufwändig programmiert wird, sollte anhand eines Prototyps zumindest die Bedienung der Anwendungsfälle aus Sicht der verschiedenen Anwendergruppen evaluiert und freigegeben werden. Wenn es um Endkunden geht, können typische Testkunden in Fokusgruppen von Marktforschern um eine Bewertung des Prototyps bzw. alternativer Layout- und Designvorschläge gebeten werden. Standardsoftware kann entweder sofort installiert werden, oder es müssen die Spezifika der betrieblichen Geschäftsprozesse oder Schnittstellen durch geeignete Parametereinstellungen abgebildet werden. Häufig müssen zur Installation Wege gefunden werden, um alle bisher genutzten Daten in die neue Anwendung zu übernehmen und die Anwendungssoftware, falls nötig, auf diverse Anwender-PCs zu verteilen. Schließlich ist eine neue Anwendung über geeignete Schnittstellen in die IT-Applikationslandschaft zu integrieren. Spätestens jetzt ist auch zu entscheiden, ob Anwendungen von externen Partnern, mit denen Daten ausgetauscht werden sollen, direkt oder über Intermediäre angebunden werden sollen. Generell gilt, dass eine Direktanbindung meist mit einer einmaligen Investition in die Programmierung der Schnittstelle verbunden ist, während Intermediäre ihre Leistung nach der Menge der Transaktionen oder der übertragenen Daten berechnen. Je höher das erwartete Transaktions- bzw. Datenvolumen ist, desto eher amortisiert sich i. d. R. eine Direktanbindung.

Neue Applikationen sollten nicht ohne eine *Test- bzw. Pilotphase* flächendeckend in Betrieb genommen werden. Aus den Anwendungsfällen können Testfälle definiert werden, die eine Anwendung mindestens erfolgreich bedienen muss, um zum Regelbetrieb freigegeben zu werden. Besonders wichtig sind bei komplexeren Web-Applikationen für Konsumenten im Internet oder an Automaten umfangreiche Usability-Tests, in denen erprobt wird, ob eine Anwendung von der Zielgruppe auch ohne Schulungsmaßnahmen einfach, intuitiv und fehlerfrei bedienbar ist. Bei komplexen Anwendungen für professionelle Anwender müssen ggf. entsprechende Bedienungsanleitungen und Schulungsmaßnahmen, z. B. *webbasiertes Training* etc., vorgesehen werden. Bei Content-basierten Systemen ist vor der Erstinbetriebnahme (Launch) die Beschaffung, Bereitstellung und Pflege des applikationsspezifischen Content (Texte, Bilder, Angebote, Videos etc.) zu klären. Ein wichtiger Punkt ist es, hierbei sicherzustellen, dass keine Urheberrechte Dritter verletzt werden, und dass der Content (z. B. Angebots-, Vakanz- und Preisinformationen) den vorgegebenen Qualitätsanforderungen genügt.

Da IT-Applikationen vom Anwenderunternehmen nicht unbedingt selbst betrieben werden müssen, ist spätestens vor der *Phase des Regelbetriebs* zu entscheiden, wer die Anwendung mit welchen Service-Levels (z. B. 99 % Verfügbarkeit, maximale Antwortzeiten, maximale Ausfallzeiten etc.) betreiben soll. Seit dem Internet-Boom sind in der Regel genügend redundant auslegbare Netzkapazitäten vorhanden, um den Betrieb von Applikationen aus der eigenen Organisation in Service-Rechenzentren zu verlagern, die sich auf verschiedene Formen des externen Betriebs von IT-Systemen spezialisiert haben: Eine IT-Applikation, die vom Anwenderbetrieb mitsamt dem Server bereitgestellt wird, kann in einem Service-Rechenzentrum 24 Stunden / 7 Tage in der Woche unter geschützten und überwachten Bedingungen am Netz betrieben werden (Server/System Housing). Eine IT-Applikation eines Anwenderbetriebs kann auch auf einer vom Service-Rechenzentrum bereitgestellten und administrierten Serverumgebung betrieben werden (Application Hosting), oder eine IT-Applikation wird vom Service-Rechenzentrum den Anwenderbetrieben komplett administriert samt Server zur Nutzung als sogenannter Application Service angeboten (Application Service Providing).

Bei allen Formen der Auslagerung des Betriebs kommt es auf die exakte vertragliche Vereinbarung messbarer und überwachter Service-Levels (Service Level Agreement – dt. Dienstgütevereinbarung) an. Auch müssen alle Betreiber auf strikte Einhaltung des Datenschutzes verpflichtet werden und es sind geeignete Vorkehrungen zur Datensicherung zu vereinbaren.

Mit der Inbetriebnahme einer Applikation beginnt die *Phase der Pflege und kontinuierlichen Verbesserung*. Zu empfehlen ist die Einrichtung einer Service-Hotline zur Betreuung der Anwender bei Problemen und die Dokumentation häufiger Probleme zur Behebung bzw. zur Hilfestellung durch eine FAQ-Liste (frequently asked questions). Ein besonderes Problem bei der Inbetriebnahme von Webanwendungen ist ihre Anmeldung in Suchmaschinen und die für ein gutes Listing erforderliche Optimierung der Web-Anwendung und ihrer Inhalte für ein gutes Suchmaschinen-Ranking (SEO – Search Engine Optimization). Je nach Suchmaschine sind hier unterschiedliche und mit der Zeit auch wechselnde Verfahren erfolgversprechend. Sie umfassen neben einer Anpassung der Inhalte und Strukturen der Webseiten auch die Verlinkung mit anderen Webauftritten und einen Mix aus gezielten Maßnahmen des Suchmaschinen-Marketings, des Online-Marketings und der zielgruppenspezifischen Offline-Werbung für den Webauftritt. Für das Erfolgscontrolling dieser z. T. sehr kostspieligen Optimierungsmaßnahmen ist ein als Web-Controlling bezeichnetes Monitoring der Web-Applikation durch Zählung der Besucher, Auswertung der Seitenaufrufe und Besucher-Aktionen (Click-Stream-Analysen), Buchungsraten etc. notwendig. Als Ergebnis liefern Web-Controlling-Werkzeuge aggregierte Erfolgskennzahlen wie Besucherzahl, Look-to-book-Ratio oder Conversion Rates, die grafisch nach vielen Kriterien aufbereitet und in ihrer zeitlichen Entwicklung visualisiert werden.

Der Lebenszyklus einer Applikation bzw. eines Dienstes endet erst mit dem endgültigen Abschalten sämtlicher Komponenten und mit der Migration zu einer neuen Applikation mit ähnlichem Funktionsumfang. Nicht selten werden aber wichtige Kernkomponenten einer Applikation jahrzehntelang weitergepflegt und weiterentwickelt oder als Module in Nachfolge-Applikationen übernommen. Für solche kritischen Komponenten kommt es entscheidend auf eine gute Software-Dokumentation an, damit sich neue Programmierer auch noch nach Jahrzehnten in die Logik einarbeiten können.

Quellen und weiterführende Literatur:

Buhalis, D., eTourism – Information technology for strategic tourism management, Harlow 2003

DTV – Deutscher Tourismusverband e.V., Touristische Informationsnorm (TIN) Bd. 1 und 2, 2005, http://dtv-tin.de/ (Zugriff 1.10.2009)

Schulz, A., Frank, K., Seitz, E., Tourismus und EDV, München 1996

Freyer, W., Pompl, W., Reisebüro-Management: Gestaltung der Vertriebsstrukturen im Tourismus, 2. Aufl., München und Wien 2008

Hansen, H.R., Neumann, G., Wirtschaftinformatik I und II, Stuttgart 2009

Keller, W., IT-Unternehmensarchitektur – von der Geschäftsstrategie zur optimalen IT-Unterstützung, Heidelberg 2007

Mertens, P., Bodendorf, F., König, W., Picot, A., Schumann, M., Hess, Th., Grundzüge der Wirtschaftsinformatik, Berlin 2005

Mundt, J., Einführung in den Tourismus, 2. Aufl., München und Wien 2001

Picot, A., Reichwald, R., Wigand, R., Information, Organization and Management, Berlin und Heidelberg 2008

Reichwald, R., Piller, F., Interaktive Wertschöpfung, Wiesbaden 2009.

Scheithauer, E., Wirtschaftsinformatik II – DV-gestütztes Rechnungswesen mit SAP R/3 FI/CO, http://www.fb3-fh-frankfurt.de/intranet/fb3/dozenten_ablage/0828DVgestuetzestREWEI.pdf, Frankfurt 2005 (Zugriff: 27.9.2009)

VIR – Verband Internet Reisevertrieb, Daten und Fakten zum Online Reisemarkt, 4. Ausg., München 2009

2 Informationsmanagement bei Leistungsanbietern

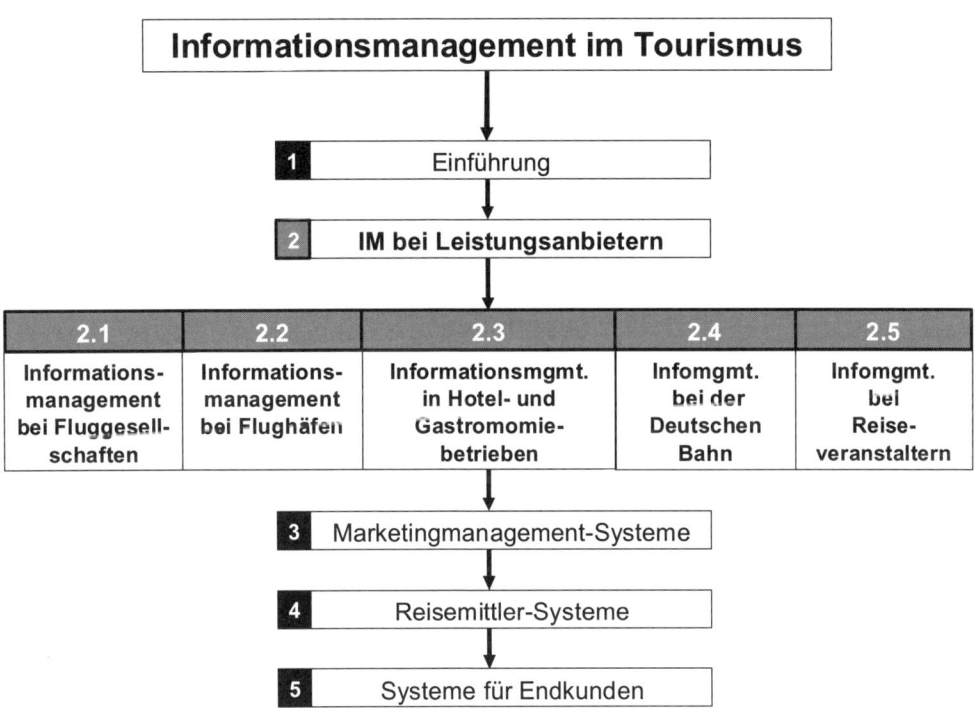

Abb. 2.1 Überblick Informationsmanagement bei Leistungsanbietern

Das Zeitalter der Informations- und Kommunikationstechnik, der sogenannte fünfte Kondratjew-Zyklus, war im Wesentlichen der Antriebsmotor für eine zunehmende Komplexität der Prozesse der Unternehmen im Allgemeinen, und der touristischen Unternehmen im Speziellen, wie Fluggesellschaften, Flughäfen, Hotel- und Gastronomiebetriebe, Deutsche Bahn und Reiseveranstalter. Nicht nur die internen Prozesse, sondern auch die externen Prozesse erreichten einen Status, in dem der Zugriff auf unterstützende Informationssysteme unausweichlich wurde. Spezifische IT-Lösungen im Rahmen eines aktiven Informationsmanagements vereinfachen die Verarbeitung, Organisation und Verknüpfung einzelner Daten innerhalb einer komplexen IT-Landschaft und bieten den Unternehmen gleichzeitig eine Optimierung ihrer Prozesse mit hohen Zeiteinsparungseffekten.

Linienfluggesellschaften gelten als Pioniere im Bereich Informationssysteme in der Touristik. Sie riefen die heutigen GDS in den 1970er Jahren als eigene Computer-Reservierungssysteme zur Vereinfachung der Kontingenzverwaltung und des Flugscheinvertriebes ins Leben. Ihre IT-Landschaft ist seitdem in den meisten Fällen gewachsen und besteht heutzutage aus einem sehr komplexen Umfeld von Systemen, mit denen die Kernprozesse einer Fluggesellschaft abgedeckt werden. Zum einen sind die eigenen Systeme einer Fluggesellschaft stark miteinander verbunden, zum anderen bewegen sich Fluggesellschaften in einem stark vernetzten Geschäftsumfeld, in dem eine Vielzahl von Datenflüssen stattfinden. Der erste Abschnitt schafft einen Überblick über dieses gesamte prozessorientierte *Informationsmanagement bei Fluggesellschaften*. Im Vordergrund stehen hierbei Planungs- und Steuerungssysteme, Passagier-Service, Operative sowie Administrative Systeme. Planungs- und Steuerungssysteme umfassen die Netzplanung und Strategie einer Fluggesellschaft, die Flugplanung sowie die Ertragssteuerung und das Pricing. Bei Passagier-Service-Systemen handelt es sich um Anwendungen, welche die direkten Prozesse in Verbindung mit dem Kunden unterstützen, wie Flugscheinreservierung, Kundendatenverwaltung und Abfertigung. Operative Systeme sind Module, die im Wesentlichen zur direkten und zeitnahen Unterstützung des Flugbetriebes beitragen, wie Einsatzplanung, Flugvorbereitung sowie der Bereich der Flugdurchführung und -überwachung. Unter den Bereich Administrative Systeme fallen die Prozesse der allgemeinen Verwaltung wie auch der Auswertung von Daten sowie der Abrechnung von erbrachten oder eingekauften Leistungen.

Der nächste Abschnitt behandelt das *Informationsmanagement bei Flughäfen*. Passagierflughäfen stellen heutzutage multifunktionale Dienstleistungszentren dar, in denen, neben dem Flughafenbetreiber und den Fluggesellschaften, öffentliche Dienste und private Dienstleister auf einer gemeinsam genutzten Fläche ihre Arbeit verrichten. Aufgrund der Vielzahl an Prozessen, die einen reibungslosen Ablauf am Flughafen garantieren sollen, bedarf es umfangreicher IT-Systeme, die aufeinander abgestimmt werden müssen. Zur Unterstützung der drei Kernprozesse, Flugzeug- und Passagierabfertigung, Gepäcktransport und weitere interne und externe Serviceprozesse, kommen unterschiedliche Systeme zur Anwendung, welche sich in drei Kategorien einteilen lassen. Basisinfrastrukturdienste umfassen alle Telekommunikationsdienste wie auch Netze, welche eine reibungslose Kommunikation zwischen allen beteiligten Organen des Flughafens ermöglichen. Passagier- und Gepäckabfertigungssysteme sorgen für durchgängige und sichere Abfertigungsprozesse. So stellen Security-Systeme sicher, dass das unerlaubte Eindringen in die Sicherheitsbereiche von Personen oder Gegenständen verhindert wird. Anzeige- und Passagierleitsysteme sorgen für einen unkomplizierten und raschen Passagierfluss. Der Transport und das Sortieren der einzelnen Gepäckstücke liegt im Verantwortungsbereich der Gepäcksysteme. Systeme zur Planung und Administration der Flugzeugabfertigung stellen Planungssysteme dar, die sowohl der kurz- als auch langfristigen Planung von Abläufen an Flughäfen dienen. Darüber hinaus umfasst dieser Bereich Dispositionssysteme, um vorhandene Ressourcen bestmöglich aufzuteilen und anzupassen, sowie administrative Systeme, um Statistiken und Planungen zu Abrechnungszwecken zu erstellen.

Im dritten Abschnitt leitet der Autor vom Luftverkehr zum *Informationsmanagement in Hotel- und Gastronomiebetrieben* über. Diese werden zusammen mit ihren diversen Einsatzmöglichkeiten und ihrem vernetzten Zusammenwirken in Geschäftsprozessen von der Reservierung und den Check-In über den Service in Hotel und Restaurant bis zum Check-Out vorgestellt. Darunter werden u. a. Kassen- und Warenwirtschaftssysteme, Hotelmanagement-Systeme, Hotel-Telefonanlagen, Hotel-TV, Hotel-WLAN, elektronische Zugangs- und Schließsysteme sowie computergestützte Distributionssysteme (z. B. der betriebseigene Webauftritt, CRS – Central Reservation Systems, GDS – Global Distribution Systems oder ADS/IDS – Alternative/Internet-Distributionssysteme etc.) mit ihren wichtigsten Funktionen und Schnittstellen behandelt. Auch auf die neuesten Entwicklungen in den Hotel-Distributionssystemen wie Seamless Connectivity und Multi-Channel-Management wird eingegangen. Aufgezeigt werden darüber hinaus die Verbindungen der klassischen Hotel-IT-Systeme zu bedeutenden externen Systemen wie elektronischen Zahlungssystemen oder speziellen Marketingmanagement-Systemen, die dann im 3. Kapitel in eigenen Beiträgen ausführlicher erörtert werden.

Der nachfolgende Abschnitt beschäftigt sich mit dem *Informationsmanagement bei der Deutschen Bahn*. In Deutschland ist der öffentliche Personenverkehr (ÖVP) als offenes System durch sein hohes Maß an Vernetzung zwischen den einzelnen Verkehren gekennzeichnet. Als eine der größten Herausforderungen des ÖPV gilt das Management und der qualitativ hochwertige Betrieb dieser Verkehrsnetzwerke. Zahlreiche Informations- und Kommunikationssysteme (ITK), wie Netzmanagement-Systeme, Systeme des Preis- und Yieldmanagements, Vertriebs- und Kundenbindungssysteme sowie Systeme der Produktionsplanung- und Durchführung leisten hierbei eine umfassende Unterstützung. Die ITK-Landschaft im Personenverkehr ist vor allem gekennzeichnet durch externe Schnittstellen zu Kunden, Partnern und zu unternehmensübergreifenden Funktionen. Sie ist mit den zentralen Systemen für Finanzen, Controlling, Rechnungswesen, Einkauf bzw. Human Resources verbunden.

Der letzte Abschnitt beleuchtet das *Informationsmanagement bei Reiseveranstaltern*, indem die wichtigsten Prozesse, Funktionsmodule und Schnittstellen von IT-Systemen für Reiseveranstalter dargestellt werden. Planungssysteme analysieren und prognostizieren v. a. die Nachfrage und Simulationsrechnungen für verschiedene Bereiche der Angebots- und Nachfrageentwicklung. Einkaufssysteme leisten den Reiseveranstaltern eine unverzichtbare Unterstützung bei dem meist zeitkritischen Einkauf der einzelnen Reiseleistungen im Rahmen der Saisonvorbereitung. Diese stellen den Einkäufern alle aufbereiteten einkaufsrelevanten Planungsdaten und Daten aus der vorangegangenen Saison für Vertragsverhandlungen online zur Verfügung und ermöglichen ihnen somit einen reibungsfreien Produktions- und Kalkulationsprozess. Die Kontingentverwaltung erfolgt entweder intern oder über externe Systeme, die über automatisierte Schnittstellen an den Veranstalter gekoppelt sind. Mit ihren drei verschiedenen Produktionssystemen versuchen die Veranstalter aus ihren eingekauften Leistungen möglichst kundengerechte Produkte zu erstellen. Hierbei lassen sich Pre-Packaging, Dynamic Pre-Packaging und Dynamic-Packaging voneinander unterscheiden. Zu den Vertriebs- und Distributionssystemen zählen in erster Linie die Distributionsnetzwerke der Global Distribution Systems (GDS) als indirekter Vertriebsweg über ein Reisebüro, im deutschsprachigen Raum insbesondere Amadeus-TOMA, Sabre-MERLIN und Galileo-CETS. Content-Aggregatoren und Angebots- und Preisvergleichssysteme gehören darüber hinaus ebenfalls zu Vertriebssystemen wie auch alternative Intermediäre (ADS), die dem Wettbewerb zu traditionellen GDS ausgesetzt sind. Touristische Internet Booking Engines gewinnen ebenfalls als alternatives indirektes Vertriebssystem immer mehr an Bedeutung. Mit Hilfe von Vertriebssteuerungssystemen erreicht der Reiseveranstalter sowohl im direkten als auch im indirekten Vertrieb eine übersichtliche Verwaltung von Produkt- und Steuerungsdaten, insbesondere hinsichtlich der Provisionsmodelle und Vertriebskanäle. Administrative Systeme steuern alle Buchungen im Reservierungssystem des Veranstalters, die über die unterschiedlichen Vertriebskanäle eingehen. Data-Warehouse und Customer-Relationship-Management-Systeme (CRM), bzw. Partner-Relationship-Management-Systeme (PRM) dienen im Wesentlichen dazu, zahlreiche Daten aus Geschäftsbeziehungen zwischen Leistungsträger, Reisemittler und Endkunden aus verschiedenen Teilsystemen zusammenzuführen und zentral auswerten zu können. Zur Abrundung des dritten Abschnittes werden verschiedene Möglichkeiten des Betriebs von Reiseveranstaltersystemen vorgestellt.

Zusammenfassend wird im folgenden Kapitel die Basis des Informationsmanagements in der Touristik vermittelt und die spezifischen Informationssysteme für die einzelnen Leistungsanbieter werden näher beleuchtet. Hierbei erfolgt sowohl eine detaillierte Darstellung der IT-Lösungen sowie von deren Anwendungsmöglichkeiten in den jeweils relevanten Bereichen.

2.1 Informationsmanagement bei Fluggesellschaften

Annette Kreczy

Noch bis in die 80er Jahre des letzten Jahrhunderts haben Fluggesellschaften in vielen Bereichen mit manuellen Prozessen gearbeitet. Tickets wurden mit der Hand geschrieben, Tarife wurden mit Hilfe von Tarifhandbüchern errechnet, die Flugplanung fand mit Papier und Bleistift statt und bei der Abfertigung wurden die Bordkarten jeweils mit Aufklebern für die Sitzplatznummern versehen. Die Möglichkeiten, die sich durch die Entwicklung der Informationstechnologie (IT) und die zunehmende Verbreitung des Internets ergaben, wurden von der Luftfahrtbranche schnell aufgegriffen und haben dazu geführt, dass heute ein Flugbetrieb ohne Informationsmanagement nicht mehr denkbar ist. Alle Geschäftsprozesse werden nun mit IT-Unterstützung durchgeführt, und es gibt nur noch wenige Mitarbeiter, die noch über das entsprechende Wissen verfügen, um ihre Aufgaben notfalls auch manuell ausführen zu können. Daher stellen Fluggesellschaften beim Systembetrieb höchste Anforderungen an Systemverfügbarkeit und Verarbeitungsgeschwindigkeit, da der Ausfall eines einzelnen Systems unter Umständen den gesamten Flugbetrieb lahmlegt, und damit schnell zu Verdienstausfällen oder Schadensersatzforderungen in Millionenhöhe führen kann.

Betrachtet man jedoch den Anteil, den die Informationstechnologie am Gesamtbudget einer Fluggesellschaft hat, so lag dieser 2007 gemäß einer jährlich von dem Branchenverband SITA (ehemals Société Internationale de Télécommunications Aéronautiques) durchgeführten Studie lediglich bei rund 2 % des Umsatzes der befragen Fluggesellschaften. Bei Billigfluggesellschaften liegt dieser Wert mit rund 1 % noch deutlich niedriger, was jedoch auch auf das einfachere Geschäftsmodell dieser Gesellschaften zurückzuführen ist. Im Vergleich zu den Ausgaben anderer Branchen liegen die durchschnittlichen IT-Ausgaben von Linienfluggesellschaften im unteren Drittel. Beim direkten Vergleich dieser Branchenkennzahlen ist allerdings auch zu beachten, dass Fluggesellschaften viele Prozesse inklusive der dafür notwendigen IT-Applikationen ausgelagert haben (Abfertigung, Wartung etc.) und dadurch vergleichsweise niedrige Kosten ausweisen. Ebenso ordnen die meisten Fluggesellschaften die Buchungsgebühren, die an globale Distributionssysteme (GDS) gezahlt werden, nicht dem IT Budget, sondern den Vertriebskosten zu. Trotzdem sind diese niedrigen IT-Budgets um so erstaunlicher, wenn man berücksichtigt, dass hiermit eine sehr komplexe und heterogene Systemlandschaft unterhalten werden muss.

Die IT von Fluggesellschaften basiert auch heute noch auf Großrechnersystemen, die in den 1970er Jahren gemeinsam mit Fluggesellschaften von den Firmen Unisys mit der Unisys Application Suite (USAS) und IBM mit der Transaction Processing Facility (TPF) entwickelt wurden. Diese Betriebssysteme zeichnen sich durch eine hohe Robustheit aus und sind in der Lage, große Datenmengen sehr schnell zu verarbeiten. Basierend auf TPF hat IBM das System PARS bzw. IPARS und Unisys die Systeme USAS*RES (Reservierungssystem), USAS*FDC (Flight Data Control) und USAS*CGO (Cargo) entwickelt, welche die Urformen vieler Airlinesysteme sind. Diese Ursysteme wurden von den Fluggesellschaften über die letzten Jahrzehnte kontinuierlich weiterentwickelt, so dass mittlerweile zahlreiche Versionen des ursprünglichen Systemkerns weltweit im Einsatz sind. Sukzessive wurde die Mainframe- basierte Systemlandschaft um neue Applikationen erweitert. Hierbei wurden nach und nach neue Technologien wie Unix, Windows, aber auch webbasierte Technologien wie Java oder .net eingesetzt. Diese stark vernetzte und durch unterschiedliche Technologien geprägte Systemlandschaft führt auch dazu, dass ein großer Anteil der Kosten auf den Systembetrieb entfällt und nur geringe Mittel für Neuentwicklungen zur Verfügung stehen. Im Durchschnitt wenden Fluggesellschaften etwa zwei Drittel der IT-Ausgaben für Betrieb und Wartung bestehender Anwendungen auf und lediglich ein Drittel steht für eigene Neuentwicklungen oder den Kauf neuer Software zur Verfügung.

2.1.1 Gesamtprozess und externe Schnittstellen

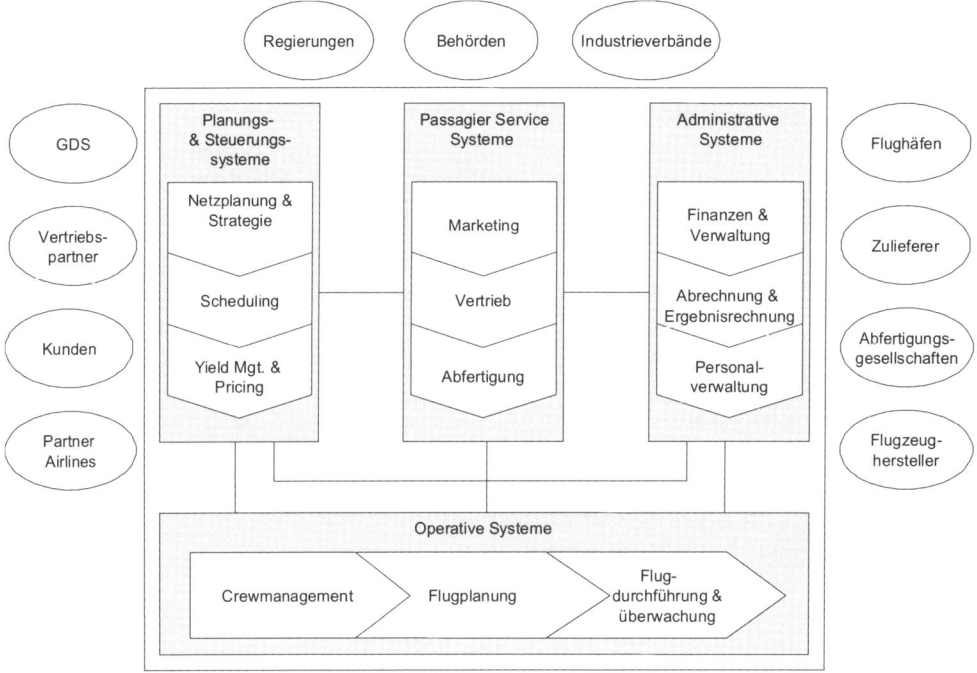

Abb. 2.1.1 Prozessorientierte IT-Landschaft von Fluggesellschaften

Die IT-Landschaft von Linienfluggesellschaften ist in den meisten Fällen über die letzten 40 Jahre gewachsen und besteht häufig aus einem sehr komplexen Umfeld von Systemen, mit denen die Kernprozesse einer Fluggesellschaft abgedeckt werden. Zum einen sind die eigenen Systeme einer Fluggesellschaft stark miteinander verbunden, zum anderen bewegen sich Fluggesellschaften in einem stark vernetzten Geschäftsumfeld, in dem eine Vielzahl von Datenflüssen stattfinden. Die vorliegende Abhandlung fokussiert sich auf die wichtigsten IT-Systeme einer Passagierfluggesellschaft, d.h. Cargosysteme werden nicht betrachtet. Ebenso werden Geschäftsbereiche, die häufig von externen Zulieferern erbracht werden (wie z. B.

die Flugzeugwartung oder das Catering) ausgeklammert. Auch die Behandlung von Spezialsystemen würde den Umfang dieser Abhandlung sprengen.

Die Kernsysteme einer Fluggesellschaft lassen sich in vier große Bereiche unterteilen:

- **Planungs- und Steuerungssysteme**, welche die Kernprozesse Netzplanung und Strategie, Scheduling (d.h. die Erstellung des Flugplans) und Yield Management & Pricing unterstützen. In diesem Bereich kommen in erster Linie Optimierungstools zum Einsatz, die eine Fluggesellschaft dabei unterstützen, die vorhandenen Ressourcen (Flugzeuge, Crew) möglichst ergebnisoptimal einzusetzen.
- Unter den Bereich **Passagier Service Systeme** (PSS) fallen alle Systeme, die eine Fluggesellschaft in den Bereichen Marketing, Vertrieb und Abfertigung unterstützen. Hierzu zählen IT-Applikationen, welche den direkten Kundenkontakt unterstützen, wie beispielsweise Reservierungssysteme, Kundenverwaltungssysteme oder Abfertigungssysteme. Die Systeme in diesem Bereich sind durch eine große Menge an zu verarbeitenden Transaktionen und Daten sowie externen Schnittstellen geprägt.
- **Operative Systeme** decken die Prozesse rund um das Crewmanagement, die Flugplanung und die eigentliche Flugdurchführung und Überwachung ab. Die Kernaufgaben der IT in diesem Bereich liegen in der Steuerung und Überwachung aller flugnahen Prozesse wenige Tage vor und am Flugtag.
- Der Schwerpunkt der **Administrativen Systeme** einer Fluggesellschaft liegt in der Analyse von Daten, der Abrechnung der erbrachten oder eingekauften Leistungen und der allgemeinen Verwaltung. Zu den Bereichen, die von diesen Systemen abgedeckt werden, zählen beispielsweise Finanzen und Verwaltung, Abrechnung und Ergebnisrechnung sowie die Personalverwaltung.

In ihrem Umfeld unterliegen Fluggesellschaften einer Vielzahl von gesetzlichen Vorschriften von Regierungen (Einreise- und Zollbestimmungen, Umwelt und Lärmschutz etc.) und Behörden (z. B. Luftraumüberwachung). Weitere Standards und Regeln werden durch Industrieverbände wie die International Air Traffic Association (IATA) vorgegeben. Im Vertrieb kooperieren insbesondere Linienfluggesellschaften über Allianzen oder bilaterale Vereinbarungen. Darüber hinaus sind sie stark vernetzt mit ihren Kunden und ihren Vertriebspartnern (Reisebüros, Veranstalter, Distributionssysteme). Auch bei der eigentlichen Leistungserbringung arbeiten Fluggesellschaften mit verschiedenen anderen Unternehmen und Einrichtungen zusammen. Die Beschaffung und Wartung des Fluggeräts geschieht in enger Kooperation mit den Flugzeugherstellern und externen Wartungsgesellschaften. Bei Start und Landung wird die Infrastruktur eines Flughafens genutzt, und die Bodenprozesse (Abfertigung, Catering, Reinigung, Betankung) werden häufig durch externe Zulieferer übernommen.

2.1.2 Planungs- und Steuerungssysteme

Je größer eine Fluggesellschaft und damit das Netzwerk ist, umso komplexer ist die Planung und Steuerung, umso höher ist aber auch das Optimierungspotential. Während für das Netzmanagement einer kleinen Fluggesellschaft mit überschaubarer Flotte teilweise noch Microsoft Excel als Planungstool ausreicht, setzen große Gesellschaften auf leistungsfähige Netzplanungssoftware, die über komplexe mathematische Modelle die Planung optimiert. Zu den im Folgenden erläuterten Planungs- und Steuerungssystemen zählen Applikationen, die das Netzmanagement, die Flugplanung, das Ertragsmanagement und die Preisgestaltung einer Fluggesellschaft unterstützen.

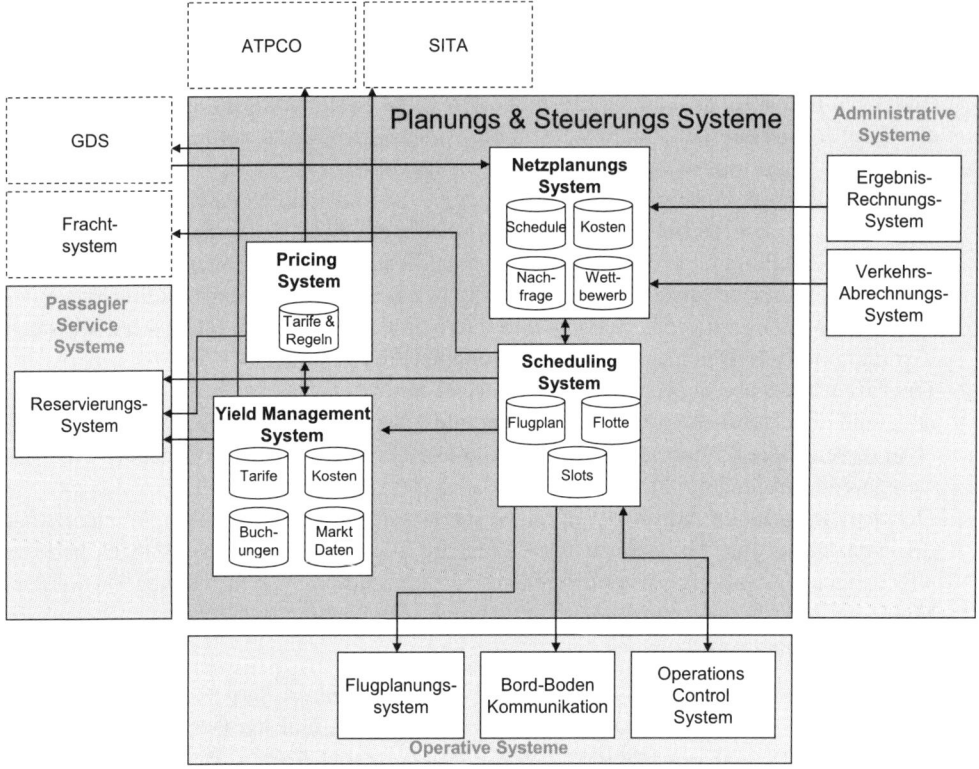

Abb. 2.1.2 Planungs- und Steuerungssysteme

- **Netzplanungssystem**

Netzplanungssysteme arbeiten mit ausgefeilten Optimierungs- und Kalibrierungsmechanismen, um einen optimierten Einsatz vorhandener Kapazitäten zu erreichen bzw. um eine potenzielle Erweiterung des Netzwerks oder der Flotte unter wirtschaftlichen Gesichtspunkten zu evaluieren.

Die Grundlage für die Entwicklung der Netzstrategie bilden historische Buchungsdaten aus der Netz- und Streckenergebnisrechnung sowie der bisherige eigene Flugplan. Auf Basis dieser Informationen erstellt das Netzplanungssystem Prognosen über die Entwicklung der Nachfrage in der Zukunft. Hierbei werden auch saisonale Schwankungen, Feiertage und Großereignisse berücksichtigt. Eine weitere wichtige Datengrundlage sind Informationen über die Flugpläne und Preisstrukturen anderer Fluggesellschaften sowie Daten über das Nachfrageverhalten.

Basierend auf dem bestehenden Flugplan werden vom Netzplanungssystem verschiedene Flugplanszenarien errechnet. Hierbei wird geprüft, welche neuen Strecken unter O&D-Gesichtspunkten (Origin & Destination) das größte Potenzial bieten bzw. wie der Verkehr über verschiedene Hubs optimiert werden kann. Ebenso wird geprüft, wie vorhandene Verbindungen in Bezug auf die Präferenzen der Nachfrage oder Veränderungen im Flugplan der Wettbewerber optimiert werden können. Neben dem eigenen Netzwerk können auch Partnerschaften mit anderen Fluggesellschaften optimiert werden, wie z. B. die Evaluierung potenzieller neuer Codeshare-Partner oder Allianzen. Schließlich kann sowohl der Einsatz der vorhandenen Flotte mit einem Netzplanungssystem optimiert werden als auch das Potenzial durch neues Fluggerät evaluiert werden.

Aufbauend auf den im System gespeicherten Annahmen zu Kosten, Erträgen, Nachfrage und Wettbewerb wird der Netzertrag der verschiedenen Szenarien errechnet. So kann die Netzplanung iterativ verbessert werden. Das Ergebnis der Netzplanung ist die grundsätzliche Entscheidung darüber, welche Strecken an welchen Tagen mit welchem Fluggerät angeboten werden können, bzw. welche Ressourcen noch zusätzlich benötigt werden. Diese Daten liefern eine wichtige Grundlage für die Flugplanerstellung.

- **Scheduling System**

Die Aufgabe des Scheduling Systems liegt darin, die Vorgaben der Netzplanung in Form eines Flugplans umzusetzen. Dabei müssen verschiedene Einschränkungen berücksichtigt werden. Zum einen muss versucht werden, Kundenwünsche z. B. nach Tagesrandverbindungen, zu berücksichtigen, zum anderen muss das vorhandene Fluggerät möglichst optimal genutzt werden (d.h. möglichst kurze Bodenzeiten). Insbesondere bei großen Fluggesellschaften sind für das Scheduling komplexe IT-Systeme im Einsatz, die über künstliche Intelligenz verfügen, bzw. mit Methoden aus dem Bereich Operations Research arbeiten. Die Hauptfunktionen eines Scheduling Systems lassen sich in die folgenden Bereiche untergliedern.

– Flugplanerstellung und Optimierung

Aufbauend auf dem zur Verfügung stehenden Fluggerät und den vorhandenen Slots kann der Flugplan erstellt werden. Die Erstellung und Visualisierung des Flugplans geschieht in den meisten Systemen mit Hilfe von Gantt Charts. Konflikte bzw. Optimierungsmöglichkeiten in der Planung werden dabei vom System entsprechend hervorgehoben. Die Systeme unterstützen auch die Evaluierung alternativer Szenarien unter Berücksichtigung vorgegebener Einschränkungen (Blockzeiten, Wartungsintervalle etc.) mit dem Ziel, die Ressourcennutzung und den möglichen Ertrag zu maximieren. Ebenso kann bei Ad-Hoc-Änderungen, z. B. als Reaktion auf neue Flüge eines Wettbewerbers bzw. aufgrund von Krisensituationen in einem Zielgebiet, schnell ein neuer Flugplan errechnet werden. Zunächst werden den einzelnen Umläufen im Flugplan lediglich generische Flugzeugtypen zugeordnet (z. B. eine Boeing 747-400), die Zuordnung einzelner Flugzeuge zu den geplanten Umläufen (Tail Assignment) erfolgt in der Regel erst wenige Tage vor Abflug, damit beispielsweise die Wartungsplanung berücksichtigt werden kann.

– Verwaltung von Slots

Für jeden Flug wird ein sogenannter Slot benötigt, über den einer Fluggesellschaft ein Zeitfenster für den Start und die Landung an einem Flughafen zugeteilt wird. Hierfür werden die

Schedules aller Fluggesellschaften auf der zweimal jährlich stattfindenden IATA Schedules Conference (auch bekannt als Slots Conference) abgeglichen und mit der vorhandenen Kapazität an den Flughäfen in Einklang gebracht. Das Standard Schedules Information Manual (SSIM) der IATA gibt dabei den Rahmen für den Datenaustausch zwischen allen beteiligten Fluggesellschaften und Flughäfen vor. Im Vorfeld der Slots Conference wird der geplante Schedule über sogenannte Slot Clearance Requests (SCR) an die IATA geschickt. Frei werdende Slots können anschließend bei der Slots Conference neu vergeben werden. Ebenso können Slots untereinander getauscht werden. Je nachdem ob die beantragten Slots zugeteilt wurden oder nicht, muss anschließend im Scheduling System der Flugplan nochmals überarbeitet werden.

– Flugplan-Publizierung

Wenn die Flugplanerstellung abgeschlossen ist, wird der Schedule über sogenannte Standard Schedule Messages (SSMs) publiziert und damit die entsprechenden Flüge den eigenen Systemen sowie anderen Fluggesellschaften oder Flughäfen zur Verfügung gestellt.

- **Yield Management System**

Die Aufgabe eines Yield (oder Revenue) Management Systems (vgl. auch Kapitel 3.1) ist es, eine Fluggesellschaft darin zu unterstützen, die verfügbaren Sitzplätze zum bestmöglichen Preis zu verkaufen. Bei *Sterzenbach u.a.* wird Yield Management wie folgt definiert: „Yield Management sind Verfahren zur kurzfristigen Steuerung der Nachfrage mit der Zielrichtung, Kapazitäten und Preise eines einzelnen Flugereignisses so zu steuern, dass der Ertrag im gesamten Streckennetz einer Airline optimiert wird. Die Nachfrage mit der höchsten Zahlungsbereitschaft wird mit Priorität befriedigt. Nicht die Ertragsoptimierung eines einzelnen Legs, sondern der Ertrag des gesamten Streckennetzes einer Airline soll optimiert werden." Während die Aufgabe eines Netzmanagement Systems darin besteht, das Gesamtangebot einer Fluggesellschaft (Strecken, Frequenzen, Kapazität) zu optimieren, besteht die Aufgabe des Yield Management Systems darin, das vorhandene Angebot möglichst zu optimalen Erträgen zu verkaufen.

Grundsätzlich lassen sich zwei Arten von Yield Management Systemen unterscheiden: leg/segment-basierte Systeme, die jeweils nur einzelne Flugstrecken betrachten, und sogenannte O&D-basierte Systeme (Origin & Destination), die jeweils die gesamte Reise eines Passagiers betrachten. Bei einem O&D-basierten System wird daher beispielsweise die Strecke MUC-FRA-NYC als Ganzes betrachtet, während bei einem leg/segment-basierten System die Segmente MUC-FRA und FRA-NYC jeweils einzeln betrachtet und optimiert werden.

Zu den Hauptaufgaben eines Revenue Management Systems gehören:

– Eine möglichst genaue Analyse und Vorhersage der Nachfrage, bzw. deren Produktloyalität und Reaktion auf Preisanpassungen (z. B. abnehmende Elastizität der Nachfrage je näher der Abflugtermin ist). Für die Vorhersage werden dabei insbesondere Faktoren wie Ereignisse in der Vergangenheit (z. B. Großveranstaltungen), Ferientermine und allgemeine saisonale Nachfragetrends sowie die zu erwartende Zahl von No-Shows in Erwägung gezogen.

- Die kontinuierliche Anpassung der verfügbaren Buchungsklassen an die Nachfrage (Inventarsteuerung) durch Öffnen und Schließen einzelner Klassen im Inventar, um so ein optimales Angebot zu verschiedenen Preisen im Markt platzieren zu können.
- Das Management von Gruppenanfragen d.h. zu welchem Preis soll eine Gruppenbuchung akzeptiert werden, die zwar die Auslastung erhöht, aber in der Regel einen niedrigeren Durchschnittspreis pro Passagier als Individualbuchungen hat.

- **Pricing System**

Yield Management und Preisgestaltung sind eng miteinander verbunden, daher werden in Zukunft auch die entsprechenden Systeme enger miteinander verbunden werden. Die Preisgestaltung kann dabei als die Operationalisierung der Ertragssteuerung gesehen werden. Zu den Hauptaufgaben eines Pricing Systems gehören dabei:

- Die Überwachung der Preise der Wettbewerber im Markt (Preise und damit verbundene Restriktionen).
- Der Vergleich mit dem eigenen Angebot und die (automatische) Anpassung an die neuen Gegebenheiten. Diese Anpassung kann entweder reaktiv erfolgen, das bedeutet eine Anpassung der eigenen Preise als Reaktion auf die Preisanpassung eines Wettbewerbers, oder pro-aktiv bzw. dynamisch.
- Schnittstellen in die Airline-eigenen Preisberechnungssysteme (Fare Quote) und Distribution der Tarife über die entsprechenden Kanäle (ATPCO (Airline Tariff Publishing Company) und SITA), von denen die Preise und Buchungsrestriktionen (Fares und Fare Rules) mehrmals täglich publiziert werden (z. B. an globale Distributionssysteme wie Amadeus, Sabre oder Worldspan und Galileo).

Ertragsmanagement und Preisgestaltungssysteme bilden die Schnittstelle zu den Passagier Service Systemen, die im folgenden Kapitel näher analysiert werden.

2.1.3 Passagier Service Systeme (PSS)

Zum Bereich Passagier Service Systeme gehören alle Applikationen einer Fluggesellschaft, welche den direkten Kontakt mit den Kunden unterstützen. Diese Systeme sind somit das Herzstück der IT einer Fluglinie, da sie auch mit allen wichtigen externen und internen Anwendungen vernetzt sind.

Unter den Bereich der Passagier Service Systeme fallen Reservierungs-, CRM-, Kundenbonus- und Check-In Systeme.

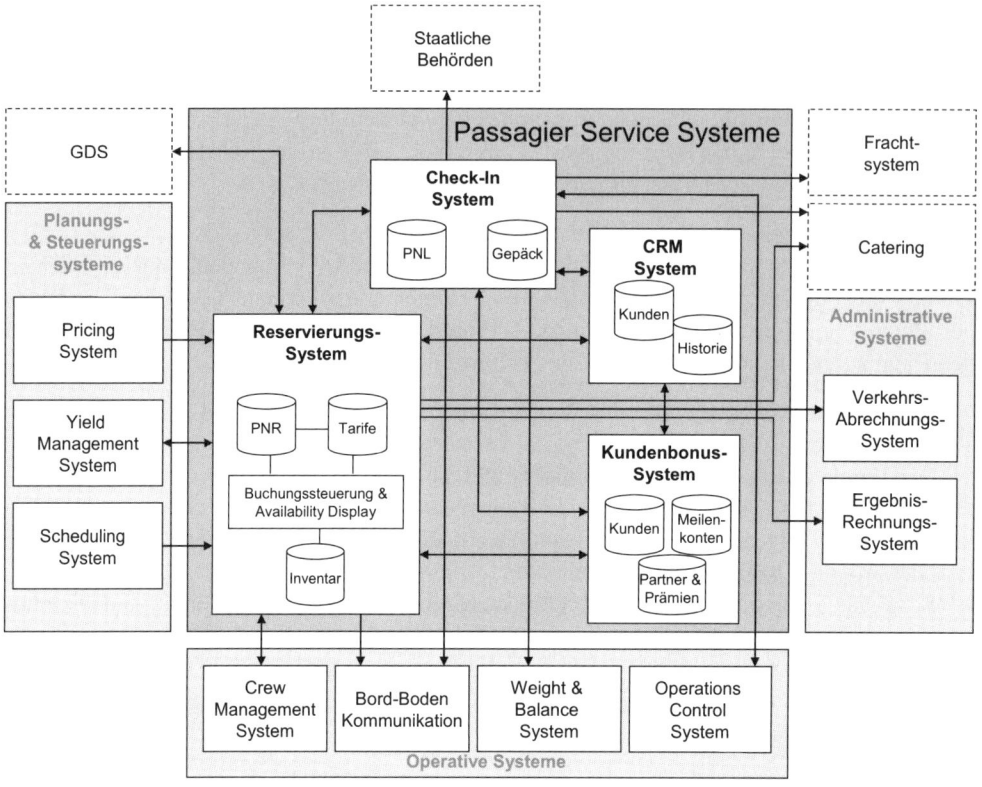

Abb. 2.1.3 *Passagier Service Systeme*

- **Reservierungssystem**

Das interne Reservierungssystem einer Fluggesellschaft enthält alle Reservierungen, unabhängig davon, über welchen Vertriebskanal die Reservierungen getätigt wurden. Der Direktvertrieb einer Fluggesellschaft greift dabei unmittelbar auf das eigene Reservierungssystem zu. Zum einen ist dies das Personal in einem Callcenter, welches in der Regel mit einer eigens hierfür angepassten grafischen Benutzeroberfläche (GUI) arbeitet, zum anderen sind es auch die Kunden, die über Internetnetanwendungen oder mobile Applikationen selbst buchen können. Reisebüros oder andere indirekte Vertriebskanäle greifen meist nicht direkt auf das Reservierungssystem einer Fluggesellschaft zu, sondern arbeiten mit globalen Distributionssystemen (GDS), die über Standardschnittstellen mit den Reservierungssystemen aller internationalen Fluggesellschaften verbunden sind.

Da der Betrieb eines eigenen Reservierungssystems aufgrund der funktionalen Komplexität und der hohen Anforderungen an die Verfügbarkeit sehr aufwändig ist, haben die meisten Fluggesellschaften diese Systeme an externe Anbieter wie Amadeus, Sabre, SITA, Lufthansa Systems oder EDS ausgelagert. Die Funktionen eines Reservierungssystems können in drei große Bereiche unterteilt werden.

– Inventarmanagement

Im Inventar werden alle Flüge mit ihren jeweils in den einzelnen Buchungsklassen verfügbaren Sitzplätzen verwaltet. Die Inventardaten (d.h. Liste der angebotenen Flüge) werden über standardisierte Schnittstellen über ein Scheduling System erstellt und regelmäßig aktualisiert. Im Inventarmanagement spielt die Buchungssteuerung eine zentrale Rolle. Das Inventar der Fluggesellschaft wird dabei neben den verschiedenen Serviceklassen (z. B. First, Business oder Economy) in bis zu 26 Buchungsklassen unterteilt, für die jeweils andere Preise und Buchungsbedingungen gelten. Über die Buchungssteuerung wird festgelegt, wie viele Sitzplätze in den einzelnen Buchungsklassen verfügbar sind, indem einzelne Klassen geöffnet oder geschlossen werden. In Kombination mit den im Tarifsystem für die einzelnen Buchungsklassen gespeicherten Preise und Konditionen wird so gesteuert, zu welchem Preis ein Flug jeweils verfügbar ist. Die Buchungssteuerung verfügt in einigen Fällen über eine Echtzeitschnittstelle zum Yield Management System und erlaubt so eine laufende Optimierung der angebotenen Buchungsklassen als Reaktion auf Veränderungen in der Nachfrage.

– Angebotsdarstellung und Reservierung (PNR)

Die Abfrage von Inventardaten durch einen Nutzer erfolgt über ein sogenanntes Availability Display. Hierbei werden für eine Verbindung (Citypair) alle Flüge mit ihren jeweils verfügbaren Sitzplätzen in den einzelnen Buchungsklassen dargestellt. Diese Darstellung enthält sowohl Flüge, die von der Airline selbst durchgeführt werden als auch Codeshare-Flüge. Der Abgleich verfügbarer Sitzplätze mit anderen Fluggesellschaften erfolgt dabei über standardisierte Schnittstellen und erlaubt abhängig von der Kooperationsform den gegenseitigen Buchungszugriff bis zum letzten Platz (Last Seat Availability) in Echtzeit. Die Reservierungen für einzelne Passagiere oder Gruppen werden in einem sogenannten Passenger Name Record (PNR) oder Gruppen PNR gespeichert. Der PNR enthält dabei sowohl Personendaten (wie Namen oder Kontaktinformationen) als auch die für den Passagier gebuchten Flüge (Segmente) und ausgestellte Tickets. Teilweise werden in den Reservierungssystemen auch die Profildaten der Kunden gespeichert, zudem gibt es Schnittstellen zum Kundenbonussystem bzw. zu einem CRM-System. Die Reservierungsdaten werden vom Reservierungssystem an zahlreiche andere Systeme weitergegeben. Mit Hilfe einer sogenannten Passenger Name List (PNL) werden die Daten kurz vor Abflug an die Abfertigungssysteme übergeben, ebenso werden die Anzahl der gebuchten Passagiere an verschiedene operative Systeme (z. B. Crewmanagement, Flugplanung, Weight & Balance) sowie an die Catering- und Frachtplanung weitergeleitet. Nachdem der Flug durchgeführt wurde, werden die Reservierungen nochmals mit der Liste der abgefertigten Passagiere aktualisiert (d.h. Passagiere, die eine Reservierung hatten, aber nicht eingecheckt haben (No Shows) und Passagiere, die ohne Reservierung eingecheckt wurden (Go Shows)). Anschließend werden die Daten zur Abrechnung und Erstellung von Auswertungen an die administrativen Systeme übergeben.

– Tarifberechnung und Ticketing

In der Tarifdatenbank (engl. Fare Quote System) sind alle Tarife und Buchungskonditionen (z. B. Mindestaufenthalt, Vorausbuchungsfristen etc.) hinterlegt, wobei alle Tarife jeweils für einzelne Verbindungen und Buchungsklassen gespeichert werden. Mit Hilfe der Buchungssteuerung erfolgt die Entscheidung, wie viele Plätze jeweils zu einem bestimmten Tarif angeboten werden. Hierzu werden einzelne Buchungsklassen dynamisch geöffnet oder geschlossen. Die Tarifsysteme werden heute häufig nicht mehr selber von den einzelnen Fluggesellschaften gepflegt, da die Aktualisierung des Systems und der darin enthaltenen Tarifdaten sehr aufwändig ist. Die Tarifpflege wird daher als Dienstleistung von externen Anbietern eingekauft.

Die Aufgabe des Ticketing besteht darin, Tickets und andere Dokumente wie z. B. MCOs (Miscellaneous Charge Orders) zu erstellen und zu verwalten. Die Ticketinformationen werden hierfür in einer Datenbank abgelegt, in der Informationen wie z. B. die Ticketnummer, die einzelnen Bestandteile des Ticketpreises oder Wechselkursinformationen gespeichert sind. In der Vergangenheit wurden noch Papiertickets ausgestellt, seit 2008 werden von der IATA nur noch elektronische Tickets unterstützt. Eine weitere wichtige Funktion eines Ticketing-Systems ist das sogenannte Interline Electronic Ticketing, über das Partnergesellschaften Änderungen an elektronischen Tickets vornehmen können, auch wenn diese von einer anderen Gesellschaft ausgestellt wurden. Hierzu wird jeweils über eine Standardschnittstelle die Kontrolle über das Ticket an die andere Fluggesellschaft übergeben.

- **Check-In System**

Die Hauptfunktion eines Check-In Systems ist die Abfertigung von Passagieren und Gepäck. Einige Abfertigungssysteme berechnen auch die optimale Beladung des Flugzeugs (Weight & Balance), in den meisten Fällen werden hierfür jedoch separate Systeme eingesetzt (siehe hierzu das Kapitel Flugplanung und Betrieb). In Europa haben viele Fluggesellschaften die mit dem Check-In verbundenen Tätigkeiten an Abfertigungsgesellschaften ausgelagert und betreiben daher auch die für die Abfertigung benötigten IT-Systeme nicht mehr selbst. Neben dem klassischen Check-In am Schalter unterstützen die meisten Systeme heute eine Vielzahl von Optionen, über die ein Kunde selbst einchecken kann. Neben Selbstbedienungskiosks (CUSS – Common Use Self Service) findet die Abfertigung vermehrt auch über Internet (web Check-In) oder mobile Endgeräte (mobile Check-In) statt.

– Passagierabfertigung

Vor dem Check-In werden entweder die Reservierungsdaten über eine Passagierliste (Passenger Name List (PNL)) vom Reservierungssystem transferiert oder es wird die gesamte Kontrolle über die Reservierungen für den jeweiligen Flug an das Check-In System übergeben. Sofern nicht bereits bei der Reservierung eine Sitznummer zugeteilt wurde, geschieht dies bei der Abfertigung. Ebenso wird ggf. nachträglich noch die Kundennummer eines Bonusprogramms im System erfasst. Immer mehr Länder verpflichten die Fluggesellschaften bereits vor Abflug, eine Passagierliste inklusive weiterer Informationen wie Passnummer oder geplantem Aufenthaltsort im Land zu übermitteln. Die hierfür benötigten Informationen werden entweder maschinell erfasst (z. B. über ein Lesegerät für Reisepässe) oder müssen manuell eingegeben werden. Am Ende des Abfertigungsvorgangs wird die Bordkarte auf einem speziellen Drucker ausgedruckt. Die Bordkarte hat entweder einen Magnetstreifen oder einen Barcode, der beim Einsteigen eingelesen wird. Bei der Abfertigung über Internet druckt der Kunde selbst eine Bordkarte mit einem Barcode aus, beim mobilen Check-In erhält der Kunde eine elektronische Bordkarte in Form einer MMS (Multimedia Messaging Service) mit einem elektronischen Barcode auf sein mobiles Endgerät. Während des Einsteigevorgangs werden die Magnetstreifen oder Barcodes über entsprechende Endgeräte eingelesen. So hat die Fluggesellschaft jederzeit einen Einblick darüber, wie viele Passagiere sich bereits an Bord befinden, bzw. wie viele abgefertigte Passagiere noch fehlen (Boarding Control).

2.1 Informationsmanagement bei Fluggesellschaften

– Gepäckabfertigung

Bei der Gepäckabfertigung wird das Gepäck zunächst gewogen und anschließend mit einem Gepäckanhänger versehen. Der Gepäckanhänger enthält einen Barcode oder einen RFID Chip, über den später das Gepäckstück über die gesamte Transportkette identifiziert werden kann. Die Gepäcknummern werden dabei vom System mit den Passagierdaten gespeichert, so dass das Gepäck den jeweiligen Passagieren zugeordnet ist (Baggage Reconciliation). Seit Ende der 1980er Jahre ist diese Zuordnung auf allen internationalen Flügen Pflicht. Beim Verladen des Gepäcks geschieht ein automatischer Abgleich zwischen dem geladenen Gepäck und den an Bord befindlichen Passagieren. Die Barcodes der Gepäckanhänger werden beim Verladen eingescannt und das System speichert, in welchem Container das jeweilige Gepäckstück verladen wurde, damit es jederzeit auffindbar ist (Baggage Tracking). Fast alle Fluggesellschaften sind an das WorldTracer System von SITA angeschlossen, um verlorenes Gepäck wieder aufzufinden (Baggage Tracing). Nachdem ein sogenannter Lost Baggage Claim eröffnet wurde, kann sich der Passagier auch über das Internet über den Verbleib seines Gepäcks informieren.

- **CRM-System**

Viele Fluggesellschaften setzen bei der Verwaltung von Kundendaten auf Standardsoftware von Softwareunternehmen wie SAP, Siebel bzw. Oracle. Der generelle Vorteil solcher Lösungen liegt im sehr großen Funktionsumfang, ein Nachteil sind jedoch in der Regel die fehlenden Schnittstellen in die Airline internen Systeme (wie z. B. das Reservierungssystem). Daher arbeiten viele Fluggesellschaften mit selbst entwickelten Lösungen. Die meisten Gesellschaften stützen sich beim Zielkundenmanagement zudem ausschließlich auf die internen Daten aus dem Kundenbonussystem.

Die Hauptfunktion eines Customer Relation Management (CRM-)Systems liegt in der Verwaltung von Kundendaten (vgl. auch Kapitel 3.4). Da Fluggesellschaften Millionen von Kunden haben, ist eine eindeutige Kundenidentifikation wichtig. Häufig geschieht diese über die Vielfliegernummer, es werden aber auch andere eindeutige Informationen wie eine Kundennummer oder eine Kreditkartennummer benutzt. Als wichtige Stammdaten des Kunden werden in erster Linie Name, Anschrift, Telefonnummern, aber auch persönliche Präferenzen (z. B. Sitz, Essen an Bord) und Interessen gespeichert. Idealerweise sammelt ein CRM-System Informationen über die gesamte Kundenservicekette, wie z. B. bei der Reservierung über ein Callcenter, beim Check-in am Automaten oder auch an Bord. Hierzu sind entsprechende Schnittstellen in das Reservierungssystem, das Check-In System oder ein Kundenbonussystem notwendig, und es muss eine konsistente Identifikation in sämtlichen Systemen gewährleistet sein. Nur so lässt sich eine durchgängige Kundenhistorie aufbauen, die sämtliche gebuchten Flüge, den Umsatz des Kunden sowie gegebenenfalls auch Kundenbeschwerden enthält. Die so gewonnenen Kundeninformationen dienen dann als Basis für das Zielkundenmanagement und Werbemaßnahmen. Hierfür werden die Kundendaten über Reportingtools entsprechend ausgewertet und segmentiert (z. B. nach Umsatz, Reisehäufigkeit, Beschwerdegründe etc.).

- **Kundenbonussystem**

Die meisten Fluggesellschaften bieten ihren Kunden Bonusprogramme, über die bei Flügen und anderen Dienstleistungen von Partnerunternehmen (z. B. Hotelübernachtungen) Bonuspunkte oder Meilen gesammelt werden können. Diese können in Form von Flug- oder Sachprämien eingelöst werden. Die hierfür erforderlichen Daten und Prozesse werden durch ein Kundenbonussystem (engl. Customer Loyalty System) abgedeckt. In diesem System werden die Kundenstammdaten, Meilenkonten und dem Programm angeschlossene Partnerunternehmen und Prämien verwaltet. Die Meilendaten werden dabei direkt über Schnittstellen aus dem Reservierungs- oder Check-In System der Fluggesellschaft bzw. aus den Systemen von Partnerunternehmen eingespielt. In Fällen, in denen der Transfer nicht automatisch erfolgt ist, besteht die Möglichkeit, über einen sogenannten ‚Retroclaim' eine Meilengutschrift zu erfassen. Buchungen von Prämien erfolgen bei den meisten Gesellschaften entweder direkt durch den Kunden über das Internet oder über ein Callcenter. In vielen Fällen ist auch über eine direkte Anbindung an das Check-In System ein Upgrade gegen Meilen am Flughafen möglich. Viele Fluggesellschaften haben den gesamten Prozess der Verwaltung von Kundenbonussystemen an externe Unternehmen ausgelagert und betreiben daher kein eigenes Kundenbonussystem.

2.1.4 Operative Systeme

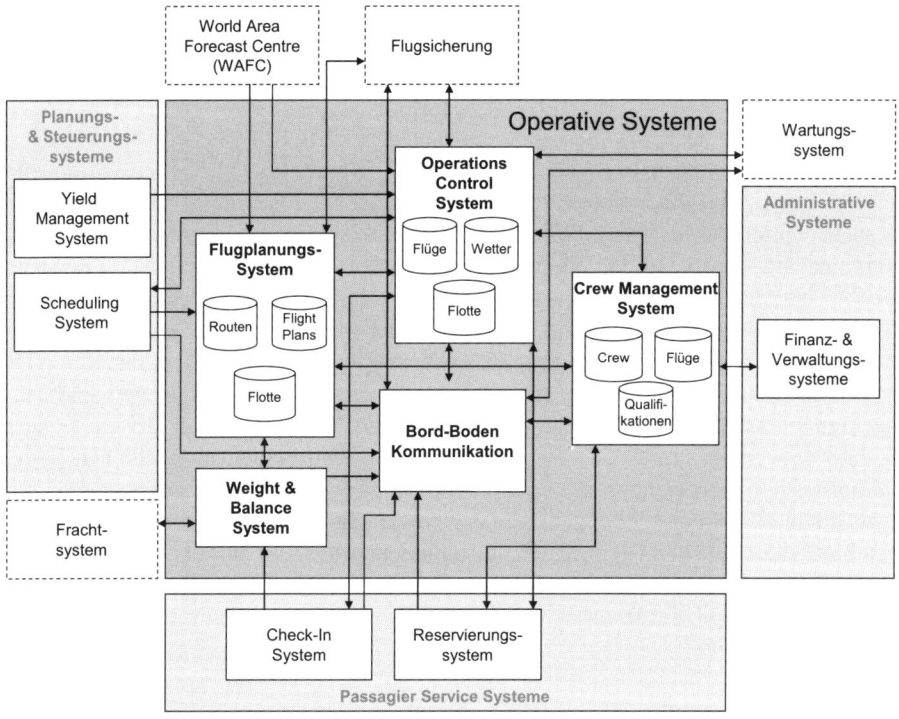

Abb. 2.1.4   Operative Systeme

2.1 Informationsmanagement bei Fluggesellschaften

Zu den operativen Systemen zählen alle Applikationen, die den Flugbetrieb selbst unterstützen. Hierzu gehören Systeme zur Flugplanung und -überwachung, zur Berechnung der optimalen Beladung des Flugzeugs (Weight & Balance), für das Crewmanagement und die Bord-Boden Kommunikation.

- **Weight & Balance System**

Die Aufgabe eines Weight & Balance oder Load Control Systems ist die Planung der optimalen Beladung des Flugzeugs mit Gepäck und Fracht. Basierend auf Daten aus dem Check-In System wird hierfür zunächst die Anzahl der benötigten Container für das Gepäck in den verschiedenen Serviceklassen sowie für den Transport von Post errechnet. Die übrige Beladungskapazität wird dem Frachtsystem zur Verfügung gestellt. Diesen Prozess bezeichnet man als Load Planning. Im zweiten Schritt wird die optimale Verteilung der Beladung im Flugzeug errechnet (Load Distribution), um einen möglichst guten ‚Trim' des Flugzeugs zu erreichen und um so Kerosin zu sparen. Neben einem optimalen ‚Trim' müssen auch weitere Faktoren berücksichtigt werden. So sollte das Gepäck der Passagiere möglichst nah an den Ladeluken verladen werden, um eine schnelle Be- und Entladung zu gewährleisten. Des Weiteren gelten für bestimmte Fracht wie z. B. lebende Tiere oder Gefahrgut Vorschriften für die Unterbringung im Flugzeug. Das Weight & Balance System berücksichtigt diese Faktoren und macht dem Load Planner Vorschläge für eine optimale Verteilung der Container und Paletten im Flugzeug, die gegebenenfalls manuell angepasst werden können. Wenn das Load Planning abgeschlossen ist, wird vom System das sogenannte Loadsheet generiert. Das
Loadsheet wird bei der Beladung des Flugzeugs genutzt und auf das Flight Management System im Cockpit geladen. Zusätzlich erhält der Pilot für besondere Fracht eine sogenannte NOTOC (Notice to Captain), welche über an Bord befindliches Gefahrgut oder lebende Tiere informiert.

- **Flugplanungssystem**

Die Hauptfunktion eines Flugplanungssystems ist die Errechnung des Flugdurchführungsplans (Flight Plan), der für die meisten Flüge verpflichtend ist. Das Flugplanungssystem erhält die Informationen über die durchzuführenden Flüge aus dem Scheduling- oder Operations Control System. Der Flugdurchführungsplan wird von zertifizierten Flight Dispatchern oder den Piloten selbst erstellt. Für die Berechnung eines Flugdurchführungsplans werden Informationen aus verschiedenen Systemen (z. B. Schedule Informationen) und Stammdaten (wie z. B. Flugzeugtypen) benötigt. Das Weight & Balance System liefert für jeden zu planenden Flug das Gewicht des beladenen Flugzeugs inklusive Passagieren und Fracht. Die für die Flugplanung benötigten Navigationsdaten werden in der Regel von darauf spezialisierten Anbietern eingekauft. Diese Informationen werden zusätzlich noch durch sogenannte NOTAMS (Notice to Airmen) aktualisiert, die Auskunft über temporäre Veränderungen geben (z. B. bei Wartungsarbeiten an einer Startbahn). Die für die Flugplanung benötigten Wetterdaten werden vom WAFC (World Area Forecast Centre) geliefert. Auf Basis dieser Daten wird der Flight Plan entweder manuell oder auf Basis gespeicherter Standardrouten errechnet (sogenannte Company Routes). Der Flight Plan kann dabei vom System nach verschiedenen Faktoren optimiert werden (z. B. Kostenreduktion durch Optimierung der Fluggeschwindigkeit, der Überfluggebühren, des Flughöhenprofils oder der Betankung). Der errechnete Flugdurchführungsplan enthält alle Informationen über die Flugroute und -zeiten, Anzahl

Passagiere an Bord, das benötigte Kerosin, das erwartete Wetter auf der Flugstrecke sowie über Ausweichflughäfen, die im Notfall unterwegs angesteuert werden können. Den Piloten wird der Flight Plan als Bestandteil eines sogenannten Crew Briefing Package zur Verfügung gestellt. Entweder erhält die Crew diese Daten in Papierform oder kann sich das Crew Briefing Package über Internet selbst zusammenstellen. Neben dem Operational Flight Plan (OFP) enthält das Crew Briefing Package noch NOTAMs, Informationen zur Betankung (Fuel Release), Wetterinformationen sowie die Flugkarten (Route Maps). Nach der Freigabe wird der Flight Plan auf das Flight Management System im Cockpit geladen, sowie in Form eines Air Traffic Control Flightplans (AFP) an die Flugsicherungsbehörden der überflogenen Länder geschickt. Viele Systeme bieten heute die Möglichkeit, den Flight Plan nicht nur in Textform darzustellen, sondern auch grafisch anzuzeigen (vgl. Abbildung 2.1.5). Über diese Funktion kann auch während des Fluges die Position des Flugzeuges angezeigt werden.

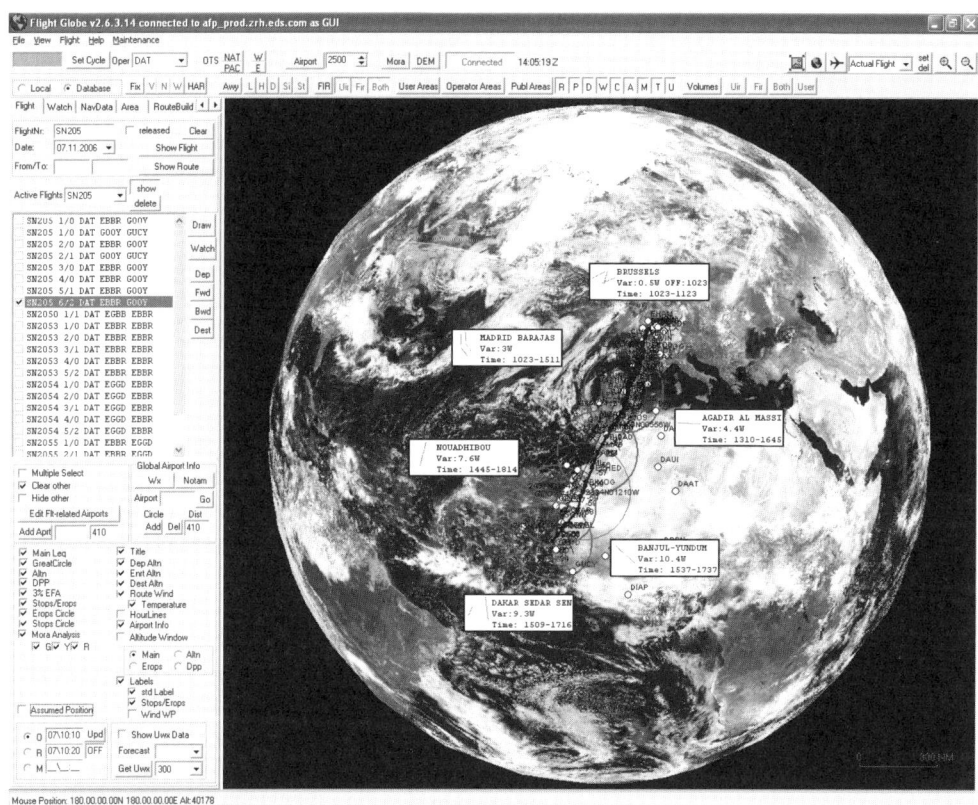

Abb. 2.1.5 Flight Globe Darstellung, EDS Flightplanning System
(Quelle: EDS Information Business GmbH, 2009)

2.1 Informationsmanagement bei Fluggesellschaften

- **Operations Control System**

Im Scheduling System werden Flüge langfristig (d.h. für ein Jahr oder eine Flugplanperiode) geplant. Im laufenden Flugbetrieb können sich aufgrund von verschiedenen Faktoren Veränderungen ergeben. Operative Probleme können dabei einzelne Flüge betreffen (z. B. durch ein technisches Problem oder die verspätete Ankunft einer Crew) oder aber einen ganzen Hub (z. B. bei einem Schneesturm) bzw. die gesamte Fluggesellschaft (z. B. bei einem Streik). Die Aufgabe eines Operations Control Systems ist es, den laufenden Flugbetrieb zu überwachen, Probleme möglichst frühzeitig zu identifizieren und zu lösen. Der geplante Flugplan wird dabei mit den tatsächlichen Flugbewegungen verglichen und meist in Form eines Gantt Charts grafisch aufbereitet. Mögliche Verspätungen werden farblich hervorgehoben.

Die Mitarbeiter im Bereich Operations Control können sich so auf kritische Situationen konzentrieren und diese möglichst optimal lösen. Das Operations Control System schlägt dem Benutzer pro-aktiv verschiedene Lösungsmöglichkeiten vor, die verschiedene Faktoren berücksichtigen, wie z. B. die Anzahl der betroffenen Passagiere, den Einfluss auf nachfolgende Flüge, Kompensationszahlungen an Passagiere etc. Mit Hilfe von What-if-Szenarien kann der Operations Controller verschiedene Szenarien vergleichen, um die optimale Problemlösung zu finden. Nach Freigabe durch den Operations Controller wird der allenfalls geänderte Flugplan über sogenannte Ad-Hoc Schedule Messages (ASMs) erneut publiziert. Es können dann in den verschiedenen Systemen die notwendigen Änderungen vorgenommen werden, wie z. B. die Neuberechnung eines Flugplans, die Umbuchung von Passagieren oder die Umplanung von Crews.

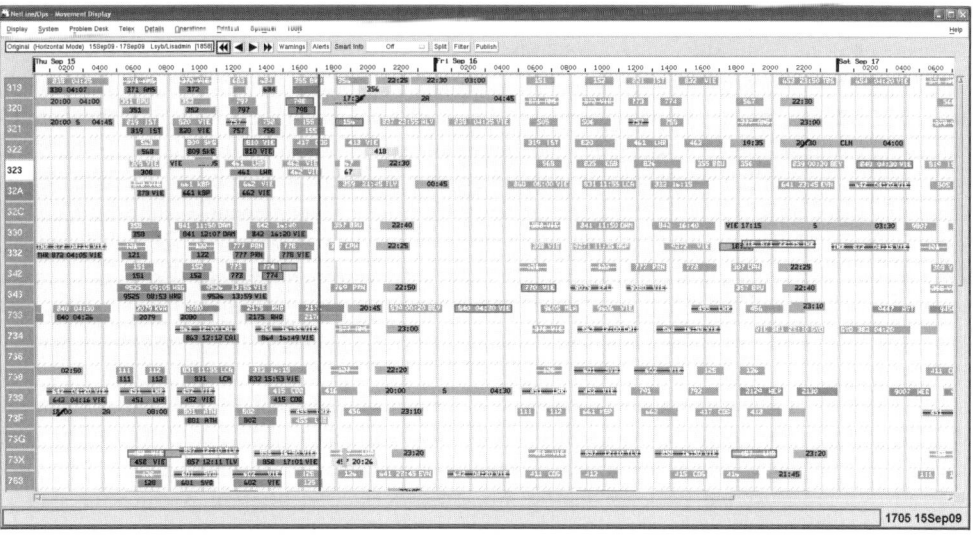

Abb. 2.1.6   Aircraft Movement Display   *(Quelle: Lufthansa Systems 2009)*

- **Crew Management System**

Die Hauptaufgabe eines Crew Management Systems ist die Einsatzplanung der Piloten und Flugbegleiter. Je größer die Fluggesellschaft ist und je mehr Personal zur Verfügung steht, umso komplexer ist die Einsatzplanung. Insbesondere bei den großen Gesellschaften sind daher sehr ausgefeilte Systeme im Einsatz, die die Planung weitgehend automatisieren und den Ressourceneinsatz optimieren. In einem Crew Management System sind die Stammdaten der Crew gespeichert sowie deren Qualifikationen (z. B. welches Fluggerät ein Pilot fliegen darf). Die Daten für die durchzuführenden Flüge erhält das System aus dem Scheduling System oder aus dem Operations Control System. Die Crewplanung beginnt mit der mittel- und langfristigen Planung, welche der Fluggesellschaft hilft, den zukünftigen Personalbedarf abzuschätzen. Basierend hierauf wird zunächst ein anonymisierter Einsatzplan in Form von Rotationen erstellt und optimiert (Crew Pairing). Im letzten Schritt werden den einzelnen Flügen Crewmitglieder namentlich zugeordnet (Crew Assignment). Hierbei müssen insbesondere auch die Vorgaben bezüglich maximaler Flugzeiten und Ruhezeiten berücksichtigt werden, bzw. auch die Ferien- oder Schulungsplanung der Mitarbeiter in Einklang gebracht werden. In vielen Systemen kann die Crew auch Präferenzen für bestimmte Flüge oder Einsätze äußern, die miteinander abgeglichen und im Rahmen der Möglichkeiten bei der Einsatzplanung berücksichtigt werden. Das Ergebnis ist ein Einsatzplan, der den Crewmitgliedern entweder in Papierform oder via Internet zur Verfügung gestellt wird. Während des Flugbetriebs muss die Crewplanung laufend überarbeitet werden, wenn z. B. durch Verspätungen Crews nicht mehr eintreffen oder durch Krankheit kurzfristig ausfallen. In der Regel wird über das Crew Management System auch die weitere Reiseplanung wie z. B. Hotelunterkunft oder Transfers abgewickelt.

- **Bord-Boden Kommunikation**

Während die Kommunikation zwischen dem Flugzeug und den verschiedenen Einheiten am Boden früher ausschließlich über Sprechfunk geschah, ist die Kommunikation seit Ende der 1970er Jahre auch über Datenverbindungen möglich. Über das sogenannte Aircraft Communications Addressing and Reporting System (ACARS) ist es möglich, kurze Telexnachrichten zwischen dem Flugzeug und dem Boden auszutauschen. An Bord des Flugzeugs befindet sich eine Kommunikationseinheit, die die Daten empfängt und sendet bzw. an die verschiedenen Systeme an Bord wie Telexdrucker oder das Flight Management System im Cockpit weiterverteilt. Viele Fluggesellschaften nutzen an Bord auch sogenannte Airshow Systeme, über die vor der Landung Informationen über Umsteigeverbindungen auf den Monitoren an Bord angezeigt werden. Am Boden werden die Daten weiter verarbeitet und der Datenaustausch mit verschiedenen In-House-Applikationen wie z. B. Flugplanungssystem, Reservierungssystem, Check-In System, Wartungssystem oder Operations Control System unterstützt. Über ACARS erfolgen auch die Überwachung des Fluges und die Kommunikation mit den Flugsicherungsbehörden. In Zukunft soll die Bord-Boden Kommunikation erweitert und modernisiert werden, um beispielsweise auch einen Internetzugang im Flugzeug zu unterstützen. Neuere Systeme basieren häufig auf einer Serviceorientierten Architektur (SOA) anstatt auf traditioneller TPF oder Unisys-basierter Mainframetechnologie.

2.1.5 Administrative Systeme

Zu den administrativen Systemen einer Fluggesellschaft zählen neben Standardanwendungen wie Finanzbuchhaltung, Controlling, Einkauf oder Personalverwaltung vor allem branchenspezifische Systeme zur Verkehrsabrechnung und zur Ergebnisrechnung.

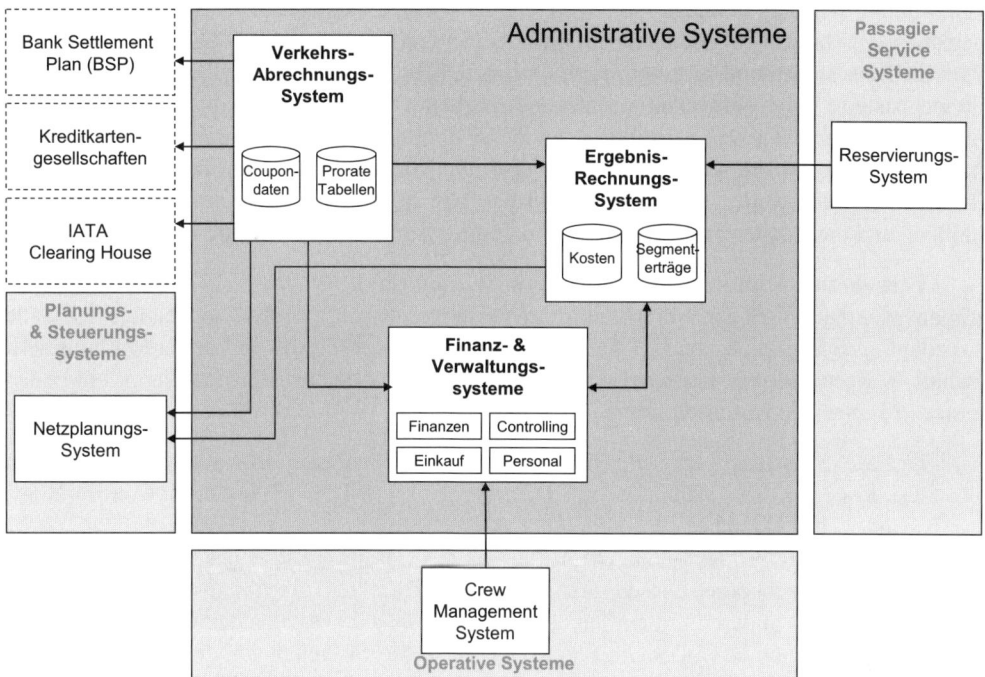

Abb. 2.1.7   Administrative Systeme

- **Finanz- & Verwaltungssysteme**

Insbesondere große Fluggesellschaften arbeiten in der Verwaltung mit Standardsystemen wie SAP oder Oracle, die alle Prozesse in der Finanzbuchhaltung, Einkauf und Materialverwaltung, Controlling und Personal mit Standardmodulen abdecken. Diese Standardanwendungen lassen sich auf die speziellen Unternehmensanforderungen anpassen bzw. mit Hilfe spezieller Entwicklungssoftware können zusätzlich auch unternehmensspezifische Programme entwickelt werden. Bei den meisten Anbietern gibt es darüber hinaus auch Industrieanwendungen, die auf die speziellen Bedürfnisse einer Branche ausgerichtet sind. Ein Beispiel ist die MRO (Maintenance, Repair & Overhaul) Anwendung von SAP, mit der viele große Fluggesellschaften und Wartungsunternehmen arbeiten.

Auch bei den Standardprozessen in der Personalverwaltung setzen viele Fluggesellschaften auf Unternehmenssoftware. Zwar sind die Personalverwaltungsprozesse ähnlich wie diejenigen anderer Großunternehmen, jedoch sind die Anforderungen an die Standardsysteme häufig komplexer, da eine große Anzahl von Mitarbeitern in vielen verschiedenen Ländern verwaltet werden muss, und zudem durch die Creweinsätze die Reisekostenabrechnung komplexer ist. Daher müssen Standardanwendungen durch eigene Entwicklungen auf die spezifischen Anforderungen der Fluggesellschaft angepasst werden.

Neben den bereits beschriebenen Anwendungen für die Crewplanung gibt es jedoch im Personalbereich weitere branchenspezifische Anwendungen. Ein Beispiel ist die Buchung und Verwaltung von vergünstigten Flügen für eigene Mitarbeiter, Mitarbeiter anderer Fluggesellschaften (ID (Industry Discount)) bzw. Mitarbeiter von Reisebüros (AD (Agency Discount)). Um die Reisestellen und Ticketbüros zu entlasten, haben viele Fluggesellschaften mittlerweile webbasierte Tools entwickelt, mit denen Mitarbeiter selbst die Verfügbarkeit von Sitzplätzen checken bzw. Tickets ausstellen können. Obwohl es sich hierbei um standardisierte Prozesse handelt, und die reduzierten Flugpreise über die sogenannten ZED (Zone Employee Discounts) mittlerweile vereinheitlicht wurden, gibt es im Markt fast keine Standardanwendungen und die meisten Fluggesellschaften arbeiten mit selbst entwickelten Lösungen.

- **Verkehrsabrechnungssystem (Revenue Accounting)**

Einen wichtigen Teil der Abrechnung einer Fluggesellschaft decken sogenannte Revenue Accounting Systeme ab, die die Abrechnung abgeflogener Tickets mit anderen Fluggesellschaften, Reisemittlern und Kreditkartengesellschaften abdecken. Zu den Hauptfunktionen eines Revenue Accounting Systems gehören:

– Die Datenerfassung – entweder manuell, über OCR Scanning oder automatisch von den GDS-Systemen über standardisierte Datenformate wie TCN (Transaction Control Number) oder HOT (Hand of Tape).
– Das sogenannte Prorating, d.h. die Aufteilung des Gesamtpreises eines Flugtickets auf die einzelnen Flugcoupons. Diese Funktion stellt die korrekte Abrechnungsbasis bei Strecken sicher, die von anderen Linienfluggesellschaften, als der ausstellenden Gesellschaft abgeflogen wurden (z. B. Codeshare Flüge). Als Basis hierfür gelten von der IATA festgelegte Basiswerte, Regeln und Faktoren.
– Die Umsatzkontrolle, d.h. der Vergleich von Couponpreisen mit Kontrollwerten aus der Tarifberechnung, mit dem Ziel Ticketmissbrauch, unzulässige Preisnachlässe oder Fehler bei der Ticketausstellung aufzudecken und allenfalls eine Nachbelastung einzuleiten.
– Die Ticketabrechnung, d.h. die Übergabe der entsprechend aufbereiteten Daten an ein internes Buchhaltungssystem wie z. B. SAP, die Abrechnung mit anderen Airlines (das sogenannte Interlining), die Abrechnung von Ticketerträgen und Provisionen mit Reisemittlern und Veranstaltern (das sogenannte BSP (Bank Settlement Plan) Reporting) und die Abrechnung mit Kreditkartengesellschaften.
– Das Management Reporting (MIS – Management Information System), über das sowohl standardisierte Auswertungen als auch ad-hoc-Reports wie beispielsweise Codeshare Reports erstellt werden können.

Die Linienfluggesellschaften lagern häufig das gesamte Revenue Accounting an Anbieter in Billiglohnländern aus und halten nur einen sehr kleinen Personalbestand für höher qualifizierte Controlling-Funktionen im eigenen Unternehmen vor. Im Markt gibt es daher nur eine sehr kleine Anzahl von Revenue-Accounting-Anwendungen.

- **Ergebnisrechnungssysteme**

Ein weiterer wichtiger Backoffice-Bereich einer Fluggesellschaft ist die Ergebnisrechnung, d.h. die Auswertung von Daten nach der Durchführung eines Fluges. Beispiele für solche Auswertungsformen ist die Streckenergebnisrechnung bzw. die Netzergebnisrechnung, die eine detaillierte Auswertung der Deckungsbeiträge bzw. des Ergebnisses einzelner Flugstrecken, bzw. des gesamten Netzes einer Fluggesellschaft ermöglicht. Hierfür werden die Erlöse auf einer Strecke den verschiedenen Kosten gegenübergestellt, die für die Leistungserbringung notwendig waren (z. B. Personalkosten, Materialkosten, Gebühren, Finanzierungskosten, anteilige Verwaltungskosten etc.). Häufig fließen in die Betrachtung auch Konkurrenzdaten ein, die beispielsweise in Form von MIDT (Management Information Data Tapes) gekauft werden können. Die ex-post Betrachtung der Ergebnisrechnung schließt den Prozesskreislauf einer Fluggesellschaft und liefert wertvolles Optimierungspotenzial für die kommenden Netzplanungsperioden. Fast alle Fluggesellschaften arbeiten im Bereich der Ergebnisrechnung mit selbstentwickelten Datawarehouse-Anwendungen, bzw. konfigurierter Standard Software von SAP, Siebel oder Oracle. Der Grund hierfür ist, dass zum einen die Reporting-Anforderungen der Fluggesellschaften sehr unterschiedlich sind, und zum anderen eine einheitliche technologische Plattform für alle Bestandteile des Unternehmensberichtswesens sinnvoll ist.

2.1.6 Ausblick

Die IT-Landschaft von Fluggesellschaften ist über die letzten 40 Jahre stark gewachsen. Die damals entwickelten TPF oder Unisys Großrechnersysteme sind dabei größtenteils noch heute im Einsatz und stellen insbesondere im Bereich Inventarverwaltung, Reservierung und Abfertigung den Kern dar, mit dem alle anderen Systeme verbunden sind. Mit der zunehmenden Verbreitung des Internets und von mobilen Anwendungen auf Handys oder Personal Digital Assistants (PDA) müssen die bestehenden Backend-Systeme mit einer steigenden Anzahl von Benutzeroberflächen und Kommunikationsprotokollen interagieren.

Diese starke Vernetzung macht es sehr schwer, einzelne Systeme oder Systemkomponenten auszutauschen oder zu modernisieren. Beim Austausch eines Reservierungssystems beispielsweise müssen häufig mehrere hundert Schnittstellen zeitgleich umgestellt werden und große Mengen an Buchungsdaten in das neue System übernommen werden. Darüber hinaus stellen die Altsysteme Fluggesellschaften vor finanzielle Herausforderungen, da der Betrieb und die Weiterentwicklung teuer sind. Schließlich wird es zunehmend schwieriger, Personal mit dem entsprechenden Know-how zu finden, da Nachwuchskräfte eine Ausbildung in neuen Technologien bevorzugen.

Ein möglicher Ansatz zur Lösung dieser Problemstellung bietet die serviceorientierte Architektur (SOA), da sie eine Möglichkeit bietet, die stark verwobenen Schnittstellen einer Fluggesellschaft über standardisierte ‚Services' zu entflechten. Diese Vereinfachung der Systemarchitektur wird in der folgenden Grafik schematisch dargestellt.

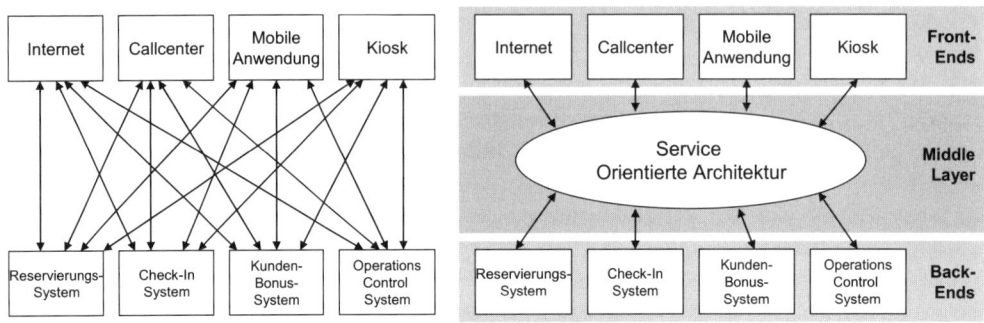

Abb. 2.1.8 Schnittstellenreduzierung durch Service Orientierte Architektur

Vorhandene Systeme können so weiterhin Schnittstellen im gleichen Format bedienen und erhalten Daten in den bekannten Strukturen. Des Weiteren lässt sich über eine SOA die Anzahl der zu wartenden Schnittstellen drastisch reduzieren. Eine SOA besteht in der Regel aus mehreren wohl definierten Ebenen: Über die sogenannte Präsentationsebene werden unterschiedliche Frontend-Systeme wie z. B. Internet-Buchungsmaschinen, Check-In Kiosks, graphische Benutzeroberflächen oder mobile Anwendungen angebunden. Im sogenannten Middle Layer steckt die eigentliche ‚Intelligenz' der SOA. Hier geschieht über einen Service Bus die Verbindung zwischen den Frontend- und Backendsystemen. Ebenso befinden sich im Middle Layer Komponenten, die den Datenfluss in der SOA überwachen und steuern. Backend-Systeme werden schließlich über vorhandene Standardanbindungen (Common Off the Shelf Adaptors – COTS) oder speziell entwickelte Adaptoren angebunden. Ein Beispiel für eine Praxisanwendung bietet die Deutsche Lufthansa AG, die bei der Migration auf ein neues Passagier Service System auf eine SOA-Plattform setzte.

Quellen und weiterführende Literatur

Goecke, R., Heichele, H., Westermann, D.: Lufthansa Systems: dynamic pricing, in *Egger, R., Buhalis, D. (Edts.),* eTourism Case Studies, Amsterdam 2008, S. 310 - 324.

Lufthansa Systems, Product Brief NetLine/Crew, http://www.lhsystems.de/resource/document/pdf/pb/pb_netline_crew.pdf und Product Brief NetLine/Ops http://www.lhsystems.de/resource/document/pdf/pb/pb_netline_ops.pdf (Zugriff 25.10.2009).

Michaels, L., Significant gains through an integrated view by origin-destination market, in: Journal of Revenue and Pricing Management, Herausgeber: Palgrave Macmillan Ltd, Volume 6, Number 4, Dezember 2007, S. 274 – 278

Schulz, A., Frank, K., Seitz, E., Tourismus und EDV, Vahlen Verlag, München 1996.

Sterzenbach, R., Conrady, R., Fichert, F., Luftverkehr – Betriebswirtschaftliches Lehr- und Handbuch, 4. Aufl., München 2009.

2.2 Informationsmanagement bei Flughäfen

Prof. Dr. Robert Goecke und Marc Lindike

Charakteristisch für Flughäfen ist, dass sie multifunktionale Dienstleistungszentren sind. Außer dem Flughafen-Betreiber, den Fluggesellschaften und den öffentlichen Verkehrsmitteln interagieren sowohl gewerbliche Dienstleister als auch staatliche Dienste mit hoheitlichen Aufgaben (Zoll, Polizei, Flugsicherung) in gemeinsam genutzten Arealen und Gebäuden. Sie erbringen in verschiedenen Rollen Serviceprozesse, die von Passagieren oder Besuchern als integrierte Dienstleistungskette bzw. als Gesamterlebnis wahrgenommen werden. Flughäfen haben sich neben ihrer originären Funktion als Flug-Terminal und intermodaler Verbindungspunkt zu anderen Verkehrsträgern (Schiene und Straße) zu Geschäftszentren entwickelt mit Parkhäusern, Lounges, Cafés, Restaurants, Läden, Reisebüros, Hotels, Autovermietern, Konferenzzentren etc. Sie bieten sowohl den Fluggästen als auch den Besuchern alles an, was das Reisen oder die Kommunikation mit Reisenden komfortabel macht (vgl. zu Airport-Geschäftsmodellen/-prozessen Mensen 2003, Maurer 2006, Sterzenbach/Conrady/ Fichert 2009 und Schulz 2010). Diese komplexen Prozesse unterstützt IT-seitig das Flughafen-Informationsmanagement.

2.2.1 Akteure, Prozesse und IT-Applikationslandschaft

Einen Überblick über die wichtigsten Akteure und IT-Anwendungen im Informationsmanagement eines Passagierflughafens gibt Abbildung 2.2.1. Die bei den meisten Flughäfen zusätzlich anzutreffenden Systeme für das Frachtwesen (Cargo) werden hier entsprechend des Tourismus-Themenfokus nicht berücksichtigt. Dienstleistungsanbieter, deren Dienste nicht unmittelbar mit dem Flugbetrieb und den Passagierprozessen zu tun haben, seien hier als Konzessionäre bezeichnet. Sie betreiben am Flughafen mit Erlaubnis des Flughafen-Betreibers gegen Miete, Pacht etc. ihre Geschäfte und nutzen hierzu Flughafeninfrastrukturen wie z. B. Telekommunikationsnetze und Gebäudetechnik.

Hauptkunden eines Flughafens sind die Fluggesellschaften (Airlines), die für die Flughafennutzung Start- und Lande-, Abstell- und Passagiergebühren entrichten und Entgelte für zahlreiche weitere Dienste der Bodenabfertigung (Betankung, Ab-/Frischwasser-Transport, Schleppen, ...) sowie die Anmietung von Geschäfts- und Betriebsräumen bezahlen. Es gibt auch Betreibermodelle, bei denen eine Fluggesellschaft ein Terminal mitfinanziert und in Kooperation mit der Flughafengesellschaft betreibt, wie z. B. beim Terminal 2 des Münchner Flughafens. Je nach Geschäftsmodell kann auch die Abfertigung eines Flugzeuges vom Flughafen selbst oder von sogenannten Handling Agents (Abfertigungsgesellschaften) als Subunternehmern übernommen werden. Entscheidend für die Wettbewerbsfähigkeit eines Flughafens sind neben seiner Lage und Verkehrsanbindung sowie den Dienstleistungsangeboten kurze Abfertigungszeiten. Wenn ein Flughafen von Fluggesellschaften als Drehkreuz (Hub) eingesetzt wird, müssen darüber hinaus kurze Umsteigezeiten zu Anschlussflügen garantiert werden.

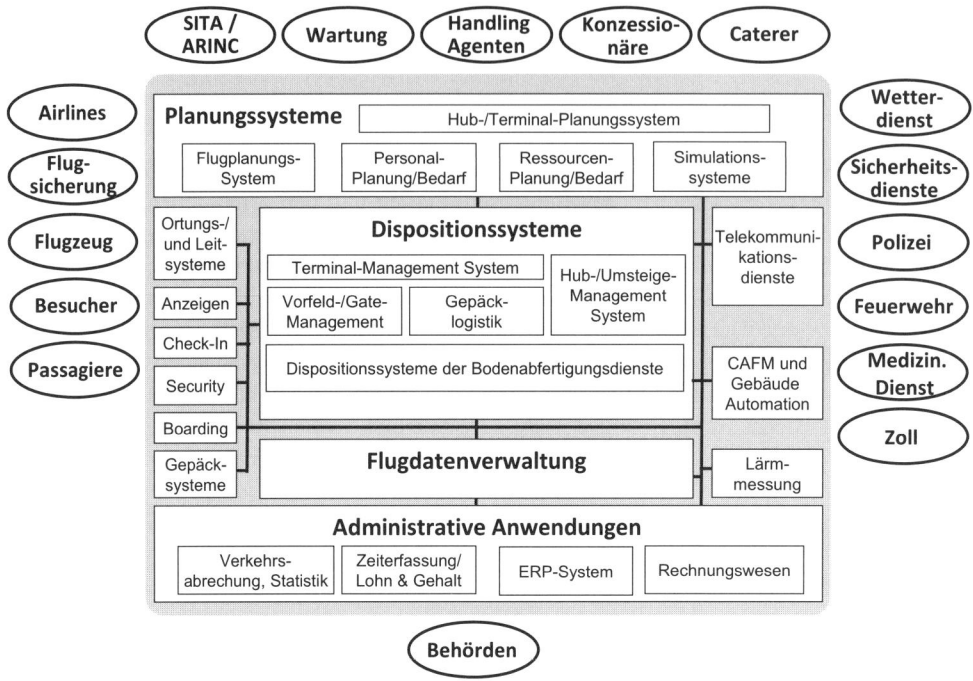

Abb. 2.2.1 IT-Applikationslandschaft eines Passagierflughafens

Check-In und Boarding der Passagiere können entweder von der Airline selbst (vgl. Kapitel 2.1 Airline Systeme), von Handling Agents (oft Tochterfirmen der Flughafenbetreiber) oder vom Flughafen übernommen werden. Der Flughafen stellt hierfür meist die Abfertigungsschalter (Counter) und die Telekommunikations- und Netzinfrastruktur bereit. In jedem Fall koordiniert er, welcher Flug an welchem Flugsteig (Gate) abgefertigt wird. Außerdem ist er für die Passagierleitung und die Gepäckförderanlagen verantwortlich.

Die Wartung der Flugzeuge in den Hangars wird entweder von großen Fluggesellschaften oder von Flugzeugwerften bzw. Wartungsgesellschaften (oft die Flugzeug- oder Turbinenhersteller) übernommen, die hierfür ebenfalls Flughafeninfrastrukturen nutzen. Ähnlich ist es beim Catering. Dieses übernehmen spezialisierte Verpflegungsbetriebe von Fluggesellschaften oder im Auftrag der Fluggesellschaften. Auch die Caterer sind meist am Flughafen angesiedelt und beliefern die Flugzeuge auf dem Vorfeld.

Die Flugsicherung kontrolliert vom Kontrollturm aus den Flughafen-Luftraum und alle Bewegungen der Flugzeuge auf den Start- und Landebahnen (Runways) sowie auf den Rollbahnen (Taxiways) bis zur Übergabe an die Kontrolle des Flughafen-Vorfeldes (Apron), für die in der Regel der Flughafen-Betreiber verantwortlich ist. Die Flugzeuge werden dabei vom Rollleitsystem zu den Abfertigungspositionen (Ramp) geführt, wo sie mit Hilfe des Andocksystems unmittelbar in Parkposition gebracht werden. Dort werden alle Abfertigungsvorgänge von Disponenten koordiniert bzw. von einem Ramp Agent durchgeführt.

2.2 Informationsmanagement bei Flughäfen

Nationale Wetterdienste betreiben an den Flughäfen Wetterstationen, welche die für die Piloten der Airlines notwendigen Wetterberichte bereitstellen und austauschen.

Für die elektronische Kommunikation und den Datenaustausch zwischen Flughäfen, Airlines und Flugzeugen bieten beispielsweise SITA (entstanden aus der Société Internationale de Télécommunications Aéronautiques) aus Europa bzw. ARINC (Aeronautical Radio Inc.) aus Nordamerika diverse globale Kommunikationsdienste an, u. a. Dienste zur Übermittlung aller relevanten Flugdaten in standardisiertem Format.

Feuerwehr und medizinischer Dienst sind meist direkt in der Verantwortung des Flughafens, während die Sicherheitskontrollen mit Gepäckdurchleuchtung auch von spezialisierten Sicherheitsunternehmen übernommen werden. Diese arbeiten für die Wahrnehmung hoheitlicher Aufgaben (Ausweis-/Zollkontrollen) mit den am Flughafen angesiedelten Polizei- und Zolldienststellen zusammen. Da Flughäfen auch Orte für Ein- und Ausreisen über Staatsgrenzen hinweg sind und sie bzgl. Diebstahl, Schmuggel und auch terroristischen Bedrohungen besonders gefährdet sind, kommen staatlichen Organen umfangreiche weitere Kontroll- und Überwachungsfunktionen auf dem gesamten Flughafengelände zu. Schließlich ist der Flugbetrieb mit zahlreichen Umweltbelastungen, insbesondere Lärm, verbunden, die durch geeignete Vorkehrungen und Sensoren überwacht und systematisch reduziert werden sollen.

Wie jede andere Organisation haben schließlich auch Flughäfen einen Datenaustausch mit Behörden. Als öffentliche Betriebe kommen sie ihren Melde- und Dokumentationspflichten gegenüber der Finanzverwaltung nach, indem sie z. B. elektronische Steuer-/Meldeverfahren nutzen.

In der Verantwortung des Flughafen-Betreibers sind üblicherweise folgende IT-Systeme, welche die drei Kernprozesse Flugzeugabfertigung, Passagierabfertigung und Gepäcktransport sowie die zahlreichen weiteren erwähnten internen und externen Serviceprozesse unterstützen:

1. Basisinfrastrukturdienste wie Telekommunikation und Netze, die Haus- und Gebäudetechnik, die Ortungssysteme zur Lokalisierung der am Flughafenverkehr beteiligten Objekte, die Rollleit- und Andocksysteme und die Umwelt-Messtechnik.

2. Systeme der Passagier- und Gepäckabfertigung wie die Anzeigesysteme, Systeme zur Zugangs- und Sicherheitsüberwachung (Security) sowie die Anlagen zur Gepäckförderung.

3. Eine meist zentrale Flugdatenverwaltung (Airport Operational Database), die allen Applikationen konsistenten Zugriff auf die Daten von geplanten, sich in Abfertigung befindlichen oder bereits früher abgefertigten Flügen gewährt.

4. Anwendungen des strategischen und operativen Flughafen-Managements von der Planung des Flugverkehrs und der Bodendienste (Ground Handling) über die tägliche Disposition des Bodenverkehrs und aller Abfertigungsprozesse bis hin zu administrativen betriebswirtschaftlichen Anwendungen der kaufmännischen Verwaltung.

Sie werden in den folgenden Abschnitten eingehender erläutert.

2.2.2 Basisinfrastrukturdienste

Flughäfen dienen als Kommunikationsdrehscheibe zwischen allen oben genannten Partnern und deren IT-Systemen. Entsprechend vielfältige Telekommunikationsdienste müssen bereitgestellt und miteinander verbunden werden. Außerdem muss jeder Flughafen komplexe stationäre Gebäudesysteme und Anlagen steuern, regeln und warten, was durch intelligente Gebäudetechnik und computergestützte Gebäudemanagementsysteme (teil-)automatisiert werden kann. Schließlich sind im Flugbetrieb zahlreiche mobile Objekte zu koordinieren: Flugzeuge, Fahrzeuge des Bodenverkehrsdienstes, Werkzeuge, Geräte und auch Personen. Dies erfordert eine möglichst differenzierte Ortungstechnologie.

Abb. 2.2.2 Basisinfrastrukturen und -dienste der Flughafen IT

- **Telekommunikationsdienste und Netze**

Kommunikation und Datenaustausch auf Großflughäfen basieren auf Festnetzen und mobilen Funknetzen (vgl. Flughafen München 2000 S.12f.). Die stationären Computersysteme (PCs und Server) sind wie bei anderen Betrieben auch meist über LAN (Local Area Networks) auf Basis des IEEE 802.3 Standards verbunden, die an einen breitbandigen Glasfaser-Backbone angeschlossen sind, um Daten über Gebäudegrenzen hinweg austauschen zu können. Für die Vernetzung von Sensoren (Messfühler, Schalter) und Aktoren (Antriebe) im Feld (Gebäude, Außenanlagen etc.) mit Steuerungen in der Gebäudetechnik, aber auch in den Gepäckförder-

2.2 Informationsmanagement bei Flughäfen

anlagen werden sogenannte Feldbusse (IEC Standard) eingesetzt, die speziell für die Robustheits-, Effizienz- und ggf. auch Echtzeitanforderungen der Signalübertragung in der Regelungstechnik optimiert sind. Für die Telefonie an Flughäfen werden traditionell private Nebenstellenanlagen (PABX – Private automated Branch Exchanges) auf ISDN-Basis mit Übergängen ins öffentliche ISDN-Netz eingesetzt. Eine besondere Anforderung an Flughafen-PABX-Systeme ist neben der Möglichkeit, von einem Telefon am Abfertigungsschalter aus Lautsprecherdurchsagen vorzunehmen, die Multi-Mandantenfähigkeit: Viele Unternehmen, die sich an einem Flughafen als Konzessionäre eingemietet haben, möchten ihre Telefone wie eine unternehmenseigene Anlage mit eigenem Nummernplan nutzen und verlangen eine individuelle Gebührenabrechnung (ähnlich wie ein Gast in einem Hotel vgl. Kapitel 2.3.3). Denselben Bedarf nach physikalischer oder logischer Abschottung haben die öffentlichen und privaten Organisationen auch bzgl. der LAN-Computernetze in einem Flughafen, was neben der Netzseparation auch durch spezielle Router (Firewalls) oder durch Verschlüsselung (Virtual Private Networks) erreicht werden kann. Es ergeben sich somit hohe Anforderungen an das Netzwerkmanagement eines Flughafens. Im Zuge der Konvergenz von Sprach- und Datenkommunikation z. B. durch Voice-over-IP-Dienste (IP: Internet Protokoll) verschmelzen auch an Flughäfen zunehmend die Netzinfrastrukturen für Sprach- und Datenkommunikation. Backbone und LAN dienen der Übermittlung aller multimedialen Informationen und Signale. Sie integrieren auch Verkehre der Feldbus-Systeme und PABX-Anlagen, was eine flexiblere und effizientere Ausnutzung aller vorhandenen Netzkapazitäten ermöglicht. Das Netzwerkmanagement hat die Aufgabe, sämtliche passiven (Kabel) und aktiven (Verstärker, Router, Netzübergänge, Vermittlungsrechner, Telefonanlagen, Basisstationen etc.) Netzkomponenten zu konfigurieren, zu administrieren und einschließlich ihrer Stromversorgungen zu überwachen. Ein Netzausfall an einem Flughafen hätte fatale Folgen nicht nur finanziell, sondern auch in Bezug auf die Sicherheit.

Eine besondere Bedeutung kommt an Flughäfen der mobilen Kommunikation zu (vgl. hierzu auch Mensen 2003). Traditionell ist der mobile Flugfunkdienst: Für jeden Flugplatz sind Frequenzen festgelegt, auf denen Lotsen oder die Vorfeldkontrolle mit den Piloten der Flugzeuge im Sprechfunk nach festgelegten Regeln kommunizieren. Unter der Bezeichnung ATIS (Automatic Terminal Information Service) gibt es auf größeren Flugplätzen eine automatische, auf einer bestimmten Funkfrequenz „vom Band" ausgestrahlte Anflug- und Wetteransage. Jeder Pilot, der nach Instrumentenflugregeln (IFR) starten oder landen will, ist angewiesen, die aktuelle ATIS-Ansage abzuhören. Globale Systeme z. B. von SITA oder ARINC ermöglichen über ein weltweites Netz von Basisstationen und Satelliten die Sprach- und Datenkommunikation mit den Flugzeugbesatzungen auch in Echtzeit. Sie sind Voraussetzung für den globalen automatischen Austausch operativer Flugdaten als SITA- bzw. ARINC-Messages zwischen Bord- und Bodensystemen nach dem ACARS-Standard (Aircraft Communications Addressing and Reporting System) und entlasten den Sprechfunkverkehr. Auch auf dem Flughafengelände spielt der Funkverkehr eine wichtige Rolle. Der Betriebsfunk ermöglicht die nicht-öffentliche Sprechfunkkommunikation zwischen Vorfeldkontrolle und den Akteuren auf dem Vorfeld (z. B. Bussen, Tankwagen, Schlepper etc.) sowie mit den mit Sprechfunkgeräten ausgestatteten Personen in den Abfertigungsprozessen. Als BOS bezeichnet man den Funkverkehr zwischen **B**ehörden und **O**rganisationen mit **S**icherheitsaufgaben, über den z. B. Polizei, Zoll oder die Flughafenfeuerwehr auf eigenen Frequenzen kommunizieren. Zukünftig werden Betriebs- und BOS-Funk durch digitale Bündelfunksysteme (z. B. TETRA oder Tetrapol Standard) ersetzt, die Sprach- und Datenkommunikation verschiedener Organisationen im gleichen Kanal bündeln können und so zu einer besseren Nutzung des Frequenzspektrums beitragen. Zunehmende Bedeutung erfährt Wireless LAN (W-LAN IEEE 802.11) an Flughäfen nicht nur für die Nutzung durch Passagiere, die während ihres Aufenthaltes am Flughafen einen Internetzugang für ihre Mobilcomputer wünschen, sondern auch für die Übertragung z. B. von Positionsdaten aus einem mit GPS-Navigation ausgerüstetem Fahrzeug an Dispositionssysteme oder für die drahtlose Kommunikation zwischen Sensoren, Aktoren und Steuerungen in Gebäuden, Anlagen oder anderen „Feld-Systemen". Um mit dem mobilen Flughafenpersonal zu kommunizieren, werden, wie in anderen Unternehmen auch, GSM-Mobiltelefone, SMS oder Pager bzw. Personenrufdienste (Feuerwehr) eingesetzt. Großflughäfen verfügen zudem wegen der hohen Dichte an Besuchern und Passagieren mit mobilen Endgeräten oftmals über eigene GSM- oder UMTS-Basisstationen verschiedener Provider, um das hohe Gesprächs-/Datenaufkommen zu bewältigen.

- **Computer Aided Facility Management (CAFM)**
Sämtliche stationären Anlagen und Objekte in den Gebäuden und Flächen eines Flughafens müssen verwaltet und technisch kontrolliert bzw. gesteuert werden. Ein GIS (Geoinformationssystem) mit allen 2-D- oder 3-D-CAD-Daten (Computer Aided Design) der Gebäude, Flächen und über- bzw. unterirdischen Anlagen bildet die Grundlage eines CAFM. Sämtliche zu verwaltenden Objekte, Systeme oder Infrastrukturen können erfasst und in verschiedenen logischen Schichten (Layers) in den 2-D-/3-D-Modellen des GIS abgebildet und in einem zentralen Managementsystem visualisiert werden. Die Verbindung mit einem Dokumentenmanagementsystem erlaubt es, zu jedem Objekt relevante Zeichnungen, Verträge, Korrespondenzen etc. abzurufen.

Die Vernetzung mit den Leitsystemen der Gebäudeautomatisierung, der Gepäckförderanlagen, der Vorfeldbeleuchtung, dem Netzwerkmanagement, Alarmsystemen oder anderen Steuer- und Regelsystemen erlaubt die Anzeige aktueller Statusinformationen, Alarme (z. B. Rauch-, Feuermelder) oder anderer Systeminformationen. Über geeignete Bedienoberflächen können umgekehrt Befehle und Steuerparameter direkt an die Leitsysteme oder vernetzte Aktoren gesendet werden, um technische Vorgänge fernzusteuern (z. B. Beleuchtung anschalten, Kamera aktivieren, Tür öffnen, Temperatur regeln etc.). Es können auch mobile Einsatzkräfte oder Wartungs- und Reinigungspersonal koordiniert werden. Letztere erhalten über mobile Endgeräte selbst Zugriff auf für sie relevante Informationen aus dem CAFM. Eine Kopplung des CAFM mit der zentralen Flugdatenverwaltung ermöglicht z. B. die flugplanabhängige automatische Steuerung von Beleuchtung und Klimaanlagen an den Gates bei entsprechenden Energieeinsparungen (vgl. Haller/May 2006). Weitere Schnittstellen eines CAFM zu Dispositionssystemen erlauben z. B. den Abruf von aktuellen Informationen über den aktuellen Status der Flugzeugabfertigung an einem bestimmten Gate und die Visualisierung von Abfertigungsprozessen in 2-D- oder 3-D-Ansichten, in die auch Bild- und Videodaten von Überwachungskameras eingespielt werden können.

Die Integration von Planungssystemen und administrativen kaufmännischen Systemen ermöglicht die Unterstützung und das Management verschiedenster Prozesse des Anlagen-,

2.2 Informationsmanagement bei Flughäfen

und Gebäudemanagements: Von der Planung und Projektführung beim Bau oder der Erweiterung beliebiger Systeme und Anlagen über die Wartungsorganisation und Überwachung der Betriebs- und Verbrauchsdaten bis zur kaufmännischen Abrechnung der Planungs-, Projekt-, Wartungs- und Betriebskosten kann der gesamte Lebenszyklus bis zur Entsorgung und Abschreibung mit Hilfe eines CAFM verwaltet werden.

Abb. 2.2.3 *2-D-Bildschirmansicht (PC eines Gebäudemanagers) und 3-D-Ansicht (Apple IPhone eines Wartungstechnikers) der Visualisierungskomponente des Münchner Flughafen–CAFM (Quelle: Flughafen München 2009)*

Dasselbe gilt auch für alle Prozesse der Immobilien-, Flächen- und Parkraumverwaltung bis hin zur Raumplanung, Möblierung und Arbeitsplatzgestaltung. Typischerweise greifen also fast alle Bereiche auf die jeweils für sie wichtigen Sichten eines Airport-CAFM zu (vgl. Abb. 2.2.3). Hierzu gehören auch die Feuerwehr, die Wasserwirtschaft, der Winterdienst, die Personenbeförderungsdienste, der Umweltschutz, die Zugangs- und Schlüsselverwaltung, die Sicherheitstechnik, die Öffentlichkeitsarbeit und der Vertrieb.

- **Ortungs-, Lokalisierungs- und Leitsysteme für mobile Objekte**
Eine wichtige Rolle für die Sicherheit und effiziente Koordination spielen Systeme zur Ortung, Lokalisierung und Leitung mobiler Objekte, seien es Flugzeuge (vgl. hierzu insbesondere Mensen 2003), Fahrzeuge, Werkzeuge, Geräte oder auch Personen (vgl. Abbildung 2.2.2). Flugzeuge können ihre Position aktuell über GPS- und zukünftig über Galileo-Satellitennavigationssysteme bestimmen. Für den Autopilot werden deren Positionsangaben noch zusätzlich mit genaueren Daten des bordeigenen inertialen Navigationssystems auf der Basis von Gyroskopen und mit Daten von Funkfeuern kombiniert. Als Navigationsfunk

bezeichnet man alle Funkfeuer oder Funkbaken in der Umgebung eines Flughafens, die auf der Basis verschiedener Peilfunkverfahren die Navigation der Flugzeuge insbesondere beim Landeanflug mit Instrumenten oder per Autopilot unterstützen. Eine Landung mit Ausrollen auf der Landebahn per Autopilot stellt höchste Anforderungen an die Zuverlässigkeit und Verfügbarkeit des Navigationsfunkes und bedarf zusätzlich eines bordeigenen Höhenradars im Flugzeug. Die Befeuerung der Landebahnen ermöglicht dem Piloten bei manuellem Anflug eine optische Orientierung, indem er aus verschiedenen Anflugwinkeln verschiedene Lichter bzw. Lichtfarben sieht und seinen Kurs entsprechend korrigieren kann. Flugsicherung und Vorfeldkontrolle nutzen zur Ortung Radarsysteme, mit denen sie den Luftraum, die An- und Abflugzonen sowie die Vorfelder überwachen und den Flugzeugen über Funk Anweisungen geben. Datenfusion ermöglicht, dass auf dem Bildschirm des Fluglotsen die aktuelle Position aus der Radarortung zusammen mit weiteren Informationen über das Flugzeug oder mit Karten hinterlegt angezeigt wird. Das Vorfeld-Radar kann neben den Flugzeugen auch größere Fahrzeuge wie Tankwagen etc. erkennen. Anders als in der Luft kann bis heute auf den Rollbahnen und Vorfeldern keine automatische Steuerung der Flugzeuge und Fahrzeuge erfolgen, da insbesondere die autonome Steuerung von Fahrzeugen noch immer unausgereift ist. Die Rollleit- und Andocksysteme, die die Flugzeuge nach der Landung entsprechend der Anweisungen der Lotsen und der Vorfeldkontrolle über die Rollwege und Vorfelder zur Abstellposition leiten, basieren auch auf optischen Systemen (vgl. zu diesem und zu Folgendem Flughafen München 2000, S.18).

Abb. 2.2.4   *Markierungen der Bahnen durch das Rolleitsystem und Andock-Anzeige an der Abstellposition zur Leitung des Piloten in die Halteposition*

Über die in die Rollbahnen eingelassenen Lampen können vom Tower Rollwege blockweise für ein Flugzeug als freigegeben oder gesperrt markiert werden. Die an den Abstellpositionen zusätzlich angebrachten optischen Andock-Anzeigen helfen dem Piloten, ebenfalls unter Ausnutzung optischer Effekte auf den letzten Metern richtig einzuparken. Sie werden an der zugewiesenen Abstellposition mit den Daten des Flugzeugtyps aus der zentralen Flugdatenbank automatisch eingeschaltet, wenn das Flugzeug den letzten Rollabschnitt erreicht hat. Im

2.2 Informationsmanagement bei Flughäfen

Boden verlegte Induktionsschleifen zeigen den Piloten an, wenn die Räder seines Flugzeugtyps die richtige Halteposition erreicht haben.

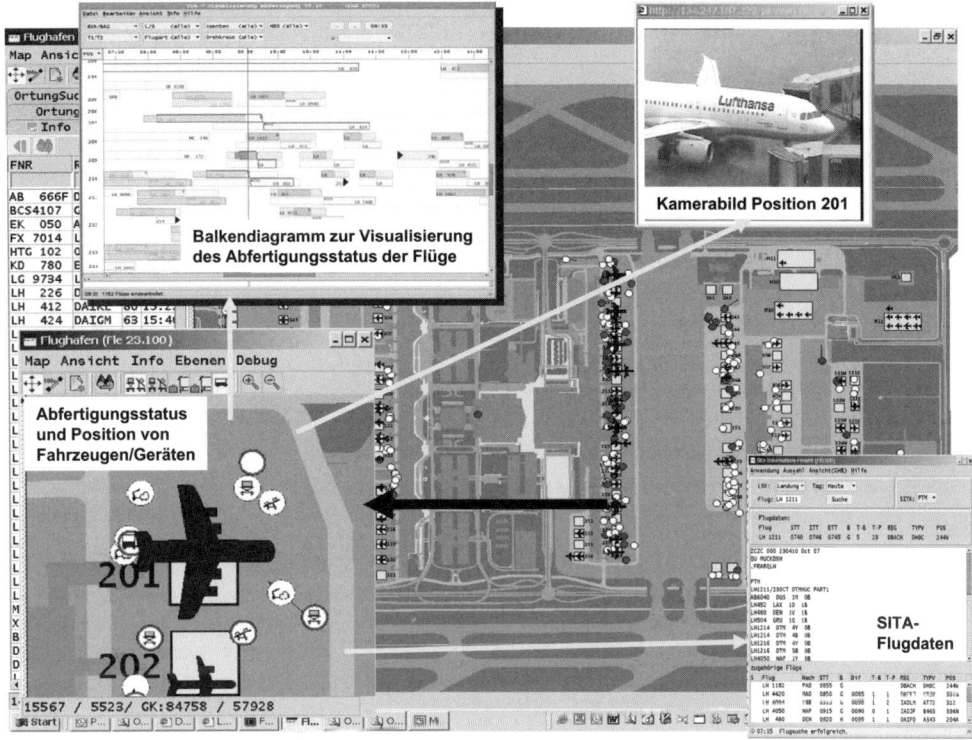

Abb. 2.2.5 Ansicht der 2-D-Echtzeit-Visualisierungskomponente der APM Airport Process Management Suite des Münchner Flughafens mit Positions-, Status- und Videoinformationen diverser mobilere Objekte (Flugzeug, Bus, mobile Rampe) für Disponenten
(Quelle: Flughafen München 2008)

Große Fortschritte wurden in den letzten Jahren bei der Ortung und Navigation von Fahrzeugen und anderen mobilen Objekten auf dem Vorfeld und in Gebäuden gemacht (vgl. Goecke/Lindike 2010): Fahrzeuge des Bodendienstes können nicht nur ein GPS-Navigationssystem verwenden, sondern ihre Positionsdaten zusammen mit Betriebsdaten wie dem aktuellen Tankstand etc. kontinuierlich über WLAN an die Dispositionssysteme melden. Aktive batteriebetriebene RFID (Radio Frequency Identification) Tags mit GPS-Empfängern und WLAN-Modul können an mobilen Objekten ohne eigene Stromversorgung befestigt werden und ebenfalls ihre Positionsdaten übermitteln. Sind mehrere WLAN-Basisstationen in Reichweite eines batteriebetriebenen WLAN-Senders, so kann über Triangulation (Vergleich der Signallaufzeiten und Signalstärken an drei Basisstationen) eine Ortung mobiler Ressourcen auch bei fehlendem GPS-Signal z. B. in Gebäuden erreicht werden. Ungenauer ist die Positionierung über die Bestimmung der stärksten Funkzelle bzw. Basisstation bei GSM- oder UMTS-Geräten.

Auch die Videoüberwachung erlaubt die Lokalisierung von mobilen Objekten, Personen oder Personengruppen. Aktuell werden weltweit neue Technologien zur automatischen Objekterkennung und -verfolgung in Videodatenströmen aus sicherheitsrelevanten Bereichen erforscht. Insgesamt ist damit zu rechnen, dass relativ bald alle für die Koordination von Serviceprozessen und für die Sicherheit an Großflughäfen relevanten mobilen Objekte und Ressourcen hinreichend genau lokalisiert und in Verbindung mit 2-D- und 3-D-Darstellungen (vgl. Abb. 2.2.3 und 2.2.5) aller stationären Anlagen und Prozessdaten aus den CAFM-Systemen visualisiert werden können.

2.2.3 Systeme der Passagier- und Gepäckabfertigung

Die Prozesse der Passagier- und Gepäckabfertigung bei Abflug, Ankunft und bei Umsteigeverbindungen sind in Abbildung 2.2.6 aus der Sicht des Passagiers bzw. der Handling-Schritte, die das einzelne Gepäckstück durchläuft, dargestellt.

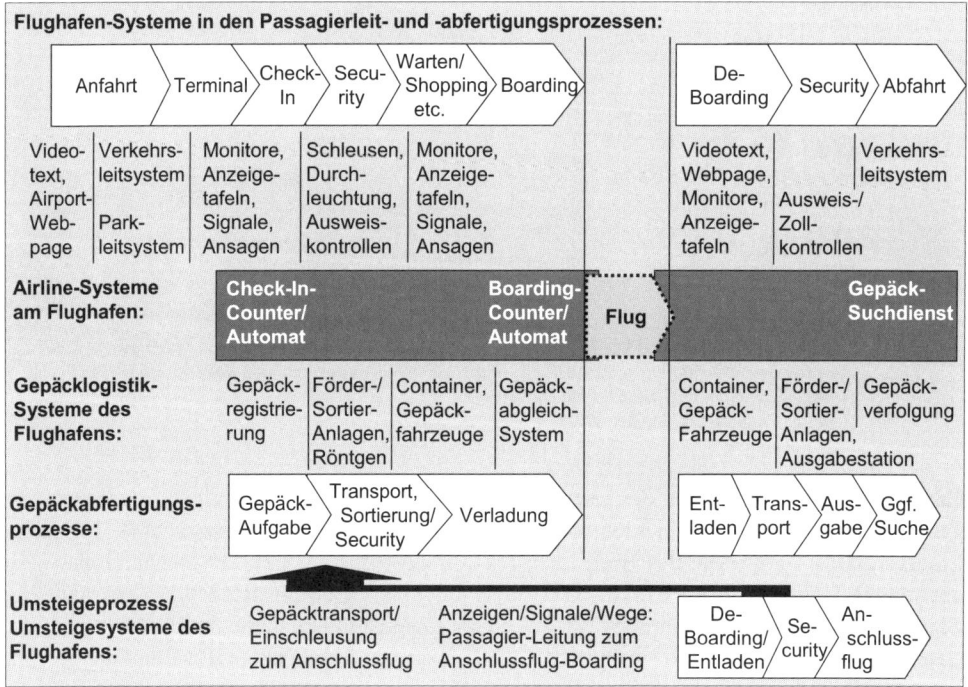

Abb. 2.2.6 Einsatz von Anzeigesystemen, Sicherheitssystemen und Gepäcksystemen in den Passagierabfertigungs-, Gepäckabfertigungs- und Umsteigeprozessen

Der Fluggast ist in erster Linie Kunde der Airline, die daher wichtige Prozessschritte der Passagier- und Gepäckabfertigung am Flughafen auch mit eigenen IT-Systemen übernimmt. Zu diesen Airline-IT-Systemen zählen die zum Airline Departure Control System (vgl. Kapitel 2.1) gehörenden Check-In-Automaten bzw. die Check-In-Terminals an den Gepäckaufgabestationen, aber auch die Boarding-Automaten bzw. Boarding-Control-Programme an den Gate-Countern. Sie nutzen die Netzinfrastrukturen und -dienste des Flughafens und benötigen Schnittstellen zum Datenaustausch mit den Airport-IT-Systemen und den Airline-Abfertigungsschaltern der Flugsteige.

IATA-Standards wie CUTE (Common Use Terminal Equipment) und CUSS (Common Use Self Service Kiosks) ermöglichen es, vom selben PC aus in einheitlicher Weise auf die Departure Control Systeme verschiedener Airlines zuzugreifen bzw. denselben Check-In-Automaten für mehrere Fluglinien zu verwenden. Auf diese Weise können Flughäfen standardisierte CUTE-Terminals und CUSS-Kiosksysteme vor allem für kleinere Airlines bereitstellen, was ein flexibles Sharing der Kiosksysteme und Counter-PCs ermöglicht. Auch für große Fluggesellschaften, die an ihren Hauptflughäfen ihre dedizierten Kiosksysteme und Abfertigungsschalter nutzen, bringen CUTE und CUSS Vorteile bei der Nutzung von Flughäfen, die sie weniger häufig anfliegen. Während also die Verantwortung für das Check-In und Boarding vor allem bei den Fluggesellschaften liegt und von deren Departure-Control-Systemen gesteuert wird, ist der Flughafen für die Leitung der Passagiere, die Sicherheitssysteme und den Gepäcktransport zwischen Gepäckaufgabeschalter und Flugzeug bzw. zwischen Flugzeug und Gepäckausgabestation zuständig.

- **Security-Systeme**

Ein Flughafen muss durch geeignete Zugangs- und Kontrollsysteme sicherstellen, dass nur berechtigte Personen und erlaubte Gegenstände in die Sicherheitszonen auf dem Vorfeld und in den Gebäuden gelangen. Ebenso dürfen nur berechtigte Personen Zugriff auf die gemeinsam genutzten IT-Systeme erhalten. Am effizientesten ist, wie auch in Hotels (vgl. Abschnitt 2.3.5), der Einsatz elektronischer Schließanlagen auf der Basis von elektronisch lesbaren Identitätskarten als Türöffner für Personal und andere berechtigte Personen. Sie können an IT-Systemen mit Kartenleser auch statt User-ID und Passwort zur Autorisierung beim Login genutzt werden. Da die Sicherheitsanforderungen an Flughäfen höher als in Hotels sind, werden die Zugangssysteme am besten mit einem zentralen Identity- und Access-Management-System gesteuert. Eine besondere, als Directory bezeichnete Datenbank enthält für alle Personen, die Zugang zu Räumen oder IT-Systemen haben, sämtliche aktuellen Zugangs- und Zugriffsrechte. In einem Authentifizierungsdienst sind aktuell gültige Identitätskarten, Passworte oder auch biometrische Daten, wie Fingerabdrücke, Iris-Muster etc., hinterlegt, anhand derer sich eine Person an Lesergeräten, PCs oder entsprechenden Sensoren identifizieren kann. Anschließend können im Directory die aktuelle Zugangsberechtigung geprüft und der Zugang gewährt oder verhindert werden.

Zu den Security-Systemen eines Flughafens zählen neben den Schließanlagen auch die häufig kameraüberwachten Zugänge und Tore sowie die Alarmanlagen und ihre Sensoren. Metalldetektor-Schleusen und die Durchleuchtungssysteme für Handgepäck oder für das über Gepäckförderanlagen transportierte Gepäck sind als Sicherheitssysteme in die Abfertigungsprozesse integriert. Hoheitliche Aufgaben bei den Sicherheitskontrollen nehmen Polizei und Zoll war, die über eigene IT-Systeme z. B. für die Kontrolle maschinenlesbarer Pässe und Personalausweise oder den automatischen Abgleich mit der Fahndungskartei verfügen. Auch hier kommen vor allem in den USA immer mehr biometrische Verfahren z. B. der

Gesichtserkennung für (teil-)automatisierte Ausweiskontrollen zum Einsatz. Aktuell wird außerdem intensiv an Verfahren zur automatischen Personenerkennung und Verfolgung in Videoüberwachungssystemen geforscht. Dies eröffnet neue Möglichkeiten für Sicherheitskontrollen in allen Aufenthaltsbereichen, wirft aber auch Datenschutzprobleme auf.

- **Anzeige- und Passagierleitsysteme**

Für die Leitung der Passagiere und Besucher im Flughafen sind eine Vielzahl von Anzeigesystemen erforderlich (vgl. Flughafen München S. 20 f.):

Die richtige Passagierinformation beginnt dabei nicht erst mit der eigentlichen Passagierabfertigung, sondern bereits vor der Anfahrt, wenn sich ein Passagier z. B. per Videotext im Fernsehen oder auf der Flughafen-Website über die aktuell geplante Ankunfts- oder Abflugzeit und das Gate erkundigt. Dieser Dienst wird vor allem auch von Fluggast-Abholern benutzt, die sich über den richtigen Abholzeitpunkt und den richtigen Ausgang informieren. Bei der Anfahrt ist gerade für nicht ortskundige Fluggäste ein gutes Verkehrsleitsystem in Flughafennähe wichtig, das frühzeitig den optimalen Weg zu freien Parkflächen und Mietwagen-Rückgabestationen in der Nähe des richtigen Terminals weist.

In allen Aufenthaltsbereichen eines Flughafens zeigen Anzeigemonitore und -tafeln, welcher Flug wann an welchem Gate startet bzw. erwartet wird und was sein aktueller Flugstatus ist. Die Anzeigesysteme dienen hier auch dem Flugpersonal zur Information. Jeder Fluggast muss nun zu Check-In-Schaltern bzw. Check-In-Automaten geleitet werden, an denen er bei Elektronic Ticketing einen Sitzplatz auswählt, sein Flugticket mit Bordkarte ausgedruckt bekommt und sein Gepäck aufgeben kann. Nach den Sicherheitskontrollen gibt es weitere Anzeigesysteme, die den Fluggast zum richtigen Gate weisen, an dessen Schalter ein Display den aktuell aufgerufenen Flug anzeigt. Hier können von einem Boarding-Automaten der Fluggesellschaft evtl. mit Drehkreuz die Tickets beim Boarding kontrolliert und bis auf die Bordkarte eingesammelt werden. Der Passagier muss dann über richtig geöffnete Türen zur richtigen Fluggastbrücke bzw. zu einem Bus geleitet werden, der ebenfalls den aufgerufenen Flug anzeigen sollte und den Passagier zum richtigen Flugzeug bringt.

Ankommende Fluggäste sind nach dem Verlassen des Flugzeuges (Deboarding) auf den richtigen Wegen über das dem Flug zugeordnete Gepäckausgabeband und die ggf. notwendigen Einreise- und Zollkontrollen zum Flughafenausgang zu leiten. Am Flughafenausgang sind die Wege zu Parkhäusern, Mietwagenstation und öffentlichen Verkehrsmitteln zu weisen. Umsteiger müssen durch geeignete Anzeigen möglichst auf schnellstem Wege und ohne ein Verlassen des Sicherheitsbereiches zum Flugsteig des Anschlussfluges geführt werden.

- **Gepäcksysteme**

Die Gepäcksysteme eines Flughafens beginnen bei den Gepäckaufgabestationen, an denen die Gepäckstücke vom Fluggast nach dem Check-In aufgegeben und registriert werden. Jedes Gepäckstück erhält ein maschinenlesbares (Barcode oder RFID-Tag) Label ausgedruckt, das angeheftet eine automatische oder auch manuelle Identifizierung und Lenkung des Gepäckstückes mittels standardisierter IATA-Codes an den Sortieranlagen ermöglicht.

Der Fluggast erhält einen Kontrollabschnitt, der die Identifizierung des Gepäckstücks bei Verlust erlaubt. Das Departure Control System der Airline sendet eine BSM (Baggage Source Message) an das Flughafen-Dispositionssystem mit allen für den Gepäcktransport relevanten Passagier- und Flugdaten (Flug, Ziel-/Umsteigeflughafen etc.). Die Förder- und Sortieranlagen und ihre Antriebe werden von mehreren mit den Flughafendispositionssystemen und untereinander vernetzten industriellen Prozessrechnern gesteuert.

Das Gepäck wird von den Förder- und Sortieranlagen automatisch an die vom Dispositionssystem vorgegebenen Ausgabebänder geliefert, wo es zumeist in Containern auf Gepäckwagen geladen wird. Die Zuordnung von Gepäckstücken zu Containern wird ebenfalls im Gepäcksystem gespeichert. Die Container oder einzelne Gepäckstücke werden dann von den Gepäckfahrzeugen über Förderbänder in das Flugzeug geladen. Internationale Sicherheitsvorschriften erfordern, dass vor Abflug ein Abgleich des geladenen Gepäcks mit der Passagierliste erfolgt (Baggage Reconciliation). Gepäckstücke, die keinem mitreisenden Passagier zugeordnet werden können, dürfen nicht geladen werden. Sie müssen vor Abflug aus dem entsprechenden Container wieder entladen werden.

Nach der Ankunft eines Flugzeuges wird das Gepäck entladen, ggf. mit Gepäckfahrzeugen an die Gepäckförderanlagen gebracht und dort wiederum entsprechend den BSM der Airline entweder an eine Gepäckausgabestation zur Abholung durch den Fluggast geleitet oder möglichst schnell zu den verschiedenen Anschlussflügen der Umsteiger weitertransportiert. Da das Barcode-System bei verknautschten Gepäckanhängern fehlerhaft arbeitet, entwickelte die IATA einen neuen Standard auf Basis von (passiven) RFID-Tags. Diese sind ohne direkten Sichtkontakt per Funk auslesbar, erleichtern das Ablesen und vermeiden Lesefehler. Auch die Beförderung einzelner Gepäckstücke in eindeutig markierten Wannen statt freilaufend auf Bändern reduziert die Häufigkeit der notwendigen Barcode-Scan-Vorgänge und die Fehleranfälligkeit der Gepäckförderanlagen.

Wird ein Gepäckstück einmal vermisst, bietet die SITA das mit der IATA gemeinsam entwickelte globale Gepäckverfolgungssystem WorldTracer an. Es ermöglicht die Verfolgung und Suche nach Gepäckstücken bei allen partizipierenden Airlines, Handling-Agents und Flughäfen.

2.2.4 Systeme zur Planung, Disposition und Administration der Flugzeugabfertigung

Aus der Sicht des Flughafens ist der Prozess der Flugzeugabfertigung (vgl. Abb. 2.2.7) besonders wichtig. Kurze Abfertigungszeiten und schnelle Umsteigemöglichkeiten sind Wettbewerbsvorteile eines Flughafens aus Sicht der Fluggesellschaften. Die optimale Nutzung der vorhandenen Personal-, Terminal- und Geräteressourcen ist entscheidend für die Wirtschaftlichkeit eines Flughafens.

- **Planungssysteme**
Ausgangspunkt der IT-Unterstützung der Flugzeugabfertigung sind die Planungssysteme (vgl. hierzu und zu Folgendem Flughafen München 2000, S. 20 und S. 24). Alle Informationen zu geplanten Flugbewegungen werden in der Flugplan-Verwaltung gesammelt und bereitgestellt. Der Zeithorizont reicht von einer 10-jährigen Langfristplanung bis zum aktuellen Tagesflugplan. Quellen für die Flugplanung sind der zentrale Flugplankoordinator in Frank-

furt/Main, bei dem alle Flüge angemeldet werden, und die aktuellen Flugpläne der Fluggesellschaften und Handling-Gesellschaften. Die langfristigen Planungsdaten werden sowohl für die Weiterentwicklung und Ausbauplanung eines Flughafens verwendet, wie auch für die Optimierung der Ablauforganisation.

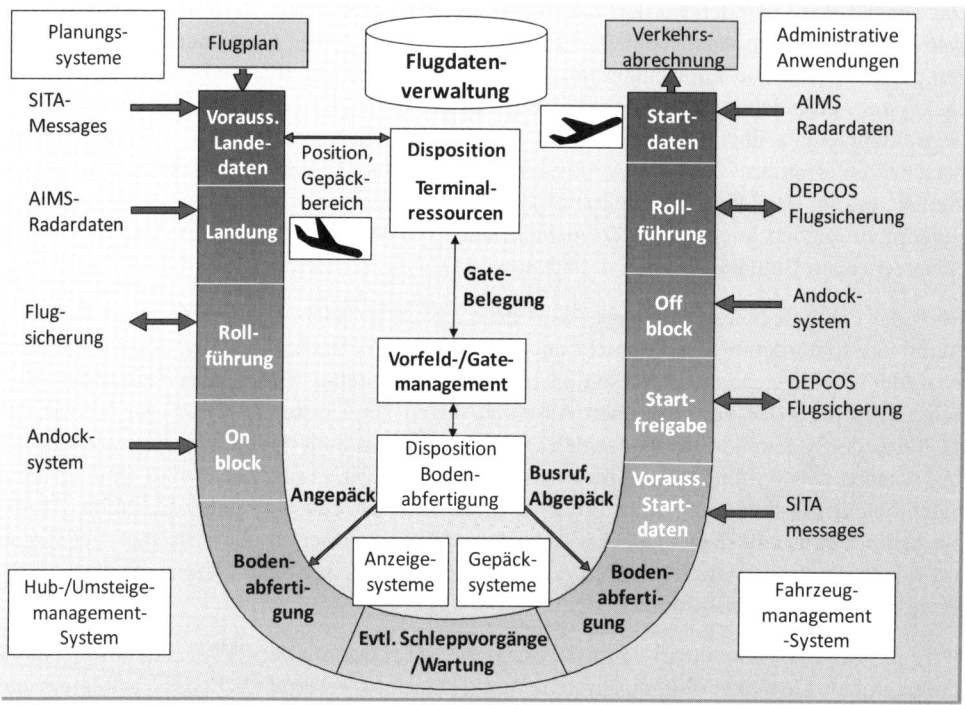

Abb. 2.2.7 Planungssysteme, Dispositionssysteme und administrative Anwendungen im Flugabfertigungsprozess (Quelle: In Erweiterung nach Flughafen München 2000, S. 25)

Simulationsprogramme dienen dazu, die Auslegung von Gebäuden richtig zu dimensionieren, Passagier- und Gepäckflüsse zu optimieren, und die Prozeduren der Flugabfertigung besonders effizient zu gestalten. Mittel- und kurzfristige Flugplandaten werden für die Planung der Terminal-, Personal- und Geräteressourcen verwendet. Sie werden mit unterschiedlichem zeitlichen Vorlauf (monatlich, wöchentlich, täglich) an die Dispositionssysteme verteilt, damit diese für jeden geplanten Flug rechtzeitig Personal, Gerät und Ressourcen (Abstellpositionen, Gates etc.) einplanen können. Durch betriebswirtschaftliche Verfahren der Bedarfsermittlung werden aus der mittel- und kurzfristigen Flugplanung unter Berücksichtigung von Rüstzeiten, Schicht- und Arbeitszeitmodellen mittel- und kurzfristige Bedarfe für Personal und Geräte (insb. auch Fahrzeuge) berechnet. Das Ergebnis sind Schichtpläne vom Saisonplan bis hin zum Tagesplan, die Grundlage für die Personalbeschaffung und die Personaleinsatzplanung sind. Das Hub- bzw. Terminal-Planungssystem (vgl. Abb. 2.2.1 und Abb. 2.2.7) stellt Verfahren zur optimalen regelbasierten Planung von Flugzeug-Abstellpositionen, Gate- und Check-In-Schaltern, Gepäckausgabebändern und Ankunfts-Stauräumen

2.2 Informationsmanagement bei Flughäfen 63

auf Basis der Flugplandaten bereit. Randbedingungen wie bauliche Gegebenheiten, Nutzungsstrategien und die einzuhaltenden Vertragsbedingungen werden automatisch berücksichtigt. Ergebnis ist eine tagesgenaue Ausgangsplanung der Belegung der Hub-/Terminal-Ressourcen durch die einzelnen Flüge.

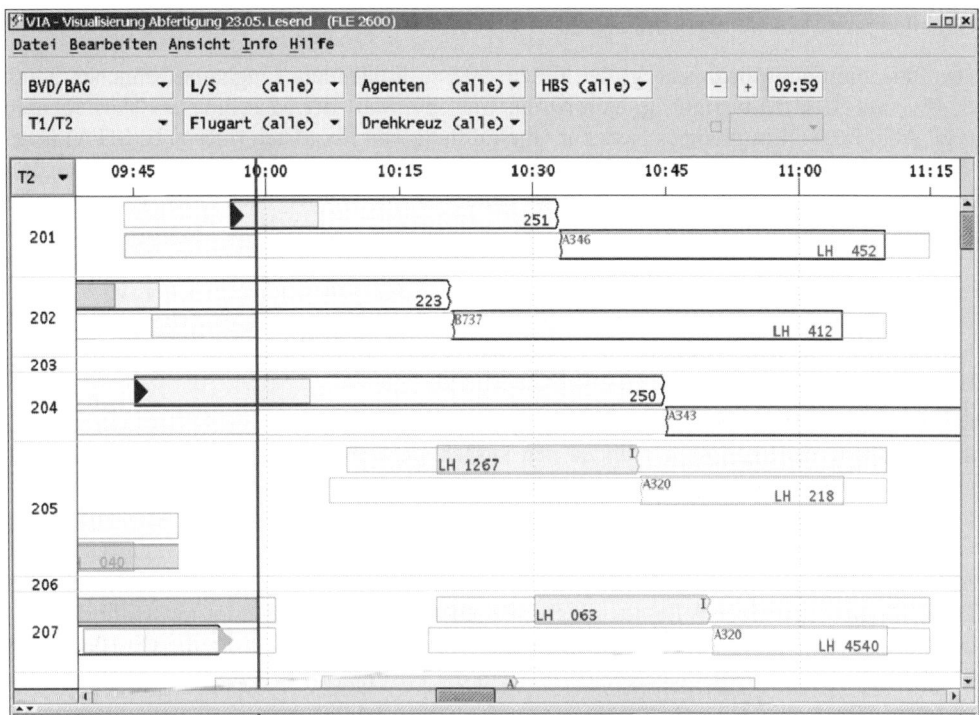

*Abb. 2.2.8   Visualisierung der Zuordnung von Flügen (Balken) zur Abfertigung an Terminalpositionen 201-207
zur aktuellen Tageszeit in einem Gantt-Chart des Terminal-Dispositionssystems
(Quelle: Flughafen München 2008)*

Sie wird am Vortag in der zentralen Flugdatenbank gespeichert, auf die alle Dispositionssysteme Zugriff haben. Diese verteilt die Daten an andere Systeme wie z. B. die Anzeigesysteme oder die Gepäcksysteme.

- **Dispositionssysteme**

Die Verfahren des Terminalplanungssystems sind auch Grundlage für die tägliche Disposition der Terminal-Ressourcen. Der Disponent bekommt für die verschiedenen Ressourcen die jeweils aktuellen Belegungspläne als Gantt-Charts visualisiert, z. B. in Abbildung 2.2.8 die Belegung der Terminalpositionen durch Flüge im Tagesablauf.

Bei Abweichungen vom Plan (z. B. Verspätungen) kann das System automatisch Auswirkungen auf den Gesamtplan berechnen und Konflikte anzeigen. Die Optimierungsalgorithmen machen ebenso automatisch Vorschläge zu Umdisponierungen, welche die Disponenten annehmen oder manuell verändern können. Alle Änderungen werden über die zentrale Flugdatenbank an alle anderen Systeme (z. B. die Anzeigen, Gepäckdispositions-Systeme oder Umsteigemanagement-Systeme) weitergemeldet, so dass hier ebenfalls ereignisgesteuert umdisponiert werden kann. Voraussetzung für eine rechtzeitige Erkennung von Flugplanänderungen ist jedoch die Sicherstellung der Versorgung des Flughafens mit Daten über den aktuellen Status eines Fluges in Echtzeit.

Der Flugabfertigungsprozess (vgl. zu diesem und zu Folgendem Flughafen München 2000, S. 18f. und S. 24ff.) beginnt deshalb bereits mit dem Start der Maschine am Vorflughafen (vgl. Abb. 2.2.7). Ein globales Netz zur Übermittlung von Flugdaten (hier z. B. SITA) überträgt an den Zielflughafen SITA-Messages mit der tatsächlichen Beladung, mit Umsteigeinformationen etc. und der voraussichtlichen Landezeit. Sie werden nach einer Analyse in der zentralen Flugdatenverwaltung gespeichert und an alle betroffenen Dispositionssysteme verteilt. Auch aus den Radardaten der Flugsicherung werden automatisch die Positionsdaten eines Fluges berechnet, um die voraussichtliche Landezeit immer genauer vorherzubestimmen und an die Flugdatenverwaltung weitergeben zu können. Ab einer bestimmten Entfernung vom Flughafen werden die Abfertigungsprozesse nach Plan automatisch gestartet. Bei Verzögerungen wird wie oben beschrieben umdisponiert.

Die Landung wird von der Flugsicherung überwacht. An Flughäfen, die bei der Berechnung der Gebühren aus Lärmschutzgründen den tatsächlich verursachten Fluglärm berücksichtigen, wird der Lärmpegel gemessen und zusammen mit dem Aufsetzzeitpunkt in der Flugdatenverwaltung gespeichert. Das Rolleitsystem und das Andocksystem (vgl. Abschnitt 2.2.1) erhalten von der Disposition die Halteposition zugewiesen und leiten das Flugzeug unter Aufsicht der Fluglotsen an den Übergabepunkt, wo die Verantwortung mit allen relevanten Daten an die Vorfeldkontrolle des Flughafens übergeht. Wenn der Pilot mit Hilfe des Andocksystems am Haltepunkt angekommen ist, wird dadurch automatisch die On-Block-Zeit gemeldet und im Terminalmanagement-System die Position als belegt gekennzeichnet. Das Vorfeld- bzw. Gate-Management-System kann die nun beginnenden Bodenabfertigungsprozesse mit Hilfe der CAFM und der Ortungssysteme visualisieren (vgl. Abb. 2.2.5) und den Disponenten der verschiedenen Gewerke alle Informationen aus den verschiedenen Dispositionssystemen anbieten. Der Abfertigungsstatus des Fluges wird auch durch die Ausrichtung des Flugzeug-Symbols angezeigt. Ein Flugzeug, das gerade angekommen ist, wird in „Nose-in"-Position gezeigt. Wenn es für den nächstem Start vorbereitet wird, erhält es eine „Nose-out"-Orientierung, auch wenn das Flugzeug selbst seine physische Position dabei nicht ändert (vgl. Abb. 2.2.5 links unten). Die Dispositionssysteme der Bodenabfertigung visualisieren ebenfalls die genaue Abfolge der Aktivitäten durch Gantt-Charts (vgl. Abb. 2.2.9).

Alle Gewerke haben eigene Dispositionspläne, die den Ressourcen Aufträge zuordnen, die vom System permanent bzgl. möglicher Ressourcen-Konflikte überwacht und bei Bedarf umdisponiert werden. Die Dispositionssysteme senden unter Aufsicht der Disponenten Aufträge per Datenfunk an Mitarbeiter, weisen Gepäckausgabebänder zu, setzen Transportaufträge ab und senden die richtigen Meldungen an die Anzeigesysteme. Das Fahrzeugmanagement-System meldet die Position und den Status von Tankwagen, Entsorgungsfahrzeugen, Schleppfahrzeugen etc., überwacht deren Betriebsbereitschaft und organisiert die Wartung. Die Mitarbeiter z. B. der Gepäckaufsicht senden Statusmeldungen über die Erledigung von Aufträgen und die Freigabe von Ressourcen oder Störungen. Über die Zeiterfassung und

2.2 Informationsmanagement bei Flughäfen

Dispositionsdaten können die Zeitverbräuche für jeden Abfertigungsvorgang berechnet werden. Da das Management von Umsteigevorgängen (Transfer) besonders komplex und zeitkritisch ist, und Dispositionen ggf. über zwei Terminals hinweg erforderlich sind, gibt es ein spezielles Hub-/Umsteigemanagement-System mit Zugriff auf alle an einem Umsteigevorgang beteiligten Dispositionssysteme.

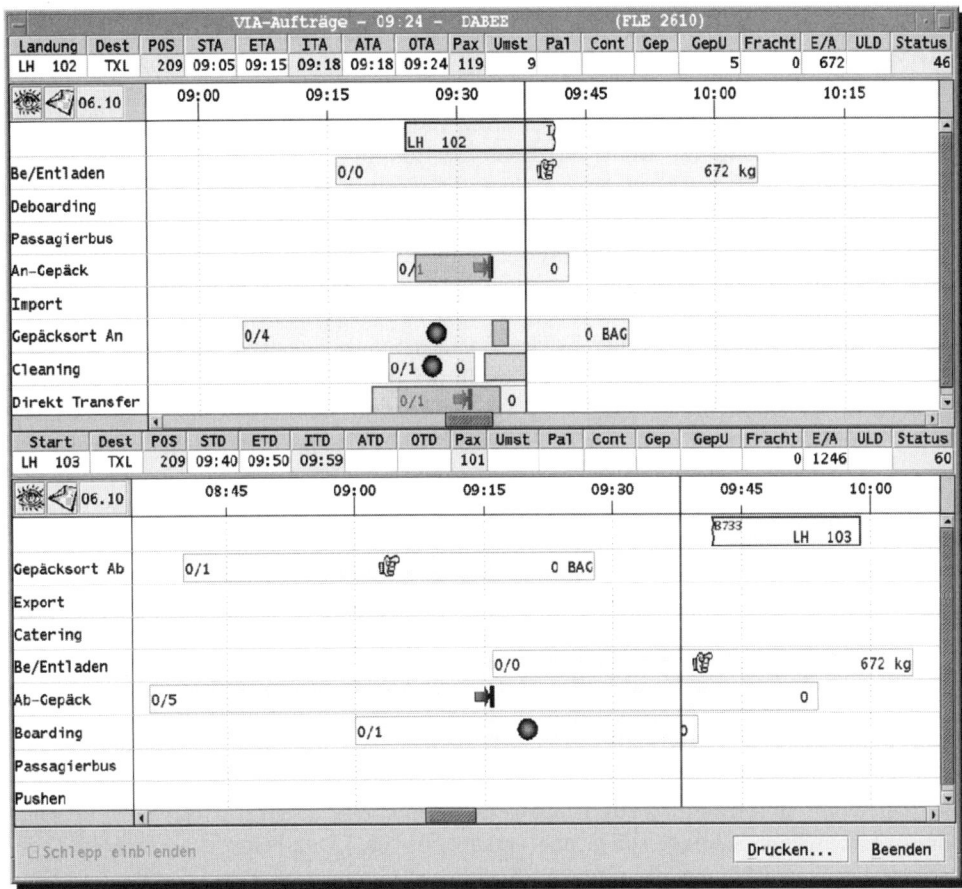

Abb. 2.2.9 *Visualisierung der Aktivitäten zur Abfertigung eines gelandeten Fluges und zu den Startvorbereitungen des nächsten Fluges*
(Quelle: Flughafen München 2008)

Abbildung 2.2.9 zeigt die Disposition der Aktivitäten eines gelandeten Fluges und des nachfolgenden Fluges, der zum Start vorbereitet wird. Bei internationalen Flügen werden die Vorgänge zum Import bzw. Export der Waren mit dem Zoll abgestimmt. Hinter jeder Aktivität stehen wiederum Aufträge an alle beteiligten Personen, Fahrzeuge und Ressourcen, z. B. die einzelnen Segmente der Gepäckanlagen, die auf ähnliche Weise koordiniert werden. Zwischen Landung und Start muss das Flugzeug unter Umständen in eine Wartungshalle zur

Wartung geschleppt werden, deren Disposition von den Wartungsgesellschaften mit eigenen Systemen übernommen wird. Die Startvorbereitungen beginnen bereits lange vor der Bereitstellung des Flugzeuges mit der Zuweisung der Check-In-Schalter und des Gates, die durch das Anzeigesystem bekannt gemacht werden. Die SITA-Messages der Flug- bzw. Abfertigungsgesellschaften teilen dem Flughafen wieder die voraussichtliche Startzeit und die Beladung mit. Analog zur Landeabfertigung disponieren die Systeme nun die Startabfertigung nur in umgekehrter Reihenfolge (vgl. auch Abb. 2.2.7 und Flughafen München 2000). Das CAFM schaltet die Beleuchtung und Klimatisierung in den Abfertigungsräumen ein, die Passagiere checken ein, ihr Gepäck wird ggf. zusammen mit Umsteigegepäck anderer Flüge geladen, das Flugzeug betankt und mit Catering versorgt etc. Schließlich können die Passagiere einsteigen (Boarding), wobei das Boarding Control System der Fluggesellschaft mit Hilfe des Flughafen Gepäcksystems den vorgeschriebenen Abgleich der Gepäckidentifizierung (Baggage Reconciliation) vornimmt (vgl. Abschnitt 2.2.3). Die Dispositionssysteme erhalten entsprechende Statusmeldungen, die Anzeigesysteme zeigen den Boarding-Status. Gegebenenfalls werden Busse zum Passagiertransport disponiert. Nach dem vollständigen Boarding ist die Abfertigung beendet und der Pilot beantragt die Startfreigabe durch direkte Kommunikation mit der Flugsicherung. Im Winter ist unter Umständen eine Enteisung vor dem Start vorzunehmen. Die Startfreigabe erhält der Pilot von der Flugsicherung aus deren Abflugkontrollsystem DEPCOS (nicht zu verwechseln mit dem Departure Control System der Airline). Das Flugzeug wird vom Push-Dienst aus der Parkposition geschoben, wobei das Andock-System automatisch die sog. Off-Block-Zeit an die Flugdatenverwaltung sendet und die Abstellposition im Terminalmanagement-System wieder als frei gekennzeichnet wird. Es folgen die Rollführung über das Rollleit-System, die Übergabe des Flugzeuges von der Vorfeld-Kontrolle des Flughafens an die Flugsicherung inkl. der Übergabe aller relevanten Daten an deren DEPCOS-System. Beim Start überträgt das AIMS die Radardaten mit dem Abhebezeitpunkt an die zentrale Flugdatenverwaltung, in der auch die Ergebnisse der Lärmmessung gesammelt werden. Der Flug wird abschließend von allen Anzeigen gelöscht.

Im Rahmen von Airport Collaborative Decision Making (A-CDM) Projekten werden an vielen Flughäfen intensive Bemühungen unternommen, die Dispositionssysteme des Airports noch stärker in die Dispositionssysteme aller an der Flugabfertigungen beteiligten Partner zu integrieren (vgl. Eurocontrol 2009). Durch gemeinsamen Zugriff auf alle relevanten Informationen (Information Sharing) sollen alle verantwortlichen Mitarbeiter des Flughafens, der Airlines, der Flugsicherung, der Handling-Agents, der Caterer usw. stets alle für sie relevanten Informationen möglichst in 2-D- und 3-D-Visualisierung erhalten und sich mit geeigneten Kommunikationsdiensten (Collaborative Groupware) gemeinsam abstimmen können. Ebenso sollen auf Basis der gemeinsamen Datenbestände kooperative Projekte zur Prozessoptimierung unterstützt werden.

- **Administrative Anwendungen**

Zu den administrativen Anwendungen zählen die Verfahren zur Verkehrsabrechnung und Statistik, die Verfahren zur Lohn- und Gehaltsabrechnung, das Enterprise Resource Planning (ERP) und das Rechnungswesen (vgl. Flughafen München 2000 S.22f.). Nach Tagesabschluss werden alle Daten aus der Flugdatenverwaltung (Airport Operational Database) an die relevanten administrativen Anwendungen überspielt: Personal-Dispositionsdaten (Zeiterfassungen, Aufträge, Überstunden etc.) sind Grundlage der Lohn- und Gehaltsabrechnung sowie Input für die Personalstatistik, die wiederum wichtige Daten für die zukünftige Personalplanung bereitstellt. Damit schließt sich der Informationsmanagement-Kreislauf zu den Planungssystemen.

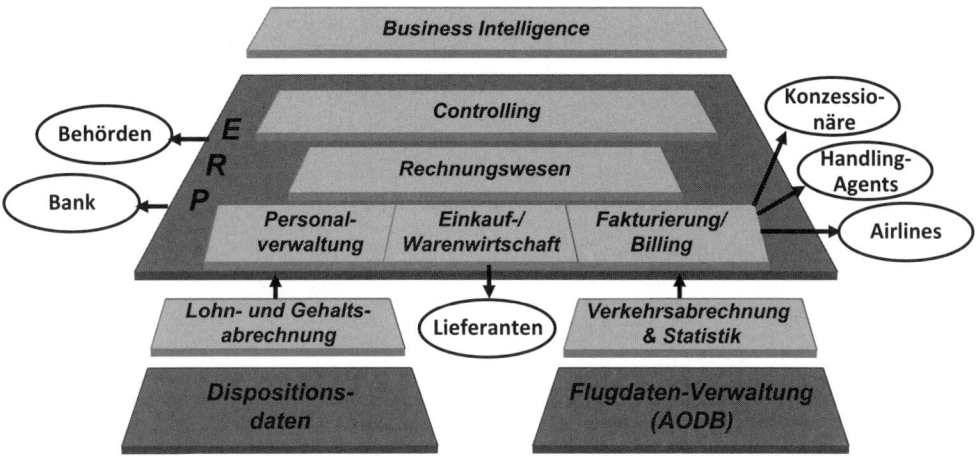

Abb. 2.2.10 Wichtige administrative Anwendungen im Überblick

Die Flugdaten des vergangenen Tages werden mit den von den Fluggesellschaften übermittelten Belegungsdaten und Flugberichten verknüpft und an das System Verkehrsabrechnung zur Fakturierung (Rechnungsstellung, engl. Billing) bzw. zur Erstellung von Verkehrs- und Qualitätsstatistiken übertragen. Hier werden auch alle in den Dispositionssystemen aufgenommenen und bearbeiteten Aufträge z. B. zur Betankung abgerechnet. Auch diese Daten bilden wieder einen wichtigen Input für die Planungssysteme z. B. zur Kapazitätsplanung. Schließlich werden alle Daten sowohl der Personal- als auch der Verkehrsabrechnung in das Rechnungswesen übergeleitet. Dort erfolgen auch die finanzielle Verbuchung und die Rechnungsstellung an die Fluggesellschaften bzw. die Überweisung der Gehälter und die Abrechnung mit allen anderen Geschäftspartnern des Flughafens. Im Rahmen integrierter ERP-Systeme (Enterprise Resource Planning) gibt es neben dem Rechnungswesen und der Finanzbuchhaltung zusätzlich Einkaufs- und Warenwirtschaftssysteme zur Versorgung des Flughafens mit Materialien und Treibstoff, die Personal- und Fahrzeugverwaltungssysteme, die Immobilienverwaltung sowie umfangreiche Controlling-Funktionen für die Geschäftsleitung. Sie sind sowohl mit den Planungssystemen als auch mit dem CAFM-System verzahnt. Mit Fluggesellschaften und Handling-Agenten findet häufig intensiver elektronischer Datenaustausch z. B. in der Rechnungsstellung statt. Ebenso werden die Steuerverfahren der Behörden und die Bankverfahren für Überweisungen etc. genutzt.

Zunehmend setzen Flughäfen in ihrem Informationsmanagement auch auf Data Mining bzw. Business Intelligence Systeme, um große Mengen von Daten aus den unterschiedlichsten Quellen der IT-Landschaft über längere Zeiträume zu sammeln und durch komplexe Datenbankabfragen miteinander zu verknüpfen. So können z. B. aus der Auswertung der monatlich oder jährlich gesammelten Flugdaten wichtige Informationen über die längerfristige Entwicklung von Passagierströmen verschiedener Fluggesellschaften in Bezug auf einzelne Destinationen gewonnen werden. Auch Trends zu Engpässen in der Bodenabfertigung bei gewissen Umsteigekonstellationen werden aufgedeckt. Diese Informationen dienen der strategischen Planung und dem Marketing eines Flughafens um die Qualität seiner zahlreichen Dienstleistungen und das zu deren Erstellung notwendige effiziente Zusammenspiel aller Akteure kontinuierlich zu verbessern.

Quellen und weiterführende Literatur:

Eurocontrol, Airport Collaborative Decision Making Manual, http://www.eurocontrol.int/ airports/gallery/content/public/pdf/cdm_implementation_manual_2009.pdf (Zugriff 10.9.2009)

Goecke, R., Lindike, M., Ortung, Visualisierung und Management mobiler Objekte in Serviceprozessen am Flughafen München, in: *Egger R., Jooss, M.,(Hrsg.),* MTourism – Mobile Dienste im Tourismus, Wien 2010 (in Vorbereitung)

Flughafen München GmbH, E-Logistik am Flughafen München – Moderne Konzepte und Verfahren zur Steuerung komplexer Dienstleistungsprozesse, Prospekt, München 2000

Flughafen München GmbH, Service Division IT Development Ground Handling – Organisation and System Overview, Präsentation zur APM Airport Process Management Suite, München 2008

Maurer, P., Luftverkehrsmanagement-Basiswissen, München 2006

May, M., Haller, P., Success Story: Flughafen München – CAFM-Erfolge in Deutschland Beitrag von Prof. Michael May nach einem Manuskript von Wolfgang Haller. in: IT im Facility Management erfolgreich einsetzen – Das CAFM Handbuch, 2. Auflage, Berlin Heidelberg 2006, S.358–367

Mensen, H., Handbuch der Luftfahrt, Berlin, Heidelberg 2003

Schulz, A., Verkehrsträger im Tourismus, München 2009

Schulz, A., Baumann, S., Wiedenmann, S., Flughafen Management, München 2010

Sterzenbach, R., Conrady, R., Fichert, F., Luftverkehr – Betriebswirtschaftliches Lehr- und Handbuch, 4. Aufl., München 2009

2.3 Informationsmanagement in Hotel- und Gastronomiebetrieben

Prof. Dr. Robert Goecke

Einen Überblick über die wichtigsten Informationssysteme, die im Informationsmanagement von Hotel- und Gastronomiebetrieben eingesetzt werden, gibt Abbildung 2.3.1[1].

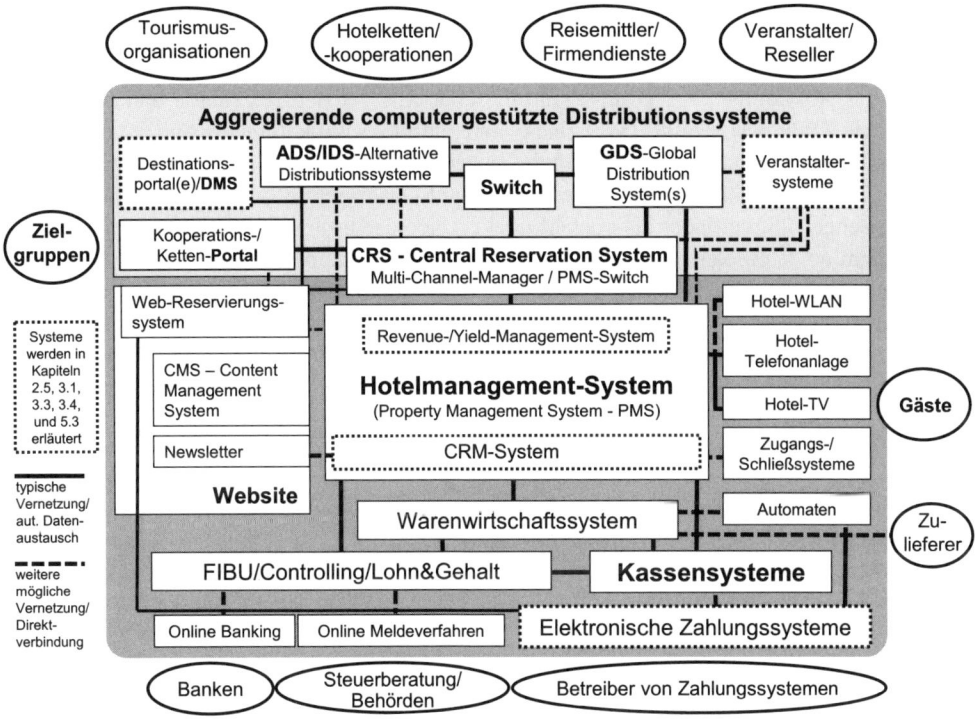

Abb. 2.3.1 IT-Systeme mit Relevanz für Hotel- und Gastronomiebetriebe

In Abbildung 2.3.1 wird die idealtypische Systemlandschaft eines großen Hotelbetriebes mit Restaurant dargestellt, der entweder als Teil einer Hotelkette, Kooperation oder als Individualbetrieb in verschiedenen elektronischen Distributionssystemen buchbar ist:

---

[1] Der Autor dieses Beitrages hat eine Liste mit zahlreichen für die Hotellerie und Gastronomie typischen IT-Systemen und Diensten als Beispiele für die vorgestellten Systemkategorien zusammengestellt (Goecke 2009). Die genannten Systeme/Dienste und Anbieter sind keine Produktempfehlungen, sondern Belege und Beispiele zur besseren Veranschaulichung der folgenden Ausführungen.

Computergestützte Distributionssysteme unterstützen die regionale, nationale und globale Vermarktung und Reservierung: Der eigene **Webauftritt** (engl. Website) von Hotels und Gastronomiebetrieben ist ein direkter und individueller computergestützter Distributionskanal. **Aggregierende computergestützte Distributionssysteme** unterstützen den direkten Vertrieb der Vakanzen mehrerer zusammengeschlossener Häuser einer Hotelkette oder den indirekten Vertrieb der Angebote einer Vielzahl von kooperierenden oder konkurrierenden Anbietern über Dritte (3rd Parties), wie z. B. Hotel-Kooperationen, Tourismusorganisationen, Reisemittler, Firmendienste oder Reiseveranstalter (vgl. Dettmer/Hausmann/Kloss 2008 S. 244ff.). Im Gegensatz zu individuellen Distributionskanälen ermöglichen aggregierende Distributionssysteme den (vergleichenden) Zugriff auf Angebote mehrerer Häuser bzw. Anbieter. Sie werden meist von Service Providern oder Intermediären betrieben.

Nicht in der Abbildung 2.3.1 gezeigt sind die ebenfalls vertriebsrelevanten **elektronischen Medien** wie Online-Magazine (Webzines) und mobile Applikationen (Apps) von Reise-, Stadt-, Hotel- und Restaurantführern sowie Bewertungsportalen (vgl. Kap. 5.5, 5.6, 5.7). Sie bieten multimediale Informationen über Hotel- und Gastronomie-Betriebe, die als Ergebnis journalistischer Tätigkeit oder als kostenlose Verzeichniseinträge, Kundenbewertungen bzw. kostenpflichtige Werbeanzeigen von themen- oder zielgruppenspezifischen Webportalen gesammelt und präsentiert werden. Nach ihrem Geschäftsmodell zählen auch Internet-Branchenverzeichnisse, Suchmaschinen oder zielgruppenspezifische Web-Portale und Web-Communities zu diesen meist werbefinanzierten elektronischen Medien, welche die Internet-Promotion und Distribution von Hotel- und Gastronomicbetrieben u. a. durch Links, Internet-Anzeigen oder Werbebanner fördern, ohne die Rolle eines Reisemittlers oder einer Buchungsplattform einzunehmen[2]. Eine Sonderrolle spielen **Hotel-Metasuchmaschinen** wie beispielsweise trivago, traveljungle, bettenjagd.de, swoodoo etc. und die **Unterkunfts-Suchmaschinen** der überregionalen Tourismusorganisationen (vgl. Kapitel 5.3). Sie sind eine spezielle Variante von **Reise(meta)suchmaschinen**[3] (vgl. Kapitel 5.2), die Hotelangebote aus verschiedenen aggregierenden Internet-Hotel-Distributionssystemen und Destinationsportalen (vgl. Kapitel 5.3) sammeln und den Kunden evtl. mit Zusatzinformationen zum Angebots- und Preisvergleich anbieten. Die Kunden werden aber zur Buchung per Link an das jeweilige aggregierende Internet-Hotel-Distributionssystem oder Destinationsportal weitergeleitet, wofür kommerzielle Hotel-Metasuchmaschinen häufig eine Provision des Buchungsportals erhalten. Da Hotel- und Gastronomiebetriebe selbst meist keine Geschäftspartner der entsprechenden Metasuchmaschinen sind, sei hier auf deren verallgemeinernde Beschreibung in den Kapiteln 5.2, 5.3, 5.6 und 5.7 verwiesen.

---

[2] Eine Website bzw. ein Portal, das durch werbende Links auf ein Shop- oder Buchungsportal verweist und diesem Besucher und Käufer zuleitet, wird als „Affiliate-Partner" oder „Affiliate" des Shop- oder Buchungsportals bezeichnet. Affiliate-Partnerschaften beruhen entweder auf Gegenseitigkeit, oder der Affiliate erhält eine Provision für jeden vermittelten Besucher bzw. bestimmte beim Besuch auf dem beworbenen Portal getätigte Aktionen (Kauf, Buchung, etc.).

[3] Eine Suchmaschine, die über Suchanfragen bei verschiedenen Portalen Angebote sammelt, sei hier als Metasuchmaschine bezeichnet. Eine normale Suchmaschine durchsucht nur die Webseiten der besuchten Portale und verweist auf dort direkt angezeigte Informationen ohne sich der Suchfunktionen der Portale zu bedienen.

2.3 Informationsmanagement in Hotel- und Gastronomiebetrieben

Das interne Informationsmanagement von Restaurants und Hotels wird im Wesentlichen durch **Kassensysteme** (Registrierung, Abrechnung von Bestellungen etc.) bzw. das **Hotelmanagement-System** (Zimmerverwaltung, Rechnungsstellung etc.) unterstützt, die evtl. um ein **Warenwirtschaftssystem** (zur Verwaltung der Warenbestände etc.) erweitert sind. Sie dokumentieren, unterstützen und automatisieren als sog. Front- bzw. Midoffice-Systeme die wichtigsten betrieblichen Kernprozesse, Informations- und Warenflüsse mit unmittelbarem oder mittelbarem Kundenkontakt (vgl. z. B. Dettmer/Hausmann 2007, S. 301ff.). Schnittstellen ermöglichen die Vernetzung und den Datenaustausch z. B. mit Distributionssystemen, mit elektronischen Zahlungssystemen, mit den von Kunden während ihres Aufenthaltes kostenpflichtig nutzbaren **internen Kommunikationssystemen** (Hotel-WLAN, Hotel-Telefonanlage, Hotel-TV etc.), mit **Automaten** (z. B. für Getränke/Snacks etc.), sowie mit **Zugangs- und Schließsystemen**, die den Kundenzugang zu Zimmern und exklusiven Bereichen regeln.

Schließlich gibt es – wie in Betrieben anderer Branchen auch – die klassischen Backoffice-Systeme der kaufmännischen Verwaltung wie **FIBU** (Finanzbuchhaltung), **Lohn&Gehalt** (Lohn- und Gehaltsbuchhaltung), **Personalverwaltung** und **Controlling**. Sie sammeln über geeignete Vernetzungen mit den vorgelagerten Systemen alle relevanten Informationen über Geschäftsvorfälle und bereiten diese in der internen (für das Management) und der externen (für die Finanzbehörden, Gesellschafter und Gläubiger) Rechnungslegung auf. Backoffice-Systeme werden auch von Steuerberatern und anderen spezialisierten Dienstleistern bereitgestellt, die häufig auch die Dateneingabe übernehmen. Überweisungen und andere elektronische Banktransaktionen mit Kunden, Lieferanten und Mitarbeitern werden heute in der Regel über die **Online-Banking-Verfahren** der Banken und Sparkassen abgewickelt. Da auch Steuererklärungen, Renten- und Krankenversicherungsmeldungen etc. zunehmend in elektronischer Form gefordert sind, werden auch diese Meldeprozesse durch elektronischen Datenaustausch mit den vorgeschriebenen öffentlichen **Online-Meldeverfahren** realisiert.

2.3.1 Kassensysteme

Kassensysteme haben als Basissysteme des Informationsmanagements im Gastgewerbe eine lange Geschichte. Ein Lokalbesitzer aus Dayton, Ohio, USA soll 1879 eine Bargeldschublade (Geldlade) erfunden haben, die sich nur zum Zahlungszeitpunkt mit dem für Registrierkassen bis heute typischen Klingelgeräusch öffnen ließ, um unbefugte Bargeldentnahmen seines Personals zu verhindern. Kassen wurden mit dem technischen Fortschritt mechanisch, elektrisch und elektronisch erweitert um Registrier-, Additionsfunktionen und vieles mehr.

Heutzutage werden Kassensysteme als vernetzte Computer- oder PC-Kassen mit zahlreichen Peripheriegeräten am POS (Point of Sale) in allen Bereichen des Handels eingesetzt. Für Gastronomie- und Hotelbetriebe verfügen sie als sog. **Hotel-** bzw. **Gastro(nomie)kassen** über spezielle Funktionen (vgl. zum Folgenden auch Nyheim/McFadden/Connolly 2005). Hier werden sie vom Servicepersonal im Restaurant bzw. Food & Beverage Bereich, an der Rezeption und in anderen Servicebereichen (Wellness, Badebetrieb, etc.) eingesetzt.

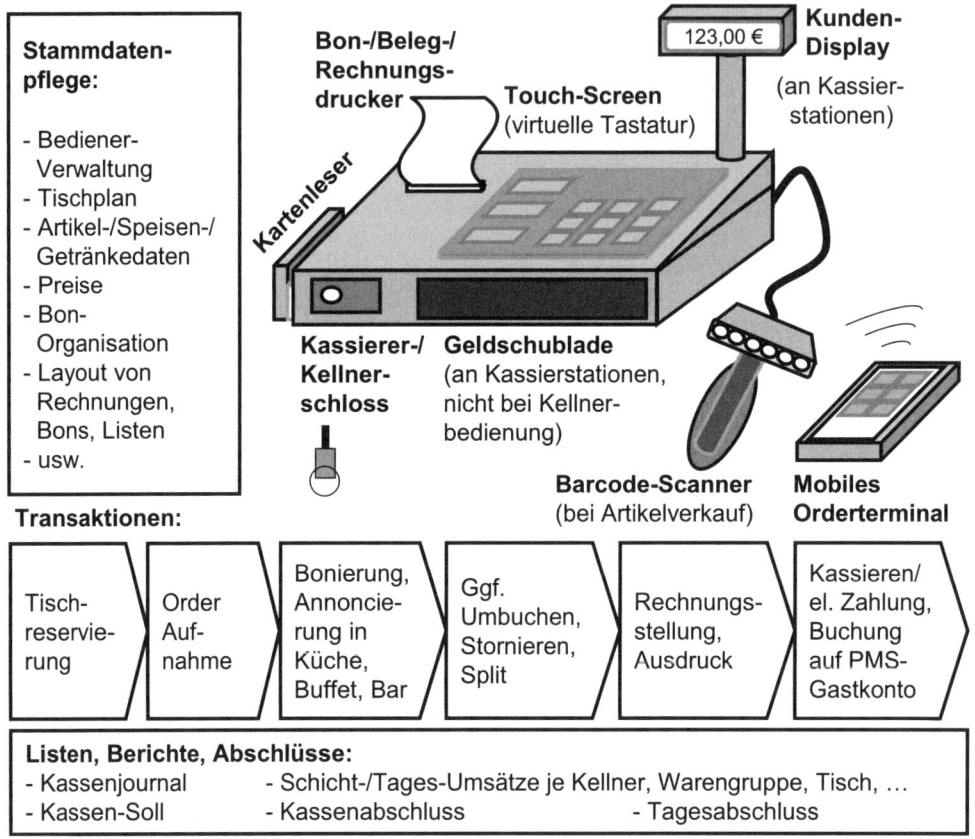

Abb. 2.3.2   Komponenten und Funktionen eines Kassensystems

Hotel-/Gastronomie-Kassensysteme gibt es als Hardware-, Software- oder integrierte Komplett-Lösungen z. B. von Vectron, Schultes, Wincor Nixdorf, Toshiba, NCR, IBM, Casio, Epson, Sharp, MICROS-Fidelio/Indatec, Orderman, Amadeus Hospitality, Diesselhorst, Multidata, Quorion QMP, 42GmbH Matrix, POSDirekt, Uniwell, Provendis, EuCaSoft etc. (Goecke 2009). Sie dienen der Registrierung der Bestellungen bzw. der von den Kunden in Anspruch genommenen Leistungen, der Annoncierung der Bestellungen in der Küche über Bons oder Terminals, der Addition der Bestellungen zu einer Kunden-Rechnung mit Belegcharakter auch gegenüber dem Finanzamt, sowie der Aufzeichnung der Zahlungstransaktionen und Verwaltung der Bargeld-Bestände zur Abrechnung mit dem Personal. Kassensysteme liefern die Daten über alle registrierten umsatzrelevanten Geschäftsvorfälle und Zahlungen an das FIBU-System, wo sie kaufmännisch verbucht werden. In Hotelbetrieben liefern sie zudem Daten über die von Hausgästen in den verschiedenen Servicebereichen in Anspruch genommenen Leistungen an das Hotelmanagement-System zur Verbuchung auf dem Gästekonto.

2.3 Informationsmanagement in Hotel- und Gastronomiebetrieben

Kassensysteme bieten umfangreiche Funktionen zur Parametrisierung und Eingabe bzw. Pflege von **Stammdaten**: Zunächst können Bediener mit verschiedenen Rechten ausgestattet werden, die sich über Passwort, elektronische Karten oder sogenannte Kellnerschlösser (auch berührungslos) schnell identifizieren lassen. Als Produktstammdaten (Artikel, Speisen, Getränke etc.) können Produktnummern, -gruppen, -bezeichnungen (bei Touchscreen-Kassen mit Artikelabbildungen) und Produktpreise (ggf. mit mehreren Preisebenen wie Mittag, Abend, Happy-Hour, Weekend etc.) angelegt werden. Die Tischverwaltung erlaubt es, Räume und Tische mit Nummern oder Bezeichnungen und bei Touchscreen-Kassen sogar als grafischen Raum-/Tischplan zu hinterlegen. Dies ermöglicht später sowohl die Zuordnung der Bestellungen auf Tische, als auch die exklusive Zuweisung einer Gruppe von Tischen an einen Bediener (sogenannter Revierschutz). Parameter zur Festlegung der Bon-Organisation definieren, welche Informationen aus einer Bestellung wann in welcher Form an welchen Druckern (Bons) oder Terminals (in welchen Küchenbereichen, an der Bar etc.) zur Annoncierung ausgegeben werden. Ebenso ist die Vorgabe von Layout und Struktur der Kundenrechnungen, Listen und Berichte (Kellner-Abrechnung, Artikelumsätze, Schicht-/Tages-Abrechung, Kassenbuch bzw. -journal etc.) möglich.

Die Aufnahme von Bestellungen (**Transaktions-** bzw. **Bewegungsdaten**) erfolgt durch die Bediener an stationären oder mobilen Kassenterminals über mit Artikelnamen/-gruppen beschriftete Tasten, virtuelle bebilderte Touchscreen-Tastaturen oder über die Eingabe von Artikelcodes. Verpackte und mit Barcode ausgezeichnete Artikel können am POS-Terminal mit Laser-Scannern automatisch erfasst werden. Bei Bedienung am Tisch werden alle Bestellungen auf den Tisch aggregiert, wobei es spezielle Funktionen zur Umgruppierung, Zusammenfassung und zum Split bei getrennter Rechnungsstellung gibt (auch Einzelkundenabrechnung). Ebenso sind Gutschriften, Umbuchungen oder Stornierungen möglich, die ggf. nur von dem Personal, das in der Bedienerverwaltung mit speziellen Rechten ausgestattet wurde, vorgenommen werden dürfen. Sie werden wie alle Transaktionen im Journal aufgezeichnet. Manche Systeme signalisieren, wenn ein Tisch noch nicht abgerechnet ist. Um Kellnern die Erfassung von Bestellungen direkt am Tisch zu ermöglichen, wurden mobile Bestellterminals entwickelt, die meist über WLAN mit dem Kassensystem vernetzt sind. Mit zusätzlichen mobilen Belegdruckern wird auch die Rechnungsstellung am Tisch unterstützt.

Als **Bestandsdaten** werden u.a. für jeden Tisch die Rechnungssumme und für jeden Kellner der Gesamtumsatz automatisch addiert. Nach dem Ausdruck einer Rechnung kann über eine geeignete Schnittstelle zu Zahlungssystemen der Rechnungsbetrag an ein Kartenlesegerät oder ein eigenes Zahlungsterminal übertragen und der erfolgreiche elektronische Zahlungsvorgang z. B. per Kredit-, EC-, Geld- oder Kundenkarte dokumentiert werden. Über eine Schnittstelle zum Hotelmanagement-System ist der Rechnungssaldo eines Hotelgastes auch direkt auf dessen Gastkonto buchbar. Auf der Basis aller erfassten Umsatz- und Zahlungstransaktionen wird der Bargeld-Soll-Bestand der einzelnen Bediener bestimmt und am Schichtende beim Kassenabschluss (auch Kassenschnitt) mit dem Bedienpersonal abgerechnet. Der aktuelle Stand der Verkaufsmengen und Umsätze kann zu jedem Zeitpunkt je Produktgruppe, Produkt, Servicebereich etc. ermittelt werden. Das elektronische Kassenjournal liefert der FIBU alle Rohdaten für die Verbuchung von Umsätzen und Zahlungen und der Lohnbuchhaltung die Basisdaten zur Ermittlung von Umsatzprovisionen etc. Die Warenwirtschaft erhält Daten zu den verkauften und damit verbrauchten Produktmengen.

Spezielle Kassensysteme unterstützen eine Kundendatenbank mit Telefon- und Adressdaten sowie eine Routenoptimierung insbesondere für Lieferservices. Andere Gastronomiekassen bieten eine Tischreservierungsfunktion an. Als Fiskalkassen bezeichnet man zertifizierte Kassen, die durch geeignete technische Maßnahmen (z. B. Verplombung oder lückenlose elektronische Aufzeichnung aller Bedienungen und Manipulationsversuche in einem Fiskalspeicher) eine revisionssichere Aufzeichnung aller Transaktionen vor allem zur Bekämpfung der Steuerhinterziehung garantieren und in manchen Staaten gesetzlich vorgeschrieben sind.

Werden mehrere Kassen eingesetzt, so empfiehlt sich deren Vernetzung per LAN zu einem Kassenverbund. In einer sogenannten Master-Kasse bzw. einem PC-Kassenverwaltungssystem oder Kassenserver brauchen alle Stammdaten nur einmal verwaltet werden, da sie dann automatisch an alle sog. Slave- oder Client-Kassen verteilt werden. Umgekehrt können alle in den einzelnen Kassen erfassten Daten auf diese Weise wieder an die zentrale Stelle zurückgemeldet und hier konsolidiert werden. Über LAN oder andere Netze können Kassensysteme auch mit elektronisch kontrollierten Schankanlagen vernetzt werden. Diese Schankkontrollsysteme portionieren und registrieren die Menge an ausgegebenen Getränken und melden die Verbräuche an das zentrale Kassen- bzw. Bestandsverwaltungssystem.

2.3.2 Warenwirtschaftssysteme

Warenwirtschaftssysteme wie z. B. MINERWAS von Schaupp EDV Service, MICROS-Fidelio Materials Control, KOST Material Management und andere (vgl. Goecke 2009) unterstützen und automatisieren die Disposition und Bewertung der Warenbestände in Lagern, Küche und Verkauf. Hierzu zählen Basisprodukte, Halbfertigprodukte, Endprodukte/Speisen/Getränke, Hilfs- und Betriebsstoffe sowie allgemeine Verbrauchsmaterialien. Warenwirtschaftssysteme bilden Informationsflüsse in Einkaufs-, Beschaffungs-, Logistik- und Produktionsprozessen ab. Sie werden außer als integrierte Zusatzfunktionen von Kassensystemen auch als Zusatzmodule zu Hotelmanagement-Systemen oder als eigenständige Softwarelösungen mit Schnittstellen zu ebendiesen Systemen angeboten. Während kleinere Hotel- und Gastronomiebetriebe Warenwirtschaftsfunktionen nur rudimentär einsetzen, sind leistungsfähige Systeme vor allem in größeren Gemeinschaftsverpflegungen, im Airline Catering und in der Systemgastronomie unverzichtbar. Auch größere Hotelbetriebe und Einkaufsgemeinschaften sowie Hotelketten benötigen leistungsfähige Warenwirtschaftssysteme.

Stammdaten der Warenwirtschaftssysteme sind ähnlich wie bei den Kassensystemen die Produktstammdaten aller Artikel, Speisen und Getränke, die den Kunden eines Gastronomie- oder Hotelbetriebs angeboten werden oder dort verbraucht werden. Zusätzlich zu diesen Produktstammdaten, die auch in einem Kassensystem hinterlegt werden, finden sich im Warenwirtschaftssystem für jedes Produkt Angaben über Mengeneinheiten wie Stück, kg, l etc. Von zentraler Bedeutung sind außerdem die Stücklisten und Rezepturen für alle selbst produzierten, veredelten oder gebündelten Produktangebote oder Dienstleistungen. In der Stückliste oder Rezeptur wird angegeben, welche Mengen von welchen Waren und Vorprodukten für die Produktion einer Einheit eines Endproduktes benötigt werden.

2.3 Informationsmanagement in Hotel- und Gastronomiebetrieben

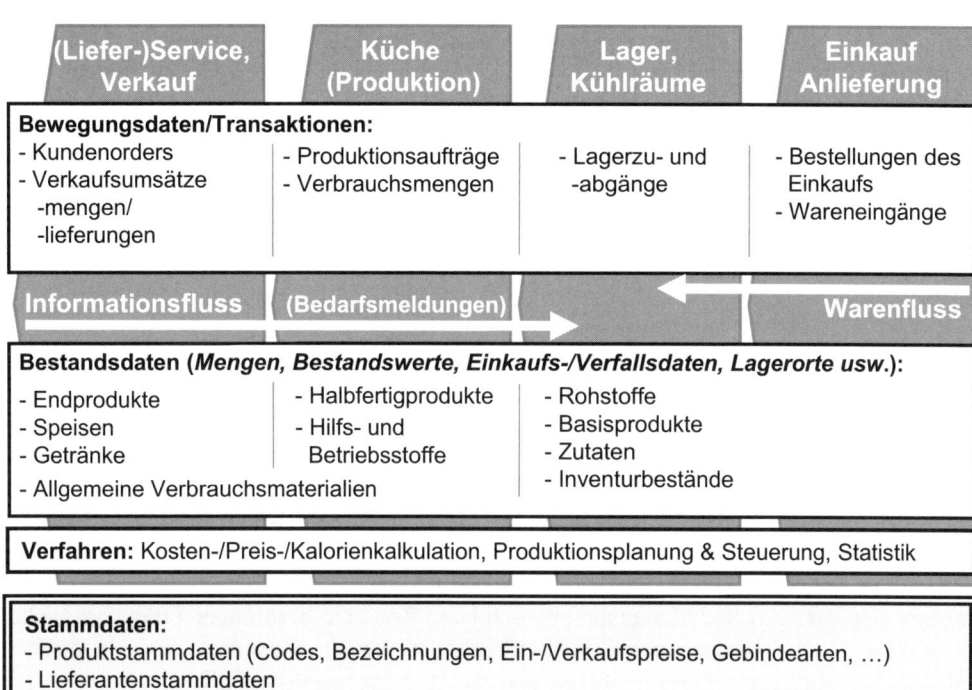

Abb. 2.3.3 Daten, Transaktionen und Verfahren eines Warenwirtschaftssystems

Sie können ggf. noch um Angaben über den hierzu erforderlichen Arbeitsaufwand oder die Nutzung knapper Produktionsmittel ergänzt werden. Aus den Portionsgrößen, die z. B. bei Getränken auch in der Speisen- und Getränkekarte ausgewiesen sind, kann ein Warenwirtschaftssystem anhand der sog. Rezeptur- bzw. Stücklistenauflösung automatisch zu den geplanten oder tatsächlich verbrauchten Mengen von Endprodukten die hierzu benötigten oder verbrauchten Wareneinsätze, Arbeitszeiten oder Produktionsmittel berechnen. Speichert man zu allen zu beschaffenden Produkten zusätzliche Angaben über die Lieferanten, die gelieferten Gebindegrößen (50 Stück, 100 kg, 1hl etc.), Einkaufs- und ggf. Verkaufspreise sowie Lieferzeiten, ist eine umfassende mengenmäßige Bestandsführung möglich.

Bestands- und Bewegungsdaten: Die einmal durch Inventur ermittelten Lagerbestände können durch systematische Erfassung der Warenflüsse und Umsätze (Bewegungsdaten) wie dem Wareneingang, den Materialentnahmen und den aus den Produktverkäufen durch Stücklistenauflösung berechneten Warenverbräuchen über längere Zeiträume relativ exakt fortgeschrieben werden. Bei Unterschreitung festgelegter Lagerbestandsmengen können Warenwirtschaftssysteme anhand der Lieferantenstammdaten automatisch entsprechende Nachbestellungen vorschlagen oder diese sogar elektronisch über EDI[4] direkt im Bestellsystem eines vernetzten Lieferanten auslösen. Durch ergänzende automatisierte Verbrauchsmessungen, z. B. an Schankanlagen, Automaten etc. und Stichtags-Inventuren können per Vergleich der Soll- und Ist-Bestandsmengen Abweichungen entdeckt, korrigiert und zur Ermittlung der Ursachen weiter analysiert werden. Eine besondere Bedeutung kommt der Warenwirtschaft in der Gastronomie insbesondere im Frischemanagement zu, wenn bei jedem Wareneingang und jeder Warenentnahme die Verfallsdaten erfasst und überwacht werden. Auch hier erleichtern Barcode-Scanner die Arbeit. Die meisten Handelsartikel besitzen einen eindeutigen EAN-Code (European Article Number), der als Barcode auf der Verpackung aufgedruckt ist und das Produkt samt Hersteller eindeutig identifiziert. Den EAN-Codes des geführten Artikelsortiments können beliebige Informationen und Preise zugeordnet werden, die durch Scanner bei Anlieferung, Lagerbewegungen, Verarbeitung oder an der Kasse automatisch erfasst werden. Auch Produkte aus eigener Herstellung können durch Preisaufkleber mit hauseigenen Barcodes beschriftet und für die automatische Erfassung vorbereitet werden. Statt Barcodes eignen sich auch RFID (Radio Frequency Identification) Transponder zur Identifizierung von Waren. Auch sie werden auf Artikeln angebracht oder angeklebt und ermöglichen ein Auslesen der Identifizierungsinformation über elektromagnetische Felder, wobei kein optischer „Sichtkontakt" zwischen Objekt und Scanner erforderlich ist. Waren können also nach Art und Menge automatisch beim Passieren bestimmter Erfassungspunkte auch ohne weitere Handhabungsprozeduren registriert werden. Inventuren sind schon durch Abschreiten von Lagern/Regalen mit geeigneten RFID-Lesegeräten möglich.

Kalkulation: Schließlich bieten Warenwirtschaftssysteme umfangreiche Funktionen zur Vor- und Nachkalkulation von Produkten, Gerichten und Speisenfolgen an. Über die Rezepturen und Stücklisten können nämlich aus den gespeicherten Einkaufspreisen die Kosten für den Wareneinsatz sowie der Arbeits- und Produktionsmitteleinsatz berechnet werden. Dies ist für die Angebotserstellung und zur Ermittlung der Auswirkungen veränderter Ein- und Verkaufspreise auf das Betriebsergebnis wichtig. Für Krankenhäuser, Kurbetriebe und Betriebskantinen ermöglichen spezielle Zusatzmodule die Bestimmung, Optimierung und Kontrolle der Kalorien und bestimmter Inhaltsstoffe einer Rezeptur bzw. eines Gerichts, z. B. als Grundlage zur fachgerechten Zubereitung von Diätkost.

Logistiksteuerung: In der Systemgastronomie bieten Warenwirtschaftssysteme spezielle Logistikfunktionen zur optimalen Routenplanung und Beladung von Liefertransporten. Im Airline Catering sind zusätzliche Schnittstellen zu zeit- und auftragsbezogenen Produktionsplanungs- und Steuerungssystemen (PPS) sowie logistische Funktionen zur Beladung, Lieferung und Positionierung der Behälter in den Flugzeugen notwendig. Betriebe, die Getränke- oder Verkaufsautomaten für Lebensmittel und andere Artikel zur Selbstbedienung einsetzen, können über geeignete Netz-Schnittstellen von diesen Zählerstände, Bestands- oder Verbrauchsmeldungen abfragen bzw. empfangen. Diese Informationen unterstützen die Disposition der Nachbestellungen und die Tourenplanung zur Automatenbefüllung.

---

[4] EDI = Electronic Data Interchange – hier als Sammelbegriff verwendet für international standardisierte Nachrichtenformate für asynchrone elektronische Geschäftstransaktionen wie Bestellungen oder Rechnungen, z. B. per File-Transfer oder E-Mail zwischen den Anwendungen von Geschäftspartnern.

Schnittstellen zum Rechnungswesen: Alle Warenwirtschaftssysteme haben Schnittstellen zur FIBU und zum Rechnungswesen, da sie wichtige Inventur-, Bestands-, Bewegungs-, Bestell-, Liefer- und Kostendaten liefern. Für das Management bieten Warenwirtschaftssysteme schließlich unverzichtbare Informationen, Kennzahlen und Betriebsstatistiken.

2.3.3 Hotelmanagement-Systeme

Das Hotelmanagement-System (engl. PMS – Property Management System, Hotel Management System oder Hotelmanagement-Software – vgl. zu diesem und zu Folgendem Nyheim/McFadden/Connolly 2005) ist das zentrale Verwaltungssystem eines Beherbergungsbetriebes bzw. Hotels (vgl. Abb. 2.3.1). PMS werden als PC-Applikation, als Client-Server-Lösung oder als Web-Applikation und Application Service angeboten. Beispiele für Hotelmanagement-Systeme sind MICROS Fidelio Suite/Opera, Protel SPE/HQ, Amadeus PMS, HS/3, Gubse SIHOT, Hotline FrontOffice, Velox VelHotel, HOPE, Winhotel MX, Hotel 2.0, Citadel Desk, Easy2Res, ISO Monaco etc. (vgl. Goecke 2009). Auch für Kreuzfahrtschiffe gibt es PMS, wie z. B. Fidelio Cruise, das neben der Kabinenverwaltung u.a. zusätzliche Crew-Management-Funktionen anbietet.

- **Stamm-, Bewegungs- und Bestandsdaten in den Geschäftsprozessen**

Im Hotelmanagement-System werden als Stammdaten alle Zimmer und belegbaren Räumlichkeiten (Tagungsräume) des Hotels verwaltet. Dabei können sämtliche spezifischen Merkmale wie Ausstattung, Zimmerstatus, Preiskategorien, Belegung, Verfügbarkeiten etc. eingegeben und gepflegt werden.

Der klassische Geschäftsprozess (vgl. Abb. 2.3.6) beginnt mit Reservierungsanfragen von Kunden, die von der Reservierungszentrale oder der Rezeption im PMS eingegeben, bzgl. der Verfügbarkeit geeigneter Räume geprüft, ggf. bestätigt und als Bewegungsdaten in die Reservierungskartei des PMS übernommen werden.

Im sog. Kategoriespiegel (vgl. Abb. 2.3.4) oder Inventory (**Bestandsdaten**) zeigt ein PMS in einer kalenderartigen Belegungsübersicht tagesgenau an, wie viele Zimmer von jeder Kategorie (Einzelzimmer, Doppelzimmer, Suite usw.) insgesamt noch frei sind, und welche Kontingente, Definitivbuchungen oder Optionen etc. an welchen Tagen existieren. Diese Informationen zusammen mit statistischen Daten über die akzeptierten Raten, Belegungen und Auslastung vergangener Saisonen sind wichtige Input-Daten für die Ertragsoptimierung durch das Revenue- bzw. Yield-Management.

Revenue-/Yield-Management-Systeme (vgl. Abschnitt 3.1.2) empfehlen auf der Basis von statistischen Prognose- und Optimierungsmodellen, ob Reservierungen zu einem bestimmten Zeitpunkt zu einer bestimmten Rate angenommen bzw. abgelehnt werden sollten, um einen möglichst hohen Umsatz/Ertrag zu erzielen. Sie werden als Einzellösungen oder als Zusatzmodule von PMS oder Central Reservation Systems (vgl. Abschnitt 2.3.5) angeboten.

DEMO-PMS								Kategoriespiegel						
<< SEPT 09 >> <<	Heute:													
	KW 37							KW 38						
	Mo	Di	Mi	Do	Fr	Sa	So	Mo	Di	Mi	Do	Fr	Sa	So
	12.9.	13.9.	14.9.	15.9.	16.9.	17.9.	18.9.	19.9.	20.9.	21.9.	22.9.	23.9.	24.9.	25.9.
Auslastung:	**50%**	**54%**	**58%**	**60%**	**52%**	**50%**	**50%**	**54%**	**54%**	**52%**	**52%**	**52%**	**50%**	**50%**
Verfügbarkeiten:														
Suite	4	3	3	2	3	2	2	2	2	3	3	3	3	3
DZ	13	13	12	12	12	14	14	13	13	13	13	13	12	12
EZ	8	7	6	6	9	9	9	8	8	8	8	8	10	10
Summe:	25	23	21	20	24	25	25	23	23	24	24	24	25	25
Reservierungen:														
Kontingent	4	4	4	4	4									
Definitiv	21	23	25	26	22	25	25	27	27	25	25	25	22	22
Option													2	2
Warteliste														
Anfragen									1	1	1	1	1	1
Summe:	25	27	29	30	26	25	25	27	27	26	26	26	25	25
Zimmerkapazität:	50	50	50	50	50	50	50	50	50	50	50	50	50	50

Abb. 2.3.4 Typische Informationen eines PMS-Kategorie(n)spiegels (auch Buchungsbestand, Inventory etc.)

In der Gästekartei werden alle notwendigen Informationen über die Gäste, trennbar nach Privat-, Firmen- und Gruppenreservierungen sowohl bei Buchungen, als auch – soweit möglich – bei Anfragen gespeichert. PMS unterstützen auch die Verwaltung von Umbuchungen, Stornierungen oder Umzügen von einem Zimmer in ein anderes.

Eine detaillierte grafische Übersicht über den aktuellen Status der einzelnen Zimmer und über die Zuordnung von Reservierungen auf konkrete Zimmer gibt der ebenfalls kalenderartig strukturierte Zimmerplan (vgl. Abb. 2.3.5). Vom PMS automatisch generierte Listen zeigen die erwarteten oder abreisenden Gäste, Events und andere Managementinformationen an.

Manche PMS verfügen über ein zusätzliches Modul zur Angebotserstellung, Reservierung, Planung und Abwicklung von Tagungen und Festlichkeiten (Bankett). Hier werden neben den Gästezimmern die Tagungsraumbelegung sowie die Tagungs-, Konferenz- bzw. Veranstaltungstechnik verwaltet und das Catering samt Personal- und Wareneinsatz geplant, kalkuliert und abgerechnet.

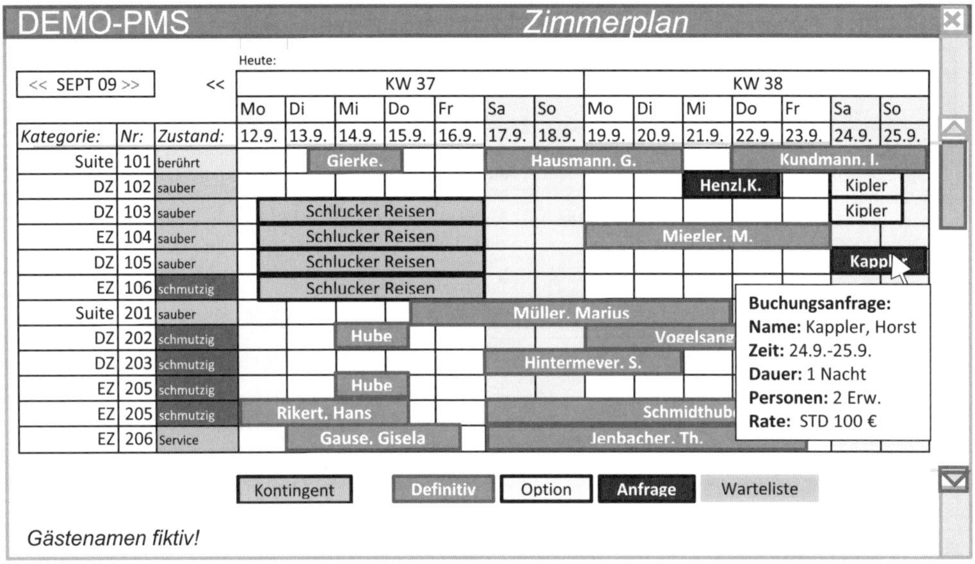

2.3 Informationsmanagement in Hotel- und Gastronomiebetrieben

DEMO-PMS					Zimmerplan									
<< SEPT 09 >>		<<	Heute:	KW 37						KW 38				
				Mo	Di	Mi	Do	Fr	Sa	So	Mo	Di	Mi	Do	Fr	Sa	So
Kategorie:	Nr:	Zustand:	12.9.	13.9.	14.9.	15.9.	16.9.	17.9.	18.9.	19.9.	20.9.	21.9.	22.9.	23.9.	24.9.	25.9.
Suite	101	berührt		Gierke.				Hausmann. G.						Kundmann. I.	
DZ	102	sauber										Henzl,K.			Kipler	
DZ	103	sauber		Schlucker Reisen											Kipler	
EZ	104	sauber		Schlucker Reisen							Miegler. M.				
DZ	105	sauber		Schlucker Reisen											Kappler	
EZ	106	schmutzig		Schlucker Reisen												
Suite	201	sauber						Müller. Marius							
DZ	202	schmutzig			Hube					Vogelsang					
DZ	203	schmutzig						Hintermeyer. S.							
EZ	205	schmutzig			Hube										
EZ	205	schmutzig		Rikert. Hans						Schmidthuber					
EZ	206	Service		Gause. Gisela				Jenbacher. Th.							

Buchungsanfrage:
Name: Kappler, Horst
Zeit: 24.9.-25.9.
Dauer: 1 Nacht
Personen: 2 Erw.
Rate: STD 100 €

[Kontingent] [Definitiv] [Option] [Anfrage] [Warteliste]

Gästenamen fiktiv!

Abb. 2.3.5 Typische Darstellung eines PMS-Zimmerplans (auch Zummerspiegel, Belegungsplan etc.)

Spätestens beim Check-In (vgl. Abb. 2.3.6) werden der Reservierung konkrete Zimmer der geforderten Kategorie zugeordnet und ein Gastkonto, bei Reisegruppen auch ein Gruppenkonto, eröffnet. Auf dem Gastkonto kann das Hotelmanagement-System über Schnittstellen zu anderen Hotelsystemen (Kassensysteme, Hotel-Telefonanlage, Hotel-TV, Automaten, Zugangs- & Schließsysteme usw.) sämtliche Umsätze, die ein Gast während des Aufenthaltes im Hause tätigt, automatisch sammeln und für die Gesamtrechnung beim Check-Out saldieren. Fehlen diese Schnittstellen, muss die Eingabe der Umsätze regelmäßig auf der Basis entsprechender Belege aus den Servicebereichen manuell erfolgen. Die Vernetzung des PMS mit anderen Hotel-Systemen ermöglicht Automatisierungen und erleichtert die Koordination: Über die Hotel-TV- oder -Telefonanlage kann ein PMS z. B. Mitteilungen von der Rezeption an Gäste oder an das Hauspersonal übermitteln. Haustechnik- und Reinigungsmitarbeiter können über mobile und stationäre Terminals Nachrichten über Aufträge, Übersichten über den Zimmerstatus (sauber, schmutzig, berührt, reparaturbedürftig etc.) oder Bearbeitungsprioritäten abfragen und Rück- oder Fertigmeldungen kommunizieren.

- **Front-, Mid- und Backoffice-Funktionen**

Obwohl der Schwerpunkt der Funktionalität von Hotelmanagement-Systemen traditionell im Management des Logis-Bereiches liegt und sie wegen ihres Einsatzes an der Rezeption mit direktem Kundenkontakt auch als Frontoffice-Systeme bezeichnet werden, reicht die Funktionalität heutiger Hotelmanagement-Systeme aufgrund ihrer Vernetzung und dem integrierten Zugriff auf alle Kunden-, Reservierungs- und Rechnungsdaten in alle Bereiche des Hotelmanagements inkl. Mid- und Backoffice (vgl. Abb. 2.3.6):

Abb. 2.3.6 Typische Funktionen und Schnittstellen eines Hotelmanagement-Systems

Die automatisierte Kontrolle des Eingangs der bei einer Reservierung im Frontoffice vereinbarten Deposit-Zahlung durch das Hotelmanagement-System ist eine Midoffice-Funktion. Hotel-Management-Systeme unterstützen wie Kassensysteme, die sie z. T. sogar durch ähnliche Funktionen ersetzen, einen Kassenabschluss und einen Tagesabschluss als Datenkommunikationspunkt zum Backoffice. Für den Tagesabschluss sollten bei den meisten Systemen zunächst alle noch offenen integrierten oder vernetzten Kassen geschlossen werden. Alle noch unklaren Vorgänge und Reservierungen (No Shows, offene Check-Outs etc.) werden zur Umbuchung, Stornierung oder zur weiteren Klärung angezeigt. Dann werden alle je Kasse, Bediener, Schicht etc. gespeicherten Transaktionsdaten für die FIBU und das Rechnungswesen ausgegeben bzw. überspielt und geeignete Listen und Betriebsstatistiken für das Management erstellt. Schließlich wird typischerweise das Datum fortgeschrieben, und es werden alle Konten und Listen für den neuen Tag aktualisiert, was insbesondere die Aufbuchung einer weiteren Übernachtung auf die Konten der übernachtenden Gäste beinhaltet.

Die Verknüpfung von Informationen aus der Gästekartei mit den Reservierungs- und Rechnungsdaten ist die Basis für ein gezieltes Kundenbeziehungsmanagement (CRM-Customer Relationship Management vgl. Kapitel 3.4) des Marketing-Bereiches (Midoffice, da nur mittelbarer Kundenkontakt), z. B. mittels Mailing-Aktionen. Hierzu gehört auch die Eingabe und Pflege von Informationen über Kundenpräferenzen und speziell verhandelte Raten oder Kontingente von Stammkunden, Firmenkunden, Veranstaltern etc. Mit elektronischen Distributionssystemen (vgl. Abschnitte 2.3.6 und 2.3.7) tauscht das Frontoffice-Modul eines Hotelmanagement-Systems Vakanz- und Reservierungsdaten zum Hotelvertrieb aus. Manche PMS bieten eigene Module für FIBU (Finanzbuchhaltung), Rechnungswesen und für die Personalverwaltung zur integrierten Unterstützung des Backoffice an, andere PMS bieten Schnittstellen zu entsprechender Backoffice-Standardsoftware an.

Multi-Property-Management-Systeme wie z. B. Protel MPE, oder die Multi-Property-Varianten von Micros Fidelio, Amadeus PMS und anderen bieten zusätzlich zu den oben genannten Front-, Mid- und Backoffice-Funktionen die Möglichkeit zur Verwaltung mehrerer Häuser in einer gemeinsamen Bedienoberfläche an. Auf diese Weise können z. B. mehrere Zimmerpläne vom Mitarbeiter einer gemeinsamen Reservierungszentrale gemeinsam nach Vakanzen durchsucht werden, oder Reservierungen z. B. von Reisegruppen per Mausklick von einem Haus in ein anderes umgezogen werden. Auch ein gemeinsamer Zugriff verschiedener Häuser auf die Gästekarteien, das CRM-System oder Statistiken sind technisch möglich. Vor dem Austausch personenbezogener Daten zwischen verschiedenen Organisationen ist in jedem Fall die datenschutzrechtliche Legalität zu prüfen, da die Datenschutzgesetze hier sehr strenge Verbote und Vorgaben machen, die unbedingt einzuhalten sind.

Alle Hotelmanagement-Systeme besitzen Schnittstellen zu vielen anderen hotelspezifischen IT-Systemen, die zum einen bestimmte erweiterte PMS-Funktionen erst ermöglichen, zum anderen erheblichen zusätzlichen Integrationsnutzen schaffen.

2.3.4 Hotel-Kommunikationssysteme

Zu den Kommunikationsmedien, die mit speziellen Funktionen für Hotel-Betriebe angeboten werden, gehören Hotel-Telefonanlagen, Hotel-TV-Systeme und Hotel-WLAN.

- **Hotel-Telefonanlagen**
Hotel-PABX-Systeme (Private Automated Branch Exchange) werden von Telefonanlagen-Herstellern als private Nebenstellenanlagen, wie sie auch in Unternehmen zum Einsatz kommen, mit besonderen Zusatzfunktionen angeboten. Diese können von den Gästetelefonen, von speziellen Rezeptionstelefonen oder vom PC bzw. PMS angesteuert werden: Definition der Regeln zur Gebührenberechnung, Freischaltung & Sperrung der Zimmertelefone/Telefonkonten ggf. mit Displays in der Landessprache des Gastes, Weckruf, Service-Tasten für Rezeption/Zimmerservice, Notruf, Taxi, Service-Ansagen für den Gast bzw. Reisegruppen, Statusmeldungen des Zimmerpersonals über spezielle Tastencodes u.v.a.m. Die Schnittstelle zum PMS erlaubt neben der automatischen Übermittlung der Telefongebühren die Automatisierung vieler der oben genannten Funktionen beim Check-In oder Check-Out. Call-Center-Funktionen einer Hotel-Telefonanlage ermöglichen die automatische Anwahl von Telefonnummern aus der Gästekartei. Umgekehrt kann die Gästekartei mit aktuellen kundenbezogenen Service-Aufträgen immer dann automatisch angezeigt werden, wenn der Kunde von seinem Zimmer oder von seiner ISDN/GSM-Nummer aus anruft. Reservierungs-

anfragen können durch ACD (Automated Call Distribution) in Hotelketten und Kooperationen je nach Tageszeit automatisch an eine besetzte Rezeption oder die Reservierungszentrale zur Reservierung im Multi-Property-Management-System oder CRS geleitet werden.

- **Hotel-TV-Systeme**

Hotel-TV-Systeme von Fernsehgeräteherstellern und Spezialanbietern zeichnen sich durch spezielle TV-Geräte und Fernbedienungen mit einem Hotel-Bedienmodus aus: konfigurierbare persönliche Begrüßungsmenüs, zentrale Sender-Programmierung zur Vermeidung der Programmverstellung durch Gäste, Weckfunktion, automatische Ein-/Abschaltung, Einspielung von Hotel-Werbevideos und Veranstaltungskalendern, Zugang zu Pay-TV-Angeboten, Internet, Computerspielen oder hoteleigenen Videoservern mit Gebührenerfassung, Anzeige und Bestätigung von Nachrichten der Rezeption, Feueralarm mit Fluchtweganzeige, Kredit-/Prepaid- oder Schlüsselkartenleser zur Pay-TV-Autorisierung u.v.m. Die Vernetzung mit dem PMS-System vereinfacht vor allem den Nachrichtenaustausch mit dem Gast und kann über einen speziellen Rückkanal per Antennenkabel, über eine Settop-Box per LAN- oder andere (auch Funk-)Gebäudevernetzungen erfolgen.

- **WLAN-Basisstationen**

WLAN-Hotspots sind insbesondere für Geschäftshotels wichtig, da Kunden mit dem eigenen Mobilcomputer im Zimmer auf das Internet zugreifen möchten und häufig nicht über UMTS verfügen. Wenn sich ein Hotel nicht unmittelbar in der Nähe eines WLAN-Hotspots eines Mobilfunkanbieters befindet, den die Gäste nutzen können, sollte es selbst einen oder mehrere WLAN-Hotspots anbieten. Es gibt hierbei verschiedene Verfahren, den Zugriff wirksam auf die eigenen Gäste zu beschränken bzw. einzelne Gäste für die Nutzung gegen Gebühren freizuschalten. Gebühren können entweder durch die Ausgabe von Prepaid-Karten mit einem Passwort und einer maximalen Nutzungsdauer oder durch Einrichtung und nutzungsabhängige Belastung eines Gästekontos erhoben werden. Die letzte Variante, bei der die Kunden erst beim Check-Out bezahlen, erfordert eine Schnittstelle zum PMS. Ein WLAN-Hotspot ist nicht nur als Kommunikationsdienst für die Gäste wichtig, sondern auch eine wichtige Voraussetzung für eine kostengünstige funkbasierte Vernetzung der eigenen IT-Systeme im Hotel oder Restaurant (z. B. Kassen und mobile Bestellterminals, Zahlterminals etc.).

2.3.5 Elektronische Zugangs- und Schließsysteme

Elektronische Zugangs- und Schließsysteme (z. B. von Messerschmitt, Vingcard, Timelox, Kaba, Winkhaus, Haefele, und anderen, vgl. Goecke 2009) erhöhen die Sicherheit auch beim Verlust von Zugangskarten und ermöglichen z. T. auch eine bequeme Erfassung und Zurechnung der Leistungen, die die Gäste bei ihrem Aufenthalt konsumieren. Statt eines Schlüssels erhalten Gäste beim Check-In eine Magnet-, Chip- oder Transponder-Karte mit einem Code, der von Lesegeräten auch berührungslos erfasst werden kann (vgl. Abbildung 2.3.7). Bei Schlössern, die wie ein Safe eine Zahlentastatur besitzen, kann den Gästen auch nur eine Nummer ohne Karte mitgeteilt und auf diese Weise ein unassistierter Check-In ermöglicht werden. Ein Karten- bzw. Berechtigungsmanagement-System verwaltet, welchen Codes welche Berechtigungen zur Öffnung von Zimmern, zum Zugang zu speziellen Service-Bereichen oder zur Inanspruchnahme welcher Dienste zugeordnet sind. Hiermit kann

2.3 Informationsmanagement in Hotel- und Gastronomiebetrieben

auch der Personalzugang geregelt und überwacht werden. Eine Schnittstelle zum PMS-System ermöglicht die automatische Zuordnung des Zimmers zur Karte und zum Gast bzw. zu dessen Aufenthalt und Gastkonto. Man unterscheidet Offline- und Online-Betrieb, je nachdem, ob elektronische Schlösser und Lesegeräte mit dem Karten- und Berechtigungs-management-System oder dem PMS vernetzt sind. Im Offline-Betrieb kann jedes Schloss bzw. Lesegerät anhand eines geeigneten kryptografischen Verfahrens aus dem Code entschlüsseln, welche Berechtigungen er enthält und wie lange diese gelten. Es können auch Informationen zur Identifizierung des Zimmers bzw. Gastes auf der Karte gespeichert werden. Die Online-Vernetzung von Schlössern und Lesegeräten mit dem Karten- bzw. Berechtigungsmanagement-System ermöglicht entweder eine sofortige Kommunikation gesperrter Kartennummern an die Schlösser bzw. Akzeptanzstationen, oder umgekehrt eine Echtzeit-Abfrage der Schlösser- und Lesegeräte im Management-System, ob eine bestimmte Karte für einen Dienst oder Zugang gesperrt wurde. Wenn sich Gäste über ihre Karte an Automaten, Kassen und Zugangsschleusen identifizieren, können diese Systeme automatisch alle Ereignisse des Leistungskonsums zuordnen und über geeignete Schnittstellen an das PMS zur Verbuchung auf dem Gastkonto melden.

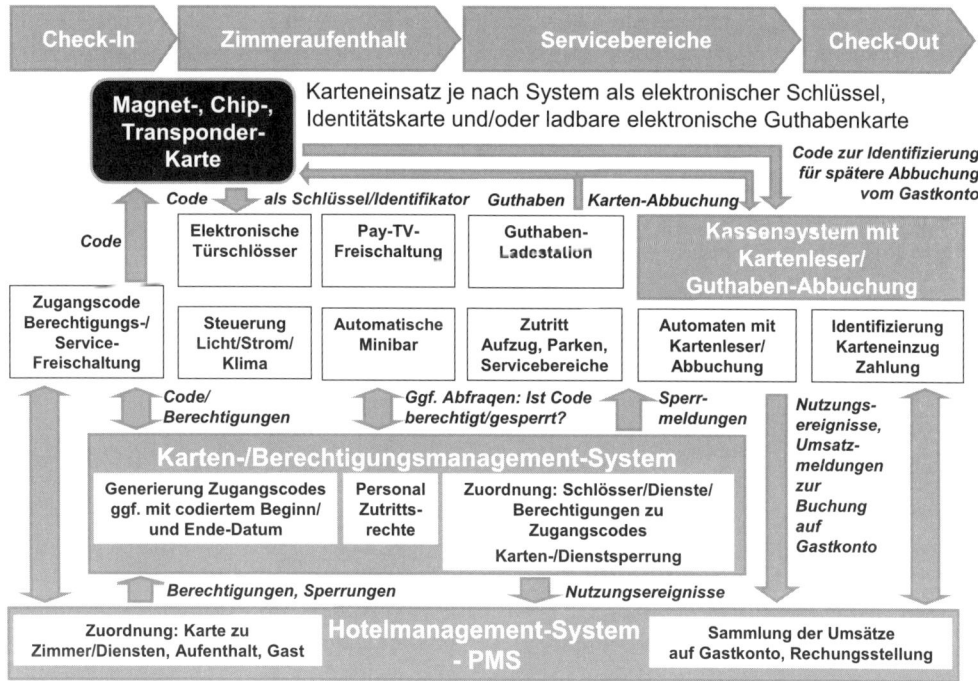

Abb. 2.3.7 Anwendungsfelder und mögliche Informationsflüsse beim Einsatz elektronischer Kartensysteme als Zugangs- und Schließsystem oder Guthabenkarte

Innerhalb des Zimmers können mit dem PMS vernetzte Geräte wie die Minibar oder das TV-System auch ohne Kartenunterstützung Nutzungsereignisse durch den Gast zur automatischen Abrechnung melden.

Soll den Gästen kein Kredit während ihres Aufenthaltes eingeräumt werden, sind die Karten auch mit zusätzlichen Guthaben-Lade- und -Abbuchungsstationen z. B. an Kassen als elektronische Guthaben-Karte (vgl. auch Abschnitt 3.3.1) einsetzbar. Eine weitere Anwendung elektronischer Zugangskontrollen ist die energiesparende Steuerung von Licht, elektrischen Geräten und Klimaanlagen in Abhängigkeit von der An- oder Abwesenheit des Gastes.

2.3.6 Website als individueller elektronischer Distributionskanal

Von strategischer Bedeutung für den Vertrieb und mit wachsendem Einfluss auf die Erträge der Hotelbetriebe sind die verschiedenen elektronischen Distributionskanäle (vgl. Gardini 2009). Neben den aggregierenden computergestützten Distributionssystemen, die stets von mehreren Häusern gemeinsam genutzt werden und im nächsten Abschnitt behandelt werden, hat sich mit dem Internet der eigene Webauftritt (engl. Website) für viele Hotels und Restaurants als direkter individueller computergestützter Werbe- und Distributionskanal etabliert.

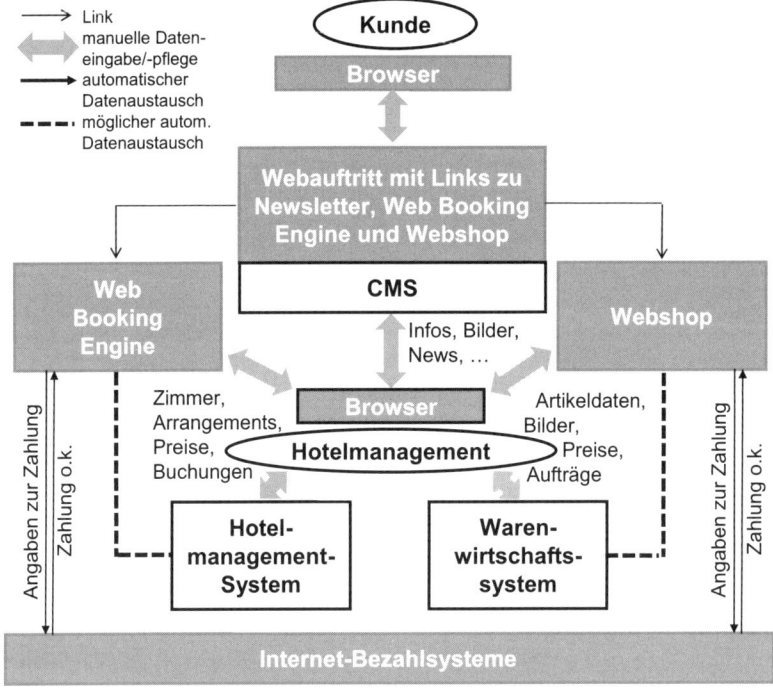

Abb. 2.3.8 Komponenten und mögliche Datenaustauschbeziehungen bei einem Hotel-Webauftritt mit Web Booking Engine, Webshop und Internet-Bezahlsystem

- **Eigener Webauftritt (Website)**

Ein eigener Webauftritt (vgl. Abb. 2.3.1 und Abb. 2.3.8) bietet für Hotel- und Gastronomiebetriebe die Möglichkeit, sich ihren Zielgruppen rund um die Uhr mit Texten, Bildern, Animationen und Filmen multimedial zu präsentieren (vgl. zu folgendem Zhou 2004).

Der Vertrieb über den eigenen Webauftritt hat den Vorteil, dass die Informationen über den eigenen Betrieb sowie das Layout und die Benutzerführung individuell gestaltet werden können und keine Vertriebsprovisionen anfallen. Diesen Nutzenpotentialen stehen aber auch Kosten für die Programmierung, den Betrieb und die Pflege des Webauftrittes sowie die Bereitstellung einer *Web-Reservierungsfunktion* und weiterer Webdienste (siehe unten) gegenüber. Ein spezielles Problem ist, dass Interessenten, die die Webadresse eines Betriebes nicht kennen, den Webauftritt erst über Suchmaschinen finden müssen. Die wichtigste allgemeine Suchmaschine ist Google (Stand 2009). Um hier in der Trefferliste bei bestimmten Suchbegriffen gut, d.h. weit oben, gelistet zu werden, gibt es verschiedene mehr oder weniger aufwändige Ansätze zur Suchmaschinenoptimierung (engl. SEO – search engine optimization) eines Webauftrittes, die von Web-Agenturen und spezialisierten Dienstleistern angeboten werden. In Google gibt es auch ein auf Google Maps (vgl. Kapitel 5.6) basierendes Branchenverzeichnis, in das sich Hotels und Restaurants kostenlos mit ihrer Adresse, Telefonnummer und Webadresse eintragen können. Sie werden dann bei Suchen z. B. nach der Schlagwort-Kombination „Hotel München" mit Landkarte ausgegeben. Schließlich gibt es noch die Möglichkeit, für ein oder mehrere Schlagworte eine kostenpflichtige Anzeige im Pay-per-Click-Dienst Google AdWords zu schalten: Immer wenn ein Kunde auf die Anzeige klickt und zum Webauftritt geleitet wird, fällt eine Werbegebühr an, die das vorher an Google überwiesene AdWords-Werbebudget vermindert. Die Google-Analytics-Dienste bieten ergänzend zahlreiche Funktionen zur Erhebung und Auswertung von Besucherstatistiken für das Erfolgscontrolling derartiger Online-Werbeaktionen (Web-Controlling).

- **CMS und Newsletter**

Ein Webauftritt, der auf Basis eines Content-Management-Systems (CMS – deutsch auch Redaktionssystem) programmiert wurde, erlaubt es, Inhalte im Webauftritt auch ohne HTML-Kenntnisse oder komplexere Web-Editoren zu pflegen (vgl. Abb. 2.3.8). Größere Häuser, In-Lokale mit einer größeren Gemeinde von Stammkunden oder Hotelketten können über eine zusätzliche Newsletter-Funktion zudem die Kundenbindung erhöhen und ihre Kundschaft über Promotion-Aktionen informieren. Um einem Kunden einen Newsletter zu senden, muss jedoch sichergestellt sein, dass er dem Newsletter-Abo tatsächlich zugestimmt hat. Jede Newsletter-Abonnierfunktion auf einer Website sollte daher über sog. Opt-In- bzw. Opt-Out-Prozeduren des Permission Marketings verfügen: Wurde ein neuer Abonnent mit seiner E-Mail-Adresse angemeldet, sollte er automatisch eine E-Mail erhalten, in der er über einen Link das Abonnement bestätigen kann. Erst wenn dieser Opt-In vorliegt, wird er im Newsletter-Verteiler aufgenommen. Jeder Newsletter sollte außerdem einen Link enthalten, mit dem der Empfänger den Newsletter abbestellen kann (Opt-Out). Seine E-Mail-Adresse wird dann aus dem Verteiler entfernt. Komfortable Newsletter-Funktionen werden als Software oder webbasierter Application Service von Internet Service Providern angeboten, die auch den Betrieb (engl. Hosting) des Webauftrittes auf einem Webserver übernehmen. Newsletter-Systeme werden auch als Bestandteil von CRM-Systemen angeboten oder haben eine Schnittstelle zu diesen (vgl. Abb. 2.3.1).

Neben diesen reinen Informationsfunktionen einer Website sind für die Distribution Web-Reservierungs- oder Buchungssysteme und für den Vertrieb materieller Artikel Webshops notwendig. Beide setzen in den meisten Fällen eine **Internet-Bezahlfunktion** voraus (vgl. Abb. 2.3.8). Diese werden in Kapitel 3.3 detailliert erläutert.

- **Web-Reservierungssysteme**

Per E-Mail oder per elektronischem Reservierungs-/Buchungsformular können Interessenten über den Webauftritt elektronische Reservierungsanfragen stellen. Sie werden vom Anbieter in der Regel ebenfalls per E-Mail oder telefonisch mit einem konkreten Angebot beantwortet. Vakanzprüfung, Angebot und Reservierung erfolgen hierbei auf jede Reservierungsanfrage von Hand. Zur Automatisierung der Reservierung und Buchung im Internet dienen Web-Reservierungs- und -Buchungssysteme (engl. Internet oder Web Booking Engine IBE/WBE, vgl. Abb. 2.3.8). Sie werden als PMS-Erweiterung oder als eigenständige Softwaremodule (z. T. sogar Open Source, z. B. CultBooking) zur Integration in Webauftritte oder als Application Service von IT-Dienstleistern, wie z. B. Caesar-Data, angeboten. Auch viele Betreiber aggregierender Hotel-Distributionssysteme (vgl. Abb. 2.3.7) erlauben eine provisionsfreie Integration einer *Web-Reservierungsfunktion* in den hoteleigenen Webauftritt.

Web-Reservierungssysteme bieten dem Reservierungsmanager eine passwortgeschützte Web-Administrationsoberfläche, in die sich browserbasiert Zimmerbeschreibungen, Kontingente, Saisonen, Preise und sogar Arrangements (Pauschalen) eintragen lassen. Diese Angebote werden durch das Web-Reservierungssystem im Webauftritt dem Kunden mit verschiedenen Suchmöglichkeiten präsentiert. Der Kunde kann im Web-Reservierungssystem die aktuell vakanten Zimmer und Arrangements in Echtzeit reservieren und durch Angabe seiner Kundendaten und ggf. Zahlung in einem Internet-Bezahlsystem verbindlich buchen. Die Buchung wird dem Kunden automatisch per E-Mail bestätigt. Das Web-Reservierungssystem reduziert bei jeder Buchung automatisch das Kontingent der im Web als vakant präsentierten Angebote (die sog. Web-Kontingente) und versendet eine E-Mail-Buchungsbestätigung an den Kunden. Dem Betrieb werden die Buchungen ebenfalls per E-Mail, ggf. auch per Fax oder SMS avisiert und im Web-Administrationssystem zur weiteren Bearbeitung/Verwaltung bereitgestellt. Um auch die automatische Synchronisation der Buchungen und Web-Kontingente im Web-Reservierungssystem mit der Zimmerverwaltung des Hotelmanagement-Systems zu ermöglichen, bieten Anbieter von Hotelmanagement-Systemen eigene Web-Reservierungssysteme oder entsprechende Schnittstellen an (vgl. Abb. 2.3.1, 2.3.8 und 2.3.9 – Verbindung vom Webauftritt zum PMS). Die Pflege der Web-Kontingente kann dann z. T. direkt im Hotelmanagement-System erfolgen, wenn nicht sogar ein Direktzugriff des Web-Reservierungssystems auf alle freien Zimmer der Zimmerverwaltung des Hotelmanagement-Systems zugelassen wird.

- **Webshop-Systeme**

Für den Verkauf von materiellen Waren und Artikeln durch Gastronomie- und Hotelbetriebe sind auch die herkömmlichen Internet-Shop-Lösungen geeignet. Diese können von zahlreichen Softwarehäusern oder Internet Service Providern (ISP) gekauft, gemietet oder auf Provisionsbasis genutzt werden. Sie bieten zusätzliche Funktionen zur Verwaltung der Lagerbestände, zur Rechnungsstellung oder zum Versand an und haben ggf. Schnittstellen zur Warenwirtschaft, zu FIBU- und Controlling-Systemen sowie zu Internet-Bezahlsystemen (vgl. Abb. 2.3.8).

2.3.7 Aggregierende computergestützte Distributionssysteme

Aggregierende computergestützte Distributionssysteme (vgl. zu folgendem Dettmer et al. 2008 S. 244ff., Sölter 2007, Gruner 2008, Spalteholz 2009) unterstützen den direkten Vertrieb der Vakanzen aller Häuser einer Hotelkette oder den indirekten Vertrieb einer Vielzahl von Hotelbetrieben über Dritte (3rd Parties) wie Hotelkooperationen, Tourismusorganisationen, Reisemittler, Firmenreisedienste, Veranstalter, Hotel-Consolidator (Reseller) etc.

Entsprechend vielfältig sind die Geschäftsmodelle, nach denen aggregierende computergestützte Distributionssysteme für Hotelbetriebe tätig werden: Einmalige Anschlussgebühren, monatliche Gebühren, Mitgliedsbeiträge, Provisionen und Kommissionen, Transaktions-/Buchungsgebühren etc. sind ebenso wie zusätzliche Vereinbarungen über Mindestkontingente, Preisgarantien sowie Modelle auf der Basis von Bruttopreisen (der Kunden-Endpreis wird vom Hotelier festgelegt) oder Nettopreisen (der Hotelier legt den Nettopreis fest – der Distributionssystem-Betreiber gestaltet den Endpreis) möglich. Je nach Geschäftsmodell nehmen die Anbieter der Distributionssysteme die Rolle eines Technologie-Lieferanten, Infrastruktur-/Anwendungsbetreibers (Application Service Provider), Content-Anbieters, Reisemittlers/Handelsvertreters (Broker/Agent), eines Händlers (Merchant/Retailer/Reseller) bzw. Großhändlers (Wholesaler/Consolidator) oder Reiseveranstalters ein.

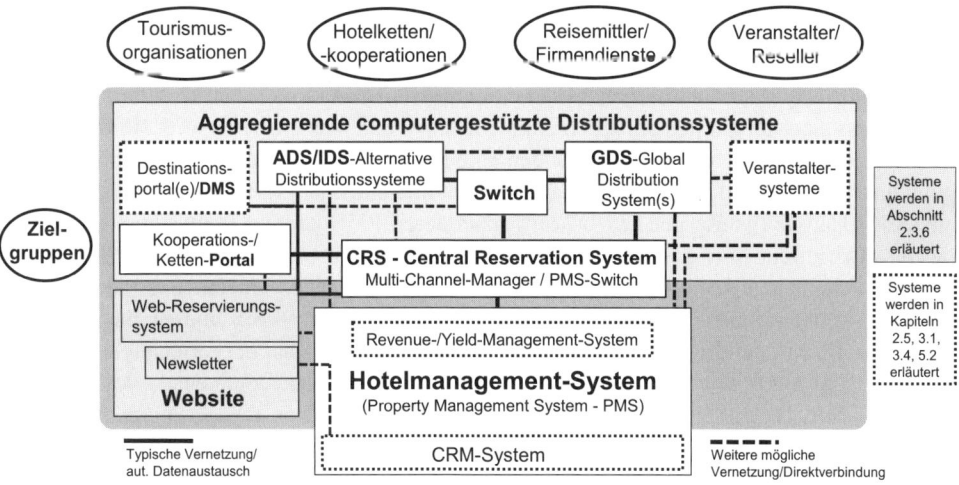

Abb. 2.3.9 Aggregierende computergestützte Distributionssysteme im Überblick

- **CRS Central Reservation Systems**

Hotelketten, Hotelkooperationen und spezialisierte CRS-Provider betreiben für teilnehmende Häuser „zentrale Reservierungssysteme", um dem internen und externen Vertrieb einen zentralen Zugriff auf die Vakanzen aller teilnehmenden Häuser zu geben und diese über gemeinsam genutzte Schnittstellen in möglichst vielen Vertriebskanälen buchbar zu machen. Ein CRS verwaltet die Text- und zunehmend auch Bildbeschreibungen aller teilnehmenden Häuser sowie deren regelmäßig gemeldeten Preise und Vakanzen in einer zentralen Datenbank. Über das CRS kann z. B. eine gemeinsame Reservierungszentrale (CRO - Central Reservation Office - meist ein Call Center mit CRS-Terminals) auf alle gemeldeten Vakanzen aller teilnehmenden Häuser zugreifen und diese telefonisch und über ein gemeinsam betriebenes und beworbenes Ketten- bzw. Kooperations-Portal (Webauftritt mit Web Booking Engine für Zugriff auf alle Hotels und Vakanzen im CRS) vermarkten. Viele Kooperationen und CRS-Provider bieten ihre Web Booking Engine mit Zugriff auf das CRS gleichzeitig allen teilnehmenden Häusern als Web-Reservierungsfunktion zur Integration in deren hoteleigenen Webauftritt an. Wegen ihrer zentralisierten Informations- und Reservierungsfunktion bilden CRS auch das klassische Zugangssystem zu den GDS – Global Distribution Systems. Anstatt für jedes einzelne Hotel einen Datenaustausch mit einem oder mehreren GDS zu organisieren, sind es die CRS, die mit den GDS entweder direkt oder über einen Hotel-Switch (siehe unten) alle notwendigen Informationen austauschen, um unter einer gemeinsamen Ketten-/Kooperations-/CRS-Kennung bei allen an den GDS weltweit angeschlossenen Reisemittlern, Firmenreisestellen und Veranstaltern buchbar zu sein. CRS müssen wie PMS in der Lage sein, für spezielle Kundengruppen (z. B. Firmen oder Veranstalter) jedes teilnehmenden Hotels verhandelte Sondertarife (Negotiated oder Corporate Rates) zu verwalten und diese ggf. nur für definierte Nutzergruppen zugreifbar zu halten. Ebenso sollten CRS, die über Schnittstellen neben dem eigenem Portal, den Hotel-Websites und den GDS weitere Distributionskanäle Dritter wie ADS/IDS, DMS und Veranstaltersysteme versorgen, sog. Multi-Channel-Management-Funktionen unterstützen: Für verschiedene Kanäle und deren Zielgruppen müssen je nach Strategie entweder verschiedene Konditionen und Buchungsregeln oder Ratenparität (einheitliche Preise in allen Kanälen) steuerbar sein. Der CRS-Dienst stellt mehr oder weniger automatisiert für alle angeschlossenen elektronischen Distributionskanäle sicher, dass sie stets mit den aktuellen Angebotsdaten und Vakanzen versorgt sind. Das CRS gibt bei jeder Reservierung für den Kunden eine Reservierungsnummer als Buchungsbestätigung aus, reduziert ggf. die Vakanzen und meldet alle eingegangenen Reservierungen an die einzelnen Häuser (häufig per Fax/E-Mail) bzw. deren PMS zurück. Immer mehr CRS sind hierfür auch direkt über geeignete Schnittstellenplattformen bzw. einen Hotel-PMS-Switch mit den Hotelmanagement-Systemen (PMS) der Einzelbetriebe vernetzt. Besonders in Hotelketten/-kooperationen dient das CRS auch als Multi-Porperty-PMS und ist Basis für Statistik-/Benchmark- und Revenue-Management-Services (vgl. Kap. 3.1). Beispiele für CRS-Systeme sind CRS von Ketten und Kooperationen, z. B. Intercontinental Hotels Group Holidex@Plus, Hilton Hilstar, Starwood StarLink-Valhalla, Accor TARS, Supranational Hotels Columbus oder CRS-Softwareprodukte bzw. CRS-Dienste, wie z. B. SynXis RedX, Trust Voyager CRS, Micros Opera CRS/myFidelio.net., Pegasus RezViewNG, Amadeus Hotel Plattform, Reconline CRS, TravelClick iHotelier, Web.Res etc. (vgl. Goecke 2009). Hotel-Kooperationen und CRS-Service-Provider finanzieren die CRS durch die Teilnahme-/Marketing-Beiträge ihrer Mitglieder oder über Provisionen, Anschluss-, Nutzungs- und Transaktionsgebühren.

2.3 Informationsmanagement in Hotel- und Gastronomiebetrieben

- **GDS – Global Distribution Systems als Hotel-Distributionskanal**

Die klassischen GDS (vgl. Kap. 4.1 und 4.2) bieten allen weltweit angeschlossenen Reisebüros, Firmenreisestellen und -diensten integrierte Plattformen zur Buchung von Flügen, Hotels, Mietwagen, Kreuzfahrten, touristischen Veranstalter-Angeboten wie Pauschalreisen und ergänzende Aktivitäten (Theaterkarten, Stadtführungen, Besichtigungen etc.) an. Sie verlangen dafür sowohl von den Leistungsanbietern als auch von den Reisemittlern Anschluss-, Nutzungs- oder Transaktionsgebühren. Die Expedienten im Reisebüro können Hotels im GDS destinationsbezogen suchen, Text-/Bild- und Lageinformationen abrufen, die Verfügbarkeiten prüfen, Preise vergleichen und schließlich in Echtzeit bzw. unter Bestätigungsanforderung Zimmer buchen. Je nach Anbindungsart (vgl. Abb. 2.3.9 und 2.3.10) werden Hotelinformationen bei der Anfrage eines Expedienten aus GDS-Datenbanken (sehr komprimierte Information) oder „seamless" aus den direkt oder indirekt über einen Hotel-Switch mit Content-Distribution-Service angeschlossenen CRS oder PMS abgerufen (umfangreichere, aktuellere Information). Die Hotelbuchungsdienste der GDS-Plattformen unterstützen die Reisebüro-Agenten bei der Suche, Auswahl, Lokalisierung, Bilddarstellung, dem Preisvergleich und der Buchung von Zimmerangeboten vor allem aus den CRS der Hotelketten und -Kooperationen. Die Integration der Flug-, Bahn, Hotel- und Mietwagen-Buchungssysteme in den Bedienoberflächen der GDS erleichtert insbesondere die gemeinsame Vermittlung von Hotelbuchungen mit komplementären Reisesegmenten wie Flug, Bahn oder Mietwagen, wie sie für Individualreisen bzw. Geschäftsreisen typisch sind. Die Reservierungs- und Buchungsinformationen werden von den GDS, ggf. über den Hotel-Switch, zurück in das jeweilige CRS und von dort zum Hotel (per Fax/E-Mail) oder direkt in das Hotel-PMS übertragen. GDS bzw. Hotel-Switch betreiben darüber hinaus globale Kommissionsmanagement-Systeme, mit denen die bei der GDS-Buchung für Reisebüros oder andere Mittler angefallenen Kommissionen bzw. Provisionen verwaltet und abgerechnet werden können. GDS bieten außerdem Schnittstellen für Online-Reisebüros oder Veranstalter an, die ihren Kunden die Buchung oder Zu-Buchung von Hotels aus dem GDS-Hotelangebot zu Individualreisen oder per Dynamic Packaging ggf. auch zu Pauschalreisen ermöglichen möchten (vgl. Kapitel 2.5).

- **ADS – Alternative Distributionssysteme und Hotelbewertungsportale**

Als Alternative Distributionssysteme (ADS) oder auch Internet-Distributionssysteme (IDS) werden nationale und internationale nicht Hotelketten-/-kooperationsgebundene Internet-Hotel-Reservierungsdienste und Online-Reisebüros bezeichnet (Weithöner 2007). In intensiv beworbenen Internetportalen mit Reservierungs-Hotlines machen ADS/IDS eine große Auswahl von Hotels und Unterkünften direkt für Endkunden, Firmenkunden und zunehmend auch für Reisebüro-Agenten vergleichbar und buchbar. Beispiele sind HRS.de, Hotel.de, Booking.de, Expedia.de/Venere.com, RatesToGo.com, Ebookers.de, zimmer.im-web.de und andere (vgl. Goecke 2009). Obwohl einige ADS/IDS mit GDS und Reisebüros kooperieren, umgehen sie via Internet den klassischen CRS-GDS-Reisebüro-Vertrieb und bilden eigenständige alternative Internet-Distributionssysteme: Auch kleinere ungebundene Hotels und Zimmeranbieter können ihre Hotel- und Zimmerbeschreibungen mit Bildern, Raten und Vakanzen über passwortgeschützte, webbasierte Verwaltungsoberflächen (Extranet) direkt in die ADS/IDS-Webportale einpflegen. ADS/IDS arbeiten als Mittler (Agent) auf Kommissions-/Provisionsbasis bzw. für eine Buchungsgebühr oder als Buchungsplattform-Betreiber bzw. „Elektronischer Bote" für Anschluss-, Nutzungs- bzw. Transaktionsgebühren. Manche

ADS/IDS ermöglichen dem Hotelier die Vorgabe der Bruttoraten. Andere arbeiten eher wie ein Händler (Merchant) und bestimmen auf der Basis der vom Hotelier vorgegebenen Nettoraten die Bruttoraten in Abhängigkeit von der Nachfrage selbst. Alle ADS/IDS offerieren sämtliche eingepflegten Angebote einer nationalen oder internationalen Kundschaft auf einem oder mehreren Internet-Portalen zur Information, zum Preisvergleich, zur Buchung und ggf. sogar zur Bündelung mit komplementären Reiseleistungen (Dynamic Bundling bzw. Dynamic Packaging – vgl. hierzu den folgenden Punkt Veranstaltersysteme und Kap. 2.5). Registrierte Reisebüros und Firmenkunden bekommen für ihre Buchungen in ebenfalls passwortgeschützten Bereichen ggf. Provisionen oder Corporate Rates angeboten. Einige Portale ermöglichen zudem Gruppenreservierungen und den Vertrieb von Tagungen. Die Hotels werden per E-Mail von den Buchungen informiert und können in ihrem Verwaltungsbereich alle Buchungsvorgänge per Internet-Browser administrieren. ADS/IDS können Hoteldaten, Preise und Vakanzen zum Teil auch direkt mit einem CRS, einem Hotel-Switch oder mit über geeignete Schnittstellen bzw. einen PMS-Switch direkt angeschlossenen Hotelmanagement-Systemen (PMS) austauschen (vgl. Abb. 2.3.9). ADS/IDS mit vielen teilnehmenden Hotels, einer guten Marke und gutem Suchmaschinen-Marketing ziehen im Internet mehr Besucher an als einzelne Hotel-eigene Websites. Viele ADS/IDS bieten teilnehmenden Hotels die Nutzung des ADS/IDS-Reservierungssystems auch für die Hotel-Homepage an. Über Kooperationen zwischen ADS/IDS und GDS werden bestimmte Hotels, die über ein ADS/IDS buchbar sind, automatisch auch in einem GDS buchbar und umgekehrt. Alle GDS sind inzwischen auch an namhaften Online-Reisebüros beteiligt, über die Kunden im Internet auch die im GDS verfügbaren Hotels buchen können. CRS- und GDS-Anbieter bieten Hotels zur Realisierung von Multi-Channel-Distribution die technische Anbindung sowohl an mehrere GDS als auch an zahlreiche ADS/IDS und DMS an.

Nach dem großen Erfolg von Hotel-Bewertungsportalen (Kap. 5.5), auf denen Gäste Hotels bewerten können, haben sich auch bei den meisten ADS/IDS Funktionen zur Darstellung und Sammlung von Kundenbewertungen zu den einzelnen Hotels durchgesetzt. Statt Hotelbewertungen von den Bewertungsportalen einzukaufen, die selbst auch als Hotelsuchmaschine oder ebenfalls als Hotelvermittler agieren, bitten viele ADS/IDS ihre eigenen Kunden nach der Buchung und dem Aufenthalt automatisch per E-Mail um eine Bewertung. Die Bewertungen der Hotels werden dann aggregiert und mit den anderen Hotel-Informationen auf dem Portal angezeigt. Ein weiterer Internet-Distributionskanal für Hotels ist die Auktionsplattform EBay, auf der man Hotelgutscheine versteigern oder zum Festpreis anbieten kann.

- **DMS - Destinationsmanagement-Systeme und Destinationsportale**

DMS (Beispiele vgl. Kapitel 5.3) unterstützen bzw. automatisieren die Prozesse zur Vermarktung und zum Management einer Tourismusdestination durch regionale und kommunale Tourismusorganisationen oder Incoming Agenturen. Diese bieten Gastronomie- und Beherbergungsbetrieben ihres Einzugsgebietes eine Darstellung auf dem Webportal der Destination an, mit der Möglichkeit, Zimmer, Ferienwohnungen und Pauschalen online oder telefonisch wie bei einer Reservierungszentrale zu vermarkten. Anbieter von DMS bieten Tourismusorganisationen und Beherbergungsbetrieben hierzu, z. T. in Konkurrenz zu oder auch in Kooperation mit ADS/IDS-Web-Reservierungsfunktionen, Web-DMS oder destinationsorientierte Webportale an. Tourismusorganisationen erhalten mit einem Web-DMS ein spezielles touristisches Content Management System, in das sie über einen passwortgeschützten

(Extranet) Browser-Zugang neben allgemeinen Informationen über die Destination auch Text- und Bildinformationen über ortsansässige Gastronomie- und Beherbergungsbetriebe einpflegen können. Wie bei den ADS können mittels Web Booking Engine Zimmer- und Pauschalangebote (z. B. wenn die Tourismusorganisation auch als Incoming Agentur auftritt) mit Vakanzen und Preisen im Internet vertrieben werden. Alle eingepflegten Inhalte und die buchbaren Angebote werden auf dem Webportal der Tourismusorganisation in individuell gestaltbarem Design angezeigt und vermittelt. Für Beherbergungsbetriebe gibt es bei Bedarf auch eigene passwortgeschützte Zugänge, in denen sie die auf ihren Betrieb bezogenen Inhalte und Angebote selbst pflegen können. In diesem Fall können die eigenen Inhalte und Angebote auch auf dem eigenen Webauftritt des Beherbergungsbetriebes ebenfalls in individuellem Layout integriert und dort buchbar gemacht werden (Web-Reservierungsfunktion vgl. oben). Bei manchem Anbieter gibt es zusätzlich ein unter gemeinsamer Dachmarke betriebenes und beworbenes Webportal, in dem die Beherbergungsangebote der teilnehmenden Tourismusorganisationen destinationsübergreifend gesucht und gebucht werden können. Die Gebühren und Provisionen für die Nutzung eines DMS durch Beherbergungsbetriebe hängen außer vom Geschäftsmodell des Systemanbieters auch vom Organisationsmodell und der Politik der entsprechenden Tourismusorganisation ab. Manche Tourismusorganisationen arbeiten auch mit ADS/IDS-Reservierungsdiensten zusammen und zeigen auf ihren Destinationsportalen selektiv die Angebote nur von regionalen Beherbergungsbetrieben aus den ADS/IDS an, die dann auch über jene gebucht werden. Fusionen und Kooperationen von ADS/IDS mit DMS führen zu hybriden Buchungsplattformen.

- **Veranstaltersysteme**

Veranstalter und Hotel-Consolidator bilden einen weiteren wichtigen indirekten Distributionskanal, wenn sie Zimmerkontingente reservieren oder einkaufen, um sie in ihren eigenen Veranstaltersystemen (vgl. Kapitel 2.5) und in Hoteldatenbanken (Bed Banks) entweder für die Bündelung mit komplementären Reisesegmenten zu Reiseveranstaltungen oder zum direkten Weiterverkauf (nicht selten als Dynamic-Packaging- oder Last-Minute-Angebote) buchbar zu machen. Entweder werden die verhandelten Kontingente und Raten von den Veranstaltern in ihren Systemen selbst gepflegt, oder die Hotelbetriebe können ihre Verfügbarkeiten und Netto- oder Brutto-Raten in einer passwortgeschützten Web-Oberfläche selbst verwalten. Die Hotels sind dann meist in Veranstalterkatalogen dargestellt und können über die touristischen Verfahren (touristische Distributionsnetze vgl. Kapitel 2.5 und 4.3) der GDS im Reisebüro als Bestandteil einer Pauschal- oder Bausteinreise oder auch als „Nur-Hotel"-Veranstalter-Angebot gebucht werden. Viele Veranstalter machen diese Angebote auch auf ihren eigenen Veranstalter-Webportalen und per Call Center buchbar. Über Aggregatoren von elektronischen Touristik-Katalogen und touristische IBEs (vgl. Kapitel 2.5 und 5.2) werden sie als touristische Veranstalterangebote auch in vielen wichtigen Online-Reisebüros buchbar. Alle diese Kanäle sind aber in der Regel preis- und mengenmäßig nicht mehr direkt durch den Hotelbetrieb steuerbar, sondern werden vom Veranstalter oder Hotel-Consolidator gesteuert.

- **Switch- und Channel-Management-Dienste**

Bedingt durch die zahlreichen verschiedenen elektronischen Distributionskanäle gibt es viele Schnittstellen, an denen zwischen den verschiedenen Reservierungssystemen der Distributionskette Daten ausgetauscht werden müssen. Distributionssysteme wie CRS, ADS/IDS und

DMS können natürlich über heute meist webbasierte Verwaltungszugänge manuell gepflegt werden und melden Reservierungen per E-Mail zurück. Wenn sich Raten z. B. im Rahmen des Yield-Management häufiger ändern und sofortige Reservierungsbestätigungen in Echtzeit erwartet werden, ist ein rein manueller Datenabgleich aber nicht mehr handhabbar, oder es müssen zur Vermeidung von Überbuchungen für jeden Kanal exklusive Kontingente bereitgestellt werden, was eine optimale Auslastung erschwert. Daher haben sich im Laufe der Zeit verschiedene Formen des automatisierten oder teil-automatisierten Datenaustausches zwischen den Systemen entwickelt: Die Programmierung einer direkten automatisierten Schnittstelle zwischen zwei Systemen (z. B. CRS-GDS oder PMS-CRS) ist aufwendig und teuer, weshalb sich dies zunächst nur große Hotelketten und Kooperationen leisten konnten. Es entstanden Switch-Companies (Gruner 2008, S. 322) und Anbieter von Channel-Management-Diensten (Gruner 2008, S. 71), die als Intermediäre auch den übrigen Ketten, Kooperationen, Individualhotels und Anbietern von Hotelsoftware wichtige (Gateway-) Funktionen der Datenkonvertierung, der Vernetzung, des automatisierten Datenaustausches und der Datensynchronisation als Dienst gegen Gebühren oder Provisionen anbieten, und auf diese Weise Skalenvorteile nutzen.

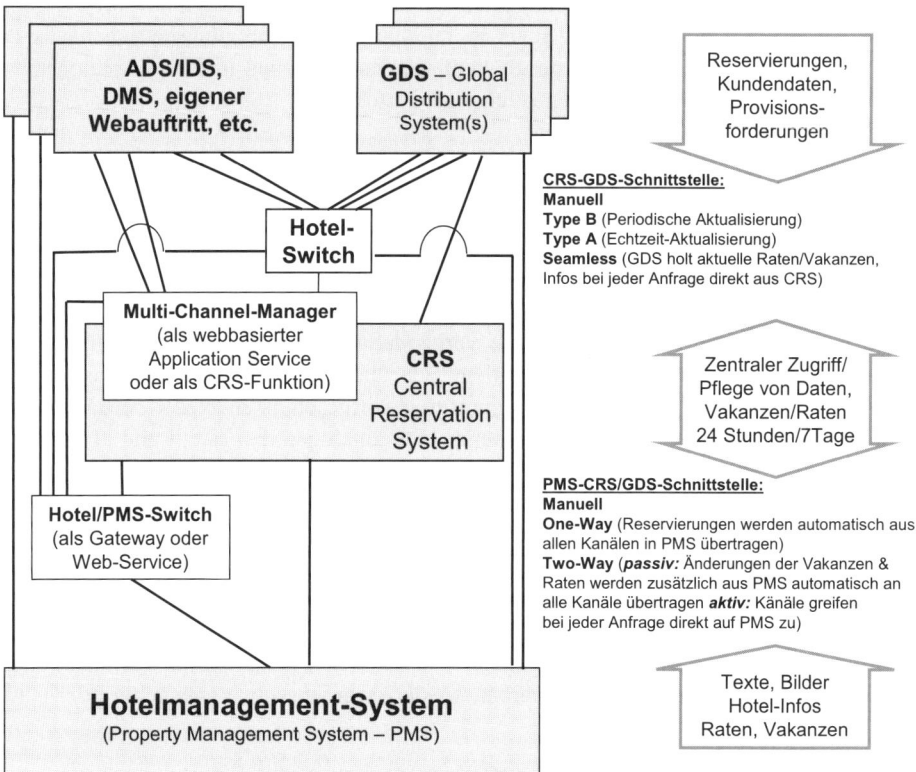

Abb. 2.3.10 Alternative Wege zur Realisierung der Interkonnektivität zwischen verschiedenen Systemen der elektronischen Hotel-Distribution

Ein **Hotel-Switch** (vgl. Weithöner 2007, Gruner 2008), wie z. B. Pegasus in Dallas oder DSwitch in Shanghai, automatisiert den Datenaustausch zwischen CRS, GDS und ADS/IDS ggf. auch zu Veranstaltersystemen und DMS. Diese Systeme haben historisch und wettbewerbsbedingt verschiedene Datenformate, Protokolle und Schnittstellen. Angebotsdaten müssen bei einem Multi-Channel-Vertrieb für diverse Reservierungssysteme verschieden aufbereitet und nach unterschiedlichen Regeln technisch konvertiert und ggf. auch mehrsprachig übersetzt werden. Reservierungen und aus ihnen resultierende geänderte Verfügbarkeiten müssen zurückgemeldet und in allen Systemen synchronisiert werden. Sogenannte Switch Companies entstanden, um Hotels einer Hotelkette in mehreren GDS gleichzeitig buchbar zu machen, ohne dass jedes Hotelketten-CRS einen eigenen Anschluss und Datenkonvertierungen zu jedem einzelnen GDS betreiben muss. Ein Hotel-Switch bietet somit für CRS eine technische Gateway-Funktion zu einem oder mehreren GDS an. Weitere Hotel-Switch-Dienste ermöglichen allen angeschlossenen CRS, zu denen inzwischen nicht nur die CRS der Hotelketten, sondern auch die CRS von Hotelkooperationen, Hotelrepräsentanz-Gesellschaften und anderen CRS-Betreibern gehören, den Datenaustausch mit und die technische Buchbarkeit in einer Vielzahl von ADS/IDS, DMS und Veranstaltersystemen weltweit. Die in den letzten Jahren durch die Open Travel Alliance (OTA) erfolgte welt- und branchenweite Standardisierung des Austauschs von Angebots- und Reservierungsdaten auf der Basis moderner XML-Technologie wie HTNG-XML (Hotel Next Generation) hat allerdings auch die Realisierung von Direktverbindungen zwischen CRS, GDS und ADS/IDS sowie PMS und Veranstaltersystemen technisch vereinfacht. Größere CRS-Betreiber, PMS-Anbieter, ADS/IDS, DMS und Veranstalter haben daher in Kooperationsprojekten der letzten Zeit Direktverbindungen, z. T. unter Umgehung des Hotel-Switch geschaffen. Moderne Hotel-Switch-Systeme setzen aber ebenfalls auf die OTA-Standards und bieten OTA-konforme XML-Schnittstellen an.

Für mehrere Property-Management-Systeme wurde z. B. von Cultuzz auf der Basis der neuen OTA-Standards auch der als Web-Service betriebene Hotel/PMS-Switch CultSwitch entwickelt, der einen automatisierten nachrichtenbasierten Datenaustausch zwischen ausgewählten PMS, CRS und ADS/IDS ermöglicht. Hotel/PMS-Switch-Funktionalität bieten auch weitere Anbieter von CRS/Web-Reservierungdiensten, wie z. B. DIRS21 ChannelSwitch, Caesar-Data, und andere (Goecke 2009). Ein Hotel-Switch bzw. ein Hotel/PMS-Switch ermöglicht zunächst die technische Buchbarkeit, also den Datenaustausch zwischen Systemen, wofür Anschluss-, Nutzungs- oder Transaktionsgebühren anfallen. Je nach Distributionskanal muss ein Hotelbetrieb bzw. der von ihm beauftragte Hotelrepräsentanz-Dienst zusätzlich zur technischen Buchbarkeit ggf. noch vertragliche Teilnahme- bzw. Vertriebsvereinbarungen mit dem Betreiber des jeweiligen Distributionssystems treffen, um für die Buchungen, Vermittlung etc. z. B. gegen Provision auch tatsächlich freigeschaltet zu werden. Neben der technischen Buchbarkeit in verschiedenen Kanälen bieten zusätzliche Content Distributionssysteme auch eine automatische Verteilung und Aktualisierung der multimedialen Daten (Texte, Bilder, Videos) zur Hotelbeschreibung in diese Kanäle an.

(Multi-)Channel-Management-Systeme (vgl. Sölter 2007, Gruner 2008, und Spalteholz 2009) werden als Teilfunktion von CRS oder als webbasierte Application Services angeboten (vgl. Abb 2.3.9 und 2.3.10). Beispiele sind RateTigerAllocator, ChannelRush, ADM Advanced Distribution Manager, Web-Media Channelmanager, ChannelPro, HotelSpider,

DIRS21 ChannelSwitch, CultChannel, Reservento, Rate Distributor etc. (vgl. Goecke 2009). Sie konzentrieren sich auf das Problem vieler Hotelbetriebe, die in mehreren elektronischen Distributionskanälen gleichzeitig vertreten sind und ihre Verfügbarkeiten und Raten in allen (oft 5 bis 20) Kanälen gleichzeitig pflegen müssen. Um im Rahmen moderner Revenue- bzw. Yield-Management-Strategien eine dynamische und ggf. in verschiedenen Kanälen differenzierte Preis-Mengen-Steuerung vornehmen zu können, müssen Raten und Vakanzen häufig von Hand in zahlreichen Distributionssystemen mit verschiedenen Bedienlogiken geändert werden. Eine „Web-Scraping" genannte Technologie ermöglicht Channel-Management-Systemen auch ohne Switch- oder Direktanbindung die gleichzeitige Administration mehrerer webbasierter Distributionskanäle in einer einzigen Web-Administrationsoberfläche. Nach Eingabe aller für jeden Web-Distributionskanal zugeteilten Hotel-Login-Daten können sämtliche Ein- und Ausgabedialoge zur Pflege von Raten, Verfügbarkeiten und Reservierungsinformationen in den verschiedenen Kanälen regelbasiert automatisiert werden. Zur Sicherstellung der Ratenparität in verschiedenen Distributionskanälen braucht z. B. in der Verwaltungsoberfläche eines Channel-Management-Systems die Rate für eine Zimmerkategorie nur einmal geändert werden. Die Dialoge zur Ratenänderung werden dann vom System automatisch mit allen freigeschalteten Web-Distributionskanälen durchgeführt. Durch Regeln werden auch kanalspezifische Auf- oder Abschläge automatisch berücksichtigt und einzelne Raten können selektiv für einzelne Kanäle freigegeben oder gesperrt werden. Die Reservierungen werden dann auf herkömmliche Art per E-Mail/Fax aus den verschiedenen Distributionskanälen zurückgemeldet. Wenn Switch- bzw. Direktverbindungen bestehen, kann das Channel-Management auch ohne Web-Scraping im CRS oder PMS integriert erfolgen und eingehende Reservierungen werden automatisch im CRS bzw. PMS verbucht.

Interkonnektivität und „Seamless Integration": Als Ergebnis der jahrzehntelangen technologischen Entwicklung bieten sich heute für Hotelbetriebe eine Vielzahl von alternativen Wegen zur Integration der verschiedenen elektronischen Distributionssysteme. Sie sind in Abbildung 2.3.10 gemeinsam abgebildet. Je nach Anforderungen, Gegebenheiten und Kosten wird ein Hotelbetrieb bzw. eine Hotelkette oder -Kooperation den einen oder anderen Weg wählen. Bedingt durch den Trend zu Echtzeit-Buchungen und tagesaktuellen Preisen (z. B. um in einem Kanal ein gutes Listing im Preisvergleich zu erreichen) wird dabei zunehmend eine vollautomatische medienbruchfreie (seamless) Integration aller Systeme und Kanäle angestrebt. In der Praxis ist man von diesem Ideal jedoch häufig noch weit entfernt. Es haben sich zudem verschiedene Begriffe zur Charakterisierung des Integrationsgrades gebildet: Schon 1996 hatte Burns die in Abbildung 2.3.10 wiedergegebenen vier Grade der Integration (manuell, type B, type A, seamless) an der CRS-GDS-Schnittstelle zusammengefasst. Bezüglich des Automatisierungs- und Aktualitätsgrades des Datenaustauschs zwischen PMS und CRS einerseits sowie CRS und GDS andererseits unterscheidet später Cooley 2005 die in Abbildung 2.3.10 wiedergegebenen vier Grade der Integration an der PMS-CRS/GDS-Schnittstelle: manuell, one way, two way passive und two way active. Dem Ziel der Verbesserung und Erleichterung der Seamless Integration haben sich auch die Hotel-IT-Fachverbände HEDNA (Hotel Electronic Distribution Network Association), HTNG (Hotel Next Generation) oder das europäische Standardisierungsgremium CEN/ISSS eTour verschrieben. Beispielsweise integriert die neue Amadeus Hotel Platform 2009 bereits GDS, CRS, PMS, CMS und RMS (Revenue Management System vgl. Kap. 3.1) intern. Hier sind in den nächsten Jahren auch in zwischenbetrieblichen Multi-Vendor-Umgebungen weitere Innovationen zu erwarten, auch und besonders in Bezug auf die Etablierung von Reservierungsdiensten für mobile Endgeräte als zusätzlichem personalisierten Distributionskanal.

Quellen und weiterführende Literatur:

Burns, J., Seamless – The New GDS Connectivity Standard, *http://www.burns-htc.com/ Articles/Seamless_The_New_GDS_Connectivity_Standard.htm* (Zugriff: 10.9.2009)

Cooley, C.W., Connectivity! Connectivity! Connectivity! – Achieving „Really Real Time" Room Inventory Management, http://www.hotel-online.com/News/PR2005_4th/Nov05_ Connectivity.html (Zugriff: 10.9.2009)

Dettmer, H. Hausmann, Th. (Hrsg.), Wirtschaftslehre für Hotellerie und Gastronomie, Handwerk und Technik, *Hamburg 2007*

Dettmer, H., Hausmann, Th., Kloss, I. (Hrsg.), Gästemarketing Hotellerie und Gastronomie, Handwerk und Technik, Hamburg 2008

Egger, R., Buhalis, D. (Hrsg.), eTourism Case Studies, Butterworth Heinemann / Elsevier, London 2008

Gardini, M. A., Marketing-Management in der Hotellerie, Oldenbourg Verlag, München, 2009

Goecke, R., Kategorien und Beispiele für IT-Systeme in der Hotellerie und Gastronomie, http://www.tourismus-it.de, Kapitel 2.3. bzw. http://www.mtourism.de/hoga-it-beispiele.php (Zugriff 11.11.2009)

Gruner, A. (Hrsg.), Management-Lexikon für Hotellerie und Gastronomie Deutscher Fachverlag GmbH, Frankfurt/Main 2008

Nyheim, P. D., McFadden, F. M., Connolly, D. J., Technology Strategies for the Hospitality Industry, Upper Saddle River, NJ, 2005

Schulz, A., Frank, K., Seitz, E., Tourismus und EDV, Vahlen Verlag, München 1998

Sölter, M., Hotelvertrieb, Yield Management und Dynamic Pricing in der Hotellerie, E-Book 2007, http://www.grin.com/e-book/85263/hotelvertrieb-yield-management-und-dynamic-pricing-in-der-hotellerie (Zugriff 10.9.2009)

Spalteholz, B., Marktplatz Wissen – Knowledge Base für Hotel- und Touristikprofis, http://www.spalteholz.com/go/glossar_fachbegriffe_hotelvertrieb_tourismus
(Zugriff 12.9.2009)

Weithöner, U., Electronic Tourism – kleines Lexikon zu informationstechnologischen Systemen in der Tourismuswirtschaft, WiWi-Online.de, Hamburg, Deutschland, 2007, http://www.odww.net/artikel.php?id=359 Stand November 2007

Zhou, Z. Q., E-Commerce and Information Technology in Hospitality and Tourism, Delmar Learning, Clifton Park NY 2004

Weitere Quellen sind außerdem im Internet bzw. als Broschüre publizierte Produktinformationen diverser im Beitrag genannter Hersteller und Produkte (Stand Okt. 2009).

2.4 Informationsmanagement bei der Deutschen Bahn

Dr. Eberhard Kurz, Jürgen Beuttler

Die Deutsche Bahn AG entstand 1994 aus dem Zusammenschluss der Deutschen Bundesbahn und der Deutschen Reichsbahn. Heute ist der Personenverkehr der Deutschen Bahn eines der weltweit größten Unternehmen im ÖPV. Der Personenverkehr besteht aus dem Fernverkehr zur Verbindung von Ballungszentren, dem Regionalverkehr und Stadtverkehr als leistungsstarke Alternative zum PKW mit Bahn oder Bus sowie einem Vertriebsdienstleister für alle Vertriebskanäle vom bedienten Vertrieb bis zum Internet.

Der Fernverkehr bietet seine Produkte in eigenständiger wirtschaftlicher Verantwortung mit selbst definierten Fahrplan- und Fahrzeug-/Servicekonzepten an. Der Regional- und Stadtverkehr hingegen steht im Wettbewerb mit anderen Verkehrsunternehmen um den Gewinn von meistens langjährig vom Aufgabenträger (z. B. Verkehrsverbund) vergebenen Verkehrsverträgen mit in der Ausschreibung definierten Verkehrskonzepten (z. B. Fahrpläne, Fahrzeuge).

Besonderes Kennzeichen in Deutschland ist das offene System (z. B. keine Drehkreuze im Nahverkehr, offener Zugang zum Fernverkehr ohne Reservierungspflicht) und das hohe Maß an Vernetzung zwischen den unterschiedlichen Verkehren. Vergleichbare Strukturen aus Kundensicht gibt es derzeit in Europa nur in Österreich und in der Schweiz. Zusätzlich gibt es historisch eine Vielzahl von Inkompatibilitäten (z. B. Spurweiten, Stromsysteme), die die Zusammenarbeit in Europa erschweren. Es gibt im ÖPV keine weltweit standardisierten Geschäftssysteme wie z. B. bei den IATA-Airlines. Diese Charakteristiken haben einen großen Einfluss auf die eingesetzten Informations- und Kommunikationssysteme im ÖPV in Deutschland.

Der Beitrag beschreibt die Informations- und Telekommunikationssystemlandschaft (ITK) eines typischen großen Komplettanbieters von Mobilitätsdienstleistungen mit dem Fokus öffentlicher Personenverkehr. Einzelbeispiele erfolgen auf Basis von Systemen des Personenverkehrs der Deutschen Bahn. Die Anforderungen und Applikationen sind aber übertragbar auf andere Unternehmen. Anwendungen wie z. B. elektronische Stellwerke oder Leit- und Sicherungssysteme für den sicheren Eisenbahnbetrieb eines Eisenbahninfrastrukturunternehmens werden nicht beschrieben.

2.4.1 Historische Entwicklung von ITK im ÖPV

Von Software im heutigen Sinne wird seit etwa 1960 gesprochen. Die Deutsche Bahn AG (DB) und ihre Vorgängerorganisationen Deutsche Bundesbahn und Deutsche Reichsbahn waren und sind führend beim Einsatz innovativer ITK-Technik. Seit 1960 gab es eine Zentralstelle für Betriebswirtschaft und Datenverarbeitung in Frankfurt/Main mit etwa 1.000 Mitarbeitern. 1961 wurde in Frankfurt/Main die erste Großrechenanlage installiert. Der Fokus lag auf der Datenverarbeitung der Transportleistung wie z. B. Abrechnung des Wagenladungsverkehrs und der Materialwirtschaft. Mitte der 1980er Jahre hatte die Deutsche Bundesbahn etwa 30.000 Programme in über 350 Anwendungsgebieten mit einem Datenbestand in Größenordnungen von Tera-Bytes und gab dafür etwa 75 Mio. Euro/Jahr aus. 1986 gab es bei der DB drei Rechenzentren, ca. 50 dezentrale Mehrplatzsysteme (mittlere Datentechnik) und ca. 7.000 Einplatzsysteme/Terminals und ca. 500 PCs. In den folgenden Abschnitten werden die wichtigsten historischen Entwicklungen beschrieben.

- **Auskunft, Verkauf und Abrechnung**

Für den Vertrieb war zunächst die Platzreservierung von größter Bedeutung. Nach Anfängen mit Telex-orientierten Techniken wurde im Februar 1971 bei der DB die elektronische Platzbuchungsanlage EPA 70 mit 350 Terminals und 8,2 Mio. Platzbuchungen/Jahr eingeführt. Eine Neuentwicklung für die Platzreservierung sowie für den Druck der Reservierungszettel in den Zügen kam 1983 mit der elektronische Platzbuchungsanlage EPA 80. Die Reservierungen konnten in über 300 Verkaufsstellen der größeren Bahnhöfe und auch über das System START in mehr als 1.300 Reisebüros durchgeführt werden. Zusätzlich wurden die Reservierungsrechner von 14 europäischen Bahnen untereinander verbunden. 1985 wurden 24 Mio. Buchungen im Jahr vorgenommen.

Neben den Platzreservierungen wurde der Fahrscheinverkauf in mehreren Generationen erneuert. Schwerpunkt war zunächst der bediente Verkauf in Fahrkartenausgaben – heute Reisezentren – und Reisebüros. Eine erste Generation wurde ab 1977 eingeführt (Modernisierter Fahrausweisverkauf MOFA; 1.100 Triumph-Adler TA 1069 Work Stations in über 500 Bahnhöfen).

Ab 1985 entwickelt, wurde ab Ende der 1980er Jahre das „Kundenfreundliche Reise-, Informations- und Verkaufssystem der 1990er Jahre" KURS'90 eingeführt. KURS'90 war als System und einheitliche Verkaufsbasis für alle Vertriebskanäle (Reisezentren, Reisebüros, Selbstbedienungsgeräte) und für alle Leistungserstellungen wie Information, Fahrscheine und sonstige Leistungen (z. B. Hotel) geplant. Alle Verkaufsdaten wurden als Datensätze erfasst und konnten rationell und schnell für Abrechnung und Statistiken aufbereitet werden. Der Verkauf an Endkunden direkt über den Service Bildschirmtext (Btx) wurde ab 1993 realisiert. Ebenso wurden alle Zahlungsarten (bar, Kredit-/EC-Karte, Rechnung, Home-Banking) vorgesehen. Als Computersystem wurde ein fehlertolerantes, ausfallsicheres „TANDEM"-System als Zentralrechner mit höchster Verfügbarkeit verwendet. Das System war auch bei Ausfall von Datenleitungen in der Lage, offline Fahrscheine zu verkaufen.

Im selbstbedienten Vertrieb wurden bereits früh Automaten eingesetzt: 1965 kam der erste elektronische „Fahrplanauskunftsautomat" der DB zum Einsatz, der die abgefragten Zugverbindungen (4.765 Zugverbindungen zu 281 Reisezielen) per Ausdruck ausgab. Bildschirme waren damals als Ausgabegeräte noch unbekannt. 1967 wurden in Hannover Fahrkartenautomaten mit den gängigsten Verbindungen des Nah- und Bezirksverkehrs mit Sprachausgabe aufgestellt. Die Bedienung erfolgte mit Tasten und einer Wählscheibe (analog dem damaligen Telefon). Die erste Automatengeneration wurde an mehreren großen Bahnhöfen aufgestellt und konnte Reisen über 200 Zielbahnhöfe und mehr als 350 Verbindungen per Barzahlung verkaufen. Anfang der 1990er Jahre waren bereits mehr als 3.000 Automaten der DB aufgestellt.

2.4 Informationsmanagement bei der Deutschen Bahn

Ab den 1980er Jahren wurden alle Fahrplandaten der tagtäglich ca. 30.000 Züge in einer Fahrplandatenbank erfasst und für betriebliche Zwecke und z. B. für Kunden als „Städteverbindungen" aufbereitet. Seit 1985 werden die Buchfahrpläne der Lokführer mit programmierbarer Textbe- und -verarbeitung erstellt. 1989 wird mit dem Programm „Ariadne" als Kursbuchprogramm mit allen Streckendaten des DB-Netzes die elektronische Fahrplan- und Verkehrsauskunft gestartet. Unter einer bundesweit einheitlichen Rufnummer der Reisezugauskunft und in einigen Reisezentren kann innerhalb von max. sechs Sekunden eine Auskunft über Reisezugverbindungen erteilt werden.

- **Produktionsplanung und -durchführung**

Zur Unterstützung der betrieblichen Prozesse wurden sehr früh Anstrengungen unternommen, die Effektivität und Effizienz des Produktionsmitteleinsatzes zu optimieren. Der ÖPV ist charakterisiert durch einen hohen Anteil von Fixkosten. Liegt ein Fahrplan fest, so sind damit die Kosten für Personal, Fahrzeugeinsatz und Trassen weitestgehend bestimmt. Der Anteil der variablen Kosten (z. B. Traktionsenergie, laufleistungsabhängige Instandhaltung) ist im Personenverkehr dagegen gering. Deshalb ist die Optimierung des Einsatzes von Personal (z. B. Triebfahrzeugführer, Zugbegleiter) und Fahrzeugen unter Berücksichtigung des Marktvolumens (z. B. Quelle-/Ziel-Mobilitätsaufkommen) und des Wettbewerbs (z. B. durch den Individualverkehr) eine dauerhafte Aufgabe und Herausforderung. Hierzu wurden aktuelle Forschungs- und Entwicklungsergebnisse aus den Fachgebieten Operations Research (z. B. im Umfeld der Optimierung, lineare Programmierung), Simulation, Automation sowie Kybernetik und Expertensysteme verwendet.

Mitte der 1960er Jahre waren u. a. folgende Systementwicklungen im Fokus: Optimierung der Zugleitung, Verbesserung des Energieeinsatzes und der Verbrauchswerte, Aufstellung und Überprüfung von Fahrplänen, Aufstellen optimaler Einsatzpläne für Personal und Fahrzeuge, Ermittlung optimaler Fahrzeugumläufe, Auswertung der Verkehrsbedürfnisse für Fahrplan und Zugbildung, Betriebsleistungsstatistik und Marktforschung.

Auch in den Werken wurde die Instandhaltungsarbeit mit Hilfe von ITK unterstützt. 1976 wurde beispielsweise die Arbeitsvorbereitung in Ausbesserungswerken mit Hilfe eines dezentralen Systems optimiert.

- **Integration der ITK-Systeme von Deutscher Bundesbahn und Deutscher Reichsbahn**

Nach dem Mauerfall 1989 arbeiteten die beiden deutschen Bahnen sehr schnell Hand in Hand. In den Jahren 1990–1994 wurde mit oft getrennten Systemen eng kooperiert – egal ob im Verkauf oder in der Erbringung von Zugleistungen. Im November 1990 wurde erstmals eine gesamtdeutsche elektronische Fahrplan- und Verkehrsauskunft realisiert. Am 22.01.1991 wurde die elektronische Platzreservierung von DB und DR zusammengeschaltet. Aber auch an Innovationen wurde gedacht: Die ersten Minicomputer als Handterminals für den Fahrscheinverkauf wurde im Januar 1993 eingeführt. Mit der Zusammenführung beider Bahnen 1994 wurde der Rahmen für eine Erneuerung der ITK-Systemlandschaft geschaffen. Am Anfang stand – bedingt durch den Zusammenschluss – die Schaffung einheitlicher Systeme für betriebswirtschaftliche Prozesse und z. B. für die Personalwirtschaft. In der zweiten Hälfte der 1990er Jahre konkretisierte sich der Erneuerungsbedarf für alle Geschäftsfunktionen und ein großes Erneuerungsprogramm für die ITK-Landschaft wurde z. B. im Personenverkehr 1999 begonnen. Ein weiterer Treiber für das Zusammenführen der ITK-Systemlandschaften war die freizügige gegenseitige Nutzung der beiden Fahrzeugflotten. Die Ergebnisse dieser Erneuerung werden in den folgenden Abschnitten vorgestellt.

2.4.2 Überblick über die Landschaft der Informations- und Kommunikationssysteme

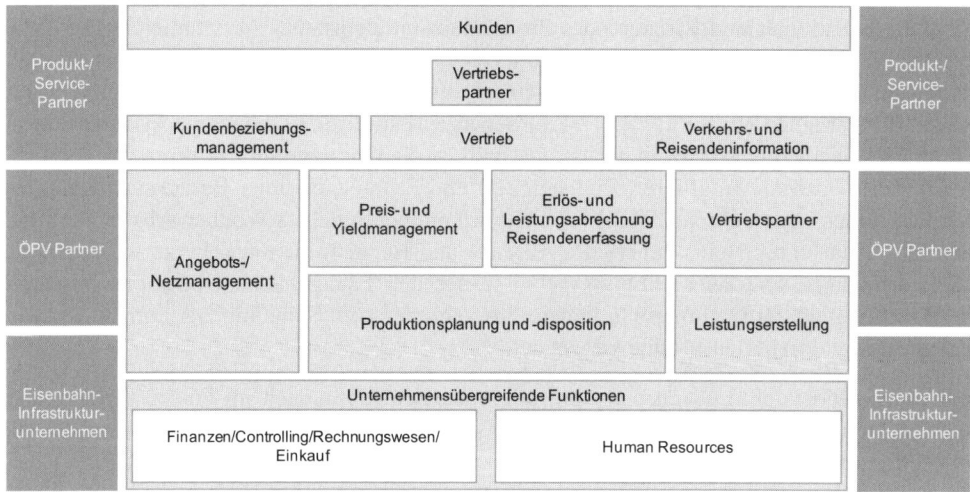

Abb. 2.4.1 Überblick und Einbindung der ITK-Landschaft des Personenverkehrs

Die große Herausforderung des ÖPV ist das Management und der qualitativ hochwertige Betrieb von Verkehrsnetzwerken. Dazu ist eine umfassende Unterstützung durch ITK-Systeme notwendig. Abbildung 2.4.1 gibt einen Überblick. Die ITK-Landschaft im Personenverkehr ist gekennzeichnet durch externe Schnittstellen zu Kunden, Partnern und zu unternehmensübergreifenden Funktionen. Die Fahrpläne können nur durch engste Zusammenarbeit mit den Eisenbahninfrastrukturunternehmen (EIU) und den Aufgabenträgern (als Besteller von Nahverkehrsleistungen) erstellt werden. Die Eisenbahnverkehrsunternehmen (EVU) in Deutschland bestellen beim Infrastrukturunternehmen DB Netz AG die Trassen (hier Fahrplantrasse: die Möglichkeit, dass ein Zug eine Strecke exklusiv befahren kann) und bekommen dann (nach Lösung von Trassenkonflikten) die Fahrtzeiten von der DB Netz AG. Zusätzlich bieten Partner aus dem ÖPV (z. B. andere Verkehrsunternehmen oder Verbünde) bzw. sonstige Produkt- und Servicepartner (z. B. Mietwagenunternehmen) weitere Produkte an, die der Personenverkehr bündelt. Die Produkte werden über eine Vielzahl von Vertriebskanälen weltweit – entweder im Eigenvertrieb oder mit Vertriebspartnern wie z. B. Reisebüros via Global Distribution Systems (GDS) – an Privat- und Geschäftskunden vertrieben. Bei der Leistungserbringung sind ebenso Partner nötig, sei es für die Reiseninformationen an

2.4 Informationsmanagement bei der Deutschen Bahn

den Bahnhöfen durch das Eisenbahninfrastrukturunternehmen DB Station&Service AG oder Partner für die Erbringung von Mobilitätsleistungen im Zu- und Abbringerverkehr. Die Systeme des Personenverkehrs sind mit den zentralen Systemen für Finanzen/Controlling/Rechnungswesen/Einkauf bzw. Human Resources (Personalverwaltung und -abrechnung) verbunden. Auf eine gesonderte Darstellung und Vertiefung dieser Systeme wird in diesem Beitrag verzichtet, weil in diesen Bereichen Standardsoftware großer Hersteller im Einsatz ist. Eine besondere Erwähnung finden diese Systeme, wenn sie z. B. Mitarbeiterqualifikationen wie Streckenkenntnisse im Personalsystem beinhalten.

Das zentrale Element für ein ÖPV-Unternehmen ist der Fahrplan. Mit Hilfe von ausgefeilten Netzmanagement-Systemen wird auf Basis von Nachfragemodellen und Wettbewerbsanalysen ein sinnvolles Fahrplanangebot kurz-, mittel- und langfristig ermittelt und als Trassen bestellt. Ebenso wird ein nachfrageorientiertes langfristiges Fahrzeugkonzept mit allen notwendigen Ausstattungsmerkmalen (z. B. Anzahl Sitzplätze 1./2. Klasse, Eigenschaften Fahrgastraum, Platzverhältnisse etc.) definiert. Auf dieser Basis wird im Preis- und Yieldmanagement ein markt- und kundenorientiertes Preisgefüge ermittelt. Die Produkte werden mit der Unterstützung von externen Vertriebspartnern oder im Eigenvertrieb vertrieben. Die Aufteilung und Aufschlüsselung der Erlöse dient zur Abrechnung der Leistungen zwischen Verkehrsunternehmen und Vertriebspartnern.

Auf Basis des Fahrplans und der einzusetzenden Fahrzeugtypen sowie gesetzlicher Vorgaben ermittelt die Produktionsplanung zunächst für eine längere Periode (z. B. ein Jahr) die erforderlichen Personalressourcen und deren Qualifikation, zunächst ohne genaue Zuschlüsselung eines exakten Fahrzeugs oder eines Mitarbeiters. In der Disposition wird dann eine personen- und fahrzeugbezogene Einsatzplanung durchgeführt. Diese Leistungen können dann in der Phase der Leistungserstellung erbracht werden. Neben vorbereitenden Tätigkeiten wie z. B. die Bereitstellung steht die Transportsteuerung während der Zugfahrt im Vordergrund. Die Transportsteuerung koordiniert die Leistungen im Echtzeitbetrieb und disponiert Züge z. B. im Verspätungsfall um. Diese Informationen dienen auch als Grundlage für die Reisendeninformation. Von ebenso großer Bedeutung im ÖPV in der Leistungserstellung ist die Instandhaltung der Fahrzeuge. Diese findet in abgestuften Instandhaltungskonzepten statt.

Die Verkehrs- und Reisendeninformation gibt an die Reisenden Auskünfte über aktuelle Status der Produktion in einer kundengerechten Sprache und Aufbereitung. Hier stehen den Kunden und Mitarbeitern im Kundenkontakt Informationen über Verspätungen, Ausfälle o. ä. zur Verfügung.

Heute existiert innerhalb des Personenverkehrs der DB eine gemischte technische Architekturlandschaft. Neben Großrechner-/Hostsystemen, z. B. für die Platzreservierung gibt es überwiegend Client-Server-Datenbank-Anwendungen in Drei-Schicht-Architektur. Die zentralen Komponenten sind in drei Rechenzentren untergebracht und stellen eine hohe Verfügbarkeit der ITK sicher. Über eine bahnweit verteilte Netz-Infrastruktur sind im Personenverkehr derzeit ca. 11.000 Standard-Verfahrensclients (z. B. für Büroarbeitsplätze, Dispositionsarbeitsplätze) sowie eine große Anzahl verfahrensspezifische Clients (z. B. mobiles Terminal MT oder vertriebsspezifischer Client im Reisezentrum) vorhanden.

Durch die zunehmende Verknüpfung von Informations- und Telekommunikationstechnologien werden die vorhandenen IT-Infrastrukturen zunehmend auch für Telekommunikationsanwendungen genutzt (z. B. VoIP in den DB Call Centern). Diese technisch getriebene Entwicklung hat zunehmend Einfluss auf die fachlichen Prozesse.

2.4.3 Preis- und Yieldmanagement

Die überwiegende Anzahl der Produkte im ÖPV ist in der Preisgestaltung von der Entfernung abhängig. Zusätzlich sind Serviceparameter (z. B. 1./2. Klasse) zu berücksichtigen. Bei entfernungsbasierten Preisen muss der Preis für eine größere Distanz höher sein als der für eine kürzere Entfernung, um Inkonsistenzen zu vermeiden. Darüber hinaus gibt es Produkte zu einem Pauschalbetrag ohne Entfernungsbezug (z. B. „Schönes Wochenendticket"). Ebenso müssen sowohl Einzelfahrten als auch preislich rabattierte Zeitfahrscheine (z. B. Abonnements) verkaufbar sein. Das offene System bedeutet, dass der Fahrschein als Fahrtberechtigung nicht zusammen mit einer Platzreservierung für einen Sitzplatz gekauft werden muss (bis auf einige Ausnahmen wie z. B. Sprinter oder Autozüge). Die Verkehrsunternehmen müssen durch Sonderpreise Anreize für Fahrten in nachfrageschwächeren Zeiten zur Auslastungssteigerung schaffen. Das Preismanagement ist beim Fernverkehr und beim Regional-/Stadtverkehr unterschiedlich.

- **Preis-, Yieldmanagement und Platzreservierung beim Fernverkehr**

DB Fernverkehr setzt heute in Deutschland im Wesentlichen zwei Preisschemata ein: Die Bepreisung einer Punkt-zu-Punkt Verbindung (Relationspreis) unter Berücksichtigung der Produktkategorie und Festpreise (fix oder in Staffeln). Die Preisberechnung muss zusätzlich kundenspezifische Elemente wie z. B. Ermäßigungen für BahnCard-Besitzer oder Gruppen berücksichtigen. Vereinfacht ausgedrückt werden beim Relationspreissystem zwischen allen Halten des Fernverkehrs ein oder mehrere marktorientierte Preise für ICE und IC/EC bestimmt. Dabei wird auch berücksichtigt, dass man für eine Quelle-Ziel Relation verschiedene Wege und Fahrtmöglichkeiten/Fahrtzeiten hat. Die Ermittlung von konsistenten Relationspreisen bei ca. 370 Fernverkehrshalten und 45.000 FV-Relationen (Preisen) wird mit Hilfe von komplexen ITK-Systemen im Vorfeld und laufend durchgeführt.

Zusätzlich zu den Relationspreisen werden Festpreise verwendet. Diese sind Pauschalpreise für Sonderaktionen (z. B. „Lidl-Ticket") oder Preisstaffeln wie die Spar-Preise.

Im internationalen Verkehr werden die Preise entweder bilateral zwischen den Bahnen ausgehandelt oder UIC-übergreifend (Union internationale des chemins de fer) als sogenannte TCV-Preise (Tarif commun international pour le transport des voyageurs) vereinbart. Zum Beispiel können die Eisenbahnverkehrsunternehmen (EVU) DB und SNCF bilateral für die Alleo-Züge zwischen Frankfurt/Main und Paris Preise vereinbaren. Die Sicherstellung des Verkaufs im geschlossenen System (SNCF) und offenen System (DB) setzte die Verbindung der beiden Carrier-Systeme voraus. Im anderen Fall werden zwischen den Bahnen im UIC-Verbund Preise nach Marktkriterien vereinbart. Diese Preise sind meist relations- oder entfernungsbasiert berechnet. Sie werden dann in den jeweiligen ITK-Systemen als Tabellen einmal oder mehrmals pro Jahr eingepflegt.

2.4 Informationsmanagement bei der Deutschen Bahn

Der Erlös pro Person und Kilometer Strecke (der sogenannte Yield) wird im speziell für offene Systeme entwickelten Preisverfügbarkeits-System, dem DB Fernverkehr Yieldmanagement-System optimiert. DB Fernverkehr hat hiermit eines der fortschrittlichsten Yieldmanagement-Systeme und weltweit das einzige für offene Systeme. Dazu berechnet ein Prognosesystem auf Basis von historischen Nachfragedaten (z. B. Verkaufsdaten, Reisendenerfassung) täglich pro „Leg" (Strecke zwischen zwei Halten) und Zug die Anzahl der verfügbaren Sonderpreise. Diese können dann von Experten im Yieldmanagement nachgesteuert werden (z. B. bei Sonderereignissen wie Messen). Nach dieser Überarbeitung erfolgt die Einspielung der Kontingente in die Verkaufssysteme. Die Sonderpreise bedeuten Zugbindung für die Kunden.

Die DB verwendet das Platzreservierungssystems EPA in einer modernisierten und weiterentwickelten Version, da sich die Anforderungen nicht wesentlich geändert haben und es funktional und mengenmäßig kostengünstig skalierbar ist. Heute werden ca. 100 Mio. Platzreservierungen/Jahr durchgeführt. In dem System sind elf Bahnen mit ihrem eigenen Inventar abgebildet. Zusätzlich ist das Platzreservierungssystem über das HERMES-IP-Netzwerk mit allen Eisenbahnen in Europa verbunden. Auch die Autoreisezüge, Nachtzüge und gewisse Züge des geschlossenen Systems (z. B. THALYS) sind hier abgebildet. Um den gestiegenen Anforderungen der Kunden und des Betriebes bezüglich der Flexibilität im Bereich der Reservierung Rechnung zu tragen, werden zunehmend Systeme genutzt, die die Reservierungsdaten per Funk in die Züge übertragen. Zusätzlich zu Qualitätsverbesserungen lassen sich so zusätzlich wirtschaftliche Effekte erzielen.

- **Preismanagement im Regional- und Stadtverkehr**

Die EVU haben beim Preismanagement hier eine doppelte Funktion. Handelt es sich um Verkehrsleistungen in einem Verbund, so müssen die EVU diese Verbundpreise verkaufen. Auch Verkehrsverbünde ermitteln Preise nach Entfernungskriterien. Dazu wird ein Verbund je nach geographischer Situation entweder in Zonen oder Waben strukturiert. Innerhalb dieser Strukturen ist die Wahl des Verkehrsmittels frei. Der Preis richtet sich i. d. R. nach der Anzahl durchfahrener Zonen/Waben. In Verbünden mit größeren Entfernungen (z. B. Schleswig-Holstein Tarif) werden Zonen/Waben auch mit Entfernungskomponenten (z. B. degressive Preisberechnung bei größeren Entfernungen) kombiniert.

Darüber hinaus können EVU aber auch eigene Produkte zu selbst bestimmten Preisen/Tarifen anbieten. Sie müssen wohl auch genehmigt werden, können aber nach eigenen Kriterien gestaltet werden. Diese können wiederum Pauschalpreise (z. B. Bayern-Ticket) oder entfernungsabhängige Tarife (z. B. im Regionalbus-Verkehr) sein.

- **Verkehrsträgerübergreifende Preisberechnung**

Für die Kunden ist es von besonderer Bedeutung, einen Preis und einen Fahrschein für die Fahrt von A nach B zu haben. Häufig wählt der Kunde auf Basis der Fahrplaninformation eine Kombination von Verbund im sog. Vor- und Nachlauf und eine schnelle ICE-Verbindung im Hauptlauf. Deshalb sind Regeln definiert, wie diese Einzelpreise zu einem Gesamtpreis aufaddiert werden. In der folgenden Abbildung sind die wesentlichen Komponenten des ITK-Systems für Preis- und Yieldmanagement abgebildet. Die Systeme enthalten jeweils Komponenten für die Preisberechnung und die Abbildung der Produktstammdaten.

Fernverkehr und Regional-/Stadtverkehr haben jeweils eigene Teilsysteme für die Abbildung der o. g. Entitäten und Preise. Unabhängig vom Vertriebskanal trifft eine Anfrage auf das Preisbildungssystem. Die Eingangslogik der Verkaufslogik zerlegt die Anfrage auf Basis der angefragten Verbindung in die Verkehrsbestandteile (z. B. Fernverkehr und Verbund). Die Einzelpreise werden in den Subsystemen bestimmt und mit Zusatzinformationen wie z. B. Verfügbarkeiten von Sonderpreisen oder verfügbare, reservierbare Plätze versehen. Die Einzelergebnisse werden dann von der Verkaufslogik wieder zusammengefügt und an die Vertriebskanäle abgegeben.

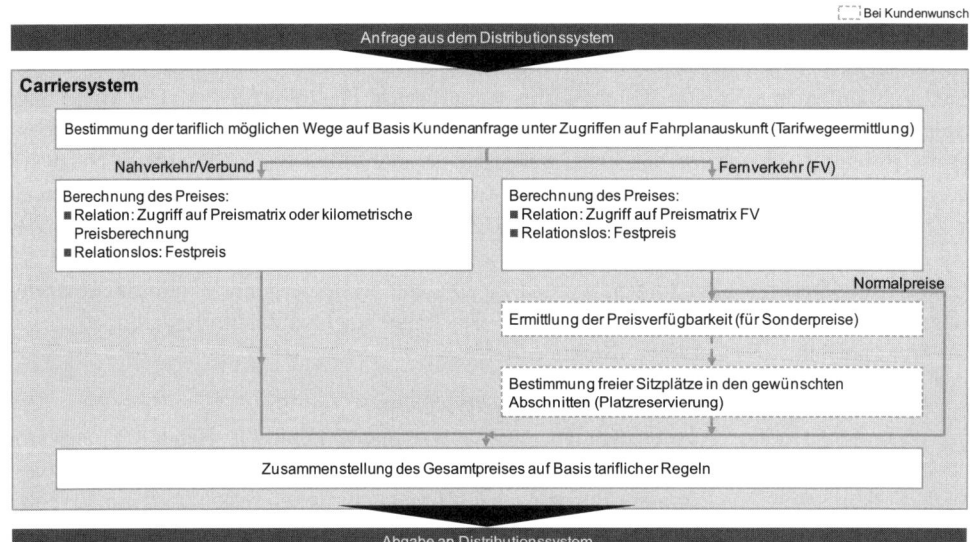

Abb. 2.4.2 Prinzipien des Preis- und Yieldmanagement-Systems

2.4.4 Vertrieb

Der Vertrieb mit seinen verschiedenen Vertriebskanälen ist die Schnittstelle zum Kunden. Wie in anderen Bereichen des Tourismus kann in Eigen- und Fremdvertrieb sowie in selbstbediente und bediente Kanäle differenziert werden.

Charakteristisch für den Vertrieb im ÖPV ist, dass der Kunde oft anonym ist und dass anders als z. B. in der Telekommunikationsindustrie, bei Fluggesellschaften oder Hotels nicht jeder Verkaufsvorgang oder Auftrag 1:1 einem Kunden zugeordnet werden kann.

Das Vertriebsystem deckt alle Geschäftsprozesse von der Auskunft einer Verbindung bis zur Zahlung ab. Bei der Deutschen Bahn sind das im bedienten Vertrieb mehr als 410 Reisezentren inkl. Mobility Center in Stadtzentrallagen mit ca. 1.900 Arbeitsplätzen in Deutschland sowie ca. 600 Arbeitsplätze in sechs Call Centern, die an sieben Tagen 24 Stunden am Tag zur Verfügung stehen. Dazu kommen acht Abo-Center, die auf den Verkauf von z. B. Zeitkarten spezialisiert sind. In den Zügen und Bussen kann mit mehr als 13.500 mobilen Terminals sowie ca. 12.500 Fahrscheindruckern in den Bussen bedient durch den Fahrer verkauft werden. Für den selbstbedienten Vertrieb stehen mehr als 8.000 Automaten mit unterschiedlichen Ausprägungen zur Verfügung. Der Internetvertrieb unter www.bahn.de ist die am meisten besuchte Internet-Adresse bei den Tourismusunternehmen in Deutschland. Zusätzlich können mehr als 3.000 Reisebüros mit GDS-Anschluss DB-Produkte (bei Bedarf weltweit) an über 15.000 Arbeitsplätzen verkaufen. Die quantitative Darstellung wird in Stückzahlen von Tickets oder Anfragen dargestellt, weil diese – anders als z. B. Einnahmen – der Indikator für die Anforderung an die Leistungsfähigkeit von ITK-Systemen sind.

Das Distributionssystem erhält vom Carriersystem Preise sowie deren Preis- und ggf. Platzverfügbarkeiten. Diese werden durch das Distributionssystem an die Vertriebskanäle kommuniziert. Zusätzlich erfolgt im Distributionssystem die Auftrags- und Kundenverwaltung. Die Systeme sind untereinander – soweit sinnvoll – technisch vernetzt und tauschen Informationen untereinander (z. B. Auftragsidentifikationsnummer) aus.

Alle Systeme der Vertriebskanäle schreiben einheitlich strukturierte Verkaufsdatensätze zur Verrechnung von Leistungen mit Kunden und Vertriebspartnern. Auf die Beschreibung dieser Daten wird in dem Teil „Erlös- und Leistungsabrechnung" eingegangen.

- **Personenbediente Vertriebswege**

Von 2000 bis 2005 hat die DB ein neues Vertriebssystem für den personenbedienten Vertrieb (sowohl DB als auch Vertriebspartner) entwickelt und eingeführt. An dieses System sind heute alle Reisezentren, die Arbeitsplätze in den DB Call Centern aber auch mehr als zehn Vertriebspartner über eine XML-basierte Schnittstelle angebunden. Das System ermöglicht einen auftragsbasierten und – falls gewünscht – auch kundenbasierten Verkauf. Damit kann z. B. telefonisch in einem Reisebüro eine Fahrkarte gekauft werden, die dann als Print-at-Home Onlineticket per E-Mail verschickt oder an einem Automaten zur Abholung hinterlegt werden kann.

Das System wurde in einer Drei-Schicht-Architektur entwickelt und arbeitet mit einer modernen, browserbasierten Benutzungsoberfläche. 2008 hat das System über 42 Mio. Aufträge verarbeitet. Über den personenbedienten Vertrieb wurden 2008 knapp 30 % aller Tickets verkauft.

Über eine SOAP-basierte Schnittstelle sind die Vertriebspartner (Systempartner) angedockt. Dazu gehören zum einen alle großen Global Distribution Systeme (GDS) aber auch einige Business Travel Management-Systeme (BTM). Die Systempartner integrieren den Verkauf der DB-Produkte in ihre Systeme und Benutzungsoberflächen.

Zusätzlich findet ein personenbedienter Vertrieb in den Zügen und Bussen statt. In den Zügen von DB Regio und DB Fernverkehr wird dazu das sogenannte Mobile Terminal (MT) verwendet. Mehr als 13.500 Geräte der 2. Generation sind im Einsatz. Neben Fahrplanauskunft und Verkauf kann mit dem MT 2 auch Fahrscheinkontrolle von elektronischen Tickets (s. u.) oder auch Fahrgeldnacherhebung durchgeführt werden. Da eine betriebssichere Datenkommunikation auf 35.000 km des DB Netzes nicht wirtschaftlich möglich ist, kann das

MT 2 autark betrieben werden. Es ist ein mobiler Handheld PC mit einem WIN CE Betriebssystem und möglichen zusätzlichen Speichermedien. Die Software wird auf Basis von Gleichteilen mit der von Automaten (s. u.) entwickelt.

In den Bussen der DB Stadtverkehr und ihrer Auftragnehmer sind zusammen mehr als 12.500 sogenannte Fahrscheindrucker eingesetzt. Sie werden in der Regel durch den Busfahrer oder durch den Fahrgast bedient. Die Fahrscheindrucker sind Kaufprodukte von spezialisierten Herstellern, die oft auch Ticketautomaten herstellen. Moderne Geräte basieren auf Windows CE bzw. Windows.

- **Selbstbediente Vertriebswege**

Über 70 % aller Tickets wurden bei der DB im Jahr 2008 über Automaten und das Internet verkauft. Die Bedeutung der selbstbedienten Kanäle wird in den nächsten Jahren noch an Bedeutung zunehmen.

– Automaten

Die DB setzt heute mehr als 8.000 Automaten ein. In der Vergangenheit wurden je nach Verwendungszweck (z. B. Verbund- oder Fernverkehrsverkauf) oft unterschiedliche Automatentypen und -technologien eingesetzt. Heute und in der Zukunft wird stärker modular entwickelt. Ziel ist eine möglichst hohe Harmonisierung der Automatentypen und Gleichteileverwendung, sowohl der Softwaremodule als auch der Hardwarekomponenten. Der aktuell im Einsatz bzw. Rollout befindliche Automat ist der Regionale Ticket-Automat (RTA). Der RTA ist ein Universalautomat für den Verkauf aller DB- und Verbundprodukte. Der Kunde kann mit Bargeld oder mit Kredit-/EC-Karten bezahlen. Der RTA ist online an das zentrale Carriersystem angeschlossen, um z. B. Sonderpreise zu verkaufen. In seinem Gehäuse ist ein leistungsfähiger Industrie-PC installiert. Er steuert sowohl die Prozesse an der Touchscreen Benutzungsoberfläche als auch z. B. Ticketdruck und Zahlungsprozesse. Eine besondere Herausforderung ist die Erkennung von Bargeld (inkl. Falschgelderkennung) und der korrekte Umgang mit Wechselgeld. Ebenso hat sich die Benutzungsoberfläche (anfangs Tasten) laufend weiterentwickelt. Unter Einbeziehung von Forschungsinstituten werden die Benutzeroberflächen laufend verbessert. Die Automaten sind extrem stabil ausgeführt, um an ihren teilweise exponierten Standorten sicher gegen Vandalismus zu sein.

Für die autarken Endgeräte MT 2 und die Automaten wird eine Software-Architektur verwendet, die so viele Komponenten/Gleichteile wie möglich gemeinsam mit den anderen Vertriebskanälen nutzt. Dazu gehören z. B. die Fahrplanauskunft oder die Preisberechnung. Kanalspezifische Module wie z. B. Ablaufsteuerungen werden für autarke Geräte gesondert entwickelt.

– Internet

Das Internet hat sich in den letzten zehn Jahren zu einem der wichtigsten Kanäle für den Reisevertrieb entwickelt. Die DB hat bereits 1999 als eine der ersten Bahnen weltweit mit dem Surf&Rail Ticket den Verkauf über Internet begonnen. Auch die Auskunft und die Reisendeninformation via Internet als Bahnhofsabfahrtstafeln kam Ende der 1990er Jahre. Das Online-Ticket wurde 2001 eingeführt. Mit der Einführung des MT 2 (s. o.) wurde 2006 der Kontrollprozess auf das Lesen eines 2-D Barcodes umgestellt. In einem ähnlichen Verfahren sind Platzreservierungen mit MMS auf dem Handy seit 2004 und seit 2006 Komplettbuchungen inkl. des Einlesens des MMS 2-D Barcodes auf dem MT 2 möglich. Im Jahr 2008 wurden ca. 15 Mio. Tickets über das Internet verkauft. Das Internet ist der wichtigste Informationskanal für den Personenverkehr. Die Fahrplanauskunft wird mehr als 950 Mio. mal pro Jahr angefragt. Auch für die Reisendeninformation ist das Internet mit 160 Mio. Anfragen pro Jahr von besonderer Bedeutung.

Die Software-Architekturen sind so ausgelegt, dass sowohl das „stationäre" als auch das „mobile" Internet (z. B. Mobiltelefone) bedient werden können. Eine besondere Herausforderung im Vergleich zum personenbedienten Betrieb ist die hohe Look-to-Book Ratio und die schwierig prognostizierbare maximal auftretende Last. Beispielsweise war in der Abfrage der Online-Bahnhofsabfahrtstafeln bei Sonderereignissen (z. B. Streik, Sturm) eine Verfünfzehnfachung der Last festzustellen. Die Software-Architektur ist durch Lastsicherungen und Replizermechanismen auf diese Herausforderungen eingestellt.

Im Vertriebskanal Internet ist – ebenso wie im personenbedienten Vertrieb – eine Auftrags- und Kundendatenbank im Einsatz.

- **Fahrscheine und Ticketing**

Die Nutzung des ÖPV setzt von Beginn bis heute voraus, dass der Kunde einen Fahrausweis (Ticket) als Nutzungsberechtigung vor Antritt der Fahrt erwirbt. Ein manipulationsgeschütztes, dokumentenechtes Papier enthält in einer für Kunde und z. B. Zugbegleiter oder Kontrolleur lesbaren Form die Fahrtstrecke, die Tarifkonditionen, den Preis und weitere Informationen wie z. B. Mehrwertsteuersatz oder Verkaufsstelle und Verkehrsträger. Diese Fahrscheine werden so heute im personenbedienten und selbstbedienten Vertrieb ausgegeben. Technische Innovationen wie z. B. Chipkarten ermöglichen neue Wege. So werden teilweise Zeitkarten auf Chipkarten ausgestellt. Die Gültigkeit des Fahrscheins wird auf dem MT 2 berührungslos durch Auslesen der Chipkarte geprüft.

Der Internet-Vertrieb hat eine völlig neue Anforderung gebracht: Der Kunde will sein Ticket zu Hause oder im Büro ausdrucken und der Kontrolleur im Zug muss die Echtheit des Fahrscheins überprüfen. Dazu wurde eine Verschlüsselung der Fahrscheindaten und der persönlichen Informationen entwickelt. Dieser Code wird in dem 2-D Barcode hinterlegt und im Zug via MT 2 ausgelesen. Der Kunde identifiziert sich mit seiner BahnCard, Kredit- oder EC-Karte. Die gelesenen Daten werden aufgenommen und später in einem nachgelagerten Prozess mit denen des Zentralsystems verglichen. Werden Differenzen wie z. B Mehrfachnutzungen oder Fahrt trotz Storno erkannt, so wird der Fahrpreis nachbelastet bzw. der Kunde bei mehrmaligem Missbrauch vom Verfahren ausgeschlossen. Damit wird eine ausreichende Sicherheit gewährleistet.

Neue Verfahren wie z. B. „Pay as you go" Electronic Ticketing (Touch&Travel) werden im Abschnitt 2.4.7 „Zukünftige Entwicklung der ITK-Systeme" dargestellt.

- **Erlös- und Leistungsabrechnung**

Die Verkaufsdaten aller Vertriebskanäle kommen in einer einheitlichen und strukturierten Form in die Systeme zur Erlös- und Leistungsabrechnung. Die Verkaufsdaten durchlaufen mehrere Stufen: als erste Stufe findet eine Qualitätssicherung und ein Clearing der Daten vollautomatisch statt. Danach werden die Daten in einem Modularen Abrechnungssystem weiter verarbeitet. Das System basiert auf einer Standardsoftware für die Abrechnung, die z. B. in Telekommunikationsunternehmen eingesetzt wird. In dem System wird die Abrechnung für alle Agenturen mit deren Provisionen inkl. Rechnungserstellung genauso durchgeführt wie die Abrechnung mit Verbünden und anderen Verkehrsunternehmen. Dabei wird mit ca. 18 Mio. Regeln die Erlösaufteilung zwischen Verkehrsunternehmen durchgeführt und es erfolgt die Verarbeitung von rund 350 Mio. Verkaufsdatensätzen pro Jahr für 5.000 Geschäftspartner. Dabei werden ca. 150.000 Rechnungen pro Jahr erzeugt. Nach Durchlaufen der Verarbeitungsschritte erfolgt die Weitergabe der Verkaufsdaten in konsolidierter Form an das führende kaufmännische SAP-System des DB-Konzerns. Parallel zu den Verkaufsdaten werden Kassen- und Zahlungsinformationen der DB-eigenen Vertriebskanäle im SAP-basierten integrierten Verkaufsbuchhaltungssystem vorkonsolidiert und danach ebenfalls an das Konzern-SAP-System übertragen.

2.4.5 Kundenbindungssysteme

Die Deutsche Bahn AG setzt im Personenverkehr ein ganzheitliches Prozess-System ein, das laufend weiterentwickelt wird. Das größte System ist das Kundenbindungsprogramm des DB Fernverkehrs, in dem die BahnCard geführt wird. Mittlerweile sind seit ihrer Einführung in 1992 mehr als 4 Mio. Kunden in dem Programm. Zusätzlich hat die DB ein Bonusprogramm (bahn.bonus) für die BahnCard Kunden eingeführt, mit dem gesammelte Punkte für attraktive Prämien (z. B. Freifahrten, Reise- und Sachprämien) eingelöst werden können. Dieses wird um eine Statuskomponente für Vielfahrer (bahn.comfort) ergänzt, die Zugang zu besonderen Serviceleistungen bietet. Zusätzlich hat die DB ein personenverkehrs-übergreifendes Beschwerdemanagement entwickelt, mit dem Kundenbeschwerden z. B. im Call Center von DB Dialog bearbeitet werden können. Für die Vertriebsunterstützung bei Firmenkunden hat DB Vertrieb ein Werkzeug zum optimalen Key Account Management der ca. 25.000 Firmenkunden entwickelt. Sowohl das BahnCard- als auch das Beschwerdemanagement- und auch das Firmenkundensystem sind mit der Standardsoftware SIEBEL der Firma ORACLE entwickelt.

Den Informationsaustausch zwischen Vertriebskanälen, den Kundenbindungssystemen und Systemen zur Zahlungsabwicklung übernimmt eine zentrale Kundendatenbank.

2.4.6 Produktionsplanung und -durchführung

Die Prozesse der Produktionsplanung und -durchführung bilden einen separaten fachlichen Cluster. Die Prozesse – und damit auch die ITK-Systeme – zeichnen sich durch eine hohe fachliche Integration bei gleichzeitig stark örtlich verteilter Leistungserbringung aus.

Die Produktionsplanung und -durchführung ist eingebettet zwischen Angebot, Marketing und Vertrieb einerseits sowie Abrechnung und Erlöszuscheidung andererseits.

2.4 Informationsmanagement bei der Deutschen Bahn

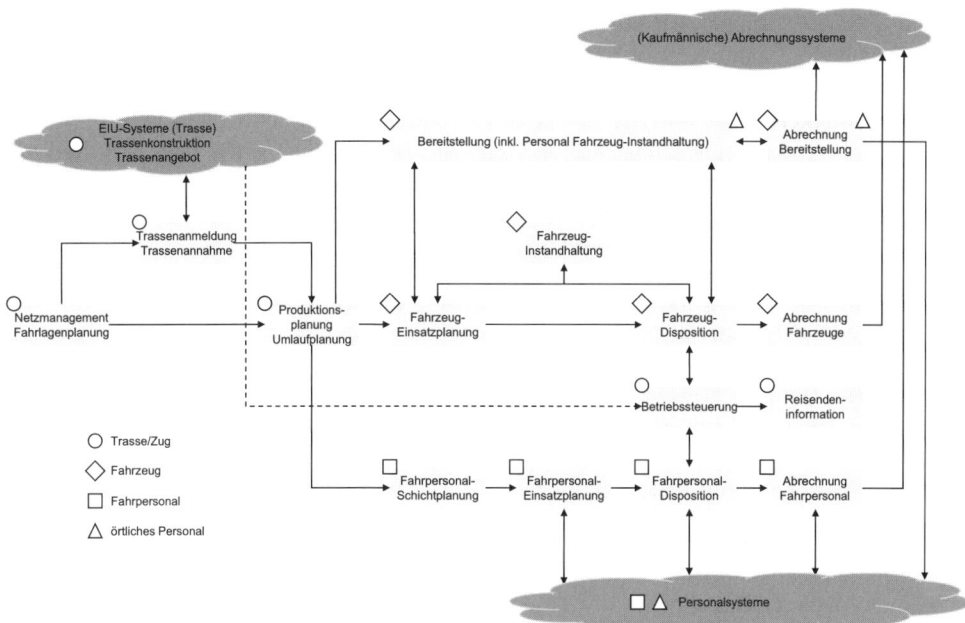

Abb. 2.4.3 Übersicht fachliches Cluster Produktionsplanung und -durchführung

Die Beschreibung der Prozesse und ITK-Unterstützung der Produktionsplanung und -durchführung erfolgt aus der Sicht eines EVU (Eisenbahnverkehrsunternehmen). Der Blickwinkel eines EIU (Eisenbahninfrastrukturunternehmen) wird an den gemeinsamen fachlichen und technischen Schnittstellen betrachtet. EIU sind die Unternehmen, die die für die Produktion erforderlichen Infrastrukturleistungen, wie Trasse, Stationshalte oder Energie bereitstellen, damit die EVU ihre Verkehrsleistung erbringen können. Die EIU stellen allen EVU die Infrastruktur diskriminierungsfrei und entgeltlich zur Verfügung und unterliegen der Regulierung durch die Bundesnetzagentur.

- **Netzmanagement, Fahrlagenplanung (Angebotsplanung)**

Ausgangspunkt für alle Aktivitäten eines EVU ist die langfristige Angebotsplanung. Dazu werden die erwarteten Reisendenströme (Quell- und Zielorte bzw. -regionen sowie erwartete Mengen) ermittelt und daraus Linien gebildet. Zu berücksichtigen sind dabei die VT (Verkehrstage, d. h. Montag, Dienstag, ..., Sonntag), da sich die Reisendenströme und die Struktur der Reisenden an jedem Wochentag deutlich unterscheiden können.

Beispiele für Linien der DB Fernverkehr AG sind die Linie 41 von Dortmund über Köln, Frankfurt/Main, Nürnberg nach München oder die Linie 11 von Berlin über Wolfsburg, Göttingen, Fulda, Frankfurt/Main, Stuttgart, Ulm, Augsburg nach München. Beide Linien bedienen die Verbindung von Frankfurt/Main nach München, allerdings auf unterschiedlichen Laufwegen und mit unterschiedlichen Unterwegshalten.

Die Angebotsplanung hat einen Vorlauf von mindestens zwei Jahren bis weit in die Zukunft.

Um die optimalen Linien zu definieren, werden mittels mathematischen Modellen und mit ITK-Unterstützung zahlreiche Varianten von Linienbündeln (Verkehrsnetze) simuliert und kalkuliert. Die jeweiligen Linienbündel unterscheiden sich in Fahrzeugbedarf, Reisezeiten, Umsteigehäufigkeit und weiteren betrieblichen und wirtschaftlichen Kenngrößen. Unter wirtschaftlichen, marketingtechnischen und teilweise betrieblichen sowie beim Regionalverkehr unter bestellerorientierten Gesichtspunkten ermitteln die ITK-Systeme der Angebotsplanung den groben Fahrplan, der dem Kunden angeboten werden soll und der der detaillierten Produktionsplanung übergeben wird.

- **Produktionsplanung, Fahrzeugumlaufplanung (Fahrplanung)**

Bei der Produktionsplanung wird das gewünschte Angebot unter Berücksichtigung aller relevanten Rahmenbedingungen für die nächste Fahrplanperiode im Detail ausgeplant. Dazu wird in einem ersten Schritt das vorliegende Angebotskonzept mit den Fahrzeugverfügbarkeiten abgeglichen und ggf. angepasst. In den Fahrzeugverfügbarkeiten sind auf der einen Seite der Fahrzeugbestand (je Fahrzeugflotte) und auf der anderen Seite der Fahrplan-Fahrzeugbedarf, Fahrzeug-Reserven, Bedarf für Instandhaltung und Revisionen sowie für Sonderumbauten berücksichtigt.

In der Fahrzeugumlaufplanung (Umlaufplanung) werden neben den Fahrlagen aus der Angebotsplanung weitere Bestandteile der Produktion eingeplant: Rangier- und Bereitstellungsfahrten, Innen- und Außenreinigung sowie häufig wiederkehrende Fahrzeuginstandhaltungsmaßnahmen (Laufwerkskontrollen, Nachschauen, Wagenuntersuchungen). Die Fahrzeug-Behandlungen außerhalb der Zugfahrt werden mittels ortsbezogenen Prämissen zu Mindestwendezeiten (Zeit zwischen Ende einer Kunden-Zugfahrt und Beginn der nächsten Kunden-Zugfahrt eines Fahrzeuges) in die Umlaufplanung integriert. Die Fahrzeuginstandhaltungsmaßnahmen, die in größeren zeitlichen oder leistungsmäßigen Abständen durchzuführen sind (Fristen, Revisionen, …), werden nicht in die Umlaufplanung aufgenommen, da die konkrete zeitliche und räumliche Lage dieser Leistungen sehr stark abhängt von einem bestimmten physischen Fahrzeug und dessen jeweils aktueller Laufleistung. Um die entsprechenden Leistungen kapazitiv in die Umlaufplanung integrieren zu können, werden daher in definierten Zyklen größere Zeitblöcke in den Umlauf aufgenommen, um in einer Kapazitätsbetrachtung auch die Fristen u. ä. berücksichtigen zu können. Die Hinterlegung von qualitativ hochwertigen Stammdaten ist Basis der Umlaufplanung und daher erfolgskritisch.

Im Rahmen der Umlaufplanung werden – soweit möglich – einzelne Fahrlagen (d.h. die genaue zeitliche Lage der Zugfahrten) oder Teil-Fahrlagen so untereinander verknüpft, dass das Angebot mit möglichst wenigen Fahrzeugen zu produzieren ist. Diese Aufgabe erfordert auf der einen Seite sehr erfahrene Umlaufplaner, auf der anderen Seite ist diese Arbeit ohne die Unterstützung eines ITK-Verfahrens für Umlauf- und Reihungsplanung nicht denkbar. Im Bereich der Umlaufplanung ergeben sich für die nähere Zukunft die größten Handlungsmöglichkeiten, da durch die fortschreitende Entwicklung der Computertechnologie die rechnergestützte Umsetzung von Optimierungsverfahren ermöglicht wird. Noch vor einigen Jahren waren weder die mathematischen Grundlagen noch die Rechentechnik für die Problemstellung der Umlaufplanung vorhanden.

In der Umlaufplanung wird „nur" eine logische Planung ohne Bezug auf ein konkretes physisch vorhandenes Fahrzeug erstellt – lediglich die Baureihe und/oder Bauart ist festgelegt.

Um die einzelnen Fahrlagen optimal zu verknüpfen, werden in der Umlaufplanung auch Leerfahrten geplant, die die Umläufe „rund" machen, d. h. dass eine bestimmte Anzahl von Fahrzeugen eine bestimmte Anzahl von aneinander gereihten Leistungen in Umlauftagen zyklisch abfahren kann. Die Anzahl der in einem Umlauf benötigten Tage (Umlauftage) entspricht somit der Anzahl der für diese Leistungsmenge benötigten Fahrzeuge (ohne Reserven).

Die Fahrlagen aus der Angebotsplanung sowie die geplanten Leer- und Rangierfahrten bilden die Leistungsmenge, die beim EIU bei der Trassenanmeldung bestellt werden.

- **Trassenanmeldung, Trassenkonstruktion/-angebot, Trassenannahme**

Nach Abschluss der Umlaufplanung werden alle Zugfahrten, für die eine Trasse (= Zugnummer) benötigt wird, über eine Schnittstelle oder über die Nutzung eines vom EIU DB Netz bereitgestellten Internetclient beim EIU DB Netz angemeldet.

Das EIU DB Netz konstruiert aus den Anmeldungen aller EVU konfliktfreie Trassen. Ist dies nicht möglich, so werden in Absprache mit den betroffenen EVU Alternativen angeboten. Ist weiterhin keine konfliktfreie Trassenkonstruktion möglich, so entscheiden Priorisierungsregeln der Regulierungsbehörde über die Trassenvergabe an die verschiedenen EVU. Nach Abschluss der Trassenkonstruktion beim EIU DB Netz wird den EVU über eine DV-Schnittstelle oder den Internetclient ein Trassenangebot gemacht. Das Trassenangebot wird üblicherweise angenommen, da während der Trassenkonstruktion Abstimmungen zwischen EVU und EIU DB Netz stattgefunden haben. Durch die Übergabe der Fahrlagen über eine DV-Schnittstelle sind die bestätigten Fahrlagen im Fahrlagenplanungssystem und im Umlaufplanungssystem des EVU vorhanden.

- **Fahrzeugeinsatzplanung**

Aus der Umlaufplanung werden die Daten zum einen in die Fahrzeugeinsatzplanung und zum anderen in die Schichtplanung für fahrende Personale übergeben. In der Fahrzeugeinsatzplanung werden den Umläufen konkrete physische Fahrzeuge zugeordnet. Dazu werden Fahrzeuge auf Fahrzeugumläufe „gebunden" und offene Fahrlagen in die jeweiligen Leistungsketten integriert. Die Fahrzeugeinsatzplanung erfolgt mit in einem ITK-System in einer Gantt-Darstellung. Beim Zuordnen der Fahrlage zu einem konkreten Fahrzeug wird geprüft, ob das Fahrzeug die aus der Fahrlage gestellten Anforderungen – Baureihe, Restlaufleistung, Orts- und Zeitplausibilität – vollständig erfüllt. Insbesondere die Überprüfung der Restlaufleistung bis zur nächsten fälligen Instandhaltungsleistung ist ein entscheidendes Kriterium, ob die Leistung durch das vorgesehene Fahrzeug erbracht werden kann.

- **Fahrzeugdisposition**

Im Bereich der Fahrzeugdisposition werden alle (kurzfristigen) Änderungen (überwiegend manuell) in die Fahrzeugeinsatzplanung eingearbeitet. Kurzfristige Änderungen können u. a. eine größere Verspätung, eine Umleitung oder ein Fahrzeugtausch aufgrund eines Defekts (und damit verbunden eine veränderte Restlaufleistung bis zur nächsten Instandhaltungsmaßnahme) sein. Üblicherweise werden ITK-Verfahren mit hochgrafischen Oberflächen verwendet, damit das Lösen und Binden von Fahrzeugen auf Umläufe in anwenderfreundlicher Gantt-Chart-Darstellung erfolgen kann. Obwohl die Disposition dezentral erfolgt, sind alle Anwender der Fahrzeugdisposition an einer zentralen Datenbank angemeldet, um einen Überblick über alle für die Disposition verfügbaren Ressourcen zu haben.

Aus der Fahrzeugdisposition heraus wird die Zuführung konkreter Fahrzeuge in die Instandhaltung geplant. Eine enge fachliche und organisatorische Abstimmung mit dem Bereich der Fahrzeuginstandhaltung ist entsprechend wichtig. Die technische Schnittstelle zwischen Fahrzeugeinsatz und Instandhaltung ist für den verlässlichen und wirtschaftlichen Betrieb eines EVU unerlässlich.

- **Fahrpersonal-Schichtplanung/-einsatzplanung und -disposition**

Die Umlaufplanung ist Basis zur Erstellung von unpersonalisierten Schichten für das fahrende Personal (Tf – Triebfahrzeugführer, Bordpersonal). Dazu sind in allen Umläufen Brechpunkte definiert, an denen ein Personalwechsel stattfinden kann. Ein ITK-Verfahren mit mathematischem Optimierungskern erstellt nun auf Basis von gesetzlichen, tariflichen, sozialen und örtlichen Vorgaben Schichten, die die durch die Umlaufplanung vorgegebene Leistungsmenge mit einer minimalen Anzahl von Fahrpersonal produzieren lässt.

Die in der Schichtplanung erstellten Schichten werden in einem weiteren Schritt der Personaleinsatzplanung konkreten Mitarbeitern zugewiesen. Dabei sind z. B. Baureihenkenntnis, Streckenkenntnis, persönliche Einschränkungen sowie der aktuelle Stand des Arbeitszeitkontos entscheidend. Diese Informationen werden aus den führenden Personalsystemen zeitnah bezogen. Im Bereich des Bordpersonals ist die Bildung von Teams ebenfalls in der Personaleinsatzplanung zu berücksichtigen. Die Personaleinsatzplanung muss dem Betriebsrat zur Mitbestimmung vorgelegt werden, so dass das ITK-Verfahren zur Erstellung der Schicht- und Personaleinsatzplanung einen formal korrekten, fachlich guten und sozial ausgewogenen Plan erstellen muss. Die Personaleinsatzplanung wird üblicherweise ebenfalls mit Hilfe eines ITK-Verfahrens mit mathematischem Optimierungsalgorithmus erstellt.

Die Personaleinsatzpläne werden nach Abstimmung mit dem Betriebsrat an die Personaldisposition übergeben. Dort werden alle Änderungen, die sich nach der Erstellung des Plans ergeben, in die ITK-Verfahren eingegeben (überwiegend manuell) und die daraus resultierenden Handlungsbedarfe für die Personaldisponenten deutlich hervorgehoben. Solche Anpassungen sind notwendig z. B. bei kurzfristigen Baumaßnahmen, bei der Krankmeldung eines Mitarbeiters, bei Verspätungen, die den Übergang des Personals zur Folgeleistung unmöglich machen oder beim kurzfristigen Einsatz eines abweichenden Fahrzeugs.

2.4 Informationsmanagement bei der Deutschen Bahn

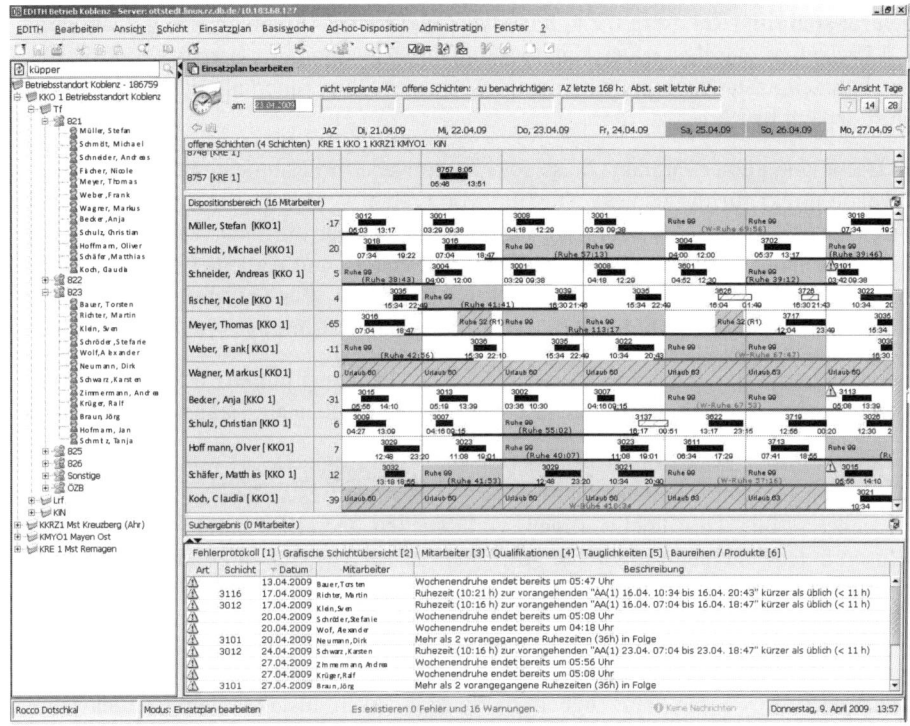

Abb. 2.4.4 *Übersichtliche Fahrpersonaleinsatzplanung und -disposition mit Gantt-Chart-Darstellung (fiktive Namen)*

Die DB setzt im Personenverkehr für die Schicht- und Einsatzplanung des fahrenden Personals ein Produkt ein, das neben dem Einsatz bei Eisenbahnen auch in der Luftfahrtbranche eingesetzt wird. Der Optimierungskern (Core) ist unabhängig von der Fachlichkeit und wird für alle Nutzer des Systems identisch weiterentwickelt. Um den Optimierungskern herum sind unterschiedliche personengruppenspezifische Anwendungen erstellt, die die jeweilige spezielle Fachlichkeit enthalten (User, z. B. Regionalverkehr-Schichtplanung-Tf, Fernverkehr-Einsatzplanung-Tf/Zub/Zg – Triebfahrzeugführer/Zugbegleiter/Zuggastronomie). So können bei einem hohen Grad an Software Standardisierung die notwendigen fachlichen Anpassungen realisiert werden.

Die derzeitige Anwendung stellt eine Zwei-Schicht-Architektur dar, aufgrund von erforderlichen fachlichen und technischen Anpassungen wird das Produkt derzeit auf eine Drei-Schicht-Architektur (inkl. Datenbank) umgestellt. Das Schicht- und Einsatzplanungssystem im Personenverkehr wird durch folgende Kennzahlen charakterisiert: ca. 30.000 verplante Personale, ca. 4.000.000 Schichten p. a. bei ca. 4.500 Anwendern (davon ca. 1.000 gleichzeitig).

- **Bereitstellung (Rangieren, Zugbereitstellen, Innen-/Außenreinigung, Catering)**
Alle Tätigkeiten zwischen zwei Kunden-Zugfahrten werden als Bereitstellung bezeichnet. Da die Fahrzeuginstandhaltung eine herausragende Stellung innerhalb der Bereitstellung hat, ist diese separat beschrieben.

Nach Beendigung einer Zugfahrt muss der Zug entweder im Rahmen einer Kurz- oder Bahnsteigwende direkt für die nächste Zugfahrt vorbereitet werden (z. B. Bremsprobe) oder für weitere Behandlungen vom Bahnsteig wegrangiert werden. Für jedes Fahrzeug gibt es eine Behandlungsplanung, die alle Rangierarbeiten, die Innen- und Außenreinigung, die Ent- und Versorgung (z. B. Entsorgung WC und Versorgung mit Wasser), die Instandhaltung, die Abstellung und – soweit erforderlich – die Versorgung des Bordrestaurants beinhaltet.

Ziel der gesamten Bereitstellungstätigkeiten ist, das Fahrzeug pünktlich für die nächste Zugfahrt in einem qualitativ hochwertigen Zustand für die Kunden am Bahnsteig bereitzustellen.

- **Fahrzeuginstandhaltung**
Die betriebsnahe Fahrzeuginstandhaltung ist der zentrale Bestandteil der Bereitstellung. Für einen sicheren, qualitativ hochwertigen, verlässlichen und wirtschaftlichen Bahnbetrieb ist der Zustand der Fahrzeuge sowie der Aufwand, diesen Zustand zu erhalten, eine maßgebliche Einflussgröße.

Für die „schwere Instandhaltung" – verbunden mit einer längeren Standzeit – werden Fahrzeuge aus der Verfügbarkeit genommen. In der Kapazitätsplanung (Netzmanagement, Umlaufplanung, s. o.) werden Fahrzeugbedarfe für die schwere Instandhaltung berücksichtigt.

Die zu erbringende Leistung wird flottenbezogen auf Basis des jeweiligen Instandhaltungsregimes ermittelt und durch das Flottenmanagement per Beauftragung auf verschiedene Instandhaltungswerke verteilt. Bei der Leistungsverteilung sind die flottenbezogenen Umläufe bekannt, so dass für die Instandhaltung der Fahrzeuge die „natürlichen Stilllagen" genutzt werden, d. h. die Lücken zwischen zwei Zugfahrten. Im Fernverkehr mit seinen relativ hohen Sitzplatzkosten wird versucht, die Instandhaltung möglichst in der Nacht (22:00 Uhr bis 06:00 Uhr) zu erledigen. Im Nahverkehr (SPNV – Schienenpersonennahverkehr) können auch die Stillstände während des Tages genutzt werden, da hier nur in der HVZ (Hauptverkehrszeit) die maximale Anzahl an Fahrzeugen benötigt wird.

In einem zentralen SAP-System sind alle an einem Fahrzeug durchzuführenden Arbeiten im AV (Arbeitsvorrat) hinterlegt. Diese Arbeiten werden im Rahmen einer Befundung im Werk identifiziert oder – wo möglich – per Funk durch das Fahrzeug vorgemeldet. Zusätzlich sind alle „alten" Befunde, die noch nicht abgearbeitet sind, im AV enthalten.

Auf Basis des AV werden die an den Fahrzeugen durchzuführenden Arbeiten vorgeplant und das notwendige Personal und Material bereitgestellt. Den Handwerkern werden die entsprechenden Arbeitsscheine vorbereitet.

Nach Durchführung der Arbeiten wird die Erledigung der Arbeiten in das SAP-System zurückgemeldet. So ist sichergestellt, dass im SAP-System immer zeitnah der tatsächliche Zustand der Fahrzeuge mitsamt der vollständigen Fahrzeug- und Komponenten-Historie dokumentiert ist.

2.4 Informationsmanagement bei der Deutschen Bahn

Material und Fertigungsstunden werden bezogen auf die einzelnen Instandhaltungsprodukte auf die Fahrzeuge verbucht.

Das SAP-System dient ebenfalls der Überwachung von Gewährleistungsprozessen. Da alle (relevanten) Komponenten eines Fahrzeuges separat überwacht werden, können die aus Gewährleistungsansprüchen resultierenden Effekte realisiert werden.

Folgende Kenngrößen charakterisieren das zentrale Fahrzeuginstandhaltungssystem der Deutschen Bahn AG (konzernweite Zahlen): ca. 438.500 aktive/inaktive sowie eigene/ fremde Fahrzeuge (davon ca. 5.000 Lokomotiven, ca. 10.000 Triebzüge/Triebwagen, ca. 418.000 Güter- oder Personenwagen und ca. 5.500 Busse), ca. 2,2 Mio. Instandhaltungsaufträge p. a., ca. 6.500 Anwender (davon ca. 1.500 gleichzeitig), ca. 2,5 TB Datenvolumen (online verfügbar), ca. 500 GB Datenwachstum p. a.

- **Abrechnung Bereitstellung, Fahrzeuge und Fahrpersonal**

Für die unterjährige Unternehmenssteuerung sind die Leistungsdaten aus den Produktionssystemen ein wichtiger Input. Sowohl für die Kostenträgerrechnung, für die Personalabrechnung als auch für die kaufmännische Unternehmenssteuerung über das UKV (Umsatz-Kosten-Verfahren) werden korrekte Leistungsdaten benötigt. Diese Daten zu Fahrzeugen, Personal, Energie, Infrastruktur und weiteren Produktionsfaktoren müssen vollständig sein und sich konsistent auf den jeweiligen Kostenträger verrechnen lassen. Im Personenverkehr ist üblicherweise die Linie der Kostenträger, im Güterverkehr ist es dagegen ein Auftrag.

Die Ist-Leistungsdaten bilden auch die Grundlage für die gesamte Unternehmensplanung, die wichtige Ist-Entwicklungen berücksichtigen muss.

- **Transport-/Betriebssteuerung**

Abweichungen im Betrieb, insbesondere Verspätungen, Fahrzeugstörungen oder sonstige Störungen (z. B. Unwetter) müssen so behandelt werden, dass die Auswirkungen auf die Kunden minimiert werden. Dazu wird in der Transport-/Betriebssteuerung dafür gesorgt, dass Anschlüsse für Reisende mit Umstieg sichergestellt werden, dass Reisende in Tagesrandlagen noch ihr Ziel erreichen, dass die Einsatz- und Knotenpunktreserven zur Abfederung der Störungsauswirkungen optimal eingesetzt werden. Die Auswirkungen auf die Fahrzeug- und Personaleinsatzplanung werden in den jeweiligen ITK-Systemen für Fahrzeuge und Personal nachgehalten.

Alle Dispositionsentscheidungen werden im ITK-System dokumentiert und daraus automatisiert oder teilautomatisiert Reisendeninformationen erzeugt, die an das Reisendeninformationssystem RIS weitergegeben werden.

- **Reisendeninformation**

Während der Produktionsdurchführung gibt es immer wieder Abweichungen zum geplanten Zustand (s. o.), die zeitnah innerhalb des Unternehmens sowie an die Kunden kommuniziert werden müssen. Alle relevanten Veränderungen, die im Bereich der Transport-/Betriebssteuerung vorgenommen werden, gibt das ReisendenInformationsSystem RIS an die Zub (Zugbegleiter im Fernverkehr) und KiN (Kundenbetreuer im Nahverkehr), an die Tf (Triebfahrzeugführer), an die Bahnhöfe, in die direkte Kundenkommunikation (z. B. über Internet und mobile Endgeräte) und weitere interne wie externe Informationsempfänger weiter.

Für ein EVU ist es von großem Interesse, dass bei Störungen und Abweichungen – die sich bei einer komplexen und vernetzten Produktion nicht vollständig vermeiden lassen – die Kunden so gut informiert werden, dass sie die Gründe und die persönlichen Auswirkungen der Störungen und Abweichungen kennen.

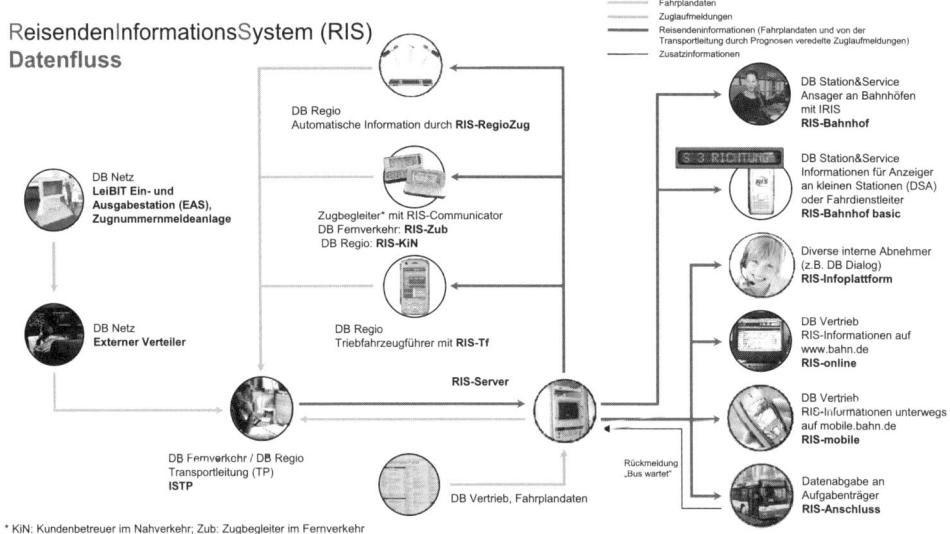

Abb. 2.4.5 Informationskanäle beim Reisendeninformationssystem

2.4.7 Zukünftige Entwicklung der ITK-Systeme

Die Schwerpunkte folgen den wesentlichen Geschäftszielen des Personenverkehrs: Optimierung des Kerngeschäfts, Expansion in neue Märkte und Integration verschiedener Bausteine zu einer gesamten Mobilitätskette. Für die ITK bedeutet dies: Im Fokus bei der Optimierung stehen u. a. Themen wie CRM am Customer Touch Point, Optimierung der Vertriebskanäle (z. B. bessere Bedienung der Automaten) oder in der Produktion die Bereitstellung oder die Weiterentwicklung von Optimierern. Expansion in neue Märkte führt zu verstärkter gegenseitiger Anbindung der Partnerbahnen. Dies findet insbesondere bei den Vertriebs- und CRM-Systemen statt. Ziel ist es, dem Fahrgast „einen Preis und einen Fahrschein" anbieten zu können. Die Integration verschiedener Bausteine zielt auf einen integrierten Mobilitätsdienstleister. Der Kunde soll ein Haus-zu-Haus Angebot unter Nutzung des ÖPV und ergänzenden Angeboten bekommen. Eine wichtige Komponente ist das Electronic Ticketing-Verfahren „Touch&Travel". Hierbei checkt sich ein bekannter Kunde mit seinem Near-Field-Communication-Handy an seinem Startpunkt ein, nutzt verschiedene Verkehrsmittel und checkt sich nach dem Aussteigen am Zielpunkt aus. Ein Hintergrundsystem berechnet auf Basis der Ein- und Ausstiegszeitpunkte und -orte den Fahrpreis und der Kunde bekommt eine monatliche Mobilitätsrechnung. Ebenso sollen intelligente Zusatzkomponenten wie z. B. alternative Routenplaner im Verspätungsfall für dynamisch geplante Mobilität sorgen.

Weiterführende Literatur:

Daduna, J.R., Voß, St., Informationsmanagement im Verkehr, Heidelberg 2000

Hegger, A., Marks-Fährmann, U., Restetzki, K., Grundwissen Bahn, Haan-Gruiten 2008

Rühle, J., Planungssysteme in Schienenpersonenverkehr: Rahmenbedingungen, Einflußfaktoren und Gestaltungsempfehlungen am Beispiel der DB Fernverkehr AG, Köln 2007

Schulz, A., Verkehrsträger im Tourismus, München 2009

2.5 Informationsmanagement bei Reiseveranstaltern

Prof. Dr. Uwe Weithöner und Prof. Dr. Robert Goecke

Reiseveranstalter befinden sich in der touristischen Wertschöpfungskette zwischen den Leistungsträgern, von denen sie Einzelleistungen beziehen, und den Reisemittlern, welche die vom Veranstalter zu Pauschalangeboten gebündelten Reisen an die Endkunden vertreiben. Entsprechend zeichnet sich das Informationsmanagement der Reiseveranstalter außer durch die Unterstützung der internen Prozesse der Reiseproduktion insbesondere durch hohe Anforderungen an die Schnittstellen zur Integration vor- und nachgelagerter Partner aus.

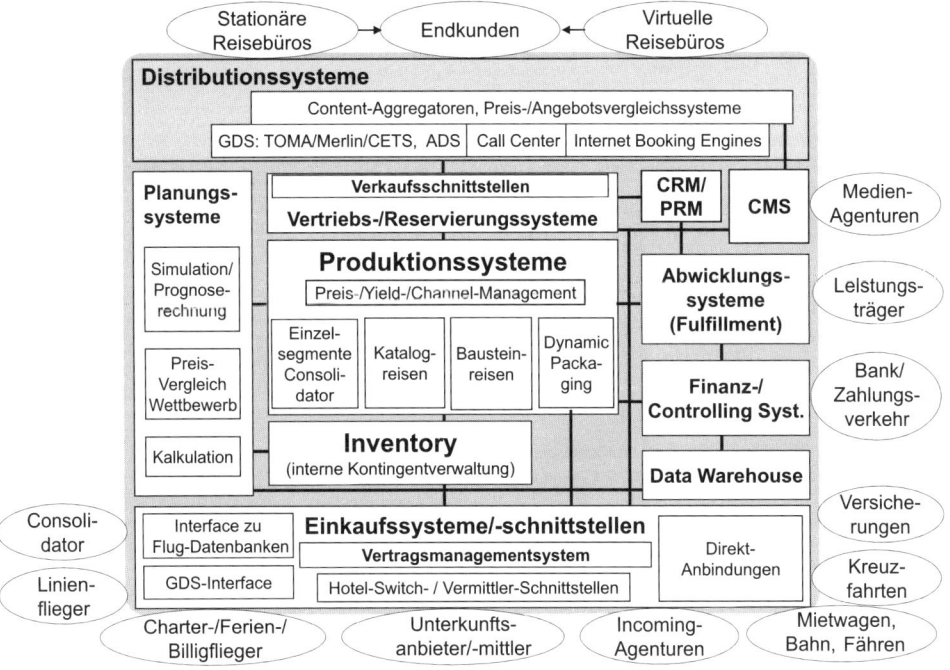

Abb. 2.5.1 IT-Applikationslandschaft mit Relevanz für mittlere und große Reiseveranstalter

Einen Überblick über die IT-Landschaft eines Reiseveranstalters gibt Abbildung 2.5.1. Es werden die wichtigsten Funktionsmodule dargestellt, die insbesondere bei mittleren, großen und Konzernveranstaltern vorkommen. Von der Verteilung dieser Funktionsmodule auf ein oder mehrere Systeme und Distributionssystemen (z. B. als ein integriertes Veranstaltersystem oder als verschiedene miteinander vernetzte Teilsysteme mit ggf. verschiedenen internen und externen Betreibern) wird hier zunächst abstrahiert. Bei kleineren Veranstaltern sind manche der dargestellten Systeme bzw. Komponenten nicht im Einsatz, da die entsprechenden Prozesse manuell oder mit Hilfe von Standard-Office-Software abgewickelt werden.

Als Haupt-Funktionsmodule (vgl. Abb. 2.5.1) lassen sich bei Veranstaltern die Planungssysteme ggf. auf der Basis eines Data Warehouse, die Einkaufssysteme, die Systeme des Inventory zur Verwaltung eingekaufter Kontingente, die Produktionssysteme, die Content Management Systeme (CMS), die Reservierungs- und Distributionssysteme, die Abwicklungssysteme (Fulfillment), die Finanz- und Controlling Systeme sowie die Systeme des Kunden- bzw. Partner-Beziehungsmanagements (CRM/PRM Customer/Partner Relationship Management) unterscheiden. Sie unterstützen und automatisieren neben den innerbetrieblichen Prozessen die zahlreichen zwischenbetrieblichen Geschäftsprozesse mit den vor- und nachgelagerten Partnern der touristischen Wertschöpfung und werden nun genauer erläutert.

2.5.1 Planungssysteme

Reiseveranstalter, die Reiseleistungen einkaufen, bündeln und als Urlaubsprodukte für verschiedene Zielgruppen anbieten, haben das Risiko, dass die zusammengestellten Urlaubsprodukte nicht in der erwarteten Menge oder zum kalkulierten Preis abgesetzt werden. Dies führt entweder zu entgangenen Gewinnen durch zu wenig verfügbare Einzelleistungen bzw. zu gering kalkulierte Preise, oder es führt zu Verlusten durch eingekaufte aber nicht absetzbare Leistungen. Entsprechend sind computerbasierte Planungssysteme für die Analyse und Prognose der Nachfrage und Simulationsrechnungen für verschiedene Szenarien der Angebots- und Nachfrageentwicklung notwendig. Basisdaten für die Prognosen kommen z. B. von Marktforschern, die regelmäßig Kunden nach ihren Urlaubsplänen befragen (Reiseanalyse), oder von Distributionssystemen, die Statistiken über die aktuelle Entwicklung der Buchungszahlen liefern. Die wesentliche interne Quelle sind Buchungsdaten, die vorzugsweise in einem Data Warehouse gesammelt und ausgewertet werden.

Ein Data Warehouse ist selbst kein Planungssystem, sondern eine große multidimensionale Datenbank, in der beliebige, für statistische Auswertungen und multivariate Korrelationsanalysen interessante Vorgangsdaten aus verschiedenen Informationssystemen und Vertriebskanälen (vgl. Kapitel 3.2 und 3.4) einheitlich formatiert zu beliebigen Analysezwecken gespeichert werden. Dem Unternehmen bietet das Data Warehouse zahlreiche Methoden zur statistischen Online-Analyse dieser Datenbestände im Rahmen des sog. Online Analytical Processing (OLAP vgl. Kap. 3.4). So kann z. B. aus den Daten der Vergangenheit der typische Buchungsverlauf erfolgreicher zielgruppenspezifischer Urlaubsangebote in den Vorsaisonen ermittelt werden, was den Produkt- und den Einkaufsverantwortlichen wertvolle Hinweise auf die zu erwartende Nachfrage z. B. nach bestimmten Hotels und Zielgebieten in der kommenden Saison liefert. Ebenso können Kundengruppen nach verschiedenen Kriterien ihres Buchungsverhaltens z. B. für das Kundenbeziehungsmanagement segmentiert werden. Hierbei sind stets die gesetzlichen Bestimmungen des Datenschutzes zu beachten.

Reiseveranstalter setzen als Basis ihrer Einkäufe Planzahlen/Planteilnehmer für ihre Reiseziele und Reiseangebote fest. Diese Planzahlen können mit den kalkulierten Reisepreisen und Preiskonditionen bewertet werden. Damit werden Planumsätze ermittelt und, reduziert um die jeweiligen Einkaufspreise, Deckungsbeiträge simuliert. Entsprechen die simulierten Deckungsbeiträge nicht den Zielen des Unternehmens für die vorzubereitende Saison, können, sofern es die Marktsituation zulässt, die kalkulierten Preise und ggf. die Planzahlen und die Marketingaktivitäten zur Realisierung der Planzahlen angepasst werden. Bedingt durch die Datenmenge sind derartige Deckungsbeitragssimulationen am besten mit computergestützten Kalkulations- und Simulationssystemen des Reiseveranstalters durchführbar.

Die kalkulierten Preise werden mit den Preisen der Wettbewerber für ähnliche Produkte verglichen. Dieser Vergleich vollzieht sich zunächst auf Basis von Vergangenheitswerten, er wird aber im Saisonablauf auf Basis aktueller Preise fortgesetzt, so dass im Rahmen der Verkaufssteuerung Preisaktivitäten (z. B. spezielle Rabatte und Sonderpreise) durchgeführt werden können. Für einen automatisierten Vergleich sind die Wettbewerberdaten aus Preisvergleichssystemen nützlich. Um ihre aufwändige Erfassung zu vermeiden, können Standard-Preis-Vergleichssysteme zum Einsatz kommen, wie sie für Beratungsfunktionen in touristischen Internet Booking Engines (IBE) der Online-Reiseportale (vgl. Kapitel 5.2) und in touristischen Beratungssystemen für Reisebüros (vgl. Kapitel 4.6) verfügbar sind.

2.5.2 Einkaufssysteme, -schnittstellen und Kontingentverwaltung

Reiseveranstalter kaufen, unterstützt von Einkaufssystemen und auf Basis der Planungsdaten, Reiseleistungen von Leistungsanbietern. Das sind Leistungsträger (Flug-/Bahn-/Fährgesellschaften, Kreuzfahrt-Anbieter, Busunternehmen, Beherbergungsbetriebe, Autovermieter, Reiseführer, Reiseversicherungen etc.) bzw. deren Vermittler (Broker), Großhändler (Consolidator) oder Zielgebietsagenturen (Incoming Agenturen). In Abstimmung mit der Saisonplanung (Teilnehmer-, Umsatz- und Ergebnisplanung) vereinbaren die Reiseveranstalter Belegungsrechte für touristische Leistungen mit den jeweiligen Leistungsanbietern. Beförderungskontingente werden z. B. für bestimmte Strecken „gechartert" (Charterverträge mit Fluggesellschaften/Carriern) und Hotelkontingente werden durch Belegungsverträge mit den Hoteliers „eingekauft".

Der Einkauf im Rahmen der Saisonvorbereitung ist in der Regel zeitkritisch, und er basiert auf den umfangreichen Planungsdaten und auf Daten vergangener Saisonen (z. B. Einkaufskonditionen, Beschwerden, Entwicklungstendenzen). Die Einkäufer sollten daher für ihre Vor-Ort-Verhandlungen online Zugriff auf das Planungs- und Einkaufssystem bzw. auf das Data Warehouse und damit Zugriff auf alle aufbereiteten einkaufsrelevanten Daten erhalten. Weiterhin können standardisierte Vertragsformulare bereitgestellt und die Verhandlungsergebnisse sofort und online erfasst werden. Die Vertragsdaten sind damit in Echtzeit für den folgenden Produktions- und Kalkulationsprozess verfügbar.

Der Einkauf von Leistungen ist für den Reiseveranstalter mit dem Risiko verbunden, sie im Rahmen seiner Produkte nicht absetzen zu können, so dass die Belegungsrechte verfallen. Je nach Risikoverteilung zwischen Veranstalter und Leistungsanbieter unterscheidet man verschiedene Einkaufskonditionen (vgl. Abb. 2.5.2). Sie stellen verschiedene Anforderungen an die den Saisonablauf begleitende Verkaufs- und Kontingentsteuerung. Die von den Leistungsanbietern eingekauften Reiseleistungen werden als Kontingente oder Optionen (auch auf sog. Pro Rata Basis) im internen Inventory (Inventar) verwaltet. Alternativ können Reiseleistungen mittels geeigneter Einkaufsschnittstellen über externe kontingentführende Reser-

2.5 Informationsmanagement bei Reiseveranstaltern

vierungssysteme bei den Leistungsanbietern ad hoc angefragt, reserviert und avisiert (d.h. vorangekündigt) werden.

Fixkontingente	Pro Rata Kontingente	Verhandelte Tarife	Preisdynamik
Fest/garantiert eingekaufte Reiseleistungen	Reiseleistungen mit Option der kostenfreien Rückgabe	Reiseleistungen werden nicht als Vorleistungen eingekauft, sondern es werden Einkaufstarife/ Rabatte für den Fall einer Reservierung vereinbart.	Reiseveranstalter schließen mehrjährige Verträge mit jährlichen Preissteigerungsraten ab.
Das Risiko der Nichtbelegung / des Verfalls trägt der Veranstalter. Er hat in jedem Fall den Leistungsträger für die Bereitstellung der Leistung zu bezahlen und kann die Kontingente vollständig im eigenen System verwalten.	Wenn eine Leistung nicht spätestens z.B. 14 Tage vor einem Belegungstermin reserviert worden ist, geht das Belegungsrecht an den Leistungsanbieter zurück. Bis zum Rückgabetermin kann das Kontingent vom System des Veranstalters verwaltet werden. Danach ist ein Request beim Leistungsträger notwendig.	Das Belegungsrecht verbleibt beim Leistungsträger, der Veranstalter hat das Risiko, dass zum Zeitpunkt seiner Kundenbuchung das Kontingent bereits ausgebucht ist. Die Beschaffung der Reiseleistung findet erst mit der Kundenbuchung im Leistungsträgersystem statt.	Das System muss hier die jeweils neuen Einkaufspreise automatisch berechnen und der anschließenden Kalkulation zur Verfügung stellen.
Beispiel: Charterflüge	**Beispiel:** Ferienhotel-Kontingente	**Beispiel:** Luxusreisen mit Linienflügen in Stadthotels	**Beispiel:** Ferienhäuser

Abb. 2.5.2   Der Einfluss verschiedener Einkaufskonditionen auf die Kontingentverwaltung

Im internen Inventory werden die eingekauften Leistungen (z. B. Flüge, Zimmer etc.) mit ihren spezifischen Eigenschaften (z. B. Flugstrecke, Abflug-/Ankunftzeiten, Zimmerkategorie, Zimmerbelegung, Verpflegungsart etc.) sowie Kontingentart und -größe, Zeitraum und Preiskonditionen geführt. Je nach Kontingentart kann die Kontingentverwaltung intern durch die Inventory-Datenbanken des Reiseveranstalters oder über Anfragen an externe kontingentführende Systeme der Leistungsanbieter erfolgen, die über automatisierte elektronische Schnittstellen direkt mit dem System des Veranstalters verbunden sind (Direktanbindung vgl. Abb. 2.5.1 unten). Größere Veranstalter mit einer Spezialisierung auf entsprechende Reisearten nutzen häufig auch automatische Einkaufsschnittstellen zwischen ihrem Reservierungssystem und den Systemen, die als Reservierungszentralen für die entsprechenden Leistungsträger fungieren (z. B. Hotel-Switch, Flug-Datenbanken, GDS, vgl. Abb 2.5.1). Das heißt beispielsweise, eine beim Veranstalter eingehende Buchungsanfrage wird über eine Einkaufsschnittstelle automatisch zur Flugvakanzprüfung und zur Reservierung an das kontingentführende GDS einer Linienfluggesellschaft weitergeleitet. Dieses bestätigt dem Reiseveranstaltersystem die Reservierung dann ggf. automatisch und in Echtzeit.

Hatten früher die einzelnen Produktlinien und Marken eines Veranstalters jeweils separate Kontingentverwaltungen, so geht der Trend zu zentralen bzw. integrierten Kontingentverwaltungen (Inventory-Systemen). Sie erleichtern durch einfachen Zugriff aller Produktlinien und Marken eine flexible Lenkung der eingekauften Kontingente hin zur jeweils ertragsstärksten Verwendung bzw. Produktionsform. Fest eingekaufte Kontingente können so bei drohendem

Verfall einfacher an andere interne Marken und Produktlinien sowie an Tochtergesellschaften oder externe kooperierende Veranstalter weiterverkauft oder im Rahmen von Last-Minute-Angeboten vermarktet werden (vgl. Weithöner/Ehbrecht, 2004 und Kap. 3.1).

2.5.3 Produktionssysteme

Abbildung 2.5.3 zeigt als Folge der unterschiedlichen Produktionsprozesse die unterschiedlichen Merkmale der Reiseprodukte im Vergleich (vgl. auch Fuchs/Mundt/Zollondz 2008, S. 205ff. und S. 576ff., sowie Führich 2006)

	Katalog-/Bausteinreise	Dynamic-Pre-Packaging	Dynamic-Bundling	Dynamic-Packaging
	Reiseveranstalter	Reiseveranstalter	Reisemittler	Reiseveranstalter
Leistungsverzeichnis	definierte Leistungsverzeichnisse mit Wahlmöglichkeiten	definierte Leistungsverzeichnisse	undefinierte Leistungsverzeichnisse	undefinierte Leistungsverzeichnisse
Produkt	langfristiges Produkt bzgl. Einkauf, Planung, Kalkulation	Kurzfristig automatisiert erstelltes Produkt aus (Lastminute-) Einzelleistungen	kurzfristige Bündelung von Einzelleistungen zur Vermittlung	kurzfristiges Produkt gemäß aktuellem Kundenwunsch
Freiheitsgrad des Kunden	begrenzte Individualisierung	keine Individualisierung	vollständige Individualisierung, nur begrenzt durch die kooperierenden Anbieter-Datenbanken und die Plausibilität der Zusammenstellung	vollständige Individualisierung, nur begrenzt durch die kooperierenden Anbieter-Datenbanken und die Plausibilität der Zusammenstellung
Bündelung	langfristige Grundbündelung vom Veranstalter mit definierten Optionen und Alternativen für den Kunden	kurzfristige Bündelung vom Veranstalter	kurzfristige Zusammenstellung durch den Kunden	Bündelung in Echtzeit durch Kundenwunsch (online)
Ausstellung eines Sicherungsscheins	ja	ja	nein, da kein Reiseveranstalter	ja
Einzelpreise	Einzelpreise nicht bekannt, lediglich Zuschläge	Einzelpreise nicht bekannt, Gesamtpreis	Einzelpreise	Einzelpreise nicht bekannt, Gesamtpreis
Rechnung und Vertragspartner des Reisenden	1 Rechnung des verantwortlichen Reiseveranstalters	1 Rechnung des verantwortlichen Reiseveranstalters	Rechnungen der jeweiligen Leistungsanbieter, evt. gebündelt durch den Reisemittler	1 Rechnung des verantwortlichen Reiseveranstalters

Abb. 2.5.3   Unterschiedliche Angebotsformen von Urlaubsreisen als Reisepakete

- Mit ihren Produktionssystemen bündeln und kalkulieren Reiseveranstalter beim traditionellen **Pre-Packaging** im Rahmen ihrer Saisonplanung aus den eingekauften Leistungen fest definierte Pauschal-/Katalogreisen oder Bausteinreisen, die mit definierten und in Grenzen kombinierbaren Reisebausteinen gemäß Kundenwunsch angeboten werden (Pflicht- Wahlpflicht- und Wahl-Bausteine).

- Beim **Dynamic Pre-Packaging** erfolgt die Bündelung nicht schon im Rahmen der vorbereitenden Saisonplanung, sondern kurzfristig/lastminute. Aktuell und kurzfristig vakante

Angebote von Einzelleistungen werden an den (Lastminute-)Reiseveranstalter mit den Konditionen zur kurzfristigen Vermarktung transferiert. Der aufnehmende Veranstalter kombiniert die Einzelleistungen der Leistungsgeber automatisch zu Reisepaketen bzw. Pauschalreisen, um sie anschließend in den Lastminute-Distributionssystemen anzubieten. Die Angebotsbündel und ihre Preise werden hierbei auf der Basis von Bündelungs- und Kalkulationsregeln automatisiert produziert und kalkuliert. Für den Leistungsgeber, der kurzfristig die Leistungen an den Lastminute-Veranstalter abgibt, handelt es sich um eine Aktion der kurzfristigen Verkaufs- und Kontingentsteuerung (vgl. Kap. 2.5.5).

– Im Rahmen des **Dynamic Bundling** stellen Reisebüros im Kundenauftrag eine Reise aus Einzelleistungen verschiedener Leistungsanbieter unter Ausweis der Einzelpreise zusammen. Bei Online-Reisebüros (virtuelle Reisemittler vgl. Abschnitt 2.5.4) stellt sich der Kunde die Reise aus Einzelleistungen zu Einzelpreisen in einem elektronischen Warenkorb zusammen. Im Gegensatz zum Dynamic Packaging (siehe unten) erfolgen beim Dynamic Bundling kein Ausweis eines Pauschalpreises und keine Übernahme der Produktverantwortung.

– Um den Kunden bei ihrer Reiseentscheidung zusätzliche Individualität und Flexibilität zu ermöglichen, werden die Produktionssysteme um Dynamic-Packaging-Funktionalität erweitert. Mit **Dynamic Packaging** werden Pauschalreisen nicht vorproduziert angeboten, sondern sie werden kundenindividuell zum Zeitpunkt und auf Basis der Kundenanfrage automatisch online produziert. Leistungsträgerangebote werden, zumindest teilweise, außerhalb des internen Inventory in Echtzeit aus den GDS oder aus vernetzten Datenbanken von Leistungsanbietern und Wiederverkäufern (Consolidator) abgefragt und ggf. dort gebucht.

Dynamic Pre-Packaging- und Dynamic-Packaging-Veranstalter werden wegen ihrer vollautomatisierten und kurzfristigen dynamischen Prozesse sowie wegen ihrer Vermarktung über Webportale als **virtuelle Veranstalter** bezeichnet, wobei größere Veranstalter zur optimalen Marktabdeckung inzwischen gleichzeitig klassische und virtuelle Veranstaltermarken mit Zugriff auf das gemeinsame Inventory und auf externe Anbietersysteme einführen. Es gibt auch virtuelle Veranstalter, die im Auftrag von Handelsketten, von stationären Reisemittlern oder Online-Reiseportalen exklusive White-Label- oder mit der jeweiligen Handelsmarke ausgezeichnete dynamisch paketierbare Reiseangebote konzipieren und zum Vertrieb an spezielle Zielgruppen anbieten. Auch virtuelle Reiseveranstalter sind rechtlich verpflichtet, die Erbringung der Reiseleistungen zu sichern.

- **Traditionelle Produktion von Katalog- und Bausteinreisen**

Der Produktionsprozess des traditionellen Reiseveranstalters kann als saisonvorbereitendes Pre-Packaging bezeichnet werden. Er ist integrierter Teil der sich in jeder Saison wiederholenden Phasen Planung, Einkauf, Produktion, Vertrieb und Fulfillment. Sie werden durch ein hochintegriertes betriebliches Reservierungssystem/Veranstaltersystem mit elektronischen Schnittstellen zu beteiligten Geschäftspartnern unterstützt oder automatisiert. Die Disposition der Kontingente und die Bündelung und Kalkulation der Reiseangebote erfolgt durch das Produktmanagement. Neben den fest kalkulierten Katalogpreisen werden Frühbucher- und Last-Minute-Rabatte definiert. Gegebenenfalls müssen im Saisonverlauf anstelle von Angeboten, die sich schlecht verkaufen, aus den zugrundeliegenden Kontingenten kurzfristig neue

Produkte rekombiniert werden, die als Kurzfrist-Angebote über spezielle Distributionskanäle in den Markt gebracht werden (Dynamic Pre-Packaging, siehe oben), oder die Reiseleistungen müssen als Einzelleistungen vermarktet werden (Nur-Flug-, Nur-Hotel-Angebote).

Abbildung 2.5.4 zeigt die Basis-Architektur eines integrierten Veranstaltersystems mit traditionellen Prozessen. Abbildung 2.5.5 zeigt diese Prozessstruktur im Vergleich zur Dynamic-Packaging-Struktur.

Auf der Basis der im internen Inventory erfassten Kontingente eingekaufter Reiseleistungen, zu denen auch durch den Veranstalter selbst zu erbringenden Reiseleistungen (z. B. Busbeförderung durch den Busreise-Veranstalter) mit ihren Preisen, Konditionen oder Verrechnungssätzen gehören, werden die Einzelleistungen zu Reisepaketen bzw. Pauschal-Angeboten gebündelt und kalkuliert.

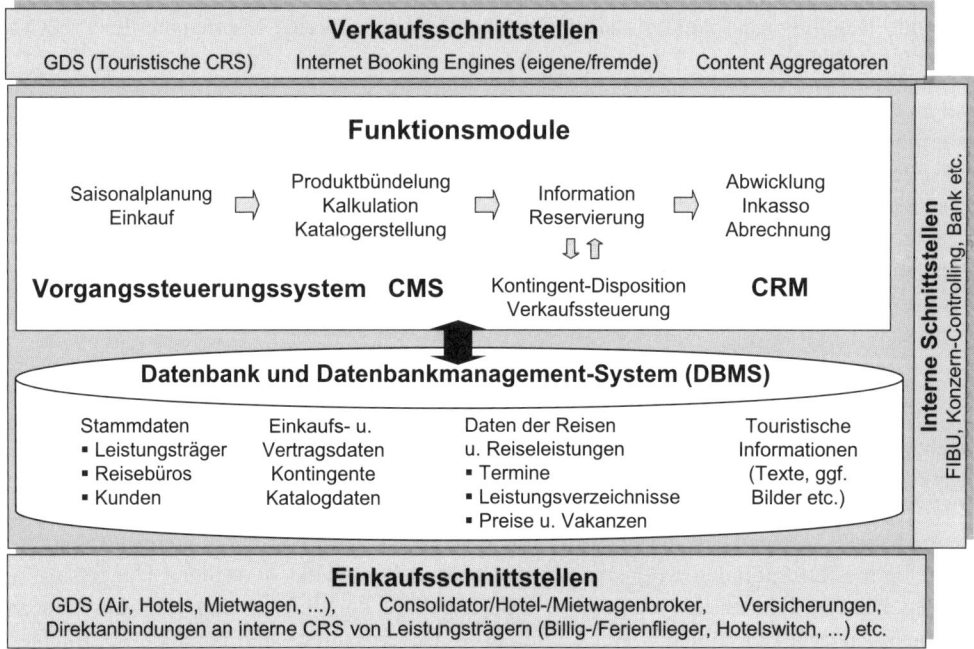

Abb. 2.5.4 *Basis-Architektur eines integrierten datenbankbasierten Veranstaltersystems*

Für die Produktion einer Katalog- oder Bausteinreise sind folgende Schritte notwendig:

1. Festlegung der Einzelleistungen (Flug, Hotel, Transfer, etc.), aus denen sich die Pauschalreise zusammensetzt: Welche Leistungsarten (aus welchen Kontingenten) bilden die festen Bestandteile des Angebotes (Pflichtleistungen - meist Flug und Hotel), welches sind alternativ auswählbare Wahlpflichtleistungen (Transfer oder Mietwagen) und welches sind optionale Wahlleistungen (z. B. ein Tauchkurs)?

2.5 Informationsmanagement bei Reiseveranstaltern

2. Festlegung der zeitlichen Reiseparameter: Angebotszeitraum der Reise, An- und Abreisetage, Reisedauer, Verlängerungsmöglichkeiten, zeitliche Positionierung der einzelnen Reiseleistungen im Rahmen des Reisepaketes, etc.

3. Kalkulation der Reisepreise und Verkaufskonditionen: Die Kalkulation eines Reisepreises besteht nicht nur aus der Addition der Einkaufspreise und ihrer Multiplikation mit Zuschlagsfaktoren zur Gemein-/Fixkosten-Deckung und Gewinnerzielung. Mit der Preiskalkulation sind auch alle Konditionen der Reisepreise festzulegen. Das Ergebnis sind Preistabellen und Parameter für Kalkulationsformeln.

Folgende Beispiele zeigen Faktoren, die bzgl. Punkt 3 den Reisepreis beeinflussen können:

- Buchungszeitpunkt: Festlegung von Frühbucher- und Last-Minute-Rabatten.

- Saisonzeiten: Die Saisonzeiten werden in der Saisonvorbereitung festgelegt abhängig von der Kalenderzeit, dem Zielgebiet und dem Abflughafen. Der Reisepreis ist abhängig von der Saisonzeit, in der die Reise stattfinden wird. Regeln zur Preiskalkulation, wenn die Saisonzeit während der Reisedauer wechselt, sind erforderlich.

- Kalkulationsbasis: Preiskalkulation pro Person (Kinderrabatte in Abhängigkeit vom Alter) oder pro Wohneinheit/Zimmerkategorie, Zu-/Abschläge bei von der Standardbelegung abweichenden Zimmerbelegungen?

- Zu- und Abschläge: Zuschläge für bestimmte Abflughäfen, Zu- oder Abschläge für abweichende Verpflegungsarten, Preisnachlässe für direkte Internet-Buchungen, Preisnachlass für Buchung einer optionalen Zusatzleistung, z. B. Mietwagen.

- Reisedauer und Abreisetermine: Bei Pauschalreisen ist in der Regel im Preis der ersten Reisewoche die Hin- und Rückbeförderung enthalten, der Preis der folgenden Woche ist ein Verlängerungspreis für die zusätzlichen Übernachtungen. Wenig nachgefragte Abreisetermine werden durch Preisnachlässe, die nur an diesen Abreisetagen gelten, gefördert.

- Sonstige Rabatte & Vergünstigungen: Besitzt der Reisende z. B. eine Stammkunden-Kreditkarte, die der Veranstalter herausgibt, und zahlt er die Reise mit dieser Karte, ist die Reiserücktrittskosten-Versicherung inklusive und kostenfrei. Darüber hinaus kann er kostenlos einen Sitzplatz für den Hin- und Rückflug reservieren lassen.

- Zusätzliche Komplexität ist bei Bausteinreisen gegeben, die bestehend aus Pflichtleistungen, optionalen Wahlleistungen und alternativen Wahlpflichtleistungen individuell zusammengestellt werden können, da der Reisepreis im Unterschied zur fest definierten Katalogpreise abhängig von der kundenindividuellen Zusammenstellung der Reise bei Buchung zu berechnen ist.

Die kalkulierten Verkaufspreise und -konditionen sind bezüglich ihrer Marktchancen und Wettbewerbsfähigkeit zu überprüfen und ggf. unter Wahrung von Deckungsbeitrags- und Gewinnpotentialen anzupassen, bevor die Produkte zum Vertrieb freigegeben werden (vgl. die einführenden Erläuterungen in Kapitel 2.5.1).

Je nach Vertriebskanal müssen Veranstalter ihre Angebote in Printmedien wie Katalogen, Broschüren, Anzeigen, Flyern und elektronisch als E-Mail-, Newsletter-, PDF-Dokumente, elektronische Kataloge und auf Web-Portalen darstellen. Dieselben Text- und Bildmaterialien müssen immer wieder neu für verschiedene Medien formatiert, aufbereitet und bereitgestellt werden. Hierfür eignen sich Content Management Systeme. Dies sind spezielle Multimedia-Datenbanken mit anwender-orientierter Funktionalität, in denen alle verwendeten Text- und Bilddokumente von sog. Redakteuren ohne Programmierkenntnisse eingestellt und verwaltet werden. Aus diesen multimedialen Basisinformationen können durch die für jede Darstellungsart einmal programmierten Layout-Templates automatisch Angebotsdarstellungen für alle Ausgabemedien, Formate und Geräte (Drucker, Browser, Handy, etc.) generiert werden. Für Pauschal- und Bausteinreisen, die in Printmedien dargestellt werden, müssen die Kataloge, Prospekte oder Flyer mit elektronischen Publishing Systemen auf Basis der CMS-Daten mit den Preistabellen und Buchungscodes produziert und in hohen Auflagen gedruckt werden.

- **Produktionsprozess des Dynamic Packaging**
Der Produktionsprozess der virtuellen Veranstalter (vgl. Abb 2.5.5 unten) basiert dagegen auf einem zwischenbetrieblichen Netzwerkverbund eines regelbasierten Paketierungs-Systems mit den externen Inventories der Leistungsgeber und den elektronischen Vertriebskanälen (vgl. z.B. Simon/Küçükçankaya 2004).

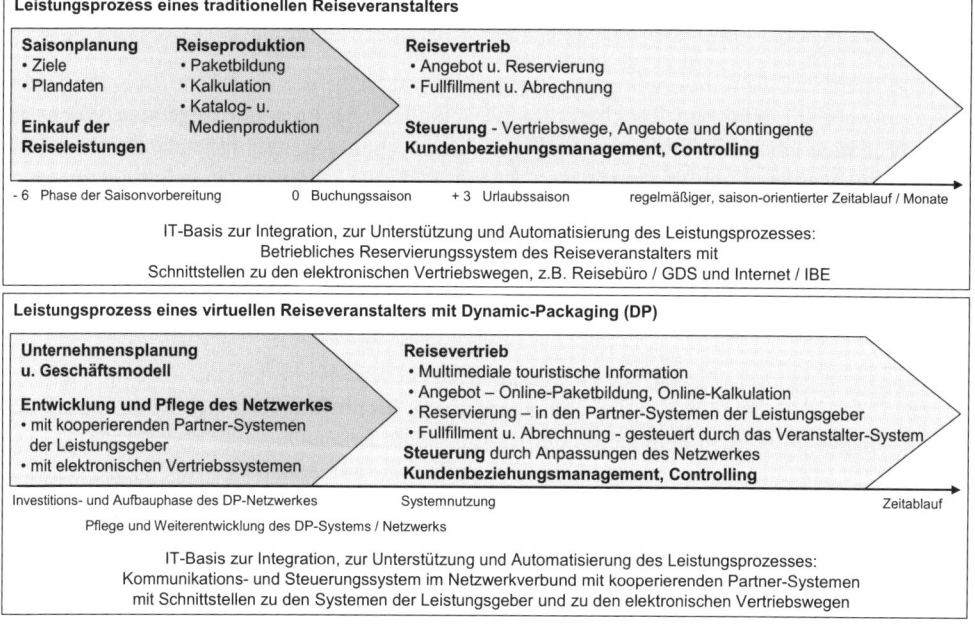

Abb. 2.5.5 *Prozesse der Reiseproduktion bei Katalog-/Bausteinreisen und bei Dynamic (Pre-)Packaging im Vergleich*

Spezialisierte Dynamic-Packaging-Engines/-Dienste (z. B. DynaPack von znt Travel, Mercado von Interes, DataMix von Traveltainment, XPackage von Traffics, Life-Packaging von Partners oder OpenJaw's xDistributor) mit ihren Reservierungsschnittstellen zu den Leistungsgebern und zu den elektronischen Vertriebswegen werden als Softwarelösung oder als Application Service angeboten.

Der Veranstalter gibt dabei die Paketierungs- und Kalkulationsregeln vor, die im Wesentlichen auf Zuschlägen zu den zu Netto-Tagespreisen buchbaren Einzelleistungen der Leistungsgeber beruhen (sog. **Dynamic Pricing**). Statt Nettopreisen ist auch der Ausweis von Bruttopreisen im anbietenden System möglich, der Dynamic-Packaging-Veranstalter erhält dann Provisionen auf die Bruttopreise. Der konkrete Veranstalter differenziert sich durch seine Schnittstellen, ggf. durch seine speziellen Preiskonditionen bei den angeschlossenen Leistungsgebern oder durch die Zusteuerung eigener Kontingente aus seinem internen Inventory für die Paketierung.

Beim dynamischen Paketieren können die Einzelleistungen nicht im Voraus geplant, gebündelt und kalkuliert werden. Die Einzelleistungen werden beim echten Dynamic Packaging erst zum Zeitpunkt der Kundenanfrage beim Dynamic Pre-Packaging kurzfristig (z. B. nachts vor dem Verkaufstag) aus verschiedenen internen Angebotsbeständen und externen Systemen automatisch abgefragt. Statt eine Pauschalreise durch die direkte Zuordnung von passenden Einzelleistungskontingenten aus dem internen Inventory als Pflicht-, Wahl- oder Wahlpflichtleistungen zu bündeln, werden in Dynamic-Packaging-Systemen (vgl. Abb 2.5.6) Datenquellen und Suchabfragen definiert, durch welche bei einer konkreten Kundenanfrage oder bei der kurzfristigen Vorpaketierung von Angebotsdatensätzen alle für die Bündelung passenden Einzelleistungen aus den Systemen der vernetzten Leistungsanbieter abgefragt und kombiniert werden. Durch Regeln und Formeln wird beschrieben, wie aus den aktuellen Einzelpreisen der abgefragten Einzelleistungen durch Addition ggf. mit geeigneten Zu- oder Abschlägen der Gesamtpreis der entstehenden Pakete dynamisch berechnet wird.

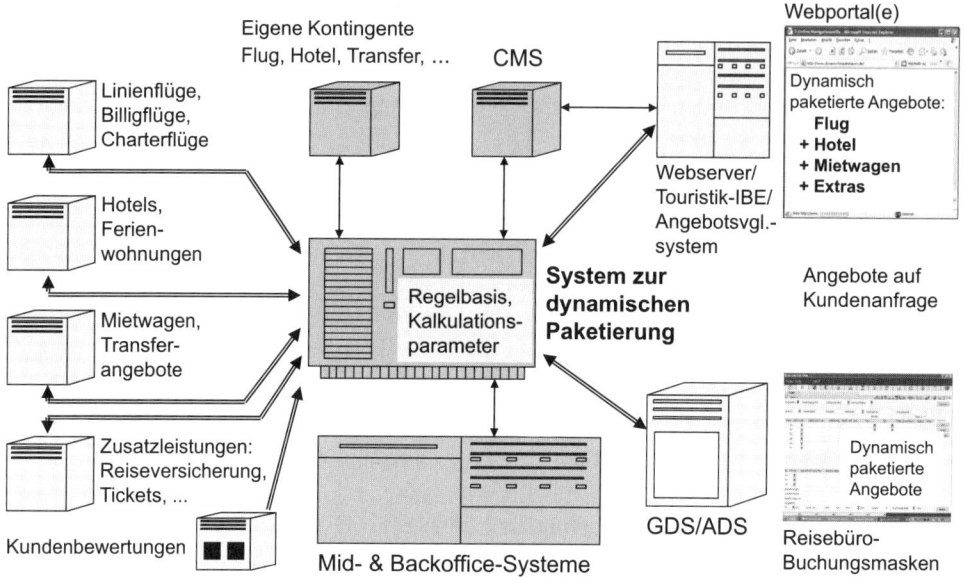

Abb. 2.5.6   Architektur eines Dynamic-Packaging-Systems

Bei der Buchung der dynamisch gebündelten Pakete aus den von verschiedenen internen und externen Datenquellen abgefragten Einzelleistungen ist zu beachten, dass es sich um eine **verteilte Geschäftstransaktion** handelt, die nur vollständig oder gar nicht abgewickelt werden darf. Nur wenn alle Einzelleistungen einer Pauschale in allen beteiligten Leistungsanbieter-Systemen erfolgreich reserviert werden konnten, ist die Reisebuchung erfolgreich. Wenn nur eine einzige Teilleistung zum Buchungszeitpunkt nicht mehr verfügbar ist, müssen alle anderen bereits gebuchten Teilleistungen wieder automatisch storniert werden. Außerdem müssen mit den gebündelten Reiseangeboten die richtigen beschreibenden Text- und Bildinformationen der Anbieter aus internen oder externen Content Management Systemen (CMS) verknüpft werden.

Durch die Nutzung von Leistungen, die aus externen Systemen übernommen werden, ist die **Qualitätssicherung** insbesondere der Unterkunftsleistungen ein weiters besonderes Problem des Dynamic-Packaging-Prozesses. Große Veranstalter mit bekannten Marken integrieren (konzern-)eigene Hoteldatenbanken in ihr ergänzendes Dynamic-Packaging-Angebot, auch um ihre Qualitätsstandards sichern zu können. Die Integration von **Hotelbewertungssystemen** (vgl. Abb. 2.5.6 unten rechts und Kap. 5.5) in den Dynamic-Packaging-Vertriebskanal kann ein wichtiges Element zur Beratung und kundenorientierten Qualitätssicherung sein. Die rückblickenden Bewertungen von Reisekunden geben einzeln und zusammengefasst beratende, empfehlende oder kritische Hinweise an die Reiseinteressenten. Es handelt sich um eine „Online-Mund-zu-Mund-Propaganda", mit der die Masse der gereisten Kunden ihre Erfahrungen dem einzelnen Interessenten mitteilt, der dann gemäß seiner Wünsche und Qualitätsansprüche diese Informationen bewerten kann.

2.5.4 Vertriebs- und Distributionssysteme

Auch im Veranstaltervertrieb sind direkte und indirekte Vertriebskanäle zu unterscheiden:

Direktvertrieb: Reiseveranstalter können ihre Reiseangebote direkt über Call Center, Eigenbüros oder die eigene (Veranstalter-)Website vertreiben.

In die Website ist eine veranstalter- oder konzernspezifische Booking-Engine als Frontoffice-Modul integriert, die dem Interessenten den Informations- und Recherche-Service bietet und als Schnittstelle den Buchungsprozess im Reservierungssystem des Veranstalters gemäß Kundenwunsch steuert. Call- und Service-Center des Veranstalters sowie eigene Büros zur Kundenbetreuung nehmen direkt Zugriff auf das Veranstaltersystem. Sie nutzen zum Zugriff Buchungsmasken bzw. Frontoffice-Module, die erweiterte Funktionalitäten zur Verfügung stellen, z. B. Beschwerdemanagement, Kundenhistorie und CRM. Die genannten direkten Vertriebskanäle greifen folglich über integrierte Frontoffice-Module und ohne informationstechnologische Intermediäre direkt auf das interne Reservierungs- bzw. Veranstaltersystem zu.

Indirekter Vertrieb: Für Reiseveranstalter, die ihre Produkte überregional und (inter-)national anbieten und entsprechende Zielgruppen ansprechen, ist der indirekte Vertrieb über Reisemittler erforderlich bzw. von großer Bedeutung.

Zu den Reisemittlern zählen neben den traditionellen stationären Reisebüros (organisiert in Ketten und Kooperationen, stationär am Ort des Kunden) auch die seit der Verbreitung des Internets in großer Zahl entstandenen virtuellen Reisebüros (auch als OTA – Online Travel Agents bzw. Online Reisebüros bezeichnet). Letztere sind Internet-Reiseportale, die Angebote verschiedener Reiseanbieter und -veranstalter mit diversen Zusatzinformationen darstellen, vergleichen und online, unterstützt durch ihre Call Center gegen Provision im Rahmen von NTO-Verträgen (Non Traditional Outlet) an die Endkunden vermitteln.

Exkurs zu virtuellen Reisemittlern:

Virtuelle Reisemittler setzen Webportale, Internet Booking Engines und Call Center zum Frontoffice-Betrieb bzw. zum Kundenkontakt ein (vgl. Weithöner, 2008, S. 321f. und S. 338ff. sowie Kap. 5.2).

Das Webportal übernimmt die Funktionen eines Schaufensters und einer allgemeinen touristischen Information und Animation. Die integrierte Internet Booking Engine übernimmt die konkrete kundenorientierte und produktbezogene Beratung und Vermittlung und fungiert als technische Schnittstelle zu den Reservierungssystemen der Veranstalter. Die Reservierung der vermittelten Reiseleistungen und die Steuerung der Reiseabwicklungen erfolgen in den Reservierungssystemen der Reiseveranstalter. Dabei besteht grundsätzlich kein Unterschied, ob eine Reise über ein stationäres Reisebüro z. B. via GDS/ADS (s.u.) oder über einen virtuellen Mittler und seine Booking Engine in das Veranstaltersystem vermittelt worden ist.

Auch ein virtueller Reisemittler arbeitet nach den Regeln und Bedingungen des Reisemittlergeschäfts und gemäß einem definierten Geschäftsmodell mit eigener Verantwortung für sein Geschäftsergebnis.

So wird beispielsweise das Webportal des TUI-Konzerns unter www.tui.com durch die TUI interactive GmbH als verantwortlicher Reisemittler betrieben. Während aber über das TUI-Portal nur Reisen von konzerngebundenen Reiseanbietern vermittelt werden (Stand Herbst 2009), bietet das Portal des Thomas Cook-Konzerns (www.thomascook.de) auch die Vermittlung konzernfremder Reiseleistungen an, um dem Kunden damit ein möglichst vollständiges Sortiment zur Vermittlung anbieten zu können. Wie die Beispiele andeuten, kann nicht immer sofort unterschieden werden, ob es sich bei einem Webportal um einen in eigener Verantwortung arbeitenden Reisemittler handelt oder um einen direkten Vertriebskanal eines Reiseanbieters, der über das Web seine selbst produzierten Reisen und Reiseleistungen anbietet, verkauft und damit auch für die Erbringung der Reiseleistungen haftet. Diese Unterscheidung und damit die Zuordnung, wer für die Erbringung der Reiseleistung haftet, muss in den Allgemeinen Geschäftsbedingungen eines Webportals eindeutig geklärt werden.

Die Verbindung zwischen dem internen Reservierungssystem und dem Content Management System (CMS) des Reiseveranstalters auf der einen Seite mit den Vertriebs- und Beratungssystemen (Frontoffice-Systeme) der stationären und virtuellen Reisemittler auf der anderen Seite übernehmen touristische **Distributionssysteme**, die von informationstechnologischen **Intermediären** bereitgestellt und betrieben werden. Hierzu zählen die touristischen Distributionsnetzwerke der GDS, Content-Aggregatoren und Preisvergleichssysteme, sog. Alternative Distributionssyteme (ADS) und touristische Internet Booking Engines (IBE):

Touristische Distributionsnetzwerke der Global Distribution Systems (GDS)

Das Rückgrat des indirekten Vertriebs über Reisebüros bilden im deutschsprachigen Raum bis heute die jeweils standardisierten touristischen Distributionsnetzwerke der GDS[1], insbesondere Amadeus mit **Amadeus-Tour-Market** (vormals START/TOMA), **MySabre merlin** und **Galileo-CETS**. Diese touristischen Distributionsnetzwerke sind im Gegensatz zu den globalen Distributionsverfahren, welche die GDS für originäre Leistungsträger (Airlines, Hotelketten, Autovermieter, etc. vgl. Kap. 4.2 und 4.3) weltweit anbieten, nicht global, sondern z. B. bei Amadeus in Frankreich technisch und funktional anders als in Deutschland und Österreich realisiert. In Bezug auf Reiseveranstalter und die Buchung von Pauschalreisen arbeiten die GDS als Kommunikationssysteme und touristische (Branchen-) Netzwerke, die in der jeweiligen Ländergruppe einheitliche Kommunikationsstrukturen und Verfahrensstandards zwischen Reisemittler und Reiseveranstalter zur Verfügung stellen.

---

[1] Vielfach werden die Begriffe Computer-Reservierungssystem oder Central Reservation System unter der Abkürzung CRS auch heute noch synonym mit dem GDS-Begriff verwendet. Der Begriff Global Distribution System ist aber der umfassendere Begriff für eine Vielzahl angebotener internationaler IT-Dienstleistungen. Der Begriff Computer-Reservierungssystem (CRS) wird oftmals auch unspezifisch als Oberbegriff für elektronische Systeme zur Buchung, Reservierung und Abwicklung touristischer Leistungen genutzt. Im Hotelmanagement wird als CRS explizit das den GDS vorgelagerte Central Reservation System einer Hotelkette oder Hotelkooperation bezeichnet. Die Verfasser verzichten daher hier auf den CRS-Begriff.

2.5 Informationsmanagement bei Reiseveranstaltern

Veranstalter, die ihr internes Reservierungssystem an ein solches touristisches GDS-Netzwerk anschließen, werden bei allen in der entsprechenden Ländergruppe am jeweiligen GDS angeschlossenen Reisebüros über eine einheitliche sog. touristische Buchungsmaske technisch buchbar. Auf diese Weise erhalten Expedienten Online-Zugriff auf das Veranstalter-Reservierungssystem und kommunizieren mit diesem in einem vorgegebenen Standard-Transaktionsverfahren. Anhand eindeutiger EDV-Codes der Reiseangebote aus den jeweiligen Veranstalterkatalogen oder Angebotsdatenbanken können die Expedienten der am GDS angeschlossenen Reisebüros Vakanzen, Preise und weitere verkaufsrelevante Informationen abfragen und Reservierungen/Buchungen, Umbuchungen und Stornierungen elektronisch vermitteln (vgl. Weithöner 2008, S. 324ff. sowie Kap. 4.1, 4.2 und 4.6 dieses Buches).

Die Reisebüros haben damit den Vorteil, dass sie über eine Standard-Buchungsmaske ihres GDS bei allen am jeweiligen touristischen Distributionsnetz angeschlossenen Veranstaltern elektronisch buchen können. Die GDS stellen den Reisemittlern ihre touristischen Distributionsverfahren für die Vermittlung von Veranstalterangeboten (z. B. Pauschalreisen, Charterflüge, etc.) zusammen mit den globalen Distributionsverfahren zur Vermittlung von Einzelleistungen originärer Leistungsträger (z. B. zur Buchung von Linienflügen, Hotels, Mietwagen etc. vgl. Kap. 4.2) via Internet zur Verfügung. Abhängig von den getroffenen Lizenzvereinbarungen erhält ein Reisemittler über das Web-Portal bzw. die auf dem PC zu installierende Client-Software der jeweiligen GDS-Verkaufsplattform Zugriff auf die für ihn freigegebenen Verfahren.

Die Teilnehmerschaft an den touristischen Distributionsnetzwerken beruht auf gesicherter Internet-Technologie, d.h. Zugriff nur über Extranet mit Login/Passwort sowie verschlüsselte Übertragung über die Virtual Private Networks der GDS. Die Systemteilnahme ist für die Reisemittler kostenpflichtig und kann gemäß der genutzten und lizenzierten Transaktionsverfahren differenziert werden. Ein Reisebüro kann jedoch eine Reisebuchung über das touristische Distributionsnetz nur durchführen, wenn es Agenturverträge mit den jeweiligen Reiseveranstaltern geschlossen hat. Das Reiseveranstaltersystem prüft diese Bedingung auf Basis seiner Reisebüro-Stammdaten (vgl. Abb. 2.5.4).

Um als Reiseveranstalter angeschlossen zu werden, ist als Schnittstelle zum betrieblichen Reservierungssystem ein automatisiert arbeitendes Software-Modul erforderlich (z. B. eine TOMA, Robin/MERLIN oder CETS-Schnittstelle). Diese Schnittstellen-Software interpretiert die von den Reisebüros in der touristischen Standard-Buchungsmaske erfassten und übermittelten Daten, so dass das Reservierungssystem des Veranstalters sie automatisch mit der gewünschten Aktion (z. B. Vakanzanfrage, Buchung) verarbeiten und beantworten kann. Anschließend versendet die Schnittstellen-Software die Antwortdaten zu der jeweiligen Aktion, so dass sie in der standardisierten Bildschirmmaske des Reservierungsverfahrens für Pauschalreisen sachgerecht auf dem Reisebüro-PC dargestellt werden. Für Busreiseveranstalter, Ferienhaus-Reiseveranstalter, Kreuzfahrt-Veranstalter aber auch für einzelne Mietwagen-Broker, Billigfluggesellschaften und Hotelanbieter etc. sind speziell angepasste Verfahrensstandards und Detailmasken entwickelt worden, die auf diesen Standard-Reservierungsverfahren für Pauschalreisen basieren.

Die Veranstalter zahlen dem jeweiligen GDS Anschluß- und Transaktionsgebühren und haben den Vorteil, dass sie je GDS nur eine Schnittstelle unterhalten müssen, anstatt vieler

Schnittstellen mit vielen Reisebüros. Im deutschen Reisemarkt sind nicht alle Reisebüros am selben touristischen Distributionsnetzwerk angeschlossen (Statistiken zur GDS-Verbreitung vgl. Abb. 4.1.7 in Kap. 4.1). Daher ist es für viele Veranstalter erforderlich, an mehreren Systemen teilzunehmen und für mehrere GDS Schnittstellen-Software zu implementieren. Diesen Investitionsaufwand hat der Reiseveranstalter zu tragen. Die GDS prüfen kostenpflichtig die Funktionalität und technische Sicherheit der Verfahrensschnittstelle im Zusammenwirken mit dem Reservierungssystem des Reiseveranstalters.

Nur der Reiseveranstalter TUI (TUI Deutschland GmbH) bietet seinen lizenzierten Reisebüros ein eigenes Verfahren, das **TUI/IRIS-Verfahren**, mit speziellen TUI-Funktionen. Das IRIS- bzw. das innovierte IRIS.plus-Verfahren ist aus den touristischen Distributionsnetzen der GDS ebenfalls aufrufbar. Umgekehrt sind viele TUI-Angebote – wenn auch z. T. mit weniger Zusatzinformationen und weniger Bedienkomfort – auch über die klassischen touristischen Masken der GDS buchbar.

Mit diesen traditionellen Transaktionsverfahren für Reiseveranstalter und ihre Pauschalangebote im Rahmen eines GDS-Distributionsnetzwerks, das in Deutschland unter dem Namen START bereits vor fast 30 Jahren eingeführt wurde, wird der Reiseverkauf auf Basis einer katalog-bezogenen Beratung optimiert. Insbesondere Verfügbarkeitsprüfung, Preisberechnung, Buchung, Umbuchung und Stornierung von in Prospekten beschriebenen Reiseangeboten werden unterstützt.

Hier liegen aber auch die Grenzen dieser traditionellen Verfahren:

- Multimediale Tourismus- und Angebotsinformationen, katalog- und veranstalterübergreifende Suchfunktionen mit Preisvergleichen konkurrierender Angebote und unter Berücksichtigung aktueller Kurzfrist- und Lastminuteangebote haben bis in die jüngere Vergangenheit gefehlt (vgl. in Kap. 4.6 die Prozesse A und B).

- Veranstalter beispielsweise, die kurzfristig Restkontingente oder Last-Minute-Angebote an die Reisebüros kommunizieren wollten, waren lange Zeit zur Bekanntmachung der Angebotsbeschreibungen und Buchungscodes auf Mailing-/Fax-Aktionen ggf. mit Hilfe entsprechender Dienstleister und deren Kurzfrist-Angebotsdatenbanken angewiesen.

- Nur Pre-Packaged-Angebote konnten in den traditionellen Verfahren elektronisch vermittelt werden, so dass Dynamic-Packaging-Angebote überwiegend über Web-Portale und spezialisierte Internet Booking Engines vermarktet werden (Stand 2009). Um die Buchungsdialoge der traditionellen GDS-Transaktionsverfahren flexibler und z. B. für Baustein-Buchungen und Warenkorb-Funktionen komfortabler gestalten zu können, wurden diese um sog. dynamische Teilmasken mit Bildinhalten und Auswahlfunktionen ergänzt. Mehrere Reiseveranstalter passten auf der Basis dieser und anderer Technologien ihre Systeme entsprechend an, um Dynamic-Packaging auch GDS-basiert und damit auch im stationären Reisevertrieb anbieten zu können (vgl. Abb. 2.5.6 rechts unten).

2.5 Informationsmanagement bei Reiseveranstaltern   133

- **Content-Aggregatoren und Angebots-/Preisvergleichssysteme**

Die oben genannten Punkte/Grenzen wurden von Content-Aggregatoren und Content-Distributionssystemen wie z. B. Giata, Interactive CMS oder von Traveltainment aufgegriffen[2]. Diese erstellen und sammeln elektronische Versionen der Reisekataloge und Kurzfristangebote aller wichtigen Veranstalter. Sie erfassen systematisch alle Text-, Bild- und Videodaten zu den angebotenen Hotels und Zielgebieten und integrieren Geoinformationen und Hotelbewertungen verschiedener Quellen. Reisebüros und Reiseportale erhalten kostenpflichtig Online-Zugriff auf die hieraus entstandenen multimedialen Datenbank-Informationsdienste, über die sie nicht nur auf alle elektronischen Reisekataloge der wichtigsten Veranstalter zugreifen, sondern auch mittels veranstalter-übergreifenden Attribut- oder Volltextsuchen sämtliche Hotelbeschreibungen recherchieren und vergleichen können, die in einem oder mehreren Veranstalter-Katalogen bzw. Prospekten wiedergegeben sind. Sie liefern integriert viele nützliche Zusatzinformationen, die neben den reinen Angebotsdaten für die Beratung der Endkunden beim Vertrieb von Pauschalreisen notwendig sind.

Darüber hinaus sind z. B. vom IFF (Institut für Freizeitanalysen) Angebots- und Preisvergleichssysteme erfolgreich etabliert worden, die nach der Übernahme durch Traveltainment mit den oben genannten multimedialen Content-Datenbanken zu Kunden-Beratungssystemen integriert wurden. Die Vergleichssysteme sammeln die Veranstalter-Angebote und bereiten die Daten so auf, dass sie übergreifend und anbieter-unabhängig zur Kundenberatung recherchiert, sortiert und vergleichend dargestellt werden können. Sie beziehen dabei auch Lastminute-Angebote ein. Die Reiseanbieter übermitteln hierzu im Rahmen ihrer Vertriebssteuerung und ihres Yield-Managements (vgl. Kap. 3.1) kurzfristig ihre Angebotsdaten über automatisierte elektronische Schnittstellen an diese Angebots-/Lastminute-Datenbanken. Um auch Einzelleistungen kurzfristig im Rahmen von Reisepaketen zu vermarkten, können zudem Verfahren des kurzfristigen Dynamic Pre-Packaging integriert werden. Alle übermittelten und kurzfristig generierten Angebotsdaten werden schließlich in den Angebots-Datenbanken zur schnellen Durchsuchbarkeit, Vergleichbarkeit, Sortierbarkeit und Darstellung in den Kunden-Beratungssystemen konzentriert. Beispiele für solche Beratungssysteme sind Traveltainment Bistro, Traffics Cosmo, LMPlus von Travel IT, MySabre merlin Shop, Partners Tourport B2B, easyCounter von easyPax und in der Schweiz Tour Online.

Zum Teil sind diese Beratungssysteme in die traditionellen touristischen **GDS-Verfahren zur Reisevermittlung** integriert worden. Das Traveltainment/Bistro-System wurde z. B. nach der Übernahme von Traveltainment durch Amadeus[3] zu einer Erweiterung der Amadeus Selling Platform und kann als Stand-Alone-Produkt durch Schnittstellen auch in die übrigen klassischen GDS-Distributionsverfahren eingebunden werden (vgl. Kap. 4.6): Hat ein Kunde sich auf Basis einer Beratung z. B. mit Traveltainment/Bistro für ein dargestelltes

---

[2] **Anmerkung der Verfasser**: Die Nennung der Firmen erfolgt wie bei allen Produkten und Unternehmen dieses Beitrags nur beispielhaft und beinhaltet keine Wertung oder Empfehlung der Autoren. Weitere Firmen und Produkte werden im Internet und jedes Jahr auf der ITB in Berlin oder der TravelExpo in Köln von ihren Herstellern präsentiert. Wir empfehlen vor jeder Auswahl eines Produktes, die vielen Angebote verschiedener Anbieter im Hinblick auf die individuellen Anforderungen systematisch zu vergleichen (vgl. Kap. 1.3).

[3] **Anmerkung**: Die hier aufgezeigten Entwicklungen haben alle GDS in ähnlicher Weise vollzogen, und wenn vorstehend primär ein Systemverbund als Beispiel genannt worden ist, so ist damit keine Wertung verbunden.

Reiseprodukt entschieden, werden die Produktdaten und -codes automatisch in das gewünschte traditionelle Verfahren TOMA, merlin oder CETS übergeben, um dort eine aktuelle Verfügbarkeitsprüfung und ggf. die verbindliche Vermittlung und Reservierung durchzuführen.

- **Alternative Intermediäre/Distributionssysteme (ADS)**

Parallel zur oben skizzierten Entwicklung im GDS-Umfeld haben sich auch mehrere Content-Aggregatoren mit integrierten Beratungssystemen für Pauschalreisen, Nur-Flug und Nur-Hotel-Angeboten erfolgreich etabliert, die in Ergänzung ihrer Beratungssysteme eigene alternative Distributionsnetzwerke mit Direktverbindungen zu den Anbietersystemen aufgebaut haben. Damit können sie die klassischen touristischen Distributionnetzwerke der GDS (vgl. Abb 2.5.7) umgehen. Beispiele für solche sog. alternativen Distributionssysteme (ADS) sind bum@ von Travel-IT, das CRS von Traffics, das JackPlus CRS von Bewotec oder die easy Buchungsmaske von easyPax.

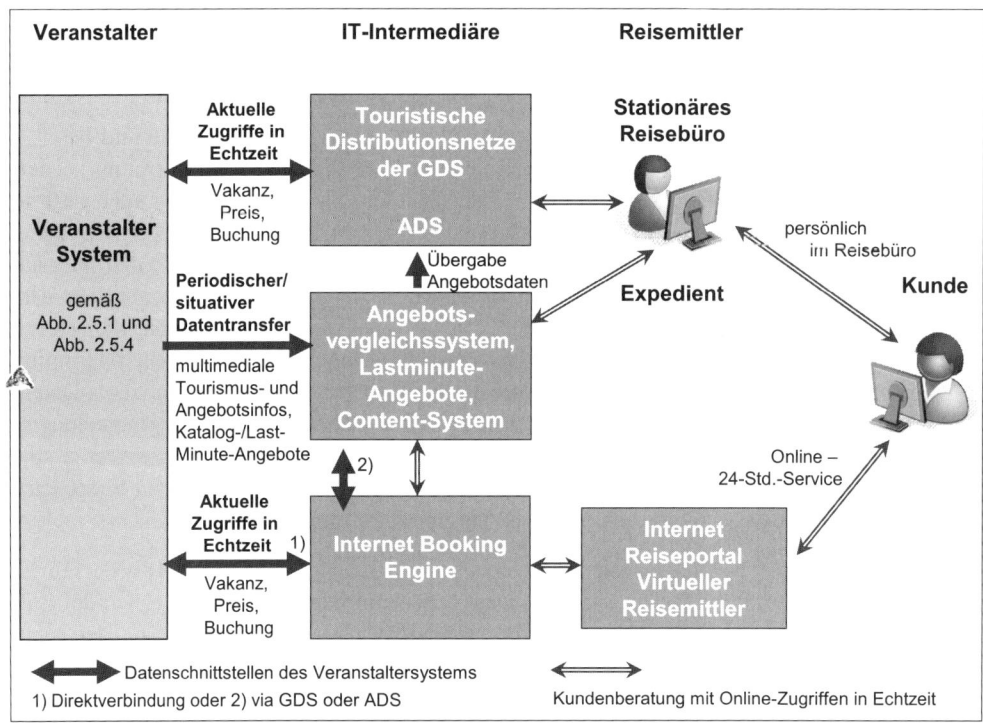

Abb. 2.5.7 Datenflüsse zwischen Veranstaltern, Content-Aggregatoren, Angebotsvergleichssystemen, Internet Booking Engines und touristischen GDS/ADS-Netzwerken

Viele touristische ADS bieten ihre Systeme sowohl für den traditionellen stationären Vertrieb als auch für den Online-Vertrieb als Internet Booking Engines zur Integration in Reiseportale an (vgl. hierzu den nächsten Abschnitt). Somit bieten sich aus Veranstalter- und Reisemittlersicht neben den touristischen Distributionsnetzen der GDS alternative Distributionssysteme als alternative Intermediäre im Vertrieb an. Im Ergebnis haben Veranstalter hierdurch einerseits mehr Auswahl bezüglich ihrer Distributionskanäle. Andererseits muss ein Veranstalter sich aber ggf. auch an mehr Distributionssysteme als früher anschließen, um alle seine Zielgruppen über die passenden stationären und Online-Reisemittler erreichen zu können.

- **Touristische Internet Booking Engines (IBE)**

Die Preisvergleichs- und Beratungssysteme und ihr Content werden als **Internet Booking Engines** auch in Online-Reiseportale von Veranstaltern und virtuellen Reisemittlern integriert. IBEs wurden entwickelt, um den in den Beratungssystemen mit Unterstützung des Expedienten vom Kunden durchlaufenen Kaufprozess (die sog. Buchungsstrecke: Eingabe der Reise-Wunsch-Paramter → Suche und Produktvergleich → Produktdarstellung → Vakanzabfrage und Buchung) in der Bedienung so zu vereinfachen, dass Kunden sich im Internet-Browser selbst bedienen können. Zudem verfügen IBEs wie z. B. Traveltainment TT IBE, Traffics Tibet, Travel-IT LMweb, lastminute.de, Sabre Leisure IBE, Partners Tourport B2C oder easy IBE von easyPax zur Vakanzabfrage und Reisebuchung über elektronische Schnittstellen zu den Anbietersystemen (vgl. Kap. 5.2). Diese Schnittstellen können Direktverbindungen sein, sie können aber auch im Hintergrund über die vorhandenen touristischen Distributionsnetzwerke der GDS oder ADS realisiert werden. Aus Sicht des Endkunden verläuft die Buchung nach Ausfüllen des Buchungsformulars der IBE vollkommen automatisch. Im Hintergrund kann die IBE Buchungen aber auch an Sachbearbeiter zur manuellen Kontrolle weiterleiten.

Die neu entwickelten Content- und Vergleichssysteme sind also als Beratungsdienste einerseits mit den traditionellen GDS-Distributionsnetzen integriert worden, um die GDS-Dienstleistungen zur Reisevermittlung zu verbessern und andererseits, um GDS/ADS-Dienste als IBE auch für den Online-Vertrieb über virtuelle Reisemittler anbieten zu können.

Unterschiede zwischen IBE und Beratungssystemen bestehen bisher vor allem darin, dass die Beratungssysteme im stationären Vertrieb in enger Verzahnung mit den traditionellen Verfahren bedient werden. Dadurch ist in den Reisebüros zum einen immer noch spezielles Wissen zur Nutzung der Systeme erforderlich, zum anderen können die Reisebüros aber auch weiter die vielfältigen Funktionalitäten und Services der klassischen Systemverbünde nutzen, z. B. Inkasso-Steuerung, Mid- und Backoffice-Funktionen.

Aktuell (Stand 2010) erforscht aber z. B. die Hochschule München mit dem IBE-Anbieter Partners Software und dem Reiseportal Onlineweg.de der Reisebürokooperation TSS auch neue Formen der Integration touristischer IBEs mit den Beratungssystemen des stationären Vertriebs. Diese sind eine Voraussetzung für eine intensivere kundenorientierte Zusammenarbeit von stationärem Vertrieb und Online-Vertrieb, z. B. in Reisebüro-Kooperationen: Die IBE des Reiseportals ermöglicht dem Kunden zu jedem Zeitpunkt seines Kaufprozesses ein mit dem Reiseportal kooperierendes stationäres Reisebüro seines Vertrauens einzubeziehen. Das Reisebüro erhält dann den aktuellen IBE-Kontext des Kunden-Kaufprozesses im Beratungssystem angezeigt und kann die Beratung telefonisch oder auch bei einem Besuch des Kunden am Counter bis zur Buchung fortsetzen. Kunden können so z. B. im Internet-Reiseportal in einem elektronischen Merkzettel passende Reiseangebote vormerken, die dann im kooperierenden stationären Reisebüro anhand des vom Kunden freigegebenen elektronischen Merkzettels beraten und ggf. modifiziert gebucht werden. Umgekehrt können nach einer Beratung im Reisebüro dem Kunden einige alternative Reiseangebote als Merkzettel in seinem persönlichen Reiseportal-Account bereitgestellt und vom Kunden selbst zu Hause z. B. nach Abstimmung in der Familie definitiv ausgewählt, ergänzt und gebucht werden.

Zusammenfassend für den Reiseveranstalter: Um seine Angebote in den verschiedenen indirekten stationären und Online-Vertriebssystemen darzustellen und technisch buchbar zu machen, muss ein Reiseveranstalter die Beschreibungen und Medien zu seinen Angeboten den Content-Aggregatoren elektronisch zur Verfügung stellen. Seine konkreten Angebotsdaten, sowohl die Daten der langfristigen Katalogangebote wie auch die Daten der Kurzfristangebote, sind zeitgerecht an die Vergleichssysteme bzw. an die Lastminute-Datenbanken zu übermitteln. Sein Veranstalter-/Reservierungssystem muss schließlich mit automatisiert arbeitenden Schnittstellen an alle zielgruppenrelevanten touristischen Distributionsnetzwerke (GDS/ADS) ggf. auch in verschiedenen Ländern angeschlossen werden (vgl. Abb. 2.5.7). Die optimale kundenorientierte Integration von Online- und Offline-Vertrieb ist ein aktuelles Forschungsthema mit weitreichenden Implikationen für die zukünftigen Strukturen des Veranstaltervertriebs.

2.5.5 Vertriebssteuerung und Disposition

Für den Multi-Channel-Vertrieb eines Reiseveranstalters über verschiedene direkte und indirekte Vertriebskanäle sind mit den Produktdaten im internen Vertriebssystem des Veranstalters auch Steuerungsdaten zu verwalten. Sie legen fest, über welche Vertriebssysteme die einzelnen Reiseprodukte angeboten werden und gebucht werden können, z. B. einfach strukturierte Pauschalreisen direkt via Internet und über Reisebüros im touristischen GDS-Verfahren, Bausteinreisen nur über Reisebüros im touristischen GDS-Verfahren, Gruppenreisen nur mit telefonischer oder schriftlicher Anfrage im Call Center oder im Eigenbüro.

Zur Vertriebssteuerung des Veranstalters gehört auch die Vereinbarung differenzierter Provisionen und Provisionsmodelle mit den Reisemittlern bzw. den Reisebürokooperationen in den indirekten Vertriebskanälen. Für jeden Reisemittler müssen im System die aktuellen Provisionssätze und -modelle (z. B. Staffelprovision) ggf. differenziert nach Produkten/Produktgruppen und Kanälen (Online/Offline) hinterlegt sein. Für eine optimale Mehrkanal-Vertriebssteuerung spielt auch die Abstimmung mit den Mengen- und Preisvorgaben der Preis- und Yield-Management-Systeme (vgl. Kap. 3.1) eine wichtige Rolle (z. B.: Über welchen Kanal werden wann welche Kurzfrist-Angebote zu welchen Konditionen vertrieben?).

Der langfristige Einkauf von Reiseleistungen, die Produktbündelung und die Preiskalkulationen basieren auf Planteilnehmerzahlen und auf erwartetem Kundenverhalten im Zusammenhang mit Saisonzyklen, Werbeaktivitäten u.v.a.m. (vgl. Kap. 2.5.2 und 2.5.3). Um die nach Buchungsfreigabe der Kataloge und im Saisonablauf eingehenden Buchungen (Istzahlen) mit den Planzahlen kontinuierlich und detailliert vergleichen zu können, haben die Veranstaltersysteme regelmäßig und automatisiert sachgerechte Auswertungen und Vergleiche zu erstellen. Diese Auswertungen sind die Basis der kurzfristigen, saison-begleitenden Disposition und Verkaufssteuerung:

– Wird erkannt, dass die Nachfrage nach bestimmten Reisen und Zielgebieten die Planwerte und die vorhandenen Kontingente übersteigen wird, sind kurzfristig entsprechende Reiseleistungen zu beschaffen, um das Angebot zu erhöhen und zusätzliche Deckungsbeiträge zu erzielen. Es können auch geeignete Umstrukturierungen im Angebot vorgenommen werden, indem z. B. preisgünstige Pauschalangebote gesperrt werden und die knappen Einzelleistungen im Rahmen höher bepreister Paketangebote vermarktet werden.

– Ist eine zu geringe Nachfrage zu erwarten und drohen Angebote zu verfallen, sind Preis-, Werbe- und Verkaufsförderungsaktivitäten vorzunehmen, oder fest eingekaufte Kontingente sind an kooperierende (Low-Cost-)Veranstalter und Last-Minute- oder Dynamic-Packaging-Anbieter, z. B. im Konzern-Verbund, weiterzuverkaufen, um statt Angebotsverfall zumindest reduzierte Deckungsbeiträge zu realisieren. Eingekaufte (Rest-)Kontingente können darüber hinaus auch als Einzelleistungen (Nur-Flug- bzw. Nur-Hotel-Angebote) den Endkunden oder anderen Vermarktern angeboten werden.

In das Veranstaltersystem können Software-Module integriert werden, die nach Freigabe durch die Verkaufssteuerung automatisch die Angebotsdaten an Last-Minute-, Dynamic (Pre-)Packaging oder Restplatz-Anbietersysteme transferieren.

Um eine geringe Nachfrage durch Preisaktivitäten verbessern zu können, muss ein Reservierungssystem der Verkaufssteuerung vielfältige Möglichkeiten zur Gestaltung der Preis- und Rabattbedingungen geben und damit eine differenzierte Preisrechnung ermöglichen (vgl. Abschnitt 2.5.2, die beispielhafte Aufzählung der Preisfaktoren deutet die Komplexität an).

2.5.6 Abwicklung und administrative Systeme

Alle im Reservierungssystem des Veranstalters über die unterschiedlichen Vertriebskanäle eingehenden Buchungen werden gesteuert von Abwicklungs- bzw. Fulfillment-Modulen (teil-)automatisiert bearbeitet und verwaltet. Diese Module basieren auf Vorgangssteuerungssystemen, die regelbasiert automatische und manuelle Bearbeitungsschritte wie das Inkasso, die Erstellung und den Versand der Buchungsbestätigungen und Reiseunterlagen, die Meldung an die Leistungsträger (Avise), die Leistungsträgerabrechnung, die Provisionsabrechnung mit den Reisemittlern, die Transaktionsabrechnung mit Intermediären bis zum Bank- und Zahlungsverkehr mit allen Kunden und Geschäftspartnern im In- und Ausland steuern. Eine gebuchte Reise wird hierzu wie folgt mit den Leistungsträgern, und bei indirektem Vertrieb mit dem Reisemittler bzw. direkt mit dem Reisenden abgewickelt bzw. abgerechnet:

- **Abwicklung von Inkasso, Provisionsabrechnungen und Reiseunterlagen**
Der Ablauf ist abhängig vom Agenturvertrag, der zwischen dem Reiseveranstalter und dem vermittelnden Reisebüro geschlossen worden ist. Der Agenturvertrag regelt z. B., ob das Reisebüro das Inkasso beim Kunden durchführt oder ob der Veranstalter direkt beim Reisenden den Reisepreis einzieht. Die relevanten Vertragsdaten werden in den Reisebüro-Stammdaten des Veranstaltersystems gespeichert, um abhängig davon die Abläufe des Veranstalters automatisiert steuern und durchführen zu können, z. B.:

Reisebüro-Inkasso: Die Adress- und Zahlungsinformationen der Reisenden sind mit der Reisebuchung nicht anzufordern und nicht zu speichern. Die Reiseunterlagen werden automatisch erstellt und an das Reisebüro geschickt oder bei kurzfristigen Reisebuchungen am Abflughafen hinterlegt. Rechnungsempfänger und Debitor des Veranstalters ist das Reisebüro. Es erhält eine Nettorechnung (Reisepreis abzüglich Provision) zeitnah zum Hinreisetermin der Buchung. Der Agenturvertrag regelt die Zahlungsart, z. B. automatischer Bankeinzug: Das Veranstaltersystem übermittelt periodisch die Zahlungsdaten an die Bank des Veranstalters, die die Zahlungen automatisiert mit den Banken der entsprechenden Reisebüros abwickelt und ggf. den Zahlungseingang dem Veranstaltersystem per Datentransfer bestätigt.

Direktinkasso: Die Adress- und Zahlungsinformationen der Reisenden sind mit der Reisebuchung, z. B. im touristischen GDS-Verfahren, zwingend anzufordern und als Kundendaten zu verwalten. Rechnungsempfänger und Debitor des Veranstalters ist der Reisende. Er erhält eine Bruttorechnung unmittelbar nach Buchung der Reise, die bei ausreichend langfristiger Buchung in Anzahlung und Restzahlung gestaffelt wird. Zahlungsarten werden vom Veranstalter zur Wahl gestellt, z. B. Lastschrift oder Kreditkartenzahlung. Die Zahlungsabwicklung erfolgt automatisiert. Nach Erhalt bzw. Absicherung der (Rest-)Zahlung werden die Reiseunterlagen automatisch erstellt und in Papierform an das Reisebüro oder, abhängig von den Vereinbarungen im Agenturvertrag, direkt an den Reisenden geschickt. Das Veranstaltersystem ermittelt monatlich die Provisionsabrechnungen, und das Reisebüro erhält automatisiert entsprechende Zahlungen vom Veranstalter. Der Direktvertrieb ist ebenfalls verbunden mit Verfahren zum Direktinkasso. Das Direktinkasso hat für den Veranstalter nicht nur den Vorteil, dass er in den Besitz umfangreicherer persönlicher Daten der Reisenden kommt, die er später z. B. zum Marketing nutzen kann, sondern er erhält auch sehr früh (mit der Buchung) die Anzahlungsbeträge, die beim Reisebüro-Inkasso zunächst bis zur Reiseabrechnung beim Reisebüro verbleiben würden. Der Veranstalter hat also einen Liquiditäts- und Zinsgewinn, der den vermittelnden Reisebüros entgeht. Dieser Konflikt wird bei großen Reiseveranstaltern dadurch geregelt, dass den Reisebüros frühzeitig pauschale Vorabzahlungen gegeben werden, die dann im Saisonverlauf mit den Vermittlungsprovisionen verrechnet werden.

- **Abwicklung von Avisierungen und Leistungsträgerabrechnungen**

Die Reservierungen sind mit ausreichendem zeitlichem Vorlauf den Leistungsträgern anzukündigen bzw. zu avisieren. Dazu muss ein Modul der Veranstalter-Software regelmäßig, z. B. täglich nach Geschäftsschluss, alle neuen Reservierungen selektieren und je Leistungsträger auswerten. Diese Avisierungsdaten werden automatisch z. B. als Faxlisten, als E-Mails oder als Dateien übermittelt.

Reiseveranstalter kooperieren zur Avisierung häufig mit Service-Agenturen in den Zielgebieten. Die Daten der Unterkunftsreservierungen werden dann an die Zielgebietsagentur elektronisch übermittelt und durch diese an die Beherbergungsbetriebe in der Destination weitergeleitet. Die Daten zur automatischen Steuerung des Kommunikationsweges werden mit den Stammdaten der Leistungsträger und Zielgebietsagenturen in der Datenbank des Veranstalters gespeichert.

Leistungsträger-Abrechnungen sind, im engen Sinne, Rechnungen, die der Leistungsträger dem Reiseveranstalter stellt und die daher nicht durch den Veranstalter zu erstellen sind. Es ist jedoch sinnvoll, im Rahmen der Veranstalter-Software ein Modul einzusetzen, das periodisch die Abrechnungen mit den Leistungsträgern auf Basis der vorliegenden Reservierungen und der entsprechenden Einkaufspreise ermittelt. Diese Abrechnungen dienen der Kontrolle der eingehenden Rechnungen, und sie können zur kurzfristigen Finanz- und Devisenplanung herangezogen werden.

- **Administrative Systeme**
Sämtliche Daten über Forderungen, Umsätze und Kosten aus den Geschäftsvorfällen werden schließlich in die Systeme für Finanzwirtschaft und Controlling übergeleitet. Deckungsbeiträge können dort detailliert bis zum einzelnen Reiseangebot kontiert werden. Entsprechende Statistiken und Berichte für das Management bis hin zur Betriebsergebnisrechnung und Bilanz sind generierbar. Konzerngebundene Reiseveranstalter übermitteln zudem regelmäßig Daten, die den aktuellen Verlauf einer Saison zusammenfassend darstellen, an das Berichtswesen bzw. das Management-Informationssystem des Konzerns zur übergeordneten Steuerung. Die konzernweit abgestimmte Aufbereitung und der Transfer der Daten erfolgen automatisch durch das Informationssystem des Veranstalters (vgl. Weithöner/Ehbrecht, 2004, S. 118 f.)

2.5.7 Data-Warehouse und CRM/PRM-Systeme

Jeder Reiseveranstalter hat Verträge und Geschäftsverkehr mit Leistungsträgern, Reisemittlern und den Endkunden. Zahlreiche relevante Daten über die Geschäftsbeziehungen fallen in verschiedenen (Teil-)Systemen an: Stammdaten über Lieferanten entstehen im Einkauf, wo in Vertragsmanagementsystemen alle Konditionen jedes Lieferanten eingegeben und stets aktuell gehalten werden. Leistungsträger-Stammdaten spielen auch bei der Kontingentüberwachung und der Buchungsabwicklung eine wichtige Rolle, da dort die Reisenden dem jeweiligen Leistungsträger angekündigt (avisiert) und die abgerufenen Kontingente bzw. durchgeführten Buchungen bezahlt werden. Ebenso müssen Kundenbeschwerden zu einem Leistungsträger im Rahmen der Qualitätssicherung gesammelt werden. Daten über Reisemittler und ihre Provisionen werden in den Reservierungssystemen und der Buchungsabwicklung benötigt oder erzeugt. Kundendaten entstehen spätestens bei einer Buchung, werden den Leistungsträgern übermittelt und werden bei allen Geschäftsvorgängen (Rechnungsstellung, Ausstellung von Reiseunterlagen, Stornierungen, Umbuchungen, Beschwerden etc.) benötigt bzw. erweitert. Sie werden der Reiseleitung bereitgestellt, die sie ggf. um besondere Vorkommnisse ergänzt. Später stellen diese Kundendaten eine wichtige Basis für Marketing-Maßnahmen dar (z. B. Zielgruppenanalysen, Marketing-Controlling, Kundenbindungs- und Kundenbeziehungsmanagement).

Um auf diese verteilt anfallenden Kunden-, Partner- und Transaktionsdaten zentral zugreifen zu können und um die Daten übergreifend und in ihrer Vernetzung für unterschiedliche Zwecke und Ziele analysieren und auswerten zu können (Data-Mining), werden diese zunehmend in speziellen Customer Relationship Management Systemen (CRM) bzw. Partner Relationship Management Systemen (PRM) konzentriert (die Datenbankbasis wird allgemein als Data Warehouse bezeichnet, vgl. Kapitel 3.4). Zu jedem Kunden, jeder Kundengruppe oder zu jedem Partner kann bei entsprechender Berechtigung beispielsweise die gesamte Historie abgerufen und ausgewertet werden, Beziehungen oder Verhaltensmuster können erkannt werden. Diese Informationen und Analyseergebnisse sind Grundlagen für das Management von Vertriebssystemen und -kampagnen, z. B. auf Basis personalisierter Angebote, für das Beschwerde- und Qualitätsmanagement sowie für die Steuerung des Vertriebs und für die Verhandlungen mit den Leistungsträgern. Die besondere Herausforderung im Management von CRM/PRM-Systemen für Reiseveranstalter liegt in der großen Anzahl komplexer Schnittstellen zu fast allen internen und externen Systemen, die partner-, kunden- und transaktionsbezogene Daten liefern oder benötigen. Bei jeder Erfassung, Verwendung oder Weitergabe von personenbezogenen Daten sind stets die strengen Auflagen der Datenschutzgesetzgebung zu beachten (vgl. die Hinweise in Kapitel 5.2).

2.5.8 Anmerkung zur Systemkonfiguration

Insbesondere bei kleineren und mittleren Reiseveranstaltern muss/sollte ein Veranstaltersystem nicht (mehr) vor Ort im Unternehmen mit Hardware-Server, Software und Datenbank aufgebaut und betrieben werden. Typische integrierte Veranstaltersysteme wie z. B. wbs Blank, ISO Ocean/Pacific, Bewotec DaVinci, Anite @comRes, DCS CAESAR, W&W turista, DynaRes!, IT-SCORE, Sangat travel objects, ZIEL Synccess, zts smart4you und andere können alternativ in den Rechenzentren der Software-Anbieter bzw. ihrer IT-Dienstleister/Provider zentral für alle Kunden (Reiseveranstalter) technisch betrieben, gewartet und gesichert werden. Neben den klassischen Funktionen datenbankorientierter Veranstaltersysteme (vgl. Abb. 2.5.4) weisen auch sie inzwischen Funktionen zum Dynamic Packaging auf.

Der nutzende Reiseveranstalter greift bei webbasierten Systemen über Internetverbindung und Web-Browser auf „sein" entferntes System zu und erhält software-gesteuert und gesichert die vereinbarten Zugriffsrechte auf die Systemfunktionen und seine Daten. Der Veranstalter erwirbt folglich eine Lizenz zur Nutzung eines ASP-Systems (**Application Service Provider**), er wird durch seine Lizenz ein Mandant und erhält alle Rechte zur Nutzung der vertraglich und kostenpflichtig zu vereinbarenden Systemfunktionalität. Das Veranstaltersystem arbeitet ggf. als Multi-Mandanten-System auf Basis einer gegenüber unbefugten Dritten geschützten und gesicherten Datenbank. Das ASP-Modell ermöglicht dem Reiseveranstalter, sich auf sein Kerngeschäft zu konzentrieren. Das heißt, kein technischer Investitionsaufwand, kein IT-Know-how und kein technischer Wartungsaufwand sind beim Veranstalter erforderlich, die Systemnutzung erfolgt nur über Internet-/Web-Standards.

Veranstaltersysteme und ASP-Angebote mit branchenorientierten Standards werden jedes Jahr auf der Internationalen Tourismus Börse ITB in Berlin (www.itb-berlin.de) und anlässlich des fvw-Kongress Travel-Technology (www.fvw-kongress.de) präsentiert.

Quellen und weiterführende Literatur:

Bastian, H., Born, K., Der integrierte Touristikkonzern, München 2004

Fuchs, W., Mundt, J. W., Zollondz, H.-D. (Hrsg.), Lexikon Tourismus, München 2008, S. 205–206, S. 576–588

Führich, E., Dynamic Packaging und virtuelle Veranstalter – Entwicklung und Anwendung des Reisevertragsrechts auf die neue Internet-basierte Pauschalreise, in: RRa ReiseRecht aktuell, 2/2006, S. 50–57, ftp://ftp.hs-heilbronn.de/reiseseminar/TourR/Aufsaetze/Fuehrich_DynaPack.pdf (Zugriff 9.10.2009)

Papathanassis, A., Post-Merger Integration and the Management of Information and Communication Systems, An analytical framework and its application in tourism, Wiesbaden 2004

Papathanassis, A., Strategic Systems Integration, Bremerhaven 2007, http://www.papathanassis.com/dlfiles/SystemIntegration.pdf (Zugriff 9.9.2009)

Simon, H., Küçükçankaya, G., Dynamic Packaging – Wie kommt die Innovation ins Reisebüro? – Vortrag auf dem fvw-Kongress 2004, http://www.fvw-kongress-zukunft.de/_files/content/simon-14.10-IT_2102704_143645.pdf (Zugriff 9.10.2009)

Weithöner, U., Ehbrecht, O., Integrierte Informations- und Kommunikationssysteme im Touristikkonzern, in: *Bastian, H., Born, K.*, Der integrierte Touristikkonzern, München 2004, S. 101–120

Weithöner U., Informationsmanagement und Informationssysteme der Reisemittler, in: *Freyer, W., Pompl, W.*, Reisebüro-Management, 2. Aufl., München 2008, S. 321–346

Im Internet bzw. als Broschüre publizierte Produktinformationen diverser im Beitrag genannter Hersteller und Produkte (Stand Okt. 2009).

3 Marketingmanagement-Systeme

Im vorigen Kapitel wurde ein Überblick über das Informationsmanagement, die IT-Systeme und Prozesse der Leistungsanbieter gegeben. Der Fokus dieses Kapitels liegt auf dem Informationsmanagement in den Marketing- und Vertriebsprozessen, die insbesondere durch die neuen Internet-basierten Vertriebskanäle für alle touristischen Anbieter komplexer geworden sind. Alle Anbieter touristischer Leistungen stehen hier vor ähnlichen Problemen des optimalen Marketingmanagements, deren Handhabung durch verschiedene IT-Systeme unterstützt wird, die im Folgenden als Marketingmanagement-Systeme bezeichnet werden:

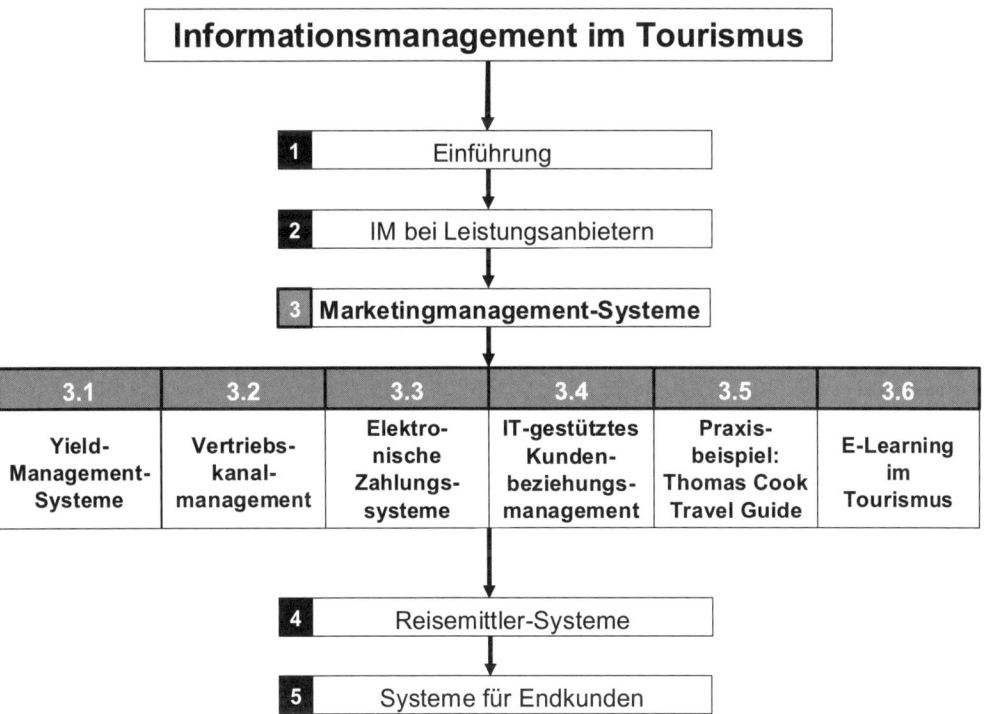

Abb. 3.1 Überblick Marketingmanagement-Systeme

Zu welchem Preis und in welcher Kombination soll ein Anbieter die vorhandenen oder eingekauften Kapazitäten an Flügen, Betten, Mietwagen, Restaurantplätzen etc. in welcher Menge welchen Kunden zu welchem Zeitpunkt anbieten, um einen optimalen Ertrag zu erzielen? Der Abschnitt *Yield-Management-Systeme* gibt einen Überblick über Systeme und Verfahren zur computergestützten Ertragsoptimierung bei Airlines, in Hotels und bei Veranstaltern. Welche Vertriebskanäle gibt es und welches ist der richtige Vertriebskanal-Mix – welche Angebote bietet man am besten in welchen stationären oder Online-Vertriebskanälen an? Der Abschnitt *Vertriebskanalmanagement* systematisiert die Vielzahl unterschiedlicher On- und Offline-Vertriebskanäle und stellt Methoden und Strategien des Multi-Channel-Managements im Tourismus vor.

Welche Zahlungsmöglichkeiten gibt es in welchen Vertriebskanälen, um dem Kunden den Kauf oder die Reservierung und Buchung zu vereinfachen und um dabei als Leistungsträger oder Mittler sicher an sein Geld zu kommen? Bedingt durch das Vordringen von E-Commerce und Mobile Commerce haben sich in den letzten Jahren neben den klassischen elektronischen Zahlungsformen am Point of Sale neue Online-Zahlungsdienste entwickelt, die sowohl für touristische Anbieter als auch für die Reisemittler von wachsender Bedeutung sind. Der Abschnitt *Elektronische Zahlungssysteme* stellt die sich in diesem rasant weiterentwickelnden Gebiet zum Zeitpunkt der Veröffentlichung wichtigsten elektronischen Zahlungssysteme, ihre Organisation, Systemkomponenten und Informationsflüsse vor.

Eine wichtige Erkenntnis der Forschung zum Dienstleistungsmarketing ist, dass für den Unternehmenserfolg und die Profitabilität eine hohe Kundenbindung entscheidend ist. Welchen Beitrag computergestütztes Customer Relationship Management zur Erhöhung der Kundenbindung im Tourismus liefern kann und welche Systeme, Methoden und Prozesse in den Phasen des touristischen Konsumprozesses zum Einsatz kommen, wird im Abschnitt *IT-gestütztes Kundenbeziehungsmanagement* ausführlich erläutert. Dabei wird mit umfangreichen Quellenangaben besonders auf den aktuellen Stand der wissenschaftlichen CRM-Forschung Bezug genommen. Das Praxisbeispiel *Web-basierte Kundenbindung mit Thomas Cook Travel Guides* dient zur Veranschaulichung, wie ein Touristik-Konzern durch einen Marken-übergreifenden Internetdienst webbasierte Formen der Kundenbindung über den Buchungszeitpunkt hinaus realisiert. Es werden die Erfahrungen mit der Service-Plattform und deren Weiterentwicklung aus der Sicht des Reiseveranstalters geschildert. Auch andere touristische Anbieter, Reisemittler und verschiedene Intermediäre haben in der letzten Zeit ähnliche Systeme vorgestellt, so dass dem Leser empfohlen wird, im Internet entsprechende Vergleiche mit anderen Systemen selbst anzustellen.

Zum Marketingmanagement gehört neben der Optimierung der oben genannten Aspekte und Geschäftsprozesse schließlich noch die Sicherstellung des notwendigen Know-hows beim Personal. Nur wenn die Mitarbeiter am Counter und im Service sowohl über die Angebote, die Zielgebiete, die Geschäftsabläufe und den Umgang mit dem Kunden optimal informiert und trainiert sind, können sie kompetent und erfolgreich agieren. Welche E-Learning-Systeme Tourismusunternehmen im inner- und zwischenbetrieblichen Wissensmanagement einsetzen, behandelt der letzte Beitrag *E-Learning im Tourismus*.

Das Kapitel 3 beleuchtet somit exemplarisch einige wichtige Aspekte des computergestützten Informationsmanagements in Marketingmanagement-Prozessen ohne Anspruch auf Vollständigkeit. Die genannten Produkte dienen als Beispiele lediglich der Veranschaulichung und stellen keine Bewertung oder Produktempfehlung der Herausgeber dar. Wir empfehlen allen Anwendern, sich bei der Auswahl von Systemen, Produkten und Methoden immer einen Überblick über die aktuell am Markt angebotenen Alternativen zu verschaffen und diese nach situationsspezifischen Kriterien und Referenzen auszuwählen (vgl. Kapitel 1.3).

3.1 Yield-Management-Systeme

Prof. Dr. Robert Goecke

Yield-Management- bzw. Revenue-Management-Systeme sind integrierte Informationssysteme, die durch eine (teil-)automatische dynamische Preis-Mengen-Steuerung zu einer umsatz- bzw. gewinnoptimalen Nutzung einer kurzfristig nur beschränkt flexiblen Angebotskapazität beitragen. Ursprünglich wurde das Yield Management für Linienflüge entwickelt, bei denen es um die gewinnoptimale Auslastung der festen Sitzplatzkapazitäten bei qualitativ differenzierter und quantitativ schwankender Nachfrage geht (vgl. Daudel/Vialle 1992). Inzwischen haben sich verschiedene Varianten von Yield-Management-Systemen auch bei Billigfliegern, Bahn- und Schifffahrtsgesellschaften, Autovermietern sowie in Hotelbetrieben und bei Event- bzw. Reiseveranstaltern etabliert. Yield- bzw. Revenue Management ist dann sinnvoll, wenn dieselbe Dienstleistung zur gleichen Zeit für verschiedene Zielgruppen einen unterschiedlichen Wert hat, die Nachfrage im zeitlichen Verlauf schwankt, hohe Kapazitätsbereithaltungskosten (Fixkosten) niedrigen variablen Kosten gegenüberstehen, eine nicht verkaufte Kapazität zu einem bestimmten Zeitpunkt einen unwiederbringlich entgangenen Umsatz bedeutet (Verderb) und ein kontinuierlicher Vorverkauf, z. B. über Reservierungssysteme (Inventory), möglich ist (vgl. Fandel/von Portatius 2005, Phillips 2005).

Zu den Methoden des Yield Management gehört das Konzept der Kundensegmentierung mit zielgruppenspezifischer Preisdifferenzierung, wodurch die verschiedenen Preisbereitschaften der Zielgruppen optimal abgeschöpft werden sollen. Wenn unabhängig von der Zielgruppe zeitliche Schwankungen in der Nachfrage bestehen, ermöglicht die mit einer saisonalen Preisdifferenzierung verbundene Konzentration auf die Nachfrage mit hoher Preisbereitschaft in der Hochsaison eine ertragsoptimale Kapazitätsnutzung. Schließlich gibt es das Problem der Stornierungen, die zu freien Kapazitäten führen. Deren Nicht-Nutzung bedeutet selbst bei Stornogebühren, die dem Nutzungspreis entsprechen, eine unwiederbringlich entgangene Chance auf zusätzlichen Umsatz bzw. Gewinn, der durch Überbuchung begegnet werden kann.

Yield-Management-Systeme (vgl. Abb. 3.1.1) basieren also auf Systemen zur statistischen Prognose der Nachfragesegmente und Nachfragemengen sowie der Stornierungsraten. Hierzu müssen neben Marktinformationen vor allem Buchungsdaten und Preisdaten sowohl aus vergleichbaren Perioden der Vergangenheit als auch zur aktuellen Lage gesammelt und kontinuierlich aus Reservierungs- und Distributionssystemen bereitgestellt werden. Zur Optimierung benötigt man weiterhin aktuelle Informationen über den Ertrag und die Kosten je verkaufter Dienstleistungseinheit. Hieraus berechnen Yield-Management-Systeme anhand geeigneter Verfahren der mathematischen Optimierung unter Berücksichtigung der aktuellen Buchungslage, wieviele Einheiten einer Dienstleistung aus der noch verfügbaren Kapazität zu welchen Konditionen (Preis und Nebenbedingungen) angeboten werden sollten, um den hierbei zu erwartenden Umsatz bzw. Gewinn zu maximieren. Gegebenenfalls werden in den der Optimierung zugrundeliegenden statistischen Modellen auch die aktuellen Konditionen der Konkurrenz und ihre Wirkung auf die Nachfrage nach den eigenen Dienstleistungen im Verdrängungswettbewerb berücksichtigt. Die Preis-Mengen-Steuerung steuert entweder die

Preise und Verfügbarkeiten in den Distributionskanälen mehr oder weniger automatisiert oder macht als sog. Decision Support System Mitarbeitern Vorschläge über die anzubietenden Tarife bzw. Raten. In den letzten Jahren hat mit dem Entstehen zahlreicher alternativer Internet-Vertriebskanäle die Bedeutung des Multi-Channel-Managements zugenommen: Als weitere Variablen des Yield Management sind nun die unterschiedlichen Reichweiten und Vertriebskosten der verschiedenen Distributionssysteme zu berücksichtigen, um den optimalen Kanalmix zu bestimmen und die in den verschiedenen Vertriebskanälen angebotenen Preise und Mengen tagesaktuell zu steuern. Hierzu gehört auch die über den Preis beeinflussbare Positionierung in Anbieter-übergreifenden Preisvergleichssystemen und Suchmaschinen. Neben dieser kurzfristigen Preis-Mengen-Steuerung geben die Daten, Analysen und Berichte aus dem Yield-Management-System auch wertvolle Hinweise für die mittel- und langfristige Kapazitätssteuerung. Manche Systeme bieten zusätzliche Simulationsverfahren zur Umsatz- und Gewinnprognose bei Kapazitätserweiterungen oder -einschränkungen an. Sie dienen dem Management als Planungsinstrument.

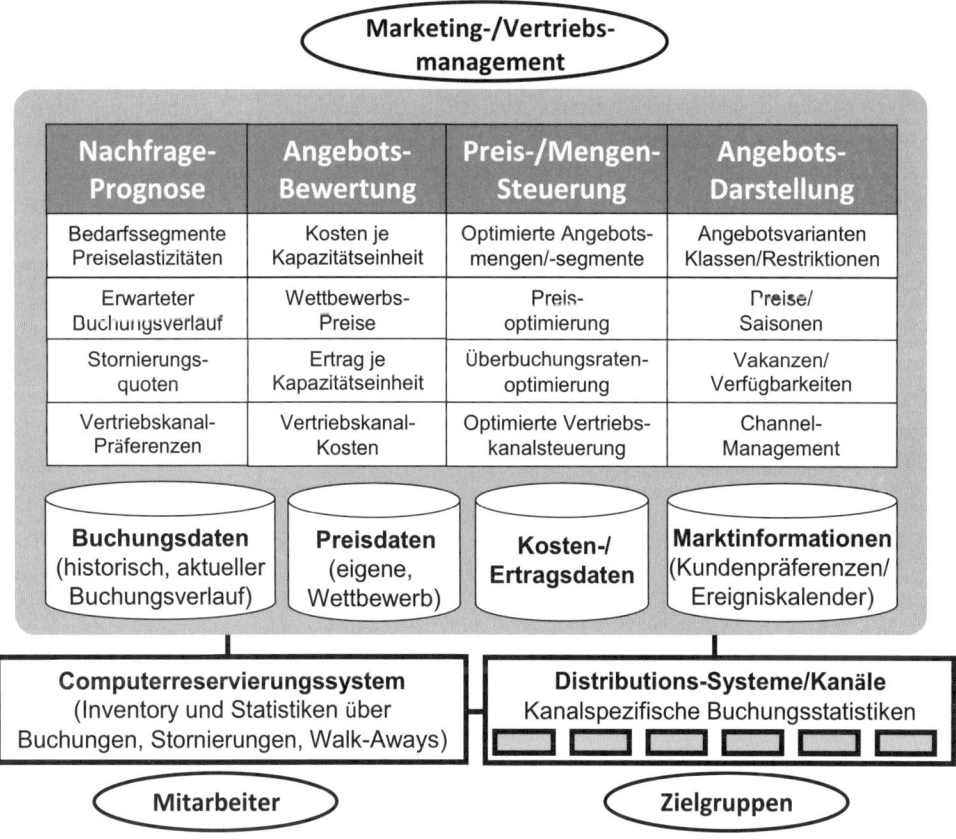

Abb. 3.1.1 Allgemeine Struktur eines Yield-Management-Systems (in Erweiterung nach Mensen 2003, S.732)

Vom Management werden auch die Parameter vorgegeben, nach denen die Optimierung erfolgen soll. Je nach Strategie kann ein höherer Gewinn bei größerem Risiko angestrebt werden, indem z. B. aktuelle Nachfrage nach niedrigen Preisen nicht bedient wird in Erwartung einer zukünftigen Nachfrage zu höheren Preisen oder umgekehrt. Ebenso muss das Management entscheiden, welche Risiken durch Überbuchung eingegangen werden dürfen, da dem entgangenen Gewinn durch Stornierungen in Überbuchungssituationen erhebliche Mehrkosten (sog. Fehlmengenkosten) für die Bereitstellung von Ersatz- oder Ausweichkapazitäten bzw. Entschädigungsansprüche von Kunden gegenüberstehen.

Während die Grundstruktur von Yield- bzw. Revenue-Management-Systemen weitgehend ähnlich ist, soll in den folgenden Abschnitten exemplarisch auf die spezifischen Ausprägungen der Yield- bzw. Revenue-Management-Systeme im Flugverkehr, im Hotelwesen und bei Reiseveranstaltern eingegangen werden.

3.1.1 Revenue-Management-Systeme von Fluggesellschaften

Linienfluggesellschaften waren im Zuge der Deregulierung die ersten Anwender von computergestützten Revenue-Management-Systemen im Tourismus, weil die Flugkapazitäten kurzfristig fix sind und eine gewinnoptimale Auslastung durch eine nachfrageabhängige Preisanpassung angestrebt werden muss. Da bei fixen Kosten der Ertrag proportional zum Umsatz (engl. Revenue) ist, führt eine umsatzoptimierende Verteilung der vorhandenen Sitzplatzkapazitäten an die verschiedenen Nachfragesegmente zur angestrebten Ertragsoptimierung. Sogenannte Netzwerk-Carrier, die ein weltweites Linienflug-Netz betreiben, müssen Umsteigeverbindungen und diverse globale Vertriebskanäle und Allianzen berücksichtigen. Billigfluggesellschaften optimieren in der Regel nur einzelne Strecken und konzentrieren sich auf den Direktvertrieb, was die Optimierung und die Struktur des Revenue-Management-Systems wesentlich vereinfacht. Bezüglich der Revenue-Management-Systeme bei Fluggesellschaften ist daher zwischen Linienfluggesellschaften mit Netz (Netzwerk-Fluggesellschaften) und Billigfluggesellschaften zu unterscheiden (vgl. hierzu und zu folgendem Daudel/Vialle 1992, Mensen 2003 S. 730ff., Maurer 2006 S. 332–371, Sterzenbach/Conrady/Fichert 2009; zu mathematischen Grundlagen vgl. Klein/Steinhardt 2008).

- **Revenue-Management-Systeme von Netzwerk-Fluggesellschaften**

Für das Revenue Management bei Netzwerk-Carriern werden neben den auch qualitativ und von der Kostenposition her unterscheidbaren Kabinenklassen (Economy, Business, First) zusätzliche unterschiedliche Preisklassen für gleichartige Sitzplätze eingeführt. Diese sog. Tarif- oder Buchungsklassen sind mit Restriktionen versehen, die die Nutzbarkeit eines Tickets, das zum entsprechenden Preis gekauft wurde, mehr oder weniger einschränken. Damit wird neben tatsächlich entstehenden Kosten z. B. durch Umbuchungen oder Stornierungen auch der Tatsache begegnet, dass für verschiedene an ihrem Buchungsverhalten erkennbare Kundengruppen ein- und derselbe Flug einen unterschiedlichen Wert hat, der durch die Fluggesellschaft mittels sog. Preisdiskriminierung abgeschöpft wird. So pflegen Geschäftsreisende mit höherer Preisbereitschaft in der Regel kurzfristiger zu buchen, und bleiben seltener am Wochenende am Zielort. Entsprechend sind z. B. Kurzstrecken-Tarife mit kurzer Buchungsfrist mit Hin- und Rückflug am selben Tag teurer als Tarife mit langer Bu-

3.1 Yield-Management-Systeme

chungsfrist und Übernachtung, selbst wenn es sich um die gleichen Sitzplätze handelt. Abbildung 3.1.2 zeigt die auf diesem Prinzip beruhenden wesentlichen Prozessschritte und Komponenten des Revenue-Management-Systems für Linienflüge.

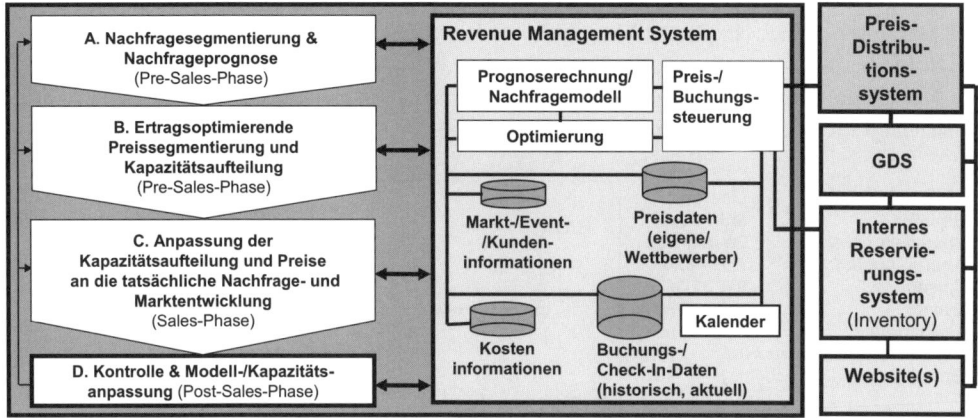

Abb. 3.1.2 Prozessschritte und Komponenten eines Revenue-Management-Systems einer Linienfluggesellschaft (in Erweiterung nach Corsten/Stuhlmann 1999)

Abbildung 3.1.3 zeigt zur Erläuterung der Grundprinzipien ein Beispiel zum Revenue Management eines fiktiven Fluges von München nach Hannover.

Im ersten Schritt (A) müssen in der Phase vor Buchungsbeginn auf der Basis von Marktforschung, Wettbewerbsanalysen und historischen Buchungsdaten Tarife (engl. Fares) mit Restriktionen definiert werden, welche die vorhandenen Nachfragesegmente möglichst gut abbilden. Für jede Tarifklasse wird aus den ggf. in einem Data Warehouse gesammelten historischen Buchungsdaten und anderen nachfragerelevanten Informationen wie z. B. wichtigen Events (Messen, Ferien, ...) mit statistischen Methoden eine Prognose über die zu erwartende Nachfrage und den Buchungsverlauf unter Berücksichtigung der Preiselastizitäten der relevanten Zielgruppen erstellt. Durch Analyse der Buchungskurven verschiedener Zielgruppen können dabei entsprechende Restriktionen wie z. B. Frühbucher-Rabatte durch Buchungsfristen etc. abgeleitet werden. Revenue-Management-Systeme unterstützen die Preismanager bei dieser Aufgabe durch einen möglichst integrierten Zugriff auf alle relevanten Daten und ihre Verarbeitung durch verschiedene statistische Kalkulationsprogramme, Clusteralgorithmen zur Segmentierung, Simulationsverfahren und Entscheidungsunterstützungssysteme. Abbildung 3.1.3 zeigt für einen Beispielflug einer fiktiven Airline von München nach Hannover die Prognose (Forecast) für verschiedene Tarifklassen bei den angegebenen Preisen und Restriktionen. Dabei gibt es auch Tarifklassen, die auf verhandelten Tarifen (Negotiated Fares) mit Großkunden beruhen und nur durch diese buchbar sind. Andere Tarifklassen beinhalten einen Billigtarif oder einen Tarif, der für Umsteiger aus Peking (PEK) kalkuliert wird, da in einem Netz diese Nachfrage speziell zu berücksichtigen ist, um nicht gewinnbringende Langstreckenflüge zu diskriminieren.

Im zweiten Schritt (B) wird auf der Basis der im Flugzeug für jede Klasse vorhandenen gleichartigen Sitzplätze die Anzahl der für jede Tarifklasse buchbaren Sitze (Verfügbarkeiten) so berechnet, dass der durch die Aufteilung der verfügbaren Kapazitäten auf die Tarifklassen erzielbare erwartete Umsatz bei der prognostizierten Nachfrage maximiert wird. Vom Revenue-Management-System werden hierzu mathematische Optimierungsverfahren auf Basis des EMSR (Expected Marginal Seat Revenue) oder stochastischer Prozesse eingesetzt. Sie beruhen darauf, dass für eine mit hoher Wahrscheinlichkeit eintretende hochwertige Nachfrage (hoher erwarteter Grenzertrag) Kapazität geblockt wird und für die Niedrigpreisnachfrage nur Restplätze bereitgestellt werden.

Fluggesellschaft:	LineAir
Strecke:	MUC-HAJ
Wochentag Abflug:	Freitag 1.8.
Abflug.-Ankunft.:	7.55 - 8.55
Saison:	KW 32-35
Events:	keine Messe
Flugzeugtyp:	X370
Bestuhlung/Kabinenklassen:	
First: 0 Business: 20 Economy: 75	
Umsteiger aus Peking:	(vgl. Karte)
Buchungsverlauf:	(vgl. Statistiken)

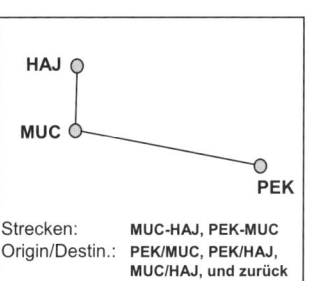

Strecken: MUC-HAJ, PEK-MUC
Origin/Destin.: PEK/MUC, PEK/HAJ, MUC/HAJ, und zurück

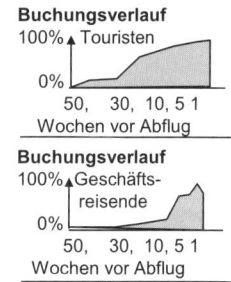

Buchungsverlauf 100% Touristen
0%
50, 30, 10, 5 1
Wochen vor Abflug

Buchungsverlauf 100% Geschäftsreisende
0%
50, 30, 10, 5 1
Wochen vor Abflug

Economy:	Tarife:		Restriktionen:			Verfügbarkeiten:		
Nachfrage Prognose:	Tarifklasse:	Preis:	Mindestaufenthalt:	Umbuchbar:	Vorausbuchungsfrist:	Tarifklasse:	Verfügbarkeiten: opt. Kap. Segm.	
Forecast:	Economy						Sitze:	Verfügb.:
Nachfrage 10	Y	330 €	-	-	-	Y	10 +3	85
nach 15	B	280 €	-	-	3 Tage	B	15 +4	72
Tarifen, 8	H (PEK)	190 €	3 Tage	-	-	H	8	53
wenn 7	X	189 €	-	Fee 50 €	-	X	7 +2	45
alle 16	K	149 €	2 Tage	Fee 50 €	-	K	16 +1	36
Tarife 30	L (Billig)	129 €	2 Tage	-	5 Tage	L	-	-
unbe- 11	M (Nego)	119 €	2 Tage	Nein	14 Tage	M	11	19
grenzt 5	N (Nego)	100 €	-	-	-	N	5	8
buchbar 23	V (Billig)	99 €	-	Nein	-	V	0	0
wären: 25	Q	79 €	2 Tage	Nein	21 Tage	Q	3	3
150								
15	„No Shows"	Buchen, zahlen, erscheinen nicht!				→ 10		
20	„Walk Aways"	Reservieren, zahlen nicht, erscheinen nicht!				Overbooking		

(Kumuliert wegen Nesting)

Für jede Kabinenklasse (Economy, Business, First) eines Fluges gibt es mehrere Tarifklassen (Buchungsklassen)!

Abb. 3.1.3 Beispiel zum Revenue Management der Economy Klasse eines fiktiven Fluges von München nach Hannover mit Umsteigern aus Peking

Zur Berechnung der optimalen Verfügbarkeiten sind zudem die Stornierungsprognosen zu berücksichtigen. „No Shows" und „Walk Aways" erfordern eine Korrektur der Zuordnung von Sitzplätzen zu Tarifklassen nach oben, damit echte Nachfrage nicht verdrängt wird durch Reservierungen, die von Passgieren beim Start nicht in Anspruch genommen werden. Hierzu ist neben den Buchungsdaten ein Zugriff auf historische Check-In Daten notwendig, die angeben, wieviele Passagiere auf den vergleichbaren Flügen der Vergangenheit tatsächlich

3.1 Yield-Management-Systeme 151

an Bord waren. Das Ergebnis ist eine Überbuchungsrate (Overbooking) als Optimum aus dem Zielkonflikt zwischen zu erwartenden Fehlmengenkosten und Leerkosten bzw. entgangenen Erträgen.

Die Schachtelung der Tarifklassen (Nesting) ermöglicht schließlich, dass hochpreisige Tarifklassen bei großer Nachfrage aus den Kontingenten der Niedrigpreis-Tarifklassen bedient werden können, während umgekehrt verhindert wird, dass eine Anfrage nach einem niedrigen Tarif durch einen Sitz aus einem hochpreisigen Kontingent befriedigt wird. Sortiert man die Klassen nach absteigendem Ertragswert wie in Abbildung 3.1.3, wird die Schachtelung dadurch erreicht, dass die maximale Verfügbarkeit eines Tarifs sich stets aus der Aufsummierung (Kumulation) der niederwertigen Verfügbarkeiten berechnet. Bei jeder Buchung müssen dann alle Verfügbarkeiten in Echtzeit neu berechnet werden, was durch den Computereinsatz kein Problem ist.

Damit in einem Linienflug-Netz auch die Nachfrage von und zu Anschlussflügen richtig bewertet wird, erweitern Revenue-Management-Systeme die streckenbezogene Optimierung zu einer verkehrsstrombezogenen Optimierung auf der Basis von O/D (Origin/Destination)-Paaren. Diese konkurrieren entsprechend ihres Ertragswertes um die knappen Plätze auf den Teilstrecken (vgl. Phillips 2005, S. 195ff. und Maurer 2006): Hat z. B. eine Umsteigeverbindung von Peking über München nach Hannover einen hohen Gesamtertragswert, darf die nur für Umsteiger buchbare Tarifklasse H (PEK) des Anschlussfluges von München nach Hannover nicht durch lokale Nachfrage verdrängt werden, die zwar bei einer Einzelbetrachtung des MUC-HAJ-Fluges lukrativ, aber im Vergleich zum erzielbaren Deckungsbeitrag einer Buchung von Peking nach Hannover minderwertig ist (vgl. Abb. 3.1.3). Sogenannte Bid Pricing Algorithmen simulieren den Wettbewerb der relevanten O/D-Paare (PEK/MUC, MUC/HAJ, PEK/HAJ), indem sie für alle Tarifklassen die Nachfrage prognostizieren und durch lineare Optimierung auf Basis der Ertragswerte eine optimale Verteilung der O/D-Nachfrage auf alle Strecken berechnen. Der sich hieraus je Teil-Strecke ergebende Bid-Preis ist ein virtueller Preis, der den Wert eines Sitzplatzes bei der ermittelten optimalen Kapazitätsaufteilung angibt. Die prognostizierte O/D-Nachfrage wird dann so auf die Tarifklassen aufgeteilt, dass nur die Nachfrage befriedigt wird, deren Gesamtertrag (Tarifsumme) mindestens die erzielbaren Bid-Preise der Teilstrecken deckt. Auch wenn der Umsteigertarif günstiger sein sollte als andere lokale Tarife, erhält er durch den höheren Gesamtertrag der PEK-MUC-Nachfrage relativ viele Verfügbarkeiten zugeteilt.

Im dritten Schritt (C) beginnt der Verkauf der Linienfluges durch weltweite Distribution der Flugpläne (Schedules) z. B. über den OAG (Official Airline Guide) sowie der Tarife mit ihren Restriktionen und Preisen z. B. über die ATPCO (Air Tariff Publishing Company) oder die SITA an die GDS Global Distribution System bzw. diverse andere Distributionskanäle (vgl. Abb. 3.1.4). Nicht alle Tarife werden veröffentlicht. Negotiated Tarife sind z. T. nur mit Codewort einsehbar und buchbar. Damit Flugreservierungen in Echtzeit bestätigt werden können, ohne dass es zu Doppelbuchung eines Platzes kommt, werden die Sitzplätze und Verfügbarkeiten (Availabilities) aller Tarife im internen Reservierungssystem der Airline verwaltet mit Echtzeit-Anbindung eines oder mehrerer GDS, der eigenen Website und ggf. ausgewählter Internet-Portale und Distributionssysteme Dritter (z. B. Consolidator, Veranstalter, etc.). Bei jeder Reservierungsanfrage, z. B. aus einem Reisebüro mit GDS-Terminal, können auf diese Weise die aktuellen Verfügbarkeiten für jede Tarifklasse gelistet und über einen sog. Fare Quote (Anfrage verfügbarer Tarife mit Preisen) die Preise und Restriktionen abgefragt werden.

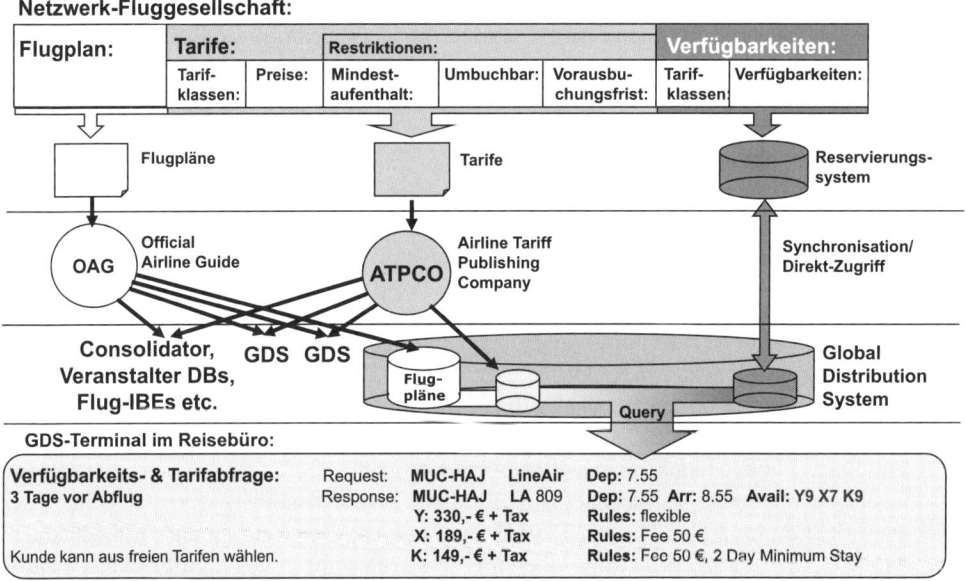

Abb. 3.1.4 Distribution von Fares und Echtzeit-Synchronisation von GDS und internem Reservierungssystem

Bei Echtzeitanbindung führt jede Buchung sofort im internen Reservierungssystem zu einer Neuberechnung der Verfügbarkeiten unter Berücksichtigung des Nesting. Über die gesamte Verkaufsperiode hinweg vergleicht das Revenue-Management-System regelmäßig durch die sog. Buchungssteuerung automatisch die Anzahl der tatsächlich eingegangenen Reservierungen mit den zu diesem Zeitpunkt prognostizierten Reservierungen. Wesentliche Abweichungen nach oben oder unten sind deutliche Indikatoren, dass sich die ursprünglich erwartete Nachfrage verändert hat und deshalb die Kapazitäten nicht mehr optimal auf die Tarifklassen verteilt sind. Die Buchungssteuerung des Revenue-Management-Systems berechnet die optimale Verteilung der Verfügbarkeiten neu, indem es z. B. bei unerwartet hoher Nachfrage Kapazitäten von Niedrigpreis-Tarifen abzieht und zu Hochpreis-Tarifen verlagert. Bei O/D-Steuerung werden Optima/Bid-Preise neu berechnet. Auf diese Weise werden auch die anfangs hohen Überbuchungsraten gegen Ende der Buchungsphase nach unten korrigiert, um eine echte Überbuchung am Abflugtermin zu vermeiden. Durch die direkte Schnittstelle können diese Verfügbarkeits-Anpassungen direkt im internen Reservierungssystem mit sofortiger Wirkung auf die weltweite Buchbarkeit der Tarife durchgeführt werden, ohne dass die relativ aufwändigere und fehleranfälligere globale Distribution neuer Preise nötig würde.

Als grafische Veranschaulichung dieser regelmäßigen automatischen Buchungssteuerung zeigt Abbildung 3.1.5 den sog. Buchungskorridor aus den prognostizierten Schwankungs-

3.1 Yield-Management-Systeme

breiten des Buchungseingangs, deren Überschreitung zu automatischen Korrekturen der Kapazitätsaufteilung führt.

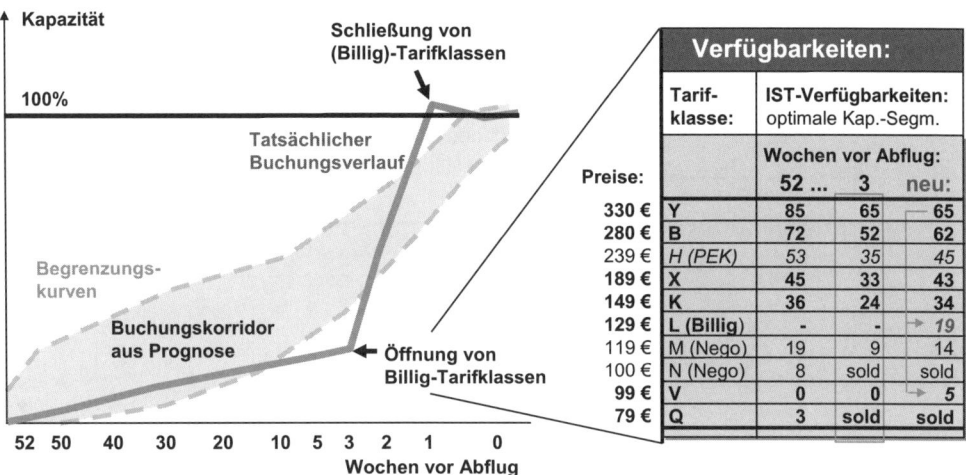

Abb. 3.1.5 *Buchungs-Korridor der Buchungsteuerung und Maßnahmen zur automatischen Anpassung der Kapazitätsaufteilung durch Umverteilung der Verfügbarkeiten*

- **Revenue-Management-Systeme von Billigfluggesellschaften**

Billigfluggesellschaften sind erst nach der Deregulierung entstanden und konzentrieren sich auf einzelne Strecken, die sie meist mit einer qualitativ einheitlichen Beförderungsklasse anbieten. Eine Berücksichtigung der Erträge durch Umsteigeverbindungen oder Interlining-Abkommen mit Allianzpartnern sind also nicht notwendig. Der Vertrieb erfolgt in der Hauptsache auf direktem Wege über Call Center und die eigene Website bzw. über Websites von Intermediären, die einen Direktzugriff auf das interne Reservierungssystem erhalten. Bei jeder Buchungsanfrage gibt es nur sehr wenige (2-4) Tarife zur Auswahl - im Extremfall nur einen One-Way-Tarif mit hoher Umbuchungsgebühr (um die Stornierungsprobleme zu kompensieren).

Intern arbeitet das Revenue Management einer Billigfluggesellschaft nicht mit einem komplexen System von Tarifklassen mit differenzierten Restriktionen zur Abschöpfung der bei den Zielgruppen vorhandenen Preisbereitschaften. Stattdessen gibt es eine im Vergleich zu den Tarifklassen der Netzwerk-Carrier große Anzahl von unveröffentlichten Stufenpreisen mit relativ kleinen Preissprüngen und extrem niedrigen werbewirksamen Einstiegspreisen. Die zahlreichen Preisstufen erlauben theoretisch eine feinere Anpassung der Kapazitätsaufteilung an Nachfrageschwankungen durch reine Anpassung der zugeordneten Verfügbarkeiten an die Buchungslage ohne weitere Eingriffe der Preisverantwortlichen (vgl. Abb. 3.1.6).

Häufig werden sehr einfache Preisstrategien verfolgt, z. B. niedrig kontingentierte Einstiegspreise zu Verkaufsbeginn, die mit wachsender Belegung des Flugzeuges ansteigen, um kurz vor Abflug bei guter Buchungslage die Höchstpreise zu erreichen (vgl. Barlow 2006). Ist die Buchungslage schlecht, bleibt der Preis niedrig.

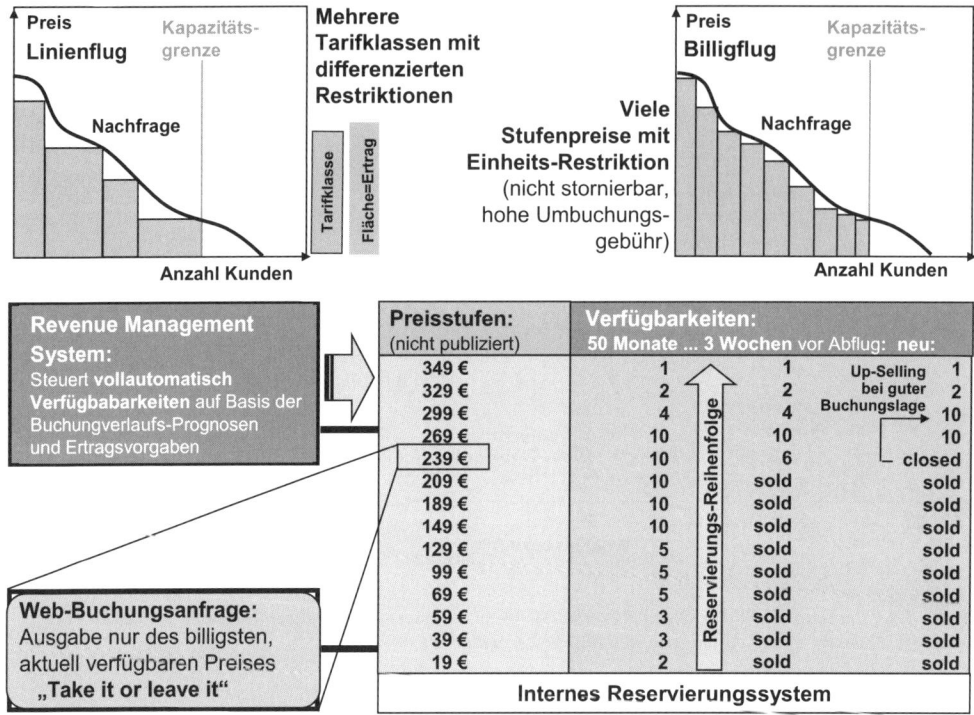

Abb. 3.1.6   Revenue Management mit Stufenpreisen bei einem Billigflug im Vergleich zu klassischen Tarifklassen

Das Revenue-Management-System bekommt unter der Berücksichtigung von Events und den Marktdaten Umsatzziele vorgegeben und kann aus den Buchungsverläufen der Vergangenheit eine optimierte Kapazitätsaufteilung bestimmen, die wie bei klassischen Linienflügen mit Tarifklassen bei Abweichungen der Nachfrage von den Prognosen durch automatische Umverteilung der Kapazitäten nachgesteuert wird. Andererseits werden Preisbereitschaften der Kunden nicht optimal ausgeschöpft, da zum Verkaufszeitpunkt kaum Auswahl besteht. Basierend auf Flugziel, Abflugtag und Abflugzeit wird der gesamte Flug als Businessflug oder Touristenflug kalkuliert und außer dem Buchungszeitpunkt keine Differenzierung nach den Präferenzen verschiedener Kundensegmente oder verhandelten Preisen vorgenommen. Entsprechend sind das Revenue-Management-System und die Distributionssysteme erheblich einfacher und kostengünstiger als bei Netz-optimierten Linienflügen.

- **Hybrides Revenue Management**

Im zunehmenden Wettbewerb zwischen den Fluggesellschaften geht der Trend zu hybriden Formen des Revenue Managements. Netzwerk-Gesellschaften setzen auf Strecken mit Low-Cost-Wettbewerbern ebenfalls Stufenpreis-Modelle ein und setzen auf Direktvertrieb über die eigene Website. Dies wird insbesondere durch die allgemeine Einführung elektronischer Tickets durch die IATA erleichtert. Billigfluggesellschaften bauen umgekehrt ihre Einzelstrecken zu Netzen aus und kooperieren stärker national und international. GDS-Anbieter bieten neben klassischen GDS-Anschlüssen mit der komplexen Tariflogik einfachere Distributionswege für sog. Webfares auch im Reisebüro an. Preisvergleichssysteme und Flugsuchmaschinen vergleichen Angebote in klassischer Tarifstruktur mit Web-Angeboten. Entsprechend wurden Revenue-Management-Systeme entwickelt, die in Abhängigkeit von Vertriebskanal, Strecke, Wettbewerbssituation und den Anfrageparametern dynamisch das am besten geeignete Preismodell zur Angebotsdarstellung auswählen (vgl. Goecke/Heichele/ Westermann 2008, S.319-322).

Typische interne Airline-Reservierungssysteme (auch Passenger Service Systems vgl. Kap. 2.1) wie z. B. SITA Horizon/Reservations, Amadeus Altéa, SabreSonic, Navitaire New/Open Skies, Travelport Meridian, Unisys AirCore, Lufthansa Systems MultiHost, SkyVantage, Sutra AirKiosk oder Results Reservation System bieten integrierte Airline-Revenue-Management-Module an oder besitzen Echtzeit-Schnittstellen zu dedizierten Airline-Yield-Management-Systemen wie Lufthansa Systems ProfitLine, Navitaire RMS, PROS Yield, JDA Airline Revenue Optimizer und anderen (vgl. Abb. 3.1.2 und Goecke 2009).

3.1.2 Yield-Management-Systeme in der Hotellerie

Nach den Erfolgen des Revenue Management bei Airlines begannen auch große Hotelketten, die in Kooperation mit Airlines zunehmend auch die GDS als Vertriebskanäle nutzten, ebenfalls auf Verfahren des computergestützten Yield Management zu setzen (vgl. hierzu und zu folgendem Günther 2005, Sölter 2008, Göhrlich/Spalteholz 2008 und Trante/Stuart-Hill/ Parker 2009). Anders als im Revenue Management der Airlines führt bei Hotelbetrieben die Optimierung der durch die Zimmerraten erzielten Umsätze noch nicht zu einem Ertragsoptimum. Es müssen auch die stark variierenden und zum Buchungszeitpunkt oft nicht bekannten Kosten und Umsätze der Bewirtung berücksichtigt werden. Ebenso ist zwischen einer Reservierung mit einer Übernachtung und mit mehreren aufeinanderfolgenden Übernachtungen im selben Zimmer zu unterscheiden, die nicht nur zu unterschiedlichen Umsätzen sondern auch zu unterschiedlichen Kosten z. B. für den Wäschewechsel führen. Zimmer werden auch nicht wie Sitzplätze einzeln, sondern als Einzel-, Doppel- oder Mehrbettzimmer verkauft mit Upgrade-Möglichkeiten, z. B. von Einzel- zu Doppelzimmern. Schließlich sind Gruppenbuchungen, Veranstaltungen und Tagungen mit umfangreichen Kosten- und Umsatzbeiträgen im Bankettbereich zu berücksichtigen. Entsprechend werden für Hotelbetriebe spezielle Yield-Management-Systeme angeboten, entweder als eigenständige Software-Lösung oder als Erweiterungsmodule von Hotelmanagement Systemen oder von zentralen Reservierungssystemen (CRS vgl. Abschnitt 2.3.5).

Abbildung 3.1.7 zeigt die typische Struktur solcher Systeme, die aufgrund der Komplexität der Optimierungsaufgaben eher als Entscheidungsunterstützungssysteme denn als vollautomatische Buchungssteuerung konzipiert sind. Über Schnittstellen zum Hotelmanagement-System bzw. zum Central Reservation System werden die Zimmer- und Raumkapazitäten eines Hotels, alle Buchungsdaten, Umsätze und Zimmerbelegungen der Vergangenheit (in der Regel mindestens ein Jahr) und die aktuelle Belegungs- bzw. Buchungslage für die kommenden Monate eingelesen. Wird der Bankettbereich separat vom PMS verwaltet, ist eine entsprechende Schnittstelle zum Bankett- und Tagungsmanagement-System notwendig, um insbesondere für Gruppenbuchungen alle Zusatzerträge neben den Logiserträgen zu ermitteln. Ist außer der Kundendatei des PMS ein Customer Relationship Management System (CRM) im Einsatz, liefert es ebenfalls über eine geeignete Schnittstelle wertvolle Zusatzinformationen über den sog. Kundenwert aus seiner bisherigen Historie, was z. B. für die Verhandlung speziell rabattierter Raten mit Firmenkunden (sog. Corporate Rates) oder bei der Angebotserstellung für Stammkunden wichtig ist. Schließlich gibt es Anbieter von Preisvergleichsdiensten, die z. B. aus den GDS und Hotelportalen regelmäßig die Raten ausgewählter Wettbewerber abfragen und gegen eine Gebühr in einem vordefinierten Datenformat zur maschinellen Auswertung durch Yield-Management-Systeme anbieten. Im Folgenden werden die wichtigsten Funktionen von computergestützten Hotel-Yield-Management-Systemen zusammengefasst, wobei von einzelnen Produkten abstrahiert wird (vgl. zu folgendem Günther 2005, Gruner/Maxeiner 2005 und Ingold/McMahon/Beattie/Yeoman 2006).

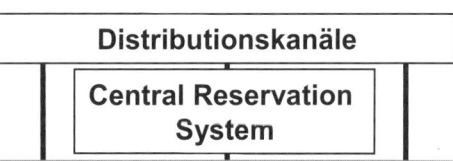

Distributionskanäle

Central Reservation System

Hotel Yield Management System

Optimierung
- Zuordnung mehrerer Alternativ-Raten ggf. mit Buchungsrestriktionen zu Zimmern und Berechnung einer ertragsoptimierenden **Ratenstrategie** (welche Raten werden angeboten, welche nicht), differenziert nach Reservierungstermin, Aufenthaltsdauer, Zielgruppen etc.
- Berechnung **optimaler Angebote** für Gruppen-/Tagungs-/Bankett-/Rabattanfragen.
- Anstoß von Aktionen und Vertriebsvorgaben für Termine erwarteter Unterbelegung.
- Basis für **Ampelsteuerung**, Vorgabe der **Raten** bzw. **Hurdle Rates** für PMS/CRS.

Prognose
- **Forecast** erwarteter Buchungseingänge, Aufenthaltsdauern etc., der Belegung und Erträge durch automatische Identifizierung und Vergleich ähnlicher Buchungsmuster und Trendanalysen z. B. gewichtete gleitende Durchschnitte aus Analysedaten.
- **Anzeige** unerwarteter Entwicklungen und **Einfluss** von Feiertagen/Ferien etc.

Analyse
Aktuelle Buchungsverläufe/Belegung im Jahres-, Saison-, Monats-, Wochen-, Tages- und Stundenvergleich in Form von Tabellen, Diagrammen etc. nach
- Zimmertyp/-klasse, Aufenthaltsdauer, Raten, Ertrag, RevPAR (Revenue per available room),
- Buchungsarten (Festbuchung/Option/Anfrage, Einzel-/Gruppen, Walk Ins, ...),
- Kunden(-segment), Kanal, Events, Ferienzeiten, Stornierungen, Walk Aways usw.

Hotelmanagement-System (PMS) | **Kunden-Beziehungsmanagement (CRM)** | **Wettbewerber-Preisdaten**

Abb. 3.1.7 Typische Module, Funktionen und Schnittstellen eines Hotel-Yield-Management-Systems

3.1 Yield-Management-Systeme

- **Datenanalyse**

Unter Zugriff auf die vorangehend beschriebene umfangreiche Datenbasis errechnet der Analyseteil eines Yield-Management-Systems zahlreiche Statistiken zum Vergleich der aktuellen Buchungs-, Belegungs-, Umsatz- und Ertragszahlen mit entsprechenden Daten aus der Vergangenheit. Sie können im Dialog mit dem Nutzer auf vielfältige Weise gruppiert, aggregiert und kategorisiert werden. Beispielsweise kann für jede definierte Buchungs-, Zimmer-, Event- oder Kundenkategorie die aktuelle Belegung und Buchungslage für jeden Tag der kommenden Wochen und Monate mit den entsprechenden Zahlen der Vorwoche(n), der Vormonat(e), des Vorjahres oder der vergleichbaren Vorsaison (z. B. Ferienzeiten, Feiertage, Messezeiten, etc.) ggf. auch stundengenau verglichen werden. Dabei werden neben der Anzahl der Buchungen auch die An- und Abreisetage sowie die Aufenthaltsdauern (engl. stay pattern) analysiert und mit den erzielten Erträgen in Beziehung gesetzt. Auch Vergleichsdaten von anderen Häusern der gleichen Kette oder von Wettbewerbern können in die Analysen einbezogen werden. Mit leistungsfähigen Data-Mining-Methoden können zusätzlich zu den vordefinierten Standardauswertungen neue Datenkonstellationen in Beziehung gesetzt werden, z. B. die saisonale Entwicklung der Buchungszahlen und Erträge für eine bestimmte Zimmerkategorie und Aufenthaltsdauer im Vergleich über die verschiedenen Vertriebskanäle unter Berücksichtigung der in jedem Kanal anfallenden Provisionen. In Hotelketten mit verschiedenen vergleichbaren Häusern ggf. auch in der gleichen Region können zudem Betriebsvergleiche (Benchmarking) wichtiger Kennzahlen vorgenommen werden, die Verbesserungspotentiale aufzeigen. Neben den bereits erwähnten Preisvergleichsdiensten gibt es auch Dienstleister, die für Kooperationen oder ihre Kunden Betriebsvergleiche anbieten. Sie ermitteln regelmäßig manuell bzw. aus den PMS von allen teilnehmenden Häusern deren Belegungen und andere wichtige betriebswirtschaftliche Kennzahlen, insbesondere den sog. RevPAR (Revenue Per Available Room). Diese Kennzahlen werden den Teilnehmern des Betriebsvergleichs dann in anonymisierter Form regelmäßig zur Verfügung gestellt und erlauben die Bewertung des eigenen Revenue Managements im Vergleich zum Wettbewerb.

- **Prognose**

Mit den Ergebnissen der Analyse wird im Prognosemodul durch verschiedene Herstellerspezifische statistische Verfahren der Trendextrapolation bzw. der Ableitung künftiger Buchungsmuster aus ähnlichen Buchungsmustern der Vergangenheit ein sog. Forecast für relevante Buchungs-, Belegungs-, Umsatz- und Ertragswerte erstellt. Ein vielzitiertes Verfahren der Trendextrapolation ist das sog. „Rolling rearward facing window" (vgl. Günther 2005, S. 16 bzw. S. 29): Die Prognose für den kommenden Donnerstag wird aus den Buchungen der letzten N Donnerstage und dem selben Donnerstag des Vorjahres kombiniert und mit den jeweils M Donnerstagen vor und nach dem entsprechenden Donnerstag des Vorjahres durch verschiedene Gewichtungsfaktoren gemittelt. Hierbei müssen besondere Events und Ferienzeiten aus dem manuell in das PMS oder Yield-Management-System eingepflegten Kalender und der bereits vorhandene Buchungsbestand des kommenden Donnerstags berücksichtigt werden. Durch Verfahren des maschinellen Lernens vergleichen viele Prognosesysteme ihre Forecasts kontinuierlich mit den später tatsächlich eingetretenen Buchungen und korrigieren entsprechend die Parameter ihrer Nachfragemodelle für das entsprechende Modell. Der Forecast wird auch automatisch neu berechnet, wenn sich die aktuelle Buchungssituation gravierend ändert, z. B. durch Eingang oder Stornierung größerer Gruppenbuchungen. Tage oder Zeiträume, die vom System wegen des aktuellen Buchungsverlaufs als „Ausreißer" im Vergleich zu Mustern der Vergangenheit auffallen, werden angezeigt, um vom Anwender genauer analysiert werden zu können. Die Daten des Analysemoduls über den historischen und aktuellen Buchungsverlauf können nun durch die Prognosedaten des Forecasts angereichert in Tabellen und übersichtlichen Grafiken visualisiert und ggf. auch in Excel zu übersichtlichen Reports weiterverarbeitet werden.

Nachfrageprognose DZ/EZ Komfort:		180	Buchungsmuster (Stay Pattern):		
Verfügbare DZ:		80	Ankunft Do 2 Nächte		Kalenderwoche 30
Verfügbare EZ:		60	Komfort Zimmer EZ/DZ		
Raten:	Preis (€):	Unrestricted Forecast:	Steuerung: Hurdle Rates	Steuerung: Buchungsklassen	Vakanzen: (geschachtelt)
Rack Rate DZ	290			open	80
Rack Rate EZ	250			open	55
Norm Rate DZ	190	10		open	80
Norm Rate EZ	160	40		open	55
Corp. Rate DZ	150	6		open	70
Corp. Rate EZ	130	20		open	15
Gruppen-/Tagungsrate DZ	105	16		open	64
Gruppen-/Tagungsrate EZ	95	13	**Hurdle Rate EZ**	closed	0
Discount Rate DZ	90	53		open	43
Discount Rate EZ	80	15		closed	0
Familien DZ	70	2	**Hurdle Rate DZ**	closed	0
Familien EZ	60			closed	0
Veranstalter DZ	60			closed	0
Veranstalter EZ	50			closed	0
Mitarbeiter EZ	20	5	non-yieldable	open	5
Revenue Forecast:					16.800 €

Abb. 3.1.8 Beispiel für einen Stay-Pattern-Forecast und Vorschläge des Yield-Management-Systems für verschiedene Formen der Buchungssteuerung

- **Optimierung**

Unter Verwendung der Daten aus den Analysen und Prognoserechnungen werden im Optimierungsteil Verfahren bereitgestellt, um die Auswirkungen verschiedener Raten-Strategien bei gegebener bzw. prognostizierter Nachfrage auf den Ertrag zu berechnen (Simulation) und eine für den jeweiligen Buchungszeitraum ertragsoptimierende Ratenstruktur zu bestimmen.

Die Algorithmen zur Ertragsoptimierung für Zimmer mit Mehrfachbelegungen, mehrtägigen Autenthaltsdauern und Zusatzerträgen aus anderen Geschäftsfeldern des Hotels (insb. Restaurant, Bar, Kasino-/Bäderbetrieb, Bankett-/Tagungsservice) verhalten sich mathematisch ähnlich wie die Bid-Pricing-Verfahren der Netzwerk-Airlines mit den zu berücksichtigenden Zusatzerträgen durch Umsteigeverbindungen. Ertragsmaßstab ist bei kurzfristig nicht beeinflussbaren Kosten der RevPAR (Revenue Per Available Room) - also die Maximierung des durchschnittlichen Umsatzes je verfügbarem Zimmer. Die Parameter und Variationsmöglichkeiten sind jedoch viel zahlreicher, weshalb die Optimierung in den meisten Fällen nicht vollautomatisch sondern ebenfalls im Dialog mit verantwortlichen Fachkräften der Reservierungsabteilung erfolgt.

Eine Ratenstrategie basiert auf einer Gästesegmentierung mit einer Prognose der Preisbereitschaft und Anzahl der Buchungen je Gästesegment. Jedem Zimmer können dann entsprechend der Ausstattung verschiedene Gästesegmente und mehrere alternative Raten zugeordnet werden, wobei die sog. Rack-Rate (Rate, die im Zimmer ausgezeichnet ist) oder eine spezielle „Messerate" die Obergrenze darstellen und auch diverse Raten für spezielle Zielgruppen (z. B. Corporate Rates) oder mit bestimmten Restriktionen (Vorausbuchungsfrist, Mindest-/Höchstaufenthaltsdauer, Mindest-/Höchstbelegung, An-/Abreisetage etc.) festgelegt werden können. Für jede Rate und Ratenkombination kann nun anhand der prognostizierten Buchungsmuster geschätzt werden, auf welche Nachfrage sie trifft und welchen Ertragseffekt das Öffnen, Schließen oder eine Restriktionsveränderung der Rate im jeweiligen Zeitraum haben wird. Der automatische Vergleich verschiedener möglicher Raten-Strategien für alle angebotenen Zimmer erlaubt die Auswahl einer für einen Zeitraum optimalen Raten-Strategie, die durch die Reservierungsabteilung später in das Property Management System bzw. das Central Reservation System oder die Distributionskanäle für den entsprechenden Zeitraum zurückgespielt werden kann. Insbesondere beim Vertrieb über GDS und Internet-Hotelportale macht es zudem Sinn, wegen der hier herrschenden Preistransparenz die Raten mit den Angeboten der Wettbewerber zu vergleichen und ggf. anzupassen. In diesen elektronischen Vertriebskanälen werden nämlich die billigsten Angebote meist zuerst gelistet.

Wenn nicht die gesamten Raten verändert werden sollen, wird vereinfachend mit Preishürden (Hurdle Rate) gearbeitet (vgl. Abb. 3.1.8 und Orkin 2001). Es werden nicht einzelne Raten neu definiert oder geöffnet bzw. geschlossen, sondern es wird für Zimmerkategorien oder auch das ganze Haus ein Minimalpreis festgelegt. Nur noch Raten über dem Minimalpreis werden offeriert. Vertraglich fest vereinbarte Raten, die weiter angeboten werden müssen, können dabei aus dem Yield Management herausgenommen werden (im System definiert als „Non-yieldable" Rate). Das mit dem Yield-Management-System verbundene PMS oder CRS zeigt den Mitarbeitern bei Reservierungsanfragen nur die der optimalen Ratenstrategie entsprechenden Raten an, oder es gibt eine Ampelsteuerung (grün=alle Raten sind buchbar; gelb=Billigraten sind geschlossen; rot=es gilt nur die Rack Rate), die ggf. auch im Kalender die aktuell für einen Zeitraum vorgegebene Buchungssteuerung signalisiert. Oft werden für belegte Zimmerkategorien zusätzlich optimierte Upgrade-Regeln vorgegeben, nach denen z.B. Stammgästen ein höherwertiges Zimmer angeboten wird.

<< Komfort >>	Ankunft:													
Aufenthalt: <<		KW 30						KW 31						>>
<< 2 >> Nächte	Mo	Di	Mi	Do	Fr	Sa	So	Mo	Di	Mi	Do	Fr	Sa	So
	26.7.	27.7.	28.7.	29.7.	30.7.	31.7.	1.8.	2.8.	3.8.	4.8.	5.8.	6.8.	7.8.	8.8.
EZ														
DZ														
	grün: Alle Raten			gelb: HurdleRate			rot:	Nur Rack Rate			ausgebucht			

Abb. 3.1.9 Beispiel für Yield-Management-Vorgaben aus Stay Pattern Forecasts und ihre Visualisierung durch eine Ampelsteuerung im PMS

Neben der teilautomatisierten Ermittlung einer ertragsoptimierenden Ratenstrategie ist ein weiterer Anwendungsbereich von Yield-Management-Systemen die individuelle Bestimmung von Angebotspreisen für Anfragen zu Tagungen, Banketten, Gruppenbuchungen, Reiseveranstalter-Kontingenten oder die vertragliche Einräumung von dauerhaften Rabatten für Stammkunden. Aus den Informationen über die sonst erwartete Nachfrage für den angefragten Zeitraum kann z. B. geschätzt werden, welche Nachfrage durch eine Reservierung verdrängt wird, welchen Wert der von einem Stammkunden übers Jahr gemachte Umsatz voraussichtlich haben wird, und welche Zusatzeinnahmen in anderen Hotelbereichen von den Gästen einer Tagung zu erwarten sind. Hieraus ermittelt das Yield-Management-System Preisuntergrenzen, die bei einem Angebot nicht unterschritten werden sollten.

Umgekehrt signalisieren Yield-Management-Systeme frühzeitig Problemtage und Zeitintervalle, in denen das Hotelmanagement durch Vermarktungsoffensiven, z. B. durch Anschreiben von Stammkunden, Weekend Arrangements etc. prognostizierten Nachfragelücken begegnen sollte. Es können für den Vertriebsbereich gezielte Vorgaben (Budgets) kalkuliert werden, wann noch welcher Umsatz in welchen Zimmer- und Angebotskategorien einzuwerben ist. Auch für die Einkaufs- und Personalplanung sind die Prognosen des Yield-Managements nützlich, wenn Zeiten hoher und niedriger Belegung und Nachfrage frühzeitig berücksichtigt werden können.

- **Erfolgsmonitoring und Ausblick**

Yield-Management-Systeme für die Hotellerie werden mit unterschiedlichem Funktionsumfang inzwischen auch für mittlere und kleine Hotels sowie auch anpassbar für Kreuzfahrtschiffe vertrieben. Beispiele für Hotel-Revenue-Management-Systeme sind Micros-Fidelio TLP TopLine Profit, IDeaS V5i, EasyRMS ezRMS, JDA Hospitality Revenue Optimizer, Amadeus RMS und PROS Hotel Revenue Optimization Solution. Zum Teil werden sie nicht als Softwareprodukt, sondern als Application Service ggf. mit begleitender Beratung durch Spezialisten angeboten. Um den Erfolg eines Yield-Management-Systems beurteilen und gegebenenfalls nachjustieren zu können, werden zudem spezielle Verfahren zur Bewertung der durch das Yield Management erzielten Ertragssteigerungen angeboten. Stärker als bei Airlines wird in der Hotelbranche über die Akzeptanz eines intensiven Yield Managements bei den Gästen diskutiert. Welche Auswirkung haben bei Stammgästen stark schwankende Raten für dasselbe Zimmer in der gleichen Saison, und wie reagiert ein guter Kunde, wenn er feststellt, dass andere Stammgäste oder Internet-Bucher mehr Rabatt bekommen. Um diesen Effekten zu begegnen, unterstützen Yield-Management-Systeme auch Raten-Paritätsstrategien, indem sie bei der Ratendistribution sicherstellen, dass z. B. verschiedene Vertriebskanäle gleiche Brutto- bzw. Nettoraten ausweisen oder dass zu jedem Buchungszeitpunkt bestimmten Kunden oder Buchungskanälen die aktuell günstigste verfügbare Rate offeriert wird (Best Available Rate). Auf der anderen Seite wird speziell für Internet-Vertriebskanäle oder als Angebot für Reiseveranstalter auch die Strategie des Dynamic Pricing (vgl. Sölter 2007) unterstützt: Hierbei sind die Raten auch für einen mehrtägigen Aufenthalt im selben Zimmer tagesaktuell nachfrageabhängig verschieden. Statt eines Gesamtpreises oder einer gemittelten Rate werden im Angebot für einen Aufenthalt unter Umständen für jeden einzelnen Tag andere Raten ausgewiesen.

3.1.3 Yield-Management-Systeme von Reiseveranstaltern

Besonders anspruchsvoll ist das Yield Management von Reiseveranstaltern, da hier Leistungsbündel aus Flug-, Hotel- und weiteren Zusatzleistungen (Transfer, Führungen, etc.) gebündelt werden und bei der Ertragsoptimierung entsprechend viele Parameter mit komplexen gegenseitigen Abhängigkeiten zu berücksichtigen sind. Daher werden von Reiseveranstaltern für das Yield Management bisher eher individuell programmierte Systeme eingesetzt, und die Prozesse sind weniger standardisiert und automatisiert als bei Airline-Yield-Management-Systemen (vgl. Clüsing 2004, Hohmeister 2004 und JDA 2009). Bei Reiseveranstaltern ist Yield Management auf der Ebene der Einzelleistungen und auf der Ebene der Produkte relevant. Für Großveranstalter und internationale Reisekonzerne kommen zudem die Ebenen der Marken, Quellmärkte und der ggf. integrierten Wertschöpfungsstufen (Leistungsträger, Veranstalter, Vertrieb) hinzu. Eine Optimierung einer dieser Ebenen führt dabei zwangsläufig zu Zielkonflikten mit der Optimierung auf den anderen Ebenen. Es ist praktisch unmöglich, mit einem integrierten computergestützten Yield-Management-System ein unternehmensweites Ertrags-Optimum zu steuern. Yield-Management-Systeme werden jedoch zur Optimierung verschiedener Teilaspekte erfolgreich eingesetzt, wobei der Ausgleich der bestehenden Zielkonflikte durch verschiedene Systeme der Unternehmenssteuerung von Zielvereinbarungen über Budgetierungen bis hin zu internen Verrechnungspreissystemen mit Profit-Centern erfolgt. Im Folgenden wird daher auf spezielle Aspekte des Reiseveranstalter Yield Managements eingegangen (einen Überblick gibt Abb. 3.1.10).

- **Ertragsoptimierendes Management der Einzelleistungen**

Großveranstalter mit eigener Fluglinie oder eigenen Hotels können ebenso wie Reiseveranstalter mit großen eingekauften Flug- oder Hotelkontingenten die oben beschriebenen Yield-Management-Systeme zur Disposition dieser Einzelleistungen einsetzen. Im Gegensatz zu Fluglinien oder Hotels besteht aber bei Veranstaltern die Möglichkeit, Ferienflüge bzw. deren Umläufe oder Hotelkapazitäten flexibel umzudisponieren bzw. von Dritten hinzuzukaufen oder an diese weiterzuverkaufen (vgl. Abb. 3.1.10). Damit sind die Kapazitäten auch kurzfristig noch beeinflussbar. Entsprechend müssen bei der Ertragsoptimierung neben den Umsätzen auch die flexiblen Kosten berücksichtigt werden, was eine Steuerung auf der Basis von Deckungsbeiträgen (vgl. Abb. 3.1.10) notwendig macht. Yield Management ist auf der Basis von Bid Pricing auch zur Bestimmung geeigneter interner Verrechnungspreise geeignet. Typisch für Veranstalter ist aber das Problem, dass für das Produkt Reise stets nur „passende" Flug- und Hotelangebote kombiniert werden können, und ein auf Ebene der Einzelleistungen ertragsoptimierendes Yield Management meist mit einem suboptimalen Überhang von Flügen ohne Hotelkapazitäten oder einem Überhang von Hotelkapazitäten ohne Flüge verbunden ist. Beides führt zu Leerkapazitäten. Diesem Problem kann durch die Steuerung der Aufenthaltsdauern begegnet werden (Dauern-Steuerung vgl. Abb. 3.1.10): Es werden nur Aufenthaltsdauern eingekauft bzw. angeboten, die zu den verfügbaren Flügen passen. Restkapazitäten müssen kurzfristig ggf. als Einzelleistungen und evtl. mit entsprechenden Preisabschlägen über andere Vertriebskanäle verkauft werden. Um ein unternehmensübergreifendes Yield Management aller verfügbaren Kapazitäten zu erleichtern, konzentrieren Veranstalter zunehmend sämtliche verfügbaren Flug- oder Hotel-Kapazitäten aus den dezentralen Leistungsträger- und Veranstaltersystemen in einem sog. Flugpool und einem Hotelpool. Das sind zentrale Datenbanken, auf die alle Quellgebiete, Produktmanager, Marken oder interne Consolidator Zugriff haben (vgl. Abb. 3.1.10). Auf diese Weise können die verfügbaren Einzelleistungen wie in einem internen Markt transparent den Produktmanagern der verschiedenen Quellgebiete und Marken zur Bündelung in ihre Reiseangebote bereitgestellt werden. Schnell können dann Über- bzw. Unterbelegungen zunächst intern bedarfsgerecht auf der Basis von Bid Pricing ertragsoptimierend umverteilt und rekombiniert oder evtl. später noch rechtzeitig extern als Einzelleistung („Nur Flug"-, „Nur Hotel"-Angebote) vertrieben oder weitergehandelt werden. Das Pooling erleichtert die Steuerung der Auslastung (vgl. Abb. 3.1.10) aller eingekauften Komponenten, und das Bid Pricing gibt wertvolle Eckdaten für den Einkauf und den Verkauf von Flug- und Hotelkapazitäten in Form von Maximal- bzw. Minimalpreisen. Außerdem wird die bei Preisverhandlungen relevante Gesamtnachfrage eines Veranstalters bei einzelnen Leistungsträgern transparent.

- **Ertragsoptimierende Steuerung der Reiseproduktion**

Der Mehrwert eines Veranstalters liegt eigentlich in der ertragsoptimierenden Bündelung der Einzelleistungen zu Katalog-Pauschalreisen, Bausteinreisen oder kundenindividuell zusammengestellten Reiseangeboten (vgl. hierzu und im Folgenden Abbildung 3.1.10):

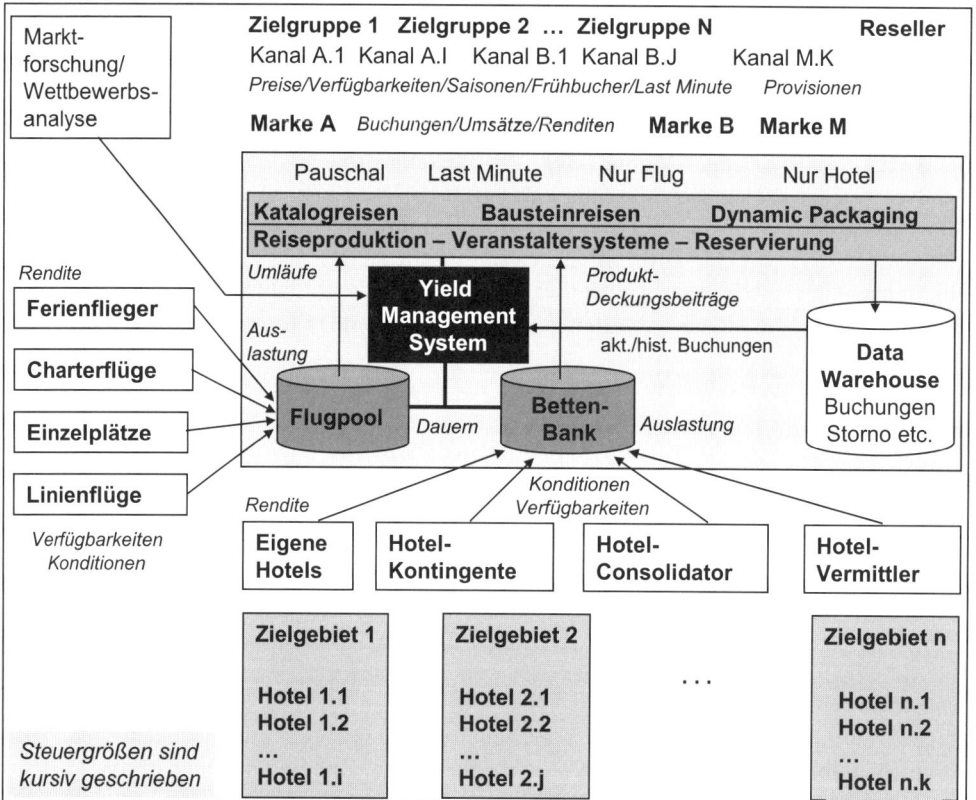

Abb. 3.1.10 Komponenten, Steuergrößen und Schnittstellen eines Yield-Management-Systems für Reiseveranstalter (in Erweiterung nach Hohmeister 2004, S. 260)

3.1 Yield-Management-Systeme

Da bis vor kurzem bei den klassischen Pauschalreisen durch die Katalogpreisbindung die Preise nach dem Verkaufsstart nicht mehr nachkalkuliert werden konnten, kommt es beim Yield Management besonders auf eine korrekte Prognose der Nachfrage für die gesamte kommende Saison an. Die Datenbasis hierfür sind die Buchungsdaten der Vorjahres-Saison, die in einem Data Warehouse gesammelt werden (vgl. Abb. 3.1.10), und die Informationen aus der Marktforschung (Reiseanalysen). Leider sind hier jedoch Abweichungen und kurzfristige Trendverschiebungen im Buchungsverhalten eher die Regel als die Ausnahme. Die Vorlieben der Pauschal-Touristen für Zielgebiete ändern sich schnell, ebenso wie Präferenzen für Kurzfristreisen oder Frühbuchungen. Es spielen politische Entwicklungen und das Marketing der Zielgebiete ebenso eine Rolle wie die Wirtschaftslage und „Moden" in den Quellmärkten. Entsprechend liegt der Schwerpunkt der Yield-Management-Systeme bei der Analyse, Simulation und Kalkulation verschiedener produktbezogener Nachfrage-Szenarien, die vom Produktmanagement zu bewerten sind. Sie werden sowohl bei der Bündelung berücksichtigt, als auch bei den Preisen, die ebenso wie bei Flügen und Hotels saisonal stark variieren, aber bei Pauschalreisen im voraus für den Katalog festgelegt werden müssen.

Da bei dieser Planung und Bündelung von Reiseangeboten aus Veranstalter-Sicht sowohl die Preise als auch die Kosten gestaltbar sind, ist die Optimierung der Produktdeckungsbeiträge das als erstes zu optimierende Ziel des Veranstalter-Yield-Managements. Die Ertragsprognosen des Yield-Managements sind entsprechend bedeutsam für die Allokation und den Einkauf knapper Einzelleistungen zu den verschiedenen alternativen Produktangeboten. Entscheidend ist dabei vor allem die Qualität des Hotelangebotes, das stärker als der Flug über den Wert einer Reise aus Kundensicht entscheidet. Je nach Einkaufspolitik sind zudem Risiken wie Wechselkursschwankungen, nicht mehr nachbeschaffbare oder verkaufbare Kontingente für die Gestaltung der Einkaufskonditionen mit Wahrscheinlichkeit und Ertragswirkung zu bewerten.

Erst, wenn feste Kontingente eingekauft sind, ist die Auslastung optimal zu steuern, und nur, wenn ein Veranstalter eigene Hotels oder Flugzeuge besitzt, muss auch deren Rendite optimiert werden (vgl. Abb. 3.1.10). Nach Verkaufsstart werden mit ähnlichen Verfahren wie bei Flügen und Hotels von Yield-Management-Systemen der Veranstalter auch die eingehenden Buchungen je Produkt, Katalog, Zielgebiet, Leistungsträger, Vertriebskanal, Marke, Quellmarkt etc. (vgl. Abb. 3.1.10) analysiert und mit Erfahrungs- bzw. Prognose-Werten verglichen, um rechtzeitig Fehlentwicklungen in der Auslastung zu erkennen und ihnen begegnen zu können. Auch hier sind aber – anders als bei Linienflügen – stabile Buchungscluster und Buchungskurven nicht typisch. Eine automatisierte Steuerung über Tarif-/Buchungsklassen ist also nicht realisierbar. Zudem ist selbst bei Erkennung unerwarteter Nachfrageschwankungen eine Gegensteuerung über Veränderungen der Katalogpreise nicht möglich. Stattdessen steuert das Produktmanagement auf der Basis der Informationen aus dem Yield-Management-System Agenturprovisionen (nur in engen Grenzen), alternative Vertriebskanäle, Werbeaktionen, Änderungen der Flugumläufe, interne Kapazitätsumverteilungen, oder den Einkauf zusätzlicher Kapazitäten bzw. den Verkauf von Überkapazitäten. Letzterer erfolgt über mit Preisnachlass verbundene Last-Minute-Angebote, über mit anderen Kapazitäten neu kombinierte Spezialangebote oder über Nur-Flug- bzw. Nur-Hotel-Angebote, deren Ertragswirkungen vom Produktmanagement mit Unterstützung des Yield-Management-Systems abzuschätzen sind, und die ertragsoptimierend zu disponieren sind.

Für Bausteinreisen, bei denen Kunden die im Katalog angebotenen Reisekomponenten mehr oder weniger frei kombinieren können, ergibt sich einerseits ein geringeres Risiko, dass die Kunden keine ihrem Bedarf entsprechende Reise finden, da sie ja die Komponenten individuell zusammenstellen können. Andererseits besteht das Risiko, dass mit der Flexibilität z. B. bei der Auswahl der An- und Abreisetermine sowie der Aufenthaltsdauer zwangsläufig ungeplante Leerkapazitäten durch nicht ausgelastete Hin- oder Rückflüge in Ferien- bzw. Charterflügen auftreten oder Hotelkapazitäten nicht genutzt werden können, weil Flüge fehlen. Die Yield-Management-Systeme müssen die Wahrscheinlichkeiten entsprechender Probleme prognostizieren und bewerten, damit z. B. in den Katalogpreisen die Kosten dieser für den Kunden wertvollen Flexibilität entsprechend berücksichtigt werden können.

Die neuen Produktionsmethoden des Dynamic Packaging (vgl. Kapitel 2.5) stellen weitere Anforderungen an das Yield-Management-System. Hier werden Reisen ohne Katalog ganz oder teilweise erst zum Verkaufszeitpunkt aus Komponenten zusammengestellt. Diese wurden vom Veranstalter vorher nicht eingekauft, sondern werden zu Tagespreisen (Dynamic Pricing) von Dritten bezogen. Zum einen stellt das Dynamic Packaging eine neue Möglichkeit dar, eigene Überkapazitäten mit Komponenten Dritter zu neuen kundenorientierten Angeboten zu bündeln. Zum anderen können auf dem Wege einfacher Zuschlagspreiskalkulationen ohne Einkaufsrisiken zusätzliche Reisen für bestehende und neue Zielgruppen angeboten werden. Das Yield-Management-System muss bei der Optimierung der Katalogangebote für Pauschal- und Bausteinreisen die alternativen Vermarktungsmöglichkeiten der eingekauften Kapazitäten über Dynamic Packaging berücksichtigen. Insbesondere sind die Substitutionseffekte von eigenen oder fremden Dynamic-Packaging-Angeboten auf die Nachfrage nach den eigenen Pauschal- und Bausteinreisen zu bewerten und die Preisentwicklung vergleichbarer Angebote der Wettbewerber bei der Kalkulation der eigenen Dynamic-Packaging-Angebote zu berücksichtigen.

- **Dynamic Pricing und Multi-Channel-Vertrieb als Komplexitätstreiber**

Obwohl die Yield-Management-Systeme für Veranstalter noch weniger ausgereift und etabliert sind, wie die Yield-Management-Systeme von Linienfluggesellschaften und Hotels, werden sie auch für Veranstalter immer wichtiger. Je stärker der Trend weg von starren Katalogpreisen hin zu individualisierbaren und auf der Basis von Tagespreisen kalkulierten Reisen geht, die über immer stärker differenzierte und zukünftig auch personalisierte Vertriebskanäle angeboten werden, desto mehr Möglichkeiten gibt es, mittel- und kurzfristig Preise und Kapazitäten ertragsoptimierend zu steuern. Durch die inzwischen sowohl im Internet als auch im Reisebüro weit verbreiteten Veranstalter-übergreifenden Preisvergleichssysteme muss auch entsprechend schneller auf Veränderungen im Angebot der Wettbewerber reagiert werden, was eine Computerunterstützung der sich immer dynamischer entwickelnden Preis- und Kapazitätssteuerung erforderlich macht. Der Tour Revenue Optimizer von JDA ist ein Beispiel für ein parametrisierbares Standardsoftware-Yield-Management-System für Veranstalter. Eine wichtige Voraussetzung für ein effektives Yield Management bei Großveranstaltern ist zudem die Integration der heterogenen Systemlandschaften der Teilveranstalter. Ähnlich wie beim Pooling der Flug- und Hotelkapazitäten ist sie notwendig, um allen Beteiligten die für Zielgebiets-, Marken- oder Quellmarkt-übergreifende Optimierungen erforderlichen Informationen bereitzustellen und hierauf aufbauende unternehmensübergreifende Prognosen und Optimierungen zu ermöglichen. Das Problem hierbei ist jedoch die damit verbundene Erhöhung der Komplexität durch die mit jedem weiteren Einflussfaktor exponentiell ansteigenden Abhängigkeiten. Da die klassischen Verfahren der statistischen Ertragsoptimierung des Yield Management dabei an ihre Grenzen stoßen, wird hier aktuell außer mit Data Mining auch mit maschinellem Lernen und neuronalen Netzen experimentiert. Letztere haben den Vorteil, sehr schnell Muster in extrem vielen Einflussfaktoren erkennen und optimieren zu können. Sie haben aber den Nachteil, dass die Ergebnisse nicht mehr algorithmisch nachvollziehbar sind. Die Interpretation der Ergebnisse erfordert erfahrene und verantwortungsbewusst handelnde Yield Manager.

Quellen und weiterführende Literatur:

Baker, T., Collier, D. A., A comparative revenue analysis of hotel yield management heuristics, http://findarticles.com/p/articles/mi_qa3713/is_199901/ai_n8828483 (Zugriff 20.9.2009)

Boyd, E.A., Revenue Management and Dynamic Pricing, Präsentation am Institute of Mathematics and its Application, University of Michigan; Minneapolis 2002, http://www.ima.umn.edu/talks/workshops/9-9-13.2002/boyd/boyd.pdf (Zugriff am 19.9.2009)

Barlow, E., Yield Management in Budget Airlines, in: *Ingold, A., McMahon-Beattie, U., Yeoman, I.,* Yield Management – Strategies For The Service Industries, 2nd Edition, London 2006, S.198-210

Clüsing, Cl., Das System des Yield Managements im integrierten Touristikkonzern, in: *Rastian, H., Born, K. (Hrsg.),* Der integrierte Touristikkonzern – Strategien, Erfolgsfaktoren und Aufgaben, Wien 2004, S.233-246

Corsten, H., Stuhlmann, H., Yield Management als Ansatzpunkt für die Kapazitätsgestaltung von Dienstleistungsunternehmungen, in: Corsten, H., Schneider, H. (Hrsg.), Wettbewerbsfaktor Dienstleistung, München 1999, S.79–107

Daudel, S., Vialle, G., Yield Management – Erträge optimieren durch nachfrageorientierte Angebotssteuerung, Frankfurt/Main 1992

Fandel, G., Von Portatius, H. B. (Hrsg.), ZFB Special Issue 2005 - Revenue Management, Wiesbaden 2005

Goehrlich, B., Spalteholz, B., Das Revenue Management Buch – Wie Sie die Erträge Ihres Hotels steigern, Berlin 2008

Goecke, R., Heichele, H., Westermann, D., Lufthansa Systems: dynamic pricing, in *Egger, R., Buhalis, D. (Edts.),* eTourism Case Studies, Amsterdam 2008, S.310–324

Goecke, R., Kategorien und Beispiele für IT-Systeme im Tourismus, http://www.tourismus-it.de, Kapitel 3.3 bzw. http://www.mtourism.de/tourismus-it-beispiele.php 2009 (Zugriff 11.11.09)

Gruner, A., Maxeiner, M., Fachbegriffe Revenue Management, in: Fachzeitschrift hotelling, Nr. 11/2005, S.19–23

Günther, P., Yield Management als Erfolgsfaktor der Hotellerie – eine kritische Evaluation der automatisierten Yield-Management-Systeme, Diplomarbeit FH-Kempten, München 2005

Hohmeister, H., Integrierte Kapazitätsplanung und -steuerung im Touristikkonzern, in: *Bastian, H., Born, K. (Hrsg.)*, Der integrierte Touristikkonzern – Strategien, Erfolgsfaktoren und Aufgaben, Wien 2004, S.247–267

JDA Software Group Inc. (ohne Verfasser), Tour Revenue Management, http://www.jda.com/solutions/tour-revenue-management.html (Zugriff 13.9.2009)

Klein, R., Steinhardt, Cl., Revenue Management – Grundlagen und Mathematische Methoden, Berlin 2008

Maurer, P., Luftverkehrsmanagement-Basiswissen, München 2006

Mensen, H., Handbuch der Luftfahrt, Berlin Heidelberg 2003

Orkin, E., Hotel Revenue Management and Market Segmentation, im Internet: http://www.hotel-online.com/News/PR2001_1st/Jan01_OrkinRevenueMgmt.html, Januar 2001 (Zugriff 10.9.2009)

Phillips, R.L., Pricing and Revenue Optimization, Stanford 2005

Tranter, K. A., Stuart-Hill, Tr., Parker, J., An Introduction to Revenue Management for the Hospitality Industry: Principles and Practices for the Real World, Upper Saddle River, New Jersey 2009

Sölter, M., Hotelvertrieb, Yield Management und Dynamic Pricing in der Hotellerie, München 2008

Sterzenbach, R., Conrady, R., Fichert, F., Luftverkehr – Betriebswirtschaftliches Lehr- und Handbuch, 4. Aufl., München 2009

Quellen sind auch die im Internet bzw. als Broschüren publizierten Produktinformationen der Hersteller der im Beitrag erwähnten Revenue-/Yield-Management-Systeme

3.2 Vertriebskanalmanagement

Prof. Dr. Stephan Kull

3.2.1 Grundlagen des touristischen Vertriebsystems

Informationen bilden für das Vertriebskanalmanagement eine wesentliche Stromgröße: Bei jedem Vertriebsprozess werden Informationen über die Angebots- und Nachfragestrukturen ermittelt und zwischen den Vertriebspartnern ausgetauscht. Dies geschieht auch, um Angebot und Nachfrage entsprechend lenken zu können. Am einfachsten nachzuvollziehen ist dies bei **direktem Vertrieb** (Freyer 2007, S. 505). Hier offeriert ein Leistungsanbieter, z. B. ein Hotel, seine Leistung ohne zwischengeschaltete Akteure einem Nachfrager. Angebot und Nachfrage finden sich z. B. durch den Austausch von Informationen am Telefon oder über das Internet. Der Reiseveranstalter kann ebenfalls als Leistungsanbieter gesehen werden, wenn auch im weiteren Sinne (Freyer 2006, S. 203, Freyer 2007, S. 510). Er bündelt als selbständiges Unternehmen einzelne Leistungen und bietet sie dann in eigenem Namen und eigener Verantwortung als Baustein- oder Pauschalreise an.

Auch beim **indirekten Vertrieb** über eine mehrstufige Wertkette (Bastian 2004, S. 34-37) mit entsprechender Einschaltung von Reisemittlern (Freyer 2006, S. 237) werden Informationen ausgetauscht. Je weniger Reibungsverluste an den Schnittstellen der einzelnen Akteure der Wertkette entstehen, umso besser ist die Informationsgrundlage entlang der Wertkette und umso präziser kann die Marktlenkung insgesamt erfolgen. Eine Destination als Leistungsanbieter ist auf die Informationen von ihren zwischengeschalteten Akteuren angewiesen, um möglichst zielgruppengerechte Angebote bilden zu können. Ein Reisemittler wiederum, oft ein stationäres Reisebüro, sorgt innerhalb der Wertkette für eine entsprechende informatorische Aufbereitung und individuelle Beratung. Auch Reiseveranstalter und Reisemittler benötigen konkrete Marktdaten, um ihrer Bündelungs- und Beratungsaufgabe nachgehen zu können. Und schließlich muss auch der Nachfrager seine zu treffende Kaufentscheidung informatorisch fundieren.

In Erweiterung des informationsbezogenen Grundansatzes in diesem Buch geht es im Vertrieb darüber hinaus auch um konkrete Leistungsflüsse oder um das Weiterreichen von Zertifikaten, die Leistungsversprechen beinhalten. Eine Reisebuchung führt häufig erst viel später zum tatsächlichen Konsum-Prozess. Vertrieben werden häufig die Anrechtsbescheinigungen auf die Leistungsbündel, aber auch alle Leistungsbestandteile inklusive der Beratung und Betreuung eines Nachfragers.

Über den Vertriebskanal findet auch ein Austausch von Werten monetärer und ethisch-kultureller Art statt. Sowohl die Bezahlung als auch mögliche Kreditierung werden im Vertriebskanal zumindest vertraglich geregelt, wenn nicht sogar vollzogen. Und über den notwendigen Informationsaustausch im Vertrieb kommt es auch zu einer Übermittlung von ethisch-moralischen Wertvorstellungen, wie sie sich beispielsweise in der Nachhaltigkeitsdebatte um den sanften Tourismus ausdrücken.

Ein Vertriebssystem besteht demnach aus einer mehrstufigen Wertkette von Vertriebsakteuren, die über verschiedene Vertriebskanäle für die Bündelung und Übermittlung von Leistungen, Informationen und Werten sorgen. Die nachfolgende Abbildung stellt die Zusammenhänge dar.

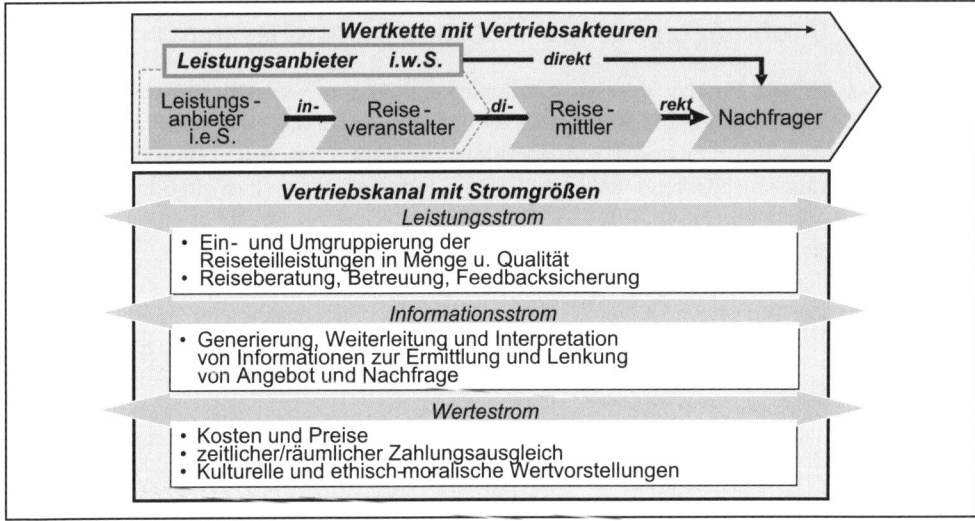

Abb. 3.2.1 Grundelemente eines touristischen Vertriebssystems

Somit kann **Vertriebskanalmanagement** im hiesigen Kontext charakterisiert werden als von mindestens einem Vertriebsakteur (oft Reiseveranstalter) initiiertes Prozessmanagement der Leistungs-, Informations- sowie Werteströme zum Zweck der adäquaten Akteursbeteiligung und Kanalwahl für eine erfolgreiche Vermittlung zwischen Angebot und Nachfrage.

3.2.2 Besonderheiten touristischer Vertriebsobjekte

Eine Reise kann aufgefasst werden als ein Leistungsangebot rund um die Befriedigung eines zeitweiligen Ortsveränderungsbedürfnisses (Freyer 2006, S. 1–7). Die touristische „Leistung" besteht jedoch darüber hinaus aus einer Vielfalt unterschiedlicher Sach- und Dienstleistungsmodule, weshalb sie eher als ein **Leistungsbündel** gedacht werden muss[1]. Hierbei weist das touristische Leistungsbündel schwerpunktmäßig Dienstleistungskomponenten auf, die zudem äußerst vielschichtig sind. Alleine der **Kernnutzen** der zeit- und ortsgenauen Ablaufgewährleistung für Beherbergung und Transport kann zu komplexen vertrieblichen Abstimmungsproblemen aller Beteiligten führen. Bei einem Freundesbesuch wird vielleicht

---

[1] Die Abgrenzung zwischen Dienst- und Sachleistung fällt oft schwer. Deshalb schlagen Engelhardt u. a., 1993 den Begriff des Leistungsbündels als Verbund verschiedener Teilleistungen vor, die in graduellen Abstufungen mehr oder weniger hohen Dienstleistungscharakter besitzen.

„nur" ein Flug benötigt. Bei einer Flug-Pauschalreise hingegen sind klassischerweise ein Hotel, eine Incoming-Agentur, der Reiseveranstalter, ein Reisemittler und ein Fluganbieter und natürlich der Nachfrager einbezogen. Eine individuelle vorgebuchte Erlebnisrundreise dürfte alleine in der Kernleistung noch weitaus komplexer sein.

Erweitert wird die Komplexität durch funktionale und vor allen Dingen symbolische Zusatzleistungen, die bei Reisen besonderes Gewicht erlangen. **Funktionale Zusatznutzen** müssen beispielsweise auch die Destination und die Umgebung schaffen, indem sie mit ihren eigenen Zusatzleistungen den Erwartungen der Kunden entsprechen. Komfort und Servicegrad werden mit Preisen zu einem Preiswürdigkeitsurteil ausgeformt. Noch anspruchsvoller sind die **symbolischen Zusatznutzen** wie erlebnisorientierte/atmosphärische Passung, Erholungswert oder soziales Prestige/Erzählqualität der Reise zu bewerten. Gerade bei Urlaubsreisen ist die Aufrechterhaltung einer permanenten Zufriedenheit des Kunden von hoher Bedeutung, denn vieles konzentriert sich auf das Erleben der „schönsten Zeit im Jahr".

Reisen sind also keine „einfachen" Vertriebsobjekte wie z. B. dieses Buch. Bereits der grundlegende **Dienstleistungscharakter** verschafft in allen drei Phasen einer Dienstleistung (Potenzial, Erstellungs- und Ergebnisphase) seine dreiphasige Betrachtung vertriebliche Besonderheiten (Meffert/Bruhn 2008, S. 28), die nachfolgend um die Spezifika der Reise ergänzt werden.

Im Rahmen der **Potenzialphase** wird bei allen Dienstleistungen vor dem Kauf nur das Versprechen der Leistungserstellung abgegeben, die fertige Leistung „Urlaubsreise" kann nicht in ihrer Qualität erprobt werden. Durch die Komplexität der Leistung steigt der Erklärungsbedarf. Dies bedeutet, dass Glaubwürdigkeit und Vertrauen in den jeweiligen Akteur im Vertriebskanal doppelte Bedeutung erlangen: Zunächst muss das Leistungsbündel immateriell beschrieben werden und dann wird selbst beim Kauf ein immaterielles Leistungsversprechen veräußert (Reservierung). Der Nachfrager muss sicher sein können, dass das Versprechen auch gehalten wird. Dafür sind frühzeitige Kapazitätsabsicherungen notwendig, die mit näher kommender Erstellungsphase u. U. immer unwahrscheinlicher durch Nachfrage gedeckt werden und zum geplanten Erstellungsbeginn als Leerkapazitäten verfallen können. Die hierdurch aufkommende „Lastminute"-Dynamik, aber auch die langfristige Absicherung der Planungssicherheit über Frühbucherrabatte sind Folge dieser Besonderheiten touristischer Leistungsbündel. Das Vertriebssystem muss dieses Spannungsfeld zwischen kurzfristigster Flexibilität und langfristiger Planungssicherheit abdecken.

Die **Erstellungsphase** einer Dienstleistung ist gekennzeichnet durch das zeitliche und örtliche Zusammenfallen von Produktion und Konsum unter Mitwirkung des Nachfragers. Bei Reisen sind hier jedoch zwei Besonderheiten zu beachten. Zeitlich handelt es sich bei dem Prozess selten um Minuten, wie beim Friseur, sondern eher um konsequent positives Durchleben von Tagen oder Wochen. In diesem Zeitraum können situationsadäquate Komponenten einer Reise u. U. nachverkauft werden (Upgrade, Zusatzausflug etc.). Vertriebsakteure tun also gut daran, den Nachfrager während der gesamten Erstellungsphase nie aus den Augen zu verlieren. Örtlich dreht sich in der Erstellungsphase die Logistikleistung um: Nicht die Leistung kommt zum Nachfrager, sondern der Tourist muss transportiert werden. Auch hier bieten sich vertriebliche Ansatzpunkte für Zusatzmodule gegenüber einer „normalen" Dienstleistung (z. B. verschiedene Komfortklassen und Geschwindigkeiten beim Transport).

Und schließlich kennzeichnet die **Ergebnisphase** bei Dienstleistungen zumeist ein hoher Immaterialitätsgrad des Ergebnisses. Hieraus resultieren weitere vertriebliche Besonderheiten, die über Nachkaufbetreuung eng mit dem Kundenbeziehungsmanagement verbunden sind. Über die Beeinflussung und Materialisierung der Kundenbeurteilungen werden wichtige Voraussetzungen für Wiederholungskäufe geschaffen. Beide Ansätze verfolgen letztlich das Ziel, die Nachfrager durch permanente Erwartungsübererfüllung als Stammkunden zu gewinnen, die dann u. U. selbst als Vertriebsakteure aktiv werden.

3.2.3 Vertriebskanäle und Kontaktpunkte

Grundlegend besteht ein Vertriebsweg aus einem Kanal mit mehreren Kontaktpunkten. Während der Kanal die Wegstrecke zum Kunden beschreibt, kennzeichnet der Kontaktpunkt die konkrete Schnittstelle zum jeweilig nächsten Vertriebsakteur. Nachfolgend werden zunächst Vertriebskanäle mit ihren grundlegenden Vor- und Nachteilen vorgestellt.

- **Offline-Vertriebskanäle**

Die klassischen Kanäle können nach vier Kontakt-Prinzipien (Heinemann 2008, S. 16) gegliedert werden:

1. Ein klassischer Vertriebskanal setzt am Standort des Anbieters an, den die Nachfrager bei Bedarf aufsuchen, z. B. ein stationäres Reisebüro, das an einem festen Ort residiert (**Residenz-Kanal**). Über diesen klassischen Weg können intensive Verkaufsgespräche zum Vertrauensaufbau und zur individuellen Kundenansprache bis hin zum Shopping-Erlebnis stattfinden. Der Erfolg ist jedoch stark vom Standort und Personal abhängig und zudem oft mit sehr hohen Fixkosten verbunden.

2. Vertrieb kann auch erfolgen, indem ein Außendienstmitarbeiter den potenziellen Kunden zur Beratung zuhause in dessen Domizil besucht (**Domizil-Kanal**). Für den Kunden bedeutet dies Bequemlichkeit, für den Anbieter erhebliche Reise- und Personalkosten, die nur durch hohen Gegenwert (z. B. individuelle Kundenberatung bei Luxus-Rundreise) zu rechtfertigen sind.

3. Weiterhin können sich Anbieter und Nachfrager an einem dritten Ort, beispielsweise auf der jährlichen Tourismus-Leitmesse ITB in Berlin treffen (**Treff-Kanal**). Hier ist die Frage, wie „magnetisch" der Treffpunkt auch tatsächlich auf potenzielle Kunden wirkt. Zudem sind derartige Treffen terminlich stark reglementiert und u. U. nicht bedarfsgerecht positioniert.

4. Und schließlich gibt es den Fall, das kein persönlicher Kontakt stattfindet, weder am Ort des Anbieters noch des Nachfragers noch an einem dritten Ort. Postalisch wird ein Katalog mit entsprechender Bestellkarte zwischen Anbieter und Nachfrager über die Distanz verschickt (Distanzprinzip als **Katalog-Kanal**). Hier hat der Kunde den Vorteil, dass er unabhängig von Öffnungszeiten in Ruhe bestellen kann. Nachteilig ist allerdings das Fehlen individueller Zuschnitte und ergänzender Beratung.

Die vier Kanäle lassen sich als Offline-Kanäle kennzeichnen, die ohne ein technologisch-informatorisches Netzsystem auskommen. Demgegenüber greifen die vier nachfolgenden Online-Vertriebskanäle auf ein solches Leistungsnetz zurück.

- **Online-Vertriebskanäle**

Alle vier Onlinekanäle arbeiten ohne direkten persönlichen Kontakt zwischen den Vertriebspartnern, folgen also ebenfalls dem **Distanzprinzip**.

1. Der im Tourismus am meisten diskutierte Online-Kanal nutzt als technologisch-informatorisches Netzwerk das Internet in seinem stationären Zugang z. B. über einen Home-Computer. Dieser Kanal wird als **E-Commerce** bezeichnet. Der Vertriebsweg birgt u. U. langfristig starke Kostenersparnisse für die Anbieter, die zudem durch die unbegrenzten Öffnungszeiten und Regalplätze zur Angebotsdarstellung bereichert werden. Ferner sind standardisierte Teilangebote von Nachfragern nach individuellen Präferenzen neu kombinierbar. Nachteilig ist jedoch, dass hier keine persönliche individuell zugeschnittene Beratung möglich ist. Auch haben nicht alle Nachfrager einen Internetzugang, von denen wiederum längst nicht alle online kaufen. Reisen, Hotel und Tickets scheinen allerdings besonders gut für den Vertrieb über das Internet geeignet.[2]

2. Im Laufe der Zeit entwickeln sich weitere Zugangsarten zum Internet über mobile Endgeräte (Mobilfunkgeräte, Laptops oder Organizer), die auch im Tourismus vertrieblich nutzbar sind. Dieser Vertriebskanal wird nachfolgend als **M-Commerce** erfasst. Besondere Vorteile hier sind der mobile, kurzfristige Zugang zum Internet, der gekoppelt mit einem mobilen Anruf im Call Center sowohl internetbasierte als auch fernmündliche Buchungen zulässt. Momentan findet diese Variante besonders bei Tickets (Bahn, Eintritt, etc.) Anwendung. Buchungen von erklärungsbedürftigen Pauschalreisen sind hier eher weniger zu erwarten. Zukünftig sind über Personalisierung und Lokalisierbarkeit von Nachfragern auch während der Konsumphase lokale Zusatzinformationen und -angebote möglich. Nachteilig wirken momentan die Netzkosten, geringe Zugangs- und Ladegeschwindigkeiten und begrenzte Darstellungsmöglichkeiten durch kleine Displays. Aber die Nutzerdichte der Geräte macht den Vertriebsweg attraktiv, wenngleich die tatsächliche Nutzung der Mobiles sich momentan in erster Linie auf Telefonieren und SMS-Versendung beschränkt.

3. Das älteste technologisch-informatorische Netzwerk existiert für das Telefon. Was zunächst als vereinzelter Verkaufs- oder Bestellanruf begann, wird heute über zentralisierte Call Center abgewickelt. Diese Vertriebsvariante soll hier **C-Commerce** genannt werden. Gerade ein professionell geführtes Service-Call Center bietet einen bequemen Bestellkanal für standardisierte Vorgänge und eine levelmäßig organisierte Weiterleitung bis hin zur individuellen Beratung.

---

[2] So belegt die Allensbacher Computer- und Technikanalyse 2008 äußerst hohe Wachstumsraten und große Käuferkreise für diese Leistungsbündel, die eigentlich nur von Büchern und Auktionsware bei Ebay übertroffen werden. Vgl. Schneller, 2008, Folie 0334.

4. Zu guter Letzt findet der Vertrieb touristischer Leistungsbündel mittlerweile auch über eigene Fernseh-Sendungen und TV-Spartenkanäle statt (Sonnenklar-/Bahn TV, TV Travel Shop). In Anlehnung an TV wird diese Vertriebsvariante als **T-Commerce** gekennzeichnet. Vorteilhaft sind hier die hohe Dichte der Endgeräte und die steigende Akzeptanz des Teleshopping. Die zunehmende individuelle Spezialisierung und ein Programm auf Abruf kennzeichnen zukünftige Entwicklungen. Zudem kann das Fernsehen der Zukunft interaktive Fernbedienung ähnlich dem E-Commerce bieten. Nachteilig könnte sich auswirken, dass Nachfrager die Aktiv-Potenziale u. U. nicht nutzen wollen, weil sie das Fernsehen weiterhin als passives Erholungsmedium einstufen.

Am Fernsehen lässt sich ein wichtiges Phänomen zwischen den vier Online-Kanälen plastisch beschreiben, die **Konvergenz**: Zugangsformen zum Fernsehen waren ursprünglich eigene Kabelleitungen und Satellitennetze und der Fernseher war ein eigenständiges Gerät, das in keiner Wohnstube fehlen durfte. Mittlerweile ist Fernsehempfang auch über mobile Endgeräte und stationäre PCs über das Internet möglich, und es existieren unterschiedlichste Zugangsnetze wie Strom- und Telefonkabel bis hin zu neuen Breitbandtechnologien, die gleichzeitig TV- und Internetzugang sowie das Telefonieren als „Voice over IP,, ermöglichen. Das Verschmelzen dieser Kanäle, aber auch das Miteinander aller acht Kanäle erfordert genaue Überlegung, welcher Vertriebskanal für welches touristische Leistungsbündel in welcher Funktion zum Einsatz kommt. Diese Fragestellung wird später wieder aufgegriffen.

- **Kontaktpunkte**

Alle Kanäle enden mit konkreten Kontaktpunkten. Diese stellen jeder für sich einen „Augenblick der Wahrheit" (Stauss 1991) aus Kundensicht dar. Hier werden Erfahrungen mit dem jeweilig markierten Leistungsbündel konkretisiert.

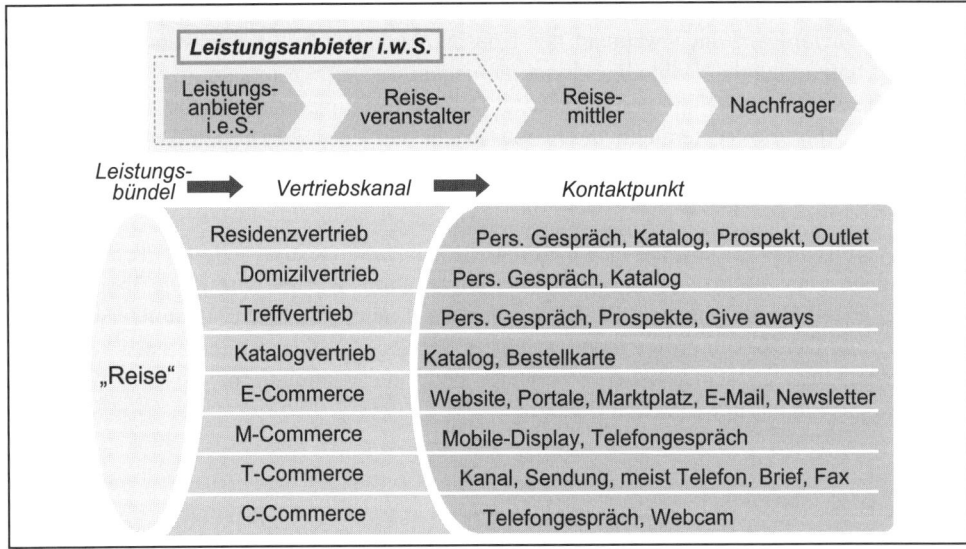

Abb. 3.2.2 Vertriebskanäle und Kontaktpunkte für touristische Leistungsbündel

Alle Kontakt-Erlebnisse entlang des Konsumprozesses in ihrer Gesamtheit bilden die Grundlage für Zufriedenheit bzw. langfristige Loyalität gegenüber Leistungsbündeln oder Unternehmen. Auch die vertrieblichen Kontaktpunkte sind also für den Konsumenten wichtiger Teil des Beziehungsgeflechtes. Konkrete Kontaktpunkte fasst die vorangehende Abbildung 3.2.2 mit Rückbezug auf die beschriebenen acht Vertriebskanäle zusammen.

Wichtig bleibt festzuhalten, dass jeder Akteur auf alle acht Vertriebskanäle zurückgreifen kann. Welche Akteure hierbei eine Rolle spielen, klärt der nächste Abschnitt.

3.2.4 Multi-Akteur-Vertrieb für touristische Leistungen

Nach der Herleitung grundlegender Vertriebskanäle soll nachfolgend die einfache Wertkette weiter aufgeschlüsselt werden. Die Frage, wie viele Stufen der Wertkette mit welchen Akteuren besetzt werden, wird in der Theorie u. a. von der Transaktionskostentheorie beantwortet (Meffert/Bruhn 2008). Reiseveranstalter und Reisemittler reduzieren durch ihre Informationsbereitstellung und Bündelung bzw. Übermittlung von Leistung (-sversprechen) die sog. Transaktionskosten eines Austauschprozesses in Form von Anbahnungs-, Kontroll-, Anpassungs- und Vereinbahrungskosten. Ein Reisebüro beispielsweise bündelt die Vertriebswege, die sowohl Hotels als auch Hotelnutzer bis zum Vertragsabschluss zu gehen hätten, auf einen lokalen Anlaufpunkt für beide Seiten. Gleichzeitig entstehen in der Tätigkeit Kosten, die zuzüglich einer Gewinnspanne je beteiligtem Akteur den Einsparungen gegenüber stehen. Im Wechselspiel dieser beiden Einflussfaktoren entscheidet sich die Sinnhaftigkeit der Beteiligung von Vertriebsakteuren an der Wertkette.

In den seltensten Fällen existiert ein exklusiver Vertriebskanal mit ebenfalls exklusiven Vertriebsakteuren. Normalerweise findet sich im touristischen Vertrieb ein Neben- bzw. Miteinander der Akteure und Kanäle. Diese arbeiten entweder im synergetischen Verbundsystem oder als konkurrierende Vertriebssysteme. Die einzelnen Akteursgruppen „Leistungsanbieter", „Reisemittler" und „Nachfrager" werden nun in ihrer Bedeutung für die Praxis näher vorgestellt.

- **Leistungsanbieter**

Allen Leistungsanbietern stehen grundsätzlich alle acht Vertriebskanäle offen. Besonders interessant neben der spontanen Adhoc- oder langfristigen Stammkundenbuchung vor Ort sind für diese Akteure alle Onlinekanäle, die allesamt den direkten Vertrieb zum Endkunden ermöglichen. Durch die Ausschaltung der Mittler kann ein Preisvorteil an die Kunden weitergegeben werden. Besonders über C-Commerce und E-Commerce schaffen sich die Leistungsanbieter direkten Zugang zum Nachfrager. Dies ist interessant für standardisierbare Pauschalreisen oder für unkomplexe Teilleistungen wie Flüge, Hotels etc.. Gerade größere Reiseveranstalter wie TUI oder Thomas Cook, aber auch Mietwagenunternehmen wie Hertz und Sixt haben eigene Buchungsplattformen im Netz und eigene Call Center. Tickets für etwaige Leistungen können auch kurzfristig und flexibel über M-Commerce geordert werden.
Das Internet stellt die Basistechnologie für ein umfassend unterstützendes Global Distribution System (GDS) dar (Weithöner 2008, S. 324). In einem abgeschirmten Branchennetz

(Extranet) sorgt das Global Distribution Network (GDN) als Teildienst des GDS für Kommunikationsverbindungen hin zum Reisebüro. Für Reiseveranstalter existiert z. B. im Amadeus-GDS mit dem TOMA-Transaktionsverfahren eine standardisierte Schnittstelle, die das im Hintergrund laufende eigene Reservierungssystem integrierbar macht. Die GDS betreiben darüber hinaus jeweils zentrale Global Reservation Systems (GRS), auf die die Reisebüros über das GDN und mit Hilfe eines standardisierten Transaktionsaktionsverfahren Zugriff erhalten (z. B. Ama-Verfahren im Amadeus-GRS). Über die GRS werden Einzelleistungen angeboten. Insbesondere die internationalen Linienfluggesellschaften, Hotelketten, Mietwagengesellschaften bieten ihre Leistungen den stationären aber auch den virtuellen Reisebüros zur Vermittlung an. Die GDS-Dienste sind kostenpflichtig für die Anbieter von Reiseleistungen und Reisen. Beispiele für umfassende GDS-Anbieter sind AMADEUS, SABRE und Travelport.

Bei Pauschalreisen haben die großen Reiseveranstalter in der Destination oft eigene Kräfte. So kann der bereits beschriebene Nachverkauf von Mietwagen oder Zusatzausflügen ebenfalls als Vertriebsaktivität angesehen werden. Ferner können M-Commerce-Aktionen im Sinne lokaler Zusatzinformationen im Zielgebiet gute Möglichkeiten vertrieblicher Zusatzpotenziale sichern. Smart-Poster mit entsprechend per Mobile abrufbaren Coupons oder Informationen schaffen automatischen Kontakt zum Nachfrager.

- **Reisemittler**

Die Reisemittler lassen sich unterscheiden in eigene Akteure der Leistungsanbieter, fremde Branchenakteure sowie branchenfremde Akteure. Alle Gruppen werden nachfolgend ausgeformt.

– Eigene Mittler

Zunächst sind im stationären Bereich eigene Filialen als vollkommen selbst gesteuert und Franchisingkonzepte mit unternehmerischem Risiko bei den Outlet-Betreibern zu unterscheiden. Auch Außendienstmitarbeiter als Domizilkanal sowie Hausmessen als Treffkanal können hier zum Einsatz kommen. Ferner werden von den großen Veranstaltern, aber auch von mittelständischen Spezialveranstaltern mittlerweile Online-Reisebüros selbst betrieben. Gerade die großen Reiseveranstalter setzen online vermehrt so genannte Affiliate-Programme ein, die über Verlinkungen auf den Partnerwebsites schnell zur Veranstalterwebsite führen und mit einer Provision an jedem Umsatz beteiligt werden.

– Fremde Branchenmittler

Neben die klassischen stationären Outletformen (Informationscenter der Destination, Reisebüro) tritt zunehmend das Online-Reisebüro in Form von Portalen und eigenen Webshops. Auch und gerade für Spezialmittler stellt das Internet für E-Commerce eine sinnvolle Plattform dar, da schnell hohe Reichweiten zu erzielen sind. Überhaupt gibt es im Internet mittlerweile standardisierte Angebote (z. B. www.reisebüro-webseiten.de), über die schnell ein eigener touristischer Webshop erstellt werden kann. Im T-Commerce bieten Spartenkanäle ebenfalls vielfältige Mittlertätigkeiten an. M-Commerce hingegen ist für Reisemittler aufgrund der geringen Kauf-Nutzung mobiler Endgeräte und begrenzter Darstellungsmöglichkeiten wohl weniger interessant. Kataloghandel ist im Tourismus zumeist an beratende Ergänzungen im Reisebüro gebunden, allerdings haben Veranstalter wie TUI vielfältige Kataloge auch im Onlineangebot. Das Treffprinzip findet sich hier z. B. in Form einer Messe wie der jährlichen ITB in Berlin, oder auch bei Spezialmessen für z. B. Sanften Tourismus.

– Branchenfremde Mittler

Große Handelskonzerne weisen oft ein eigenes Geschäftsfeld „Tourismus" aus, was leicht zu synergetischem Vertrieb über das LEH[3]-Filialnetz führt. REWE-Touristik oder Karstadt-Quelle mit Neckermann-Reisen sind hier sicherlich Vorreiter. Neuerdings ist der Betriebstyp Discounter besonders präsent. Lidl hat im Onlineauftritt touristische Angebote als feste Rubrik integriert. Netto, Plus und Aldi haben sogar eigene reisespezifische Websites aufgebaut. Auch Multi-Kanal-Händler wie Tchibo oder Otto treten als eigenständige touristische Marktmittler im Internet und mit eigenen Katalogen auf.

Neben dem Handel bieten sich Vereine und andere freizeit- oder berufs-/bildungsorientierte Gruppen über Freizeitangebote für Mitglieder als Reisemittler an.

Viele Reisemittler, egal ob stationäre oder virtuelle Reisebüros, greifen für den Vertrieb auf ein bereits für Leistungsanbieter beschriebenes Global Distribution System (GDS) wie AMADEUS aber auch auf konkurrierende Alternative Distributionssysteme (ADS – vgl. Kap. 2.5.4) zurück. Das GDS stellt zunächst die Hochgeschwindigkeitsverbindung zwischen den Leistungsanbietern, Reiseveranstaltern auf der einen und den Reisebüros auf der anderen Seite sicher. Zudem werden hier komplette Reservierungsverfahren, Produktpräsentationen, Tarife und Dokumentenerstellung sowie weitere Zusatzleistungen wie beispielsweise Klimatabellen und Veranstaltungshinweise für Reisemittler angeboten (Schulz 2008, S. 188).

- **Nachfrager**

Die Nachfrager sind aus vertrieblicher Perspektive zunächst als Endkunden interessant, denn gerade im Tourismus ist das Stammkundengeschäft ein wesentlicher Umsatzfaktor. Aufgabe ist die erfolgreiche Begleitung des Nachfragers in seinen Rollen als Kunde, Käufer und Konsument, um Wiederholungskäufe und Beziehungsaufbau zu gewährleisten.

Daneben sind die Nachfrager als Vertriebsorgane einsetzbar. Über positive Referenzbereitschaft und Mund-zu-Mund- bzw. WOM-Werbung (engl. World of Mouth, WOM) war dies immer schon der Fall. Die persönliche Empfehlung ist eine glaubwürdige Vermittlungsform für eine touristische Leistung. Im Zuge der Internetverbreitung und der Entwicklung von Web 2.0 als dem Mitmachnetz steigt diese Multiplikatorfunktion in ihrer Bedeutung. Empfehlungen, während der Reise erstellte Reiseblogs oder Online-Photoalben und Urlaubsvideos (Facebook, YouTube), besonders aber auch die Kundenbewertungen von Reiseleistungen auf Anbieter- (Opodo, HRS) oder Nachfragerportalen (Ciao oder Dooyoo) bergen starkes neues vertriebliches Potenzial.

Die Multiplikatoreffekte lassen sich auch offline einbinden. In Kombination mit dem Treffkanal Messe hat dies z. B. eine „Stammgast-Messe der Ostfriesischen Inseln" realisiert. Diese Messe richtete sich ausschließlich an Stammgäste, die im Hauptbuchungsbereich Ruhrgebiet persönlich eingeladen und gebeten wurden, Freunde, Verwandte und Bekannte mitzubringen (Kleinmann 2008).

---

[3] LEH: Lebensmittel-Einzelhandel

Sowohl online als auch offline zu Vertriebszwecken einsetzbar ist das Viralmarketing. Hierbei spielt ebenfalls der Nachfrager als Multiplikator eine entscheidende Rolle. Unternehmen initiieren einen „Virus", der dann von den Nachfragern aufgenommen und weiter verteilt wird. Dies kann in Form eines Onlinespieles (Moorhuhn von Johnny Walker), eines Online-Videos/Podcast (Horst Schlämmer alias H.-P. Kerkeling und VW) oder Spaß-Websites („Gibsnich" Seite von Sixt), aber auch durch Offline-Aktionen im Guerillia-Marketing, einer imposanten Aktionswerbung die über den Aha-Effekt ein Weitersagen auslöst. Derartige Flankierungen eigenen sich in erster Linie für etablierte Markenleistungen.

Damit sind die möglichen Akteursgruppen Anbieter, Mittler und Nachfrager im Vertrieb touristischer Leistungsbündel umfassend beschrieben worden. Die nachfolgende Abbildung fasst die Ausführungen zusammen.

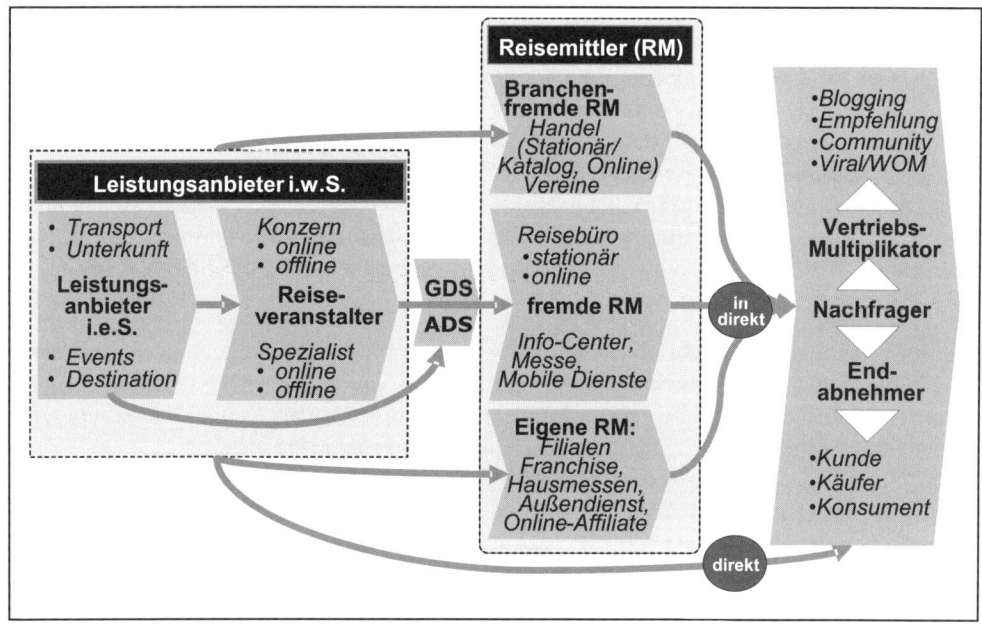

Abb. 3.2.3   Vertriebsakteure in der Wertkette für touristische Leistungsbündel

Bisher wurde davon ausgegangen, dass nur ein Kanal für den Vertrieb touristischer Leistungen ausgewählt wird. Die Praxis zeigt, dass sowohl mehrere Vertriebskanäle unverbunden nebeneinander (Parallel-Vertrieb) als auch in Synergieeffekten aufeinander abgestimmt genutzt werden (Multi-Kanal-Vertrieb, oft auch Multi-Channel-Marketing bzw. MCM). Darum wird es im nachfolgenden Abschnitt gehen.

3.2.5   Multi-Kanal-Vertrieb für touristische Leistungen

Neben den beschriebenen verschiedenen Kanal-Vorlieben der vielen oft gleichzeitig am Vertrieb beteiligten Akteure stellt sich für jede Unternehmung die konkrete Frage, welche

Vertriebskanäle zu wählen sind. Mit dem Leistungsbündel und der funktionalen Ausrichtung existieren zwei große Einflussfaktoren auf die Gestaltung des Vertriebskanalnetzes.

- **Leistungsbezogener Multi-Kanal-Vertrieb**

Als Besonderheiten vieler touristischer Leistungsbündel wurden u. a. die Komplexität der Beratungsleistung und die Notwendigkeit von Vertrauen in den jeweiligen Vertriebspartner herausgearbeitet. Je wichtiger diese Komponenten für den Nachfrager werden, um so eher wird er auf eine persönliche Beratung im stationären Reisebüro oder die Erfahrungen anderer hören. Anders herum: Je standardisierter und kurzfristiger zu buchen ist, desto eher wird auf die Online-Vertriebskanäle zugegriffen, da diese eine Buchung rund um die Uhr und schnellen, umfassende Transparenz bis hin zum Preis ermöglichen. Diesen Sachverhalt drückt die nachfolgende Abbildung anhand der konkreten Leistungs-Kanal-Matrix eines Reiseveranstalters aus.

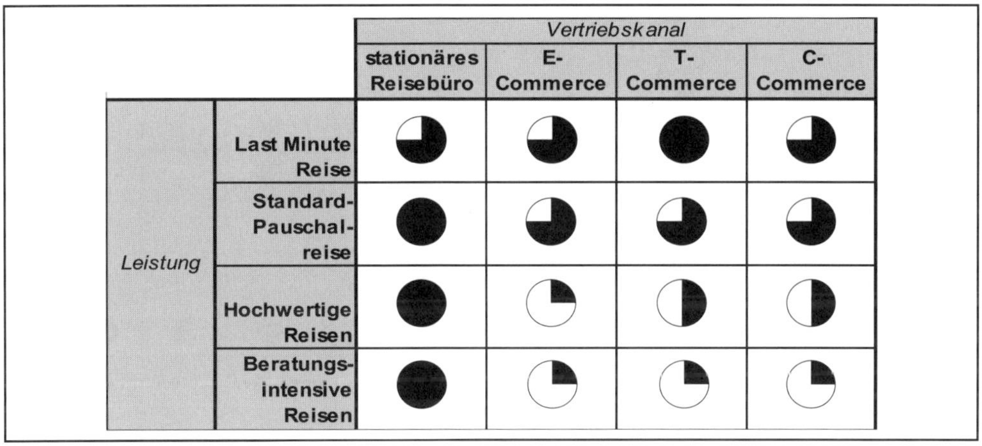

		Vertriebskanal			
		stationäres Reisebüro	E-Commerce	T-Commerce	C-Commerce
Leistung	Last Minute Reise	◐	◐	●	◐
	Standard-Pauschalreise	●	◐	◐	◐
	Hochwertige Reisen	●	◔	◐	◐
	Beratungsintensive Reisen	●	◔	◐	◔

Abb. 3.2.4   Leistungs-Kanal-Matrix der Thomas Cook AG
(Quelle: Begriffliche Modifizierung von Rengelshausen,/Köpler 2003)

- **Funktionsbezogener Multi-Kanal-Vertrieb**

Bisher wurde davon ausgegangen, dass ein Akteur für eine Leistung die gesamten Vertriebsfunktionen über einen Kanal vornimmt. Dies ist in der Praxis nicht der Normalfall. Kunden nutzen im Tourismus immer mehr verschiedene Kanäle für unterschiedliche Funktionen, und die Erfahrungen des einen Kanals werden auf andere übertragen (Schmidt 2003, Freyer/ Molina 2008). Multi-Kanal-Verhalten in diesem Sinne ist kein neues Phänomen aus der Internet-Ära: Auch früher wurden vor dem Kauf Informationen über Massenmedien gesucht, die Reisen im Reisebüro gebucht, die Tickets per Post versendet und Beschwerden per Telefon durchgeführt. Neu ist die flexiblere Nutzung einzelner Kanaloptionen und deren Verwobenheit aus Kunden- und Unternehmenssicht.

Die vordergründig bedeutendsten Vertriebsfunktionen sind Kommunikation vor und nach dem Kauf (Vorkauf: Vertrauensbildung, Beratung, Nachkauf: Beschwerde) und die Vereinbarung und Durchführung von Transaktionen (Bezahlung Kauf, Rückgabe von Leihgerät, Entsorgung) (Kull 2003). Hinzu treten Service-Funktionen vor (Katalog), während (bargeldloses Zahlen) und nach dem Kauf (Willkommen-Zuhause-Aktion). Gerade in der Nachkaufbetreuung durch den Vertrieb zeigt sich die Nähe zum Kundenmanagement. Getreu dem Motto „Nach dem Kauf ist vor dem Kauf", geht es hier um den Vertrieb von Folgeleistungen, also der Kundenbindung im Sinne eines erneuten Versuchs der Geschäftsgenerierung. Unabhängig vom Kaufprozess kann ein Vertriebskanal auch allgemeinen Content (Reisetagebücher) zur Verfügung stellen.

Im Rückgriff auf die einzelnen Vertriebskanäle lässt sich nun eine Funktionen-Kanal-Matrix aufspannen. Ziel ist, die zielgruppenspezifischen Kanalpräferenzen für die jeweiligen Funktionen mit dem Leistungsangebot in Zusammenhang zu stellen (Schögel/Sauer 2002, S. 30, Homburg/Schäfer/Scholl 2002, S. 39).

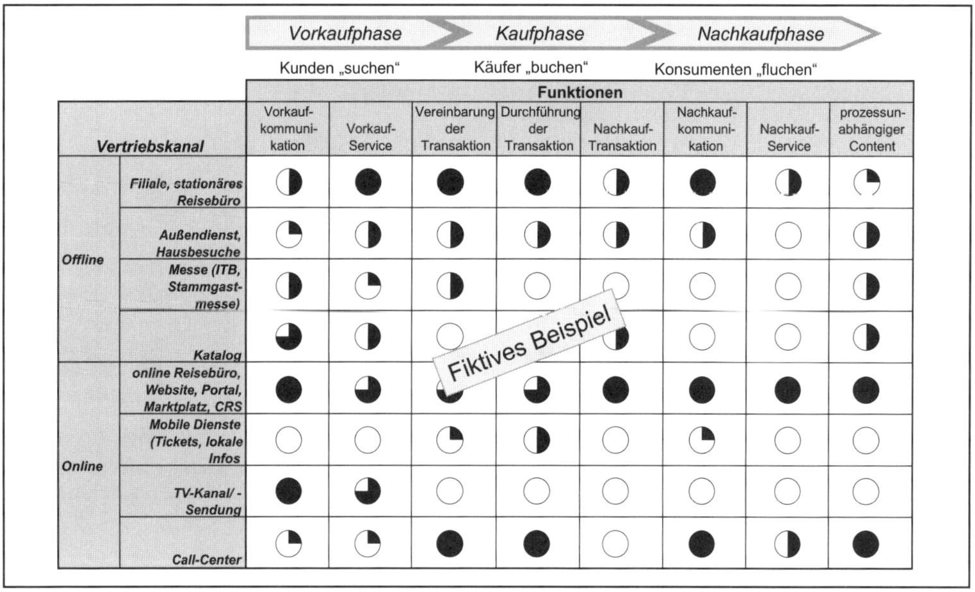

Abb. 3.2.5 Funktionen-Kanal-Matrix als fiktives Beispiel
            (Quelle: Modifikation von Kull 2003)

Die Notwendigkeit der Aufnahme eines neuen Kanals in das bestehende Vertriebsnetz muss für jeden Kanal intensiv abgewogen werden. Im Einzelnen sind vier Felder zu berücksichtigen (Homburg/Schäfer/Scholl 2002, S. 40): Die Verbesserung der Marktabdeckung (neue Märkte, Kunden), der Kundenorientierung (Bessere Kundenbindung, Bedürfnisbefriedigung), der Verbesserung der strategischen Position (Wettbewerbsstellung, weniger Abhängigkeiten, wenig Konflikte mit bestehenden Kanälen) sowie die Erhöhung der Kosteneffizienz.

In Abhängigkeit von individueller Unternehmenssituation, dem spezifischen Leistungsangebot und entsprechend erforschten Nutzen und Nutzungsmustern der Kunden ergeben sich andere Kanalprioritäten und dementsprechend eine andere Funktionen-Kanal-Matrix.

3.2 Vertriebskanalmanagement

So lässt sich z. B. die multifunktionale Bedeutung des neuen Internetkanals für die Konsumprozesse über die Matrix empirisch bestätigen. Im Rückgriff auf die übergeordneten Funktionsbereiche „Suchen" und „Buchen" stellt eine Studie unter Beteiligung von Google und TUI aus 2008 (ROPO-Initiative 2008)[4] für die beiden Vertriebskanäle stationäres Reisebüro und Internet eine nach wie vor hohe Bedeutung des stationären Reisebüros fest, allerdings auch eine hohe Bedeutung des Internet-induzierten Konsums im Sinne von Online Suchprozessen im Vorfeld.

Funktion	Vertriebskanal/-Akteur				
„Suchen"	Reisebüro	Reisebüro	Internet	Internet	Sonstige*
	+	+	+	+	+
„Buchen"	Reisebüro	Internet	Reisebüro	Internet	Sonstige*
	=	=	=	=	=
	43%	7%	27%	10%	13%

*Sonstige = Buchungen bei sonstigen Buchungsstellen (z.B. telefonisch, Ticketautomat, direkt beim Leistungsträger, ohne Angabe der Buchungsstelle)

Abb. 3.2.6 *Praxisbeispiel einer Ausschnitt-Funktionen-Kanal-Matrix: Internet vs. Reisebüro (Quelle: eigene nach Umsatzprozentzahlen aus ROPO-Initiative, 2008, S. 14)*

Allgemein lässt sich festhalten, dass das Internet in Form des E-Commerce zwar eine wichtige Ergänzung für den Vertrieb touristischer Leistungsbündel darstellt. Die Kernfunktionen eines klassischen Reisebüros werden jedoch sowohl über bestimmte individualisierbare und beratungsintensive hochpreisige Leistungsbündel als auch über Kanalpräferenzen der Kunden weiterhin nicht in Frage gestellt.

3.2.6 Fazit und Ausblick

Insgesamt lassen sich die Ausführungen wie folgt zusammenfassen: Zum Vertriebssystem gehören verschiedene Vertriebsakteure, die über Vertriebskanäle an Kontaktpunkten touristische Leistungsbündel hin zum Nachfrager vermitteln. Ein Vertriebskanal beinhaltet neben dem Informationsstrom auch die beiden Stromgrößen Leistungsbündel und Werte. Touristische Leistungsbündel sind besonders komplex und weisen über den Dienstleistungscharakter hinaus mit dem Handel von Leistungsversprechen sowie örtlicher/zeitlicher Besonderheiten bei der Erstellung Eigenarten auf, die auch den Vertrieb kennzeichnen.

Es gibt acht grundlegende Ansätze für Vertriebskanäle: Offline lassen sich Residenzkanal (Reisebüro), Domizilkanal (Außendienst), Treffkanal (Messen) und Distanzkanal (Katalog)

---

[4] Insgesamt schwanken die Zahlen für die Bedeutung des Internets bereits beim „Buchen" stark je nach Studie zwischen 11% (Verbrauchs- und Medienanalyse 2009, untersucht wurde der Haupturlaub) über 24% bei Bitcom/Forsa für 2007 über 32% des GFK-Travelscope für 2007 bis zu 39% der Forschungsgruppe Wahlen für 2007. Bis auf eine Ausnahme wurden jeweils auch Ticket- und Teilbuchungen erfasst.

trennen, und online gibt es E-Commerce (Portale), M-Commerce (Ticketing), T-Commerce (Spartensender) und C-Commerce (Call Center). Die Vertriebsakteure können entlang der Wertkette zunächst grob in Leistungsanbieter, Reiseveranstalter, Reisemittler und Nachfrager unterteilt werden. Im Zuge der Multi-Akteur-Perspektive kann dann jede Stufe weiter ausdifferenziert werden. Hierbei spielt neben dem Direktvertrieb und den klassischen Reisebüros besonders die GDS- bzw. Internetbasierung des Vertriebes, aber auch die Multiplikatorfunktionen der Nachfrager eine neue wichtige Rolle.

Hervorgehend aus dem geänderten Nachfragerverhalten besteht in der Multi-Kanal-Perspektive über parallele Vertriebskanäle hinaus die Notwendigkeit einer synergetischen Abstimmung im gesamten Vertriebsnetz. Diese kann sich einerseits auf Leistungsbündel (z. B. Lastminute-Reisen contra hochwertige Individual-Buchungen) und andererseits auf Funktionsübernahmen des jeweiligen Kanals beziehen (z. B. suchen contra buchen). Erst im Zusammenspiel all dieser Parameter kann ein Vertriebssystem situationsadäquat für ein spezifisches touristisches Unternehmen aufgebaut werden. Beispielsweise kann ein Akteur sein Vertriebsnetz nur im Wechselspiel mit der Wertkette planen, muss dann für jedes seiner Leistungsbündel die Vertriebsfunktionen auf die einzelnen Kanäle legen und immer schon die Stimmigkeit und mögliche Potenziale zur nächsten Stufe in der Wertkette beleuchten. Ein derartiges Beispiel zeigt die Abbildung.

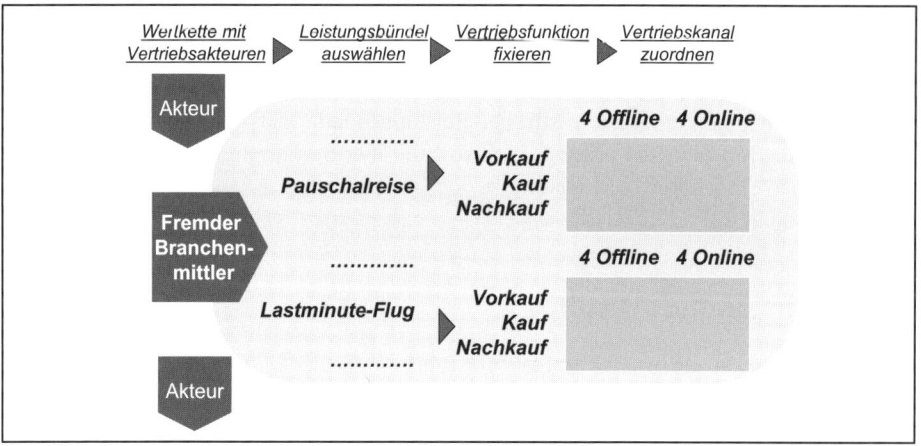

Abb. 3.2.7   Komponenten des Vertriebskanalmanagement mit Vorgehens-Beispiel

Die Multioptionalität der Konsumenten und die leistungs- und funktionsbegründete Vernetzung von Vertriebskanälen werden eher zunehmen. Besonders die zukünftigen Entwicklungen und Akzeptanzen der technologisch-informatorischen Basisnetzwerke und Endgeräte können hier weitere Neuerungen und Marktverschiebungen mit sich bringen, denn wie bereits zu Beginn bemerkt wurde, haben veränderte informatorische Ströme starke Wirkung auf das Vertriebskanalmanagement.

Quellen und weiterführende Literatur:

Bastian, H., Die touristischen Kernprozesse des Reiseveranstalters, in: Bastian H., Born, K. (Hrsg.): Der integrierte Touristikkonzern: Strategien, Erfolgsfaktoren und Aufgaben, München, Wien 2004, S. 33–68

Engelhardt, W. H., Kleinaltenkamp, M., Reckenfelderbäumer, M., Leistungsbündel als Absatzobjekte - Ein Ansatz zur Überwindung der Dichotomie von Sach- und Dienstleistungen, in: Schmalenbachs Zeitschrift für betriebswirtschaftliche Forschung, 45. Jg., 1993, S. 395–426

Freyer, W., Tourismus, Einführung in die Fremdenverkehrsökonomie, 8. Aufl., München 2006

Freyer, W., Tourismus-Marketing, Marktorientiertes Management im Mikro- und Makrobereich der Tourismuswirtschaft, 5. Aufl., München 2007

Freyer, W., Molina, M., Multichannel-Vertrieb: Innovatives Distributionsmanagement für Destinationen, in: Freyer, W./Pompl, W. (Hrsg.): Reisebüro-Management, Gestaltung der Vertriebsstrukturen im Tourismus, 2. Aufl., München 2008, S. 123–133

Heinemann, G., Multi-Channel-Handel. Erfolgsfaktoren und Best Practices, Wiesbaden 2008

Homburg, C., Schäfer, H., Scholl, M., Wie viele Absatzkanäle kann sich ein Unternehmen leisten? in: Absatzwirtschaft, 2002, H. 3, S. 38–41

Kleinmann, S., Deutscher Tourismuspreis für Stammgast-Messe der Ostfriesischen Inseln. *http://www.nordseewolf.de/magazin/08-11-2008/deutscher-tourismuspreis-fur-stammgast-messe-der-ostfriesischen-inseln/,* 8.11.2008 (Zugriff 24.01.2009)

Krippendorf, J., Marketing im Fremdenverkehr, Bern/Frankfurt 1971

Kull, S., Multi-Channel-Marketing, in: Kamenz et al. (Hrsg): Applied Marketing, Anwendungsorientierte Marketingwissenschaft an deutschen Fachhochschulen, Berlin u. a. 2003, S. 337–352

Markbach, J., Hirche, T., Erfolgreicher Vertrieb über Multichannel, in: Bastian, H., Born, K. (Hrsg.): Der integrierte Touristikkonzern: Strategien, Erfolgsfaktoren und Aufgaben, München, Wien 2004, S. 461–474

Meffert, H., Bruhn, M., Dienstleistungsmarketing, Grundlagen-Konzepte-Methoden, 4. Aufl., Wiesbaden 2008

Rengelshausen, O., Köpler, B.-H., Die Rolle der digitalen Kanäle bei der Thomas Cook AG, in: Merx, O. (Hrsg): Multichannel-Marketing-Handbuch, Berlin u. a. 2003, S. 305–316

ROPO-Initiative, Research Online – Purchase Offline in der Touristik, Präsentation Impulsstudie, Hannover 2008

Schögel, M, Sauer, A., Multichannel Marketing – Fokus auf Kunden und Kanäle, in: Thexis, 2002, Nr. 2, S. 34–38

Schmidt, I, Schögel, M, Tomczak, T., Nutzung von Distributionskanälen aus Kundensicht, eine Analyse der Reisebranche, in: Thexis Fachbericht für Marketing Nr. 2, St. Gallen 2003

Schneller, J., Internetinduzierte Veränderungen von Kaufentscheidungen und Kaufverhalten, http://www.acta-online.de/Präsentationen 16.10.2008 (Zugriff 24.01.2009)

Schulz, A., Informationsmanagement im Reisebüro, in: Freyer, W./Pompl, W. (Hrsg.): Reisebüro-Management, Gestaltung der Vertriebsstrukturen im Tourismus, 2. Aufl., München 2008, S. 183–202

*Stauss, B., „*Augenblicke der Wahrheit" in der Dienstleistungserstellung: Ihre Relevanz und ihre Messung mit Hilfe der Kontaktpunkt-Analyse, in: Bruhn, M., Stauss B. (Hrsg.): Dienstleistungsqualität: Konzepte, Methoden, Erfahrungen. Wiesbaden 1991, S. 345–366

Streichfuss, M., Touristik-Vertriebssystem 2015, ein Ausblick, http://www.drv.de/presse/reden-und-vortraege/drv-deutscher-reisebuerotag.html 13.11.2006 (Zugriff 24.01.2009)

Weithöner, U. Informationsmanagement und Informationssysteme der Reisemittler, in: Freyer, W., Pompl, W. (Hrsg.): Reisebüro-Management, Gestaltung der Vertriebsstrukturen im Tourismus, 2. Aufl., München 2008, S. 321–346

3.3 Elektronische Zahlungssysteme

Prof. Dr. Robert Goecke

So manche Innovation im internationalen Zahlungsverkehr hat ihren Ursprung im Reiseverkehr. Reisende sind unterwegs darauf angewiesen überall, zu jeder Zeit und im Ausland ggf. auch mit Fremdwährungen zahlungsfähig zu sein. Auf diese Problematik geht die Erfindung des Reiseschecks (Traveller's Cheques) zurück, die 1874 Thomas Cook zugeschrieben wird und in großem Stil seit 1891 von American Express global verbreitet wurden: Reiseschecks werden gegen Einzahlung der entsprechenden Bargeld-Summe in verschiedenen Währungen ausgegeben und bei der Ausgabe einmal vom Kunden unterschrieben. Beim Zahlen auf Reisen unterschreibt der Kunde unter Vorlage seines Personalausweises den Reisescheck zum zweiten Mal. Ohne Ausweis oder fehlende zweite Unterschrift wird der Reisescheck an den weltweit verbreiteten Annahmestellen nicht akzeptiert. Gastronomen und Hoteliers sind darüber hinaus auf sichere Zahlungssysteme angewiesen, mit denen sie nicht nur ihren Gästen von auswärts, sondern auch ihren einheimischen Gästen eine bequeme bargeldlose Zahlung ermöglichen können, ohne Kreditrisiken zu übernehmen. Dieses Problem löst die Kreditkarte, die als Diners-Club-Karte nach der Gründungsgeschichte des Unternehmens in einem gastronomischen Kontext ihren Ursprung genommen haben soll. Kreditkarten verschiedener Anbieter haben weltweit den Reisescheck inzwischen überwiegend abgelöst.

Informationstechnisch relevant sind inzwischen nicht nur im Tourismus, sondern im gesamten Handel elektronische Zahlungssysteme (vgl. Dettmer et al. 2007, S. 191-213), die wegen ihrer hohen Bedeutung für diverse Geschäftstransaktionen in allen Segmenten des Tourismus im Folgenden überblicksartig behandelt werden[1]. Hierbei ist zu unterscheiden zwischen den elektronischen Zahlungssystemen am Point of Sale und den neuen Internet-Bezahlsystemen, bei denen der Kunde zum Zahlungszeitpunkt am Verkaufsort nicht physisch anwesend ist.

3.3.1 Elektronische Zahlungssysteme am Point of Sale

Elektronische Zahlungssysteme am POS ermöglichen Kunden von Handels- und Tourismusunternehmen die bequeme bargeldlose computergestützte Bezahlung, wenn sie am POS (Point of Sale – am Tisch, an der Kasse, an einem Automaten) anwesend sind. Folgende elektronische POS-Zahlungssysteme haben eine besondere Relevanz für den Tourismus:

Kreditkarten, Debitkarten, Geldkarten, Guthabenkarten und *Handy-Bezahlsysteme*

Obwohl viele der hier genannten Systeme nicht nur bei Anwesenheit des Kunden am POS sondern auch zur Zahlung im Fernabsatz, bei telefonischen Reservierungen und insbesondere

---

[1] Jede Zahlungsform ist mit technisch-organisatorischen und rechtlichen Bedingungen und Risiken für alle am Zahlungsvorgang beteiligten Parteien verbunden, die im Beitrag nur überblicksartig behandelt werden können. Trotz sorgfältiger Recherchen (vgl. Goecke 2009) kann keine Gewähr für die im Beitrag gemachten Aussagen übernommen werden. Stets sind die aktuellen Vertragsbedingungen der Zahlungssystem-Anbieter zu beachten!

im Internet genutzt werden, sind die Verträge, Prozesse und technologischen Sicherheitsvorkehrungen wegen der durch die „Abwesenheit des Kunden und seiner Karte" bedingten höheren Risiken anders. Im Gegensatz zum Bargeld ist kein Händler oder Kunde verpflichtet, eines dieser elektronischen Zahlungssysteme, die auch als Bezahlsysteme oder Zahlverfahren bezeichnet werden zu nutzen oder zu akzeptieren. Meist beinhalten jedoch die Vertragsbedingungen, die ein Händler zur Teilnahme an Systemen des elektronischen Zahlungsverkehrs akzeptiert, dass allen Kunden die Zahlung mit dem jeweiligen System zu gewähren ist.

	Kreditkarten	Debitkarten	Geldkarten	Prepaid-/ Guthaben-Karten
Beispiele: Ohne Wertung und ohne Anspruch auf Vollständigkeit	American Express, MasterCard, Visa, Diners Club (alle global)	girocard (ec-Karte) (Deutschland), Maestro (weltweit), Visa Electron / V Pay	GeldKarte (Deutschland), Quick (Österreich), CASH (Schweiz)	„Prepaid-Kreditkarten" Eigenbetriebene Kartensysteme, z.B. Kunden-/Mitarbeiter-/ Destinationskarten
Kosten/ Gebühren:	In der Regel 2–4% vom Umsatz; zzgl. Kosten/Miete für Terminalbetrieb	girocard: meist 0,3 % Maestro: meist 0,95 % vom Umsatz; zzgl. Kosten/Miete für Terminalbetrieb	GeldKarte: 0,3 % vom Umsatz; zzgl. Kosten/Miete für Terminalbetrieb	„Wie Kreditkarte" Aufwand für Eigenbetrieb des Zahlungssystems (Karten, Automaten und Kartenterminals)
Typische Nutzung: Beispiele:	Mittlere und größere Beträge bei Hotels, Restaurants, Reisebüros, Parkautomaten, Reservierungen, Geschäftsreisen etc.	Kleinere, mittlere und größere Beträge im Einzelhandel, Ticketverkauf, Restaurants, Hotels etc.	Kleinbeträge, vor allem im ÖPNV, bei Automaten insb. mit Jugendschutz-relevantem Angebot u.v.m.	„Wie Kreditkarte" mittlere/kleinere Beträge in Gemeinschaftsverpflegungen, Cafétéria, Automaten, Hotels, auf Skipisten etc.
Authentifizierung:	Kartenvorlage & Unterschrift	Karte einlesen & PIN eingeben	Elektronische Chip-Prüfung	Karte einlesen – PIN Magnetcode/ Chip-Prüfung
Sperrabfrage/ Autorisierung:	Online – zum Teil abhängig vom Betrag	Sperrabfrage und Online-Autorisierung	Keine Sperrabfrage / Autorisierung im Chip	„Online-Abfrage" elektronisch je nach System und Technologie unterschiedlich
Zahlungsgarantie:	Bei Prozedureinhaltung: Kreditkarten-Gesellschaft	Bei Prozedureinhaltung: Ausgebende Bank	Ausgebende Bank	Kreditkarten-Gesellschaft Betreiber des Kartensystems selbst

Abb. 3.3.1 Vergleich elektronischer Kartenzahlungssysteme am POS aus Händlersicht (Stand September 2009, ohne Gewähr, Wertung und Anspruch auf Vollständigkeit)

Zunächst sind von allen Beteiligten gewisse technische und organisatorische Vorbereitungen mit weiteren Akteuren (z. B. Bank, Kartengesellschaft, Zahlungsterminal-/Netzprovider) zu treffen, um das jeweilige Zahlungsverfahren einzusetzen. Der Vorteil der Bequemlichkeit für den Kunden und entsprechende verkaufsfördernde Effekte für die Händler und insbesondere die Leistungsträger im Tourismus haben jedoch zu einer großen Verbreitung der elektronischen Zahlungssysteme geführt.

- **Kreditkartensysteme**

Wie Registrierkassen haben moderne Kreditkartensysteme ihren Ursprung in der Gastronomie. 1950 soll laut Gründungsmythos der Amerikaner Frank McNamara beim Mittagessen in einem Lokal bemerkt haben, dass er seinen Geldbeutel vergessen hatte. Als Sicherheit hinterließ er seine Visitenkarte. Er gründete daraufhin die Kreditkartenfirma Diners Club.

Weltweit operierende Kreditkartenorganisationen (vgl. Abb. 3.3.1) geben bonitätsgeprüften Direktkunden oder bonitätsgeprüften Kunden kooperierender Banken gegen jährliche Gebühr eine maschinenlesbare (erhabene - mit Ritsch-Ratsch-Gerät kopierbare Schrift, Magnetstreifen, Kundenunterschrift, evtl. Chipkarte) Plastik-Kreditkarte aus. Händler schließen mit den Kreditkartenorganisationen bzw. mit in deren Auftrag tätigen Serviceanbietern (sog. Akquirern) oder Banken (sog. Akquiring-Banks) Verträge. In diesen verpflichten sich die Kreditkartenorganisationen die von Karteninhabern durch Vorlage ihrer Kreditkarte und Unterschrift auf einem speziellen Beleg mit dem Kartenabdruck bestätigten Zahlungen zu übernehmen. Für diese Zahlungsgarantie/-haftung (Delcredere) und die Abwicklung muss der Händler einen Abschlag (Disagio von einigen Prozent der Rechnungssumme zuzüglich einer festen Transaktionsgebühr) bezahlen und ist dann Akzeptanzstelle für die jeweilige Kreditkarte. Der Kunde erhält von der Kartengesellschaft eine monatliche Abrechnung aller Zahlungen, die dann von der Kreditkartengesellschaft vom Konto des Karteninhabers eingezogen werden. Hierdurch bekommt der Kunde gewissermaßen „Kredit", da er erst später zahlen muss und bei entsprechendem Überziehungsrahmen auch tatsächlich von der Bank oder Kreditkartengesellschaft eine Kreditlinie gegen entsprechende Zinsen eingeräumt bekommt.

Um die Sicherheit der Kreditkartenzahlung zu erhöhen, erfolgt der Nachweis der Vorlage der Kreditkarte heute meist nicht mehr durch die Ritsch-Ratsch-Kopiervorrichtung, sondern elektronisch über ein stationäres, portables oder mobiles Kreditkartenterminal. Es wird meist mit einem Servicevertrag von einem Provider bezogen, der über einen zertifizierten Netzprovider Daten mit Kreditkartengesellschaften austauschen kann. Zur Zahlung wird der Rechnungsbetrag per Schnittstelle aus dem Kassensystem oder manuell in das Kartenterminal eingegeben und die Kreditkarte des Kunden eingelesen. Das Kartenterminal stellt über Telefon-Modem, ISDN, WLAN-DSL oder GSM/GPRS eine verschlüsselte Verbindung über den zertifizierten Netzwerkprovider und Akquirer zur Kreditkartenorganisation her. Diese prüft, ob die Karte echt und gültig oder gar gesperrt ist, und ob der Betrag das mit dem Kunden vertraglich vereinbarte Limit nicht übertrifft. Ist alles o.k., wird die Transaktion freigegeben und vom Kartenterminal ein (Doppel-)Beleg mit den Transaktionsdaten zur Unterschrift bzw. als Kopie für den Kunden ausgegeben. Die Überweisung der Kreditkartengesellschaft an den Händler kann bei dieser elektronischen Variante mit einer zusammenfassenden Aufstellung automatisch veranlasst werden (Fulfillment Service des Akquirers). Die unterschriebenen Belege werden nur noch zu Nachweiszwecken aufbewahrt. Kreditkarten sind bisher das einzige weltweit verbreitete elektronische Zahlungssystem.

Eine besonders wichtige Rolle spielen Kreditkarten im Business Travel Management (vgl. Kapitel 4.4). Geschäftsreisende erhalten von ihren Unternehmen Kreditkarten, um auf Reisekosten-Vorschüsse verzichten zu können und von der Kreditkartengesellschaft eine automatische Aufstellung aller auf der Reise getätigten Zahlungen zu erhalten. Dies vereinfacht die Abrechnung und reduziert den Aufwand der Reisekostenerstattung. Viele Kreditkartenanbieter bieten auch zusätzlich diverse Reiseversicherungen automatisch bei Kreditkartenzahlung an. Umgekehrt vermitteln Flug-, Mietwagen- und Hotelgesellschaften ihren Kunden eine

Kreditkarte als Kundenkarte mit einem umfassenden Bonus-Programm nicht nur bei Flugbuchungen sondern auch für diverse andere Einkäufe bei einem großen Netz von Kooperationspartnern. Die Kreditkarte dient Fluggesellschaften und Bahnunternehmen als Identifikationsmedium für elektronische Tickets, und Hotels nutzen die hinterlegten und geprüften Kreditkarten-Daten als Sicherheit für Reservierungen. Viele Veranstalter und Leistungsträger bieten Reisebüros an, über die Masken der touristischen Distributionsnetzwerke der GDS und ADS (vgl. Kap. 2.5.4) bzw. der Mid-Office-Systeme (vgl. Kap. 4.1) die Kreditkartendaten der Kunden zu erfassen, zu prüfen und das Inkasso mit den Kartengesellschaften durchzuführen. Die Reisebüros benötigen bei diesem kreditkartenbasierten Veranstalter-Inkasso keinen eigenen Vertrag mit einer Kreditkartengesellschaft und müssen kein Disagio zahlen. Sie sind aber für die Prüfung der Karte und die Unterschrift des Kunden verantwortlich. Immer mehr Reisebüros verwenden bei Reisebüro-Inkasso und Eigenveranstaltungen auch Kreditkarten für ihre Zahlungen an Leistungsträger im In- und Ausland.

- **Debitkartensysteme**

Im Unterschied zu Kreditkarten wird bei einer elektronischen Zahlung mit einer Debitkarte (EC-Electronic Cash bzw. girocard oder Maestro) das Girokonto des Karteninhabers bei seiner Bank sofort belastet (debitiert). Das bisher EC-(Electronic Cash) genannte Verfahren wird in Deutschland vom ZKA (Zentraler Kreditausschuss – der Spitzenverband der Deutschen Kreditwirtschaft) organisiert. Es läuft seit 2008 mit neuem Logo unter dem übergeordneten Begriff *girocard,* um die internationale Akzeptanz deutscher EC-Karten im Euroraum im Rahmen der Einführung eines einheitlichen europäischen Zahlungsverkehrsraums (SEPA-Single European Payment Area) zu erhöhen.

Das Maestro Debitkartensystem wird international von MasterCard organisiert. Ein weiteres internationales Debitkartensystem ist z. B. Visa Elektron. Maschinenlesbare Bankkarten mit dem EC/girocard und Maestro-Logo, Magnetstreifen, ggf. Chip und Kundenunterschrift werden von Banken und Sparkassen in Deutschland an Inhaber eines Girokontos ausgegeben. Der Kunde erhält zusätzlich eine nur ihm bekannte geheim zu haltende vierstellige PIN (Persönliche Identifizierungs-Nummer) zur Authentifizierung. Mittels girocard und Angabe der PIN können Kunden mit dem Geld auf ihrem Girokonto elektronisch zahlen und es als Bargeld aus Bankautomaten abheben.

Händler benötigen zur Teilnahme am girocard-Verfahren ein Kartenterminal und einen Servicevertrag mit einem ZKA-zertifizierten Netzprovider. Außerdem brauchen sie neben einem Konto bei ihrer Bank einen gebührenpflichtigen Inkasso-Vertrag, der die Bank verpflichtet, alle girocard-Transaktionen am Kartenterminal bei den Banken der girocard-Besitzer einzuziehen. Die herausgebenden Banken der girocard-Besitzer erhalten hierbei für die für ihre Kunden übernommene Zahlungsgarantie ein sog. Händlerentgelt.

Die Electronic-Cash- bzw. girocard-Zahlung am Kartenterminal erfolgt entsprechend anders als bei Kreditkarten: Nach Eingabe der Zahlungssumme wird die girocard eingelesen und der Kunde authentifiziert sich mit seiner PIN. Wie beim Kreditkartenterminal stellt das girocard-Terminal über den Netzprovider eine Verbindung zum Autorisierungssystem der Bank her, die die girocard herausgegeben hat. Das Autorisierungssystem prüft neben der Echtheit und Gültigkeit der Karte die Sperrdateien, die PIN und den verfügbaren Finanzrahmen des Kunden und autorisiert die Transaktion mit einem nicht zu unterschreibenden (Doppel-)Beleg. Die PIN ist sicherer als eine einfach nachzuahmende Unterschrift, weshalb die Zahlung auch ohne jede Unterschrift für den Händler gesichert ist. Der volle Zahlungsbetrag wird über den Fulfillment-Dienst des Netzproviders und den Inkasso-Dienst der Bank des Händlers unverzüglich eingezogen. Alle anfallenden Gebühren werden vom Händler gezahlt. Die Kosten pro Transaktion sind aber wegen der beim EC/girocard-Verfahren kaum vorhandenen Kredit- und Sicherheitsrisiken insgesamt niedriger als bei Kreditkartenzahlungen mit ihrem relativ hohen Disagio.

EC-Karten erlauben neben dem sicheren PIN-basierten Electronic Cash/girocard-Verfahren und dem im Ausland analog funktionierenden Maestro-Verfahren weitere Zahlungsarten: Das OLV (Online Lastschriftverfahren) auf der Basis einer Online-Autorisierung ohne PIN-Prüfung aber mit Belegunterschrift oder das ELV (elektronisches Lastschriftverfahren) ohne Online-Autorisierung nur auf der Basis des Auslesens der Kontonummer und Bankleitzahl mit Belegunterschrift. Beide Verfahren sind zwar billiger, aber mit erheblich höheren Ausfallrisiken durch Missbrauch und Rücklastschriften verbunden. Wegen der fehlenden Garantien sind sie für Händler erheblich unsicherer als Electronic Cash/*girocard* bzw. Maestro und *Kreditkarten*.

Verschiedene Anbieter von Zahlungssystemdiensten bieten inzwischen Händlern, Gastronomen und Hoteliers sog. integrierte oder auch hybride Kartenterminals (vgl. Abb. 3.3.2) an, die sowohl für die Akzeptanz von Kreditkarten als auch von Debitkarten und Geldkarten geeignet sind. Bei diesen Anbietern kann man also alle elektronischen Zahlungssysteme inklusive Zugang zu den Netzprovidern und Fullfilment-Diensten (Durchführung der Abrechnungen und Überweisungen mit allen Beteiligten) aus einer Hand beziehen.

- **Geldkartensysteme**

Während Kreditkarten für die Zahlung höherer Beträge und Debitkarten für mittlere Beträge auf der Basis von Kontenbewegungen konzipiert sind, wurden Geldkarten explizit für kleine Zahlungsbeträge ähnlich einer nachladbaren elektronischen Geldbörse entwickelt. Sie eignen sich besonders zur Zahlung an Automaten und für Jugendliche, da sie kein eigenes Konto voraussetzen. Technische Basis für die Geldkarte ist der für Kredit- und Debitkarten nur optionale (Mikro-)Chip. Er kann Berechnungen zur Ver- und Entschlüsselung ausführen und in einem Speicher u.a. ein Geldguthaben verwalten. Karten mit solchen intelligenten Chips werden auch als Chipkarten oder Smart-Cards bezeichnet und haben neben der Geldkarte noch viele andere Anwendungen.

Kontogebundene Geldkarten werden als Zusatzfunktion zu Debit- oder Kreditkarten von Sparkassen und Banken an Kunden mit Girokonten ausgegeben. *Kontoungebundene Geldkarten* (sog. White Cards) können z. B. auch von Verkehrsbetrieben an anonyme Kunden ohne Konto verteilt werden. Kontogebundene kombinierte Geld-/Debitkarten können an Bankautomaten mit Hilfe der Debitkartenfunktion aufgeladen werden. Kontoungebundene Geldkarten können entweder an speziellen Ladeterminals mit zwei Kartenlesern von einer anderen Debitkarte oder am Bankschalter gegen Bargeldeinzahlung geladen werden. Dabei wird von der ausgebenden Bank der auf die Geldkarte eingezahlte Betrag auf ein sog. Börsenverrechnungskonto gebucht. Es ist ein Sammelkonto für alle Guthaben von ausgegebenen

Geldkarten einer Bank. Außerdem wird von der sog. Karten- oder Kundenevidenzzentrale ein zur Geldkarte gehörender Schattensaldo geführt, der das Kartenguthaben zusätzlich zum Speicherchip auf der Karte abbildet.

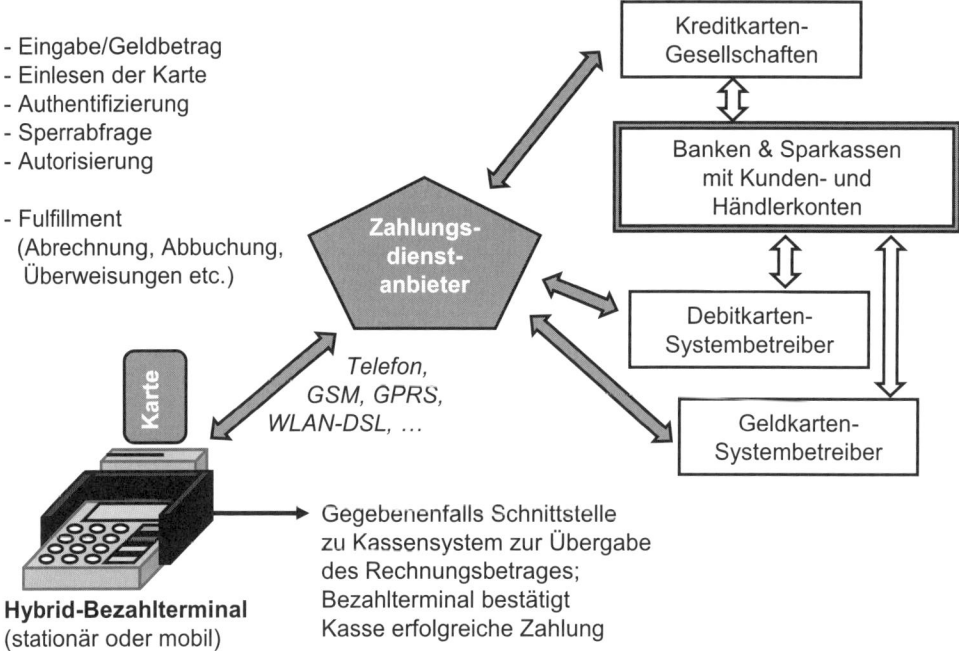

Abb. 3.3.2 Hybridkarten-Terminal eines Zahlungsdienstanbieters am Point of Sale

Händler, Hoteliers und Gastronomen, die Geldkarten zur Zahlung akzeptieren wollen, benötigen ein stationäres, portables oder mobiles Geldkarten-Terminal (Händlerterminal). Für Automatensysteme gibt es spezielle Geldkarten-Module. Zur Aktivierung der Geldkarten-Terminals oder Module benötigt man sog. Händlerkarten, die ebenfalls von Sparkassen und Banken an Händler mit einem Konto ausgegeben werden. Geldkarten-Terminals und -Module müssen im Gegensatz zu anderen Kartensystemen bei einer Zahlung keine Online-Verbindung zu zentralen Prüf- oder Autorisierungsrechnern aufbauen. Der auf der Kundengeldkarte verschlüsselt gespeicherte Geldbetrag wird nach Karteneinführung durch den Kunden ohne PIN und Unterschrift um die zu zahlende Summe vermindert. Die Zahlung wird mit Informationen über die Kundengeldkarte, sowie mit Terminal- und Händlerinformationen aus der im Terminal oder Modul eingesetzten Händler-Chipkarte im Terminal bzw. Modul gespeichert. Erst beim Kassenabschluss werden vom Händler-Terminal bzw. Automaten-Modul alle Zahlungsdaten in einem Summensatz über einen Händler-Netzbetreiber an eine sog. Händler-Evidenzzentrale gesendet. Diese lässt die im Summensatz verzeichneten Zahlungsbeträge über einen elektronischen Avis an die Händlerbank auf dem Händlerkonto gutschreiben und zieht über die Karten- oder Kundenevidenzzentrale die Beträge per Lastschrift von den Börsenverrechnungskonten der Kundenbanken ein.

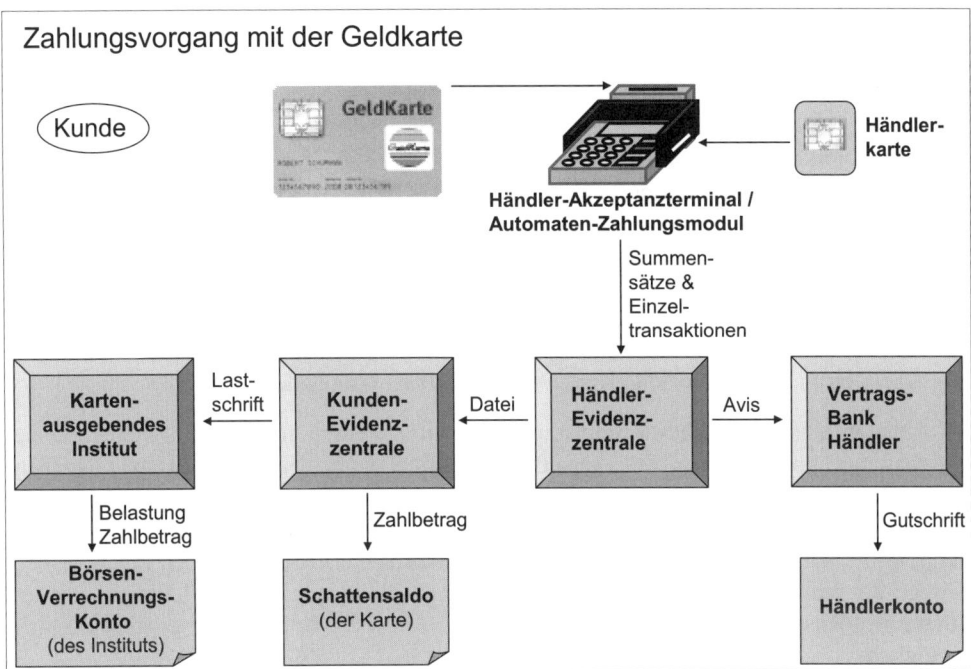

*Abb. 3.3.3   Zahlungsprozess mit der Geldkarte
(Quelle: in Anlehnung an VÖB 2009)*

Die Kartenevidenzzentrale reduziert entsprechend die Schattensalden der betroffenen Kunden-Geldkarten, die nun wieder dem auf der Karte gespeicherten Betrag entsprechen. Durch die Schattensalden kann das Guthaben einer Geldkarte bei einem technischen Defekt bei vorliegender Geldkarte und nach angemessener Wartezeit rekonstruiert werden. Kommt die Geldkarte allerdings abhanden, kann jeder Finder wie bei einer Geldbörse technisch über das Kartenguthaben verfügen, selbst wenn ihm das rechtlich nicht zusteht. Der Händler, Hotelier oder Gastronom bekommt in jedem Fall sein Geld.

Die einzelnen Zahlungstransaktionen mit Geldkarten sind aufgrund der technischen Vorgänge und Vorkehrungen sehr sicher und bei rechtzeitiger korrekter Einreichung von den Banken garantiert. Sie sind wegen des Verzichts auf Online-Autorisierung sehr schnell und von den Gebühren her sehr günstig. Automatenaufsteller können auf aufwändige Bargeldeinzugs- und Verwahrungsfunktionen verzichten, müssen aber auf eine gegen Stromausfall gesicherte Speicherung der Summensätze bis zur deren Übertragung an die Evidenzzentrale achten. Kontogebundene Geldkarten enthalten zudem eine Altersangabe gespeichert, die z. B. bei Zigarettenautomaten eine Zahlung und Selbstbedienung durch minderjährige Geldkartenbesitzer einschränkt. Die Zahlung mit kontoungebundenen White-Cards ist anonym. Saldenbewegungen von kontengebundenen Geldkarten sind rekonstruierbar.

Ähnliche Systeme wie die Deutsche Geldkarte gibt es in anderen Ländern: z. B. in Österreich das Quick System oder in der Schweiz das Cash System. In allen genannten Ländern ist auch typisch, dass die Banken und Sparkassen ihren Kunden Debitkarten mit Geldkarten-Chip als Multifunktions-Karten für beide Zahlungssysteme ausgeben.

- **Guthabenkarten-Systeme**

Als Guthabenkarten, Wertkarten oder auch Prepaid-Karten werden Karten bezeichnet, die anhand verschiedener Technologien (Barcode, Magnetstreifen, Chip, RFID-Tags, etc.) bzw. durch Online-Konto-Abfragen ermitteln, was ein Kunde für den späteren Konsum von Produkten oder Dienstleistungen beim Anbieter vorausbezahlt hat. Sie werden beim eigentlichen Produkt- oder Dienstleistungskonsum bzw. der Zahlung ganz oder teilweise entwertet, können aber durch weitere Einzahlungen des Kunden an Kassen oder Bargeld-Ladeautomaten oder Überweisungen auf spezielle Karten-Konten wieder aufgeladen werden.

Als Alternative zu klassischen Kredit- und Debitkarten werden von einigen Kreditkartengesellschaften Guthabenkarten als „Prepaid-Kreditkarten" bzw. „Kreditkarten auf Guthaben-Basis" ohne Girokonto, Schufa-Auskunft und Bonitätsprüfung gegen Gebühren angeboten. Man kann mit ihnen weltweit an den Kreditkarten-Akzeptanzstellen elektronisch zahlen, wenn vorher auf einem speziellen Kartenkonto ein entsprechendes Guthaben (auch größere Beträge als mit Geldkarte) eingezahlt wurde. Eine Zahlung ohne Bezahlterminal nur mit Unterschrift/Ritsch-Ratsch-Apparat auf Kredit ist mit diesen Karten ohne erhabene Schrift unmöglich.

Oft werden Guthabenkarten von öffentlichen und privaten Produkt- und Dienstleistungsanbietern bzw. Kooperationen *in Eigenverantwortung* und nur für ihre eigenen Kundengruppen eingeführt und betrieben. Sie dienen dann zur Gewährung von Sonderkonditionen, Erfassung und Gutschrift von Rabatten und Boni, als „Schlüssel" für Zugangssysteme oder zur systematischen Erfassung der Kaufgewohnheiten. Beispiele sind Guthabenkarten von Verkehrsbetrieben, Fremdenverkehrsregionen, Telefon- und Mobilfunkgesellschaften, Bädern, Krankenhäusern, Hotelketten, Kantinenbetrieben, Studentenwerken, Automatenaufstellern etc. Entsprechend vielfältig sind die technischen Realisierungsformen, Funktionen, Anwendungsmöglichkeiten und Sicherheitsvorkehrungen. Der Wert eines Guthabens kann entweder direkt auf der Karte oder in zentralen Systemen gespeichert sein, die an vernetzten Lesegeräten bei Berührung oder berührungslos einen eindeutigen Kartenschlüssel auslesen, dem sie das entsprechende Kartenguthaben zuordnen. Die nicht von der Kreditwirtschaft betriebenen Guthabenkarten sind nur bei den ausgebenden Organisationen, bei denen die Vorauszahlung erfolgte bzw. den angegebenen Kooperationspartnern einlösbar. Guthabenkarten sind z. B. als Kunden- und Mitgliedskarten, Touristenkarten (vgl. Kap. 5.3), Abokarten und Skipässe ein wichtiges Instrument der Kundenbindung und Marktforschung. Sie erlauben eine Reduzierung der Bargeldhaltung sowie eine Vereinfachung und Automatisierung der Konsumvorgänge. Außer dem Aufwand für Systemeinführung und -betrieb sind solche Prepaid-Systeme für Händler finanziell vorteilhaft, da die Kunden dem Händler von der Vorauszahlung bis zum tatsächlichen Konsum ein zinsloses Darlehen gewähren. Mit der Vorauszahlung, selbst wenn sie und die Kartenausgabe anonym erfolgen, ist allerdings bereits ein Vertragsverhältnis zwischen Kunde und Händler zustande gekommen, in dem der Kunde wie bei einem Gutschein einen Anspruch auf die Erfüllung der versprochenen Leistungen erworben hat.

- **Handy-Bezahlsysteme**

Das Handy als Geldbörse am POS einzusetzen ist sehr naheliegend, allerdings haben sich Handy-Bezahlfunktionen bisher in Deutschland nicht allgemein durchgesetzt (FTD 2009). Das Handy-Bezahlsystem Paybox, das in Deutschland sehr früh ein flächendeckendes Medienecho fand, hat in Österreich einige Verbreitung gefunden: Kunden können bei kooperierenden Mobilfunkprovidern ohne Anmeldung bzw. nach Anmeldung bei Paybox unter Angabe des Bankkontos mit einer Einzugsermächtigung teilnehmen. Der Kunde erhält dann eine vertrauliche Paybox PIN. Händler müssen mit Paybox einen Vertrag schließen und können Paybox am POS als Modul in Automaten oder über ein mit Login und Passwort geschütztes Internet-basiertes virtuelles Terminal an Kassen bzw. mobil, z. B. im Taxi etc., einsetzen. Zum Zahlen muss der Kunde dem Händler seine Handy-Nummer oder eine vorher vereinbarte Alias-Nummer angeben. Der Händler übermittelt diese Nummer an Paybox, die einen Anruf oder eine SMS (nur bei kooperierenden Mobilfunkprovidern) an das Handy des Kunden sendet und die Zahlung bei Anruf mit der Paybox PIN, sonst mit einer Antwort-SMS bestätigen lässt. Die bestätigten Zahlungen werden vom Kunden eingezogen und dem Händler überwiesen. In Deutschland und anderen Ländern gibt es inzwischen von verschiedenen Anbietern zahlreiche Projekte mit Handy-Bezahl- und E-Ticketing-Funktionen. Sie werden von Telekommunikations-Providern (z. B. O2/Vodafone „mpass" oder Telekom „Call and Pay flexible") und Zahlungsdienstanbietern aber auch von Verkehrsunternehmen (vgl. Kap. 2.4.4), Kommunen (für Parkgebühren), im ÖPNV oder von Automatenbetreibern durchgeführt. Die Funktionsweise ist entweder wie oben beschrieben oder beruht auf anderen Prinzipien (z. B. auf Mobiltelefonen mit 2D-Barcode-Ausgabe, mit berührungslosen RFID-Tags oder mit anderen NFC-Technologien vgl. Kap. 5.7). Weitere Möglichkeiten sind über den Anruf oder die Versendung von SMS an kostenpflichtige Rufnummern zu zahlen (rechtlich gegen Missbrauch stark limitiert) oder über E-Mail- und Handyportal-Dialoge mit Billing- und Inkassosystemen Zahlungen auch für E-Commerce-Transaktionen im Internet anzuweisen (vgl. auch den nächsten Abschnitt). Hier ist in den nächsten Jahren noch weitere Verbreitung zu erwarten. Internationale Vorreiter in der Verbreitung von Handy-Bezahlsystemen sind Japan und Hongkong.

3.3.2 Internet-Bezahlsysteme

Beim Verkauf und der Reservierung über den eigenen Webauftritt handelt es sich um Formen des elektronischen Geschäftsverkehrs, bei dem der Kunde nicht am Point of Sale anwesend ist. Entsprechend sind insbesondere für die Zahlung im E-Commerce spezielle **Internet-Bezahlsysteme** entwickelt worden (vgl. hierzu auch Abbildung 2.3.8 in Kapitel 2.3). Sie basieren z. T. auf den bereits im vorigen Abschnitt behandelten elektronischen Bezahlsystemen, sehen aber zusätzliche Sicherheitsvorkehrungen und Akzeptanzbedingungen für den Hotelier oder Gastronom vor.

Für alle touristischen Leistungsträger von Fluggesellschaften, Hotels und Autovermietern bis hin zu Reiseportalen spielen Internet-Bezahlsysteme vor allem bei Reservierungen über die eigene Website eine wichtige Rolle. In der Gastronomie ist die Internet-Bezahlung für den Verkauf von Artikeln über das Internet und Versandgeschäfte (Delikatessen etc.) von Bedeutung.

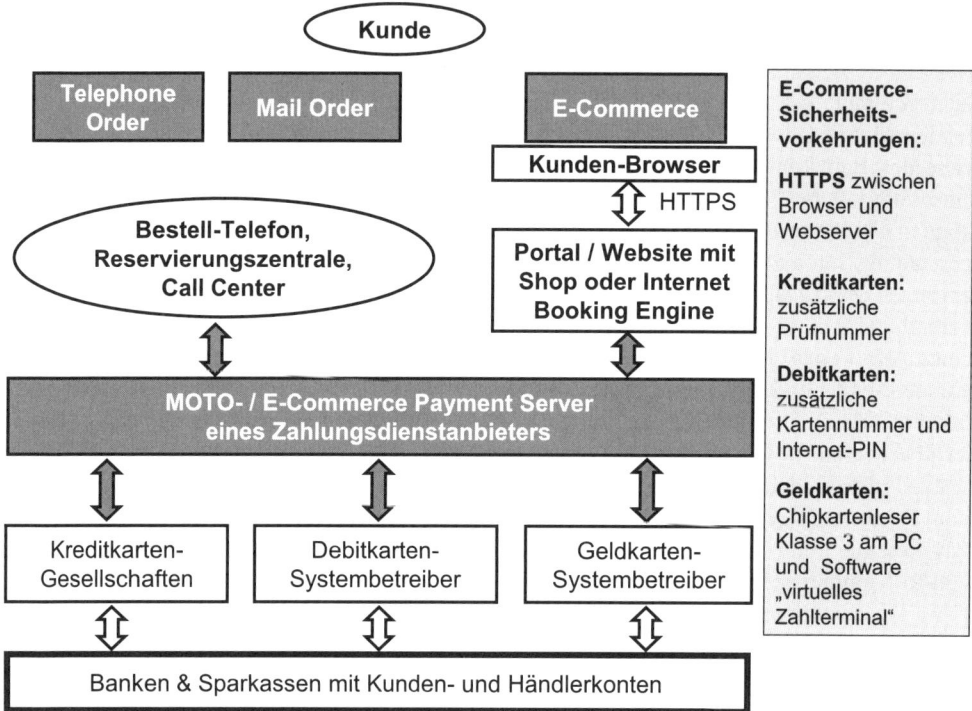

Abb. 3.3.4 Zahlungsdienstanbieter stellen zusammen mit den Betreibern der elektronischen Zahlungssysteme spezielle Erweiterungen für MOTO- und Internet-Zahlungen bereit.

Reservierungen im Internet wie auch im Call Center gehören zum Fernabsatz bzw. elektronischen Handel. Da der Kunde beim Bezahlen nicht anwesend ist, ergeben sich zusätzliche Risiken, und auch die Rechtslage ist anders. Im Internet ist der Vertrieb zudem vollständig automatisiert. Die Datenkommunikation erfolgt über ein ungesichertes Netz. Daher sind die bisher diskutierten elektronischen Zahlungsverfahren ohne zusätzliche technische, organisatorische und vertragliche Vorkehrungen nicht für den Internet-Einsatz geeignet. Technisch ist für alle Internet-Zahlungsverfahren mindestens eine Verschlüsselung der Datenübertragung über HTTPS (Secure Hypertext Transfer Protokoll), der auf dem SSL (Secure Socket Layer) basierenden und Zertifikat-gestützten Variante des WWW-Protokolls, erforderlich. Sie stellt sicher, dass von Kunden während des Zahlungsvorganges eingegebene vertrauliche Daten wie Konto- bzw. Kartennummern, PINs, Prüfnummern etc. nicht abgehört werden können, und dass der Webauftritt, auf dem gezahlt wird, durch ein gültiges Zertifikat einer Zertifizierungsorganisation authentifiziert ist. Letzteres ist wichtig um zu vermeiden, dass gefälschte

3.3 Elektronische Zahlungssysteme

Webauftritte unberechtigt Zahlungsdaten abfragen (sog. Phishing). Auch auf dem Webserver des Webauftritts dürfen zahlungsbezogene Daten nie unverschlüsselt abgelegt werden.

Klassische Kreditkarten können im Fernabsatz vom Händler mit einem normalen Vertrag nicht eingesetzt werden, da die Karte bei der Zahlung nicht physisch vorliegt, und der Beleg vom Kunden nicht unterschrieben werden kann. Für Bezahlungen bei postalischer oder telefonischer Bestellung (inkl. FAX) muss der Händler mit der Kreditkartengesellschaft einen speziellen MOTO (Mail Order/Telephone Order) Vertrag abschließen. Für Internet-Zahlungen sind E-Commerce-Verträge notwendig. Wegen des erhöhten Missbrauchsrisikos fallen bei MOTO- und E-Commerce-Verträgen höhere Disagios an, oder es werden die Kreditgarantien eingeschränkt. Für MOTO und E-Commerce-Zahlungen muss der Kunde statt der Unterschrift eine zusätzliche Prüfnummer angeben, die auf der Kreditkartenrückseite vermerkt ist. Internet Zahlungen mit neueren „Prepaid-Kreditkarten" funktionieren ebenso. Die Prüfnummer darf von E-Commerce-Softwaremodulen und Zahlungssoftware im Internet zwar zur Prüfung verwendet, aber nicht gespeichert werden. Händler sind durch MOTO- und E-Commerce-Verträge zur Umsetzung technischer und organisatorischer Sicherheitsvorkehrungen in ihren EDV-Systemen und Prozessen sowie zur Einbindung ausschließlich zertifizierter Dienstleister und Systeme verpflichtet. Händler, Netzbetreiber und Anbieter entsprechender Softwarelösungen müssen im Rahmen von Audits und Zertifizierungen regelmäßig Auskunft zur Einhaltung der Sicherheitsauflagen geben. Nichterfüllung der Auflagen führen im Missbrauchsfall zu Schadensersatzforderungen und Strafen. Darüber hinaus stellen die Kreditkartenunternehmen zusätzliche Sicherheitsfunktionen wie z. B. *MasterCard Secure Code* oder *Verified by Visa* bereit, mit denen sich der Kunde z. B. durch eine weitere geheime PIN vor der Zahlung direkt bei der Kreditkartengesellschaft, Bank oder Sparkasse authentifiziert. Eine Weiterentwicklung der Kreditkartenzahlung im Internet ist die sog. **virtuelle Kreditkarte**, die eigentlich eine virtuelle „Prepaid-Kreditkarte" – also eine virtuelle Guthabenkarte (siehe oben) ist. Der Kunde muss ein Guthabenkonto anlegen und erhält statt einer Plastik-Prepaid-Kreditkarte lediglich die Daten (Inhaber-Name, Kartennummer, Ausstellungs- und Ablaufdatum, Prüfziffer) seiner zum Guthaben gehörenden virtuellen Kreditkarte mitgeteilt. Mit diesen Kreditkarten-Daten kann er bei akzeptierenden Online-Shops bis zur maximalen Guthaben-Höhe bezahlen. Gegebenenfalls können auch für jede einzelne Zahlungstransaktion nur einmalig verwendbare virtuelle Kreditkarten generiert werden. Beispielsweise bietet die Wirecard AG speziell für die internationale Bezahlung von Buchungen und Provisionen zwischen Reisemittlern bzw. Online-Reiseportalen und Leistungsträgern den auf virtuellen Kreditkarten basierenden Supplier and Commissions Payments Dienst als Alternative zum weltweiten SWIFT-Interbank-Zahlungsverkehr an.

Debitkarten und Girokonto-Überweisungen im Internet: Das Problem der EC-/girocard Zahlung mit PIN-Verfahren im Internet ist die technisch sichere Übermittlung der geheimen PIN und die Autorisierung der Zahlung. Sie sind bei der Geldkarte wegen der intelligenten Smart-Card-Verschlüsselungsfunktionen einfacher und sicherer zu realisieren. In Österreich erlaubt Maestro die Internet-Zahlung mit einer Debitkarte unter Verwendung des *Master-Card Secure Code* Verfahrens. Oft sind im Internet auch die für den Händler sehr unsicheren Lastschrift- bzw. Bankeinzugsverfahren verbreitet (Stand 2009). Durch eine HTTPS-geschützte Formularabfrage werden die auf der EC/girocard angegebenen Bank- und Kontodaten vom Kunden ohne dessen Unterschrift erfragt. Der Kunde kann aber die Abbuchung rückgängig machen. Sicherer, aber auch teurer ist bei Lieferwaren die Zahlung per Nachname bei Auslieferung durch ein Logistik-Unternehmen. Ein neueres 2007 in Deutschland von der Postbank und Teilen der Kreditwirtschaft eingeführtes Verfahren auf Basis eines Girokontos ist *giropay*. Zum Bezahlen benötigt der Kunde ein für Online-Banking freigeschaltetes Girokonto mit entsprechender PIN und TAN (Transaktionsnummern)-Liste. Der Händler oder touristische Anbieter braucht einen Vertrag mit einem giropay-Akquirer und einen Payment Service Provider, der eine giropay-Softwareplattform in den Webshop bzw. die Internet Booking Engine des Anbieters integriert. Beim Kauf verzweigt der Webshop zur Giropay-Plattform, wo der Kunde seine Bank angibt und zum Online-Banking der Bank weitergeleitet wird. Dort führt er nach Log-In und Authentifizierung mit Kontonummer und PIN eine Überweisung durch, die er mit der TAN autorisiert. Damit hat er den Kauf bezahlt und kann die Überweisung an den Anbieter auch nicht rückgängig machen. Der Händler bzw. touristische Anbieter erhält eine Überweisungs-Bestätigung über eine Schnittstelle zum Webshop bzw. zur IBE in Echtzeit um den Verkaufsprozess sicher abschließen zu können. Missbrauch kann aber auch hier dadurch entstehen, dass der Kunde auf gefälschte Online-Banking Log-Ins geleitet wird (Phishing) und hier seine PIN/TAN preisgibt.

Geldkarten eignen sich **im Internet** für die Zahlung kleinerer Beträge, sog. Micropayments bzw. als elektronisches Kleingeld. Beispiele sind die Bezahlung kleinerer Artikel, Tickets, Downloadartikel oder inkrementelle Zahlungen für Online-Dienste nach Zeittakt. Sie setzen aber im Gegensatz zur Kreditkarte beim Kunden einen Klasse-3 Chipkarten-Leser voraus, der über USB oder parallele Schnittstelle einfach an jeden PC oder Mobilcomputer angeschlossen werden kann. Klasse-3 Chipkartenleser sind ZKA-zertifiziert und besitzen wie Zahlungsterminals eine eigene Nummerntastatur. Es ist also kein Umweg über den unsicheren PC nötig. Ein Transaktionsmodul, stellt eine Ende-zu-Ende Verschlüsselung, die Anzeige des zu zahlenden Geldbetrages und eine Zahlung nur nach Bestätigung durch den Kunden sicher. Händler und touristische Anbietet müssen für die Akzeptanz von Geldkarten im Webshop oder in der Reservierungsfunktion ihres Webauftrittes (IBE) ebenfalls einen E-Commerce-Vertrag mit einem zertifizierten Dienstleister abschließen und benötigen eine Händlerkarte. Statt eines Händler-Terminals oder Automaten-Moduls braucht man am Shopsystem ein spezielles Software-Zahlungsmodul mit einem Hardware Chipkarten-Leser-Rack, in dem eine oder mehrere Händlerkarten ähnlich wie in Automaten rund um die Uhr zugreifbar eingesetzt sind. Das System realisiert ein sog. „Virtuelles Zahlterminal", in dem es für die Zahlung eine Ende-zu-Ende verschlüsselte Verbindung zum Chipkarten-Leser des Kunden aufbaut. Es zeigt diesem den Namen des Webshops und den Zahlbetrag an und führt nach der Bestätigung durch den Kunden in Kommunikation mit der Händlerkarte die Zahlungstransaktion analog zur normalen Geldkarte durch. Die Eingabe einer PIN ist nicht notwendig. Die Internet-Zahlung per Geldkarte ist für alle Beteiligten sehr sicher.

Inkasso bzw. Billing-Systeme (z. B. T-Pay, ClickandBuy, PayPal, Click2Pay etc.) schalten sich als Intermediäre zwischen Kunden und Lieferanten. Sie bieten eine große Bandbreite an Medien, über die eine Zahlung veranlasst werden kann inkl. E-Mail, SMS, Telefon und Handy (vgl. hierzu auch 3.3.1 Unterpunkt Handy-Bezahlsysteme). Der Kunde steht entweder bereits in einer Geschäftsbeziehung zum Intermediär (bei Telefongesellschaften meist auf der Basis einer Einzugsermächtigung) oder meldet sich beim Inkasso-System unter Hinterlegung seiner Bankverbindung mit Einzugsermächtigung oder seiner Kreditkartendaten an. Er

3.3 Elektronische Zahlungssysteme

kann auch beim Intermediär ein Online-Konto führen und hierauf z. B. mittels Internet-Banking, giropay oder über andere Verfahren ein Guthaben überweisen. Bei T-Pay ist es auch z. B. möglich, eine anonyme MicroMoney-Guthabenkarte mit einer 16-stelligen PIN zu kaufen und diese zum Zahlen anzugeben. Händler und touristische Anbieter machen ebenfalls einen Vertrag mit dem Intermediär und verbinden das Billing-System mit ihrem Webshop bzw. ihrem Web-Reservierungssystem. Gegebenenfalls erhalten sie dann auch ein Konto beim Intermediär, von dem sie eingegangene Beträge auf ihr eigenes Bankkonto überweisen können.

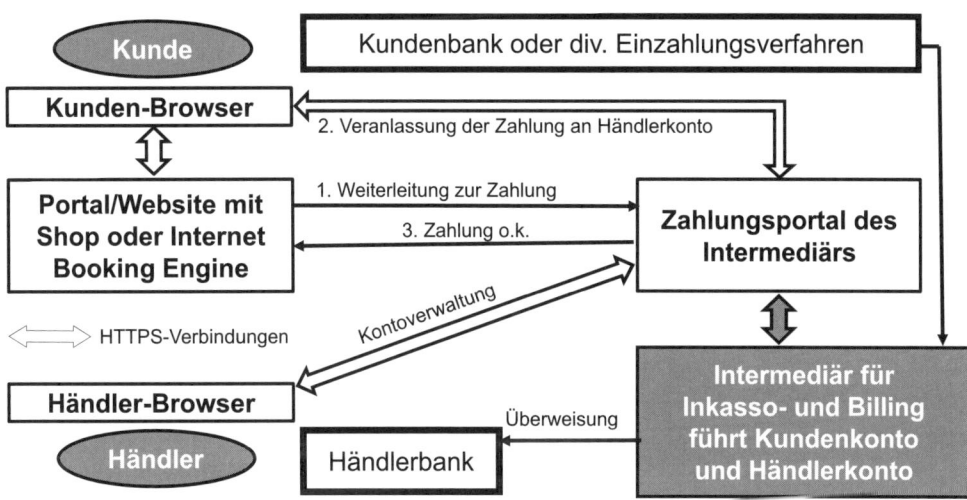

Abb. 3.3.5   Inkasso- & Billing-Systeme als Intermediäre für Internet- oder Handy-Zahlungen

Beim Kauf wird der Kunde auf das Internet-Inkasso-System des Intermediärs geleitet und kann dort die gewünschte Zahlungsart auswählen. Der Zahlungsvorgang erfolgt nun zwischen dem Kunden und dem Intermediär entweder über ein Internet- bzw. Handy-Portal des Intermediärs oder über einen Dialog per E-Mail, SMS oder mit dem Call Center des Intermediärs. Dies hat den Vorteil, dass das Händlersystem keine vertraulichen Kundendaten wie Bankverbindung, PIN, Kreditkartennummern etc. übermittelt bekommt.

Der Anbieter bzw. Händler erhält lediglich die erfolgreiche Zahlung in Echtzeit signalisiert und dann auf seinem Konto gutgeschrieben. Das Inkasso- bzw. Billing-System zieht die Zahlung über das vom Kunden gewählte Zahlungssystem ein, z. B. von dessen Bankkonto, dessen Guthaben auf dem Kundenkonto, von einer Guthabenkarte, per Lastschrift, Kreditkarte, Online-Überweisung oder über die Telefonrechnung. Die Möglichkeiten variieren hierbei von System zu System. Die Intermediäre bedienen sich dabei ggf. der elektronischen MOTO/E-Commerce Dienste der zugrundeliegenden elektronischen Zahlungssysteme

Der Händler bzw. touristische Anbieter muss für diese Zahlungsleistung Transaktionsgebühren und Provisionen, gleichbedeutend mit dem Kreditkarten-Disagio, zahlen. Zusätzlich werden ihm Inkassodienste zur Einziehung von ausstehenden Forderungen angeboten, die über die weniger sicheren Zahlungsarten abgewickelt werden. Vielfach wird wegen der hohen Präferenz der meisten Kunden für diese Zahlungsart (vgl. Kap. 5.1) nämlich auch im E-Commerce zumindest für Stammkunden die klassische Zahlung per Rechnung angeboten.

Quellen und weiterführende Literatur:

Dettmer, H., Hausmann, Th., Wirtschaftslehre für Hotellerie und Gastronomie, Handwerk und Technik, Hamburg 2007

Goecke, R., Kategorien und Beispiele für IT-Systeme im Tourismus, http://www.tourismus-it.de – Kapitel 3.3 bzw. http://www.mtourism.de/tourismus-it-beispiele.php 2009 (Zugriff 11.11.2009)

FTD – Financial Times Deutschland, Handy-Payment erfolglos in Deutschland – Trotz Milliardeninvestitionen kein einheitlicher Standard in Sicht, zitiert nach http://www.inside-handy.de/news/15437.html, 4.5.2009, (Zugriff 18.9.2009)

Krcmar, S., Elektronische Zahlungssysteme: Grundlagen, Verbreitung, Akzeptanz, Bewertung, Saarbrücken 2005

Stahl, E., Krabichler, Th., Breitschaft, M., Wittmann, G, E-Commerce Leitfaden – Erfolgreicher im elektronischen Handel, www.e-commerce-leitfaden.de, 2. überarb. und erw. Aufl., Regensburg 2009

Theil, M., Kreditkarte versus E-Payment: Die Zukunft der Zahlungsmittel im Electronic Commerce, Saarbrücken 2008

Toussaint, G., Das Recht des Zahlungsverkehrs im Überblick: Praxishandbuch, Berlin 2009

VÖB – Verband öffentlicher Banken, Der Zahlungsvorgang mit der Geldkarte, Abbildung 2009, online im Internet unter https://www.geldkarte.de/_www/de/pub/geldkarte/geschaefts partner/geldkarte_im_einsatz/technische_hintergruende/technische_hintergruende_laden.php (Zugriff 19.9.2009)

Quellen sind auch die im Internet bzw. als Broschüren publizierten Dienst-/bzw. Produktinformationen der Anbieter der im Beitrag erwähnten Zahlungssysteme.

3.4 IT-gestütztes Kundenbeziehungsmanagement

Prof. Dr. Ralph Berchtenbreiter

Der Gast von heute ist ein hybrider Gast. Er hat widersprüchliche und komplexe Bedürfnisstrukturen. Er ist anspruchsvoll, zugleich aber preissensibel. Sein Verhalten und seine Wünsche sind dadurch für die Unternehmen immer schwieriger zu antizipieren (vgl. Merl 2002, S. 19). Die Möglichkeit, Kundenbeziehungen zu Gästen aufzubauen, wird ambivalent diskutiert. Zum einen ist die Suche nach Abwechslung eines der wichtigsten Reisemotive (vgl. Dreyer 1999, S. 34). Dies führt zu einer im Vergleich zu anderen Branchen unterdurchschnittlichen Kundenloyalität (vgl. Born 2004, S. 425 und S. 440f.; Holloway 2004, S. 115). Andererseits eignet sich „die schönste Zeit des Jahres" unter anderem durch ihren stark emotionalen Charakter sehr wohl zum Bindungsaufbau (vgl. Bieger 2008, S. 16; Hirche 2004, S. 415).

Aber warum soll sich ein Unternehmen überhaupt mit den Beziehungen zu seinen Kunden auseinandersetzen? Die Antwort ist trivial: Je mehr der Kunde als Nachfrager zum Engpassfaktor wird, je schwieriger und kostenintensiver es ist, neue Kunden zu akquirieren, umso wichtiger sind die Beziehungen zu bestehenden Kunden, um Gewinne zu generieren. Das Kundenbeziehungsmanagement oder *Customer Relationship Management (CRM)* widmet sich detailliert den daraus erwachsenden Managementaufgaben. Dieser Beitrag konzentriert sich auf die IT-Unterstützung des CRM-Ansatzes. Trotzdem ist es zwingend notwendig, die konzeptionellen Grundlagen in der gebotenen Kürze darzustellen. Anders lässt sich weder der Aufbau der IT-Systeme noch die Aufgabenstellung an die IT-Systeme nachvollziehen.

3.4.1 Charakteristika des CRM und die Basisarchitektur von CRM-Systemen

Unter CRM versteht man „(...) eine kundenorientierte Unternehmensphilosophie, die mit Hilfe moderner Informations- und Kommunikationstechnologien versucht, auf *lange* Sicht *profitable* Kundenbeziehungen durch *ganzheitliche* und *individuelle* Marketing-, Vertriebs- und Servicekonzepte aufzubauen und zu festigen" (Hettich et al. 2000, S. 1346).

Diese Definition führt zu zwei Aktionsfeldern:

(1) CRM bündelt als *kundenorientiertes Managementkonzept* die wesentlichen Strömungen der Marketingdisziplin, die sich mit der selektiven und langfristigen Bearbeitung von profitablen Kunden auseinandersetzen. Der Kunde, seine Prozesse und Beziehungsphasen werden dabei in das Zentrum der Überlegungen gestellt. Zur Umsetzung dieser Ausrichtung werden alle kundenorientierten Geschäftsprozesse und Verantwortlichkeiten neu ausgerichtet.

(2) CRM benötigt zur Umsetzung der o.g. konzeptionellen Anforderungen ein *IT-Konzept* in Form von integrierten Informationssystemen (CRM-Systeme). Die fachlich abgeleiteten kundenorientierten Geschäftsprozesse müssen durch die CRM-

Systeme vollständig unterstützt werden. Unerlässliche Basis hierfür ist eine Integration aller Insellösungen in Marketing, Sales und Service. Neben dieser Synchronisation der Bereichslösungen mit direktem Kundenkontakt ist eine Konsolidierung aller Kundeninformationen und deren Bewertung notwendig. Erst dies ermöglicht eine ganzheitliche Abbildung des Kunden („One Face of the Customer") und seine individuelle und konsistente Ansprache („One Face to the Customer").

- **Die Zielsetzung des CRM**

Das Ziel des CRM liegt im systematischen Aufbau von *langfristig profitablen Kundenbeziehungen*. Dabei muss die Bewertung der Profitabilität grundsätzlich aus Unternehmenssicht erfolgen. Jedoch impliziert der Begriff „Beziehung" ein symbiotisches Verhältnis: Nur wenn es dem Unternehmen gelingt, auch für den Kunden einen Nutzen zu schaffen, wird dieser sich auf die vom Unternehmen benötigte Beziehung „einlassen" (vgl. Gummesson 1997, S. 56). Um dieses Ziel zu erreichen, darf CRM weder als reines Managementkonzept noch als reines IT-Projekt verstanden werden. Ersteres (ver)führt dazu, das technisch Machbare und Mögliche aus den Augen zu verlieren, und so die Umsetzbarkeit zu gefährden (vgl. Wilde/Hippner 2008, S. 105). Letzteres reduziert CRM auf das zugrundeliegende CRM-System, das dabei auf keiner strategischen, konzeptionellen und organisatorischen Basis steht (vgl. Homburg/Sieben 2005). Es muss deutlich gesagt werden, dass die IT lediglich der „Enabler" einer CRM-Strategie ist (vgl. Buttle 2009, S. 13). Die Strategie muss vor der Anschaffung eines CRM-Systems erarbeitet werden, da sie maßgeblich die Anforderungen an das System bestimmt.

- **Rahmenbedingungen des CRM**

Zur Zielerreichung sind folgende Rahmenbedingungen einzuhalten (vgl. Hettich et al. 2000, S. 1346f.):

Profitabilität: Das CRM hat ein wertorientiertes Kundenverständnis. Gerade im Tourismus, für den der Begriff „Gastfreundschaft" einen Teil des Selbstverständnisses ausmacht, mag dies unemotional klingen. Jedoch sind für das langfristige Überleben eines Unternehmens profitable Kundenbeziehungen existentiell. Die pauschale Erhöhung der Kundenzufriedenheit und/oder der Kundenbindung ohne Auswirkung auf die Profitabilität ist nicht zielführend (vgl. Reichheld 1993). Die dauerhafte Subventionierung unprofitabler Kunden durch profitable Kunden ist abzulehnen. Aus dieser Erkenntnis heraus bevorzugt das CRM langfristig statt einer Erhöhung des Marktanteils eine wertorientierte Steigerung des Kundenportfolios. Dies führt dazu, dass sich das Unternehmen von unprofitablen Kunden, die auch durch unterschiedlichste Maßnahmen nicht in profitable Kunden gewandelt werden können, zu trennen hat (vgl. Buttle 2009, S. 284ff.; Wiesner 2006, S. 107; Hirche 2004, S. 419).

Eine weitere Herausforderung ist die Operationalisierung des Konstrukts „Profitabilität". Was unter einem „profitablen" Kunden zu verstehen ist, muss unternehmensindividuell definiert werden. In Theorie und Praxis wurden hierzu unterschiedlichste Ansätze für Kundenwertmodelle entwickelt. Sie umfassen quantitative Größen wie Umsätze und Kosten, aber auch qualitative Bestimmungsfaktoren wie das Relations-, Informations- und Kooperationspotential. Das Spektrum reicht von einfachen ABC-Analysen bis hin zu komplexen dynamischen Modellen wie dem Customer Lifetime Value (CLV) (vgl. umfassend Englbrecht 2007;

3.4 IT-gestütztes Kundenbeziehungsmanagement

Günter/Helm 2003). Jedoch stellt sich die Monetarisierung der qualitativen Werttreiber als problematisch dar (Cornelsen 2000, S. 233). Gerade die weichen Kundenwertkomponenten werden durch die wachsende Bedeutung des WWW und dessen Evolution zum Web 2.0 bedeutender. Die Weiterentwicklung der Internettechnologien macht aus passiven Nutzern aktive Gestalter des Webs. Dies wiederum beeinflusst die qualitativen Bestimmungsfaktoren des Kundenwerts. Deutlich wird dies beispielsweise durch die wachsende Bedeutung von Hotelbewertungsplattformen. Dort ausgesprochene Referenzen beeinflussen direkt das Buchungsverhalten und sind demnach werthaltig.

Langfristigkeit: Aufgrund der zunehmenden Marktsättigung wird es immer schwieriger, die angestrebten Umsatz- und Gewinnziele durch Neukundenakquisition sicherzustellen. Die bessere Ausschöpfung des bestehenden Kundenportfolios soll die kostenintensive und mühsame Neukundenakquisition ausgleichen. Damit nimmt die Bedeutung der Kundenbindung zu, wobei dahinter die Hypothese steht, dass es einen positiven Zusammenhang zwischen Kundenbindung und Profitabilität eines Kunden gibt (vgl. Buttle 2009, S. 31ff.; Lessmann 2003, S. 190). Diese Hypothese ist allerdings stets kritisch zu prüfen. Es kann durchaus vorkommen, dass mit zunehmender Dauer der Kundenbeziehung die Kundenbeziehung unprofitabel wird. Als Beispiel seien hier im Geschäftsreisesegment unangemessen hohe eingeforderte Rabatte genannt, die der Kunde mit der Dauer der bestehenden Geschäftsbeziehung rechtfertigt.

Personalisierung: Kunden erwarten, dass man ihre Bedürfnisse kennt, ihnen dafür maßgeschneiderte Lösungen anbietet und sie persönlich anspricht. Allgemein ist damit eine Personalisierung der Produkte, Dienstleistungen und Kommunikation verbunden. Um dies leisten zu können, ist ein detailliertes Kundenwissen notwendig (vgl. Born 2004). Diese Personalisierung bedeutet für das Unternehmen einen Mehraufwand. Die Ausgestaltung der personalisierten Kundenorientierung muss sich daher am jeweiligen Kundenwert ausrichten (Kantsperger 2006, S. 293).

Integration: Ein personalisierter und wertorientierter Kundendialog erfordert, dass jede Unternehmenseinheit mit operativem Kundenkontakt in Marketing, Sales und Service ein einheitliches, umfassendes und konsistentes Bild über den Kunden hat. Dies verlangt nach dem Aufbau einer konsolidierten Datenbasis, auf die alle Unternehmensbereiche funktions- und abteilungsübergreifend zugreifen können (Datenintegration). Zusätzlich müssen alle Geschäftsprozesse konzeptionell und systemtechnisch mit einbezogen und auf die Kundenprozesse ausgerichtet werden (Prozessintegration) (vgl. Englbrecht 2007, S. 11).

- **Basisarchitektur von CRM-Systemen**

In jeder Unternehmung findet man in den Bereichen Marketing, Sales und Service eine historisch gewachsene IT-Systemlandschaft vor. Beispielsweise sind CRS-Systeme für Buchungen zuständig, während über eine Marketingdatenbank Kundenmailings koordiniert werden. Jede dieser Insellösungen hat durch ihre spezifische Aufgabenstellung eine eingeschränkte Sicht auf den Kunden. Insgesamt fehlt dem Unternehmen jedoch durch diese verteilten Kundendaten eine einheitliche Sicht auf den Kunden. Oftmals ist noch nicht einmal der Kunde, sondern die operative Aufgabe, wie z. B. eine Buchung, im Fokus des Systems (vgl. Minghetti 2003, S. 142).

CRM-Systeme beabsichtigen eine Integration der einzelnen Anwendungen, indem die Applikationen aus Marketing, Sales und Service unter einer koordinierenden Systemlandschaft vereint werden. Damit liegt als wesentliches Ergebnis eine (logische) Kundendatenbank vor, auf die alle Unternehmensbereiche zugreifen können und ihnen eine einheitliche Sicht auf den Kunden gestattet (vgl. Hippner et al. 2006, S. 47). Erst diese konsistente und ganzheitliche Kundendatenbank ermöglicht einen über alle Bereiche abgestimmten Kundendialog. Die jeweiligen unternehmens- und branchenspezifischen touristischen Anwendungssysteme im Front-/ Mid- und Back Office werden über Schnittstellen an das CRM-System angebunden. Neben ERP-Systemen ist dabei besonders an Hotelmanagementsysteme, Yield-Managementsysteme, Internet Booking Engines (IBEs) und Passagier-Service-Systeme zu denken (vgl. zur Systemübersicht Weithöner 2003; Weithöner/Ehbrecht 2004 sowie weitere Beiträge in diesem Buch). Auch zu CRS- bzw. GDS-Systemen sollten Schnittstellen realisiert werden, solange die durchgeführten Buchungen nicht auf unternehmensinternen Systemen redundant gespeichert wurden. Um das o.g. Ziel zu erreichen, besteht die integrierende Aufgabenstellung jedes CRM-Systems aus einer (vgl. Hettich et al. 2000, S. 1348f.)

(1) *kanalorientierten Aufgabenstellung*: Einbindung und Koordination aller möglichen Kundenkanäle zwischen Unternehmen und Kunde, aus einer

(2) *operativen und prozessorientierten Aufgabenstellung*: Synchronisation und operative Unterstützung der zentralen Kundenkontaktpunkte in Marketing, Sales und Service für den personalisierten Kundendialog und den daraus folgenden kundennahen Geschäftsprozessen und aus einer

(3) *datenorientierten und analytischen Aufgabenstellung*: Konsolidierung, Sammlung und Analyse aller vorhandenen Kundeninformationen.

Damit kann ein CRM-System definiert werden als ein spezialisiertes logisches Anwendungssystem, das alle kundennahen Prozesse in Marketing, Vertrieb und Service unterstützt, die dort anfallenden kundenrelevanten Daten sammelt, diese konsolidiert in einer (logischen) Datenbank speichert, sie analysiert und den Prozessen wieder zur Verfügung stellt. Als ein logisches Anwendungssystem wird es deshalb bezeichnet, da es nicht zwingend aus einer einzigen Anwendung bestehen muss, sondern auch aus der Zusammenführung mehrerer Anwendungen, die dem Anwender jedoch wie ein System erscheinen.

Trotz der mittlerweile unüberschaubaren Anzahl an Systemen auf dem Markt muss jedes CRM-System zur Erfüllung seiner Aufgaben über eine operative und analytische Systemkomponente verfügen. Daraus ergibt sich die in Abbildung 3.4.1 dargestellte Basisarchitektur, die in den Kapiteln 3.4.3 bis 3.4.5 erläutert wird. Weiter besteht eine wesentliche Aufgabe in der Unterstützung der kundennahen Geschäftsprozesse. Aus diesem Grund werden in Kapitel 3.4.2 die nötigen prozessorientierten Grundlagen geschaffen.

3.4 IT-gestütztes Kundenbeziehungsmanagement

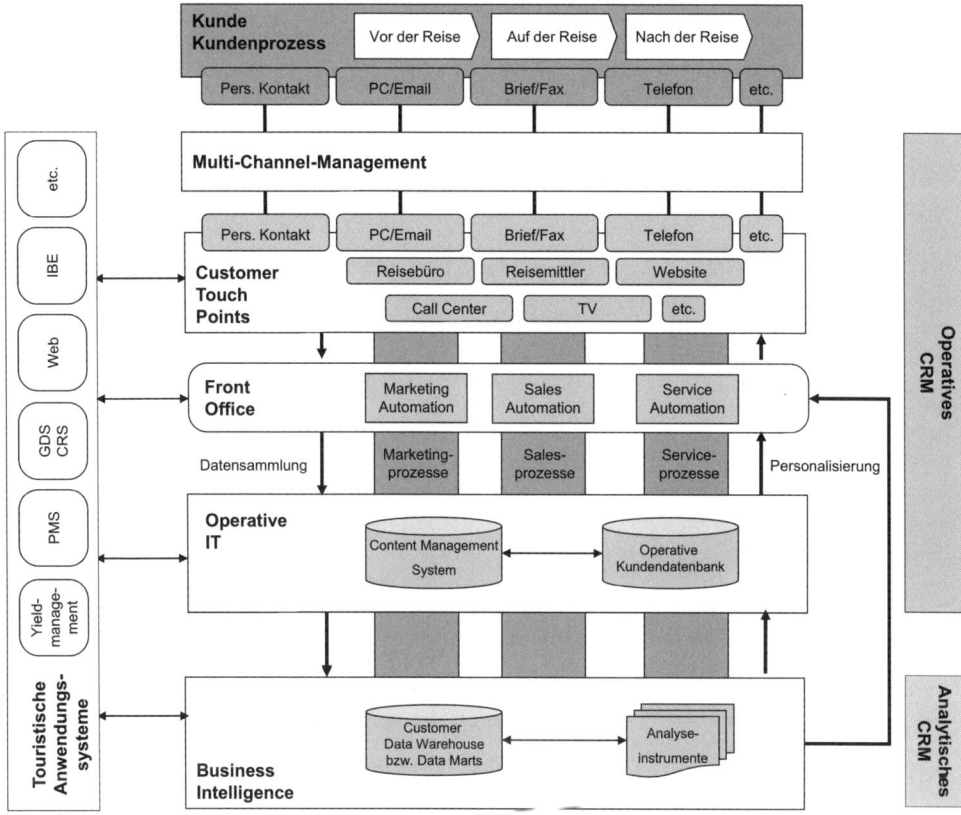

Abb. 3.4.1 Basisarchitektur eines CRM-Systems
(eigene Darstellung in Anlehnung an Hippner et al. 2006, S. 48; Gronover et al. 2004, S. 18)

3.4.2 Prozesse und Zyklen im CRM

Der Aufbau einer langfristig profitablen Kundenbeziehung erfordert vom Unternehmen die Fähigkeit, sich in die Problemlösungs- und Bedürfnisstruktur des Kunden hineinversetzen zu können. Kundenprozesse sollen dabei die Problemlösungsstruktur offenbaren, während die Zyklenkonzepte helfen, phasenspezifische Bedürfnisse des Kunden zu identifizieren.

- **Kundenprozesse**

Die Aufgaben und Schritte, die ein Kunde zu einer spezifischen Bedürfnisbefriedigung durchläuft, wird Kundenprozess (Customer Buying Cycle) genannt. Obwohl diese Kundenprozesse höchst individuell sind, lassen sich gleichwohl idealtypische generische Phasen erkennen (vgl. Muther 2001, S. 14ff.):

(1) *Anregungsphase*: Hier werden Bedürfnisse beim Kunden erzeugt bzw. sein Interesse geweckt.

(2) *Evaluationsphase*: Das unspezifische Bedürfnis oder Interesse wird zu einem konkretisierten Bedürfnis oder Interesse. Um dieses zu befriedigen, beginnt der Kunde aktiv und verstärkt Informationen zu sammeln und zu bewerten.

(3) *Kaufphase*: Aus mehreren Alternativen entscheidet er sich für ein konkretes Angebot. Dieses wird in dieser Phase bestellt, bezahlt und bezogen.

(4) *After Sales Phase*: Hier verwendet oder entsorgt der Kunde die Leistung.

Aufgrund des allgemeingültigen Anspruchs der vier Phasen sowie der primären Ausrichtung auf Kaufprozesse physischer Produkte haben sich spezialisierte Varianten herausgebildet. Für den Tourismus eignet sich eine dreiphasige Sichtweise, die bei Bedarf noch problemspezifischer dargestellt werden kann (vgl. ergänzend Freyer/Molina 2008, S. 128f.; Mundt 2006, S. 154f.):

(1) *Vor der Reise*

    a. Während der *Aufmerksamkeitsphase* kommt es zur Bedürfnisentwicklung. Dabei werden vielfältigste Alternativen zur Bedürfnisbefriedigung in Betracht gezogen.

    b. In der *Informationsphase* informiert sich der Kunde detailliert über konkrete für ihn in Frage kommende Alternativen.

    c. Die letztendliche Buchung der Reise erfolgt in der *Buchungsphase*. Hier werden auch die notwendigen Reisedokumente übergeben.

(2) Die Phase *Auf der Reise* zeichnet sich durch die Nutzung der Produkte der Leistungsträger aus. Es finden Betreuung und Kommunikation durch den und mit dem Leistungsträger(n), aber auch mit anderen Reiseteilnehmern, etc. statt.

(3) Die Aufarbeitung der Reiseerlebnisse ist Gegenstand der abschließenden Phase *Nach der Reise*. Sie ist durch die Kommunikation mit den Reisepartnern (Reisebüros, Leistungsträgern, etc.) und Dritten (Freunde, Bekannte, etc.) charakterisiert. Gegenstand der Kommunikation können sowohl positive wie negative Reiseerlebnisse sein.

Die genannten generischen Kundenprozesse dienen zur Strukturierung der detaillierten, branchenabhängigen und höchst individuellen Kundenprozessen. Das detaillierte Verständnis der Kundenprozessen und die Auseinandersetzung mit ihnen ist elementar für die erfolgreiche kundenorientierte Ausrichtung der Geschäftsprozesse (vgl. Rapp 2000, S. 111f.).

- **CRM-Prozesse**

Bei jeder Aufgabe innerhalb des Kundenprozesses kann der Kunde Unternehmensleistungen in Anspruch nehmen. Aus Prozesssicht bedeutet Kundenorientierung nun, dass für jede dieser Aufgaben ein adäquater kundenorientierter Geschäftsprozess existieren muss, wobei Aufgabe und korrespondierender Geschäftsprozess „wie bei einem Reißverschluss nahtlos ineinander greifen" (Rapp 2000, S. 107). Ein so verstandener kundenorientierter Geschäftsprozess wird CRM-Prozess genannt. Jeder Auftrag, der vom Kundenprozess kommt, wird

3.4 IT-gestütztes Kundenbeziehungsmanagement

von ihm aufgenommen und in einer definierten Abfolge unter Zuhilfenahme von Applikationen des CRM-Systems weiterverarbeitet. Das Ergebnis wird dann an den auslösenden Kundenprozesses zurückgeliefert. Ein CRM-Prozess ist damit die zentrale Schnittstelle zwischen Kundenprozessen und nachgelagerten Unternehmensprozessen und dient unmittelbar zur Befriedigung des Kundenbedürfnisses (vgl. Schulze 2002, S. 141). Zusammenfassend kann ein CRM-Prozess als ein kundenorientierter Geschäftsprozess definiert werden, der sich durch einen direkten Kundenkontakt bzw. durch eine Unterstützung des Kundenkontakts auszeichnet. Funktional gehört er zu einem der Bereiche Marketing, Sales oder Service und ist daher ein operativer *Marketing-*, *Sales-* oder *Service-Prozess* (vgl. Englbrecht 2007, S. 13).

Für die Modellierung in einem CRM-System ist die Einteilung in lediglich drei Prozesse zu grob. Es ist sinnvoller, diese in sechs feinere Kernprozesse zu unterteilen (vgl. Riempp 2003, S. 5f.):

(1) Der Hauptprozess im Marketing ist das *Kampagnenmanagement*. In einem für den Kunden einheitlichen Erscheinungsbild werden alle Kampagnen definiert und unter Zuhilfenahme aller denkbaren Kommunikations- und Vertriebskanäle geplant und gesteuert.

(2) Durch das Kampagnenmanagement werden Leads – Kundenkontakte mit mehr als einem undifferenzierten Interesse an den Produkten und Leistungen des Unternehmens – erzeugt. Diese werden im *Leadmanagement* weiterverfolgt, um die Abschlusswahrscheinlichkeit weiter zu erhöhen. Dieser Prozess tritt bereits im Marketing-, hauptsächlich jedoch im Sales-Prozess auf.

(3) In der Prozessphase des *Angebotsmanagements* werden auf Basis qualifizierter Leads kundenspezifische Offerten erstellt, die systematisch nachverfolgt und gesteuert werden müssen. Damit es aus Kundensicht nicht zu einer unkoordiniert erscheinenden Kundenbearbeitung kommt, sollten insbesondere Firmen mit mehr als einem Vertriebskanal ein besonderes Augenmerk auf diesen Prozess haben. Diese Phase stellt einen Kernprozess im Sales-Prozess dar.

(4) Ein weiterer wesentlicher Sales-Prozess ist das *Vertragsmanagement*. Hier werden die Aufträge bzw. Buchungen und Verträge erstellt und verwaltet. Es wird sichergestellt, dass die Verträge den vereinbarten Rahmenregelungen, wie z. B. Reiserichtlinien, entsprechen. Auch das Ticketing und die Überreichung der notwendigen Reisepapiere fallen in diesen Schritt.

(5) Alle Prozesse nach der eigentlichen Buchung werden zum *Servicemanagement* zusammengefasst. Ziel ist es, den Kunden in der Phase nach Vertragsabschluss optimal zu betreuen und Potentiale für Cross- und Up-Selling zu identifizieren (z. B. Zusatzbuchungen vor Ort). Das Management von Garantieleistungen (z. B. Umbuchung und Upgrades bei überbuchten Flügen, etc.) gehört ebenso wie die Kundenbetreuung am Reiseort in diese Phase. Abgeschlossen wird der Prozess durch die Reisenachbereitung. Dies kann einerseits dadurch erfolgen, dass Kontaktaufnahmen

durch den Kunden verarbeitet werden müssen, andererseits Nachfragen durch das Unternehmen zu managen sind (vgl. Freyer/Molina 2008, S. 129).

(6) Der Prozess des *Beschwerdemanagements* nimmt aktiv ausgesprochene Beschwerden des Kunden entgegen und bearbeitet die Beschwerde. Zusätzlich versucht er zu stimulieren, dass nicht artikulierte Beschwerden ausgesprochen werden. Dabei wird kurzfristig das Ziel verfolgt, die Kundenzufriedenheit durch die Aufnahme und Bearbeitung der Beschwerde zu erhöhen. Langfristiges Ziel ist die Beschwerdevermeidung durch dauerhafte Beseitigung der Beschwerdeursachen (vgl. ausführlich Stauss/Seidel 2007).

Abbildung 3.4.2 fasst die Zusammenhänge zwischen Kunden- und CRM-Prozessen zusammen. Die Marketing- und Sales-Prozesse sind entscheidend vor Reiseantritt. Die Aufmerksamkeitsphase wird dabei durch das Kampagnenmanagement unterstützt. Die Sales-Prozesse übernehmen den Kunden in seiner Informations- und Buchungsphase. Im Vergleich zu anderen Brachen hat der Service-Prozess im Tourismus überragende Bedeutung, da er den Kunden während seiner Reise und in der Nachreisephase unterstützt.

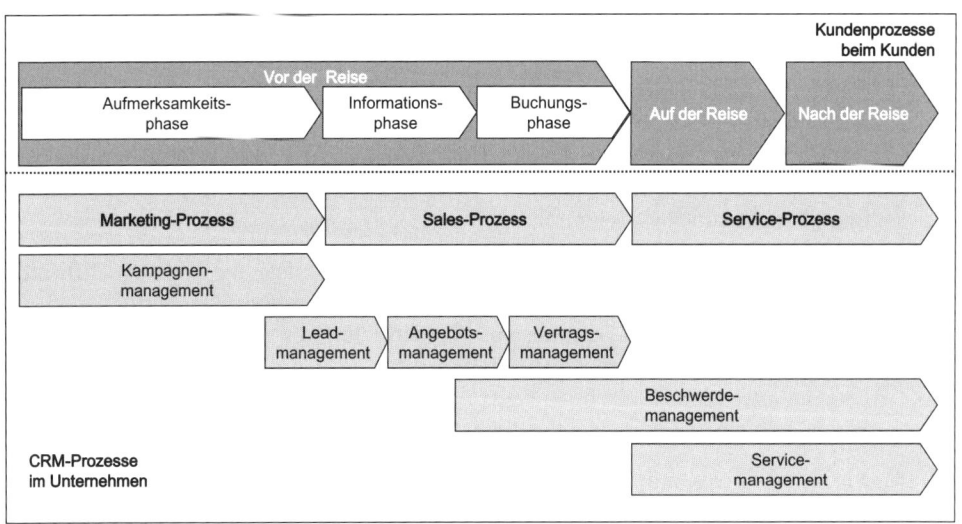

Abb.3.4.2 Kunden- und CRM-Prozesse

Im CRM-System werden die jeweiligen Prozesse mittels *Workflows* (IT-orientierte Arbeitsablaufspezifikationen) abgebildet und umgesetzt. Für typische Prozesse (z. B. Angebotserstellung) existieren systemseitig sog. Standardworkflows und Referenzprozesse, die vom Unternehmen übernommen werden können. In der Regel müssen die Workflows aber an die unternehmensspezifischen Bedürfnisse zur Abwicklung eines Prozesses angepasst werden (vgl. Schuhmacher/Meyer 2004, S. 140). Dabei ist zu betonen, dass schlecht durchdachte Prozesse auch durch das beste CRM-System nicht zu kompensieren sind.

Ein wichtiges Ergebnis der Prozessbetrachtung ist das dadurch spezifizierbare Anforderungsprofil des CRM-Systems. Die Analyse zeigt auf, welche Funktionen das System aus prozessorientierter Sicht zwingend unterstützen muss (Must-haves), welche wünschenswert (Nice-to-haves) wären und auf welche verzichtet werden kann (vgl. Hippner et al. 2004, S. 107f.).

- **Kundenbeziehungslebenszyklus und Familienlebenszyklus**
Die prozessorientierte Sichtweise beschreibt dezidiert einzelne Kaufakte. Unter dem Paradigma der langfristig profitablen Kundenbeziehung ist es notwendig, den einzelnen Kaufakt in die Summe der möglichen Kaufakte während einer Kundenbeziehung einzubetten und der Kundenbeziehung den notwenigen dynamischen Charakter zu verleihen. Hierfür eignet sich das Konzept des *Kundenbeziehungslebenszyklus* (Customer Lifetime Cycle), bei dem der Ablauf einer Kundenbeziehung von der Anbahnung bis zur Beendigung generische darstellt wird (vgl. Stauss 2000). Das Konzept verdeutlicht auch die weite Fassung des Kundenbegriffs im CRM in potentielle, aktuelle und verlorene Kunden. Jede dieser Kundengruppen hat spezifische Verhaltensweisen und Bedürfnisse, die durch das System abbildbar sein müssen: Potentielle Kunden sind dabei die Zielgruppe des Interessentenmanagements, die aktuellen Kunden stehen im Fokus des Kundenbindungsmanagements, verlorene Kunden werden durch das Rückgewinnungsmanagement umworben (vgl. Stauss/Seidel 2007, S. 25f.).

Das Konzept des *Familienlebenszyklus* beschreibt die typischen Lebensphasen eines Menschen wie Jugend, Ehe, Nachwuchs oder Ruhestand und versucht daraus Kauf- und Verhaltensmuster zu bestimmen (vgl. Kotler/Bliemel 1995, S. 289ff.; Martin 2007; S. 29f.). Diese Phasen sind auch für den Tourismus von besonderer Bedeutung zur Beschreibung des Reiseverhaltens (vgl. Mundt 2006, S. 66ff.). Es ist daher notwendig, dass im CRM-System die notwendigen Deskriptoren gespeichert und analysiert werden. Beispielsweise liefert die Kenntnis über die Anzahl und das Alter der Kinder eines Kunden eine bessere Prognose seines Reiseverhaltens als das Alter des Kunden alleine. CRM-Systeme müssen demnach mehr als nur einen singulären Kaufakt prozessorientiert unterstützen - sie müssen das Management der gesamten Kundenbeziehung ermöglichen.

3.4.3 Multi-Channel-Management

Im Rahmen ihrer Kundenprozesse treten die Kunden mit den Unternehmen in Kontakt. Das Zusammentreffen zwischen Kunde und Unternehmen kann über die verschiedensten Kontaktpunkte (*Customer Touch Points*) erfolgen (vgl. Kap. 3.2.3). Im Tourismus sind die Kontaktpunkte Reisebüro/-mittler, Webauftritte, Call Center und TV von Bedeutung. Der Weg, wie Kunden und Unternehmen am Kontaktpunkt ihre Botschaften austauschen, kann als (medialer) Kanal bezeichnet werden (vgl. Hippner et al. 2006, S. 63f.). Kanäle können dabei in direkte und indirekte Kanäle differenziert werden. Direkte Kanäle, wie das persönliche oder telefonische Gespräch, zeichnen sich durch einen unmittelbaren Kontakt zwischen Mitarbeitern und Kunden aus. Bei indirekten Kanälen, wie E-Mail, Brief, SMS, etc., findet dieser direkte Kontakt nicht statt (vgl. Kap. 3.2.3).

Die Komplexität der Kontaktaufnahme nimmt durch die Veränderung des Kundenverhaltens und die technische Entwicklung der Kommunikationsmedien stark zu (vgl. Freyer/Molina 2008, S. 125ff.; Schögel et al. 2004, S. 110f.; Born 2004, S. 434). Abbildung 3.4.3 visualisiert dieses Verhalten exemplarisch: Ein Reisender (Kreis) wird über den TV-Shop auf ein Angebot aufmerksam (Aufmerksamkeitsphase), informiert sich über die Website (Informationsphase), bucht die Reise über das Call Center (Buchungsphase), beschwert sich am Urlaubsort bei der Reiseleitung (Auf der Reise) und kommt deshalb nach der Reise persönlich ins Reisebüro, um eine Minderung des Buchungspreises einzufordern. Andere Kunden nehmen gemäß ihrer Präferenzen andere Kanäle und Customer Touch Points in Anspruch. Jeder aber verlangt vom Unternehmen einen konsistenten Dialog und einen vollständig informierten Kommunikationspartner. Es lässt sich damit feststellen, dass Kunden im Rahmen ihrer Kundenprozesse über verschiedenste Kanäle mit dem Unternehmen Kontakt aufnehmen (multioptionale und hybride Kunden). Die Steuerung und Koordination mehrerer Kanäle wird *Multi-Channel-Management* genannt (vgl. Schulze 2002, S. 43). Dabei wird das Ziel verfolgt, dem jeweiligen Kunden den von ihm in der jeweiligen Prozessphase gewünschten Kanalmix bereitzustellen, gleichzeitig aber die Werthaltigkeit des Kunden nicht aus den Augen zu verlieren. Besonders profitable Geschäftsreisekunden können beispielsweise persönlich durch einen Key-Account-Manager betreut werden, während weniger profitable Kunden webbasierte Selfservice-Applikationen in Anspruch nehmen müssen. Ein weiteres Ziel ist die unabhängig vom Kanal in sich einheitliche Sicht des Unternehmens auf den Kunden („one face of the customer") und ein konsistenter und personalisierter Dialog mit dem Kunden über alle Kanäle („one face to the customer") (vgl. Hippner et al. 2006, S. 65). Oftmals wird der Gedanke des Multi-Channel-Managements lediglich auf distributionspolitische Aspekte und damit im Wesentlichen auf die Buchungsphase bzw. den Sales-Prozess beschränkt (vgl. Freyer/Molina 2008). Dies ist jedoch zu kurz gegriffen. Alle kunden- und unternehmensseitigen Prozesse sind einzubeziehen.

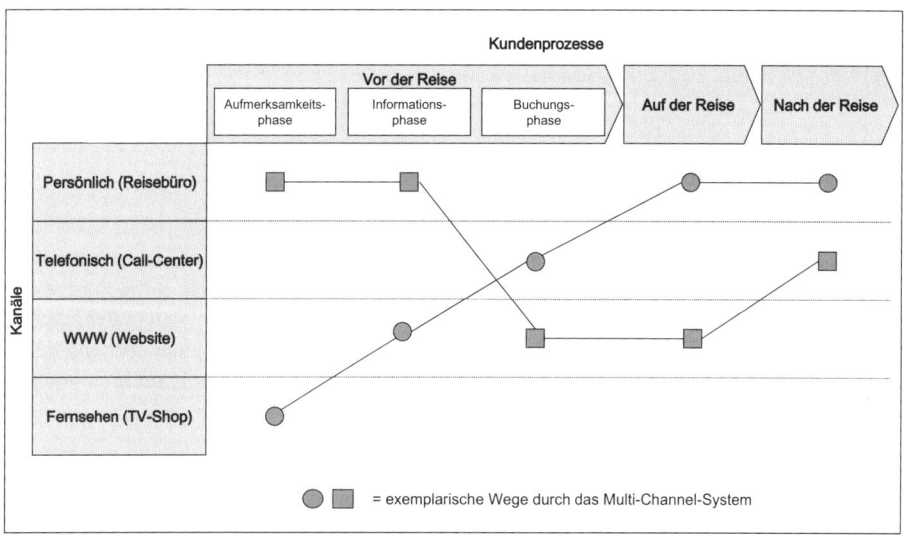

Abb. 3.4.3 Der Reisende als Channel-Hopper (eigene Darstellung in Anlehnung an Orth 2002)

Aus technischer Sicht ist die Umsetzung des Multi-Channel-Managements äußerst anspruchsvoll, da es eine Verknüpfung kanal- und prozessspezifischer Applikationen erfordert (vgl. Buttle 2009, S. 366). Insbesondere ist eine konsolidierte Kundendatenbank notwendig, die sämtliche Dialogdaten aus den Kanälen aufnimmt. Diese Daten werden im analytischen CRM untersucht. Verfahren zur Kundensegmentierung sind von Bedeutung, da sie helfen, die operative Kernfrage des Multi-Channel-Managements zu beantworten: Welche Kunden(segmente) werden über welche Kanäle am jeweiligen Customer Touch Point in ihrem jeweiligen Kundenprozess unterstützt (vgl. Schögel et al. 2004, S. 116)? Innerhalb des Multi-Channel-Managements steuert dabei das Interaktionsmanagement, welcher Kanal mit welchem Kunden kommuniziert und das Kanalmanagement, wie sich die Kanäle intern organisieren (vgl. Gronover et al. 2004, S. 18).

3.4.4 Operative CRM-Systembestandteile

Das operative CRM (oCRM) kann in drei Abschnitte unterteilt werden, die eng miteinander verzahnt sind (vgl. Hippner et al. 2006, S. 48). Der erste Abschnitt umfasst die bereits im letzten Kapitel geschilderten Aufgaben bei Einbindung und Koordination aller Kanäle in die Prozessunterstützung im Rahmen des Multi-Channel-Managements. Aufgrund der dreigeteilten Aufgabenstellung eines CRM-Systems (siehe Kap. 3.4.1) wurde dieser Teil des operativen CRM herausgelöst und gesondert dargestellt. Der zweite Abschnitt besteht aus dem Front Office, das alle Aktionsfelder des Unternehmens zusammenfasst, die einen direkten Kundenkontakt besitzen (vgl. Weithöner 2001, S. 196). Sie können dem Marketing, Sales und Service mit ihren in Kapitel 3.4.2 skizzierten Prozessen zugeordnet werden. Trotz der angestrebten Personalisierung der Kundenbeziehung laufen viele Detailprozesse bei allen Kunden nahezu identisch ab (z. B. der Buchungsprozess bei einer Internetbuchung). Eine Automatisierung dieser Prozesse führt zu einer höheren Effizienz und Qualität (vgl. Wehrmeister 2001, S. 213f.). Dies ist das Ziel der Marketing-, Sales- und Service-Automation (Front Office Automation), wobei eine vollständige Automatisierung fast nie erreicht werden kann. Realiter wird daher eine umfassende IT-Unterstützung der zugrunde liegenden Prozesse angestrebt. Eine Automatisierung bei gleichzeitiger Personalisierung der Prozesse ist datenintensiv. Die benötigten Daten und Informationen finden sich in der operativen Kundendatenbank und einem Content-Management-System wieder und werden von dort zur Automatisierung der Prozesse abgerufen. Gleichzeitig nehmen diese Systeme neu entstehende Informationen und Daten beim Abarbeiten der Prozesse auf. Die operative Kundendatenbank und das Content-Management-System bilden den dritten Abschnitt des operativen CRM - die operative IT.

- **Front Office Automation**

Die Unterstützung der CRM-Prozesse bei der Front Office Automation in Form spezieller Applikationen spiegelt eine systemorientierte Sichtweise wieder. Unter diesem Gesichtspunkt können die jeweiligen Automatisierungsaufgaben dem operativen Teil eines CRM-Systems zugeordnet werden. Anderseits binden die Automatisierungsaufgaben der CRM-Prozesse sowohl operative wie analytische Teilprozesse mit ein. Dies entspricht einer prozessorientierten Sichtweise der Front Office Automation. Nachfolgende Ausführungen konzentrieren sich auf die systemorientierte Sichtweise. Wichtige analytische Teilprozesse werden kurz in Kap. 3.4.5 beschrieben. Existierende Softwaremodule vermischen oftmals beide Sichtweisen und bieten neben der reinen operativen auch eine analytische Unterstützung an.

– **Marketing Automation**

Unter Marketing Automation können IT-Applikationen verstanden werden, die CRM-Prozesse im Marketing unterstützen und steuern (vgl. Buttle 2009, S. 415). Kern der Marketing Automation ist das *Kampagnenmanagement*, das eine ganzheitliche und logisch aufgebaute Gestaltung der Kundenkommunikation bezweckt. Im operativen Kern geht es dabei um die Frage, dem richtigen Kunden das richtige Informations- und Leistungsangebot im richtigen Kommunikationsstil zum richtigen Zeitpunkt zu vermitteln. Das Kampagnenmanagement löst die Tradition isolierter und nicht abgestimmter Marketingaktionen ab. Angestrebt wird eine individuell auf den Kunden abgestimmte, dialogorientierte Kommunikationskette, wobei alle Kommunikationskanäle parallel oder sequentiell einbezogen werden können. Kampagnenplanung, -steuerung und -auswertung sind grundlegende Phasen im Kampagnenmanagement, wobei in jeder Phase insbesondere zur Operationalisierung des Terms „richtig" auf Komponenten des analytischen CRM zurückgegriffen wird (vgl. ausführlich Englbrecht 2007). Weiteres Ziel ist die Abstimmung der einzelnen Kampagnen zu einem schlüssigen Kommunikationskonzept. Die Phasen werden durch Workflow-, Segmentierungs-, Personalisierungs- Auswertungs- und Reportingmodule als Kernelemente einer Kampagnenmanagementsoftware unterstützt (vgl. Buttle 2009, S. 418ff.).

– **Sales Automation**

Der Einsatz der IT im Vertrieb und die Automatisierung der identifizierten Kernprozesse Lead-, Angebots- und Vertragsmanagement sind Voraussetzung, um im Wettbewerb zu bestehen. Viele CRM-Systeme haben sich aus dem sog. Computer Aided Selling (CAS) heraus entwickelt. Vereinfacht gesagt bedeutet Sales Automation, den Vertrieb mit Hard- und Software so zu unterstützen, dass er seine Vertriebsaufgaben optimal ausführen kann (vgl. Winkelmann 2004, S. 304). Die Applikationen bieten dabei ein weites Spektrum an Funktionalitäten. Neben Modulen, die die Kernprozesse Lead-, Angebots- und Vertragsmanagement unterstützen, existieren Funktionen für das Key-Account-Management, für die Vertriebs- und Besuchsplanung und für die Preisfindung, Produktkonfiguratoren und Kalkulation (vgl. Schmidt 2005, S. 1522).

Die Zielsetzungen von Sales Automation Applikationen überschneiden sich historisch bedingt stark mit denen touristischer Kernsysteme. Die Automatisierung des Vertriebs ist Kernaufgabe der GDS- und CRS-Systeme (vgl. Weithöner 2001, S. 177ff.). Dynamic Packaging zielt ebenso wie ein Produktkonfigurator auf eine kundenindividuelle und eigenständige Gestaltung des Produkts „Reise" ab. Es ist zu beobachten, dass die Reservierungssysteme im Rahmen der Vertriebsunterstützung ihre CRM-Funktionalitäten ausweiten, indem sie beispielsweise Hintergrundinformationen zur eigentlichen Reise, wie Einreise- und Impfbestimmungen, Informationen zu Land und Leute, etc., liefern. Es muss abgewartet werden, ob CRM-Systeme oder Reservierungssysteme inkl. IBEs innovative webbasierte Distributionskanäle im Rahmen der Sales Automation integrieren oder ob dies zu einer weiteren „Insel" bei vertriebsorientierten Applikationen führt. Exemplarisch sei hier die Nutzung des Auktionshauses Ebay als ergänzenden Saleskanal genannt (vgl. Fux 2008, S. 164ff.).

3.4 IT-gestütztes Kundenbeziehungsmanagement

- **Service Automation**

Im Kontext des CRM versteht man unter Service Automation Funktionalitäten und Applikationen „(...) zur informationstechnologischen Steuerung und Unterstützung der Serviceprozesse im Unternehmen, um deren effizienten und effektiven Ablauf sicherzustellen und Kundenbeziehungen zu festigen" (Schöler 2004, S. 377). Obwohl die Serviceprozesse im Tourismus die Nutzungsphase des Produktes unterstützen (siehe Kap. 3.4.2) zielt die Service Automation nicht auf die Unterstützung der Nutzung des touristischen Produktes ab. Dies sind Kernleistungen der Leistungsträger. Die Service Automation wird in der Regel immer dann aktiv, wenn ein Reisender Probleme bei der Produktnutzung hat.

Der Kernprozess *Servicemanagement* wird dabei durch eine Vielzahl von Applikationen (vgl. Buttle 2009, S. 450ff.) unterstützt, die nach Selfservice Automation, Front Office Service Automation und Back Office Service Automation systematisiert werden können (vgl. Schöler 2004, S. 379ff.). Tools der Selfservice Automation ermöglichen es Kunden, ohne Inanspruchnahme von Mitarbeitern eigenständig problemlösende Serviceprozesse auszulösen. Beispiele hierfür wären Pull-SMS gestützte Ankunfts- und Abfluginformationen von Airlines und Bahnlinien oder webbasierte FAQ-Listen von Hotels. Module zur Front Office Service Automation unterstützen Mitarbeiter im direkten Kundenkontakt. Das Servicepersonal benötigt hierzu insbesondere ein einheitliches, aktuelles und komplettes Bild über den Kunden sowie den auslösenden Servicefall. Eine aktuelle und vollständige Kundendatenbank ist hierfür die Grundlage. Die Back Office Service Automation dient dabei Aufgaben, bei denen der Kunde nicht direkt involviert ist, wie beispielsweise Eskalationssysteme, Erinnerungsfunktionen oder Wiedervorlagesysteme für Mitarbeiter.

Der Kernprozess *Beschwerdemanagement* erfordert neben der Bereitstellung möglichst vieler Kanäle zur Beschwerdeartikulation und –stimulation eine leistungsfähige Beschwerdedatenbank, in der alle Beschwerden systematisch erfasst und bearbeitet werden (vgl. Schöler 2004, S. 384f., ergänzend Born 2004, S. 435ff.). Die Analyse der Beschwerden zur künftigen Beschwerdevermeidung ist Aufgabe des analytischen CRM.

- **Operative IT**
- **Operative Kundendatenbank**

Zur Erfüllung von Kundenwünschen und zur Fähigkeit, dem Kunden das Gefühl zu geben, dass man ihn kennt und sich seiner Bedürfnisse bewusst ist, ist ein sehr tiefes und detailliertes Kundenwissen notwendig. Dieses Wissen ist Grundlage einer profitabilitätsorientierten und individuellen Kundenbetreuung. In der operativen Kundendatenbank sollen die dazu notwendigen Kundendaten gespeichert sein, die die Mitarbeiter in ihrem Tagesgeschäft nutzen und die von den CRM-Prozessen abgerufen werden können. Der Kundenbegriff ist dabei erneut weit aufzufassen: Nicht nur Daten aktueller, sondern auch die potentieller und verlorener Kunden sind Gegenstand der operativen Kundendatenbank.

Zwingender Inhalt einer Kundendatenbank ist die vollständige Buchungshistorie. Jede Buchung ist damit nicht nur an das jeweilige Reservierungssystem zu übermitteln, sondern über Schnittstellen redundant in der Kundendatenbank zu dokumentieren (vgl. Weithöner/Ehbrecht 2004, S. 115). Dabei verändert sich jedoch die Betrachtungsperspektive. Steht im Datensatz des Reservierungssystems die Buchungsinformation im Vordergrund („Eine Buchung hat n Reisende"), so ist in der Kundendatenbank der Kunde, der die Buchung durchgeführt hat, das zentrale Objekt („Eine Person hat *n* Buchungen"). Jedoch sind nicht nur transaktionsbasierte Daten von Bedeutung. Reisen sind immer mit Emotionen verbunden. Diese affektive Komponente muss in den Kundendatenbanken ihren Niederschlag finden und dazu führen, dass Informationen über verhaltensorientierte und emotionale Aspekte des Kunden archiviert werden (vgl. Born 2004, S. 431). Es ist infolgedessen unter Beachtung des Datenschutzes eine möglichst umfangreiche Datensammlung anzustreben, wobei eine verbindliche Aussage, welche Datenstruktur eine operative Kundendatenbank haben muss, aufgrund der vielfältigen und unterschiedlichen Problemstellungen nicht sinnvoll erscheint. Grundsätzlich sollten aber jene Daten aufgenommen werden, die eine Identifikation und einen personalisierten Dialog ermöglichen, die die bisherige Buchungs-, Kommunikations- und Reaktionshistorie dokumentieren, die das Buchungsverhalten erklären und beeinflussen können und Aussagen über Buchungswahrscheinlichkeiten ermöglichen, die eine wert- und potentialorientierte sowie individualisierte Steuerung der Marketinginstrumente, Vertriebs- und Kommunikationskanäle zulassen und die eine Grundlage für das Controlling auf Kunden- bzw. Kundensegmentsebene bilden (vgl. Kreutzer 1991, S. 628).

Abbildung 3.4.4 zeigt eine generische Kundendatentypologie, die den o.g. Anforderungen gerecht wird (vgl. Geib 2006, S. 125f.; Link/Hildebrand 1993, S. 34ff.):

(1) Die *Grunddaten* umfassen Personendaten und Deskriptionsdaten. Personendaten dienen dabei in erster Linie der Identifikation des Reisenden, während die Deskriptionsdaten spezifische Eigenheiten des Reisenden näher beschreiben und in sozio-demografische und psychografische Kriterien aufgeteilt werden können. Letztere dienen auch zur Aufnahme von Merkmalen mit emotionalem Charakter.

(2) Die *Potentialdaten* umfassen Kennziffern und Merkmale, aus denen das zukünftige Nutzen- oder Wertpotential abgeleitet werden kann. Diese Informationen sind für die langfristige Attraktivitäts- und Profitabilitätseinschätzung von Bedeutung.

(3) Die *Kommunikationsdaten* dokumentieren sämtliche Kommunikations- und Kampagnenmaßnahmen des Unternehmens und die darauf folgende Reaktion des Kunden.

(4) Die *Buchungsdaten* zeigen lückenlos das bisherige Buchungsverhalten des Kunden auf. Die Daten hierfür stammen zum Großteil aus den Reservierungssystemen, werden aber auch durch Vor-Ort-Buchungen ergänzt.

3.4 IT-gestütztes Kundenbeziehungsmanagement

Grunddaten			
Personendaten	**Deskriptionsdaten**		**Potenzialdaten**
	Soziodemografische Daten	Psychografische Daten	
Name, Geschlecht, Adresse, Geburtsdatum, Kreditkartennummer Firmendaten, etc.	Alter, Familienstruktur, Informationen zu Kindern, Ausbildung, Einkommen, Bonität, etc.	Hobbys, Interessen Reisetyp, Allergien, Reisehäufigkeiten, Zielgebietspräferenzen, Reisewünsche, Verpflegungstyp, etc.	Phase im Familienlebenszyklus / Kundenbeziehungslebenszyklus, Bedarfsprognose, Beziehungsdauer, Kundenbindungstyp, Kundenwert (Customer Lifetime Value, Scoringwert, ABC-Wert, usw.) etc.
Kommunikationsdaten			**Buchungsdaten**
Aktionsdaten		Reaktionsdaten	
Kampagnentyp, Kampagnenkanal, Kampagneninhalt, Kampagnenkosten, Kontaktaffinitäten, Teilnahme an Kundenkarten- / Loyalitätsprogrammen		Clickstreams, Zufriedenheitsäußerungen, Beschwerden, Reaktionstyp (Anfrage, Angebotseinholung, Buchung), Reaktionsinhalte, etc.	Buchungswege, Reiseanlässe, Verkehrsmittelwahl, Food & Beverage Ausgaben, Buchungsraten, Zusatzbuchungen (Exkursionen, usw.) etc.

Abb. 3.4.4 Kundendatentypologie mit Beispielen (eigene Darstellung in Anlehnung an Geib 2006, S. 125)

Als Ursprung für die Daten kommen sowohl unternehmensexterne (z. B. Marktforschungsdaten, Lifestyledaten, etc.) wie unternehmensinterne Datenquellen in Frage (vgl. Wiesner 2006, S. 106). Unternehmensexterne Daten werten die Kundendatenbank sowohl quantitativ – z. B. neue Adressbestände für das Interessentenmanagement – wie qualitativ – z. B. neue Merkmale wie Kaufkraftabschätzungen für bestehende Datensätze – auf. Das implizite Wissen von Mitarbeitern (z. B. Erfahrungen mit dem Gast) zählt mit zur wertvollsten unternehmensinternen Quelle. Hier liegt die Managementaufgabe darin, Mitarbeitern Anreize zu geben, ihr implizites Wissen zu dokumentieren. Grundsätzlich sollten Mitarbeiter in den Informationssammlungsprozess eingebunden werden. Durch ihren stetigen Kontakt mit den Gästen haben sie einen guten Einblick in deren Bedürfnisstruktur. Wird dieses Wissen erfasst, kann es zum Wohl des Gastes und des Unternehmens genutzt werden (vgl. Minghetti 2003, S. 145). Allerdings muss es auch Grenzen für die Informationssammlung geben. Die Beachtung folgender Prinzipien ist notwendig:

(1) Die sich gerade in Deutschland immer weiter verschärfenden Anforderungen des Datenschutzes sind unbedingt zu beachten.

(2) Zur Erhöhung der Akzeptanz durch den Kunden sollte dieser stets und unabhängig von einer rechtlichen Pflicht um die Erlaubnis zur Speicherung und Verwertung seiner Daten gebeten werden. Dies ist die Leitidee des *Permission Based Marketing* (vgl. Rapp 2000, S. 33ff.).

(3) Dem Kunden sollte die Erlaubnis nicht nur abgerungen, sondern dafür auch ein erkennbarer Mehrwert geboten werden (z. B. personalisierte Angebote).

Die in den unterschiedlichsten internen wie externen Systemen verteilten Daten werden über Schnittstellen in die operative Kundendatenbank migriert. Es ist für die nachfolgenden Analysen existentiell wichtig, dass diese migrierten Datenbestände von guter Qualität sind. Es sei warnend erwähnt, dass die Bedeutung und der notwenige Aufwand zur Erreichung wie auch zur Erhaltung dieser Datenqualität in der Praxis oft stark unterschätzt werden. Die mangelnde Datenqualität ist ein häufiger Grund für enttäuschende CRM-Maßnahmen und gescheiterte CRM-Projekte. Ein umfassendes Datenqualitätsmanagement ist daher unbedingt anzuraten (vgl. Hippner/Wilde 2007; S. 497ff.).

– **Content-Management-Systeme**
Content-Management-Systeme (CMS) besitzen im Gegensatz zu den operativen Datenbanken die Fähigkeit Informationen und Inhalte in den verschiedensten digitalen Formaten zu erstellen, zu verwalten und zu archivieren (vgl. Schramm 2001, S. 616). Dies befähigt sie, unstrukturierte Informationen wie z. B. E-Mails, Textdokumente, Beiträge in Weblogs, aber auch Bild- und Tonmaterial für das CRM nutzbar zu machen. CMS und operative Datenbanken ergänzen sich damit ideal. Ein CMS behandelt die drei konstituierenden Elemente eines Inhalts - seine Darstellungsform (Layout), seine Struktur und den eigentlichen Inhalt - strikt getrennt. Dadurch wird die konsistente Mehrfachverwendung von Inhalten im Rahmen des Multi-Channel-Managements ermöglicht (vgl. ausführlich Berchtenbreiter 2004). So wird beispielsweise die Hotelbeschreibung samt medialer Unterstützung (z. B. Bildmaterial) nur einmal im CMS vorgehalten und für die Produktion des Printkatalogs, zur Darstellung im Webportal sowie zur Versendung des personalisierten Newsletters von dort abgerufen.

3.4.5 Analytische CRM-Systembestandteile

Das analytische CRM kann als das „Gehirn" - die Business Intelligence - des CRM-Ansatzes bezeichnet werden. Es umfasst Komponenten zur Sammlung, Integration, Aufbereitung und Analyse von Kundendaten. Dabei wird relevantes und personalisiertes Wissen über die betrachtete Kundenbeziehung mit dem Ziel erzeugt, es zur Steuerung und fortwährenden Optimierung der kundenorientierten Marketing-, Sales- und Service-Prozesse zu nutzen (vgl. Hippner/Wilde 2007, S. 492). Im analytischen CRM schließt sich der Closed-Loop Ansatz der CRM-Systemarchitektur: Die in den CRM-Prozessen erzeugten Daten werden im analytischen CRM zu Wissen transformiert und dieses Wissen den CRM-Prozessen wieder zur Verfügung gestellt. Das CRM-System lernt durch die analytische Komponente. Bestandteile des analytischen CRM sind das Data Warehouse als „Datenspeicher" und darauf aufsetzende Analysewerkzeuge und Personalisierungssysteme (vgl. Buttle 2009, S. 377ff.).

- **Data Warehouse**
Grundlage für die Analyse der Daten ist ein Data Warehouse. Darunter versteht man eine zentrale, konsistente und eigenständige Analysedatenbank, die von den operativen Datenbanken entkoppelt ist und der Entscheidungsunterstützung des Managements dient (vgl. Kuhl/Stöber 2003, S. 548). Anders als eine operative Datenbank übernimmt das Data Ware-

3.4 IT-gestütztes Kundenbeziehungsmanagement

house keine direkte Funktion im Tagesgeschäft, sondern speichert die in den verschiedensten operativen Datenbanken und eventuellen zusätzlichen externen Quellen vorhandenen Daten redundant ab und stellt den Systemen relevante Analyseergebnisse wieder zur Verfügung. Sinn dieser Trennung ist, die operativen Datenbanken nicht durch rechenintensive Analysen zu blockieren (Alpar/Niedereichholz 2000, S. 15).

- **Analyseinstrumente**

Im Data Warehouse liegen geeignet aufbereitete Daten zur Analyse und Extrahierung des darin verborgenen Wissens vor. Den Analyseinstrumenten obliegt es, dieses Wissen ans Tageslicht zu bringen. Dabei können grob drei Analysearten mit zunehmender Komplexität unterschieden werden: Standardreports, das Online Analytical Processing (OLAP) sowie unterschiedliche Formen des Data Minings (vgl. Buttle 2009, S. 377ff.). Weiter werden mit zunehmender Bedeutung der internetbasierten Kanäle verstärkt analytisch orientierte Personalisierungssysteme eingesetzt.

- **Standardreports**

Standardreports sind ein zentrales Instrument zur Information des Managements. Im Wesentlichen handelt es sich dabei um methodisch einfache Auswertungen der deskriptiven Statistik wie Häufigkeitstabellen, Kreuztabellen, Analyse von Lage- und Streuungsparametern sowie Grundformen der Zusammenhangsanalyse.

- **OLAP**

Standardreports verfügen über kein Potential, komplexe Zusammenhänge zu untersuchen. Dies liegt unter anderem an ihren maximal zweidimensionalen Analysen. Betriebswirtschaftliche Fragestellungen lassen sich jedoch häufig erst unter Berücksichtigung mehrdimensionaler Ansätze sinnvoll beantworten. Maßgrößen wie Umsätze oder Buchungshäufigkeiten sind oftmals erst dann aussagekräftig, wenn sie in Bezug zu Kundengruppen, Leistungsträgern und Destinationen betrachtet werden. Die Aufdeckung von Wissen in umfangreichen multidimensionalen Datenquellen ermöglicht OLAP. Ein mehrdimensionaler Datenwürfel kann mit unterschiedlichen Grundfunktionen analysiert werden: *Drill down* bedeutet dabei, dass man den Detaillierungsgrad der Analyse erhöht (z. B. von Jahres- auf Quartalsebene), während man ihn bei *Roll up* verringert (z. B. von Jahresintervallen auf Zweijahresintervalle). *Rotate* zeigt eine Drehung des Würfels an, um eine gewünschte neue (Analyse-)Sicht zu zeigen. Damit gerät mindestens eine neue Dimension in den Fokus. *Slicing* bedeutet eine „Scheibe" aus dem Würfel herauszuschneiden, also eine Dimension bei der Analyse zu vernachlässigen. Beim *Dicing* werden (eine oder) mehrere Dimensionen eingeschränkt und damit eine „kleinerer" und unter Umständen „gekippter" Datenwürfel erzeugt (vgl. Codd et al. 1993). Abbildung 3.4.5 zeigt eine exemplarische OLAP-Analyse für eine Hotelkette, die den Umsatz (=Zielgröße) ihrer Hotels in verschiedenen Städten über mehrere Jahre bei verschiedenen Firmenkunden (FK) untersuchen möchte.

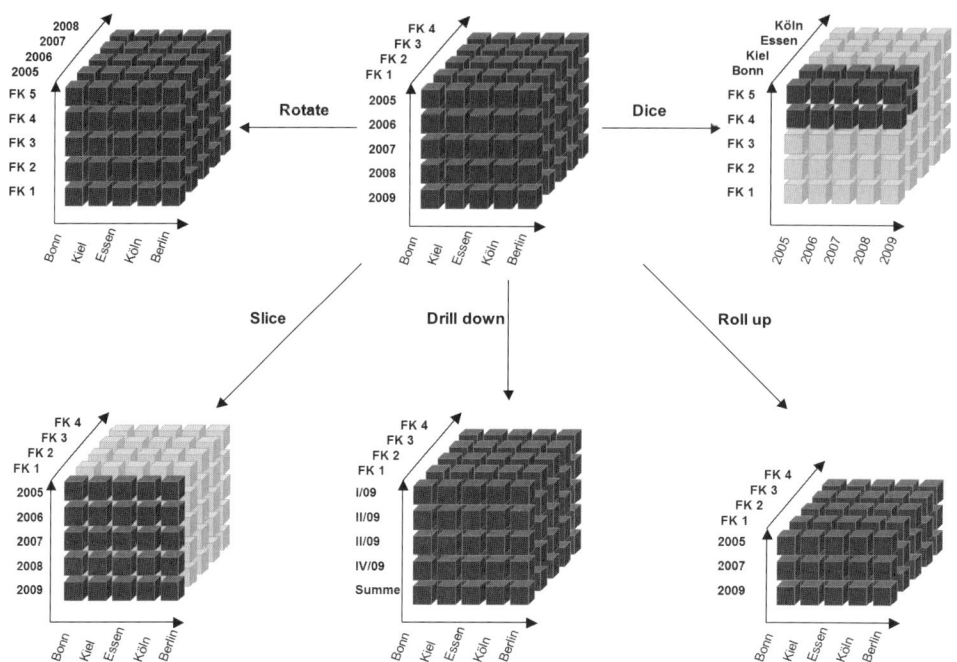

Abb. 3.4.5   Exemplarische OLAP-Analyse für eine Hotelkette

OLAP setzt allerdings voraus, dass der Anwender weiß, wonach er sucht. Unbekannte Zusammenhänge lassen sich mit diesen Verfahren kaum entdecken. Das systematische Ergründen neuer relevanter Erkenntnisse ist die Domäne der Data Mining Verfahren.

– **Data Mining und Sonderformen des Data Mining**
Im Gegensatz zur anwendergetriebenen OLAP-Analyse umfasst Data Mining den soweit wie möglich automatisierten Prozess der Extrahierung von handlungsrelevantem und bedeutsamen Wissen aus sehr umfangreichen Datenquellen (vgl. Hagedorn et al. 1997, S. 601). Hierbei kommen komplexe statistische Verfahren wie z. B. Clusteranalysen, Faktorenanalysen, Assoziationsanalysen, Entscheidungsbaumverfahren, multiple Regressionsanalysen, Künstliche Neuronale Netze, etc. zum Einsatz. Diese Verfahren werden in den drei Anwendungsbereichen des Data Mining genutzt: *Klassifikation und Prognose*, *Segmentierung* und *Abhängigkeitsentdeckung*. Data Mining ist jedoch mehr als ein statistisches Verfahren, vielmehr handelt es sich dabei um einen komplexen Analyseprozess (vgl. Chiu/Tavella 2008, S. 137ff.).

Während Data Mining vornehmlich strukturierte Datenquellen nutzt, analysieren Web Mining und Text Mining als Sonderformen des Data Mining hauptsächlich unstrukturierte bzw. schwach strukturierte Daten. *Web Mining* wendet dabei die Verfahren des Data Mining auf Datenquellen des Internets wie z. B. Logfiles, Weblogs, etc. an. Analysiert werden Inhalte von Webseiten (Web Content Mining), Seitenstrukturen (Web Structure Mining) und auch das Verhalten der Nutzer auf einer Website (Web Usage Mining) (vgl. Hippner et al. 2002). Viele Informationen von und über Kunden liegen im Unternehmen nicht in Datenbanken, sondern in Textform vor. Dies können Briefe, Faxe, E-Mails, etc. sein. *Text Mining* versucht automatisiert Wissen aus diesen wichtigen Datenquellen zu extrahieren. Ein bekanntes, wenn auch nicht unkritisches Beispiel für Text Mining im Kampagnenmanagement ist der Maildienst von Google. Hier wird in Abhängigkeit des Mailtextes passende Werbung eingeblendet. Findet der Algorithmus die Stichwörter „Urlaub" und „Paris" in der Mail, führt dies z. B. zur Einblendung von Sonderangeboten für Parisflüge.

- **Personalisierungssysteme**

Das Internet eröffnet neue Möglichkeiten der indirekten Informationsbeschaffung durch Beobachtung des Userverhaltens auf der Website. Diese Informationen werden im Data Warehouse erfasst und analysiert. Beispiele hierfür sind die bereits erwähnten Bewegungsdaten auf der Website (Clickstreams), aber auch Informationen, die der Besucher freiwillig abgibt (z. B. Interessensgebiete für einen Newsletter). Interessant sind nun Verfahren, die diese Profilinformation zur automatisierten Personalisierung des Leistungsangebots des Unternehmens nutzen. Dabei lassen sich das Content-Based Filtering sowie das Collaborative Filtering als Verfahrensklassen unterscheiden (vgl. Meier/Stromer 2007; Runte 2000). Beim *Content-Based Filtering* werden zwei Leistungen aufgrund ihrer Eigenschaften verglichen. Zwei Produkte A und B sind dann ähnlich, wenn sie viele gemeinsame Eigenschaften aufweisen. Besitzt ein Reisender eine Präferenz für das Produkt A, kann damit auf die Präferenz für das Produkt B geschlossen werden. So ein System kann z. B. für das Vorschlagswesen bei einer Reisebuchung genutzt werden: Ist die gewünschte Reise ausgebucht, wird dem Interessenten eine ähnliche Reise angeboten. Beim *Collaborative Filtering* stellt man dagegen fest, welche Nutzer A und B sich ähneln. Kennt man die Präferenz eines Nutzers A für ein Produkt, kann daraus auf die Präferenz eines ähnlichen Nutzers B für das gleiche Produkt geschlossen werden. Auch dieses Verfahren kann für eine Reiseempfehlung genutzt werden: Ähneln sich zwei Reisende A und B und ist bekannt, dass sich Reisender A für Städtereisen interessiert, so kann Reisenden B im nächsten Newsletter ebenfalls eine Städtetour angeboten werden.

- **Exemplarische analytische Anwendungsfälle**

Abschließend werden einige typische analytische Anwendungsfälle erläutert (vgl. ergänzend Kuhl/Stöber 2003). Diese können nur teilweise spezifischen Prozessen zugeordnet werden. In der Regel lösen sie Fragestellungen, die bei unterschiedlichsten Prozessen auftauchen. Grundsätzlich besitzt jeder CRM-Prozess somit auch analytische Anteile.

Neben einem Modell zur Ermittlung des Kundenwertes ist die Kundensegmentierung eine Grundvoraussetzung, um eine individualisierte und wertorientierte Kundenbeziehung aufzubauen. Sie wird potentiell in allen Prozessen benötigt, wobei je nach Problemstellung unterschiedliche Segmentierungen herangezogen werden können. Ein Beispiel für eine Kundensegmentierung wäre die Analyse des Reiseverhaltens zur Erstellung einer Kundentypologie. Diese Kundentypologie kann dann im Kampagnenmanagement genutzt werden. Auch das Interaktionsmanagement innerhalb des Multi-Channel-Managements nutzt Segmentierungen, indem Kundengruppen mit Kanalpräferenzen identifiziert werden. Ein weiteres Beispiel wären segmentsindividuelle Inhalte und Anstoßhäufigkeiten für Newsletter-Kampagnen

(z. B. häufige Promotion von Städtereisen für den „Städtereisetyp"; familienfreundliche Pauschalangebote, insbesondere im Zeitfenster der Jahresurlaubsplanung für die „junge berufstätige Familie", etc.).

Das Kundenbindungsmanagement kann durch *Cross- und Up-Selling Analysen* im Sales-Prozess unterstützt werden (vgl. Hirche 2004, S. 417). *Lost-Order Analysen* erklären, warum Kundenanfragen nicht in Buchungen transformiert werden konnten. *Sales-Cycle Analysen* helfen den Kunden gemäß seiner Phase im jeweiligen Zyklus mit den richtigen Produkten und dem richtigen Timing anzusprechen. Dem Servicebereich können durch *Beschwerdeanalysen* wertvolle Verbesserungspotentiale aufzeigt werden. *Churn Analysen* helfen Loyalitäts- und Kundenbindungsprogrammen (z. B. Vielfliegerprogramme, Kundenclubs, etc.), abwanderungsgefährdete und inaktive Kunden (Schläfer) zu identifizieren. Diese Kunden werden im Rückgewinnungsmanagement bearbeitet: Kundengruppen mit hohem Wert oder Potential versucht man zu reaktivieren, wohingegen bei Kunden mit geringem Potential keinerlei Aktivierungsmaßnahmen erfolgen.

3.4.6 Schlussbemerkungen

Der umfassende Ansatz des CRM hat sich in der touristischen Literatur noch nicht durchgesetzt. Oftmals finden nur vertriebsorientierte Komponenten Beachtung. Diese Reduktion wird dem CRM jedoch bei weitem nicht gerecht. Leider konnte an dieser Stelle nicht auf die schwierige Frage eingegangen werden, ob ein Unternehmen zur Umsetzung seiner CRM-Strategie ein autonomes CRM-System mit umfassenden Funktionalitäten oder nur ein System mit ausgewählten Funktionalitäten benötigt. Insbesondere die wachsende Bedeutung des Internetkanals mit seiner inhärenten Automatisierungstendenz wird den Tourismus um neue CRM-basierte eMarketing- und eCommerce-Strategien bereichern.

Quellen und weiterführende Literatur:

Alpar, P., Niedereichholz, J., Einführung zu Data Mining, in: Alpar, P., Niedereichholz, J. (Hrsg.), Data Mining im praktischen Einsatz - Verfahren und Anwendungsfälle für Marketing, Vertrieb, Controlling und Kundenunterstützung, Braunschweig 2000, S. 1–27

Berchtenbreiter, R., Grundlagen von Content-Management-Systemen und Ansätze ihrer Bedeutung für das CRM, in: Hippner, H., Wilde, K.D. (Hrsg.), IT-Systeme im CRM – Aufbau und Potentiale, Wiesbaden 2004, S. 209–240

Bieger, T., Management von Destinationen, 7. Aufl., München 2008

Born, K., Kundenwünsche erfüllen - unverzichtbare Voraussetzung erfolgreicher Kundenbindung, in: Bastian, H., Born, K. (Hrsg.), Der integrierte Touristikkonzern – Strategien, Erfolgsfaktoren und Aufgaben, München 2004, S. 423–445

Buttle, F., Customer Relationship Management – Concepts and Technologies, 2nd ed., Oxford 2009

Chiu, S., Tavella, D., Data Mining and Market Intelligence for Optimal Market Returns, Amsterdam et al. 2008

Codd, E. F., Codd, S.B., Salley, C.T., Providing OLAP (Online Analytical Processing) to User-Analysts - An IT Mandate, E.F. Codd & Associates, White Paper, o.O. 1993

Cornelsen, J., Kundenwertanalysen im Beziehungsmarketing: Theoretische Grundlegung und Ergebnisse einer empirischen Studie im Automobilbereich, in: Diller, H. (Hrsg.), Schriften zum Innovativen Marketing, Band 3, Nürnberg 2000

Dreyer, A., Kundenzufriedenheit und Kundenbindungs-Marketing, in: Bastian, H., Born, K., Dreyer, A. (Hrsg.), Kundenorientierung im Touristikmanagement, München 1999, S. 12–50

Englbrecht, A., Kundenwertorientiertes Kampagnenmanagement im CRM, Hamburg 2007

Freyer, W., Molina, M., Multichannel-Vertrieb: Innovatives Distributions-Management für Destinationen, in: Freyer, W., Pompl, W. (Hrsg.), Reisebüro-Management, München 2008, S. 123–133

Fux, M., Cultuzz: managing eBay as a distribution channel, in: Egger, R., Buhalis, D. (Hrsg.), etourism case studies, Amsterdam 2008, S. 164–172

Geib, M., Kooperatives Customer Relationship Management – Fallstudien und Informationssystemarchitektur in Finanzdienstleistungsnetzwerken, Wiesbaden 2006

Gronover, S., Kolbe, L.M., Österle, H., Methodisches Vorgehen zur Einführung von CRM, in: Hippner, H., Wilde, K.D. (Hrsg.), Management von CRM-Projekten, Wiesbaden 2004, S. 13–32

Gummesson, E., Relationship Marketing – The Emperor's New Clothes or a Paradigm Shift?, in: Marketing and Research Today 1997, Vol. 25, No. 1, S. 53–60

Günter, B., Helm, S., Kundenwert, Wiesbaden 2003

Hagedorn, J., Bissantz, N., Mertens, P., Data Mining (Datenmustererkennung): Stand der Forschung und Entwicklung, in: Wirtschaftsinformatik, 1997, Heft 6, S. 601–612

Hettich, S., Hippner, H., Wilde, K.D., Customer Relationship Management (CRM), in: WISU, 2000, 29. Jg., S. 1346–1366

Hippner, H., Merzenich, M., Wilde, K.D., Grundlagen des Web Mining, in: Hippner, H., Merzenich, M., Wilde, K.D. (Hrsg.), Handbuch Web Mining im Marketing, Wiesbaden 2002, S. 3–31

Hippner, H., Rentzmann, R., Wilde, K.D., Ein Vorgehensmodell zur Auswahl von CRM-Systemen, in: Hippner, H., Wilde, K.D. (Hrsg.), IT-Systeme im CRM – Aufbau und Potentiale, Wiesbaden 2004, S. 97–119

Hippner, H., Rentzmann, R., Wilde, K.D., Aufbau und Funktionalitäten von CRM-Systemen, in: Hippner, H., Wilde, K.D. (Hrsg.), Grundlagen des CRM – Konzepte und Gestaltung, 2. Aufl., Wiesbaden 2006, S. 45–74

Hippner, H., Wilde, K. D., CRM im Wandel – Entwicklungen einer IT-gestützten Unternehmensphilosophie, in: Gouthier, M., Coenen, C., Schulze, H.S., Wegmann, C. (Hrsg.), Service Excellence als Impulsgeber, Wiesbaden 2007, S. 485–501

Hirche, T., Kundenbindung im Touristikkonzern – Von der Bindung zur Beziehung, in: Bastian, H., Born, K. (Hrsg.), Der integrierte Touristikkonzern – Strategien, Erfolgsfaktoren und Aufgaben, München 2004, S. 395–421

Holloway, J.C., Marketing for Tourism, 4. Aufl., New York 2004

Homburg, C., Sieben, F.G., Customer Relationship Management (CRM) – Strategische Ausrichtung statt IT-getriebenem Aktivismus, in: Bruhn, M., Homburg, C. (Hrsg.), Handbuch Kundenbindungsmanagement, 5. Aufl., Wiesbaden 2005, S. 435–462

Kantsperger, R., Modifikation von Kundenverhalten als Kernaufgabe im CRM, in: Hippner, H., Wilde, K.D. (Hrsg.), Grundlagen des CRM – Konzepte und Gestaltung, 2. A., Wiesbaden 2006, S. 291–304*

Kotler, P., Bliemel, F. W., Marketing-Management. Analyse, Planung, Umsetzung und Steuerung, 8. A., Stuttgart 1995

Kreutzer, R.T., Database-Marketing – Erfolgsstrategien für die 90er Jahre, in: Dallmer, H. (Hrsg.), Handbuch Direct Marketing, Wiesbaden 1991, S. 623–641

Kuhl, M., Stöber, O., Data Warehousing und Customer Relationship Management als Grundlage des wertorientierten Kundenmanagements, in: Günter, B., Helm, S., Kundenwert, Wiesbaden 2003, S. 545–562

Lessmann, S., Customer Relationship Management, in: WISU, 2003, Nr. 2, S. 190–193

Link, J., Hildebrand, V., Database Marketing und Computer Aided Selling – Strategische Wettbewerbsvorteile durch neue informationstechnologische Systemkonzeptionen, München 1993

Meier, A., Stormer, H., Empfehlungssysteme, in: WISU, 2007, Nr. 11, S. 1455–1462

Merl, A., Rahmenbedingungen und Trends im Tourismus, in: Noeo Wissenschaftsmagazin, 2002, Nr. 1, S. 19–21

Minghetti, V., Building customer value in the hospitality industry: Towards the definition of a customer-centric information system, in: Information Technology & Tourism, 2003, Vol. 6, No. 2, S. 141–152

Mundt, J.W., Tourismus, 3. A., München 2006

Muther, A., Electronic Customer Care, 3. A., Berlin et al. 2001

Orth, M., Reise-Websites: Planen, buchen, reisen – alles im Internet, Vortrag im Rahmen des FVW Kongresses der Zukunft, Wiesbaden 2002, 26.09.2002

Rapp, R., Customer Relationship Management, Frankfurt/Main 2000

Reichheld, F.F., Treue Kunden müssen auch rentabel sein, in: Harvard Business Manager, 1993, 15. Jg., Nr. 3, S. 106–114

Riempp, G., Von den Grundlagen zu einer Architektur für Customer Relationship Management, St. Gallen 2003, https://extranet.iwi.unisg.ch/public/cm_web.nsf/SysWebResources/ckm_architektur/$FILE/CKM-Architektur%20CKM-Buch%2004%20GRI.pdf (Zugriff: 10.10.2009)

Runte, M., Personalisierung im Internet – Individualisierte Angebote mit Collaborative Filtering, Wiesbaden 2000

Schmidt, H., Customer Relationship Management, in: WISU, 2005, Nr. 12, S. 1517–1524

Schögel, M., Schmidt, I., Sauer, A., Multi-Channel Management im CRM – Prozessorientierung als zentrale Herausforderung, in: Hippner, H., Wilde, K.D. (Hrsg.), Management von CRM-Projekten, Wiesbaden 2004, S. 105–134

Schöler, A., Service Automation – Unterstützung der Serviceprozesse im Front- und Backoffice, in: Hippner, H., Wilde, K.D. (Hrsg.), IT-Systeme im CRM – Aufbau und Potentiale, Wiesbaden 2004, S. 373–392

Schramm, D., Wie verwaltet man Inhalte? Anforderungen an XML-basierte Content Management Systeme im Electronic Publishing, in: WiSt, 2001, Nr. 11, S. 615–620

Schuhmacher, J., Mayer, M,. Customer Relationship Management strukturiert dargestellt – Prozesse, Systeme, Technologien, Berlin u.a. 2004

Schulze, J., CRM erfolgreich einführen, Berlin u.a. 2002

Stauss, B., Perspektivenwandel: Vom Produkt-Lebenszyklus zum Kundenbeziehungs-Lebenszyklus, in: Thexis, 2000, Heft 2, S. 15–18

Stauss, B., Seidel, W., Beschwerdemanagement – Unzufriedene Kunden als profitable Zielgruppe, 4. A. München 2007

Wehrmeister, D., Customer Relationship Management – Kunden gewinnen und an das Unternehmen binden, Köln 2001

Weithöner, U., Informationssysteme und tourismuswirtschaftliche Leistungsprozesse, in: Dettmer, H. (Hrsg.), Tourismus 3 – Reiseindustrie, Stuttgart 2001, S. 173–209

Weithöner, U., Kap 6.8 Anwendungssysteme in der Tourismuswirtschaft, in: Disterer, G., Fels, F., Hausotter, A. (Hrsg.), Taschenbuch der Wirtschaftsinformatik, 2. A., München, Wien 2003, S. 711–724

Weithöner, U., Ehbrecht, O., Integrierte Informations- und Kommunikationssysteme im Touristikkonzern, in: Bastian, H., Born, K. (Hrsg.), Der integrierte Touristikkonzern, München 2004, S. 101–120

Wiesner, K.A., Strategisches Tourismusmarketing, Berlin 2006

Wilde, K.D., Hippner, H., Customer Relationship Management: Grundlagen und aktuelle Entwicklungen, in: WISU, 2008, Nr. 1, S. 105–111

Winkelmann, P., Sales Automation – Grundlagen des Computer Aided Selling, in: Hippner, H., Wilde, K.D. (Hrsg.), IT-Systeme im CRM – Aufbau und Potentiale, Wiesbaden 2004, S. 301–332

3.5 Praxisbeispiel: Webbasierte Kundenbindung am Beispiel des Thomas Cook Travelguides

Tanja Holtmeier

Vor dem Hintergrund des starken Wettbewerbs innerhalb des Dienstleistungsbereiches nimmt Kundenbindung einen immer größeren Stellenwert ein (vgl. Kap. 3.4). Auch bei Reiseveranstaltern wird Kundenbindung aufgrund des zunehmenden Wettbewerbsdrucks immer wichtiger. Für den Reiseveranstalter ist es daher nicht möglich, allein durch seine Existenz und seinen Namen Wettbewerbsvorteile zu erzielen. Er muss sich von den Mitbewerbern u.a. durch besseren Service in der Dienstleistung abheben. In diesem Zusammenhang spielt die Kundenzufriedenheit eine zentrale Rolle, denn nur zufriedene Kunden sind loyal und bleiben dem Unternehmen treu. Der Schlüssel zum Unternehmenserfolg liegt daher im Aufbau langfristiger Kundenbeziehungen.

Durch die zunehmende Nutzung neuer Marketingkanäle (z. B. Internet, Mobiltelefon; vgl. Wirtz, Defren 2007, S. 9) gewinnt das Multi-Channel-Management an Bedeutung. Multi-Channel-Management umfasst die Verwaltung und Abstimmung aller Kanäle zu Kunden und Interessenten (vgl. Kap. 3.2). Ein wesentlicher Anspruch der Thomas Cook AG ist es daher, ihre Produkte sowohl über den traditionellen stationären Vertrieb als auch über den innovativen Kanal Internet zu vertreiben. Der Thomas Cook Travelguide ist eine personalisierte Website, den sowohl Reisebüro-Kunden als auch Online-Kunden angeboten bekommen, und der somit beide Kanäle miteinander verbindet.

3.5.1 Zielsetzungen

Aufbauend auf eine veränderte Marketingstrategie im Jahre 2005 konzentrierte sich die Abteilung E-Commerce der Thomas Cook AG darauf, neue Möglichkeiten innerhalb der Absatzwirtschaft zu generieren. Gesucht wurde eine Maßnahme zur Steigerung der Kundenbindung nach Reisebuchung, unterstützt durch den Einsatz des Internets.

Der Travelguide ist für alle Thomas Cook Websites (das sind www.thomascook-reisen.de, www.thomascook.de, www.bucher.de, www.neckermann.de, www.neckermann-reisen.de, www.urlaub.de, www.karstadt.de) identisch aufgebaut, lediglich Logo und Design entsprechen den Farben der jeweiligen Reisemarke. Da es sich um einen personalisierten und kostenfreien Service handelt, ist das Erreichen der Seite nur mittels Login, der E-Mail-Adresse und des bei der Reisebestätigung vergebenen Passwortes möglich. Nach erfolgreicher Online-Buchung erhält der Nutzer seine Buchungsbestätigung sowie eine E-Mail mit seinen Travelguide Zugangsdaten. Seit Juni 2008 bekommen auch Kunden des stationären Vertriebs den personalisierten Service in leicht veränderter Form. Der Travelguide begleitet den Kunden von dem Moment der Buchung an über den Reisezeitraum hinweg bis zu vier Wochen nach Reiserückkehr.

Fokus des Travelguides ist primär das Informieren rund um die Urlaubsreise. Die Wartezeit bis zum Reiseantritt wird mit Tipps und Hinweisen zu dem Zielgebiet verkürzt und weckt gleichzeitig Neugierde auf das bevorstehende Urlaubsland. Alle Highlights, Sehenswürdigkeiten, Feste und Events, die vor Ort stattfinden, werden dem Urlauber bereits vor Abreise nahegebracht. Ein kostenloser Reiseführer sowie das Versenden von E-Cards stehen exklusiv den Travelguide-Nutzern zur Verfügung.

Auch das Cross-Selling-Potential wird genutzt. Möchte der Kunde z. B. noch einen Mietwagen vor Abreise buchen, sind seine Reisedaten bereits in der Suchanfrage im Travelguide erfasst. Durch die vorbelegten Parameter profitiert der Kunde und erhält zeitsparende Vorteile bei der Suchanfrage. Hinzugebuchte Bausteine werden direkt nach der Buchung integriert und beim nächsten Seitenaufruf werden keine Angebote mehr aus dieser Kategorie unterbreitet. Dieses „Mitdenken" stellt einen weiteren Mehrwert und folglich auch ein Element der Kundenbindung dar.

Des Weiteren kann der Urlauber nach Reiserückkehr sein Hotel im Travelguide bewerten. Seine Meinung wird dann auf der Website veröffentlicht. Durch diese Veröffentlichungen entsteht ein großer Bewertungspool, den auch potenzielle Kunden wahrnehmen.

3.5.2 Darstellung des Systems

Die Startseite des Travelguides ist immer identisch aufgebaut, jedoch verändert sich der Content, der informative elektronische Inhalt, abhängig vom Abreisetermin, d.h. Text, Bild und Teaser werden ausgetauscht und dem jeweiligen Zeitpunkt angepasst. Ein Teaser stellt eine Art von Appetitmacher dar und gibt dem Nutzer einen Vorgeschmack auf das beworbene Produkt. Er versucht, durch Bilder oder Animationen neugierig zu machen, um zu bewirken, dass der Nutzer den beigefügten Link anklickt.

Der Travelguide ist in folgende Reiter/Module unterteilt, vgl. Abbildung 3.5.1:

- Aktuelles,
- Meine Reise,
- Mein Urlaubsland,
- Tipps vor Ort,
- Service,
- Angebote für Sie,
- fallweise: Mein Reiseshop.

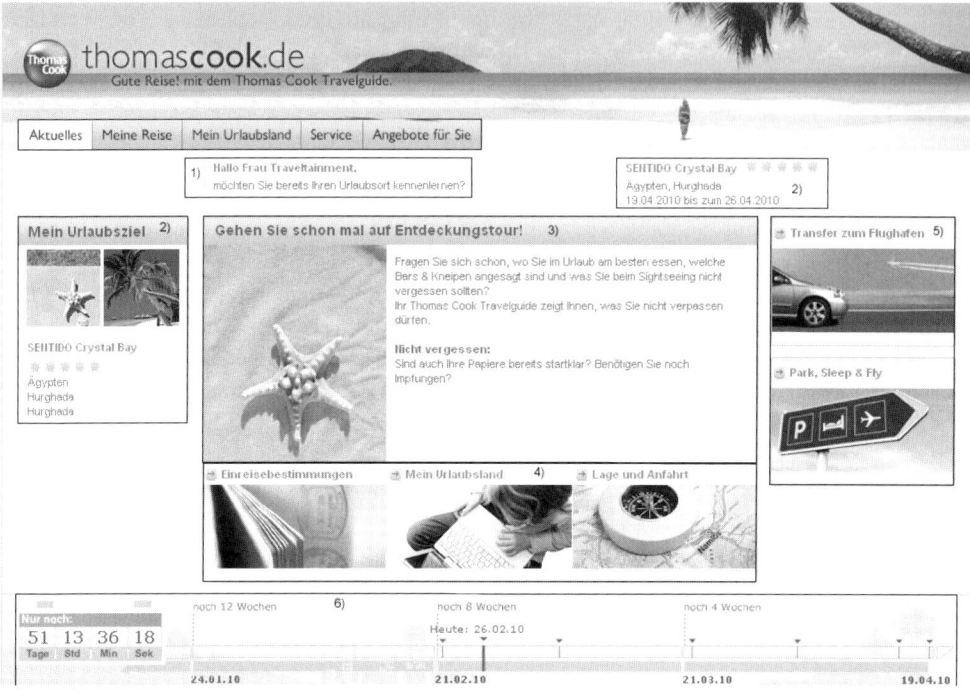

Abb. 3.5.1   *Startseite des thomascook.de Travelguides (Stand April 2009)*

Durch die persönliche Begrüßung auf der Startseite, anhand direkter Ansprache – (1) in Abb. 3.5.1 – und einer Kurzübersicht über das gebuchte Hotel (2), wird der Kunde noch einmal in seiner Buchungsentscheidung bestätigt und gleichzeitig ein positives Gefühl der persönlichen Betreuung vermittelt. Der Content-Bereich (3) sowie die Service-Teaser (4) verändern sich und weisen je nach Zeitpunkt auf verschiedene Inhalte hin. Die Angebots-Teaser (5) werben für Zusatzprodukte und bleiben den gesamten Zeitraum über bestehen. Die Flashleiste (6) mit integrierten „Meilensteinen" zählt den Countdown bis zum Reisebeginn.

Abhängig vom Abreisetermin passen sich die integrierten Hinweisfelder in der Flashleiste den jeweiligen Meilensteinen an. Bei einem Mouse-Over über den gesetzten Meilenstein wird der verknüpfte Service angezeigt. So wird der Kunde an die erforderlichen Papiere, Impfungen und an die Möglichkeit, eine Checkliste zu erstellen, erinnert. Diese Dienste unterstützen den Kunden, seine Urlaubsvorbereitungen in Ruhe zu planen, und so nicht Gefahr zu laufen, etwas zu vergessen. Außerdem kann der Kunde jederzeit auf die aktuellen Wetterdaten seines Zielgebietes zugreifen. Das folgende Diagramm zeigt einen Überblick über den Inhalt.

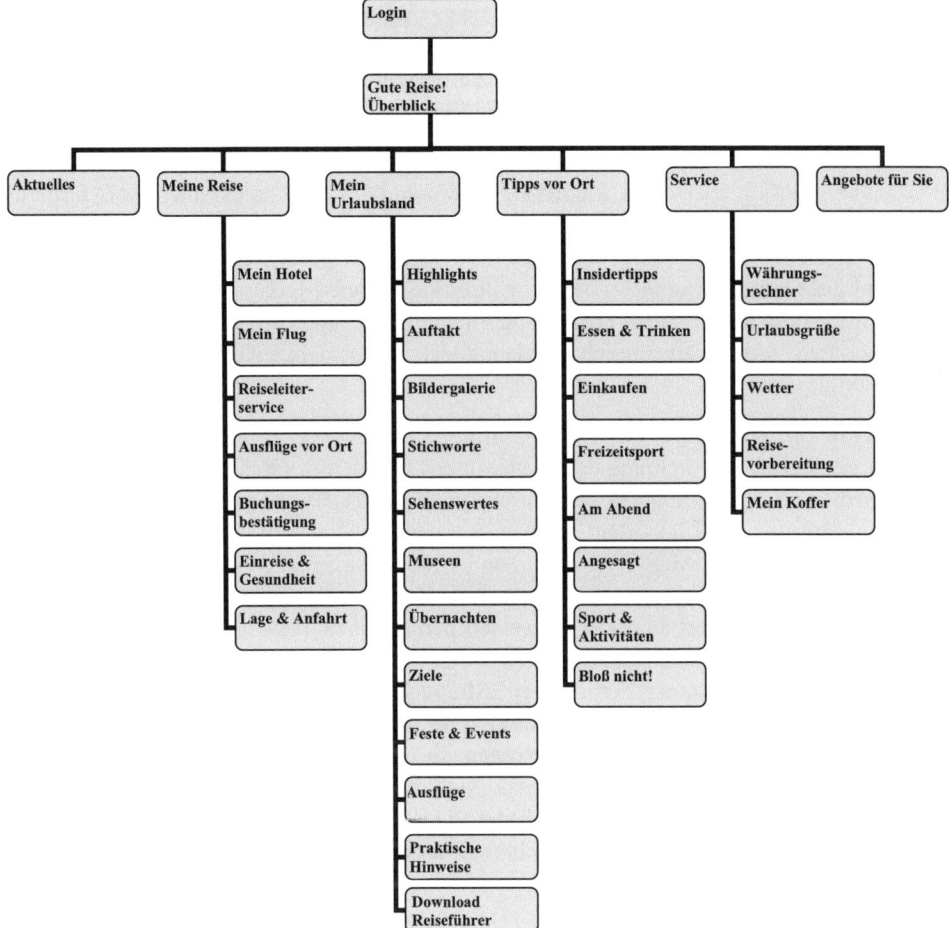

Abb. 3.5.2   Beispieldarstellung der Contentstruktur des Travelguides (Stand April 2009)

3.5.3   Erfahrungen und Weiterentwicklungen

Die Thomas Cook AG ist bis dato der einzige Reiseveranstalter, der eine derartige Kundenbetreuung vorweist. Zeitgleich erschließen sich dank der erstmals entwickelten Plattform neue Möglichkeiten, mit dem Kunden vor, während und auch nach der Reise in Kontakt zu treten. Der Travelguide passt sich bezüglich Navigation, Design, Layout und Logo der gebuchten Reisemarke an, so dass ein Wiedererkennungseffekt erzeugt wird und die Reisemarken der Thomas Cook AG mehr in das Bewusstsein der Kunden gelangen.

Ferner wurde der Content des Travelguides zielgruppenspezifisch umgesetzt, da diverse Informationen in Bezug auf die gebuchte Reise in einem einzigen Tool zusammengefasst zur

Verfügung stehen. Der Travelguide bekräftigt den Urlauber in seiner Buchungsentscheidung. Zusätzlich betreut und berät er den Kunden exklusiv. Um die Zufriedenheit der Kunden zu erfahren, wurde im Frühjahr 2008 eine Online-Befragung durchgeführt. Mehrfach wurde der „tolle Service" als positiv bewertet und auf die Reisemarke reflektiert.

In diesem Zusammenhang wird auch die Bedeutung des Internets als Online-Kommunikationskanal ersichtlich, da es hilft, kurzfristig umfassende Informationen über die Erfordernisse und Bedürfnisse der potenziellen Nachfrager sowie über die auf dem Markt existierenden Alternativen zu gewinnen. Weitere Vorteile sind die Möglichkeit, der multimedialen Interaktivität und die Chance, ein kundenindividuelles One-to-One-Marketing zu nutzen. Aufgrund des hohen Zuspruchs wurde der Travelguide im Juni 2008 auch als erstes Online-Instrument dem stationären Vertrieb zugänglich gemacht. Doch wie beziehen Kunden aus dem Reisebüro einen Online-Service?

Travelguide für stationäre Reisebüro-Kunden: Der Kunde erhält die Buchungsbestätigung mit einer Kurzbeschreibung des Travelguides und dem Link zur Anmeldung entweder vom Expedienten des Reisebüros oder direkt vom Reservierungssystem der Thomas Cook AG. Nach Aufrufen des Links trägt der Kunde seinen Nachnamen, seine Reiseauftragsnummer und seine aktuelle E-Mail-Adresse ein und erhält dann seine persönlichen Zugangsdaten direkt an seinen eingegebenen E-Mail-Account. Der Kunde meldet sich anschließend mit dem zugesandten Passwort an und kann seinen persönlichen Travelguide sofort nutzen. Um die Verbindung zum Reisebüro zu halten, werden die Angaben des Reisebüros (Name, Adresse, Telefon, E-Mail) unter dem Reiter „Meine Reise" integriert. Buchungsänderungen (z. B. Hotelwechsel, Änderungen des Reiseziels/-zeitraums, Flugänderungen) der stationären Kunden werden in den Travelguide übertragen, so dass immer die aktuelle Reise angezeigt wird. Stornierungen einer Reise sowie das Nichtnutzen des Travelguides bis Reiseantritt führen zur Löschung. Nach Rückkehr wird der Reisebüro-Kunde ebenfalls durch eine E-Mail darauf hingewiesen, dass er für sein besuchtes Hotel eine Bewertung abgeben kann.

3.5 Praxisbeispiel: Webbasierte Kundenbindung mit Thomas Cook Travelguides

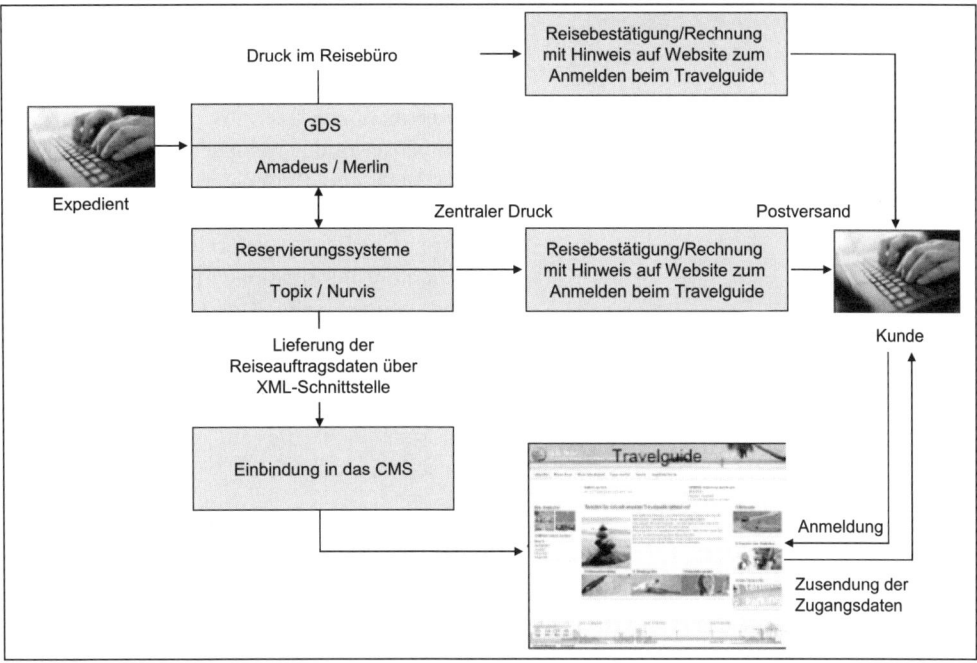

Abb. 3.5.3   Generierung des Travelguides für den stationären Vertrieb

Der Kunde erhält die Buchungsbestätigung mit der Beschreibung des Travelguides entweder vom Expedienten des Reisebüros oder direkt vom Reservierungssystem der Thomas Cook AG. Über eine automatische, elektronische Schnittstelle werden die Reiseauftragsdaten vom hauseigenen Reservierungssystem (Topix/Nurvis) in das Content Management System (CMS) des Web-Dienstleisters geliefert, so dass ein Travelguide generiert werden kann. Nachdem der Kunde sich, wie oben bereits beschrieben, erfolgreich angemeldet hat, erhält dieser seine Zugangsdaten zum Travelguide.

Damit der Travelguide als Instrument der Kundenbindung wettbewerbsfähig bleibt, ist eine stetige Orientierung des Reiseveranstalters an den Bedürfnissen des Kunden unumgänglich. Neben einer guten Kundenbindung ist die regelmäßige Beobachtung der Konkurrenzprodukte und der neuen technologischen Entwicklung wichtig. Im Rahmen dessen gewinnt auch der mobile Kanal immer mehr an Bedeutung, so dass der erste **„Travelguide mobile"** in Planung ist (vgl. Abb. 3.5.4). Mit dem Travelguide mobile soll eine eigenständige, mobile Website geschaffen werden, die aktiv eine hohe Bandbreite der Bedürfnisse bei der „Reisevorbereitung" und „auf der Reise" in gebündelter Form abdeckt und sich als neues Bindeglied in den Customer Buying Cycle während der Phasen Vorbereiten, Reisen und Erinnern einfügt. Informationsbeschaffung und -management sowie die direkte Peer-to-Peer-Kommunikation werden dabei ins Zentrum gerückt und mit Ubiquitätsmerkmalen (Orientierung und Lokalisierung) verknüpft. Über diesen Kern hinaus sollen weitere Absatzmöglichkeiten und virale Marketing-Kontaktpunkte entstehen (vgl. auch Kap. 5.7).

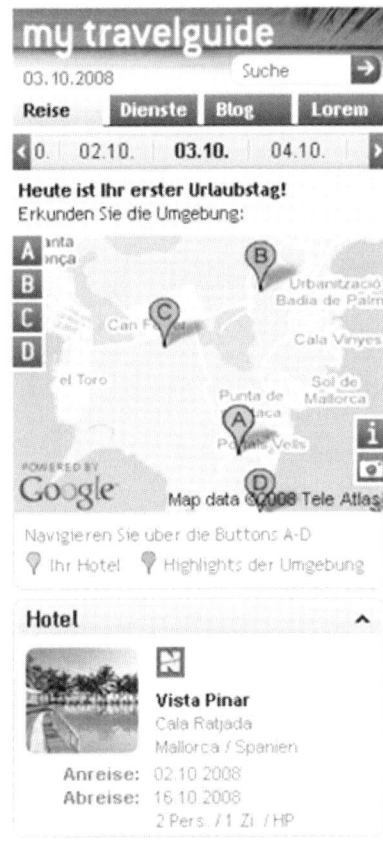

Abb. 3.5.4 Travelguide mobile

Nach der Buchung bekommt der Kunde die Möglichkeit, seine Reisedaten auch im mobilen Internet abzurufen. Darüber hinaus werden ihm nützliche Informationen wie z. B. Taxizentralen oder Krankenhäuser in der Nähe seines Aufenthaltsortes angezeigt. Die Reisedaten werden unter der Rubrik „Reise" permanent unterhalb der Karte angezeigt. Über eine vertikale Reiternavigation lassen sich die Informationen platzsparend anzeigen und können schnell per Klick eingesehen werden. Der Kunde wird anhand des Travelguide mobile in die Vorbereitungen seiner Reise involviert. Es besteht die Möglichkeit, einen Großteil der Informationen, die auf der Reise genutzt werden sollen, einzurichten:

- Persönliche Daten
- Freunde und Bekannte, die Einsicht in den Blog bekommen sollen
- Informationsdienste und eigene Feeds.

Angedacht ist auch, dass die OVI (Orte von Interesse) des Kunden im Travelguide mobile gemerkt werden und dann zu Routen zusammengestellt werden können.

Unter dem Navigationspunkt „Dienste" wird auch der „Reisesafe" zu finden sein. Darin kann der Nutzer beliebig viele persönliche Daten wie z. B. Personalausweisnummer, Reisepass-ID oder Bankdaten abspeichern, damit diese – falls sie verloren gehen – zur Verfügung stehen. Die Sicherheit beim Travelguide mobile wird durch eine technisch geschützte Datenübertragung gewährleistet. Zusätzlich wird der Zugang zu den Daten bei jedem Aufruf des Reisesafes erst über eine vom Nutzer im Web festgelegte PIN möglich.

Der Travelguide mobile verwandelt das Mobiltelefon in einen intelligenten Reisebegleiter. Unter anderem lassen sich zugesteuerte oder eigene Ziele suchen, merken und zu einer eigenen Sightseeing-Tour zusammenstellen. Dies kann im Vorfeld sowohl im stationären Travelguide als auch mobil über die Suche erfolgen. Gemerkte OVI werden in den Tageskalender eingetragen. Zusätzlich werden eigene Zusatzangebote wie Veranstaltungen oder touristische Zusatzleistungen, z. B. Stadtrundfahrten, in die Suche und somit in die Kartenansicht integriert oder werden direkt über den Teaser unterhalb der Tageskalenderleiste sichtbar. Der hohe Grad der Personalisierungs- und Upselling-Möglichkeiten sind bei diesem Service von hoher Bedeutung.

Informationen für unterwegs sind derzeit die meist genutzten Dienste im Mobilfunk. Aktuelle Nachrichten, Wetter oder Sport-News stellen dabei den größten Anteil dar. Die Häufigkeit der Nutzung zeigt die Relevanz dieser Informationsdienste deutlich auf, z. B. die häufige Nutzung entgeltlicher SMS-Feeds. Kunden des Travelguide mobile wird es ermöglicht, diese Services kostenlos zu beziehen. Die dafür notwendigen Informationen werden über Content-Kooperationen bereitgestellt und als RSS-Feeds eingebunden.[1] Es fallen lediglich die Datentransfergebühren an, die durch das mobile Surfen entstehen. Die Kosten werden dahingehend optimiert, dass beim Aufruf der Seite alle Feeds geladen und in der Website zwischengespeichert werden. Zum Anfang bilden aktuelle Nachrichten aus Politik, Wirtschaft und Kultur, Wetterinformationen und Sportnachrichten das Grundgerüst. Der Kunde kann aber über den stationären Travelguide zusätzlich eigene Feeds einbinden.

Der Thomas Cook AG ist es damit als erstes Reiseunternehmen gelungen, einen personalisierten Service über alle relevanten Kanäle hinweg zur Verfügung zu stellen. Sie folgt damit den Bedürfnissen der Kunden.

Quellen und weiterführende Literatur:

Alby, T., WEB 2.0 Konzepte, Anwendungen, Technologie, München, Wien 2008

Wirtz, B., Defren, T., Akteursbeziehungen, Konflikte und Lösungsansätze im Multi-Channel-Marketing, in: Wirtz, B. (Hrsg.): Handbuch Multi-Channel-Marketing, 1. Aufl., Wiesbaden 2007

---

[1] Zu RSS-Feeds und weiteren Web 2.0-Technologien vgl. Alby, 2008.

3.6 E-Learning im Tourismus

Ulrike Wilms

E-Learning bietet für die betriebliche Aus- und Weiterbildung unzählige Chancen und Potenziale. Doch bedarf es eines umfassenden Konzeptes für den Einsatz von E-Learning im Unternehmen, das sowohl die technologischen Anforderungen, wie auch die Bedürfnisse der Lernenden einbindet. Erst langsam werden Konzepte und Programme entwickelt, die all diesen Anforderungen gerecht werden. Zu berücksichtigen sind dabei auch technologische Innovationen, die zwar großes Potenzial mitbringen, doch den Nutzer leicht überfordern können. Vor diesem Hintergrund ist es für Unternehmen zunehmend wichtiger, eine ganzheitliche Strategie im Umgang mit Information, Kommunikation und Wissen zu entwickeln. E-Learning bietet die Möglichkeit, alle Ebenen zu vereinen, ohne den Nutzer und seine individuellen Bedürfnisse außer Acht zu lassen.

Eine einheitliche Definition und Abgrenzungen der Begrifflichkeiten *E-Learning* oder auch das *computerbasierte Lernen* genannt, fehlen bisher. Im weiteren Sinne gehören zum E-Learning alle Bereiche des computerbasierten Lernens, deren Inhalt und die dabei eingesetzte Software speziell zu Lernzwecken konzipiert bzw. eingesetzt wurden bzw. werden. E-Learning beschreibt einen Lernprozess, der in einer mit elektronischen Medien gestalteten Umgebung stattfindet. Dies kann On- oder Offline geschehen. Daher zählen sowohl Lernportale, die ausschließlich online zur Verfügung stehen und oftmals die Interaktion des Lernenden verlangen, wie auch offline betriebene Anwendungen, wie z. B. eine Computersimulation, zum E-Learning.

Im Jahre 2008 setzten laut einer Studie des Bundesministeriums für Wirtschaft und Technologie rund 21 % der klein- und mittelständigen Unternehmen in Deutschland E-Learning im Bereich Weiterbildung ein. Die Ergebnisse dieser Studie zeigen für die kommenden Jahre ein großes Ausbaupotenzial auf. Sowohl die Unternehmen, die noch keine Weiterbildung mit Hilfe von E-Learning betreiben, als auch Unternehmen, die bereits E-Learning implementiert haben, planen dies weiter auszubauen. Denn ist die Implementierung des computergestützten Lernens einmal gelungen, so stehen einer Verbreitung entsprechender Lern- und Weiterbildungsformen wenige Hindernisse im Weg. Nutzten im Jahre 1999 nur 3,4 Mill. Nutzer E-Learning zur betrieblichen Weiterbildung, wuchs diese Zahl bis zum Jahr 2007 auf 9,6 Mill. Nutzer. Besonders von großen Unternehmen mit 500 bis 1000 Mitarbeitern wird E-Learning im Unternehmen eingesetzt. Dabei fällt auf, dass besonders in der Dienstleistungsindustrie der Einsatz von computergestützten Lernformen weit verbreitet ist. Hier hat bereits jedes dritte Unternehmen E-Learning implementiert. In den touristischen Unternehmen wird E-Learning vor allem zur innerbetrieblichen Weiterbildung in Kombination mit Präsenzveranstaltungen genutzt. Vor allem im Bereich Vertrieb wird E-Learning z. B. für die Schulung von betriebsexterne Programmen eingesetzt.

3.6.1 Grundlagen des E-Learning

Ein großer Vorteil des E-Learning wird im individualisierten Lernprozess gesehen. Dieser ermöglicht sowohl eine zeitliche und räumliche Unabhängigkeit als auch Flexibilität des Lernens. Der Lernende kann das E-Learning-Angebot genau dort nutzen, wo er sich gerade aufhält und kann dabei seine Lerngewohnheiten beibehalten. Dabei muss er sich an keine Vorlesungs- oder Schulungszeiten halten. Der Lernende bestimmt selber, in welchem Tempo er lernt, wann er seine Pausen macht und vor allem wie er das Angebot nutzt. Dies war bei klassischen Weiterbildungsangeboten nie der Fall. Daher wird sogar von der Revolution des Lernens durch E-Learning gesprochen.

Allerdings stellen diese neuen Formen der Wissens- und Informationsvermittlung den Lernenden vor höhere Anforderungen als die bisherigen Lernformen. Daher ist der Einbezug wichtiger Erkenntnisse aus Lernpsychologie, Pädagogik und Didaktik gerade bei E-Learning unerlässlich. Um bei E-Learning-Lernprozesse anzuregen, bedarf es einer methodischen und didaktischen Aufbereitung des zu vermittelnden Inhalts.

E-Learning wird vor allem in der Weiterbildung angewendet. Die Einsatzgebiete sind ebenso vielfältig, wie die Arten mit denen E-Learning ausgeübt werden kann. Zum Großteil wird E-Learning bei der Schulung von IT-Anwendungen eingesetzt, gefolgt von Produktschulungen, sowie Fremdsprachen und Qualitätssicherung. Auch Soft Skills, wie Verhandlungstechniken, kommunikative Kompetenzen oder Teamfähigkeit werden immer häufiger Thema von E-Learning Angeboten. E-Learning kann in verschiedenen Formen eingesetzt werden. Üblicherweise unterscheidet man E-Learning-Programme auf der technischen Seite nach *Computer Based Training* (CBT) und *Web Based Training* (WBT).

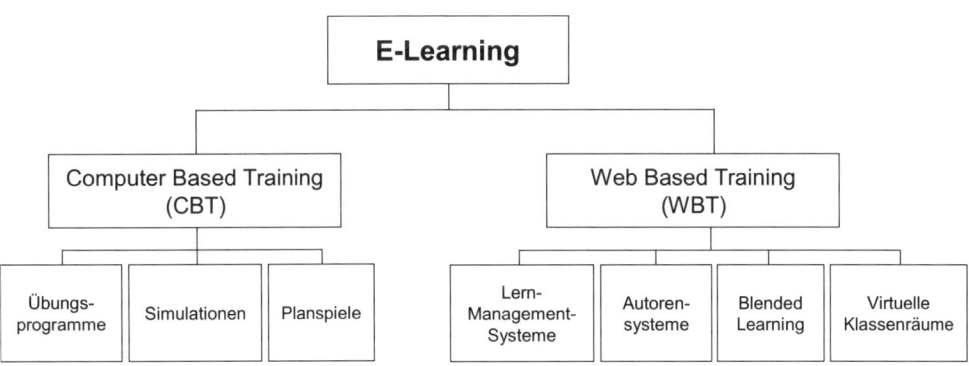

Abb. 3.6.1   Formen des E-Learning

- **Computer Based Training**

Computer Based Training entwickelte sich Mitte der 1990er Jahre aus dem Ansatz, neue Technologien in die Lernprozesse zu integrieren. Dies erfolgt bei den CBT E-Learning-Formen offline. CBT Programme sind meist ausgestattet mit vielen Grafikanimationen und werden auf Datenträgern verbreitet. Sie sind starr und ohne Kommunikation zwischen Lernenden und Lehrenden bzw. den Lernenden untereinander. Die Integration vieler Grafikanimationen soll den Mangel ausgleichen, dass die Inhalte dieser Lernprogramme fest vorgegeben sind und damit Aktualität, Erfahrungsaustausch und Praxisanwendungen keine Rolle spielen. Der Vorteil des CBT besteht darin, dass die Lernenden den Lernprozess völlig selbst steuern. Zu CBT gehören *Übungsprogramme*, *Simulationen* und *Planspiele*.

– Übungsprogramme

Die am weitesten verbreitete E-Learning-Form ist das Übungsprogramm. Bei diesen Programmen wird zuvor vermitteltes Wissen überprüft und getestet. Auch unter dem Namen *Drill & Practice Software* bekannt, konzentrieren sich diese Programme auf das Einprägen von Grundlagenwissen. Häufig eingesetzt werden diese Programme innerhalb von Sprachkursen zum Einüben und Festigen von Vokabeln und Grammatikregeln oder aber innerhalb von Mathematik- und Buchhaltungskursen mit objektivistischen Lerninhalten. Übungsprogramme können dabei eigenständig auftreten oder in einem anderen E-Learning-Programm integriert sein. In ihrer Gestaltung unterscheiden sich die Übungssysteme darin, inwieweit sie dem Lernenden Hilfestellungen oder Rückmeldung über das Ergebnis geben. Dies kann während der Aufgabenstellungen erfolgen oder nach Eingabe der Lösung und Präsentation des Ergebnisses.

– Simulationen

Simulationen sind Programme, welche ein Abbild der Realität darstellen, mit dem Ziel, dem Lernenden durch eigenes Erleben oder Beobachten, das Wissen über komplexe Sachverhalte zu vermitteln. Komplizierte Vorgänge und Prozesse der Wirklichkeit können so vereinfacht und auf das Wesentliche reduziert dargestellt werden, besonders dann, wenn Realexperimente zu teuer oder zu gefährlich sind. Eingesetzt werden Simulationen beispielsweise in der Pilotenausbildung. Hier gibt es eine Vielzahl von Flugsimulationen, die den Lernenden mit den unterschiedlichsten Situationen im Luftverkehr vertraut machen, und gegebenenfalls auf Extremsituationen vorbereiten sollen. Jeder Pilot muß jedes Jahr ein Pflichtpensum im Simulator absolvieren. Simulatorflüge sind u.a. auch Grundlage zur Bewertung der Flugtauglichkeit der Piloten. Auch für das übrige fliegende Bordpersonal gibt es zahlreiche PC-gestützte Simulationen, mit denen man zahlreiche Vorschriften, Verhaltensregeln und Prozeduren gemeinsam oder im Team lernen und trainieren kann

– Planspiele

Planspiele sind eine weiterentwickelte Form von Simulationen. Der Unterschied besteht darin, dass bei Planspielen die Interaktion mit anderen Teilnehmern, sowie gemeinsame Entscheidung zwingend notwendig sind. Sie sind abstrakte Modelle der Realität, die versuchen spezifische Sachverhalte in spielerischen Simulationen abzubilden. Die Teilnehmer lernen durch experimentelles und spielerisches Lernen theoretisch gelerntes Wissen praxisnah umzusetzen, ohne dabei weitreichende, reale Konsequenzen verantworten zu müssen. Thematisch behandeln Planspiele meist die Führung von Unternehmen. Dabei werden unternehmerische Entscheidungszusammenhänge simuliert. Der Ablauf von solchen Unternehmensplanspielen besteht aus mehreren aufeinander aufbauenden Spielrunden. Die Spieler werden dabei zu Beginn des Planspiels mit der Ausgangssituation und dem Spielauftrag vertraut gemacht. Das Ziel der jeweiligen Planspiele bestimmt zu großen Teilen die Interaktion sowie Aktion der Teilnehmer. Die verschiedenen Gruppen befinden sich in Konkurrenz zueinander. Nicht nur die eigenen Handlungen müssen geplant und analysiert werden, auch die Analyse der Situation der Konkurrenz spielt eine Rolle. Die Entscheidungen, die die Spieler innerhalb der Spielrunden treffen, werden von der Planspiel Software durchgerechnet und dargestellt. Die Spieler erhalten somit umgehend die Ergebnisse ihrer Entscheidungen und können diese im weiteren Spielverlauf im Hinblick auf die Zielerreichung berücksichtigen. Dadurch wird speziell das vernetzte und strategische Denken gefördert.

- **Web Based Training**

Web Based Training sind eine Weiterentwicklung des CBT. Das WBT ist im Gegensatz zum CBT online im Internet, Extranet oder Intranet verfügbar. Hier ist das E-Learning-Programm auf einem Server installiert, was eine Erweiterung der Funktionen zulässt, wie beispielsweise durch Chat, Nachrichtendienste oder Foren. Somit besteht bei WBT die Möglichkeit des Austausches und der Kommunikation der Teilnehmer untereinander. Mit zunehmender Weiterentwicklung der E-Learning-Programme verschmelzen die Grenzen zwischen WBT und CBT zunehmend. So kann auch ein ehemaliges CBT-Programm heute zu den WBT-Programmen gezählt werden, wenn es nun auch online verfügbar ist und um Kommunikationsfunktionen erweitert wurde. Zu WBT gehören *Lern-Management Systeme*, *Autorensysteme*, *Blended Learning* und *Virtuelle Klassenräume*.

– Autorensysteme

Mit der Hilfe von Autorensystemen ist es möglich, Lerninhalte multimedial und didaktisch aufzubereiten, ohne dabei große Kenntnisse des Programmierens vorauszusetzen. Das Autorensystem ermöglicht es den Lehrenden sich auf ihre eigentliche Tätigkeit zu konzentrieren. Das Ziel dabei ist, bei der Erstellung von webbasierten Lerninhalten zu helfen, ohne dass der Lehrende die komplexen Auszeichnungssprachen, wie HTML oder XML, beherrschen muss. Die Eingabeoberfläche ist sehr einfach gehalten. Mit Hilfe sogenannter WYSIWYG (What you see is what you get) -Editoren ist die Eingabe auch technisch nicht versierten Lehrenden ohne Probleme möglich. Diese erstellten Lerninhalte können dann in das eigentliche E-Learning Programm integriert werden. Wichtig bei der Integration ist die Kompatibilität der Programme, was eine Normierung dringend notwendig macht. Diese Programme sind zwar sehr benutzerfreundlich, doch wird dadurch die Leistungsfähigkeit eingeschränkt, da sich die Programme meist nur auf dem kleinsten gemeinsamen Nenner treffen. Ein großer Vorteil der Autorensysteme ist, neben der einfachen Erstellung von Lerninhalten, dass nach erfolgreicher Integration in das eigentliche E-Learning Programm, der Autorenteil ausgeblendet wird und der Lernende lediglich die Präsentationskomponente zu sehen bekommt.

– Lern-Management Systeme

Lern-Management Systeme (LMS), auch virtuelle Lern- und Kommunikationsplattformen genannt, sind webbasierte Programme, die die Bereitstellung und Nutzung von Lerninhalten unterstützen, sowie die Kommunikation unter den Nutzern der Lernplattform ermöglichen. Die Software dieser Lern-Management Systeme ist auf einem Webserver installiert und bildet zumeist den technischen Kern dieser komplexen Lernumgebung. Zur Nutzung wird lediglich eine Internetverbindung und ein normaler Webbrowser wie der Internet Explorer oder Firefox benötigt. Über das LMS werden individuelle und kollaborative Lernprozesse geplant und abgewickelt, Lerninhalte verteilt und das Wissen aus Praxisprojekten gebündelt und weiter entwickelt. Ebenfalls ist es möglich über das LMS die Kurse sowie Teilnehmer zu verwalten, sie zu benoten und ihre Ergebnisse zu dokumentieren. Innerhalb der Kurse können für verschiedene Teilnehmer unterschiedliche Rechte und Rollen vergeben werden.

- Blended Learning

Blended Learning ist ein Lehr-/Lernkonzept, das eine didaktisch sinnvolle Verknüpfung von Präsenzveranstaltungen mit virtuellem Lernen auf Basis neuer Informations- und Kommunikationsmedien (d.h. heute überwiegend mit Web-based Learning/Training) kombiniert. Die Grundidee sieht dabei vor, dass sich Präsenzveranstaltungen und Online Angebote gegenseitig unterstützen und aufeinander aufbauen. Man vereint die Vorteile beider Lehr- und Lernformen zu einer optimierten Form. Entstanden ist das Konzept aus der Erkenntnis, dass E-Learning allein die traditionellen Weiterbildungsangebote im Unternehmen nicht ersetzen kann.

Eine Möglichkeit des Einsatzes von Blended Learning ist die Kombination von Präsenzveranstaltungen, wie Seminaren oder Konferenzen, mit einem Lern-Management-System, wie z. B. dem Open Source Lern-Management-System Moodle. Innerhalb dieses Lern-Management-Systems lernen die Teilnehmer durch Einsatz verschiedener Medien – Foren, Chat, Wiki, Blog, etc. – in unterschiedlichen Lernsituationen. Diese Lernsituationen können Trainer – Lerner, Lerner – Lerner oder Team-Lernsituationen sein. Es können alle Medien- und Lernformen miteinander kombiniert werden. Dies sorgt nicht nur für Abwechslung unter den Lernenden, sondern unterstützt auch die Individualisierung des Lernprozesses. Idealerweise beginnt ein solches Blended-Learning-Konzept mit einer einführenden Präsenzveranstaltung, bei der die Teilnehmer in das Thema eingeführt werden, die Erwartungen und Ziele der Weiterbildung abgestimmt werden, sowie mit dem Lernsystem vertraut gemacht werden. Durch diese einführende Veranstaltung wird eine einheitliche Ausgangsbasis aller Teilnehmer geschaffen, u.a. im Umgang mit dem Lern-Management-System. Nach dieser Präsenzveranstaltung folgt eine E-Learning-Phase, in der die Teilnehmer online innerhalb ihres Moodle Kurses lernen. Dies kann beispielsweise durch die Bereitstellung von Arbeitsmaterialien, Abfrage des Gelernten durch einen Test, Diskussionen zu verschiedenen Themen innerhalb eines Forums, die Erarbeitung von Fallstudien oder die Erstellung eines Glossars durch die Teilnehmer, erfolgen. Diese Aufgaben und Tests können dabei auch bewertet werden. Nach dieser E-Learning-Phase, die in einem zeitlichen Rahmen von etwa vier Wochen liegen sollte, folgt wiederum eine Präsenzveranstaltung, in der neues Wissen vermittelt und die Inhalte und Themen der E-Learning-Phase vertieft und gefestigt werden. Den Teilnehmern sollte zudem Zeit für Fragen zu den während der E-Learning-Phase behandelten Aufgaben und Themen eingeräumt werden. Diese Präsenz- und E-Learning-Phasen sollten in mehrmaligem Wechsel stattfinden, wobei die letzte Phase eine Präsenzveranstaltung sein sollte. Möglich ist auch, zwischen dem E-Learning und den Präsenzveranstaltungen Phasen der Partner- oder Gruppenarbeit einzugliedern.

3.6 E-Learning im Tourismus

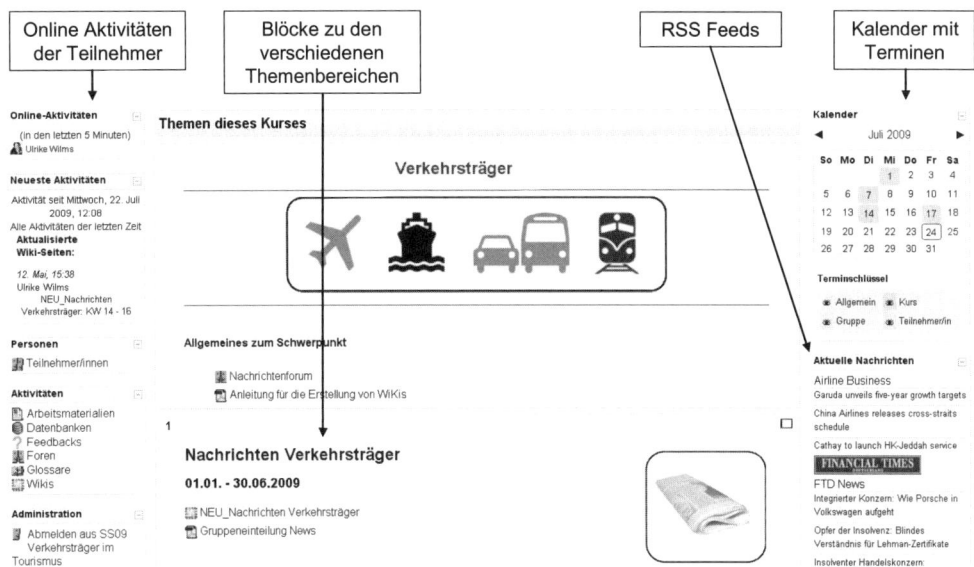

Abb. 3.6.2   Moodle Kursansicht

– Virtuelle Klassenräume

Virtuelle Klassenräume sind Programme, bei denen die Teilnehmer über spezielle Software an unterschiedlichen Orten, zur gleichen Zeit, an einem Vortrag oder einer Vorlesung teilnehmen können und dabei auch kommunizieren können. Zum Teil haben diese Virtuellen Vorlesungen den Charakter einer Videokonferenz. Sie sind jedoch mit mehr Funktionalitäten ausgestattet, als Videokonferenzsysteme. Beispielsweise können die Teilnehmer untereinander und mit dem Lehrenden kommunizieren. Dies geschieht durch Chat, E-Mail oder sogenannten Moderationshilfen, wie „Handheben". Sehr nützlich bei solchen Virtuellen Klassenzimmern ist ein sogenanntes Whiteboard, eine elektronische weiße Tafel, die auf dem Computer jedes Konferenzteilnehmers läuft. Zur Teilnahme an einer solchen virtuellen Vorlesung benötigen die Teilnehmer sonst nur Mikrofon und Headset.

Als Virtuelle Universität wird gemeinhin eine Universität verstanden, die ihre Kurse online anbietet. Dies kann ergänzend zu einem Präsenzstudium geschehen, oder aber ausschließlich als Fernstudium, wobei das gesamte Kursprogramm unter einem virtuellen Dach angeboten wird. Zwischen diesen beiden Formen gibt es eine Vielzahl von Möglichkeiten und Varianten, E-Learning innerhalb von traditionellen, campus-basierten Universitäten zu integrieren. In Bayern hat sich als Beispiel die Virtuelle Hochschule Bayern schon sehr früh mit einem umfangreichen Online-Kursprogramm als Vorreiter der virtuellen Lehre für Fachhochschulen erfolgreich etabliert. In Deutschland hat sich die FernUniversität Hagen schon lange vor der Einführung des World Wide Web mit kompletten Fernstudien-Angeboten einen Namen gemacht. Gerade in der berufsbegleitenden Weiterbildung sind in Zukunft viele Innovationen wie Webinars, Augmented oder Mobile Learning zu erwarten.

3.6.2 Ausgewählte Beispiele von E-Learning im Tourismus

E-Learning ist innerhalb der touristischen Unternehmen ein bereits stark verbreitetes Aus- und Weiterbildungsinstrument. Im Folgenden werden einige ausgewählte Beispiele von E-Learning im Tourismus vorgestellt. Die Beispiele sind keine Produktempfehlung der Verfasser, beruhen auf den Angaben der Anbieter und sollen nur der Verdeutlichung der zahlreichen E-Learning-Möglichkeiten dienen.

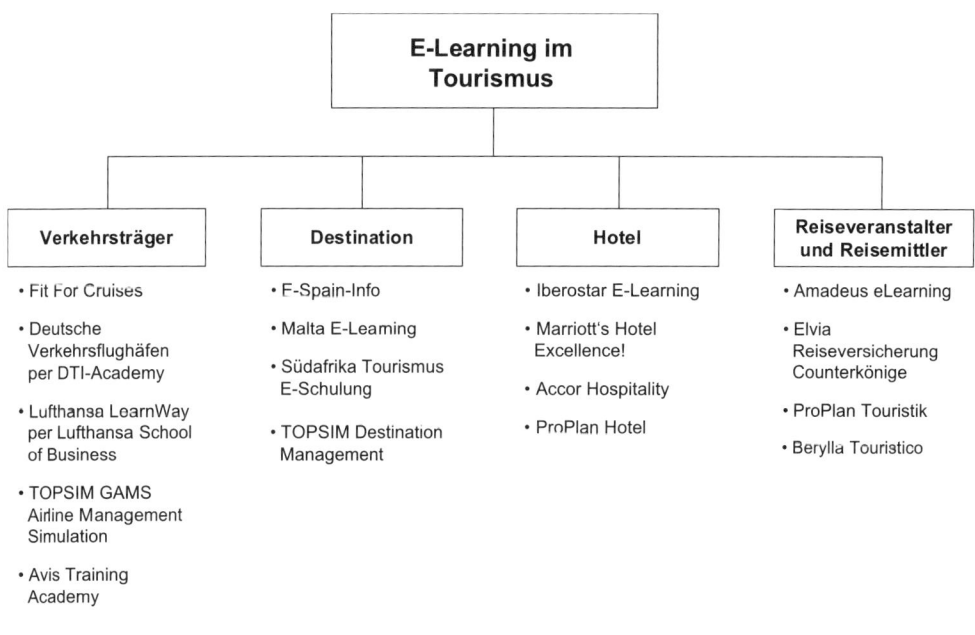

Abb. 3.6.3   Beispiele E-Learning im Tourismus

- **Verkehrsträger**

E-Learning-Programme im Bereich Verkehrsträger richten sich hauptsächlich an Mitarbeiter von Reisebüros und vermitteln diesen Spezialwissen über die Verkehrsträger sowie über deren Vertriebssysteme. Beispiele hierfür sind das Kreuzfahrtschulungsprogramm *Fit for Cruises*, die Schulung der *Deutschen Verkehrsflughäfen per DTI-Academy* oder die *Avis Training Academy*. Doch auch bei der Weiterbildung der Mitarbeiter von Verkehrsträgerunternehmen kommt E-Learning zum Einsatz. So beispielsweise bei der Fluggesellschaft Lufthansa mit ihrem E-Learning-Programm LearnWay oder aber der Einsatz des *TOPSIM GAMS Global Airline Management Simulation* Planspiel, welches zukünftige Entscheidungsträger einer Fluggesellschaft auf ihre Aufgabe vorbereiten soll.

- *Fit for Cruises* ist ein Kreuzfahrtschulungsprogramm, welches von der FVW international und dem Counter Magazin Traveltalk seit April 2007 angeboten wird. Fit for Cruises ist ein klassisches Beispiel für ein online betriebenes Übungsprogramm, das parallel im Heft und online geführt wird. Es richtet sich an Reisebüromitarbeiter, die in verschiedenen E-Learning Kursen ihr Fachwissen, aber auch ihre Beratungs- und Verkaufskompetenz erweitern und verfeinern wollen. Die Teilnahme am Schulungsprogramm ist kostenlos. Registrieren können sich bislang nur Mitarbeiter von Reisebüros. Die Übungskurse sind unterteilt in Grundkurse, Profikurse und „Freiwillige" Kurse (vgl. Abb. 3.6.4). Über einen Zeitraum von rund 20 Wochen wird jede Woche ein neuer Kurs freigeschaltet. Zu jedem Kurs gibt es eine Zusammenfassung im PDF Format, die sich die Teilnehmer herunterladen können. Pro Kurs gibt es zwischen 20 und 30 Textseiten, durch die sich der Lernende gemäß seinem eigenen Lerntempo durcharbeiten kann. Anschließend wartet nach jedem Kurs ein sogenannter Wissens-Check.

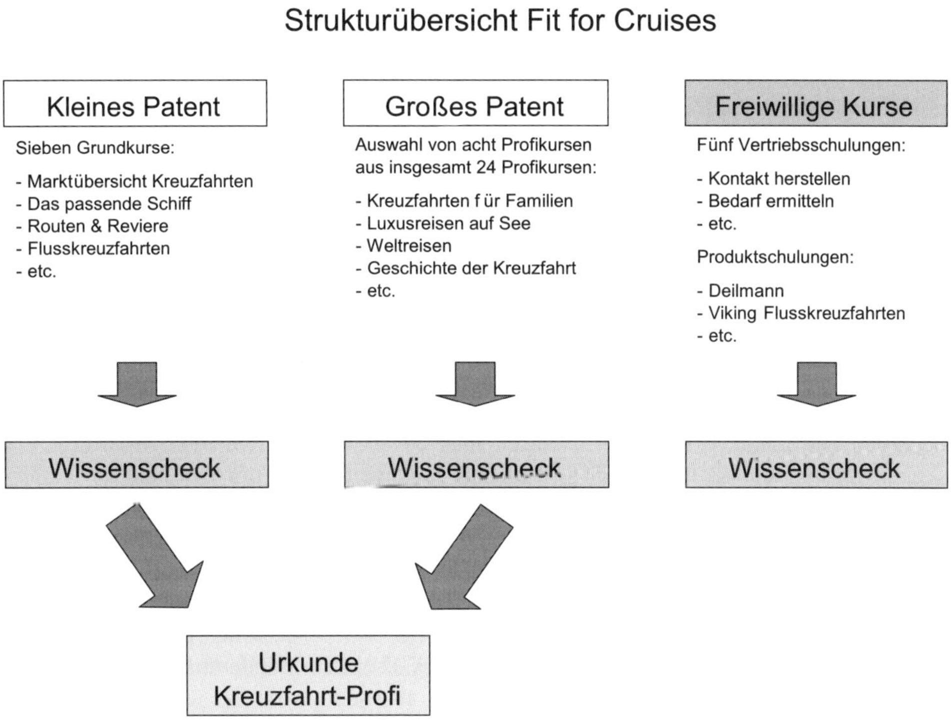

Strukturübersicht Fit for Cruises

Kleines Patent

Sieben Grundkurse:
- Marktübersicht Kreuzfahrten
- Das passende Schiff
- Routen & Reviere
- Flusskreuzfahrten
- etc.

Großes Patent

Auswahl von acht Profikursen aus insgesamt 24 Profikursen:
- Kreuzfahrten für Familien
- Luxusreisen auf See
- Weltreisen
- Geschichte der Kreuzfahrt
- etc.

Freiwillige Kurse

Fünf Vertriebsschulungen:
- Kontakt herstellen
- Bedarf ermitteln
- etc.

Produktschulungen:
- Deilmann
- Viking Flusskreuzfahrten
- etc.

⇩ Wissenscheck ⇩ Wissenscheck ⇩ Wissenscheck

⇩ **Urkunde Kreuzfahrt-Profi**

Abb. 3.6.4   Strukturübersicht Fit for Cruises

Nach erfolgreichem Bestehen aller 15 Kurse des Kleinen und Großen Patents erhält der Teilnehmer ein personalisiertes Zertifikat über die Teilnahme am Schulungsprogramm. Über die allgemeinen Fit for Cruises-Kurse hinaus kann man über das Kreuzfahrtschulungsprogramm noch spezielle Vertriebs- und Produktschulungen absolvieren. In den Vertriebsschulungen wird der zielgruppengerechte Umgang mit den Kunden, die Bedarfsermittlung oder die Nachbetreuung der Kunden geschult. Bei den Produktschulungen erfahren die Teilnehmer in detaillierte Informationen, etwa über die Reederei Deilmann, über die Viking Flusskreuzfahrten oder über Dubai als Kreuzfahrtdestination. Die Kurse können von den Lernenden beispielsweise mit Erlaubnis der Arbeitgeber während der Arbeitszeit absolviert werden. Es besteht keine zeitliche Begrenzung und bei einer Unterbrechung während des Kurses oder aber des Wissens-Checks – wenn beispielsweise ein Kunde beraten werden muss – kann der aktuelle Lernkontext abgespeichert und zu einem späteren Zeitpunkt an dieser Stelle fortgeführt werden. Neben den Kursen bietet das Portal auch Informationen zu Routen und Revieren, Porträts und Reportagen aus der Branche, sowie einen Newsticker, ein Forum zum gegenseitigen Austausch der Nutzer untereinander und Schiffstests. Im Bereich News wird auf neue Produkte, Routen, Schiffe oder aber Preisaktionen aufmerksam gemacht. Einen Blick hinter die Kulissen wird dem Leser im Bereich Reportagen gewährt. Hier werden z. B. Porträts der einzelnen Berufe auf einem Kreuzfahrtschiff gezeichnet. Neben den klassischen Fahrgebieten werden im Bereich Routen Spezialkreuzfahrtrouten vorgestellt.

- *Deutsche Verkehrsflughäfen* ist eine Online-Schulung, die über das E-Learning-Portal *DTI Academy* des DTI - Deutsches Touristik-Institut e.V. angeboten wird, das sich auf die Schulung von Reisebüromitarbeitern spezialisiert hat. Im Rahmen dieser Schulung werden derzeit die zwei Kurse Frankfurt Airport und ABC Holiday Plus angeboten. Der Kurs Frankfurt Airport informiert die Teilnehmer über alle wichtigen Bereiche des internationalen Flughafens Frankfurt/Main, wie das AIRail Terminal, die Parksysteme oder das FRA-ExpertNet. Dieser Übungskurs ist klassisch aufgebaut mit mehreren Textseiten, durch die sich der Teilnehmer klickt, und einem Test zum Abschluss. Des Weiteren wird den Teilnehmern im Download Bereich die Möglichkeit gegeben, alle Informationen herunter zu laden und so auch offline verfügbar zu machen. Der gleiche Aufbau findet sich auch im zweiten Kurs ABC Holiday Plus wieder, der die Teilnehmer mit dem Buchen von Flughafen-Hotels und – Parkplätzen dieses Vermittlers vertraut macht.

- Die *Lufthansa School of Business*, Deutschlands erste Corporate University, wurde 1998 ins Leben gerufen und bis heute mehrfach für ihre hochwertige und praxisorientierte Weiterbildung auf dem Gebiet der Führungskräfteentwicklung ausgezeichnet. Die Lufthansa School of Business bietet nach eigenen Angaben eine strategiegeleitete, bedarfsgerechte, praxisorientierte und innovative Führungskräfteentwicklung an. Dazu gehören maßgeschneiderte Inhouse-Management- und MBA-Programme. Neben diesen Weiterbildungsprogrammen bietet LHSB Dialog- und Informationsplattformen für alle Mitarbeiter an, die einen bereichsübergreifenden Austausch ermöglichen und Impulse für Veränderungen und Aktionen geben. Im Rahmen der LHSB wird auch E-Learning als Medium zur Weiterbildung genutzt. Neben dem Corporate University Portal und computerunterstützten Selbstlernprogrammen wird die elektronische Lernplattform *Lufthansa LearnWay* eingesetzt. Typische Lerninhalte sind z. B. Geographie, Flugphysik und Flotte sowie generelles Wissen über den Lufthansa Konzern. Auf dem über das Intranet zugängigen Lernportal erhält jeder Mitarbeiter eine personalisierte Homepage, von der aus die Trainingsaktivitäten individuell gesteuert werden. Über diese Homepage sind neben Kursmodulen auch Selbstlernmedien und Lernmaterialien abrufbar, die durch zusätzliche Informationen, wie Glossare und speziellen Wissensdatenbanken, ergänzt werden.

- Das *TOPSIM GAMS Global Airline Management Simulation* Planspiel behandelt Unternehmenssituationen der internationalen Luftfahrtbranche und wurde in Zusammenarbeit mit der Lufthansa Consulting GmbH, Köln, entwickelt. Die Teilnehmer dieses Planspiels erhalten die Aufgabe, Fluggesellschaften zu führen, welche vier Routen bedienen, sowie drei unterschiedliche Zielgruppen befördern. Das Ziel ist es, eine möglichst erfolgreiche Fluggesellschaft zu haben. Die Zielgruppen – Geschäftsleute, Touristen und private Reisende – zeichnen sich dadurch aus, dass sie unterschiedliche Prioritäten bei Pünktlichkeit und Flugpreis setzen. Darüber hinaus sind die von den Teilnehmern des Planspiels geführten Fluggesellschaften auch im Bereich Luftfracht aktiv. Bei allen Management Entscheidungen müssen die Teilnehmer spezielle Aspekte und Anforderungen der Luftfahrtindustrie berücksichtigen, beispielsweise Personalpolitik, Kooperationen mit externen Firmen oder dem Leasing eines Flugzeuges. Durch die direkte Auswertung jeder getroffenen Entscheidung lernen die Teilnehmer betriebswirtschaftliche Methoden anzuwenden, mit Ungewissheit und Zeitdruck umzugehen und wie man Informationen bei der Entscheidungsfindung nutzt.

- Die *Avis Training Academy* ist eine einstündige online Schulung auf dem Gebiet der Autovermietung. Sie wurde entwickelt, um Reisebüromitarbeiter im Umgang mit der Vermietung von Avis Mietwagen zu schulen. Die grafische Aufbereitung mit animierter Menüführung in der Avis World vermittelt einen spielerischen Lernansatz. Der Lernende muss dabei nicht eine bestimmte Reihenfolge der Themen einhalten, sondern kann sich gemäß seines Interesses durch die Schulungsbereiche Mietschalter, Flotte & Weltweite Stationen, Versicherungen & Extras oder Avis verkaufen klicken. Abschließend wird das vermittelte Wissen in einem Test abgefragt, in dem zu den verschiedenen Abschnitten je fünf Fragen gestellt werden. Nach der Bearbeitung aller Abschnitte wird das Avis Diplom verliehen.

Abb. 3.6.5 Menüansicht Avis Training Academy

- **Destination**

Im Bereich Destination richtet sich der Großteil des E-Learning-Angebotes an die Mitarbeiter von Reisebüros und Reiseveranstaltern und behandelt vornehmlich Schulungen, welche die Destination vorstellen. Beispiele für E-Learning-Programme im Bereich Destination sind *E-Learning Spanien, Malta E-Learning* oder die *E-Schulung von Südafrika Tourismus.* Im Unternehmensplanspiel *TOPSIM Destinations Management,* welches für die Mitarbeiter von Leistungsträgern innerhalb einer Destination konzipiert wurde, werden die wirtschaftlichen Zusammenhänge abgebildet.

- Das *E-Learning Spanien,* welches im Auftrag von *Turespaña* von der FVW Mediengruppe betrieben wird, ist ein Beispiel für eine solche Destinationsschulung. In neun Übungskursen werden die Teilnehmer mit dem touristischen Angebot des Landes vertraut gemacht. Die Kurse behandeln für den Verkauf von touristischen Leistungen in Spanien relevante Themen, wie u.a. Sonne & Strand, Städtereisen oder aber Wassersport & Golf. Der Aufbau der Kurse ist exemplarisch für ein Übungsprogramm. Die Teilnehmer klicken sich durch mehrere Textseiten, die die Informationen des jeweiligen Kursthemas beinhalten, und können im Anschluss ihr Wissen beim Wissens-Check testen. Zu jedem Kurs gibt es eine Zusammenfassung, die man sich als PDF-Datei herunterladen kann. Anreiz zur Partizipation sind Sachpreise und Reisen, die unter den erfolgreichen Absolventen der Schulungen verlost werden. Des Weiteren erhalten die Teilnehmer eine Urkunde vom Spanischen Fremdenverkehrsamt über die erfolgreiche Absolvierung. Weiter bietet E-Learning Spanien Neuigkeiten rund um die spanischen Destinationen und touristisch interessante Veranstaltungen an, sowie ein Glossar zum Nachschlagen mit den wichtigsten Schlagworten. Ähnlich im Aufbau sind die Übungsprogramme *Malta E-Learning* und *E-Schulung Südafrika Tourismus.*

- Auch für den Bereich Destination bietet TOPSIM ein Unternehmensplanspiel an. *TOPSIM Destinations Management* stellt die Teilnehmer vor die Aufgabe der Gestaltung einer Urlaubsregion in den Alpen. Durch eine realitätsgetreue Abbildung einer solchen Destination werden die Teilnehmer mit den speziellen Anforderungen des Managements einer touristischen Destination vertraut gemacht. Dabei übernehmen die Teilnehmer des Planspiels die Rollen relevanter Leistungsträger, wie beispielsweise Hotel, Bergbahn, Sport- und Eventdienstleistern sowie der Tourismusorganisation. Nicht nur den Erfolg des eigenen Betriebes müssen die Teilnehmer dabei berücksichtigen, sie dürfen auch das Gesamtinteresse der Region nicht außer Acht lassen. Diesen Zielkonflikt bewältigen die Teilnehmer mit Hilfe verschiedener ökonomischer und sozialwissenschaftlicher Methoden-Ansätze, die sie bei der Kommunikation und den Verhandlungen untereinander anwenden. So sollen die Teilnehmer lernen die wirtschaftlichen Zusammenhänge innerhalb einer Destination zu erkennen, und ein grundlegendes Verständnis für die speziellen Probleme und Anforderungen der Leistungsträger in der Praxis entwickeln.

- **Hotel**
E-Learning-Programme im Bereich Hotel sind zumeist konzipiert für Reisebüromitarbeiter und befassen sich thematisch mit den Bereichen Produkt und Vertrieb. Vor allem Hotelketten versuchen neben speziellen Expedientenraten durch aufwendige E-Learning-Programme die Substituierbarkeit ihrer Produkte auszugleichen und sich bei den Reisebüromitarbeitern bekannt zu machen und einzuprägen.

Beispiele hierfür sind das *Iberostar E-Learning, Marriott's Hotel Excellence!* oder *Accor Hospitality E-Learning.* Für die Mitarbeiter im Management eines Hotelunternehmens wurde das Planspiel *ProPlan Hotel* entwickelt, welches die betriebswirtschaftlichen Strukturen eines solchen Unternehmens abbildet. Da gerade der Personalbereich von Hotels durch eine hohe Fluktuationsbranche gekennzeichnet ist, sind E-Learning-Programme hier optimale Schulungsinstrumente, aufgrund ihrer zeitlichen und örtlichen Ungebundenheit und Flexibilität.

- Die spanische Hotelgruppe Iberostar richtet sich mit ihrem Online Portal *Iberostar E-Learning* an Reisebüromitarbeiter. In neun E-Learning-Kursen lernen die Teilnehmer alles über die Hotels und Produkte der Hotelgruppe. Neben weitreichenden Informationen zu neuen Hotels und allgemeinen Neuerungen werden Kurse zu Spezialthemen, wie Unterhaltung, Gastronomie, Wellness und Golf angeboten. Als Übungskurs konzipiert, werden die Teilnehmer in den je 30 Minuten dauernden Kursen durch mehrere Informationsseiten geführt, zu deren Abschluss ein Wissens-Check absolviert werden muss, damit der Kurs als bestanden markiert wird. Zu jedem Kurs hat der Teilnehmer die Möglichkeit sich die Informationen des Kurses herunter zu laden. Neben einer offiziellen Urkunde, die die Teilnehmer nach Absolvierung aller Kurse erhalten, sind Sachpreise Anreiz zur Teilnahme.

- Das *Marriott's Hotel Excellence!* E-Learning-Programm bietet Verkaufstrainingkurse an. Dabei werden die Reisebüromitarbeiter nicht nur mit den Produkten und Leistungen der Marriott Hotels vertraut gemacht, sondern allgemein im Hotelvertrieb geschult. Die Kurse sind in verschiedene Module unterteilt. Das Basismodul beinhaltet sechs Kurse, die den Teilnehmer in die Besonderheiten der Hotellerie einführen und dabei speziell Strategien für das Verkaufsgespräch mit dem Kunden veranschaulichen. Des Weiteren sind Reservierung, Provisionsmodell oder die Organisation von Gruppenreisen Thema der Schulung. Nur zwei der sechs Kurse des Basismoduls beschäftigen sich explizit mit der Hotelgruppe Marriott. Die Übungskurse sind klassisch aufgebaut. Auf mehrere Text- und Informationsseiten folgt ein Wissenstest, der mit einer bestimmten erreichten Punktzahl als bestanden gilt. Die Aufmerksamkeit des Teilnehmers sichert sich Marriott durch eine Audiospur, die parallel zu den Textseiten läuft und die Informationen der jeweiligen Seite wiedergibt. Anreiz zur Teilnahme bietet Marriott dadurch, dass Reisebüros, die die Hotel Excellence! Schulung absolviert haben, eine höhere Provision gewährt wird. Neben dem Basismodul bietet Marriott Hotel Excellence! noch die weiterführenden Module „Demografische und psychographische Module" sowie Internationale Module an.

- Beim *Accor Hospitality E-Learning*-Programm lernen die Teilnehmer in einem interaktiven Übungskurs alles rund um die Marken des Accor Konzerns. Anders als bei typischen Übungsprogrammen fördert Accor E-Learning die Partizipation der Teilnehmer durch interaktive Menüs. Zu bestimmten Themen, wie beispielsweise dem Konzernergebnis oder der Markteinführung der einzelnen Marken, gibt es Zusatzseiten mit weiterführenden Informationen, die durch Anklicken geöffnet werden können. Der Teilnehmer lässt sich so nicht nur mit Informationen berieseln, sondern nimmt aktiv an der Schulung teil. Aufgelockert werden die Informations- und Textseiten durch viele Grafiken und Animationen. Die nachfolgenden Kurse werden erst nach vollständiger Bearbeitung des Vorhergehenden frei geschaltet. Neben einem umfangreichen Finalquiz werden innerhalb der Kurse einzelne Aufgaben gestellt, die das vermittelte Wissen abfragen. Beantworten die Teilnehmer 80 % der Fragen des Finalquiz richtig, haben sie die Schulung bestanden. Das personalisierte Diplom erhält jeder Teilnehmer per E-Mail.

- Das Planspiel *ProPlan Hotel* richtet sich an Mitarbeiter aus dem Management von Einzel- und Kettenhotels und hat das Ziel den Teilnehmer gesamtunternehmerische Zusammenhänge innerhalb eines Hotelbetriebes zu vermitteln. Die Teilnehmer übernehmen die Leitung eines Hotels, wobei die Anzahl, Größe sowie weitere Marktdaten beliebig konfiguriert werden können. Es müssen Entscheidungen getroffen werden, die für den wirtschaftlichen Erfolg des Hotels von Bedeutung sind. Fragen, die sich die Teilnehmer während des Spiels beispielsweise stellen müssen sind: Investition in neue Anlagen; Personal ein- oder ausstellen, die Festlegung der Preisgestaltung, oder die Angebotsgestaltung für die Gäste. Dabei spricht das Planspiel die verschiedenen wirtschaftlichen Themen an, mit denen sich das Management eines realen Hotels in der Praxis jeden Tag auseinandersetzen muss.

- **Reiseveranstalter und Reisemittler**

Für den Bereich Reiseveranstalter und Reisemittler werden Vertriebsschulungen der Systemanbieter sowie Produktschulungen angeboten, wie beispielsweise von Reiseversicherungen. Im Planspiel *ProPlan Touristik* werden grundlegende Wirkungsmechanismen abgebildet, die die Reisebüro- und Reiseveranstaltermitarbeiter mit den betriebswirtschaftlichen Gegebenheiten innerhalb der Unternehmen vertraut machen sollen. Weitere Beispiele für E-Learning-Programme des Bereichs Reiseveranstalter und Reisemittler sind *Amadeus eLearning*, das Online Portal *Counterkönige* der ELVIA Reiseversicherung oder *Berylla Touristico* von Ulysses.

- Das Angebot von *Amadeus eLearning* richtet sich an Reisebüromitarbeiter, welche das System Amadeus Selling Platform nutzen. Amadeus eLearning bietet Übungskurse an, in denen die Teilnehmer sich mit der Bedienung des grafischen und kryptischen Modus des Buchungssystems vertraut machen können. Dies ist ein klassisches Beispiel für ein E-Learning-Übungsprogramm. Der Teilnehmer klickt sich zunächst in von ihm selbst bestimmtem Tempo durch eine Präsentation und wird anschließend über das Gelernte in einem Quiz abgefragt. Ergänzt werden die Präsentationen durch animierte Simulationen, an denen der Teilnehmer partizipiert und Schritt für Schritt die vorzunehmenden Vorgänge nach Anleitung oder selbstständig durchführt. Themen dieser Übungskurse sind beispielsweise die Flug-, Mietwagen-, und Hotelbuchung in Amadeus. Des Weiteren werden Anhänge, wie der Amadeus Air User Guide, zur Verfügung gestellt, die dem Teilnehmer auch offline nochmals die Möglichkeit des Nachschlagens geben.

3.6 E-Learning im Tourismus

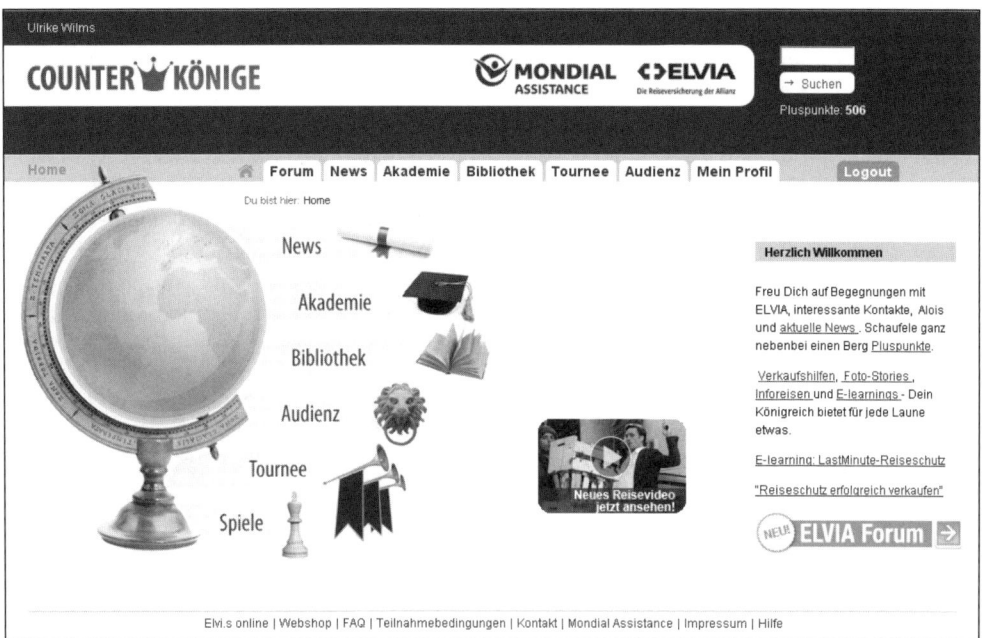

Abb. 3.6.6   Menüansicht Elvia Counterkönige

- Über das Online Portal *Counterkönige* der ELVIA Reiseversicherung können Reisebüro- und Reiseveranstaltermitarbeiter E-Learning-Kurse zu den verschiedenen Produkten und Leistungen der Reiseversicherung belegen. Neben den umfangreichen Produktinformationen erhält der Teilnehmer in den Kursen Tipps zu Verkaufstechniken und Verkaufspsychologie. Durch die Bearbeitung der Kurse werden Punkte gesammelt, die in Einkaufsgutscheine umgewandelt werden können. Aufgebaut sind die E-Learning-Kurse entsprechend des Übungsprogramm Konzeptes. Auf mehreren Seiten werden die Kursinformationen dargestellt und mit Praxistipps und Beispielen ergänzt. Zum Teil werden die vermittelten Informationen bereits während der Bearbeitung der Kurse in mehreren kurzen Wissenstests abgefragt. Dadurch werden Wissenslücken sofort aufgedeckt und der Teilnehmer kann im Kurs zurück blättern und die Informationen noch mal nachlesen. Bei einigen Kursen erfolgt die Wissensabfrage klassisch nach vollständiger Bearbeitung des Kurses. Durch die richtige Beantwortung sammelt der Teilnehmer weitere Punkte. Neben den E-Learning-Kursen bietet das Online Portal Counterkönige ein Forum zum gegenseitigen Austausch der Teilnehmer, eine Bibliothek mit Counter Info, Lexikon und Presseberichten, sowie aktuelle Informationen zur Elvia Reiseversicherung.

- Im Planspiel *ProPlan Touristik* konkurrieren die Teilnehmer in den Rollen von Reisebüros und Reiseveranstaltern auf einem fiktiven Tourismus Markt gegeneinander. ProPlan Touristik ist ein rundenbasiertes Planspiel, bei dem die Komplexität jede Runde gesteigert wird. Im Szenario Reisebüro werden die Teilnehmer mit der Situation konfrontiert, die Geschäftsführung eines Reisebüros mit einem Marktanteil von 0,5 % am gesamten deutschen Reisemarkt, zu übernehmen. Der Verkauf von Reisen spezialisiert sich auf zwei Reisetypen, die in verschiedenen Varianten – normal und last-minute – verkauft werden. Nach jeder gespielten Runde wird die Komplexität gesteigert. Beispielsweise durch das Hinzukommen einer neuen Reise oder einer neuen Zielgruppe, oder aber durch plötzliche Umweltkatastrophen in den Zielgebieten, auf die die Teilnehmer entsprechend reagieren müssen. Das Ziel des Planspiel-Szenarios ist die Maximierung des Umsatzes und der Periodenergebnisse, sowie der Ausbau der Marktanteile. Die Auswirkungen der pro Runde zu treffenden Entscheidungen - die Preise der einzelnen Reisen, die Ausgaben für Marketing, Marktforschung und Verkaufsförderung, oder aber die Investition in Personal - werden vom Computer simuliert und nach jeder Runde an die Teilnehmer ausgegeben. Auf der Basis von Marktberichten kann die Analyse der Konkurrenz erfolgen, was das strategische Denken sehr fördert.

- Das Planspiel *Berylla Touristico* von Ulysses ist eine Dienstleistungs-Planspielsoftware, die in der Standardversion das Management von miteinander konkurrierenden Reisebüros dynamisch mit zahlreichen internen und externen Einflußfaktoren simuliert. Es ist auch für die Simulation des Managements von Online-Reisebüros, von virtuellen Veranstaltern und Tourismusorganisationen geeignet. Betriebswirtschaftliche Probleme des General Management, die Konditionenpolitik zwischen Reisebüros und Reiseveranstaltern, Personalpolitik, Absatzpolitik, Kommunikationsmix, Personalpolitik, Konkurrenzanalyse und Kostenrechnung werden in die mehrperiodigen Simulationen einbezogen. Das Planspiel, das unter anderem an der Hochschule München, in der beruflichen Weiterbildung und von der Europäischen Reiseversichrung in der Fernplanspiel-Variante Reisebüropolis für Reisebüros angeboten wird, beinhaltet zahlreiche Reports, die im Internet abgerufen werden können.

3.6.3 Ausblick E-Learning im Tourismus

E-Learning ist aus unserer heutigen Wissens- und Informationsgesellschaft nicht mehr weg zu denken. Die sinkende Halbwertzeit des Wissens sowie die steigende Anzahl technologischer Innovationen, auch im Bereich der neuen Medien, machen einen höheren Qualifizierungsbedarf bei den Mitarbeitern unerlässlich, um als Unternehmen weiterhin konkurrenzfähig zu sein. Qualifizierte Mitarbeiter gehören in jedem Unternehmen zu den zentralen Erfolgsfaktoren. Eine kontinuierliche Aus- und Weiterbildung sollte innerhalb der Unternehmenspolitik einen hohen Stellenwert innehaben.

Auch touristische Unternehmen tendieren ganz klar hin zur verstärkten Implementierung von E-Learning. In den kommenden Jahren wird dies innerhalb der Unternehmen sowie der Hochschullehre ein immer bedeutsameres Thema werden. Aus dem Lernenden wird ein aktiver Mitgestalter des E-Learning-Angebots, der eigene Erfahrungen in das System einbringt und in gemeinsamen Lernprozessen mit anderen Lernenden weiterentwickelt. Die Nachteile des Präsenzlernens – hohe Kosten durch Anreise, Hotelübernachtung und Schulungskosten – sprechen klar für E-Learning. Es eignet sich hervorragend, um dem erhöhten Schulungsbedarf und den großen Schwankungen in der Nachfrage zu entsprechen. Leerzeiten im Reisebüro können optimal überbrückt und genutzt werden. Allein wie mit dem Fehlen der menschlichen Komponente beim E-Learning umgegangen wird, und wie sich dies auf die Qualität der Weiterbildung auswirkt, wird sich erst in den kommenden Jahren zeigen.

Auch fordert diese Entwicklung sowohl vom Lernenden, als auch vom Lehrenden und dem Unternehmen neue Kompetenzen, die erst innerhalb eines Entwicklungsprozesses gebildet werden müssen. Es zeigt sich, dass vor allem die Didaktik von E-Learning-Programmen entscheidend ist, und unbedingt in die Planung miteinbezogen werden muss, um einen erfolgreichen Einsatz zu gewährleisten. Die Notwendigkeit des Lebenslangen Lernens ist nicht mehr von der Hand zu weisen. Auch verschmelzen die Grenzen zwischen Lernen und Arbeiten immer mehr und sind nicht mehr getrennt voneinander zu sehen. Dabei befinden wir erst auf dem Weg, alle Möglichkeiten des E-Learning zu erschließen. John Chambers, Präsident und CEO von CISCO Systems umschreibt diese Möglichkeiten wie folgt: *„The next big killer application for the internet is going to be education. Education over the internet is going to be so big it is going to make E-Mail look like a rounding error."*

E-Learning-Adressen:

http://www.accor-elearning.com

http://www.amadeustraining.de/elearning.php

http://avistraining.com/de/

http://counterkoenige.de/

http://dti-academy.de/

http://www.e-spain.info

http://fit-for-cruises.fvw.de

https://hotelexcellence.marriott.com

http://www.iberostar-elearning.de

http://www.malta-schulung.de

http://www.safundi.net

http://www.ulysses.de/planspiel/planspiel_beryllasoftware.asp

http://www.vhb.de

Quellen und weiteführende Literatur:

Baumgartner P., Häfele H., Maier-Häfele K., E.Learning Praxishandbuch – Auswahl von Lernplattformen, Innsbruck 2002

Cole J., Foster H., Using Moodle, Sebastopol 2007

Flasdick J. et al., E-Learning in KMU – Markt, Trends, Empfehlungen, Dokumentation Nr. 575 des Bundesministeriums für Wirtschaft und Technologie, Berlin 2008

Gertsch F., Das Moodle 1.8 Praxisbuch, München 2007

Glotz P., Seufert S., Corporate University, Frauenfeld 2002

Hoeksema K., Kuhn M., Unterrichten mit Moodle, München 2008

Kraemer W., Müller M. (Hrsg.), Corporate Universities und E-Learning, Wiesbaden 2001

Kuhlmann A., Sauter W., Innovative Lernsysteme – Kompetenzentwicklung mit Blended Learning und Social Software, Berlin, Heidelberg 2008

Reinmann-Rothmeier G., Didaktische Innovation durch Blended Learning, Bern 2003

Scheffer U., Hesse F., E-Learning – Die Revolution des Lernens gewinnbringend einsetzen, Stuttgart 2002

Seufert S., Back A., Häusler M., E-Learning – Weiterbildung im Internet, Kilchberg 2001

Seufert S., Mayr P., Fachlexikon e-le@rning, Bonn 2002

Simon B., E-Learning an Hochschulen, Lohmar 2001

Schulmeister R., eLearning: Einsichten und Aussichten, München 2006

Schulmeister R., Grundlagen hypermedialer Lernsysteme, München 2007

TATA Interactive Systems, TOPSIM Planspiele GAMS und Destinations Management Unternehmensbroschüren, Tübingen 2008

Ulysses Management, Berylla Dienstleistungsplanspiel, http://www.ulysses.de/planspiel/planspiel_beryllasoftware.asp , 2009 (Zugriff: 20.9.09)

4 Reisemittler-Systeme

Heutzutage wird der Wettbewerb unter den Reisemittlern immer stärker und zunehmend werden von den Reisenden auch andere Buchungskanäle akzeptiert. Deswegen ist es wichtig, die richtige IT-Ausstattung zu haben. Für den Vertrieb von Reiseleistungen durch Reisemittler steht eine Vielzahl von Computerprogrammen zur Verfügung. Die Verarbeitung und Organisation der Daten wird mit Hilfe solcher Programme sehr vereinfacht. Reisemittler-Systeme helfen den Reisebüros auf diese Weise, ihre Prozesse zu optimieren, und so mehr Zeit für andere Tätigkeiten zur Verfügung zu haben und gleichzeitig Kosten zu sparen. Je nach Ausrichtung der Reisebüros, die sich beispielsweise auf Urlaubs- oder Geschäftsreisen spezialisieren können, sind andere Systeme optimal.

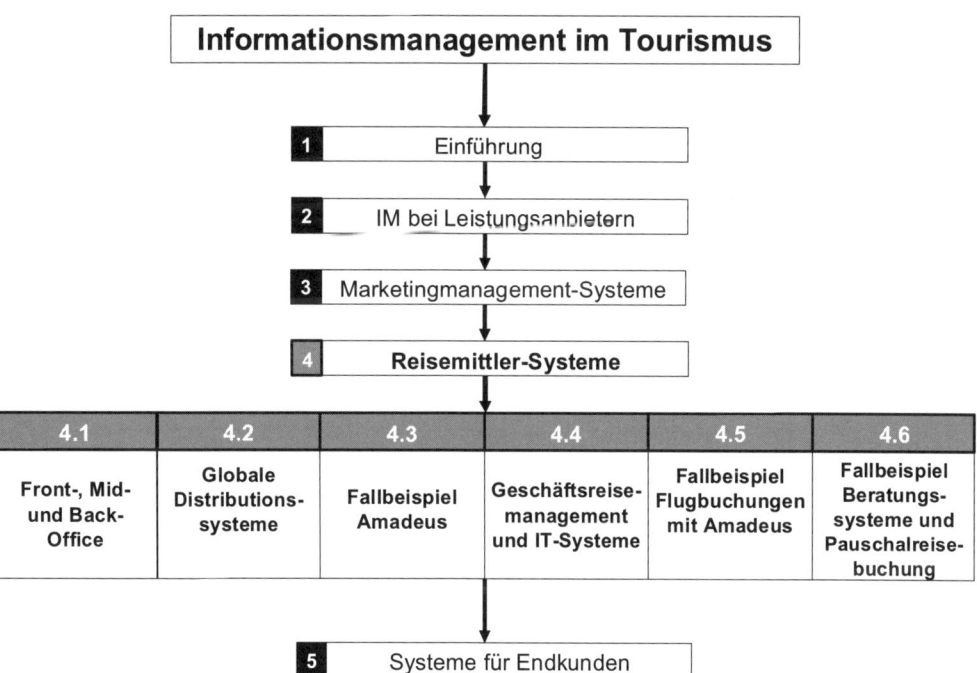

Abb. 4.1 Überblick Reisemittler-Systeme

Als Grundlage für das Verständnis der Prozesse im Reisebüro wird zuerst eine Unterteilung in Front-, Mid- und Backoffice-Funktionen vorgenommen. Das Frontoffice besteht aus allen Leistungen, die in direktem Zusammenhang mit den Kunden erbracht werden. Als IT-Unterstützung gibt es in diesem Bereich z. B. eine Prüfung der Verfügbarkeit der nachgefragten Leistung oder die genaue Preisermittlung. Aufgabenbereiche vom Midoffice sind Dokumentenerstellung, Zahlungsverkehr und Customer Relationship Management. Das Backoffice umfasst Tätigkeiten, die in für Kunden nicht sichtbaren Bereichen des Büros verrichtet werden. Dazu zählen die Buchführung und das Controlling. IT-Systeme helfen hier bei der Verwaltung von Kundenprofilen oder der Zahlungsabwicklung.

Das wesentlichste IT-System für die Reisemittler ist ein Distributionssystem für die Buchungen aller Reisedienstleistungen. Alle derartigen Systeme beinhalten vier Grundfunktionalitäten: Produktdarstellung, Reservierung, Tarife bzw. Tickets sowie Benutzeroberfläche und Kommunikation. Systemteilnehmer sind vor die Leistungsanbieter (vor allem Linienfluggesellschaften) und die Reisemittler als Systemnutzer. Heute gibt es drei weltweit operierende Global Distribution Systems (GDS), nämlich Amadeus, Sabre und Travelport (Galileo und Worldspan). Besonders das GDS Amadeus hat die deutsche und europäische Entwicklung stark geprägt. In einem Fallbeispiel werden die Entwicklung und die Lösungen für Anbieter durch Amadeus vorgestellt. Gegründet wurde Amadeus 1987 von den vier europäischen Fluggesellschaften Air France, Iberia, Lufthansa und SAS, die ihre eigenen internen Systeme zugunsten eines größeren und leistungsfähigeren Systems aufgaben. Neben den Vertriebsleistungen bietet Amadeus heute auch eine Vielzahl weiterer tourismusspezifischer IT-Lösungen an.

Im Geschäftsreisemanagement gibt es besondere Anforderungen an IT-Systeme. Durch automatisierte Prozesse und passende technologische Lösungen sollen hohe Sparpotentiale umgesetzt werden. Die Prozessschritte lassen sich in Vorbereitungsphase, Organisationsphase, Reisedurchführung, Reisekostenabrechnung und Auswertung bzw. Controlling einteilen. Es stehen dafür verschiedene IT-Systeme zur Verfügung. Besonders durch die Nutzung von Internet Booking Engines (IBE) und die automatisierte Reisekostenabrechnung kann der administrative Aufwand minimiert werden.

Schließlich wird in zwei Fallbeispielen die Vorgehensweise von Linienflug- und Reiseveranstalterbuchungen skizziert. Bei Flugbuchung mit dem GDS Amadeus kann entweder im Command Page Modus (kryptische Eingabe) oder mit der komfortablen Selling Plattform (graphische Maske) gearbeitet werden. In beiden Fällen wird zur Reservierung ein sogenannter Passenger Name Record (PNR) aufgebaut, der mehrere Pflichtelemente enthält.

Heutzutage werden Pauschalreisebuchungen im Reisebüro zumeist mit Hilfe elektronischer Beratungssysteme durchgeführt. Hierbei werden im Kundengespräch die jeweiligen Reisewünsche ausführlich besprochen. Anschließend werden die passenden Hotels angezeigt und können nach verschiedenen Kriterien sortiert werden. Zur Vertiefung der Beratung können weitere Zielgebietsinformationen abgerufen werden, z. B. das Wetter oder die Wassertemperatur. Schließlich wird die Verfügbarkeit geprüft und dann entweder ausgedruckt oder die Reisedaten zur Buchung in die entsprechende Maske (TOMA) übertragen. Die Reisebuchungen sind dann automatisch codiert und verbindlich bestätigt.

4.1 Front-, Mid- und Backoffice

Prof. Dr. Torsten Kirstges

Je nach Abgrenzung und Definition von „Reisebüro" kann man davon ausgehen, dass es heute etwa 12.000 touristische Reisebüros (diese nur mit Reiseveranstalterlizenzen, ohne IATA-/DB-Lizenz), klassische Vollreisebüros (diese inkl. Lizenzen für Bahn und/oder IATA) und Business Travel-Büros gibt. Hinzu kommen etwa 6.000 Nebenerwerbsbüros und sonstige Buchungsstellen. Im Hinblick auf den immer härter werdenden Wettbewerb unter den Reisebüros, der durch die zunehmende Akzeptanz anderer Buchungskanäle durch Reisende weiter verstärkt wird, stellt sich mehr denn je die Frage, welche IT-Ausstattung und hier insbesondere welche globalen Distributionssysteme (GDS) die Reisebüros im operativen Geschäft optimal unterstützen oder ihnen vielleicht sogar Wettbewerbsvorteile zu verschaffen vermögen.

Dabei gibt es durchaus sehr unterschiedliche Anforderungen an die IT, je nach Sortimentsausrichtung, Ausstattung eines Reisebüros mit Lizenzen (IATA, DB) und anvisierter Zielgruppe (Geschäfts- vs. Privatkunden). So kann für die gesamte deutsche Reisebürobranche davon ausgegangen werden, dass 2/3 des Umsatzes mit Privatkunden und 1/3 mit Geschäftsreisen erwirtschaftet werden. Bezogen auf die Grundgesamtheit aller deutschen Reisebüros kann man davon ausgehen, dass es heute etwa 4.100 IATA-Agenturen und 3.100 DB-Agenturen gibt:

Vorhandene Lizenzen:	Anzahl der Reisebüros in Deutschland	Prozentanteil bezogen auf **alle** Reisevertriebsstellen (ca. 18.000)	Prozentanteil bezogen auf **touristische** und **Voll**-Reisebüros (ca. 12.000)	Prozentanteil bezogen auf **Voll**-Reisebüros (ca. 4.500)
IATA	4.100	23 %	34 %	91 %
DB	3.100	17 %	26 %	69 %

Abb. 4.1.1 *Struktur der Reisebüros in Deutschland*

Von daher lässt sich keine allgemeingültige Aussage darüber fällen, welche IT „optimal" für Reisebüros ist. Im Folgenden soll ein Überblick über die für Reisebüros relevante, am Markt verfügbare IT gegeben werden. Auf die Anforderungen und Möglichkeiten hinsichtlich der Ausstattung mit Standardsoftware (z. B. Microsoft-Produkte, Tools zur Erstellung von E-Mail-Newslettern oder Homepages) sowie die Ausstattung mit Hardware (PCs, Drucker etc.) wird in diesem Beitrag nicht eingegangen, da diese wenig branchenspezifisch sind.

Die Vermittlungs- und Verkaufsprozesse in einem Reisebüro und die damit einhergehenden Verwaltungsaufgaben lassen sich in eine Vielzahl von Prozessschritten unterteilen. Im Folgenden werden diese kurz erläutert, da sie die Grundlage für das Verständnis der Einsatzmöglichkeiten von IT im Reisebüro bilden. Dabei wird eine Unterteilung in Aufgaben des Front-, Mid- und Backoffice-Bereichs vorgenommen. Für jeden dieser Wertschöpfungsbereiche werden geeignete IT-Tools vorgestellt.

4.1.1 Frontoffice

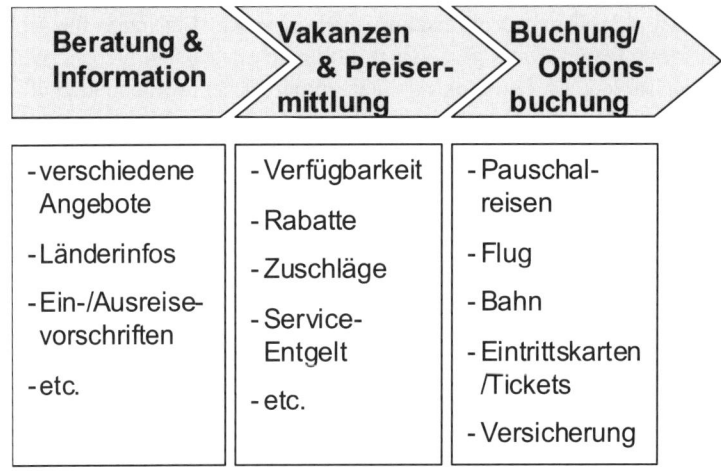

Abb. 4.1.2 Aufgabenbereiche im Front-Office.

Das Frontoffice umfasst alle Leistungen, die im direkten Kundenkontakt erbracht werden. Folgende Aufgaben, die IT-Unterstützung erfordern, fallen hier an:

- **Bedarfsanalyse und gezielte Angebotspräsentation:** Die Bedarfsanalyse nimmt in dem Verkaufsgespräch heutzutage eine zentrale Rolle ein. Es müssen bedarfsgerechte Angebote gefunden oder zusammengestellt und präsentiert werden. Hierbei muss das IT-System den Expedienten bereits intelligent unterstützen und ihm helfen, sich von den Kundenwünschen ein umfassendes Bild zu machen und den Kundenbedarf vollständig zu erfassen. Zugleich soll das IT-System dem Expedienten geeignete Angebote und Alternativ-Angebote, jeweils zum günstigsten verfügbaren Preis, vorschlagen. Idealerweise unterstützt das IT-System zugleich die Präsentation der Angebote durch multimediale Elemente, die dem Kunden optional gezeigt werden können. Somit erfolgt die Angebotspräsentation heute (und vor allem in Zukunft) nicht mehr nur über Reisekataloge, sondern auch multimedial.

- **Information:** Der Kunde kommt heutzutage nicht selten bereits gut informiert in das Reisebüro. Er hat sich über das Internet oder das Fernsehen bereits mit dem Reiseland beschäftigt und oft auch schon Angebote gesichtet. So kann es sein, dass insbesondere bei eher selten gebuchten Reisezielen ein Kunde beim Betreten des Reisebüros über einen erheblichen Informationsvorsprung gegenüber dem Expedienten verfügt. Hier nun sollte das ideale IT-System den Expedienten mit gezielten, schnell zu erfassenden Informationen zu Zielgebiet und Unterkunft unterstützen. Wünschenswert sind hier vor allem Informationen, die sich der Kunde im Internet nicht so ohne Weiteres erschließen kann, wie z. B. Insider-Informationen, die direkt von der Reiseleitung des Ziellandes stammen. Dem Kunden wird damit zugleich die Fachkompetenz des Reisebüros signalisiert. Weiterer Informationsbedarf kann beispielsweise hinsichtlich der Ein- und Ausreisebestimmungen oder Gesundheitsvorschriften für das Zielgebiet bestehen.

- **Vakanzprüfung:** Hat der Kunde ein Angebot oder einige Alternativen ausgewählt, erfolgt die Vakanzprüfung (Prüfung der Verfügbarkeit der gewünschten Reiseleistung). Eine Vakanzprüfung mit Informationen über noch verfügbare Plätze liefert mitunter auch starke Verkaufsargumente; idealerweise sollte sie in Echtzeit erfolgen.

- **Preisermittlung:** Die Unterstützung des Expedienten bei der Preisermittlung hat durch die Flexibilisierung der Katalogpreisbindung seit November 2008 noch an Bedeutung gewonnen. Im Idealfall berechnet das System nicht nur unter Berücksichtigung individueller Service-Entgelte den gewünschten Preis, sondern verweist zugleich auch auf (Preis-)Alternativen. Für die Preisnennung im laufenden Verkaufsgespräch sollte das System wesentliche Leistungen noch einmal herausstellen und so den Expedienten mit wertvollen Argumentationshilfen unterstützen. Bei der Preisermittlung sind eventuelle Rabatte, Zuschläge sowie die Service-Entgelte der Reisbüros zu berücksichtigen.

- **Zusatzleistungen:** Ein intelligentes IT-System unterstützt den Expedienten beim Verkauf von Zusatzleistungen, indem es aus der Bedarfsermittlung gewonnene Erkenntnisse oder auch bereits vorhandene Kundendaten nutzt, um kundengerechte Zusatzleistungen anbieten und verkaufen zu können. Nahe liegend sind hier z. B. verschiedene Reiseversicherungen (z. B. Reiserücktrittskostenversicherung oder Gepäckversicherung), Mietwagen, Ausflugspakete, Eintrittskarten für Veranstaltungen vor Ort (Theater, Oper, Events etc.), schriftliche Reiseführer etc.

- **Optionsbuchung / Buchung:** Der Beratungsprozess kann zum einen mit einer Buchung oder Optionsbuchung abschließen, zum anderen kann der Kunde das Reisebüro auch ohne Vertragsabschluss verlassen. Das IT-System im Reisebüro führt nicht nur Buchungen und Optionsbuchungen durch und stellt diese übersichtlich und zugleich umfassend dar, sondern es sollte auch bestehende offene Optionen intelligent verwalten, die unterschiedlichen Options-Regelungen der Veranstalter berücksichtigen und damit Fehler vermeiden helfen.

Des Weiteren sollte die Software zusätzliche nützliche Funktionen, wie z. B. Servicefunktionen für Reisemittler am Point of Sale (POS) zur Verfügung stellen. Solche können z. B. eine Terminverwaltung oder ein Währungsrechner sein.

Neben diesen Funktionen sollte sich die Usability des IT-Systems idealerweise auch dadurch auszeichnen, dass das System schnell, übersichtlich und auf kurzem Wege die benötigten Informationen vom Reiseveranstalter bis hin über Cruise, Bahn, Flug u.v.m. in einer Weise zur Verfügung stellt, die zugleich eine Bedienung auf intuitive Weise ermöglicht und wenig Einarbeitungszeit erfordert, denn dann können auch neue Arbeitskräfte oder die Auszubildenden im ersten Ausbildungsjahr die Software rasch beherrschen.

Allerdings lässt die Komplexität und Heterogenität der Daten, die ein IT-System im Reisebüro heutzutage abbilden und berücksichtigen muss, rasch deutlich werden, dass das simpel zu bedienende Idealsystem, welches jedem Reisebüro gerecht wird und alle Funktionen erfüllt, kaum existieren kann. Da diese komplexen Aufgaben bislang nicht von *einem* Software-Produkt allein umfassend erfüllt werden, benötigt ein Reisebüro heutzutage i.d.R. ein Konglomerat an Software-Produkten, das sich wie folgt zusammensetzt:

1. Buchungssysteme – inkl. Möglichkeit IBE-Anbindung: z. B. AMA-Toma/Flug/Hotels/Cars etc., AMA-All Fares; Sabre-Merlin, Jack Plus, Hotel.de, HRS, e-domizil.de, e-hoi.de, Mercado Air, LH-Agent und andere internetbasierte Buchungstools der Anbieter

2. Informationssysteme, welche die Buchungssystem ergänzen und erweitern: z. B. internetbasierte Tools wie Holidaycheck.de, Google-Maps etc.; Expertensystem Extravis.pro von Holiday Land

3. Preisvergleichssysteme: z. B. AMA Value Pricer, Bistro Portal, Cosmo-Traffics

4. Systeme für Last Minute/Spezialangebote: z. B. AMA-LM, BistroPortal, SabreBargainFinderMax, SabreFlightExpress

5. Systeme zur differenzierten Berechnung von Service-Entgelten: z. B. AMA-TAF-Manager/SAM

4.1.2 Midoffice

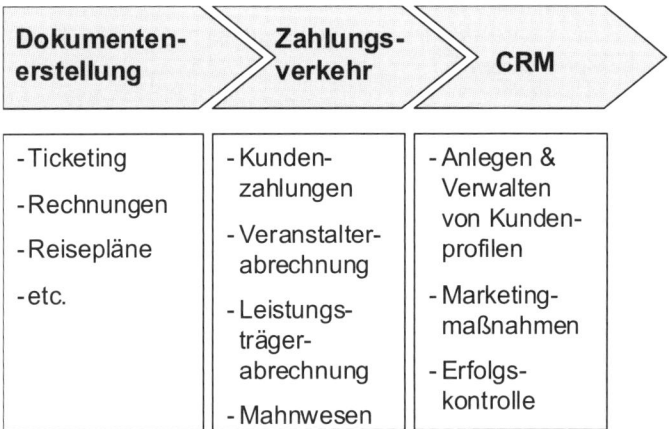

Abb. 4.1.3 Aufgabenbereiche Midoffice

Das Midoffice bildet die Schnittstelle zwischen Front- und Backoffice. Die anfallenden Aufgaben sind zwar kundenbezogen, sie werden jedoch nicht im unmittelbaren Kunden-kontakt ausgeführt. So sind verschiedene Dokumente für den Kunden zu erstellen, so z. B. Flug- und

4.1 Front-, Mid- und Backoffice

Bahntickets, Rechnungen, Reiseanmeldungen und -pläne oder Voucher. Diese können auf verschiedene Weise übermittelt werden, z. B. als Ausdruck oder per E-Mail. Geeignete IT-Systeme erleichtern dem Reisebüro z. B. durch die automatisierte oder halbautomatisierte Erstellung und den Versand von Dokumenten via Fax oder E-Mail die tägliche Arbeit.

Auch der Zahlungsverkehr wird im Midoffice abgewickelt. Dies beinhaltet einerseits die Erfassung der Kundenzahlungen. Andererseits ist der Zahlungsverkehr mit Veranstaltern und Leistungsträgern zu regeln. Die Abwicklung kann als Reisebüro- oder als Direktinkasso erfolgen. Außerdem muss – ggf. über eine Schnittstelle mit der Finanzbuchhaltung – ein Mahnwesen eingerichtet werden.

Eine weitere Aufgabe ist das Customer Relationship Management (CRM). Ziel ist es, einen möglichst umfassenden Überblick aller Kundenaktivitäten direkt am Counter zu bekommen, um so auch im direkten Kundenkontakt auf die individuellen Bedürfnisse eingehen zu können. Durch dieses Wissen kann die Beratungsqualität erhöht werden. Wichtig hierfür ist vor allem die korrekte Erfassung von Kunden- und Buchungsdaten in einer Kundendatenbank (persönliche Daten, Reisegewohnheiten, Zielgruppenzugehörigkeiten, sonstige relevante Daten). Die Auswertung der Kundendaten ermöglicht dem Reisemittler Kunden zu strukturieren sowie nach bestimmten Kriterien zu analysieren und zu selektieren. So bietet ein geeignetes System Möglichkeiten, aus den kundenbezogenen Informationen und Buchungshistorien individuelle Kundenprofile zu erstellen oder geeignete Marktsegmente näher zu bestimmen und zugleich zu bewerben. Die Kundenprofile sollten u.a. Stamm- und Kontaktdaten, Interessen und Besonderheiten der Kunden sowie ihre Buchungshistorie enthalten. Zugleich werden After-Sales-Maßnahmen im Midoffice vorbereitet und gegebenenfalls automatisiert. Die Kundendatenbank bildet somit die Grundlage für Kundenbindungs- und Direktmarketingmaßnahmen wie Mailings, interessenspezifische Angebote, Geburtstagsgrüße etc. Außerdem ist es sinnvoll, den Erfolg der Kampagnen zu überwachen, also z. B. die Zahl der Buchungen im Anschluss an ein Mailing.

An der Schnittstelle zur nachfolgend erläuterten Controllingfunktion des Backoffices erfüllt das Midoffices auch eine Steuerungsfunktion: Vordefinierte Preisaufschläge (Servicefees) und Firmenkundenvorgaben sind zu berücksichtigen, Umsätze und Provisionen zu maximieren. Die Servicefeeberechnungsfunktion übernimmt die Kalkulation der Bruttopreise der einzelnen Leistungen für den Expedienten im Verkaufsbüro und stellt ihm diese dann zur Verfügung.

Die Verkaufssteuerung ist für ein Reisebüro von zunehmender Bedeutung. Grund hierfür ist die verstärkte Aufsplittung der Provisionen in Abhängigkeit von detaillierten Umsatzzielen sowie die Flexibilisierung der bisherigen allgemeingültigen Tarife. Voraussetzung für eine aktive Verkaufssteuerung ist dabei eine vollständige und permanent aktualisierte Übersicht der Provisionen der einzelnen Veranstalter und Leistungsträger. Besonders das Erreichen von Zusatzprovisionen ist für den wirtschaftlichen Erfolg eines Reisebüros zunehmend entscheidend. Diese Provisionen werden nicht nur aufgrund von Umsatzerlösen, sondern differenzierter in Abhängigkeit von einzelnen Flugstrecken oder Zielgebieten ausgezahlt. Zum Erreichen dieser Ziele werden die dargestellten Angebote vorgefiltert. Dies ermöglicht dem Reisemittler Angebote, die nicht verkauft werden sollen, auszuschließen. Ein weiterer Teilbereich beschäftigt sich mit den Firmenrichtlinien, wobei der Reisemittlern bei der Buchung von Geschäftsreiseleistungen verpflichtet ist, die firmeninternen Buchungsvorgaben der Kunden zu beachten.

Im Detail ist die Abgrenzung zwischen Mid- und Backoffice oft nicht eindeutig zu vollziehen, da beide Bereiche doch sehr stark miteinander verzahnt sind. Geeignete IT-Tools werden daher zusammenfassend am Ende des nächsten Kapitels dargestellt.

4.1.3 Backoffice

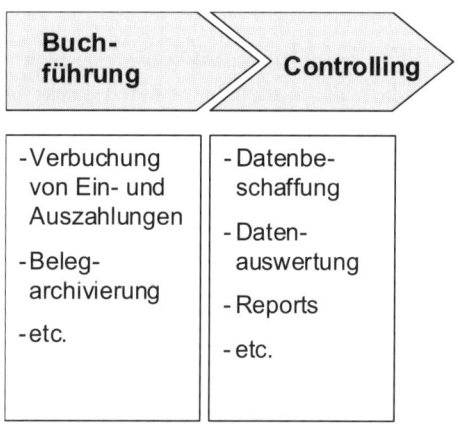

Abb. 4.1.4 Aufgabenbereiche Backoffice

Der Begriff Backoffice kommt aus den USA und umschreibt die Tätigkeiten, die normalerweise im „versteckten", für den Kunden nicht sichtbaren Bereich des Reisebüros verrichtet werden. Im Zusammenhang mit den Leistungen im Frontoffice fallen Verwaltungsaufgaben in den Bereichen Buchführung und Controlling an, die im Backoffice abgewickelt werden. Über den Zahlungsverkehr hinaus unterstützt das IT-System im Backoffice allgemeine Verwaltungsaufgaben und das Rechnungswesen. Das IT-System liefert zugleich in selbst gewählten Intervallen Statistiken und Reportings, z. B. über den Umsatz einzelner Mitarbeiter. Es stellt nicht nur die Daten bereit, z. B. für Soll-Ist-Vergleiche, sondern bildet auch die Grundlage für ein umfassendes Controlling-System und Management-Informations-System (MIS). So hat die Buchhaltung z. B. die folgenden Aufgaben:

– Übersicht über die Bestände sowie über Veränderungen an Vermögen und Kapital,
– Buchung von Umsätzen und Aufwendungen,
– Ermittlung des Ergebnisses in der Gewinn- und Verlustrechnung,
– Bereitstellung von Zahlen für innerbetriebliche Kontrollen, Betriebsvergleiche und zur Berechnung der Steuern.

Dies bedeutet für Reisebüros, dass alle erhaltenen und geleisteten Zahlungen genau verbucht werden müssen. Die Geschäftsvorgänge sind zu belegen, etwa mit Rechnungen, Quittungen, Kontoauszügen usw. und zu archivieren.

Das Controlling umfasst die fortwährende rentabilitätsbezogene Durchleuchtung eines Unternehmens, die Aufdeckung von Schwachstellen und die Entwicklung von Verbesserungsvorschlägen. Des Weiteren wird die Erreichung von kurz- und langfristigen Unternehmenszielen kontrolliert und es werden neue Ziele formuliert.

Zur Erfüllung dieser Aufgaben müssen auch buchungs- und kundenbezogene Daten gesammelt werden. Deren Auswertung erfolgt z. B. in Bezug auf einzelne Veranstalter, Leistungsträger oder Kunden(-gruppen). Sinnvoll ist eine anschließende Aufbereitung in Form von Reports, die Statistiken, Kennzahlen, Soll/Ist-Vergleiche u.Ä. enthalten. Zusammenfassend kann festgehalten werden, dass sowohl für den Mid- als auch für den Back-Office-Bereich das IT-System folgende Aufgabenfelder abdecken sollte:

1. Verwaltung von Kundendaten/-profilen: z. B. AMA-Customer Profiles; MySabre und merlin Midoffice; Jack; Bosys, Midoco/Pisano

2. automatisches Versenden von Unterlagen: z. B. AMA-Fax/E-Mail-Plus; MS-Outlook; Fritz-Fax

3. Möglichkeiten der Zahlungsabwicklung: z. B. AMA Cash

4. Buchhaltungs-System bzw. Cash Management-System mit automatischer Schnittstelle zwischen Buchhaltung und Bank

4.1.4 Überblick IT-Systeme

Der Markt der IT-Systeme für Reisemittler wird von folgenden drei weltweit operierenden GDS dominiert:

- Amadeus / Amadeus Germany (mit Traveltainment/Bistro)
- Sabre/Merlin (mit Lastminute.de)
- Travelport (Galileo/Wordspan)

Diese Anbieter sind bereits lange auf dem Markt und genießen eine hohe Marktakzeptanz. Sie geben vor, die Reisemittler umfassend bei ihren Aufgaben zu unterstützen und die wesentliche Bandbreite der IT-Aufgaben im Reisebüro abdecken zu können. Zugleich greifen Newcomer die bisherigen Marktführer an und machen den etablierten Anbietern Konkurrenz. Hier sind vor allem Jack Plus von Bewotec sowie Traffics Cosmo zu nennen, die seit 2008/2009 stark in den Markt drängen. Auch diese Newcomer werben damit, die wesentlichen Aufgaben des Reisebüros abdecken zu können. Des Weiteren tummeln sich auf dem Markt mindestens 25 Spezialanbieter, welche mit branchenspezifischen IT-Tools oftmals eine Nische besetzen.

Die im Reisebüro möglicherweise zum Einsatz kommenden IT-Systeme schaffen jedoch durch ihre Vielseitigkeit und Heterogenität auch Probleme. Zum einen wurde eine datentechnische Integration von Telefon, Frontoffice, CRS, Internet etc., die auch ein umfangreiches Multi-Channelling erlauben würde, bislang noch nicht realisiert. Zum anderen kommt es zwischen den verschiedenen Front-, Mid- und Backoffice-Systemen in der Praxis zu Systembrüchen.

Anbieter (Produkt)	Software-Art	Homepage
Absolut Backoffice (Bosys; Trasy)	Bosys: Midoffice-Software; Trasy: Backoffice-Software	www.bosys.info www.b-l-s.com
Aerticket	Internetportale zur Buchung von Consolidator-Flügen	ww.aerticket.de oder www.ticketfabrik.de
Bewotec (Jack)	Mid-/Backoffice-Software	www.bewotec.de
e-domizil.de / ehoi.de	Internetportal für Ferienhäusern / Kreuzfahrten	www.e-domizil.de www.ehoi.de
Etacs (Aurora)	Mid-/Backoffice-Software	www.etacs.de
Hitchhiker (Temyra)	IBE für Flugbuchungen	www.hitchhiker.com
holidaycheck.de	Hotelbewertungsportal	www.holidaycheck.de
hotel.de	Hotelbuchungsportal	www.hotel.de
HRS	Hotelbuchungsportal	www.hrs.de
Inter Media Data (Tourmanager)	Internetbasiertes Beratungstool für Pauschalreisen	www.tourmanageronline.de
InteRes (Mercado Air)	Webbasierte Flugbuchungs oberfläche	www.interes.de
Lufthansa Agent Portal	Internetportal für LH-Flügen	www.lufthansa-agent.com
Partners Software (Low Fare; Part One)	Low Fare: IBE für Flugbuchungen; Part One: Mid-/Backoffice-Software	www.partners.de
Pisano Holding (Package Master; Travel CMS; Midoco Midoffice)	Package Master: Veranstalter-Software zur Produktinformationsverwaltung; Travel CMS: Online-Datenbank mit Katalogdaten; Midoco: Midoffice-Software	www.pisano-holding.com www.cic.de www.interactivecms.de www.midoco.de
Pro Quest (Airquest)	IBE für Flugbuchungen	www.airquest.info oder www.newsquest.de
Riasoft (Reisecounter)	Internetbasiertes Beratungs- und Buchungstool für Pauschalreisen	www.riasoft.de
Ta.ts (Ibiza)	Mid-/Backoffice-Software	www.ta-ts.de
Traffics (Traffics Cosmo; Tibet)	Traffics Cosmo: internetbasiertes Preisevergleichs- und Buchungstool; Tibet: IBE für Reisebüro-Websites	www.traffics.de
Travel IT (LMplus-XL; LMweb)	LMplus-XL: internetbasiertes Buchungstool für Pauschalreisen; LMweb: IBE für Reisebüro-Websites	www.travel-it.de
Travel Basys (RBS)	Mid-/Backoffice-Software	www.travelbasys.de
Travelocity	Internetportal für Mietwagen, Hotel & Bausteinreisen	www.holidayautos.de www.medhotels.de www.holidayandmore.de
Traveltainment (Bistro Portal, TT-IBE)	Bistro Portal: internetbasiertes Beratungs- und Buchungstool; TT-IBE: IBE für Reisebüro-Websites	www.traveltainment.de
Ypsilon.Net	Internetbasierte Flugbuchungslösungen	www.ypsilon.net
Ziel (Synccess, Reiseziel)	Synccess: internetbasiertes Mid-/Backoffice-System; Reiseziel: Mid-/Backoffice-Software	www.ziel.de

Abb. 4.1.5 *Überblick IT-Anbieter* *(Stand 2009)*

Diese verhindern mitunter nicht nur die Datenübergabe zwischen den Systemen, sondern sie erfordern z. T. zudem ein Umdenken des Anwenders beim Wechsel zwischen den Systemen und erschweren somit auch die Einarbeitung neuer Mitarbeiter. Dadurch, dass die Daten mitunter auch untereinander inkompatibel sind, werden Neueingaben nötig, die äußerst ineffizient sind, da die einzugebenden Daten bereits digital vorliegen. Zudem bilden vorhandene Insellösungen stets nur einen kleinen Ausschnitt aus dem Gesamtprozess ab, was z. B. auch eine übergreifende Auswertung der vorhandenen Daten unnötig kompliziert oder gar unmöglich macht. Auch lassen sich viel genutzte Internet-Portale und bereits vorhandene Info-Systeme teilweise nur schwer oder wenig effektiv in die Reisebüroprozesse einbinden.

Zugleich wird allerdings deutlich, dass die Bedeutung eines Mid- bzw. Backoffice-Systems für die Praxis sehr hoch ist: Immerhin 91,9 % der Befragten übernehmen Daten aus dem GDS/CRS in den Mid- oder Backoffice-Bereich. Doch nur bei nicht ganz der Hälfte derjenigen, welche mit den Daten aus dem GDS/CRS weiterarbeiten, geschieht diese Übernahme automatisch:

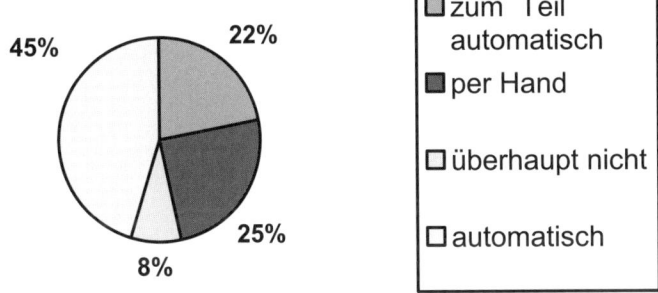

Abb. 4.1.6   *Art der Datenübernahme vom CRS/GDS ins Mid-/Backoffice-System*

Hier nun liegt wiederum ein erhebliches Entwicklungspotential der vorhandenen GDS. Diese könnten die Datenintegration über das gesamte Front-, Mid- und Backoffice-System garantieren. So verbindet z. B. Sabre seit September 2007 das eigene Midoffice-System über Schnittstellen mit Amadeus und Travelport, um den Reisebüros mehr Flexibilität zu bieten. Ein solches „Multi-GDS", über die eigenen Systemgrenzen hinweg, kann durch die breitere Verwendbarkeit des Systems zugleich die eigene Marktposition festigen.

4.1.5   Konkurrenzsituation auf dem IT-Markt

Da GDS inzwischen z. T. 30-50 Jahre auf dem Markt sind, verfügen sie über eine große Erfahrung. Allerdings haben die Marktführer ihre von Beginn an monopolähnliche Stellung lange Zeit nur unzureichend für wegweisende Innovationen genutzt oder ihre Größenvorteile nicht/kaum im Sinne von economies of scale für eine Strategie der Preisführerschaft verwendet. Dadurch wurden die Markteintrittsbarrieren eher gering gehalten, so dass nach und nach Mitwettbewerber auf dem Markt Fuß fassen konnten.

Als Folge von Unzufriedenheit und möglichen Alternativen wechselten nicht nur einzelne Reisebüros auf neue Systeme, sondern mitunter wechselten gleich ganze Reisebüro-Ketten bzw. Franchisesysteme, wie z. B. 2008 Thomas Cook über Airob von Webtravel zu JackPlus von Bewotec.

Der IT-Markt für die Reisebüros wird somit mehr und mehr oligopolistisch. Die großen GDS, allen voran Amadeus, haben ihre monopolähnliche Stellung verloren und mussten Marktanteile an die Newcomer abgeben. Noch allerdings ist Amadeus deutlicher Marktführer, 76 % der befragten Reisebüros setzten 2008 allein auf dieses GDS.

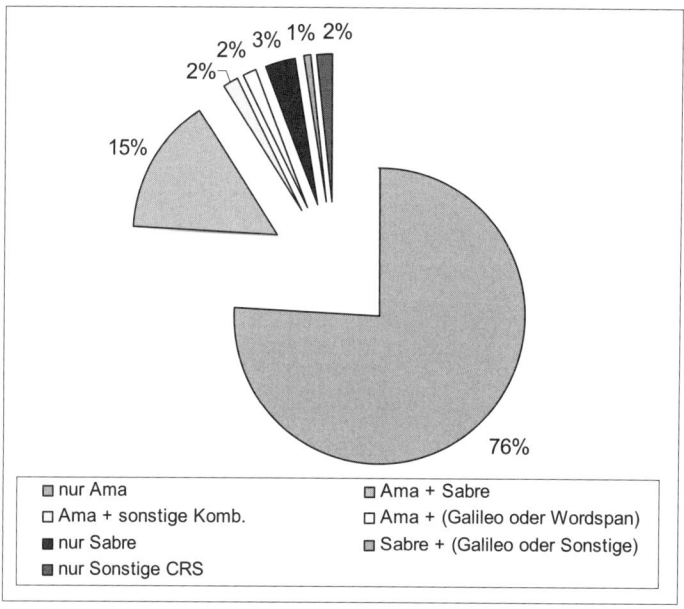

Abb. 4.1.7 Prozentualer Anteil der CRS-Nutzung (nach Segmenten)

Immerhin gut weitere 19 % nutzen Amadeus in Kombination mit anderen GDS. Damit kann Amadeus zumindest bis 2009 seine Position im Markt noch behaupten. Sofern sich die anderen GDS jedoch weiterentwickeln und auch die Funktionen besetzen können, die bislang in Kombinationen von Amadeus besetzt werden, könnte sich jedoch in den darauf folgenden Jahren eine Verschiebung der Marktanteile zu Ungunsten von Amadeus entwickeln.

Da die genutzten GDS in der Praxis nicht alle IT-Bedürfnisse abdecken, verwenden viele Reisebüros wie oben ausgeführt zusätzliche IT-Tools. Im Schnitt werden dabei von den Büros 4,2 IT-Tools zusätzlich zu den GDS genutzt, von denen man annehmen darf, dass sich die Reisebüros von ihnen einen konkreten Mehrwert erhoffen. Dabei setzen Einzelbüros mit durchschnittlich nur 3,5 IT-Tools signifikant weniger zusätzliche Tools ein als Kettenbüros mit 4,7 IT-Tools. Am stärksten setzen Franchisesysteme auf Zusatz-Tools: Sie nutzen im Schnitt 5,1 IT-Tools zu den bestehenden GDS.

Da das perfekte System, welches alle Bedürfnisse eines Reisebüros optimal befriedigt, bislang nicht existiert, könnte eine kurz- und vielleicht auch langfristige Lösung in der Nutzung einer Multi-GDS-Reisebüro-IT-Landschaft liegen. So konnten die Reisebüros diese Lösung z. B. im Frühjahr 2009 angesichts der Kostennachteile bei der AMA-Nutzung für Lufthansa-Buchungen dazu nutzen, Lufthansa kurzfristig nicht über Amadeus, sondern z. B. über Sabre zu buchen. Damit würden die Reisebüros ihre Flexibilität langfristig wahren und zugleich ihre Verhandlungsposition gegenüber den GDS stärken. Genauso wäre denkbar, dass die Entwicklung von Meta-Tools zu einer situativen eklektischen GDS-Nutzung führt: Ein solches Tool bucht automatisch immer über *das* System (verschiedene GDS oder Internet), welches die günstigsten Konditionen bietet. In Ansätzen ist diese Idee bereits 2009 in Interes-Mercado verwirklicht worden.

Leistungsanbieter wie z. B. Lufthansa zahlen an die Reisebüros via GDS Buchungsincentives in Höhe von vier bis fünf Euro pro Buchung. Daraus resultieren etwa 20-40 % des GDS-Umsatzes. Seit 2008 aber will Lufthansa dieses Geld zulasten der GDS und Reisebüros einsparen – und bedroht damit indirekt das GDS-Geschäftsmodell. Der seit Mitte 2008 entfachte Streit um die Erstattung der Segmententgelte ist eine marktstrategisch relevante Frage zur Kosten- und Machtverteilung zwischen Leistungsträgern, GDS und Agenturen. So sind die Erträge auf den verschiedenen Wertschöpfungsebenen sehr unterschiedlich, so dass es verständlich sein mag, dass manche Marktpartner ein größeres Stück vom „Gewinn-Kuchen" in der vertikalen Kette fordern:

- Reisebüros: < 2 %
- LH: ca. 8-9 %
- GDS: ca. 30-35 %

Ein Grund für diese Entwicklung mag darin liegen, dass Lufthansa noch relativ stark von ihrer ehemaligen Tochter Amadeus abhängig ist. Diese Abhängigkeit will Lufthansa 2009 durch Änderung ihrer Vertriebsstrategie reduzieren. Dazu hat sie bereits 2007 das Agentenportal „LH-Agent" geschaffen, um insbesondere Amadeus zu umgehen. Allerdings blieb dieser Versuch mangels durchgängiger Mid-/Backoffice-Anbindung bislang eher ein stumpfes Schwert. Ob Lufthansa aus diesem Grund sogar zu wettbewerbsrechtlich bedenklichen Maßnahmen greift und andere GDS bevorzugt, das werden die Gerichte prüfen und entscheiden müssen.

4.1.6 Kriterien zur Beurteilung von GDS

Auf den IT-Markt für Reisebüros drängen nach und nach neue Anbieter. So tritt seit Ende 2008 z. B. TrafficsCosmo als vollwertiges CRS inklusive Beratungs- und Preisvergleichsfunktion an. TrafficsCosmo setzt darauf, bisherige Buchungs- und Beratungssysteme im Reisebüro vollständig zu ersetzen und im Sinne einer „Book it all-in-one-Philosophie" das alleinige System des Reisebüros zu sein. Auch JackPlus von der Firma Bewotec wirbt damit, als neue Vertriebsplattform die gesamten Arbeitsabläufe im Front-, Mid- und Backoffice System abbilden zu können. Darüber hinaus gibt die Firma Bewotec an, die Daten „im modernsten Rechenzentrum Europas" zu verarbeiten und die reibungslose Einführung über ein Team von 130 Mitarbeitern mit über 20 Jahren Erfahrung sicherzustellen. Damit die Newcomer auf dem Markt allerdings tatsächlich eine ernsthafte Alternative für die Reisebüros darstellen können, sollten folgende Voraussetzungen erfüllt sein:

1. **Effizienz:** Die neuen Systeme müssen besser und/oder billiger sein als die bisherigen GDS, damit sich für Reisebüros trotz des unter Umständen hohen Umstellungsaufwandes und der vorhandenen Unsicherheit ein Systemwechsel auch lohnt.Traffics oder Jack Plus sind z. B. äußerst preiswert bzw. kostenlos. Hier muss indes hinterfragt werden, ob die gebotene Leistung in der Gesamtheit auch tatsächlich vergleichbar ist. Bei dem extrem günstigen Preis der genannten Newcomer muss dies erst noch unter Beweis gestellt werden.

2. **Perfomance und Service:** Vergleicht man z. B. das Herzstück der GDS miteinander, so werden rasch Unterschiede deutlich. Zwar versprechen auch die Newcomer modernste Rechenzentren, doch erfolgt die tatsächliche Buchung z. B. bei JackPlus im Flugbereich über die Internet Booking Engine von Hitchhiker und das Ticketing über Consolitators. Bei Traffics gehört nach Firmenangaben ein Rechenzentrum im Berliner Alboin Kontor mit mehr als 400 Servern auf 1.000 Quadratmetern High-Tech-Fläche zum angemieteten Inventar. Amadeus oder Sabre sind dagegen in der Lage, bis zu 20.000 Anfragen bzw. Transaktionen pro Sekunde zu verarbeiten, dies entspricht beispielsweise der 5.000fachen Datenmenge von Wikipedia. So greifen bei Amadeus nach eigenen Angaben weltweit rund 500 Airlines und 95.000 Reisebüros auf das Datenzentrum zu und veranlassen jährlich eine halbe Billion Buchungen. Im Vergleich zu dieser hohen Leistungsfähigkeit müssen die Newcomer dagegen erst ihre Perfomance bezüglich Verfügbarkeit und Systemstabilität langfristig unter Beweis stellen. So bietet Amadeus, ähnlich wie Sabre, z. B. für 45.000 Terminals in 14.000 deutschen Reisebüros eine Systemverfügbarkeit von mehr als 99 %. Jack kann bislang nach eigenen Angaben dagegen 6.500 Installationen, vor allem Mid-/Backoffice, für sich verbuchen und erwartete bis Ende 2008 insgesamt 1.500 JackPlus-Installationen. Traffics hingegen kommt bislang auf 9.500 Installationen, wobei davon nur ca. 3.500 tatsächliche „Bucher"-Nutzer darstellen, da viele dieses System in der Praxis nur als Info-Tool nutzen. Auch im Bereich Service und Support müssen die Newcomer mit den Großen mithalten können. Dies dürfte nicht so leicht sein, da z. B. bei Amadeus die „Erstanruf-Problemlösungs-Quote" bei ca. 245.000 Inbound-Anrufen pro Jahr immerhin 86 % beträgt.

3. **Leistungsspektrum:** Zugleich haben die Systeme mit der Unterschiedlichkeit der Reisebüros zu kämpfen. Der Reisebüro-Markt ist, wie eingangs ausgeführt, z. B. hinsichtlich der Größe, Organisationsform und Sortimentsausrichtung der Reisebüros recht heterogen. Um diese Heterogenität auch im System abbilden und den unterschiedlichen Anforderungen der Reisebüros gerecht werden zu können, muss das GDS selbst vielseitig sein. Ein Vergleich von Leistungsbereichen und Content der Systeme zeigt auch hier recht schnell Unterschiede. Betrachtet man z. B. die Anbindung von mittelständischen Reiseveranstaltern an die Systeme, so sind bei Sabre mehr als 200 mittelständische Reiseveranstalter angeschlossen. Traffics kommt immerhin noch auf 160 Reiseveranstalter, JackPlus hingegen kann nur auf 90 Reiseveranstalter (Stand Anfang 2009) verweisen. Ähnliche Vergleiche müssen die Reisebüros bei der Auswahl

eines Systems bezüglich buchbarer Kreuzfahrten, internationaler Bahngesellschaften, dem Entertainment-Sektor u. a. m. anstellen. Als weiteres entscheidendes Vergleichs-Kriterium im Leistungsspektrum kann das Vorhandensein und die Leistungsfähigkeit eines Angebots-Vergleichsystems, in der Art wie es z. B. BistroPortal darstellt, herangezogen werden. Dieses fehlt z. B. bei JackPlus bislang gänzlich (sollte aber 2009 entwickelt werden). Auch nutzen manche Front-Office-Tools letztlich auch nur den Content der GDS. In der Praxis kann es aber entscheidend für den Verkaufserfolg eines Reisebüros sein, tatsächlich den günstigsten Flugtarif ermitteln und anbieten zu können. Zudem liegen viele Leistungsunterschiede der Systeme im Detail, z. B. im Funktionsumfang des CRM oder MIS. Gerade diese Leistungsunterschiede erschließen sich dem Anwender häufig erst in der Anwendung der Systeme selbst. Für international tätige Ketten, wie z. B. Geschäftsreiseketten, kann ebenfalls die internationale Verbreitung eines Systems von hoher Bedeutung sein. Gerade hier zeigt sich dann die Stärke der GDS im Gegensatz zu den eher national ausgerichteten CRS.

4. **Zukunftsfähigkeit der Software:** Die großen GDS investieren mitunter Millionen Euro pro Jahr in die Produkt(weiter)entwicklung, wie aktuell z. B. am Amadeus-Projekt ARNO deutlich wird. Sabre investiert nach eigenen Angaben ca. 200 Mio. $ pro Jahr. Newcomer hingegen müssen Umsteigern erst die Sicherheit vermitteln, dass ihre Software auch zukünftigen Anforderungen gegenüber angepasst und weiterentwickelt wird.

5. **Insolvenz des IT-Lieferanten:** Eine Insolvenz seines IT-Lieferanten stellt das Reisebüro vor möglicherweise große Probleme, je nach Art des genutzten IT-Tools. Mit Eintreten der Insolvenz fallen in der Regel zumindest Support und Weiterentwicklung der Software plötzlich weg. Dass ihr IT-Lieferant durch Insolvenz ausfallen kann, mussten z. B. im April 2008 die Kunden des internetbasierten CRM-Tools „Di.Maxx" von Di.Mas Marketing Ltd. schmerzlich erfahren. Von daher sollte die Solvenz eines IT-Anbieters im Vorfeld überprüft werden.

6. **Rentabilität:** Der Einsatz mehrerer IT-Tools kostet Geld und Zeit, auch für die Einarbeitung. Hier wird jedes Reisebüro eine individuelle Kosten-Nutzen-Analyse aufstellen müssen, um festzustellen, ob die neu einzusetzenden IT-Systeme tatsächlich einen Mehrwert bieten und z. B. durch bessere bzw. günstigere Angebote oder eine größere Vielzahl von Angeboten ein Nutzen geschaffen wird, der letztlich zu Vorteilen gegenüber den Mitwettbewerbern und zu Effizienzsteigerungen führt.

7. **Standards:** Die GDS haben in der Vergangenheit nicht nur ein dominantes Design, sondern auch Standards in Bedienung, Maskenaufbau etc. geschaffen. Diese sind den Expedienten in den Reisebüros vertraut. Damit bei einer Umstellung eine aufwendige und teure Einarbeitung entfällt, ist es sinnvoll, wenn sich Newcomer an den vorhandenen Standards orientieren. Dass Newcomer sich tatsächlich an vorhandenen GDS orientieren, zeigt sich z. B. an der JackPlus-Oberfläche, welche stark an die Amadeus-Maske erinnert.

Auch wenn ein Newcomer nicht alle der genannten Kriterien vollständig erfüllt, so übt doch jeder angreifende Newcomer auf dem Markt sowohl einen direkten Innovations- als auch einen Preis-Druck auf die etablierten GDS und die anderen Wettbewerber aus. Dadurch sind die GDS gezwungen, sich zu bewegen, wollen sie nicht mittel- oder langfristig wichtige Marktanteile verlieren oder gar neue Entwicklungen gänzlich verpassen. Der Druck der Newcomer mag auch dafür verantwortlich sein, dass seit 2009 in Amadeus die CRM-Funktionalität verfügbar ist. So hat im BusinessTravel AMA-SAM/Sales Manager den Verk- und TAFManager abgelöst, und das leistungsfähigere TMR-Format (Trip Master Record) ersetzte das PNR-Format. Bei Sabre/Lastminute.de gibt es inzwischen die IBE-Lösung für Online-Reisebüros und ein neues vertriebskanalübergreifendes Midoffice-CRM-/MIS-Modul.

Im Innovations-Wettbewerb der Systeme spielt dabei zugleich Zeit eine bedeutende Rolle. Es muss sich zeigen, ob die GDS, insbesondere Amadeus, schnell genug ein durchgängiges Mid-/Backoffice sowie Multi-Channel-Lösungen schaffen können, wie z. B. AMA-SAM auch für Touristikbüros, um die Newcomer in Schach zu halten.

Für die GDS ist es von Bedeutung, auch in Zukunft die Wünsche und Bedürfnisse ihrer Kunden befriedigen zu können. Um zu erfahren, was Reisebüros von den IT-System-Anbietern wünschen, wurden ihnen in einer Studie Statements vorgelegt, denen sie zustimmen oder die sie ablehnen konnten. Daraus ergibt sich z. B. dass sich 83,4 % der befragten Reisebüros ein CRS wünschen, das alle Leistungen abdeckt.

Mehr als die Hälfte der Reisebüros gibt an, einen guten Überblick über die Softwareangebote zu besitzen, während zugleich 84,2 % der Reisebüros eine Umstellung auf ein neues IT-System mit viel Aufwand und Unsicherheit verbinden. Hier liegt für die Newcomer ein wichtiger Ansatzpunkt im Marketing. Zugleich müsste der Bekanntheitsgrad einiger Newcomer noch vergrößert werden.

Damit die Newcomer allerdings nicht nur für neu gegründete Reisebüros in die engere Wahl kommen, sondern auch von bestehenden Reisebüros als echte Alternative wahrgenommen werden, sollten sie vor allem auch ihren Preisvorteil kommunizieren. Denn nur wenn die von den Nutzern unterstellten zeitlichen und finanziellen Wechselbarrieren geringer erscheinen als der vermutete Nutzen, wird es tatsächlich zu einem Wechsel kommen. So können gerade für kleinere Touristik-Reisebüros, welche die enorme Breite des GDS-Angebots gar nicht benötigen oder zu benötigen glauben, preiswerte Alternativen, wie z. B. Jack, dauerhaft eine echte Wahlmöglichkeit darstellen. Aber inzwischen bauen auch Ketten bzw. Franchisesysteme mit Touristik-Schwerpunkt auf neue, mitunter auch vertriebseigene Buchungsplattformen. So setzt Reiseland auf „Cris", Thomas Cook-Reisebüros und Holiday Land wechselten zu Jack Plus (früher Airob von Webtravel).

4.1 Front-, Mid- und Backoffice

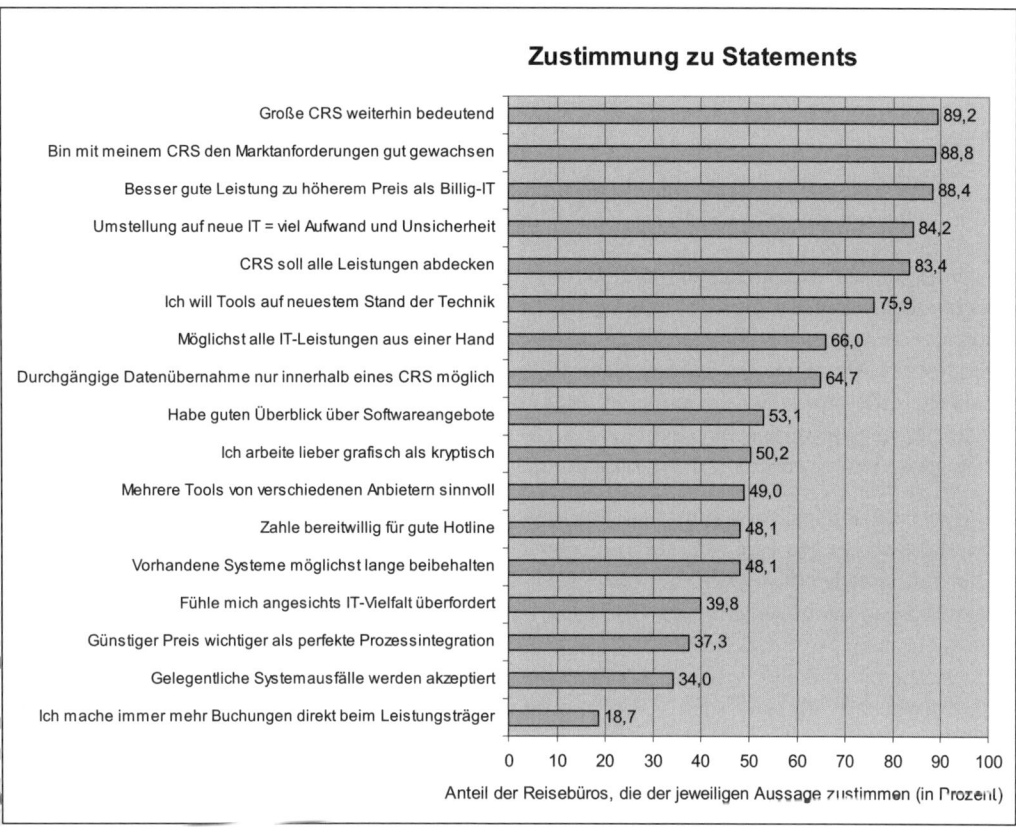

Abb. 4.1.8 Wünsche der Reisebüros *(Stand 2008)*

Auch wenn es keine Patentlösungen für die Zusammenstellung eines geeigneten IT-Gesamt-Systems gibt und eine Auswahl immer den individuellen Bedingungen eines jeden Reisebüros angepasst werden muss, so haben sich in der Praxis offensichtlich unter anderem folgende IT-Kombinationen als sinnvoll erwiesen bzw. bewährt:

- „AMA-Familie" (inkl. BistroPortal + IBE von AMA-Tochter Traveltainment, als Komplettsystem inkl. Mid-/Backoffice) + internetbasierte Info-Tools
- Sabre inkl. FlightExpress/Interes + BargainFinderMax/Ypsilon.net (IBE für z. B. Aerticket) + Travel-Basys (oder ta.ts-Ibiza, als Backoffice) + internetbasierte Info-Tools
- Galileo (Travelport) + BistroPortal + Mid-/Backoffice-Software
- GDS + Midoco-Midoffice + Travel-Basys-Backoffice + internetbasierte Info-Tools
- JackPlus + Jack + Mercado Air + internetbasierte Info-Tools
- Traffics Cosmo (inkl. IBE sowie Galileo für Linienflüge) + Bosys (oder Midoco oder Partners für Mid-/Backoffice)

4.1.7 Zusammenfassung & Ausblick

Zusammenfassend kann festgestellt werden, dass die großen GDS aktuell noch eine sehr hohe Bedeutung im Reisebüro-Markt besitzen und, allen voran Amadeus, den Markt dominieren. So kann auch in Zukunft erwartet werden, dass diese für die Reisebüros bei der Bewältigung ihrer Aufgaben im Front-, Mid- und Backoffice eine herausragende Rolle einnehmen werden. Denn auch wenn die GDS in der Vergangenheit eher behäbig und langsam in ihrer Anpassung wirkten, so sind sie doch dank ihrer Ubiquität, ihrer weltweiten Verbreitung, der in der Vergangenheit unter Beweis gestellten Sicherheit und Zuverlässigkeit sowie nicht zuletzt wegen ihrer Systemintegrität nicht vom Markt zu verdrängen. Dies gilt insbesondere für den Marktführer in Deutschland, Amadeus, mit seinen diversen Funktionen und Produkten. Allerdings ist einigen Newcomern der Markteintritt erfolgreich gelungen, weshalb die GDS jetzt ihre economies of scale nutzen und sowohl für Reisebüros als auch für Anbieter/Leistungsträger preisgünstiger werden müssen. Ansonsten drohen die Marktführer, trotz ihrer herausgehobenen Position, mittelfristig wichtige Marktanteile zu verlieren.

Die meisten Reisebüros hingegen sehen angesichts ihrer GDS- und IT-Ausstattung den Anforderungen des Marktes gelassen entgegen und verspüren bislang keinen Umstellungsdruck. Die mittlerweile am Markt in großer Zahl vorhandenen sonstigen IT-Tools und auch die internetbasierten Lösungen haben die GDS bislang nicht verdrängt, sondern werden von den Reisebüros meist ergänzend genutzt. Es wird sich zeigen, ob und in welchem Maße sich die Newcomer in Zukunft weitere Marktanteile erobern. Auf jeden Fall ist damit zu rechnen, dass der neue Wettbewerb den Markt beleben und den Innovationsdruck erhöhen wird.

Quellen:

Füth G., Walter E., Buchführung für Reiseverkehrsunternehmen, 8. Aufl., Frankfurt/Main 1993.

Kirstges T., Expansionsstrategien im Tourismus: Marktanalyse und Strategiebausteine, unter besonderer Berücksichtigung mittelständischer Reiseveranstalter, 3. Aufl., Wilhelmshaven 2005.

Kirstges T., „IT-Nutzung in Reisebüros", Ergebnisse einer empirischen Studie zur Nutzung von Computerreservierungssystemen (CRS) und weiterer Informationstechnologie (IT) in Reisebüros, Wilhelmshaven 2007.

Kirstges T., Schmoll E., Kampf der Systeme – welche IT braucht das Reisebüro?, Wilhelmshaven 2008.

Meier R., Maess T., Back-Office, in: Das Reisebüro – erfolgreich gründen und führen, Neuwied/Kriftel/Berlin 1997.

o.V., (Leisure Profiles), Produktblatt Amadeus Customer Leisure Profiles, http://www.amadeus.com/de/documents/aco/de/de/PB_Customer_Leisure_Profiles.pdf

Schulz A., Potentialmanagement: Informations- und Reservierungssysteme, in: *Freyer W., Pompl W.,* Reisebüro-Management, 2. Aufl., München 2008, S. 183–202.

Touristik Report (Hrsg.), Praxisreport Systemwelt Reisebüro, Ausgabe 1/2008, Beilage zum Touristik Report.

Voigt P., Finanzmanagement im Reisebüro, in: *Freyer W., Pompl W.,* Reisebüro-Management, 2. Aufl., München 2008, S. 297–320.

4.2 Globale Distributionssysteme

Prof. Dr. Axel Schulz

Für die Buchung von Reisedienstleistungen kommen heute vor allem branchenspezifische Systeme zum Einsatz. Ein globales Distributionssystem (GDS) ist ein Medium, mit dem Reisebüros und Endkunden Informationen und Vakanzen abfragen sowie Kundendaten und Leistungen erfassen und verarbeiten können. Typischerweise handelt es sich um Systeme, die eine (informations-)logistische Funktion wahrnehmen. Sie halten aktuelle Informationen über alle verfügbaren Leistungsanbieter bereit und verfügen über die notwendige Infrastruktur zur Datenübermittlung. Diese Systeme übernehmen für die Distribution der Dienstleistungen Aufgaben, die im Bereich der Sachgüter z. B. von Speditionen geleistet werden, nämlich den Transport der Ware (bzw. das Anrecht auf eine Dienstleistung), wobei sie die räumliche Distanz zwischen Produzenten und Absatzmittler bzw. Konsumenten überwinden. Somit können bestehende globalen Distributionssysteme zunächst als Bündel von Infrastrukturmaßnahmen angesehen werden, die interessierten Anbietern von touristischen Dienstleistungen zur Nutzung angeboten werden. Ähnlich einem leeren Supermarkt wird eine Verkaufsfläche in Form von Speicher- und Kommunikationsmedien zur Verfügung gestellt. Die Leistungsanbieter können nun, indem sie ihre Daten in das GDS einspeisen, diese leeren Regalflächen füllen. Die folgende Abbildung gibt einen Überblick des typisches Aufbaus eines globalen Distributionssystem.

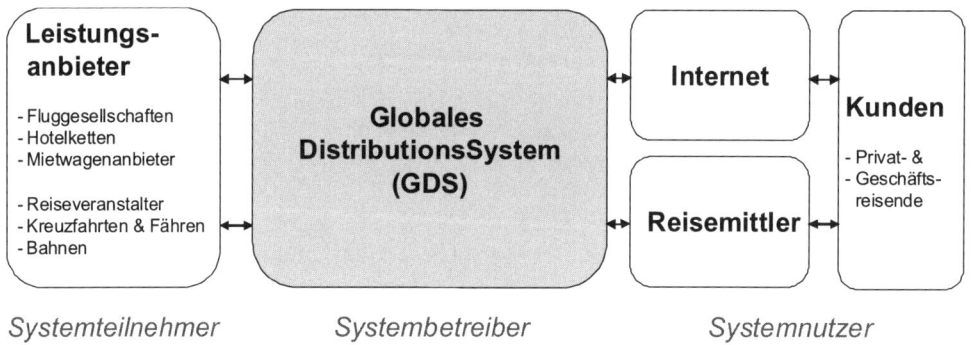

Abb. 4.2.1   Vereinfachtes Grundmodell globale Distributionssysteme (GDS)

- **Systemteilnehmer:** Die wichtigsten Leistungsanbieter der globalen Systeme sind die Linienfluggesellschaften, welche die globalen Distributionssysteme auch ursprünglich entwickelt haben. Zur Vervollständigung des Angebotes sind in einem zweiten Schritt auch die großen Hotel- und Mietwagenketten in die Systeme aufgenommen worden. Heute sind auch noch Reiseveranstalter, Schifffahrts- und Bahngesellschaften in den GDS vertreten. Billigfluggesellschaften sind jedoch aus Kostengründen zumeist nicht buchbar.

4.2 Globale Distributionssysteme

- **Systembetreiber**: Die globalen Distributionssysteme haben die Aufgabe der Produkt- und Tarifdarstellung sowie Reservierung der Reisedienstleistungen aller Systemteilnehmer. Hierzu verfügen die Systeme über ein rechenzentrum und eine Kommunikationszentrale zur weltweiten Verbindung mit den Systemnutzern. Zudem erleichtern moderne Benutzeroberflächen die Benutzung der Systeme. Nach mehreren Konsolidierungen gibt es heute nur noch drei globale Systeme: Amadeus, Galileo/Travelport und Sabre.

- **Systemnutzer**: Auf der Nutzerseite sind vor allem die Reisemittler zu nennen. Deren Aufgabe ist es, alle Reisedienstleistungen an den Endkunden zu vermitteln. Heute sind auch Endkunden und Online-Reisebüros mit Hilfe von Internet Booking Engines (IBE) direkt an die globalen Distributionssysteme angeschlossen. Daher entfällt zunehmend der Informationsvorsprung der Reisemittler.

4.2.1 Entwicklungslinien

In den Anfangsphasen der zivilen Luftfahrt waren Flugbuchungen sehr zeitintensiv. Aufgrund der geringen Anzahl der Flüge und Nachfrager sowie den wenig unterschiedlichen Tarifen reichte es vollständig aus, dass die Fluggesellschaften ihre Flug- und Tarifinformationen in einer einfachen Broschüre oder in Zeitungsanzeigen veröffentlichten. Mit zunehmender Popularität des Fliegens kam es zu einer Vielfalt von Flugverbindungen und Tarifen. Verschiedene neutrale Unternehmen (z. B. Official Airline Guide (OAG)) publizierten nun Kataloge, welche die Tarife und Flugpläne aller Fluggesellschaften enthielten. Die Reservierung war jedoch sehr umständlich und zeitaufwendig. Zudem führten die manuellen Systeme aufgrund von Unstimmigkeiten häufig zu Über- und Unterbuchungen und damit zur geringen Auslastung der Flüge. Ab Mitte der 1950er Jahre kam es zu einem weltweiten Anstieg des Luftverkehrs. Die gleichzeitige Zunahme des Leistungspotentials der elektronischen Datenverarbeitung ermöglichte nun die Entwicklung von computergestützten Informations- und Reservierungssystemen.

Im Rückblick kann man drei Entwicklungsphasen voneinander unterscheiden, welche die Evolutionsstufen der Systeme verdeutlichen. Im ersten Schritt entwickelten einige amerikanische Fluggesellschaften interne computergestützte Airline Reservierungssysteme (ARS), welche die internen Arbeitsabläufe vereinfachen und die Zuverlässigkeit der Buchungen erhöhen sollten. In diesen internen Systemen waren jedoch nur die eigenen Flugverbindungen buchbar. Im Rahmen der Deregulierung des amerikanischen Luftverkehrsmarktes 1978 wurden in einem zweiten Schritt die internen Systeme auch den Reisebüros und weiteren Leistungsträgern, nämlich weiteren Fluggesellschaften sowie Hotels & Mietwagen, zur Verfügung gestellt. Somit entstanden die ersten branchenweiten Computer Reservierungssysteme (CRS). Diese Systeme wurden kontinuierlich weiterentwickelt und an die Bedürfnisse der Reisemittler angepasst. Im dritten Schritt kam es durch staatliche Vorgaben bezüglich diskriminierungsfreier Darstellung aller Systemteilnehmer zu einer Weiterentwicklung in Richtung neutraler globaler Distributionssysteme (GDS).

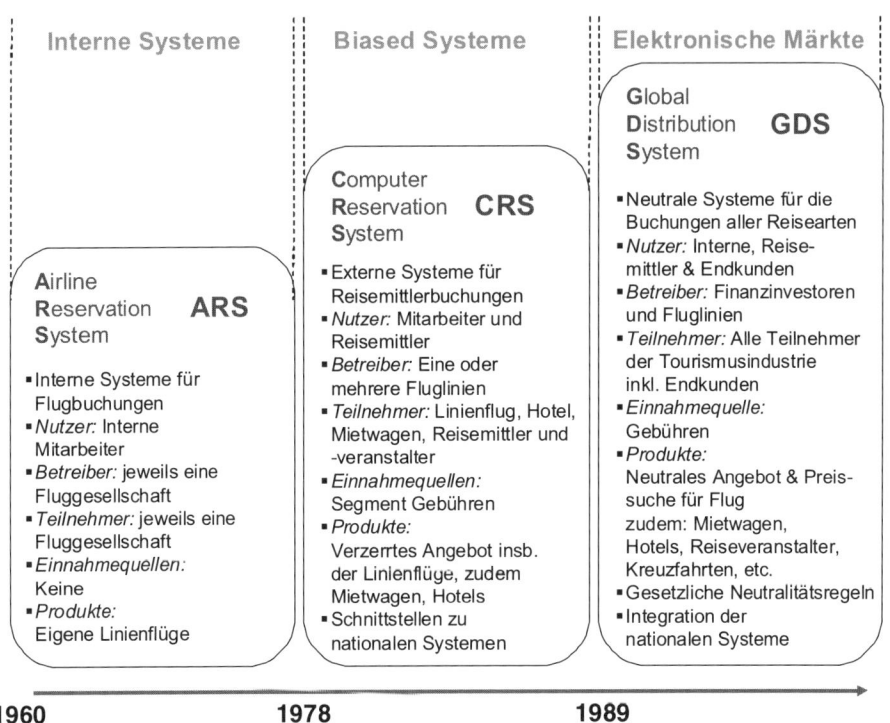

Abb. 4.2.2 Entwicklungslinien ARS, CRS und GDS

4.2.1.1 Airline Reservierungssystem (ARS)

Bereits in den 1950er Jahren gab es in den USA erste Überlegungen im Hinblick auf ein technisches System, um die steigenden Verwaltungsarbeiten zu rationalisieren. Ziel einer Kooperation zwischen der International Business Machines Corp. (IBM) und American Airlines (AA) war es, den Buchungsvorgang in den eigenen Reservierungsbüros zu automatisieren, um so die Auslastung der Flüge zu steigern. Durch das Projekt namens SABER sollte es erstmals möglich sein, einen Passagiernamen inkl. eines Sitzplatzes elektronisch zu buchen.

Eine Hürde bei der Einführung der ersten Reservierungssysteme waren die hohen technologischen Anforderungen, z. B. die Abwicklung von Transaktionsprozessen in Echtzeit und der Parallelbetrieb von Prozessen (realisiert mit Hilfe des bis heute einzigartigen Betriebssystems Transaction Processing Facility, TPF). Darüber hinaus musste das System eine absolute Zuverlässigkeit aufweisen und für den Dauerbetrieb ausgelegt sein. Diese Anforderungen führten zur Entwicklung neuer technologischer Konzepte wie Hardware-Redundanz, Backup-Systemen und unterbrechungsfreien Stromversorgungen. Zudem musste erstmalig ein umfassendes Datenkommunikationsnetzwerk in Zusammenarbeit mit den Telekommunikationsunternehmen ARINC (Aeronautical Radio Incorporated) und SITA (Société Internationale Télécommunications Aéronautiques) installiert werden.

1964 wurde das erste kommerzielle Echtzeit-Datenfernverarbeitungssystem von American Airlines und IBM eingeführt und umbenannt in „Semi-Automatic Business Research Environments" (SABRE). Dieses erste Airline Reservierungssystem (ARS) ist der Ausgangspunkt für alle weiteren Entwicklungen. Die Reservierungsmitarbeiter von American Airlines waren somit erstmalig in der Lage mehr als 84.000 Telefonanrufe und Buchungswünsche pro Tag elektronisch problemlos zu verwalten.

Anschließend entwickelte IBM eine umfassende Branchenlösung mit dem Namen Programmed Airline Reservation System (PARS), welche insbesondere für mittelgroße Fluggesellschaften gedacht war. Eastern Airlines modifizierte dieses Produkt und nannte es Easternbased PARS. Diese Weiterentwicklung wurde von mehreren amerikanischen Fluggesellschaften eingesetzt. Nach weiteren Anpassungen entstanden die Systeme APOLLO von United Airlines, PARS von Trans World Airlines (TWA) und 1972 auch eine modifizierte Version von SABRE. Anfang der 1970er Jahre führten die Fluggesellschaften schließlich Verhandlungen über ein gemeinsames Reservierungssystem.

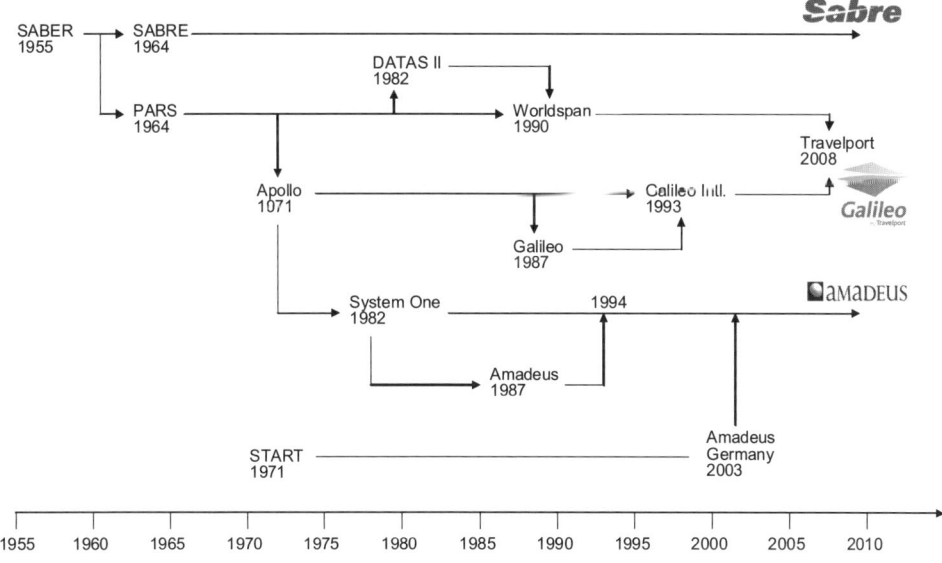

Abb. 4.2.3   Zeitachse der Distibutionssysteme   *Quelle: Merten, S. 69*

4.2.1.2   Computer Reservierungssysteme (CRS)

Nachdem verschiedene Versuche zur Zusammenfassung der Systeme zu einem gemeinsamen Reservierungssystem scheiterten, entschloss sich United Airlines 1976 dazu, APOLLO den

Reisebüros zu öffnen. Auch American Airlines und Trans World Airlines machten ihre Systeme zugänglich, wobei die Systeme SYSTEM ONE von Eastern Airlines und DATAS II von Delta Airline erst 1982 in die Reisebüros kamen. Mit der Verlagerung der Systeme in die Reisebüros, also an den Verkaufsort, wurden sie zu einem wichtigen Marketinginstrument für die Fluggesellschaften. Gleichzeitig wurden weitere komplementäre Systemteilnehmer wie Hotel- und Mietwagenunternehmen angeschlossen. Schließlich ermöglichte American Airlines 1978 mit dem *CoHost Konzept* auch anderen Fluggesellschaften den Zutritt zu ihrem Reservierungssystem SABRE. Auch andere CRS öffneten sich und so hatten die Reisebüros bald die Möglichkeit, über einen einzigen Terminal eine Vielzahl von Fluggesellschaften buchen zu können. Die Computer Reservierungssysteme (CRS) wurden somit innerhalb kurzer Zeit zum unentbehrlichen Werkzeug für die Buchungen von Reisedienstleistungen der Reisebüros.

Maßgebend für diese Entwicklung war die in den USA 1978 einsetzende Deregulierung mit der Aufhebung staatlicher Einmischung in diezivilen Luftfahrt. Mit der Freigabe von Strecken und Tarifen waren die Fluggesellschaften gezwungen, die Flugzeugumläufe und Flugpreise laufend den sich verändernden Marktbedingungen anzupassen. Vor der Deregulierung hatten die Fluggesellschaften in den USA ca. 400.000 verschiedene Tarife, im Jahre 1987 waren es bereits mehr als sieben Millionen mit mehr als 10.000 täglichen Änderungen [Echtermeyer 1997]. Dies erforderte eine Markt- und Nachfragebeobachtung in Echtzeit, d.h., man musste jederzeit in der Lage sein, die gerade aktuelle Buchungssituation für jeden einzelnen Flug abfragen zu können. Ohne ein solches System wäre die Entwicklung von Verfahren des Yield Management nicht möglich gewesen, mit dem Fluggesellschaften gezielt auf Nachfrageänderungen reagieren und durch entsprechende Gestaltung von Preisen und Konditionen ihre Erträge optimieren können [Mundt 2008].

Neue Systemteilnehmer kamen hinzu und computergestützte Reservierungssysteme wurden zum unverzichtbaren Instrument bei der Verarbeitung wachsender Datenmengen. Die komplexen Tarifstrukturen machten CRS für die Reisebüros unentbehrlich und die amerikanischen CRS begannen erhebliche Gewinne zu erwirtschaften.

- **Wettbewerbsverzerrungen**

Einige Fluggesellschaften (insbesondere American Airline und United Airlines) hatten in der Anfangszeit der Reservierungssysteme eine Doppelrolle sowohl als Systemteilnehmer und Systembetreiber. Diese Fluglinien missbrauchten ihre Marktmacht, um ihre Konkurrenten zu benachteiligen und die Nachfrage möglichst auf die eigenen Verbindungen zu steuern. Eine beliebte Strategie war die Beeinflussung der Darstellungsreihenfolge der einzelnen Flugverbindungen (engl. Biased Display). Auch heute wird noch ein Großteil aller Buchungen von der ersten Bildschirmseite getätigt (ca. 30 % von der ersten Bildschirmzeile und ca. 80 % von der ersten Bildschirmseite). In den ersten Jahren wurden daher die Systembetreiber immer an erster Stelle angezeigt. Um diese massive Wettbewerbsbeeinflussung zu verhindern wurden in Amerika und Europa gesetzliche Neutralitätsregeln aufgestellt. Die europäische Kommission stellte 1989 den so genannten Code of Conduct auf. Die darin geregelten Regulierungsbestimmungen sind in den nachfolgenden Kriterien strukturiert:

4.2 Globale Distributionssysteme

- **Neutralität:** Flug- und Preisinformationen sind neutral („unbiased") darzustellen. Systembetreiber dürfen ihre eigenen Flugverbindungen in keiner Weise bevorzugen. Die Reihenfolge der Darstellung ist in Europa nach festen Regeln vorgeschrieben.

- **Zugangsberechtigung:** Alle Fluggesellschaften müssen auf Wunsch in den Systemen aufgenommen werden und zu gleichen Bedingungen neutral dargestellt werden. Zudem müssen die Kosten der Benutzung für alle Systemteilnehmer nach einheitlichen Kriterien aufgeteilt werden.

- **Teilnahmeverpflichtung:** Fluggesellschaften, welche gleichzeitig Systembetreiber und Systemteilnehmer sind, müssen ihre Flugverbindungen in allen Distributionssystemen darstellen.

- **Vertragsregulierungen:** Die Verträge mit den Systemnutzern (insbesondere den Reisebüros) sind für alle Nutzer zu gleichen Bedingungen zugänglich und müssen faire Ausstiegsklauseln beinhalten. Zudem dürfen die Systembetreiber den Systemnutzern keine exklusive Nutzung des eigenen Systems vorschreiben.

- **Marketing-Daten:** Alle Fluggesellschaften bekommen zu gleichen Konditionen Zugang zu Marketing Daten. Diese Daten werden von den Fluggesellschaften für die Analyse von Flugplanung und Yield Management verwendet. [Sterzenbach 2009, S. 468]

Nach diesen Wettbewerbsregeln ist es allerdings immer noch möglich, daß bei Code Share Flügen der gleiche Flug mehrere Male auf dem Bildschirm angezeigt wird: einmal unter der Flugnummer der durchführenden und zum anderen unter der der Partnerfluggesellschaft(en). Dadurch werden andere Flüge auf der ersten Seite weiter nach unten bzw. auf die Folgeseiten verdrängt, von denen die Buchungswahrscheinlichkeit nur noch gering ist [Mundt 2008].

In der EU wird die Lockerung oder Abschaffung des Code of Conduct zurzeit diskutiert. In den USA ist ein entsprechender Kodex bereits ersatzlos gestrichen worden. Mit Abschaffung dieser Wettbewerbsregeln sind die Fluggesellschaften nicht mehr gezwungen, ihre Flugverbindungen mit Hilfe der GDS zu vermarkten, sie können den Kostenfaktor der hohen GDS-Gebühren somit vermeiden (vgl. auch Kap. 4.2.5).

4.2.1.3 Globale Distributionssysteme (GDS)

Durch die Formulierung und Umsetzung der Neutralitätsregeln verloren die Systeme ihre strategische Bedeutung als Waffe im Wettbewerb. Die Systemeigner konnten ihre Marktposition durch den Besitz eines Systems nicht mehr beeinflussen bzw. verbessern. In der Folgezeit konzentrieren die Linienfluggesellschaften ihren Wettbewerb auf die Bildung der strategischen Allianzen, (Star Alliance, One World und Skyteam). Die Reservierungssysteme standen daher nicht mehr im Mittelpunkt der Unternehmensausrichtungen und konnten sich zu eigenständigen marktfähigen Unternehmen entwickeln, die der touristischen Wertschöpfungskette eine neue Stufe hinzufügten. Aus den bestehenden Computer Reservierung Systemen entwickelten sich so unmerklich neutrale globale Distributionssysteme (GDS). Folgende Eigenschaften kennzeichnen heute diese Systeme:

- **Eigentumsverhältnisse:** Die globalen Distributionssysteme sind nicht mehr im Besitz einer Fluggesellschaft, sondern überwiegend im alleinigen Besitz neutraler Gesellschaften aus der Finanzbranche. Ausnahme ist nur das GDS Amadeus, bei dem es noch Minderheitsbeteiligungen der Gründungsfluggesellschaften gibt. Die Systemeigner der anderen GDS (Sabre und Travelport/Galileo) sind Finanzinvestoren. Diese neuen Systemeigner verfolgen bei ihrer Unternehmensausrichtung keine strategischen bzw. manipulativen Interessen mehr, sondern vertreten eine strikte Fokussierung auf Renditeziele.

- **Systembeteiligte:** Auf Seiten der Nachfrage sind nicht mehr nur die stationären Reisemittler die einzigen Kunden der Distributionssysteme, sondern weitere Vertriebskanäle und insbesondere Endkunden mit Zugriff aus das Internet. Auf der Angebotsseite sind neben Flug, Hotel und Mietwagen auch Reiseveranstalter, Kreuzfahrtgesellschaften und Bahnen mit ihrem Leistungsangebot in die Systeme integriert. Lediglich die Billigfluggesellschaften sind in den Systemen aus Kostengründen nur in wenigen Fällen buchbar.

- **Produktpalette:** Das klassische Leistungsangebot der Systeme beinhaltet Linienflug, sowie internationale Hotel- und Mietwagenggesellschaften. Besonders der Flugbereich generiert auch heute immer noch den größten Teil des Umsatzvolumens. Neben der Verfügbarkeitsdarstellung gewinnt die vergleichende Produktsuche mit Hilfe von weiteren Kriterien (Ticketpreis, Standort des Hotels etc.) eine immer größere Bedeutung.

- **Verbreitungsgrad:** Die globalen Distributionssysteme sind weltweit tätig, wobei die geographische Abdeckung vor allem in Europa und Nordamerika sehr hoch ist. In diesen Regionen werden allerdings auch die höchsten Umsätze der Tourismusindustrie erwirtschaftet.

4.2.2 Entwicklungen in Europa

Europa besteht, anders als die USA, aus verschiedenen, unabhängigen Ländern, die sich wirtschaftlich, sprachlich und kulturell stark voneinander unterscheiden. Zudem gab es in jeden Land eine nationale Fluggesellschaft, welche häufig die gesamte Tourismusindustrie des jeweiligen Landes dominierte. Durch diese Marktstruktur entwickelten sich die Reservierungssysteme in Europa anders und erst später als in den USA. Ausgangspunkt waren jedoch auch hier die internen Reservierungssysteme der Fluggesellschaften, welche die manuellen Reservierungen ersetzten. Die weitere Entwicklung vollzog sich länderspezifisch, wobei sich neben den nationalen Fluggesellschaften oft auch andere Leistungsträger (Reiseveranstalter, Bahnunternehmen etc.) an den Reservierungssystemen beteiligten.

4.2 Globale Distributionssysteme

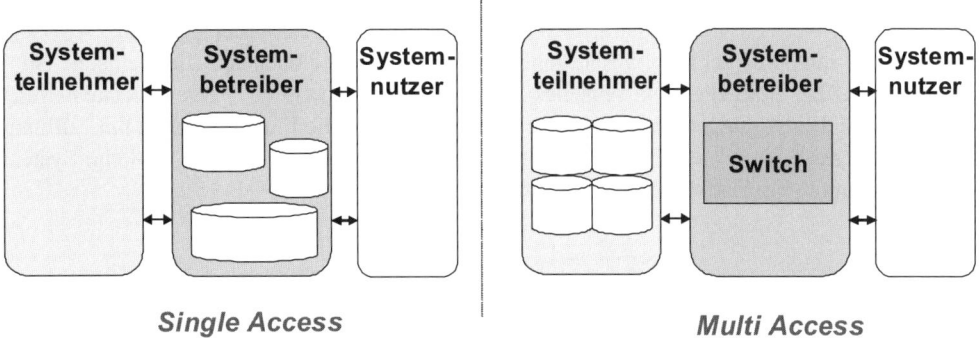

Abb. 4.2.4 Single- und Multi-Access-Systeme

Angesichts des geringen Wettbewerbs begannen europäische Fluggesellschaften erst in den 1970er Jahren mit der Entwicklung computergestützter Reservierungssysteme, die, im Gegensatz zu amerikanischen Single Access-Systemen, auf dem Multi Access-Prinzip basieren.

- **Single Access:** Beim Single-Access-Verfahren kommuniziert der Systemnutzer nur mit dem Systembetreiber, da dort zentral alle relevanten Informationen für die Buchungen in verschiedenen Datenbanken abgespeichert sind. Der Systemnutzer bekommt somit die Angebote aller Systemteilnehmer mit einer Anfrage beim Systembetreiber angezeigt. Alle Linienfluggesellschaften sind heute zentral im Single-Access-Verfahren abrufbar.

- **Multi Access:** Beim Multi-Access-Verfahren sind alle relevanten Buchungsinformationen nicht zentral abgespeichert, sondern in den internen EDV-Systemen der Systemteilnehmer. Für jede Buchung muss sich der Systemnutzer direkt mit der jeweiligen Datenbank des Systemteilnehmers verbinden. Der Systembetreiber stellt lediglich die Verbindung zwischen den Marktteilnehmern her. Eine Buchung wird in den internen Systemen abgespeichert. Besonders die europäischen nationalen Systemteilnehmer (Reiseveranstalter, Bahn u.W.) sind nur im Multi-Access-Verfahren abrufbar.

In Europa entwickelte sich eine Vielzahl von nationalen Systemen. Die wichtigsten Systeme sollen in Folgenden kurz vorgestellt werden.

- **Start**

In Deutschland begann 1971 die „Studiengesellschaft zur Automatisierung für Reise und Touristik" (*Start*) mit einer mehrjährigen Untersuchung zur Realisierung eines elektronischen Reisevertriebssystems. 1976 wurde dann die Firma „Start-Datentechnik für Reise und Touristik GmbH" gemeinschaftlich von der Deutschen Lufthansa, dem Reiseveranstalter Touristik Union International (TUI), der damaligen Deutschen Bundesbahn sowie den Reisemittlern abr, Hapag-Lloyd und DER gegründet. Für die technische Realisierung des Start-Systems wurde 1977 ein Vertrag mit der Firma Siemens geschlossen. Das primäre Ziel von Start war die Entwicklung eines effizienten Instrumentes zur Unterstützung aller Reisebürotätigkeiten. Start realisierte dabei, neben der Anbindung von Leistungsträgern aus den internationalen Bereichen Linienflug, Hotel- und Mietwagenketten, auch die gleichberechtigte Integration weiterer Leistungsträger wie Bahn und Reiseveranstalter/Touristik. Ab 1980 war Start einsatzbereit und die wesentlichen Leistungsanbieter buchbar: Die Deutsche Bundesbahn bot über Start die elektronische Sitzplatzbuchung sowie die Fahrausweiserstellung an, TUI-Reisebestätigungen konnten ausgestellt werden und die Flugbuchungen bei Lufthansa waren in das System integriert. Start stellte damit weltweit das erste einheitliche System für den gesamten Touristikbereich zur Verfügung.

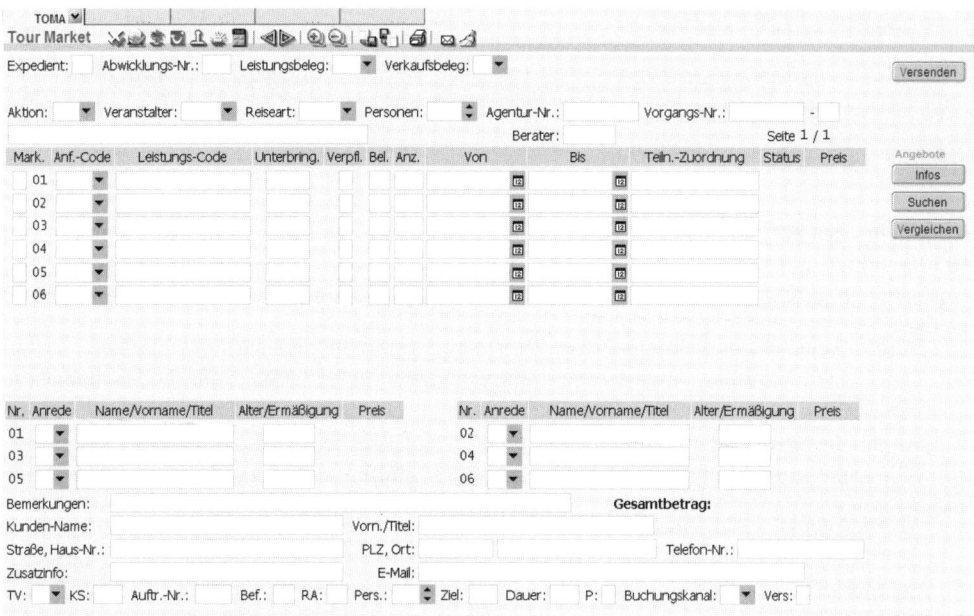

Abb. 4.2.5 Reiseveranstalterbuchung mit Hilfe der touristischen Maske (TOMA)

Besonders fortschrittlich war zudem der Einsatz einer einheitlichen Buchungsseite (*TOMA* = Tourismusmaske) für die deutschen Reiseveranstalter, welche die Bedienungsnachteile des Multi Access Prinzips kompensierte. TOMA wird noch heute flächendeckend für Reiseveranstalterbuchungen eingesetzt. 1990 erfolgte eine organisatorische Umstrukturierung des Unternehmens in die Start-Gruppe. Die bisherige Start Datentechnik für Reise und Touristik GmbH wurde in die Start Holding GmbH überführt, an der nur noch Lufthansa, TUI und die Deutsche Bahn zu je 33,33 % beteiligt waren. 2003 schließlich kaufte das globale Distributionssystem Amadeus das gesamte Unternehmen von den verbliebenen Gesellschaftern und änderte den Namen entsprechend in Amadeus Germany.

- **Weitere europäische Systeme**

Das erste Computer Reservierungssystem mit Multi-Access-Technologie war das 1977 in Großbritannien eingeführte *Travicom* System der British Airways. Über dieses System war es den Reisebüroagenten möglich, Anfragen auf die Reservierungssysteme von 49 in Großbritannien operierenden Fluggesellschaften zu tätigen. Neben den Linienfluganbietern waren zusätzliche Hotel- und Mietwagenunternehmen angeschlossen. Zur gleichen Zeit wie in Deutschland nahm in Skandinavien das Multi-Access-System Smart den Betrieb auf. Dominiert von der nationalen Fluggesellschaft SAS wurde es insbesondere für den Flugbereich, aber auch für den Bereich Bahn und Fährverkehr entwickelt. Erst im Jahre 1984 konnte auch auf dem französischen Markt ein Reservierungssystem in Betrieb genommen werden. *Esterel* deckt durch die Anbindung verschiedener Leistungsträgersysteme sowohl den Flug- als auch den Touristiksektor ab. Unter Beteiligung nationaler Fluggesellschaften haben sich auch in weiteren europäischen Ländern CRS entwickelt wie die Systeme *Savia* in Spanien, *Corda* in den Niederlanden, *Saphir* in Belgien und *Sigma* in Italien.

Ende der 1980er Jahre hatten sich die europäischen CRS weitgehend etabliert. Zu dieser Zeit unternahmen auch amerikanische Fluggesellschaften verstärkt Anstrengungen, ihre Systeme in Europa zu vermarkten. Obwohl der Vertrieb von Reiseleistungen in Europa von den nationalen CRS dominiert wurde, gab es zunehmenden Bedenken, ob die europäischen Systeme auch den steigenden globalen Anforderungen gerecht werden könnten. Die Fluggesellschaften unternahmen daraufhin zusammen mit der IATA (International Air Transport Association) den Versuch, ein neutrales Distributionssystem in Zusammenarbeit mit einigen US-Fluggesellschaften zu entwickeln. Das Projekt mit dem Namen NIBS (Neutral Industry Booking System) scheiterte jedoch nach kurzer Zeit. Heute sind die nationalen Systeme größtenteils vom Markt verschwunden bzw. in die globalen Distributionssysteme integriert.

4.2.3 Grundfunktionen & Gesamtmodell

Allen Arten von Reisevertriebssystemen beinhalten die nachfolgenden vier Grundfunktionalitäten: Produktdarstellung, Reservierung, Tarife sowie Benutzeroberfläche & Kommunikation.

- **Produktdarstellung**

Die wichtigste Informationsaufgabe eines Distributionssystems ist die Präsentation der Produkte bzw. Dienstleistungen der verschiedenartigen Leistungsanbieter. Für jede Gruppe von Anbietern (insbesondere Flug, Hotel, Mietwagen und Reiseveranstalter) gibt es eigene Bildschirmanzeigen, deren Inhalte auf deren Komplexität des Angebots und spezifische Leistungsmerkmale abgestimmt sind. Die Beschreibungsbedürftigkeit des Produktes „Linienflug" ist vergleichsweise gering, da die Abflug- und Ankunftszeit, die Wegstrecke, die Verfügbarkeit einzelner Buchungsklassen sowie evtl. der Flugpreis ausreichend für eine neutrale Produktbeschreibung sind. Die Produkte anderer Leistungsanbieter (Hotel, Mietwagen und Reiseveranstalter) benötigen wesentlich umfangreichere Informationen. So ist für ein Hotelangebot die textbasierte Beschreibung durch den Preis, die Größe des Bettes und die ungefähre Lage des Hotels allein nicht sehr aussagekräftig. Eine multimediale Aufbereitung der Information wird in den globalen Distributionssystemen erst seit kurzen zur Verfügung gestellt.

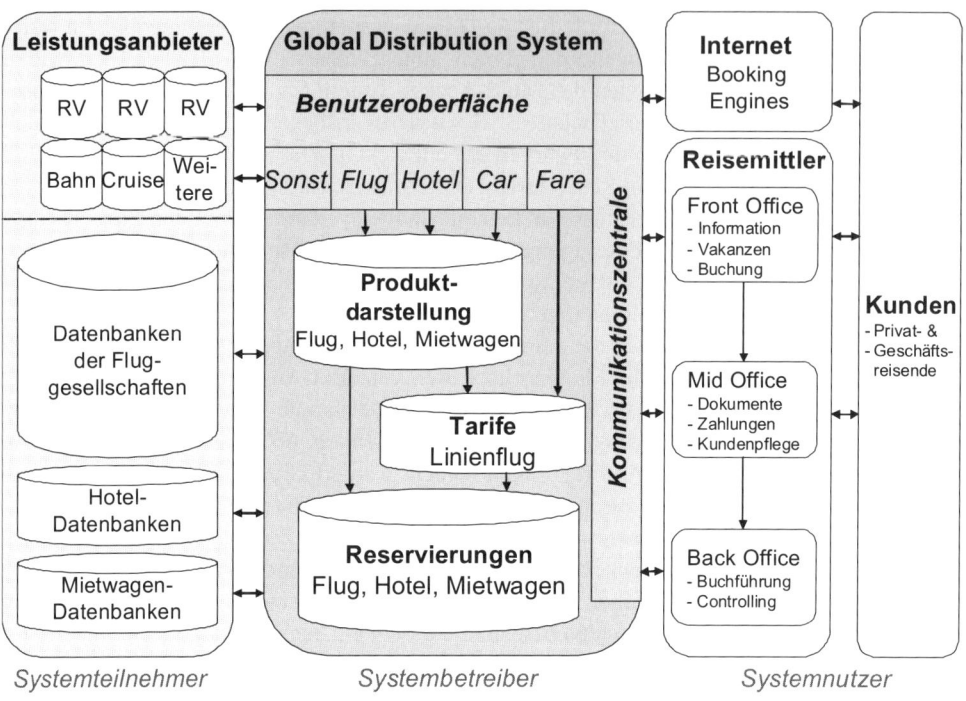

Abb. 4.2.6   Gesamtmodell globales Distributionssystem

- **Tarife/Tickets**

Die Tarifdarstellung ist abhängig von der Art und Komplexität des Leistungsangebots. Im Flugbereich gibt es eine große Anzahl unterschiedlicher Tarife, abhängig von Passagiertyp, Buchungsklasse, Zeitpunkt der Reise, Buchungszeitpunkt, Route und Länge des Aufenthalts. Entsprechend müssen die Flugpreise bei Reisen mit mehreren Zwischenstopps individuell vom System berechnet werden, wobei sich alle Tarife laufend verändern können. Bei den anderen Leistungen (Hotel, Mietwagen und Pauschalreisen) sind die Preise hingegen eher unflexibel, so dass sie zumeist ein integrierter Bestandteil der Produktdarstellung sind. Für das Ticketing wurden dem Reisemittler in der Vergangenheit Blankoflugtickets abgezählt zur Verfügung gestellt, die erst nach direkter Bestätigung durch den Leistungsanbieter bedruckt wurden. Heute verzichtet man im Flugbereich auf die Erstellung von Ticketunterlagen, sondern speichert die relevanten Flugdaten lediglich in Form eines elektronischen Tickets (E-Ticketing) ab. Der Kunden muss sich dann beim Check-In ausweisen, um das Ticket verwenden zu können. Der Ausdruck von weiteren Reiseunterlagen wird von den meisten Systemen nur unvollkommen unterstützt, so kann der Reisebüromitarbeiter bei einer Hotel- oder Mietwagenbuchung lediglich einen unverbindlichen Voucher erstellen.

- **Reservierung**

Der zentrale Kern und Grund für die Entwicklung aller Reservierungssysteme ist die Reservierung der angebotenen Reiseleistungen. Hierzu wird üblicherweise für jeden Passagier bzw. jede zusammengehörende Gruppe von Passagieren ein sogenannter Passenger Name Record (PNR) aufgebaut, in dem alle kundenabhängigen Leistungsinformationen abgespeichert werden.

```
                 --- TST ---
  Kopfteil       RP/FRALH0982/FRALH0982      20JUL08        AZFEEV
                 1.SCHLOSS/ANNETTE MRS
                 2 LH 369 C 29NOV 2 NUEFRA HK1 1435 1525
                 3 LH 730 C 29NOV 2 FRAHKG HK1 1700 1055+1
  Leistungs-     4 BA 179 C 11DEZ 3 HKGLHR HK1 2310 0600+1
     teil        5 BA 388 C 12DEZ 3 LHRNUE HK1 0705 0805
                 6 HHL ST SS1 HKG IN30NOV OUT11DEZ
                   1E1K USD139.00 STO OAKBROOK HOTEL
                 7 CCR ZT SS1 HKG 30NOV 11JAN ECAR/
                 8 AP 069/696-90000
  Informations-  9 TK OK 01AUG/FRALH0499
     teil       10 SSR NSST LH HK1 FRAHKG/24A,P1/S3
                11 SSR VGML LH S3
                12 OSI LH ELDERLY LADY
```

Abb. 4.2.7   Aufbau Passenger Name Record

Der Passenger Name Record ist ein Datensatz mit allen für die Buchung wichtigen personen- und reisespezifischen Daten und zudem Grundlage für das anschließende Erstellen der Reiseunterlagen (z. B. Ticketing). Ein PNR beinhaltet drei wesentliche Teilbereiche:

- Im **Kopfteil** wird ein Teil der Buchungsinformationen automatisch eingefügt. Hierzu gehört die Identifikationsnummer des Agenten, die eine Zuordnung der Buchung bzw. von Provisionszahlungen ermöglicht. Beim ersten Abschluß des PNR-Aufbaus vergibt das System einen Primärschlüssel (File-Key), mit dessen Hilfe jeder PNR eindeutig identifizierbar ist und der bei jeder Änderung angezeigt wird.

- Im **Leistungsteil** werden alle Leistungsbuchungen (Flug, Hotel, Mietwagen) festgehalten. Diese müssen nicht manuell vom Reisemittler eingegeben werden, sondern können mit Hilfe von kurzen Transaktionen (Short-Cuts) direkt aus dem Angebotsdisplay in den PNR übernommen werden. Eine Sortierung der PNR-Elemente erfolgt unabhängig von der Eingabe in chronologischer Reihenfolge, wobei zuerst die Flugbuchungen angezeigt werden.

- Im **Informationsteil** werden anschließend die notwendigen Zusatzeingaben vom Reisemittler manuell hinzugefügt oder aus einem Kundenprofil übernommen. Hierzu gehören Sitzplatzreservierung, Sonderwünsche, Bezahlungsart etc.

Zum Passenger Name Record gehört zudem eine PNR-History, in der alle Änderungen aufgezeichnet werden. Somit ist jederzeit feststellbar, welche Personen den PNR verändert haben. Schließlich werden als Teil des PNR auch das sogenannte Transitional Stored Ticket (TST) abgespeichert. Hier sind alle Tarifinformationen und das elektronische Tickt abgespeichert und aufrufbar.

- **Benutzeroberfläche & Kommunikation**

Durch die zunehmende Konkurrenzsituation wurden die Betreiber der Systeme gezwungen, außer den drei unabdingbaren Komponenten eines Distributionssystems, auch weitere Zusatzdienstleistungen anzubieten. Zuerst wurden weitere Reiseinformationen und Zusatzleistungen integriert: Klimatabellen, Messehinweise, Einrcisebestimmungen, Veranstaltungskalender etc. Schließlich wurde die Benutzerführung erheblich verbessert, um auch dem ungeübten Benutzer den leichten Einstieg in den Reservierungsablauf zu ermöglichen. Hierbei werden zunehmend moderne Benutzeroberflächen eingesetzt. Besonders der Schulungsaufwand für die Reisebüroexpedienten wird so minimiert.

Neben den Grundfunktionalitäten bildet ein Hochgeschwindigkeitsnetz für die Datenübertragung den zweiten Pfeiler der GDS. Es verbindet das System mit den Leistungsanbietern auf der einen Seite, und den Reisemittlern auf der anderen Seite. Die Anbindung der Reisebüros erfolgt in Europa zumeist über Schnittstellen zu den kooperierenden nationalen Systemen, wobei deren Netzwerkinfrastruktur verwendet wird.

4.2.4 Überblick Systembetreiber

GDS	Anteilseigner	Marktanteil	Systemteilnehmer	Systemnutzer
Amadeus	Cinven/BC Partners (52,59 %), Amadeus Management (1,28 %), LH (11,53 %), AF (23,07 %), IB (11,53 %).	31 %	500 Fluglinien 56.000 Hotels 42 Mietwagen 190 Reiseveranstalter 7 Kreuzfahrtlinien 40 Bahnen	89.000 Reisebüros
Sabre	Silver Lake, Texas Pacific Group	30 %	500 Fluglinien 76.000 Hotels 42 Mietwagen 220 Reiseveranstalter 13 Kreuzfahrtlinien 40 Bahnen	56.000 Reisebüros
Galileo & Worldspan	Travelport	24 %	500 Fluglinien 56.000 Hotels 42 Mietwagen 220 Reiseveranstalter k.A. zu Kreuzfahrt 35 Bahnen	60.000 Reisebüros
Abacus	SQ, MH, PR, GA, CI, CX, BI und Sabre (35%)	n.v.	k. A.	15.000 Reisebüros

Abb. 4.2.8   Überblick globale Distributionssysteme *Stand 2009*

Weltweit werden heute vor allem die drei globalen Distributionssysteme Amadeus, Sabre und Galileo/Travelport eingesetzt. Hinzu kommen die Systeme Abacus mit dem Fokus auf den asiatischem Markt sowie Worldspan, welches kürzlich von den Galileo Gesellschaftern übernommen wurde. Es ist davon auszugehen, dass zukünftig zwei bis max. drei globale Distributionssysteme auf dem wettbewerbsintensiven Markt bestehen werden, da die Vertriebs- und Kostenmodelle der Systeme nicht mit den Vorstellungen und veränderten Marktbedingungen der Fluggesellschaften (z. B. Konkurrenz durch Billigflug, Internetvertrieb, Provisionsstreichungen) einhergehen.

4.2.4.1 Amadeus

1987 wurde das globale Distributionssystem Amadeus von Air France, Iberia, SAS und Lufthansa gegründet. Ein Grund für diese Neugründung war die drohende Vormachtstellung  der amerikanischen globalen Systeme im Bereich der Linienflugbuchungen. Mit Amadeus ist ein internationales GDS auf europäischer Basis entstanden, welches vor allem für die Flugbuchungen der europäischen Linienfluggesellschaften konzipiert wurde. Der Hauptsitz der Gesellschaft Amadeus IT Group S.A. ist in Madrid, wo die Bereiche Finanzen, Marketing, Personal und Unternehmensstrategie untergebracht sind. Das Rechenzentrum wurde in Erding bei München gebaut und die Produktentwicklung ist in Sophia Antipolis bei Nizza angesiedelt. Hinzu kommen Marketing- und Vertriebsgesellschaften in ca. 70 Ländern. Amadeus ist heute in Europa und Nordamerika sowie in Lateinamerika, Afrika und im Mittleren Osten und Asien vertreten. Neben den ca. 89.000 Reisebüros verwenden einige Fluggesellschaften Amadeus gleichzeitig auch als internes Reservierungssystem. Populäres Beispiel hierfür ist British Airways, die einen großen Teil ihrer IT-Systeme zu Amadeus ausgelagert hat. Amadeus bietet als globales Distributionssystem vorwiegend Leistungen in den Bereichen Flug, Hotel und Mietwagen. Der Bereich der Flugbuchungen dominiert allerdings die gesamte Systemarchitektur.

Bereits 1991 kommt es zu einer umfassenden Zusammenarbeit zwischen Start und Amadeus in Rahmen der sogenannten Migration. Mit der Migration sind alle Angebotsdarstellungen, Tarife und PNRs vom Reservierungssystem der Lufthansa zu dem globalen System Amadeus verlagert worden. Bis Ende 1992 wurden insgesamt 8.000 Start-Betriebsstellen mit 15.300 Terminals auf Amadeus aufgeschaltet und die Reisebüromitarbeiter geschult.

Eine erste Firmenallianz von Start und Amadeus wurde 1996 beschlossen. Die Gesellschafter beider Unternehmen stimmten dem Verkauf von 50 % der Anteile der Start Informatik GmbH an Amadeus Global Travel Distribution S.A., Madrid, zu. Im Rahmen dieser Allianz wurden Marktdurchdringung, gemeinsamer Systembetrieb sowie Produktentwicklung angestrebt. So wurde auch die technische Verbindung des Start Rechners in Frankfurt/Main mit dem Amadeus-Rechner in Erding realisiert. Ein wichtiger strategischer Schritt war die zunehmende Einbindung vom nationalen Start-System in Amadeus. Bereits im Jahre 2001 verkaufte Lufthansa 34 % ihrer Start-Anteile an Amadeus und schließlich 2003 die restlichen Firmenanteile. Seitdem ist die Amadeus IT Group alleiniger Gesellschafter. Start wurde anschließend in Amadeus Germany umbenannt und vollkommen integriert, wobei auch das

Start-Rechenzentrum nach Erding zu Amadeus verlagert wurde. In Deutschland konnte sich Amadeus Germany zum bedeutendsten Reisevertriebssystem entwickeln und bietet heute ein umfangreicheres Angebot als alle anderen Systeme weltweit. Wie andere nationale Systeme auch, weist Amadeus Germany eine hohe Marktdurchdringung im Heimatmarkt auf.

Aus Sicht des Reisemittlers ist das umfangreiche globale System (Amadeus IT Group) heute lediglich eine Teilkomponente von Amadeus Germany. Die nachfolgende Abbildung gibt einen Überblick der Leistungsanbieterkategorien, welche über Amadeus Germany buchbar sind.

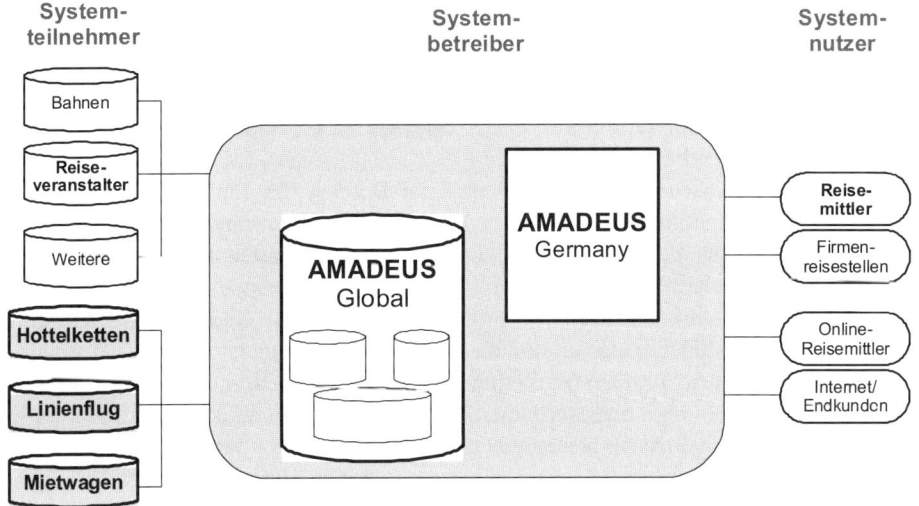

Abb. 4.2.9   Struktur des GDS Amadeus

Ausgehend von der Struktur eines Multi-Access-System bietet Amadeus Germany nur im geringen Umfang eigene Reservierungsfunktionen, sondern stellt primär eine Verbindung zu den Reservierungssystemen der Leistungsanbieter her (sog. Switch Board). Aufgrund ihrer Größe sind hierbei besonders die internen Reservierungssysteme der Reiseveranstalter und das System der Deutschen Bahn hervorzuheben. Für den Flugbereich kommt es nicht zu einer Verbindung zu den einzelnen Fluggesellschaften, sondern sämtliche Vorgänge werden direkt in dem globalen Reservierungssystem der Amadeus IT Group bearbeitet, dort sind aufgrund der zentralen Single-Access-Struktur alle notwendigen Informationen zentral abgespeichert.

Im geänderten Wettbewerbsumfeld definiert Amadeus eine auf Diversifikation ausgerichtete Unternehmensstrategie. Sie sieht sowohl die Marktsicherung im Kernmarkt als auch Wachstum in weiteren Märkten vor. Ein wesentlicher Bestandteil der Strategie ist die Gründung eines weltweiten Competence Centers Leisure unter Führung von Amadeus Germany. Weitere Punkte sind: Ein starker Ausbau des Corporate Geschäfts für das Business Travel Management (B-to-B), die Absicherung und Optimierung des Leistungsträgergeschäfts durch die

Ausweitung des Inventarmanagements sowie Check-In und eine zukunftsweisende Ausrichtung des Angebots für Endverbraucher (B-to-C). Damit sind auch die Geschäftsfelder klar definiert: Leistungsträger, Reisemittler und Unternehmen (Corporates) sowie Enkdunden.

4.2.4.2 Sabre

Das computergestützte Reservierungssystem Sabre wurde als erstes internes Reservierungssystem von der Fluggesellschaft American Airlines bereits 1959 gegründet. Ziel war es, die bisherigen handgeschriebenen Reservierungen durch Lochkarten zu ersetzen. Das interne Platzbuchungssystem wurde bereits 1960 erfolgreich eingeführt, die ersten externen Terminals wurden jedoch erst 16 Jahre später in US-Reisebüros installiert. Das Rechenzentrum von Sabre steht in Tulsa/Oklahoma, USA. Sabre ist das führende amerikanische GDS und wird weltweit von mehr als 56.000 Reisebüros genutzt. Das System bietet ein umfangreiches Leistungsangebot, welches besonders auf den amerikanischen Markt zugeschnitten ist. Angeschlossen sind u.a. 500 Fluggesellschaften, 76.000 Hotels und 42 Autovermieter. Zudem verwenden auch einige Eisenbahngesellschaften, z. B. Amtrak sowie die staatliche französische SNCF-Gesellschaft mit ihren TGV-Schnellzügen die Technik von Sabre. Im Jahre 2000 wurde Sabre unabhängig von der Fluggesellschaft American Airlines und erwarb in den folgenden Jahren verschiedene Beteiligungen an Internetportalen (travelocity, lastminute.com, getthere etc.). Schließlich wurde auch Sabre im Jahre 2007 von einer Finanzgesellschaft übernommen.

1986 eröffnete Sabre sein erstes europäisches Büro und versucht seither, sich auch auf dem europäischen Markt zu etablieren. Der wichtigste Schlüssel für den Erfolg im deutschen Markt war die Übernahme der Firma Dillon Communications Systems, dem Entwickler des touristischen Systems Merlin, im Jahre 2003. Dadurch war Sabre in der Lage, den deutschen Reisebüros Zugriff auf die Reservierungssysteme der Reiseveranstalter anzubieten. und erreichte einen Marktanteil von 30 % bei deutschen Reisebüros. Hauptkundenkreis von Sabre Merlin ist das touristisch orientierte Reisebüro, das eine Alternative zu Amadeus Germany sucht. Teure Standleitungen zum Rechenzentrum in Hamburg werden nicht angeboten, sondern die gesamte Datenübertragung erfolgt mittels ISDN-Leitungen oder Internet. Verkaufsargument sind vor allem die vergleichsweise geringen Kosten und die einfache Bedienung. In der Merlin-Maske können Pauschalreisen, Ferienhäuser, Busreisen, Charterflüge, Mietwagen, Versicherungen und Kreuzfahrten gebucht werden. Insgesamt stehen die wichtigsten 170 Anbieter online zur Verfügung. Flugbuchungen sind über eine Schnittstelle zu Sabre möglich. Mit der integrierten grafischen Benutzeroberfläche kann Sabre Merlin per Maus bedient werden. Der (ungeübte) Benutzer muss nicht mehr alle Formate kennen, um das System professionell bedienen zu können. Sogenannte Shortcuts und grafische Masken reduzieren hierbei die Anzahl der Tastatureingaben und beschleunigen den Verkaufsvorgang. Neben dem Buchungsvorgang werden auch Management-Informationssystem-Komponenten unterstützt. Wesentliche Daten werden automatisch in eine Datenbank übernommen. Einfache Auswertungen von Kundendaten, deren Reisen und Hobbys sowie Umsätze mit einzelnen Veranstaltern können dargestellt werden. Schließlich werden integrierte Mid- und Back-Office Funktionen angeboten.

Für Airlines: **Sabre Airline Solutions** - Sabre Flight Planning-, Price&Revenue Management, Operations Tools - SabreSonic Customer Sales & Service (Inventory/Reservation, Departure Control) - Sabre GDS Participation Services etc.	Für Hotels **Sabre Travel Network / SynXis** - SynXis RedX Distribution Management System (Multi-Channel, Multi-GDS/ADS) - SynXis Website Booking Engine - GDS Advertising Suite etc.	Für Reiseveranstalter/ Reiseversicherungen: **Sabre Travel Network** - MySabre+merlin Anschluss - Res Center Tools (Sabre Web Services API) - Versicherungen ... etc.

Sabre Travel Network (GDS)			
Für Reisebüros: **Sabre Travel Network** *mySabre+merlin shop* **GDS:** - Sabre Air/Cars/Hotels/Rail (GDS) - Sabre FlightExpress (Flug-IBE) - NetCheck (Web-Tarife) - Company Tip (Reiseinfos) **Touristik:** - merlin Maske (touristische Maske) - Versicherung - Shop Pauschal/Charter/Hotel/ Einkaufswagen (Suche/Beratung/ Preisvergleich/Warenkorb) etc.	Für Business Travel Management: **Sabre Travel Network** *mySabre+merlin* **GDS (+ touristische Maske):** wie bei Reisebüros **BTM-spezifisch:** - GetThere (Corporate-BTM-Portal) - Turbo Sabre (Buchungsmaschine für hohe Buchungsvolumen) - Traveller Security & Data Suite (Lokalisierung reisender Mitarbeiter) etc.	Für Online-Reisemittler: **Sabre Travel Network** *mySabre+merlin shop* **GDS + touristische Maske:** wie bei Reisebüros **IBEs:** - Sabre .Res (GDS-Content) - Sabre Leisure IBE (touristische IBE) **APIs:** - Sabre Web Services (API) - Sabre X-Gate (OTA-API) etc.

Für Reisebüros/BTM/Online Reisemittler: **Mid und Back-Office-Dienste, etc.:**	
- Sabre X-Gate (Customizing für Ketten/-Kooperationen) - Sabre VirtuallyThere (Reise/Flug-Infos für Kunden auf Reisebüro-Website) - Sabre MyFares (Pflege eigener verhandelter Tarife) - Sabre Quick Refunds and Exchanges (Automatisierung bei Ticket-Neuausstellungen etc.)	- MySabre+merlin CRM / MidOffice / MIS4Travel (Management Informationssystem) - MySabre Scribe/API (Prozessautomatisierung) - Agency Fee Manager (Service-Fee-Verwaltung) - Agency eServices (Trainings-Portal) - Mesonic WINLine (Finanzbuchhaltung) etc.

Abb. 4.2.10   Struktur & Produkte des GDS Sabre   *(Stand 2010)*

Abbildung 4.2.10 gibt einen Überblick über das umfangreiche Angebot (Stand 2010) von Sabre für Reisemittler wie auch für Leistungsanbieter. Die GDS-Dienste von Sabre sind unter der Marke Sabre Travel Network zusammengefasst. Stationäre Reisebüros, Stellen für Geschäftsreisemanagement in Reisebüros und Unternehmen sowie Online Reisemittler finden im Portal mySabre ein umfassendes Angebot an GDS-Diensten zur Buchung von Flügen, Hotels, Mietwagen und Zugtickets. Eine Flug-Internet Booking Engine und erweiterte Internet-Suchfunktionen erlauben die Auswahl von GDS und Web-Tarifen sowohl von Linien- und Billigfluggesellschaften. Touristische Urlaubsangebote können über die merlin Maske ggf. mit merlin Shop gesucht, verglichen, für die Beratung visualisiert, und in einem Einkaufskorb gespeichert bzw. kombiniert gebucht werden. Reiseversicherungen sind zusätzlich buchbar.

Für das Geschäftsreisemanagement in Unternehmen wird von Sabre das GetThere-Portal angeboten, über das die Mitarbeiter eines Unternehmens im Intranet/Extranet ihre Reisen buchen[1]. Für den Firmenreisedienst gibt es die Turbo Sabre Buchungsmaschine mit einer Programmierschnittstelle zur Vorgangsautomatisierung, und über die Traveller Security & Data Suite ist es z. B. möglich, anhand der gespeicherten Reisepläne der Mitarbeiter deren aktuellen Aufenthaltsort zu ermitteln. Zur Integration in Online-Reisebüros bietet Sabre

---

[1]   vgl. Kapitel 4.4 Geschäftsreise-Management und IT-Systeme

4.2 Globale Distributionssysteme

Travel Network die .Res Internet Booking Engine an, mit der Flüge, Hotels und Mietwagen aus dem GDS auf der Website an Endkunden des Online-Reiseportales vermittelt werden können. Zur Online-Vermittlung von Urlaubsangeboten können die Sabre Leisure IBE bzw. die White Label IBE der Sabre Tochter Lastminute.com in Online-Reiseportale integriert werden. Über XML-Schnittstellen und Application Programming Interfaces ist eine flexible Anpassung der SABRE-Funktionen und Buchungsstrecken auf spezielle Bedürfnisse von On- und Offline Reisebüros, -Kooperationen und Ketten möglich. Entwickler können innovative Anwendungen entwickeln, die auf die Sabre-Funktionen und Daten zurückgreifen.

Für alle Reisemittler bietet Sabre darüber hinaus verschiedene Mid- und Backoffice-Dienste und weitere Zusatzfunktionen an, die das komplette Fulfillment der Buchungen im Front-Office bis zur Finanzbuchhaltung unterstützen: Nach der Buchung kann ein Kunde seine Reisedaten über eine Website einsehen und wird über Flugplan-Änderungen informiert, wenn das Reisebüro auf seiner Website Sabre VirtuallyThere integriert. Es gibt ein Customer Relationship Management System, und Kundenprofile können für die Wiederverwendung bei späteren Buchungen gespeichert werden.

Neben einem Mid-Office System wird das Management-Informationssystem MIS4Travel angeboten, das dem Reisebüro Management diverse Statistiken liefert, und auch die Finanzbuchhaltungs- und Enterprise Resource Planning Software Mesonic WINLine hat Sabre in seine Dienste für Reisebüros integriert. Schließlich gibt es verschiedene Tools zur Eingabe, Pflege und Hinterlegung eigener verhandelter Raten und von Service Fees, um die Dienstleistungen des Reisebüros mit den Kunden transparent abrechnen zu können. Neben weiteren Automatisierungs-Hilfen gibt es eine E-Learning-Plattform für alle Nutzer von Sabre, die als Agency eServices wichtige Informationen für Expedienten rund um die Uhr bereitstellt.

Wie andere GDS bietet auch Sabre neben der Vertriebsplattform für Reisebüros Dienste und IT-Lösungen für Leistungsanbieter an. Die Division Sabre Airline Solutions stellt ein breites Spektrum von IT-Lösungen für Airlines vom SabreSonic Inventory und Passagiermanagement-System über den GDS-Zugang bis zu Revenue Management und Airline Crew Management Lösungen bereit. Für Hotels bietet die Sabre Tochter SynXis Dienste zum Distributionsmanagement an. Sie beschränken sich nicht nur auf den GDS-Zugang, sondern eröffnen Hotels auch Zugänge zu diversen GDS- und Internet-Distributionskanälen mit Multi-Channel-Management. Dasselbe gilt für Kreuzfahrt-Anbieter.

Mietwagenanbieter, Reiseveranstalter und Versicherungen erhalten Direktzugang zum Sabre Travel Network, wobei Sabre über seine Internet-Marke Holidayautos auch als Internet-Mietwagen-Broker und über Travelocity, Holidaysandmore, Lastminute.com und zahlreiche weitere Marken-Reiseportale selbst als Online Reisemittler aktiv ist. Darüber hinaus werden die Reiseangebote über das Affiliate-Netzwerk World Choice Travel auf zahlreichen Partner-Portalen von Sabre Travelocity unter anderen Labels vermarktet. Schließlich verfügt Sabre mit IgoUgo über eine große Internet-Travel-Community, auf der Reisende über ihre Urlaubserfahrungen berichten.

4.2.4.3 Galileo / Travelport

Galileo wurde zeitgleich zu Amadeus 1987 als globales System mit europäischer Beteiligung entworfen. Gegründet wurde es von den Fluggesellschaften British Airways, Swissair, KLM sowie einer Tochterfirma von United Airlines. Weitere europäische Fluggesellschaften wie Alitalia, Austrian Airlines, AerLingus, TAP Air Portugal, Sabena und Olympic Airways schlossen sich kurze Zeit später

an. 1992 kam es zu einem Zusammenschluss mit dem amerikanischen GDS Apollo, wobei weltweit der Namen Galileo beibehalten wurde. Die Fusion der Datenzentren und die Verlagerung nach Denver/USA erfolgte bereits 1994. Im Jahre 2001 wurde Galileo an die amerikanischer Finanzgruppe Cendant verkauft und dann im Jahre 2006 an die bekannten Finanzinvestoren Blackstone Group weiterverkauft. Der gesamte Bereich der Reisedienstleistungen wird heute unter dem Firmennamen Travelport vermarktet. Der Marketingnamen Galileo wird aber weiterhin genutzt. Das Unternehmen ist neben Amerika im Wesentlichen im Mittleren Osten und Afrika sowie in Asien und im pazifischen Raum vertreten. Auch in Europa hält Galileo einen Marktanteil von ca. 30 %. In vielen Ländern wie der Schweiz, Österreich und Großbritannien ist Galileo Marktführer. Neben den Fluggesellschaften können in Galileo auch ca. 115 Deutsche Reiseveranstalter abgerufen und gebucht werden. Auch die Endbenutzer können über die Onlineportalen Orbitz, ebookers, ratestogo u.s.w. auf Galilco zugreifen. Nach Freigabe durch die Kartellaufsichtsbehörden in den USA und der EU hat Travelport Mitte 2007 den Galileo-Mitbewerber Worldspan übernommen und mit der Zusammenführung der beiden Distributionsssysteme begonnen. Worldspan war das kleinste globale GDS und vor allem in Amerika vertreten.

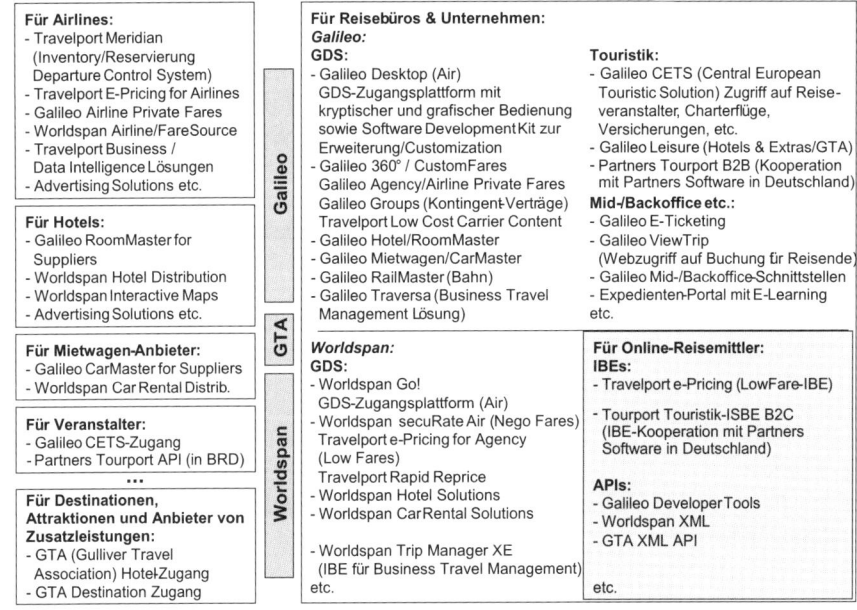

Abb. 4.2.11 Struktur & Produkte von Travelport (Stand 2010)

4.2 Globale Distributionssysteme

Analog zur Darstellung für Sabre und für Amadeus im folgenden Kapitel 4.3 gibt Abbildung 4.2.11 einen Überblick über das Angebot (Stand Januar 2010) von Travelport Leistungsanbieter, Reisemittler und das Business Travel Management. Travelport betreibt sowohl das GDS Galileo wie auch das GDS Worldspan. Unter der Marke GTA (Gulliver Travel Associates) werden zusätzliche Datenbanken mit Hotel-Angeboten und Zusatzleistungen wie Transfer, Fähren, Eintrittskarten für Attraktionen, Events und Führungen sowie diverse weitere Angebote von Destinationen geführt. Sie können sowohl in Reisebüros über Galileo Leisure vermittelt als auch von Online-Reisemittlern über die GTA XML API in ihre Reiseportale integriert werden. Das breite Spektrum von Airline Lösungen wird durch die Division Travelport IT Services und Software zusammen mit Hosting und Consulting Diensten angeboten. Darüber hinaus betreibt Travelport eigene Internet-Reiseportale unter Marken wie Needahotel.com, OctopusTravel.com oder TravelCube. In Österreich kooperiert Galileo eng mit TraviAustria, in Deutschland mit Partners Software (Tourport Touristik-IBE vgl. Kap. 2.5).

4.2.4.4 Abacus

Abacus ist das größte Distributionssystem Asiens für Flüge, Mietwagen und alle weiteren Arten touristischer Leistungen. Die Abacus Holding wurde 1988 gegründet. Anteilseigner waren neben dem GDS Worldspan elf asiatische Fluggesellschaften (All Nippon Airways, Cathay Pacific Airways, China Airlines, Dragonair, EVA Airways, Garuda Indonesia, Malaysia Airlines, Philippine Airlines, Royal Brunei Airlines, Silk Air, Singapore Airlines). Worldspan und Abacus unterhielten mit jeweils geringen gegenseitigen Beteiligungen eine Reihe von Geschäftsbeziehungen. Zum Beispiel entstand Abacus auf der technologischen Basis von Worldspan und wurde auch in dessen Rechenzentrum in den USA betrieben. Die Zusammenarbeit fand ein Ende, als Abacus Verhandlungen mit Sabre führte und schließlich 1998 ein Joint Venture aus der Abacus Holding und der Sabre-Gruppe gegründet wurde. Worldspan erhielt aufgrund dieses Vorgehens von Abacus einen erheblichen Ausgleich durch ein Schiedsurteil.

Die Beteiligungen am neuen Unternehmen Abacus International mit Firmensitz in Singapur liegen heute mit 35 % beim amerikanischen GDS Sabre und mit 65 % bei der Abacus-Holding mit oben genannten Fluggesellschaften. Der Großteil der Kunden von Abacus stammt aus diesen Gründen aus dem asiatisch-pazifischen Raum, auf anderen Märkten ist das GDS unbedeutend.

4.2.5 Kosten- und Vergütungsmodelle

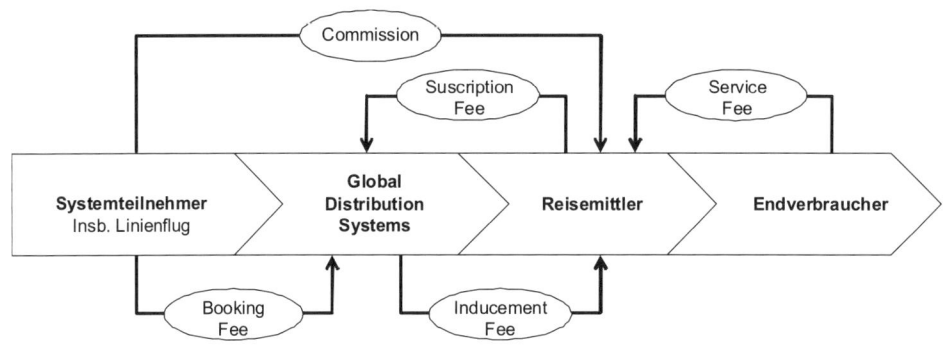

Abb. 4.2.12 Kostenmodelle *Quelle: Sterzenbach 2009*

Die Systemkosten der globalen Distributionssysteme basieren auf der Anzahl von Buchungen und Transaktionen, die über das System getätigt werden. Als Kennzahl dienen die gebuchten Segmente. Ein Segment bezeichnet eine einzelne Reiseleistung. Dabei kann es sich um einen über das System gebuchten Flug (Hin- und Rückflug sind zwei Segmente), Hotelübernachtung oder Mietwagen handeln. Das Besondere am Kostenmodell der GDS ist allerdings, dass sowohl die Leistungsträger, als Anbieter von Reiseleistungen, als auch die Reisemittler, als Nachfrager für die Nutzung der Reservierungssysteme zahlen müssen. Die Kosten für die Reisemittler sinken jedoch mit zunehmender Nutzung bzw. Buchungen, da pro Buchung eine Rückzahlung erfolgt.

- **Kosten der Systemnutzer**
  - Für die Buchung einer Leistung zahlt der Endkunde neben dem Preis für die Leistung (z. B. Flugschein oder Übernachtung) dem Reisemittler eine Bearbeitungsgebühr *(Service Fee)* in Höhe von ca. 10 bis 20 €. Diese Servicegebühr ist die wichtigste und häufig einzige Einnahmequelle der Reisemittler und dient zur Deckung aller Kosten.
  - Die Reisemittler zahlen für die Verwendung des globalen Distributionssystems eine monatliche Nutzungsgebühr *(Subscription Fee)*. Mit diesen Gebühren sind alle Leistungs- und Systemkosten bezahlt. Zusätzliche Kosten können jedoch für einzelne Module (z. B. Vergleichssysteme) entstehen. So verlangt das GDS Amadeus für die Bereitstellung von den Tarifen der Billigfluggesellschaften eine Gebühr von ca. 0,10 € pro Abfrage.
  - Für die GDS Nutzung erhält das Reisebüro rückwirkend eine Ausgleichszahlung *(Inducement Fee)* vom Distributionssystem. In Abhängigkeit von der Anzahl der getätigten Buchungen sind die Ausgleichszahlungen häufig höher als die Nutzungsgebühren, d.h. der Reisemittler bekommt die GDS-Leistungen kostenlos. Nur bei einer geringen Anzahl von Segmentbuchungen kann die monatliche Nutzungsgebühr die vertraglich festgelegten Ausgleichszahlungen seitens der GDS übersteigen, d.h. der Reisemittler muss für die Systemnutzung etwas bezahlen.

4.2 Globale Distributionssysteme

- Obwohl Buchungsprovisionen für die Reisemittler von den Fluggesellschaften eigentlich abgeschafft worden sind, erhalten einzelne Reisemittler teilweise noch eine Vermittlerprovision *(Commission)* in Abhängigkeit von ihrem Umsatz mit der jeweiligen Fluggesellschaft. Berechnet wird diese Provision meist als Prozentangabe, basierend auf den Gesamtbuchungen des Absatzmittlers, oder als Zuwachsrate, basierend auf den Vorjahres-Flugscheinbuchungen bei der jeweiligen Fluggesellschaft.

- **Kosten der Systemteilnehmer**
  - Die Systemteilnehmer (Fluggesellschaften, Hotel- und Mietwagenketten) bezahlen das Distributionssystem für die Möglichkeit, dass weltweit Reisemittler ihre Leistungen dort abrufen und buchen können. Bei dieser Bezahlung handelt es sich um eine Buchungsgebühr *(Booking Fee)*, einen fixen Pauschalbetrag pro Passagier und Segment. Die durchschnittliche Buchungsgebühr liegt bei ca. 4,00 € pro Segment, was ca. 8,00 € für einen einfachen Hin- und Rückflug (ohne Umsteigen) ergibt. Die Buchungsgebühren sind bei Ticketpreisen für Business- und First Class Tickets in Höhe von 1.000 bis 15.000 € vernachlässigbar. Bei Sonderangeboten mit Preisen von 10 bis 30 € pro Ticket ist der Anteil der Buchungsgebühren an den Gesamtkosten allerdings unvertretbar hoch.

Durch die Deregulierung des europäischen und amerikanischen Marktes und den Billigangeboten der Fluggesellschaften sind die Kosten für die GDS-Nutzung prozentual stark gestiegen. Im Zuge dessen erfuhren die traditionellen Vertriebsstrukturen von Flugleistungen eine Neuordnung. Der traditionelle Finanzweg verlagert sich und die Leistungsanbieter splitten die Leistungen und Kosten verursachungsgerecht auf, d.h. die einzelnen Gebühren für Flughafen, Reisemittlerleistungen etc. werden separat aufgelistet und verrechnet. Die globalen Distributionssysteme werden dabei gezwungen, die Kosten für die Systemnutzung für die Leistungsanbieter zu senken und gleichzeitig die Reisemittler stärker zu belasten. Hierfür gibt es zwei Modelle, welche die Systemkosten in Zukunft zu Lasten der Reisemittler neu verteilen sollen:

- **Full Content / Opt-in**

Um den Reisebüros weiterhin den gesamten Leistungsumfang mit der gesamten Tarifvielfalt und insbesondere die günstigen Tarife der Fluggesellschaften (so genannter Full-Content) anbieten zu können, wird auch in Europa das sogenannte Opt-in-Modell eingesetzt. Besonders in den USA und Grossbritannien sind Opt-in-Programme weit verbreitet. Die billigen Tarife der Fluggesellschaften sind bei diesem Verfahren in den globalen Distributionssystemen weiterhin zu gleichen Kosten buchbar, da sich die Fluggesellschaften dazu verpflichten, weiterhin alle Tarife und Angebote in die GDS einzuspeisen. Im Gegenzug zum Full-Content aller Tarife werden die Buchungsgebühren der Fluggesellschaften auf fast 50 % reduziert. Die Reisebüros schließen neue Verträge mit ihrem GDS und können so auf den Full Content der Fluggesellschaften zugreifen. Hierbei verzichten die Reisemittler auf einen Teil ihrer finanziellen Anreize (insb. Inducement Fees), indem sie eine Opt-in-Gebühr zwischen 0,50 € und 1,10 € pro Segment oder einer Ticketpauschale von 2,00 € an die GDS entrichten. Um die Einnahmeinbußen auszugleichen, verlangen die Reisemittler von ihren Kunden häufig ein erhöhtes Serviceentgelt mit einem Ticketaufschlag von bis zu 2,50 €.

- **Airline Surcharge / Opt-Out Modell**
Falls der Reisemittler das Opt-In Modell ablehnt, bekommt er automatisch ein Opt-Out-Vertrag. Auf der Gebührenseite gibt es für die Fluggesellschaften und Reisemittler vordergründig keine Veränderungen. Jedoch wird der Zugang zu den günstigsten Flugpreisen systemintern versperrt und der Reisemittler erhält nur die teureren Tarife angezeigt. Zusätzlich muss der Reisemittler pro Buchung eine zusätzlich Segmentbuchungsgebühr (Airline Surcharge) an die Fluggesellschaften bezahlen, so dass auf diesem Wege die Kosten für die GDS-Nutzung auf die Reisemittler abgewälzt werden.

4.2.6 Ausblick

Die Konkurrenz des Internets verändert zunehmend die Struktur der Tourismusindustrie. Einerseits müssen die Reisebüros mit gut informierten Kunden rechnen, die einen Großteil der Informationen bereits im Internet und anderen Quellen recherchiert haben. Daher ist es für den Reisemittler überlebensnotwendig, nicht nur auf das Informationsangebot der Distributionssysteme zuzugreifen, sondern alle Informationsquellen zu nutzen. Andererseits geraten auch die Reservierungssysteme zunehmend unter Druck: die Kostenstruktur der GDS ist nicht mehr zeitgemäß, da sie unabhängig vom gebuchten Tarif mit einem sehr hohen Fixbetrag vom Leistungsanbieter vergütet werden. Es zeichnet sich daher ab, dass in naher Zukunft eine Reihe von Veränderungen auf Reisebüros und GDS zukommen werden.

- **IT-Ausstattung der Reisebüros**
Betrachtet man die heutige IT-Ausstattung in den Reisebüros, so kann man feststellen, dass die wesentlichen Systembereiche vorhanden sind. Für die Zukunft ist vor allem die Integration und nahtlosen Bereitstellung aller relevanten Informations- und Buchungsdaten innerhalb einer Systemwelt erforderlich.

- Ein globales Distributionssystem ist heute das Hauptarbeitsmedium des Reisemittlers. Aufgrund der unterschiedlichen Kostenmodelle der Distributionssysteme fordern allerdings besonders Reisemittler mit Geschäftsreisefokus den gleichzeitigen Zugriff auf weitere globale Distributionssysteme (*Multi GDS*), um so problemlos zwischen den einzelnen Systemen wechseln zu können und die Buchungen im jeweils besten (günstigsten) System durchführen zu können. Zudem sind die Fluggesellschaften nicht mehr gezwungen in jedem GDS alle Tarife und Tarifänderungen einzuspeisen, so dass eine Buchungsanfrage in zwei Systemen zu unterschiedlichen Tarifen führen kann.
- Auch die speziellen Tarife der *Konsolidatoren* (Ticketgroßhändler) sind nicht ohne weiteres erreichbar. Zwar sind diese Tarife in speziellen Datenbanken abgespeichert, aber eine unmittelbare Übernahme der Tarife und Aufbau eines PNRs im GDS ist nur schwer möglich.
- Das gleiche Bild ergibt sich für die sogenannten *Beratungssysteme*. Diese Systeme ermöglichen eine Anfrage und Darstellung aller Reiseveranstalter auf einem Bildschirm und vereinfachen damit den Vergleich der Leistungen und Preise der einzelnen Anbieter. Der Zugriff aus den Informationsbildschirmen der Beratungssysteme zur Buchung der Reiseveranstalterleistungen ist heute nicht immer möglich.

- Wenn der Kunde jedoch aktuelle Wetterinformationen oder Billigflugangebote bekommen möchte, muss der Reisemittler häufig das System verlassen und direkt im Internet recherchieren.
- Heute wird vermehrt ein Direktzugang zu den jeweiligen internen Buchungssystemen der Fluggesellschaften angeboten. Hierbei wird das GDS nur zur Informationszwecken genutzt. Die teure Buchungsfunktionalität des GDS wird nicht verwendet, sondern der PNR wird direkt beim Systemteilnehmer aufgebaut.

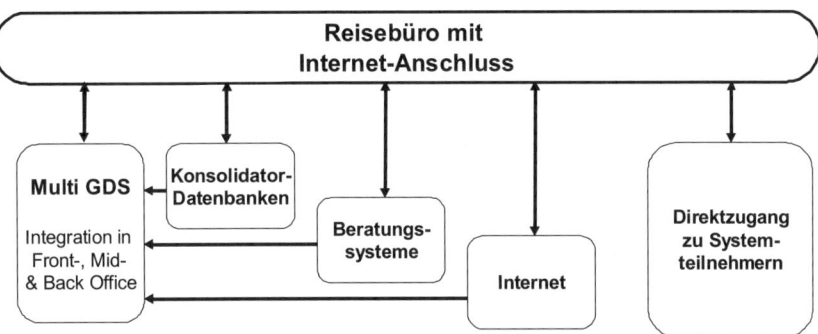

Abb. 4.2.13   *EDV-Ausstattung der Reisebüros*

- **Neue Systembetreiber**

Der Druck auf die Reisemittler und auch auf die GDS verstärkt sich zunehmend, was angesichts der enormen Kosten, die auf die Leistungsanbieter zu kommen, nicht verwunderlich ist. Deshalb finden Ersatzsysteme in den letzten Jahren immer größeren Anklang. Die sogenannten Global New Entrants (GNE) sind neue Systeme, die ähnliche Leistungen wie die GDS bieten und zudem die Reservierung und die Vorgangsverwaltung in den Reisebüros revolutionieren sollen. Zugleich können Fluggesellschaften erhebliche Einsparungen erzielen. Allerdings haben diese Systeme auch eine Reihe von Nachteilen, so bekommen die Kunden keinen Full-Content, da sie in der Regel nur mit einer begrenzten Anzahl von Fluggesellschaften Verträge abgeschlossen haben. Mit den Produkten der GNEs können derzeit lediglich einfache Flugbuchungen durchgeführt werden – diese zudem häufig nur innerhalb der USA. Da es dadurch für die Reisemittler notwendig wird, sich weiteren Vertriebskanälen anzuschließen, entstehen für sie weitere Kosten, da diese ebenso Gebühren erheben. Der Expedient muss die verschiedenen Quellen einzeln durchsuchen, bevor er dem Reisenden ein günstiges und passendes Angebot vorlegen kann. So wird eine Buchung deutlich zeitaufwendiger. Dennoch bieten Global New Entrants nicht nur Nachteile für die Tourismusindustrie. Speziell für Reisebüros bringen die GNEs mehrere Vorteile für den täglichen Ablauf mit sich. Wichtigstes Element hierbei ist die Aufhebung der GDS-fähigen Reservierungen und anderer Buchungskanäle. Statt der heutigen Buchungen in den GDS sollen die Reisemittler den sogenannten *SuperPNR* verwenden. Dieser bietet die Möglichkeit unabhängig vom Buchungssystem alle Vorgänge zu verwalten. Damit können sowohl Buchungen via Internet als auch Direktanbindungen in verschiedenen Systemen des Reisebüros koordiniert werden. Schließlich sollen die GNEs mit einer einheitlichen Oberfläche Zugriff auf mehrere angeschlossene Buchungssysteme ermöglichen. Der Vorteil dabei ist, dass Expedienten dadurch auch die Oberfläche eines anderen CRS nutzen können, die ihnen besser vertraut ist. Ob sich allerdings diese neuen Entwicklungen in deutschen Reisebüros durchsetzen werden, ist derzeit noch sehr unsicher.

- **Alternative Vertriebsplattformen**

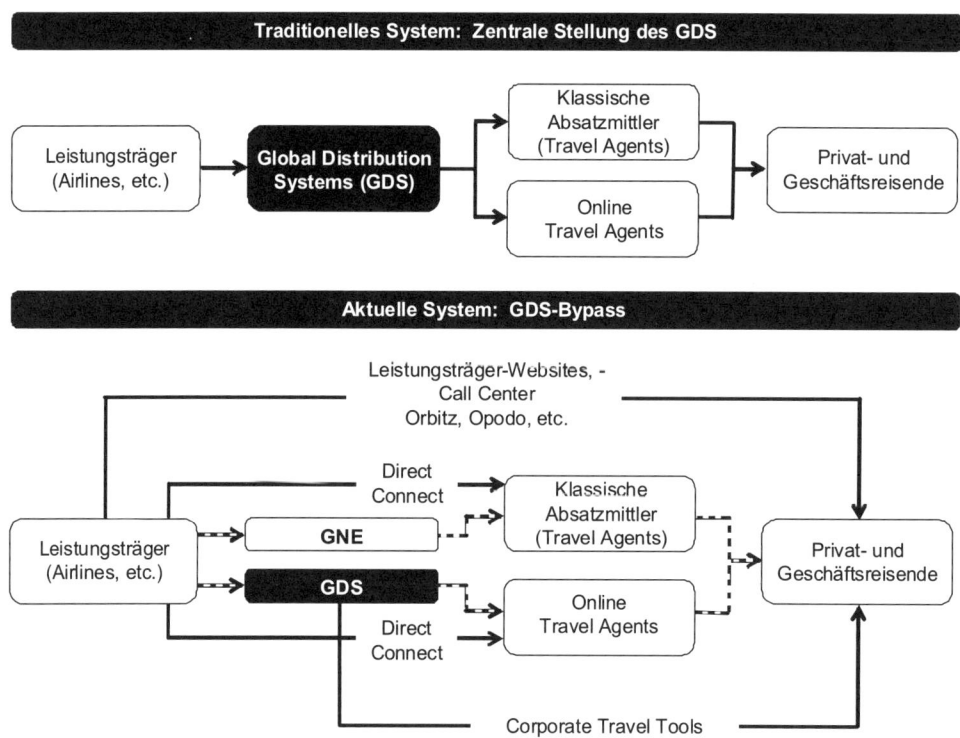

Abb. 4.2.14   *Alternative Distributionswege*   *Quelle: Sterzenbach 2009*

In jüngster Zeit werden häufig Vorschläge diskutiert, die Fluggesellschaften direkt mit dem Reisebüro zu verbinden. Bei diesen Modellen werden die traditionellen GDS ganz oder z. T. umgangen (GDS-Bypass). Der ausschlaggebende Punkt dieser Entwicklungen sind vor allem die hohen GDS-Gebühren, die von den Leistungsanbietern entrichtet werden müssen. So zahlen z. B. alleine die Mitglieder der Star Alliance jährlich 1,47 Mrd. € an die GDS. Um diese hohen Gebühren zu reduzieren, finanziert die Star Alliance ein System, welches in naher Zukunft auf den Markt kommen soll. Der Vertrieb, insbesondere über Geschäftsreisebüros, soll damit technisch verbessert werden. Dieses eigene Reservierungssystem soll als neuer Kanal dazu dienen, insbesondere die günstigen Tarife buchbar zu machen. Die in der Regel teureren Published Tarife werden weiter über die traditionellen GDS vertrieben, da hier die hohen GDS-Gebühren einen geringeren Ausschlag geben.

Quellen:

Backer C., Back in the bottle, in: Airline Business, July 2007, S. 44–46.

Barth H., Von Platzbuchungssystemen in Verkehrsbetrieben zu globalen Reisevertriebssystemen, in: *Kurbel H., Strunz E.* (Hrsg.), Handbuch der Wirtschaftsinformatik, Stuttgart 1990, S. 164–177.

Becker S., Flugangebot in den GDS, in: Touristik Report , 26 Jg., Nr. 5, S. 128–130.

Bommer, J., Elektronikeinsatz im Marketing der Tourismusbranche, in: *Hermans, J., Flegel, H.,* (Hrsg.), Handbuch des Electronic Marketing, München 1992, S. 893–903.

Echtermeyer M., Elektronisches Tourismus-Marketing, Berlin 1998.

Inkpen G., Information Technology for Travel and Tourism, 2. Auflage, Singapore 1998.

Merten P., the Future of Air Travel, Fribourg 2009.

Mundt J.W., Computerreservierungssystem, in: Fuchs W., Mundt J., Zollondz H., Lexikon Tourismus, S. 152–156, München 2008.

Pompl W., Luftverkehr – Eine ökonomische und politische Einführung, 5. Auflage, Berlin 2007.

Schmidt A., Computerreservierungssysteme im Luftverkehr, Hamburg 1995.

Schulz A., Informationsmanagement im Reisebüro, in: Freyer W., Pompl W. (Hrsg.), Reisebüro-Management, 2. Auflage, München 2008, S. 183–200.

Schulz A., Frank K. und Seitz E., Tourismus und EDV–Reservierungssysteme und Telematik, München 1996.

Schulz B., Amadeus Griffbereit, Amadeus Vista Graphic Page–Air, Hotel, Car, Bad Homburg 2005.

Sterzenbach R. Conrady R., Fichert F., Luftverkehr, 4. Aufl., München 2009.

Stirm P, Abkürzung am GDS vorbei, in: FVW, 40 Jg., Nr. 8, S. 52–53.

Weithöner U., Informationsmanagement und Informationssysteme, in: Freyer W., Pompl W. (Hrsg.), Reisebüro-Management, 2. Auflage, München 2008, S. 321–347.

Weithöner U., Globale Distributionssysteme, in: *Fuchs W., Mundt J., Zollondz H.,* Lexikon Tourismus, S. 323–328, München 2008.

Links zu den GDS:

www.travelport.com/en/

www.amadeus.com/de/de.html

www.sabre.com

4.3 Fallbeispiel Amadeus

Wilfried Kropp

Mit einem „track record" von fast 30 Jahren haben Amadeus und seine Vorgängergesellschaften die deutsche Reisebranche in struktureller Hinsicht sehr stark geprägt. Vor allem im Reisevertrieb hat die Branche einen Grad an Automatisierung, Transparenz und Effizienz erreicht, für den es fast keine Parallelen aus anderen Branchen gibt. Eine Vision ist Realität geworden: jedes Reiseangebot an jedem Verkaufspunkt verkaufbar zu machen – mit aktueller Verfügbarkeit und Preis sowie Buchungs- und Abwicklungsfunktionalität. Eine solche unternehmensübergreifende Branchen-Lösung gibt es weder in den Märkten, die physische Waren verkaufen, noch bei Dienstleistungen. Dem Modell Reisevertrieb kommen vielleicht noch die neuen elektronischen Finanzhandelsplätze nahe, aber diese sind in Bezug auf Reichweite und Integrationsleistung noch weit vom Standard der Reisebranche entfernt.

- **Entwicklungslinien Start zu Amadeus**

Drei Unternehmen, drei Vertriebssysteme – 1.000 Reisebüros: Das war die Ausgangslage Ende der 1960er Jahre im deutschen Markt. Lufthansa, Deutsche Bahn und TUI begannen damit, ihre Vertriebssysteme in einigen wenigen deutschen Reisebüros zu platzieren, um Online-Buchungen zu ermöglichen. Doch die Perspektive war erschreckend für alle Beteiligten: dreimal teure Technik im Reisebüro, drei teure Datenleitungen – das konnte nicht gut gehen. Die enge, auch personelle Verflechtung der drei Unternehmen ermöglichte ein visionäres Vorhaben: Kann man nicht ein Computersystem im Reisebüro schaffen, das über nur eine Datenleitung und ein Standardterminal die Reservierungszentralen der drei Reiseanbieter erreichen kann? Kann diese Standardisierung nicht auch dafür genutzt werden, um die administrative Arbeit im Reisebüro zu erleichtern? Das war der Ausgangspunkt der Überlegungen, die 1971 zur Gründung der „START Studiengesellschaft zur Automatisierung für Reise und Touristik GmbH" führte. Gesellschafter waren Lufthansa, Deutsche Bahn und TUI mit je 25 % Anteilen sowie die drei Reisebüro-Ketten Deutsches Reisebüro, amtliches bayrisches reisebüro und Hapag Lloyd Reisebüro. START führte eine Machbarkeitsstudie durch und legte ein technisches Konzept vor, das von den Gesellschaftern akzeptiert wurde.

Die Studiengesellschaft wurde 1976 in die Betriebsgesellschaft „START Datentechnik für Reise und Touristik GmbH" umgewandelt. Sie erteilte Siemens den Auftrag für die schlüsselfertige Realisierung des START-Systems. Das erste START-Terminal wurde Mitte 1979 im Deutschen Reisebüro (Frankfurt/Main) in Betrieb genommen. Das Konzept war innovativ, funktionierte und wurde vom Markt sehr gut aufgenommen: Innovativ war nicht nur die Integration von Flug, Bahn und Leistungen der Reiseveranstalter. Als wegweisend stellte sich bald die enge Verknüpfung der Reservierungs- und Ticketing-Funktionen mit neuen administrativen Funktionen für Reisebüros heraus. Dafür hat sich der Begriff „START Modus" herausgebildet. Zehn Jahre nach dem Anschluss des ersten Terminals wurde 1989 das zehntausendste Terminal gefeiert.

Der nächste große Einschnitt ging von den europäischen Fluggesellschaften aus, die Mitte der 1980er Jahre die Notwendigkeit erkannten, ihre eigenen Reservierungssysteme zuguns-

4.3 Fallbeispiel Amadeus

ten eines größeren europäischen und leistungsfähigeren Systems aufzugeben. Die vier Airlines Air France, Iberia, Lufthansa und SAS gründeten 1987 Amadeus und investierten in der Aufbauphase rund 300 Millionen US-Dollar. Amadeus entschied sich dafür, das neue System auf Basis der Anwendungssoftware des US-Reservierungssystem SystemOne zu entwickeln. 1987 wurde mit dem Bau des Entwicklungszentrums in Sophia Antipolis (in der Nähe von Nizza) begonnen. Ein Jahr später wurde der Grundstein für das Rechenzentrum in Erding (in der Nähe von München) gelegt. Für den Bau und die Ausstattung investierte Amadeus rund 200 Millionen US-Dollar. Die erste Buchung für „Herrn Wolfgang Amadeus" wurde 1992 in Erding abgewickelt.

Nach mehreren komplexen Transaktionen im START-Gesellschafterkreis übernahm Amadeus 2003 das deutsche Unternehmen START und integrierte es als Amadeus Germany mit Sitz in Bad Homburg, in der Nähe von Frankfurt/Main. Amadeus Germany operiert einerseits als Amadeus Commercial Organisation (ACO), um den deutschen Reisemarkt zu bedienen. Andererseits arbeiten am deutschen Standort gleichzeitig aber auch zahlreiche Entwickler und Projektmanager an globalen Projekten im Auftrag der zentralen Amadeus-Einheiten.

- **Systemteilnehmer Amadeus**

Im europäischen oder globalen Vergleich sind Reisemärkte nicht homogen. Die Struktur, die wir in Deutschland, in der Schweiz und in Österreich vorfinden, unterscheidet sich erheblich von der Struktur beispielsweise in den USA oder in Frankreich. Folglich sind auch technologische Lösungen – allen Globalisierungstendenzen zum Trotz – in Teilen immer noch stark national geprägt. Das Modell „Deutschland" mit dem technologischen Kern „Amadeus" lässt sich nicht einfach auf andere Märkte übertragen.

Der organisierte deutsche Reisemarkt ist durch die beiden großen Sektoren „Anbieter/ Leistungsträger" und „Vermittler/Retailer" gekennzeichnet. Anbieter/Leistungsträger erbringen im organisatorischen und rechtlichen Sinn Reiseleistungen.

In die Gruppe der Reiseanbieter fallen Fluggesellschaften, Reiseveranstalter, Hotels, Bahnen, Kreuzfahrt-Reedereien. Als Verkehrsträger, z. B. Fluggesellschaften, „produzieren" sie Reiseangebote. Als Reiseveranstalter bündeln sie in der Regel einzelne Angebotselemente (Flug, Hotel, Transfers) zu „Paketen". Gemeinsam ist ihnen, dass ihre Angebote immateriell sind, dass sie extrem hohe Fixkosten haben, dass ihre Produkte nicht lagerfähig sind. Daraus resultiert ein enormer Druck auf die Vertriebseffizenz: ein Reiseangebot, das am Abreisetermin nicht verkauft ist, schlägt stark negativ auf den Deckungsbeitrag. Sein Wert ist null; der Nicht-Verkauf führt zu keinen nennenswerten Ersparnissen bei den variablen Kosten. Es ist daher kein Zufall, dass die ersten Initiatoren von elektronischen Vertriebssystemen Reiseanbieter waren. In den USA gingen die Initiativen von den Fluggesellschaften aus, in Deutschland von Lufthansa, TUI und DB.

Vermittler/Retailer verkaufen Reiseleistungen im Namen und auf Rechnung der Leistungsträger an Reisende. In der Regel beschäftigen sich diese beiden Unternehmenstypen mit Outgoing. Den Bereich Incoming, also der Tourismus im engeren Sinn, klammern wir für diese Studie aus. Amadeus nimmt in diesem Markt als Technologieanbieter eine besondere Rolle ein:

- Amadeus ist primär als Global Distribution System (GDS) tätig und verbindet als Vertriebssystem Anbieter und Vermittler;
- Amadeus wächst verstärkt in den Markt der Anbieter mit speziellen IT-Lösungen hinein, die eher unter dem Begriff Enterprise Resource Planning (ERP) fallen;
- Amadeus entwickelt Vertriebslösungen, die sich an Reisende (Endkunden) richten (Business to Consumer/B2C).

- **Geschäftsmodell Amadeus**

Das Geschäftsmodell der Global Distribution Systems besteht in den Grundzügen seit vielen Jahren unverändert: Die GDS erbringen Distributionsleistungen und erhalten dafür von der Gruppe der Anbieter Buchungsgebühren und andere Entgelte. Reisebüros, die mit den GDS arbeiten und Buchungen durchführen, zahlen nach unterschiedlichen Modellen Gebühren für den Systemzugang. Die GDS belohnen produktive Reisebüros mit sogenannten Incentives, also Rückerstattungen. Der Anteil der Anbieter-Entgelte an den Gesamteinnahmen dürfte global bei allen GDS bei etwa 80% liegen, die der Reisebüros bei 20%.

Ausgelöst durch den Druck der Airlines, ihre Gebühren zu senken, verfolgen die GDS unterschiedliche Strategien, ihre Einnahmebasis zu verbreitern und damit weniger abhängig von den Distribution Fees zu werden. Amadeus ist auf diesem Weg am weitesten vorangekommen. Durch den Ausbau neuer und stark wachsender Geschäftsbereiche wie Airline IT, Hotel IT und e-Commerce verringert sich die Abhängigkeit von den Buchungsgebühren. Auf der anderen Seite gelang es Amadeus, der Reisebüro-Seite über die normale Buchungsabwicklung hinaus weitere Lösungen anzubieten und auch dafür Erträge zu erzielen.

- **Amadeus-Lösungen für Anbieter**

Amadeus hat bisher der Gruppe der Anbieterlösungen für ihren Vertrieb angeboten. Mit den kontinuierlich weiterentwickelten Funktionen und der wachsenden geografischen Ausdehnung konnte Amadeus die zentralen Anforderungen erfüllen:

- weltweite Abdeckung der Reisemärkte („reach")
- Angebotsdarstellung und Buchung online („seamless")
- Bedienung unterschiedlicher Vertriebskanäle („multi channel")
- Ertragsoptimierung („yield control")

Diese Anforderungen haben tendenziell, d.h. mit unterschiedlichen Gewichtungen, alle Anbieter – neben Airlines auch Reiseveranstalter, Hotels, Kreuzfahrt-Gesellschaften usw.

Neu ist, dass Amadeus für die Gruppe der Anbieter über die Vertriebsleistungen hinaus, spezifische IT-Lösungen entwickelt, die mit den Vertriebsfunktionen verknüpft werden können.

4.3.1 Amadeus-Lösungen für Reisemittler

Stationäre Reisebüros bilden nach wie vor den Kern des professionellen Reisevertriebs in Deutschland. Ihr Umsatz beträgt etwa 21 Milliarden Euro in Deutschland. [DRV, Fakten und Zahlen zum deutschen Reisemarkt 2008]. Ihr Marktanteil im Verkauf von Flugtickets der Full Service Carrier liegt bei 80 %; am schnell wachsenden Markt der Low Cost Carrier

4.3 Fallbeispiel Amadeus

dürfte ihr Marktanteil jedoch bei unter 5 % liegen. Ihr Vertriebsanteil bei Veranstalter-Reisen beträgt etwa 90 %, allerdings mit sinkender Tendenz. Insgesamt sinkt die Zahl der stationären Reisebüros, so ist zwischen 1999 und 2008 die Zahl der stationären Reisebüros in Deutschland um 4.729 oder rund 30 % gesunken.

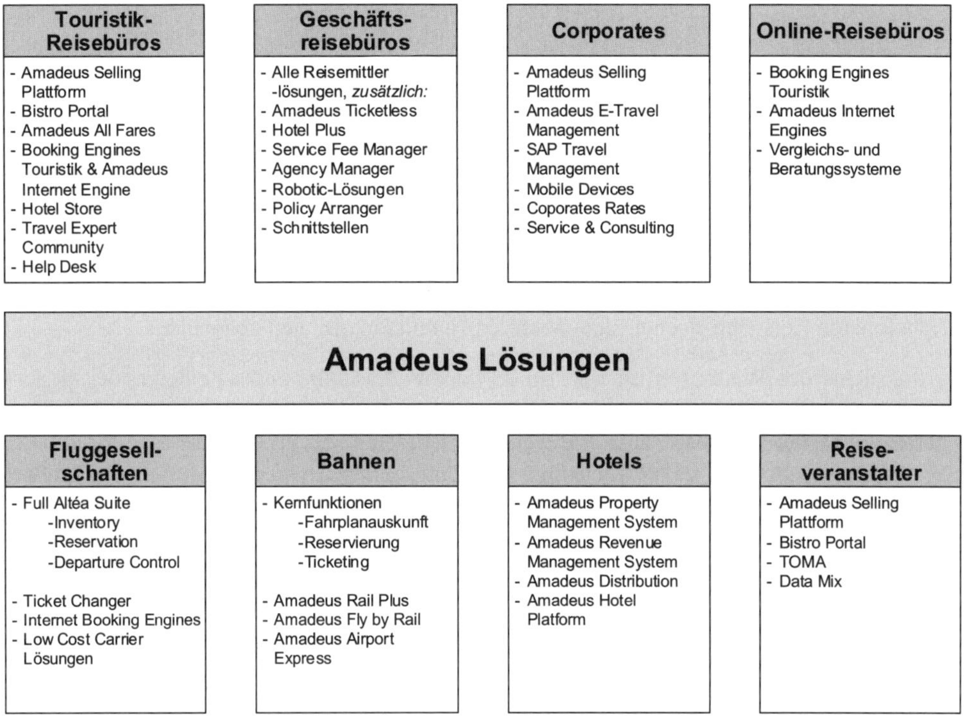

Touristik-Reisebüros	Geschäfts-reisebüros	Corporates	Online-Reisebüros
- Amadeus Selling Plattform - Bistro Portal - Amadeus All Fares - Booking Engines Touristik & Amadeus Internet Engine - Hotel Store - Travel Expert Community - Help Desk	- Alle Reisemittler-lösungen, *zusätzlich:* - Amadeus Ticketless - Hotel Plus - Service Fee Manager - Agency Manager - Robotic-Lösungen - Policy Arranger - Schnittstellen	- Amadeus Selling Plattform - Amadeus E-Travel Management - SAP Travel Management - Mobile Devices - Coporates Rates - Service & Consulting	- Booking Engines Touristik - Amadeus Internet Engines - Vergleichs- und Beratungssysteme

Amadeus Lösungen

Fluggesell-schaften	Bahnen	Hotels	Reise-veranstalter
- Full Altéa Suite -Inventory -Reservation -Departure Control - Ticket Changer - Internet Booking Engines - Low Cost Carrier Lösungen	- Kernfunktionen -Fahrplanauskunft -Reservierung -Ticketing - Amadeus Rail Plus - Amadeus Fly by Rail - Amadeus Airport Express	- Amadeus Property Management System - Amadeus Revenue Management System - Amadeus Distribution - Amadeus Hotel Platform	- Amadeus Selling Plattform - Bistro Portal - TOMA - Data Mix

Abb. 4.3.1   Überblick Amadeus Lösungen

4.3.1.1 Marktentwicklung bei Reisemittlern

Der Reisemarkt wandelt sich rasch und die stationären Reisebüros haben Schwierigkeiten, sich diesem Wandel zu stellen. Die Reisebüros als Gruppe verlieren Marktanteile. Der Direktvertrieb, vor allem der Low Cost Carrier, der Bahn und – in geringerem Maße – der Reiseveranstalter nimmt zu; Online-Reisebüros sind als neue Wettbewerber im gleichen Segment hinzugekommen [PhocusWrigth´s German Online Travel Overview 2008]. Der Anteil des Online-Vertriebs am gesamten deutschen Reisemarkt wird für 2008 auf 24 % geschätzt. Neue Suchtechniken im Internet, z. B. Metasearch-Engines, lenken potentielle Kunden in andere Vertriebskanäle. Jede dieser Entwicklungen hat eine technische Basis; die Beziehung zwischen Marktentwicklungen und Technik ist symbiotisch: Technologische Innovationen forcieren strukturelle Veränderungen im Reisemarkt und die neuen Entwicklungen im Reisemarkt fordern neue technologische Lösungen.

- **Stationäre Reisebüros auf der Suche nach einer stabilen Marktposition**

Die stationären Reisebüros befinden sich in einer Verteidigungsstellung: Die Technik, die sie einsetzen, sichert ihnen eine hohe Effizienz. Dadurch steigt ihre Produktivität. Aber: Um mit anderen Vertriebskanälen konkurrieren zu können, bedarf es anderer Geschäftsmodelle, einer anderen Marketing- und Positionierungsstrategie und nicht zuletzt auch einer anderen Technik. Marktrealität ist der Wettbewerb der Vertriebskanäle – und die stationären Reisebüros gehören tendenziell zu jenen, die Marktanteile einbüßen. Wesentliche Marktentwicklungen sind an den stationären Reisebüros vorbeigegangen:

- Die Low Cost Carrier haben auf den Direktvertrieb gesetzt;
- Im stetig wachsenden Markt der Hotel-Only-Buchungen haben die Reisebüros nur einen geringen Anteil
- Vertriebsinnovationen wie Online-Reisebüros und Kundenbewertungssysteme sind von Außenseitern der Branche entwickelt worden.

Die stationären Reisebüros sehen sich mehreren Herausforderungen gegenüber:

- Angesichts des Wettbewerbsdrucks ist es für die Reisebüros entscheidend, sich gegenüber den anderen Vertriebskanälen abzugrenzen und ihre Vorteile herauszustellen. Vom IT-Provider wird erwartet, dass er die entsprechenden Tools und Inhalte bereitstellt. Hier geht es also um die Vielfalt buchbarer Angebote, um Instrumente, mit denen Angebote gesucht und verglichen werden können und um Zusatznutzen.
- Im intrasektoralen Wettbewerb gibt es einen Verteilungskampf um ein Reisevolumen, das nicht nennenswert wächst. Das zwingt Reisebüros zur Effizienzsteigerung, um überhaupt wirtschaftlich erfolgreich arbeiten zu können. Die Anforderungen an die IT-Provider gehen folglich in Richtung „Produktivitätssteigerung", also effizienter Abläufe und vermindertem Administrationsaufwand.

- **Online-Reisebüros: Eine Wachstums-Story**

Online-Reisebüros wie Expedia oder Opodo sind einerseits klassische Intermediäre und somit den stationären Reisebüros vergleichbar, andererseits nutzen sie die Darstellungsformen und die Verbreitung des Internets, und sind damit sowohl zum Wettbewerber der stationären Reisebüros als auch der Direktvertriebsformen der Anbieter geworden. Ihre Marktbedeutung ist regional sehr unterschiedlich: sehr hoch in den USA, in Skandinavien, in Großbritannien – sehr niedrig in Italien und Osteuropa und in den deutschsprachigen Märkten im Mittelfeld.

- **Besondere Vertriebsformen**

Technisch und organisatorisch getrieben von „Reise-Produzenten neuen Typs" haben sich vor allem im Lebensmittelhandel neue Vertriebsformen für besonders preiswerte Reisen etabliert: Produziert und abgewickelt wird die Reise von Spezialunternehmen im Hintergrund. Marktführer sind die Unternehmen Eurotours und Berge & Meer. Die Angebote werden vom Lebensmittelhandel „gelabelt", d.h. unter dem Markennamen des Händlers angeboten; die Buchung selbst wird wieder vom Spezialunternehmen abgewickelt. In speziellen Angebotssegmenten wie z. B. kurze Reisen in nahe Ziele außerhalb der Saison, sind die Angebote sehr billig und haben sich einen Markt, den es vorher nicht gab, aufgebaut.

4.3.1.2 Amadeus-Lösungen für Touristik Reisebüros

Die folgenden Kapitel zeigen beispielhaft, mit welchen Verfahren und Services Amadeus die Anforderungen der stationären Reisebüros zu erfüllen versucht. Wir trennen die Reisebüros dabei grob in zwei Gruppen: Touristik-Reisebüros (Leisure) und Geschäftsreisebüros (Business Travel).[1]

Für beide Reisebüro-Typen gilt, dass sie die Buchbarkeit einer Vielzahl von Anbietern mittlerweile als Selbstverständlichkeit ansehen. Im globalen Vergleich ist aber die Vielfalt und die Zahl der buchbaren Anbieter bei Amadeus durchaus ein Alleinstellungsmerkmal.

Buchbar sind im deutschen Markt derzeit rund 500 Fluggesellschaften, über 80.000 Hotels, 25 Mietwagen-Firmen, rund 190 Reise- und Busveranstalter, 77 Verkehrsverbünde, 40 europäische Bahnen, 30 Fähr-, sechs Versicherungs- sowie 13 Kreuzfahrtanbieter. Amadeus verbindet diese „Anbieter" mit den „Nutzern" auf der anderen Seite und macht sie für die Reisebüros an einem PC verfügbar.

Im Prozess der Beratung unterstützen Tools wie beispielsweise BistroPortal und Amadeus All Fares den Reisebüro-Mitarbeiter in seiner Funktion als „Informations-Broker". Vielfältige Such- und Vergleichsmöglichkeiten schaffen Angebotstransparenz in diesem Abschnitt des Verkaufsgesprächs. Die Anbindung an das entsprechende Buchungsverfahren in der Amadeus Selling Platform integriert die Beratung in den Gesamtprozess.

- **Amadeus Selling Platform**

Die Amadeus Selling Platform ist die zentrale Plattform für die Geschäftsprozesse im Reisebüro – von der Beratung bis zum Buchungsprozess, von der Administration bis zur Abrechnung. Zur Buchung der verschiedenen Anbieter nutzt der Reisebüro-Mitarbeiter unterschiedliche „Verfahren" innerhalb der Amadeus Selling Platform: Für die Angebote der Reiseveranstalter, touristischen Leistungsträger und Fluglinien ist es die Branchenlösung Amadeus Tour Market mit der TOMA-Maske. Reisebüros sind auf diesem Weg mit den Datenbanken von rund 190 Anbietern verbunden und greifen auf ein vielseitiges Portfolio wie z. B. Pauschalreisen, Kreuzfahrten, Mietwagen, Hotels, Ferienwohnungen, Flüge, Busreisen und Versicherungen zu. Von der Informationsanzeige über die Vakanzanfrage bis zur Buchung oder Stornierung bietet Amadeus Tour Market die vollständige und weitestgehend standardisierte Abwicklung eines sogenannten touristischen Vorgangs über eine einheitliche Buchungsoberfläche.

Vorrangig Netzcarrier, aber auch Low Cost Carrier werden über Amadeus Air gebucht. Für ergänzende Leistungen wie beispielsweise Bahntickets und Destinations-Services (Theater, Sport, Transfers) gibt es weitere Buchungsverfahren. Neu ist der Amadeus Hotel Store, in dem Angebote von Hotel-Only-Anbietern, sogenannten Hotel Aggregatoren, gebündelt werden. Erster Anbieter ist Transhotel mit 50.000 zusätzlichen Hotels. Abweichend zu anderen Hotel-Reservierungsverfahren zahlt der Kunde im Reisebüro („prepaid") und erhält einen Voucher. Die Provision oder ein Aufschlag auf den Nettopreis verbleibt im Reisebüro. Rei-

---

[1] Touristikreisebüros bedienen überwiegend Privatkunden; wichtigste Anbietergruppe sind Reiseveranstalter. Business Travel Reisebüros, auch Travel Management Companies (TMC) genannt, bedienen überwiegend Geschäftsreisende; wichtigste Anbietergruppe sind Fluggesellschaften.

seunterlagen wie die Reisebestätigung für touristische Leistungen, Voucher oder der elektronische Flugschein werden über das jeweilige Buchungsverfahren ausgestellt.

- **Search & Compare**

Bei der nahezu unübersehbaren Fülle des Reiseangebots sind Instrumente gefragt, die das Angebot nach Kundenwünschen filtern, vergleichen und Alternativen vorstellen. Amadeus hat in diesem Sektor zwei Lösungen im Produktportfolio, die von Reisebüros und stark genutzt werden:

– *Bistro Portal:* Die Datenbank enthält die Angebote von nahezu allen Reiseveranstaltern in Deutschland und Österreich. Gefiltert und auf Vakanz geprüft wird das Angebot durch die Angabe von Kundenwünschen. Eine weitere Entscheidungshilfe sind auch Kundenbewertungen zu Hotels, die in der Datenbank enthalten sind. Ein vom Kunden ausgewähltes Angebot wird automatisch in TOMA übernommen.

– *Amadeus All Fares:* All Fares sucht nach Angabe von Datum und Destination bis zu 200 Flugverbindungen und prüft diese auf Verfügbarkeit und aktuellen Preis. In die Suche werden auch Low Cost Carrier einbezogen. Die Darstellung der besten Angebote erfolgt in Matrix-Form, so dass der Reisebüro-Mitarbeiter auch Alternativen sehen und dem Kunden vorschlagen kann.

- **Effizienz und Prozesse**

Im Anschluss an die Buchung kann der Reisebüro-Mitarbeiter die Zahlung abwickeln, indem er aus der Buchung in das Verkaufsverfahren wechselt und einen Verkaufsbeleg erstellt. In diesen Arbeitsbereich fällt auch das Auftragssystem, in der Buchungen zu Aufträgen zusammengefasst und verwaltet werden. Lösungen für die Hinterlegung von Service-Entgelten ermöglichen die automatische Zusteuerung der entsprechenden Beträge im Buchungsverfahren.

In der Kundendatenbank sind relevante Informationen zu Reiseverhalten und Präferenzen der Kunden gespeichert, die in den Beratungs- und Buchungsprozess integriert werden können und die Basis für Marketing-Aktivitäten bilden. Die Kundensuche mit Darstellung des Kundenprofils kann aber auch als Einstieg in den Beratungsprozess dienen.

Für touristisch orientierte Reisebüros entwickelt Amadeus derzeit eine neue Vertriebsplattform. Nahtlos in die Amadeus Selling Platfform eingebunden wird sie mit den drei Komponenten Kundenprofil, Buchungsverfahren und Auftragsmappe den gesamten Arbeitsprozess integrieren.

- Booking Engines für Reisebüro-Websites

Für Kunden wird eine Reisebüro-Website interessanter, wenn aktuell verfügbare Angebote mit dem exakten Preis dargestellt und auch sofort gebucht werden können. Amadeus bietet mehrere Internet Booking Engines an, die Reisebüros auf ihren Websites integrieren können.

Booking Engine Touristik: Die touristische Booking Engine, die von der Amadeus-Tochtergesellschaft Traveltainment entwickelt wurde, ist mit weitem Abstand Marktführer in den deutschsprachigen Märkten. Damit können Reisebüro-Kunden online die Angebote nahezu aller Reiseveranstalter vergleichen und buchen.

4.3 Fallbeispiel Amadeus

Amadeus Internet Engine: Für die Bereiche Flug, Hotels und Mietwagen gibt es eine gesonderte Booking Engine, mit der Reisebüro-Kunden auf das gesamte Amadeus-Angebot zugreifen können.

- **Kompetenz stärken**

Verschiedene Trainingsangebote unterstützen Reisebüros bei der Nutzung der Amadeus-IT-Lösungen. Das Portfolio von klassischen Seminaren bis zu virtuellen Trainings trägt dem Aspekt Rechnung, dass jeder Mensch anders lernt und jeder Geschäftsbereich andere Kenntnisse erfordert. Eine neue Kombination von System- und Verkaufstraining trägt dazu bei, Reisebüro-Mitarbeiter im gesamten Vertriebsprozess sicherer zu machen.

Alle drei Monate gibt Amadeus Germany das Amadeus Magazin heraus. Im „Herzstück" des Magazins, dem Techno-Guide, erhalten Kunden einen Überblick über aktuelle Produktentwicklungen, Neuigkeiten sowie Tipps und Anleitungen für die Buchungsverfahren. Weitere Rubriken informieren über Trends und Verkaufschancen in der Touristik, Amadeus Trainingsangebote oder Produktvorschauen. Interviews, Specials, das von Amadeus Kunden gewählte „Wunschthema" und Gewinnspiele lockern den Themenmix weiter auf.

Die Amadeus Travel Expert Community ist die virtuelle Plattform, auf der sich Reisebüro-Mitarbeiter untereinander und mit Amadeus austauschen können – derzeit in Deutschland, Schweiz und Österreich. Zu allen Themen rund um das Reisebüro gibt es Insider-Tipps, Expertenwissen, Informationen zu Buchungsverfahren – und die Möglichkeit, sie mit eigenen Ideen und Initiativen mitzugestalten. Jeder Nutzer kann selbst festlegen, welche Informationen er in Foren und Blogs einstellen möchte, um das eigene Know-how auszubauen und im Gegenzug von der Expertise der Kollegen zu profitieren. Bei technischen und fachlichen Fragen zum Amadeus System unterstützt auch das Amadeus Help Desk.

4.3.1.3 Amadeus-Lösungen für Geschäftsreisebüros

Alle Geschäftsreisebüros haben zunächst grundsätzlich das gleiche hohe Interesse an einem umfassenden, uneingeschränkt buchbaren Angebot von Airlines, Hotels und Mietwagen. Die Reisebüros in dieser Sparte sind besonders stark dem Wettbewerb durch den Direktvertrieb der Anbieter ausgesetzt.

- **Die strategische Bedeutung von „Full Content"**

Das Kernverfahren im Bereich Business Travel ist Amadeus Air, das innerhalb der Amadeus Selling Platform bereitgestellt wird. Über Amadeus Air stehen die wichtigsten Funktionen zur Verfügung:

- Darstellung des verfügbaren Flugangebots
- Reservierung
- Preisberechnung
- Ticketing

Im Wettbewerb mit dem Direktvertrieb der Airlines müssen Geschäftsreisebüros zwei grundlegende Leistungs-Erwartungen erfüllen:

- Sie müssen ihren Kunden möglichst das gesamte Flugangebot inklusive der anwendbaren Tarife darstellen können;
- Sie müssen Angebotsvergleiche anstellen und Alternativen aufzeigen können.

Solange dies den Reisebüros gelingt, haben sie gegenüber dem Direktvertrieb einen Wettbewerbsvorteil. Denn Direktvertrieb bedeutet immer auch Einschränkung des Angebots und fehlende Alternativen. Aus diesem Zusammenhang erklärt sich die Sensibilität der Reisebüros, wenn Airlines besonders preiswerte Tarife nicht im GDS darstellen, sondern ihrem Direktvertrieb vorbehalten wollen. Das uneingeschränkte Angebot, im Fachjargon „Full Content" genannt, ist zu einem Branchen-Thema geworden, weil Angebotslücken dazu führen, dass Reisebüros ihre grundlegenden Leistungsversprechen nicht erfüllen können. Amadeus wie auch die anderen GDS bemüht sich in Verhandlungen mit Airlines, Full-Content-Zusagen vertraglich zu fixieren. Dafür erhalten Airlines im Gegenzug auch finanzielle Vorteile. Im speziellen Markt der Low Cost Carrier ist allerdings eine große Lücke geblieben. Der Grund dafür ist aber die Strategie einiger Low Cost Carrier, bewußt den Vertriebsweg Reisebüro (und damit auch die GDS) zu ignorieren. Um diese Lücke zu schließen, hat Amadeus große Anstrengungen unternommen, Low Cost Carrier zur Systemteilnahme zu bewegen. Mit der Ausnahme Ryanair sind mittlerweile die wichtigsten Low Cost Carrier über Amadeus buchbar.

Neben dem Flugangebot sind für Geschäftsreisebüros in gesonderten Verfahren auch noch die Ergänzungsleistungen Hotels und Mietwagen relevant, für die Amadeus eigene Verfahren bereitstellt: Amadeus Hotels und Amadeus Cars.

- **Search & Compare**

Bei der sprunghaft angestiegenen Menge von Flugangeboten sind neue Tools notwendig geworden, die das Angebot entsprechend den Kundenwünschen filtern.

- Amadeus AllFares
  Das neue Verfahren stellt bis zu 200 mögliche Verbindungen dar, die von Amadeus automatisch auf Verfügbarkeit und aktuellen Preisen geprüft werden.

- Amadeus Ticketless Access(ATLA)

  ATLA ist ein spezifisches Verfahren, mit dem Angebote der Low Cost Carrier über eine XML-Schnittstelle abgefragt und im gleichen Display wie die Full-Service-Carrier dargestellt werden („merged display").

- Hotels Plus
  Das neue Hotel-Verfahren unterstützt Reisebüro-Mitarbeiter, leichter Hotels zu finden, die den Anforderungen des Kunden nach Lage, Ausstattung und Preis entsprechen.

- **Effizienz und Prozesse**

Business Travel ist ein Volumengeschäft, in dem es darum geht, eine große Zahl von Transaktionen möglichst effizient abzuwickeln und dennoch hohe Qualitätsstandards einzuhalten. Amadeus hat sich mit einer ganzen Reihe von Verfahren und Funktionen auf diese Anforderungen eingestellt.

- Reisebüro-Mitarbeiter können wählen, ob sie in einem sogenannten kryptischen Modus mit der Eingabe von Codes oder in einem grafisch geführten Modus arbeiten möchten. Gerade im Geschäftsreisebereich, wenn viele System-Abfragen sehr häufig getätigt werden, wird in der Regel der kryptische Modus vorgezogen.
- Mit mehreren alternativen und unterschiedlich komplexen Lösungen können Reisebüros sicherstellen, dass ihre Qualitätsanforderungen und die ihrer Kunden erfüllt werden, z. B. mit
    - Amadeus +QC
    - Robotic Solutions als Oberbegriff für individuelle, aber von Amadeus entwickelte Lösungen
    - Scripts für kleinere, automatisierte Abläufe
- Die automatische Übernahme der Verkaufsdaten, z. B. Ticketpreis, Kundendaten, in das VERK-Verfahren ermöglicht eine besonders schnelle Rechnungserstellung.
- Für Reporting und Controlling stellt Amadeus alle im Buchungsprozess erzeugten Daten in einem Amadeus Interface Record (A.I.R.) zur Verfügung.
- Neu ist der Amadeus Service Fee Manager, mit dem Reisebüros komplexe Gebührenmodelle verwalten und anwenden können.
- Der Amadeus Agency Manager ist ein umfassendes und modernes Paket von Mid-Office-Funktionen, das extrem viele administrative Funktionen zusammenfasst.
- Reiseberater verwenden in Customer Profiles hinterlegte Daten interaktiv in Buchungsprozessen und können so den Buchungsprozess beschleunigen und Fehler vermeiden.
- Der Amadeus Policy Arranger ist eine Benutzeroberfläche, die dem Reiseberater ein effizientes Management von Reiserichtlinien innerhalb eines Unternehmens ermöglicht.
- Travel Management

Amadeus bietet den Business-Travel-Reisebüros an, die Self-Booking-Tools[2], die für Unternehmen entwickelt wurden, als eigene Angebote in ihr Lösungs-Portfolio zu übernehmen („Reseller-Konzept"). Die Vertragsbeziehung und auch die kommerzielle Abwicklung erfolgt zwischen Reisebüro und Unternehmen. Um als Amadeus-Reseller aufzutreten, schließen Reisebüros gesonderte Vereinbarungen mit Amadeus.

4.3.1.4 Amadeus-Lösungen für Corporates
Im Business Travel-Bereich ist ein zunehmender Bedarf nach Lösungen festzustellen, die spezifisch an den Anforderungen von Unternehmen ausgerichtet sind. Amadeus hat sich auf diesen Trend eingestellt und bietet ein großes Portfolio von Lösungen an.

<u>Content</u>
Vor allem größere Unternehmen schließen Verträge mit Airlines, Hotelketten und Mietwagen-Unternehmen ab, die ihnen den Zugriff auf besonders günstige Tarife bieten. Amadeus

---

[2] e-Travel Management, Internet Booking Engines

ist in der Lage, diese Tarife sowohl in der Amadeus Selling Platform als auch in e-Travel Management und anderen Tools abzubilden und den Buchungszugriff zu ermöglichen.

Amadeus e-Travel Management

Das Amadeus e-Travel Management ist eine umfassende Lösung, mit der Unternehmen wichtige Funktionen des Travel Managements abwickeln können:

- Einrichtung und automatische Berücksichtigung der Travel Policy,
- Online-Buchungen sowohl durch die Reisenden selbst oder durch Travel Assistants
- automatische Weiterleitung der Buchungsdaten an das ticketausstellende Reisebüro
- automatisierte Genehmigungsprozesse.

Online-Buchungstools wie Amadeus e-Travel Management arbeiten besonders effizient mit Stammdaten der Reisenden, die in sogenannten Profilen hinterlegt sind. Im Standardfall werden diese Profile manuell angelegt und gepflegt. Vor allem aber für größere Firmen bietet Amadeus ein Profile Management an, mit dem firmeninterne Stammdaten automatisiert in e-Travel Management übernommen und synchronisiert werden.

Der e-Reporter ist ein Management-Tool innerhalb von e-Travel Management, das Reisebuchungen nach vielen Kriterien auswertet und in Berichtsform bereitstellt. Dazu gehören folgende Funktionen:

- Pre-Trip-Reporting überprüft die vorhandenen Buchungen, ob die Reiserichtlinien eingehalten sind
- Auswertungen nach Anbietern, Destinationen, gebuchten Klassen u.ä.
- Crisis Management Reports, mit denen schnell herausgefunden werden kann, ob sich Mitarbeiter in Krisenregionen befinden.
- Savings Reports zeigen realisierte Ersparnisse oder auch negative Abweichungen von den Vorgaben auf.

Die Daten, die in den e-Reporter einfließen, werden aus den Buchungen innerhalb von Amadeus e-Travel Management oder aus Reisebüro-Buchungen übernommen.

SAP Travel Management with Amadeus

Das Travel Management System, das von SAP gemeinsam mit Amadeus entwickelt wurde, unterscheidet sich von e-Travel Management vor allem durch die Integrationsmöglichkeiten mit den SAP-Modulen „Reisekosten-Abrechnung" und Personalverwaltung.

Mobile Devices

Die wachsende Verbreitung von Smart Phones, Handhelds und Netbooks verlangt eine Einbindung dieser mobilen Geräte in die Informationskette des Travel Managements. Amadeus passt sich diesen globalen Trends an.

- Für den Reisenden unterwegs ist „checkmytrip" konzipiert: Buchungen in Amadeus werden in MS Outlook oder Lotus Notes übertragen und stehen nach der Synchronisation auch mobil zur Verfügung.
- Vorausgesetzt, die Mobil-Telefonnummer des Reisenden ist im Profil und damit in der Buchung enthalten, erhalten Reisende direkt von der Fluggesellschaft eine SMS im Fall von Flugplan-Änderungen, Verspätungen oder Gate-Wechsel.

- Unternehmen, die bereits mit dem Amadeus e-Travel Manager arbeiten, können über die Funktion „Mobile Partner" erweiterte Reisepläne synchronisieren und reiseplanbasierte Standortinformationen an den Geschäftsreisenden übermitteln. Der Mobile Travel Assistant verschickt nur dann SMS-Nachrichten, wenn sie gebraucht werden. Damit wird es auch möglich, einen Mitarbeiter zu orten, der eventuell in einer Notlage ist und Unterstützung braucht.

Business Travel Lösungen in der Amadeus-Selling-Plattform
Unternehmen, die über eine professionelle Reisestelle verfügen, setzen in der Regel die gleiche Buchungstechnik ein wie Reisebüros, also die Amadeus Selling Platform. Innerhalb dieser Selling Platform haben sie Zugriff auf Funktionen, die speziell für Firmen entwickelt wurden oder von ihnen besonders intensiv genutzt werden:

- Zugriff auf Corporate Rates in den Bereichen Flug, Hotel und Mietwagen
- Einrichtung einer Travel Policy
- All Fares mit MasterPricer-Funktion

Alle gebuchten Daten stellt Amadeus über den Amadeus Interface Record (A.I.R.) zur weiteren internen Auswertung zur Verfügung. Diese Datenlieferungen sind die Voraussetzung für standort-übergreifende Statistiken, die das Travel Management zur Kontrolle der Reiseaktivitäten benötigt.

Service & Consulting
Vor allem in größeren Unternehmen sind mit der Abwicklung von Geschäftsreisen zahlreiche interne Prozesse verbunden: Einkaufsrichtlinien, Genehmigungen, Abrechnungen, Kostenstellen-Rechnungen usw. Travel Management Lösungen müssen in diese Strukturen integriert werden. Zur Unterstützung der Unternehmen kann Amadeus folgende Services anbieten:

- e-Consulting
- Systemintegration und System-Implementation
- Training und Zertifizierung
- Customer Support

4.3.1.5 Online-Reisebüros

Für Online-Reisebüros haben Amadeus und seine Tochtergesellschaft Traveltainment mehrere spezifische Lösungen entwickelt, die intensiv genutzt werden und Amadeus einen hohen Marktanteil in diesem Marktsegment gesichert haben.

Für die Bereiche Flug, Hotel und Mietwagen bietet Amadeus Internet Booking Engines (IBE) an, die auf den Websites der Reisebüros eingebaut werden und den Endkunden den direkten Zugriff auf das Amadeus-Angebot ermöglichen. Booking Engines sind standardisierte Lösungen vor allem für kleinere Online-Reisebüros, um das Amadeus-Angebot online abzufragen und in einer leicht verständlichen Form darzustellen.

Für größere Online-Reisebüros, die Wert auf eine individuelle Darstellungsweise legen, ermöglicht Amadeus den Zugriff über „Web Services": Den Umfang der abgefragten Daten und die Darstellungsweise legt in diesem Fall das Online-Reisebüro selbst fest.

Die Amadcus Tochtergesellschaft Traveltainment hat für touristisch orientierte Online-Reisebüros verschiedene Internet Booking Engines entwickelt, mit denen die Angebote aller wichtigen Reiseveranstalter verglichen und online gebucht werden können.

4.3.1.6 Metasearch-Engines: Ein neuer Zugang zum Angebot

Metasearch-Engines wie checkfelix, kajak und swoodoo haben als Eingangsportale für Flugauskünfte eine erhebliche Marktstellung erreicht. Sie greifen automatisch auf die public websites von Airlines und Online-Reisebüros zu und stellen die Ergebnisse nach Preis oder anderen Kriterien sortiert dar. Die Buchungen selbst erfolgen auf den Websites der Anbieter. Der technische Aufwand, der dadurch entsteht, dass im Hintergrund Abfragen bei den GDS oder den airline-internen Systemen produziert werden, ist sehr hoch und treibt die Kosten der teilnehmenden Anbieter in die Höhe.

Amadeus bietet für diese spezielle Kundengruppe den Meta Pricer an, der über eine Direktverbindung zwischen Metasearch-Engine und Amadeus aktuelle Verfügbarkeits- und Preisdaten aus Amadeus holt. Der Amadeus Meta Pricer puffert die für die anbieterübergreifende Suche typischen hohen Transaktionszahlen über eine Caching-Funktion innerhalb des Amadeus-Systems ab. Das macht die Suche für alle Beteiligten wirtschaftlicher.

4.3.2 Amadeus-Lösungen für Fluggesellschaften

Der Markt der Fluggesellschaften ist in Bezug auf Vertriebsanforderungen heute gespalten: Auf der einen Seite die große Gruppe der Linienfluggesellschaften, die ihr Flugangebot global vertreiben und überwiegend auf die Vertriebskraft von Reisebüros setzen. Auf der anderen Seite die neu in den Markt eingetretenen Low Cost Carrier, die überwiegend über Websites und Call Center direkt vertreiben. Tatsächlich bewegen sich beide Gruppen sowohl im Geschäftsmodell als auch in der Vertriebstechnik aufeinander zu: Linienfluggesellschaften versuchen ihren Direktvertriebsanteil über ihre Website auszubauen und übernehmen teilweise auch die Preisstrategie der Low Cost Carrier, vorwiegend in ihren Heimatmärkten, wo ihre Marke stark ist. Low Cost Carrier entdecken zunehmend, dass der Vertrieb über Reisebüros ihnen neue Kundenschichten erschließt, die zu höheren Erträgen führen.

Die Technik-Anforderungen beider Gruppen sind sehr unterschiedlich. Gemeinsam ist ihnen, dass ihre funktionalen Anforderungen an IT-Lösungen extrem hoch sind. Hier eine kurze Übersicht für die Linienfluggesellschaften:

– Globale Reichweite: Darstellung ihres Angebots mit aktueller Verfügbarkeit und aktuellen Preisen an jedem Verkaufspunkt weltweit.
– Darstellung ihres Angebots in unterschiedlichen Vertriebskanälen, darunter stationäre Reisebüros, Online-Reisebüros, Consolidator und Reiseveranstaltern, Direktvertrieb
– Abwicklung von Buchungen (Verkäufen) in jedem Verkaufspunkt weltweit

- Globale Abwicklung von Verkäufen, Abrechnung mit Vertriebsstellen, Geld-Transfer
- Ertragsmanagement, Steuerung, Strukturierung und Limitierung des Angebots entsprechend erwarteter Erträge
- Angebot und Verkauf von Zusatzservices
- Inhouse-Funktionen wie z. B. Check-In oder Beladung

Als Initiatoren der Globalen Distributions Systems – und in weiten Teilen der Welt als einzige Anbietergruppe innerhalb der GDS – waren und sind die Airlines traditionell stark an dem funktionalen Ausbau und der globalen Ausdehnung der GDS interessiert. Folgerichtig tragen sie auch den weitaus größten Anteil an den Kosten der GDS.

- **Lösungen für Linienfluggesellschaften**

Fluggesellschaften als größte Anbieter-Gruppe im weltweiten Reisegeschäft haben sehr vielfältige Anforderungen, die in der Vergangenheit mit isolierten IT-Lösungen abgedeckt wurden. Amadeus ist seit wenigen Jahren das einzige IT-Unternehmen weltweit, das dieser Kundengruppe ein neu entwickeltes, modular aufgebautes und dennoch integriertes Portfolio von IT-Lösungen anbieten kann.

Global Distribution: Weltweite Distribution ist das traditionelle Kerngeschäft für Amadeus. Airline-Angebote werden in über 100.000 Reisebüros, auf Internet-Seiten und anderen Vertriebskanälen dargestellt und online buchbar gemacht. Damit eng verbunden sind Ticketing, Abrechnung und Statistiken.

Full Altéa Suite: Mit einer großen Investition hat sich Amadeus seit dem Jahr 2000 zu einem IT-Provider für die Airline-Industrie entwickelt. Unter der Marke Altéa ist eine neue Generation von IT-Lösungen für Airlines entstanden, die erstmals die großen funktionalen Bereiche miteinander verzahnt.

Altéa Inventory: Mit den Inventory-Lösungen steuern die Airlines ihr Flugangebot, kontrollieren die Vertriebskanäle und nutzen verschiedene Techniken, um ihre Erträge zu optimieren. Innovativ ist hier unter anderem die Berücksichtigung des „Kundenwertes" für verschiedene Funktionen: Bei der Sitzplatz-Reservierung erhalten beispielsweise „wertvolle" Kunden die besten Plätze oder werden bei Umbuchungen bevorzugt.

Altéa Reservation: Das Reservation-Modul umfasst unter anderen Tarifberechnungen, Buchungen und Ticketing. Durch die Verzahnung mit den Reisebüro-Anwendungen im Vertrieb („seamless connectivity") ergeben sich große Effizienzvorteile sowohl bei den Airlines als auch bei den Reisebüros.

Altéa Departure Control – Customer: Departure Control Customer behandelt die Prozesse beim Check-in und Boarding. Dank des Zusammenspiels mit den anderen Altéa Lösungen, z. B. Inventory, kann das Check-In beschleunigt werden, weil Fehlerquellen entfallen. Auch können beim Check-In stärker als bisher personalisierte Leistungen angeboten werden.

Altéa Departure Control – Flight: Departure Control Flight managed die Abfertigung von Flugzeugen, insbesondere die Beladung mit Fracht, Passagieren und Gepäck.

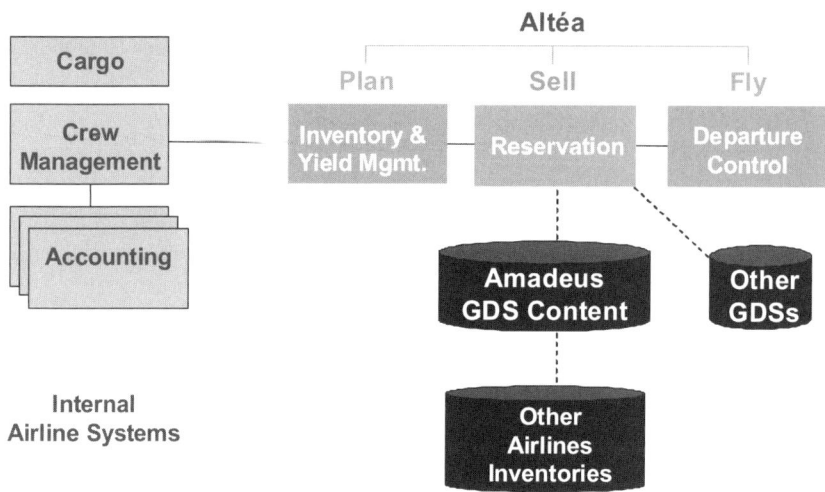

Abb. 4.3.2   Amadeus-Lösung Altéa für Fluggesellschaften

Effiziente Stand-Alone-Lösungen: Amadeus entwickelt – neben den großen Altéa Suite-Paketen – auch zahlreiche Lösungen, die Airlines als eigenständige Lösungen nutzen können. Als Beispiele sollen hier zwei erwähnt werden:
- Ticket-Changer: Diese neue Funktion erleichtert das Umschreiben von Tickets, was bisher mit einem erheblichen manuellen Aufwand verbunden war. Der TicketChanger berücksichtigt automatisch anwendbare Tarifregeln, bucht um und berechnet Aufzahlungen oder Erstattungen. Airlines entlasten damit ihre eigenen Call Center und Reisebüros können das Umschreiben von Tickets künftig kostengünstiger erbringen.
- Airline Retail Project: Airlines sind sehr daran interessiert, zusätzliche Erlöse neben dem Ticketpreis zu erzielen. Amadeus arbeitet daran, sowohl die Buchung und die Abrechnung von kostenpflichtigen Zusatzleistungen zu ermöglichen (z. B. Fensterplatz-Garantie, Snacks), aber auch Werbe- und Informationsmöglichkeiten am Point of Sale anzubieten.

E-Commerce Lösungen für Fluggesellschaften: Die meisten Websites europäischer Linenfluggesellschaften sind „powered by Amadeus", d.h. die Internet Booking Engines, die das Airline-Angebot darstellen und buchbar machen, wurden von Amadeus entwickelt. Aus der Zusammenarbeit mit Airlines entstammen auch Innovationen wie der „Master Pricer", der verfügbare und preiswerte Flüge in einer übersichtlichen Matrix-Form darstellt, die mit einigen Adaptionen auch dem Reisebüro-Markt angeboten werden.

- **Lösungen für Low Cost Carrier**

Die Low Cost Carrier haben tendenziell weniger anspruchsvolle IT-Anforderungen, weil sie mit einem anderen Geschäftsmodell arbeiten (geringere Komplexität) und sehr stark auf den Direktvertrieb setzen (geringe Bedeutung des externen Vertriebs). Sie benötigen:

- Buchungs- und Info-Technologie für eigene Website und eigene Call Center
- Inhouse-Systeme für Produktionssteuerung

Als neue Entwicklung zeichnen sich allerdings Konvergenzen ab. Einige Low Cost Carrier orientieren sich zunehmend an Geschäftsreisenden, die sie überwiegend im Vertriebskanal Reisebüros finden. Daher müssen sie sich technischen Standards anpassen, die die GDS „eigentlich" für die Full Service Carrier entwickelt haben. Vorreiter bei der Entwicklung sind easyJet und Air Berlin, die sich mit unterschiedlichen Strategien und technischen Lösungen den professionellen Vertriebsweg über Reisebüros erschließen.

Mit ihrem Konzept, nur minimale Services anzubieten, standen die Low Cost Carrier zunächst den Global Distribution Systems sehr reserviert gegenüber: Sie wollten die komplexen Funktionen nicht nutzen und auch nicht den Vertriebsweg Reisebüro bedienen. Bei einigen, nicht allen, Low Cost Carrier hat sich diese Haltung gewandelt. Für die Anbindung von Low Cost Carriern bietet Amadeus die Lösung Amadeus Ticketless Access (ATLA) an, mit der Amadeus über eine Schnittstelle direkt auf das Low-Cost-Carrier-System und die „sekundenaktuellen" Tarife zugreift. Die ermittelten Tarife werden im normalen Fare Display gezeigt, in dem auch die konkurrierenden Airlines dargestellt werden. Damit wird ein direkter Vergleich zwischen Full Service Carrier und Low Cost Carrier ermöglicht.

4.3.3 Amadeus-Lösungen für Bahngesellschaften

Auch zumeist staatlichen Bahnunternehmen, waren bislang – zumindest im Personenverkehr – auf ihre nationalen Märkte fokussiert. In Deutschland gehört die deutsche Bahn (DB) zu den Gründungsgesellschaftern von START und hat ihr Angebot dem nationalen Reisebüro-Vertrieb online bereitgestellt. Zwei Entwicklungen auf europäischer Ebene erzwingen allerdings eine Neuausrichtung der IT-Strategie der Bahnen:

1. Die beginnende Liberalisierung erlaubt konkurrierende Bahnangebote auf den gleichen Schienennetzen.
2. Mit den Hochgeschwindigkeitsnetzen werden die Bahnen zu direkten Wettbewerbern der Airlines.

Für die IT-Anforderungen bedeutet das:

- Die Bahnen müssen sich im Wettbewerb neutraler Distributions-Plattformen bedienen, die auch konkurrierende Angebote darstellen.
- Die Hochgeschwindigkeits-Verkehre müssen in die Airline-Systeme der GDS integriert werden, um Kunden Alternativen aufzeigen zu können. Besonders wichtig ist dies auf Strecken, auf denen die Bahnen wettbewerbsfähige Verbindungen anbieten, wie z. B. Madrid-Barcelona, Paris – London.

Im deutschen Markt nutzt die DB unterschiedliche Distributionskanäle: Stärkster Kanal sind die eigenen Reisezentren im Bahnhof mit 31,5 % der verkauften Tickets, es folgt der Automatenverkauf mit 25,0 % und Reisebüros mit 14,2 %.

- **Produkte für Bahnen**

Amadeus und seine Vorgängergesellschaften haben in Europa schon seit vielen Jahren Distributionslösungen für Bahngesellschaften im Portfolio. Fahrplanauskunft, Reservierung und Ticketing gehörten zu den Kernfunktionen. Doch diese Funktionen wurden im Auftrag jeweils einer nationalen Bahngesellschaft entwickelt, also für die Deutsche Bahn in Deutschland und für die SNCF in Frankreich. Mit der beginnenden Liberalisierung des Bahnverkehrs auf europäischer und teilweise nationaler Ebene (z. B. in Großbritannien), haben sich die Anforderungen grundlegend geändert. Amadeus hat sich darauf eingestellt und baut den neuen Geschäftsbereich Rail IT auf. Folgende Lösungen für Bahngesellschaften und Vertriebspartner stehen derzeit zur Verfügung:

Amadeus Rail Plus
Amadeus Rail Plus ist eine moderne Distributionslösung für Märkte mit mehreren konkurrierenden Bahnen, z. B. in Großbritannien. Die Bahnangebote mehrerer Gesellschaften können ähnlich wie im Flugbereich integriert, d.h. hier in einer Matrix dargestellt werden. Integriert sind auch Reservierungen und die Buchung von Zusatzleistungen wie etwa Mahlzeiten.

Amadeus Fly by Rail
Fly by Rail integriert Hochgeschwindigkeitszüge (ICE, TGV) in die Flugplandarstellung. Den Bahngesellschaften wird damit ein weltweites Vertriebsnetz geöffnet.

Amadeus Airport Express
Vor allem für international reisende Flugpassagiere kann mit der Flugbuchung auch gleich ein Ticket für einen Airport-Express angeboten werden.

4.3.4 Amadeus-Lösungen für Hotels

Unter den anderen Anbietergruppen, die im deutschen Reisemarkt eine bedeutende Rolle spielen, ragt der Hotelsektor besonders heraus: Er ist in Bezug auf Umsatz oder Buchungen in etwa auf dem gleichen Niveau wie der Flugsektor, bedeutend größer als die Gruppe der Reiseveranstalter – doch verglichen mit diesen beiden Branchen „fragmentiert", d.h. weit weniger konzentriert. Hotels haben komplexe IT-Anforderungen und benötigen, wie Fluggesellschaften, ein globales Vertriebssystem wie die GDS. In diesem Bereich sind als neue Anforderung die Vertriebssteuerung und die Ertragsoptimierung hinzugekommen. Vertriebssteuerung bedeutet in diesen Zusammenhang die Steuerung des eigenen Angebots auf die verschiedenen Vertriebskanäle wie z. B. Reisebüros/GDS, Firmen, Hotel-Portale, Airline-Portale, Direktvertrieb. Der zweite große IT-Bereich deckt die internen Abläufe des Hotels ab (Zimmerverwaltung, Reservierung, Check-In/out, Abrechnung u.ä.). [3]

- **Hotels: Auf dem Weg zu integrierten Lösungen**

Amadeus hat die Hotel-Industrie nach den Airlines als zweite Anbietergruppe identifiziert, für die umfassende, weit über die klassische Distributionsaufgabe hinausreichende Lösungen entwickelt werden.

Amadeus Property Management System (PMS)
Das Property Management System ist das „IT-Herz" eines Hotels. Darin werden das Angebot verwaltet, Übernachtungspreise festgelegt, Reservierungen vorgenommen, interne Servi-

---

[3] Vgl. Kapitel 2.3 IT-Systeme für Hotel- Gastronomiebetriebe

ces abgerechnet, Check-In/Check-Out-Funktionen inklusive Fakturierung durchgeführt, Kunden-Profile verwaltet und vieles mehr.

Amadeus Revenue Management System (RMS)
Das Revenue Management System ist ein hochentwickeltes Prognose-System, um dem Hotelmanagement nachfragegerechte Preise vorzuschlagen. Dazu werden Vorhersage-Modelle mit realen Buchungsdaten aus der Vergangenheit kombiniert.

Amadeus Distribution
Mit den Distributions-Funktionen bietet Amadeus den Hotels einen weltweiten Vertrieb über stationäre Reisebüros, Unternehmen, Online-Reisebüros und Airline-Websites an. Rund 80.000 Hotels nutzen diese Plattform. Bei der Anbindungsart „Dynamic Access", die vor allem für Hotel-Ketten relevant ist, werden die internen Reservierungs-Systeme der Hotels direkt („seamless") mit Amadeus verbunden, um real-time Reservierungen durchzuführen. Die Hotel Distributions Plattform bietet den Hotels ebenfalls Möglichkeiten an, ihr Hotel mit Fotos und Lageplänen darzustellen.

Amadeus Hotel Platform
Mit der vermutlich größten IT-Investition im Hotelsektor seit 30 Jahren wird Amadeus eine neue Plattform schaffen, die die Funktionen Reservierung, Property Management, Kundenverwaltung und Vertriebssteuerung bündelt. Das Projekt befindet sich in der Entwicklung.

4.3.5 Amadeus-Lösungen für Reiseveranstalter

In der technischen Konzeption des Amadeus-Vorgängers START war von Beginn an vorgesehen, die Touristik, aber auch die Bahnen und die Reisebüros einzubeziehen. Dieses Konzept war und ist innovativ und hat bis heute in anderen Märkten wenig Nachahmer gefunden. Selbst in so großen Märkten wie Großbritannien, Frankreich oder USA ist es den GDS bisher nicht gelungen, das Angebot von Reiseveranstaltern zu integrieren. Reiseveranstalter haben im deutschen Reisemarkt eine sehr große Bedeutung: Ihr Umsatz wird auf etwa 17 Milliarden geschätzt. [FVW, Deutsche Veranstalter 2008]. Dennoch sind ihre Anforderungen an IT (verglichen mit denen der Airlines) relativ gering:

- Abdeckung des nationalen oder regionalen Reisebüro-Marktes
- Administrative Funktionen, um Kundendaten und Zahlungen mit Reisebüros abzustimmen.

Doch die Anforderungen wachsen: Die beiden Marktführer TUI und Thomas Cook operieren auf mehreren europäischen Märkten. Sie bedienen nicht nur mehrere regionale Märkte, sondern auch mehrere Vertriebskanäle. Gleichzeitig erkennen sie, dass ihre bisherigen Produktionssysteme den erhöhten Anforderungen nach flexibler, dynamischer Angebotsgestaltung nicht mehr gerecht werden. IT in allen Ausprägungen, also sowohl in der Produktion als auch im Vertrieb, bekommt damit eine höhere strategische Bedeutung für Reiseveranstalter. Neben den klassischen Distributions-Lösungen, hauptsächlich Bistro und Amadeus Tour Market (TOMA), bietet Traveltainment, die Leisure-Einheit von Amadeus, mit „Data Mix" eine Lösung für das dynamische Zusammenstellen von Urlaubsangeboten: Hoteldatenbanken werden mit Angeboten von Charter- und Veranstalter-Flügen, sowie mit den Angeboten von Low-Cost-Carriern online und zum Zeitpunkt der Nachfrage kombiniert, nach Regeln des Veranstalter-Geschäfts kalkuliert und als „Paket" angeboten.

4.3.6 Ausblick

Ein Technologie-Provider wie Amadeus lebt mit dem Reisemarkt in einer symbiotischen Beziehung: Anstöße zur Innovation und zum strukturellen Wandel gehen von beiden Seiten aus, fördern und beeinflussen sich. In dieser symbiotischen Beziehung gibt es jetzt schon einige erkennbare Tendenzen, die die Entwicklung in den nächsten fünf Jahren prägen werden.

<u>1. Einstieg in neue regionale Märkte</u>
Für Reiseveranstalter ist die verfügbare Distributionstechnik das zentrale Vehikel, um in neue regionale Märkte einzusteigen. Amadeus wird ihnen diese Plattformen bieten und wird gleichzeitig diese Expansion zum Anlass nehmen, seine touristischen Plattformen an neue regionale Anforderungen anzupassen.

<u>2. Verzahnung Inhouse-Technik mit Distribution</u>
Alle Anbietergruppen, vor allem aber Fluglinien, Hotels und Bahnen erkennen zunehmend, dass „seamless connectivity" ein Schlüsselbegriff ist, um Produktion und Absatz besser zu verzahnen. Amadeus wird daher weiterhin massiv in die Entwicklung neuer Inhouse-Systeme für Provider investieren.

<u>3. Reisebüro-Kunden gezielt ansprechen</u>
Der intersektorale Wettbewerb wird Reisebüros in Zukunft dazu zwingen, Kunden verstärkt und proaktiv auch außerhalb des Ladenlokals anzusprechen. Customer Relationship Management Systeme müssen daher von Amadeus in das Produktportfolio aufgenommen werden.

<u>4. Multi-Channel-Vertriebstechnik</u>
Die beiderseitige Verknüpfung von „offline" (Beratung im Reisebüro) und „online" (Self Service im Internet) wird wichtiger werden. Kunden werden im Internet Angebote vorselektieren und im Reisebüro abschließen; auch der umgekehrte Weg wird häufiger werden. Die technische Herausforderung besteht darin, in beiden Kanälen die gleichen Angebote und Suchtechniken verfügbar zu haben.

<u>5. Customized Solutions für Reisebüros</u>
Auf dem Weg zum „technology provider" wird Amadeus weitergehen und Reisebüros zunehmend individualisierte IT-Lösungen anbieten.

<u>6. Wertschöpfungskette vollständig erschließen</u>
Amadeus hat gute Voraussetzungen, innerhalb der Wertschöpfungskette von „Travel" neue Kundengruppen zu erschließen, wie etwa Flughäfen und Bahngesellschaften. In diesen Bereichen wird es notwendig sein, neben den klassischen Distributionstechniken auch neue Technologien wie etwa Radio Frequency Idendification(RFID) einzusetzen.

7. Social Networks und Mobility Services

Die social networks werden Geschäftsmodelle entwickeln, mit denen sie das Kommunikationsverhalten ihrer Nutzer mit nützlichen, kommerziellen Angeboten verknüpfen werden. Amadeus kann nicht nur „content", also Angebote, einbringen, sondern verfügt auch über die technologische Basis, um Angebote und Angebotsbewertungen online verfügbar zu machen.

An Herausforderungen mangelt es also in den nächsten fünf Jahren nicht. Amadeus wird einerseits davon profitieren, dass die Akteure auf den internationalen Reisemarkt zunehmend komplexere Anforderungen stellen. Amadeus wird andererseits aber auch technologische Impulse geben, die den Reisemarkt beeinflussen werden.

4.4 Geschäftsreise-Management und IT-Systeme

Saskia Kwoka

In weltweit zusammenwachsenden Absatz- und Beschaffungsmärkten verlieren räumliche Distanzen immer mehr an Bedeutung. Durch die voranschreitende Globalisierung und die damit verbundene, wachsende Internationalisierung des Marktes, wird ein weiterer Anstieg der Reisetätigkeiten im Geschäftsreisebereich erwartet. Neue Marktteilnehmer, wie Billigfluggesellschaften, und ein damit verbundenes, geändertes Reiseverhalten zwingen Unternehmen zu Veränderungen. Die Ausgaben für Geschäftsreisen wachsen, doch das Bewusstsein, dass Reisekosten Sparpotentiale bergen, steigt immer mehr an. Um verstärkt Kosteneinsparpotentiale aufzudecken, suchen Unternehmen zunehmend nach technologischen Lösungen.

4.4.1 Grundlagen im Geschäftsreise-Management

Unternehmen, die heute in einem globalisierten Markt agieren, geben tendenziell immer mehr Geld für die Entwicklung ihrer Geschäftskontakte und damit auch für ihre Geschäftsreisen aus. Durch ein effizientes Geschäftsreise-Management können Aufwand und Kosten gespart werden.

- **Aufgaben und Ziele**

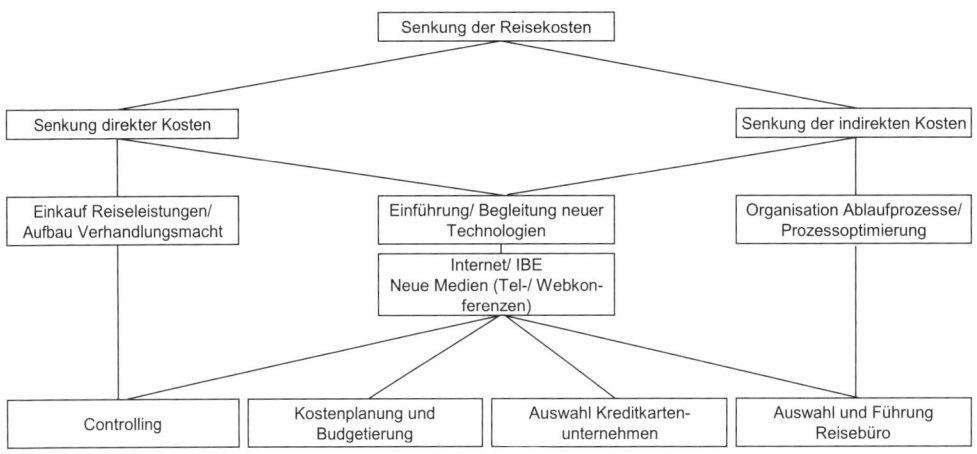

Abb. 4.4.1 Aufgaben/Ziele des Travel Managements nach Ebenen

Ziel eines effizienten und erfolgreichen Geschäftsreise-Managements ist es, die hierbei entstehenden Kosten zu minimieren. Es gilt die Leistungsstandards zu verbessern, ohne eine gleichzeitige Erhöhung des Aufwands für die Leistungserbringung, der Qualitätskontrolle oder der internen Kommunikation. Verbindliche Reiserichtlinien, Genehmigungs- und Buchungsverfahren sowie standardisierte Abrechnungsverfahren sind hierfür Voraussetzung.

4.4 Geschäftsreise-Management und IT-Systeme

Diese Vorgaben müssen laufend aktualisiert, von der Geschäftsführung genehmigt und für alle verbindlich festgesetzt werden. Dabei obliegt die Umsetzung und Kontrolle dieser Vorgaben dem Geschäftsreise Management. Zu dem Zuständigkeitsbereich zählen insbesondere das Veranstaltungsmanagement mit der Organisation von Events und Incentives, die Reisekostenabrechnung und -controlling sowie das Fuhrparkmanagement. Eine optimale Leistungserbringung ist nur möglich, wenn bekannt ist, welche Leistungen zu welchem Zeitpunkt benötigt werden. Dies ist nur durch ein aussagekräftiges Berichtswesen der Reisekosten und des Reiseverhaltens der Mitarbeiter möglich.

Dem Geschäftsreise Management müssen entsprechende Kompetenzen zur Durchführung der Aufgaben eingeräumt werden. Es sollte das Controlling des Reisebudgets, die Umsetzung und Anpassung der Prozesse unter Berücksichtigung der Unternehmensphilosophie sowie die Erstellung und Aktualisierung der Reiserichtlinien eigenverantwortlich übernehmen. Wesentliche Hauptaufgabe ist es, das gesamte Reiseaufkommen zu steuern. Hierzu zählen Verhandlungen mit Leistungsträgern, Festlegung von Vertragspartnern, Vertragsgestaltung sowie die Einkaufsoptimierung aller Reiseleistungen genau wie die Optimierung der Prozesse zur Senkung der Gesamtkosten. Auch die Überlegung, ob ein Reisebüro zur Unterstützung und Beratung der Reiseplanung und -organisation in den Reiseprozess eingebunden wird, ist eine wichtige Aufgabe des Geschäftsreise Managements. Der Geschäftsreisemarkt wird immer komplexer und ist mit einer hohen Dynamik verbunden. Daher ist es für das Unternehmen wichtig, schnell auf Marktveränderungen reagieren zu können, was ohne ein gut funktionierendes und gut informiertes Geschäftsreise-Management nicht möglich ist.

- **Kosten- und Prozessmanagement**

Kostenkontrolle ist die Aufgabe des Geschäftsreise-Managements, welche zum Erfolg des Unternehmens beiträgt. Wachsender unternehmerischer Druck und die zunehmende Dynamik des Marktes stellen neue Herausforderungen dar.

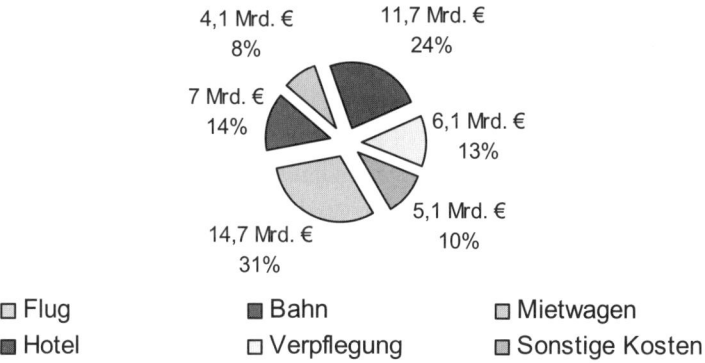

Abb. 4.4.2 Gesamtkosten Geschäftsreisen nach Kostenbereichen

- **Kostenmanagement – direkte Kosten**

Der Anteil der direkten Kosten an den Reisegesamtkosten liegt ja nach Unternehmen zwischen 70 und 97 %. Sie bestehen aus Ausgaben für Transport- und Beherbergungsleistungen sowie Tagesspesen bzw. Bewirtungskosten. Die Senkung dieser Kosten steht für Unternehmen an erster Stelle. Etwa 80 % der direkten Kosten werden über eine so genannte Corporate Card erfasst, abgerechnet und ausgewertet. Die Corporate Card ist die Firmenkreditkarte, die normalerweise im Reisebüro hinterlegt und über die alle dort gebuchten Reiseleistungen abgerechnet werden. Hierbei wird die Firma direkt belastet.

- **Prozessmanagement** – indirekte Kosten

Als indirekte Kosten werden Prozesskosten, die bei der Abwicklung der Geschäftsreisen für die einzelnen Teilprozesse anfallen, bezeichnet. Hierzu zählen aber auch die Kosten für Reisebüro und Geschäftsreise-Management, die sog. Strukturkosten. Spezifisch fallen unter die indirekten Kosten Administrationsaufwendungen, Kosten für Informationsbeschaffung, Buchungsverfahren, Abrechnung und Controlling. Zu den Kostentreibern in diesem Bereich zählen hauptsächlich die mehrmalige Datenerfassung, Medienbrüche aufgrund eines nicht integrierten Prozesses und aufwendiger Genehmigungsverfahren. Nach einer Analyse von Arbeitsabläufen sind häufig Kostensenkungen durch die Reduzierung von Durchlaufzeiten, die Standardisierung von einfachen Reisevorbereitungsabläufen sowie die Abschaffung von Medienbrüchen durch das Einführen diverser Schnittstellen möglich. Der Anteil der indirekten Kosten an den gesamten Reiseausgaben liegt zwischen 3 bis 30 %. Sparpotentiale durch Reiserichtlinien, automatisierte Abläufe und einheitliche Zahlungswege durch Kreditkarten werden zu selten genutzt. Fehlerquellen und damit Kosten lassen sich durch automatisierte Reisekostenabrechnung und Datentransfer vermeiden.

4.4.2 Prozessanalyse

Der Gesamtprozess Geschäftsreise gliedert sich in verschiedene Phasen. Dazu gehören die Vorbereitungs- und Organisationsphase, die Reisekostenabrechnung sowie die Auswertung und das Controlling. Um Kosten zu sparen, ist eine laufende Prozessoptimierung notwendig. Auf Analysen und Berichtauswertungen kann dabei nicht verzichtet werden. Weiterhin wird zwischen Standard- und IT-gestützten Prozessen unterschieden. Geschäftsreiseprozesse laufen in allen Unternehmen unterschiedlich ab, da sie von internen Faktoren wie der Unternehmenskultur, -struktur, -größe und -zweck sowie dem Reisevolumen abhängen. Aber auch externe Prozesse wie die Zusammenarbeit mit Leistungsträgern, Reisemittlern und verschiedene Technologien haben großen Einfluss auf Optimierungsmöglichkeiten. Der sich ständig wiederholende Ablauf stellt sich durch teilweise parallel ablaufende Prozesse oftmals komplex und kostenintensiv dar. Mehrfacheingaben werden durch Schnittstellen und das Verringern von Medienbrüchen verringert. Dabei ersetzen Unternehmen vermehrt manuelle Tätigkeiten durch internetbasierte, elektronische Business Travel Management Systeme (BTM–Systeme). Die Vorteile dieser Systeme liegen in der Steigerung der Effizienz während des gesamten Prozesses sowie hohen Kosten- und Zeiteinsparungen. Zusätzlich sollte das Geschäftsreise Management die Möglichkeit haben, auf bestimmte, vorher definierte Leistungsträger steuern zu können und ausgewählte ganz von der Angebotsabfrage auszuschließen. In der nachfolgenden Abbildung werden die Prozessschritte ausführlich dargestellt.

4.4 Geschäftsreise-Management und IT-Systeme

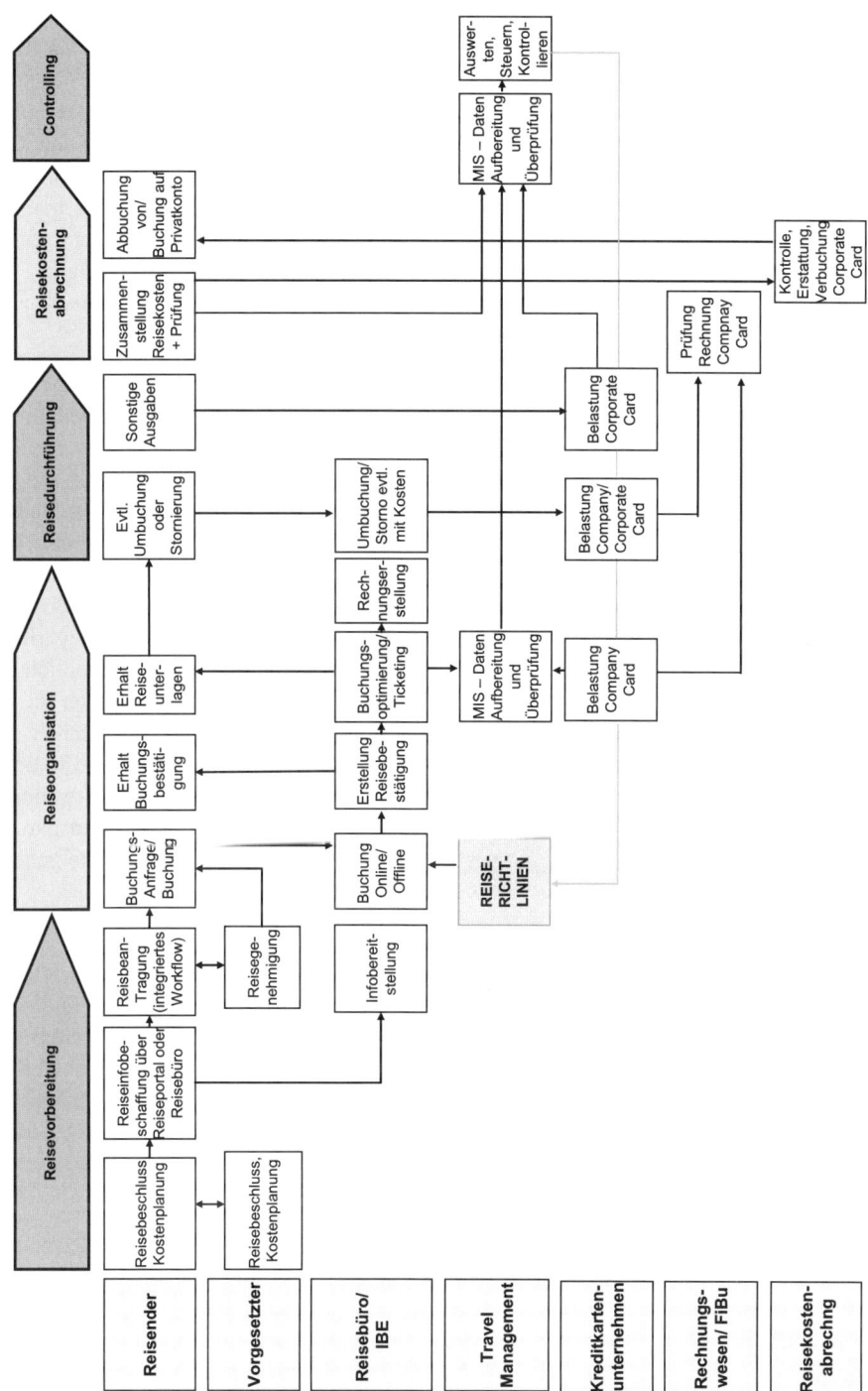

Abb. 4.4.3 Prozessmodell Geschäftsreise

4.4.2.1 Prozessschritte

1. Prozessschritt: Vorbereitungsphase
Im Vordergrund der Vorbereitungsphase steht die Informationsbeschaffung über in Frage kommende Transportmittel, Reisezeiten, Abfahrt- und Ankunftszeiten sowie Unterkunftsmöglichkeiten und die Planung der gesamten Reise. Ausschlaggebende Faktoren für den Umfang der Planung können die Dauer der Reise, die Entfernung (kontinental/ interkontinental) sowie ein oder mehrere Ziele sein. Häufig müssen Geschäftsreisen zudem von Vorgesetzten genehmigt werden. Der Genehmigungsprozess kann manuell als Antrag in Papierform oder über ein integriertes Workflowsystem, bei dem der Antrag automatisch an den zuständigen Genehmiger weitergeleitet wird, abgewickelt werden.

2. Prozessschritt: Organisationsphase
In der Organisationsphase wird die Reiseplanung umgesetzt und der reiserichtlinienkonforme Buchungsprozess findet statt. Dem beteiligten Reisebüro sind die Reiserichtlinien zur Kenntnis zu bringen. Das Reisebüro muss weiterhin darauf achten, dass alle Buchungen möglichst über einen Kanal getätigt werden, um dem Geschäftsreise Management die Auswertung und Steuerung aller relevanten Reisedaten zu ermöglichen. Oft buchen Mitarbeiter ihre Hotels selbst oder wählen alternative Buchungswege und umgehen so die Einhaltung der Reiserichtlinien. Verhindert werden kann dies nur durch eine strenge und konsequente Überwachung des Buchungsverhaltens der Reisenden. Nach dem Erhalt der Buchungsbestätigung erhält der Reisende, sofern notwendig, seine Reisedokumente, welche heute fast ausschließlich durch elektronische Tickets ersetzt werden. In vielen Unternehmen haben die Mitarbeiter die Möglichkeit ihre Reisen persönlich über eine Internet Booking Engine (IBE) zu buchen. Diese Alternative ist nur bei einfachen Punkt-zu-Punkt Verbindungen empfehlenswert, da bei aufwändigeren Reisen immer noch Expertenwissen der Reisebüromitarbeiter notwendig ist. Jedoch ermöglicht ein durchgängige Internet Buchungsprozess hohe Kosteneinsparungen. Die Abrechnung der gebuchten Leistungen erfolgt in der Regel über die firmeneigene Kreditkarte, der Company Card.

3. Prozessschritt: Durchführung der Reise
Bei der Durchführung der geplanten und gebuchten Reise werden Wartezeiten an Flughäfen oder Bahnhöfen öfters zum Arbeiten genutzt. Hierfür werden an verschiedenen Orten Business Lounges angeboten, die aber häufig nur den Vielfliegern oder Nutzern der ersten Klasse vorbehalten sind. Zusätzliche Reiseausgaben können vom Reisenden mit der eigenen Kreditkarte beglichen werden. Die Abbuchung dieser Kredikartenzahlungen findet zunächst vom privaten Konto des Mitarbeiters statt, wird aber über die Reisekostenabrechnung zurückerstattet.

4. Prozessschritt: Reisekostenabrechnung
Mit der Reisekostenabrechnung beginnt die Nachbereitungsphase. Hierbei werden zunächst die gesamten Reisekosten zusammengestellt. An dieser Stelle findet man häufig noch Medienbrüche, denn bereits eingegebene Daten aus Reiseplanung und -organisation müssen häufig manuell erfasst werden. Durchgängige Prozesse mit technischer Unterstützung werden aber immer verbreiteter. Für eine genaue Abrechnung müssen die vor Beginn der Reise gebuchten Leistungen, wie Transportmittel und alle Leistungen, die während der Reise angefallen sind, berücksichtigt werden. Dabei werden die über eine Kreditkarte getätigten Zah-

lungen automatisch im System erfasst. Die Weiterleitung an die Buchhaltung und die Überweisung an den Reisenden erfolgt dann automatisch. Dabei werden alle Daten gleichzeitig in einem Management-Informationssystem (MIS) gespeichert. Lediglich Barausgaben müssen noch manuell eingeben werden. Das Geschäftsreise Management hat nun Einblick in die Zusammensetzung der Reisekosten, häufig bereiste Destinationen und Nutzung bevorzugter Leistungsträger.

5. Prozessschritt: Auswertung und Controlling
Das Controlling dient hauptsächlich der Steuerung und Kontrolle der Geschäftsreiseprozesse, der Reiserichtlinien und der Beschaffung. Ausgewertet werden alle Daten der Kreditkarten, die Daten des Reisebüros und der Leistungsträger. Die Reisedaten bilden die statistische Grundlage zur Analyse des Reiseaufkommens und -verhaltens. Bei Bedarf kann das Geschäftsreise Management nur für künftige Buchungen gezielt steuern. Nach Auswertung der Daten, können gezielte Vertragsverhandlungen mit Leistungsträgern stattfinden. Anhand der Auswertungen ist außerdem ersichtlich, wie sich die direkten Kosten auf die einzelnen Reiseleistungen aufteilen.

4.4.2.2 Prozessoptimierung

Es stellt sich die Frage, wie ein idealer Prozess überhaupt aussieht. Grundsätzlich muss erst die Notwendigkeit einer Geschäftsreise geprüft werden, welche immer vom Reiseanlass abhängig ist. Moderne Kommunikationstechnologien sind nur selten eine Alternative, denn der persönliche Kundenkontakt ist nicht austauschbar.

Daher müssen die Prozesse im Detail analysiert werden. Es werden die verschieden Kostentreiber der einzelnen Prozessschritte verglichen, um so Ansatzpunkte für Optimierungspotentiale und damit Kostensenkungsansätze zu ermitteln. Kostentreiber findet man häufig in der Informationsbeschaffung, der Buchung und dem Genehmigungsverfahren (oft mehrmalig und papiergestützt), im Vorschusswesen, der Reisekostenabrechnung sowie in der Rechnungsstellung der Leistungsträger. Grundsätzlich kann aber gesagt werden, dass in allen Prozessschritten ein gewisses Optimierungspotential liegt. Beispielsweise sind in den Bereichen Reisevorbereitung und -organisation durch den Einsatz IT-gestützter Verfahrensabläufe, Produktivitätssteigerungen der Mitarbeiter und des Sekretariats Einsparungen von 20 bis 40 % sind hier möglich. Durch den Einsatz von IBEs kann sogar ein höherer Prozentsatz erzielt werden. Prozesskostenrechnungen sind sehr komplex und lassen daher keine allgemeinen Aussagen über Kostensenkungspotentiale zu. Welche Neugestaltung von Prozessen zu welchen Ergebnissen führt, muss jedes Unternehmen für sich entscheiden. Zunächst müssen Schwachstellen aufgedeckt werden, um neue Ansatzpunkte zur Optimierung und Kostenkontrolle zu erkennen.

Nach der European Expense Management Study 2008 von American Express sind Planung, Genehmigung und Buchung die Hauptkostentreiber der Reiseorganisation. Laut der Studie konnten die Kosten durch den Einsatz von Internet und IBEs in den letzten fünf Jahren bereits drastisch gesenkt werden. Betrug der Anteil der indirekten Kosten an der Reisevorbereitung und -organisation früher noch 52 %, so sind es 2008 nur noch 40 %. Um eine Kostenkontrolle zu gewährleisten, sollten die Buchungsprozesse in den Reiserichtlinien festgelegt werden. Komplizierte Genehmigungsverfahren müssen abgeschafft werden, die Mitarbeiter sollen eigenverantwortlich die Notwendigkeit ihrer Reise bestimmen und verantworten. Dies bedingt jedoch ein striktes Controlling aller durch die Reisetätigkeit entstandenen Kosten, unter besonderer Berücksichtigung der Einhaltung der verbindlichen Reiserichtlinien.

- **Analyse und Steuerung des Einkaufsvolumens**

- Flug und weitere Transportmittel
Ein wichtiger Schlüsselfaktor für die Steuerung und Analyse des Verkehrsträgerbereichs ist die Überwachung der gesamten Ausgaben für die Transportmittel. Die Flugausgaben stellen hier den größten Bereich dar, benötigen deshalb auch mehr Aufmerksamkeit. Das Buchungsvolumen sollte sich auf eine begrenzte Anzahl bevorzugter Leistungsträger konzentrieren. Weiterhin sollte in den Reiserichtlinien genau festgelegt werden, welche Verkehrsmittel wann genutzt werden dürfen und welcher Buchungsweg gewählt werden muss.

- Hotelausgaben
Der Hotelmarkt zeichnet sich durch eine starke Differenzierung aus. Für die Unternehmen ist es schwierig in diesem Bereich den Überblick zu behalten. Einführung von Hotelprogrammen und die Überwachung ihrer Einhaltung stärken dabei die Verhandlungsposition. Eine genaue Erfassung aller Hotelausgaben ist unumgänglich. Laut einer Studie von Carlson Wagonlit Travel laufen nur 50 % aller Hotelbuchungen in einem Unternehmen über Online-Buchungssysteme oder das Partner-Reisebüro. Daher gehen oft wichtige Daten verloren und können so bei Verhandlungen nicht berücksichtigt werden. Für eine bessere Steuerung ist die Festlegung des Gesamtvolumens durch Konsolidierung weltweiter Hoteldaten von Reisebüro, Kreditkarten und Hotels von großer Bedeutung.

- **Umsetzung und Einhaltung von Vertragsvereinbarungen**

Um die Einhaltung und Umsetzung der Vertragsvereinbarungen zu gewährleisten, muss das Geschäftsreise Management die Inhalte der Rahmenverträge an die Mitarbeiter verständlich kommunizieren. Ansonsten sind keine Vertragssteuerung und Kosteneinsparungseffekte realisierbar. Bei etwa 90 % des Geschäftsreiseumsatzes in Unternehmen werden Rahmenverträge missachtet. Häufig liegt der Grund in der Unkenntnis über bestehende Abkommen. Zudem gibt es für die Reisenden zeitlich oder örtlich nicht in Frage kommenden Verbindungen bzw. Hotels. Lösungen bieten einheitliche Ausschreibungen, durch die nachvollziehbare und vergleichbare Strukturen für das Geschäftsreise-Management entstehen. Das Ergebnis sind exakt definierte Vertragsinhalte mit denen eine konkrete Steuerung möglich ist. Zusätzlich werden effiziente Steuerungsinstrumente für eine Vertragsumsetzung benötigt. Steuerung bedeutet hier, dass die Kaufentscheidung der Mitarbeiter direkt am Verkaufsort, beispielsweise durch eine IBE, welche die Vertragsdaten beinhalten sollte und diesen entsprechend Vorgaben macht, beeinflusst wird. Durch die Nutzung von IBEs wird es dem Geschäftsreise-Management ermöglicht, den Reisenden bedarfsgerecht zu informieren. Erfolgt die Buchung jedoch direkt bei einem Leistungsträger, geht die Kontrolle über die Einhaltung von Vertragsvereinbarungen verloren.

- **Aufbau eines aussagekräftigen Berichtswesens**

Für ein aussagekräftiges Berichtswesen muss das Geschäftsreise Management unternehmensinterne und externe Reisedaten sammeln, zusammenfassen, komprimieren und analysieren. Ein Management Information System (MIS) unterstützt die Bearbeitung der Daten aus den verschiedenen Datenquellen. Es liefert Kennziffern, die dem Einkauf und der Steuerung des Reiseverhaltens der Mitarbeiter dienen und deckt Kostensenkungspotentiale auf. Wie ist die Nachfrage und wo sind Schwachstellen in der Beschaffung und Abrechnung? Wie setzen sich die Ausgaben für Beförderungsleistungen zusammen? Welche Rennstrecken gibt es und lohnen sich Rahmenverträge? Diese Fragestellungen werden mit Hilfe des MIS beantwortet. Reportings von Leistungsträgern, Reisebüros oder Kreditkartenunternehmen lassen sich häufig bis auf einzelne Kostenstellen und Auftragsnummern herunterbrechen. Trotzdem ist das Zahlenmaterial oft fehlerhaft oder unvollständig. Beispielsweise liefert das Reisebüro Daten über gebuchte Tickets, in der firmeninternen Abrechnung werden aber nur abgeflogene Flugscheine berücksichtigt. Diese Datenverfälschung ist für eine Steuerung nicht verwendbar. Kenngrößen, wie durchschnittliche Kosten pro Meile, müssen festgelegt werden, um Entwicklungen von Kosten und Reiseaufkommen nachvollziehbar zu machen und für die weitere Planung zu verwenden.

Ein weiteres Problem stellen die verschiedenen Datenquellen wie Business Travel Management Systeme (BTM), Reisebüro Datenbanken, Kreditkartendaten sowie Daten aus der eigenen Buchhaltung. Für ein effizientes Geschäftsreise-Management ist ein vollständiges Zahlenmaterial zwingend notwendig. Um eine Vergleichbarkeit zu ermöglichen, müssen die Reisedaten mit großem Aufwand zusammengefasst und aufbereitet werden.

- **Integration externer Leistungsträger in IT – gestützte Prozessschritte**

Um Kapazitäten immer besser auszulasten, bieten Leistungsträger verstärkt attraktive Preise im Direktvertrieb an. Der Reisemittler wird umgangen und günstige Nettotarife werden mit den Anbietern direkt verhandelt. Einzelne Systeme bieten die Möglichkeit der Direktbuchung, sodass die Vermittlungskosten gespart werden können. Beispielsweise wird bei Hotelreservierungssystemen wie HRS ein passwortgeschützter Zugang angeboten. Der Reisende hat nun die Möglichkeit verhandelte und hinterlegte Firmenraten oder tagesaktuelle Sondertarife zu buchen. Zudem sind Auswertungen der Plan- und Sollkosten möglich. Von den Unternehmen werden lückenlose und anpassungsfähige Buchungssysteme gewünscht.

4.4.3 IT-Systeme im Geschäftsreiseprozess

- **Ziele und Funktionen von Business Travel Management Systemen**

Ziel eines BTM-Systems ist die Abdeckung des gesamten Geschäftsreiseprozesses. Einfache Buchungen können nun von den reisenden Mitarbeitern selbst durchgeführt werden. Dadurch entsteht eine gewisse Unabhängigkeit vom Reisebüro. Die BTM-Systeme leisten einen hohen Beitrag für effizientere und schnellere Prozesse und bieten damit neue Kostensenkungspotentiale.

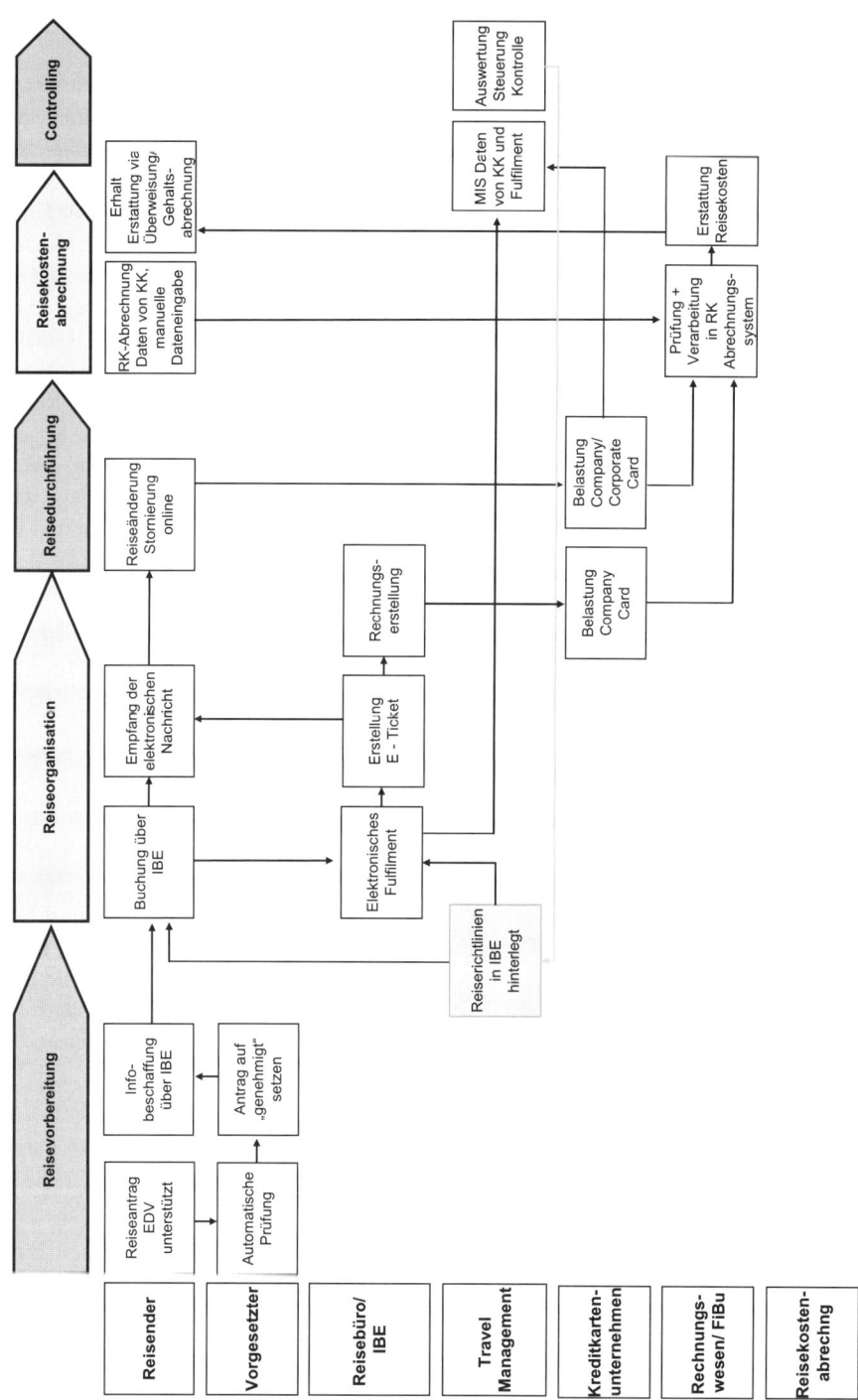

Abb. 4.4.4 Prozessmodell Geschäftsreise mit EDV-Funktionen

4.4 Geschäftsreise-Management und IT-Systeme

Die Voraussetzung für die Implementierung eines BTM-Systems ist die Umgestaltung bestehender Geschäftsreiseprozesse. Schnelle, elektronische Buchungssysteme, sogenannte IBEs unterstützen Unternehmen bei der Einsparung von Zeit und Geld. Nach vorher festgelegten Kriterien durchsucht die Software ein umfangreiches Buchungsangebot. Bei vielen Systemen können die Angebote bereits gleich auf Verfügbarkeit geprüft und übersichtlich angeordnet werden. IBEs können den speziellen Anforderungen der Unternehmen angepasst werden. Sie sind an weitere IBEs, Buchungssysteme und zahlreiche Anbieter von Reiseleistungen angebunden. Dabei werden Flug-, Hotel-, Bahn- und Mietwagenbuchung auf einer Plattform integriert. So wird die Bündelung verschiedener Leistungen ermöglicht. Alle persönlichen, reiserelevanten und bezahltechnischen Daten werden in dem System hinterlegt werden und Mehrfacheingaben werden vermieden. Außerdem besteht die Möglichkeit bestimmte Leistungsträger zu sperren, so dass diese in den Auswahllisten nicht erscheinen. Weiterhin können bestimmte Firmenraten hinterlegt werden, die bei der Suche des Reisenden in der Angebotsübersicht einbezogen werden. Alle Buchungsaktionen werden dokumentiert und über Schnittstellen oder als integrierte Lösung für die Reisekostenabrechnung und Auswertung zur Verfügung gestellt.

Ein BTM-System überprüft zudem automatisch die Einhaltung der Reiserichtlinien und übernimmt die Aufbereitung aller Reisedaten für die spätere Auswertung. Durch Vorgaben in den Reiserichtlinien, welche im System hinterlegt sind, können Anbieter bzw. Leistungsträger gebündelt und damit besser gesteuert werden. BTM Systeme bieten weiterhin einen einheitlichen Genehmigungsworkflow, die Berücksichtigung persönlicher Präferenzen der Reisenden durch die Hinterlegung in Profilen sowie eine einfache Bedienbarkeit und geringen Schulungsaufwand. Die Akzeptanz und der wirtschaftliche Einsatz hängen stark von der Nutzungshäufigkeit ab. Jedes Unternehmen muss vor der Einführung eines solchen Systems die internen Prozesse, Strukturen und das Reiseverhalten genau analysieren. Für die Nutzung einer IBE ist grundsätzlich der Einsatz von Kreditkarten notwendig. Man unterscheidet bei den Buchungsmaschinen zwischen offenen und Komplettlösungen.

Offene Lösungen bieten viele Funktionen und Anbindungsmöglichkeiten an bestehende IT-Landschaften im Unternehmen. Sie berücksichtigen zudem verschiedenste Software-Produkte, bestehende Kostenstellen, unterschiedliche bereits vorhandene Lösungen zur Reisekostenabrechnung und bestehende Kooperationen mit Kreditkartenanbietern. Sie sind offen für verschiedene Anforderungen des Unternehmens und der Leistungsträger.

Eine *Komplettlösung* deckt alle Voraussetzungen für ein komplettes Geschäftsreise-Management ab. Zugänglich ist die IBE über ein Login im Internet. Die Wahl der Großunternehmen fällt meist auf eine eigene IBE mit Schnittstellen zu eigener IT, wobei kleine und mittlere Unternehmen häufig Portallösungen der Geschäftsreiseanbieter in Anspruch nehmen. Neben Anfangskosten von etwa 2.000 € kommen monatliche Gebühren von ca. 800 € hinzu. Oft ist die Installastion und Inbetriebnahme durch Geschäftsreiseketten teil eines kostenlosen Servicepaktes. Stattdessen wird eine Transaktionsgebühr pro Buchung berechnet, welche aber deutlich unter den Kosten für eine telefonische Reservierung liegt.

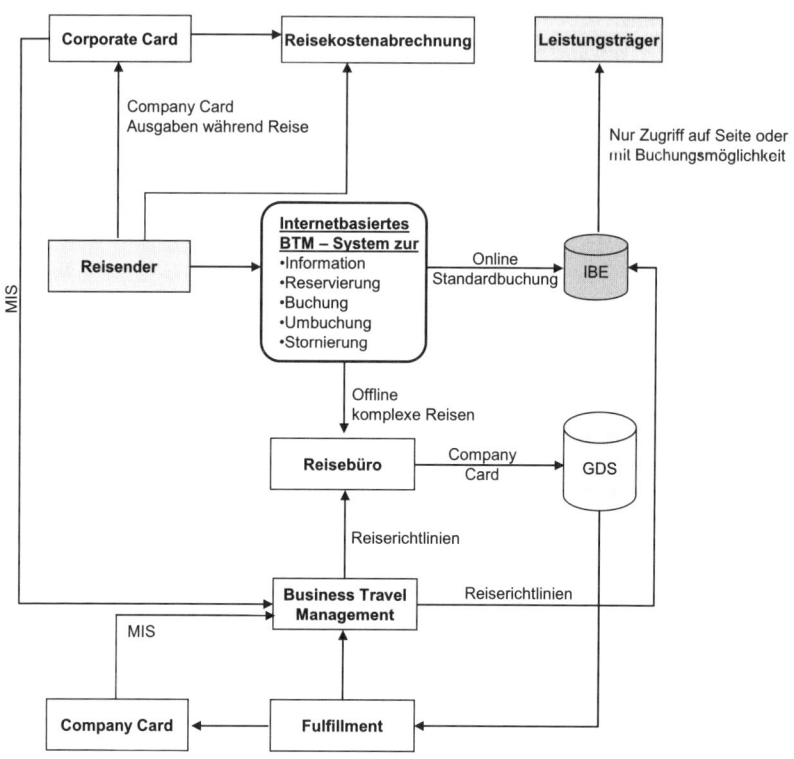

Abb. 4.4.5 Struktur eines BTM-Systems

- **EDV-Systeme und Prozessanalyse**

Unterschiedliche Abstimmungsprozesse und Medienbrüche machen den Geschäftsreiseprozess zu einem komplexen und kostenintensiven Verfahren. Daher ersetzen Unternehmen vermehrt manuelle Tätigkeiten durch internetbasierte BTM-Systeme. Hierbei können viele Prozessabläufe standardisiert und automatisiert werden, z. B. Feststellung und Abstimmung des Reisebedarfs, Planung, Genehmigung und Buchung sowie der Erhalt der Reiseunterlagen. Da diese Abläufe bei einem Großteil der Unternehmen identisch sind, ist eine Vereinheitlichung möglich. Wichtig ist, dass alle Leistungen online buchbar, umbuchbar und stornierbar sind. Zudem sollte ein automatisierter Preisvergleich sämtlicher Leistungsträger integriert sein. Den individuellen Anforderungen der Unternehmen entsprechend, können Profile und Reiserichtlinien in den Systemen hinterlegt werden. Um eine möglichst effiziente Reiseplanung vornehmen zu können, sollte das System die Dienstleistungsprodukte verschiedener Leistungsträger darstellen, vergleichen sowie einzelne Firmenraten ausgeben können. Der Dienstreisende kann sich dann alle benötigten Reiseleistungen selbst zusammenstellen. Durch die Hinterlegung der Reiserichtlinien kann eine Genehmigungen durch höhere Instanzen können entfallen. Die Buchung wird direkt über das BTM-System getätigt. Bei komplizierte oder aufwändige Buchungen kann eine automatische Weiterleitung an das Reisebüro erfolgen. Auch während der Reise können Prozesse automatisiert werden. Bei-

4.4 Geschäftsreise-Management und IT-Systeme

spielsweise ist das Ausstellen von Reiseunterlagen häufig nicht mehr notwendig. So werden Flugtickets durch E-Tickets (elektronische Tickets) ersetzt, bei denen der Kunde an speziellen Automaten am Flughafen oder teilweise auch im Internet seine Bordkarte selbst ausdrucken kann. Auch die Deutsche Bahn (DB) bietet seit einigen Jahren ein ähnliches System an.

- **Prozess der Vorbereitung**

Vor der elektronisch unterstützten Reisevorbereitung stellt sich zunächst die Frage, ob Web- oder Telefonkonferenzen eine Alternative zur Geschäftsreise bieten. Bei der Reiseplanung kommt es dann vor allem auf eine schnelle und einfache Informationsbeschaffung sowie einen unkomplizierten Genehmigungsworkflow an. Basis für die Beschaffung von Informationen ist das Internet, welches als firmeneigenes Intranet den dezentralen Zugriff auf reiserelevante Informationen ermöglicht. Vorteil der Internet-Technologie ist die Unabhängigkeit des jeweiligen Betriebssystems und damit der kostengünstige Einsatz. Durch einen im System integrierten Genehmigungsworkflow entfällt aufgrund der hinterlegten firmeneigenen Reiserichtlinien und der persönlichen Profile der Reisenden weiterer personeller Aufwand. Eine Trennung von Reiseplanung und -organisation findet im elektronisch unterstützen Prozess nicht statt. Die Vorgänge sind vollständig integriert, werden dementsprechend nur vom Reisenden getätigt.

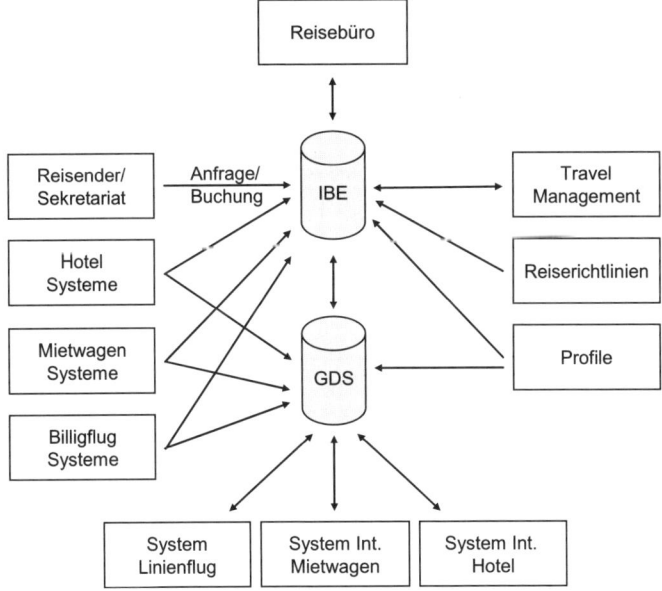

Abb. 4.4.6 IBE – Modell in der Vorbereitungsphase

Im Prozess der Reiseplanung bzw. Informationsbeschaffung ist es wichtig, dass alle Preise und Informationen von Leistungsträgern und Vertragspartnern auf einfache Art und Weise abzufragen sind. Wird dem Mitarbeiter eine schnelle und unkomplizierte Möglichkeit der Informationsbeschaffung geboten, kann die Nutzung des Systems sichergestellt werden.

Weiterhin ist eine automatische Best-Buy-Prüfung, bei der das System den günstigsten Preis für die angefragte Reise ermittelt von großer Bedeutung. Dabei sollten alle Raten, öffentliche Tarife, Internettarife und spezielle Firmentarife verglichen werden. Nur so erhält der Reisende die Möglichkeit die preiswerteste Alternative zu buchen. Das System muss in der Lage sein die Verfügbarkeitsabfrage des Reisenden auf Vollständigkeit und Plausibilität zu prüfen. Beispielsweise macht es keinen Sinn, dass das Rückflugdatum vor dem Hinflugdatum liegt. Bei auftretenden Problemen oder Nichtübereinstimmung muss dementsprechend ein Hinweis angezeigt werden. Damit leistet das System eine gewisse Hilfestellung. Diese Kontrolle ermöglicht dem Reisenden eine gewisse Sicherheit, denn er trägt bei Online-Buchungen die alleinige Verantwortung für seine Entscheidungen.

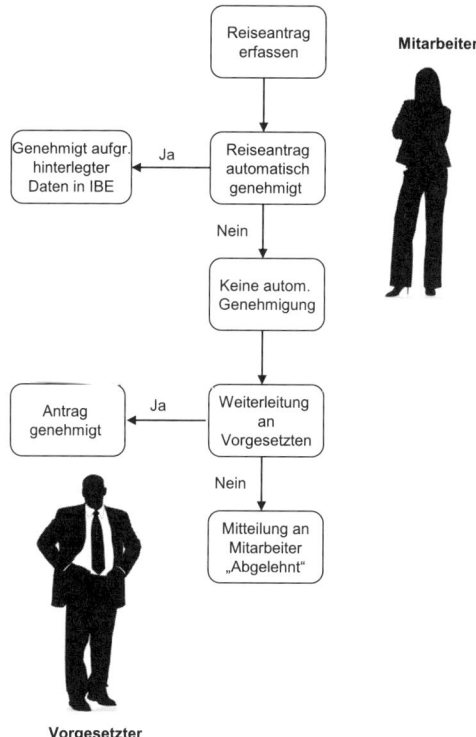

Abb. 4.4.7 Workflow Reiseantrag

- **Prozess der Organisation**

Bei der Reiseorganisation kommt es auf eine hohe und vor allem einheitliche Nutzung der IBE an. Im Organisationsprozess sind vor allem die Erstellung und Einführung von verbindlichen Reiserichtlinien von großer Bedeutung. Damit können Buchungswege und Vertragspartner verpflichtend gemacht werden. Hinzu kommen Buchungsvorschriften, zu bestimmten Reiseleistungen wie Punkt-zu-Punkt-Verbindungen, Rundreisen, Bahn, Hotel und Mietwagen. Das Geschäftsreise Management kann so das Buchungsvolumen auf bestimmte Leistungsträger steuern und bündeln. Wichtig ist weiterhin, dass die Reiserichtlinien in allen Systemen und im Reisebüro hinterlegt werden. Neben Informationen zu Transportunternehmen bieten IBEs zudem Download- und Kommunikationsfunktionen.

Wichtig für die Auswahl der richtigen Software ist die Frage nach den Anforderungen des Unternehmens. So haben Firmen mit häufigen Bahnbuchungen andere Erwartungen als solche mit überwiegend Punkt-zu-Punkt-Verbindungen oder mehrheitlichen Hotel- und Mietwagenbuchungen. Weiterhin ist zu beachten, dass der Nutzer nicht nur online Informationen abfragen kann, sonder auch selbständig ohne Einschaltung des Reisebüros verbindliche Buchungen über die IBE vornehmen kann. Daher ist ein direkter Zugriff des Systems auf das Global Distribution System (GDS) oder auf die Systeme direkt angebundener Leistungsträger von größter Wichtigkeit. Hierdurch wird sichergestellt, dass Buchungen in Echtzeit sowie Preise und Informationen auf dem aktuellsten Stand übermittelt werden. Häufig bieten Leistungsträger auch im Falle einer Direktbuchung günstigere Preise an. Der Zugriff auf Hotelreservierungssysteme wie HRS, hotel.de und ehotel ermöglichen eine umfassende Informationsbeschaffung und damit verbunden eine Senkung der Ausgaben für Hotelleistungen. Weitere Kosten- und Zeiteinsparungen sind durch selbständige Umbuchungs- und Stornierungsmöglichkeiten des Mitarbeiters direkt über die IBE gegeben. Für Unternehmen, bei denen Buchungsabwicklungen beispielsweise über das Sekretariat erfolgen, muss vom System die Möglichkeit geboten werden, dass Reisebesteller in Vertretung für den Reisenden Buchungen durchführen können ohne dessen Passwort kennen zu müssen. Dabei sollen hinterlegte Profile und speziell für den Reisenden hinterlegte Reiserichtlinien automatisch berücksichtigt werden. Handelt es sich beim Unternehmen um einen Konzern mit weltweiten Niederlassung, sollte die IBE länderübergreifend und damit neben Englisch in weiteren Sprachen eingesetzt werden können. Für die Abrechnung aller Reiseleistungen muss das System sowohl Company als auch Corporate Cards akzeptieren.

- **Reisekostenabrechnung**

Die Reisekostenabrechnung zählt zu den teuersten Prozessschritten im Geschäftsreisebereich. Durch gezielte Abläufe und spezielle Softwarelösungen können Kosten eingespart und der administrative Aufwand minimiert werden. Ziel dieser Lösungen ist den Reisekostenabrechnungsprozess zu verschlanken und dadurch kürzere Durchlaufzeiten zu erhalten. Nur bei wenigen BTM-Systemen ist eine Reiskostenabrechnungssoftware integriert. Häufig werden Reisekostenabrechnungssysteme mit diversen Schnittstellen verwendet. Durch die elektronisch unterstützte Reisekostenabrechnung wird eine höhere Qualität der Darstellung der zu genehmigenden Reisekosten erreicht.

Der automatische Genehmigungsprozess ermöglicht eine schnelle Freigabe zur Auszahlung bzw. Verbuchung. Um Fehlerquellen auszuschalten müssen im System Spesensätze, steuerrechtliche Richtlinien und Belegarten hinterlegt werden. Weiterhin sollte es automatisch Spesensätze berechnen und kontrollieren sowie Änderungen der Gesetzeslage aktualisieren können. Wichtig ist zudem die Ausweisung des steuerpflichtigen Anteils, der Werbungskosten, des Umsatzsteueranteils und der Vorsteuer. Häufig integrieren diese Systeme eine Vertreterfunktion, so dass autorisierte Personen den Abrechnungsprozess für den Reisenden durchführen können. Zudem sind Vorabeinstellungen von Kostenstellen oder Projekten für eine einfache Zuordnung der Kosten möglich. Schnittstellen zu anderen Systemen müssen vorhanden sein oder individuell erstellt werden können. Sie erleichtern den Import und Export von Daten zu vor- oder nachgelagerten Systemen wie beispielsweise Personalabrechnung, Finanzbuchhaltung, Personalabrechnung, Archivsystemen oder Rechnungswesen.

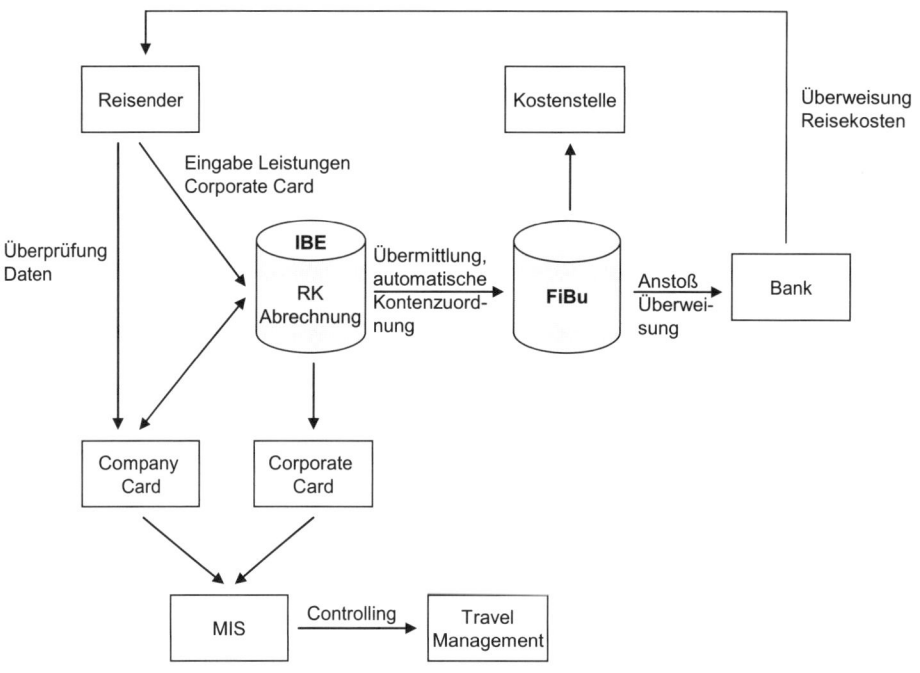

Abb. 4.4.8 Idealtypisches IBE – Modell in der Nachbereitungsphase

Während bei der herkömmlichen Reisekostenabrechnung jede Abrechnung manuell erstellt und von der Reisekostenabrechnungsstelle aufwändig geprüft werden muss, wird der Prozess der Erfassung und Verarbeitung mit Reisekostenabrechnungssystemen erheblich vereinfacht. Die elektronisch unterstützte Reisekostenabrechnung ermöglicht bessere Aussagen über tatsächliche Reisekosten und deren Verteilung, z. B. auf einzelne Mitarbeiter oder auf einzelnen Leistungsträgern. Schnittstellen vereinfachen den Prozess ebenfalls. Durch die Anbindungen an Entgeltabrechnungssystemen werden Personalstammdaten in das Reisekostenabrechnungssystem übertragen. Umgekehrt können die zu versteuernden Beträge, die Auszahlungsbeträge und eventuelle Gehaltseinbehalte in das System übertragen werden. Schnittstellen zu Mailsystemen ermöglichen die elektronische Abwicklung des Genehmigungsverfahrens und direkte Anbindungen zu Archivsystemen unterstützen die elektronische Archivierung der Reiseabrechnung und Belege.

- **Auswertung und Controlling**

Durch die Neugestaltung der Prozesse mit Hilfe der Informationstechnologie können aufgrund internetbasierter Vorgänge alle Buchungen erfasst und das gesamte Reiseverhalten analysiert werden. Nicht reiserichtlinienkonforme Buchungen werden durch Auswertung und

4.4 Geschäftsreise-Management und IT-Systeme

Controlling der vorhandenen Daten erkannt und können zukünftig vermieden werden. Zudem werden alle tatsächlich angefallenen Reisekosten deutlich. Die Umsetzung der Reiserichtlinien erfolgt zuverlässiger und schneller. Durch die direkte Erfassung aller Informationen entfallen Schnittstellen. Als Datenquellen dienen dabei lediglich die IBE und die Kreditkarten. Dabei werden die Daten direkt bei der Buchung bzw. bei der Bezahlung der Reiseleistungen erfasst. Hierdurch erhöht sich die Datenqualität, da keine redundanten Informationen mehr vorhanden sind. Als Folge wird die Fehlerquote gesenkt.

Mit Hilfe eines Travel Data Warehouse werden alle Reisedaten konsolidiert. Aufgrund dieser Datenkonsolidierung können tagesaktuelle, individuelle Reports erstellt und online abgerufen werden. Weiterhin stehen Informationen zu verschiedenen Kennzahlen, wie beispielsweise die Umbuchungs- und Stornierungsquote zur Verfügung. Diese verdeutlichen die Auswirkungen auf die Nutzbarkeit von Sondertarifen und somit auf die Höhe der direkten Kosten. Zusätzlich können Umsätze gebündelt und die Steuerung des gesamten Reiseaufkommens verbessert werden. Die Aufgabe des Geschäftsreise Managements in Zusammenarbeit mit Budgetverantwortlichen ist die Verbesserung der Reisedaten. Dabei ist es wichtig das Verhältnis zwischen richtlinienkonformer Buchungen und der Gesamtzahl der Buchungen, der sogenannte *Compliance Rate* zu berücksichtigen. Je höher die Quote ist, desto besser sind die Konditionen des Leistungsträgers. Um Veränderungen durch Handlungen des Geschäftsreise Managements zur Verbesserung der Kostenstruktur zu verdeutlichen und sichtbar zu machen, müssen Controlling-Größen (Kennzahlen) eingeführt werden. Sie geben Aufschluss über Kosten- und Qualitätsentwicklungen bei Leistungsanbietern und dem Reisebüro sowie in Bezug auf Prozesse und der Umsetzung der Reiserichtlinien.

Wichtige Kennzahlen sind die Compliance Rate, die durchschnittlichen direkten Reisekosten, die Umbuchungs- und Stornierungsquote, Durchlaufzeiten und Qualitätsindikatoren. Durch sie wird eine Fortschritts- und Erfolgskontrolle ermöglicht. Mit konsequentem Qualitätsmanagement und laufender Prozessoptimierung können Vorteilspotentiale, die aufgrund der integrierten Prozesse entstehen, dauerhaft gesichert werden.

Die nachfolgende Tabelle gibt einen Überblick der wichtigsten Systemanbieter für Business Travel Management Systeme.

Systemanbieter:	Anbieterinformation:
i:FAO www.ifao.net	- Name des Systems **Cytric** - Gründung des Unternehmens 1977, FAO Travel GmbH - Seit 1998 i:FAO Aktiengesellschaft - in Deutschland 46 beschäftigte Mitarbeiter - etwa 1.800 Kunden in 19 Ländern - Referenzkunden: Wella, EON, Siemens - Unternehmensmerkmale: langjährige Erfahrung in Produktentwicklung, hohe Entwicklungsgeschwindigkeit, strategische Unabhängigkeit von GDS und Reisebüro - Systemmerkmale: hochentwickelter Flugbuchungsprozess, sehr gute Benutzerführung (alle Reisenden mit zugehörigen Buchungen in Kalenderfunktion) sowie hohe vielfältige Einstellungsmöglichkeiten - Markteinführung 1996 - keine bestimmte Zielgruppe, Unternehmensgröße mittel und groß - durch Eigenentwicklung entstanden - Reisebüro- und Kreditkartenunabhängiger Einsatz
Amadeus Germany www.de.amadeus.com	- Name des Systems **Amadeus e-Travel Management** - Gründung des Unternehmens 1971 - in Deutschland etwa 650 beschäftigte Mitarbeiter - Referenzkunden: Daimler Chrysler, Delphi, Oracle - Unternehmensmerkmale: finanziell stabiler Partner Amadeus IT-Group SA alleiniger Gesellschafter, global ausgerichtetes Unternehmen, bietet international einsetzbare Lösungen - Systemmerkmale: international nutzbar, durch integrierte Community-Struktur flexible und einfache Administration auch komplexer Organisations- und Hierarchiestrukturen möglich, Berücksichtigung on- und offline generierter PNRs, kombinierte Mobilitätsabfrage (Bahn/Flug/Billigflug) - weltweit ca. 1.500 Kunden in 30 Ländern - Markteinführung 2003 - Zielgruppe nicht pauschalisierbar, je nach Reisevolumen und Art der Reisen, aber eher für KMU und Großunternehmen - durch Eigenentwicklung entstanden - Reisebüro- und Kreditkartenunabhängiger Einsatz
GetThere www.getthere.com	- Name des Systems **GetThere DirectCorporate und DirectMid** - Gründung des Unternehmens 1995 - etwa 43 Mitarbeiter in Europa, 185 Sabre Mitarbeiter in Deutschland - Unternehmensmerkmale: Tochterfirma vom GDS Sabre, mehr als 1.000 Großkunden, etwa 1,6 Mill. Buchungen pro Monat, vertreten in 45 Ländern mit eigenen Mitarbeitern, Ansprechpartner in Landessprache, - Systemmerkmale: etwa 1,6 Mill. Buchungen pro Monat, Adaptionsrate von weltweit etwa 60 %, weltweite Präsenz, Zusammenarbeit mit allen führenden GDS und Geschäftsreiseketten, weltweit ca. 1.000 Kunden

4.4 Geschäftsreise-Management und IT-Systeme

Systemanbieter:	Anbieterinformation:
GetThere www.getthere.com	- Anzahl Kunden in Deutschland etwa 50, weltweit mehr als 1.000 - Referenzen: Cisco Systems, General Electric, Hewlett Packard - Markteinführung 1995 - Zielgruppe sind Unternehmen, die Vereinbarungen mit mehreren Anbietern haben, mit komplexen Reiserichtlinien operieren, jährliche Reisekosten von mehr als 9 Mill. EUR haben für DirectCorporate und Unternehmen mit 2–8. Mill. EUR Reiseumsatz für DirectMid - durch Eigenentwicklung entstanden - Reisebüro- und Kreditkartenunabhängiger Einsatz
KDS www.kds.de	- Name des Systems **KDS Corporate** - Gründung des Unternehmens 1994 - In Deutschland 3 beschäftigte Mitarbeiter - Unternehmensmerkmale: komplettes Reise- und Reisekostenabrechnungssystem, Multi - GDS, Multimodular, weltweit einsetzbar, unabhängiges Privatunternehmen

Systemanbieter:	Anbieterinformation:
KDS *(Fortsetzung)*	- Systemmerkmale: bewährte Lösung, speziell für multinationale Unternehmen, erweiterte Suche und Hilfefunktion - In Deutschland etwa 50 Kunden, weltweit etwa 5.000 Unternehmen in 20 Ländern - Referenzkunden: Unilever, EADS, AirPlus - Markteinführung 1996 - Zielgruppe vor allem große, multinational Unternehmen - Produkt ist Eigenentwicklung - Reisebüro- und Kreditkartenunabhängiger Einsatz
SAP www.sap.com	- Name des Systems **SAP Reisemanagement** - Gründung des Unternehmens 1972 - In Deutschland etwa 10.000 beschäftigte Mitarbeiter - Unternehmensmerkmale: Integriertes ERP-System auf Basis neuester Technologie, Lösungsanbieter für diverse Bereiche (Software, Services etc.), Investitionsschutz - Systemmerkmale: durchgängige Lösung für gesamten Geschäftsreiseprozess, Integration in SAP-ERP, Workflow-Prozesse abbildbar - In Deutschland ca. 3.300 Kunden im Bereich Personalwirtschaftssoftware, in Europa ca. 5.425 - Referenzkunden: Airbus, Deutsche Bank, Boehringer ingelheim - Einführung der Reiseplanung im Juni 2000 - Zielgruppe sind Unternehmen, die bereits SAP einsetzen und bei denen etwa 80 % der Reisen Standardreisen sind - Produkt ist eine Eigenentwicklung - Reisebüro- und Kreditkartenunabhängiger Einsatz
Onesto www.onesto.de	- Name des Systems **Onesto** - Gründung des Unternehmens Onesto GmbH 2007, vorher Eigentümer der Software Onesto - 20 Mitarbeiter in Deutschland

Systemanbieter:	Anbieterinformation:
	- Unternehmensmerkmale: Schnelle Reaktion auf Kundenanforderungen, Expertise für Internet Buchungsprogramme, umfassende und branchenübergreifende Business Process Lösung - Systemmerkmale: vollständige Automatisierung der kompletten Reiseverwaltung, über 2.500 Einstellungen möglich, firmenindividuelle Konfiguration, skalierbar vom Mittelstand bis zum internationalen Konzern - Bundesweit etwa 60.000 Anwender - Referenzkunden: Allianz–Gruppe, HypoVereinsbank, Bertelsmann - Markteinführung 2003 - Zielgruppe vom Mittelstand bis zum internationalen Konzern - Produkt ist Eigenentwicklung
HRG www.hrgworldwide.com	- Name des Systems: **HRG i – Suite** - Gründung HRG 2006 als Tochtergesellschaft der Hogg Robinson Group - etwa 12.000 Mitarbeiter weltweit - Unternehmensmerkmale: fachliche Kompetenzen auf globaler Ebene, lokales Fachwissen, unabhängige Technologie, starke Verankerung im Geschäftsreisemarkt, Verständnis von Unternehmenskulturen - Systemmerkmale: maßgeschneiderte Lösung, auf Kundenbedarf zugeschnitten, individuelle Anwendungsmöglichkeiten, nahtlose Onlineumgebung, eine durchgängige Plattform - über 250 Kunden in mehr als einem Land - Referenzkunden: Sony, P&G, FKI Logistex - Zielgruppen sind große und mittelständische Unternehmen

- **Systemoptimierung bei unterschiedlichen Unternehmensgrößen**

Wichtige Entscheidungskriterien bei der Wahl der richtigen Software sind die Unternehmensgröße und die Zahl der Reisenden. Generell kann man sagen, dass kleine Unternehmen andere Ansprüche als mittlere oder große Unternehmen haben. Hierbei sind das Reiseaufkommen, die Reiseart und die Beförderungsleistungen von großer Bedeutung. Unternehmen mit überwiegend Punkt-zu-Punkt-Verbindungen haben andere Anforderungen an eine Software als Unternehmen, in dem die Reisenden häufig interkontinentale oder individuelle Strecken bereisen und deshalb Unterstützung bei der Ausarbeitung von Reiseexperten benötigen. Auch die bisherige Gestaltung des Buchungsprozesses muss in den Entscheidungsprozess für die Auswahl eines geeigneten IT-Systems mit einbezogen werden. Daneben ist eine Aufstellung bereits vorhandener Partner, wie Reisebüros und bestehende Firmenraten oder sonstige Vergünstigungen notwendig.

Die Investition in eine eigene Buchungssoftware lohnt sich bei *kleinen Unternehmen* zumeist nicht. Anfangsinvestitionen von 1.500 bis 2.000 € zuzüglich monatlicher Kosten zwischen 600 und 900 € kompensieren nicht die möglichen Einsparungen. Eine aufwändige Implementierung angebotener Systeme ist daher nicht sinnvoll. Die Geschäftsreisenden buchen häufig in Reisebüros, da sie eher den persönlich Kontakt und Beratung bevorzugen. Nach einer AirPlus Studie hat die Kreditkartennutzung auch in kleinen Unternehmen mittlerweile stark zugenommen. Dennoch wird hier immer noch mit der Zahlung per (Papier-) Rechnung gearbeitet. Die meisten Softwareunternehmen bieten nur Produkte an, die aufgrund mangelndem Reiseaufkommens bzw. hoher Kosten für kleine Unternehmen nicht oder nur selten geeignet sind.

Mittelständische Unternehmen wählen häufig die kostengünstigeren Portallösungen der Geschäftsreiseketten. Diese berechnen häufige keine oder nur geringe Installationskosten, stattdessen aber eine Transaktionsgebühr, die deutlich unter den Kosten der telefonischen Reservierung liegt. Die Angebote der Softwarefirmen sind besonders auf den Mittelstand ausgerichtete Lösungen, die weniger komplex und speziell auf ein geringeres Reisevolumen zugeschnitten sind. Auch im Mittelstand muss vor der Einführung geprüft werden, wie viele Reisen im Unternehmen durchgeführt werden. Der Einsatz eines BTM-Systems kann je nach Unternehmen bereits ab 300 bis 400 Buchungen im Monat lohnenswert sein. Dabei muss der Return on Investment (ROI) in maximal 18 Monaten realisiert werden. Zusätzlich zu der Anzahl monatlicher Buchungen, kann auch von einem Mindest Reisevolumen bezüglich der Rentabilität einer IBE ausgegangen werden. Demnach kann sich der Einsatz dieser Buchungsplattform bereits ab Reiseausgaben von einer Mill. € pro Jahr rentieren.

Vor allem bei großen *multinationalen Unternehmen* und Konzernen ist die richtige Systemauswahl eine sehr komplexe Aufgabe. Daten aus den verschiedensten Quellen, aus dem In- und Ausland sollen auf einer Plattform konsolidiert werden. Dabei besteht die Möglichkeit, dass bestehende Technologien erneuert werden müssen, da Anpassungen mit BTM-Systemen nicht oder nur eingeschränkt in Verbindung mit hohen Kosten möglich sind. Es ist davon auszugehen, dass die Adaptionsrate bei einem hohen Aufkommen komplexer Reisen relativ niedrig bleiben wird, da vermehrt das Reisebüro zur Unterstützung in Anspruch genommen werden muss. Häufig testen multinationale Konzerne und Großunternehmen verschiedene IBEs in unterschiedlichen Ländern, oft auch zu unterschiedlichen Zeitpunkten. Auf diese Weise sollen Schwachstellen der einzelnen Systeme aufgedeckt werden. Gerade in Großunternehmen ist ein reibungsloser Ablauf der Datenkonsolidierung von größter Wichtigkeit, besonders wenn diese Daten aus verschiedenen Ländern auf einer Plattform zusammengeführt werden sollen. Wichtig ist weiterhin die Funktionsweise von Informationsaustausch und Verlinkungen zwischen dem neuen BTM und bestehenden Systemen. In einigen Fällen scheiterte die Einführung an der mangelhaften Kompatibilität der alten und neuen Systeme.

4.4.4 Ausblick

Die zunehmende Reisetätigkeit in Unternehmen erfordert ein Umdenken im Geschäftsreise-Management. Durch den Einsatz neuer Technologien kann die Transparenz der Reiskosten erhöht werden. Jedoch ist eine erfolgreiche Implementierung von BTM-Systemen nicht einfach und muss vorher gut geplant werden und in einem kontrollierten Prozess erfolgen. Für den Erfolg der Systeme sind die Einhaltung der Richtlinien unabdingbar. Dabei dürfen allerdings die Bedürfnisse der Reisenden nicht außer Acht gelassen werden. Die Mitarbeiter und Geschäftsreisende müsen für die neue Technologien begeistert und sensibilisiert werden.

Das Angebot der verschiedenen Systemanbieter ist umfangreich und vielfältig. Ein Vorteil ist jedoch, dass alle hier aufgeführten Systeme individuell an die jeweiligen Unternehmensanforderungen angepasst werden und wahlweise einzelne Prozesse oder der gesamte Geschäftsreiseprozess abgedeckt werden können. Kleine Unternehmen haben in der Regel nicht das Reisevolumen, um diese relativ teuren IT-Systeme zu implementieren. Bei ihnen ist die Abwicklung der Geschäftsreiseaktivitäten über einen Reisebüropartner meistens preiswerter. Mittelgroße Unternehmen nutzen häufig die Angebote der großen Geschäftsreiseketten, denn deren Service- und Leistungspakte sind zumeist ebenfalls günstiger als die Installation eines eigenen Systems. Große Unternehmen und multinationale Konzerne wählen i.d.R. eigene Systeme und häufig auch die prozessübergreifende Variante von SAP.

Durch die Nutzung der BTM-Systeme, werden die Prozessabläufe schlanker, schneller und effizienter gestaltet. Wesentliche Kostenreduzierungen sind bei den Bearbeitungs- und Kommunikationskosten sowie den Transaktionskosten der Reisebüropartner möglich. Ein weiterer Vorteil ist eine Erhöhung der Transparenz von Reisekosten durch umfassende Berichte über das gesamte Reiseverhalten im Unternehmen.

Abschließend kann gesagt werden, dass durch die Implementierung eines BTM-Systems in den Unternehmen direkte und indirekte Kosten gespart werden können. Geschäftsreiseprozesse werden zudem übersichtlicher und die Reisenden erhalten durch die Selbstbuchung ein erhöhtes Kostenbewusstsein. Besonders bei einem entsprechenden Reisevolumen und großen Anteil internetfähiger Buchungen können Unternehmen die Einsparpotentiale nutzen und mit dem BTM-Einsatz die Reisekosten signifikant senken.

Quellen:

Espich, G., ASB-Wirtschaftspraxis, Business Travel-Management, Kostenoptimierung und effektive Planung, Durchführung und Kontrolle von Geschäftsreisen, Bd. 14, Renningen, Malmsheim 2001.

Freyer, W., Naumann, M., Schröder, A., Geschäftsreise-Tourismus: Geschäftsreisemarkt und Business Travel Management, Dresden 2006.

Graue, O., Travel Manager und „Ihre" Reisenden: Macht mehr miteinander, in: BizTravel: 29.08.2008, vgl.: http://biztravel.fvw.de/index.cfm?pid=1501&pk=10826&p=4

Lehrburger, H., Travel Management Aktuell, Geschäftsreiseanalyse, MIS im Travel Management, eine Marktübersicht, Bd. 3, Hrsg. Gerd Otto-Rieke, München 2001.

Mason, K., Studie ACTE, Cranfield University, Amadeus, Beyond the savings point: the impact of travel technologies in corporate end-to-end processes., o.O. 2007.

Melzer, M., Travel Management Aktuell, Geschäftsreise online – Prozesse optimieren, Programme interaktiv einsetzen, Bd. 1, Hrsg. Gerd Otto-Rieke, München 2000.

o.V. Corporate World, Online Booking Engines, vgl.:
https://www.corporateworld.biz/magazin/de/fokus/online-booking-engines/online-booking-engines.htm [Stand: 03.11.2008].

o.V. Hansalog, Reisekostenabrechnung - Kosten runter, Effizienz hoch, [Stand 14.12.2008].

o.V. Nix wie Web, Folge 5: Online buchen, in: BizTravel: 25.06.2008, vgl: http://biztravel.fvw.de/index.cfm?pid=1495&pk=1949 [Stand 14.09.2008].

o.V., Studie AirPlus International Travel Management Study, Neu Isenburg 2005.

o.V. Studie Carlson Wagonlit Travel, Effektives Travel Management – Acht Ansatzpunkte zur Optimierung des Firmenreiseprogramms, o.O. 2008.

o.V. Studie KPMG, CTC, i:FAO, Vertragssteuerung im Business Travel Management, Chancen, Potenziale und Gestaltungsansätze durch eProcurement, Januar 2002.

o.V. Studie Pricewaterhouse Coopers, Business Research, Business Travel eProcurement, Geschäftsreiseprozess konventionell oder internetbasiert?, Frankfurt/Main, November 2000.

Pinck, A., Onlineartikel, Versteckte Kosten aufspüren, in: FTD, 05.09.08, vgl.: http://www.ftd.de/karriere_management/management/:Gesch%E4ftsreisen-Versteckte Kosten-aufsp%FCren/408966.html?nv=nl

Pracht, S., Travel – Management Systeme, Was nicht passt, wird passend gemacht, in: FVW Nr.24, Verlag Dieter Niedecken GmbH, Hamburg, 12.10.2007, S. 52.

Zimmermann, A., Perbit, Individualität mit System, Travel Management im Mittelstand – Eine Herausforderung, die sich lohnt!, Altenberge.

4.5 Fallbeispiel Flugbuchung mit Amadeus

Prof. Dr. Axel Schulz, Saskia Kwoka

Für Linienflugbuchungen gibt es in Amadeus zwei prinzipielle Möglichkeiten. Zum einen gibt es den so genannten Command Page Modus mit der manuellen Tastatureingabe aller Transaktionen, zum anderen die komfortablere Selling Plattform. Hier ist es möglich eine Buchung fast ohne Kenntnisse per Mausklick durchzuführen. Aufgrund des hohen Ausbildungsgrads der Reisemittler in Deutschland wir heute häufig der Command Page Modus verwendet. Im nachfolgenden werden beide Modi ausführlich erklärt.

Command Page	Selling Plattform
- Buchung nur mit Hilfe kryptischer Eingaben	- Browserorientiert
- Sprache: Englisch	- Intuitive Benutzerführung
- Hoher Trainings- & Lernaufwand	- Sprache: Deutsch
- Kaum Hilfefunktionen	- Keine Vorkenntnisse notwendig
- Kein Multimedia (Hotel-Fotos etc.)	- Geringer Trainingsaufwand
- Geringer Zeitaufwand pro Buchung	- Umfangreiche Hilfefunktionen
	- Buchung per Mausklick

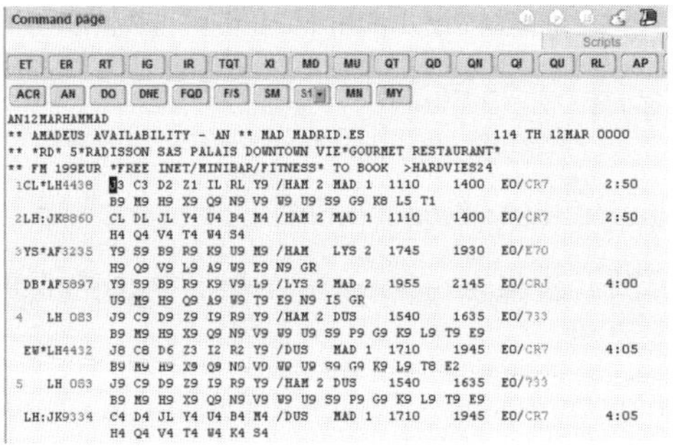

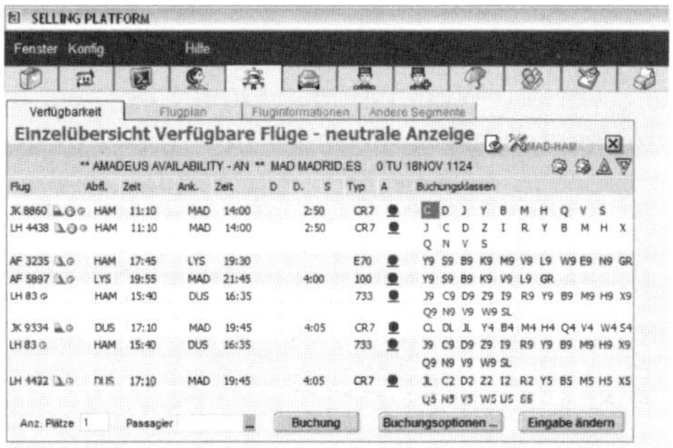

Abb. 4.5.1   Vergleich Command Page und Selling Plattform

4.5.1 Flugbuchung im Command Page Modus

Grundsätzlich wird in Amadeus nur mit Codes gearbeitet, d.h. es muss bekannt sein, wie Städte- und Flughafennamen bzw. Fluggesellschaften umgewandelt werden. Weiterhin besteht die Möglichkeit der Umwandlung des Codes in seinen Namen. Ist dies bekannt, ist der nächste Schritt zur Buchung die Flugplanabfrage. Hier werden alle verfügbaren Flüge für die gewünschte Strecke angezeigt. Aus dieser Abfrage heraus wird dann die Buchung vorgenommen. Nach der Flugreservierung wird der PNR aufgebaut, d.h. zur Buchung werden alle wichtigen Daten, wie Name des Passagiers und seine Kontaktdaten hinzugefügt. Anschließend wird der genaue Flugpreis ermittelt.

| Kenntnisse in De-/Koding | Flugplan-abfrage | Buchung (PNR-Aufbau) | Tarife |

Abb. 4.5.2 *De-/Kodieren von Fluggesellschaften, Flughäfen und Städtenamen*

4.5.1.1 De-/Kodieren Fluggesellschaften und Flughäfen

Fluggesellschaften	Codes	Flughäfen	Codes
Aerolineas Argentinas	AR	Atlanta	ATL
Aero Flot Russian Airlines	SU	Auckland	AKL
Air Canada	AC	Bangkok	BKK
Air France/ KLM	AF	Buenos Aires	BUE
Air New Zealand	NZ	Dubai	DXB
Birtish Airways	BA	Frankfurt	FRA
Continental Airlines	CO	Lissabon	LIS
Delta Air Lines	DL	London Heathrow	LHR
Emirates	EK	Madrid	MAD
Iberia	IB	Moskau	MOW
Lufthansa	LH	New York	NYC
Singapore Airlines	SQ	Paris	PAR
Thai Airways	TG	Singapore	SIN
TAP Portugal	TP	Toronto	YTO
Swiss International Airlines	LX	Zürich	ZRH

In Command Page Modus werden keine kompletten Flughäfen- und Städtenamen sowie Namen von Fluggesellschaften eingegeben. Man arbeitet mit Codes. Das System bietet hierfür die Möglichkeit zum Kodieren und Dekodieren. Man unterscheidet zwischen 2-Letter-Codes für Fluggesellschaften und 3-Letter-Codes für Städte und Flughäfen. Die 2-Letter-Codes bestehen immer aus zwei Buchstaben oder einem Buchstaben und einer Zahl, die 3-Letter-Codes nur aus drei Buchstaben. Bei der Eingabe des Städte- und Flughafennamens muss auf die englische Schreibweise geachtet werden. Ist die genaue Schreibweise nicht bekannt, reicht die Eingabe der ersten vier Buchstaben der Stadt oder des Flughafens.

Abb. 4.5.3 *De-/Kodieren von Fluggesellschaften, Flughäfen und Städtenamen*

Die Transaktion DAN verwendet man zum Kodieren oder Dekodieren von Fluggesellschaften. Bei Eingabe des Namens der Fluggesellschaft erhält man den 2-Letter-Code. Ist der 2-Letter-Code bekannt, aber der Name der Fluggesellschaft nicht, wird bei Eingabe des Codes der Name dargestellt. Hierfür werden die nachfolgenden Transaktionen getätigt.

Eingabe:
DNA British Airways oder **DNA** BA
- Fluggesellschaft de-/kodieren, Decode Name of Airline

Ausgabe:
BA/BAW 125 BRITISH AIRWAYS
- 2-Letter Code/ 3-Letter Code,
- Ticketingcode (Abrechnungscode) hier: 125
- Name Fluggesellschaft

Zum Kodieren und Dekodieren der Flughäfen und Städtename werden zwei Transaktionen genutzt. Die Abkürzungen findet man bei der DAN – Abfrage in der zweiten Zeile. Zu jedem Städte-Code gibt das System alle 3-Letter-Codes der ausgegebenen Stadt an. Beispiele hierfür sind Flughafen-, Busstationen- und Bahnhof-Codes. Ganz rechts in der Ausgabe wird der Ländercode, teilweise mit entsprechendem Bundesstaat angegeben.

Eingabe:
DAN Paris oder **DAC** PAR
- Flughafen/ Stadt de-/kodieren, Decode Airport/ City Name

Ausgabe:
PAR C   PARIS
A   CDG - CHARLES DE GAULLE   OK   /FR
A   ORY - ORLY   OK   /FR
H   JDP - HELIPORT DE PARIS   OK   /FR
B   XGB - GARE MONTPARNASSE BUS   OK   /FR

Erklärung der wichtigsten Kürzel:
A: APT   Airport (Flughafen)
B: BUS   Busstation
C: CITY   Stadt
H: HELI   Heliport, Hubschrauberlandeplatz
R: RAIL   Railway Station (Bahnhof)

4.5.1.2 Flugplanabfrage

Es gibt verschiedene Möglichkeiten Flugdaten abzufragen. Zum Einen gibt es eine Darstellung aller Flugverbindungen einer abgefragten Strecke, bei der nur verfügbare Buchungsklassen angezeigt werden. Alternativ kann man sich Flüge darstellen lassen, bei denen alle, auch bereits ausgebuchte Buchungsklassen angezeigt werden. Außerdem können mit einer Eingabe gleichzeitig zwei Flugpaare, z. B. Hin- und Rückflug abgefragt werden. Mit Hilfe

4.5 Fallbeispiel Flugbuchung mit Amadeus

des Flugplans kann man feststellen, an welchen Wochentagen und in welchem Zeitraum ein Flug verkehrt.

Abb. 4.5.4 *Abfragemöglichkeiten Flug*

Mit der Flugplanabfrage werden die Flüge immer nach einem bestimmten Schema dargestellt. Neben der Fluggesellschaft, den Buchungsklassen und der Flugstrecke, wird immer die Abflug- und Ankunftszeit sowie die Flugdauer angezeigt.

Nicht buchbare Flüge oder Klassen werden vom System nicht angezeigt. Dadurch wird die Bildschirmausgabe verkürzt und bleibt übersichtlicher. Abgesagte Flüge werden ebenfalls nicht angezeigt. Dabei besteht die Möglichkeit allgemeine oder ganz spezifische Abfragen zu tätigen.

```
AN01DECFRAATL

** AMADEUS AVAILABILITY - AN ** ATL ATLANTA.USGA 17 MO 01DEC

1 DL 015   J9 D9 S9 I9 Y9 B9 M9 /FRA 2 ATL   0945   1420   E0/764   10:35
           H9 Q9 K9 L9 U9 T9

2 LH 444   C8 DL ZL Y9 B9 M9 H9 /FRA 1 ATL   1155   1620   E0/343   10:25
           Q9 V9 SL

3 UA 881   C4 D0 Y4 B4 M4 H4 Q4 /FRA 1 ATL   1255   1720   E0.340   10:25
           V4 W0 S0 T0 K0 L0 G0 Z0 E0 U0

4 DL 049   J9 D9 S9 I9 Y9 B9 M9 /FRA 2 CVG 3 1140   1535 E0/767
           H9 Q9 K9 L9 U9 T9
  DL1711   F9 A9 Y9 B9 M9 H9 Q9 /CVG 3 ATL S 1650   1828 E0/M888
           K9 L9 U9 T9                                              12:48
```

Abb. 4.5.5 *Produktdarstellung Flug (Availability Display)*

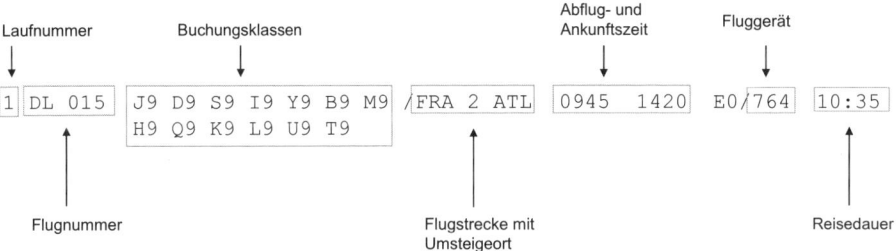

Abb. 4.5.6 *Delta Flugabfrage Frankfurt - Atlanta*

Die Ausgabe der Verfügbarkeitsabfrage beginnt mit der Laufnummer. Danach folgt die Angabe der Fluggesellschaft mit der dazugehörigen Flugnummer. Jedem Flug wird eine eigene Flugnummer zugeteilt.

Nach der Klassendarstellung wird die Flugstrecke mit Abflughafen Frankfurt (FRA) und Zielflughafen Atlanta (ATL) angezeigt. Bei Umsteigeverbindungen wird zusätzlich der Umsteigeort, in obigem Beispiel Cincinnati (CVG) dargestellt. Mit der Zahl hinter der Flugstrecke wird die Nummer des Abflugterminals angegeben. Dann folgen Abflug- und Ankunftszeit. Mit dem E und der 0 nach der Ankunftszeit wird verdeutlicht, dass es sich um eine ETIX-fähige (elektronisches Ticket) Strecke ohne Zwischenlandung handelt. An der dreistelligen Zahl nach dem Schrägstrich kann man das Fluggerät erkennen, z. B. 320 = Airbus 320. In der letzten Spalte wird die gesamte Reisedauer angegeben, im Beispiel 10,35 Stunden.

Bei der Verfügbarkeitsabfrage zeigt das System die Flüge in folgender Reihenfolge an:
1. Non – Stop – Flüge (ohne Zwischenlandung), nach Abflugzeit geordnet
2. Direktflüge (mit Zwischenlandung), nach Reisezeit geordnet
3. Umsteigeverbindungen und Flüge mit Fluggerätewechsel, nach Reisezeit geordnet

- **Exkurs: Buchungs- und Beförderungsklassen**

Im Linienflugbereich unterscheidet man zwischen Buchungs- und Beförderungsklassen. Zu den Beförderungsklassen zählen First, Business und Economy Class. Im Abfragebeispiel handelt es sich um Buchungsklassen.

Beförderungsklasse	Buchungsklasse
First Class	F, A, P, R
Business Class	C, D, J, Z, I
Economy Class	Y, B, G, H, K, M, Q, S, U, V, W, E, L, T

Je nach Fluggesellschaft können die Buchungsklassen allerdings variieren. First Class - Beförderungsklassen werden nur auf Langstreckenflügen angeboten. Buchungsklassen werden immer mit Verfügbarkeit angezeigt. Steht eine 9 hinter der Buchungsklasse, so sind neun oder mehr Plätze verfügbar. Würde beispielsweise eine 4 angezeigt werden, so wären genau vier Plätze in dieser Klasse verfügbar.

Die einzelnen Buchungsklassen unterscheiden sich in ihren Tarifbedingungen und dementsprechend im Preis. Dargestellt werden zunächst die Verfügbarkeiten der Business- danach die der Economy Class. Dabei ist die Y-Klasse, die am höchsten und die G-Klasse, die am niedrigsten tarifierte Klasse. Das bedeutet, dass die höher tarifierte Klasse die wenigsten Einschränkungen hat und somit sehr flexibel ist. Die G-Klasse auf der anderen Seite ist gar nicht flexibel, erlaubt somit keine Flugänderungen und Stornierungen.

- **Availability Neutral**

Die Amadeus Availability Neutral zeigt alle Flüge an, die über Amadeus gebucht werden können. Dabei werden aber nur die Buchungsklassen angezeigt, die tatsächlich verfügbar sind. Bereits ausgebuchte Klassen, bei denen auch keine Warteliste mehr offen ist, werden ignoriert.

4.5 Fallbeispiel Flugbuchung mit Amadeus

> *Eingabe:*
> **AN** 01OCT MUC ATL
> - Flugverfügbarkeit für den 01. Oktober (01OCT)
> - Strecke von München (MUC) nach Atlanta (ATL)
> - keine Präferenzen in Bezug auf eine Fluggesellschaft, Abflugzeit oder Buchungsklasse
>
> *Eingabe:*
> AN01OCTMUCATL **/ADL**
> - Abfrage nach Verbindungen mit der Fluggesellschaft Delta
> - A nach dem Schrägstrich steht für Airline, DL für Delta
> - Anzeige aller Verbindungen mit Delta
>
> *Eingabe:*
> AN01OCTMUCATL **0700**
> - Abfrage nach bestimmter Abflugzeit (z. B. 07:00 Uhr)
> - Anzeige aller Verbindungen, die in etwa in dieser Zeit liegen

- **Duale Abfrage**

Die Duale Abfrage ermöglicht die Abfrage von zwei Flugpaaren mit einer Eingabe. Es können gleichzeitig Hin- und Rückflug oder zwei verschiedenen Strecken abgefragt werden. Dabei können Hin- und Rückflugdatum unterschiedlich sein. Die Duale Abfrage wird durchgeführt, indem an die Eingabe für die erste Flugstrecke ein Sternchen (*) angefügt wird.

> *Eingabe:*
> AN01OCTMUCATL ***15AUG**
> - Hinflug 01. August, Rückflug 15. August
>
> *Eingabe:*
> AN01AUGMUCATL ***+8**
> - Rückflug acht Tage später, 09. August
>
> *Eingabe:*
> AN01OCTMUCATL *****
> - Rückflug gleicher Tag ab 18:00 Uhr

- **SN-Abfrage (Schedule Display Neutral)**

Das Schedule Display gibt eine Übersicht über alle Flugverbindungen der abgefragten Strecke. Hierbei spielt es keine Rolle ob Plätze verfügbar sind oder nicht. Damit ist das Schedule Display umfangreicher als das Availability Display. Die Eingabeformate sind die Gleichen wie bei der AN-Abfrage. Nur der Transaktionscode ändert sich, anstelle AN wird hier SN eingegeben.

> *Eingabe*:
> **SN**01AUGMUCATL
> - Abfrage aller verfügbaren und nichtverfügbaren Flüge und Buchungsklassen

- **TN-Abfrage (Flugplan ohne Platzverfügbarkeit)**

Im Flugplan (Timetable Neutral) werden keine Daten für einen bestimmten Tag angezeigt. Er gibt eine Übersicht über Wochentage und Zeiträume, in denen bestimmte Flüge verkehren. Daher ist hier auch keine Verfügbarkeit ersichtlich.

> *Eingabe:*
> **TN**MUCATL/ADL
> - Abfrage des Flugplans mit der Eingabe TN
> - Strecke von München (MUC) nach Atlanta (ATL)
> - Zusätzlich kann auch die gewünschte Fluggesellschaft eingegeben werden

```
TNMUCATL/ADL
** AMADEUS TIMETABLE - TN ** ATL ATLANTA.USGA        20NOV08 27NOV08
1    DL 131   D     MUC 1 ATL S  1000    1505   0 02NOV08 27NOV08 764 11:05
2 AF:DL8453   6     MUC 1 CDG2D  0650    0835   0 CONNECT CDG     319
     DL 029   6     CDG2E ATL S  0920    1330   0 08NOV08 03JAN09 767 12:40
3 AF:DL8453   X67   MUC 1 CDG2D  0650    0835   0 CONNECT CDG     318
     DL 029   X67   CDG2E ATL S  0920    1330   0 03NOV08 06MAR09 767 12:40
```

Abb. 4.5.7 Flugplananzeige

Der Flugplan gibt die Verkehrszeiten für die Strecke von München nach Atlanta mit Delta Air Lines an. Die Flugtage werden mit den Zahlen 1 bis 7, bzw. Buchstaben D und X angegeben. Außerdem wird angezeigt in welchem Zeitraum die jeweiligen Flüge verfügbar sind.

Bedeutung der Zahlen und Buchstaben:

1 - Montag	6 - Samstag
2 - Dienstag	7 - Sonntag
3 - Mittwoch	D - Daily (Täglich)
4 - Donnerstag	X - Täglich außer
5 - Freitag	

4.5.1.3 Reservierung (PNR Aufbau)

Der Datensatz der Buchung (engl. Passenger Name Record; PNR) enthält sämtliche Informationen über eine Buchung sowie eine Liste aller Transaktion, die für diese Buchung in Amadeus vorgenommen wurden. Bis drei Tage nach der Durchführung des letzten gebuchten Flugsegments bleibt der PNR im Amadeus System gespeichert.

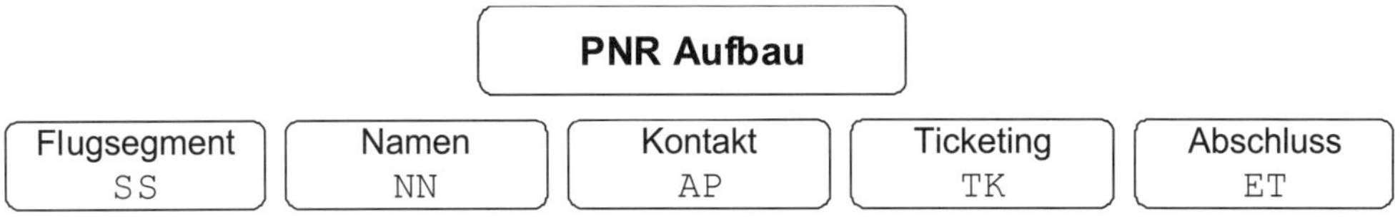

4.5 Fallbeispiel Flugbuchung mit Amadeus

```
            ┌──────────────┐
            │  PNR Aufbau  │
            └──────────────┘
┌───────────┐ ┌────────┐ ┌─────────┐ ┌───────────┐ ┌──────────┐
│Flugsegment│ │ Namen  │ │ Kontakt │ │ Ticketing │ │ Abschluss│
│    SS     │ │   NN   │ │   AP    │ │    TK     │ │    ET    │
└───────────┘ └────────┘ └─────────┘ └───────────┘ └──────────┘
```

Abb. 4.5.8 PNR - Pflichtelemente

Ein Passenger Name Record besteht aus fünf Basiselementen. Die Reihenfolge, wie diese fünf Elemente eingegeben werden spielt keine Rolle. Üblicherweise wird nach der Buchung der Flugsegmente das Namenselement eingegeben.

```
RP/AGBL12901/AGBL12901            AA/SU   24NOV08/1545Z   46DWQE
1.MEIER/HORST MR    2.MEIER/GISELA MRS
  3   DL 131 D 15DEC 1 MUCATL HK2    1   1000 1505    *1A/E*
  4   DL 130 D 15JAN 4 ATLMUC HK2    S   1645 0800+1  *1A/E*
  5 AP 089-123456-H
  6 AP E INFO@HORSTMEIER.DE
  7 TK OK24NOV/AGBL12901
END OF TRANSACTION COMPLETE - 46DWQE
```

Abb. 4.5.9 Beispielbuchung

In der oben gezeigten Buchung findet man die fünf Basiselemente wieder. Beginnend mit der Bürokennung folgt immer der Name/ die Namen des/ der Reisenden. Anschließend werden immer die gebuchten Flugsegmente angezeigt. Danach folgen Kontakt- und Ticketingelement bevor die Buchung zum Abschluss gebracht werden kann. Mit dem Abschluss ET erhält man den sogenannte Filkey, die Buchungsnummer.

1. Flugsegmentbuchung

Der Short Sell (Kurzeingabe) ist der Befehl, um aus einer AN - oder SN - Abfrage einen Flug zu buchen. Zusätzlich wird die gewünschte Personenzahl und Buchungsklasse eingegeben. Wichtig ist am Ende die Laufnummer des Fluges im Display.

```
Eingabe:
SS1C1
- Flugbuchung (SS - Short Sell) für eine Person in der C - Klasse
- Gewünschtes Flugsegment mit der Laufnummer 1 im Display

Ausgabe:
RP/AGBL12901/
   1  IB3537 C 01NOV 6 MUCMAD HK1    1   0750 1030   320 E 0 B
      SEE RTSVC

Erklärung:
- RP = Responsibility (Verantwortlichkeit) + Amadeus Office ID
- Laufnummer + Flugnummer + Reservierungsklasse + Flugdatum + Wochentag + Flug-
  strecke +
```

> - HK = Holding Confirmed, Statuscode, Buchung ist bestätigt +
> - Eincheckterminal + Abflug/Ankunftszeit + Fluggerätecode +
> - E = Etix ist möglich + 0 = Zahl der Zwischenlandungen + Meal Code hier: B = Breakfast

2. Namenselement

Der Name wird zusammenhängend in die Buchung eingegeben. Zur besseren Übersicht ist es möglich, ein Leerzeichen zwischen Vorname und Anrede zu setzen. Bei Doppelnamen mit Bindestrich wird dieser weggelassen. Amadeus akzeptiert keine Bindestriche im Namenselement. Stattdessen kann auch hier ein Leezeichen gesetzt werden. Weiterhin akzeptiert das System keine Umlaute, da diese in der englischen Schreibweise nicht existieren. Ein ß wird daher durch ss ersetzt. Das Namenselement darf eine Maximallänge von 59 Zeichen nicht überschreiten.

> *Eingabe eine Person:*
> **NM1**MEIER/HORST DR MR
> - NM1 = Name Element, 1 Reisender
> - Nachname/ Vorname
> - falls vorhanden, steht der Titel vor der Anrede
>
> *Ausgabe:*
> RP/AGBL12901/
>   1.MEIER/HORST DR MR
>
> *Eingabe zwei Personen:*
> NM2MEIER/HORST MR/GISELA MRS
> - NM2 = Name Element, 2 Reisende
> - Name/ Vorname und Anrede der ersten Person
> - Nach dem zweiten Schrägstrich folgt der Vorname der Ehefrau und die Anrede
> - Beide Personen haben den gleichen Nachnamen
>
> *Eingabe zwei Personen mit verschiedenen Namen:*
> NM1MEIER/HORST MR 1SCHMITZ/MICHAEL MR
> - 2 Reisende mit unterschiedlichen Namen
> - Name/ Vorname und Anrede der ersten Person danach der zweiten Person
>
> *Eingabe Kleinkind unter 2 Jahren:*
> NM1MEIER/INES MRS**(INF/LISA)**
> - Die Eingabe in der Infant-Klammer erfolgt ohne Leerzeichen
> - Das Infant wird direkt an das Namenselement des Erwachsenen angehängt
>
> *Eingabe Kind (2- 11 Jahre):*
> NM1MEIER/THOMAS**(CHD)**
> - Direkt nach der Namenseingabe erfolgt die Bezeichnung Kind in Klammern
>
> *Eingabe für Jugend-, Studenten- und Seniorentarifen:*
> NM1SCHMITZ/LINDA MRS**(IDDOB07NOV90)**

IDDOB = Identity Date Of Birth 07 = der Tag muss immer zweistellig eingegeben werden NOV = Monat, die ersten drei Buchstaben des englischen Monatnamens 90 = Jahreszahl (Eingabe auch vierstellig möglich: 1990)

Ein mitreisendes Kleinkind unter zwei Jahren (englisch: infant; abgekürzt: INF) hat keinen Anspruch auf einen eigenen Sitzplatz. Es zahlt auf international Flügen nur 10 % des Erwachsenentarifs, innerdeutsch fliegt es kostenlos. Jeder Erwachsene kann maximal ein infant mitführen. Im Namenselement wird es an den Erwachsenen angehängt. Dabei spielt es keine Rolle ob es den gleichen oder einen anderen Nachnamen hat.

Reist ein Kind zwischen zwei und elf Jahren (englisch: child; abgekürzt: CHD), zahlt es i.d.R. 67 % des Erwachsenentarifs und hat damit Anspruch auf einen eigenen Sitzplatz. Die Eingabe entspricht der eines Erwachsenen.

Bei Jugend-, Studenten- und Seniorentarifen muss im Namenselement zusätzlich das Geburtsdatum eingegeben werden. Diese Eingabe sorgt aber nicht dafür, dass Amadeus automatisch eine Ermäßigung berechnet. Hierfür wird bei der Tarifberechnung eine spezielle Eingabe benötigt. Ab oder bis zu welchem Alter die jeweiligen Tarife gelten entnimmt man den Tarifbedingungen. I.d.R. gelten Jugendtarife bis 17 oder 24, Studenten bis 26 oder 29 und Seniorentarife ab 60 Jahre.

3. Kontaktelement

Das Kontaktelement enthält die Adressdaten des Passagiers. Ganz wichtig ist hier die Telefonnummer für Benachrichtigungen und Rückfragen, z. B. bei Flugänderungen. Wurde die Buchung nicht selbst vom Reisenden getätigt, so wird der Name dieser Person hier angegeben. Oft wird ein zweites Kontaktelement mit den Kontaktdaten des Reisebüros angelegt. Der Transaktionscode zur Eingabe des Kontaktelements lautet AP (Adress/ Phone).

Das AP-Element darf maximal 90 Zeichen beinhalten. Ein vorgeschriebenes Format gibt es nicht, es ist frei wählbar. Allerdings gibt es ein Empfohlenes von Amadeus.

Eingabe:
AP 069-123456-**H**
- Nach dem Transaktioncode folgt die Telefonnummer
- H ist die Kennung, für die Art der Telefonnummer
       H = Home (private Telefonnummer)
       A = Agency (Telefonkontakt eines Reisebüros)
       B = Business (dienstliche Telefonnummer)

Eingabe:
APE INFO@HANSMAIER.DE
- Mit der Eingabe E hinter dem AP - Element wird angegeben, dass es sich nachfolgend um eine E - Mail handelt
- Danach folgt die E - Mail Adresse

4. Ticketing Element

Das Ticketing Element ist eine Art Erinnerungsfunktion. Mit Eingabe eines bestimmten Datums, läuft die Buchung in der Queue (elektronischer Briefkasten) auf. So wird der Mitarbeiter an die Ticketausstellung erinnert. Es dient zur Organisation in Amadeus. Der Transaktionscode für das Ticketing Element lautet TK.

Die wichtigsten Optionen sind:

Eingabe	Erklärung
TK OK	Ticket wird vor Abschluss der Buchung ausgestellt. Buchung erscheint nicht mehr in Queue.
TK TL	Ticketing Time Limit (Zeitlimit, Ausstellungsdatum des Tickets) Buchung erscheint am angegeben Datum in Queue Beispiel: TK TL15NOV
TK MA	Ticket to be Mailed (Ticketversand) Zusätzlich muss Kundenanschrift in Buchung eingegeben werden Buchung erscheint am angegeben Datum in Queue Beispiel: TK MA15NOV
TK AT	Airport Ticket Office, Ticket wird am Flughafenschalter ausgestellt Beispiel: TK AT15NOV

Mit der Eingabe TK OK wird das Ticket sofort ausgestellt. Geschieht dies nicht, besteht die Möglichkeit, das Fristen zur Ticketausstellung verpasst werden. Wird eine Frist zur Ticketausstellung für einen Tarif nicht eingehalten, kann dies zu einem höheren Preis führen. Der Flug muss dann in die nächst höhere, verfügbare Buchungsklasse umgebucht werden.

5. PNR Abschluss

Der PNR wird mit der Eingabe ET, End of Transaction (Ende der Transaktion) geschlossen. Damit ist die Buchung beendet und gespeichert. Nicht geschlossene Buchungen werden vom System automatisch nach 90 Minuten ignoriert, damit nicht gespeichert. Nach Abschluss der Buchung erhält man einen sogenannte Filekey (Buchungsnummer). Der Filekey besteht aus sechs Buchstaben oder einer sechs Buchstaben – Zahlen – Kombination.

Beispiel Filekey: 46DWQE

PNRs können auch ignoriert werden. Wurde der PNR noch nie abgeschlossen, wird er durch die Eingabe IG, Ignore (ignorieren) wieder storniert. Dabei werden alle Transaktionen, die vorher vorgenommen wurden wieder entfernt.

4.5.1.4 Weitere PNR Transaktionen

- **PNR Aufruf**

Ein PNR kann nur von dem Reisebüro aufgerufen werden, das die Buchung erstellt hat. Die Daten sind also gegen den Zugriff anderer Büros gesichert. Wichtigste Möglichkeiten eines PNR Aufrufs sind:

Eingabe	Erklärung
RT	Wiederaufruf eines bereits geöffneten PNR
RT X6EZ4T	Mit Hilfe des Filekeys
RT/Meier	Mit Angabe des Namens
RT/M	Mit Angabe des Anfangsbuchstabens. Es erscheint eine Auflistung aller vorhanden Buchungen, die mit M beginnen

- **PNR Stornierung**

Im PNR können einzelne Elemente oder die komplette Buchung storniert werden. Bei der Stornierung ist darauf zu achten, dass im PNR drei Gruppen von PNR-Elementen unterschieden werden.

- Namenselement
- Flugsegment
- alle anderen Elemente

Die gleichzeitige Stornierung von mehreren Elementen in einer Aktion ist dabei immer nur innerhalb einer Gruppe möglich. Beispielsweise kann man nicht gleichzeitig ein Namenselement und Flugsegment stornieren.

Eingabe	Erklärung
XE 4	Stornierung von Element 4
XE 4-6	Stornierung der Elemente 4 bis 6
XE 2,5-7	Stornierung der Elemente 2 und 5 bis 7
XI	Stornierung der kompletten Buchung

4.5.1.5 Tarife

Abb. 4.5.10   Verschiedene Tarifarten

In Amadeus werden die Tarife mit dem s.g. Fare Quote Display abgefragt. Man unterscheidet zwischen veröffentlichten Tarifen der IATA (International Air Transport Association) und nichtveröffentlichten Tarifen, den Nettoraten. Nettoraten sind ausgehandelte Flugpreise, die von einem Reisebüro oder einem Unternehmen mit einer Fluggesellschaft ausgehandelt werden. Es besteht die Möglichkeit selbst eine Tarifberechnung durchzuführen oder über einen Ticket Consolidator zu bestellen. Die Tarife des Consolidators werden Graumarkttarife genannt. Hier hat der Consolidator Flugpreise mit Fluggesellschaften ausgehandelt

- *Veröffentlichte Tarife/ IATA Tarife*

Bei den veröffentlichten Tarifen unterscheidet man zwischen Normal- und Sondertarifen. Normal- oder Fullfare- Tarife haben keine Einschränkungen hinsichtlich der Reservierung, des Mindest- oder Maximalaufenthalts, der Umbuchbarkeit und der Rückerstattbarkeit. Diese Tickets haben eine einjährige Gültigkeit. Das bedeutet, dass die Reise innerhalb eines Jahres nach Ausstellung des Tickets angetreten werden muss. Vom Reisebeginn an ist das Ticket wiederum ein Jahr gültig.

Beispiel:

Kaufdatum	15.01.2009	(Reiseantritt bis 15.01.2010)
Reisebeginn	10.01.2010	(Rückreise bis 10.01.2011)
Rückreise spätestens bis zum	10.01.2011	

Es gibt First-, Business- und Economytarife als Tarifklassen für Normaltarife. Im Gegensatz zu Normaltarifen haben Sondertarife Einschränkungen bei der Umbuchbarkeit, Reservierung, des Aufenthalts und der Rückerstattbarkeit. Die Tarifbestimmungen findet man in den Fare Notes. Diese werden im Anschluss an eine Preisabfrage abgerufen.

- *Unveröffentlichte Tarife/ Nettotarife*

Unveröffentlichte Tarife sind Nettoraten oder auch Negofares (Negotiated Fares) genannt. Zugriff auf diese Tarife hat nur jenes Unternehmen, welches diese speziellen Raten mit der jeweiligen Fluggesellschaft ausgehandelt hat. Diese sind sinnvoll, wenn bestimmte Flugstrecken mit der gleichen Fluggesellschaft regelmäßig geflogen werden. Auch große Reisebüroketten können aufgrund ihrer Größe spezielle Tarife aushandeln und die Ersparnis an den Endkunden weitergeben. Aber auch bei diesen Tarifen müssen bestimmte Bestimmungen eingehalten werden. Nettotarife gibt es ebenfalls in allen drei Beförderungsklassen, First-, Business- und Economyclass.

- *Consolidator Tarife/ Graumarkttarife*

Unter einem Consolidator versteht man einen Großhändler. Durch die Masse der Tickets, die er an Reisebüros verkauft, bekommt er noch günstigere Konditionen bei den Fluggesellschaften. Graumarkt Tarife können nicht selbst über das System sondern nur telefonisch oder per Fax abgefragt werden.

4.5 Fallbeispiel Flugbuchung mit Amadeus

- **Tarifabfrage**

Tarifabfragen können aus der Buchung heraus vorgenommen werden. Dabei wird unterschieden, ob der Preis im PNR gespeichert oder nur angefragt wird. Außerdem können Tarife ohne Buchung dargestellt werden. Als Ausgaben erhält man eine Auflistung aller vorhanden Preise für eine Flugstrecke. Wichtig ist auch die Überprüfung der Tarifbestimmungen. Sie geben an, zu welchen Bedingungen der jeweilige Tarif angewendet werden darf.

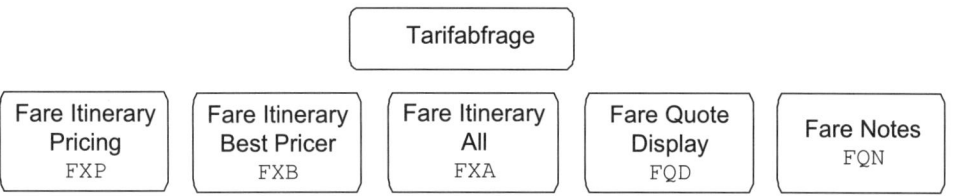

Abb. 4.5.11 Tarifabfrage

- **FQD-Abfrage, Fare Quote Display**

Alle Flugpreise werden über das sogenannte Fare Quote Display abgefragt. Hier hat man die Möglichkeit, sowohl veröffentlichte Tarife der IATA als auch einzelner Fluggesellschaften für einfache und Hin- und Rückflüge abzufragen. Eine Buchung benötigt man für diese Eingabe noch nicht. Es werden lediglich alle angebotenen Tarife angezeigt. Die FQD-Abfrage dient nur zur Information.

```
FQDMUCBKK/DNOV/ATG

AB   AC   AF   AY   AZ   BA   BD   BR   CA      TAX MAY APPLY
CI   CX   CZ   DE   DL   EK   EY   GF   HU      SURCHG MAY APPLY-CK RULE
JL   KE   KL   LA   LH   LT   LX   LY   MA
MH   MP   MS   NH   NW   NZ   OA   OS   OZ
P2   QF   QR   RJ   SK   SN   SQ   SR   SU
9G   9Q   9X
ROE 0.702079 UP TO 1.00 EUR
14NOV**13FEB/TG MUCBKK/NSP;EH/TPM  5459/MPM  7036
* THAI AIRWAYS** R-T-W FARE/MISC. SEE INFO NOTE TG/0001*
* VISIT THAI INTERNET HOMEPAGE -HTTP://WWW.THAIAIRWAYS.COM
LN FARE BASIS      OW     EUR RT  B PEN  DATES/DAYS       AP MIN MAX R
01 D12M                  3080 D 300   -       -            +  - 3+ 12M R
02 ZAB12M                2380 Z  +    -       -            +60+14+ 12M R
03 BHPX12M               1220 B  +  S19DEC 11JAN+          +   + 12M R
04 MHPX6M                1050 M  +  S19DEC 11JAN+          +   +  6M R
05 MKPX6M                 925 M  +  S20JUN 18DEC+          +   +  6M R
06 HHAP3M                 920 H  +  S19DEC 11JAN+ 7+       +   +  3M R
07 QHAB45                 820 Q 150 S19DEC 11JAN+14+       +   + 45 R
08 HKAP3M                 785 H  +  S20JUN 18DEC+ 7+       +   +  3M R
09 VHAB1M                 720 V  +  S19DEC 11JAN+28+       +   +  1M R
10 QKAB45                 695 Q 150 S20JUN 18DEC+14+       +   + 45 R
11 VKAB1M                 595 V  +  S20JUN 18DEC+28+       +   +  1M R
```

Abb. 4.5.12 Thai Airways Tarifabfrage München – Bangkok

> *Eingabe:*
> **FQD**MUCBKK
> - Preisabfrage für die Strecke von München nach Bangkok
> - Es werden alle Tarife von allen Fluggesellschaften, die diese Strecke bedienen abgefragt
>
> *Eingabe:*
> FQDMUCBKK/**D01NOV**
> - Preisabfrage für die Strecke von München nach Bangkok
> - Mit Angabe eines konkreten Datums, der 01. November
> - Es werden alle Tarife von allen Fluggesellschaften, die diese Strecke bedienen abgefragt
>
> *Eingabe:*
> FQDMUCBKK/D01NOV/**ATG**
> - Preisabfrage für die Strecke von München nach Bangkok
> - Mit Angabe eines konkreten Datums, der 01. November
> - Abfrage nach einer bestimmten Fluggesellschaft, der Thai Aiways
> - Hier wird ganz konkret nach einem bestimmten Datum und einer bestimmten Fluggesellschaft gefragt

Nettoraten erfordern die Eingabe einer speziellen Kodierung, die vom Reisebüro an die Preisabfrage angehängt wird. Dieser Code ist für jedes Abkommen unterschiedlich.

> *Eingabe:*
> FQDMUCBKK/D01NOV/ATG/**R,C00**...
> - Das R steht für Request, nach dem Komma folgt die Kodierung für den speziellen Tarif

- **Fare Notes**

Die Fare Notes enthalten alle Tarifbestimmungen für einen Flugtarif, beispielsweise Ausschlusstage, Mindest- oder Maximalaufenthalte, Storno- oder Umbuchungsbedingungen. Ist die Fare Note kürzer als 20 Seiten, wird sie detailliert dargestellt. Ansonsten erhält man eine Übersicht der einzelnen Kategorien, die dann gezielt abgefragt werden können.

> *Eingabe:*
> **FQN** 7
> - FQN ist der Transaktionscode für die Abfrage der Tarifbestimmung
> - 7 ist die Laufnummer des gewünschten Flugtarifs in der FQD - Anzeige

- **Preisberechnung im PNR**

```
FXP
PASSENGER            PTC    NP   FARE<EUR>   TAX        PER PSGR
01 MEIER/HORST*      ADT    1    4200.00     244.98     4444.98
02 MEIER/GISEL*      ADT    1    4200.00     244.98     4444.98

                     TOTALS 2    8400.00     489.96     8889.96

1-2 LAST TKT DTE 11DEC08 - SEE ADV PURCHASE
1-2 SUBJ TO CANCELLATION/CHANGE PENALTY
```

4.5 Fallbeispiel Flugbuchung mit Amadeus

Mit der FQD-Abfrage hat man einen Preis ermittelt. Für die Ticketausstellung muss dieser Tarif im PNR gespeichert werden. Dabei kommt es darauf an, ob man die richtige Buchungsklasse gebucht hat und alle Tarifbestimmungen eingehalten werden. Ist dies der Fall und die Buchung enthält alle Pflichtelemente, bietet Amadeus die Funktion einer automatischen Preisberechnung für die gebuchten Segmente. Itinerary Pricing heißt soviel wie: Berechne den Preis des Reiseverlaufs. Maximal 14 Strecken können auf diese Weise berechnet werden.

Der Transaktionscode für die automatische Preisberechnung lautet FXP, Fare Itinerary Pricing. Nach Ausführung dieser Aktion bleibt die Tarifierung 3 Tage lang gültig. Danach verfällt sie und muss erneut durchgeführt werden.

> *Eingabe:*
> **FXP**
> - Vorhandene Flugbuchung wird automatisch berechnet.

Durch die Aktion FXP wird das sogenannte TST, Transitional Stored Ticket (hinübergetragenes gespeichertes Ticket) erzeugt. Es enthält die Daten aus der FXP-Abfrage zzgl. weiterer Daten, wie die Auflistung alles Steuern, die hinterher auf dem Ticket erscheinen. Dieses kann jederzeit mit der Eingabe TQT aufgerufen werden.

```
TST00001      AGBL12901 AA/20NOV I 0 LD 11DEC08 OD MUCMUC SI
T-
FXP
1.MEIER/HORST MR    2.MEIER/GISELA MRS
1   MUC DL  131 D 15DEC 1000   OK DRWB                         PC
2 O ATL DL  130 D 15JAN 1645   OK DRWB                         PC
    MUC
FARE    F EUR     4200.00
TX001 X EUR  180.00YQAC TX002 X EUR      16.57RAEB TX003 X EUR     4.64DESE
TX004 X EUR    4.35YCAE TX005 X EUR      12.19USAP TX006 X EUR   12.19USAS
TX007 X EUR    3.96XACO TX008 X EUR       5.54XYCR TX009 X EUR    1.98AYSE
TX010 X EUR    3.56XF
TOTAL     EUR     4444.98
GRAND TOTAL EUR      4444.98
MUC DL ATL2991.11DL MUC2991.11NUC5982.22END ROE0.702079 XF
 ATL4.5
```

Weitere Eingabemöglichkeiten sind:

> *Eingabe:*
> **FXB**
> - Best Pricer - Abfrage
> - Für bereits getätigte Buchung wird der günstigste anwendbare Tarif ermittelt
> - System prüft automatisch, ob Plätze zu diesem Tarif frei sind und ob Tarifbedingungen erfüllt werden
> - System bucht automatisch innerhalb der gebuchten Beförderungsklasse um
>
> *Eingabe:*
> **FXA**
> - Best Prices - Abfrage
> - Für bereits getätigte Buchung wird der günstigste anwendbare Tarif ermittelt
> - System prüft automatisch, ob Plätze zu diesem Tarif frei sind und ob Tarifbedingungen erfüllt werden
> - System bucht nicht automatisch um

Eingabe	Erklärung
De-/Kodieren	
DNA British Airways oder **DNA** BA	Fluggesellschaft de-/kodieren, Decode Name of Airline
DAN Paris oder **DAC** PAR	Flughafen/ Stadt de-/kodieren, Decode Airport/ City Name
Flugabfrage	
AN01OCTMUCATL	Flugverfügbarkeit (nur verfügbare Flüge) Keine Präferenzen in Bezug auf Fluggesellschaft, Abflugzeit oder Buchungsklasse
SN01AUGMUCATL	Flugverfügbarkeit (verfügbare und nicht verfügbare Flüge) Keine Präferenzen in Bezug auf Fluggesellschaft, Abflugzeit oder Buchungsklasse
TNMUCATL/ADL	Abfrage Flugplan mit präferierter Fluggesellschaft
PNR-Aufbau	
SS1C1	Flugsegmentbuchung 1 Person, C - Klasse, Segment Laufnummer 1
NM1 SCHULZ/AXEL DR MR	Namenselement Flugbuchung
AP 0831-123456-**H**	Kontaktelement mit privater Telefonnummer H = Home (private Telefonnummer) A = Agency (Telefonkontakt eines Reisebüros B = Business (dienstliche Telefonnummer)
TK OK	Ticketingelement, sofortige Ticketausstellung
RT/Meier	PNR - Aufruf mit Angabe des Namens

Tarife	
F**Q**DMUCBKK	Tarifabfrage Keine Präferenzen in Bezug auf Fluggesellschaft
F**Q**N 7	Abfrage der Tarifbestimmungen des Tarifs mit der Laufnummer 7
FXP	Vorhandene Flugbuchung wird automatisch berechnet
FXB	Best Pricer - Abfrage für gebuchte Segmente System bucht automatisch innerhalb der gebuchten Beförderungsklasse in günstigsten, verfügbaren Tarif um
FXA	Best Pricer - Abfrage für gebuchte Segmente Günstigster anwendbarer Tarif wird ermittelt System bucht nicht automatisch um
XI	Stornierung komplette Buchung

Abb. 4.5.13   Liste aller wichtigen Transaktionen

4.5.2 Flugbuchung mit der Selling-Plattform

Die Amadeus Selling Plattform ist eine webbasierte Verkaufslösung. Sie umfasst das gesamte Leistungsangebot von Amadeus. Die graphische Maske unterstützt vereinfacht den kompletten Beratungs- und Buchungsprozess. Ein Wechsel zwischen dem kryptischen und graphischen Modus ist jederzeit möglich.

Auf dem oberen Bildschirmrand sind verschiedene Symbole abgebildet. Mit Aufruf dieser Masken können verschiedene Aktionen durchgeführt werden.

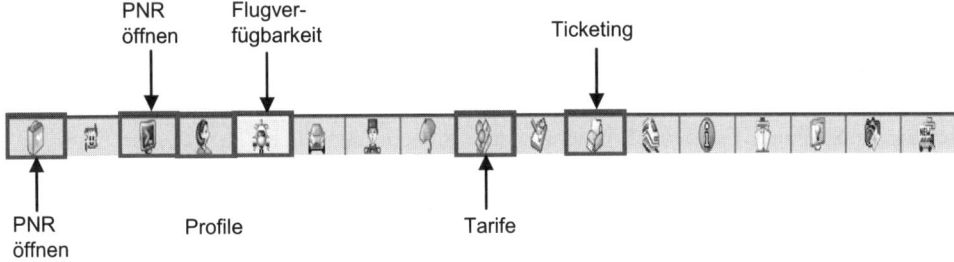

Abb. 4.5.14   Menuleiste

- **Verfügbarkeit/ Single und Duale Abfrage**

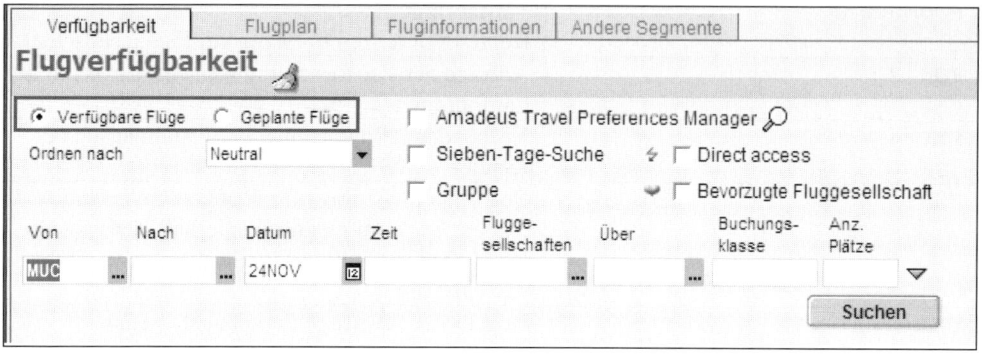

Abb. 4.5.15   Beispiel Verfügbarkeitsabfrage

Es gibt zwei Abfragemöglichkeiten der Verfügbarkeit. Man hat die Wahl zwischen Verfügbaren Flügen oder Geplanten Flügen. Mit der Flugabfrage nach Flugplan werden alle, auch nicht verfügbare Flüge entsprechend der Eingabedaten angezeigt. Wählt man die Anzeige der Verfügbaren Flüge aus, erscheinen im Display alle Verfügbarkeiten von mind. einem Platz oder wo Wartelistenbuchungen möglich sind.

Für die Verfügbarkeitsabfrage ist es nicht zwingend notwendig, den 3-Letter-Code des jeweiligen Abflug- oder Ankunftsortes zu kennen. Ist der Code nicht bekannt, kann der vollständige Namen des Ortes eingeben werden. Durch einen Klick auf ▀ wird jetzt vom System automatisch der richtige Code ermittelt, der dann durch Doppelklick eingefügt werden kann. Um eine Verfügbarkeit zu prüfen, werden die gewünschten Daten, wie Flugstrecke, Datum, gewünschte Abflugzeit, evtl. präferierte Fluggesellschaft und Buchungsklasse in die dafür vorgesehen Felder eingetragen. Im Feld Fluggesellschaften können bis zu drei 2-Letter-Codes eingegeben werden. Ist der Code nicht bekannt, kann der Name eingetragen werden. Danach einfach auf ▀ klicken und den richtigen Code auswählen. Die Verfügbarkeitsanzeige kann nach verschiedenen Kriterien geordnet werden, Neutral, nach Abflug-, Ankunftszeit und Flugdauer. Dafür einfach das Aufklappmenu anklicken und die gewünschte Anzeige auswählen. Es ist auch möglich, eine Sieben-Tage-Suche anzuklicken. Hier sucht das System nach dem ersten verfügbaren Flug innerhalb einer Woche. Für Gruppenbuchungen mit mehr als neun Personen kann die Gruppenoption gewählt werden. Die Verfügbarkeitsprüfung kann somit allgemein oder detailliert erfolgen.

Für die Duale Abfrage muss ▽ angeklickt werden. Eine neue Reihe wird angezeigt, wo beispielsweise Rückflugdaten eingegeben werden können. Zum Schluss auf Suchen klicken und alle abfragebezogenen Ergebnisse werden angezeigt.

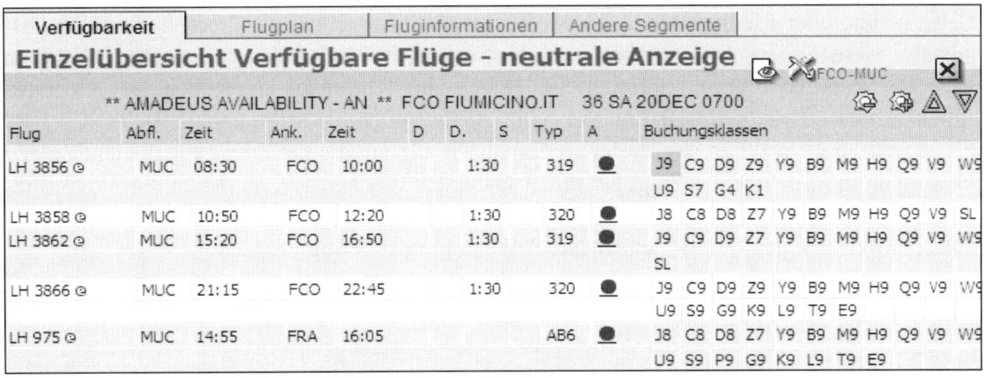

4.5 Fallbeispiel Flugbuchung mit Amadeus

| Verfügbarkeit | Flugplan | Fluginformationen | Andere Segmente |

Einzelübersicht Verfügbare Flüge - neutrale Anzeige   FCO-MUC

```
** AMADEUS AVAILABILITY - AN ** FCO FIUMICINO.IT   36 SA 20DEC 0700
Flug        Abfl.  Zeit   Ank.  Zeit   D  D.   S  Typ  A  Buchungsklassen
LH 3856 @   MUC   08:30  FCO   10:00      1:30    319  ●  J9 C9 D9 Z9 Y9 B9 M9 H9 Q9 V9 W9
                                                        U9 S7 G4 K1
LH 3858 @   MUC   10:50  FCO   12:20      1:30    320  ●  J8 C8 D8 Z7 Y9 B9 M9 H9 Q9 V9 SL
LH 3862 @   MUC   15:20  FCO   16:50      1:30    319  ●  J9 C9 D9 Z7 Y9 B9 M9 H9 Q9 V9 W9
                                                        SL
LH 3866 @   MUC   21:15  FCO   22:45      1:30    320  ●  J9 C9 D9 Z9 Y9 B9 M9 H9 Q9 V9 W9
                                                        U9 S9 G9 K9 L9 T9 E9
LH 975 @    MUC   14:55  FRA   16:05             AB6  ●  J8 C8 D8 Z7 Y9 B9 M9 H9 Q9 V9 W9
                                                        U9 S9 P9 G9 K9 L9 T9 E9
```

Abb. 4.5.16   Darstellung Flugverfügbarkeit

In der neutralen Anzeige wird dann die Einzelübersicht verfügbarer Flüge dargestellt. Zunächst wird der abgefragte Abflugtag mit gewünschter Abflugzeit und gewünschtem Zielflughafen (hier FCO – Rom Fiumicino) nochmals angezeigt. Die Ausgabe beginnt mit dem Kürzel der Fluggesellschaft und der dazugehörigen Flugnummer. Oft kommt nach der Flugnummer ein kleines, blaues Symbol mit einem „e". Klickt man dieses Symbol an, gibt das System diverse Fluginformationen, wie Abflugterminal, ETIX-fähige Strecke oder Verpflegung aus. Nach der Information Abflugort mit Abflugzeit sowie Ankunftsort mit Ankunftszeit folgen die Flugdauer und der Flugzeugtyp. Am Ende der Anzeige werden dann die Buchungsklassen mit der Anzahl verfügbarer Plätze dargestellt.

Oben rechts in der Ecke wird die Rückflugstrecke angezeigt. Klickt man mit der Maus darauf, öffnet sich ein neues Feld und der Rück- oder Weiterflug kann abgefragt werden. Der Rückflug wird in der gleichen Form wie der Hinflug angezeigt.

Symbolerläuterung:

Anklicken:	Ergebnis:
△	Zur vorherigen Seite des Verfügbarkeitsdisplays wechseln
▽	Zur nächsten Seite des Verfügbarkeitsdisplays wechseln
⟲	Verfügbarkeitsdisplay für den vorherigen Tag
⟳	Verfügbarkeitsdisplay für den nächsten Tag
👁	Verfügbarkeit in der Druckansicht. (drucken und kopieren möglich)
✕	Verfügbarkeitsdisplay schließen

- **Flugplandisplay**

Im Flugplan werden alle Flugfrequenzen, aktueller und auslaufender Verbindungen dargestellt. Es zeigt alle Flüge an, die innerhalb sieben Tage ab Abfragedatum die bestimmte Strecke bedienen. Hierfür klickt man im Flugmodul auf Flugplan. Im Aufklappmenu wird zunächst ausgewählt wie die Flüge dargestellt werden sollen. Im Von-Feld muss dann der 3-

Letter-Städte oder Flughafencode des Abflughafens eingegeben oder über ▪-Funktion ausgewählt werden. Der Ankunftsflughafen wird dann im Nach-Feld eingetragen. Weiterhin wird das Wunschdatum und optional eine gewünschte Abflugzeit angegeben. Bei Nichtausfüllen zählen das aktuelle Datum bzw. alle Abflugzeiten ab Mitternacht. Bleibt das Feld Fluggesellschaft frei, gibt das System automatisch alle an, die die Strecke bedienen. Zuletzt klickt man auf Suchen, der Flugplan mit Angabe der Wochentage, an denen die Flüge stattfinden wird angezeigt. Durch anklicken eines bestimmten Tages kann aus der Anzeige heraus die Flugverfügbarkeit für den entsprechenden Flug abgefragt werden.

- **Erstellung des PNR**

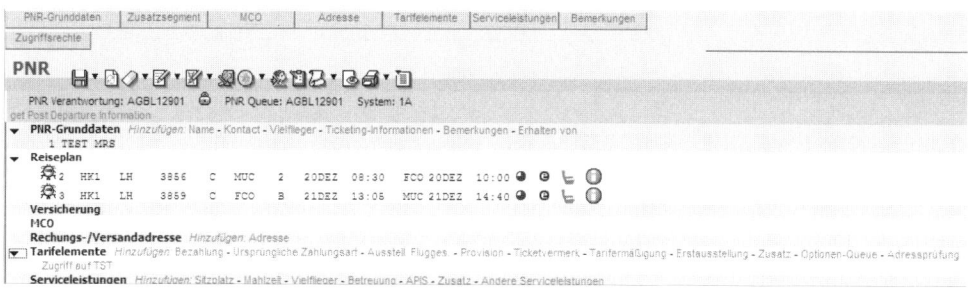

Abb. 4.5.17   Beispiel PNR-Aufbau

Nachdem die Flüge gebucht sind, müssen nun die dazugehörigen PNR-Grunddaten, wie Kontaktdaten, Ticketinformationen und das Erhalten von Element erfasst werden. Dazu klickt man beispielsweise im Tarifelement auf „Hinzufügen Bezahlung" und gibt die gewünschte Zahlart ein. Sind alle notwendigen Passagier-, Ticket- und Reisebürodaten eingetragen, kann die Buchung mit OK beendet und gespeichert werden. Nach Wideraufruf ist eine weitere Bearbeitung möglich. So können Flugstrecken storniert oder geändert, Sonderwünsche wie spezielles Essen hinzugefügt oder persönliche Daten des Reisenden geändert werden.

Wichtig sind hier folgende Zusatzeingaben:

Zusätzliche Buchungsinhalte:	Hinzufügen:
Rechnungs-/ Versandadresse	Adresse
Tarifelemente	Bezahlung, Ursprüngliche Zahlungsart, Ausstellende Fluggesellschaft, Erstausstellung, Zusatz, Optionen Queue, Adressprüfung
Serviceleistungen	Sitzplatz, Mahlzeit, Vielflieger, Betreuung, andere Serviceleistungen
Bemerkungen	Abrechnung, Vertrauliche Bemerkungen, Anmerkung zu Rechnung/ Reiseplan, Bemerkungen, Ketteninterne Bemerkungen
Zugriffsrecht	Zugriffsrechte

4.5 Fallbeispiel Flugbuchung mit Amadeus

- **Buchung**

Aus der Verfügbarkeitsanzeige kann dann der gewünschte Flug gebucht werden. Dies geschieht durch Doppelklick auf die in Frage kommenden Buchungsklasse. Alternativ kann man auf die gewünschte Buchungsklasse klicken, im Feld Platzanzahl die gewünschten Plätze eingeben und bei Passagiertyp zutreffendes eintragen (Erwachsener, Kind, etc.) oder diesen aus der Liste - auswählen. anschließend auf Buchen klicken. Um den Rückflug buchen zu können, wechselt man nun nochmals in die Verfügbarkeitsmaske und ändert die Daten wunschgemäß um. Der Rückflug wird dann genau wie der Hinflug direkt aus der Anzeige gebucht. Die gebuchten Flugsegmente (Hin- und Rückflug) erscheinen ganz unten im PNR - Display und können nun weiter bearbeitet werden. Unter Andere Segmente können Flüge direkt ohne vorherige Verfügbarkeitsabfrage gebucht werden. Hierfür müssen alle Fluginformationen, wie Abflug- und Ankunftsort, Datum, Fluggesellschaft, Flugnummer, Buchungsklasse sowie die Anzahl der gewünschten Plätze und der Passagiertyp bereits bekannt sein. Abschließend auf Buchen klicken.

- **Ticketerstellung**

Die gesamte Buchung wird zur Ticketausstellung in die „Ticketing" Maske übernommen. Falls noch nicht alle Rechnungsdaten in der Buchung eingegeben wurden, können diese fehlenden Daten hier eingegeben werden. In dieser Maske können verschiedene Möglichkeiten ausgewählt werden:

Auswahlmöglichkeiten	Erklärung
TICK	Normales Papierticket ausstellen
ETKT	Elektronisches Ticket (ETIX) ausstellen
REF	Refund (Ticketerstattung)
MANU	Manuell ausgestelltes Ticket erfassen
REISPLAN	Erstellung Reiseplan
CC – ZUSATZDATEN	Kreditkartendaten erfassen

- **Tarifanzeige**

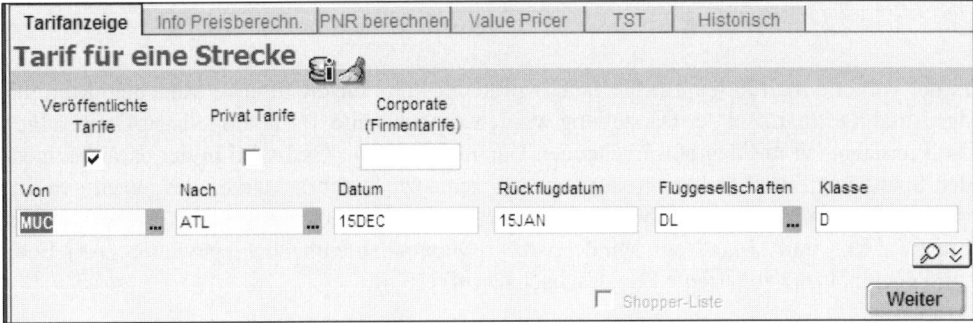

Abb. 4.5.18   Tarifabfrage

In der Tarifabfrage können nun die möglichen Preise für eine gewünschte Verbindung abgefragt werden. Hierfür ist es notwendig, dass Flugstrecke, gewünschtes Datum und Fluggesellschaft in die dafür vorgesehenen Kästchen eingegeben werden. Weiterhin kann ausgewählt werden, um welche Tarifart es sich handelt. Dabei stehen veröffentlichte, private und Firmentarife zur Auswahl. Bei der Abfrage firmeneigener Tarife wird der entsprechende Code benötigt.

Nach Eingabe aller vorhandenen Daten, werden nun die verfügbaren Tarife der ausgewählten Fluggesellschaft oder aller, die die Strecke bedienen angezeigt. Bei Klick auf die Tarifbasis, werden die Tarifbedingungen ausgegeben. Außerdem besteht die Möglichkeit, dass der vorhandene PNR sofort über die Funktion „PNR berechnen" berechnet werden kann.

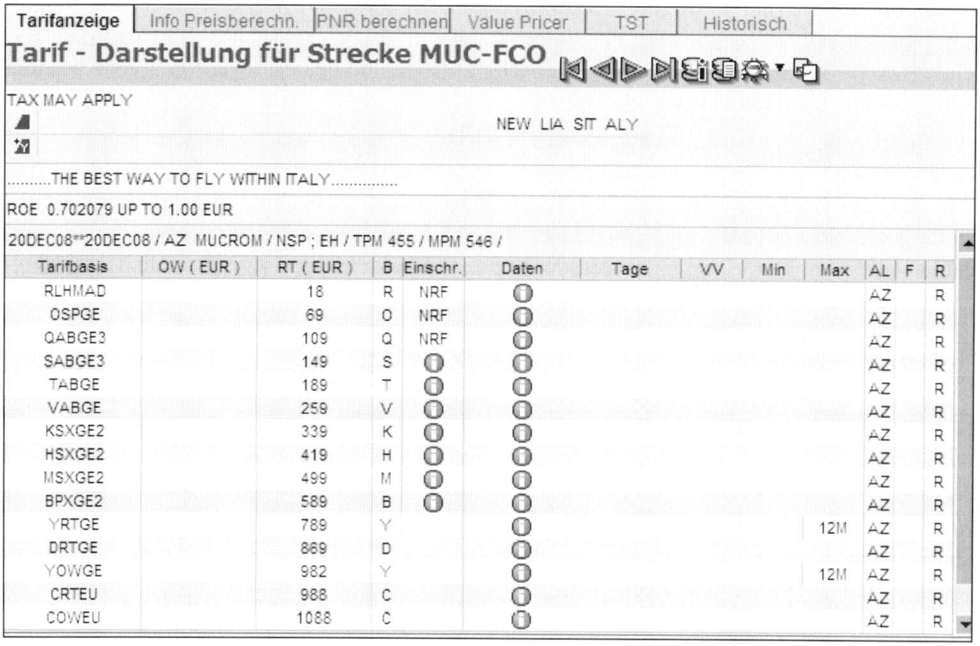

Tarifbasis	OW (EUR)	RT (EUR)	B	Einschr.	Daten	Tage	VV	Min	Max	AL	F	R
RLHMAD		18	R	NRF	O					AZ		R
OSPGE		69	O	NRF	O					AZ		R
QABGE3		109	Q	NRF	O					AZ		R
SABGE3		149	S	O	O					AZ		R
TABGE		189	T	O	O					AZ		R
VABGE		259	V	O	O					AZ		R
KSXGE2		339	K	O	O					AZ		R
HSXGE2		419	H	O	O					AZ		R
MSXGE2		499	M	O	O					AZ		R
BPXGE2		589	B	O	O					AZ		R
YRTGE		789	Y		O				12M	AZ		R
DRTGE		869	D		O					AZ		R
YOWGE		982	Y		O				12M	AZ		R
CRTEU		988	C		O					AZ		R
COWEU		1088	C		O					AZ		R

Abb. 4.5.19   Tarifdarstellung

In der vorher aufgeführten Tarifabfrage, wurde der Preis für die Strecke München–Rom mit der Alitalia erfragt. Bei der Darstellung werden zunächst alle Tarife aufgelistet. Dann folgen die Preisangaben mit den entsprechenden Buchungsklassen. Ggf. wird in der darauf folgenden Spalte auf Einschränkungen aufmerksam gemacht. Durch anklicken des jeweiligen Tarifs oder des Informationszeichens werden die Tarifbedingungen angezeigt. Oft wird in der Spalte „Min" und „Max" auf Mindest- bzw. Maximalaufenthalte hingewiesen. Am Ende wird nochmals die abgefragte Fluggesellschaft aufgeführt.

4.5 Fallbeispiel Flugbuchung mit Amadeus

Tarifanzeige	Info Preisberechn.	PNR berechnen	Value Pricer	TST	Historisch

Tarif-Berechnung der Strecken

#	Tarifbasis	Rabatt	Passagiere	Tarif	Info	Steuer	R
01	DRWB		1	EUR 4444.98		Y	

Abb. 4.5.20   Tarifberechnung gebuchter Strecken

Mit der Tarifberechnung der Strecke wird zunächst die Tarifbasis angezeigt. Nach der Passagieranzahl folgt der Tarif als Gesamtbetrag. Bei Klick auf ⓘ wird das Tarifrouting, der Tariftyp, die Stadt (MUC ATL) sowie die Tarifbasis dargestellt.

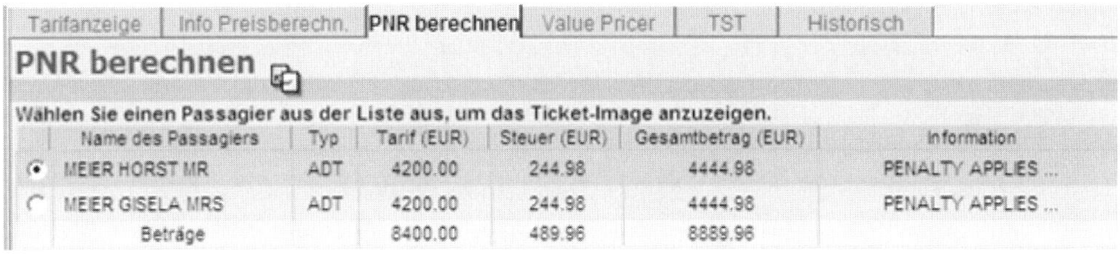

Tarifanzeige	Info Preisberechn.	PNR berechnen	Value Pricer	TST	Historisch

PNR berechnen

Wählen Sie einen Passagier aus der Liste aus, um das Ticket-Image anzuzeigen.

Name des Passagiers	Typ	Tarif (EUR)	Steuer (EUR)	Gesamtbetrag (EUR)	Information
⦿ MEIER HORST MR	ADT	4200.00	244.98	4444.98	PENALTY APPLIES ...
○ MEIER GISELA MRS	ADT	4200.00	244.98	4444.98	PENALTY APPLIES ...
Beträge		8400.00	489.96	8889.96	

Abb. 4.5.21   Berechnung PNR

Mit PNR berechnen können die gebuchten Flüge automatisch berechnet werden. Voraussetzung ist, dass bereits ein PNR besteht. Im ersten Teil erkennt man die Passagiere, den Typ, den gebuchten Tarif, die inkludierten Steuern und den Gesamtbetrag. Im Feld Informationen ist dann ersichtlich, ob ggf. Restriktionen zu diesem Tarif vorhanden sind. Mit Klick auf Details anzeigen wird die Ausgabe etwas detaillierter.

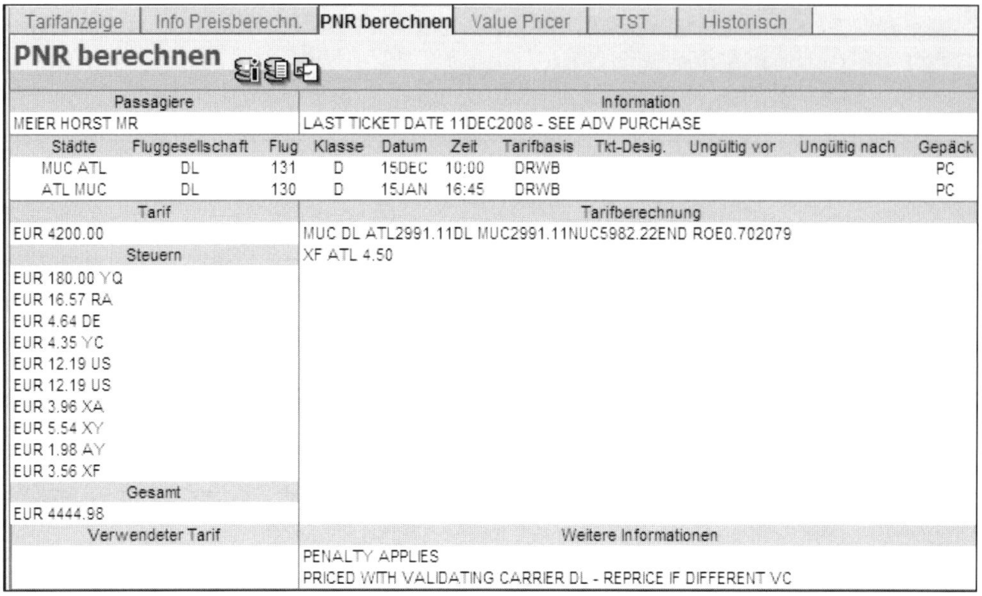

Abb. 4.5.22 Detaillierte PNR-Berechnung

Hier werden beispielsweise die einzelnen Steuern und die genaue Tarifberechnung angezeigt. Weiterhin werden die Flugdaten nochmals wiederholt. Außerdem werden die Gepäckvorschriften, hier mit PC (Piece-Konzept) angegeben. Eine Besonderheit ist der Value Pricer.

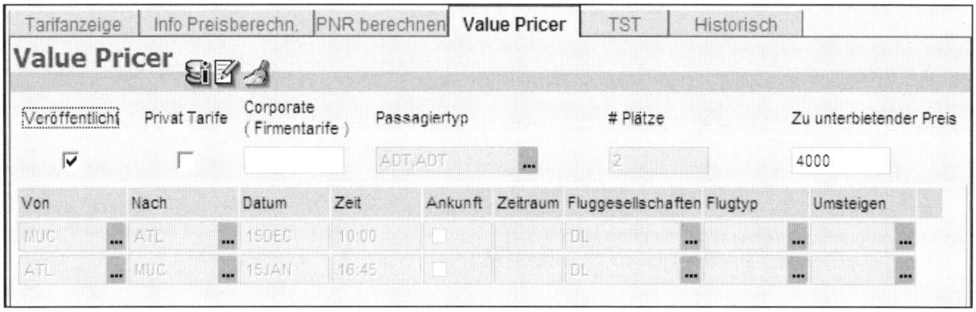

Abb. 4.5.23 Value Pricer

Hat der Kunde einen bestimmten maximalen Betrag, den er für einen Flug ausgeben möchte, kann dieser im Feld Zu unterbietender Preis eingegeben werden. Weiterhin kann angegeben werden, welche Tarifart (Veröffentlicht, Privat Tarif, Corporate) gewünscht ist. Das System sucht dann nach möglichen Tarifen, die diesen Betrag unterbieten.

4.5 Fallbeispiel Flugbuchung mit Amadeus

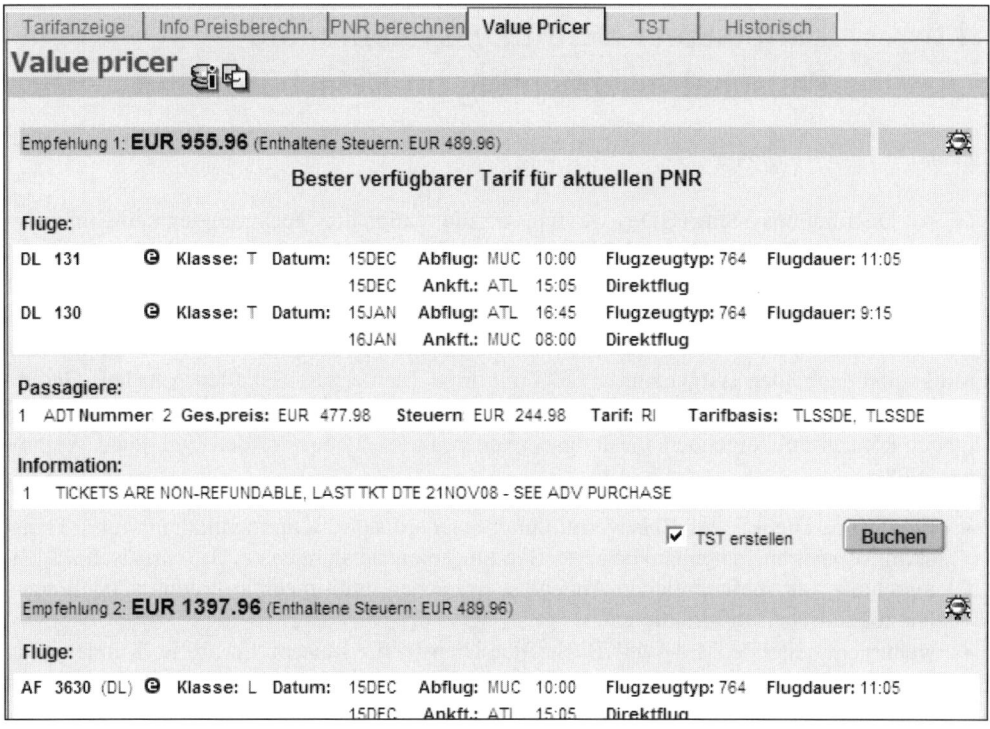

Abb. 4.5.24 Ausgabe Value Pricer

4.6 Fallbeispiel Beratungssysteme und Pauschalreisebuchung im Reisebüro

Prof. Dr. Uwe Weithöner

Global Distributionsysteme(GDS) werden von internationalen Technologieunternehmen betrieben, die den Tourismus- und Reiseunternehmen damit branchenspezielle informationstechnologische Dienstleistungen zur Vermarktung ihrer Reiseprodukte anbieten. Amadeus IT Group SA in Madrid, Sabre Holding in Texas/USA sowie Travelport/Galileo sind die weltweit führenden GDS-Anbieter am internationalen Markt. Am deutschen und europäischen Markt sind die beiden erstgenannten GDS mit ihren Tochtergesellschaften Amadeus Germany GmbH bzw. Sabre Deutschland Marketing GmbH marktführend. Die GDS-Dienstleistungen können mit folgenden Leistungsbereichen unterschieden werden (vgl. auch Weithöner 2008):

- Frontoffice-Dienste zur Reisevermittlung: standardisierte Kommunikations- und Transaktionsverfahren, datenbankbasierte Beratungsdienstleistungen, z. B. touristische Suchmaschinen mit umfangreichen Angebotsvergleichen, multimediale Produktdarstellungen und touristischen Informationen,
- weiterverarbeitende Mid- und Backoffice-Dienste für Reisemittler, z. B. Kunden- und Vorgangsverwaltung, Management-Information, Finanzbuchhaltung oder Datentransfer der Buchungsvorgänge in die angeschlossenen Mid- und Backoffice-Systeme der Reisemittler,
- Global Distribution Network (GDN): internationale standardisierte Netzwerke, inklusive Kommunikations- und Transaktionsverfahren zum Reisevertrieb über Reisemittler,
- Global Reservation System (GRS): internationale zentrale Reservierungssysteme zum Vertrieb von Einzel-Reiseleistungen, insbesondere (Linien-)Flüge, Hotelübernachtungen (Großhotellerie), Mietwagen,
- Dienstleistungen zum webbasierten Reisevertrieb (z. B. Internet Booking Engines),
- Dienstleistungen zum Business Travel Management.

In Deutschland arbeiten ca. 80 % aller Reisemittler mit dem Amadeus Frontoffice-System (Amadeus Selling Platform). Über 40 % der deutschen Reisemittler haben einen Anschluss an das Sabre Front-Office-System (Merlin). Als dritter Anbieter ist Galileo mit CETS (Central European Touristic Solutions) zu nennen. Das zeigt auch, dass viele Reisebüros, z. B. zur Ausfallsicherung, zwei Systeme nutzen. Die Systeme sind vergleichbar aufgebaut.

Die im Verbund eines GDN teilnehmenden Tourismusunternehmen werden über standardisierte Schnittstellen (Interfaces) eingebunden. Technisch basieren diese Schnittstellen zum Datenaustausch auf der Internet-Technologie. Sie spezifizieren die für eine bestimmte Leistungsart (z. B. Pauschalreise/Urlaubsreise) und Transaktionsart (z. B. Buchung oder Vakanzabfrage) zu kommunizierenden und zu transferierenden Daten. Aus der Anwendersicht eines stationären Reisemittlers stellen sie sich als die nach Leistungsarten differenzierten Bildschirmmasken zur Datenerfassung und -anzeige bzw. als Reservierungsverfahren dar, z. B.

das TOMA-Verfahren im Rahmen der Amadeus Selling Platform zur Vermittlung von pauschalen Freizeit- und Urlaubsreisen am deutschsprachigen Markt.

Ein GDS stellt den Reisemittlern diese Verfahren via Internet zur Verfügung. Abhängig von den getroffenen Lizenzvereinbarungen erhält ein Reisemittler über das Webportal des GDS Zugriff auf die für ihn freigegebenen Verfahren (berechtigte Teilnehmerschaft auf Basis der Internet-Technologie – Business-to-Business-Prozesse (B2B in einem geschützten Extranet)). Die Systemteilnahme ist für die Reisemittler kostenpflichtig und kann gemäß der lizensierten Reservierungsverfahren und ihrer Nutzung differenziert werden.

Die Einbindung der Reiseveranstalter in das Netzwerk sowie die zur Beratungsunterstützung, zur Angebotsdarstellung und zur Reservierung und Abwicklung erforderlichen Datentransaktionen werden in Kapitel 2.5, insbesondere 2.5.4, detailliert dargestellt. Nahezu alle deutschen Reiseveranstalter mit überregionalen Geschäftsaktivitäten und Zielgruppen haben Anschlüsse an diese touristischen Teile der GDS/GDN.

Ein derartiger GDN-Verbund setzt einheitliche Standards für Reservierungs-/ Transaktionsverfahren voraus. Im folgenden **Fallbeispiel** wird zur Vermittlung von pauschalen Freizeit- und Urlaubsreisen am deutschen Markt der TOMA-Standard als Teil der Amadeus Selling Platform genutzt. Es sei aber angemerkt, dass die Systeme der im Wettbewerb stehenden GDS vergleichbar aufgebaut sind.

Es werden als Fallbeispiel auf TOMA-Basis im Folgenden zwei Prozesse vergleichend dargestellt. Im traditionellen **Prozess B** wird der Reise-Interessent auf Basis gedruckter Kataloge beraten. Der elektronische TOMA-Ablauf setzt mit der Abfrage ein, ob eine ausgewählte Reise bei einem ausgewählten Reiseveranstalter auch mit ihren Leistungen Beförderung/Flug und Unterkunft/Hotel noch verfügbar ist (Vakanzprüfung).

Im **Prozess A** hingegen wird die Kundenberatung auf Basis von vergleichenden Such-/ Angebotssystemen mit integrierten touristischen und multimedialen Informations- und Contentsystemen durchgeführt. Das Beratungsergebnis bzw. der Reisewunsch des Kunden wird dann automatisch zur verbindlichen Vakanzprüfung und ggf. anschließenden Buchung in das TOMA-Verfahren überführt. Diese Content- und Vergleichssysteme werden von den GDS zur Kundenberatung in den Reisebüros aber auch zur virtuellen Online-Beratung in Internet Booking Engines angeboten und betrieben (vgl. auch Kap. 2.5).

4.6.1 Reisewünsche des Kunden

Familie Müller (zwei Erwachsene, ein 7-jähriges und ein 5-jähriges Kind) aus Wilhelmshaven hat die folgenden Wünsche für ihren nächsten Urlaub. Sie lässt sich in ihrem Reisebüro vor Ort beraten:

- Eine Woche Badeurlaub, Pauschalreise aus dem Katalog- oder Lastminute-Angebot, möglicher Zeitraum: 09.05.–24.05.2009
- Abflug kann ab den in max. 2 Stunden erreichbaren Flughäfen erfolgen: Hamburg HAM; Hannover HAJ; Münster/Osnabrück FMO oder Bremen BRE (3-Letter-Code)
- Im Beratungsgespräch sind folgende Wünsche zum Aufenthalt deutlich geworden:

- Familienfreundliches Hotel mit Kinderpool und großer Badelandschaft
- Wellness für die Erwachsenen, Kinderbetreuung, Sportangebot
- 4-/5-Sterne Hotel
- All inclusive
- Familienzimmer mit separatem Kinderzimmer
- Hotel direkt am Strand
- Urlaubsziel noch nicht konkret festgelegt, Wünsche/Kriterien: max. 3–4 Flugstunden, angenehme Badetemperaturen, Ausflugsmöglichkeiten, Kultur, Einkaufsmöglichkeiten.

4.6.2 Kundenberatung auf Basis elektronischer Beratungssysteme (Prozess A)

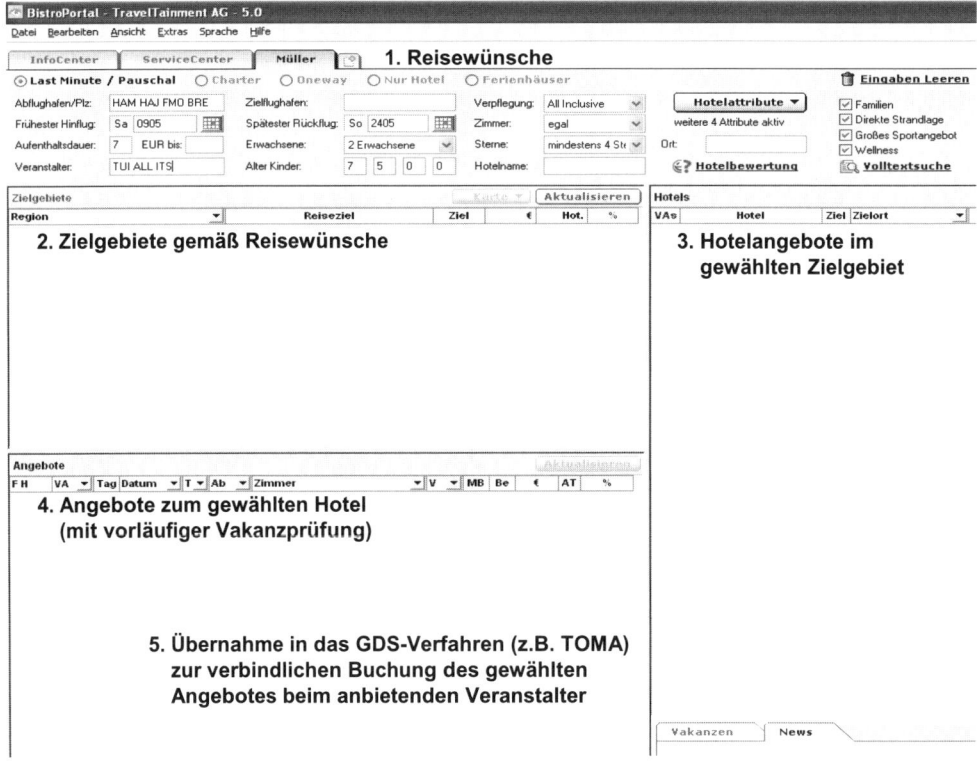

Abb. 4.6.1 Überblick über das Beratungssystem und über die Abfolge der Beratungsschritte

Die Abbildung 4.6.1 gibt einen Überblick über das Beratungssystem im Rahmen der Amadeus Selling Platform und über die Abfolge der Beratungsschritte. (Anmerkung zu den Systemnamen: Das ursprüngliche Angebots- und Preisvergleichssystem Bistro und das ur-

4.6 Fallbeispiel Beratungssysteme und Pauschalreisebuchung im Reisebüro

sprüngliche multimediale touristische Content-System TravelTainment sind heute integrierte Systeme, auch unternehmensrechtlich.)

Abbildung 4.6.2 zeigt für den Kunden Müller die Erfassung der Reisewünsche, soweit sie standardisiert zur Selektion von Zielgebieten und Hotels erfasst werden können.

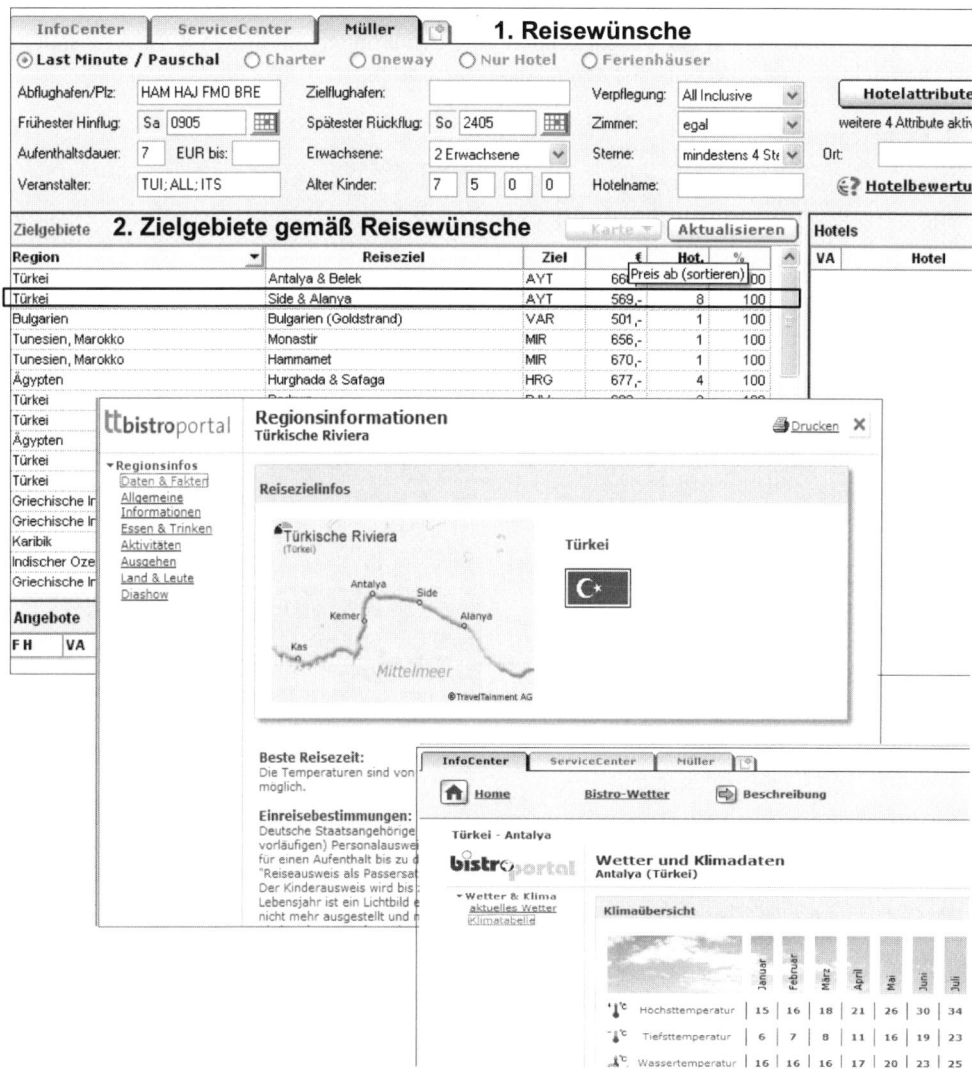

Abb. 4.6.2 Selektion relevanter Zielgebiete mit weiteren Informationen zur Beratung

Zu den Reisewünschen ist der Kreis der zu berücksichtigen Reiseveranstalter eingegrenzt worden: TUI, Alltours (ALL) und ITS (standardisierte Veranstalterkürzel). Dies kann zwei Gründe haben:

- Zur Verkaufs- und Provisionssteuerung (Staffelprovisionen und Mindestumsätze) hat das Reisebüro diese Eingrenzung auf bestimmte Reiseveranstalter vorgenommen.

- Familie Müller hat in der Vergangenheit gute Erfahrungen mit diesen Reiseveranstaltern gemacht und möchte zunächst deren Angebote prüfen.

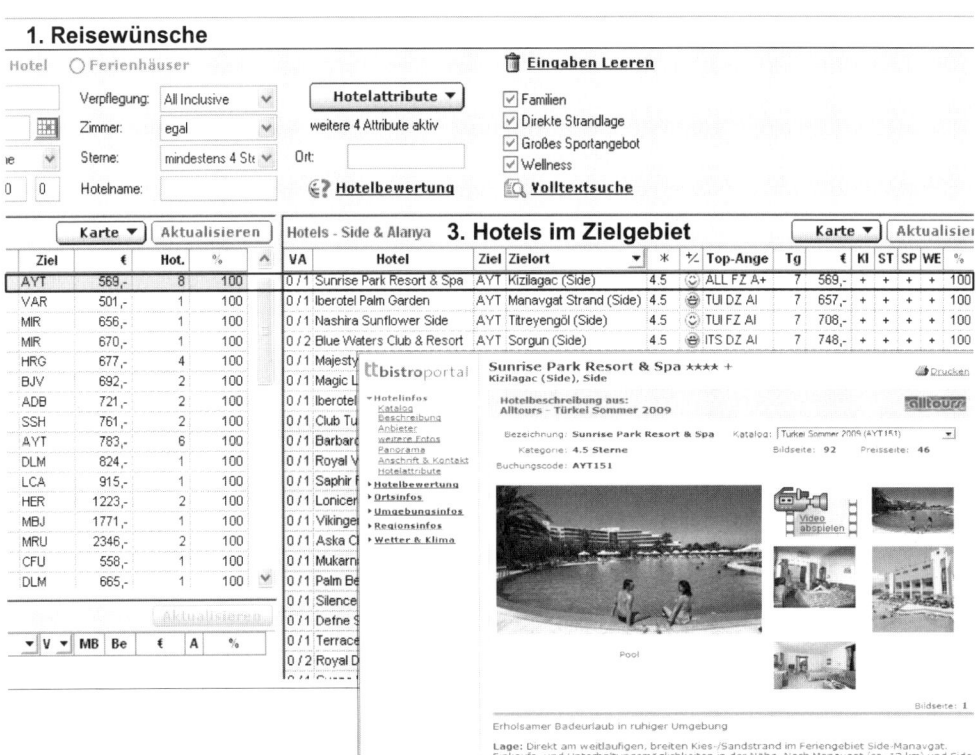

Abb. 4.6.3   Liste der den Wünschen entsprechenden Hotels im ausgewählten Zielgebiet mit zusätzlichen Hotelinformationen zur detaillierten Kundenberatung

Mit diesen Reisewünschen werden Zielgebiete im System selektiert und im 2. Feld zur Anzeige und Auswahl gelistet. Abbildung 4.6.2 zeigt, dass weitere Text-, Bild- und Multimedia-Informationen zu den Zielgebieten aufgerufen werden können, um die Kundenberatung zum Zielgebiet zu vertiefen, z. B. Wetter-, Klimadaten und Wassertemperaturen sowie regionale und geografische Informationen. In der Liste der Zielgebiete werden auch erste Angaben zu Hotels gemäß Kundenwunsch gemacht: Preis ab (sortierbar), Anzahl der den Wünschen entsprechenden Hotels im Zielgebiet (hier: acht Hotels, an dieser Stelle noch ohne Vakanzprüfung).Mit dieser Beratung wählen die Müllers das Zielgebiet Side & Alanya in der

4.6 Fallbeispiel Beratungssysteme und Pauschalreisebuchung im Reisebüro

Türkei aus (standardisierter Code gemäß Zielflughafen AYT/Antalya). Anschließend selektiert das System eine Hotelliste zum Zielgebiet, sortiert nach dem Grad der Übereinstimmung mit den Kundenwünschen (hier: acht Hotels mit 100 %) und nach Preis. Andere Sortierungen sind möglich. Auch hier findet noch keine Überprüfung auf die Verfügbarkeit der Flüge und der Hotelzimmer statt. Abbildung 4.6.3 zeigt diese Liste der Hotels.

Familie Müller interessiert sich sehr für das Hotel Sunrise Park und möchte weitere Detailinformationen. Abbildung 4.6.3 zeigt, dass die Kundenberatung durch weitere Hotelinformationen wie Lage, Ausstattung, Zimmer, Bilder, virtueller Rundgang, Umgebungsinformationen, Hotelbewertungen u.a.m. vertieft werden kann.

Auf Basis dieser Hotelwahl wird gemäß Abbildung 4.6.4 die Liste der konkret angebotenen Zimmer/Wohneinheiten in diesem Hotel und der anbietenden Reiseveranstalter selektiert. Dabei wird in der ersten Spalte eine erste vorläufige Vakanzauskunft zum Flug F und zum Hotelangebot H angezeigt. Diese Vakanzauskunft kann auf Vergangenheitsdaten beruhen und muss durch das anbietende Veranstaltersystem im Folgenden bestätigt werden (b). Die vorläufigen Preisangaben beziehen sich auf einen erwachsenen Vollzahler (zu den Einflussfaktoren der Preisermittlung bei Reiseveranstaltern vgl. Kap. 2.5).

Wenn der Kunde sich noch nicht verbindlich entscheidet, kann das Reiseangebot unverbindlich ausgedruckt (a), per E-Mail versandt und zur späteren Wiedervorlage bzw. Fortsetzung des Beratungs- und Buchungsprozesses unter dem Kundennamen gespeichert werden.

Im vorliegenden Fallbeispiel wählt Familie Müller das Alltours-Angebot (ALL) mit Abflughafen Hannover (HAJ) und Abflug am 12.05.09. Die Reisedaten werden zur Vakanzabfrage und Preisermittlung an das Veranstaltersystem übermittelt (im TOMA-Datensatzformat). Bei Bestätigung der Verfügbarkeit (b) können die Reisedaten dann zur abschließenden Buchung automatisch in die traditionelle GDS-Buchungsmaske, hier TOMA, übertragen werden (c), und der Prozess der Reisevermittlung wird in diesem traditionellen Verfahren mit Zugriff auf das System des Reiseveranstalters verbindlich fortgesetzt (Abb. 4.6.5).

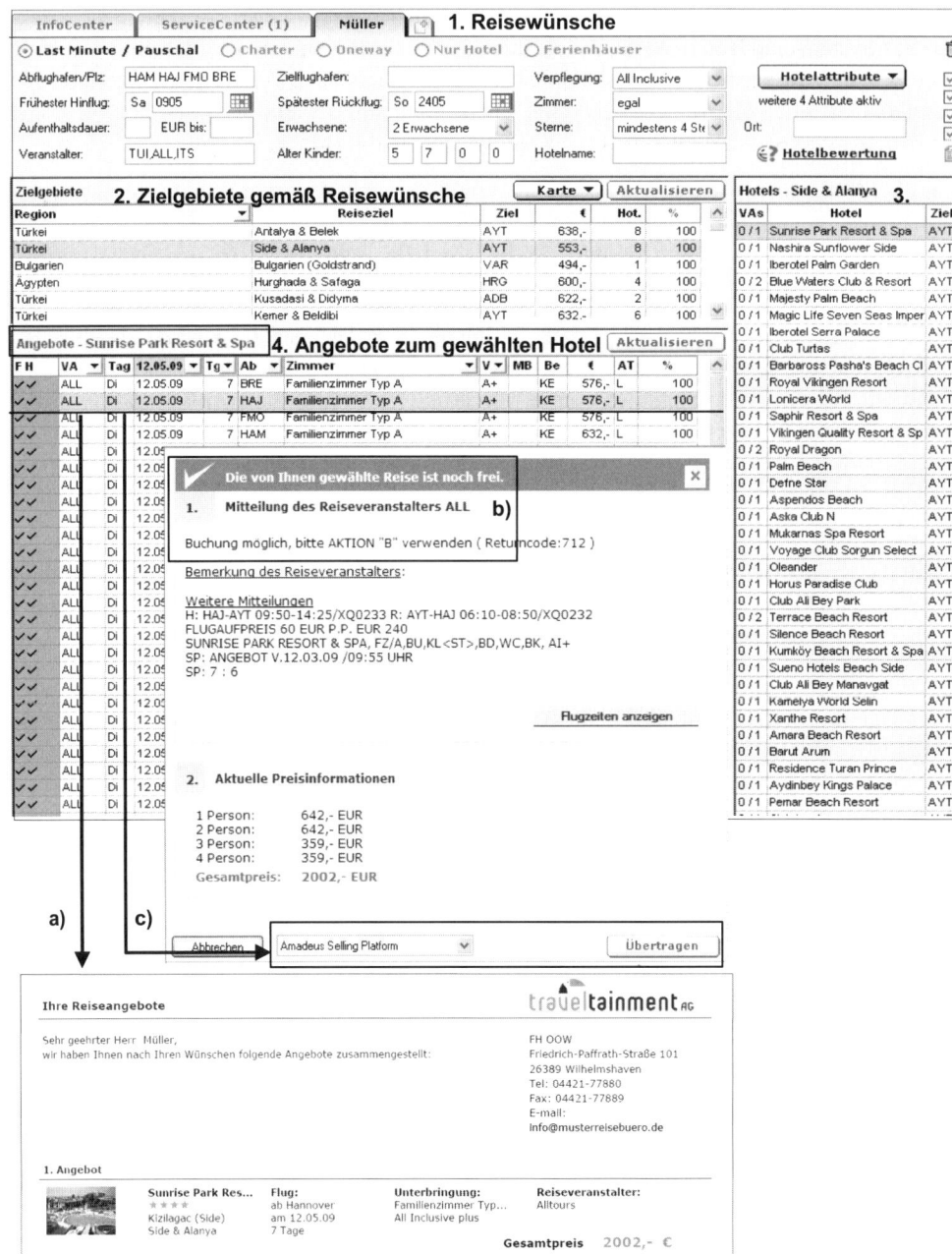

Abb. 4.6.4 Liste der konkret angebotenen Zimmer/Wohneinheiten im gewählten Hotel, Ausdruck und Speicherung des gewählten Angebotes, Vakanzprüfung beim anbietenden Veranstalter und Möglichkeit zur Übertragung in das verbindliche GDS-Buchungsverfahren

4.6 Fallbeispiel Beratungssysteme und Pauschalreisebuchung im Reisebüro 365

Abbildung 4.6.5 zeigt den weiter führenden TOMA-Prozess nach der Übertragung der Angebotsdaten in die standardisierte TOMA-Buchungsmaske. Das ausgewählte Hotel wird gemäß Veranstaltersystem mit der Produktnummer AYT151 codiert, und die gewünschte Unterbringungsart wird mit FZAS codiert (Familienzimmer, Ausstattung A und Lage S – individuelle Codierung gemäß Veranstaltersystem/-katalog). Die Flugstrecken sind mit den internationalen 3-Letter-Codes der Flughäfen codiert, hier verbunden mit einer veranstalterspezifischen Zusatzinformation (2B). Diese Codierung erfolgt mit der Datenübergabe automatisch.

Die Eingabemaske (Abb. 4.6.5) ist mit den Adressdaten der Müllers vervollständigt worden und anschließend an das Reiseveranstaltersystem (hier: ALL) im Rahmen des GDS-Netzwerkes übertragen worden.

Das Veranstaltersystem hat die Flug- und Hotelvakanzen in Echtzeit abschließend geprüft und die Reservierung verbindlich bestätigt (im Beispiel: **Testb. ok**–Testbuchung).

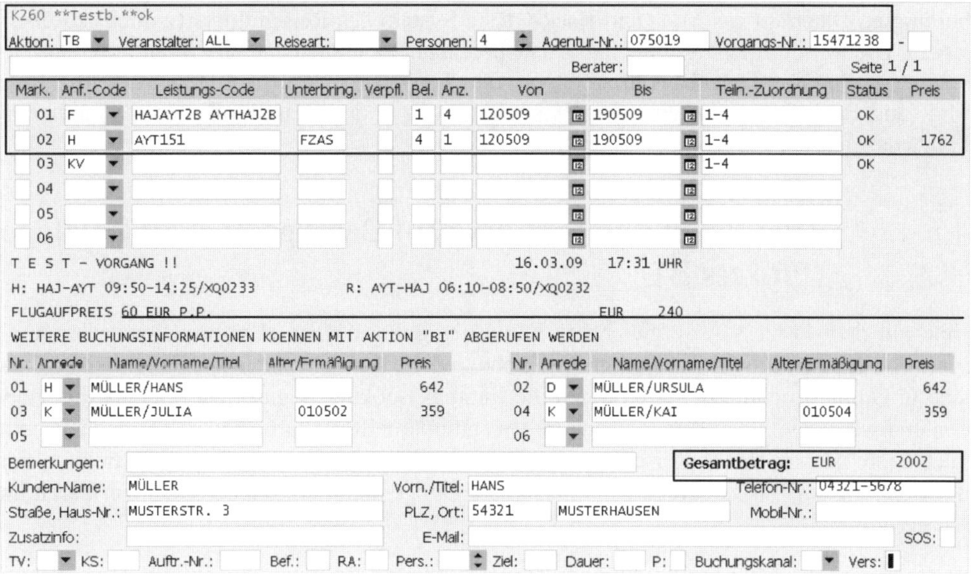

Abb. 4.6.5 Standardisierte TOMA-Buchungsmaske

Im Veranstaltersystem wird eine Buchungs-/Vorgangsnummer generiert, mit der der Geschäftsvorgang jederzeit vom Reisebüro und vom Veranstalter aufgerufen werden kann.

Die Reise ist verbindlich gebucht, die Reiseleistungen sind reserviert. Familie Müller kann sich auf den Urlaub freuen.

4.6.3 Folgende Prozessstufen

Eine schriftliche Reisebestätigung wird vom Veranstaltersystem zur Unterschrift übermittelt. Das Inkasso des Reisepreises, die Abrechnung der Provision sowie die Erstellung und der Versand der Reiseunterlagen wird vom Veranstaltersystem gesteuert, gemäß dem Agenturvertrag zwischen Veranstalter und Reisebüro(-kette) (Fullfilment, vgl. Kap. 2.5).

Die im Reisebüro ermittelten und erfassten Reise- und Buchungsdaten sind via TOMA an das reservierende und abwickelnde Veranstaltersystem übertragen worden. Um aber auch im Reisebüro basierend auf diesem Geschäftsvorfall und seinen Daten Mid-Office-Dienste (z. B. Kunden-, Vorgangsverwaltung, Kundenbindungsmaßnahmen) und Back-Office-Funktionen (z. B. Management-Information, Finanzbuchhaltung, Controlling) IT-gestützt durchführen zu können, müssen die Daten auch dem System des Reisebüros bzw. seines IT-Dienstleisters zur Verfügung gestellt werden (vgl. Weithöner 2008, S. 334ff.).

Dazu bieten die GDS den Reisemittlern an, die an die Veranstalter weiter geleiteten und bestätigten Daten an das Mid- und Back-Office-System des Reisemittlers (zurück) zu übertragen. Die Reisemittler-Systeme haben entsprechende Schnittstellen, um diese Daten aufzunehmen und in ihre Datenbanken zu integrieren. Teilweise bieten die GDS auch selbst diese Mid- und Back-Office-Systeme den Reisemittlern bzw. den Reisebüroketten als zusätzlich IT-Dienstleistungen an.

4.6.4 Traditionelle Vermittlung auf Basis gedruckter Kataloge (Prozess B)

Eine mit dem Prozess A vergleichbare Kundenberatung auf Basis informationstechnologischer Systeme und die damit verbundene hohe und wenig kostenintensive Beratungsqualität sind in Online-Buchungsportalen durch die Internet Booking Engines zum Standard geworden und werden von den Kunden auch in den stationären Reisebüros erwartet. Dennoch steht auch heute noch in vielen Reisebüros das individuelle Fachwissen im Zusammenwirken mit der Beratung auf Basis gedruckter Veranstalterkataloge und traditioneller GDS-Verfahren im Vordergrund.

Es sei angemerkt, dass die Produktion, der Versand und die Lagerung der Kataloge kosten- und ressourcen-intensiv sind, dass gedruckte Kataloge statisch, das heißt nur durch zusätzlich gedruckte Ergänzungen und mit Zeitverzug aktualisierbar sind, und dass sie veranstalterspezifisch sind und ein Kunde damit kaum umfänglich und bequem Angebote aktuell vergleichen kann. Sie können selbstverständlich keine Vakanzinformationen enthalten.

Daher soll die traditionelle Vermittlung von Veranstalterangeboten hier nur kurz und zum Vergleich dargestellt werden. Es wird dabei vorausgesetzt, dass der Leser mit dem Aufbau und der Gestaltung gedruckter Veranstalterkataloge vertraut ist.

Jedes Reiseangebot, das auf Basis dieser statischen Beratungsunterlagen in die engere Wahl kommt, muss im traditionellen GDS-Verfahren (hier TOMA) beim anbietenden Veranstaltersystem bzgl. der Verfügbarkeit seiner Einzelleistungen abgefragt werden.

4.6 Fallbeispiel Beratungssysteme und Pauschalreisebuchung im Reisebüro 367

Die standardisierte Abfrage zur Flug-/Gerätevakanz (Aktion G) und zur Hotelvakanz (Aktion H) beim Veranstalter ALL für vier Personen zeigen die Abbildungen 4.6.6 und 4.6.7. In Abbildung 4.6.6 wird die Flugvakanz durch Angabe des Anforderungscodes F, der codierten Flugstrecke HAJ AYT (Hannover – Antalya) und der Hin- und Rückflugtage abgefragt. Diese TOMA-Anfrage wird an das Veranstaltersystem übermittelt, das mit der vollständigen Darstellung gemäß Abbildung 4.6.6 antwortet, hier: Bei Abreise am Dienstag 12.05.09 sind bei einer Reisedauer von 7 Tagen noch mehr als 9 Plätze frei.

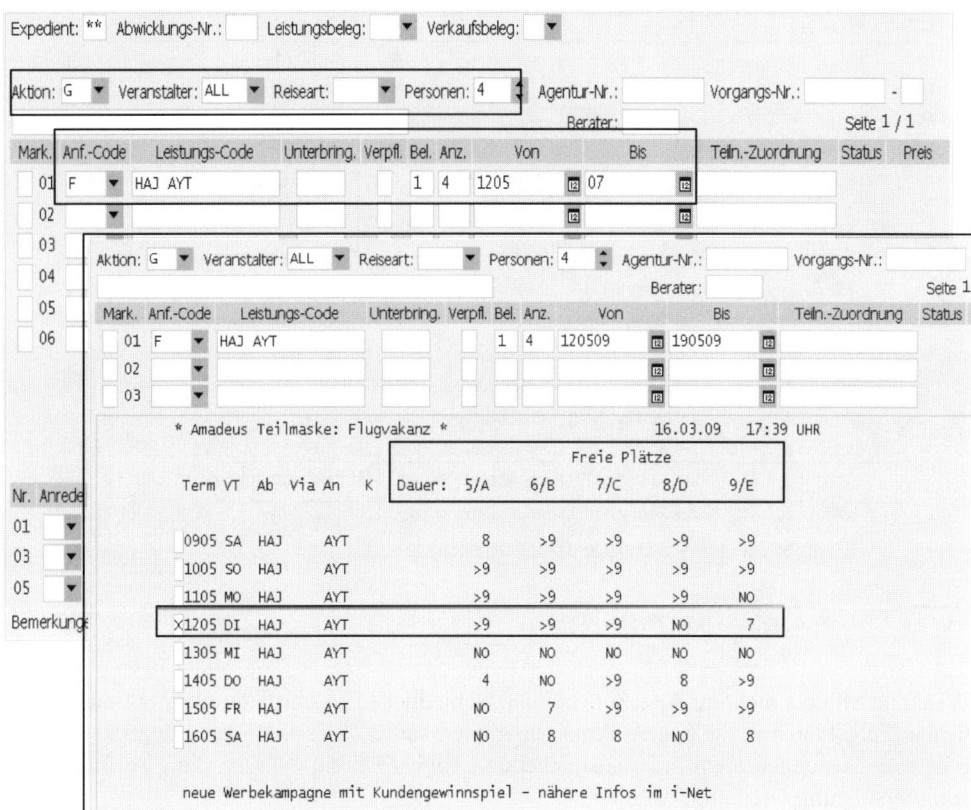

Abb. 4.6.6 Flugvakanzabfrage im TOMA-Verfahren

Nach dieser erfolgreichen Flugvakanzabfrage erfolgt die Hotelvakanzabfrage (Aktion H) gemäß Abb. 4.6.7. Mit dem Anforderungscode H werden die Produktnummer des Hotels (AYT151), die gewünschte Unterbringungsart (FZAS, Familienzimmer, Ausstattung A und Lage S – individuelle Codierung gemäß Veranstalterkatalog) sowie Anzahl und Belegung der Zimmers (hier 1 Familienzimmer für 4 Personen) und Reisezeit erfasst.

Diese Daten werden zur Prüfung an das Veranstaltersystem übermittelt, das mit der vollständigen Darstellung gemäß Abbildung 4.6.7 antwortet, hier: Das gewünschte Zimmer ist wöchentlich in der Zeit vom 28.04.09 bis 2.06.09 aktuell mit mehr als 10 Einheiten verfügbar.

Weiterführende Hotelbeschreibungen werden in codierter Form (gemäß Veranstalterkatalog) ergänzt. (Der in der letzten Zeile integrierte Internet-Link kann ein wenig den Katalog ergänzende Hilfe bringen.)

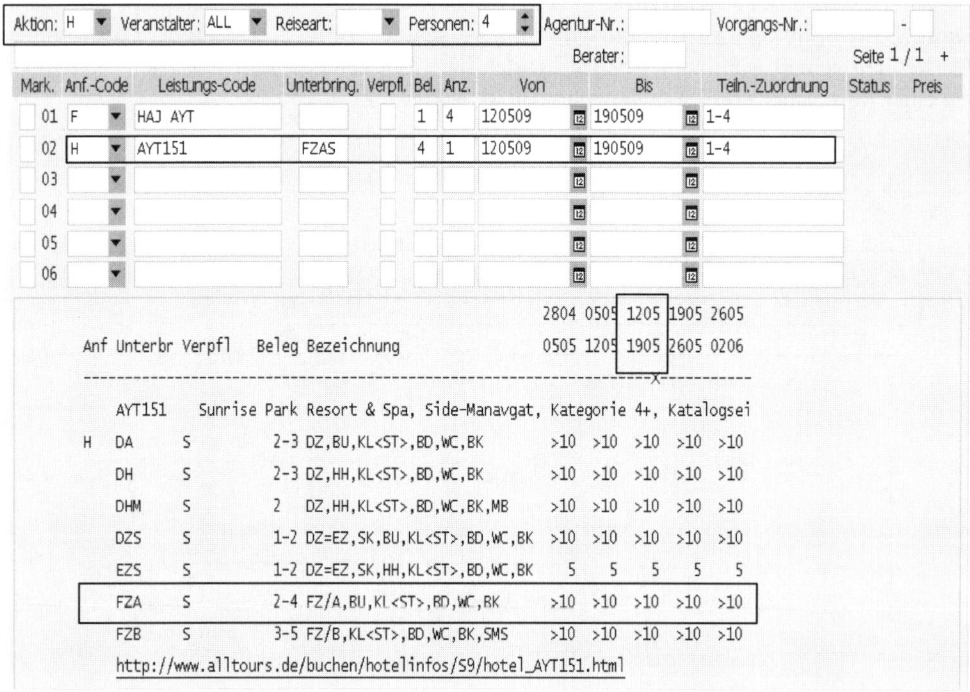

Abb. 4.6.7   Hotelvakanzabfrage im TOMA-Verfahren

Wenn die Müllers mehrere Angebote bei unterschiedlichen Veranstaltern und in unterschiedlichen Zielgebieten in die engere Wahl genommen hätten, oder wenn zur Hauptsaison Flug- oder Hotelleistungen nicht mehr ausreichend verfügbar wären, müssten diese Anfragen entsprechend häufig wiederholt werden.

Wenn die Verfügbarkeiten geprüft und gegeben sind, ist die TOMA-Buchungsmaske gemäß Abbildung 4.6.5 zu vervollständigen, und der Prozess wird wie dort und in Kapitel 4.6.4 beschrieben fortgesetzt.

Die Müllers sind sicherlich nach einem langen Beratungs- und Vermittlungsprozess (B) urlaubsreif.

Quellen und weiterführende Literatur:

Weithöner, U., Informationsmanagement und Informationssysteme der Reisemittler, in: Freyer, W., Pompl, W., Reisebüro-Management, 2. Aufl., München 2008, S. 321–346.

5 Systeme für Endkunden

Eine der Hauptwirkungen, welche die flächendeckende globale Verbreitung des World Wide Web und nun der mobilen webfähigen Endgeräte hat, ist die Schaffung eines Endkunden-Direktzugangs zu touristischen Informationssystemen. Einfach und komfortabel zu bedienende multimediale Endkunden-Bedienoberflächen ermöglichen jedem, sich im Internet ohne Unterstützung durch Expedienten und andere Fachkräfte selbst zu informieren, zu buchen und sogar eigene Erlebnisse und Bewertungen weltweit zu publizieren. Neue Formen der direkten Kundeninteraktion, des elektronischen Marketing, des Direktvertriebs und der Individualisierung bzw. Personalisierung von touristischen Informationen und Angeboten sind entstanden.

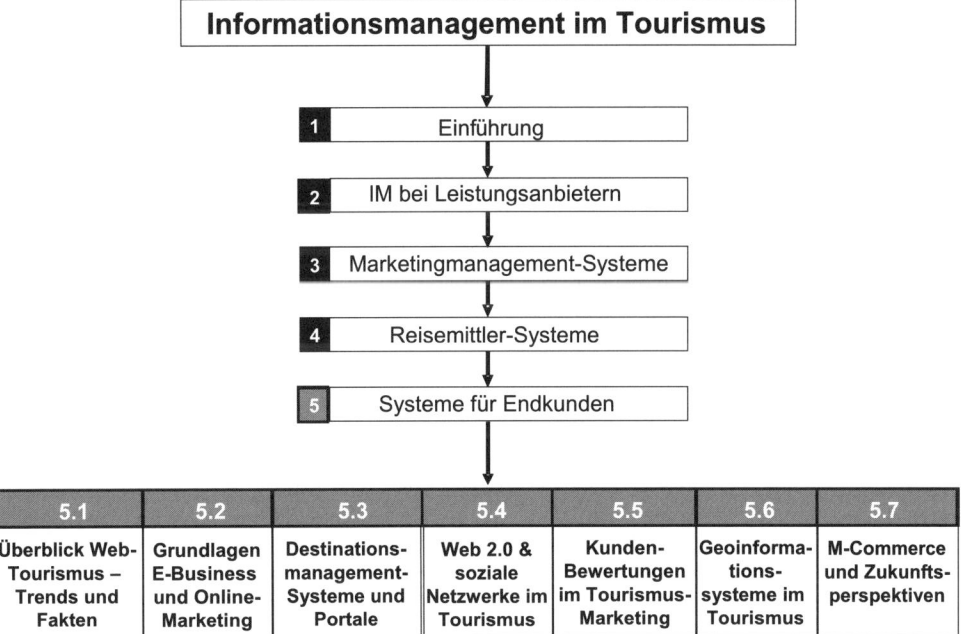

Abb. 5.1 Überblick Endkunden-Systeme

Im Zentrum dieses letzten Kapitels stehen daher die Innovationen, die mit den Systemen, die direkt und persönlich vom Endkunden benutzt werden, entwickelt worden sind. Vieles kann dabei durch die mit der Verbreitung des World Wide Web entstandenen Begriffe des E-Tourism bzw. des Web-Tourismus subsummiert werden.

Abschnitt 5.1 stellt das Phänomen des Web-Tourismus aus der Sicht der Marktforschung vor und belegt empirisch die seit Jahren nachhaltig entstandenen Marktanteile neuer webbasierter Vertriebs- und Produktionsformen touristischer Leistungen in den verschiedenen touristischen Teilbranchen. Basis sind die jährlich erhobenen Zahlen der Web-Tourismusstudie von Ulysses, die inzwischen auch als angebotsorientierte Trendstudie viel zitiert wird.

Die technologischen Grundlagen des E-Business und Online Marketing im Tourismus werden im folgenden Abschnitt 5.2 vorgestellt. Im Zuge der Konvergenz von Internet-, Medien- und Tourismus-Diensten sind neue E-Tourism-Dienste entstanden, deren Geschäftsmodelle ebenfalls Gegenstand der Betrachtungen sind.

Ein eigenes Aktionsfeld stellten schon vor der Einführung des Internet die regionalen Destinationsmanagement-Systeme (DMS) dar. Sie unterstützen die mit der Vermarktung von Destinationen an den Endkunden verbundenen Prozesse in den Tourismusorganisationen und sind zu Web-Destinationsportalen ausgebaut worden. Die besonderen Probleme der kommunalen und regionalen Organisation solcher Dienste und ihre Weiterentwicklung zu mobilen Destination- Guides werden im Abschnitt 5.3 beleuchtet.

Im Zentrum des Kapitels 5 steht der Beitrag über Web 2.0, ein Begriff, der vom amerikanischen Technologie-Publizisten Tim O'Reilly für ein ganzes Bündel von Innovationen der 2. Generation des World Wide Web geprägt wurde. Nachdem die erste Generation von Web-Anwendungen die Verbreitung digitaler Inhalte durch Produzenten an ihre Kunden grundlegend vereinfacht hat, steht Web 2.0 für diejenigen Technologien, die es allen Web-Nutzern erlauben, ihre eigenen Inhalte, Meinungen und Bewertungen in einfacher Weise miteinander auszutauschen und beliebig zu verknüpfen. Das Mitmach-Web macht passive Medien-Rezipienten zu aktiven Teilnehmern, die das Web vom Marktplatz der Informationen zum sozialen Interaktionsraum zur Selbstdarstellung, Kontaktpflege und Bildung sozialer Netzwerke umfunktionieren. Welche Implikationen sich aus diesen nicht mehr allein durch die Produktanbieter und Medien steuerbaren neuen sozialen Interaktionsformen für die verschiedenen Bereiche des Tourismus ergeben, macht der Autor des Beitrages 5.4 deutlich.

Als Beispiel für eine erste sehr konkrete Auswirkung des Web 2.0 stellt der nachfolgende Beitrag 5.5 webbasierte Kundenbewertungssysteme im Tourismus vor und diskutiert ihre Rolle im Tourismusmarketing aus der Sicht der Betreiber von Hotel- und Urlaubsbewertungsportalen. Die Wirkungen der neuen Partizipationsmuster des Web 2.0 werden hierbei besonders deutlich.

Die 2. Generation von Web-Bedienoberflächen hat mit ihren erweiterten Darstellungs- und Interaktionsmöglichkeiten unter anderem eine einfache Visualisierung interaktiver geographischer Karten auf Endkundensystemen ermöglicht. Sie hat damit für alle Anwender neue Formen der Nutzung und Verknüpfung von Geoinformationen mit anderen multimedialen Inhalten geschaffen. Aus Anwenderperspektive werden mit Kapitel 5.6 die verschiedenen Vorgehensweisen zur Georeferenzierung erläutert und die vielfältigen Einsatzmöglichkeiten dieser webbasierten Geoinformationssysteme im Tourismus vorgestellt.

Der Beitrag 5.7 schließt das Buch ab mit den Zukunftsperspektiven der nächsten Technologie-Generation des Mobile Web und M-Commerce sowie mit der Weiterentwicklung der Georeferenzierung zu Augmented-Reality-Anwendungen für Touristen mit mobilen Endgeräten.

5.1 Überblick Web-Tourismus – Trends und Fakten

Dr. Dominik Rossmann

Die Trendstudie „Web-Tourismus" wird seit dem Jahr 1998 durch das Forschungs- und Beratungsunternehmen Ulysses regelmäßig durchgeführt; sie erscheint einmal jährlich. Durch die Untersuchung (Primärforschung) werden im Zuge vielfältiger Fragestellungen Rahmendaten der deutschen Tourismuswirtschaft erhoben sowie Fragen und Probleme rund um das Thema Internet und Tourismus erläutert. Entgegen vieler anderer Untersuchungen zu touristischen Themenfeldern wurde die Studie „Web-Tourismus" von Anfang an bewusst anders positioniert. Das Hauptziel der Web-Tourismusstudie besteht darin, durch rein anbieterorientierte Forschung den gegenwärtigen Stand des webbasierten Tourismus zu dokumentieren. Aus Vergleichen mit den Ergebnissen der Vorjahre lassen sich auf diese Weise signifikante Entwicklungen und Trends einfacher erkennen und untersuchen. Aufgrund der langjährigen Erfahrung des Instituts mit der systematischen Untersuchung sowie der Analyse und Interpretation des touristischen (Online-)Marktes, kann die vergleichende Betrachtung der Studienergebnisse über die Jahre hinweg als Entwicklungs- und Trendbarometer des Online-Tourismus gelten. Diese Entwicklungen waren enorm, in manchen Bereichen sogar fundamental, da ganze touristische Teilbranchen und neue Leistungen erst durch das Internet ermöglicht wurden (z. B. der Erfolg der Billigflieger, Dynamic Packaging etc.).

Als erste und bisher einzige Studie erhebt Web-Tourismus Zahlen und Fakten auf der Anbieterseite der Tourismuswirtschaft und gilt damit als Pionier auf diesem Gebiet. Die Studie bildet deshalb nicht nur eine ideale Ergänzung zu den zahlreichen, bekannten Studien auf der Nachfragerseite, sondern liefert weiterführend valides Datenmaterial über die tatsächliche Entwicklung des touristisch geprägten E-Commerce bzw. des touristischen Online-Marktvolumens. Gerade dieses Zusammenspiel von anbieter- und nachfragerorientierter Marktforschung gewährleistet einen wesentlich umfassenderen und fundierteren Marktüberblick. Ebenso wie das Medium Internet einem ständigen und konsequenten Wandel unterliegt, gilt dies auch für die Studie und ihre methodischen und erhebungstechnischen Aspekte. Besonders in Bezug auf die Definition dessen, was genau als Online-Tourismus gilt, scheiden sich die Geister schon seit Jahren. Dies führt immer wieder zu teilweise stark differierenden Ergebnissen bei Untersuchungen oder Beschreibungen des touristischen Online-Marktes. Die Web-Tourismusstudie legt an dieser Stelle besonderen Wert auf eine deutliche und klare Definition des Online-Tourismus, um stets Daten in vergleichbarer Güte zu sammeln und aussagekräftige Vergleiche und korrekte Prognosen zu ermöglichen. Schon vor Jahren hat Web-Tourismus daher genaue Definitionen aufgestellt, die sich größtenteils an den in der Branche gebräuchlichen Festlegungen orientieren. Nachfolgend soll die von Web-Tourismus verwendete und mittlerweile schon weit verbreitete Definition des Begriffs E-Tourismus vorgestellt werden (vgl. **www.web-tourismus.de** und vgl. auch Kap. 5.2):

„Als E-Tourismus werden alle digitalisierten und über eine webbasierte Technologie realisierten Transaktionen verstanden, die von der Tourismuswirtschaft zur Optimierung der Wertschöpfungsprozesse eingesetzt werden, um dadurch die Wettbewerbsfähigkeit zu steigern."

Die Qualität der erhobenen Daten und Ergebnisse zeichnet sich insbesondere dadurch aus, dass Entscheidungsträger der deutschen und ausländischen Tourismuswirtschaft bzw. der staatlichen Institutionen zu den wesentlichen Themen des Online-Tourismus befragt werden. Aus den Bereichen Geschäftsführung, Informationstechnologie (IT), Marketing oder Öffentlichkeitsarbeit wird die Befragung auf Managementebene durchgeführt. Um Verfälschungen durch unqualifizierte Personen weitestgehend zu vermeiden, werden die Fragebögen personalisiert und über individuelle Logins und Passwörter gesichert, sofern kein persönliches Interview (face-to-face) stattfindet. Mittels einer geschichteten Zufallsstichprobe aus den unterschiedlichen touristischen Branchen werden die zu interviewenden Unternehmen rekrutiert, um den touristischen Anbietermarkt möglichst breit und flächendeckend abzubilden.

5.1.1 Unternehmerischer Nutzen anbieterorientierter Marktforschung

Das Marktforschungsinstitut Ulysses kann durch die anbieterorientierte Marktforschung Information liefern, die für die Positionierung eines Unternehmens und die Art und Weise, „wie" ein Unternehmen seine Inhalte gestaltet, von großer Bedeutung sind. Die ermittelten Daten rund um den Online-Umsatz unterstützen die Unternehmen dabei, ihre Marktposition und die der Wettbewerber zu ermitteln. Auf diese Weise können der eigene Marktanteil und die Marktposition einfach und verlässlich bestimmt werden. Unter Berücksichtigung der ausgewiesenen Vergangenheitswerte kann verglichen werden, ob das Online-Wachstum des eigenen Unternehmens mit dem Markt unter- oder sogar überproportional gewachsen ist. Doch auch bei Neugründungen empfiehlt es sich, auf die anbieterbezogenen Daten zurückzugreifen, um fundiertes Hintergrundwissen über den Wettbewerb sowie das Marktumfeld zu erlangen. So wurde z. B. die Gründung und die offizielle Geschäftsaufnahme von weg.de im März 2006 bereits langfristig im Vorfeld von Ulysses – Web-Tourismus mitbegleitet. Die Anbietermarktforschung ist folglich eher strategisch ausgerichtet und zeigt Unternehmen Entwicklungstendenzen und Marktveränderungen in ihrer jeweiligen Branche auf, um erforderliche, strategische Maßnahmen rechtzeitig zu planen und einzurichten. Die anbieterorientierte Marktforschung von Web-Tourismus verfolgt dabei drei Ziele: Zunächst gilt es, Einstellungen und Entwicklungen in der Gesellschaft gegenüber Themen wie z. B. Freizeit, Erlebnis und Tourismus aufzuspüren, denn diese Veränderungen spiegeln sich stets im Zuge von Neu- oder Umgestaltung touristischer Leistungen durch die Anbieter wider. Des Weiteren liefert die Anbietermarkt-Orientierung Material, das in Ergänzung mit den Ergebnissen aus der Nachfrageforschung für strategische Entscheidungen sowie für die Ausarbeitung strategischer Marketingmaßnahmen notwendig ist. Als drittes Ziel unterstützt die anbieterorientierte Marktforschung all diejenigen Unternehmen, die selbst nicht über die Kraft, das Potenzial oder die finanziellen Mittel verfügen, eigene Forschung zu betreiben. Die Studie bietet somit einen umfassenden Marktüberblick und liefert auf diese Weise wertvolle Informationen, Hinweise und Anregungen, um eigene Ideen für zukünftige Entwicklungen im Unternehmen entstehen zu lassen. Daher beinhaltet ein zukunftsorientiertes, strategisches Handeln aus Sicht der Online-Anbieter immer drei Sichtweisen:

- die Sicht auf die Kunden (→ Nachfragerforschung)
- die Sicht auf die Lieferanten (→ Anbieterforschung)
- die Sicht auf die Wettbewerber (→ Anbieterforschung)

Ein wesentlicher Bestandteil der Studie ist es folglich, die Online-Chancen und -Risiken zu erfassen, zu dokumentieren sowie zu bewerten. Erfolgreiche genauso wie weniger erfolgreiche Konzepte und Strategien werden erforscht, verglichen und diskutiert. Die touristische Online-Nachfrage wird dem tatsächlichen Online-Angebot gegenübergestellt und auf Diskrepanzen untersucht. Zu guter Letzt werden Online-Trugschlüsse und klassische Falsch- oder Fehleinschätzungen aufgedeckt (z. B. bzgl. des Marktvolumens oder des Einsatzes technischer Anwendungen).

5.1.2 Fragenkatalog und Befragte

Die Grundlage der Studie bilden die Auswertungsergebnisse eines qualitativen und quantitativen, mehrstufigen Frageprogramms. Der jeweilige Fragebogen setzt sich dabei stets aus einem Basis-Frageblock und einem Präsenz-Frageblock zusammen. Je nach Bedarf kann für besondere Zwecke noch ein Exklusiv-Frageblock dazugeschaltet werden. Der Basis-Frageblock dient dazu, über Zeitreihen die Vergleichbarkeit mit den Befragungen früherer Erhebungen zu gewährleisten und somit Trends und Entwicklungen sichtbar zu machen. Der Präsenz-Frageblock beschäftigt sich hingegen mit aktuellen Themen und Problemstellungen der Branche und wird jedes Jahr aktualisiert, um gerade im schnelllebigen Internetgeschäft stets auf dem neuesten Stand zu sein und sich so mit den neu aufgekommenen Trends, Entwicklungen und Marktsituationen aktuell auseinandersetzen zu können. Dies betrifft in der Regel überwiegend technologische Aspekte und Innovationen sowie den Frageteil E-Commerce, der die stärksten inhaltlichen Veränderungen aufweist, da besonders die Bereiche Online-Buchung und -Werbung seit Jahren stetig ausgebaut werden. Manche Fragen aus dem Präsenz-Block können gegebenenfalls auch in den Basisblock übertragen werden, wenn sich herausstellt, dass es sich um eine Frage von elementarer und nachhaltiger Bedeutung für den Online-Reisemarkt handelt.

Die Zielgruppen für diese Stichprobenauswahl bilden Nationale Touristische Organisationen (NTOs), (lokale/regionale) Fremdenverkehrsämter[1], Reiseveranstalter, Transportunternehmen, Reisebüros/Reiseportale, Beherbergungsunternehmen, touristische Ausbildungsstätten sowie Experten (touristische Verbände, Berater, IT-Branche). Für die Ermittlung der jährli-

---

[1] Unter den Begriff „Fremdenverkehrsämter" fallen für Web-Tourismus alle lokalen und regionalen, staatlichen bzw. halb-staatlichen touristischen Informationsämter. Leider ist in diesem Bereich die Nomenklatur im deutschsprachigen Raum nicht sehr einheitlich, wodurch es vielfach zu Verständnisproblemen kommt. Die einen sehen sich als Tourist Information, die anderen als Marketing-Gesellschaft, andere als Landes-Marketing-Agentur und andere wiederum benennen sich nach einem bekannten Landstrich oder einer Sehenswürdigkeit der Region. Gerade bei Fragen rund um das Thema E-Commerce führt dies auch das Problem mit sich, dass einige der Fremdenverkehrsämter aufgrund ihres rechtlichen Status privatwirtschaftlich auf dem Markt agieren dürfen, anderen hingegen ein marktwirtschaftliches Auftreten als Konkurrenz zu privatwirtschaftlichen Unternehmen untersagt ist. (Vgl. auch Destination-Management-Organisationen in Kap. 5.3.)

chen E-Commerce-Zahlen werden nur die Aussagen der Teilbranchen *Reiseveranstalter*, *Transportunternehmen* sowie *Beherbergungsunternehmen* (primäre Leistungsträger) herangezogen. Das erklärte Ziel von Web-Tourismus besteht darin, all jene Unternehmen und Institutionen für die Beantwortung des Fragenkatalogs zu gewinnen, die innerhalb ihrer Branche von Bedeutung sind. So kann der touristische Anbietermarkt möglichst vollständig erfasst werden.

5.1.3 Zentrale Fragestellungen

Von zentraler Bedeutung in der Web-Tourismusstudie sind Zahlen zur Größe der touristischen Online-Umsätze in Deutschland bzw. den jeweiligen Online-Umsätzen bei den Reiseveranstaltern, den Transport- sowie den Beherbergungsunternehmen. Des Weiteren werden das kalendarische Besuchs- und Bucheraufkommen nach Branchen, die Online-Buchungsquote bei den Reiseveranstaltern, den Transport- sowie den Beherbergungsunternehmen als auch die Online-Vermittlungsquoten bei den NTOs und den FVAs (Fremdenverkehrsämtern) untersucht. Außerdem sind die Look-to-Book-Quote und die Conversion-Rate, aufgesplittet nach Branchen, sowie die Vermittlungsquote von Interesse, d.h. die Verteilung der Online-Umsätze auf den Eigenvertrieb sowie den Fremdvertrieb (über Online-Reisebüros/Portale). Zudem werden die Abbruchquoten von Online-Buchungen und die Reklamationsquoten inklusive der Typen von Reklamierern, aufgeschlüsselt nach Branchen, ermittelt. Darüber hinaus werden die Verteilung der einzelnen Online-Umsätze auf Privat- und Geschäftskunden, die Verteilung der Online-Buchungsphasen und -spitzen im saisonalen Verlauf, sowie die Investitionsquoten im Online-Vertrieb, aufgeschlüsselt nach Branchen, analysiert. Weiterhin werden die Vorstellungen der Tourismusbranche über ihre online anvisierten Zielgruppen ermittelt: Wer sind die Besucher von touristischen Webseiten und was erwarten sie von diesen Reise-Webseiten? Welche Informationen liegen den Anbietern über ihre Online-Ziel- und Kundengruppen vor und wie sind die Webpräsenzen auf diese Gruppe ausgerichtet? Welche Mittel zur Kundenbindung werden präferiert und gibt es Unterschiede zwischen den Branchen? Zudem geht es um die Untersuchung des Verhältnisses zwischen klassischem Reisevertrieb und dem Online-Direktvertrieb, als auch der Online-Werbestrategien und des Marketing-Mix. Neben der branchenspezifischen Zusammensetzung des Angebotsspektrums (Inhalte und Services) von touristischen Webseiten werden außerdem der Einsatz von Fremd-Online-Buchungstools und deren Verteilung über die Anbieter ermittelt. Auch die Innovationskraft und -freude der Unternehmen wird analysiert: Sind die touristischen Anbieter auf Innovationen vorbereitet bzw. betreiben sie aktiv Innovationsforschung? Auf welche Innovationen/Investitionen setzt die Tourismusindustrie in naher Zukunft? Zu guter Letzt wird auch der Einfluss von Sicherheitszertifikaten und Gütesiegeln auf den Online-Vertrieb geprüft.

5.1.4 Aufbau des Fragebogens

Der programmierte Fragebogen unterliegt zwar ständigen Veränderungen und Aktualisierungen, gliedert sich aber für die Gewährleistung einer aussagekräftigen Vergleichbarkeit über die Jahre hinweg grundsätzlich nach folgendem Schema:

Nach einer Einstiegsfrage, die einerseits einen Überblick über die generelle Online-Präsenz der Befragten verschafft, andererseits die Befragten in die entsprechenden Stichproben-Zielgruppen einteilt, richtet sich der erste Teil des Fragebogens zunächst nur an diejenigen, die bereits mit einer Webseite im Internet vertreten sind. Es werden Basisdaten wie die Häufigkeit der Aktualisierung oder die kalendarische Verteilung von Buchungs- und Webseitenbesuchen abgefragt.

Der zweite Abschnitt dient ausschließlich der Feststellung allgemeiner Daten des Teilnehmers. Diese Fragen sind vertraulich und bleiben daher stets unveröffentlicht.

Anschließend werden alle Teilnehmer mit einem speziell auf ihre Branche zugeschnittenen Fragebogenteil (sogenannter Branchenteil) untersucht. Inhaltlich stehen Fragen zur Angebotsleistung und -nutzung, zur strategischen Ausrichtung, der Zielgruppenorientierung, Services, Leistungspolitik sowie Online-Umsätzen u.v.a.m. im Vordergrund. Je nach Teilnehmer und gegebenen Antworten werden die Fragen über zahlreiche branchenspezifische Filter und Weichen gesteuert.

Ein weiterer Fragenkomplex konzentriert sich auf das Thema E-Commerce. Diejenigen, die bereits E-Commerce betreiben, sollen hier ihre E-Business-Leistungen, deren Akzeptanz bei den Nutzern, ihre eingesetzten Techniken, Angaben über die Look-to-Book-, die Conversion-, die Abbruch- und die Reklamationsquote sowie Fragen zur (kostenpflichtigen) Werbung im Internet etc. konkretisieren sowie deren Erfolg und Zukunftsaussichten bewerten.

Im letzten Frageteil werden alle Teilnehmer – auch die, die angegeben haben, keine eigene Webseite zu haben – zu ihren allgemeinen Zukunftseinschätzungen für den Tourismus in Deutschland sowie speziell zur Bedeutung des Internets für den Tourismus und die Reisebüros, als auch zu ihren Investitionsabsichten befragt.

Der vielschichtige Fragebogen lotst die Interview-Partner automatisch durch die mehrstufige Untersuchung. Je nach Teilnehmer und Branche kann der Fragebogen unterschiedlich umfangreich ausfallen. So variiert die Anzahl der Fragen selbst innerhalb eines Branchenteils in Abhängigkeit von den gegebenen Antworten des Unternehmens. Die mittlere Länge des Fragebogens umfasst 52 Fragen, die maximale Länge über 100 Fragen. Die durchschnittliche Beantwortungsdauer beträgt 32 Minuten. Sollte die Online-Befragung aus Zeitgründen durch den Anwender abgebrochen werden bevor er mit der Beantwortung fertig ist, kann er sich später erneut einloggen und an der Stelle fortfahren, an der die Befragung unterbrochen wurde. Dies ermöglicht dem Nutzer auch gewisse Daten, die ihm z. B. im Augenblick der Umfrage nicht konkret vorliegen oder geläufig sind, zu recherchieren.

5.1.5 Zentrale Ergebnisse zum touristischen Online-Marktpotenzial

In jeder Studie erfolgt am Anfang die aktuelle Analyse und Interpretation der soziodemographischen Struktur der Internet-Nutzer in Deutschland. Diese Analyse erfolgt über die Darstellung allgemeiner Entwicklungen und Tendenzen im Verlauf des jeweiligen Jahres, auf das sich die Studie bezieht (Sekundärforschung). Der Tourismus ist unbestreitbar eine Branche, deren Entwicklung nur schwer beeinflussbar und prognostizierbar ist. Besonders in den letzten Jahrzehnten waren Nachfrager wie Anbieter von tiefgreifenden Veränderungen betroffen. Auf der Seite der Anbieter gaben zum größten Teil technologische Neuerungen den Ausschlag, allen voran die Entwicklung des Internets, wohingegen die Nachfragerseite von sozialem und gesellschaftlichem Wandel geprägt war. Diese z. T. enormen Neuerungen setzten in den frühen 90er Jahren ein. Ausschlaggebend dafür waren sicherlich die soziopolitischen Veränderungen, die unsere Welt quasi „vergrößerten", neue Märkte entstehen ließen, und letzten Endes zur heutigen globalisierten Welt führten. Doch nicht nur die Globalisierung hat zur heutigen veränderten Welt beigetragen, sondern auch die Hersteller bzw. Anbieter selbst: Der Konsument kann nur das nachfragen, was ihm an Leistungen angeboten wird, folglich setzt eine Veränderung der Nachfrage auch immer eine Veränderung des Angebots voraus. Die Zunahme der Auswahlmöglichkeiten für den Konsumenten sowie die Globalisierung haben aber neben zahlreichen positiven auch negative Aspekte: Der Konsument empfindet es einerseits als positiv, dass er mehr Wahlmöglichkeiten hat (Multioptionalität), gleichzeitig aber unterliegt er auch einer größer werdenden Beeinflussung von außen, wodurch die Gefahr steigt, dass sein Konsumverhalten hybrider wird.

Über das Online-Umsatzvolumen des Reisemarktes gibt es sehr unterschiedliche Ansichten, was zum einen an den teils sehr ungleichen Berechnungsbasen liegt, zum anderen aber auf das doch recht uneinheitliche Verständnis zurückzuführen ist, was denn alles genau unter dem Begriff „touristischer Online-Umsatz„ subsumiert werden kann und soll. Abbildung 5.1.1 stellt schematisch die Zusammensetzung des touristischen Gesamtumsatzes dar und trennt cxplizit in Online- und Offline-Umsätze, wobei sich letztere aus dem klassischen Reisevertrieb (Reisebüros) sowie dem klassischen Direktvertrieb, zusammensetzen.

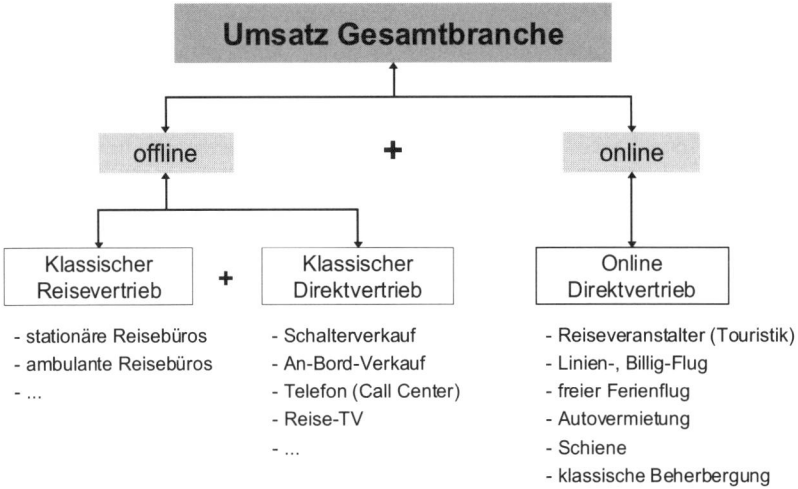

Abb. 5.1.1 Zusammensetzung der Branchenumsätze
Quelle: Rossmann/Donner Web-Tourismus 2004 – 2009

5.1 Überblick Web-Tourismus – Trends und Fakten

Hierbei kann unterschieden werden in primären touristischen Online-Umsatz und in derivativen touristischen Online-Umsatz. Unter derivative, touristische Online-Umsätze fallen alle branchennahen, ergänzenden oder flankierenden Umsätze, die nicht zwingend mit einer primären touristischen Leistung verbunden sein müssen. Dies kann z. B. der Online-Verkauf von Reiseführern, Versicherungen, Eintrittskarten usw. sein (sogenannter Freizeit / Leisure-Bereich). Web-Tourismus erhebt lediglich Daten zum primären touristischen Online-Umsatz aller von Inländern und Ausländern in Deutschland generierten Umsätze (vgl. www.web-tourismus.de/gewusstwie-definitionen.asp): „Unter dem Begriff ‚primärer touristischer Online-Umsatz‘ werden alle über eine webbasierte Technologie realisierten Umsätze verstanden, die von touristischen Leistungsträgern aus den Bereichen Transport (Luft, Schiene, Wasser, Straße) und Beherbergung sowie den Reiseveranstaltern für selbstständige, marktfähige Leistungen erwirtschaftet werden, die mit der Bereitstellung oder Verfügbarmachung von touristischen (Teil-)Leistungen (Mobilität, Kapazitäten) zur Reise verbunden sind und von einem Endverbraucher selbständig gebucht wurden. Dabei spielt es keine Rolle, ob es sich um touristische Leistungen für private oder geschäftliche Zwecke handelt."

Da die Zahlen und Fakten zu den Online-Umsätzen und -Quoten stets das größte Interesse erregen und sowohl auf Seiten der Tourismuswirtschaft wie auch der Presse am meisten diskutiert werden, sollen nachfolgend einige zentrale Rahmendaten vorgestellt und interpretiert werden, um damit eine Vorstellung von den Größenordnungen des deutschen, touristischen Online-Marktes zu geben.

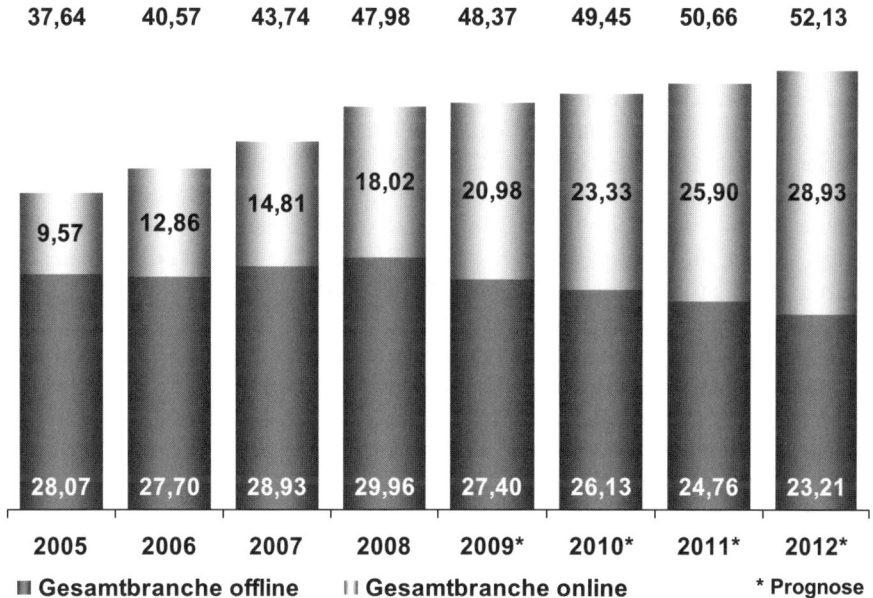

Abb. 5.1.1 Umsatzentwicklung Gesamtbranche on- und offline 2005 bis 2012
Quelle: Rossmann/Donner Web-Tourismus 2004 - 2009

Aus Abbildung 5.1.2 geht hervor, dass 2008 im Online-Tourismus insgesamt (Gesamtbranche) 18,02 Mrd. Euro umgesetzt wurden. Damit liegt der 2008 erzielte Online-Umsatz der Gesamtbranche von 18,02 Mrd. Euro um rund 3,9 % über den Prognosen des Vorjahrs. Über den klassischen Reisevertrieb (Reisebüros) sowie den Direktvertrieb (klassisch und online) wurde im Jahre 2008 ein Gesamtbranchen-Umsatz von 47,98 Mrd. Euro erwirtschaftet, wovon inzwischen gut über ein Drittel (37,6%) aller in Deutschland erwirtschafteten Umsätze im Tourismus über webbasierte Lösungen verwirklicht werden. Nicht enthalten in den 18,02 Mrd. Euro sind die durch Online-Reisebüros oder Reiseportale erwirtschafteten bzw. vermittelten Umsätze, sofern die Online-Reisebüros im Sinne eines klassischen Reisebüros nur als Mittler tätig sind und Reisen des Veranstalterlagers online makeln. Da gemakelte Reisen im Ursprung bei den Leistungsträgern/Veranstaltern entstehen (vgl. Abb. 5.1.1), werden sie auch diesen als Online-Umsatz zugerechnet, wodurch eine Doppelerfassung der Umsätze vermieden wird[2]. Im Vergleich zum Jahr 2007 wuchsen die gesamten Online-Umsätze um 21,7 % (2007 zu 2006: 15%). Parallel dazu stieg auch erneut der Gesamtbranchen-Umsatz deutlich an, nämlich um rund 4,25 Mrd. Euro (+9,7%). Dieser „starke" Anstieg ist nur z. T. auf eine entsprechend positive Marktentwicklung zurückzuführen. Etwa 3,1 Mrd. Euro gehen auf „echte" touristische Online-Zuwächse zurück, rund 1,1 Mrd. im Bereich der Beherbergung, knapp eine Mrd. auf Zuwächse bei den Veranstaltern (Touristik) und rund 0,6 Mrd. auf Zuwächse im Flugsektor. Weitere 0,5 Mrd. Euro werden durch die exaktere Erfassung von in Deutschland erzielten Umsätzen ausländischer Unternehmen, insbesondere im Bereich Linien- und Billigflug, erklärt. Rund 0,6 Mrd. Euro ergeben sich durch Preissteigerungsmaßnahmen und Zuwächse vor allem im Offline-Bereich. Im Jahr 2009 ist – trotz Wirtschaftskrise und verstärkter „realer" Einbußen – nominal mit einem marginalen Anstieg des Gesamtbranchen-Umsatzes auf 48,37 Mrd. Euro (0,8 %) zu rechnen. Insgesamt kann bis 2012 von einem kontinuierlichen Anstieg des Gesamtbranchenumsatzes ausgegangen werden, der sich überwiegend auf das Wachstum innerhalb der Branchen Transport und Hotel, also die primären Leistungsträger, stützt. Dem anhaltenden Wachstum zugrunde liegt dabei der Trend zu vermehrten Spontan- und Kurzreisen, oftmals in Form einer Städtereise über ein verlängertes Wochenende[3]. Dabei handelt es sich um ein Reisepotenzial, welches erst durch die Billigflieger in dieser Form geschaffen wurde. Billigflieger kreierten einen „anderen" Markt, der aus Reisenden besteht, die sozusagen am klassischen Veranstalter „vorbei reisen" und so die Chance nutzen, möglichst günstig attraktive Städte oder Destinationen in Europa zu besuchen.

Von dem für 2009 prognostizierten Gesamtbranchen-Umsatz von über 48 Mrd. Euro werden 20,98 Mrd. Euro auf den Online-Bereich fallen. Damit werden dann bald die Hälfte (43,2 %) aller touristischen Umsätze in Deutschland über webbasierte Technologien abgewickelt. Der Online-Umsatzanteil wird auch in den kommenden Jahren anwachsen mit immer noch zweistelligen Raten. Allerdings konnte bereits 2007 ein deutlich, schwächeres Wachstum festgestellt werden als in den Jahren zuvor. Für die kommenden Jahre muß mit einer ähnlichen

---

[2] Die „Problematik der Doppelerfassung" ist häufig die Ursache für publizierte, abweichende Zahlen zum Onlineumsatz.

[3] Besonders in Krisenzeiten zeigt die Nachfrage nach Spontanreisen (Last-Minute) häufig eine steigende Tendenz (vgl. Abschnitt 5.1.7).

Entwicklung gerechnet werden. Betrug das Wachstum 2003 noch fast 64 % gegenüber 2002, so betrug es 2008 nur noch rund 22 % gegenüber 2007 und wird 2009 etwa 16 % und 2012 nur noch knapp zweistellig bei etwas mehr als 11 % liegen. Im Jahr 2012 wird der Online-Umsatzanteil voraussichtlich knapp über die Hälfte (55,5 %) des gesamten Branchenumsatzes betragen, doch es muß abermals darauf hingewiesen werden, dass die Entwicklung der Online-Umsatzquote sehr technik- und branchenabhängig ist. Ein Anteil von 50 % aller Branchenumsätze für das Onlinemedium in den kommenden Jahren ist mit Sicherheit realistisch und mag für den einen oder anderen vielleicht sogar erschreckend wirken. Allerdings sei hierzu angemerkt, dass die Höhe des Online-Umsatzanteils auch sehr stark von der jeweiligen Teilbranche abhängt. Der gesamte Transportbereich zeigt bereits heute, wie schnell sich der Onlineanteil vergrößert. Da touristische Beherbergung und Transport in Deutschland insgesamt mehr als 50 % des Gesamtbranchenumsatzes erwirtschaften, ist der Online-Umsatzanteil folglich stark an die Quoten dieser beiden Teilbranchen gekoppelt. Je stärker das Onlinemedium hier vertreten ist, desto größer ist auch der Gesamtbranchen-Online-Umsatzanteil. Und dieser ist wiederum stark abhängig von der Art der angebotenen Leistung. Je „einfacher" und „verständlicher", also je „weniger erklärungsbedürftig" eine touristische Leistung ist, desto eher wird sie via Web abgesetzt. Für Unternehmen erhöht diese Tatsache den Anreiz, in webbasierte Systeme zu investieren, denn dadurch werden Prozesskosten und Provisionen eingespart, was sich wiederum positiv auf die eigene Rendite auswirkt. Und gerade hier punkten vor allem Transport- und Beherbergungsleistungen mit ihren vergleichbar einfachen Leistungen.

Dies wird in Zukunft dazu führen, dass besonders in den Bereichen Transport und mit etwas Verspätung auch in der Beherbergung die Mehrheit aller Umsätze über webbasierte Lösungen erwirtschaftet werden, während es in anderen Teilbranchen eine „natürliche Grenze" geben wird. Diese natürliche Grenze, auch natürliche Sättigung genannt, wird im Bereich der Pauschalreisen – ob nun darunter eine klassische Pauschalreise verstanden wird oder eine individualisierte Bausteinreise gemäß dem Dynamic-Packaging-Prinzip, spielt keine Rolle – voraussichtlich zwischen 45 % und 60 % liegen. Es wird in absehbarer Zukunft kaum ein größerer Anteil online vertrieben werden können, da es auch zukünftig immer Menschen geben wird, die ihre Reise im Reisebüro buchen wollen, egal, wieviel positive Erfahrung sie bereits mit dem E-Commerce gesammelt haben. Doch damit die Veranstalter-Quote in diese Höhen klettert, sind noch einige wesentliche Veränderungen anbieter- wie nachfragerseitig notwendig. Es handelt sich also um eine langfristige Vision, die darüber hinaus auch noch von nur schwer vorhersagbaren Trends abhängig ist, wie z. B. dem Ende des aktuell üblichen Provisionsmodells, welches mit Sicherheit nachhaltig auf die Online-Umsatzquote wirken würde. Wenn man also berücksichtigt, dass die Veranstalter-Online-Umsatzquote 2008 bei rund 18,5 % liegt und für das Jahr 2012 mit um die 31,5 % prognostiziert wird, kann man erahnen, dass es sich in dieser Teilbranche nur um eine eher langsame Entwicklung handelt. Die Entwicklung der Online-Quote in der Transportbranche unterliegt dahingegen einer wesentlich stärkeren Dynamik. Es spricht nichts dagegen, dass in Zukunft über 90 % aller Flug- und Bahntickets über webbasierte Technologien umgesetzt werden. Touristische Kernleistungen wie Transport und Übernachtung bieten sich gerade deshalb hervorragend für hohe Onlinequoten an, sofern sie auch singulär gebucht werden. Bereits heute machen es die Billigflieger vor, die mit sehr hohen Online-Umsatzquoten agieren. Die Dominanz des

Transportsektors ist also weiterhin ungebrochen. Mit seiner hohen Wachstumsdynamik wird er auch in Zukunft den Großteil des touristischen Online-Marktes auf sich vereinigen und sich im Vergleich zu den anderen beiden Branchen überdurchschnittlich entwickeln.

Abbildung 5.1.3 zeigt die Verteilung der Marktanteile der Gesamtbranche nach erzielten Online- und Nicht-Online-Umsätzen[4]. Im Jahre 2005 dominierte der Nicht-Online-Markt mit 74,6 %; 2002 waren es noch über 90 %. In den vergangenen drei Jahren hat er jedoch rund 15 %-Punkte abgeben müssen. Im Jahre 2008 wurden rund 38 % aller touristischen Umsätze über das Internet erzielt, der Trend spricht auch in Zukunft für das Internet. 2009 werden weit mehr als ein Drittel der Gesamtbranchenumsätze via webbasierte Lösungen generiert werden, 2012 ist zu erwarten, dass die 50 %-Marke überschritten sein wird.

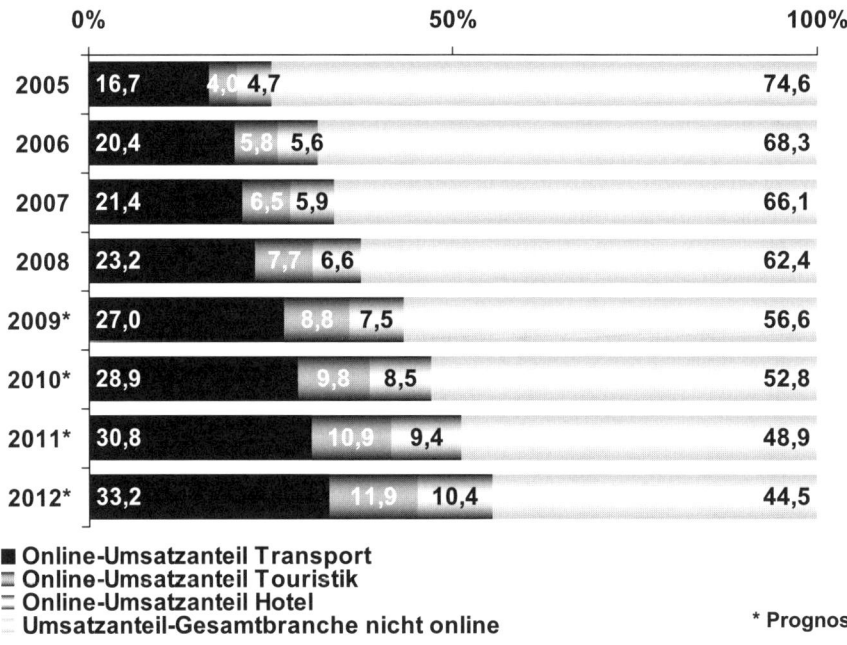

Abb. 5.1.2 Marktanteile der Gesamtbranche in Online- und Offline-Umsatz 2005 bis 2012 in %
Quelle: Rossmann/Donner Web-Tourismus 2004 - 2009

Aus Abbildung 5.1.3 ist ebenfalls zu entnehmen, wie die Reiseveranstalter mit ihrer Online-Umsatzquote hinter die Beherbergung zurückfielen, aber auch, wie sie sich ab dem Jahr 2006 erstarkt zurückgemeldet haben. In den kommenden Jahren ist daher von einer etwas besseren Umsatzquote der Veranstalter im Vergleich zur Beherbergung zu rechnen, obgleich die Beherbergung über die besseren Potenziale für eine höhere Online-Quote verfügt (Einfachheit der angebotenen Leistung). Allerdings ist die Fragmentierung des Beherbergungsmarktes in

---

[4] Offline-Umsätze + Umsätze aus dem klassischen Direktvertrieb.

Deutschland sehr stark ausgeprägt, weshalb vor allem kleinere Betriebe, die (noch) nicht mit Online-Buchungssystemen arbeiten, dafür sorgen, dass die Quote nicht höher ausfällt. Sofern also die Beherbergungsbranche nicht vermehrt in den Onlinevertrieb investiert, wird sich daran auch nichts ändern. Der Transport baut seinen Online-Umsatzanteil am deutlichsten aus; 2010 werden allein die Transportunternehmen schon fast ein Drittel aller Tourismusumsätze online erwirtschaften.

Eine interessante Frage ist auch stets die Verteilung der Gesamtbranchen-Umsätze nach den Vertriebsarten. Abbildung 5.1.4 zeigt deutlich das Schrumpfen des klassischen Reisevertriebs. Im Jahr 2008 stieg die Direktvertriebsquote um rund 2,9 %-Punkte auf 51,5 % an. 48,6 % des insgesamt 47,98 Mrd. Euro Gesamtbranchen-Umsatzes wurden über den klassischen Reisevertrieb (Reisebüros) erwirtschaftet, was rund 23,3 Mrd. Euro entspricht. Der Direktvertrieb (Online-Direktvertrieb + klassischer Direktvertrieb) wird auch in den kommenden Jahren weiter ansteigen, wenn auch leicht abgebremst im Vergleich zu den Jahren zwischen 2000 und 2003. Seit dem Jahr 2008 laufen etwas mehr als die Hälfte aller touristischen Umsätze über Direktvertriebskanäle. Zum Vergleich sei erwähnt, dass 1999 fast 75 % aller Umsätze über Reisebüros erzielt wurden. Innerhalb von acht Jahren hat der klassische Reisevertrieb über 20 %-Punkte an die neuen Vertriebswege verloren.

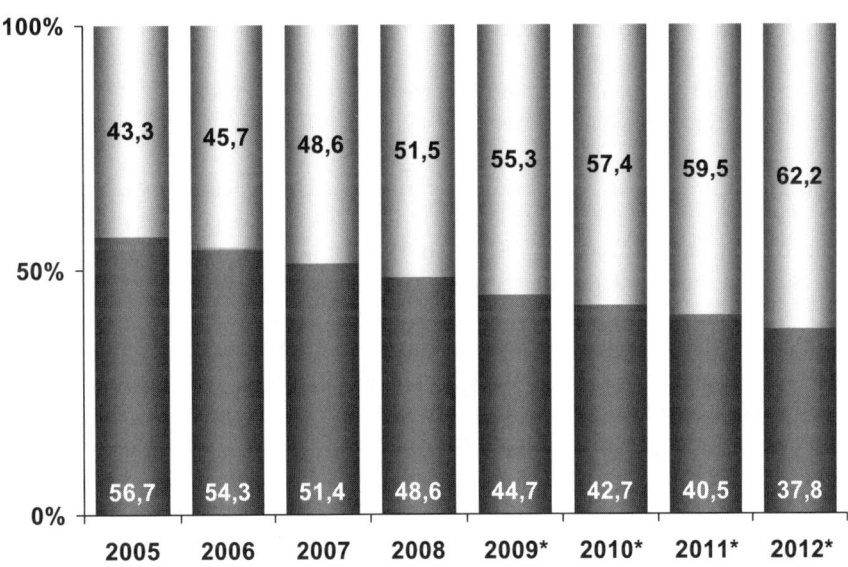

Abb. 5.1.3   Gesamtbranchen-Umsätze nach Vertriebsarten 2004 bis 2011 in %
Quelle: Rossmann/Donner Web-Tourismus 2004 - 2009

5.1.6 Touristische Online-Trends und Entwicklungen

Interessant ist auch der Einfluss der Veranstaltergröße auf online generierte Umsätze. Die großen Reiseveranstalter erzielen online die größten absoluten Umsätze, doch (noch) agieren kleinere Veranstalter z. T. mit besseren Quoten im Online-Markt. Sehr kleine Veranstalter gehören unter anderem zu den erfolgreichsten im Internet, da es sich bei ihnen meist um Anbieter mit einer hohen Spezialisierung handelt. Beachtenswert ist auch die Wachstumsrate der „zweiten Garde" der Veranstalter (der Top 11-20). Zusammenfassend kann über den Verlauf mehrerer Jahre festgehalten werden: je kleiner ein Veranstalter ist, desto größer ist sein webbasierter Umsatzanteil.

Die Transportunternehmen sind von Anfang an die Spitzenreiter im Online-Geschäft, und erzielten stets die größten Online-Umsätze. Dies liegt mitunter an ihrer geschichtlichen „Herkunft", denn gerade die Unternehmen der Transportbranche investierten bereits in den 1980er Jahren in computergestützte Reservierungssysteme (CRS/GDS), um so ihre Leistungen schnell global zu vertreiben. So war der Schritt ins neue Medium Internet nur ein kleiner, während sich insbesondere die Veranstalter lange Zeit sehr schwer damit taten. Mit einer seit Jahren stabilen Quote von um die 87 % erzielt wiederum der Bereich Flug innerhalb der Transportunternehmen den höchsten Online-Umsatz. Dieser Transportbereich ist für mehr als die Hälfte aller touristischen Online-Umsätze in Deutschland verantwortlich.

Nachfolgend sollen noch auf bekannte und wichtige Rahmendaten und Begriffe im Bereich des Online-Tourismus eingegangen werden.

- **Erfolgsfaktoren**: Nach Auswertung mehrjähriger Untersuchungen haben sich folgende vier Erfolgsfaktoren für den Online-Tourismus herauskristallisiert: Einfachheit, gutes Preis-Leistungs-Verhältnis, flexible Vielfalt und Markenstärke.
- **Psychologie**: Für die Tourismusbranche stellen vor allem die sich verändernden Verhaltensmuster und -präferenzen der Nachfrager ein Zukunftsproblem dar, nämlich vor allem hybrides Verhalten, Multioptionalität, die neue Kurzfristigkeit, Opportunismus sowie Schnäppchengier. Für all diese Punkte stellt gerade das Internet mit seiner hohen Transparenz und Aktualität die ideale Plattform dar.
- **Soziologie**: Mehrheitlich beschäftigen sich die Besserverdienenden und besser Ausgebildeten online mit dem Thema Reisen. Männer nutzen das Internet im Schnitt täglich deutlich länger als Frauen. Diese wiederum beschäftigen sich verstärkt mit dem Thema Reise und stellen auch die Mehrheit der Onlinebucher. Lediglich bei Hotelleistungen buchen Männer häufiger als Frauen.
- **Online-Auftritt**: In der heutigen Zeit verfügen nahezu alle Befragten über einen eigenen Auftritt im Internet, der von den meisten auch regelmäßig aktualisiert und gepflegt wird. Bei den sechs strategischen Kernelementen der Webseitenbewerbung hat sich an den Elementen nichts verändert, lediglich die Reihenfolge schwankt zwischen den Jahren. Mehr und mehr dominieren Links auf Fremd- oder Partnerwebseiten. Das Suchmaschinenmarketing rangiert auch unter den meist genutzten Bewerbungsmaßnahmen. Danach folgen der Weg über ein stringentes Corporate Design und die Werbung in Printmedien.

Für nahezu alle Anbieter sind die Aspekte rund um die Navigation und die Schnelligkeit die wichtigsten Elemente für einen erfolgreichen Webauftritt.
- **Online-Zielgruppen insgesamt**: Mehr und mehr Unternehmen beabsichtigen, mit ihrem Web-Auftritt eine bestimmte Zielgruppe anzusprechen. Zu den in den letzten Jahren neu gewonnenen Zielgruppen zählen beispielsweise die jungen Leute, die Internetaffinen und internationale Touristen. In Bezug auf die Interessensgebiete der Online-Zielgruppen fällt ein signifikanter Überhang im Bereich der Kulturinteressierten auf.
- **Datenerfassung der Online-Nutzer**: Knapp zwei Drittel der befragten Tourismusunternehmen erfassten 2007 überhaupt keine Daten und Profile ihrer Webbesucher. Für die Unternehmen, die Daten ihrer Webseiten-Besucher sammeln, sind soziodemografische Daten sowie deren Reiseinteressen neben persönlichen Daten bei bestehenden Kunden von größtem Interesse.
- **Profitabelste Online-Reiseleistung**: Als profitabelste Online-Reiseleistungen gelten die reine Transportleistung sowie die individualisierte Pauschalreise (Dynamic Packaging).
- **Conversion[5]- und Look-to-Book-Rate**: hier gilt im Allgemeinen, je kleiner und spezialisierter Unternehmen sind, desto größer sind die beiden Quoten.
- **Abbruchquote**: Hier lässt sich ein über die Jahre hinweg stabiler Wert feststellen. Gut ein Drittel aller relevant aufgerufenen Buchungsassistenten werden während der Online-Buchung ohne eine Buchung zu erzielen wieder geschlossen, womit die Buchungssitzung als abgebrochen gilt.

5.1.7 Touristischer E-Commerce

Im Endkonsumenten-E-Commerce (B2C) ist der Tourismus schon seit Jahren die dominierende Branche. So schwankt die E-Commerce-Quote im B2C-Bereich stets relativ konstant in einem Intervall von rund 20 %-30 % (vgl. Rossmann/Donner Web-Tourismus 2002-2009). Die nach wie vor zweistelligen Wachstumsraten beweisen, dass es sich um einen sehr lukrativen Geschäftsbereich handelt. Insgesamt entwickelt sich das Thema Urlaub und Reisen im Internet sehr vielversprechend, und selbst wenn absolut betrachtet Bücher, CDs oder Online-Auktionen auch in Zukunft weiterhin die vorderen Plätze unter den online georderten Produkten belegen werden, so dominiert die Tourismusbranche den Online-Umsatz im B2C-Bereich deutlich auf Grund der höheren Stückpreise. Betrachtet man die einzelnen Branchen des Tourismus etwas genauer (vgl. zu folgendem Rossmann Last-Minute-Reisen 2004-2008), so hat die Pauschalreise ihre Spitzenposition als meistverkaufte Leistung der Reiseveranstalter weiter ausbauen können. Bei den Portalen hingegen rangieren die Hotelzimmer auf dem ersten Platz. Am deutlichsten verloren in den vergangen Jahren die Flugtickets sowie die Last-Minute-Reise, wenngleich letztere für die Portale nach wie vor eine ideale Leistung darstellt, die sich effizient über das Internet vertreiben lässt. Interessanterweise läßt

---

[5] Häufig kommt es zu Verwechslungen bei den Begriffen Conversion-Rate und Look-to-Book-Quote. Die Conversion-Rate (nicht identisch mit der Look-to-Book-Quote) bewertet die Wirtschaftlichkeit einer speziellen Online-Aktion/Maßnahme (z. B. Banner, Adwords, Newsletteraussendung etc.). Eine Conversion-Rate von 2% besagt, dass von 100 Webseitenbesuchern (Visits) aufgrund einer speziellen Online-Maßnahme 2 umsatzrelevante Aktionen (z. B. Buchung oder Bestellung etc.) generiert wurden. Die Look-to-Book-Quote setzt dagegen alle Besuche eines Webauftrittes zu den tatsächlich erfolgten Buchungen in Beziehung.

sich in Zeiten eines schlechter werdenden Konsumklimas häufig ein Anstieg der Last-Minute-Aktivitäten verzeichnen, was damit erklärt werden kann, dass die Nachfrager abwarten und sensibler auf ihre klammen Haushaltskassen reagieren was dazu führt, dass sehr spontan und lieber später (also kurzfristiger vor Reiseantritt) gebucht wird. Was die Beliebtheit der möglichen und tatsächlich genutzten Zahlungsformen auf den touristischen Webseiten anbelangt, hat sich über die letzten Jahre nichts Grundlegendes geändert.

Die klassische Rechnungsstellung als Zahlungsform ist immer noch die beliebteste Möglichkeit bei den Deutschen und rangiert deutlich vor der Zahlung per Kreditkarte, wie es im Ausland eher üblich ist. Die so genannte E-Rechnung, also der Versand der klassischen Rechnung per E-Mail, mit anschließender Überweisung erfreut sich jedoch einer wachsenden Beliebtheit. Der Großteil der jährlich Befragten verwendet nur einen einzigen Buchungsassistenten. Wenige gaben an, dass sie mehrere Buchungsplattformen parallel auf ihren Webseiten oder nur einen fremden Buchungsassistenten verwenden. Im Zuge der Prozessoptimierung interessiert stets auch die Frage, wie viel Kundenverkehr bereits online abgewickelt wird. Dies beinhaltet neben der klassischen Online-Buchung auch den gesamten Schriftverkehr, Bestätigungen, Reklamationen, E-Tickets, Anfragen usw. Dieser Anteil steigt seit Jahren langsam aber kontinuierlich an und bestätigt u.a. den prozessvereinfachenden und -optimierenden Gedanken. Der Großteil aller Befragten ist sich darüber einig, dass Sicherheitszertifikate / Gütesiegel einen positiven Einfluss auf die Online-Buchung haben und damit das Vertrauen in die Anbieter und den E-Commerce fördern. Über die Nützlichkeit von Sicherheitszertifikaten ist sich der Großteil der Tourismuswirtschaft einig, doch sagt das noch nichts über die tatsächliche Nutzung aus.

Was kostenpflichtige Online-Werbemaßnahmen betrifft, präsentieren sich die Online-Reisebüros wie schon all die Jahre zuvor am werbefreudigsten. Da gerade in diesem Markt ein hoher Wettbewerbsdruck herrscht, zeigt sich dies auch in verstärkten Werbemaßnahmen. Um nicht nur dem Druck in der eigenen Branche zu begegnen, sondern um sich auch gegen die gesteigerten Eigenvertriebsmaßnahmen seitens der Leistungsträger selbst und der Veranstalter zu behaupten, sind die Portale auf alle Arten von Werbemaßnahmen angewiesen. Darüber hinaus fördert ein solches Vorgehen auch die Markenbildung beim Konsumenten, die sich letztlich wieder in höherem Umsatz und somit besserer Verhandlungsposition gegenüber den Leistungserstellern auszahlt. Untersucht man genauer, welche Art Online-Werbung von den Unternehmen derzeit präferiert wird, zeigt sich, dass das Suchmaschinenmarketing und hier speziell die Schaltung sogenannter Google Adwords bevorzugt angewendet wird und somit unverändert als die wichtigste Online-Maßnahme angesehen werden kann.

Quellen:

Kindig, L., Compare and contrast – Combining online and traditional methods to enhance qualitative studies, in: Quirk's Marketing Research Review. June 2002, www.quirks.com/articles/article.asp?arg_ArticleId=1008, 26.01.2005

Maginnis, C., Online sample – Can you trust it? in: Quirk's Marketing Research Review. July 2003, www.quirks.com/articles/article.asp?arg_ArticleId=1139, 07.03.2005

Rossmann, D., Freizeitparks und strategisches Marketing, Ulysses, München 2009

Rossmann, D., Fit im Tourismus, Ulysses, München 2008

Rossmann, D., Donner, R., Web-Tourismus 2002 - 2009, Ulysses, München 2002 - 2009

Rossmann, D., Last-Minute-Reisen 2004 - 2008, Ulysses, München 2004 - 2008

Seitz, E., Meyer, W., Rossmann, D., Bayrle, M., Tourismusmarktforschung, 2. Aufl., Vahlen, München 2006

http://www.web-tourismus.de

5.2 Grundlagen zum Electronic Business und Online-Marketing

Prof. Dr. Uwe Weithöner

Electronic Business, kurz E-Business, ist der Oberbegriff für die elektronische, IT-basierte Automatisierung interner und externer Unternehmensprozesse mit dem Ziel betriebswirtschaftlich optimaler Prozessketten und -vernetzungen. Electronic Tourism, kurz **E-Tourism**, ist die branchen-spezifische tourismuswirtschaftliche Ausprägung des E-Business. Die elektronischen informationstechnologischen Systeme automatisieren bzw. unterstützen die Prozessabläufe und Kommunikationen auf Basis der Internet-Technologie. In diese Prozesse werden datenbankbasierte Systeme, z. B. Warenwirtschaftssysteme (vgl. z. B. Kap. 2.3) oder Reservierungssysteme (vgl. z. B. Kap. 2.5), eingebunden, sie automatisieren die Durchführung der jeweiligen Prozess-Stufen im Front-, Mid- und Backoffice des Unternehmens. Business Travel-Management-Systeme, die von weltweit operierenden Unternehmen zum Geschäftsreise-Management genutzt werden (vgl. Kap. 4.4), sind tourismuswirtschaftliche Beispiele für umfassende E-Business-Systeme, die durch die Automatisierung auch unternehmensinterner Prozesse über die folgende Definition zum E-Commerce hinausgehen (vgl. Weithöner 2008, S. 343ff).

Als **E-Commerce** kann die Teilmenge des E-Business bezeichnet werden, deren Prozesse ausgerichtet sind auf die Vermarktung, die Beschaffung und den Handel von Produkten, inklusive Dienstleistungen. E-Commerce wird hier nicht im engen Sinne einer konkreten Verkaufs- oder Vermittlungstransaktion gesehen, wie z. B. die Reservierung einer Reise, sondern der Begriff umfasst alle Beschaffungs- und Vermarktungsaktivitäten in Bezug auf zukünftige, potentielle und aktuelle Geschäftspartner sowie in Bezug auf Partner der Vergangenheit, wenn sie auch für zukünftige Aktivitäten als Teil einer relevanten Zielgruppe Bedeutung haben.

In dieser weiten Auslegung kann der Begriff E-Commerce nicht trennscharf vom Begriff des elektronischen Marketings, E-Marketing oder **Online-Marketing**, unterschieden werden, wenn auch die Marketingprozesse im Sinne aller an den Geschäftspartnern orientierten Prozesse verstanden werden. In diesem Beitrag soll aber der Begriff Online-Marketing in Bezug auf die Kunden- und Absatzorientierung und weniger in Bezug auf den Beschaffungsmarkt verwendet werden.

Die Bedeutung des Internets zum Reisevertrieb bzw. des tourismuswirtschaftlichen E-Commerce, ist mit der Verbreitung des Internet-Dienstes **World Wide Web** (WWW) in den letzten 15 Jahren rasant gewachsen. Diese Bedeutung wird regelmäßig in Marktforschungsstudien analysiert, wobei die lange vorherrschende grundsätzliche Fragestellung, ob das Internet als Online-Vertriebsweg von den Reisekunden akzeptiert und damit zu strukturellen Veränderungen im Reisevertrieb führen wird, durch die gewachsenen hohen Nutzungszahlen und Online-Umsätze und trotz ihrer Unterschiede in den Segmenten der Tourismusbranche positiv beantwortet wird. Heute und in Zukunft stehen die Fragen im Vordergrund, wie das Internet durch die relevanten Zielgruppen genutzt wird, welche neuen Dienste und Netzwerke im World Wide Web (z. B. Web 2.0) entstehen und welche neuen Technologien in Kombination mit dem Internet genutzt werden (z. B. Mobile Commerce).

Als relevante Quellen zur Online-Marktforschung und zu Online-Marktstudien seinen z. B. genannt die jährlich durchgeführte Reiseanalyse der Forschungsgemeinschaft Urlaub und Reise (www.fur.de), die regelmäßige Zusammenfassung zum tourismuswirtschaftlichen E-Commerce des Verbands Internet Reisevertrieb (www.v-i-r.de), die Studien der GfK Panel Services Deutschland (www.gfk.de), die Benutzeranalysen unter www.w3b.org, der (N)ONLINER-Atlas (www.initiatived21.de), der Bundesverband Informationswirtschaft, Telekommunikation und neue Medien (www.bitkom.org) sowie Kapitel 5.1.

Die folgenden Erläuterungen greifen die grundlegenden Internet-Standards auf, jedoch nicht in einer technischen Sicht und Darstellung sondern mit ihrem Rahmen gebenden Bezug zum E-Commerce und Online-Marketing. Zur Vertiefung der technischen Grundlagen vgl. Hansen/Neumann 2005, S. 559ff. Auch die rechtlichen Rahmenbedingungen des E-Commerce können in diesem Beitrag nicht eingehend behandelt werden, vgl. hierzu: Lehmann/Meents 2008 oder Härting 2008 bzw. speziell für den Tourismus Führich 2006.

5.2.1 Informationstechnologische Grundlagen zum E-Business und Online-Marketing

Das Internet ist im Grundsatz ein offenes und dezentrales Netzwerk. Es gibt keine zentralen Besitzverhältnisse, Leitungs-, Steuerungs- und Kontrollstrukturen, sondern es basiert auf der Akzeptanz technologischer Standards und ihrer Weiterentwicklungen im Verbund seiner Teilnehmer. Diese Standards sind weltweit offen zugänglich, so dass die IT-Systeme und ihre Komponenten (z. B. Hardware, Software, Netzwerke) kompatibel entwickelt und eingesetzt werden konnen. Die Kommunikations- und Technologiestandards des Internets zum Senden, Übertragen und Empfangen von Daten über diverse physikalische Telekommunikationsnetze werden im Transmission Control Protocol/Internet Protocol – TCP/IP) zusammengefasst. TCP/IP ist die Basis, auf der die speziellen Standardisierungen für die internetbasierten Dienste aufbauen (z. B. World Wide Web mit dem http - Hypertext Transport Protocol oder E-Mail mit dem smtp – Simple Mail Transport Protocol). Das World Wide Web-Consortium W3C, dem weltweit ca. 350 bedeutende Unternehmen und Organisationen angehören, fungiert als empfehlende Standardisierungsinstitution zur technologischen Weiterentwicklung des kundenorientierten Internet-Dienstes World Wide Web (www.w3c.org).

Das Internet hat die Topologie bzw. den Aufbau eines Maschennetzes. Bei einem Maschennetz sind Hauptverkehrsknoten zur Datenkommunikation i.d.R. mit mehreren anderen Hauptverkehrsknoten direkt über Hochgeschwindigkeitsleitungen (Backbone) verbunden. Daraus ergeben sich redundante bzw. alternative Verbindungswege, ein Grundprinzip des Internets. Die Hauptverkehrsknoten und die sie weltweit verbindenden Backbone-Leitungen werden jeweils betrieben von großen internationalen IT-Dienstleistern, **Internet-Service-Providern**. Sie vermaschen sich auf diese Weise zu einem globalen Hochgeschwindigkeitsnetzverbund. Diese und kooperierende kleinere Internet-Service-Provider ermöglichen den Nutzern (Kunde/Client und Anbieter/Server) den Zugang zu den Internet-Diensten und realisieren die Dienste und Kommunikationen technisch, inklusive technischer Datenschutz gegen unberechtigte Zugriffe (z. B. Firewall) und technischer Datensicherheit (z. B. Virenschutz). Abbildung 5.2.1 gibt einen entsprechenden Überblick.

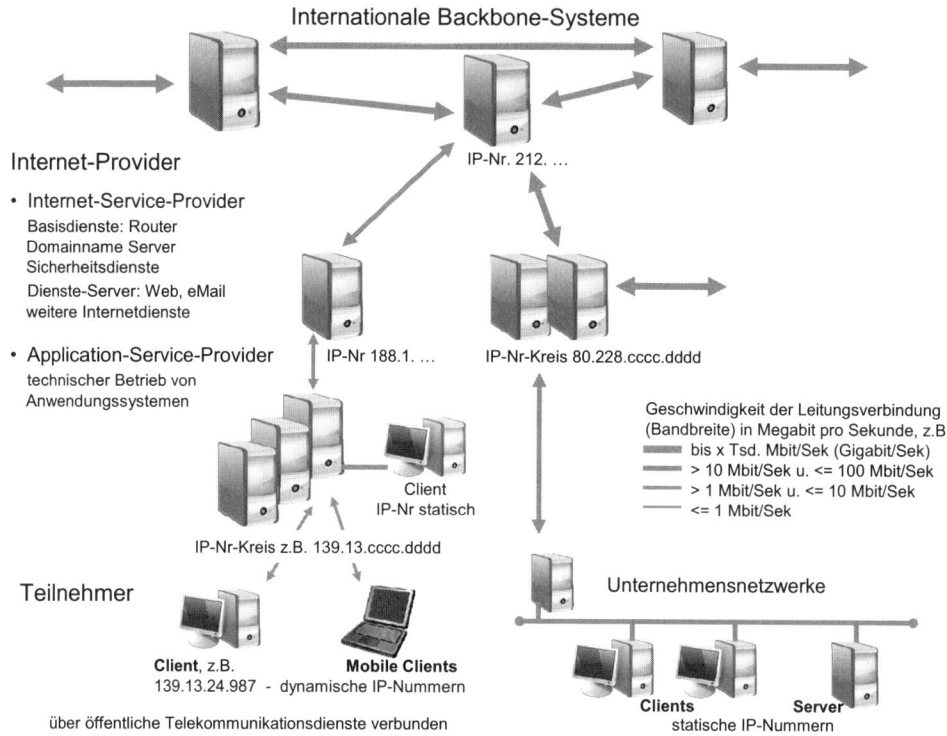

Abb. 5.2.1 Modell zum global vermaschten Netzwerk-Verbund – Internet

In den Netzwerkknoten, beginnend beim Internet-Nutzer und in den verbindenden Knoten der Provider werden zum Versenden, zum Empfangen und zum Weiterleiten automatisiert arbeitende Router eingesetzt. Die zu kommunizierenden Daten werden in Datenpakete von standardisierter Größe aufgeteilt, die mit den gemäß Standard vergebenen Adressen des Senders und des Empfängers versehen werden (IP-Nummern bzw. IP-Adressen). Die Router empfangen diese Datenpakete und leiten sie im Netzwerkverbund weiter, bis sie ihren Empfänger gemäß IP-Adresse erreicht haben. Abbildung 5.2.1 zeigt, dass es alternative/redundante Verbindungswege zum Datentranfer gibt. Die Router kommunizieren dazu untereinander, um automatisiert freie und performante Wege auszuwählen.

Das **Routing** kann sich folglich zwischen den Datenpaketen sowie zwischen den Kommunikationsprozessen derselben Partner unterscheiden. Daher gibt es vom Grundsatz her im offenen Internet keine eindeutig definierten und damit kontrollierbaren und nachvollziehbaren Verbindungswege, ein Risikofaktor für rechtswirksame Geschäftsprozesse mit datenschutzsensiblen Daten. Soweit nicht zusätzliche Vorkehrungen getroffen werden, besteht ein weiterer Risikofaktor in diesem Zusammenhang darin, dass die Daten unverschlüsselt in einem jedermann zugänglichen Code binär dargestellt werden (ASCII – American Standard Code for Information Interchange bzw. seine Erweiterungen/Nachfolger wie z. B. Unicode). Jeder weiterleitende Router hat die Möglichkeit, die Daten zu kopieren, um sie ggf. zu missbrauchen oder zu verfälschen.

Die Internet-Provider übernehmen im Verbund auch organisatorische Aufgaben. Das Internet ist weltweit in hierarchisch strukturierte Verwaltungsbereiche aufgeteilt, die durch IP-Nummernkreise weltweit eindeutig abgegrenzt werden. Im Rahmen ihres jeweiligen IP-Nummernkreises/Adressraumes vergeben die Provider untergeordnete Nummern an die Systeme der Internetnutzer als deren IP-Adressen, im Format „aaa.bbb.ccc.ddd". Die Jade-Hochschule in Wilhelmshaven verwaltete z. B. als Provider den Adressraum 139.13.ccc.ddd und vergibt den Hochschul-Computern untergeordnete Adressen im dritten und vierten Segment des Formats. Diese IP-Adressen dienen der weltweit eindeutigen Adressierung zum Routing.[1]

Neben den bereits oben genannten Risiken des Routings für E-Commerce-Prozesse wird folgende zusätzliche Einschränkung deutlich. Die Kommunikationen erfolgen über IP-Nummern, die einem Computersystem, nicht aber einer konkret handelnden Person zugeordnet werden. Werden die **IP-Nummern** statisch, das heißt dauerhaft vergeben, kann zumindest rückblickend nachvollzogen werden, welche Endgeräte an einem zu überprüfenden Prozess beteiligt waren. Aber insbesondere Provider, die den Massenmarkt der Endkunden bedienen, vergeben die IP-Nummern dynamisch: Eine aktuell freie Nummer aus dem IP-Nummernkreis wird nur für die gewünschte Internet-Session des Clients und bis zu deren Beendigung vergeben. In Verbindung mit seiner dezentralen Offenheit ist das Internet damit ein anonymes Medium. Da es auch aus datenschutz-rechtlichen Gründen kaum möglich ist, die IP-Nummernvergabe zu protokollieren und nachträglich personenbezogen auszuwerten, sind zusätzliche Vorkehrungen erforderlich, um E-Commerce-Prozesse verbindlich und nachvollziehbar abzusichern oder sie zu personalisieren beispielsweise durch freiwillige Registrierung (Login) der Nutzer.

Auf Grundlage dieser Standards, die durch TCP/IP technisch detailliert beschrieben werden, werden Internet-Dienste mit ihren spezifischen Standards angeboten und genutzt, z. B. World Wide Web, E-Mail (SMTP/POP-Post Office Protocol, IMAP-Internet Message Access Protocol), Internet-Telefonie/Voice-over-IP (VoIP), Internet-Broadcasting mit IPTV und Internetradio sowie File Transfer (FTP- File Transfer Protocol). Da insbesondere aus Sicht der Endkunden diese Dienste im **World Wide Web** (WWW) integriert und via Web-Browser (Client-Software zur WWW-Nutzung) zugänglich gemacht werden, wird im Folgenden das Web im Sinne dieser Dienste-Integration betrachtet.

Die Teilnahme am World Wide Web erfolgt in unterschiedlichen Rollen (vgl. Abb. 5.2.1):

---

[1] Der Verfasser empfiehlt, in der zeichenorientierten Eingabeaufforderung des Windows-Betriebssystems (Programme/Zubehör/Eingabeaufforderung) das Trace-Route-Kommando mit Angabe eines Beispieles abzusetzen, z. B.: tracert www.tui.de. Dieser Befehl simuliert aktuell einen Zugriff auf den genannten Server und zeigt das Zusammenspiel zwischen Routing-Stationen und den IP-Nummern des Senders und Empfängers sowie der weiterleitenden Router.

- Ein **Web-Client** hat Zugang zum World Wide Web über sein stationäres oder mobiles Endgerät (z. B. PC, Notebook, Mobiltelefon, Smartphone mit entsprechender Browser-Software). Er fragt Informationen ab oder nimmt angebotene Leistungen und Kommunikationsmöglichkeiten online in Anspruch.

- Ein **Web-Server** ist ein Anbietersystem. Er stellt die Web-Site bzw. die Web-Präsenz (Gesamtheit aller Web-Seiten des Web-Auftrittes) eines Anbieters und damit die Informationen, die Leistungs- und Kommunikationsangebote zur Online-Nutzung zur Verfügung. Der Web-Server wird i.d.R. durch einen Internet Service Provider / Web Hoster betrieben.

- Ein **Application-Server** ist ein Anwendungssystem, auf das über den Web-Server bzw. die Web-Site im Hintergrund zugegriffen wird, wenn konkrete Geschäftstransaktionen, z. B. die verbindliche Buchung von Reisen, online und in Echtzeit abgewickelt werden sollen. Dazu muss über die webbasierte Kommunikation auf das Reservierungs- oder Warenwirtschaftssystem zugegriffen werden (vgl. z. B. Kap. 2.5). Der Application-Server wird i.d.R. auch durch einen Provider betrieben (Application-Service-Provider - ASP).

Aus diesem Zusammenwirken zwischen Web-Cients und Servern wird ein wesentlicher Bezug zum Online Marketing deutlich: Das World Wide Web ist ein **Pull-Medium** zur Kundenkommunikation und im Unterschied beispielsweise zu TV- oder Plakat-Werbung kein Push-Medium. Der Online-Kontakt wird vom Kunden gemäß seiner individuellen Wünsche und Anforderungen initiiert, und er entscheidet über Umfang und Beendigung der Web-Kommunikation gemäß seiner individuell empfundenen Zufriedenheit. Ein Client bzw. eine Zielgruppe muss folglich auf das Online-Angebot aufmerksam gemacht und dafür interessiert und durch Befriedigung seiner/ihrer Interessen gebunden werden. Begleitende Maßnahmen der Online- und Offline-Werbung sowie die zielgruppen-orientierte Suchmaschinen-Optimierung haben hier besondere Bedeutung zur Interessenten-/Kundengewinnung. Um einen gewonnenen Interessenten nicht zu verlieren bzw. um ihn zu einer Geschäftstransaktion zu führen, muss die Web-Site nicht nur ein ansprechendes/zielgruppen-orientiertes Design aufweisen, sie muss für den Nutzer eine hohe zufriedenstellende **Usability** erreichen: Die Web-Site muss dem Nutzer die Erfüllung seines Vorhabens durch vollständige Funktionalität und aktuelle Inhalte ermöglichen, in möglichst effizienter Weise (z. B. Minimierung von Wartezeiten, Navigationssicherheit, intuitive Verständlichkeit, allgemeine Zugänglichkeit für Nutzer mit und ohne Handicap - Barrierefreiheit). Maßnahmen des elektronischen Kundenbindungsmanagements sind bedeutend, um Interessenten und Kunden zur Wiederkehr auf die Web-Präsenz zu motivieren (zur Vertiefung vgl. Gutheim 2008 sowie Nielsen, Loranger 2006, vgl. als ein Instrument der Kundenbindung auch Kap. 3.5).

Der Aufruf einer Web-Site kann über die IP-Nummer des Servers erfolgen. Da diese Adressierung aber den Nutzern kaum zumutbar ist, werden „sprechende" Namen der IP-Adressierung von Web-Sites vorgeschaltet. Die Provider betreiben Domain-Name-Server (DNS), die mit übergeordneten DNS weltweit in Verbindung stehen zur gegenseitigen Aktualisierung. Wie ein elektronisches Telefonbuch stellen die DNS zu dem „sprechenden" Namen, dem Domain-Name einer Web-Site (z. B. jade-hs.de), die zugehörige Server-IP-Nummer (hier: 139.13.44.7) den Routern zur Verfügung. Im einfachen Fall setzt sich die

Adressierung einer Domain wie folgt zusammen: „Protokoll des Dienstes://Dienst.Domain-Name.Top-Level-Domain", beispielsweise http://www.jade-hs.de. Speziell für Unternehmen der Reisebranchen wird seit kurzem (Stand 2009) die Top-Level-Domain .travel angeboten.

Ein **Domain-Name** muss im Zusammenwirken mit der Top-Level-Domain weltweit eindeutig sein. Dazu ist er bei der für die Top-Level-Domain zuständigen Registrierungsorganisation direkt oder über einen Provider zu beantragen. Ist der Name bisher nicht vergeben worden, kann er für die Zukunft geschützt übernommen werden. Die Top-Level-Domain für Deutschland „.de" wird beispielsweise vom „de-network-information-center" (DENIC Domain Verwaltungs- und Betriebsgesellschaft eG, www.denic.de) verwaltet. Internationale Unternehmen wählen (auch) die Top-Level-Domain „.com" (commerce – www.nic.com, z. B. www.tui.com).

Für das Online Marketing hat der Domain-Name eine wichtige Bedeutung (Stichwort: Pull-Medium): Er soll intuitiv mit dem Unternehmen bzw. der Marke verbunden werden, eingängig und leicht zu merken sein, so dass er gut und nachhaltig beworben werden kann bzw. der Interessent ohne Vorkenntnisse intuitiv diesen Namen nutzt/ausprobiert. Aus diesem Grund werden oftmals auch typische Schreibfehler als Domainnamen registriert und automatisiert auf den richtigen Namen umgeleitet. Entsprechend geeignete Domainnamen sind auch eine wichtige Voraussetzung, um in Suchmaschinen an führender Stelle gefunden zu werden. Grundsätzlich erfolgt die Vergabe nach dem Prinzip „first-come-first-served", es hat sich aber im Streit um die besten Namen eine umfangreiche Rechtsprechung, insbesondere im Zusammenwirken mit dem Marken- und Wettbewerbsrecht, entwickelt.

Eine **Web-Site** setzt sich aus einer Vielzahl von Web-Seiten zusammen, die untereinander bzw. über eine integrierte Navigation verknüpft/verlinkt sind. Eine Web-Seite wird mit der Präsentationssprache HTML (HyperText Markup Language) entwickelt. HTML selbst ist nur eine einfache Beschreibungssprache für mittels „Links" verknüpfbare Dokumente mit wenigen Gestaltungsmöglichkeiten. HTML kann aber auf Medienobjekte, wie Bild-, Ton-, Videodateien oder auf Animationsobjekte verweisen und diese damit in die Web-Seite zur multimedialen Darstellung integrieren. Darüber hinaus kann die Funktionalität durch die Integration von Skript-Programmiersprachen erweitert werden. Client-seitige Skripte werden im Rahmen der Web-Seite durch den Browser des Clients ausgeführt, so können beispielsweise durch integrierte JavaScript-Elemente Animationen dargestellt werden, oder Eingaben, die der Nutzer in Formulare einträgt, können auf Plausibilität überprüft werden, bevor sie an den Server versendet werden. HTML-Dateien werden mit spezialisierten Textbearbeitungsprogrammen (HTML-Editor) erstellt/programmiert, die die Entwicklungsarbeit durch eine grafische Benutzeroberfläche und standardisierte Elemente und Automatismen unterstützen (z. B. Adobe/Macromedia-Dreamweaver oder freie Web-Editoren wie z. B. KompoZer; ein umfangreiches HTML-Nachschlagewerk mit zusätzlichen Elementen und Erweiterungen ist unter http://de.selfhtml.org/ kostenfrei herunterladbar).

Die HTML-Seiten und die integrierten Mediendateien werden auf dem Web-Server gespeichert und über ihren Uniform Ressource Locator (URL) aufgerufen/verlinkt. Die URL ist eine Erweiterung des Domain-Namens um den Zugriffspfad und den Dateinamen auf dem Server, z. B. http://www.tui.com/urlaub-mit-tui/tui-schoene-ferien.html, http://www.tui.com/.../land_x.pdf oder http://www.tui.com/.../urlaub_mit_tui/riu_hotels.jpg. Die Dateien werden nach Aufruf durch den Client vom Web-Server an den Client übermittelt und die Browser-Software des Clients stellt die Dateien gemäß den integrierten HTML-Gestaltungsanweisungen und Dateiformaten auf dem Bildschirm dar. Das setzt voraus, dass die Dateien ein Web-Standardformat haben, z. B. jpg-Format für Bilddateien, png/gif-Format für Grafikdateien. Das W3C-Konsortium empfiehlt diese Standards und entwickelt sie weiter (www.w3c.com).[2] Dateien, die kein Web-Standardformat haben, können ggf. vom Browser trotzdem mit Hilfe nachladbarer Browser-Erweiterungen (Plug-Ins bzw. Player) angezeigt werden. Hier sind z. B. die Reader für PDF-Dokumente (Adobe Portable Document Format), Office-Dateien, die Player für Video/Audio-Dateien, für Adobe/Marcormedia Flash Animationen oder die neuen RIA - Rich Internet Applikationsumgebungen mit 3D- und Multi-Touch-Effekten wie Adobe/Flex und Microsoft/Silverlight zu nennen.

Mit HTML entwickelte Web-Seiten sind vom Grundsatz her statisch, das heißt sie sind zu einem bestimmten Zeitpunkt geschrieben und dann via Web-Server öffentlich zur Verfügung gestellt worden. Damit können einem Client aber nur Informationen gegeben werden, die zu einem früheren Zeitpunkt in HTML-Dateien vorbereitet worden sind und die nicht automatisiert durch die laufenden Unternehmensprozesse und Wertebewegungen (z. B. Reservierungen und Verfügbarkeiten) aktualisiert werden. Um automatisierte E-Commerce-Prozesse zu ermöglichen, ist es daher erforderlich, über HTML hinausgehend dynamische Web-Seiten zu entwickeln und zur Verfügung zu stellen, die Online-Zugriffe auf die Unternehmensdatenbanken bzw. Application-Server ermöglichen.

Mit den dargestellten Grundlagen des Internets und des World Wide Web können noch keine automatisierten und rechtssicheren E-Commerce-Prozesse realisiert werden. Zusammenfassend: Die Authentizität der Handeltreibenden und ihrer Datenkommunikationen sowie die Datensicherheit können nicht überprüfbar gewährleistet werden, und über reine HTML-Seiten kann keine Aktualität und Verbindlichkeit der geschäftsrelevanten Daten gewährleistet werden. Daher müssen weitere technische Voraussetzungen gegeben sein, die bisher nur kurz erwähnt worden sind.

5.2.2 Spezielle Voraussetzungen zum Electronic Commerce

Um Reiseleistungen an einem anonymen Markt automatisiert vermarkten zu können, müssen grundsätzlich, wie oben bereits erwähnt, zwei Erweiterungen gegeben sein: Transaktionssicherheit sowie Aktualität durch dynamische Datenbankzugriffe und -schnittstellen.

---

[2] Beispielsweise wurde HTML um Cascaded Style Sheets (CSS) erweitert. Das ist eine Technologie, die es erlaubt die Inhalte (z. B. Texte, Bilder) und den formatierten Aufbau (z. B. Abschnitte, Überschriften, Tabellen mit Schriftgröße, Hintergrundfarbe, etc. - engl. style) einer Website zu trennen. Um die Formatierung aller HTML-Seiten einer Web-Site einheitlich zu ändern, brauchen mit CSS nicht mehr alle HTML-Dokumente einzeln, sondern nur noch die Formatierungs-Regeln ihres gemeinsamen Style Sheets (Format-Schablonen, die schachtelbar/kaskadierbar sind) geändert zu werden.

- **Transaktionssicherung**

Der gesicherte Transfer sensibler Daten, insbesondere der gesicherte Zahlungsverkehr, ist Voraussetzung zur Nutzung des World Wide Web als vollständig automatisiertes Distributionssystem. Die Erläuterungen zum Routing und zur Adressierung im offenen Internet haben gezeigt, dass die Authentizität der Handeltreibenden und ihrer Datenkommunikationen sowie die Datensicherheit überprüfbar gewährleistet werden müssen, das heißt die Anforderungen der Transaktionssicherheit sind zu erfüllen:

– Sensible Daten, wie z. B. Kreditkartennummern oder Passwörter, sind so kryptografisch zu verschlüsseln, dass nur der adressierte Datenempfänger sie decodieren kann und prüfen kann, ob sie „unterwegs" missbräuchlich verändert worden sind.

– Wenn elektronisch handelnde Geschäftspartner „sich online kennen und vertrauen", z. B. durch Registrierung und Geschäftstransaktionen in der Vergangenheit, identifiziert sich der Kunde im System des Anbieters mit verschlüsselten Kennwörtern, die dem Anbietersystem als Stammkundendaten bekannt sind und die nach Übermittlung online überprüft werden. Die Echtheit der Handelspartner ist damit ausreichend gewährleistet. Wenn aber Reiseleistungen kurzfristig am anonymen Markt vertrieben werden, sind die Authentizität/Echtheit der Anbieter und Nachfrager zu gewährleisten, um sie gegenseitig vor Missbrauch zu schützen.

Das **SSL-Verfahren** (Secure Socket Layer) ist als Web-Standard und Teil des HTTP-Protokolls (HTTPS) zur Transaktionssicherheit etabliert. Die Software-Funktionalität ist client-seitig standardmäßig in den Browser integriert und anbieterseitig über den Web-Server bzw. einen kooperierenden Payment-Server zusätzlich verfügbar zu machen (vgl. Kap.3.3).

Das SSL-Verfahren basiert auf der Zertifizierung des Anbieters/Händlers durch eine staatlich legitimierte Certification Authority. Der Händler beantragt ein elektronisches Zertifikat, das ihn in der elektronischen Kommunikation ausweist. Dieses Zertifikat enthält einen öffentlichen und einen geheimen privaten Teil und damit alle Informationen, die einen gesicherten und individuellen Datenaustausch mit ihm ermöglichen.

Bevor sensible Daten ausgetauscht werden, sendet der Händler sein öffentliches elektronisches Zertifikat an den Client. Dieses Zertifikat enthält alle notwendigen Informationen des Händlers zu seinen Verschlüsselungsalgorithmen und ihren Parametern/Schlüsseln. Die sensiblen Daten des Kunden werden auf dieser Basis client-seitig so verschlüsselt, dass nur der Server des Händlers sie auf Basis des privaten/geheimen Teils seines Zertifikates entschlüsseln kann. Für Fremde sind diese verschlüsselten Informationen wertlos, weil nicht entschlüsselbar.

Bevor die Daten so verschlüsselt versendet werden, wird aus ihnen ein Prüfkriterium berechnet nach einem über das Zertifikat vorgegebenen Algorithmus. Dieses individuell berechnete Prüfkriterium, das als elektronischer Fingerabdruck oder Signatur der Daten bezeichnet wird, wird ebenfalls verschlüsselt an den Server übermittelt. Der Server berechnet nun seinerseits aus den empfangenen Transaktionsdaten das Prüfkriterium nach dem festgelegten Algorithmus. Wenn der empfangene elektronische Fingerabdruck und der vom Server selbst errechnete Wert identisch sind, ist davon auszugehen, dass die Daten „unterwegs" nicht verfälscht worden sind. Anderenfalls wird die Transaktion abgewiesen.

Mit dem Zertifizierungsverfahren und dem SSL-Standard werden aus Sicht des Kunden die systembedingten Risiken des Online-Handels minimiert. Er trifft auf einem zertifizierten Händler und tauscht Daten in einem Verfahren aus, das auch juristisch und vertragsrechtlich als gesichert und damit rechtskräftig als **elektronische Signatur** anerkannt wird.

Ein Anbieter sollte aber prüfen, ob seine Kunden bzw. seine Zielgruppen auch subjektiv diesen elektronischen Zahlungsverkehr als sicher akzeptieren und zu nutzen bereit sind. Soweit möglich, sollte dem Kunden die Auswahl eines Online- oder Offline-Zahlungsprozesses gemäß seiner individuellen Sicherheitsbedürfnisse angeboten werden.

Für den Händler verbleibt ein Risiko, wenn die Kunden ihm online anonym gegenüber stehen. Sie sind nicht zertifiziert, und er kennt ihre Bonität nicht. Daher werden von Händlern, die das Risiko absichern wollen, im Hintergrund Auskunfteien, Finanz- oder Kreditinstitute kostenpflichtig in den Transfer der Transaktionsdaten einbezogen, um die Richtigkeit der Kundendaten und die Bonität online und in Echtzeit zu prüfen. Im Zweifelsfall kann er dann eine elektronische Zahlung ablehnen und beispielsweise nur die Zahlung per Nachname anbieten.

- **Dynamische Web-Seiten, Online-Zugriffe zum System des Reiseanbieters**

Die IT-Systeme/Applikationssysteme von Reiseanbietern werden, auch wenn der Begriff nicht umfassend ist, hier vereinfachend als Reservierungssysteme bezeichnet (vgl. Kapitel 2). Sie verwalten die Stammdaten der Geschäftspartner, z. B. Reisekunden, die Daten der Reiseangebote, z. B. Preise und Vakanzen, sowie die Bewegungsdaten der Reisebuchungen in ihren Datenbanken als Basis der Geschäftstransaktionen. Alle Geschäftstransaktionen der Beschaffung und des Vertriebs bzw. alle Vertriebskanäle nehmen letztendlich Zugriff auf diese Datenbankbasis. Wenn E-Commerce-Prozesse automatisiert und in Echtzeit über Web-Sites durchgeführt werden, übernimmt die Web-Site die Funktion eines (virtuellen) Reisemittlers. Sie muss folglich dynamisch sein, das heißt, sie muss gemäß dem aktuellen und individuellen Kundenwunsch online und in Echtzeit über automatisierte Schnittstellen auf diese Reservierungsdatenbanken zugreifen können. Verfügbare Reiseangebote sind beispielsweise gemäß Kundenwunsch zu recherchieren (abfragender/lesender Zugriff) oder Kundendaten sind zu registrieren und gebuchte Leistungen sind zu reservieren (speichernder/schreibender Zugriff).

Es gibt einige technische Möglichkeiten und Werkzeuge zur Entwicklung derartiger Schnittstellen. Zur grundsätzlichen Darstellung soll hier der interne Ablauf zur Abfrage eines Reisewunsches auf Basis der für kleinere Systeme verbreiteten PHP-Skript-Sprache dargestellt werden.[3] In Abbildung 5.2.2 wird dieser Ablauf grafisch dargestellt:

---

[3] PHP (Pre-Hypertext-Processor) ist eine Skriptsprache, die speziell für die Web-Schnittstellenprogrammierung geeignet ist. Eine PHP-Datei ist auch eine in HTML erstellte Web-Datei, in die aber PHP-Kommandos/Skripte eingebettet sind, die Datenverarbeitungsaufgaben und Schnittstellenfunktionalitäten server-seitig realisieren, vertiefend: www.dynamic-webpages.de.

5.2 Grundlagen zum Electronic Business und Online-Marketing

- Ein Reiseinteressent trägt in das HTML-Web-Formular des Anbieters seine Reisewünsche ein. Das ausgefüllte Formular schickt er über den ‚Sende-Button' an den Web-Server.

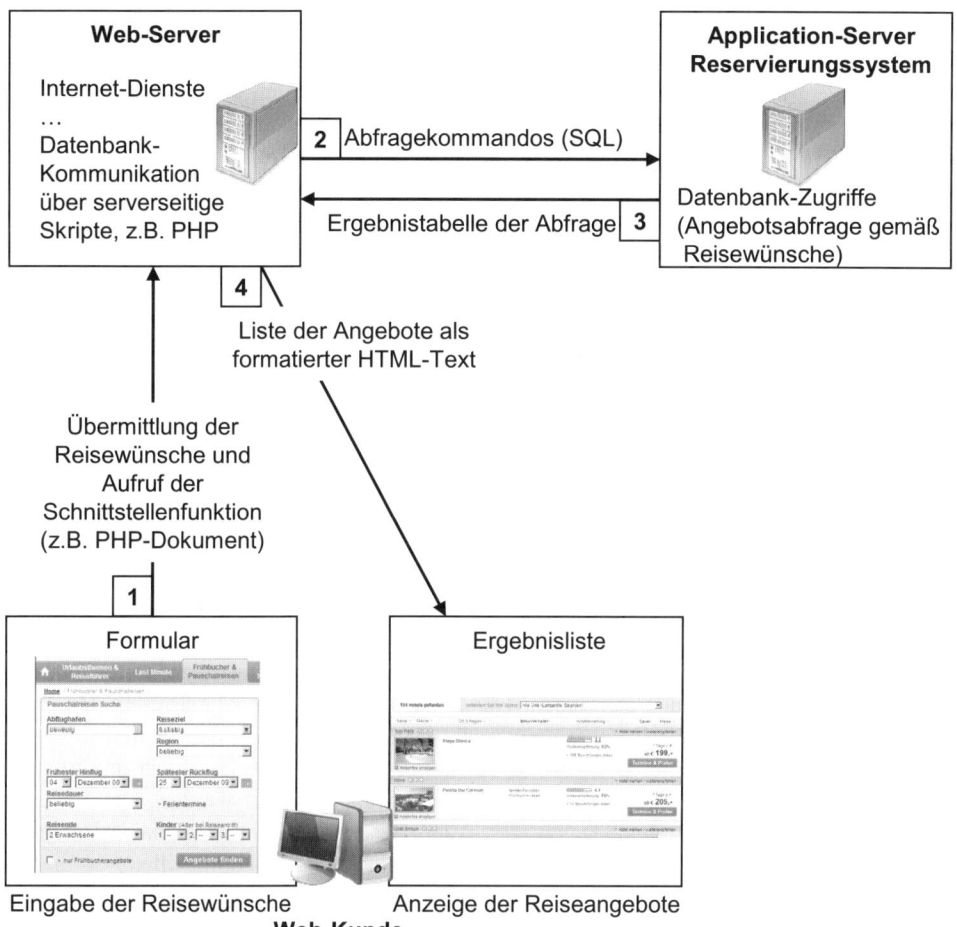

Abb. 5.2.2 Ablauf eines dynamischen Datenbankzugriffs am Beispiel der Online-Selektion von Reiseangeboten

- Der Sende-Button des Formulars aktiviert einen Link auf eine PHP-Datei. Diese Schnittstellendatei wird automatisch auf dem Web-Server als server-seitiges Programm gestartet und übernimmt die vom Client übermittelten Daten als Parameter in Datenbank-Kommandos, die im Rahmen des PHP-Skriptes in der standardisierten Datenbank-Programmiersprache SQL (Structured Query Language) verfasst worden sind.
- Diese SQL-Kommandos werden an den Application-Server bzw. an die Datenbank des Reservierungssystems übermittelt, das die SQL-Kommandos ausführt und die Ergebnisse an den Web-Server zurück-übermittelt.

– Das PHP-Schnittstellenprogramm konvertiert die Ergebnisse des Datenbankzugriffes automatisch in das HTML-Format, so dass sie anschließend an den anfragenden Web-Client als aktuelle Angebotsliste übertragen und dargestellt werden können.

Damit erhält der Reiseinteressent eine dynamisch, das heißt gemäß seiner individuellen Wünsche online und in Echtzeit generierte Antwort und aktuelle Angebote. Durch entsprechende Einträge in Folgeformulare kann er ein Angebot auswählen und annehmen. Er wird dazu seine persönlichen Daten, inklusive der sensiblen Zahlungsdaten, erfassen müssen und erneut eine PHP-Datei auf dem Web-Server per Sende-Button aufrufen, die dann seine Daten zur Speicherung und Weiterverarbeitung an das Reservierungssystem transferiert. Der E-Commerce-Prozess kann damit durch server-seitige Scriptsprachen wie PHP, Microsoft Active Server Pages (ASP/ASPX) oder Java Server Pages (JSP) vollständig online und automatisiert durchgeführt werden.

- **Datenbank-Schnittstellen zum periodischen oder situativen Datentransfer - XML**

Vorstehend ist der webbasierte Client-Zugriff auf Anbietersysteme am PHP-Beispiel skizziert worden. Anbietersysteme, z. B. Reservierungssysteme, kooperieren aber auch untereinander und aktualisieren gegenseitig ihre Datenbestände, bevor sie sie am Markt anbieten. Ein Reiseveranstaltersystem transferiert beispielsweise frei gegebene Restkontingente zur Vermarktung an das System eines Lastminute-Anbieters (vgl. Kap. 2.5). Um diesen Prozess des Datentransfers zu automatisieren, müssen auch zwischen den Datenbanken softwaretechnische Schnittstellen vorhanden sein, die auf der Basis der Internet-Übertragungstechnologie mit einheitlichen Standards arbeiten. Die XML-Programmierung (Extensible Markup Language) hat sich hierfür zum Standard entwickelt. XML ist eine Metasprache, die es ermöglicht die zu transferierenden Datentypen vergleichbar den Datenstrukturen der kommunizierenden Datenbanken zu beschreiben. Der konkrete Transfer der binär codierten Daten wird dann begleitet durch die Beschreibungen der Datentypen, die bei der Schnittstellendefinition vereinbart worden sind. Die jeweils transferierten Daten können durch das Empfängersystem eindeutig interpretiert und in seine Datenbank überführt werden. Die Beschreibung der Datentypen ist vergleichbar mit der Daten-Beschreibung in relationalen Datenbanken, die Basis der Reservierungssysteme sind. Dadurch wird die Schnittstellenprogrammierung begrifflich „sprechend" und vereinfacht (vertiefend: www.sql-und-xml.de/xml-lernen). Neue Partner können schnittstellen-technisch damit relativ schnell in einen solchen Kooperations- und Transferverbund aufgenommen werden. Die Open Travel Alliance hat für die Reisebranche zahlreiche branchenspezifische XML-Schemata unter dem Namen OTA-XML standardisiert (vgl. www.opentravel.org).[4]

---

[4] Eine weitere neue und zunehmend bedeutendere XML-Anwendung ist der asynchrone Datenaustausch zwischen Browser und Webserver bei Nutzerinteraktionen, die zwischen den durch den Nutzer aktiv initiierten Aufrufen von Web-Seiten liegen. AJAX – Asynchronous JavaScript and XML ist eine Technologie, bei der Ja-vaScript-Programme der aktuell angezeigten Web-Seite dem Webserver bestimmte Nutzer-Interaktionen beim Betrachten einer Web-Seite melden können (z. B. die Eingabe eines Anfangs-Buchstabens in ein Formularfeld) um vom Server eine XML-Datei mit Informationen als Dialoghilfe (z. B. eine Liste mit Zielgebietsnamen mit demselben Anfangsbuchstaben) zur sofortigen Anzeige zu erhalten. Auf diese Weise können komfortablere Web-Bedienoberflächen entwickelt und neue Formen der permanenten Interaktionskontrolle realisiert werden.

- **Datenbankgestützte dynamische Webseiten und Content-Management-Systeme**

Wie oben am Beispiel einer PHP-basierten Client-Abfrage dargestellt, werden durch Datenbankzugriffe die HTML-Seiten dynamisch mit aktuellen Inhalten gefüllt, das heißt, die dynamisch aus Datenbanken gewonnenen Inhalte werden in die statischen Seitenlayouts an den definierten Stellen eingebunden.

Doch nicht nur die Daten der Geschäftstransaktionen (z. B. Buchungen, Vakanzen, Kundendaten) sind aktuell zu kommunizieren, sondern auch allgemein beschreibende, darstellende und gestaltende Inhalte sind regelmäßig zu pflegen und in bestimmten Zeitabständen oder situationsabhängig (z. B. Saisonwechsel) zu aktualisieren. Um wiederkehrenden Programmieraufwand zu vermeiden und um diese Pflege der Web-Seiten arbeitsteilig durch Fachabteilungen und ohne Programmierkapazität durchführen zu können, sind datenbankbasierte Content-Management-Systeme entwickelt worden.

Heute basieren nahezu alle professionellen Web-Sites auf Content-Management-Systemen (CMS) mit Integration dynamischer Web-Seiten zur Abwicklung der Geschäftstransaktionen. Content-Management-Systeme trennen die grundlegende Web-Seitengestaltung, das Layout, von den bisher als statisch bezeichneten Inhalten (Content). Mit der HTML-Programmierung von Template-Seiten werden die Seitenstrukturen und –layouts statisch festgelegt. Das heißt, die Seiten werden in Standard-Bereiche aufgeteilt und strukturiert. Diese Bereiche sind die Platzhalter für die aufzunehmenden Inhalte, die aus der Datenbank des CMS zugeführt werden. Die Bereiche der Template-Seiten beinhalten die für sie jeweils relevanten Datenbankzugriffsschlüssel auf die Content-Elemente in der CMS-Datenbank. Zusätzlich können weitere Web-Seiten-Elemente wie dynamische Datenbank-Zugriffe, Skripte, Animationen, u.a. in die Template-Seiten integriert werden.

Bei einem leistungsstarken CMS können Template-Seiten auch geschachtelt werden, so dass ein Ganzseiten-Template mit Navigations-, Kopf- und Fuß-Templates sowie Content-Templates definiert wird. So können die Seiten stufenweise, hierarchisch standardisiert werden. Das Ganzseiten-Layout wird beispielsweise unternehmensweit für die Web-Site einheitlich als Template gestaltet. Für den Content-Bereich gibt es mehrere unterschiedliche Template-Standards, die für unterschiedliche Zwecke genutzt werden. In ein Content-Template können dann auch die dynamischen Zugriffe auf die Geschäftsdatenbanken integriert werden. Eine mit einem Content-Management-System erstellte Web-Site sollte gleich strukturierte Standard-Templates beinhalten, so dass nach der Erstellung von Standard-Designs die Erstellung neuer Seiten schnell und rationell erfolgen kann. Abbildung 5.2.3 zeigt die Struktur einer CMS-basierten Web-Seite.

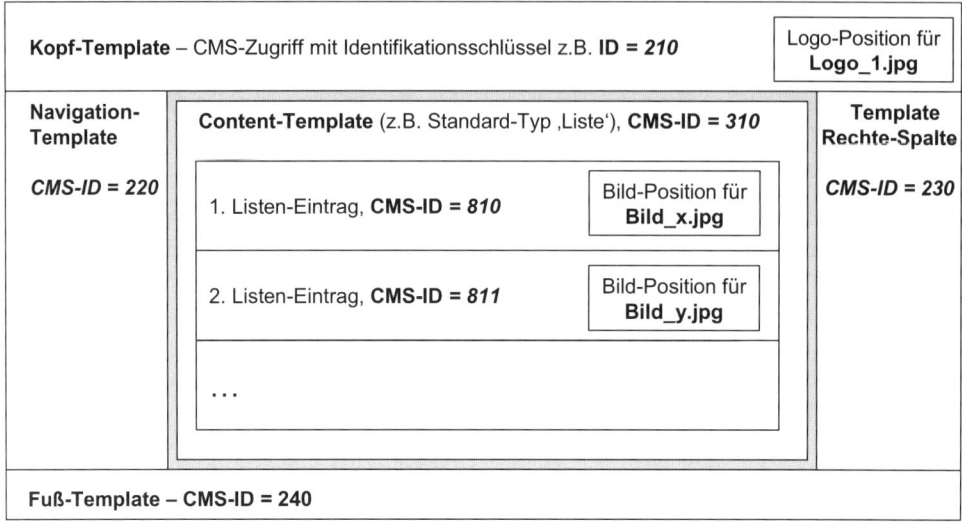

Abb. 5.2.3   Aufbau einer Template-Seite (Ganzseiten-Template mit geschachtelter Struktur)

Mit dem Content-Management-System werden die beschreibenden und darstellenden Text- oder Medien-Elemente (der Content für die Templates) über benutzerfreundliche Bildschirmoberflächen, die verbreiteten Office-Programmen gleichen, gepflegt und formatiert in der CMS-Datenbank verwaltet. Dies erfolgt webbasiert über den Browser und damit orts- und zeit-unabhängig und ohne Programmierkenntnisse. Dadurch können arbeitsteilig in den jeweiligen Fachabteilungen die Inhalte ergänzt und gepflegt werden, weshalb Content Management Systeme auch als Redaktionssysteme bezeichnet werden. Auch externe Content-Manager bzw. Redakteure können eingesetzt werden. Um die Kompetenzen („wer darf welche Seiten und Inhalte pflegen") gesichert und verbindlich festzulegen, sind durch einen Administrator jedem „Redakteur" Zugriffsrechte individuell und abhängig von seiner Funktion zuzuordnen. Diese Berechtigungen werden ebenfalls in der CMS-Datenbank verwaltet und kontrolliert.

Darüber hinaus kann der Arbeitsablauf (engl. Workflow) von der Änderung bis zur Veröffentlichung der geänderten Inhalte durch das CMS gesteuert werden. Ein Mitarbeiter hat beispielsweise im Rahmen seiner Berechtigungen Inhalte, die durch das CMS verwaltet werden, geändert:

- Das CMS übermittelt die Information über diese geänderten Inhalte an einen in der Datenbank eingetragenen Verantwortlichen zur Prüfung der Änderungen.

- Erst nach seiner Bestätigung und ggf. Korrektur werden die geänderten Inhalte im Web veröffentlicht.

Ruft ein Web-Client eine CMS-basierte Web-Seite auf, werden server-seitig die lesenden CMS-Datenbank-Zugriffe durchgeführt, die zugehörigen Inhalte aus der Datenbank selektiert und in die jeweils vorgesehenen Template-Bereiche als HTML-Code eingefügt. Anschließend wird die vollständige HTML-Datei an den Client gesendet.

Auch kann für diesen lesenden Zugriff durch den Endkunden mit der Rechteverwaltung differenziert festgelegt werden, wem zu welchem Zeitpunkt und in welchem Kontext welche Inhalte angezeigt werden. Auf diese Weise werden Content Management-Systeme zur Plattform für die Realisierung zielgruppenspezifischer, personalisierter und kontext-spezifischer Angebote: Hat sich ein Kunde z. B. durch ein Login auf einer Website identifiziert, erhält er nur seinem Profil entsprechende Inhalte angezeigt. Hierbei können auch sein aktueller Aufenthaltsort oder sein aktuell benutztes Endgerät berücksichtigt werden, z. B. um ein für sein Handy passendes Template zu verwenden. Kundenindividuelles One-to-One-Marketing und Services mit Location und Context Awareness haben hier ihren technologischen Ursprung. Derselbe Inhalt kann durch Verwendung verschiedener Templates auf unterschiedlichen Websites angezeigt werden, was Content Syndication ermöglicht: Beispielsweise können touristische Inhalte und Dienste wie Reiseinformationen mehrfach verwendet werden, indem sie von einem Anbieter als White Label-Dienst verschiedenen anderen Web-Sites zur Verfügung gestellt werden, die diesen Content dann unter ihrem Label/Layout mit eigenen Templates ihrer spezifischen Zielgruppe präsentieren.

Content-Management-Systeme werden von Internet Service Providern als Application-Service angeboten, die sie als Provider (ASP) technisch betreiben und als Basisdienste ergänzend zum Web-Hosting anbieten.

Die Kapitel 5.2.1 und 5.2.2 machen zusammenfassend deutlich, dass folgende **Voraussetzungen für automatisierte E-Commerce-Prozesse** gegeben sein müssen und gegeben sind:

- Weltweiter standardisierter Netzwerkverbund, öffentlich oder geschützt zugänglich und mit technisch ausreichend schnellen und verfügbaren Leitungsverbindungen,
- verbreitete, intuitiv bedienbare und multimedia-fähige Endgeräte auf Basis akzeptierter Standards,
- Sicherungstechnologien für sensible Datentransaktionen und Geschäftsprozesse,
- Datenaktualität durch Integration der Warenwirtschaftssysteme und durch standardisierte Schnittstellentechnologien,
- komfortable Möglichkeiten der kundenorientierten Systempflege und zum Online-Marketing.

Auf dieser Basis können tourismuswirtschaftliche Geschäftsprozesse und –systeme entwickelt und betrieben werden. Allgemein können dabei E-Commerce-Prozesse unterschieden werden in Business-to-Business-Prozesse (B2B) und Business-to-Consumer-Prozesse (B2C), also vereinfachen gesagt, in Prozesse zwischen Unternehmen und Prozesse mit Endkunden bzw. mit ‚Selbstbedienung' durch den Konsumenten:

- **Business-to-Business-Prozesse (B2B)**

In der Tourismuswirtschaft sind in diesem Bereich zwei Marktsegmente hervor zu heben:

- Im traditionellen Reisevertrieb nutzen die stationären Reisemittler die **Global Distribution Systems (GDS)** als internetbasierte elektronische Dienstleister, um im Kundenauftrag Reisen zu vermitteln. Dieser Prozess zwischen Reisemittler und Reiseanbieter via GDS ist als ein Business-to-Business-Prozess zu sehen, der hier aber nicht näher betrachtet werden muss (vgl. die Beiträge zu Kapitel 4).

- Prozesse des Geschäftsreise-Managements, die durch **Business Travel Management-Systeme** unterstützt oder automatisiert werden, gehen über den Prozess der Vermittlung von Reiseleistungen via GDS hinaus. Sie stehen zusätzlich in B2B-Beziehungen zu einer Vielzahl von Anbietersystemen (z. B. Hotel-Vertriebssysteme) und fungieren hier als nicht-öffentliche Internet Booking Engines (IBE). Sie unterstützen darüber hinaus beispielsweise auch die Durchführung und Abrechnung von Reisen durch Geschäftsprozesse mit Kreditkarten-Instituten. (Vgl. Kap. 4.4 sowie Weithöner 2008, S. 343ff.)

- **Business-to-Business (B2C)**

Im Folgenden werden insbesondere endkunden-orientierte B2C-Systeme betrachtet, die in der Tourismuswirtschaft auf Basis öffentlich zugänglicher und „selbst-bedienbarer" Internet Booking Engines aufgebaut werden.

5.2.3 Virtueller Reisevertrieb auf der Basis von Internet Booking Engines und touristischen Suchmaschinen

Virtuelle Reisemittler bieten ihre Dienstleistungen der Reiseinformation und –beratung, der Reisevermittlung und des Kundenservice automatisiert über Web-Portale an. Dabei können die Web-Portale offen und für jeden Reiseinteressenten zugänglich betrieben werden, oder sie bieten ihre Leistungen einer geschlossenen, lizenzierten Nutzergruppe an, z. B. als Portale im Rahmen von Business Travel Management-Systemen. Das Web-Portal entspricht damit sinngemäß dem Ladenlokal mit Schaufenster oder dem Büro eines stationären Reisemittlers.

Die Dienstleistungen, die in einem stationären Reisebüro durch die Fachkräfte erbracht werden, werden bei einem virtuellen Reisemittler durch Internet Booking Engines (IBE) automatisiert erbracht. Die IBE bzw. Internet Buchungsmaschine ist damit das operierende System, auf das das Web-Portal zur Umsetzung der angebotenen Dienstleistungen Zugriff nimmt.

Die Web-Portale werben bzw. informieren und kommunizieren allgemein, und die Internet Booking Engines vollziehen die kunden- und auftragsbezogenen Dienstleistungen im Kundendialog. Sie automatisieren die Geschäftsprozesse in Echtzeit. Web- bzw. Reise-Portale und die dahinter stehenden Booking Engines wirken zusammen als virtuelle Reisemittler. Virtuelle Reisemittler arbeiten betriebswirtschaftlich mit den gleichen Geschäftsmodellen wie traditionelle Reisemittler (vgl. Freyer/Pompl 2008). Auch das Web-Portal eines Konzernunternehmens kann in diesem Sinne als virtueller Reisemittler verstanden werden, der

5.2 Grundlagen zum Electronic Business und Online-Marketing

Reisen und Reiseleistungen der Konzernmarken und Tochtergesellschaften oder Dritter vermittelt (z. B. www.tui.com oder www.thomascook.de).

Das Web-Portal eines virtuellen Reisemittlers kann seinen Kunden Zugriff auf mehrere Internet Booking Engines bieten, die unterschiedlich spezialisiert sind, z. B. zu einer Flug-IBE für Linien- und Consolidator-Flugangebote, zu Hotel-Vertriebssystemen, zu Mietwagen-IBEs, Event/Ticket-IBEs oder zu einer IBE für Pauschal- und Lastminute-Reisen (pre-packaged oder dynamic-packaged). (Vgl. die entsprechenden Beiträge in Kap. 2.)

Auch ein stationärer Reisemittler, der zusätzlich seine Dienstleistungen automatisiert und „rund um die Uhr" im World Wide Web (virtuell) anbieten will, kann die Rechte zur Nutzung einer IBE (branded oder white Label) erwerben und sie unter fremdem oder eigenem Label in seine Web Site integrieren.

Internet Booking Engines übernehmen die Reisemittler-Funktionen: Touristische Beratung, multimedialer Produkt- und Preisvergleich sowie Kommunikation mit den Reservierungssystemen der Reiseanbieter zur Buchung und Funktionen der Buchungsabwicklung (z. B. Inkasso). Die IBE-Datenbank verwaltet allgemeine touristische multimediale Informationen über beispielsweise Länder, Zielgebiete, Hotels sowie die Produktinformationen der kooperierenden Reiseanbieter und Kurzfrist-Angebote. Diese Daten werden einem Web-Client im Sinne einer Beratung zur Verfügung gestellt, indem er sie über Selektionsmasken abfragen und recherchieren kann. Die Benutzerführung, die Such- und Selektionsmöglichkeiten und Ergebnisdarstellungen bilden den kundenorientierten Beratungsprozess ab. Mit Auswahl einer Reise(-leistung) ist ihre Verfügbarkeit zu prüfen, der verbindliche Gesamtpreis darzustellen und ggf. anschließend die Buchung durchzuführen.

Hierzu kommuniziert die Internet Booking Engine im Hintergrund und in Echtzeit mit dem Reservierungssystem des jeweiligen Anbieters auf Basis standardisierter Schnittstellen (Interfaces). Es werden dazu vielfach auch Dienste der Global Distribution Systems (GDS) in Anspruch genommen und integriert. Abbildung 5.2.4 stellt die Funktionsweise eines virtuellen Reisemittlers und seiner Internet Booking Engine dar am Beispiel einer touristischen IBE zur Vermittlung von Pauschalreisen.

Internet Booking Engines werden von IT-Dienstleistern den virtuellen Reisemittlern zur Nutzung bzw. zur Integration in ihr Web-Portal angeboten. Auch die GDS bieten über Tochtergesellschaften oder Partnerunternehmen IBEs für Online-Reiseportale an, ebenso wie die im Wettbewerb zu den GDS stehenden alternativen Distributionssysteme (ADS, vgl. Kap. 2.5).

Ohne Anspruch auf Vollständigkeit können die IBE-Anbieter wie folgt strukturiert werden:

- **Touristische Internet Booking Engines** zur Vermittlung von Pauschalreisen (Katalog- und Lastminute-Angebote, pre-packaged).

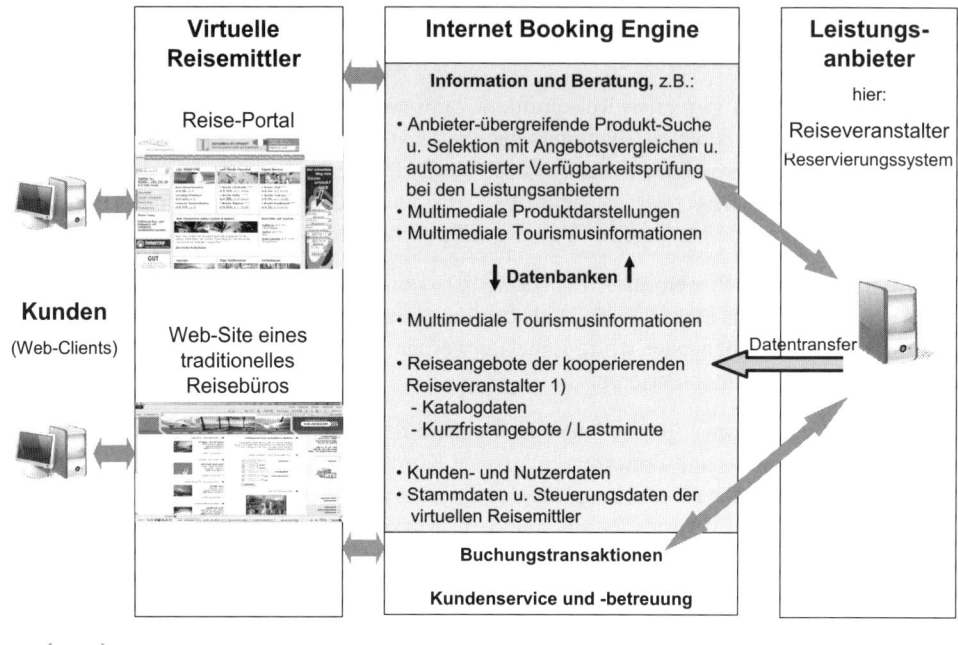

Abb. 5.2.4 Modell einer touristischen Internet Booking Engine eines virtuellen Reisemittlers

- **Touristische Internet Booking Engines mit Dynamic Packaging** von Pauschalreisen. Das Web-Portal arbeitet als virtueller Reisemittler, die dahinter stehende Internet Booking Engine mit Dynamic Packaging-Funktion arbeitet aber im rechtlichen Status eines (virtuellen) Reiseveranstalters. Bei einem virtuellen Reiseveranstalter wird der Veranstalter-Prozess (Beschaffung von Reiseleistungen, Reise-Produktion, Reservierung und Abwicklung) online zum Zeitpunkt der Kundenbuchung und gemäß den individuellen Kundenwünschen vollzogen. Dieser automatisierte Prozess in Echtzeit wird als Dynamic Packaging (DP) bezeichnet. Zu dieser Thematik wird hier auf die weiter führenden Erläuterungen in Kap. 2.5 verwiesen. Darüber hinaus sei dem Leser empfohlen, dieses Zusammenwirken zwischen virtuellem Reisemittler und virtuellem Reiseveranstalter anhand der Allgemeinen Geschäftsbedingungen zur Buchung einer Dynamic Packaging-Reise nachzuvollziehen, z. B. unter www.flyloco.de – DP-Veranstalter der ltur-Gruppe.

- **Flug-/Flight-Booking Engines** vermitteln Flugangebote aus unterschiedlichen Segmenten und Quellen, z. B. Linienflugangebote der GDS-Reservierungssysteme, Consolidator-Datenbanken, (Restplatz-)Angebote kooperierender Charterfluggesellschaften oder direkt angeschlossener Netzwerk- und Low-Cost Carrier.

- **Hotel-Vertriebssysteme** bzw. Hotel-ADS/IDS (vgl. Kap. 2.3) können im Sinne einer IBE als elektronische Vermittler ‚fremder' Unterkunftsleistungen fungieren. Hier sind auch die Buchungsmaschinen von Destinationsmanagement-Systemen (vgl. Kap. 5.3) zu nennen, die in die Portale von Destinationen und Tourismusorganisationen integriert sind.

- **Business Travel Management-Systeme** arbeiten zur Beschaffung von Geschäftsreiseleistungen wie Internet Booking Engines, die Zugriff auf die GDS, auf kooperierende IBEs oder auch direkt auf Anbietersysteme wie z. B. der Bahnen nehmen.

Anmerkung: Einige virtuelle Reisemittler bieten den Kunden an, mehrere Einzelleistungen aus unterschiedlichen Quellen auszuwählen und in einem Online-Warenkorb zu bündeln (**Dynamic Bundling**). Dabei werden die (Brutto-)Einzelpreise ausgewiesen und berechnet, Buchung und Fulfillment erfolgen in separaten Schritten je Einzelleistung, gesteuert durch den jeweiligen Leistungsgeber. Der virtuelle Reisemittler wird dadurch nicht zum Reiseveranstalter – im Unterschied zum Dynamic Packaging. Aus Kundensicht ist dieser Unterschied schwer oder nur durch die Allgemeinen Geschäftsbedingungen erkennbar, er ist aber wichtig, da der Reisemittler nur für die Qualität der Beratung verantwortlich ist, während der Reiseveranstalter die Erbringung der gebuchten Leistungen sichern muss.

Die Internet Booking Engines können darüber hinaus das Beziehungsmanagement zum Kunden unterstützen (elektronisches Customer Relationship Management – eCRM, vgl. Abschnitt 5.2.4). Der Reisekunde erfasst als Web Client durch Anreize motiviert oder im Rahmen der Reisebuchung seine Daten zur Registrierung und damit zur Speicherung in der IBE-Datenbank. Diese Daten können gemeinsam mit seinen erfassten Reisewünschen, seinen gebuchten Reisen u.a. verwaltet werden und sind die Basis für individualisierte (Stamm-) Kundenbeziehungen.

Am branchenbezogenen IT-Markt werden marktverbreitete IBE-Systeme angeboten, die insbesondere auf der jährlich stattfindenden Internationalen Tourismusbörse (www.itb-berlin.de) und auf dem jährlich stattfindenden fvw-Kongress (www.fvw-kongress.de) präsentiert werden.

Touristische Suchmaschinen (engl. TSE - Travel Search Engines) sind von virtuellen Reisemittlern und Internet Booking Engines zu unterscheiden. Sie arbeiten nicht nach dem Geschäftsmodell der Reisemittler, sondern sie unterstützen lediglich den Reiseinteressenten bei der Suche nach geeigneten Anbietern und Angeboten. Touristische Suchmaschinen sind aber auch keine „normalen" Suchmaschinen, die mit einfachen Suchbegriffen auf relevante Quellen im Web verweisen. Der Nutzer einer touristischen Suchmaschine erfasst seine konkreten Reisewünsche, und die Suchmaschine übermittelt diese Wünsche über elektronische Schnittstellen an kooperierende Anbietersysteme und fragt damit entsprechende Angebote ab, die anschließend in einer vereinheitlichten Darstellung und mit einem vorläufigen Preisvergleich dem Nutzer dargestellt werden. Die Suchmaschine übernimmt i.d.R. keine weiterführenden Funktionen, sondern bietet nur die Verweise zu den anbietenden Systemen, in denen der Interessent dann seinen Wünschen weiter nachgehen kann bzw. vertiefend suchen kann. Touristische Suchmaschinen sind damit Meta-Suchmaschinen, die keine Reiseleistungen vermitteln sondern Interessenten zu kooperierenden Anbietern weiter leiten (z. B. http://de.reisen.yahoo.com, www.traveljungle.de, www.tripadvisor.de, www.travelzoo.de, www.kayak.com, www.trip.com,). Sie generieren Web-Besuche bei den Reiseanbietern, die dann für die Vermittlung von Besuchen oder für die daraus erzielten Reiseumsätze Provisionen zahlen. Die touristischen Suchmaschinen beziehen sich i.d.R. auf einzelne Reiseleistungen, insbesondere Flüge und Hotelangebote. Sie kooperieren auch untereinander, um den Reiseinteressenten umfangreiche Suchergebnisse bieten zu können. Eine besondere Form touristischer Suchmaschinen wird in Kapitel 5.3.4 für touristische Destinationen dargestellt.

Für Reiseanbieter ist die automatisierte Kooperation mit touristischen Suchmaschinen eine Form des Suchmaschinen-Marketings.

5.2.4 Online-Werbung und elektronisches Beziehungsmanagement

Online-Werbung und elektronisches Beziehungsmanagement umfassen im Rahmen eines umfassenden Online-Marketings einerseits die Übertragung traditioneller Werbemaßnahmen und kundenorientierter Informations- und Kommunikationsaktivitäten auf die Online-Medien. Andererseits bzw. zusätzlich sind neue internetspezifische Aktivitäten möglich geworden und verbreitet. Grundsätzlich ist hervorzuheben, dass traditionelle Offline-Aktivitäten, die insbesondere über Print-Medien und über Tele- und Broadcasting-Medien umgesetzt werden, und Online-Aktivitäten im Rahmen eines umfassenden Corporate Designs abgestimmt, kooperierend und wechselseitig unterstützend aufgebaut und eingesetzt werden müssen. Dabei steht vielfach folgendes Zusammenspiel im Vordergrund: Die traditionellen Offline-Medien sind Push-Medien, und die darauf basierenden Werbe-Aktivitäten werden vom Werbetreibenden ausgesandt, um Aufmerksamkeit zu erregen und den Wunsch beim potentiellen Kunden zu erzeugen, initiativ zu werden und sich selbst des Pull-Mediums World Wide Web zu bedienen, um Informations- und Kommunikationsangebote des Werbetreibenden „freiwillig" zu nutzen (vgl. WWW-Benutzer-Analyse W3B 2009 zu der Fragestellung „Suchen und Finden im Internet").

Online-Werbung ist in erster Linie darauf ausgerichtet, neue Kontaktpartner und Neu-Kunden aus der anonymen Masse der Zielgruppe(n) zu gewinnen, während das elektronische Beziehungsmanagement die zielorientierte Pflege gewonnener Kontakte und bestehender Beziehungen zur Aufgabe hat (electronic Customer Relationship Management – eCRM, vgl. Kap. 3.4 und weiterführend Schwarz 2007, S. 499ff).

Abbildung 5.2.5 gibt einen Überblick über ausgewählte Maßnahmen der Online-Werbung und zum elektronischen Beziehungsmanagement.[5]

---

[5] Tourismus-spezifische Online-Medien, die sich zur Platzierung von Online-Werbung eignen, sind neben den in diesem Buch dargestellten Website-/Portal-Kategorien touristischer Leistungsanbieter und Mittler auch die von Verlagen redaktionell erstellten Online-Reiseführer, Online-Restaurant- oder Hotelführer. Alternativ hierzu sind auch die von User Generated Content dominierten virtuellen Reisecommunities zu nennen. Darüber hinaus gibt es zahlreiche nicht-touristische Webseiten, Medien- und Web-Portale, die für eine Online-Zielgruppenwerbung durch Tourismus-Anbieter grundsätzlich geeignet sind. In jedem Fall sind die zielgruppenspezifischen Reichweiten eines Online-Werbeträgers im Voraus zu analysieren und bei der Allokation von Werbebudgets zu berücksichtigen.

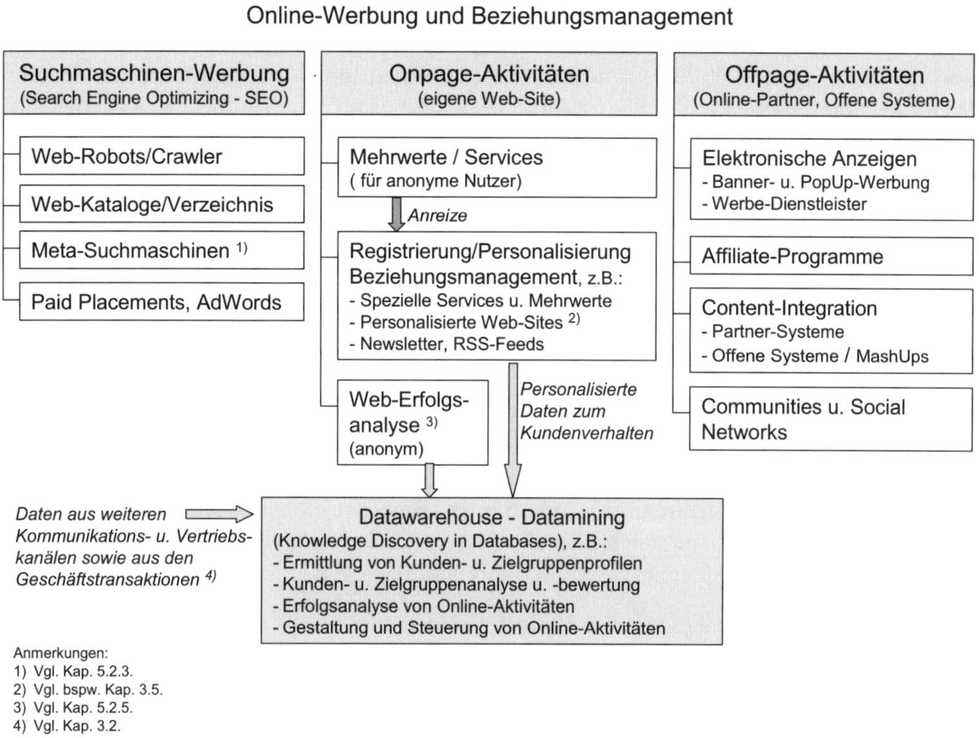

5.2 Grundlagen zum Electronic Business und Online-Marketing

Online-Werbung und Beziehungsmanagement

Suchmaschinen-Werbung (Search Engine Optimizing - SEO)	Onpage-Aktivitäten (eigene Web-Site)	Offpage-Aktivitäten (Online-Partner, Offene Systeme)
Web-Robots/Crawler	Mehrwerte / Services (für anonyme Nutzer)	Elektronische Anzeigen - Banner- u. PopUp-Werbung - Werbe-Dienstleister
Web-Kataloge/Verzeichnis	↓ *Anreize*	
Meta-Suchmaschinen [1]	Registrierung/Personalisierung Beziehungsmanagement, z.B.: - Spezielle Services u. Mehrwerte - Personalisierte Web-Sites [2] - Newsletter, RSS-Feeds	Affiliate-Programme
Paid Placements, AdWords		Content-Integration - Partner-Systeme - Offene Systeme / MashUps
	Web-Erfolgs-analyse [3] (anonym)	Communities u. Social Networks

Personalisierte Daten zum Kundenverhalten

Daten aus weiteren Kommunikations- u. Vertriebs-kanälen sowie aus den Geschäftstransaktionen [4] ⇒

Datawarehouse - Datamining
(Knowledge Discovery in Databases), z.B.:
- Ermittlung von Kunden- u. Zielgruppenprofilen
- Kunden- u. Zielgruppenanalyse u. -bewertung
- Erfolganalyse von Online-Aktivitäten
- Gestaltung und Steuerung von Online-Aktivitäten

Anmerkungen:
1) Vgl. Kap. 5.2.3.
2) Vgl. bspw. Kap. 3.5.
3) Vgl. Kap. 5.2.5.
4) Vgl. Kap. 3.2.

Abb. 5.2.5   Ausgewählte Maßnahmen zur Online-Werbung und zum elektronischen Beziehungsmanagement

- **Suchmaschinen-Werbung**

Da das Web ein Pull-Medium ist, muss ein Interessent sich gemäß seiner aktuellen Wünsche und Interessen selbst informieren können, ob bzw. wo und durch wen im Web gewünschte Informationen und Dienste angeboten werden. Da das Web aber auch ein dezentraler offener Systemverbund ist, können keine zentralen, vollständigen und stets aktualisierbaren Verzeichnisse zum gezielten Zugriff auf die gewünschten Informationen angeboten werden. Der Interessent muss also im Web suchen. Dabei unterstützen ihn Suchmaschinen, denen mittlerweile für die Suche und Navigation im Internet eine überragende Bedeutung zukommt. Gemäß der aktuellen WWW-Benutzer-Analyse W3B finden 80% der befragten Web-Nutzer die Sites, die sie bisher nicht kannten, durch Suchmaschinen. Darüber hinaus nutzen eine Vielzahl von Web-Clients die (Google-)Suchmaschinen auch um ihnen bereits bekannte Web-Sites aufzurufen. Sie nutzen statt der Location-/Navigationszeile des Web-Browsers lieber die Suchfunktion, da diese auch im Falle von Schreibfehlern oder Ungenauigkeiten im Domainnamen Ergebnisse liefert.

Grundsätzlich sind zwei Typen von Suchmaschinen zu unterscheiden:

Echte Suchmaschinen (**Web-Robots/Crawler**) sind automatisiert arbeitende Programme, die laufend das World Wide Web durchsuchen (z. B. Google, Bing). Sie suchen auf Web-Servern nach neuen Web-Sites und nach neuen Inhalten und verfolgen Links zu anderen Web-Sites. Sie „lesen" diese Web-Sites und werten sie dabei nach vorgegeben Kriterien aus. Das heißt, sie suchen nach Schlagworten/Keywords, die die Inhalte der Web-Seiten beschreiben und messen diesen Begriffen eine inhaltliche Bedeutung für die Web-Site zu. Einem Begriff, der beispielsweise fettgedruckt in einer Überschriftzeile steht und mehrfach verwendet wird, wird eine höhere Bedeutung zur Beschreibung und Verschlagwortung/ Indexierung der Web-Site beigemessen als ein nur selten und ohne Hervorhebung verwendeter Begriff. Die URLs und Domains sowie ihre gefundenen und bewerteten Schlagworte/ Keywords werden durch die Suchmaschine gespeichert, um sie den Nutzern zur Suche zur Verfügung zu stellen.

Web-Kataloge/Verzeichnisse (engl. Web-Directories) arbeiten nicht automatisiert (z. B. Yahoo, Web.de). Der Betreiber einer Web-Site muss seine Domain mit ihren relevanten Schlagworten online oder über Online-Dienstleister anmelden und sie den im jeweiligen Katalog vorhandenen hierarchisch strukturierten Branchen-/Inhalts-Kategorien zuordnen. Die Mitarbeiter der Web-Verzeichnisse überprüfen und bewerten diese Angaben, bevor sie in die Datenbanken der Suchmaschine überführt und frei gegeben werden.

Suchmaschinen arbeiten nicht immer eindeutig als Crawler oder Verzeichnis. Sie kombinieren auch beide Vorgehensweisen oder kooperieren untereinander, indem sie Suchanfragen weitergeben und die Suchergebnisse übernehmen.

Ein Online-Anbieter und Werbetreibender muss mit den relevanten Schlagworten, die seine Kunden und Zielgruppen zur Suche einsetzen, in den Suchmaschinen gefunden werden und in der Liste der Suchergebnisse, die eine Suchmaschine dem Nutzer präsentiert, an einer vorderen Stelle aufgeführt werden. Dazu muss er seine Web-Site für Crawler optimieren, indem er durch Inhalte, Gestaltung und Verlinkung seiner Web-Seiten Einfluss nimmt auf die automatisch bewertende Verschlagwortung. Die Keywords, die bedeutend sind für seine Kunden und Zielgruppen und die sie daher zu ihrer Suche nutzen werden, müssen nach den Kriterien der Suchmaschinen so herausgestellt werden, dass der Crawler die inhaltliche Bedeutung für die Web-Site erkennt und die Web-Site entsprechend bewertet (**Onpage Suchmaschinen-Optimierung**).

Die Suchmaschine sortiert die Ergebnisliste, bevor sie dem Nutzer übermittelt wird, gemäß der Bedeutung, die sie den einzelnen Suchergebnissen für das vom Nutzer gewählte Such-/Schlagwort beimisst. URLs und Web-Sites, denen eine hohe Bedeutung und Übereinstimmung mit dem Suchbegriff des Nutzers beigemessen wird, werden zuerst genannt. Das heißt, die Einträge werden einem Ranking unterzogen und nach ihrem Rank-Wert abnehmend sortiert. Bereits oben genannte Marktforschungen haben gezeigt, dass bedingt durch den großen Umfang der Suchergebnislisten aber auch durch die Qualität der zuerst gelisteten Ergebniseinträge die Nutzer von Suchmaschinen nur die ersten 2 Ergebnisseiten beachten. (Auf eine weiterführende detaillierte Darstellung zu den Kriterien und den daraus abzuleitenden Maßnahmen zur Onpage Suchmaschinen-Optimierung muss in diesem einführenden Kapitel verzichtet werden, vgl. dazu Alby/Karzauninkat 2007 und Ash 2009.)

Da die Suchmaschinen von Google in Deutschland einen Marktanteil von ca. 90% haben, ist ein gutes Ranking insbesondere bei der Google-Suche von herausragender Bedeutung (vgl. Schwarz 2007, S. 319ff). Daher sind neben den allgemeinen Kriterien zur Suchmaschinenoptimierung auch die weiterführenden und speziellen Google-Kriterien zum Ranking zu beachten bzw. zu optimieren. Der PageRank-Algorithmus von Google ist eine spezielle Methode, die Linkpopularität festzulegen. Das Grundprinzip lautet: Je mehr fremde Links auf eine Web-Domain oder URL verweisen, umso höher ist ihr **PageRank**. Je höher der Rank-Wert der verweisenden Seiten ist, desto größer ist dieser Effekt für die zu bewerbende Web-Site. Die Linkpopularität ist damit ein Maßstab für die Qualität einer Web-Site oder eines Web-Dokumentes. Der Google-PageRank quantifiziert die Linkpopularität und beeinflusst damit erheblich die Positionierung in den Suchergebnislisten. Für einen Online-Anbieter ist es daher wichtig, von externen Web-Sites (Partner, Portale, Communities u.a.) verlinkt zu werden, deren PageRank mindestens so hoch ist wie der eigene (**Offpage Suchmaschinen-Optimierung**).[6]

Bei Suchmaschinen ist darüber hinaus zwischen den wie oben beschriebenen Suchergebnissen und den bezahlten Platzierungen zu unterscheiden, die allgemein als **Paid Placements** oder **Sponsored Links** und bei Google in der rechten Spalte als **AdWords** bezeichnet werden. Merkmale dieser auf Keywords basierenden elektronischen Anzeigen (**Keyword Advertising**) sind:

- Sie erscheinen nur bei Suchvorgängen zu ausgewählten Begriffen, die beworben werden sollen. Das von den Interessenten aktuell Gesuchte wird beworben.

- Die Suchbegriffe/Keywords werden weitestgehend durch den Werbetreibenden selbst definiert gemäß den Bedürfnissen seiner Kunden und Zielgruppen.

- Das Ranking richtet sich nach dem Gebot des Werbenden im Wettbewerb mit anderen, die zu demselben Keyword Gebote an die Suchmaschine gemacht haben. Es wird ein Geldbetrag pro Click/Weiterleitung geboten (Cost/Pay per Click). Die Gesamtkosten ermitteln sich damit aus dem gebotenen Betrag und der Anzahl der Weiterleitungen auf die Web-Site des Werbenden. Sie können budgetiert werden.

Abbildung 5.2.6 zeigt einen zusammenfassenden Überblick am Beispiel einer Google-Suche.

---

[6] Durch Integration der Google Toolbar in den Web-Browser kann der PageRank jeder aufgerufenen Web-URL angezeigt werden. Zur Analyse der eigenen Linkpopularität in Suchmaschinen sei verwiesen auf www.linkpopularity.com, vgl. auch www.dmoz.org/World/Deutsch/Computer/Internet/Suchen/Suchmaschinen.

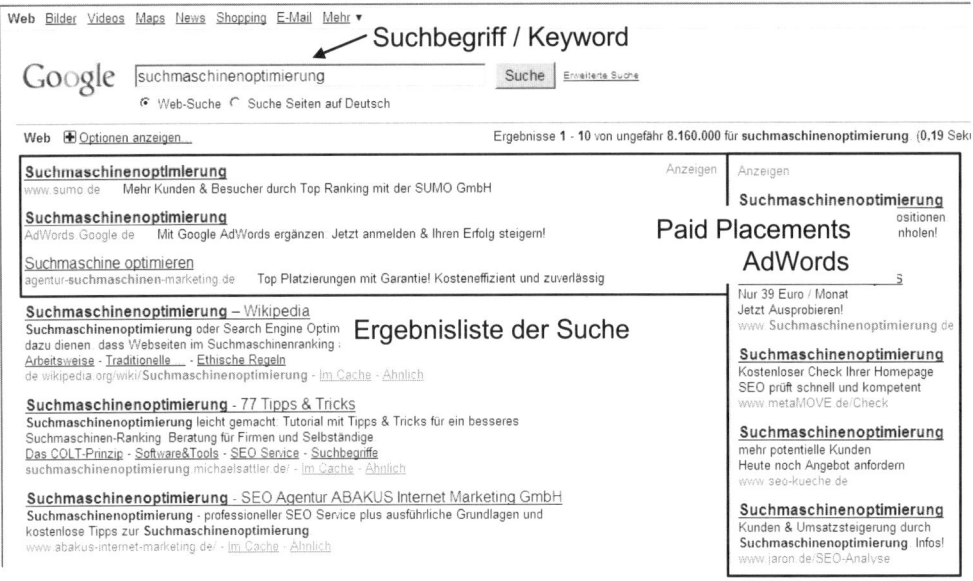

Abb. 5.2.6 Überblick am Beispiel einer Google-Suche

- **Offpage-Werbung**

Mit dieser Rubrik (Abb. 5.2.6 rechte Spalte) werden Werbemaßnahmen auf „fremden" Web-Sites angesprochen, die wie bei der Suchmaschinen-Werbung Interessenten der relevanten Zielgruppen zu der beworbenen Web-Site führen sollen, um insbesondere Neukunden zu gewinnen.

Banner und **PopUp-Fenster** sind elektronische Anzeigen, die in Web-Sites integriert werden, die entsprechende Werbeplätze kostenpflichtig (z. B.Cost/Pay per View, Cost/Pay per Click) oder im Tausch unter Partnern anbieten. Um die passenden Zielgruppen mit dieser elektronischen Werbung zu erreichen, sollten die Werbepartner diesbezüglich thematisch und in Ihren Angeboten zu einander passen (z. B. Hotel-Werbung auf Web-Sites von Routenplanern und Verkehrsträgern). Während Werbe-Banner als Elemente in die Web-Seiten integriert werden, werden PopUps mit Aufruf der werbenden Web-Site in einem eigenen Browser-Fenster mit definierter Größe geöffnet. Der Begriff Banner wird hier als Oberbegriff verwendet, auf differenzierende Begriffe, die Bannertypen nach Größe, Animation oder Format unterscheiden, wird hier verzichtet (vgl. Schwarz 2007, S. 277ff). PopUps werden vielfach vom Web-Client als störend und penetrant empfunden, er hat dann die Möglichkeit, den Empfang von PopUps durch seine Browser-Einstellungen zu unterbinden.

Die Positionierung von elektronischen Anzeigen wird auch von Online Dienstleistern angeboten, die den Austausch der Anzeigen automatisiert durchführen. Werbende beauftragen den Dienstleister, Anzeigen auf Web-Sites zu platzieren, die zum Angebot des Werbenden passen. Dazu gibt der Werbende Keywords/Schlagworte vor, die sein zu bewerbendes Angebot beschreiben. Die Anbieter von Werbeplätzen stellen Werbeflächen für Banner auf ihrer

Web-Site zur Verfügung, oder sie akzeptieren, dass mit Aufruf ihrer Web-Site PopUp-Fenster zusätzlich übermittelt werden. Sie geben dazu die passenden Themen (Keywords), vor, zu denen sie Werbeplätze anbieten. Wird nun von einem Web-Client eine Werbung tragende Web-Seite aufgerufen, fordert diese per Verlinkung die Werbebotschaft vom Dienstleister ab, die dann in den Werbeplatz eingebunden wird. Der Dienstleister arbeitet mit automatisierten Regeln, welche Werbung übermittelt wird, wenn mehrere Werbetreibende mit denselben Keywords um knappe Werbeplätze konkurrieren, z. B. Bieterverfahren mit dem Abrechnungsmodell Cost/Pay per Click (vgl. Google AdWords).

Google bietet beispielsweise in Erweiterung seines AdWords-Service den Dienst **AdSense** an. Die Anzeigen von AdWords-Kunden werden auf Web-Seiten angezeigt, die Google entsprechende Werbeplätze zur Verfügung stellen. Google stimmt dabei automatisch die Inhalte der die Werbung tragenden Web-Seiten (Crawler-Technik) mit den Keywords der AdWords-Kunden ab (vgl. bspw. auch www.doubleclick.de).

Ein **Affiliate-Programm** ist eine Werbe- und Vermittlungsvereinbarung zwischen einem Online Händler (Merchant) und einem Werbepartner, der die Leistungen des Merchants auf seiner Web-Site anbietet. Die Vermittlung geschieht durch einen Affiliate-Link, der einen speziellen Code enthält, der den Affiliate eindeutig beim Händler identifiziert, das heißt, der Händler erkennt, von wem der Kunde geschickt wurde. Affiliate-Systeme basieren im Grundsatz auf Vermittlungsprovisionen. Nur bei tatsächlichem Umsatz oder messbarem Kommunikationserfolg werden Provisionen bezahlt (Cost/Pay per Transaction/Booking). Der Online Buchhändler Amazon beispielsweise bietet als Merchant ein entsprechendes Affilliate-Programm an. Reise-Portale nutzen das, um den Kauf von Reiseliteratur zu vermitteln und ihren Kunden einen Mehrwert zu bieten, indem sie online geeignete Literaturvorschläge machen, die der Merchant dann vorrangig anbietet (Element des Affiliate-Links).

Content-Integration: Insbesondere themen- und branchen-orientierte oder regional ausgerichtete Web-Portale bieten ihren Partnern an, Inhalte in die Portale an definierten Stellen zu integrieren (vgl. z. B. www.meinestadt.de). Arbeitstechnisch kann das umgesetzt werden, indem die Partner im Content-Management-System des Portals Zugriffsrechte für die Web-Inhalte bekommen, die sie betreffen und für die sie verantwortlich sind (vgl. z. B. www.deutschland-tourismus.de oder www.reiseland-niedersachsen.de).

Offene Systeme sind im Sinne der Web2.0-Philosophie entwickelt und allgemein zur Verfügung gestellt worden, um die Web-Nutzer an der Erstellung und Pflege von Web-Inhalten zu beteiligen (User Generated Content, z. B. www.wikitravel.org), um dadurch die Intelligenz und das Wissen der Masse verfügbar zu machen und um virtuelle Gemeinschaften und Netzwerke zu bilden (vgl. Kap 5.4 und 5.5). **MashUp** bezeichnet als eine Erweiterung die Erstellung neuer Web-Inhalte durch die Kombination bereits bestehender Inhalte (vgl. Kap. 5.6.2). Dazu werden offene Programmierschnittstellen (APIs) anderen Web-Anwendungen zur Verfügung gestellt (vgl. Alby 2008, S. 132). Ein Werbetreibender kann allgemein sichtbar auf Google Maps seine Eintragungen mit Verlinkung positionieren. Oder der Anbieter einer Web-Site kann über die Schnittstelle von Google Maps Landkarten und Satellitenfotos in die eigene Web-Site einbinden und zusätzlich mit werbenden Markierungen versehen, die z. B. auf Medien in Foto- oder Video-Communities verweisen (z. B. Flickr oder YouTube). Er schafft dadurch auch Mehrwerte für die Besucher seiner Web-Site.

- **Onpage-Aktivitäten und Beziehungsmanagement**

Besucher, die motiviert durch Offpage-Werbung oder als (Stamm-)Kunden die Web-Site eines Online Anbieters besuchen, müssen nicht nur bezüglich ihrer aktuellen Wünsche befriedigt werden, sondern sie sollten auch motiviert werden, zu einem späteren Zeitpunkt mit neuen Wünschen und Interessen auf diese Site zurück zu kommen. Neben der Usability, die sie mit ihrem aktuellen Besuch erfahren, sollen sie, wenn sie Teil einer relevanten Zielgruppe sind, durch zusätzliche, ergänzende **Mehrwerte und Services** zu weiteren Besuchen motiviert und gebunden werden. Neben eher traditionellen Möglichkeiten, z. B. (Gewinn-) Spiele, Versteigerungen und Wettbewerbe, Integration fremder Inhalten wie Wetter oder Fahrpläne, bieten insbesondere Web2.0-Elemete neue Möglichkeiten, Web-Sites nachhaltig interessant und aktuell zu gestalten und damit zu wiederkehrenden Besuchen zu motivieren. Als Beispiele können genannt werden: Integration von MashUps auf Basis von Google Maps (s.o.), Hotelbewertungssystemen, freien oder moderierten Foren und Communities, Versand eigener RSS-Feeds (vgl. Kap. 5.4.2) oder Integration ausgewählter fremder Feeds sowie Services für mobile Endgeräte z. B. auf Basis der GPS-Navigation. Auch diese Integration fremder Inhalte ist eine Form von Content-Syndication. (Vgl. die Kap. 5.4 – 5.7, Schwarz 2007, insbesondere zu RSS-Feeds – Really Simple Syndication, S. 241ff sowie Knappe/ Kracklauer 2007.)

Viele der genannten Onpage-Angebote können frei zugänglich angeboten werden, so bleiben die Besucher einer Web-Site für den Anbieter aber anonym. Ohne dass sich die Kunden durch Registrierung, Login oder eine Kauf-Aktion identifizieren, kennt er i.d.R. nur die dynamischen IP-Nummern der Client-PCs, nicht aber die interessierten Nutzer seiner Site als Personen. Er kann nur die Anzahl der Besuche u.v.a.m. statistisch im Sinne einer Web-Erfolgsanalyse quantifizieren (vgl. Abschnitt 5.2.5).

Dies ist nicht nur eine technische sondern auch eine persönlichkeits- und datenschutzrechtliche Frage. Nur der Web-Nutzer selbst hat das alleinige Recht an seinen persönlichen Daten. Wenn eine personalisierte Beziehung zum Web-Kunden aufgebaut werden soll, muss er seine notwendigen Daten dafür zur Verfügung stellen und mit der definierten Verwendung einverstanden sein. Um webbasiert ein elektronisches **Beziehungs- und Kundenbindungsmanagement** aufzubauen, müssen mit einer hohen Usability und interessanten Mehrwerten Anreize geschaffen werden, so dass die Besucher bereit sind, in eine personalisierte Beziehung mit dem Online-Händler einzutreten. Durch Services und Mehrwerte, die nur einer dafür registrierten Nutzerschaft zur Verfügung gestellt werden, können Anreize zu einer persönlichen Registrierung geschaffen werden. Die **Registrierung** und die anmeldepflichtige und passwortgeschützte Nutzung (Login) der Mehrwerte sind die Basis für ein elektronisches personalisiertes Customer Relationship Management (eCRM). Die Nutzung anmeldepflichtiger Dienste oder die an persönliche (E-Mail-)Adressen gebundene Nutzung z. B. von Newslettern kann in Datenbanken gespeichert und unter Wahrung der Persönlichkeits- und Datenschutzrechte ausgewertet werden.

Beispiel: **Newsletter** werden i.d.R. so aufgebaut, dass zu einem Thema ein kurzer Anrisstext (Teaser) mit einem kleinem Vorschaubild (Thumbnail) dargestellt wird und auf eine detaillierte Darstellung des Themas verweist. Klickt der Leser den Verweis an, wird das Dokument vom Server des Newsletter-Versenders an den Leser übermittelt und in seinem Web-

Browser dargestellt. Dieser Aufruf und jeder weiter führende Link kann serverseitig zusammen mit der Mail-Adresse gespeichert werden, er ist damit eine Information über das gezeigte vertiefte Interesse des Lesers.

Diese Daten können in einem **Datawarehouse** gemeinsam mit den Daten aus den weiteren Kommunikations- und Vertriebskanälen sowie aus den Geschäftstransaktionen des Unternehmens strukturiert gesammelt und verwaltet werden. Sie sind die Basis für Analysemethoden zum **Datamining**, zum Knowledge Discovery, um beispielsweise detaillierte Kunden- und Zielgruppenprofile, Verhaltensmuster, Kundeninteressen und Kundenwerte zu ermitteln. (vgl. hierzu Kap. 3.4 und weiter führend Knoll/Meier sowie Hansen/Neumann 2009, S. 1015). Diese Erkenntnisse können Strategien und Aktionen zum One-to-One-Marketing mit personalisierten individuellen Angeboten ermöglichen. Ein sehr weit gehendes Ziel kann die Produktion individueller Angebote mit der Effizienz einer Massenproduktion (Mass Customization) sein. (Vgl. Schwarz 2007, S. 499ff.) Für virtuelle Reiseveranstalter könnte die Produktion kunden-individueller Reiseangebote auf Basis der Dynamic Packaging-Technologie ein Beispiel sein.

5.2.5 Web-Erfolgsanalyse

Personalisierte Maßnahmen, Personalisierungsstrategien und die Analyse ihrer Erfolge sind bedingt durch die großen Datenmengen und ihre detaillierte personen- oder gruppenbezogene Auswertung technisch aufwendig und sie unterliegen den Grenzen des Schutzes persönlicher Daten.

Eine anonyme Auswertung und Erfolgsanalyse der Onpage- und Offpage-Aktivitäten ist aber bedingt durch die technische Struktur des Internets einfach und automatisiert für jeden Web-Site-Anbieter möglich.

Jeder Abruf eines Web-Dokuments durch einen Web-Client wird standardmäßig vom Web-Server in einer Zugriffsprotokoll-Datei (Logfile) mit folgenden Daten gespeichert, z. B.:

- IP-Nummer des Clients
- Zeitpunkt des Aufrufs und URL des aufgerufenen Dokuments
- Übermittler/Verweisender des Aufrufs (Referrer)
- Angaben zum Endgerät des Clients (Betriebssystem, Browser-Software, Bildschirmauflösung).

Diese Zugriffsdaten ermöglichen marketing-relevante Nutzungs- und Erfolgsanalysen (Logfile-Analyse) mit beispielsweise folgenden Fragen, die statistisch beantwortet werden können:

- Die IP-Nummern geben, auch wenn sie dynamisch vergeben werden, Auskunft über die Provider der Clients. Mit Providern, die in der Nutzerschaft sehr verbreitet sind, können beispielsweise technische oder werbende Kooperationen eingegangen werden.
- Mit den Aufrufen und ihren Zeitpunkten und Reihenfolgen kann auf das Nutzerverhalten geschlossen werden:

- Wann erfolgen die Aufrufe bzw. gibt es Stoßzeiten, zu denen die technische und performante Verfügbarkeit gesichert werden muss?
- Wie viele Seiten werden in einem Zeitraum insgesamt abgerufen? (Kennzahl: PageImpressions pro Tag, pro Woche oder Monat)
- Welche Klick-Pfade werden genutzt bzw. wie navigieren die Nutzer in der Web-Site?
- Wie groß ist die Zeitdifferenz bis eine Folgeseite aufgerufen wird, das heißt wie lange verweilt der Nutzer auf einer Seite?
- Verlässt er die Site schon nach Ansicht der Homepage oder nach wenigen Seiten, so dass angenommen werden muss, dass die Web-Site nicht seine Wünsche befriedigt?
- Bei welchen Web-Seiten beenden die Nutzer die Seitenfolge und verlassen die Web-Site, z. B. bei Seiten, in denen persönliche Daten vom Nutzer oder Kaufentscheidungen verlangt werden?
- Wie viele zeitlich zusammenhängende Aufruffolgen erfolgen in einem Zeitraum (Kennzahl: Visits pro Tag, pro Woche oder Monat)?
- Wie viele Seiten schaut der Nutzer in Folge an bzw. wie viele Seiten pro Visit?

- Welche Web-Dokumente (URLs) werden wie häufig genutzt? Gibt es Favoriten, die evt. einer besondere Aufmerksamkeit und Pflege bedürfen, oder gibt es unbeachtete Dokumente, für die evt. ein weiterer Aufwand nicht lohnt?

- Wer sind die Referrer?
  - Sind die Online-Werbepartner, die auf die Web-Site verlinken erfolgreiche Referrer und wie viele Visits bringen sie?
  - In welchem Umfang werden Suchmaschinen genutzt? Welche Suchmaschine und welche Suchbegriffe werden genutzt?

- Wie sind die Endgeräte der Clients ausgestattet? Die Programmierung und Gestaltung der Web-Site muss an die technische Entwicklung der Endgeräte angepasst werden.

- Wie entwickeln sich diese statistischen Werte im Zeitablauf und ggf. in der Folge von Werbeaktivitäten?

- Wie entwickeln sich die eigenen Analyseergebnisse im Vergleich zu den allgemeinen Ergebnissen der Online-Marktforschung?

Zu diesen Fragen liefern die Logfiles die Datenbasis, die mit einer Analyse-Software statistisch ausgewertet werden kann. Die genannten Fragen und Beispiele zeigen, dass damit wertvolle Erkenntnisse zur Steuerung und Konzeption von Online-Aktivitäten gewonnen werden. Die Provider der Web-Server bieten i.d.R. die Durchführung der Logfile-Analyse an und stellen die Ergebnisse den Anbietern der Web-Site online, durch Login geschützt zur Verfügung. Einfache Analysen werden vielfach ohne zusätzliche Kosten angeboten.

Technisch bedingt können die Logfiles nicht alle Zugriffe erfassen, so dass es sich um eine (sehr große) Stichprobe handelt. Um eine Vollerhebung zu realisieren oder um statistische Analysen durchführen zu können, die noch detaillierter und umfassender sind, kann eine Technik der integrierten Skripte eingesetzt werden. Browser-seitige Skript-Programmiersprachen wie JavaScript haben einen standardisierten Befehlsvorrat, der mit HTML kompatibel ist und integriert werden kann, um den Funktionsumfang der reinen HTML-Programmierung zu erweitern. Zu einer umfassenderen und detaillierteren Web-Analyse werden Skripte entwickelt oder von Dienstleistern zur Verfügung gestellt und in die HTML-Codierung der zu analysierenden Web-Seiten eingebaut. Mit diesen Skripten werden die Mess- und Analyseparameter festgelegt und beim Aufruf oder Verlassen einer jeweiligen Seite ihre Werte ermittelt (z. B. zusätzlich zu oben genannten Analyseparametern Angaben zu Aktionen und Auswahlentscheidungen des Clients). Das Skript schickt diese Werte an die Datenbank des Dienstleisters, der sie mit einer entsprechenden Analyse-Software statistisch auswertet und online, durch Login geschützt zur Verfügung stellt. Google Analytics bietet diese Dienstleistung kostenfrei in einfacher Weise an, und eTracker kann als Beispiel eines sehr umfassenden Systems genannt werden (vgl. die aufschlussreiche Live-Demo unter www.etracker.de).

Mit der Skript-Technologie ist es auch möglich, Clients, die das Setzen von Cookies[7] in ihrem Browser zulassen, mit Zusatzinformationen zu markieren: Beispielsweise kann mit dem Klicken auf eine Bannerwerbung oder Ad-Words-Anzeige ein Cookie gesetzt werden. Kauft der Kunde dann bei einem späteren Besuch, der z. B. bis zu 30 Tagen nach der Markierung erfolgt, mit demselben Browser, wird dies als Konversion der Werbemaßnahme registriert (vgl. Hassler 2009). Auf diese Weise können Konversionsraten von Online-Werbung präziser ermittelt werden, als nur durch Registrierung der Käufe unmittelbar nach der Weiterleitung des Kunden durch die Werbung auf die Anbieter-Website. Die Web-Erfolgsanalyse kann so zum ergebnisorientierten Web-Controlling erweitert werden[8].

Ergänzend und abschließend sei auf die Informationsgemeinschaft zur Feststellung der Verbreitung von Werbeträgern (IVW) hingewiesen, die die Förderung der Wahrheit und Klarheit der Werbung auf Basis freiwilliger Mitgliedschaften zum Ziel hat. Im Oktober 2009 wurden für die 979 an IVW angeschlossenen Internetangebote insgesamt über 4 Mrd. Visits und nahezu 55 Mrd. PageImpressions festgestellt (im Detail und öffentlich unter www.ivwonline.de).

---

[7] Ein Cookie bezeichnet Informationen, die ein Web-Server über das aufgerufene HTML-Dokument an den Browser sendet oder die clientseitig durch ein integriertes JavaScript erzeugt werden. Ein Cookie wird mit einer Gültigkeitsdauer und i.d.R. codierten Informationen als Datei auf der Festplatte des Clients gespeichert und kann bei späteren Zugriffen ausgewertet und an denselben Web-Server oder an berechtigte Partner übertragen werden.

[8] Mit der AJAX-Technologie (vgl. Abschnitt 5.2.2, Fußnote 4) ist es inzwischen technisch möglich die Interaktionen des Nutzers auf einer Website laufend zu beobachten und bestimmte Ereignisse im XML-Format kontinuierlich an den Webserver zu senden, ohne dass der Nutzer einen Seitenwechsel oder einen Absende-Button aktiviert. Für das Marketing entstehen hierbei neue Möglichkeiten und für den Datenschutz neue Herausforderungen.

Quellen und weiterführende Literatur:

Alby, T., Web 2.0 – Konzepte, Anwendungen, Technologien, 3. Aufl., München 2008

Alby, T., Karzauninkat, St., Suchmaschinenoptimierung: Professionelles Website-Marketing für besseres Ranking, 2. Aufl., München, Wien 2007 (www.suchmaschinenberater.de)

Ash, T., Landing Pages – Optimieren, Testen, Conversions generieren, Heidelberg 2009

Fittkau & Maaß Consulting (Hrsg.), WWW-Benutzer-Analyse W3B, 2009 (www.w3b.de)

Freyer, W., Pompl, W. (Hrsg.), Reisebüro-Management, 2. Aufl., München 2008

Führich, E., Dynamic Packaging und virtuelle Veranstalter – Entwicklung und Anwendung des Reisevertragsrechts auf die neue Internet-basierte Pauschalreise, in: RRa, 2/2006, S. 50-57, ftp://ftp.hs-heilbronn.de/reiseseminar/TourR/Aufsaetze/Fuehrich_DynaPack.pdf (Zugriff 10.12.2009).

Gutheim, P., Der Webdesign-Praxisguide, Heidelberg 2008

Hansen, R., Neumann, G., Wirtschaftsinformatik 2 – Informationstechnik, 9. Aufl., Stuttgart 2005

Hansen, R., Neumann, G., Wirtschaftsinformatik 1 – Grundlagen und Anwendungen, 10. Aufl., Stuttgart 2009

Hassler, M., Web Analytics – Metriken auswerten, Besucherverhalten verstehen, Website Optimieren, Heidelberg 2009

Härting, N., Internetrecht, 3. Aufl., Köln 2008

Knappe, M., Kracklauer, A., Verkaufschance Web 2.0, Wiesbaden 2007

Knoll, M., Meier, A. (Hrsg.), Web & Data Mining, in: HMD-Praxis der Wirtschaftsinformatik, Heft 268/2009

Lehmann, M., Meents, J.G., Informationstechnologierecht – Handbuch des Fachanwalts, Köln 2008

Nielsen, J., Loranger, H., Web Usability, München 2006

Schwarz, T. (Hrsg.), Leitfaden Online Marketing, Waghäusel 2007

Weithöner, U., Informationsmanagement und Informationssysteme der Reisemittler, in: *Freyer, W., Pompl, W. (Hrsg.)*, Reisebüro-Management, 2. Aufl., München 2008

Internetquellen:

www.bitkom.org

www.denic.de

www.dmoz.org/World/Deutsch/Computer/Internet/Suchen/Suchmaschinen

www.dynamic-webpages.de

www.fur.de

www.fvw-kongress.de

www.gfk.de

http://de.selfhtml.org

www.initiatived21.de

www.ivwonline.de

www.linkpopularity.com

www.nic.com

www.sql-und-xml.de/xml-lernen

www.suchmaschinenberater.de

www.v-i-r.de

www.w3b.de

www.w3c.org

www.wikitravel.org

5.3 Destinationsmanagement-Systeme und Portale

Prof. Dr. Uwe Weithöner

5.3.1 Grundlagen des Informationsmanagements touristischer Destinationen

Der **Begriff der Destination** wird im Folgenden mit Bezug zum Freizeittourismus verwendet, der in der Regel mit Übernachtungen am Reiseziel verbunden ist. Eine Destination ist ein geografisch eingrenzbarer und zusammenhängender Raum, den der Reisende als Reiseziel aussucht. Der Reisende nimmt die Destination als touristische Angebotseinheit wahr, in der er die Erfüllung seiner mit der Reise verbundenen Anforderungen und Wünsche erwartet. Der Begriff der Destination kann daher sehr unterschiedlich ausgeprägt sein. Eine Destination kann nur aus einer Örtlichkeit, z. B. einem Freizeitpark, bestehen, eine Großstadt mit umfangreichem Kultur- und Freizeitangeboten stellt eine Destination dar, oder sie kann sich aus einer Vielzahl von Urlaubsorten und -angeboten als eine Flächenregion zusammensetzen, z. B. die Nordseeküste. Auch Länder und Kontinente können in der Betrachtung externer Reisender als Destinationen wahrgenommen werden (vgl. Wiesner 2008, S. 15ff).

Destinationen im Sinne von beispielweise Freizeitparks werden in diesem Kapitel nicht behandelt; ihre elektronischen Managementsysteme entsprechend weitgehend den Property-Management-Systemen der Hotellerie (vgl. Weithöner 2008, S. 515ff sowie Kap. 2.3). Destinationen im Sinne von Ländern und Kontinenten werden zwar strategisch infrastrukturell auf Basis politischer Entscheidungen entwickelt, sie haben aber i.d.R. kein operatives Geschäftsmodell und damit kein Destinationsmanagement im Sinne dieses Kapitels.

Das **Destinationsmanagement** befasst sich insbesondere mit der Planung, Angebotsentwicklung, dem Marketing sowie mit der Gestaltung und Unterstützung der destinationsinternen und nach außen gewandten Kooperationen und Prozesse (vgl. Fuchs/Mundt/Zollondz 2008, S 179ff). Aufgabe des Destinationsmanagements ist es daher, die touristischen Potentiale und Angebote zu einer homogenen Angebots- und Leistungseinheit zu entwickeln, das heißt insbesondere, destinationsweite Organisations- und Informationsstrukturen aufzubauen und im Rahmen dieser Strukturen die tourismuswirtschaftlichen Prozesse, insbesondere Marketing-Prozesse des Incoming Tourismus (vgl. Freyer 2009, S. 258ff sowie vertiefend Bieger 2008), zu unterstützen oder durchzuführen.

Die folgende Aussage, in Anlehnung an die Touristische Informationsnorm TIN, bezieht sich auf eine Flächendestination: Der einzelne Ort kann nicht umfassender Ansprechpartner der Kunden sein, da ihre Anforderungen nicht zufriedenstellend an nur einem Ort erfüllt werden können. Der Kunde erwartet eine zentrale Ansprechadresse für die gesamte Urlaubsregion mit hoher Professionalität und Qualität (TIN: vgl. www.tin.deutschertourismusverband.de).

Das **Informationsmanagement** in einer Urlaubsregion ist folglich auf der Ebene der Destination zu integrieren und Teil des Destinationsmanagements. Das schließt nicht aus, dass integriert und kooperierend auch dezentral auf Ortsebene Aufgaben des Destinations- und

5.3 Destinationsmanagement-Systeme und Portale

Informationsmanagements wahrgenommen werden. Das unkoordinierte und abgrenzende ortsbezogene Vorgehen, das in der kommunalpolitisch gesteuerten, öffentlichen Tourismusförderung begründet liegt und im Deutschland-Tourismus daher historisch gewachsen ist, muss in ein übergreifendes kundenorientiertes Destinationsmanagement überführt werden.

Grundlage des Informationsmanagements ist daher die destinationsweite Integration und Gestaltung der touristischen Informationen, Angebote und Services zur Förderung und ggf. zur Vermarktung der Tourismusregion bei i.d.R. heterogenen Ausgangsbedingungen in den Orten und bei ihren Leistungsträgern.

Der örtliche und regionale **Incoming Tourismus in Deutschland** wird seit jeher durch öffentliche Gelder, die die Gebietskörperschaften und ihre politischen Gremien verwalten, finanziert oder gesichert (vgl. Borchert 2006). Die öffentliche Tourismusförderung wird getragen durch kommunalpolitische Entscheidungen in den Orten und Landkreisen. Dadurch haben sich ortsspezifische und in der Flächendestination unterschiedliche/heterogene Strukturen gebildet, die eine destinationsweite Integration und Homogenisierung erheblich behindern. Schon die Unternehmensrechtsformen der örtlichen Tourismusorganisationen bedingen unterschiedliche **Ziel- und Aufgaben-Orientierungen**:

- Öffentlich-rechtliche Unternehmensform mit gemeinwirtschaftlichen Aufgaben und öffentlicher Finanzierung der Tourismusförderung,
- privatwirtschaftliche Unternehmensform mit dem Ziel der Gewinnerzielung,
- Mischformen, privatwirtschaftliche Unternehmensform mit öffentlicher finanzieller Sicherung und öffentlich-rechtlichen Gesellschaftern.

Ein destinationsweites Informationsmanagement ist damit auch Zielen und Bedingungen im gemeinwirtschaftlichen Sinn verpflichtet:

- Allgemeine Tourismusförderung durch Kommunikation destinationsweiter Informationen über die touristischen Angebote, die die gesamte Region weitestgehend vollständig repräsentieren (müssen) und Leistungsanbieter weder bevorzugen noch ausschließen, Tourismusförderung durch allgemeinen Touristen-Service (nach außen gerichtete Ziele);
- Förderung der destinationsinternen Kooperationen durch geeignete Informations- und Kommunikationsprozesse (nach innen gerichtetes Ziel).

Um die öffentliche Finanzierung zu refinanzieren und um ggf. Überschüsse erzielen zu können, werden Tourismusorganisationen in privatwirtschaftliche Rechtsformen überführt. Weitergehendes Ziel im privatwirtschaftlichen Sinn ist es daher, touristische Angebote und Services kosten- oder provisionspflichtig zu vermitteln und destinationsbezogene Angebote und Services zu gestalten und zu vermarkten.

Für ein umfassendes Destinationsmanagement leiten sich damit folgende Aufgaben des Informationsmanagements ab:

- Repräsentative Integration der touristischen Informationen, Angebote und Services mit einheitlichen Standards;
- Aufbau von Informations- und Vertriebssystemen bzw. Koordination der Beteiligung an entsprechenden Systemen, die die Destination als Einheit repräsentieren, mit einheitlichen Verfahrens- Abwicklungs- und Abrechnungsstandards und –prozessen;
- Entwicklung destinationsweiter, übergreifender Serviceangebote (z. B. elektronische Kur-bzw. Touristenkarten-Systeme mit Mehrwerten);
- Unterstützung des Kundenbindungsmanagements, des Marketing-Controllings und der Marktforschung.

Zur Erfüllung der oben genannten Aufgaben sind nicht nur die sich abgrenzenden Wettbewerbsbeziehungen der einzelnen Orte in eine destinationsweite Kooperation zu überführen, auch die unterschiedlichen Ansprüche und Kooperationsbedingungen der Leistungsträger, insbesondere der Unterkunftsanbieter, sind zu integrieren. Folgende **Kooperationsformen** zwischen Leistungsanbietern und ihren Tourismusorganisationen, die sich in der Intensität der Zusammenarbeit unterscheiden, sind grundsätzlich zu berücksichtigen:

- Die Beherbergungsbetriebe sind oftmals nicht bereit, den Tourismusorganisationen rechtlich verbindliche Verfügungs-, Buchungs- oder Vermittlungsberechtigungen zu übertragen. Sie fürchten beispielsweise einen für sie anonymen Buchungsprozess und behalten sich selbst den verbindlichen Geschäftsabschluss vor. Die Kooperationsstufen 0 und 1 entsprechen der öffentlich-rechtlichen und gemeinwirtschaftlichen Orientierung des Destinationsmanagements:

    - In Kooperationsstufe 0 werden lediglich die relevanten Stammdaten der Leistungsträger und ihrer Angebote erfasst und in einem Unterkunfts-/Gastgeberverzeichnis zusammengefasst. Die anfragenden potentiellen Gäste erhalten keine konkreten Angebotsinformationen, z. B. keine Vakanz- und verbindliche Preisinformationen. Sie wenden sich auf Basis des Unterkunftsverzeichnisses direkt an die Vermieter. Um diese Stufe im Rahmen des Informationsmanagements informationstechnologisch umzusetzen, bedarf es lediglich handelsüblicher Office-Software und etwas vertiefter Kenntnisse dieser Systeme z. B. im Umgang mit Standard-Datenbanken und ihren Schnittstellen zur Produktion von Printmedien (Katalog, Unterkunftsverzeichnis).

    - In Kooperationsstufe 1 melden die Leistungsanbieter, insbesondere die Beherbergungsbetriebe, ihre Belegungen bzw. ihre Vakanzen an die Tourismusorganisation bzw. an das elektronische Destinationsmanagement-System, jedoch ohne die Verpflichtung zur Vollständigkeit, Aktualität und Verbindlichkeit. Ein anfragender Kunde erhält einen Unterkunftsnachweis mit unverbindlichen Vakanz- und Preisinformationen. Der Gast selbst oder die Tourismusorganisation im Auftrag des Gastes wendet sich dann zur Reservierung an einen ausgewählten Vermieter. Wenn die Tourismusorganisation die Vermittlung im Gästeauftrag durchführt und vertraglich basiert dem Leistungsträger Provisionen berechnet, entsteht schon in dieser Kooperationsstufe ein Geschäftsmodell, das den

Einsatz eines Destinationsmanagement-Systems (mit reduzierter Funktionalität) rechtfertigen kann.

Die Stufen 0 und 1 sind wenig service- und kundenorientiert, da sie keine kurzfristigen und schlanken Geschäftsprozesse ermöglichen, die die Reisenden z. B. durch multimediale Produktpräsentationen, Online- und Last-Minute-Buchungen im Internet und durch die damit verbundene Unabhängigkeit von Geschäftszeiten zunehmend als selbstverständlich erwarten.

- Privatwirtschaftliche Unternehmensformen und Geschäftsmodelle haben das Ziel der Gewinnerzielung, das die Kunden- und Serviceorientierung voraussetzt. Dazu sind rechtssichere und verbindliche Kooperationsformen erforderlich:

    – In Kooperationsstufe 2 stellen die Leistungsträger dem Destinationsmanagement verbindliche Angebote (Kontingente und Preise) zur Vermittlung zur Verfügung, sie behalten sich aber das Recht zur Eigenbelegung vor. Sie verpflichten sich vertraglich, durch stets aktuelle Meldungen, ihre Vakanzen und Preise verbindlich zu aktualisieren. Die Tourismusorganisation kann verfügbare Kontingente dieser Stufe 2 für anfragende Kunden sofort verbindlich reservieren, bestätigen und abrechnen. Sie arbeitet so im Status eines Reisemittlers mit der Möglichkeit, Provisionen zu berechnen.

    – In Stufe 3 überlassen die Beherbergungsbetriebe der örtlichen Tourismusorganisation Kontingente zur exklusiven Verfügung. Sie verzichten auf das Recht zur Eigenbelegung. Das Destinationsmanagement garantiert einen festen Preis und übernimmt das Belegungsrisiko. Mit dieser Handlungsstufe hat die Tourismusorganisation die Möglichkeit, als Reiseveranstalter aufzutreten, Pauschalreisen zusammenzustellen und gemäß eigener Preiskalkulation zu vermarkten.

Zur elektronischen Integration und zur Unterstützung oder automatisierten Durchführung dieser Aufgaben werden datenbankbasierte IT-Systeme, **Destinationsmanagement-Systeme (DMS)**, eingesetzt. Sie sind die informationstechnologische Basis zur Unterstützung und Automatisierung der Geschäftsprozesse einer Destination. Ein DMS muss diese heterogenen Bedingungen in der Weise abbilden können, wie sie in einer Destination durch die Anforderungen, Rechte und Pflichten der Kooperationspartner im Rahmen der Geschäftsprozesse erforderlich sind.

Diese heterogenen Bedingungen bzw. das unterschiedliche ortsbezogene Entscheiden und Handeln haben in der Vergangenheit in vielen Destinationen auch zu heterogenen informationstechnologischen Strukturen geführt, die nachträglich nur schwer im Sinne eines gemeinsamen, kundenorientierten Informationsmanagements homogen integrierbar sind.

Eine interne Studie, die der Verfasser im Jahre 2005 für die Destination der niedersächsischen Nordseeküste gemacht hat, hat folgende heute noch relevante Situation gezeigt: In den 23 Küsten-Orten und Inseln zwischen Emden und Bremerhaven, die als Destination eine gemeinsame Marketing GmbH betreiben, werden 10 unterschiedliche DMS eingesetzt. Auch Orte, die gleiche Systeme einsetzen, nutzen sie mit sehr unterschiedlicher Intensität (Kooperationsstufen) und Informations-/Datenqualität (Der Verfasser regt an, auf den unterschiedlichen Web-Sites der Orte und Inseln nach einer Unterkunft zu suchen, um dann einen Buchungsprozess starten zu wollen, als Portal kann alternativ dazu auch die gemeinsame Web-Site www.die-nordsee.de genutzt werden).

In Destinationen mit diesen informationstechnologisch heterogenen Ausgangsbedingungen ist es wesentliche Aufgabe des Informationsmanagements diese **Systeme destinationsweit zu integrieren** und systemtechnische Kooperationen zu ermöglichen. Das kann/sollte mit einen Neuanfang auf Basis eines einheitlichen, gemeinsamen und standardisierten DMS verbunden sein. Grundsätzlich und vereinfachend am Beispiel der Nordseeküste gesagt, muss dem Gast mit einer destinationsweiten Abfrage sofort verbindlich, umfassend und mit allen nötigen aktuellen Informationen versehen folgende Frage beantwortet werden können: „Gibt es in der Hauptsaison, am kommenden Wochenende noch eine freie Ferienwohnungen mit Meerblick auf einer Nordsee-Insel oder an der Küste?"

Wenn es einer Tourismusregion vor dem Hintergrund einer jahrzehntelang defizitären öffentlichen Tourismusförderung nicht gelingen kann, ihr Destinations- und Informationsmanagement und ihre heterogenen Systeme zu einer homogenen und gegenüber den Kunden und den Leistungsträgern service-orientierten Einheit zusammen zu führen, muss strategisch analysiert werden, ob eine vollständige **Privatisierung der tourismuswirtschaftlichen Aktivitäten** auch für das Gemeinwesen der bessere Weg sein kann. Die Vermarktung kann beispielsweise über Reiseveranstalter und Hotelvertriebsorganisationen und somit über deren informationstechnologische Systeme erfolgen. Privatwirtschaftliche Incoming-Agenturen übernehmen zusätzlich zu der Vermarktung auch die kunden- und leistungsgeber-orientierten Serviceleistungen vor Ort. Sie können die marktorientierten Aufgaben des Destinations- und Informationsmanagements, wie es oben mit seinen Zielen und Aufgaben beschrieben worden ist, übernehmen und dazu auch durch öffentliche Ausschreibung und Vergabe autorisiert werden. Eine umfangreiche Vermarktung über Reiseveranstalter- und Hotelvertriebssysteme im direkten Vertragsverhältnis mit geeigneten Leistungsgebern (z. B. Hotelbetriebe und Ferienhäuser mit geeigneten Qualitätsstandards) kann eine Konsequenz aus dem Scheitern der Bemühungen um ein wie oben gefordertes Destinationsmanagement sein. Das Informationsmanagement der Destination wird damit auf eine reine Werbe- und Informationsfunktionalität reduziert. Ergänzend sei hier auch angemerkt, dass es trotz deutschlandweiter Bemühungen in den letzten 15 Jahren u.a. aus oben genannten Gründen nicht gelungen ist, die Angebote bzw. die Systeme deutscher Urlaubsdestinationen über den Vertriebsweg Reisebüro/GDS buchbar zu machen (z. B. im Amadeus/TOMA-Verfahren, vgl. Kapitel 4.6 dieses Buches). Auf der anderen Seite sind durch private Unternehmen destinationsübergreifende Portale mit destinationsorientierten Inhalten wie z. B. MeineStadt.de entstanden, die eine nutzerfreundliche Bündelung von Zielgebietsinformationen nach einheitlichem Standard mit Buchbarkeit über kooperierende Hotelreservierungsdienste (hier z. B. Booking.com) ermöglichen. Die Fusion von HRS und tiscover und das danach neu konzipierte tiscover-Alpenportal weisen in eine ähnliche Richtung.

5.3.2 Destinationsmanagement-System (DMS) als informationstechnologische Basis

Zur Kundeninformation und –kommunikation, als Vertriebssysteme und zum Kundenservice sind informationstechnologisch und bzgl. des Informationsmanagements folgende Medien und Systeme relevant:

- **Printmedien** werden im Zusammenwirken mit Telediensten eingesetzt, z. B. Call- und Service-Center, die zur Kundenberatung und zum Vertrieb Zugriff zum DMS der Tourismusorganisation haben (Frontoffice-Dienste). Die Informationen, die mit den Printmedien kommuniziert werden, werden aus der DMS-Datenbank generiert und z. B. zum Katalog-Druck bereit gestellt. Printmedien werden den Interessenten auch elektronisch über Web-Seiten als Download-Dateien (PDF-Format) zur Verfügung gestellt.

- Mit elektronischen **Touristenkarten** auf der Basis von Chipkarten (SmartCards) oder RFID-Tags können Prozesse unterstützt werden wie Zahlungs-, Kontroll- und Einlassfunktionen. Außerdem können dem Gast Service- und Mehrwert-Funktionen angeboten werden. Die Ausgabe und Verwaltung dieser Karten, den ggf. notwendigen Datenaustausch mit Kartenlade-/-lese-/-zahlstationen, sowie damit verbundene Funktionen wie Kurbeitragsrechnung und Meldewesen, kann das DMS als Bestandteil eines Destination Card Systems übernehmen. Darüber hinaus können Daten, die durch den Gebrauch dieser Karten anfallen, zu Controlling-Zwecken und für Maßnahmen zur Kundenbindung genutzt werden (vgl. Pechlaner/Zehrer 2005).

- Das **Web-Portal** einer Tourismusorganisation informiert als **Destinations-Portal** im Internet über die Tourismusdestination, bietet Kommunikationsmöglichkeiten und führt den Interessenten zum Produkt. Die aktuellen Produktdaten (multimediale Darstellungen, aktuelle Verfügbarkeiten, Angebote und Preise) werden dem Interessenten über das interaktive Web-Portal aus dem DMS online und in Echtzeit zur Verfügung gestellt. Die Web-Anwendung nimmt automatisierten Zugriff auf die Datenbank des DMS, das damit als eine Internet Booking Engine (IBE) fungiert (vgl. Kap. 5.2) und die Reiseleistungen bzw. die Anfrage einer Reiseleistung online vermitteln kann (in Abhängigkeit von den vereinbarten Kooperationsstufen, vgl. Abschnitt 5.3.1 dieses Beitrages).

- Elektronische touristische **Kiosksysteme/Informationsterminals** ermöglichen den Abruf touristischer Informationen sowie die Nutzung von Buchungsfunktionalitäten an stationären Indoor- und Outdoor-Terminals in Selbstbedienung durch den Interessenten. Das Destinationsmangement-System ist die informationstechnische Basis bzw. der Server dieser Terminals, die über ein internes Netzwerk oder internet-/webbasiert angebunden werden. Dem Nutzer stehen damit Informationen und Funktionalitäten des DMS zur Verfügung ähnlich wie auf den Web-Portalen. In Verbindung mit Nahnetz-Technologien wie beispielsweise RFID (Radio Frequency Identification), WLAN (Wireless Local Area Network) oder Blueteooth-Technologie lassen sich die auf einem Kiosksystem recherchierten und abgerufenen Informationen auf mobile Endgeräte übertragen, so dass diese dem Gast bei seiner Reise durch die Destination zur Verfügung stehen. Integrierte Drucker ermöglichen den Ausdruck von abgefragten Routen und Karten für die Gäste.

– Im Gegensatz zu den bisher genannten stationären Informationssystemen ist die Nutzung mobiler Informationssysteme und **mobiler Endgeräte** nicht an einen festen Standort gebunden. Diese Systeme bieten den mobilen Abruf der im DMS integrierten Funktionalitäten und Informationen auf das mobile Endgerät des Interessenten oder Gastes, wie beispielsweise Handy oder PDA (Personal Digital Assistant). Eine Ergänzung der kundenorientierten DMS-Funktionalität um Positionierungs- und Lokalisierungstechnologien wie GPS (Global Positioning System) wird dadurch möglich. Diese Kombination ermöglicht dem Gast in einer Destination Wegweiser- und Kompassfunktionen sowie Location Based Services. Mit diesen Diensten werden dem Gast in einer Destination mobil touristische Informationen und Funktionen angeboten. So kann er sich beispielsweise Verpflegungsmöglichkeiten und Unterkünfte in seiner aktuellen Nähe anschauen und ihm wird der Weg dorthin angezeigt. Technisch realisiert werden derartige mobile Informationssysteme durch die Georeferenzierung von Objekten (Points of Interest – POI). Dabei wird die DMS-Datenbank mit einer Geo-Datenbank verknüpft, die alle Informationen mit ihrer Referenzierung enthält, die den Nutzern im Rahmen ihrer Echtzeit-Positionierung zur Verfügung gestellt werden. (Vgl. auch die Kap. 5.6 und 5.7.)

Die genannten Punkte zeigen, ohne Anspruch auf Vollständigkeit, dass ein Destinationsmanagement-System die informationstechnologische Basis für die wesentlichen Aufgaben und Prozesse darstellt und damit die Voraussetzung für eine effiziente und service-orientierte Prozesssteuerung und –integration ist.[1]

Abbildung 5.3.1 gibt einen Überblick über Funktionalität und Aufbau eines DMS.

---

[1] Zur weiterführenden Definition informationstechnologischer Begriffe vgl. Hansen/Neumann 2009.

5.3 Destinationsmanagement-Systeme und Portale

Vertriebs-, Service- und Kommunikationskanäle (1)

Service-/Call-Center Tourist Information Front-Office (Inhouse) mit umfassender, auch interner Funktionalität	Web-Portale Kiosksysteme Mobile Endgeräte Online-Funktionen, öffentlich, mit Funktionalität zur Selbstbedienung

Informationen
- Angebote
- Sehenswürdigkeiten
- Zusatzangebote
- Gastgeberverzeichnis und Prospekte
- Gästeservice

Vermittlung und Reservierung
- Unterkunftsvermittlung
- Reservierung von Unterkünften und Pauschalangeboten
- Verwaltung der Buchungen
- Verkauf von Zusatzleistungen

Reiseabwicklung
- Buchungsbestätigungen
- Rechnungserstellung
- Touristenkarte / Kurkarte
- Kurbeitragsabrechnung
- Meldewesen
- Avisierungen

Mid- und Back-Office
- Kundenbindung
- Rechnungswesen
- Marketing-Controlling
- Medienmanagement
- Leistungsträger- u. Provisionsabrechnung

Basisdaten des Destinationsmanagement
- Benutzerdaten und Zugriffsrechte der Mitarbeiter und Leistungsträger
- Allgemeine Geschäftsbedingungen und vertragliche Daten
- Standardisierungsinformationen (z.B. TIN)
- Corporate Identity, Standard-Formulare

Verwaltung der Vertragspartner
- Verwaltung der Daten und Informationen über Leistungsträger /Vermieter und Partner in der Destination
- Vertragsdaten
- Verwaltung der Kundendatenbank, z.B. Gäste, Reisemittler, Reiseveranstalter und Kooperationspartner

Verwaltung der touristischen Informationen und Angebote
- Verfügbarkeiten der Zimmerkontingente und Wohneinheiten
- Zusatzleistungen, Veranstaltungen und Tickets
- Pauschalangebote, jeweils mit Leistungen/Kontingente und Preisangaben
- Allg. Informationen für Gäste, z.B.: Öffnungszeiten von Restaurants, Museen, kulturelle Angebote

Daten der Geschäftstransaktion
Vermittlungen   Reservierungen   Verkäufe   Abrechnungen   Provisionen

(1) Durch Rollen und Zugriffsrechte gesteuert, vgl. Kap. 5.3.3

Abb. 5.3.1   Überblick über die Funktionen eines Destinationsmanagement-Systems (DMS) auf der Basis der DMS-Datenbank

Am branchenbezogenen IT-Markt werden den Tourismusorganisationen einige verbreitete und geeignete Systeme angeboten, die in ihrem konkreten Funktionsumfang, ihrer Spezialisierung oder mit ihren Systemkosten unterschiedlich ausgeprägt sein können. Beispielhaft seien folgende DMS genannt: Feratel Deskline/Eurosoft, Intobis Incoming Soft, TOMAS my.IRS, NetHotels ReServer, Tiscover, wild-east, DIRS21, Wintop.net. Unterschiede könnten z. B. zu folgenden Punkten bestehen:

- Integration des Kurbeitrags- und Meldewesens, ggf. inkl. elektronischer Touristenkarten,
- Vermarktungsmöglichkeit über destinationsübergreifende Web-Portale und Schnittstellen zu anderen touristischen Vertriebssystemen, Hotel-Switches, ADS/IDS, etc.
- Möglichkeit zur Definition und zum Online-Vertrieb von Pauschalangeboten, ggf. inkl. Dynamic Packaging (vgl. Kap. 2.5),
- Unterscheidung der Kooperationsstufen, d.h. Möglichkeit zur Differenzierung je Leistungsträger oder je Angebot (vgl. Kap. 5.3.1),
- Systemkosten und Systembetrieb, z. B. Fixkosten(anteile) und/oder Provision je vermittelter Buchung, Systembetrieb durch den Systemanbieter bzw. System-Provider (s.u. Kap. 5.3.3 dieses Beitrages).

Es bedarf für eine Destination einer konkreten Analyse der aktuellen und zukünftigen Anforderungen an ein System in Abstimmung mit der geplanten Geschäftsentwicklung, und es bedarf der detaillierten Bewertung der aktuell angebotenen DMS zur Auswahl des für die jeweilige Destination besten Systems. Zur Analyse und Aufbereitung dieser Investitionsentscheidung können spezialisierte Unternehmensberater beauftragt werden.

5.3.3 Systemtechnische Voraussetzungen und rechte-basierte, destinationsweite Nutzung eines DMS

Destinationsmanagement-Systeme (DMS) werden nicht (mehr) vor Ort bei der Tourismusorganisation mit Hardware-Server, Software und Datenbank aufgebaut und betrieben. Die Systeme werden in den Rechenzentren der Software-Anbieter bzw. ihrer IT-Dienstleister/ Provider zentral für alle Kunden (Destinationen/Tourismusunternehmen) technisch betrieben, gewartet und gesichert. Die Destination greift über Internetverbindung und Web-Browser auf „ihr" entferntes System zu und erhält software-gesteuert und gesichert ihre vereinbarten Zugriffsrechte auf Funktionen und Daten (seine „Rolle" im System).

Eine Destination erwirbt folglich eine Lizenz zur Nutzung eines ASP-Systems (**Application Service Provider**) für DMS-Dienste. Die Tourismusorganisation wird durch ihre Lizenz ein Mandant und erhält alle Rechte zur Nutzung der vertraglich und kostenpflichtig zu vereinbarenden Systemfunktionalität. Das DMS arbeitet auf Basis einer gegenüber unbefugten Dritten geschützten und gesicherten Datenbank.

Die Tourismusorganisation nimmt eine Unterverteilung der Nutzung- und Zugriffsrechte vor. Sie vergibt Rollen, d.h., sie differenziert die Rechte aufgabenabhängig und vergibt ihren Mitarbeitern, Geschäftspartnern und Partnersystemen die Software-Nutzungsrechte und Datenbankzugriffsrechte, die zur Erfüllung ihrer jeweiligen Aufgaben erforderlich sind.

5.3 Destinationsmanagement-Systeme und Portale

Durch die Systemanmeldung bzw. das Nutzer-Login oder durch systemtechnische Schnittstellen werden diese Rollen gesichert und gesteuert, z. B. (vgl. Abb. 5.3.1):

- Die MitarbeiterInnen des Call Centers der Destination erhalten die Rechte zur Nutzung des Frontoffice-Moduls und zur Vermittlung aller Leistungsangebote destinationsweit.
- Das Web-Portal der Destination erhält die Vermittlungsrechte für alle Leistungsangebote destinationsweit.
- Die MitarbeiterInnen in einer örtlichen Tourist Information werden berechtigt, die Frontoffice-Funktionen und die Pflege der Angebotsdaten durchzuführen, aber nur für die Kunden, Angebote und Daten ihres jeweiligen Ortes.
- Das Web-Portal eines Ortes erhält die Vermittlungsrechte für seine örtlichen Leistungsangebote.
- Ein Partner-Hotel erhält die Rechte, seine Hotel- und Angebotsdaten webbasiert selbst zu pflegen und die Online-Buchungsfunktion in seine Hotel-Web-Site zu integrieren, nur mit Zugriff auf seine Daten und Angebote.
- Ein Systemadministrator erhält alle Rechte und damit auch die Rechte, Basis- und Stammdaten sowie Rollen und Zugriffsrechte erfassen und ändern zu können.

Mit dieser Rechte- und Rollenverteilung wird eine Verkaufs- und Prozesssteuerung definiert. Abbildung 5.3.2 zeigt diese Arbeitsteilung im Rahmen der Systemkonfiguration.

Das Zusammenwirken von örtlichen und destinationsweiten Web-Portalen auf der Basis eines einheitlichen DMS kann am Beispiel der Destination Vorpommersche Ostseeküste (www.vorpommern.de – Online Buchen) und ihrer Teilregionen, Orte und Inseln (z. B. Insel Usedom (www.usedom.de – Online Buchen) praktisch nachvollzogen werden (Stand: 2009).

Dieses **arbeitsteilig organisierte Systemkonzept** bietet allen Systempartnern die Möglichkeit, sich auf ihr Kerngeschäft zu konzentrieren, damit sind folgende Vorteile verbunden:

- Kein technischer Investitionsaufwand und kein IT-Know-How und Wartungsaufwand in den Destinationen und Tourismusunternehmen zum DMS-Betrieb erforderlich,
- einfache Systemnutzung über Internet-/Web-Standards,
- geringe Fixkosten, variable Kosten (nur) bei Buchung durch Provisionen an den IT-Dienstleister,
- Prozess-Steuerung durch ein aufgaben-orientiertes Rechte-/Rollen-Konzept.
- Externe Vertriebspartner können über verfügbare Web-Standards integriert werden. Beispielsweise große Web-Portale, die schwerpunktmäßig andere Märkte bedienen, wollen durch touristische Angebote ihren Kunden Mehrwerte und Zusatznutzen bieten und zusätzliche Einnahmequellen (z. B. Vermittlungsprovisionen) erschließen. So können z. B. Destinationen, die mit entsprechenden DMS-Dienstleistern zusammenarbeiten über die Portale www.bahn.de oder www.spiegel.de ihre Angebote vermarkten (Stand: 2009).

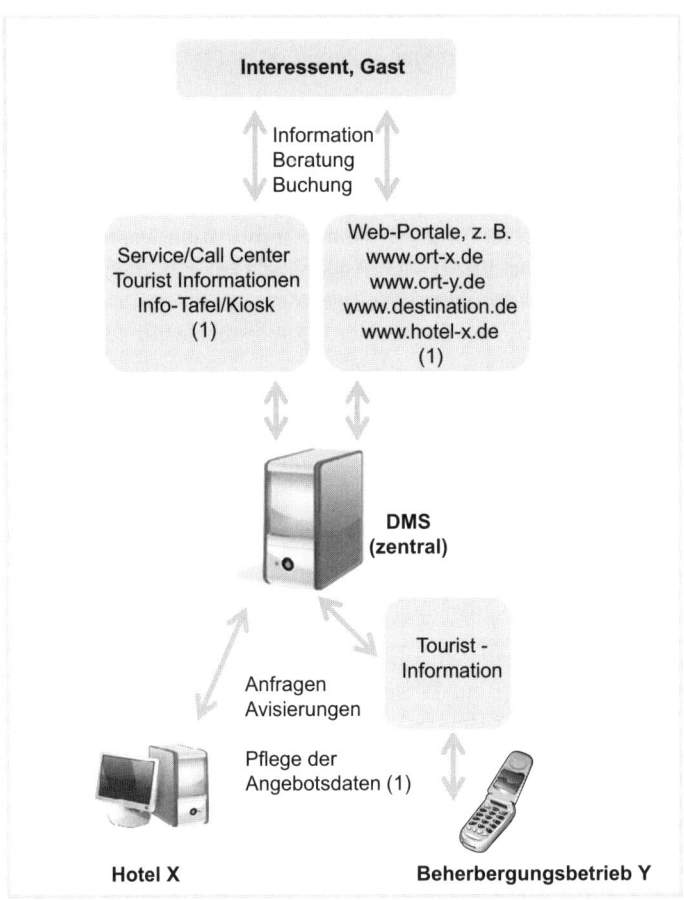

(1) Durch Rollen und Zugriffsrechte gesteuert

Abb. 5.3.2   Systemkonfiguration zur destinationsweiten Nutzung eines DMS

5.3.4   DMS-Integration bei heterogenen Strukturen

Die Darstellungen des vorangegangenen Kapitels beziehen sich auf das Zusammenwirken in homogenen, standardisierten Strukturen, die die effiziente Nutzung eines gemeinsamen DMS ermöglichen. Flächendestinationen im Deutschland-Tourismus sind intern aber vielfach durch heterogene Strukturen gekennzeichnet, die in den in Kapitel 5.3.1 dargestellten Bedingungen begründet liegen. Durch unterschiedliche Entwicklungen, Potentiale und Interessen sowie durch destinationsinternes Konkurrenzdenken fehlen oftmals der politische Wille und die tourismuswirtschaftliche Kooperationsfähigkeit, um destinationsweite gemeinsame Strukturen, Standards und Geschäftsmodelle zu schaffen. Das führt zu einer heterogenen DMS-Landschaft innerhalb einer Destination.

Dem Interessenten und potentiellen Gast muss aber dennoch über Call Center oder Web-Portal ein destinationsweiter Beratungsservice und eine flächendeckende Vermittlungsunterstützung geboten werden, im Sinne der in Kapitel 5.3.1 dargestellten Beispielfrage: „Gibt es am kommenden Wochenende noch eine freie Ferienwohnungen mit Meerblick auf einer Nordsee-Insel?" Es ist dem Kunden nicht (mehr) zumutbar, in allen unterschiedlichen Einzelsystemen je Ort selbst zu recherchieren.

Die heterogen strukturierte Destination muss daher im Rahmen ihrer Web-Site einen Mindestservice bieten und dem Interessenten eine **destinationsweite Suchmaschine** für touristische Angebote (Unterkunft, Veranstaltungen, etc.) online zur Verfügung stellen:

1. Dem Interessenten wird die Möglichkeit gegeben, seine Reisewünsche zu erfassen, und die touristische Suchmaschine übermittelt über automatisierte Datenschnittstellen diesen Wunsch an die unterschiedlichen örtlichen Systeme.

2. Die örtlichen Systeme beantworten diese Anfrage, indem sie in ihren örtlichen Angeboten automatisiert recherchieren und ggf. die entsprechenden Angebote an die Suchmaschine mit standardisierten Text- und Bildinformationen übermitteln. Die Suchmaschine fasst die Antworten in einer einheitlichen Darstellung zusammen und übermittelt diese Suchergebnisliste an den Interessenten. Dieser Ablauf darf in Echtzeit nur wenige Sekunden dauern.

3. Wenn der Interessent ein Angebot zur detaillierten Bewertung und ggf. weiterführenden Buchung auswählt, wird er weitergeleitet auf die jeweilige örtliche Web-Site, die ihm die Buchungs- oder Vermittlungsfunktionalität für dieses Angebot im örtlichen System online zur Verfügung stellt.

Dieser Ablauf kann nachvollzogen werden unter http://www.sh-buchen.de (Schleswig Holstein). In vielen Tourismusregionen sind ähnliche Suchmaschinen realisiert worden.

5.3.5 Standardisierung als Voraussetzung eines IT-basierten Destinationsmanagements

Die Anforderungen eines destinationsweit integrierenden, prozess-optimierenden und kunden-orientierten Systems kann ein DMS nur optimal erfüllen, wenn es den Entscheidungsträgern bzw. dem Management einer Destination gelingt, heterogene Ausgangsbedingungen zu vereinheitlichen und destinationsweit akzeptierte Standardisierungen zu schaffen (vgl. zu den folgenden Punkten: Deutscher Tourismusverband DTV e.V. (Hrsg.), Touristische Informationsnorm TIN, www.tin.deutschertourismusverband.de):

- Verbindliche Richtlinien zur vergleichenden Darstellung, Beschreibung und Klassifizierung der Angebote sind erforderlich, um destinationsweit und online vergleichen, suchen und beraten zu können.

- Rechtssichere Geschäftsprozesse und Geschäftsbedingungen sind verbindlich zu vereinbaren, z. B.:
    - Ausgestaltung der Kooperationsstufen und der damit verbundenen Prozess,

- Preisrechnung (z. B. Preis pro Person oder pro Objekt),
- Status der Akteure und ihre rechtlichen Verpflichtungen (Leistungsträger, Mittler, Veranstalter, technischer Systemdienstleister),
- Vermittlungs- und Buchungsprozesse, Zahlungsverkehr und Provisionsmodelle,
- Vergütung oder Finanzierung destinationsinterner Dienstleistungen (z. B. kostenfreie Nutzung des Öffentlichen Personennahverkehrs mit der elektronischen Touristenkarte).

- Der Aufbau einer homogenen DMS-Landschaft ist zur elektronischen Kooperation in der Destination und zur Optimierung des Kundenservice erforderlich. Durch die gemeinsame Nutzung eines Systems, das technisch durch einen Provider betrieben wird, sind Kosten- und Servicevorteile zu erwarten (vgl. Kapitel 5.3.3).

Es ist ein **tourismuswirtschaftliches Gesamtkonzept** für die Destination zu entwickeln und darauf abgestimmt ein informationstechnologisches Systemkonzept aufzubauen. Es ist ein strukturiertes projektorientiertes Vorgehen erforderlich, das die tourismuswirtschaftlichen Entscheidungsträger der Destination einbezieht und zum gemeinsamen Erfolg verpflichtet. Systemaufbau und Systembetrieb erfordern ein **destinationsweites kundenorientiertes Qualitätsmanagement**, um die tourismuswirtschaftlichen Prozesse, die Qualität der Informationen, Medien und Kommunikationen marktgerecht zu standardisieren und weiter zu entwickeln. Die informationstechnologischen Systeme sind am Markt der Tourismus- und Web-IT verfügbar, es bedarf aber auch der tourismuswirtschaftlichen Qualität und Qualifikation zum Einsatz dieser Systeme. Ist eine gemeinsame qualitativ hochwertige Web-basierte Destinations-Plattform etabliert, kann diese um mobile Anwendungen wie z. B. mobile regionale Online-Reiseführer (PTA-Personal Travel Assistants), Handy-Ticketing u.v.a.m erweitert werden. Vorreiter-Regionen experimentieren hier schon mit einigem Erfolg – sollten aber auch hier nicht die Synergiepotentiale destinationsweiter Gesamtkonzeptionen außer Acht lassen.

Quellen und weiterführende Literatur:

Bieger, Th., Mangement von Destinationen, 7. Aufl., München 2008

Borchert, R., Incomingtourismus, Politik der Destination, Wiesbaden 2006

Freyer, W., Tourismus – Einführung in die Fremdenverkehrsökonomie, 9. Aufl., München 2009

Deutscher Tourismusverband DTV e.V. (Hrsg.), Touristische Informationsnorm TIN, http://www.tin.deutschertourismusverband.de (Zugriff 12.11.09)

Fuchs, W., Mundt, J. W., Zollondz, H.-D., Lexikon Tourismus, München 2008

Hansen, H. R., Neumann, G., Wirtschaftsinformatik 1, Stuttgart 2009

Pechlaner, H., Zehrer, A., Destination-Card-Systeme, Wien 2005

Weithöner, U., Property Management Systeme (PMS), in: *Fuchs, W., Mundt, J. W., Zollondz, H.-D.,* Lexikon Tourismus, München 2008, S. 515ff

Wiesner, K. A., Strategisches Destinationsmarketing, Meßkirch 2008

5.4 Web 2.0 und soziale Netzwerke im Tourismus

Prof. Dr. Roland Conrady

Der globalen Tourismusbranche und dem einzelnen Reisenden stehen heute durch das Internet eine unüberschaubare Zahl von Informationsquellen mit vielfältigen Informationsinhalten zum Thema Urlaub und Reisen zur Verfügung. Seit 2004 beherrscht das Schlagwort „Web 2.0" die Diskussion um relevante Internet-Trends. Durch den umgangssprachlich als „Mitmach-Internet" bezeichneten Wandel des Internet erhöht sich die Quantität und Komplexität der Informationsinhalte erheblich. Internetnutzer produzieren selbst Internet-Inhalte, indem sie in sozialen Netzwerken und anderen Web 2.0-Anwendungen Wissen, Erfahrungen, Erlebnisse und Dateien mit anderen Internetnutzern teilen und sich austauschen. Web 2.0-Anwendungen erreichen heute bereits eine sehr beachtliche Verbreitung, sie gehören zu den reichweitenstärksten Anwendungen im Internet. Mitte 2009 nutzten 734 Mio. Menschen soziale Netzwerke, dies entspricht 65 % aller weltweiten Internet-Nutzer (Comscore zit. in FAZ 2009a, S. 15).

	Social Networks	Wissens-Communities	Consumer-Communities	File Sharing-Communities
Ausprägungen	• Private Social Networks • Berufliche Social Networks	• Weblogs/Microblogging • Foren • Wikis • Bookmarking	• Generelle Consumer Communities • Reisecommunities • Bewertungsportale	• Fotoportale • Videoportale • Audioportale/Podcasting • Geotagging
Hauptzweck	Aufbau und Pflege sozialer Beziehungen	Bereitstellung von eigenem Wissen zu allgemeinen Themen	Bereitstellung von Produkt- und Unternehmensinformationen	Bereitstellung von Media-Dateien
Fokus	Kontakt	Themen	Produkte und Unternehmen	(Multimedia-)Content
Beispiele	• StudiVZ und SchülerVZ • Wer-kennt-wen • Facebook • XING	• Twitter • Airlines.de • Wikitravel, Wikipedia • Mister Wong, Del.icio.us	• Ciao.de • Tripsbytips • Hollidaycheck, Tripadvisor	• Flickr, Panoramio • YouTube, MyVideo • Google Maps/Earth
Ausgewählte Nutzungsmöglichkeiten in der Reise- und Tourismusbranche	• Personalakquisition • Werbung • Akquisition von Partnern und Kunden	• Marktforschung • Kundengewinnung durch Kompetenznachweis von Reisemittlern • Presse- und Öffentlichkeitsarbeit	• Marktforschung • Wettbewerbsbeobachtung • Werbung • Vertrieb von Reisen	• Werbung • Content Syndication

Abb. 5.4.1 Web 2.0-Anwendungen im Überblick

Web 2.0-Anwendungen leisten im Rahmen der Informationsbeschaffung den Reisenden wertvolle Dienste. Personen, die im Internet Reisebuchungen tätigen, informieren sich selbstverständlich vorher ausführlich im Internet. Sogar Personen, die in stationären Reisebüros Reisen buchen lassen, informieren sich häufig vorher im Internet, sie schätzen den Reisebürobesuch mit vorheriger Recherche im Internet als ergiebiger ein (Google/iProspect/Sempora Management Consultants/TUI 2008).

Der vorliegende Beitrag beschreibt die wichtigsten Web 2.0-Anwendungen und soziale Netzwerke und zeigt deren Relevanz für die Reise- und Tourismusbranche auf (Conrady 2007, S. 165ff).

5.4.1 Begriffsbestimmungen Web 2.0 und soziale Netzwerke

- **Web 2.0**

Der Begriff Web 2.0 wurde im Jahre 2004 anlässlich einer Konferenz vom Verleger Tim O´Reilly geprägt und danach begierig aufgegriffen und verbreitet. Bis heute ist der Begriff Web 2.0 nicht eindeutig definiert. Im Folgenden werden die dem Begriff gemeinhin zugeschriebenen Phänomene erläutert.

Zunächst kennzeichnet der Zusatz „2.0", dass es sich um eine wesentliche Veränderung handelt. Nach der Software-Nomenklatur werden grundlegend neue Versionen durch eine erhöhte Release-Ziffer vor dem Punkt, kleinere Veränderungen durch Erhöhung der Zahl nach dem Punkt gekennzeichnet.

- **Prinzipien**

O´Reilly selbst beschreibt sieben Prinzipien, die das Web 2.0 ausmachen:

Erstens fungiert das Web als Plattform, auf der Software zur Nutzung zur Verfügung gestellt wird. Zweitens erfolgt über die aktive Mitwirkung der Internetnutzer die Produktion von so genanntem „user generated content", bei der die kollektive Intelligenz der Nutzer erschlossen wird. Drittens gelingen die Schaffung und der Zugang zu Daten, die schwer oder teuer zusammenzustellen sind. Viertens wird eine neue Vorgehensweise bei der Erstellung von Software, bei der die Nutzer stärker in den Produktionsprozess integriert werden, realisiert. Fünftens erfolgt eine „leichtgewichtigere" Programmierung, bei der fremde Inhalte und Dienste mittels offener Schnittstellen in eigene Websites integriert werden können (so genannte „mash-ups"). Sechstens überschreitet Software Gerätegrenzen. Inhalte und Funktionalitäten können beispielsweise auch auf Mobiltelefonen bereit gestellt werden. Siebtens ist das Phänomen des „Long Tail", dem zu Folge auch Nischenprodukte Absatzmarktchancen haben, wirksam (O´Reilly 2005).

Web 2.0 hat eine soziale und eine technologische Dimension. Unter den genannten Prinzipien genießt das (soziale) Prinzip des **„user generated content"** besondere Relevanz, es beschreibt den Paradigmenwechsel vom Web 1.0 zum Web 2.0 am deutlichsten. Internetnutzer wandeln sich von eher passiven „con-sumern" von Informationen zu „pro-sumern", die auch aktiv selbst Informationen schaffen. Es fand damit ein Wandel von einer „one-to-many"-Kommunikation zu einer „many-to-many"-Kommunikation statt, bei der jeder mit jedem kommuniziert. Bis dato existierende Informationsmonopole wurden aufgebrochen. Die erschlossene „kollektive Intelligenz der Nutzer" ermöglicht extrem reichhaltige und häufig fehlerfreie Informationen. Fehler werden rasch entdeckt und von Internetnutzern korrigiert. Eindrucksvollster Beleg für das veränderte Internetnutzer-Verhalten ist das Internetlexikon Wikipedia. Negativer Begleiteffekt der Schaffung von Informationen durch die Nutzer ist die generierte Fülle von „Informationsmüll".

Es sei der Vollständigkeit halber darauf hingewiesen, dass die hier beschriebenen Phänomen des Web 2.0 weiterer (technologischer) Voraussetzungen bedürfen: So muss eine hohe Reichweite des Internet gegeben sein, d.h. eine kritische Masse an Internetnutzern muss überschritten sein. Dies gelingt nur bei niedrigen Kosten des Zugangs zum Internet. Und es muss eine hohe Datenübertragungsrate gewährleistet sein, damit Mediadaten schnell übertragen werden können.

- **Soziales Netzwerk**

Der Begriff des sozialen Netzwerks entstammt nicht der Internet-Ära, denn soziale Netzwerke sind zunächst kein Phänomen des Internet. Menschen leben seit jeher in sozialen Gemeinschaften bzw. Netzwerken. Mit dem Internet wurde jedoch eine technologische Plattform bereit gestellt, die unter mehreren Aspekten revolutionär ist: Erstens können persönliche Informationen sehr einfach von Jedermann bereit gestellt werden. Außer einem Internet-Zugang sind keine tiefer gehenden Computerkenntnisse notwendig. Zweitens können Informationen in beträchtlicher Quantität und Qualität (z. B. in Form von Textbeträgen, Bildern, Videos etc.) bereit gestellt werden. Dadurch entstehen reichhaltige Nutzerprofile, die übrigens teilweise datenschutzrechtlich bedenklich erscheinen. Drittens können die bereit gestellten Informationen sehr einfach von Jedermann in der für das Internet typischen Zeit- und Ortsunabhängigkeit abgerufen werden.

In sozialen Netzwerken bilden sich lebendige virtuelle Gemeinschaften, in denen man sich im Gegensatz zur realen Welt auch dann aktiv mit anderen beschäftigen kann, wenn diese nicht zur gleichen Zeit oder am gleichen Ort zugegen sind. Im Endeffekt bietet sich die Möglichkeit, sehr effizient Kontakte zu Mitmenschen anzubahnen und zu pflegen.

5.4.2 Anwendungen des Web 2.0

Es existieren verschiedene Typologien von Web 2.0-Anwendungen. Die wichtigste Klammer über alle Web 2.0-Anwendungen ist die **Community**. Als Communities werden soziale Gemeinschaften bezeichnet, wobei der englischsprachige Begriff die Konnotation der virtuellen sozialen Gemeinschaften beinhaltet. Konstitutive Elemente von Communities sind erstens die soziale Interaktion, die sich um den Austausch selbst geschaffener Informationen dreht, zweitens gemeinsame Bindungen, die durch gemeinsame Interessen, Ziele oder Aktivitäten entstehen und drittens das zumindest zeitweilige Aufsuchen eines gemeinsamen Ortes, wobei dieser Ort auch virtueller Natur sein kann (z. B. als Plattform in Internet) (Mühlenbeck/Skibicki 2007, S. 15). Im Folgenden werden nach dem Kriterium des Hauptzwecks der Web 2.0-Anwendungen Social Networks, Wissens-Communities, Consumer Communities und File Sharing Communities unterschieden.

Bei Social Networks stehen Aufbau und Pflege sozialer Beziehungen im Vordergrund: Social Networks sind „kontaktzentriert". Bei Wissens-Communities steht die meist zweckfreie Bereitstellung von eigenem Wissen zu allgemeinen Themen im Vordergrund: Wissens-Communities sind „themenzentriert". Bei Consumer Communities stehen spezifische Produkt- bzw. Unternehmensinformationen im Vordergrund. Es ist ein unmittelbarer Produktkauf- bzw. –verwendungsbezug erkennbar: Consumer Communities sind „produktzentriert". Bei File Sharing Communities werden anderen Internetnutzern Media-Dateien bereit gestellt: File Sharing Communities sind „contentzentriert". Die Grenzen zwischen den vier beschriebenen Typen von Web 2.0-Anwendungen verlaufen fließend, Mischformen der beschriebenen Typen sind durchaus geläufig.

- **Social Networks**

Auf Social Network-Plattformen stehen Aufbau und Pflege sozialer Beziehungen, also das „Networking", im Vordergrund. Plattformen wie Facebook, StudiVZ, SchülerVZ, MeinVZ, wer-kennt-wen, Lokalisten und MySpace dienen eher privaten Zwecken, XING dient eher beruflichen Zwecken. Unter den genannten Plattformen ist Facebook extrem reichweitenstark: Mitte 2009 wird es von 240 Mio. Menschen weltweit genutzt. Deutsche Internetnutzer verbringen durchschnittlich 4,5 Stunden pro Monat in sozialen Netzwerken (FAZ 2009a).

Auf Social Network-Plattformen hat der Internetnutzer die Möglichkeit, sein persönliches Profil einzustellen und verschiedene Informationen über sich preis zu geben. Über Suchfunktionen findet der Nutzer der Plattform Freunde, Bekannte und Geschäftspartner und kann mit diesen in einen Austausch treten. „Sub-Communities" lassen sich zu bestimmten Themen bilden. Es existieren Gruppen zu Urlaub und Reisen, in denen Austausch zu bestimmten Reisezielen, Hotels, Fluggesellschaften etc. stattfindet.

Social Network-Plattformen weisen bereits sehr hohe Reichweiten auf. Im Jahre 2008 nutzten fast 30 % aller deutschen Internet-Nutzer mindestens einmal pro Woche Social Network-Plattformen (Fittkau & Maaß 2009). Beachtlich ist auch die sehr hohe Verweildauer auf Social Network-Plattformen. Mittlerweile wird mehr als 10 % der gesamten Internet-Nutzungszeit auf Social Network-Plattformen verbracht (Nielsen 2009, S. 1).

- **Wissens-Communities**

Wissens-Communities können als Weblogs, Foren, Wikis und Bookmarking ausgestaltet sein.

- Der Begriff **Weblog** (abgekürzt „Blog") setzt sich aus Web (World Wide Web) und Log (im Sinne von Logbuch) zusammen. Blogs ähneln Tagebüchern oder Journalen, die im Internet veröffentlicht werden. Die heute verfügbare Blogging-Software ermöglicht ein einfaches Veröffentlichen von Informationen im Internet. So genannte Blogger verfassen und publizieren regelmäßig Beiträge in ihren Blogs. Die Beiträge werden in chronologischer Reihenfolge gelistet, wobei die jüngsten Beiträge oben angezeigt werden. Die Leser der Beiträge können Kommentare zu den Beiträgen anfügen, so dass häufig lebendige Diskussionen in Blogs entstehen. Blogs ähneln insofern Foren, allerdings können Kommentatoren in Blogs keine neuen Diskussionsthemen anbringen, denn bei Blogs bleibt der ursprüngliche Beitrag immer Ausgangspunkt der Diskussion. Blogs sind viel stärker personenzentriert als Foren. Weitere Funktionalitäten wie Newsfeeds oder Permalinks steigern den Nutzen für die Leser von Blogs. Durch Blogrolls und Trackballs werden Blogbeiträge in verschiedenen Blogs miteinander verbunden, es entsteht die so genannte „Blogosphäre", in der sich Informationen sehr schnell verbreiten können (Alby 2008, S. 21ff.).

Blogs werden von Privatpersonen, Medien, Politikern und Unternehmen betrieben. Privatpersonen informieren Freunde und Bekannte über Privatangelegenheiten, zu denen häufig auch Erlebnisse und Erfahrungen vor, auf und nach Reisen zählen. Privatblogs setzen sich gelegentlich auch kritisch mit Produkten und Unternehmen auseinander. Medien betreiben häufig journalistische Blogs, die bei Internetnutzern häufig sehr beliebt sind. Politiker nutzen Blogs, um das Meinungsbild in der allgemeinen Öffentlichkeit zu beeinflussen. Unternehmen nutzen Blogs für die unternehmensinterne Kommunikation, für die Marktkommunikation mit potentiellen und aktuellen Kunden und Lieferanten sowie im Rahmen der Public Relations. Unternehmensblogs werden auch von Journalisten genutzt um tiefere, authentischere Einblicke in Unternehmen zu erhalten.

Als besondere Form des Blogs gilt das auch als Micro-Blogging-Dienst bezeichnete **Twitter** (www.twitter.com). Nach dem Einrichten eines Profils können Kurznachrichten mit bis zu 140 Zeichen von Mobiltelefonen an die Twitter-Website zur Veröffentlichung geschickt werden. So genannte „Verfolger" können freigegebene Informationen mittels RSS-Feed[1], E-Mail oder SMS abonnieren. Twitter hatte Anfang des Jahres 2009 bereits über 6 Mio. Nutzer, davon mehr als 100.000 alleine in Deutschland (FAZ 2009a, S. 15).

- **Foren** stammen aus der Web 1.0-Ära. Ein Forum ist eine Diskussionsgruppe zu einem bestimmten Thema in einem Online-Dienst. Foren werden genutzt, um von anderen Personen Antworten auf spezifische Fragen zu erhalten. Eine Vielzahl von Foren wird von Privatpersonen genutzt. Unternehmen betreiben ebenfalls Foren, die als offene oder geschlossene Foren ausgestaltet sein können. Tourismusthemen sind häufig Gegenstand der Diskussion in Foren.

- Unter **Wikis** versteht man strukturierte Sammlungen von Webseiten, die von Internetnutzern gelesen und bearbeitet werden können. Bekanntestes Beispiel ist die Internet-Wissensdatenbank Wikipedia, die als Online-Lexikon aufgebaut ist. Internet-Nutzer brauchen für die Bearbeitung der Webseiten von Wikis keine Programmierkenntnisse, vielmehr reicht ein Webbrowser aus. Inhalte von Wikis werden durch aktive Internetnutzer laufend weiterentwickelt, es finden Ergänzungen, Korrekturen und Formulierungsänderungen statt. Die Inhalte von Wikis sind durch Links untereinander vernetzt. Von außerordentlicher Bedeutung ist, dass Wikis die „kollektive Intelligenz der Internetnutzer" erschließen. Wikis können als offene oder geschlossene Systeme konzipiert sein. In Unternehmen werden häufig geschlossene Wikis im Intranet bereit gestellt, hier wird das spezifische Wissen der Mitarbeiter verfügbar gemacht. Geschlossene Wikis können auch in Extranets betrieben werden, um beispielsweise Kunden mit Produkt- und Serviceinformationen zu versorgen. Weltweit nutzen 32 % der Unternehmen Wikis, 60 % der Deutschen nutzen aktiv Wikipedia. In der Tourismusbranche ist Wikitravel (www.wikitravel.org) von besonderer Bedeutung. Es gibt Dienste, die zu einem gegebenen Reiseziel/Reiseplan gezielt Inhalte aus Wikis und anderen Web-Quellen zu einem persönlichen Reiseführer aggregieren (z. B. Bewotec RIS, tripit.com).

- **Bookmarking-Dienste** stellen persönliche Sammlungen von Webadressen dar, die mit Schlagwörtern (tags) versehen werden und anderen Internetnutzern zugänglich gemacht werden. Prominentes Beispiel ist der Dienst Del.icio.us (www.del.icio.us). Ähnliche Funktionen erfüllt „Folksonomy". Darunter versteht man die Festlegung von Stichwörtern („tags") bei Begriffen, Texten oder Inhalten im Internet durch die Internetnutzer. Durch die Indexie-

---

[1] RSS (Really Simple Syndication) ist ein Dienst, der auf zahlreichen Websites abonniert werden kann und neue Inhalte oder News der Website wie in einem Nachrichtenticker mit Überschrift, Summary und Link auf den Inhalt automatisch allen Abonnenten in speziellen RSS-Readern bereitstellt. Die Abonnenten können die Inhalte aus dem RSS-Format in beliebiger Weise neu aufbereiten und technisch weiterverbreiten (Content Syndication).

rung entsteht eine Wortwolke („tag cloud"), bei der häufig genutzte Begriffe größer geschrieben sind. Folksonomy ermöglicht eine schnellere Suche zu bestimmten Themen.

- **Consumer Communities**

Consumer Communities sind Meinungsportale im Internet, die es Internetnutzern ermöglichen, persönliche Erfahrungen mit Produkten und Anbietern zu veröffentlichen. Die Internetnutzer können Produkte näher beschreiben, Bewertungen vornehmen, Empfehlungen geben oder von Produkten bzw. Unternehmen abraten. Weitere Funktionalitäten wie die Kontaktaufnahme zu anderen Mitgliedern der Community, Preisvergleichstechniken oder der Kauf von Produkten in den Consumer Communities sind mittlerweile üblich. Bekannte Beispiele für deutsche Consumer Communities sind Ciao.de (mit Produktbewertungen), Amazon.de (mit Leserrezensionen) oder Ebay.de (mit Verkäuferbewertungen).

Aus der Vielzahl von branchenspezifischen Communities seien hier die für die Tourismusbranche relevanten Reise-Communities heraus gegriffen. Des Weiteren werden die so genannten Bewertungsportale, deren zentraler Zweck es ist, einzelne Angebote einer systematischen Bewertung durch die Internetnutzer zu unterziehen und einfach abrufbare Bewertungen zu generieren, behandelt.

- **Reise-Communities** sind produktspezifische Consumer Communities, thematisch dreht sich alles um Reisen und Urlaub. Reise-Communities weisen folgende Funktionalitäten auf: In einem personalisierten Bereich können persönliche Informationen wie Alter, Geschlecht, Hobbys, getätigte Reisen etc. hinterlegt werden. Kommentarfunktionalitäten ermöglichen die Abgabe von Kommentaren zu Fotos, Videos oder Berichten. Befragungsfunktionalitäten ermöglichen die systematische Befragung der Community-Mitglieder zu bestimmten Themengebieten. Foren ermöglichen den Austausch von Meinungen verschiedener Community-Mitglieder zu bestimmten Themen. Es können auch Fragen gestellt und Antworten gegeben werden. Kommunikationsfunktionalitäten wie E-Mail oder Chat ermöglichen die Kontaktaufnahme zu anderen Community-Mitgliedern. Rankingfunktionalitäten ermöglichen die Bewertung von Inhalten, Beiträgen oder anderen Mitgliedern. Suchfunktionalitäten ermöglichen das schnelle Auffinden der gesuchten Informationen oder Personen. Bewertungsfunktionalitäten sind ebenfalls Bestandteil von Reise-Communities, sie stehen aber nicht so sehr im Vordergrund wie bei den Bewertungsportalen. Eine eindeutige Grenzziehung zwischen Reise-Communities und Bewertungsportalen ist dennoch schwierig. Deutsche Reise-Communities sind z. B. TripsByTips (www.tripsbytips.de), die Geo-Reisecommunity (www.geo-reisecommunity.de), oder Global Zoo (www.globalzoo.de).

- **Bewertungsportale** existieren zu allen Leistungsträgern in der Tourismusbranche (vgl. auch Kap. 5.5). In der Hotellerie ist HolidayCheck (www.holidaycheck.de) ein herausragendes Beispiel in Deutschland, international ist Tripadvisor (www.tripadvisor.com), in dem neben Hotels auch Flüge, Kreuzfahrten, Restaurants etc. bewertet werden, sehr bekannt. Im Luftverkehr ist www.airlinetest.de bekannt.

HolidayCheck (vgl. Abschnitt 5.5) beispielsweise ermöglicht es Internetnutzern ohne Programmierkenntnisse, Hotels zu bewerten und zu kommentieren bzw. Hotelbewertungen und -kommentierungen abzurufen. Wie anderen Bewertungsportalen wird auch HolidayCheck eine hohe Glaubwürdigkeit zugeschrieben. Die Ergebnisse erscheinen in den Augen der

Internetnutzer sehr valide, denn anderen Konsumenten wird kein kommerzielles Interesse unterstellt. Zudem schätzen Internetnutzer die Informationsfülle, die weit über Kataloginformationen der Reiseanbieter hinaus geht.

Bewertungsportale weisen eine hohe Reichweite auf. Eine Online-Umfrage von Web.de ergab, dass sich 81 % der Teilnehmer gelegentlich im Internet Hotelkritiken ansehen und 73 % sogar vor jeder Reise Hotelbewertungsportale aufsuchen (IHA 2008, S. 117).

- **File Sharing Communities**

Unter File Sharing Communities sind Websites zu verstehen, die die Veröffentlichung meist selbst erstellter Mediadateien (Fotos, Videos, Audiodateien) ermöglichen.

- **Fotoportale** ermöglichen das einfache Hochladen von Fotos, die Kennzeichnung von Fotos mit Hilfe von Schlagworten (tags) und die Bewertung und Kommentierung von Fotos. Populäre Fotoportale sind die Yahoo-Tochtergesellschaft flickr (www.flickr.com) und die Google-Tochtergesellschaft Panoramio (www.panoramio.com). Panoramio verknüpft die Fotos zusätzlich mit Geo-Daten, so dass eine Lokalisierung der fotografierten Orte möglich wird. Die Systematik der Sortierung der Fotos ist weit weniger ausgereift als die Systematik der Bewertungsportale.

Anbieter touristischer Informationstechnologielösungen wie bspw. Traveltainment entwickeln mittlerweile Systeme, die eine Integration selbst erstellter Fotos ermöglichen (vgl. Kap. 3.5). Diese stehen damit Reiseveranstaltern für deren Online-Auftritte und Reisebüros für deren Kundenberatung am Counter zur Verfügung.

- **Videoportale** ermöglichen das einfache Hochladen von Videos, die Kennzeichnung von Videos mit Hilfe von Schlagworten und die Bewertung und Kommentierung von Videos. Populäre Videoportale in Deutschland sind neben YouTube (www.youtube.de) auch MyVideo (www.myvideo.de) und Clipfish (www.clipfish.de). Diese Portale beinhalten überwiegend von Privaten erstellte Videos. Darüber hinaus existieren Videoportale, die professionell erstellte Videos, meist als Dienstleistung für die Hotellerie, beinhalten. TVTrip (www.tvtrip.com) bietet bspw. über 17.000 Videos zu Hotels, tripr.tv zeigt Videos zu touristischen Destinationen. Auch der Anbieter GIATA veröffentlicht Hotelvideos unter myHotelVideo.com.

- **Audioportale** ermöglichen das einfache Hochladen von Audiodateien, die Kennzeichnung von Audiodateien mit Hilfe von Schlagworten und die Bewertung und Kommentierung von Audiodateien (engl. Audio-PodCast – von Apple's iPod/Broadcast). Bislang kommen Audiodateien im Tourismus jedoch vorwiegend nur auf ausleihbaren Audioführern für Rundgänge in Museen und in anderen begehbaren Sehenswürdigkeiten zum Einsatz.

- Unter **Geotagging** (Georeferenzierung – vgl. Kap. 5.6) versteht man die Zuweisung von Objekten, die Points of Interest (POIs) sein können, zu Koordinaten auf einer digitalen Karte im Internet. Somit entstehen Karten mit eingefügten POIs, die in Form von Fotos, Videos, Umgebungsinformationen etc. Karteninhalte anreichern. Bekannte Anwendungen sind Google Maps und Google Earth. Informationstechnologie-Dienstleister in der Tourismusbranche nutzen das Geotagging ebenfalls. So hält die Fa. GIATA mit tips4earth über 25.000 georeferenzierte Informationen zu POIs in Deutschland bereit. Zahlreiche Reiseportale und IBEs nutzen georeferenzierte Daten um Umkreissuchen durchzuführen und und Suchtreffer auf Karten darstellen zu können.

Derartige Informationen können auf GPS-fähigen mobilen Endgeräten auch unterwegs genutzt werden. Da der Nutzer präzise geortet werden kann, werden ihm nur die in der Umgebung liegenden POIs auf dem mobilen Endgerät angezeigt. Bci mobilen Endgeräten mit integrierter Kamera erfolgt mitunter eine automatische Georeferenzierung der aufgenommen Fotos (vgl. Kap. 5.3).

5.4.3 Relevanz von Web 2.0 und sozialen Netzwerken für die Tourismusbranche

Web 2.0-Anwendungen sind für alle betriebswirtschaftlichen Funktionsbereiche relevant. Bei der Beschaffung können sie beispielsweise eingesetzt werden, indem in sozialen Netzwerken Personalsuche betrieben wird. Bei Produktion und Forschung und Entwicklung kann die Zusammenarbeit in virtuellen Teams („collaboration") erfolgen. In der Personalwirtschaft gelingt ein Wissensmanagement, indem Mitarbeiterwissen erfasst, systematisiert und verfügbar gemacht wird. Besondere Relevanz besitzen Web 2.0-Anwendungen im Funktionsbereich Marketing/Vertrieb (Schetzina 2009, S. 113ff., die die empirischen Befunde von PhoCusWright zur Bedeutung von Web 2.0-Informationen im Kaufentscheidungsprozess zitiert).

- **Web 2.0 als Marktforschungsinstrument**
Web 2.0-Anwendungen bilden eine reichhaltige Quelle für Marktforschungszwecke. In Web 2.0-Anwendungen berichten potentielle und aktuelle Kunden ausführlich über ihre Bedürfnisse und Einstellungen gegenüber bestimmten Produkten und Unternehmen. Derartige Informationen können wertvolle Anregungen für die Weiterentwicklung von Produkten, Preis-, Distributions- und Vermarktungskonzepten beinhalten.

- **Web 2.0 als Werbeträger**
Web 2.0-Anwendungen können als Werbeträger fungieren. In vielen Anwendungen bcsteht schon heute die Möglichkeit, Werbung in Form von Bannern und anderen Online-Werbeformen zu schalten. Dies kann für viele Werbetreibende aufgrund der geringen Streuverluste interessant sein. Web 2.0-Anwendungen unterscheiden sich von traditionellen Werbeträgern dadurch, dass sehr präzise Profildaten der Nutzer verfügbar sind. Zudem kann nachvollzogen werden, welcher Nutzer sich gerade wo aufhält. Es können dem zu Folge nur jene Werbebotschaften gezeigt werden, die exakt den Profilen der anwesenden Nutzer entsprechen. Als Nachteil ist die geringe Akzeptanz von Werbung in Web 2.0 Anwendungen zu nennen. Die Finanzierung von Web 2.0-Anwendungen durch Werbeeinnahmen stößt daher schnell an Grenzen.

Werbenden Charakter – im positiven wie im negativen Sinne – haben auch durch Internetnutzer generierte Produkt- und Unternehmensinformationen. Diese weisen eine hohe Glaubwürdigkeit auf, da Ihnen keine kommerzielle Absicht unterstellt wird. Dies ist Chance und Risiko für Unternehmen gleichermaßen. Web 2.0-Anwendungen gelten als sehr mächtige Kommunikationskanäle, die einzelne Kundenmeinungen in beträchtlichem Ausmaß multiplizieren können. Es wirken Meinungsführerphänomene („viral marketing"), indem kompetent erscheinende Meinungsäußerungen nach dem Schneeballsystem weiter verbreitet werden. Mittlerweile ist die Identifikation dieser Diffusionsprozesse mittels eigens geschaffener Softwaresysteme möglich. Unternehmen sollten Kenntnis darüber haben, welche Informationen über sie im Internet kursieren. Unternehmen seien jedoch davor gewarnt, selber als Kundeninformationen getarnte Werbeinformationen einzustellen. Dies wird häufig enttarnt. Auch werden seitens der Betreiber der Anwendungen entsprechende Vorkehrungen getroffen, indem beispielsweise nur jene Internetnutzer eine Bewertung zu einem Hotel abgeben können, die vorher in dem betreffenden Hotel übernachtet haben.

Abschließend sei auf die Möglichkeit hingewiesen, dass sich beispielsweise Reisemittler in Web 2.0-Anwendungen mit eigenem Content engagieren und damit ihre Kompetenz zu Reisethemen und –produkten unter Beweis stellen. Die Nutzer des Content könnten danach ihre Buchungen bei den als fachkundig eingeschätzten Absatzmittlern vornehmen. So kann Neukundengewinnung und u.U. Kundenbindung gelingen.

- **Web 2.0 zur Vertriebsunterstützung**

Web 2.0-Anwendungen können Vertriebsmaßnahmen sowohl im stationären als auch im Online-Reisevertrieb unterstützen. Im stationären Reisevertrieb lässt sich die Beratungsqualität in Reisebüros deutlich steigern, wenn Reiseverkäufer Informationen aus Web 2.0-Anwendungen im Rahmen von Beratungsgesprächen nutzen. Einer aktuellen empirischen Erhebung unter Reisebüromitarbeitern zu Folge bestätigen 90 % der Befragten, dass eine gute Beratung durch die Integration von Internet-Informationen unterstützt wird. Folgerichtig nutzen bereits 55 % der befragten Reiseverkäufer Hotelbewertungen im Beratungsprozess. Im Hinblick auf die Erhöhung der Beratungsqualität ist eine Integration von Web 2.0-Informationen angeraten, problematisch erscheint jedoch heute noch, dass sich Beratungsprozesse hierdurch verlängern und die Prozesskosten steigen. Eine Integration der wichtigsten Web 2.0-Anwendungen in die bestehenden Reisebüro-Systeme erscheint daher sinnvoll (Faber/Biederbeck 2008).

Im Online-Reisevertrieb wird der Informationswert der online dargebotenen Informationen erhöht, indem Kundenbewertungen der angebotenen Produkte integriert werden. Die Produktinformationen der Anbieter wirken durch die ergänzenden Informationen der Internetnutzer glaubwürdiger bzw. verlässlicher. Zudem wird der Nutzen der Website gesteigert, indem auf die Recherche weiterer Internetquellen verzichtet werden kann. Online Travel Agencies wie Expedia integrieren beispielsweise bei ihren Pauschalreiseangeboten Kundenbewertungen zu den einzelnen Hotels (siehe www.expedia.de). Es handelt sich hierbei um eine unentgeltliche Form der Content Syndication. Hierunter versteht man in der Medienbranche im allgemeinen die Mehrfachverwendung von Inhalten (Content). Speziell im World Wide Web wird auch die Verbindung von Inhalten verschiedener Websites als Content Syndication bezeichnet und stellt für Content-Anbieter ein wichtiges Geschäftsmodell dar.

- **Web 2.0 als Vertriebskanal**

Web 2.0-Anwendungen können als eigenständige Vertriebskanäle fungieren. Die Betreiber von Web 2.0-Anwendungen stehen unter dem Druck, Erlösquellen zur Deckung ihrer Kosten zu erschließen. Es kann nahe liegend sein, den Nutzern der Anwendungen Produkte zu offerieren und am Vertrieb der Produkte zu verdienen. So hat bspw. HolidayCheck nach Erreichen einer bestimmten Anzahl von Nutzern eine Buchungsmaschine integriert, mit der Reisebuchungen erfolgen können, nachdem man sich die Bewertungen zu bestimmten Hotels angesehen hat.

Darüber hinaus sind Weiterentwicklungen der heutigen Affiliate-Systeme denkbar. Bei Affiliate-Systemen erhalten Handelspartner (Affiliates) vom Handelsherren Vergütungen für vermittelte Kunden. In Web 2.0-Anwendungen könnten durch die Einführung neuer Vergütungsstrukturen Internetnutzer zu aktivem Empfehlungs- und Vermittlungsverhalten motiviert werden.

- **Web 2.0 als Serviceinstrument**

Web 2.0-Anwendungen können den Service von Tourismusunternehmen unterstützen. Insbesondere Informationen und Funktionalitäten auf mobilen Endgeräten können während der Reise wertvolle Dienste bieten. Hilfreich ist die zunehmende Ausstattung mobiler Endgeräte mit GPS-Funktionen. Hiermit lässt sich der Standort des Nutzers ermitteln und standortadäquate Informationen, wie bspw. Informationen zu nahe gelegenen kulturellen und natürlichen Highlights in Bild und Textform darstellen.

5.4.4 Fazit

Die beschriebenen Entwicklungen haben die Reiseinformationswelt drastisch verändert. Traditionelle Informationsmonopole, bei denen Reisebüros und Reiseanbietern eine „Informationshoheit" zukam, wurden aufgebrochen und in Informationspolypole umgeformt. Unternehmen der Reise- und Tourismusbranche befinden sind derzeit in einem intensiven Lernprozess bzgl. der Nutzung von Web 2.0-Anwendungen für ihre kommerziellen Zwecke. Die ersten Versuche einer kommerziellen Nutzung von Web 2.0-Anwendungen erscheinen vielversprechend.

Quellen und weiterführende Literatur:

Alby, T., Web 2.0, Konzepte, Anwendungen, Technologien, 3. Aufl., München 2008

Conrady, R., Travel technology in the era of Web 2.0, in: Trends and Issues in global Tourism 2007 (Hrsg.: Conrady, R./Buck, M.), Berlin – Heidelberg 2007, S. 165–184

Faber, M., Biederbeck, S., Die Reiseberatung im Zeitalter de Internets: Optimierung der Beratungsprozesse im stationären Reisevertrieb, unveröffentlichte Bachelor-Thesis an der Fachhochschule Worms (in Kooperation mit dem Deutschen ReiseVerband e.V.), Worms 2008

FAZ (2009a), Frankfurter Allgemeine Zeitung vom 07.07.2009

FAZ (2009b), Frankfurter Allgemeine Zeitung vom 21.04.2009

Fittkau & Maaß, Social Network Sites, unveröffentlichte Chartsammlung, 2009

Google, iProspect, Sempora Management Consultants, TUI, ROPO, Research Online – Purchase Offline in der Touristik, Präsentation Impulsstudie, Bad Homburg 2008

IHA, Hotelmarkt Deutschland, Bonn 2008

Mühlenbeck, F., Skibicki, K., Community Marketing Management – Wie man Online-Communities im Internet-Zeitalter des Web 2.0 zum Erfolg führt, Köln 2007

Nielsen, Global Faces and Networked Places. A Nielsen Report on Social Networkings New Global Footprint, o. O. 2009

O'Reilly, T., What is Web 2.0?, in: www.oreilly.de/artikel/web20.html (Zugriff am 07.07.2009)

Schetzina, C., The PhoCusWright Consumer Technology Survey Second Edition, in: *Conrady, R., Buck, M. (Hrsg.),* Trends and Issues in Global Tourism 2009, Berlin – Heidelberg 2009, S. 113–133

5.5 Kundenbewertungen im Tourismusmarketing

Dr. Axel Jockwer

„Wenn jemand eine Reise tut, so kann er was erzählen" [Matthias Claudius]. Der alte Sinnspruch aus einer Zeit, in der eine Reise stets etwas von Abenteuer, fremden Kulturen und vielfältigen Erlebnissen hatte, gilt auch heute noch – allerdings in abgeänderter Weise. Von den Erlebnissen und Eindrücken während einer Reise erzählt man immer häufiger nicht nur Freunden, Bekannten oder Familienangehörigen, sondern man legt darüber Zeugnis im Internet ab.

5.5.1 Problematiken der heutigen Urlaubsplanung

- **Urlaub als knappes und teures Gut**

Urlaub steht in unserer von Arbeit und Leistungsdruck gekennzeichneten Gesellschaft für ein äußerst knappes und teures Gut. Die wenigen zusammenhängend freien Tage im Jahr sind klar beschränkt und durch die Zwänge von Arbeits- und Familienleben bestimmt. Urlaub zu machen, kostet Geld. Mehrere tausend Euro für ein flüchtiges Gut zu investieren, von dem nach wenigen Tagen nur noch Erinnerungen und (im besten Fall) ein Erholungsgefühl bleiben, fällt nicht leicht: „Wird der Urlaub meinen Erwartungen gerecht werden, habe ich die richtige Wahl getroffen, sind Zeit und Geld wirklich gut investiert?"

Kaum ein anderes Produkt ist mit einer derartig brisanten Mischung aus Erwartung und Emotionalität verbunden. Individuelle Präferenzen sind vielfältig, die Gefahr des Scheiterns stets auch mit hohen Belastungen für die Reisenden verbunden. Stoßen hohe Erwartungen, und getätigte Investitionen auf ungenügende Leistungen, bildet dies eine Menge emotionalen Sprengstoff.

- **Urlaub ist beratungsintensiv**

Der Kauf eines knappen, teuren und emotionsbehafteten Guts impliziert in höchstem Maße intensive Beschäftigung im Vorfeld einer Transaktion. Der Konsument informiert sich so gut es geht und sucht dabei Beratung. Urlaubsvorbereitung bedeutet immer, mit Maßnahmen des klassischen Marketings in Berührung zu kommen. Die Kataloge der Reiseveranstalter mit ihren verklausulierten Beschreibungen und austauschbaren Fotografien, die aufwendigen Broschüren von Hotels sowie deren bunte Internet-Pendants waren (und sind) wichtige Informationsmedien zur Vorbereitung eines Urlaubs. Hier findet klassische One-way-Produktkommunikation statt, die leider meist alles andere als authentisch ist. Schlimmer noch: Diese Werbebotschaften wecken in der Regel hohe und höchste Erwartungen und dies in einem Produktumfeld, das bereits mit hohen Erwartungen und hohem Erfüllungsrisiko behaftet ist. Die Etikettierung des eigenen Hotels als „Wellnessstempel", das Verwenden eines standardisierten Werbevokabulars oder das mit Weitwinkel erstellte und nachkolorierte Foto des hauseigenen Pools – all das erzielt mit Sicherheit Werbewirkung, hat jedoch mit Ehrlichkeit und Authentizität oft wenig zu tun.

5.5.2 Konsumentenbewertungen als neue Konstante

- **Der Konsument mischt sich ein**

Dass der Konsument aktiv in die Marketingkommunikation eingreift, ist nicht exklusiv ein Phänomen der letzten Jahre. Auch vor dem Siegeszug des Internets haben Kunden und potentielle Kunden Möglichkeiten gefunden, sich zu einer Marke oder einem Produkt zu äußern. Sie taten dies in Leserbriefen, durch direkte Kontaktaufnahme mit Unternehmen oder über Interessenverbände, sie tauschten sich im Freundes- und Bekanntenkreis aus und verbreiteten ihre Botschaft auf diese Weise von Mund zu Mund. Das Internet wiederum läutete eine neue Epoche in der Markenkommunikation ein. Plötzlich konnte man über Diskussionsforen, Newsgroups und E-Mail deutlich mehr Menschen erreichen und so seine Botschaften rasend schnell verbreiten. Menschen mit gleichen Interessen und parallelen Erfahrungen waren schnell gefunden. Wissen konnte entsprechend ausgetauscht und gemeinsam aggregiert werden. Sich selbst als Spezialisten, als Testimonial oder Meinungsbilder zu etablieren, wurde möglich. Selbstverständlich entwickelten Marken und etablierte Kommunikationsmedien ihre eigenen Auftritte, die jedoch fast durchgehend der Offline-Tradition verpflichtet waren. Hier klassische Marken- und Produktkommunikation, dort redaktionell erstellte journalistische Inhalte. Marken beobachteten im besten Fall, wie sie online diskutiert wurden, Redaktionen veröffentlichten den klassischen Leserbrief in digitaler Form. Wenige Angebote gingen einen Schritt weiter. Amazon.com machte die Kundenrezension von Lesern salonfähig, Ebay.com vertraute auf die Kraft von User-Meinungen als Waffe gegen schwarze Schafe unter Bietern und Anbietern. Auf Websites wie Ciao.com wurden von Kunden verfasste Produktmeinungen systematisch gesammelt und veröffentlicht. Der Crash der New Economy verzögerte nur für kurze Zeit die intensivere Auseinandersetzung von Marken mit den Meinungen ihrer Konsumenten.

- **Märkte werden Gespräche**

Als das Cluetrain-Manifest (www.cluetrain.de) 1999 erstmals den revolutionären Kern des Internets ansprach, wurden die wenigsten Marketiers aufmerksam: Märkte seien „Gespräche" geworden. Und tatsächlich hielt in den folgenden Jahren der Dialog als vornehmliche Kommunikationsform dort Einzug, wo bislang die Informationshoheit noch so klar beim Produzenten gelegen hatte. Inzwischen sprach man von „Web 2.0" und meinte damit die verstärkte interaktive Nutzungsart des Netzes, wobei neue datenbankbasierte Web 2.0-Technologien die Möglichkeiten für Konsumenten unterstützten, sich aktiv im Internet zu engagieren (vgl. Kap. 5.4 sowie Alby 2008).

Abb. 5.5.4   Homepage HolidayCheck

Im touristischen Bereich entstanden Pioniere wie HolidayCheck (1999) oder Tripadvisor (2000), die sich gezielt als Meinungsplattformen im beratungsintensiven touristischen Sektor etablierten. Genial einfache und dynamisch aktuelle Redaktionsmodelle waren geboren: User generierten freiwillig und kostenfrei jene Inhalte, die Websitebetreiber nur noch einsammeln, systematisieren und in den eigenen Datenbanken beherbergen mussten. Bewertungen für Hotels, Berichte über Urlaubsdestinationen sowie Fotos von Unterkünften schufen erstmals ein geballtes Gegenbild zu Hochglanzprospekten und Katalogen. Authentische, subjektiv geprägte Information ergänzte den schönen Schein der Marketing- und Verkaufsabteilungen einer Branche, deren Produkte bislang so ungeheuer schwer zu vergleichen gewesen waren.

- **Kundenmeinungen auf dem Vormarsch**

Die typische erste Reaktion auf den Verlust von Informationshoheit und die Konfrontation mit öffentlicher Kritik ist in der Regel ein großer Aufschrei sowie der schnelle Griff nach der rechtlichen Keule. Als Urlaubermeinungen in der Saison 2005/06 erstmals auf breiter Front wahrgenommen wurden, begannen sich Hotels, Hotelketten, Reiseveranstalter und Destinationen mit der brisanten Entwicklung zu beschäftigen.

Binnen kurzer Zeit waren die Zahlen der recherchierenden und auch der beitragenden User im deutschsprachigen Raum stark angestiegen, was nicht zuletzt der verstärkten medialen Reflektion des Themas zu verdanken war. Boulevard-Formate der privaten TV-Stationen hatten die Brisanz des Themas „Urlauber bewerten" bereits früh erkannt und wussten diese unter dem Motto „Geschädigte berichten" für sensationsschwangere, reichweitenstarke Urlaubsreportagen zu nutzen. Die Suchmaschine tat ein Übriges, denn aktuelle nutzergenerierte Inhalte rangierten plötzlich deutlich vor Informationen aus „offiziellen" Quellen.

5.5.3 Aufstieg der Bewertungsportale

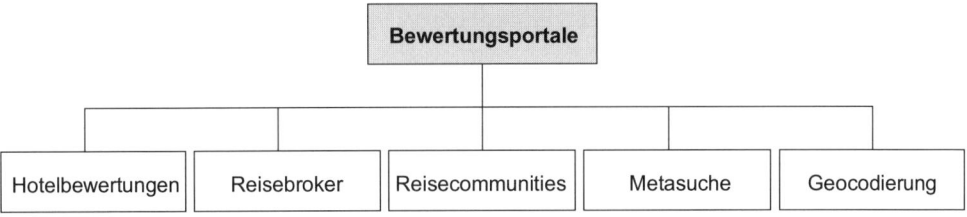

Abb. 5.5.5 Überblick Bewertungsportale

- **Hotelbewertungen**

Bewertungsportale wurden machtvolle Player in einer Branche, die bisher klar zwischen Reiseveranstaltern, Reisebüros und großen Hotelketten verteilt gewesen zu sein schien. Im Markt der Hotelbewerter tauchten Namen auf wie hotelkritiken.de, votello.de, cooleferien.com, travel-and-guide.de, igougo.com und zoover.nl. Während im deutschsprachigen Markt HolidayCheck die Marktführerschaft erringen konnte, wobei neben zunehmender Reichweite und wachsendem Content-Bestand auch mehrere gute Testberichte verantwortlich waren, entwickelte sich Tripadvisor im englischsprachigen Markt rasant weiter. Die Geschäftsmodelle der Portale dagegen präsentieren sich unterschiedlich: Während Tripadvisor konsequent auf Vermarktung (vgl. Abschnitt 5.2 – E-Business Geschäftsmodelle) setzt, etablierte HolidayCheck seit 2004 ein starkes eigenes Online-Reisebüro, das die Transaktion auf der eigenen Seite möglich macht und eine gewisse Unabhängigkeit gegenüber den Werbespendings der Tourismusbranche schafft.

- **Reisebroker**

Hotelbewertungen wurden vom Konsumenten immer stärker nachgefragt und entwickelten sich für viele zu einem buchungsentscheidenden Kriterium. Die Player am touristischen Markt holen das Versäumte auf: Reiseveranstalter begannen eigene Bewertungssysteme aufzubauen oder vorhandene Inhalte einzubinden, ebenso agierten arrivierte Online-Reisebüros und Hotel-Broker. Besonders erfolgreich konnten die Systeme von Booking und vor allem HRS den Trend aufgreifen, indem sie dank ihrer großen Marktdurchdringung und vielen direkt ansprechbaren Kunden schnell ihre Datenbanken mit Bewertungscontent füllten. Traveltainment als wichtigste Internet Booking Engine für Urlaubsangebote integrierte Hotelbewertungen als Baustein in sein Software-Angebot, das auf diese Weise den Pauschalreiseverkauf intelligent mit Urlauberbewertungen verknüpfte (vgl. Kap. 4.6).

- **Reisecommunities**

Parallel machten Reisecommunities von sich reden, bei denen soziale Interaktion zwischen Gleichgesinnten vor der strukturierten Informationsrecherche stand. Reisepartner zu finden, wurde bei globalzoo.de oder lonelyplanet.com einfacher. Aus engagierten und in sich vernetzten Communities entstanden auch auf POI[1] ausgerichtete Angebote wie Qype oder Trips-

---

[1] Ein POI („Point of Interest") bezeichnet einen für Reisende und Urlauber interessanten und wichtigen Punkt.

by-Tips. Hotelbewertungsspezialist HolidayCheck zog nach und integrierte POI- und Schiffsbewertungen in sein Angebot und stärkte zudem die Community-Features jenseits der bereits seit langer Zeit erfolgreichen Forenangebote.

- **Metasuche**

Die Gleichzeitigkeit verschiedener Bewertungs- und Buchungssysteme in Kombination mit dem Wunsch der Kunden nach Markttransparenz und maximaler Information ließ Metasuchen entstehen, die nicht nur Preise von Flügen und Hotels miteinander verglichen, sondern auch nutzergenerierte Inhalte der verschiedenen Portale integrierten. Kinkaa, Kayak oder Travel-IQ versprachen die intelligente Metasuche und machten teilweise fremden Bewertungscontent verfügbar. Trivago syndizierte fremde Hotelbewertungen aus verschiedenen Quellen, um die spärliche Anzahl der eigenen Inhalte zu ergänzen und den Metapreisvergleich über die verschiedenen Hotel-Broker durch das Verkaufsargument „von Urlaubern weiterempfohlen" zu stärken. Noch einen Schritt weiter ging Trustyou, die auf eigene Inhalte gänzlich verzichteten und stattdessen Inhalte aus gut gefüllten externen Quellen wie Tripadvisor, HolidayCheck oder Booking durch den eigenen algorithmischen Filter schicken, um in der Essenz so etwas wie semantische Aussagen über ein Hotel machen zu können. Der Ansatz hat Potential: Angesichts einer Flut von nutzer-generierter Information sorgen semantische Suchstrategien für Komplexitätsreduktion.

- **Geocodierung**

Google trieb über sein Tool Maps das Thema Content Syndication besonders umfassend und erfolgreich voran: Fotos, Videos und Bewertungen aus den verschiedensten Quellen lassen sich hier über das zentrale Karteninterface aufrufen. Objekte werden über eine Geocodierung definiert, so dass Zuordnungen einfach werden. Diese Geocodierung legt auch den Grundstein für Local Based Services, die in mobilen Endgeräten zur Verfügung gestellt werden. Mobile Möglichkeiten sind im Alltagseinsatz klar im Kommen und werden das Internet in den nächsten Jahren bestimmen (vgl. 5.6 und 5.7).

5.5.4 Kundenbewertungen werden meinungsbildend

- **Bewertungen genießen Vertrauen**

Für viele Kunden sind die Empfehlungen anderer Konsumenten eine besonders vertrauenswürdige Quelle – deutlich vertrauenswürdiger als alle anderen Informationsmedien im Vorfeld eines Kaufes. Laut einer Studie von Forrester (Forrester 2008, vgl. Abb. 5.5.3) genießen Kundenempfehlungen ein Mehr an Vertrauen als die offiziellen Medien der Produzenten sowie ein deutliches Mehr gegenüber Berichten in arrivierten Medien wie Print, TV und Radio. Als das Online-Pendant der klassischen Mund-zu-Mund-Propaganda erzielen auch im Internet veröffentlichte Kundenmeinungen eine erstaunlich hohe Glaubwürdigkeit.

5.5 Kundenbewertungen im Tourismusmarketing

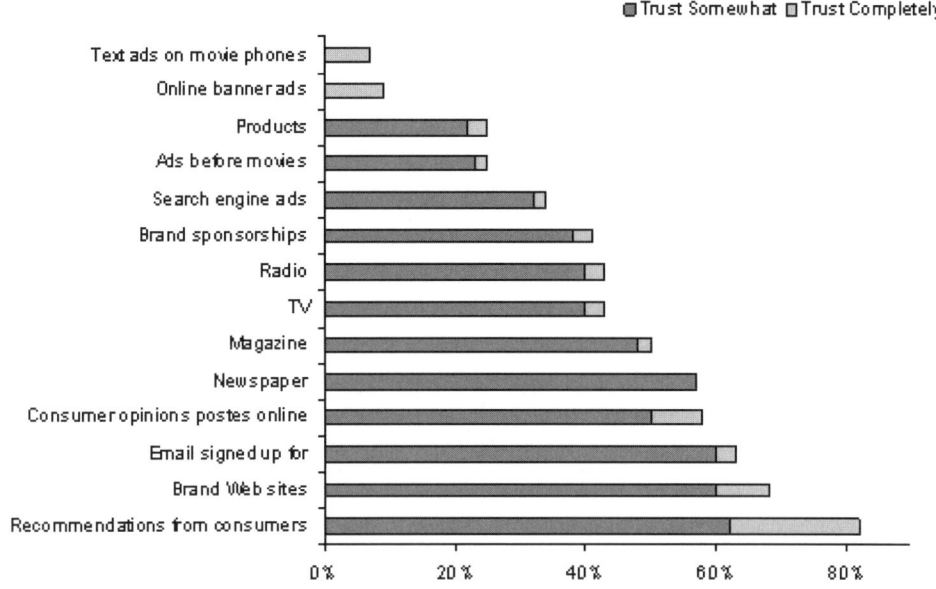

Abb. 5.5.6 Kundenempfehlungen genießen Vertrauen (Quelle: Forrester 2008)

Bewerten, beschreiben, berichten und eigene Inhalte zur Verfügung stellen, ist längst kein Randphänomen einer Internet-Generation mehr. Das Bild vom jungen, extrem computeraffinen „Uploader" kann besonders im Bezug auf Hotelbewertungen leicht revidiert werden. Der Hotelbewerter bei HolidayCheck z. B. hat die Dreißig längst überschritten. Er vertraut in die Inhalte anderer und ist auch selbst bereit, von seinen Erfahrungen zu berichten. Der Aktivitätsindex der HolidayCheck-User bestätigt am praktischen Beispiel die Ergebnisse einer weiteren Forrester-Studie (Abb. 5.5.4):

Anteile der Internetnutzer, die sich in Foren beteiligen bzw. Bewertungen und Kritiken abgeben						
	USA	Großbritannien	Frankreich	Deutschland	Japan	Südkorea
Teilnahme an Diskussionsforen	18 %	12 %	11 %	15 %	22 %	7 %
Lesen von Bewertungen und Kritiken	25 %	20 %	12 %	28 %	38 %	16 %
Abgabe von Bewertungen und Kritiken	11 %	5 %	3 %	8 %	11 %	11%

Abb. 5.5.7 Das „Mitmach-Web" in Zahlen (Forrester 2008 – Technographics surveys 2007)

Rund 8 % der deutschen Onliner veröffentlichen regelmäßig Bewertungen im Netz (Forrester 2008). Die Möglichkeit des eigenen Beitrags und die Transparenz eines Systems dienen zusätzlich dem Vertrauensaufbau bei einer vielfältigen Userschaft.

- **Selbstberatung im Web 2.0**

Die Heterogenität der Konsumenten und die Subjektivität des individuellen Erlebnisses prägen sämtliche von Nutzern erstellten Inhalte. Und genau hier entstehen auch die meisten Missverständnisse. Kein Bewertungsportal wird sich ernsthaft auf die Fahnen schreiben, eine unanfechtbare „Bestenliste" zu generieren. Es geht stattdessen immer um Beliebtheit und um Erwartungserfüllung und nicht um Kriterienkataloge und Luxuskategorien. Genau diese zutiefst subjektive Herangehensweise mit den Augen der einzelnen Konsumenten macht die Hotelbewertung zu einer so sinnvollen und gefragten Ergänzung der (nach wie vor berechtigten) Sternekategorisierung und der von einer professionellen Jury verantworteten Luxusklassifizierung. Während es hier in erster Linie um die Erfüllung von harten Fakten wie Zimmergröße, Ausstattung und Zusatzleistungen geht, steuern dort Konsumentenmeinungen die zarten (aber oft entscheidenden) Zwischentöne bei: Atmosphäre, Geschmack, Freundlichkeit, Servicequalität, Publikum und viele andere wichtige Dinge kommen so zur Sprache. Und diese erlebt nicht jeder Konsument gleich, sondern gemäß seiner individuellen Präferenzen, seiner persönlichen Erfahrungswelt und den einzigartigen Bedingungen seiner Reise. Natürlich wird das Ruhe suchende Rentnerpaar ein Hotel mit anderen Augen beschreiben und bewerten als es eine Familie mit zwei Kindern oder eine jugendliche Reisegruppe tut.

Erst die Vielfalt der Meinungen und Absender macht es möglich, dass der Recherchierende solche Berichte für seine eigene Planung verwenden kann. Der Nutzer von Hotelbewertungen berät sich selbst im Internet, wobei ihm die Bewerter jene Informationen in multipler Form liefern, die er früher mühsam von Freunden, Bekannten, von der Familie oder im Reisebüro zusammengesammelt hätte. Gezielt eingesetzte Community-Elemente wie Diskussionsforen, Möglichkeiten der Kontaktaufnahme und offene Profilierung der Bewerter machen Sinn, um die Erlebniswelt hinter einer einzelnen Hotelbewertung plastischer zu machen. Letztendlich entscheidet der mündige Konsument selbst, welche Quellen er für die eigene Reiseplanung heranziehen will, welchen er Vertrauen schenkt und welche er für die eigene Buchungsentscheidung als wirklich relevant betrachtet.

- **Einflüsse auf den Kaufentscheidungsprozess**

Wie wir gesehen haben, findet klassisches Marketing im Sinne von Image-Werbung und Impression Management bei vielen Kunden inzwischen ein nur noch geringes Gehör. Gerade im Reisebereich ist es der so auffällige Kontrast zwischen generierter Erwartungshaltung und tatsächlicher Erfüllung, wie er sich in stark werbenden Texten und unehrlich wirkenden Fotos manifestiert. Produktkommunikation braucht mehr denn je authentische Elemente, um in den Augen des modernen Kunden als glaubwürdig wahrgenommen zu werden.

In diesem Zusammenhang kann die Stimme des ehemaligen Kunden eine Schlüsselrolle im Kaufentscheidungsprozess spielen. Nach den klassischen Elementen Bedarf, Recherche, Vergleich und Entscheidung hat die Internetrecherche 2.0 eine neue Phase eingebaut: Der Kunde sucht für seine Entscheidung nun die Bestätigung in Bewertungen. (Abb. 5.5.5) Diese bilden jetzt häufig den entscheidenden Impuls, um tatsächlich den Kaufauftrag für ein Produkt herauszugeben. Findet der Konsument seine eigene Entscheidung nicht in Meinungen und Empfehlungen bisheriger Konsumenten bestätigt, ist die Gefahr groß, dass er seine Entscheidung revidiert und an einen früheren Punkt der Entscheidungskette zurückspringt. Er recherchiert erneut und entscheidet sich jetzt gegebenenfalls für ein komplett anderes Produkt.

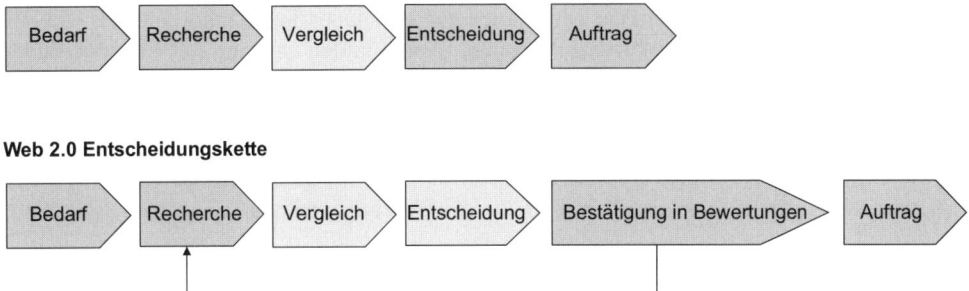

Abb. 5.5.8 Entscheidungsketten

- **Web 2.0 am Counter**

Innovative stationäre Reisebüros nutzen die Tools des Web 2.0 inzwischen auch in der Beratung am Counter. Keine Reiseverkehrskauffrau ist weit genug gereist, um mit dem virtuellen Erfahrungsschatz vieler hunderttausend Urlauber konkurrieren zu können. Zudem muss sie sich in jedem Beratungsgespräch in die Erwartungswelt des jeweiligen Gegenübers einfinden, was nicht einfach ist, wenn zwischen Beratenden und Reisewilligen eklatante soziodemographische Unterschiede vorhanden sind. Immer häufiger schöpfen Reisebüros aus den Quellen des Webs, um Kunden bestmöglich zu beraten. Zugleich kommt es häufig vor, dass ein bereits gut informierter und kaufwilliger Kunde nur noch ins stationäre Reisebüro kommt, um die Transaktion fix zu machen. Gerade im Pauschalreisebereich ist das „RoPo"-Phänomen[2] beobachtbar: Einer intensiven Online-Recherche („research online") folgt der Gang in die traditionelle Verkaufsstätte, um den Kauf abzuschließen („purchaise offline"). Gründe hierfür sind Vorbehalte gegen Zahlungsabwicklungen über das Internet, der Wunsch nach face-to-face-Transaktion oder schlichtweg traditionelle Bande an den Verkäufer seines Vertrauens.

---

[2] Für die Studie „Research Online - Purchase Offline in der Touristik" wurden 20.000 deutsche Privathaushalte durch das GfK-Panel Travelscope befragt, 539 Reisebüro-Bucher, die sich online informiert hatten, telefonisch interviewt und 382 Bucher per Browser-Plug-in durch die Customer-Experience-Beratung SirValUse bei ihrem Online-Verhalten beobachtet. Auftraggeber der RoPo-Studie waren die Unternehmen Google, iProspect, TUI und Sempora.

5.5.5 Portale unter Kritik und die Chancen der Hotellerie

- **Angriffsflächen und Kritikpunkte**

Offene Portale wie HolidayCheck, Zoover oder Tripadvisor sahen sich in der Vergangenheit immer wieder mit dem Vorwurf konfrontiert, dass hier jeder bewerten dürfe, unabhängig ob er nachgewiesener Weise auch Gast in dem beurteilten Hotel gewesen sei. Hinter diesem Vorwurf verbirgt sich vor allem das Misstrauen von Leistungsträgern untereinander – es geht um das Anschwärzen der Konkurrenz sowie vor allem um den Umgang mit Eigenwerbungsversuchen. Während die geschlossenen Systeme von HRS, Booking und Traveltainment nur Hotelbewerter zulassen, die über die eigene Reservierungssoftware gebucht haben, wollen die offenen Portale eine möglichst große Bandbreite an Gästen (online, offline, Walk-In) zur Bewertung bewegen. Dafür wurden bei den seriösen Playern Sicherheitssysteme geschaffen, die gezielten Manipulationsversuchen (z. B. durch Marketingagenturen) entgegentreten sollen.

HolidayCheck arbeitet beispielsweise mit einer Kombination von technischer Vorprüfung und manueller Gegenkontrolle und konnte so in diversen Tests erfolgreich sein. Zudem setzen alle Portale auf die Mechanismen des Web 2.0, wo gefälschte Bewertungen den aufmerksamen Lesern in der Regel auffallen. Spätestens jedoch dann, wenn die aus einer gefälschten Hotelbewertung entstandene Erwartungshaltung vor Ort nicht erfüllt wurde, platzen die Pläne eines manipulierten Online-Leumunds und machen Platz für drastische Gegendarstellungen.

- **Reaktionen in Hotellerie und Destination**

In der Anfangszeit wurden Hotelbewertungen als Bedrohung angesehen, da Schwächen und Mängel am Produkt nun den Weg in die breite Öffentlichkeit gefunden hatten. Der Deutsche Hotelverband IHA erkannte jedoch früh, dass die Zukunft nicht darin bestehen konnte, Hoteliers bei unzähligen Gerichtsprozessen zur Seite zu stehen, um negative Einträge zu entfernen, nur um diese dann in anderer Form auf anderen Portalen oder an anderen Stellen wieder im Netz zu finden. So entschied sich der Verband klar für einen konstruktiven Dialog mit den führenden Portalen. In europäischer Abstimmung verfasste der HOTREC[3] einen Kriterienkatalog, der zehn zentrale Punkte beinhaltet, die in den Augen der Verbands-Hotellerie ein glaubwürdiges und professionelles Bewertungssystem auszeichnen.

Parallel zur Verbandsarbeit bemühen sich immer mehr Ketten und Einzelhotels darum, die positiven Effekte von Kundenbewertungen für das eigene Marketing zu nutzen. Man informiert Kunden in der After-Sales-Kommunikation, integriert neutralen Bewertungscontent auf den eigenen Websites und bringt sich aktiv im Dialog mit den Kunden ein, wie es Portale wie Tripadvisor und HolidayCheck über ihre Systeme möglich gemacht haben. Mittlerweile hat die Wahrnehmung des Mehrwerts von Kundenmeinungen nicht nur in der Hotelindustrie Einzug gehalten, sondern wird auch immer relevanter für regionale und überregionale Destinationsorganisationen und Tourismusverbände, um im Marketing die Qualität ihrer touristischen Infrastruktur aus den Augen der Urlauber abbilden zu können. Vorreiter dieser Entwicklung war Schweiz Tourismus, welche ungeachtet der Bedenken aus den Reihen der

---

[3] Dachverband des Gastgewerbes in der Europäischen Union

Hotellerie bereits seit 2004 auf eine intensive Kooperation mit HolidayCheck setzen und die Bewertungen seitdem auf dem offiziellen Landesportal myswitzerland.com anbieten.

- **Herausforderungen für den Leistungsträger**

Durch die gesteigerte Wichtigkeit des Kunden in der Produktkommunikation ist es für den Leistungsträger unerlässlich geworden, sich regelmäßig über die Wahrnehmung seines Produktes beim Kunden über alle Kanäle zu informieren. Die permanente Auswertung von Gästefragebögen und gelegentliche Mystery-Checks durch professionelle Dienstleister sind zwar nach wie vor angebracht, genügen jedoch angesichts der Transparenz und Reichweite von Online-Bewertungssystemen alleine nicht mehr. Nur wer seinen Online-Leumund regelmäßig prüft, die Kritik nutzt und entsprechend reagiert, wird langfristig erfolgreich sein.

Hotelbewertungen zeigen dem Leistungsträger das eigene Produkt mit den Augen einer vielfältigen Kundenschar. So gelingt es ihm, sich ein differenzierteres Bild seiner Angebotsqualität und -wahrnehmung zu verschaffen und dabei die Gelegenheit zu nutzen, sich aktiv in den Dialog mit ehemaligen und künftigen Kunden einzubringen. Ein regelmäßiges Beobachten ermöglicht dem Leistungsträger, sowohl die Entwicklung seiner Produktqualität zu kontrollieren, als auch sich die Aufmerksamkeit des sich informierenden Kunden zu Nutzen zu machen. Im virtuellen Einkaufcenter „Urlaubsportal" steht hier der Kunde vor dem Schaufenster eines Hotels. Ihn dort mit einer aktiven und authentischen Ansprache abzuholen, ist die Aufgabe eines modernen Hoteliers.

- **Passgenaue Produkte**

Theoretisch hat jedes Produkt einen optimalen Kunden, nämlich den Kunden, auf den das Produkt bestmöglich abgestimmt ist bzw. dessen Erwartungen komplett erfüllt werden. Die Reichweite sowie die vielfältigen Informationskanäle des Internets ermöglichen dem hier präsenten Produktanbieter, von genau dieser Kundenschicht gefunden zu werden. Die Aufgabe des Leistungsträgers muss es also sein, sein Angebot erstens auffindbar zu machen und zweitens so aktuell und authentisch wie möglich beschrieben zu wissen. So kann es auf unkomplizierte Art und Weise gelingen, vom Long-Tail-Phänomen des Internets in hohem Maße zu profitieren. Diese Chance kann besonders für kleine Anbieter ohne viel Marketingbudget ganz neue Absatzquellen erschließen. Wo nicht Gelder über Listenplatzierungen entscheiden, sondern einzig und allein die Publikumsgunst den Weg nach oben ebnet, tauchen plötzlich kleine Anbieter gleichberechtigt neben großen und einflussreichen Marken auf.

Ein beispielhafter Blick auf die Liste der Preisträger eines HolidayCheck-Awards, der 2005 als erster Publikumspreis der Reisebranche gestiftet wurde (www.holidaycheck.de/hcaward2008.php), macht schnell klar, wie viel Möglichkeiten für kleine Betriebe existieren, ihren Familienbetrieb mit wenigen Zimmern auf Augenhöhe mit einem riesigen RIU-Luxus-Resort zu heben. Entscheidend ist hier nämlich nur die Anzahl von Bewertungen mit Weiterempfehlung, die während eines touristischen Jahres bei HolidayCheck eingegangen sind. Auffällig ist, wie große Marken bis dato mit den neuen Möglichkeiten des Internets deutlich weniger flexibel umgehen (können), als kleinere Anbieter. Natürlich profitieren letztere von der vorhandenen Möglichkeit, Bewertungen aktiv in ihre Kommunikationsprozesse einzubinden, kreative Kundenansprachen zu pflegen und sich dabei nicht den Reglementarien großer Ketten beugen zu müssen. So erhalten sie schnell Einzug in die für die Auswahl eines

Hotels im Internet so wichtigen Listen und Rankings, was den Markt mitunter ordentlich durcheinander mischen kann.

- **Das scharfe Auge der Öffentlichkeit**

Dass ein Produkt vor den Augen der Öffentlichkeit zerrissen wird, ist der Alptraum jedes Marketiers. Und tatsächlich hieven die Mechanismen und Medien des Web 2.0 gerne auch die negativen Aspekte eines Produktes nach vorne. Dieser Effekt hat gerade Hotelbewertungsportalen anfänglich oft den Ruf reiner „Meckerecken" eingebracht, in denen unzufriedene Konsumenten ihrem Zorn und ihrer Enttäuschung freien Lauf lassen. Die Zahlen wiederum sprechen eine andere Sprache, denn auf keinem der relevanten Portale münden mehr als ein Viertel der gesammelten Meinungen in ein negatives Fazit. Im Gegenteil, eine zentrale Motivation für den Hotelbewerter scheint die Weitergabe positiver Erlebnisse an eine interessierte Öffentlichkeit zu sein. Auf diese Weise positioniert sich der „Hoteltester" als Experte für das Produkt und findet Anerkennung im Kreis der Gleichgesinnten.

Für ein positiv rezensiertes Hotel ist dies ein wertvoller Schatz: Ein zufriedener Kunde engagiert sich coram publico als Testimonial für ein Produkt, für das er regulär bezahlt hat, und agiert als Botschafter für eine Marke, die ihn für diese Tätigkeit in der Regel nicht einmal individuell wahrnimmt. Sowohl Schwächen als auch Stärken eines Hotels finden leichter denn je den Weg in die Öffentlichkeit. Für den Leistungsträger sind letztendlich beide Seiten der Medaille von Vorteil, schließlich kann nur die Kombination von subjektiver Stärken- und Schwächenauflistung eine Erwartungshaltung erzeugen, die letztlich vom Produkt auch gehalten werden kann. Böse Überraschungen vor Ort werden somit vermieden, da der informierte Kunde schon ganz genau weiß, womit er rechnen kann und muss. Zusammenfassend sind die Effekte für Produkt und Leistungsträger vielfältig:

- Ein Produkt kann sich verbessern, wenn der Leistungsträger konsequent Kundenfeedbacks beobachtet und bereit ist zu reagieren.

- Ein Produkt, das authentisch beschrieben und gut auffindbar ist, erreicht seine Zielgruppe bzw. wird von seiner Zielgruppe aktiv aufgespürt.

- Falsche Zielgruppen meiden ein unpassendes Produkt. So werden Enttäuschungen und unzufriedene Kunden vermieden.

- Ein passgenaues Produkt kann sich auf seine Kernkompetenz konzentrieren und wird hier qualitativ noch besser.

5.5.6 Fazit

Kundenbewertungen im Internet haben gerade auf touristische Produkte einen entscheidenden Einfluss und nehmen in der modernen Kaufentscheidungskette inzwischen einen festen Platz ein. Ein teures Gut wie Urlaub, für das bis dato individuelle Preis-/Leistungsaussagen schwer zu treffen waren, lässt sich anhand der Bewertungen ehemaliger Urlauber so beschreiben, dass Kaufinteressierten ihre Wahl entsprechend des Erwartungshorizontes leichter fällt. Die Entwicklung der Hotelbewertung von der unwillkommenen Kritik bis zum modernen Marketingtool hat auch bei Leistungsträgern ein Umdenken angeregt. Der Kunde steht zentraler denn je in der Produktkommunikation und wird als potentieller Markenbotschafter künftig immer stärker auch von Hotel und Destination umworben werden. Mobile Applikationen und intelligente Systeme zur semantischen Zusammenfassung von Nutzer generierten Inhalten stehen in den Startlöchern und werden die Entwicklung weiter vorantreiben.

Quellen:

Alby, T., Web 2.0, Konzepte, Anwendungen, Technologien, 3. Aufl., München 2008

Branchenverband der Hotellerie in Deutschland, Sterneklassifizierung http://www.hotelsterne.de (Zugriff am 10.11.09)

Forrester-Studie 2008 aus Groundswell, Winnig in a world transformed by social technologies (2008), http://www.forrester.com/Groundswell/book.html (Zugriff am 10.11.09)

Li C., Bernoff J., Groundswell, Winning in a World transformed by social technologies, Harvard Business Press 2008

ROPO Initiative Google, iProspect, Sempora Management Consultants, TUI, ROPO, Research Online – Purchase Offline in der Touristik, Präsentation Impulsstudie, Bad Homburg 2008

Links:

http://www.cluetrain.de

http://www.holidaycheck.de/hcaward2008.php

http://www.hotrec.eu/pages/policy_areas/hotel_review_sites

5.6 Geoinformationssysteme im Tourismus

Barbara Lubos

Geoinformationen sind raumbezogene Daten, d.h. Daten, die einer bestimmten geografischen Position zugeordnet sind. So kann es sich bei Geoinformationen unter anderem um Informationen zu Landschaft, Straßennetz, Gebäuden oder zum Wetter handeln. Geoinformationssysteme sind Programme zur Erfassung, Präsentation, Organisation und Analyse geographischer Daten. Sie ergänzen oder ersetzen bisheriges Kartenmaterial. Sie bieten die Möglichkeit sich mit geringem Aufwand umfassend über ein Thema zu informieren. Da der Tourismus im Wesentlichen aus Dienstleistungen mit einem speziellen Ortsbezug besteht, ist Geoinformationen hier ein großes Wachstumspotenzial zuzuschreiben:

So helfen Geoinformationssysteme bei der leichten Informationsbeschaffung für und auf Reisen. Auch computergestütztes Wandern ist heutzutage möglich. Mit Hilfe der entsprechenden Systeme kann man sich im Gelände führen lassen. Außerdem wünschen sich Wanderer bei der Planung Höhenprofile ihrer Wanderung. Normales Kartenmaterial ist hier oft nur wenig hilfreich, da vorhandene Höheninformationen, wie Höhenlinien, nur bedingt anschaulich sind. Moderne Geoinformationssysteme visualisieren die Landschaftsgegebenheiten und sind häufig sogar kostenlos im Internet zu beziehen. Wer sich sein Urlaubsziel vorab betrachten will, surft auf einem der vielen Web-Kartendienste und bekommt hier, dank hochauflösenden Luftaufnahmen kombiniert mit Straßenkarten, einen ziemlich genauen Eindruck von dem was ihn erwartet und eine Menge nützlicher Informationen noch dazu. Auch der gestresste Geschäftsreisende möchte sich nicht zeitaufwendig über sein Zielgebiet in Reiseführern informieren, sondern in der kurzen freien Zeit durch die Stadt ziehen und am liebsten die nötigen Informationen maßgeschneidert präsentiert bekommen. Das ist längst keine Zukunftsvision mehr, denn auch hier kann er auf Geoinformationen zurückgreifen – in diesem Fall mobil. Vorausgesetzt er verfügt über ein internetfähiges Mobiltelefon. Doch dank zunehmender Verbreitung und fortschreitender Technik mobiler Endgeräte sollte dies bald selbstverständlich sein. Außerdem gewinnen Navigationssysteme bei der Orientierung unterwegs zunehmend an Bedeutung. In Kombination ergeben sich hier viele Überschneidungen mit den Bedürfnissen der Touristen, die in der Regel ortsfremd sind und gerne ohne großen Aufwand ihren Ferienort und die Umgebung erkunden wollen.

5.6.1 Technologien für Geoinformationen

Im Bereich der Geoinformation gibt es eine Reihe Technologien, die für Anwendungen im Tourismus relevant sind.

5.6 Geoinformationssysteme im Tourismus

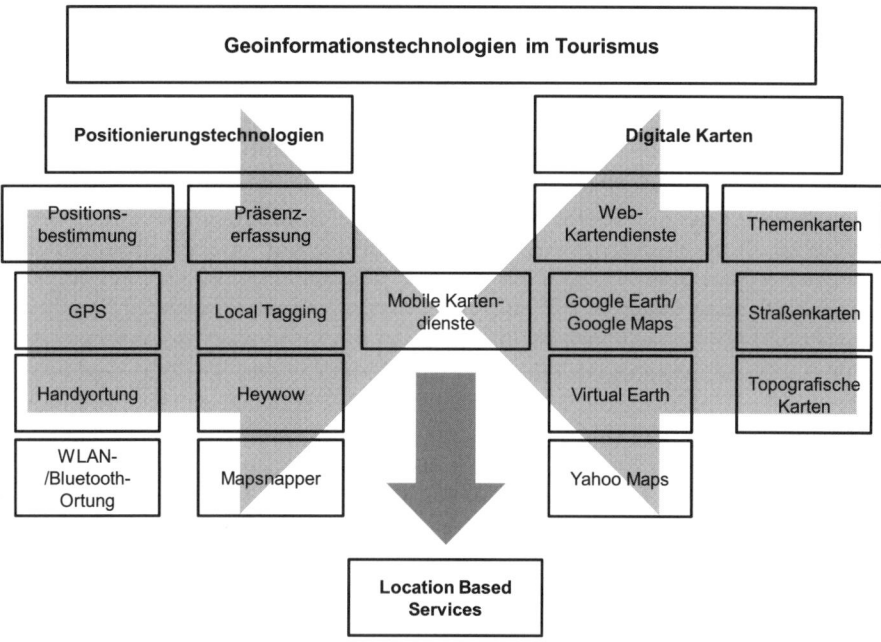

Abb. 5.6.1 Geoinformationstechnologien im Tourismus

Zum einen gibt es Positionierungstechnologien, die in Positionsbestimmungs- und Präsenzerfassungstechnologien unterteilt werden können. Die Positionsbestimmungstechnologien erkennen die aktuelle Position des entsprechenden Endgerätes (z. B. Satellitennavigation und Handyortung), die Präsenzerfassungstechnologien informieren den Nutzer mit einer hinterlegten oder auf andere Weise ermittelten Geoposition über den aktuellen Aufenthaltsort. Zum anderen gibt es diverse digitale Karten. Die Kombination beider Technologiebereiche ermöglicht eine Anzeige des Standortes auf einer digitalen Karte. Dies ist die Grundlage für Dienste, die weitere Informationen zur aktuellen Position liefern können, den sogenannte Location Based Services (LBS).

- **Positionsbestimmung**

Positionsbestimmungstechnologien ermitteln den Standort des Nutzers. Das heißt, sofern einige Grundvoraussetzungen erfüllt sind (z. B. muss bei der Handyortung ein entsprechendes Funknetz zur Verfügung stehen), kann die aktuelle Position des Nutzers bestimmt werden. Die wichtigsten Positionsbestimmungstechnologien sind GPS, Handyortung sowie WLAN- und Bluetooth-Ortung.

– Global Positioning System

Das amerikanische Global Positioning System (GPS) ist das derzeit meist verbreitete und leistungsfähigste Satellitennavigationssystem weltweit. Unter dem eigentlich allgemeinen

Begriff GPS wird deshalb in der Regel das amerikanische System verstanden. Das russische System Glonass sowie das noch im Aufbau befindliche europäische System Galileo spielen deshalb hier in der weiteren Betrachtung keine gesonderte Rolle. Alle GPS-Systeme funktionieren in etwa auf die gleiche Art und Weise. Die GPS-Technologie wurde vom US-Verteidigungsministerium entwickelt und ist seit ca. 25 Jahren nutzbar. Die Grundstruktur des Systems besteht aus 24 Satelliten, die mit einer Umlaufzeit von 12 Stunden die Erde umkreisen. Diese Satelliten sind mit Sendern ausgestattet, die mit entsprechenden Empfangsgeräten auf der Erde empfangen werden können. Die Ortung basiert auf der Messung der Entfernung zwischen den Satelliten und dem jeweiligen Empfangsgerät. Diese wird durch die Laufzeit des Signals vom sendenden Satelliten zum Empfängergerät bestimmt. Die gemessene Entfernung bildet den Radius eines Kreises um den jeweiligen Satelliten. Die Schnittpunkte der Kreise mehrerer Satelliten ergeben den Standpunkt des ortenden Objektes. Zur Ortung im dreidimensionalen Raum werden mindestens drei Satelliten benötigt. Da es aber aufgrund von Ungenauigkeit der Empfängeruhren zu Zeitabweichungen kommen kann, wird ein vierter Satellit herangezogen, mit dem diese Abweichung berechnet und korrigiert wird. Eine wichtige Problematik bei der GPS-Navigation besteht darin, dass das Signal der Satelliten gerade in Innenstädten, Gebäuden und U-Bahn-Bereichen nur unzureichend empfangen werden kann und deshalb hier nicht für die Navigation ausreicht. Automobilhersteller reichern hierzu ihren im Fahrzeug eingebauten Navigationssystemen die GPS-Positionsdaten noch mit Informationen aus dem Tacho und von einem elektronischen Kompass an, um beim Ausfall des GPS-Signals die Position näherungsweise weiterberechnen zu können.

– Handyortung

Der Begriff Funkzellen-, GSM- oder Handyortung bezeichnet die Ortsbestimmung eines eingeschalteten Mobiltelefons, das auf der Basis des Global System for Mobile Communications (GSM), dem weltweit am meisten verbreiteten Mobilfunkstandard, betrieben wird. Bei der Funkzellenortung handelt es sich im Gegensatz zur Ortung mit GPS-Geräten um eine passive Ortung, d.h. nicht das Gerät ortet und wertet empfangene Signale aus, sondern es wird von außerhalb geortet. In diesem Fall wird die Ortung durch den Netzbetreiber realisiert und unterliegt daher nicht der vollen Kontrolle des Handybesitzers/ -nutzers und ist somit mit diversen datenschutzrechtlichen Bedenken verbunden.

Die Zellidentifikation ist das einfachste Verfahren der Handyortung. Hierbei wird bestimmt in welcher Funkzelle, d.h. in welchem einer Basisstation (Sendemast) zugehörigen Sendegebiet, sich ein Handy befindet. Die Methode ist zwar schnell, aber wenig genau und eignet sich daher nur bedingt für standortbezogene Dienste. Durch Heranziehen der Signalstärke des Handys, durch das Einbeziehen des Empfangswinkels des Signals an der Sendestation und durch Triangulierung, d.h. durch Entfernungsmessungen zu mehreren Sendestationen, kann der Bereich, in dem sich das Mobiltelefon befindet, weiter eingeschränkt und somit genauer definiert werden. Der Vorteil der Handyortung gegenüber GPS besteht vor allem darin, dass man kein spezielles Endgerät sondern nur ein Mobiltelefon benötigt, deren Verbreitung in der Bevölkerung sehr hoch ist. Zudem funktioniert die Technologie auch im Inneren von Gebäuden und in engen Häusergassen, also in Bereichen, wo die GPS-Technologie aufgrund des mangelnden Sichtkontaktes nicht zuverlässig ist. Nachteilig ist lediglich die je nach Umgebung variierende geringere Genauigkeit, die besonders in ländlichen Gebieten erheblich sein kann, weil hier oft weniger Funkmasten stehen. Da jedoch auch

GPS-Module in Mobiltelefonen eine immer stärkere Verbreitung finden, scheint die optimale Lösung eine Kombination beider Technologien zu sein.

– WLAN-/Bluetooth-Ortung

Auch WLAN (Wireless Local Area Network) und Bluetooth erlauben eine Ortung auf Basis von Funksignalen, wenn auch nur im näheren Bereich zur Sendestation, da die Reichweite der Funksignale deutlich geringer ist als beim Mobilfunk. Ursprüngliches Ziel derartiger Funknetzwerke war Daten kabellos auszutauschen. Daher ist die Ortungsmöglichkeit standardmäßig nicht vorgesehen. Dennoch besteht die Möglichkeit die relative Position von WLAN- oder Bluetooth-fähigen Endgeräten zum Sender zu orten. Hier sind wie bei der Mobilfunkzellenortung auch die einfache Zuordnung zu einem Sender und die Triangulation über mehrere Sender mögliche Ortungsverfahren. Die Positionen der Sender müssen in einer Datenbank vorab erfasst werden.

- **Präsenzerfassung**

Außer den bereits erwähnten Positionsbestimmungstechnologien, gibt es noch weitere Technologien, die den ungefähren Standort eines mobilen Endgerätes erfassen können, jedoch ohne eine Ortung vorzunehmen. Sie erkennen lediglich die Präsenz des Nutzers oder dieser informiert eine Basisstation über seine ungefähre Position. Diese Art der Lokalisierung beinhaltet die Weitergabe weiterer Informationen neben der eigentlichen Standortangabe.

Möglichkeiten der Präsenzerfassung sind beispielsweise das Local Tagging, d.h. über das Fotografieren eines geopositionierten Barcodes erhält man Informationen zu seiner Umgebung, oder das System Heywow, das auf Bluetooth-Technologie basiert, sowie MapSnapper, bei dem ein digitales Foto einer Landkarte an einen Server geschickt wird und dieser aufgrund dieses „Fingerabdrucks" Informationen zum Standort an den Nutzer übermittelt. Auf diese Technologien soll aber aufgrund ihrer geringeren Bedeutung gegenüber den Positionierungstechnologien hier nicht näher eingegangen werden.

- **Digitale Karten**

Mittlerweile gibt es eine Reihe digitaler Karten, mit denen der Nutzer zu Hause am Computer seine Route planen oder unterwegs z. B. mit Hilfe eines Smartphones seinen Weg finden kann. Hier sind neben den kostenlosen im Internet verfügbaren Karten auch themenspezifische digitale Karten, wie Kfz-Navigations-, Wander- oder Fahrradkarten, die käuflich erworben werden können, zu nennen. Gemeinsam haben diese Karten folgende Funktionen:

Präsentationsfunktion	Grafische und textbasierte Aufbereitung der Karte
Navigationsfunktion	Vergrößern, Verkleinern und Verschieben des Kartenausschnitts
Abfragefunktion	Abfrage nach Orten oder bestimmte Themen
Analytische Funktion	Ggf. Routing oder Abstandsmessung
Gestaltungsfunktion	Einflussnahme auf die Kartengestaltung (z. B. Satellitenaufnahme oder Straßenkarte)

Abb. 5.6.2   Funktionen von digitalen Karten

– Web-Kartendienste
Unter Web-Kartendiensten werden digitale Karten verstanden, die geografische Informationen über die Erde bereithalten und über das Internet geladen werden können. Diese gibt es in zwei- oder dreidimensionalen Ausführungen. Stadtpläne, Landkarten und Satellitenfotos mit Navigationsdaten werden zu globalen Infrastrukturen zusammengefügt. Web-Kartendienste sind Geoinformationssysteme, die keine sehr hohe Genauigkeit und Tiefe der Daten aufweisen, sondern stärker auf Präsentation und Ansprache des nicht-professionellen Nutzers ausgelegt sind. Auf die bekanntesten Web-Kartendienste wird im folgenden Kapitel eingegangen.

– Themenkarten
Spezielle Themenkarten bieten die Möglichkeit der Navigation und genaueren Information zu einem bestimmten Interessengebiet. Es gibt z. B. spezielle Karten für die Auto-, Motorrad, Fahrrad- oder Fußgängernavigation. Diese sind auf die jeweiligen Anforderungen des Nutzers und das entsprechende Endgerät angepasst. So ist das Gebiet, das die jeweilige Karte umfasst, oft detaillierter dargestellt, als in den kostenlosen Web-Geoinformationssystemen. Diese digitalen Karten gibt es in zwei- oder teilweise sogar in dreidimensionaler Ausführung.

Vektorkarten haben einen geringen Informationsgehalt, der aus Linien, Punkten und Flächen (Vektoren) besteht. Das Kartenbild ist im Vergleich zu Rasterkarten schematisierter und weniger detailliert, die Dateigröße ist dafür deutlich geringer. Die Details nehmen mit stärkerer Zoomstufe zu. Die Vektoren können einzeln angesprochen werden und enthalten zusätzliche Informationen wie Straßennamen, Straßentypen etc. Dies ist eine Voraussetzung für die automatisierte Routenplanung (Routing), die vor allem in der Straßennavigation zum Einsatz kommt. Die Navigationsgeräte berechnen auf ihrer Grundlage die kürzeste oder schnellste Verbindung.

Rasterkarten sind hingegen normale Bilddateien in den Formaten jpg, tif oder bmp. Die Inhalte der Karte bleiben auf jeder Zoomstufe dieselben, es handelt sich im Prinzip nur um ein Kartenbild. Dieses muss allerdings zunächst kalibriert bzw. georeferenziert werden, um eine vollwertige digitale Karte darzustellen. Dazu werden bestimmten Punkten der Karte Koordinaten eines Koordinatensystems zugeordnet. So können per Klick auf der Karte die jeweiligen Koordinaten am Bildschirm abgelesen werden. Ein Vorteil von Rasterkarten ist der hohe Informationsgehalt der meist dem klassischer topografischer Karten entspricht. Das Kartenbild ist sehr detailliert und enthält Informationen wie Höhenlinien, Siedlungen und Vegetationsbedeckung.

- **Location Based Services**
Als standortbezogene Dienste oder Location Based Services werden Dienste bezeichnet, die eine geografische Position und weiterführende Informationen zu dieser bzw. zu ihrem Umkreis verbinden und hierdurch einen Mehrwert für den Nutzer schaffen. Als Beispiele können Navigationsdienste, Freizeit- und Tourismusführer oder „Gelbe Karten„ (Kombination aus Gelbe Seiten und Landkarten) genannt werden. Wichtigste Grundvoraussetzung, um Location Based Services zu realisieren, ist die Lokalisierbarkeit. Mit der steigenden Verbreitung von Mobilfunknetzen und der hiermit verbundenen Ortungsmöglichkeit wächst auch die Zahl der angebotenen Location Based Services. Diese können sich in ihrer Form stark unterscheiden. Sie variieren von SMS bis hin zu mobilen Internetanwendungen. Je nach Dienst ist

5.6 Geoinformationssysteme im Tourismus

eine unterschiedliche Genauigkeit der Ortung erforderlich. So reicht eine relativ geringe Genauigkeit bei Wetterdiensten, zur Navigation muss sie aber sehr hoch sein.

5.6.2 Web-Kartendienste

Beispiele für bekannte Web-Kartendienste sind Google Maps und Google Earth, Microsoft Virtual Earth, NASA World Wind und Yahoo Maps. Im Folgenden soll auf einige dieser näher eingegangen werden.

- **Google Earth**
Google Earth ist einer der Web-Kartendienste, die sich nicht wie traditionelle Geoinformationssysteme ausschließlich an Fachpublikum wenden, sondern der breiten Masse zur Verfügung stehen und kostenlos bezogen und genutzt werden können. Diese dienen vor allem zur Visualisierung und nicht zur Analyse von Geoinformationen. In Google Earth können die Welt und das Weltall betrachtet werden. Google Earth besteht aus einer Reihe Satelliten- und Luftbildern, die stufenlos miteinander verbunden sind und in verschiedenen Zoomstufen abgefragt werden können. Außerdem sind weitere Geodaten implementiert, die auf Wunsch abgerufen werden können. Die jeweiligen Daten werden online vom Server nachgeladen, so dass das Programm nur funktioniert, wenn eine Internetverbindung besteht. Die grafische Nutzeroberfläche ermöglicht eine intuitive Bedienung der Software, so dass man bereits nach wenigen Minuten Ausprobierens, die Welt von zu Hause aus entdecken kann.

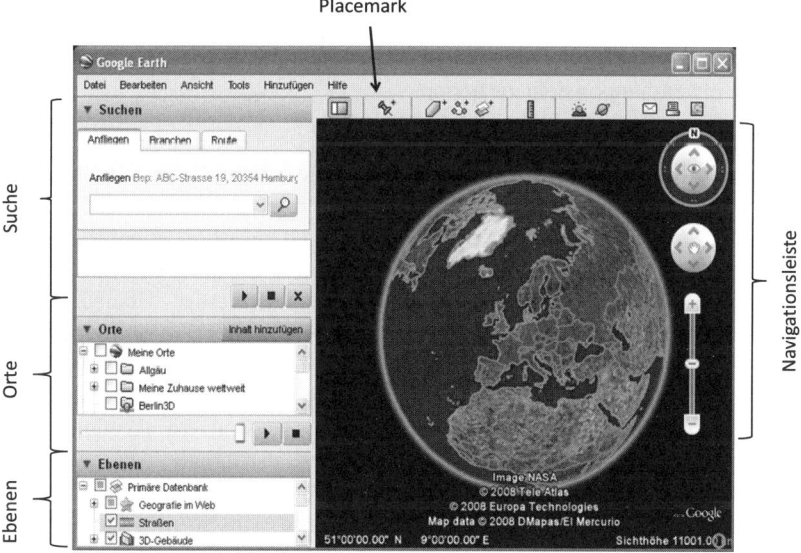

Abb. 5.6.3 Benutzeroberfläche Google Earth

Mit Hilfe der Computermaus kann das Bild geschwenkt und gedreht werden. Ein Doppelklick auf der linken Maustaste zoomt auf den ausgewählten Punkt. Verfügt die Maus über ein Rad zum Scrollen kann hiermit mühelos in das Bild hinein und wieder heraus gezoomt werden. Außerdem befindet sich am rechten Bildrand eine Navigationsleiste (vgl. Abb. 5.6.3), die ebenfalls zur Navigation und zum Zoomen auf dem Bildschirm verwendet werden kann. Zusätzlich gibt es hier ein Element, das die Navigation aus der 1.-Person-Perspektive möglich macht. So kann man hiermit den Blick heben und senken und im 360°-Winkel die Umgebung des Standortes erfassen. Außerdem kann man mit Google Earth Orte und Gegebenheiten, wie Straßen und Sehenswürdigkeiten, sowie Brancheneinträge suchen (vgl. Abb. 5.6.3 „Suche"). Desweiteren gibt es einen Routenrechner, der den Weg zwischen zwei Punkten berechnet. Die Kategorie „Ebenen" (vgl. Abb. 5.6.3) beinhaltet Informationen zu bestimmten Themengebieten. Werden diese ausgewählt, so erscheint die entsprechende Information auf dem Bildschirm. Es ist möglich mehrere Ebenen auf einmal anzeigen zu lassen. Beispiele hierzu sind unter anderen Geografie, Straßen, 3D-Gebäude und Wetter mit ggf. weiteren Unterkategorien.

In Google Earth können eigene Einträge erstellt werden, die auf dem offenen Format KML (Keyhole Markup Language) basieren. KML ist eine XML (Extensible Markup Language)-Sprache und dient zum Austausch geografischer Daten, wie Orten, Linien, Flächen und Bildern. Jeder Eintrag unter „Orte" auf der linken Seite der Benutzeroberfläche (vgl. Abb. 5.6.3) entspricht einer KML-Datei. Im Prinzip verhalten sich KML-Dateien in Google Earth wie HTML-Dateien in einem Webbrowser. Die Programmierungsbefehle entsprechen daher weitestgehend HTML. Es ist möglich Orte mit Symbolen zu markieren, Blickwinkel zu definieren, Bildüberlagerungen zu erstellen, Elemente zu gestalten und in eine Hierarchie einzuordnen sowie Animationen zu erzeugen. Die entsprechenden Bedienungssymbole sind in der Kopfzeile der Anwendungsansicht zu finden.

- **Google Maps**
Google Maps ist die browserbasierte Variante von Google Earth und stellt daher nicht so hohe Systemanforderungen. Es muss kein separates Programm auf dem PC installiert werden, was die Anwendung ortsunabhängiger macht. Google Maps ist außerdem ausschließlich zweidimensional. Es ist möglich zwischen einer Satelliten- und Straßenkartenansicht zu wechseln. Zudem können die beiden Ansichten überlagert werden. Über die Suchfunktion kann man nach Orten suchen und sich Routen berechnen lassen. Es ist möglich, sofern ein Nutzerkonto bei Google vorliegt, Inhalte in Google Maps zu erstellen. Hierzu sind im Gegensatz zu Google Earth keine HTML-Kenntnisse notwendig. Die so erstellten Karten lassen sich abspeichern und über einen Link auch von externen Nutzern abrufen. Eine wichtige Eigenschaft von Google Maps ist außerdem das frei verfügbare API (Application Programming Interface), das es ermöglicht Karten von Google Maps in die eigene Webseite zu integrieren und mit Hilfe der Programmiersprache JavaScript zu programmieren. In Folge der Freigabe des API sind eine Menge interessanter sogenannte Mashups entstanden.

– Mashups
Mashups sind Web-Anwendungen, die durch die Verknüpfung der Inhalte mehrerer Webseiten entstehen und wesentlicher Bestandteil des Web 2.0 sind. Dabei nutzen die Mashups die offenen Programmierschnittstellen (APIs), die andere Web-Anwendungen zur Verfügung

5.6 Geoinformationssysteme im Tourismus

stellen. Der mit Abstand beliebteste Mashup-Partner ist Google Maps (ca. 51 % aller Mashups), mit dessen Hilfe viele geografisch verknüpfte Mehrwertdienste geschaffen wurden. Hierfür werden Daten mit dem Kartenangebot von Google Maps mit Hilfe des offenen API verknüpft und so mit Symbolen auf einer in die Webseite integrierten Karte dargestellt.

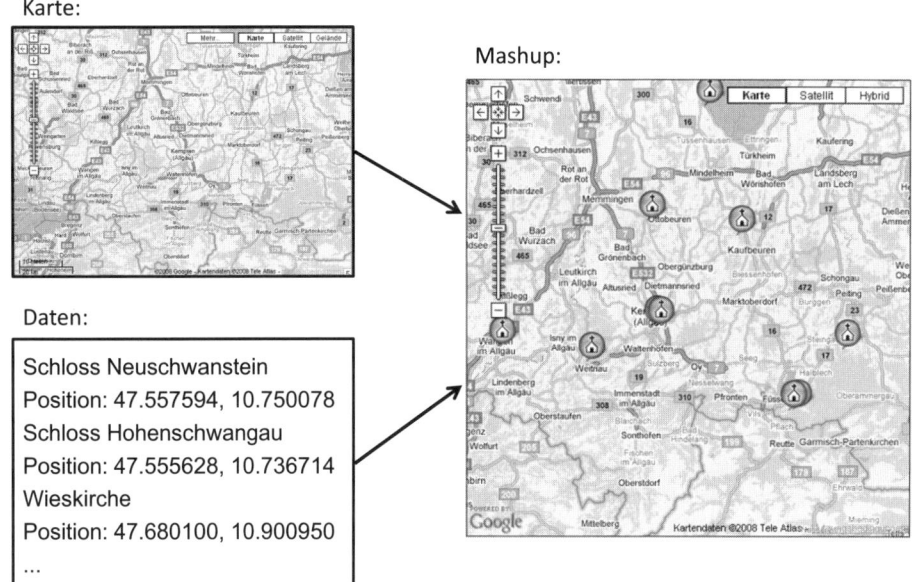

Abb. 5.6.4   Mashup am Beispiel Google Maps

– Mapplets

So ähnlich wie die sogenannte Mashups sind Mapplets. Sie funktionieren nur genau anderes herum, d.h. es sind von Dritten erstellte Inhalte, die auf Google Maps abgerufen werden können. Jeder kann, wenn er will derartige Inhalte erstellen, sofern er die entsprechenden Programmierkenntnisse besitzt. Als touristisches Beispiel für ein derartiges Mapplet kann z. B. booking.com genannt werden. Wird dieses zu „Meine Karten" hinzugefügt, kann man hier auf Suche nach verfügbaren Hotels gehen und die Ergebnisse z. B. nach Popularität, Kategorie oder Preis anzeigen lassen.

• **Virtual Earth**

Microsoft hat als Antwort auf Google Earth, welches im Mai 2005 veröffentlicht wurde, das Programm Virtual Earth Ende desselben Jahres auf den Markt gebracht. Die beiden Dienste bestehen folglich fast gleich lang und befinden sich seither in einem Wettstreit. Im Gegensatz zu Google Earth ist Virtual Earth von Microsoft ausschließlich browserbasiert. Virtual Earth verfügt über Satelliten und Luftbildaufnahmen und es gibt eine Straßenkartenansicht, die auch in Kombination mit den Fotoansichten angezeigt werden kann. Außerdem gibt es eine 3D-Ansicht der Landschaft. Diese funktioniert allerdings ausschließlich im Internet Explorer von Microsoft. Hierfür muss ein spezielles, kostenloses Programm auf dem Rechner installiert werden. Ein schönes Extra in Virtual Earth ist die 45°-Schrägansicht „Bird's Eyes View", die es ermöglicht einen realistischen Eindruck von Gebäuden zu erhalten, da auch die Wände und nicht nur die Dächer sichtbar werden. Wie in Google Earth ist es auch in Virtual Earth möglich, eigene Inhalte zu erstellen. Hierzu muss allerdings ein Benutzerkonto im Microsoft-Netzwerk „msn" bestehen. Für die Erstellung sind keine HTML-Kenntnisse notwendig. Außerdem besteht die Möglichkeit, Virtual Earth in die eigene Webseite mittels eines interaktiven SDK (Software Development Kit) zu integrieren.

 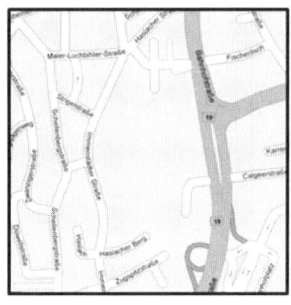 

Google Earth   Google Maps   Virtual Earth

Abb. 5.6.5   Vergleichsansicht Hochschule Kempten in Google Earth, Google Maps und Virtual Earth

5.6.3   Anwendungsbereiche im Tourismus

Für die zuvor erklärten Technologien ergeben sich eine Reihe möglicher Anwendungsbereiche, die für die Fremdenverkehrsbranche sehr interessant sind. Diese sind in der folgenden Grafik 5.6.6 zur Übersicht dargestellt.

Der Tourismus ist eine Dienstleistungsbranche. Es gibt kein vorfabriziertes, greifbares Produkt, welches nach der Fertigung konsumiert werden kann. Stattdessen entsteht das Dienstleistungsprodukt erst dann, wenn Angebot und Nachfrage zusammen treffen. Deshalb sind Dienstleistungen ein bloßes Leistungsversprechen, aus dem für Kunden und Unternehmen Unsicherheiten entstehen. Information und Kommunikation spielen deshalb im Tourismus eine wichtige Rolle. Geoinformationssysteme gewinnen in diesem Zusammenhang im Tourismus zunehmend an Bedeutung. Auf der einen Seite ermöglichen Geoinformationssysteme für den Touristen eine visuelle Darstellung von Informationen. Mit ihrer Hilfe kann man einen Eindruck des Umfeldes erlangen. Auf der anderen Seite stellen sie Daten in einem Raum- und Zeitbezug dar, was besonders vor einem touristischen Hintergrund erheblich ist. Der Tourist befindet sich an einem bestimmten Ort (Raum) zu einer bestimmten Zeit und wünscht sich entsprechend relevante Informationen. Genau diese drei Dimensionen können Geoinformationssysteme realisieren und aufbereiten. Schließlich können auch Anbieter im Tourismus Geoinformationssysteme zur ortsbezogenen Angebotsdarstellung sowie zur geografischen Planung bzw. zur Visualisierung und Analyse statistischer Marktinformationen im sogenannte Geomarketing einsetzen.

5.6 Geoinformationssysteme im Tourismus

Ein klassischer Reiseführer in Buchform kann vor Antritt der Reise zur Vorbereitung als auch während der Reise Informationen zu einem speziellen Themengebiet geben. Eine grafische Darstellung anhand von Kartenmaterial ist ebenfalls gängig. Doch im Gegensatz zu klassischen Reiseführern haben Geoinformationssysteme den Vorteil, dass sie über den Informationsinhalt hinaus intelligent agieren können. Der Reisende muss nicht mühselig in seinen Unterlagen nach den betreffenden Informationen suchen, sondern durch einfache Eingabe können sogar – je nach System - Informationen zu seinen speziellen Interessensgebieten mit zeitlicher und räumlicher Relevanz bereitgestellt werden. Diese Art der georeferenzierten Darstellung ermöglicht einen schnellen und umfassenden Einblick in eine unbekannte Umgebung. Herstellerunabhängiges Bildmaterial erhöht den Wahrheitsgehalt im Vergleich zu Katalogen oder Internetauftritten der Leistungsträger. Hinzu kommt, dass internetbasierte Geoinformationssysteme prinzipiell weltweit verfügbar sind und oft kostenlos bereit gestellt werden. Das ermöglicht dem Nutzer sich unverbindlich über ein mögliches Reiseziel/ touristisches Angebot zu informieren und eröffnet der Destination/ dem Anbieter einer touristischen Leistung die Möglichkeit sich kostengünstig einem breiten Publikum zu präsentieren.

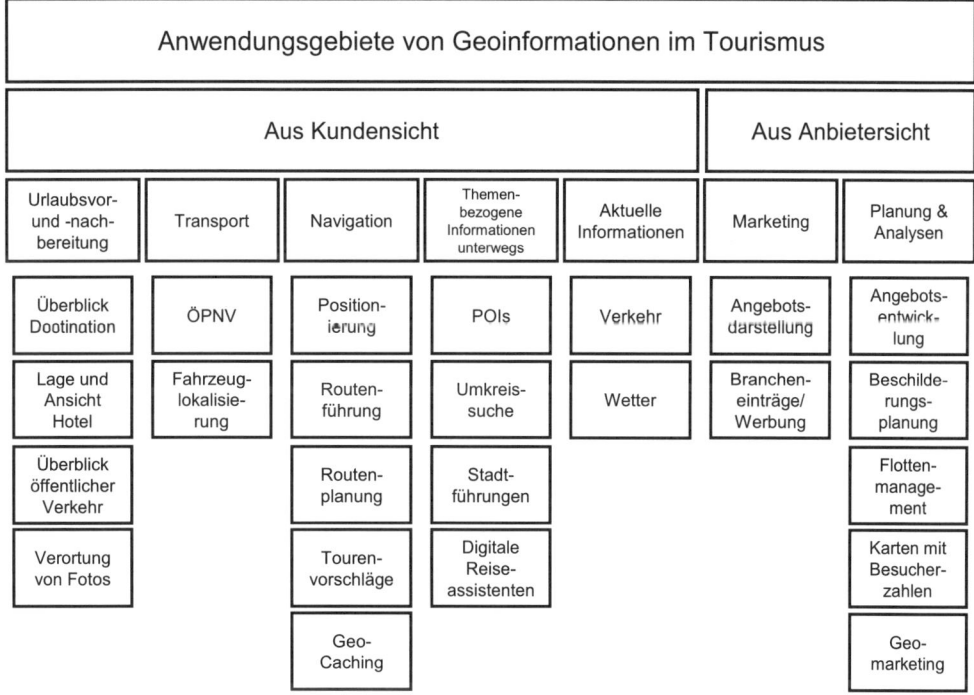

Abb. 5.6.6   Anwendungsbereiche Geoinformationen im Tourismus

- **Informationsbeschaffung bei der Reiseplanung**

Anhand von digitalem Kartenmaterial, das in der Regel vom Leistungsträger in entsprechender Form bereit gestellt wird, kann man sich von zu Hause aus am Computer über das touristische Leistungsbündel oder über Teilleistungen informieren. Symbole kennzeichnen die Lage eines Angebots. Ein Klick darauf versorgt den Nutzer mit weiteren Informationen. Die folgenden Beispiele geben einen Überblick über die vielseitigen Einsatzmöglichkeiten.

– Destination

Ein Beispiel aus dem Bereich Destination ist der Internetauftritt der Internationalen Bodensee Tourismus GmbH (www.bodensee-tourismus.de). Diese hat in ihre Webseite eine interaktive digitale Karte integriert, auf der Informationen zu Unterkünften, Touren und weiteren Themen abgefragt werden können. Das Kartenmaterial ist von Microsofts Virtual Earth. Es gibt somit eine Straßen-, Luftbild-, Hybrid- und Vogelperspektivenansicht. Da die hier zur Verfügung stehende touristische Information umfassend ist, entfällt der oft lästige Wechsel zwischen diversen Internetauftritten verschiedener Leistungsträger. Der Gast erhält einen guten Überblick und kann verschiedene Angebote vergleichen.

– Flug

Ein interessantes Beispiel zum Thema Flug ist die Seite OrbitzTLC Traveler Update (http://updates.orbitz.com). Daten zu dem Status der Flughäfen in den USA werden hier anhand einer Karte von Google Maps präsentiert. So kann man erfahren, wie viel Verspätung die Flüge bei Start und Landung derzeit haben, wie viel Verkehr rings um den Flughafen herrscht, wie das Wetter ist und wie lange man ungefähr an den Sicherheitskontrollen warten muss. Die Informationen basieren auf den Auskünften Reisender, die diese online melden. Außerdem stellen die Reisenden sonstige Hinweise und Tipps zum Flughafen ein. Derzeit beschränkt sich dieses Serviceangebot allerdings auf den amerikanischen Flugmarkt.

– Unterkunft

Allzu oft ärgern sich Kunden, dass die versprochene Nähe zum Meer nicht wirklich gegeben ist, oder, dass das Hotel mitten im oder zu weit vom Stadtzentrum entfernt ist. Dem kann der Gast nun bereits bei der Informationssuche im Internet vorbeugen. Viele Hotelportale haben Web-Kartendienste auf ihre Seite integriert oder bieten Plug-Ins für Google Earth an. Beim Spezialreiseveranstalter Golfurlaub.com (http://www.golfurlaub.com) kann man z. B. vor Reiseantritt neben den Hotels die Golfplätze am Reiseziel mit Hilfe von Google Maps näher betrachten. Die Seite von fair-hotels (http://www.fair-hotels.de) bietet z. B. als eine von mehreren Hotelportalen ein übersichtliches Plug-In für Google Earth und hilft so, die Lage des Hotels zu veranschaulichen.

- **Aufbereitung der Urlaubsfotos**

Die Aufbereitung von Urlaubsfotos mit ergänzenden Geodaten wird auch als Geotagging bezeichnet. Die deutschen Bezeichnungen hierfür sind Geokodierung und Verortung. Geotagging setzt sich aus zwei Wortbestandteilen zusammen: „geo" kommt aus dem Griechischen und bedeutet „Erde", „tag" kommt aus dem Englischen und heißt „Anhänger" oder „Etikett". Geotagging meint also etwas mit einem „Erdanhänger" zu versehen, d.h. man ordnet einem (in diesem Fall) Foto die geografische Position zu, an der es aufgenommen wurde.

Derzeit (Stand 2009) können nur wenige hochpreisige Digitalkameras direkt mit GPS-Empfängern kombiniert werden. Die Koordinaten werden bei diesen gleichzeitig mit der Aufnahme abgespeichert. Abgesehen davon gibt es auf der einen Seite die ziemlich aufwen-

5.6 Geoinformationssysteme im Tourismus

dige Möglichkeit seine Bilder manuell zu verorten (auf einer digitalen Landkarte z. B. in Panoramio) oder man zeichnet die Koordinaten und die dazugehörige Zeit mit einem separaten GPS-Logger auf. Mit spezieller Software wird nun die Geoposition mit den dazugehörigen Fotos anhand der Aufnahmezeit abgeglichen. Geotagging-Programme verbinden die Bilddateien mit der Datei, in der die zuvor aufgezeichneten Geopositionen enthalten sind, und speichern die auf diese Art gewonnenen Zusatzinformationen in der EXIF (Exchangeable Image File Format)-Datei des Bildes, in der auch die weiteren Hintergrunddaten zu diesem, wie z. B. Belichtungszeit, enthalten sind.

Nachdem man seine Fotos auf diese Art geopositioniert hat, kann man sie im Internet in virtuellen Fotoalben wie z. B. Panoramio (http://www.panoramio.com) hochladen. Panoramio zeigt die Bilder im viel genutzten Google Earth und in Google Maps an, da es sich ebenfalls um ein Programm von Google handelt. Die Nutzer haben mittlerweile mehr als drei Millionen Bilder mit Geoinformationen eingestellt. Auf dem Portal kann man gezielt nach Bildern zu einem bestimmten Ort suchen und sich so über diesen informieren. Die folgende Abbildung zeigt die verorteten Bilder der Mitglieder im Portal zum Suchbegriff Kempten. Wird nun auf eines der Bilder in der Auswahl geklickt, erscheint eine größere Ansicht der Aufnahme mit einer Detailansicht der dazugehörigen Position.

Abb. 5.6.7   Verortete Bilder auf Panoramio von Google

- **Öffentlicher Personennahverkehr**

Das Netz des öffentlichen Personennahverkehrs (ÖPNV) ist oft ein Geflecht aus vielen Stationen und verschiedenen Verkehrsmitteln, wie Tram, U-Bahn und Bus. Da ist es oft schwierig den Überblick zu behalten und zu wissen, welche Station wohl am nächsten zum eigentlichen Ziel ist und wie man dort hinkommt. Die Problemlösung wird mit Geoinformationssystemen vereinfacht. In vielen Städten werden in Google Earth über die Ebenenwahl „Verkehrswesen" die Stationen des ÖPNV eingeblendet. Hier kann man nach einer bestimmten Straße suchen und sieht, welche Station sich in der Nähe befindet. Ein Klick auf das Symbol der Station informiert über die dort verkehrenden Linien. Außerdem führt ein Link zur Webseite des jeweiligen Verkehrsunternehmens, wo sich über die Fahrplanauskunft Verbindungen anzeigen lassen. Leichter geht es mit Hilfe von Google Maps. Denn hier kann man sich neben einer Route für die Autofahrt auch die Fahrt mit öffentlichen Verkehrsmitteln anzeigen lassen. Über die Routenberechnung erhält man eine passende Route. Hierzu wird der Start- und Zielort eingegeben und die Option „Öffentliche Verkehrsmittel" gewählt. Zusätzlich kann auch die gewünschte Fahrzeit bestimmt werden. Allerdings ist der Dienst derzeit noch nicht flächendeckend verfügbar. Derzeit kann die Route mit dem ÖPNV in ausgewählten Städten in den USA, Frankreich, Italien, Polen, Großbritannien, der Schweiz und Österreich angezeigt werden. Neben der Fahrtinformation werden auch Preise angezeigt. Diese orientieren sich am Normalpreis für Erwachsene.

- **Fahrzeuglokalisierung**

Wäre es nicht gut zu wissen, wo sich der nicht liniengebundene Verkehr, wie z. B. Taxis oder mobile Leihfahrräder, in einer Stadt befindet? Geoinformationssysteme können auch hierfür genutzt werden. Ein Dienst, um Taxis und Shuttlebusse in der Umgebung finden zu können, ist z. B. „Ride Finder". Dieser Dienst wird in einigen Städten in den USA von Google angeboten und zeigt auf einer Google Maps-Landkarte Taxis und Shuttlebusse an ihrer aktuellen Position an. Ein Klick auf das entsprechende Symbol in der Karte zeigt die Rufnummer des Taxis oder Busses an, um das Fahrzeug bestellen zu können. Genauso funktioniert auch die Suche nach Leihfahrrädern der DB Rent, einer Tochtergesellschaft der Deutschen Bahn. Auf einer Karte werden die zur Verfügung stehenden Räder an ihrem aktuellen Standort angezeigt, so dass leicht ein in der Nähe befindliches Rad ausgemacht werden kann.

- **Navigation**

Geoinformationen dienen natürlich im besonderen Maße zur Navigation. Viele Verkehrsteilnehmer und Freizeitsportler bedienen sich der digitalen Navigationsangebote, um sich das Leben in dieser Hinsicht zu erleichtern. Dabei unterscheiden sich die Fußgänger- und Fahrradnavigation erheblich von der Kfz-Navigation. Sowohl das Kartenmaterial als auch die damit verbundenen Benutzungsmöglichkeiten variieren. Kfz können Vektorkarten benutzen und sich so bequem ihre Route berechnen lassen. Fußgänger und Fahrradfahrer verwenden hingegen Rasterkarten und müssen deshalb ihre Route vorab am Computer planen. Die Funktions- und Benutzungsweise in beiden Bereichen wird nun im Folgenden aufgezeigt.

– Positionierung und Routenführung

In der Fahrzeugnavigation sind die Systeme zur Routenführung weitgehend ausgereift. Sie erkennen die aktuelle Position und berechnen die Route zum Zielort. Grundsätzlich lässt sich hier der Navigationsmarkt in die drei Segmente Festeinbaugeräte, portable Geräte und Handy-/ PDA-Navigationslösungen einteilen. Wie in Abschnitt 5.6.1 zum Punkt GPS bemerkt können Festeinbaugeräte durch Datenfusion Tacho-, Kompassinformationen, Lenkradstellung, On-Board Radar, etc. zur Präzisierung der GPS-Positionsbestimmung bei schwachem

Signal nutzen. Für Festeinbaugeräte gilt in der Regel, dass sich das Kartenmaterial direkt im Gerät oder auf einem anderen Speichermedium, wie z. B. einer DVD, befindet. Je nach Anbieter werden entweder die gewünschten Karten nach Bedarf und gegen Gebühr freigeschaltet oder man erwirbt ein Komplettpaket, welches umfassendes und flächendeckendes Kartenmaterial beinhaltet. Bei den mobilen Navigationsgeräten haben sich zwei Varianten für die Kartensoftware etabliert: onboard oder offboard. Onboard heißt, das Kartenmaterial befindet sich auf einem im Gerät integrierten Speicher. Die Route wird vom lokalen Prozessor des Gerätes berechnet. Offboard heißt, das Kartenmaterial wird über einen zentralen externen Server geliefert, der auch die Route berechnet. Diese wird anschließend an den Kunden übermittelt. Teilweise werden auch Hybridlösungen angeboten, die die Vorteile beider Systeme kombinieren. Diese liegen hauptsächlich bei den jeweiligen Kosten. Bei Onboard-Lösungen bezahlt man einmalig die Software und das Kartenmaterial sowie oft eine Speichererweiterung. Bei der Offboard-Version zahlt man hingegen die Software einmalig, die Routen jedoch nach Bedarf. Dafür fallen dann die Gebühren für das mobile Internet, als auch Servicegebühren für das genutzte Angebot an. Onboard-Systeme eignen sich vorzugsweise für PDAs und Smartphones, die über entsprechenden Speicherplatz verfügen und für spezielle mobile Navigationsgeräte. Die Offboard-Variante ist vor allem für Handys geeignet, die meistens weder über den entsprechenden Speicherplatz verfügen, noch als Standardnavigationsgerät eingesetzt werden.

Natürlich sind bei der Kfz-Navigation auch Informationen zum Verkehrsfluss ein wichtiger Bestandteil einer guten und schnellen Routenführung. Normalerweise werden die Verkehrsdaten per TMC (Traffic Message Channel) übermittelt. TMC-fähige Geräte empfangen Verkehrsinformationen, die von den Radiostationen ausgestrahlt werden. So wird das Berechnen einer dynamisch angepassten Route ermöglicht.

Bei der Fußgänger- und Fahrradnavigation ist die Routenführung nicht ganz so einfach wie bei der Fahrzeugnavigation. Hier muss die gewünschte Route vorab am Computer erstellt und auf das Navigationsgerät übertragen werden, bevor man sich führen lassen kann. Die Hinweise zum Routenverlauf werden durch Pfeile, kleine grafische Darstellungen oder auf Karten visualisiert und in der Regel nicht gesprochen. Bei manchen Geräten wird der Nutzer durch einen Signalton auf die Änderung des Routenverlaufs hingewiesen. Die etablierten Navigationsgerätehersteller arbeiten an Lösungen, die auch das Routing für Fußgänger- und Fahrradfahrer ermöglichen sollen, noch fehlt ihnen aber hierzu das entsprechende vektorisierte Kartenmaterial.

– Routenplanung und Tourenvorschläge

Routen für Fußgänger oder Fahrradfahrer können als einfachste Variante in Google Earth geplant werden und mit Hilfe von Konvertierungsprogrammen, die z. T. kostenlos im Internet verfügbar sind, in das für GPS-Geräte gängige Format GPX umgewandelt werden. Doch da Google Earth Rad- und Fußwege nicht kennzeichnet, reicht dies vielen Nutzern nicht aus. Spezielles Themenkartenmaterial für den gewünschten Zweck und entsprechende Planungs- und Bearbeitungsprogramme erleichtern die Vorbereitung am PC. Die Planung funktioniert aber sowohl in Google Earth als auch auf dem speziellen Kartenmaterial und der Planungssoftware ähnlich. So werden Linien in die Karte mit der Maus eingezeichnet und Wegpunkte an Weggabelungen gesetzt, um auf die Richtungsänderung aufmerksam zu machen. Außerdem besteht die Möglichkeit POIs am Wegesrand, Gaststätten oder Übernachtungsmöglichkeiten einzuzeichnen. Die fertige Tour kann dann auf das mobile Navigationsgerät übertragen werden. Möchte der Nutzer die Routen nicht selber am PC ausarbeiten, kann er auf Routenvorschläge auf Portalen zurückgreifen. Hier veröffentlichen entweder professionelle Redakteure oder angemeldete Mitglieder Routenvorschläge. Die Routen werden in der Regel beim Begehen oder Befahren der Strecke mit einem GPS-Logger aufgezeichnet und anschließend im Portal hochgeladen. Der Nutzer kann sich, meist gegliedert nach Sportart (z. B. Wandern, Fahrrad, Mountainbike, Langlauf usw.) und Region, Routen, die seiner Vorstellung entsprechen, aussuchen und herunterladen. Professionelle Portale verlangen häufig eine Gebühr für den Download. In GPS-Communities ist dieser dagegen meist kostenlos.

– Geo-Caching

Geo-Caching ist eine spielerische Variante der Navigation per GPS. Es handelt sich dabei um eine Art elektronischer Schnitzeljagd (*Geo*: griechisch Erde - und *cache*: englisch geheimes Versteck). Teilnehmen kann jeder, der über ein GPS-Gerät verfügt und die Spielregeln der Gemeinschaft verfolgt. Zunächst wird ein sogenanntes Cache versteckt und die dazugehörigen Koordinaten in einem Portal, wie z. B. geocaching.com oder opencaching.de veröffentlicht. Geo-Cacher können hier die geografische Position des Schatzes abfragen und sich auf die Suche machen. Der Schatz (Cache) besteht in der Regel aus einer Plastikdose gefüllt mit Logbuch, Stift und kleinen Plastikfiguren oder Aufklebern. Außerdem weist ein entsprechender Hinweis Unwissende auf das Spielkonzept hin, so dass diese den Cache nicht versehentlich verschleppen oder in den Müll werfen. Wird dieser nun von den Suchern mit Hilfe der GPS-Navigation gefunden, so tragen sich die Finder in das Logbuch ein, entnehmen ein Mitbringsel und legen ein anderes hinein. Anschließend wird der Cache wieder an seinem Fundort versteckt. Nach der Schnitzeljagd melden die Finder dann ihren Fund im Internet und dokumentieren ihn dort ggf. auch mit einigen Fotos.

- **Themenbezogene Informationen unterwegs**

Mit Hilfe verschiedener Programme und technischer Lösungen können unterwegs interessante Informationen zur Umgebung abgerufen und empfangen werden. Um einen derartigen Service nutzen zu können, ist es wichtig, dass die Position des Nutzers lokalisiert werden kann.

– Points of Interest und Umkreissuche

Ein Service, der auf der Lokalisierung basiert, ist die Informationsbereitstellung über interessante Punkte in der direkten Umgebung, sogenannte Points of Interest (POIs). Auch die Umkreissuche gibt Informationen über Punkte in der Umgebung. Wie jedoch das Wort „Suche" verdeutlicht, geht es bei der Umkreissuche um ein gezieltes Erfragen bestimmter Inhalte, POIs bieten jedoch häufig Informationen zu touristisch interessanten Orten ohne, dass besonders nach ihnen gefragt werden muss. Die Begriffe POI und Umkreissuche überschneiden sich dennoch in der Praxis vielfach. Generell kann jedoch gesagt werden, dass sich Begriff POI vermehrt auf Punkte der touristischen Infrastruktur bezieht, die Umkreissuche hingegen auch allgemeine Inhalte, wie z. B. Supermärkte und Ärzte, beinhaltet. Diese sind aber oft auch für Reisende von Interesse. Ziel ist es, den Touristen mit möglichst wenig Aufwand über die Sehenswürdigkeiten und die Infrastruktur an dem Ort, an dem er sich befindet, zu informieren, wobei für kommerzielle Unternehmen die Werbung in eigener Sache in der

Regel im Vordergrund steht. Eine einfache Variante der Anzeige von POIs kann in Google Earth realisiert werden. Über die Ebenenwahl besteht die Möglichkeit, sich POIs im aktuellen Kartenausschnitt anzeigen zu lassen. Besonders die georeferenzierten Wikipedia-Einträge zu Sehenswürdigkeiten auf der Karte erweisen sich hier als hilfreich. Bei der Umkreissuche geht es neben der Suche nach Informationen über Sehenswürdigkeiten und die touristische Infrastruktur vermehrt auch um das Finden alltäglicher Dienste. Web-Kartendienste kennen den Weg, die Öffnungszeiten von Restaurants und wissen wo die nächste Tankstelle ist. So kann man sich z. B. auf der Karte eines Web-Kartendienstes, wie z. B. Google Maps lokalisieren lassen und eine entsprechende Suchanfrage eingeben.

– Stadtführungen

Manche Location Based Services-Angebote sind als Stadtführungen ausgelegt und lotsen den Touristen automatisiert durch die Stadt und versorgen ihn mit den wichtigsten und interessantesten Informationen hierzu. Die Touristen können so individuell, nach persönlichem Interesse, ohne Zeitdruck und zu jeder Tageszeit die Umgebung erkunden. In einigen Städten kann mittlerweile ein derartiger digitaler Stadtführer gegen eine geringe Gebühr ausgeliehen werden. Beispiele hierfür in Deutschland sind z. B. der „iGuide„ und „Cruso". Beide Systeme funktionieren im Prinzip ähnlich. Sie sind handliche Geräte, die an bestimmten Ausgabestellen in einer Stadt, z. B. in den Touristeninformationen oder in Hotels, ausgeliehen werden können. Mittels GPS wird der Aufenthaltsort des Touristen bestimmt und die passende Information als Audiobeitrag, Text und mit Bildern zur Verfügung gestellt. Außerdem wird ihm auf einer digitalen Karte der Weg zur nächsten Station gewiesen.

– Digitale Reiseassistenten

Einen umfassenden Service bieten digitale Reiseassistenten. Sie ermöglichen Navigation, Umkreissuche, sind zudem Reiseführer und liefern weitere interessante Dienste, wie z. B. Übersetzungen im Ausland. Ein Beispiel ist der Merian Scout Navigator, der ein eigenständiges Gerät mit vielfältigen integrierten Funktionen ist. Der Merian Scout Navigator dient als Straßenkarte und Reiseführer in einem. Das Gerät ist ca. 10cm breit, 8cm hoch und 2,5cm dick. Dabei wiegt es etwa 200g. Es erkennt dank GPS den aktuellen Aufenthaltsort und kennt hier bei Abfrage Sehenswürdigkeiten, Hotels, Restaurants und Veranstaltungshäuser. Außerdem gibt der Merian Scout Navigator Ratschläge zur Gestaltung des Freizeitprogramms. Die Informationen werden mit Texten, Bildern oder als Hörbeiträge geliefert. Mit Hilfe des integrierten Navigationssystems, das auch dynamisches Routing ermöglicht, führt der Merian Scout Navigator ans Ziel und informiert über POIs, die auf dem Weg liegen. Weitere Anbieter von Navigationsgeräten mit Reiseassistenzfunktionen (PTA- Personal Travel Assistants) z. T. in Kooperation mit Reiseführer-Verlagen sind z. B. Garmin/Max City Guide, Falk/Marco Polo, Navigon City Highlights, Medion/Polyglott, Mio/WCities und andere.

5.6.4 Weitere Entwicklungstrends

Der Tourismus verändert sich. Leute verreisen öfter, spontaner und gerne auch mal nur kurz. Reisezwecke wie Geschäftsreise und Freizeit verschmelzen und die Reisenden erwarten einen hohen Erlebnisfaktor ohne viel Aufwand. Hier setzen die Zukunftsvisionen im Bereich der Geoinformationssysteme an. Diese beziehen sich zum einen auf technische Innovationen, zum anderen auf touristische Anwendungsmöglichkeiten. Satellitennavigationschips befinden sich bald standardmäßig in fast allen mobilen elektronischen Geräten, wie Notebook, Kamera und natürlich dem Mobiltelefon. Immer mehr Informationen werden mit Ortskoordinaten versehen sein. Reale Daten werden in der virtuellen Welt immer wichtiger. Gleichzeitig, wie wir über das Internet „mobiler" werden, wird aber auch dieses räumlich flexibler. Die Lokalisierung in Raum und Zeit wird das Bindeglied zwischen der virtuellen und realen Welt sein. Man spricht dabei auch vom Trend zur augmented Reality – die reale Welt wird durch Artefakte aus virtuellen Realitäten angereichert (vgl. auch Kap. 5.7).

Der Bereich der Location Based Services wird Wandlungen und Neuerungen erfahren. Hier werden positionssensitive Dienste, die automatisch die Bedürfnisse und Interessen des Nutzers erkennen, immer stärker zusammen wachsen. Man muss sich in einer Stadt nicht mehr für ein Location Based Services-Angebot entscheiden, sondern intelligente Technologien verarbeiten die Informationen verschiedener Anbieter und versorgen den Nutzer mit den auf ihn abgestimmten Inhalten. Außerdem wird sich die Fehlerquote der Navigationsmedien erheblich verringern und sich somit der Komfort der Nutzung von Geoinformationen verbessern. Hier könnten schon mit der Einführung des satellitengestützten Navigationssystems Galileo nennenswerten Verbesserungen durch höhere Genauigkeit erzielt werden. Schließlich werden auch für die Fußgänger und Fahrradnavigation Vektorkarten verfügbar sein, so dass die aufwendige Planung von Touren am Computer entfällt. In Zukunft wird man von „echter" Fußgängernavigation sprechen können, da die Routenplanung auch für Nutzer abseits der öffentlichen Straßen komplett entfällt. Zukünftig werden intelligente Mobiltelefone (Smartphones) die Breite der heute verfügbaren Geräte zur Navigation verdrängen und ersetzen, da diese leistungsfähig genug sein werden, deren Funktionen in sich zu vereinen. Eine große Auswahl digitaler Reiseführer kann dann als reines Softwareprodukt oder Application Service genutzt werden. So wird dem Nutzer die Hürde genommen, ein weiteres Gerät zu erwerben und sich seine Funktionsweise aneignen zu müssen. Diese „All-In-One"-Geräte werden sich für die Fußgänger und Kfz-Navigation eignen und gleichzeitig als Kamera mit integriertem GPS-Modul dienen, so dass die aufgenommenen Fotos nicht mehr nachträglich verortet werden müssen. Erste Ansätze in diese Richtung verwirklichen moderne Smartphones mit innovativen Bedienoberflächen in Kombination mit der entsprechenden Software. Da auch die Nachfrage zunehmen wird, werden die Preise, bei gleichzeitiger Verbesserung der Produkte, sinken.

Bei den Web-Kartendiensten ist vorstellbar, dass die ganze Welt mit hochauflösenden Bildern und in 3D dargestellt wird und sich die Informationsfülle nicht nur auf einige wenige Länder begrenzt, wie es derzeit der Fall es, sondern die ganze Welt umfasst. Immer mehr Leute werden Zugang zu Hochgeschwindigkeitsinternet haben und so derartige Dienste zukünftig problemlos nutzen können. Außerdem ist es vorstellbar, dass sogar ressourcenintensive Anwendungen, wie Google Earth, mit ihrem vollem Leistungsumfang über das mobile Internet verfügbar sein werden. Es werden flächendeckend Datenbanken mit den Webauftritten verknüpft, so dass diese als umfassende Datenplattformen für das gesamte Angebot dienen. Der bisherige Wechsel auf weitere Webseiten, um z. B. eine Onlinebuchung vornehmen zu können, wird entfallen, da es möglich sein wird, komplette Webauftritte in z. B. Google Earth zu integrieren. „Alles aus einer Hand" lautet die Zukunftsdevise, auf die die Entwicklungen hinaus laufen werden. Wie die Realisierung aber letztendlich aussieht und welche Auswirkungen sie für den Tourismus auf der einen Seite und den Touristen mit seinen Informations- bzw. Datenschutzbedürfnissen auf der anderen Seite hat, wird sich in den kommenden Jahren zeigen.

Quellen und weiterführende Literatur:

Bauhuber, F., Web Mapping, Location Based Services und Business Mapping im Destinationsmanagement. Einsatzmöglichkeiten und aktuelle Entwicklungen im touristischen Geoinformationssektor, in: Tourismusforschung in Bayern, Hrsg.: Günther, A., Hopfinger, H. und weitere, München 2007, S. 440-447

Brinkhoff, T., Gollenstede, A., Lorkowski, P., Weitkämper, J., Tourismus und Geoinformatik: Berührungspunkte in Photogrammetrie, Fernerkundung, Geoinformation (PFG), Heft 5/2006, Oldenburg, S. 397-404

Brown, C. Martin, Hacking Google Maps and Google Earth, Indianapolis 2006

Holz, P., Mashups-Motivation, Organisation und Geschäftsmodelle, HMD-Praxis der Wirtschaftsinformatik, Heft 255/2007

Schüler, P., König, P., Wiegand, D., Expedition in 3D, Globetrotting am PC mit Google Earth, Microsoft Virtual Earth und Co., in: c't, Heft 12/2007, 29.05.07

Zipf, A., Strobl, J. (Hrsg.), Geoinformation mobil, Heidelberg 2002

5.7 M-Commerce und Zukunftsperspektiven

Prof. Dr. Roman Egger

Unsere westlich zivilisierte Gesellschaft wird oftmals als Informations- bzw. Wissensgesellschaft bezeichnet und, betrachten wir unseren Alltag, so fällt auf, dass wir tatsächlich ständig mit Informationen arbeiten und diese zusehends auch mobil verarbeiten. Unbestritten ist die Tatsache, dass sowohl unsere Gesellschaft als auch die Wirtschaft von den ineinander verwobenen Trends Globalisierung, Kommunikation, Mobilität und Virtualität gekennzeichnet sind. Diese Entwicklungen haben zur Informationsgesellschaft geführt, die auf der Grundlage moderner Informations- und Kommunikationstechnologien das ökonomische und gesellschaftliche Leben verändern. Parallel zur Entwicklung, Kommerzialisierung und Professionalisierung des Internets hat sich in den letzten Jahren die Mobilkommunikation als fixer Lebensbestandteil unserer Gesellschaft etabliert. Mobilität in ihrer Allgemeinheit, die persönliche Erreichbarkeit, als auch die ortsunabhängige Versorgung mit Informationen sind heutzutage Bedürfnisse, die für boomende Märkte und neue Dienste sorgen. Die Unterstützung von Mobilität befriedigt daher nicht nur vorhandene, sondern weckt gleichzeitig auch neue Bedürfnisse. Fakt ist, dass keine andere Technik sich in den letzten Jahren so rasch verbreitet hat, wie der Mobilfunk. Dass der Tourismus als prädestinierte Branche für den Einsatz mobiler Dienste und Services angesehen werden kann, wird bereits durch dessen Eigenheiten, insbesondere durch die vorrangig durch den Ortswechsel hervorgerufene Informationsintensität, erkennbar.

5.7.1 Die mobile Informationsgesellschaft

Ausgelöst durch eine ganze Reihe von Basisinnovationen befindet sich unsere Gesellschaft heutzutage im fünften Kondratieffzyklus, dem der Informations- und Kommunikationstechnik. Die Entwicklung der heutigen Informationsgesellschaft muss als evolutionärer Prozess verstanden werden, für den nicht nur technologische Errungenschaften verantwortlich sind. Durch die arbeitsteilige Zerlegung ehemals zusammengehörender Arbeitsprozesse, auch als Taylorismus bezeichnet, kam es zu Veränderungen in der Sozialstruktur, denn Arbeitsteilung verlangt nach Koordination und eine optimierte Koordination benötigt eine verbesserte Informationsversorgung. Die zielgerichtete Verarbeitung und Verbreitung von Informationen wurde durch die Einführung neuer Informations- und Kommunikationstechnologien (IKT) optimiert und setzte sich daher mehr und mehr durch.

Parallel zum veränderten Informationsbedarf und der daraus resultierenden Mediennutzung führten gesellschaftliche Veränderungen zu mehr Freizeit, einer höheren Flexibilität und einer gesteigerten Mobilität. Die mobile Freiheit genießen wird jedoch nicht erst seit dem Siegeszug des Handys. So zählen beispielsweise auch das Kofferradio oder der Walkman zu Endgeräten, welche die mobile Informationsversorgung im geschichtlichen Abriss vorzuzeigen hat. Die Akzeptanz und Nutzung mobiler Endgeräte im Tourismus, die uns zu ubiquitären Informationsrezipienten im Urlaub werden lässt, besitzt demnach eine facettenreiche Vorgeschichte.

5.7 M-Commerce und Zukunftsperspektiven

Grundsätzlich kann davon ausgegangen werden, dass jede technische Revolution auch massive Auswirkungen auf Wirtschafts- und Gesellschaftsstrukturen hat und im Falle der Mobilkommunikation wird dies besonders augenscheinlich. Der Anruf über die Bluetooth-Freisprechanlage, dass man sich verspäten werde, der Geschäftsreisende, der für seine Präsentation noch schnell ein paar passende Bilder mobil aus dem Internet lädt, der Kollege, der seine E-Mails während des Meetings auf dem Smartphone abruft oder der Jugendliche, der einige soeben mit der Handycam aufgenommene Fotos mobil z. B. auf Facebook stellt – all diese „mobilen Situationen" und Handlungen sind uns mittlerweile vertraut.

5.7.2 Mobile Technologien

Seit einigen Jahren ist ein Trend in der Mobilkommunikation zu beobachten, der als TIMES-Konvergenz bezeichnet wird. Darunter ist das Verschmelzen von Telekommunikation, Information, Media, Entertainment & Security zu verstehen, welches vor allem durch den Einsatz neuer Technologien und Anwendungen vorangetrieben wird. Die Konvergenz in der Mobilkommunikation findet auf technologischer, inhaltlich-funktionaler und wirtschaftlicher Ebene statt und führt zu einer Strukturveränderung des Mediensystems.

Abb. 5.7.1 *Konvergenz mobiler Dienste & Services*
Quelle: eigene Darstellung in Anlehnung an Goldhammer et al. 2008

Besonders offenkundig wird dies, wenn man Smartphones wie z. B. das iPhone oder das G1 betrachtet. Längst ist das Telefonieren hier nicht mehr die Hauptfunktionalität des Endgerätes. Ausgestattet mit Übertragungstechnologien wie WLAN, UMTS, GPS und Bluetooth ermöglichen sie eine breite Palette neuer mobiler Services und Dienste, die auch im touristischen Kontext einen zunehmend höheren Stellenwert einnehmen werden. Aber auch andere Endgeräte wie PDA's und Notebooks werden verstärkt in die mobile Kommunikation eingebunden und unterstützen den User bei der ortsunabhängigen Informationssuche- und Verarbeitung. Ohne näher auf technische Details einzugehen, werden im Folgenden einzelne, für den Tourismus relevante, mobile Technologien vorgestellt.

- **Mobilfunknetze / GSM-UMTS**

Ausgelöst durch die Einführung von Flatrates und Volumentarifen hat sich die Mobiltelefonie in Deutschland seit dem Jahre 2005 mehr als verdoppelt. Zwei Drittel der Deutschen geben an, sich ein Leben ohne Handy nicht mehr vorstellen zu können. Die technologische Grundlage dafür bieten zahlreiche Netzwerktechnologien. So hat sich unter den Mobilfunknetzen eine Reihe von Standards entwickelt, wobei das GSM-Netz in Europa die größte Verbreitung besitzt. Erweiterungen dieses volldigitalen Standards (2G), mit dem Ziel einer gesteigerten Datenübertragung, sind GPRS und EDGE. UMTS (*Universal Mobile Telecommunications System*) erlaubt eine Datenübertragungsrate von bis zu 7,2 Mbit/s und zählt damit zur dritten Mobilfunkgeneration (3G). Auch bei UMTS existieren bereits technische Erweiterungen des Standards, die noch höhere Datenempfangs- (HSDPA) und Senderaten (HSUPA) ermöglichen. Die notwendige Flächenabdeckung sowie die Verfügbarkeit geeigneter Endgeräte vorausgesetzt, ermöglicht UMTS nun jene Übertragungsraten, die auch für zahlreiche tourismusrelevante Applikationen notwendig sind. Mit UMTS sind grundsätzlich drei unterschiedliche Dienste hervorgegangen, die für den Tourismus relevant angesehen werden können. Die einfachste Variante stellt der mobile Internetzugang dar. Als M-Commerce ist die Möglichkeit des Kaufes von Produkten und Dienstleistungen zu verstehen, der Dritte und für den Tourismus vermutlich interessanteste Dienst, sind so genannte Location Based Services (LBS), die später nochmals genauer betrachtet werden.

Netzwerktechnologien stellen jedoch nur eine technische Variante der Mobilkommunikation dar. Zahlreiche weitere Funktechnologien existieren und können situativ eingesetzt werden bzw. die Netzwerktechnologien unterstützten.

- **WLAN & WiMax**

Unter einem WLAN *(Wireless Local Area Network)* ist ein drahtloses lokales Funknetzwerk zu verstehen, welches als Infrastrukturerweiterung im Sinne einer Anbindung an bestehende Netzwerke dient. Als Endgeräte werden vorrangig Laptops, Handhelds und Smartphones verwendet, die mit einem WLAN-Chipset ausgestattet sind. Durch die Abhängigkeit von Hotspots (einem durch WLAN versorgten Bereich) können etwaige Services als „Presence-based Services" bezeichnet werden. Die Reichweite von WLAN-Hotspots ist mit Radien von rund 100m jedoch äußerst begrenzt und in ihrem Durchmesser typischerweise auf einzelne Räume, ein Stockwerk, ein Firmengelände, etc. beschränkt. Die Betreiber sind Privatpersonen, Firmen oder Behörden und nicht Netzwerkbetreiber wie bei klassischen Mobilfunknetzen. Das generelle Ziel von WLANs ist der Ersatz einer unflexiblen Verkabelung und zusätzlich die Schaffung neuer Möglichkeiten der Ad-hoc-Kommunikation.

5.7 M-Commerce und Zukunftsperspektiven

Der drahtlose Netzzugang findet seinen Einsatz im Tourismus hauptsächlich auf Flughäfen, in Messezentren und Cafes sowie in der Hotellerie, um dem Gast in Seminarräumen, Hotelzimmern oder der Lobby den Einstieg ins Internet zu ermöglichen. Mit der bloßen drahtlosen Netzwerkanbindung für Gäste sind die Einsatzmöglichkeiten von WLAN jedoch noch nicht beendet. Mittels WLAN können Daten zur betriebsinternen Informationsverarbeitung übertragen werden, um Prozesse zu optimieren und effizienter zu gestalten (vgl. Kap. 3.3). Ursprünglich gab es Befürchtungen, dass sich WLAN und UMTS konkurrenzieren würden. Mittlerweile werden beide Funktechnologien jedoch als komplementäre, sich einander ergänzende Lösungen verstanden.

Eine weitere Mobilfunktechnologie, die in Zukunft tatsächlich in einem Konkurrenzverhältnis zu UMTS stehen könnte, ist WiMax (Worldwide Interoperability for Microwave Access). Diese Breitband-Funktechnik gilt als weltweiter 3G-Standard und erlaubt Datentransfers von bis zu 108 Mbit/s. Mit WiMax können desweiteren Reichweiten von bis zu 50 km erzielt werden, weshalb diese Technologie gerade auf Destinationsebene von Interesse werden könnte.

- **GPS**

Die seit Jahren etablierte Satellitennavigation ist zu jenen mobilen Technologien zu zählen, die auch im Tourismus bereits seit Jahren erfolgreich ihren Einsatz finden. An ein modernes und attraktives Tourismusangebot sind Anforderungen wie die flexible Gestaltungsmöglichkeit, Naturverträglichkeit, ortsspezifische Informationsversorgung und ein höchstmögliches Maß an Sicherheit gebunden. Gerade für Destinationen, in denen Naturerlebnisse und Outdoor-Sportarten ein zentrales Element darstellen, aber auch für Städte- und Studienreisen, können GPS basierte Routing- und Mapping-Funktionen einen klaren Mehrwert liefern. Ergänzend zur Positionsbestimmung mit dem Endgerät finden sich zahlreiche Plattformen im Internet, auf denen die Möglichkeit besteht, GPS-Tracks nach der Region, dem Anforderungsprofil, Höhenmetern etc. zu selektieren und downzuloaden. Das entsprechende Datenmaterial kann darüber hinaus mit Points of Interest (POIs), wie beispielsweise Informationen über Sehenswürdigkeiten, touristische Leistungsträger oder lohnende Aussichtspunkte, ergänzt werden (vgl. Kap. 5.6).

- **RFID & NFC**

RFID (Radio Frequency Identification) ist eine drahtlose Kommunikationstechnik mit dem Ziel Informationen zur Identifizierung von Objekten und Personen bereitzustellen. RFID Systeme bestehen aus einem Datenträger/Transponder (engl. = Tag) und einem Schreib-/Lesegerät. Die RFID-Technologie basiert auf elektromagnetischen Wellen, die vom Lesegerät ausgesendet werden. Schneiden diese Wellen nun die Antenne eines Tags (Induktion) so wird dieser identifiziert und die dem Tag zugeordneten Daten werden am Lesegerät ausgegeben. Verlässt der Transponder das Lesefeld wieder, bricht die Kommunikation ab und der Transponderchip ist erneut inaktiv. Der Einsatz dieser Technologie löst im weitesten Sinne die bisherigen Strichcodesysteme ab und eröffnet auch zahlreiche neue Möglichkeiten und Anwendungen im touristischen Umfeld.

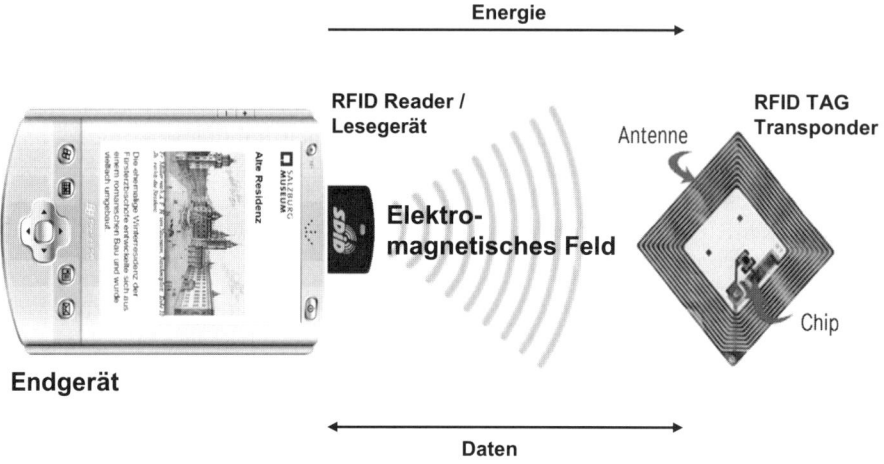

Abb. 5.7.2   RFID-Technologie
Quelle: Egger, Pühl 2009

Die RFID-Technologie hat bereits einen hohen Verbreitungsgrad erreicht. So sind beispielsweise in allen deutschen Reisepässen, die nach dem 1. November 2005 ausgesellt wurden RFID-Chips enthalten. Ein hohes Einsatzpotenzial für Bergbahnen, Museen und den öffentlichen Nahverkehr liefern beispielsweise Keycards im Rahmen der RFID gestützten Zugangskontrolle. Insbesondere im Aviation-Sektor sind zahlreiche Nutzungsszenarien für den Einsatz von RFID vorhanden. So setzen bereits zahlreiche Airlines und Flughäfen auf die RFID-gestützte Gepäckverfolgung. Weltweit werden jedes Jahr rund sieben Millionen Gepäckstücke verloren, wobei die durchschnittlichen Wiederbeschaffungs- bzw. Erstattungskosten 100 Euro betragen. Am internationalen Flughafen von Hongkong (HKIA) erzielt man eine 97-prozentige Leserate der Tags. Im Gegensatz dazu konnten mit dem Barcodesystem lediglich 80 % der Objekte identifiziert werden. Aber auch beim Catering, im Cargobereich und bei der Wartung von Flugzeugen, also überall dort, wo der logistische Aufwand ein hohes Ausmaß erreicht, kommt die RFID-Technologie bereits erfolgreich zum Einsatz.

NFC (Near Field Communication) ist eine an den Standard der kontaktlosen Smartcards angelehnte Übertragungstechnologie, die RFID ähnlich, aber wesentlich leistungsstärker ist. Wie der Name bereits vermuten lässt, ist es nicht die Reichweite, die für die Leistungsstärke sorgt. Mit rund 10 cm Übertragungsdistanz wurde NFC bewusst für den Nah- bzw. Kontaktbereich entwickelt. Im Gegensatz zu RFID kommen hier zwei grundsätzlich gleichberechtigte Geräte zum Einsatz (ein Initiator und ein Target) wobei, und hieraus resultiert die Leistungsstärke, die Devices in beiden Betriebsmodi arbeiten können.
Daraus resultieren drei Anwendungsmodi. Entweder NFC-Geräte bauen eine bidirektionale Datenverbindung (peer-to-peer) auf oder ein NFC-Gerät wird verwendet, um einen externen Tag auszulesen bzw. zu beschreiben (Reader/Writer-Modus), oder NFC-Geräte können als Smartcard agieren (Card Emulation Modus). (vgl. Madlmayr/Scharinger 2009). Für den Tourismus ergeben sich dadurch zahlreiche neuartige Anwendungsfelder. So könnte in Zu-

5.7 M-Commerce und Zukunftsperspektiven

kunft das Mobiltelefon den Schlüssel für das Hotelzimmer oder Mietautos tragen, den man kurz nach Abschluss der Buchung mittels Kurzmitteilung direkt auf sein Handy geschickt bekommt. Bereits jetzt arbeiten Amadeus, Air France und der Flughafen Nizza testweise mit NFC, um das mobile Boarding zu erleichtern. Damit konkurrenziert man die sich derzeit zum mBoarding-Standard etablierenden 2D-Barcodes, wie sie beispielsweise Lufthansa bereits einsetzt. Auch die Deutsche Bahn testet derzeit eine NFC-Lösung namens Touch&Travel (vgl. Kap. 2.4). So soll künftig der öffentliche Personenverkehr noch einfacher und sicherer werden. Der Fahrgast meldet sich mit seinem Handy am Touch&Travel-Point zu Beginn der Fahrt an und am Fahrtziel wieder ab. Am Monatsende erhält er die entsprechende Sammelrechnung. Die Technologie ist in Europa noch nicht etabliert. Das NFC-Forum, hinter dem Unternehmen wie Sony, Nokia, Microsoft, zahlreiche Kreditkarteninstitute und Unternehmen aus dem Telekom-Bereich stehen, forciert jedoch dessen Verbreitung. Die Implementierung von NFC-Chips ist dabei hauptsächlich für Mobiltelefone vorgesehen, die es dann erlauben, das Telefon als kontaktlose Chipkarte bzw. als RFID-Lesegerät zu verwenden.

Abb. 5.7.3 NFC-Touchpoint und 2D Barcode
 Quellen: Bahn AG, Lufthansa AG

- **Bluetooth & Infrarot**

Der Vollständigkeit halber sollen noch die beiden Technologien Bluetooth und Infrarot vorgestellt werden, die jedoch aufgrund gewisser Nachteile keine besondere Relevanz im touristischen Kontext besitzen. Bluetooth ist zwar in nahezu jedem mobilen Endgerät standardmäßig integriert und erzielt Reichweiten von bis zu 100m, der zweiphasige Verbindungsaufbau sowie das aufwendige Akzeptieren der Verbindung durch den User mittels der Eingabe eines Codes erweisen sich in der Praxis jedoch für die meisten Anwendungen als ungeeignet. Infrarot stellt mit einer Datenübertragungsrate von bis zu 4Mbit/s eine schnelle Übertragungstechnologie dar. Der Einbau der Infrarottechnologie ist zwar sehr kostengünstig, als großer Nachteil gilt jedoch der benötigte direkte Sichtkontakt zwischen den kommunizierenden Objekten sowie die geringe Reichweite von maximal einem Meter.

5.7.3 M-Commerce

Die Definitionsversuche von M-Commerce sind zahlreich und die Interpretationen, was unter dem Begriff zu subsumieren sei, sind vielschichtig. Für diesen Beitrag wird eine einfache Definition verwendet, die Zobel (2001) wie folgt liefert: Unter dem Begriff M-Commerce sind „alle auf mobilen Geräten („Devices") ausgetauschten Dienstleistungen, Waren sowie Transaktionen" zu verstehen. Darunter fallen auch jene Transaktionen, die mobil initiiert, jedoch im Offline-Bereich zu Ende geführt werden. Es gibt somit zahlreiche verschiedene Formen und Aspekte des Mobile Business. Sie reichen von der reinen Unterstützung der synchronen bzw. asynchronen Kommunikation über die Nutzung des Internet als Informations- oder Vertriebsmedium bis hin zum umfassenden, die B2B und B2C Wertschöpfungsketten und -Prozesse einschließenden Mobile Business. Picot/Neuburger (2002) und Gora/Röttger-Gerigk (2001) verweisen auf eine Reihe von Merkmalen, die für erfolgreiche M-Commerce-Lösungen relevant sind:

Lokalisierung: Lokalisierungsinformationen werden ein Schlüssel für M-Commerce sein. Wenn diese Daten mit der personalisierten Informationsversorgung kombiniert werden, sind völlig neue Servicequalitäten möglich. Dies gilt sowohl für den B2C- als auch für den B2B-Bereich.

Personalisierung: Über die Schaffung eines personalisierten Angebots wird eine bessere Kommunikationsbasis, eine engere Kundenbeziehung und folglich eine erhöhte Akzeptanz geschaffen. Die Kunden können ein auf ihre individuellen Präferenzen zugeschnittenes Angebot wählen, während die Anbieter gezielter auf die Kundenbedürfnisse eingehen können.

Ortsunabhängigkeit: Die Tatsache, dass Nutzer orts- und zeitunabhängig Zugriff auf Informationen sowie die Möglichkeit zu Transaktionen haben, zählt zu den größten Vorteilen des M-Commerce.

Sicherheitsidentifizierbarkeit: Kurzfristig gehört Sicherheit zu den wichtigsten Faktoren, mittelfristig wird ein gewisser, gemeinsamer Standard selbstverständlich werden. Grundsätzlich ist die Sicherheit gegenüber dem herkömmlichen Internetzugang verbessert und die Endgeräte haben das Potenzial z. B. als elektronische Brieftasche zu dienen, da u.a. über die SIM-Karte eine eindeutige Identifikation des Nutzers möglich ist.

Convenience: Die mobilen Endgeräte sind im Vergleich zum PC erheblich günstiger und einfacher zu bedienen, was letztlich zu einer geringeren Nutzungs-Hemmschwelle für bestimmte Anwendungen beiträgt. Auch für das Problem der zu kleinen Bildschirme sowie der fehlenden Tastatur gibt es bereits zufriedenstellende Ansätze wie z. B. virtuelle Tastaturen oder Spracheingabe.

Kostengünstigkeit: Derzeit sinken sowohl die Kosten für die Endgeräte als auch die Verbindungsentgelte, und der Trend hin zu transparenten Flatratetarifen zeichnet sich klar ab. Der Preiskampf zwischen den Netzwerkbetreibern ist bereits in vollem Gange. Experten rechnen damit, dass der nächste Schritt die Aufhebung der Vertragsbindungen an Mobilfunkbetreiber sein wird. Bleibt gerade im touristischen Kontext noch die Kostenfalle der Roaminggebühren. Doch auch hier gibt es künftig eine Entschärfung zugunsten der Verbraucher, denn das Europäische Parlament hat bereits neue EU-Vorschriften für SMS- und Datenroamingdienste verabschiedet.

Mobile Technologien werden den Tourismus revolutionieren und bereits heute werden mobile Dienste in zahlreichen Sektoren der Tourismusindustrie genutzt. Wie bereits erwähnt, stellen insbesondere die Möglichkeiten zur Lokalisierung und Personalisierung eine Schlüsselfunktion für den Durchbruch mobiler Lösungen dar. In Zukunft werden die Anforderungen an eine pro aktive Gestaltung entsprechender Produkte gestellt werden sowie an eine reaktive Haltung gegenüber den Bedürfnissen des Reisenden in jeder seiner Urlaubsphasen. Ob während der Anreise oder vor Ort in der Destination, kaum jemand will auf den Komfort verzichten, immer und überall erreichbar zu sein und aktuelle, nach Möglichkeit ortsbezogenen Informationen zu beziehen. Dem Nutzer kommt es dabei nicht auf die Übertragungstechnologie an, sondern auf den Preis, die Komfortmerkmale und die Usability, also die intuitive Bedienbarkeit des Endgerätes sowie den schnellen und sicheren Informations- und Kommunikationszugang. Überzeugender und relevanter Content im richtigen Nutzungskontext gelten als wichtigstes Akzeptanzkriterium.

5.7.4 Mobile Dienste im Tourismus

Durch mobile Endgeräte werden Transaktionen zeit- und ortsunabhängig. Touristische Anwendungen wie Mobile Ticketing, das auch Reservierungen und Buchungen beinhaltet, sind attraktive Geschäftsmodelle. Nach Killermann und Vaseghi (2001) existieren im M-Commerce zwei komplementäre Geschäftsmodelle. Beim Communication Services Modell überwiegt die Kommunikation zwischen zwei oder mehreren Kunden. Der Dienstleister bietet in diesem Umfeld ein oder mehrere Kommunikationsmedien oder -kanäle. Typische Produkte in diesem Zusammenhang sind Telefonie, E-Mail, SMS oder MMS. Der Serviceprovider stellt die Verfügbarkeit des mobilen Kommunikationskanals sicher. Beim Content Services Modell überwiegt die Interaktion des Kunden mit den Inhalten des Anbieters. Typische Produkte dieses Geschäftsmodells aus Kundensicht sind Auskunfts- und Infodienste. Kunden können auf diese Inhalte über ihr Endgerät von beliebigen Standorten aus zugreifen. Im Folgenden werden ausgewählte Dienste vorgestellt, die für den Tourismus eine hohe Relevanz vorweisen können.

- **SMS & MMS**

Short Message Service (SMS) ist ein Telekommunikationsdienst zur Übertragung von Textnachrichten. Wenngleich wesentlich leistungsstärkere Technologien auf dem Markt verfügbar sind, führen die starken Nutzungsraten von SMS zahlreiche Unternehmen dazu, ihre Dienste nicht auf dem neuesten technologischen Stand zu entwickeln, sondern auf eine ältere, dafür bewährte Technologie zu setzen. So erhält der Gast beispielsweise SMS-Alerts, die ortsbezogene Informationen über News und Events, Schneeberichte oder Wettervorhersagen liefern, sofern er den Service zuvor im Web abonniert hat. Weiters können Tickets für Bus und Bahn, Kino, Konzerte und Museen über SMS bestellt werden. Mit der zunehmenden

Durchdringung von Smartphones, gekoppelt an Flatrate-Tarife zur mobilen Internetnutzung, werden diese Dienste jedoch in den nächsten Jahren obsolet werden.. Die Weiterentwicklung der SMS ist MMS (Multimedia Messaging Service) für Nachrichten multimedialen Inhalts. Sie dient vor allem dem Versand von Urlaubsfotos, die auf dem Handy gemacht wurden an Freunde und Bekannte. MMS können auch als Postkarte vom Provider ausgedruckt und versendet werden. Einige touristische Anbieter offerieren den Versand von Destinations- und Wetterbildern oder Angeboten/Eintrittskarten per SMS. Je mehr Smartphones aber ganz normale E-Mail Nachrichten aus dem Internet empfangen können, desto kleiner wird der komparative Nutzen des MMS-Dienstes.

- **LBS**

Neben dem mobilen Internetzugang und der Möglichkeit des Erwerbs von Produkten und Dienstleistungen (z. B. mTicketing) gelten insbesondere Location Based Services (LBS) als viel versprechende Dienste mit touristischem Näheverhältnis. Diese Spezialvariante des mBusiness bietet dem Nutzer ortsbezogene Informationen und Services, wobei die angebotene Information von der aktuellen geographischen Position des Endgerätes abhängig ist. Grundlage von Location Based Services (LBS) ist die Möglichkeit, den Anrufer anhand seines eingeschalteten Handys zu lokalisieren. Mittels mehrerer verschiedener Technologien wie der Nutzung von GPS, der Cellular Triangulation oder der Time of Arrival-Messung, kann der Reisende lokalisiert werden und ihm eine ortsbezogene Karte sowie die dafür entsprechenden Informationen übermittelt werden. Ein Nutzer hat dann die Möglichkeit, Informationen und Applikationen auf seinem mobilen Endgerät abzurufen, die auf seinen aktuellen Aufenthaltsort abgestimmt sind. Neben der individualisierten Lokalisierung kann auch ein kundenspezifisches Profil aufgebaut werden, das als Filtersystem agierend, ein Höchstmaß an personalisierter Information liefert. Dass LBSs eine wichtige Vorreiterrolle innerhalb der Entwicklung mobiler Dienste einnehmen werden, darüber sind sich Experten weitgehend einig. Zu den favorisierten Diensten gehören interaktive Stadtführer sowie Hinweise auf nahe gelegene Restaurants, Tankstellen und Geldautomaten.

Mit der Durchdringung einer neuen Generation von Smartphones, wie z. B. dem iPhone oder dem G1, wurden Applikationen entwickelt, die sich bereits hoher Beliebtheit erfreuen. So erzielte Qype Radar, die mobile Version des online Bewertungsportals www.qype.com, Platz sechs im deutschsprachigen Shop für iPhone-Anwendungen. Mittels GPS wird die aktuelle Position des Nutzers festgestellt und Empfehlungen zu Restaurants, Unterkünften und Freizeitaktivitäten etc. können mobil abgerufen werden. Des Weiteren ist es möglich, zu ausgewählten Objekten kundengenerierte Inhalte und Bewertungen sowie die Route dorthin zu berechnen und einzublenden. Auf diese Art werden touristische Web 2.0 Elemente mobil verfügbar gemacht. Eine ähnliche Lösung namens NRU (sprich near you) existiert auch von lastminute.com. Ein weiterer, äußerst innovativer location based Service, ist die für Google Android (Betriebsplattform des Google Handys) entwickelte augmented reality Applikation „Wikitude". Unter Augmented Reality versteht man die Verknüpfung des realen Raumes mit digitaler Information in Form von eingeblendeten Informationsebenen am Bildschirm. Das mobile Endgerät berechnet hier die Position von Objekten und blendet die in Wikipedia und Qype dazu verfügbaren Informationen an der entsprechenden Stelle ein.

Abb. 5.7.4 *Qype Radar und Wikitude*

Insbesondere Tourismusorganisationen werden sich künftig in Konkurrenz zu Content-Providern und -Aggregatoren wieder finden und vor der Herausforderung stehen, ihre Informationen zu restrukturieren und für mobile Geräte nutzbar zu machen. Es gilt darauf zu achten, dass die Informationsbereitstellung durch externe Anbieter mit der strategischen Ausrichtung der Destination in Einklang steht.

5.7.5 Die Zukunft des M-Commerce – Herausforderungen für den Tourismus

M-Commerce ist nicht als eine neue Version des e-Commerce, sondern als die logische evolutionäre Weiterentwicklung desgleichen zu verstehen. Bereits im eTourism sind branchenfremde Anbieter mit Ihrem IT-Know-How erfolgreich in den Tourismusmarkt eingedrungen. Auch im Mobile-Sektor wird dies der Fall sein, wenn technologieorientierte Unternehmen den Know-How-Vorsprung nutzen und sich im touristischen Umfeld positionieren. Insbesondere auf Destinations- und Intermediärsebene sind daher strategische Partnerschaften gefragt. Seitens der Tourismuswirtschaft setzt dies jedoch die Kompetenz voraus, Dienste und Applikation richtig bewerten zu können.

Sofern eine erste Einschätzung über eine mobile Lösung getroffen werden soll, können folgende Fragestellungen hilfreich bei der Bewertung sein.

- Bietet der Service einen konkreten Anwendernutzen und wird dieser eindeutig kommuniziert?
- Ist die Nutzung bzw. Handhabung des Services logisch und intuitiv?
- Wer bietet den Service an und wie/von wem werden ortsrelevante Informationen gepflegt und upgedated?
- Für welche räumliche Einheit ist der Service verfügbar?
- Entsprechen Übertragungstechnologie und Endgerät den situativen Anforderungen?

- Lässt sich der Service auf den entsprechenden mobilen Endgeräten optimal abbilden bzw. ist es auf unterschiedlichen Technologieplattformen lauffähig?
- Wird davon ausgegangen, dass der User ein entsprechendes Endgerät in seinem Besitz hat?
- Welches Geschäftsmodell verbirgt sich hinter dem Service und wie/wer verrechnet diesen?
- Existieren für den Dienst die entsprechenden Sprachvarianten um ihn auch ausländischen Gästen zugänglich machen zu können?

Das flächendeckende Angebot eines Services wird künftig eine entscheidende Rolle bei der Akzeptanz von M-Commerce darstellen. Die Informationssuche eines touristischen Angebots über ein mobiles Endgerät wird nur dann in einem entsprechenden Ausmaß stattfinden, wenn der User diese Möglichkeit als routinemäßige Handlung auffasst. Voraussetzung dafür ist einerseits die ständige Verfügbarkeit der Services sowie die einfache Bedienung der Endgeräte. Sofern gewisse Services nur für bestimme Destinationen angeboten werden und der User vor der Nutzung des Dienstes erst dessen Verfügbarkeit prüfen muss, ist eine mangelnde Marktdurchdringung vorherbestimmt. In Zukunft werden die Anforderungen an eine proaktive Gestaltung entsprechender Produkte sowie an eine reaktive Haltung gegenüber den Bedürfnissen des Reisenden in jeder seiner Urlaubsphasen gestellt werden. Wird der Konsument vor, während und nach seinem Aufenthalt individuell betreut, kann der Leistungsträger seinem Produkt einen Mehrwert verleihen und es gegenüber anderen Angeboten differenzieren.

Um eine weit reichende Durchdringung mobiler Endgeräte im Tourismus zu erwirken, gilt es eine Reihe von Hürden zu überwinden.

- Touristische Entscheidungsträger müssen ein grundlegendes Bewusstsein über den möglichen Einsatz mobiler Services im Tourismus erlangen und dabei in der Lage sein, den Beitrag zu bewerten, den diese Services für das jeweilige Business leisten können.
- Technische Standards stellen auch in Zukunft eine der zentralen Herausforderungen dar, um Netzeffekte zu schaffen und eine entsprechende Penetration zu ermöglichen. Diese Problemstellungen gilt es auf internationaler Ebene zu klären. Sie erfordern den Dialog zwischen Mobilfunkbetreibern, Serviceanbietern und Tourismusexperten.
- Die Aufbereitung und Verarbeitung ortssensitiver Informationen ist samt Georeferenzierung auf lokaler, regionaler und nationaler Ebene notwendig um location based Services zu entwickeln. Welche Geschäftsmodelle sich dafür am besten eigenen, wer als Content- bzw. Serviceprovider auftritt und welche Rolle dabei künftig Destinationen und Tourismusorganisationen einnehmen werden, sind nur einige der bislang weit gehend offenen Fragen.

Quellen und weiterführende Literatur:

Egger, R., Buhalis, D., eTourism Casestudies. Management and Marketing Issues, Elsevier Amsterdam u.a.O 2008

Egger, R., Pühl, T., unveröffentlichtes Arbeitspapier, Salzburg 2009

Goldhammer, K., Wiegand, A., Becker, D., Schmid, M., Goldmedia Mobile Life Report 2012. Mobile Life in the 21st century. Status quo and outlook, Bitkom, Frankfurt 2008

Haid, E., RFID im Tourismus. Grundlagen, Einsatzgebiete, Umsetzung, VDM Saarbrücken 2007

Killermann, U., Vaseghi, S., Wege zwischen Technologie und Wertschöpfung, in: Gora, W., Röttger-Gerigk, S., Handbuch Mobile-Commerce, Springer, Berlin 2001

Madlmayr, G., Scharinger, J., Neue Dimensionen von mobilen Tourismusanwendungen durch Near Field Communication Technologie, in: Egger, R., Jooss, M., mTourism. Mobile Dienste im Tourismus, Forthcoming

Picot, A., Neuburger R.,, Mobile Business – Erfolgsfaktoren und Voraussetzung, in: Gora, W., Röttger-Gerigk, S., Mobile Kommunikation: Wertschöpfung, Technologien, neue Dienste. Gabler, Wiesbaden 2002

Zobel, J., Mobile Business und M-Commerce. Die Märkte der Zukunft erobern, Hanser, München, Wien 2001

Personenverzeichnis

Prof. Dr. Ralph Berchtenbreiter lehrt eBusiness und CRM an der Fakultät für Tourismus der Hochschule München. Er studierte Betriebswirtschaftslehre an der Ludwig-Maximilians-Universität in München und war anschließend Consultant bei einer großen deutschen Unternehmensberatung. Promoviert wurde er am Lehrstuhl für ABWL und Wirtschaftsinformatik an der WFI der Katholischen Universität Eichstätt-Ingolstadt. Für seine Arbeiten im Bereich mobiler Technologien wurde ihm ein internationaler Preis verliehen, der ihn zu einer der größten deutschen eBusiness-Agenturen führte, bei der er Mitglied der Geschäftsleitung der Techniktochter mit touristischen Key-Accounts war. 2005 nahm er einen Ruf als Professor für eBusiness, CRM, Marketing und Marktforschung an die Duale Hochschule Baden-Württemberg Ravensburg an und erhielt dort den Lehrpreis 2008. Im Jahr 2009 folgte er dem Ruf an die Fakultät für Tourismus der Hochschule München. Neben Beratungstätigkeiten für Unternehmen ist er Lehrbeauftragter an der Dualen Hochschule Baden-Württemberg Ravensburg und der Katholischen Universität Eichstätt-Ingolstadt.

Jürgen Beuttler studierte Technik-Pädagogik an der Universität Stuttgart und Elektrotechnik an der Universität Siegen. Nach zweijährigem Referendariat war er in verschiedenen Fach-, Projekt- und Führungsaufgaben bei der SER Systeme AG, der Transport-, Informatik- und Logistik-Consulting GmbH und der Avinci GmbH tätig.
Zurzeit ist er Bereichsleiter Prozessunterstützung Produktion bei der DB Fernverkehr AG und verantwortlich für die ITK der Produktion im Personenverkehr. Daneben verantwortet Jürgen Beuttler die kaufmännische Produktionsplanung und das Risikomanagement im Vorstandsressort Produktion der DB Fernverkehr AG sowie die Verbesserungsprozesse und -programme der DB Fernverkehr AG.

Prof. Dr. Roland Conrady ist seit 2002 Professor am Fachbereich Touristik/Verkehrswesen der Fachhochschule Worms. Daneben verantwortet er als Wissenschaftlicher Leiter den ITB Berlin Kongress und ist als Unternehmensberater, Unternehmer und Aufsichtsrat aktiv. Er publiziert Lehrbücher zu Luftverkehr, Tourismus und E-Business. Vor seiner Zeit an der FH Worms war er an der FH Heilbronn für Luftverkehr und E-Business verantwortlich.
Prof. Dr. Conrady hat langjährige Berufserfahrungen in verschiedenen Managementpositionen bei der Deutschen Lufthansa AG gesammelt, bevor er zum Professor berufen wurde. Roland Conrady wurde an der Universität zu Köln zum Dr. rer. pol. promoviert.

Prof. Dr. Roman Egger ist an der Fachhochschule Salzburg tätig und Leiter der dort ansässigen Abteilung für Tourismusforschung. Sein Forschungsschwerpunkt liegt im Bereich der Informations- und Kommunikationstechnologien im Tourismus. Er hat eine Reihe touristischer Fachbücher veröffentlicht und ist Mit-Herausgeber der „Zeitschrift für Tourismuswissenschaft".
Er ist Mitglied der DGT, IFITT, ÖGAF, DGOF und Vorstand der eTourism Foundation.

Prof. Dr. Robert Goecke lehrt Wirtschaftsinformatik mit dem Schwerpunkt Dienstleistungsmanagement an der Fakultät für Tourismus der Hochschule München. Nach dem Studium der Informatik Promotion zum Doktor der Wirtschaftswissenschaften an der TU München. 1996 ausgezeichnet mit dem Dissertationspreis der Alcatel-SEL-Stiftung für Kommunikationsforschung. 1995-1998 Vorstand von JUST – Joint Users of Siemens Telecommunications. 1999 Mitgründer, Vorstand und Aufsichtsrat der segm@ – Service Engineering & Management AG. Über 15 Jahre Erfahrung als Programmierer, Berater, Projektleiter und Forschungskoordinator in zahlreichen Organisations-, IT- und Internet-Projekten verschiedener Dienstleistungsbranchen.
Robert Goecke ist Mitglied und Reviewer der IFITT International Federation for IT and Travel & Tourism.

Tanja Holtmeier ist seit 2008 Online-Marketingmanagerin bei der Thomas Cook AG im Bereich eCommerce und ist verantwortlich für den Auf- und Ausbau von Kundenbindungsprogrammen für Online-Reisekunden sowie die Planung und Steuerung von CRM-Maßnahmen.

Frau Holtmeier ist ausgebildete Reiseverkehrskauffrau und hat anschließend an der Fachhochschule in Wilhelmshaven Tourismuswirtschaft studiert.

Dr. Axel Jockwer hat nach dem Studium (Geschichte, Politik, Medienwissenschaft) an der Universität Konstanz (Mediengeschichte, neue Medien, Online-Learning) promoviert. Seit 2005 bei HolidayCheck (Bottighofen, Schweiz) als Leiter Marketing und Kommunikation.

Diverse Veröffentlichungen, Lehrveranstaltungen und Vorträge zum Thema Travel 2.0, E-Tourism und Online-Marketing sowie Lehrbeauftragter an der BA Ravensburg (Tourismusbetriebswirtschaft).

Prof. Dr. Torsten Kirstges studierte BWL an der Universität Mannheim; 1984 - 2001 Gründung, Aufbau und Leitung eines mittelständischen Tourismusunternehmens; Promotion am Institut für Marketing bei Prof. Dr. Hans Raffée und Prof. Dr. Erwin Dichtl; diverse Lehraufträge an Berufsakademien und Fachhochschulen.

Seit 1992 Professor für Tourismuswirtschaft, speziell für das Management der Reiseveranstalter und Reisemittler; diverse Forschungsprojekte und Publikationen zum Themenbereich „Tourismus und Marketing" sowie „Sanfter Tourismus"; Direktor des Instituts für innovative Tourismus- und Freizeitwirtschaft (ITF) sowie diverse Beratertätigkeiten.

Annette Kreczy studierte in München BWL/Tourismus. Nach dem Studium begann sie 1988 ihre berufliche Laufbahn bei Amadeus in Frankreich und arbeitete dort im Produktmanagement für PC-basierte Reisebürolösungen. Von 1994 bis 1997 war sie Bereichsleiterin EDV bei der Lufthansa City Center Reisebüropartner GmbH in Frankfurt/Main. Von 1997 bis 2001 arbeitete sie bei Lufthansa Systems in Frankfurt/Main als Ma-Reservierungen getätigt wurden. Der Direktvertrieb einer Fluggesellschaft greift dabei unmittelbar auf das eigene Reservierungssystem zu. Zum einen ist dies das Personalrline-Kunden verantwortlich.
Seit Mitte 2009 ist sie bei Kuoni Schweiz für Vertriebsprojekte zuständig.

Wilfried Kropp, Diplom-Volkswirt, Studium der Volkswirtschaftslehre an der Universität Frankfurt/Main. Zwischen 1975 und 1990 bei der START Datentechnik für Reise und Touristik GmbH, verantwortlich für Marketing, Sales und Betriebsberatungen.
Seit 1990 Geschäftsführer der Amadeus Austria Marketing GmbH in Salzburg/Wien. Zahlreiche Veröffentlichungen zu den Themen Technologie und Reisemarkt.

Prof. Dr. Stephan Kull hat seit 2002 eine Professur für Allgemeine Betriebswirtschaftslehre mit den Schwerpunkten Marketing und Handel an der Jade Hochschule in Wilhelmshaven inne. Zudem lehrt er seit 2005 als Gastprofessor am Shanghai Institut of Foreign Trade in China.
Im Anschluss an sein Studium der Wirtschaftswissenschaften an der Universität Hannover war er zunächst am dortigen Lehrstuhl Markt und Konsum bei Frau Prof. Dr. Dr. hc. Ursula Hansen als Assistent sowie nebenher als Unternehmensberater tätig.
Nach seiner Promotion zum Handelmarketing begann er seine Praxislaufbahn in der Tengelmann-Gruppe und sammelte dann als Strategie- und Organisationsberater bei Deloitte auch internationale Erfahrungen.
Aus einer Position im Konzernmarketing der TUI-AG heraus nahm er nach sechsjähriger Praxiserfahrung den Ruf an die Hochschule in Wilhelmshaven an, wo er bis heute zu den Schwerpunkten Marketing, Handelsmanagement und E-Business lehrt und forscht.

Dr. Eberhard Kurz studierte Maschinenwesen an den Universitäten Stuttgart und Tucson, USA. Nach mehreren Jahren Projekt- und Führungstätigkeiten bei der Fraunhofer-Gesellschaft und nach seiner Promotion war er in der IT-Strategie-Beratung für die Reise-, Transport- und Logistikindustrie bei Arthur D. Little International, Inc. und McKinsey&Company, Inc. tätig.
Zurzeit ist er Leiter Informationsmanagement/CIO im Vorstandsressort Personenverkehr der DB Mobility Logistics AG und verantwortlich für die ITK im Stadt-, Nah- und Fernverkehr sowie im Vertrieb des Personenverkehrs.

Saskia Kwoka, Ausbildung zur Reiseverkehrskauffrau und mehrjährige Tätigkeit in einem Geschäftsreisebüro. Anschließend Tourismus-Management Studium bei Prof. Dr. Schulz. 2009 hat sie ihr Studium mit dem Diplom abgeschlossen. Forschungsgebiete sind Geschäftreisemanagement und IT-Einsatz im Tourismus.
Aktuell arbeitet sie bei einem mittelständischen Reiseveranstalter in der Schweiz.

Marc Lindike ist seit 2001 bei der Flughafen München GmbH beschäftigt, bis 2007 als Vice President Operations and Services (Service Division Information Technology), seitdem als Vice President IT Consulting. Seit 1984 „professionell" mit Computern in Berührung, arbeitete er als Softwareentwickler, Administrator (1991) und Technischer Manager (1998) für die GfK (Gesellschaft für Konsumforschung in Nürnberg), später dann auch als Senior Consultant (1998) in der debis Systemhaus ISM GmbH.

Barbara Lubos hat bei Prof. Schulz Tourismusmanagement studiert. 2008 schloss sie ihr Studium mit dem Diplom ab. Ihr Forschungsgebiet waren Anwendungsmöglichkeiten von Geoinformationstechnologien im Tourismus. Aktuell arbeitet sie im Vertrieb eines international tätigen mittelständischen Unternehmens im Bereich Medizintechnik.

Dr. Dominik Rossmann studierte BWL an der Universität München und promovierte an der Katholischen Universität Eichstätt. Seit 1996 ist er unter anderem als Dozent an der Katholischen Universität in Eichstätt-Ingolstadt sowie im Fachbereich Tourismus an der Hochschule München tätig.
Dominik Rossmann ist seit 1992 Geschäftsführer von Ulysses. Das Unternehmen ist spezialisiert auf die strategische Analyse und Beratung, die Personalentwicklung sowie IT-Technologien. Seit 1997 gewann die Tourismusbranche in allen drei Kernbereichen zunehmend an Bedeutung, was 1998 zur Gründung von Web-Tourismus führte, eine 100%igen Tochter von Ulysses. Web-Tourismus positioniert sich als Tourismus-Forschungs- und Beratungsunternehmen. Schwerpunkte sind die touristisch ausgerichtete Marktforschung, Qualitäts-, Struktur- und Prozessanalysen sowie die damit verbundene Beratung.

Prof. Dr. Axel Schulz lehrt Tourismusmanagement an der Hochschule Kempten. Nach dem Studium der Betriebswirtschaftslehre anschließende Promotion zum Thema globale Distributionssysteme (GDS) und elektronische Märkte.
Gleichzeitige Tätigkeit bei der Deutschen Lufthansa AG im Marketingbereich, Projektleiter für Neue Medien.
Heute sind seine Forschungsschwerpunkte Management von Verkehrsträgern & Informationsmanagement im Tourismus. Weitere Informationen unter www.tourismus-schulz.de

Prof. Dr. Uwe Weithöner, Studium der Wirtschaftswissenschaften an den Universitäten Bielefeld und Hannover, Diplom-Ökonom. Wissenschaftlicher Mitarbeiter am Institut für Unternehmensplanung der Universität Hannover, Promotion.
Dozent und Abteilungsleiter bei einem privaten Bildungsträger, Fachgebiet Wirtschaftsinformatik. Projektleiter bei der TUI Software GmbH - System- und Software-Entwicklung für Reisemittler und Reiseveranstalter.
Seit Wintersemester 1993/94 Professor für Wirtschaftsinformatik und Informationsmanagement mit dem Schwerpunkt Tourismuswirtschaft an der Fachhochschule in Wilhelmshaven.
Nebenamtlich: Berater für tourismuswirtschaftliche Informationssysteme.

Ulrike Wilms studierte Tourismusmanagement bei Prof. Schulz (Abschluss Dipl. Betriebswirt). Ihre Forschungsgebiete sind die Anwendung von E-Learning innerhalb von touristischen Unternehmen und die Erstellung von E-Learning Konzepten für die Lern-Management Plattform Moodle.

Stichwortverzeichnis

(N)ONLINER-Atlas 387
2-D/3-D-Modelle 54
2D-Barcodes 476
Abacus 276, 283
Abbruchquote 383
ABC Holiday Plus 236
Abfertigungspositionen (Ramp) 50
Abfertigungsstatus 64
Abkommen 316
Abrechnung 312, 317
Absolut Backoffice (Bosys, Trasy) 254
Accor Hospitality E-Learning 238, 239
Administrationsaufwendungen 312
administrativen Anwendungen 66
Adobe 391
Adobe Flex 392
ADS 175
ADS/IDS 5, 89
ADS/IDS (Hotel) 402
AdSense 409
AdWords 407, 409
Airticket 254
Affiliate 409, 438
Affiliate-Programme 174
Affiliate-Systeme 438
Aggregatoren 91
Aggregierende computergestützte
 Distributionssysteme 70, 87
AIMS 66
Airline Catering 74, 76
Airline Reservierungssystem 267
Airline Surcharge 286
airlinetest.de 434
Airport-CAFM 55
AJAX - Asynchronous JavaScript
 and XML 396, 413

Akquirer 185
Akzeptanzstelle 185
Alarmanlagen 59
Alternative Distributionssysteme (ADS) 89
Alternative Intermediäre (ADS) 134
Amadeus 72, 174, 276, 277, 290-309
Amadeus Altéa 155, 303
Amadeus eLearning 240
Amadeus Germany 278
Amadeus Hotel Platform 94
Amadeus IT Group SA 358
Amadeus Multichannel Distribution 88
Amadeus PMS 77, 81
Amadeus RMS 160
Amadeus Selling Platform 240, 295, 359
Amadeus-Tour-Market 130
Amazon 409, 434
American Express 183
Analysen 312
Anbindungsmöglichkeiten 319
Andocksystem 64, 66
Android 479
Angebots- und Preisvergleichssysteme 133
Angebotsmanagement 203
Angebotsplanung 109, 110
Anite @comRes 140
Anwendungsfälle 20
Anwendungssoftware 10
Anzeige- und Passagierleit-Systeme 60
Anzeigesysteme 60
API (Application Programming Interface) .459
APOLLO 267
APM (Airport Process Management Suite) ..57
Applets 17
Application Service 85, 160
Application Service Provider 87

Application Service Provider (ASP) .. 140, 424
Application Service Providing 21
Application-Server 390
Applikation 10
Applikationslandschaft 12
Apps 70
ARINC (Aeronautical Radio Inc.) 51
Ariport Collaborative Decision Making
    (A-CDM) 66
Arrangements 86
ARS 267
ASCII 389
ASP 390
ASP(X) - Active Server Pages 396
ATIS (Automatic Terminal Information
    Service) 53
ATPCO (Air Tariff Publishing Company). 151
Auftragsnummern 317
Augmented Reality 479
Auktionsplattform 90
Auswertung 315
Authentifizierungs-Dienst 59
Automaten 83
automatisierter Preisvergleich 320
Automatisierung 79, 86
Autorensysteme 231
Avis Training Academy 237
B2B 399
B2C 383, 399
Backbone 387
Baggage Reconciliation 61
bahn.de 425
Bankett 78
Banner 408
Barausgaben 315
Barcode 60, 190
Barcode-Scanner 76
Barrierefreiheit 390
Basisinfrastrukturdienste 51
Bausteinreise(n) 122, 164
Bearbeitungsgebühr 284
Bed Banks 91
Befeuerung der Landebahnen 56
Beherbergungsunternehmen 373, 374, 377,
    378, 379, 380, 381

Benchmarking 157
Benutzeroberflächen 276
Berechtigungsmanagement-System 82
Bereitstellung 114
Berichtauswertungen 312
Berichtswesen 317
Berylla Touristico 240, 242
Beschaffung 317
Beschwerdemanagement 204
Bestandsdaten 10
Best-Buy Prüfung 322
Besuchsaufkommen 374
Betriebssystem 10
Betriebsvergleich 157
bettenjagd.de 70
Bewegungsdaten 10
Bewertungsportale 434
Bewotec JackPlus 133, 254
Bewotec DaVinci 140
Beziehungsmanagement 404
Biased Display 268
Bid-Pricing 158, 161
Billing-System 195
Bing 406
biometrische Daten 59
Bird's Eyes View 461
BITKOM 387
Blended Learning 232
Blog 432
Blogosphäre 432
Blogrolls 432
Bluetooth 456, 476
Bluetooth-Ortung 456
Boarding 50
Bodenabfertigungsprozess 64
Bodendienste (Ground Handling) 51
bodensee-tourismus.de 463
Bon-Organisation 73
Bonus-Programm (Kreditkarten) 186
Booking 449
booking fee 285
Booking.com 444
Booking.de 89
Bookmarking 433
Bordkarte 60

Börsenverrechnungskonten 189
BOS Funk für Behörden und Organisationen
    mit Sicherheitsaufgaben 53
Browser 392
Bruttopreise 87
BSM (Baggage Source Message) 61
Bucheraufkommen 374
Buchung
    Online- 373, 374, 383, 384
Buchungsgebühr 285
Buchungskorridor 152
Buchungskurve 149
Buchungsprozess 314
Buchungsquote 374
Buchungssteuerung 152
Buchungsverfahren 312
Buchungsvolumen 316
Budgetierung 161
Bündelfunksysteme 54
Business Intelligence 67
Business Travel Management
    (Kreditkarten) 185
Business Travel Management Systeme
    (BTM-Systeme) 312
Business Travel Management-System
    IBE 403
Business Travel-Management 386, 400
Business-to-Business-Prozess (B2B) 399
Business-to-Consumer-Prozess (B2C) 399
Busunternehmen 120
Caesar-Data 93
CAFM 66
CAFM-System 67
Call and Pay flexible 191
Call Center 88, 192
Callcenter 173
CASH 184
Casio 72
C-Commerce 171, 173
Cellular Triangulation 479
CEN/ISSS eTour 94
Central Reservation System 155, 159
Central Reservation System (CRS) 130
Certification Authority 393
CETS 131

CETS
    (Central European Touristic Solutions) . 358
Channel Management Dienste 92
Channel-Management 94
Channel-Management-Systeme 93
Channelmanager (Web-Media) 93
ChannelPro 93
ChannelRush 93
Charterverträge 120
Check-In 50, 79, 82
Check-In-Automaten 59, 60
Check-Out 79
Chipkarte 421
Ciao 175
Ciao.com 442
Ciao.de 434
CISCO Systems 243
Citadel Desk 77
Click2Pay 194
ClickandBuy 194
Client/Server-Applikationen 14
Clipfish 435
Cloud-Computing 18
Cluetrain-Manifest 442
CMS 85
Code of Conduct 268
CoHost Konzept 268
Communities 409
Community 431, 434
Compliance Rate 325
Computer Aided Facility Management
    (CAFM) 54
Computer Based Trainings (CBT) 229
Computer Reservierungssysteme 268
Computer-Reservierungssystem (CRS) 130
Consolidator 3, 120, 151, 162
Content Aggregatoren 480
Content Management System (CMS) 119, 126,
    128, 130, 225
Content Syndication 17, 399, 438, 445
Content-Integration 409
Content-Management-System(e) 16, 85, 212
Content-Management-System (CMS) 397
Content-Provider 480
Content-Syndication 410

Controlling 67, 311
Convenience 477
Conversion-Rate 22, 374, 375, 383
Cookie 413
cooleferien.com 444
CORDA 273
Corporate Rates 90, 159
Cost per Click 407
Cost per View 408
Counterkönige 240, 241
Crawler 406
CRM 156, 197
CRM-Prozess 202
Cross-Selling 221
CRS 5, 382
CRS - Central Reservation System 88, 199
Cruso 468
CSS - Cascaded Style Sheets 392
CultBooking (Cultuzz) 94
CultChannel (Cultuzz) 94
CultSwitch (Cultuzz) 93
CUSS (Common Use Self Service Kiosks) . 59
Customer Buying Cycle 225
Customer Relationship Management (CRM)
 .... 119, 139
Customer Relationship Management (eCRM)
 .... 403, 410
CUTE (Common Use Terminal Equipment) 59
Data Mining 67, 157, 214
Data Warehouse .. 119, 120, 139, 149, 212, 411
Datamining 411
DATAS II 268
Datenbanksystem 10
Datenquellen 317
Datenschutz 60
Datenschutzgesetze 81
Datenverfälschung 317
DB Rent 465
DCS CAESAR 140
Debitkartensystem 186
Deboarding 60
Decision Support System 147
Delcredere 185
Departure Control System 58

DEPCOS (Abflugkontrollsystem der
 Flugsicherung) 66
Deposit-Zahlung 80
Deregulierung 268
Destination 237, 463
Destination Card System 421
Destinationsmanagement-System 403
destinationsorientierte Webportale 90
Destinationsportale 6, 91, 421
Diesselhorst 72
Digitale Karten 456
digitale Reiseassistenten 468
Digitalkamera 463
Dillon 279
Diners Club 184
Directory 59
Direktbuchung 317
direkte Kosten 312
Direktinkasso 138
Direktvertrieb 374, 376, 378, 381
DIRS21 .... 88, 93, 424
DIRS21 ChannelSwitch 94
Disagio 185
Dis-Intermediation 6
Dispositionssysteme 62, 63
Distributionsnetzwerke
 touristische 5
Distributionssystem 84, 91
DMS 90, 419
DNS 390
Domain 391
Domizil-Kanal 170
Dooyoo 175
Doubleclick 409
Drehkreuz (Hub) 49
DSwitch 93
DTI - Deutsches Touristik-Institut e.V. 236
Durchlaufzeiten 323
Dynamic Bundling 90, 123, 403
Dynamic Packaging 89, 90, 92, 123, 126,
 132, 137, 164, 371, 379, 383, 402, 411, 424
Dynamic Pre-Packaging 122, 133
Dynamic Pricing 127, 160
Dynamik 311
dynamische Web-Seiten 394

DynaRes!	140
EAN-Code	76
easy2Res	77
easyPax easy Buchungsmaske	134
easyPax easy IBE	135
easyPax easyCounter	133
EasyRMS ezRMS	160
EBay	90, 434, 442
Ebookers.de	89
E-Business	386
EC-Electronic Cash	186
E-Commerce	171, 173, 191, 371, 373, 374, 375, 379, 383, 384, 386
E-Commerce-Zahlungen	193
eCRM	404
EDGE	473
e-domizil	250
e-hoi	250
Eigenvertrieb	374
Einhaltung	316
Einkauf	317
Einkaufs- und Warenwirtschaftssysteme	67
Einkaufsoptimierung	311
Einkaufssystemen	120
Einzugsermächtigung	194
E-Learning	228
E-Learning Spanien	238
Elektronic Ticketing	60
elektronische Geldbörse	187
elektronische Schließanlagen	59
Elektronischer Handel	192
ELVIA Reiseversicherung	240, 241
E-Mail	85
E-Marketing	386
EMSR (Expected Marginal Seat Revenue)	150
Enterprise Resource Planning (ERP)	66
Epson	72
Erfolgsfaktoren	382
Ergebnisphase	170
Erstellungsphase	169
Ertragsoptimierung	148
Etacs (Aurora)	254
E-Ticketing	191
E-Tourism	386
E-Tourismus	371
e-Travel Management	326
EucaSoft	72
EXIF (Exchangeable Image File Format)	464
Expedia.de	89, 437
Extranet	15
Extravis.pro (Holiday Land)	250
Facebook	175, 432, 472
Fährgesellschaften	120
Fahrplan	110
Fahrscheinverkauf	98
Fahrzeug	
Disposition	101, 111
Einsatzplanung	101, 111, 115
Instandhaltung	99, 101, 110, 111, 114
Umlauf	99, 110, 111, 112, 114
Fahrzeuglokalisierung	465
Fahrzeugmanagement-System	64
Familienlebenszyklus	205
Feeds	227
Fehlmengenkosten	148
Feratel Deskline/Eurosoft	424
Fernabsatz	192
File Sharing	431
File Sharing Communities	435
File-Key	275
Finanzbuchhaltung	67
Firewall	16, 388
Firmenkreditkarte	312
Firmenreisestellen	89
Fiskalkassen	74
Fit for Cruises	234
Flash Animation	392
flickr	409, 435
Flight-Booking Engines	402
Flugabfertigungsprozess	64
Flugausgaben	316
Flugdatenbank	56, 63
Flugdatenverwaltung (Airport Operational Database)	51, 66
Flughafen	49
Flughafen-Vorfeldes (Apron)	50
Flug-IBE	401
Fluglotsen	56
Flugplankoordinator	61
Flugplan-Verwaltung	61

Flugsicherung	50, 64
Flugsteig (Gate)	50
Flugtickets	383
Flugzeugabfertigung	61
Folksonomy	433
Förder- und Sortieranlagen	61
Forecast	149, 157
Foren	433
Forrester	445, 446
Fotoportale	435
Frageblock	
Basis-	373
Exklusiv-	373
Präsenz-	373
Fragebogen	373, 374, 375
Fremdvertrieb	374
Frontoffice Systeme	79
FTP	389
Fulfillment	119, 137
Fulfillment Service (Zahlungssysteme)	185
Full-Content	285
Funktionsbezogener Multi-Kanal-Vertrieb	177
Fußgängernavigation	469
FVW international	234
FVW Mediengruppe	238
fvw-Kongress	140
Galileo	276, 282, 358
Navigationssystem	469
Galileo Satellitennavigationssystem	455
Galileo-CETS	130
GAMS Airline Management Simulation	236
Gantt-Charts	63
Gästekartei	78
Gästesegmentierung	159
Gastkonto	79
Gastro(nomie)kasse	71
Gastronomiekassen	74
Gate-Management-System	64
GDS	88, 131, 151, 175, 264, 382, 401
als Hotel-Distributionskanal	89
GDS-Bypass	288
Gebäudevernetzung	82
Gelbe Karten	457
Geldkarte	187
Geldkarten-Modul	188
Geldkarten-Terminal	188
Genehmigungsverfahren	312
Genehmigungsworkflow	321
Geo-Caching	467
geocaching.com	467
Geoinformationen	133, 453
Geokodierung	463
Georeferenzierung	422, 435, 481
Geo-Reisecommunity	434
Geotagging	435, 463
Gepäckaufgabestationen	60
Gepäckdispositions-Systeme	64
Gepäckidentifizierung (Baggage Reconciliation)	66
Gepäcksysteme	60
Gesamtprozess Geschäftsreise	312
Geschäftsmodell	87
Geschäftsprozesse	9
Geschäftsreise	315
Geschäftsreise Management	310
Geschäftsreiseprozesse	312
GetThere	326
GfK	387
GFK-Travelscope	179
GIATA	133, 436
girocard	186
GIS (Geoinformationssystem)	54
Global Distribution Network (GDN)	174
Global Distribution System	292, 323, 358, 400
Global New Entrants	287
Global Positioning System	454
Global Reservation Systems (GRS)	174
Global Zoo	434
Globalisierung	376
Glonass	455
Google	85, 179, 406, 407, 445
Google AdWords	85
Google Earth	436, 458
Google Maps	85, 409, 435, 458, 459
Google-Analytics	85
GPRS	473
GPS	410, 422, 436, 438, 474, 479
GPS Global Positioning System	454
GPS-Logger	464
GPS-Navigation	54

Stichwortverzeichnis

GPS-Tracks 474
GPX 466
Grenzertrag 150
GSM 473
GSM Global System for Mobile
   Communications 455
GSM-Mobiltelefone 54
GUI - Graphic User Interface 14
Gütesiegel 374, 384
Guthabenkarte 84, 190
Gyroskope 55
Haefele 82
Händler-Chipkarte 188
Händler-Evidenzzentrale 188
Handling Agent 49
Handy-Bezahlfunktionen 191
Handy-Bezahlsystem 191
Handyortung 455
Handy-Portal 195
Haus- und Gebäudetechnik 51
Haustechnik 79
HEDNA (Hotel Electronic Distribution
   Network Association) 94
Heywow 456
Hilstar 88
Hitchhiker 254
Hochgeschwindigkeitsnetz 276
Hochschule München 135
HolidayCheck 434, 443, 449
Holidex Plus 88
HOPE 77
Hosting 21, 85
Hotel 2.0 77
Hotel.de 89
Hotel/PMS-Switch 93
Hotelausgaben 316
Hotel-Bewertungsportale 90
Hotelbewertungssysteme 128, 133
Hotel-Consolidator 87, 91
Hoteldatenbanken 91
Hotel-Distributionssysteme 86
Hotelgutscheine 90
Hotelkette 87
Hotelkooperation 87
hotelkritiken.de 444

Hotelmanagement-System 77, 155
Hotelmarkt 316
Hotelprogrammen 316
HotelSpider 93
Hotel-Switch 89, 90, 93
Hotel-Telefonanlagen 81
Hotel-TV-Systeme 82
Hotel-Vertriebssystem 402
Hotel-Webportale 89
Hotel-Yield-Management-Systeme 156
Hotline Frontoffie 77
HOTREC 449
HRG 328
HRS 89, 175, 444, 449
HS/3 77
HSDPA 473
HSUPA 473
HTML 16, 85, 231, 391, 459
HTNG (Hotel Next Generation) 94
HTNG-XML (Hotel Next Generation) 93
HTTP 387
HTTPS 192, 393
Hub-/Terminal-Planungssystem 62
Hub-/Umsteigemanagement-System 65
Hurdle Rate 159
HWS CMM 93
Hybridkarten-Terminal 188
Hypertext 15
IATA 154, 247
IBE 322
Iberostar E-Learning 239
IBM 72
IDeaS V5i 160
Identity- und Access-Management-System .. 59
IEEE 802.3 Standards 52
IFF (Institut für Freizeitanalysen) 133
i:FAO (Cytric) 326
igougo.com 444
iGuide 468
IHA Deutscher Hotelverband 449
iHotelier 88
IKT 4
IMAP 389
Immobilienverwaltung 67
Implementierung 319

Incoming Agenturen	120
Incoming Tourismus	416, 417
indirekte Kosten	312
Individualsoftware	20
inducement fee	284
Informationsbeschaffung	314
Informationsmanagement	4
Informationssystem	13
Informationsterminals	421
Infrarot	476
Inkassodienste	196
Inkasso-System	195
Inkasso-Vertrag (Debitkarten)	186
Innovationen	373, 374
Instrumentenflugregeln (IFR)	53
intelligente Gebäudetechnik	52
Interactive CMS	133
Interes Mercado	127, 254
Interlining	153
Intermediär	480
Intermediäre	6, 92, 129, 130, 134
Internet	387
INTERNET	15
Internet Booking Engine	265, 359
Internet Booking Engine (IBE)	120, 129, 135, 400, 421
Internet Service Provider	85, 86
Internet-Bezahlfunktion	86
Internet-Bezahlsysteme	191
Internet-Distributionssysteme (IDS)	89
Internet-Hotel-Reservierungsdienste	89
Internet-Protokollfamilie	15
Internetradio	389
Internet-Shop	86
Interview	372, 375
Intobis Incoming Soft	424
Intranet-	15
Inventory	120, 124, 146
Inventory-System	121
IP - Internet Protokoll	53
IP-Adresse	388
iPhone (Apple)	473, 479
IP-Nummer	388, 410, 411
iPod	436
IPTV	389
ISDN	53
ISO GmbH Monaco	77
ISO Ocean/Pacific	140
IT	4
IT-Applikations- oder Anwendungslandschaft	12
ITB	140
IT-SCORE	140
IT-System(e)	4, 9
IVW	413
JackPlus CRS	134
JavaScript	391
JDA Airline Revenue Optimizer	155
JDA Hospitality Revenue Optimizer	160
JDA Tour Revenue Optimizer	164
jpg	392
JSP - Java Server Pages	396
Kaba	82
Kabinenklassen	148
Kalkulation	76
Kampagnenmanagement	203
Kantinenbetrieben	74
Kapazitätssteuerung	147
Kartenevidenzzentrale	189
Kassenbuch bzw. -journal	73
Kassensysteme	71
Kassenverbund	74
Katalog-Kanal	170
Katalogreise	122
Kategorienspiegel	77
Kaufentscheidungsprozess	436, 447
Kayak	445
KDS	327
Kellnerschlösser	73
Kenngrößen	317
Kennziffern	317
Ketten-/Kooperatons-Portal	88
Keyword	406, 408
Keyword Advertising	407
Kick-Back Fees	5
Kinkaa	445
Kiosksysteme	421
Klasse-3 Chipkarten-Leser	194
Klick-Pfad	412
Klimaanlage	84

KML (Keyhole Markup Language) 459
KML-Dateien 459
Kommissionsmanagement-Systeme 89
Konditionen 146
Konsolidatoren 286
Konsolidierung 316
Konsumverhalten 376
Kontakt-Prinzipien 170
Kontaktpunkte 172
Kontingente 77, 86
Kontingentverwaltung 121
Kontogebundene Geldkarten 187
Kontoungebundene Geldkarten 187
Kosten für Informationsbeschaffung 312
Kostenkontrolle 315
Kostensenkungspotentiale 315
Kostenstellen 317
Kostentreiber 315
Kreditkarten 312
Kreditkarten auf Guthaben-Basis 190
Kreditkartengesellschaft 185
Kreditkartensysteme 184
Kreditkartenterminal 185
Kreuzfahrt-Anbieter 120
Kreuzfahrtschiffe 160
Kryptografie 393
Kundenbewertungen 451
Kundenbeziehungslebenszyklus 205
Kundenbindung 374
Kundendaten 210
Kundendatenbank 209
Kundenevidenzzentrale 188
Kundenprozess 201
Kundensegmentierung 146, 215
KURS'90 98
LAN (Local Area Networks) 52
Landung 64
Lärmschutz 64
Lastenheft 19
Last-Minute Angebote 163
lastminute.com/.de 135, 479
Last-Minute-Angebote 91
Last-Minute-Reise 383
LBS - Location Based Service 473, 479
Leadmanagement 203

Lebenszyklus einer Applikation 22
Legacy-Systeme 17
Leistungsanbieter 3, 173, 264
Leistungsbezogener Multi-Kanal-Vertrieb. 177
Leistungsbündel 168
Leistungsträger 3, 312, 374, 377, 378, 384
Lern-Management Systeme (LMS) 231
LH-Agent 250
Lidl 175
Linkpopularität 407
Local Based Services 445
Location Based Services 422, 454, 457, 469
Location Based Services (LBS) 479
Logfile-Analyse 411
Logistikfunktionen 76
Lohn- und Gehaltsabrechnung 66
Lokalisierung 477
Lokalisten 432
Long Tail 431
Long-Tail-Phänomen 450
Look-to-Book-Quote 374, 375, 383
Look-to-Book-Ratio 22
Lösungen 319
Lufthansa LearnWay 236
Lufthansa School of Business 236
Lufthansa Systems MultiHost 155
Lufthansa Systems ProfitLine 155
Maestro 184
Mainframe-Applikationen 13
Management Information System 317
Mandatory Participation 269
Mapplets 460
Marketing Automation 208
Marketing-Daten 269
Marketingmix 374
Markt
   Online- 371, 377, 380
Marktforschung 149, 437
   anbieterorientierte 371, 372
   nachfrageorientierte 371, 372
Marktvolumen 373
   Online- 371
Marriott's Hotel Excellence! 238, 239
maschinenlesbarer Pässe und
   Personalausweise 59

mash-up	431
MashUp	409, 459
Mass Customization	411
MasterCard	184, 193
Matrix	72
M-Commerce	171, 173, 477, 480
Medienbrüche	312, 314
MeinVZ	432
Mercado	127, 250
Merchant	90, 409
Merlin	253, 358
Messe	474
Messerschmitt	82
Metasuchen	445
Meta-Suchmaschinen	403
Micro-Blogging	433
Micro-Money	195
Micropayments	194
Micros Fidelio	81
MICROS Fidelio/Opera	77
Micros Opera CRS	88
MICROS-Fidelio Indatec	72
MICROS-Fidelio Materials Control	74
Micros-Fidelio TLP TopLine Profit	160
Microsoft Office	392
Microsoft Silverlight	392
Microsoft Virtual Earth	458
Midoco	253, 254
Midoffice	80
Mietwagen-IBE	401
MINERWAS	74
Minibar	84
MMS	478
MMS (Multimedia Messaging Service)	479
Mobile Apps	18
mobile Bestellterminals	73
mobile Boarding	476
Mobile Commerce	387
Mobiles Internet	226
Moodle	232
MOTO (Mail Order/Telephone Order)	193
mpass	191
MSN Microsoft-Network	461
mTicketing	479
Multi Access	271
Multi Channel Management	220
Multi GDS	255, 286
Multi-Channel Distribution	90
Multi-Channel-Management	88, 147, 206
Multi-Channel-Marketing	176
Multi-Channel-Vertrieb	136
Multidata	72
Multi-Kanal-Vertrieb	176
Multioptionalität	376, 382
Multi-Property-Management-Systeme	81
Multi-Touch-Display	18
myFidelio.net myCRS	88
myHotelVideo.com	435
MySabre merlin	130
MySabre merlin Shop	133
MySpace	432
Mystery-Check	450
MyVideo	435
Nachbereitungsphase	314
Nachfrage	317
Nachfrager	175
Nachfragesegmente	148
Navigation	465
Navigationsfunk	55
Navigationssystem inertiales	55
Navitaire New/Open Skies	155
Navitaire RMS	155
NCR	72
Nebenstellenanlagen (PABX – Private automated Branch Exchanges)	53
Neckermann-Reisen	175
Negotiated Fares	149
Nesting	151
NetHotels ReServer	424
Nettopreise	87
Nettotarife	317
Netzwerkprovider (Zahlungssysteme)	185
Netzwerksoftware	10
New Economy	442
Newsfeed	432
Newsletter	85, 410
Newsletter-Abonnierfunktion	85
NFC	191, 475
NIBS	273
No Shows	150

Stichwortverzeichnis

Non Traditional Outlet 129
Non-yieldable Rate 159
NRU Near you 479
NTO-Verträge 129
Nutzungsgebühren 284
O/D(Origin/Destination) 151
OAG (Official Airline Guide) 151
Offene Systeme 409
Official Airline Guide 265
Offline-Medien 404
Offline-Vertriebskanäle 170
Offpage-Werbung 408
OLAP 213
OLAP – Online Analytical Processing 119
OLV-Online Lastschriftverfahren 187
one way 94
One World 269
One-to-One-Marketing 224, 399, 411
Onesto 327
Online Travel Agent 129
Online-Hotelführer 404
Online-Marketing 22, 386
Online-Marktforschung 387, 412
Online-Reisebüro 3, 174
Online-Restaurantführer 404
Online-Vertriebskanäle 171
Onlineweg.de 135
Onpage-Aktivitäten 410
Open Source 20, 86
Open Travel Alliance 17
Open Travel Alliance (OTA) 93
opencaching.de 467
OpenJaw Distributor 127
ÖPNV 191
ÖPNV - Öffentlicher Personennahverkehr . 464
Opodo 175
Optimierung 146, 315
Optimierung, mathematische 146
Optimierungsalgorithmen 63
Opt-In 85
Opt-in-Modell 285
Optionsbuchungen 77
Opt-Out 85
Opt-Out-Modell 286
Orbitz 282

OrbitzTLC Traveler Update 463
Orderman 72
Organisationsphase 314
Ortsunabhängigkeit 477
OTA-Standards 93
OTA-XML 396
Otto 175
Outlet 174
OVI (Orte von Interesse) 226
PageImpression 412, 413
PageRank (Google) 407
Paid Placement 407
Panoramio 435, 464
Parallel-Vertrieb 176
PARS 267
Partner Relationship Management (PRM) . 139
Partners Life-Packaging, Low Fare 127, 254
Partners Software 135, 254
Partners Tourport B2B 133
Partners Tourport B2C 135
Passagier- und Gepäckabfertigung 58
Passenger Name Record 275
Pauschalen 86
Pauschalreise 122, 379, 383
Paybox 191
Pay per Click 408
Pay per Transaction 409
Pay per View 408
Payment-Server 393
PayPal 194
Pay-per-Click 85
Pay-TV 82
PC-Applikationen 14
PDA 422, 473
PDF 392
PDF-Format 421
Pegasus 93
Pegasus RezView NG 88
Permalinks 433
Permission Marketing 85
Personal
  Disposition 101, 112
  Einsatzplanung 99, 112, 115
  Schichtplanung 111, 112
Personaleinsatzplanung 62

Personalisierung	17, 215, 411, 477
Personalstatistik	67
Pflichtenheft	20
Phishing	193, 194
PhoCusWright	437
PHP-Skript	394
PIN und TAN	194
Pisano	253, 254
Planspiel(e)	230, 236, 238
Planungsinstrument	147
Planungssysteme	61, 119
Platzreservierung	98, 102
Plausibilität	322
Player	392
Plug-In	392
PMS	155
PMS-Property Management System	77
PMS-Switch	90
png	392
PNR	275
PodCast	435
POI	422, 435, 444
Points of Interest	467
POP	389
PopUp	408
POS (Point of Sale)	183
POSDirekt	72
Positionierungstechnologien	454
Positionsbestimmungstechnologien	454
Potenzialphase	169
Präsenzerfassung	456
Preisbereitschaft	148
Preisdifferenzierung	146
Preis-Mengen-Steuerung	94, 146
Pre-Packaging	122
Prepaid-Karten	190
Prepaid-Kreditkarten	190
Prepaid-Systeme	190
Primärforschung	371
Pro Rata	120
Produktionsplanung	101, 110
Produktionsplanungs- und Steuerungssysteme (PPS)	76
Produktionssysteme	122
Produktstammdaten	74
Profile	320
Profit-Center	161
Prognose	149
Prognoserechnung	158
Prognosesysteme	157
ProPlan Hotel	239, 240
ProPlan Touristik	240, 241
PROS Hotel Revenue Optimization Solution	160
PROS Yield	155
Protel	81
Protel FrontOffice SPE/HQ	77
Protokoll	11
Provendis	72
Provider	387
Provisionsmodell	379
Pro Quest (Airquest)	254
Prozesskosten	312
Prozessrechner	61
Published Tarife	288
Pull-Medium	390, 404
Punkt-zu-Punkt	314
Punkt-zu-Punkt-Verbindungen	328
Push-Medien	390, 404
Quick	184
Quorion	72
Qype	444
Qype Radar	479
Rack-Rate (Rate, die im Zimmer ausgezeichnet ist)	159
Radardaten	64
Radarsysteme	56
Rahmenverträge	316
Ramp Agent	50
Ranking	406
Rasterkarten	457
Rate Distributor	94
Raten	92
RatesToGo.com	89, 282
RateTiger	93
Raum-/Tischplan	73
Reader	392
Rechnungswesen	66
Reconline CRS	88
Redaktionssystem	85, 398

Referrer	411
Reiseanalyse	119
Reiseanalyse der Forschungsgemeinschaft Urlaub und Reise	387
Reisebüro(s)	3, 247-263, 264ff., 311
Reisebüro-Inkasso	138
Reisebüropolis	242
reisebüro-webseiten.de	174
Reise-Communities	435
Reiseführer	462
Reisekostenabrechnung	311
Reiseleistungen	311
Reisemittler	3, 174
Reisendeninformation	115
Reiseplan	433
Reiserichtlinien	311
Reiseschecks	183
Reiseveranstalter	373, 377, 378, 380, 382, 383
Reiskostenabrechnungssoftware	323
Reklamationsquote	374, 375
Remote-Desktop-Verbindung	14
Rennstrecken	317
Reportings	317
Reseller	87
Reservento	94
Reservierungskartei	77
Reservierungssysteme	146
Reservierungszentrale	81
Residenz-Kanal	170
Restriktionen	149
Results Reservation System	155
Revenue- bzw. Yield-Managament-Strategie	94
Revenue Management	146
Revenue-Management-Systeme von Billigfluggesellschaften	153
RevenueManagement-Systeme von Netzwerk-Fluggesellschaften	148
RevPAR (Revenue Per Available Room)	158
REWE-Touristik	175
Rezepturen	74
RFID	190, 191, 421, 474
RFID (Radio Frequency Identification)	57, 76
RFID-Tag	60, 421
RIA - Rich Internet Application	392
Riasoft (Reisecounter)	254
Ride Finder	465
Robin/MERLIN	131
Rollbahnen (Taxiways)	50
Rollleitsystem	64, 66
Rollleit- und Andocksysteme	56
Röntgensysteme	59
RoPo-Phänomen	448
Router	388
Router (Firewall)	53
RSS-Feed	410, 433
RSS-Feeds	227
SABER	266
Sabre	174, 250, 253, 276, 279
SABRE	174
Sabre Holding	358
Sabre Leisure IBE	135
SabreSonic	155
Sales Automation	208
Sangat travel objects	140
SAP-Reisemanagement	327
SAPHIR	273
SAVIA	273
Schachtelung von Buchungsklassen	151
Schankanlagen	74
Schnittstellen	312
Schnittstellenprogramm	396
SchülerVZ	433
Schultes	72
Schwachstellen	315, 317
Scripts	17
Seamless Integration	94
Security-Systeme	59
Sekundärforschung	375
Semantic Web	18
SEO - Search Engine Optimization	22, 85
Server/System Housing	21
Service Automation	209
service fee	284
Service Level Agreement	22
Service Levels	21
Service Orientierte Architektur	17
Servicemanagement	203
Service-Orientierte-Architektur (SOA)	11
Sharp	72

Short Message Service (SMS) 478
Short-Cuts 275
Sicherheitsidentifizierbarkeit 477
Sicherheitsüberwachung (Security) 51
Sicherheitszertifikate 374, 384
SIGMA 273
Signatur 393
SIHOT (Gubse) 77
Silver Lake 276
SIM-Karte 477
Simulationen 230
Simulationsprogramme 62
Single Access 271
SITA (ehemals Société Internationale de Télécommunications Aéronautiques) 51
SITA Horizon/Reservations 155
SITA-Messages 64
Sixt 176
Skript 391, 412
Skyteam 269
SkyVantage 155
SmartCard(s) 187, 421
Smartphone(s) 456, 469, 472
Smartphone G1 473
Smart-Poster 174
SMS 54, 86, 478
SMS-Feeds 227
SMTP 389
Social Network 432, 433
Software 328
Software Development Kit 461
Software-Dokumentation 22
soziales Netzwerk 432
Sparpotentiale 310
Spezialisierung 382
Sponsored Link 407
SQL (Structured Query Language) 395
SSL 192
SSL Secure Socket Layer 393
Stammdaten 10
standardisierte Abrechnungsverfahren 310
Standardisierung 312
Standardsoftware 20
Star Alliance 269
StarLink-Valhalla 88

START 132, 271
Start- und Landebahnen (Runways) 50
Stay Pattern 157
Steuerung 317
Steuerungsinstrumente 316
Strichcode 474
Strukturkosten 312
Stücklisten 74
Stücklistenauflösung 75
StudiVZ 432
Stufenpreise 153
subscription fees 284
Suchmaschine 404, 412, 427
Suchmaschinen 85
Suchmaschinenmarketing 382, 384
Suchmaschinen-Optimierung 406
SuperPNR 287
Supranational Hotels Columbus 88
Sutra AirKiosk 155
Switch-Companies 92
swoodoo 70
SynXis RedX 88
System 319
SYSTEM ONE 268
Systemarchitektur 13
Systembeteiligte 270
Systembetreiber 265
Systemgastronomie 74, 76
Systemnutzer 265
Systemsoftware 10
Systemteilnehmer 264
Tag 474
tag cloud 434
Tagesabschluss 80
Tagesflugplan 61
Tagging 456
Tarif- oder Buchungsklassen 148
Tarifdarstellung 274
TARS 88
Ta.ts (Ibiza) 254
Tchibo 175
T-Commerce 172
TCP/IP 387
Teaser 221, 410
Teilprozesse 312

Stichwortverzeichnis

Telekommunikation und Netze	51
Telekommunikationsdienste	52
Telekommunikationsdienste und Netze	52
Template	397
Terminalmanagement-System	64
Terminalplanungssystem	63
Testimonial	442, 451
TETRA	54
Tetrapol	54
Text Mining	215
Themenkarten	457
Thomas Cook	130, 173, 183
Thomas Cook AG	220
Thumbnail	410
Ticket/Event-IBE	401
Time of Arrival-Messung	479
Timelox	82
TIMES-Konvergenz	472
TIN	18
tips4earth	435
Tischreservierungsfunktion	74
Tischverwaltung	73
Tiscover	424
TMC	466
TOMA	131, 174, 272, 359
TOMAS my.IRS	424
Topix/Nurvis	225
Top-Level-Domain	391
TOPSIM	238
TOPSIM Destinations Management	238
TOPSIM GAMS	234
Toshiba	72
Touch&Travel	476
Tourmanager	254
Tour Online	133
Tourismus Organisationen	3
Tourismuswirtschaft	371, 372, 377, 384
Touristenkarte	421, 424, 428
touristische IBE	91
Touristische Informationsnorm (TIN)	416, 427
Touristische Internet Booking Engine	401
Touristische Internet Booking Engines mit Dynamic Packaging	402
Touristische Suchmaschinen	403
Tourport	133, 135
T-Pay	194
TPF	266
Trackballs	433
Traffics Cosmo	133, 253
Traffics CRS	134
Traffics Tibet	135
Traffics XPackage	127
Transaktionsgebühr	319
Transaktionssicherheit	392
Transparenz	382
Transponder	82, 474
Transport-/Betriebssteuerung	115
Transportunternehmen	373, 377, 378, 379, 381, 382
Travel Basys	254
Travel Data Warehouse	325
Travel-IT LMPlus	133, 254
Travel-IT LMWeb	135, 254
travel-and-guide.de	444
Travelguide	221
Travelguide mobile	226
Travel-IQ	445
Travel-IT Bum@	134
traveljungle	70
Traveller's Cheques	183
Travelport	174, 276
Travelport Meridian	155
Traveltainment	135, 436, 444, 449
Traveltainment Bistro	133
Traveltainment DataMix	127
Traveltalk	234
Treff-Kanal	170
Trends	371, 373
Triangulation	57, 456
Triangulierung	455
Tripadvisor	443, 449
tripr.tv	435
Trips-by-Tips	445
TripsByTips	434
Trivago	70, 445
Trust Voyager CRS	88
Trustyou	445
TSE - Travel Search Engines	403
TSS	135
TT IBE	135

TUI 173, 174, 179
TUI Deutschland 132
TUI interactive GmbH 130
TUI/IRIS-Verfahren 132
TVTrip 436
Twitter 434
two way active 94
two way passive 94
type A 94
type B 94
Überbuchung 148
Überbuchungsrate 151
Überwachung 314, 316
Übungsprogramm 230
Ulysses 242
Umkreissuche 467
Umsatz
    Gesamtbranchen- 376, 378, 379
    Offline- 376
    Online- ...372, 374, 376, 377, 378, 380, 382, 383, 384
Umsetzung 316
Umsteigemanagement-Systeme 64
UMTS 54, 82, 473
Umweltbelastungen 51
Umwelt-Messtechnik 51
unbiased 269
Unicode 389
Unisys AirCore 155
Uniwell 72
Upgrade-Regeln 159
Upselling 226
URL 391, 412
Urlaubsfotos 463
Usability 21, 390, 410
Use Cases 20
user generated content 431
User Generated Content 409
Vectron 72
Vektorkarten 457
Velox VelHotel 77
Venere.com 89
Veranstaltersysteme 91
Verband Internet Reisevertrieb 387
Vereinheitlichung 320

Verfügbarkeiten 151
Verhandlungen 311
Verkehrsabrechnung 67
Verkehrsträger 316
Vermittlerprovision 285
Verortung 463
Vertragsmanagement 203
Vertragssteuerung 316
Vertragsvereinbarungen 316
Vertreterfunktion 323
Vertriebsarten 381
Vertriebskanalmanagement 167
Videoportale 435
Videoserver 82
Videotext 60
Videoüberwachung 58
Videoüberwachungssysteme 60
Vingcard 82
viral marketing 437
Virales Marketing 225
Virenschutz 388
Virtual Earth 460
Virtuelle Klassenräume 233
Virtuelle Reisemittler 400
Virtuelle Universität 233
Virtuelle Veranstalter 123
virtuelle Reisecommunities 404
Virtueller Reisemittler 129
Virtueller Reiseveranstalter 402
Visa 184, 193
Visit 412, 413
Voice over IP 53, 172
VoIP 389
Vollständigkeit 322
Vorbereitungsphase 314
Vorfeldkontrolle 64
Vorfeld-Radar 56
Vorgehensmodelle 18
votello.de 444
VPN (Virtual Private Network) 16
w3b 387
W3B 405
W3C 387
Wachstumsrate 382
Walk Aways 150

Stichwortverzeichnis

Warenwirtschaftssysteme 74
wbs Blank 140
Web 2.0 .... 387, 409, 410, 429, 430, 448
Web 2.0-Anwendungen 436, 437
Web Based Training 231
Web Based Trainings (WBT) 229
Web Mining 214
Web Service 17
Web.de 406
Web.Res 88
Web/HTML-Editor 391
Web-Administrationsoberfläche 86
Web-Analyse 413
Web-Applikationen 15
Webauftritt 70, 85
Web-Booking Engine 91
Web-Client 390
Web-Controlling 22, 413
Web-Directory 406
Web-DMS 90
Web-Editor 85
Webfares 155
Web-Hosting 399
Web-Kartendienste 457, 458
Web-Katalog/Verzeichnis 406
Web-Kontingent 86
Weblog 432
Webportal 15, 401
Web-Reservierungsfunktion 85, 88
Web-Reservierungssysteme 86
Web-Robots 406
Web-Scraping 94
Webserver 85, 390
Web-Shop 194
Web-Shop-Systeme 86
Website 70, 84, 391
Web-Templates 16
Webzine 70
wer-kennt-wen 433
Wertschöpfungskette 3
Wettbewerber 372, 373
Wetterdienste 51
Wetterstationen 51
White Label IBE 401
Whiteboard 233

White-Cards 190
Wikipedia 430, 433, 479
Wikis 433
Wikitravel 433
Wikitude 479
wild-east 424
WiMAX 474
Wincor Nixdorf 72
Windows-Oberfläche 17
Winhotel MX 77
Winkhaus 82
Wintop.net 424
Wireless LAN (W-LAN IEEE 802.11) 54
Wirtschaftlichkeit 20
Wirtschaftskrise 378
WLAN 421, 473
WLAN (Wireless Local Area Network) 456
WLAN-Basisstationen 82
WLAN-Hotspot 473
WLAN-Hotspots 82
Workflow 204, 398
Workflows 20
WorldTracer 61
Worldspan 282
W&W turista 140
WWW 15
XML 231
XML (Extensible Markup Language) 17, 396, 459
Yahoo 406
Yield Management 146, 159, 161
Yield-Management 77, 92, 133, 136
Yield-Management-System 146, 147
Ypsilon.Net 254
YouTube 175, 409, 435
Zahlungssysteme, elektronische 183
Zahlungsterminal 73
Zahlungsverkehr 393
Zellidentifikation 455
Zertifikat 192, 393
Zielgruppen 373, 374, 375
   Online- 383
ZIEL Synccess 140, 254
zimmer.im-web.de 89
Zimmerverwaltung 86

ZNT Travel DynaPack 127
Zoover 444, 449
zts smart4you 140

Zufallstichprobe 372
Zugangs- und Schließsysteme 82
Zugangskarten 82